AF671489

Energie aus Biomasse

Band 3

Reihe herausgegeben von

Univ.-Prof. Dr.-Ing. Martin Kaltschmitt, Technische Universität Hamburg (TUHH), Hamburg, Deutschland

Dr. Hans Hartmann, Technologie- und Förderzentrum (TFZ), Straubing, Deutschland

Univ.-Prof. Dipl.-Ing. Dr. techn. Hermann Hofbauer, Technische Universität Wien (TUW), Wien, Österreich

Die Bände dieser Reihe beschreiben umfassend die biologischen, physikalischen, chemischen und technischen Grundlagen einer Energiegewinnung aus Biomasse. Dies beinhaltet eine Beschreibung der verfügbaren Biomasseressourcen, eine Systematisierung möglicher Bereitstellungsketten und -techniken zur Verfügbarmachung der Biomassen an der jeweiligen Konversionsanlage und eine Darstellung der thermo-chemischen, der physikalisch-chemischen sowie der biochemischen Umwandlungsmöglichkeiten in Bioenergieträger (z. B. Holzkohle, Biodiesel, Biogas) bzw. Bioenergie (d. h. Wärme, Strom).

Diese Reihe wird herausgegeben von:
Univ.-Prof. Dr.-Ing. Martin Kaltschmitt, Technische Universität Hamburg (TUHH), Hamburg
Dr. Hans Hartmann, Technologie- und Förderzentrum (TFZ), Straubing
Univ.-Prof. Dipl.-Ing. Dr. techn. Hermann Hofbauer, Technische Universität Wien (TUW), Wien

Martin Kaltschmitt · Marvin Scherzinger ·
Johannes Gescher
(Hrsg.)

Energie aus Biomasse

Bio-chemische und physikalisch-chemische Konversion

4. Auflage

Hrsg.
Univ.-Prof. Dr.-Ing. Martin Kaltschmitt
Institut für Umwelttechnik und
Energiewirtschaft (IUE)
Technische Universität Hamburg (TUHH)
Hamburg, Deutschland

Univ.-Prof. Dr. Johannes Gescher
Institut für technische Mikrobiologie (TMI)
Technische Universität Hamburg (TUHH)
Hamburg, Deutschland

Dr. Marvin Scherzinger
Institut für Umwelttechnik und
Energiewirtschaft (IUE)
Technische Universität Hamburg (TUHH)
Hamburg, Deutschland

ISSN 2731-4774 ISSN 2731-4782 (electronic)
Energie aus Biomasse
ISBN 978-3-658-41385-9 ISBN 978-3-658-41386-6 (eBook)
https://doi.org/10.1007/978-3-658-41386-6

Die Deutsche Nationalbibliothek verzeichnet diese Publikation in der Deutschen Nationalbibliografie; detaillierte bibliografische Daten sind im Internet über http://dnb.d-nb.de abrufbar.

Springer Vieweg

Planung/Lektorat: Dr. Daniel Fröhlich
Springer Vieweg ist ein Imprint der eingetragenen Gesellschaft Springer Fachmedien Wiesbaden GmbH und ist ein Teil von Springer Nature.
Die Anschrift der Gesellschaft ist: Abraham-Lincoln-Str. 46, 65189 Wiesbaden, Germany

Das Papier dieses Produkts ist recyclebar.

Vorwort

Wesentlicher Bestandteil einer nachhaltigen Energieversorgung ist der schonende und effiziente Umgang mit den der Menschheit insgesamt zur Verfügung stehenden begrenzten natürlichen Ressourcen. Hierzu kann die Nutzung regenerativer Energien (z. B. Biomasse, Solarstrahlung, Windenergie, Wasserkraft, Erdwärme) einen substanziellen Beitrag leisten. Deshalb steht eine weitergehende Nutzung dieser umweltfreundlichen und klimaverträglichen Energien schon seit vielen Jahren – mit einer wechselnden Schwerpunktsetzung – weit oben auf der politischen Agenda – und das national wie international. Dies gilt insbesondere auch vor dem Hintergrund der akzelerierenden und immer deutlicher werdenden Auswirkungen des globalen Klimawandels. Diese unterschiedlichen Entwicklungen bedingen, dass regenerative Energien insbesondere in den letzten beiden Jahrzehnten zunehmend mehr zur Deckung der Energienachfrage auf einer nationalen und einer internationalen Ebene beigetragen haben – und das mit weiterhin steigender Tendenz.

Biomasse ist der regenerative Energieträger, der bisher weltweit und in vielen Volkswirtschaften mit Abstand am meisten genutzt wird; beispielsweise werden derzeit global zwischen 15 und knapp 20 % der Primärenergie-Nachfrage durch Bioenergie gedeckt, und lokal / national kann dieser Anteil noch deutlich höher sein. Auch in Europa trägt die Bioenergie merklich zur Deckung der Primärenergie-Nachfrage bei – und das sowohl im Wärme- und Strom- als auch im Verkehrssektor. Außerdem könnte die Biomasse aufgrund von nach wie vor – lokal unterschiedlich – unerschlossenen Mengenpotenzialen auf der Ressourcenseite und noch vorhandenen Effizienzpotenzialen auf der Konversionsseite sowie der relativen Marktnähe zukünftig weitergehend zur Deckung der Energienachfrage beitragen – und das ökologisch verträglich, klimaneutral und oft auch ökonomisch darstellbar sowie sozial akzeptabel. Die Biomasse kann damit auch in den kommenden Jahren den Aufbau einer krisen- und versorgungssicheren sowie umwelt- und klimaverträglicheren – und damit nachhaltigeren – Energieversorgung unterstützen und gleichzeitig als Kohlenstoffträger für eine defossilisierte industrielle Produktion dienen.

Zur Bewertung der Möglichkeiten und Grenzen einer technisch, ökonomisch und ökologisch effizienten energetischen Biomassenutzung im Energiesystem müssen die physikalischen, chemischen und biologischen Grundlagen einer Energiegewinnung aus Biomasse sowie deren (verfahrens-)technische Umsetzung im Verlauf der gesamten Bereitstellungskette von der Anbau- / Anfallfläche bis zur End- bzw. Nutzenergiebereitstellung schnell und einfach – nach dem aktuellen Stand des Wissens und der Technik – verfügbar sein. Dies ist das Ziel der vorliegenden Buchreihe, die in drei Bänden diese Themenstellung umfassend adressiert. Dazu werden in einem ersten Band die verfügbaren Biomassefraktionen dargestellt und ausgehend davon die Techniken und Verfahren zur Produktion bzw. Bereitstellung der Biomasse frei Konversionsanlage diskutiert. Anschließend werden in einem zweiten Band die vielfältigen Möglichkeiten einer thermo-chemischen Umwandlung von Biomasse in End- bzw. Nutzenergie – und damit in Bioenergie – erörtert. Zusätzlich werden in einem dritten Band auch die physikalisch-chemischen und insbesondere die biochemischen Wandlungsoptionen organischer Stoffe insbesondere in gasförmige und flüssige Sekundärenergieträger adressiert. Damit liegt der Schwerpunkt dieser Buchreihe auf der Diskussion der zum Verständnis einer Energiebereitstellung aus Biomasse notwendigen naturwissenschaftlichen Grundlagen – dies inkludiert die „klassischen" Disziplinen der Biologie, der Physik und der Chemie – und insbesondere des aktuellen Standes der (Verfahrens-)Technik. Ökonomische und ökologische Gesichtspunkte sowie energiewirtschaftliche Analysen einer Bioenergiegewinnung sind – ebenso wie sonstige nicht technische Aspekte – damit nicht Gegenstand der Darstellungen und Ausführungen dieser Buchreihe.

Die Herausgeber möchten den Autoren, die zum Gelingen der vierten Auflage, bei der das ursprünglich einbändige Werk in drei Bände aufgeteilt wurde, beigetragen haben, von Herzen danken. Ohne ihr hohes Engagement, ihre Sach- und Fachkompetenz sowie ihre sehr weitgehende Kooperationsbereitschaft und ihr über das übliche Maß deutlich hinausgehendes Entgegenkommen wäre diese Buchreihe in der vorliegenden Form nicht möglich gewesen. Neben den genannten Autoren, die z. T. auch an Kapiteln mitgewirkt haben, für die sie nicht verantwortlich zeichnen, war eine Vielzahl weiterer Fachleute an der Durchsicht der Texte beteiligt. Ihnen sei an dieser Stelle – ebenso wie dem Verlag für die sehr kooperative Zusammenarbeit – sehr herzlich gedankt. Auch gilt unser ganz besonderer Dank den Autoren der ersten, der zweiten und der dritten Auflage, die an der hier vorliegenden vierten Auflage nicht mitarbeiten konnten; ohne ihre wertvolle Vorarbeit hätte diese Buchreihe in der vorliegenden Form nicht erarbeitet werden können. Des Weiteren ist insbesondere Frau Sarah Flashaar und Frau Nicolle Brinkhus sowie vielen weiteren Mitarbeiterinnen und Mitarbeitern unser aufrichtiger Dank auszusprechen; ohne ihre tatkräftige Unterstützung u. a. bei der Erstellung der Zeichnungen hätte diese Buchreihe nicht realisiert werden können.

Trotz der hohen Sorgfalt, mit der die Autoren und Herausgeber sich bemüht haben, die dargestellten Zahlen und Fakten sowie die aufgezeigten physikalischen, chemischen, biologischen und vor allem (verfahrens-)technischen Zusammenhänge nach dem aktuellen Stand des Wissens und der Technik zu recherchieren und zusammenzustellen, können Fehler leider niemals gänzlich ausgeschlossen werden. Über diesbezügliche konstruktive Anmerkungen und zielorientierte Verbesserungsvorschläge, die dann in eine mögliche Neuauflage einfließen, würden sich die Autoren und Herausgeber deshalb sehr freuen.

Hamburg im Juli 2024

im Namen aller Herausgeber
Martin Kaltschmitt

Inhaltsübersicht

Band 1 – Ressourcen und Bereitstellung

Band 2 – Thermo-chemische Konversion

Band 3 – Biochemische und physikalisch-chemische Konversion

Inhaltsverzeichnis

Die Autoren

Dipl.-Ing. Dr. techn. Edgar Ahn BDI-Holding GmbH, Raaba-Grambach, Österreich

Gabriel Costa de Paiva, M.Sc. Deutsches Biomasseforschungszentrum (DBFZ), Leipzig, Deutschland

Dr.-Ing. Christiane Dieckmann Institut für Umwelttechnik und Energiewirtschaft (IUE), Technische Universität Hamburg (TUHH), Hamburg, Deutschland (heute: BASF Polyurethanes GmbH, Lemförde, Deutschland)

Dr. Miriam Edel Institut für technische Mikrobiologie (TMI), Technische Universität Hamburg (TUHH), Hamburg, Deutschland

Univ.-Prof. Dipl.-Ing. Anton Friedl Institut für Verfahrenstechnik, Umwelttechnik und Technische Biowissenschaften, Technische Universität Wien (TU Wien), Wien, Österreich

Univ.-Prof. Dr. Johannes Gescher Institut für technische Mikrobiologie (TMI), Technische Universität Hamburg (TUHH), Hamburg, Deutschland

Dipl.-Ing. Arne Gröngröft Deutsches Biomasseforschungszentrum (DBFZ), Leipzig, Deutschland

Univ.-Prof. Dr.-Ing. Martin Kaltschmitt Institut für Umwelttechnik und Energiewirtschaft (IUE), Technische Universität Hamburg (TUHH), Hamburg, Deutschland

Dr. Jörg Kretzschmar Deutsches Biomasseforschungszentrum (DBFZ), Leipzig, Deutschland

Prof. Dr.-Ing. Thies Langmaack Professor für Thermische Verfahrenstechnik und Thermodynamik, Hochschule Flensburg, Flensburg, Deutschland

Dr. Jan Liebetrau Deutsches Biomasseforschungszentrum (DBFZ), Leipzig, Deutschland (heute: Rytec GmbH, Baden-Baden, Deutschland)

Dipl.-Ing. Dr. techn. Angela Miltner Institut für Verfahrenstechnik, Umwelttechnik und Technische Biowissenschaften, Technische Universität Wien (TU Wien), Wien, Österreich (heute: Lignovations GmbH, Klosterneuburg, Österreich)

Dr.-Ing. Ulf Neuling Institut für Umwelttechnik und Energiewirtschaft (IUE), Technische Universität Hamburg (TUHH), Hamburg, Deutschland (heute: Agora Verkehrswende, Berlin, Deutschland)

Dr.-Ing. Saskia Oldenburg Institut für Umwelttechnik und Energiewirtschaft (IUE), Technische Universität Hamburg (TUHH), Hamburg, Deutschland (heute: Balance Erneuerbare Energien GmbH, Leipzig, Deutschland)

Dr. Edgar Remmele Technologie- und Förderzentrum im Kompetenzzentrum für Nachwachsende Rohstoffe (TFZ), Straubing, Deutschland

Dr. Marco Ritzkowski Hamburg Institute for Innovation, Climate Protection and Circular Economy, Hamburg, Deutschland

Dr. techn. Marvin Scherzinger Institut für Umwelttechnik und Energiewirtschaft (IUE), Technische Universität Hamburg (TUHH), Hamburg, Deutschland

Prof. Dr. Frank Scholwin Institut für Biogas, Kreislaufwirtschaft und Energie GmbH, Weimar, Deutschland

Jana Schultz, M.Sc. Institut für Umwelttechnik und Energiewirtschaft (IUE), Technische Universität Hamburg (TUHH), Hamburg, Deutschland

Dr. Klaus Thuneke Technologie- und Förderzentrum im Kompetenzzentrum für Nachwachsende Rohstoffe (TFZ), Straubing, Deutschland

Steffen Voß, M.Sc. Institut für Umwelttechnik und Energiewirtschaft (IUE), Technische Universität Hamburg (TUHH), Hamburg, Deutschland

Dr. Sören Weinrich Deutsches Biomasseforschungszentrum (DBFZ), Leipzig, Deutschland

Andreas Zimmermann, M.Sc. Institut für Umwelttechnik und Energiewirtschaft (IUE), Technische Universität Hamburg (TUHH), Hamburg, Deutschland

Einleitung und Zielsetzung

1

Martin Kaltschmitt, Marvin Scherzinger und Johannes Gescher

Die auf der Erde insgesamt nutzbaren Energieströme entspringen drei grundsätzlich unterschiedlichen primären Energiequellen. Dies sind die Sonnenenergie, die Erdwärme sowie die Energie aus der Massenanziehung und der Bewegung von Himmelskörpern, aus der die Gezeitenenergie resultiert. Dabei ist die von der Sonne eingestrahlte Energie mit Abstand die größte Quelle des regenerativen Energieangebots. Es folgen die Erdwärme, welche im Vergleich dazu eine deutlich geringere flächenbezogene Energiedichte (z. B. die auf einen Quadratmeter Erdoberfläche bezogene Energiemenge im Jahresverlauf) hat, und die Gezeitenenergie, welche – bezogen auf die im Energiesystem „Erde" umgesetzte Energie – die mit Abstand geringste Bedeutung hat.

Aus diesen drei Quellen wird durch verschiedene natürliche Umwandlungen innerhalb der Erdatmosphäre eine Reihe sehr unterschiedlicher weiterer Energieströme hervorgerufen. So stellen beispielsweise die Windenergie und die Wasserkraft wie auch die Meeresströmungsenergie und die Biomasse umgewandelte Formen der Sonnenenergie dar (Abb. 1.1).

Bei der Biomasse wird die solare Strahlung mithilfe von Pflanzen über den Prozess der Photosynthese in organische Materie umgewandelt (Kapitel 2, Band 1). Biomasse stellt damit eine Form von gespeicherter Sonnenenergie dar, die deshalb nachfrageorientiert zu dem Zeitpunkt genutzt werden kann, wenn eine entsprechende Energienachfrage des jeweiligen Kunden gegeben ist. Dies unterscheidet sie grundsätzlich von anderen Optionen der direkten und indirekten Nutzung der Sonnenenergie (z. B. solarthermische Nutzung, Windkraft). Durch diese natürlicherweise ablaufende Umwandlung der eingestrahlten Sonnenenergie in energiehaltige Materie – und damit eine Wandlung von Strahlungsenergie in gespeicherte chemische Energie – unterliegt die Biomasse keinen kurzfristigen Angebotsschwankungen innerhalb vergleichsweise kurzer Zeiträume mehr, wie es beispielsweise bei der Windenergie oder der Solarstrahlung der Fall ist. Derartige

Martin Kaltschmitt, Marvin Scherzinger, Johannes Gescher, Hamburg, Deutschland

M. Kaltschmitt, M. Scherzinger, J. Gescher (Hrsg.), *Energie aus Biomasse*, Energie aus Biomasse 3, https://doi.org/10.1007/978-3-658-41386-6_1

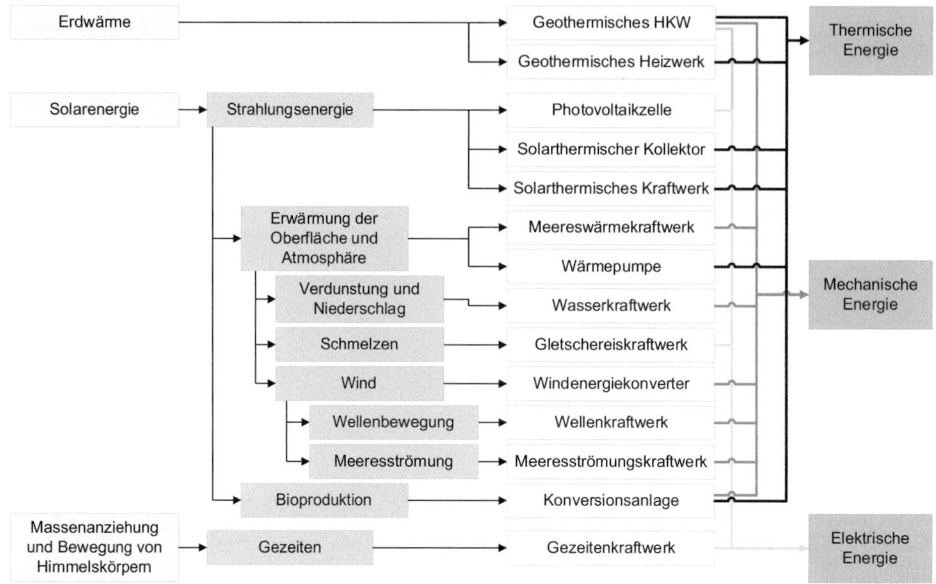

Abb. 1.1 Ausgewählte Möglichkeiten zur Nutzung des regenerativen Energieangebots (links (hellste Graustufe): regenerative Energiequellen; links Mitte (dunkelste Graustufe): natürliche Umwandlung; rechts Mitte (keine Graustufe): technische Umwandlung; rechts (mittlere Graustufe): Endenergie; die Möglichkeiten der Bioenergiebereitstellung befinden sich im unteren Drittel dieser Grafik; HKW Heizkraftwerk; nach [1.1])

Energieangebotsvariationen erschweren deren technische Nutzbarmachung und erfordern zusätzliche Speicher- und / oder Back-up-Systeme, wenn eine Energieversorgung mit einem hohen Maß an Versorgungssicherheit realisiert werden soll.

1.1 Definition „Biomasse"

Unter dem Begriff „Biomasse" werden sämtliche Stoffe organischer Herkunft (d. h. kohlenstoffhaltige Materie) verstanden. Biomasse beinhaltet damit

- die in der Natur lebende Phyto- und Zoomasse (Pflanzen und Tiere),
- die daraus resultierenden Rückstände, Nebenprodukte und / oder Abfälle (z. B. tierische Exkremente),
- abgestorbene (aber noch nicht fossile) Phyto- und Zoomasse (z. B. Stroh) und
- im weiteren Sinne alle Stoffe biogenen Ursprungs, die beispielsweise durch eine technische Umwandlung und / oder stoffliche Nutzung entstanden sind bzw. anfallen (z. B. Schwarzlauge, Papier und Zellstoff, Schlachthofabfälle, organische Hausmüllfraktion, Pflanzenöl, Alkohol).

Die Abgrenzung der Biomasse gegenüber den fossilen Energieträgern beginnt beim Torf, dem fossilen Sekundärprodukt der Verrottung. Damit zählt Torf im strengeren Sinn dieser Begriffsabgrenzung nicht mehr zur Biomasse; dies widerspricht der in einigen Ländern (u. a. Schweden, Finnland) üblichen Praxis, wo Torf durchaus zur Biomasse gezählt wird.

Biomasse kann zusätzlich in sogenannte primäre, sekundäre und tertiäre Biomasse unterteilt werden.

- Primäre Biomasse entsteht durch die direkte photosynthetische Ausnutzung der Sonnenenergie; dazu zählen im Wesentlichen die gesamte Pflanzenmasse wie z. B. land- und forstwirtschaftliche Produkte (u. a. Bäume bzw. Holz, Energiegräser bzw. halmgutartige Biomasse) oder pflanzliche Rückstände und Nebenprodukte aus der Land- und Forstwirtschaft sowie der weiterverarbeitenden Industrie (u. a. Stroh, Wald- und Industrierestholz).
- Sekundäre Biomasse bezieht dagegen ihre Energie nur indirekt von der Sonne; sie wird durch den Ab- oder Umbau organischer Substanz in höheren Organismen (z. B. Tiere) gebildet. Zu ihnen zählt z. B. die gesamte Zoomasse und deren Exkremente (z. B. Gülle und Festmist).
- Tertiäre Biomasse entsteht durch einen oder mehrere technische Weiterverarbeitungsschritte der primären und z. T. der sekundären Biomasse. Damit gehören zu dieser Kategorie u. a. Papier und Zellstoff, Holzstühle, Schokolade und Baumwollkleidung.

1.2 Aufbau typischer Bereitstellungsketten

Eine Bereitstellungs- oder Versorgungskette, mit der Energie aus Biomasse bereitgestellt werden kann, umfasst alle Prozesse, beginnend mit der Produktion der Energiepflanzen bzw. der Verfügbarmachung von Rückständen, Nebenprodukten oder Abfällen organischer Herkunft bis zur Bereitstellung der End- (z. B. Fernwärme, Strom) bzw. Nutzenergie (z. B. Heizwärme). Sie beschreibt damit den „Lebensweg" der organischen Stoffe von der Produktion und damit der Primärenergie bis zur Bereitstellung der entsprechenden End- bzw. Nutzenergie (Abb. 1.2); dabei handelt es sich im Wesentlichen um Wärme und / oder Kraft (zu den Begriffsdefinitionen siehe Abb. 1.3 in Kapitel 1, Band 1).

Das Ziel einer derartigen Bereitstellungs- bzw. Versorgungskette besteht darin, eine gegebene, ggf. schwankende End- bzw. Nutzenergienachfrage sicher zu decken und die dazu erforderliche(n) Konversionsanlage(n) mit der jeweils benötigten Menge und Qualität der konkret eingesetzten organischen Stoffe zu versorgen.

Jede Bereitstellungskette besteht aus den Lebenswegabschnitten Biomasseproduktion bzw. -verfügbarmachung, Bereitstellung, Nutzung sowie Verwertung bzw. Entsorgung der anfallenden Rückstände bzw. Abfälle. Jeder einzelne Abschnitt setzt sich im Regelfall wiederum aus zahlreichen Einzelprozessen zusammen. Beispielsweise erfordert die Biomasseernte u. a. ein Abtrennen der Biomasse vom entsprechenden Wurzelwerk, ein

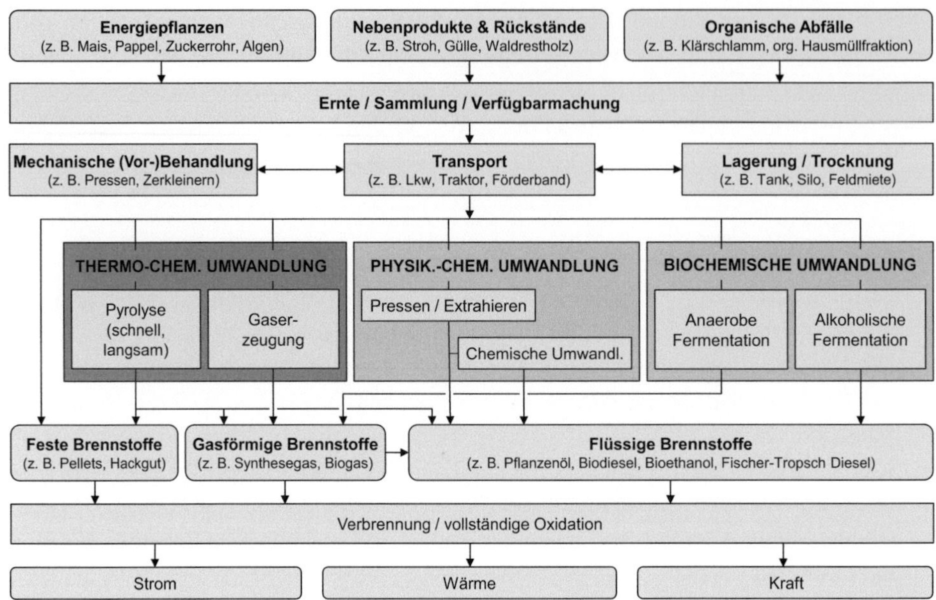

Abb. 1.2 Schematischer Aufbau typischer Bereitstellungsketten zur End- bzw. Nutzenergiebereitstellung aus Biomasse (org. organische; chem. chemisch; physik. physikalisch; Umwandl. Umwandlung; nach [1.2])

Sammeln und Aufkonzentrieren der losen organischen Masse und ggf. ein mechanisches Verdichten. Da die verschiedenen Lebenswegabschnitte einer Biomassenutzungskette im Normalfall nicht am gleichen Ort angesiedelt sind, müssen die jeweiligen Entfernungen durch entsprechende Transporte (z. B. mittels Traktor, mithilfe eines Lkw, über Rohrleitungen) überbrückt werden.

Eine bestimmte Bereitstellungskette wird damit letztlich durch die Randbedingungen festgelegt, die von der Biomasseproduktion (Angebotsseite) einerseits und der End- bzw. Nutzenergiebereitstellung (Nachfrageseite) andererseits vorgegeben werden. Weiterhin kommen als zusätzliche wesentliche Bestimmungsgrößen ökonomische, ökologische und technische (sowie regulatorische, soziale und administrative) Randbedingungen hinzu, welche die praktische Umsetzung bzw. Realisierung einer bestimmten Bereitstellungskette signifikant beeinflussen (können). Beispielsweise wird die Wahl der Konversionstechnologie u. a. durch den oder die bereitzustellenden Endenergieträger (z. B. thermische Energie, elektrische Energie) bzw. die entsprechende Nutzenergie (z. B. Wärme, Kraft), daneben aber auch durch die gesetzlichen Umweltschutzvorgaben und das jeweils ökonomisch Machbare sowie lokal Akzeptierbare ganz wesentlich beeinflusst. Zusätzlich kann die erforderliche Entsorgung von Stoffen, die im Verlauf der Bereitstellung und/oder bei der Nutzung anfallen (z. B. ausgefaulte Gülle bei der Biogasgewinnung [Gärrest], Asche bei der Verbrennung von Festbrennstoffen), für eine bestimmte Bereitstellungskette ebenfalls bestimmend sein. Aus den möglichen Entsorgungswegen für die entstehenden Abfälle und/oder der Konversionstechnologie leiten sich wiederum Anforderungen an die Eigenschaften der Biomasse ab (z. B. Stückigkeit, Wassergehalt), die durch eine vorherige Aufbereitung und/oder Bereitstellungstechnik erfüllt werden müssen. Hier ist es u. U. erforderlich, zunächst einen entsprechenden Sekundärenergieträger mit definierten Eigenschaften zu produzieren; dies kann u. a. mit technischen, logistischen, energetischen, ökonomischen und/oder ökologischen Vorteilen verbunden sein. Daneben sind Art (z. B. holz- oder halmgutartig) und Qualität (z. B. Wassergehalt, Anteil an Spurenelementen) der verfügbaren Biomasse von Bedeutung; dies gilt auch für den kurz- und längerfristigen zeitlichen Verlauf der Bioenergienachfrage vor dem Hintergrund des jahreszeitlich unterschiedlichen Anfalls der primären, als Energieträger nutzbaren Biomasse. Daraus resultieren wiederum möglicherweise bestimmte Lagernotwendigkeiten; unter Umständen kann deshalb auch eine natürliche oder sogar technische Trocknung der organischen Masse notwendig werden. Zusätzlich muss die letztlich gefundene Kombination unter den gegebenen Randbedingungen vor Ort ökonomisch tragfähig, genehmigungsfähig sowie sozial akzeptabel sein.

1.3 Wandlungsmöglichkeiten in End- bzw. Nutzenergie

Die verfügbare Biomasse kann im Verlauf einer Bereitstellungskette auf sehr unterschiedliche Weise aufgearbeitet und letztlich in die jeweils gewünschte End- bzw. Nutzenergie umgewandelt werden.

Im einfachsten Fall wird beispielsweise Holz (d. h. Lignocellulose-haltige Biomasse) im Anschluss an eine (einfache) mechanische Aufbereitung (u. a. Zerkleinerung zu Stückholz, Herstellung zu Holzpellets) direkt in einer (Klein-)Feuerungsanlage verbrannt. Für zahlreiche Anwendungen (z. B. die mobile Kraftbereitstellung im Pkw- oder Lkw-Motor, die Stromerzeugung mit einer Gasturbine) ist es aber sinnvoll oder sogar notwendig, beispielsweise aus der primären Biomasse flüssige oder gasförmige Sekundärenergieträger herzustellen.

Der Umwandlung in Nutzenergie werden somit Aufbereitungs- und/oder Veredelungsprozesse vorgeschaltet, bei denen die Energieträger hinsichtlich einer oder mehrerer der folgenden Eigenschaften aufgewertet werden: Energiedichte, Handhabung, Speicher- und Transporteigenschaften, Umweltverträglichkeit der energetischen Nutzung, Potenzial zur Substitution fossiler Energieträger, Verwertbarkeit von Nebenprodukten und/oder Rückständen.

Bei den Verfahren zur Umwandlung organischer Stoffe in feste, flüssige oder gasförmige Sekundärenergieträger als Zwischenstufe vor der Umwandlung in die letztlich gewünschte End- bzw. Nutzenergie kann zwischen thermo-chemischen, physikalisch-chemischen und biochemischen Veredelungsverfahren unterschieden werden (Abb. 1.2).

1.3.1 Thermo-chemische Umwandlung

Durch thermo-chemische Veredelungsverfahren (z. B. Vergasung, schnelle Pyrolyse (z. B. Flash-Pyrolyse), langsame Pyrolyse (d. h. Holzkohleherstellung, Torrefizierung), hydrothermale Umwandlung) werden feste Bioenergieträger in erster Linie unter dem Einfluss von Wärme – ggf. im Beisein entsprechender Katalysatoren – in feste, flüssige und / oder gasförmige Sekundärenergieträger transformiert. Ziel einer derartigen Umwandlung kann beispielsweise sowohl die Bereitstellung von gut transportfähigen sekundären Energieträgern mit einer hohen Energiedichte als auch – und das ist der primäre Anwendungsfall – von Energieträgern mit klar definierten brennstofftechnischen Eigenschaften sein.

Bei der Vergasung wird Biomasse bei hohen Temperaturen möglichst vollständig in brennbare Gase (d. h. in ein sogenanntes Synthesegas) umgewandelt. Dabei wird dem Prozess unterstöchiometrisch ein sauerstoffhaltiges Vergasungsmittel (z. B. Luft, Wasser, Sauerstoff, Kohlenstoffdioxid) zugeführt, durch das u. a. der in der Biomasse enthaltene Kohlenstoff in Kohlenstoffmonoxid überführt werden kann. Gleichzeitig wird bei autothermen Prozessen durch eine teilweise Verbrennung des Einsatzmaterials die erforderliche Prozesswärme bereitgestellt, damit der endotherme Vergasungsprozess überhaupt stattfinden kann; bei allothermen Prozessen wird die benötigte thermische Energie dem Wandlungsprozess von außen zugeführt. Das entstandene, oft niederkalorische Gas kann in Brennern zur Wärmebereitstellung und u. a. in Gasmotoren oder -turbinen zur Stromerzeugung eingesetzt werden. Alternativ dazu kann das erzeugte Produktgas durch weitere wärmeinduzierte Umwandlungsschritte auch in flüssige (z. B. Methanol, Fischer-Tropsch-Diesel) oder gasförmige Sekundärenergieträger (z. B. SNG (Synthetic Natural Gas), DME (Dimethylether), Wasserstoff) umgewandelt werden, die dann außer in stationären Anwendungen (z. B. in Blockheizkraftwerken (BHKW) zur gekoppelten Strom- und Wärmeerzeugung) insbesondere im Verkehrssektor als flüssige bzw. gasförmige Kraftstoffe einsetzbar sind.

Bei der schnellen Pyrolyse, bei der zusätzlich zwischen einer ultraschnellen (Flash-Pyrolyse), einer schnellen und einer mittelschnellen Pyrolyse unterschieden werden kann, werden biogene Festbrennstoffe unter dem kurzzeitigen Einfluss von Wärme mit dem Ziel einer möglichst weitgehenden Maximierung der unmittelbaren Ausbeute an flüssigen Komponenten umgewandelt. Derartigen Verfahren liegen der pyrolytische Abbau der festen Biomasse und damit ihre Zersetzung unter Sauerstoffausschluss bei Temperaturen maximal um die 500 °C zugrunde. Die so u. a. produzierten flüssigen Sekundärenergieträger können nach einer entsprechenden Aufbereitung als Brennstoff in entsprechenden Feuerungsanlagen oder als Treibstoff in Motoren zur Kraft- (u. a. für die Stromerzeugung) bzw. gekoppelten Wärme-Kraft-Bereitstellung und insbesondere im Verkehrssektor zur Deckung der dort gegebenen Energie- bzw. Treibstoffnachfrage eingesetzt werden.

Unter der langsamen Pyrolyse von fester Biomasse wird eine thermo-chemische Umwandlung mit dem Ziel einer möglichst hohen Ausbeute an einem sehr kohlenstoffhaltigen Festbrennstoff mit möglichst klar definierten Eigenschaften (z. B. Holzkohle) verstanden; unter bestimmten Prozessbedingungen wird dieser Prozess auch als Verkohlung bezeichnet, da er typischerweise das Ziel verfolgt, Holzkohle bereitzustellen. Auch dazu wird die feste organische Masse unter weitgehendem Sauerstoffausschluss thermisch auf der molekularen Ebene zersetzt. Die erforderliche Prozesswärme wird dabei auch hier häufig durch eine Teilverbrennung des Rohstoffs bzw. eines Teils der Zersetzungsprodukte dieser thermo-chemischen Umwandlung bereitgestellt (typischerweise Verbrennung der entstandenen permanenten Gase). Die langsame Pyrolyse unterscheidet sich damit hinsichtlich der dabei ablaufenden thermo-chemischen Abbau- bzw. Umwandlungsprozesse nicht grundsätzlich von der schnellen Pyrolyse; die Bedingungen, unter denen diese thermo-chemische Umwandlung hier realisiert wird, werden aber so gesetzt, dass bei den Reaktionsprodukten der Feststoffanteil (hier: Anteil an Holzkohle an dem gesamten Produktspektrum) maximiert und der der flüssigen (und gasförmigen) Komponenten minimiert wird. Die dadurch gewonnene, sehr kohlenstoffreiche Biomasse (z. B. Holzkohle) kann anschließend beispielsweise in entsprechenden Anlagen zur Wärmebereitstellung eingesetzt werden (d. h. thermische Verwertung). Alternativ ist auch eine stoffliche Nutzung möglich (z. B. Aktivkohle).

Wird der thermo-chemische Prozess der langsamen Pyrolyse bei nur vergleichsweise geringen Temperaturen (ca. 200 °C) und damit unvollständig realisiert, spricht man von einer Torrefizierung. Dadurch kann ein fester Biobrennstoff bereitgestellt werden, der im Vergleich zur Ausgangsbiomasse u. a. eine höhere Energiedichte aufweist und gleichzeitig – aufgrund des wärmeinduziert veränderten molekularen Aufbaus – einfacher vermahlen werden kann; dies kann Vorteile bei einer anschließenden technischen Nutzung (beispielsweise bei der Mitverbrennung in Kohlekraftwerken) haben.

Die genannten thermo-chemischen Umwandlungsoptionen laufen in der Gasatmosphäre ab. Sie können aber auch unter hydrothermalen Bedingungen realisiert werden; in einer derartigen Umgebung können ebenfalls organische Stoffe vergast, verflüssigt und / oder verkohlt werden. Das Ziel derartiger Umwandlungsprozesse ist es, insbesondere Biomassestoffströme, die bereits mit einem hohen Wasseranteil anfallen (z. B. Klärschlamm, Schlachthofabfälle), in Sekundärenergieträger mit definierten Eigenschaften zu überführen.

1.3.2 Physikalisch-chemische Umwandlung

Zu den Verfahren der physikalisch-chemischen Umwandlung zählen alle Möglichkeiten zur Bereitstellung von Energieträgern auf Pflanzenölbasis. Ausgangsmaterial stellen jeweils ölhaltige Biomassen / Pflanzenkomponenten dar (z. B. Rapssaat, Sonnenblumensaat, Früchte der Ölpalme). Dabei muss zunächst immer die Ölphase von der restlichen Biomasse abgetrennt werden. Beispielsweise kann dies durch ein mechanisches Auspressen realisiert werden, bei dem z. B. bei der Rapssaat ein großer Teil des Rapsöls abgetrennt wird; zurück bleibt der sogenannte Presskuchen, der immer noch geringe Ölanteile beinhaltet, da allein durch mechanische Pressvorgänge keine vollständige Entölung der organischen Masse realisiert werden kann. Bei der alternativ oder additiv möglichen

Extraktion wird der ölhaltigen Saat oder dem noch ölhaltigen Presskuchen der Ölinhalt mithilfe eines Lösemittels entzogen. Öl und Lösemittel bzw. die verbleibende Biomasse und das Lösemittel werden anschließend durch Destillation bzw. wärmeinduzierte Verdampfungsprozesse getrennt und das Lösemittel rezykliert. Als Feststoff verbleibt dabei das sogenannte Extraktionsschrot, das u. a. stofflich (z. B. als Futtermittel) oder ggf. auch als Festbrennstoff genutzt werden kann. Das gewonnene Pflanzenöl ist in seiner Reinform in pflanzenöltauglichen Dieselmotoren und in bestimmten Heiz- bzw. Heizkraftwerken (d. h. Blockheizkraftwerken) als Treib- oder Brennstoff energetisch nutzbar.

Soll ein Einsatz in marktüblichen Dieselmotoren erfolgen bzw. soll ein normenkonformer sogenannter Drop-in-Kraftstoff erzeugt werden, müssen die Eigenschaften des Pflanzenöls an die des handelsüblichen Dieselkraftstoffs angenähert bzw. angepasst werden. Dies kann u. a. über eine Umesterung oder eine Hydrierung mit anschließender Isomerisierung realisiert werden. Dabei kann mit der ersteren Option die heute gültige Dieselspezifikation näherungsweise und mit der letzteren Variante vollumfänglich eingehalten werden. Deshalb wird umgeestertes Pflanzenöl üblicherweise nur im einstelligen Prozentbereich zu fossilem Dieselkraftstoff zugemischt und beispielsweise in Deutschland an den Tankstellen als Mischkraftstoff vermarktet. Demgegenüber kann hydriertes und isomerisiertes Pflanzenöl auch eigenständig die gültigen Kraftstoffspezifikationen einhalten.

1.3.3 Biochemische Umwandlung

Bei den biochemischen Veredelungsverfahren erfolgt die Umwandlung der Biomasse in Sekundärenergieträger bzw. in End- oder Nutzenergie mithilfe von Mikroorganismen und damit durch biologische Prozesse.

Zucker-, stärke- und cellulosehaltige Biomasse kann durch eine alkoholische Gärung mithilfe z. B. von Hefen in einer wässrigen Lösung in Ethanol (C_2H_5OH) überführt werden, das anschließend durch eine Destillation bzw. Rektifikation aus der Maische abgetrennt und im Anschluss daran durch eine Absolutierung in Reinform gewonnen werden kann. Ethanol kann dann als Kraft- und Brennstoff in Ottomotoren oder Verbrennungsanlagen zur End- bzw. Nutzenergiebereitstellung eingesetzt werden. Zur Einhaltung der derzeit gültigen Kraftstoffspezifikationen kann Ethanol in Reinform nur als Zumischkomponente zu konventionellem Ottokraftstoff in den heute marktgängigen Motoren eingesetzt werden. Soll ein Drop-in-Kraftstoff erzeugt werden, muss der Alkohol anschließend über eine Dehydrierung, Oligomerisierung und Hydrierung in langkettige Kohlenwasserstoffverbindungen überführt werden, aus denen dann der normenkonforme Kraftstoff abgetrennt werden kann. Ähnlich wie Ethanol können mithilfe von Biokatalysatoren auch andere Alkohole erzeugt und zu einem marktgängigen Kraftstoff weiterverarbeitet werden; ein entsprechendes Beispiel ist Butanol.

Bei der anaeroben Fermentation organischer Stoffe (d. h. dem Biomasseabbau unter Sauerstoffausschluss) wird durch den sukzessiven Abbau organischer Masse durch bestimmte Gruppen der Bakterien und Archaea ein wasserdampfgesättigtes Mischgas (Biogas) freigesetzt, das zu rund der Hälfte bis maximal etwa zwei Dritteln aus Methan (CH_4) besteht (der verbleibende Rest ist hauptsächlich Kohlenstoffdioxid (CO_2)). Es kann – nach einer ggf. notwendigen entsprechenden Reinigung – in Gasbrennern oder Motoren als Energieträger genutzt werden. Alternativ dazu ist auch eine Aufbereitung auf Erdgasqualität möglich mit dem Ziel, das aufbereitete Gas ins vorhandene Erdgasnetz einzuspeisen. So kann es dann – wie Erdgas auch – zeitlich und räumlich von der Erzeugung entkoppelt zur Energienachfragedeckung im Wärme-, Strom- und / oder Transportsektor eingesetzt werden.

Beim aeroben Abbau wird die Biomasse mit Luftsauerstoff unter Wärmefreisetzung ebenfalls mithilfe von Bakterien oxidiert (Kompostierung). Die dabei auf einem relativ geringen Temperaturniveau frei werdende Wärme kann beispielsweise mithilfe von Wärmepumpen gewonnen und dadurch in Form von Niedertemperaturwärme verfügbar gemacht werden; dieser Energiebereitstellungspfad ist aber bisher praktisch bedeutungslos.

1.4 Aufbau und Abgrenzungen

Das Energieangebot der Biomasse ist durch eine große Bandbreite hinsichtlich der Energieträgercharakteristik, der Energiedichte, der potenziell bereitstellbaren Sekundär- oder Endenergieträger und einer Vielzahl weiterer Bestimmungsgrößen gekennzeichnet. Daher muss jede technische Möglichkeit zur Umwandlung in einen Energieträger an die jeweilige Charakteristik der entsprechenden organischen Stoffe (d. h. der jeweiligen Biomasse) angepasst sein. Daraus resultiert eine sehr große Vielzahl möglicher Nutzungsoptionen, -techniken und -systeme.

Diese große Vielfalt und erhebliche Inhomogenität sowohl des biogenen Energieangebots als auch der möglichen Konversionstechniken verursacht methodische Probleme und strukturelle Herausforderungen bei einer systematischen und in sich schlüssigen Darstellung der verschiedenen Optionen. Ein einheitlicher Aufbau bei einer umfassenden Darstellung der gegebenen Möglichkeiten, die allen Optionen adäquat Rechnung trägt und in sich logisch konsequent strukturiert ist, ist deshalb schwierig und im Sinne einer verständlichen Darstellung z. T. nicht möglich und ggf. auch kontraproduktiv.

Dennoch wird in dieser Buchreihe versucht, die verschiedenen Möglichkeiten zur Energiebereitstellung aus Biomasse nach einer weitgehend vergleichbaren Vorgehensweise und Struktur darzustellen und zu diskutieren; diese übergeordnete Gliederungslogik wird im Folgenden beschrieben. Zur Gewährleistung einer besseren Verständlichkeit und einer klaren Struktur kann jedoch von dieser nachfolgend diskutierten prinzipiellen Vorgehensweise ggf. abgewichen werden. Auch gibt es zwingend Inhomogenitäten, da für einige Optionen aufgrund der größeren Marktbedeutung national wie international der verfügbare Kenntnisstand deutlich weitergehend und tiefgehender ist im Vergleich zu Nutzungsvarianten, die bisher nur im Labor und ggf. im Technikum umgesetzt wurden und / oder bisher maximal eine lokale Bedeutung erlangt haben.

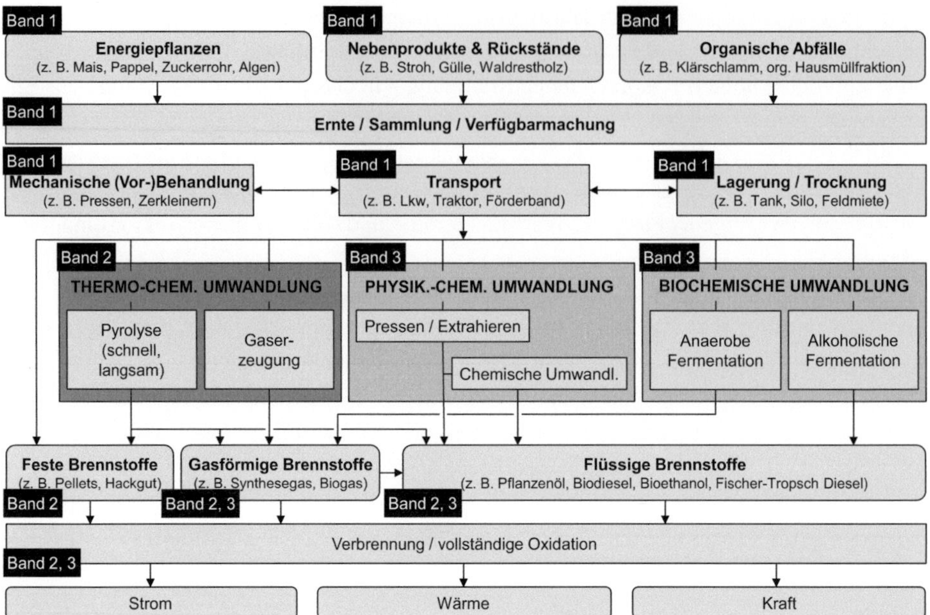

Abb. 1.3 Möglichkeiten der End- bzw. Nutzenergiebereitstellung aus Biomasse und deren Darstellung innerhalb dieser Buchreihe (abgerundete Kästen Energieträger; eckige Kästen Umwandlungsprozesse; vereinfachte Darstellung; chem. chemisch; physik. physikalisch; Umwandl. Umwandlung)

Der Aufbau dieser Buchreihe (Abb. 1.3) und die inhaltliche Abgrenzung zwischen den einzelnen Bänden bzw. Kapiteln orientiert sich an dem diskutierten Aufbau der Biomasseversorgungsketten bzw. den unterschiedlichen Umwandlungsmöglichkeiten in Sekundärenergieträger (vgl. Abb. 1.2).

- Band 1 beschreibt – nach einer Einordnung der Biomasse in das globale und in das europäische Energiesystem – zunächst die biologischen Grundlagen der Biomasseproduktion. Ausgehend davon wird dann auf die der Menschheit – mit einem Schwerpunkt in Mitteleuropa – insgesamt verfügbare Biomasseressourcenbasis eingegangen; dies gilt für Holz aus dem Wald, ein- und mehrjährige Kulturpflanzen aus der landwirtschaftlichen Primärproduktion und für die große Gruppe der organischen Rückstände (z. B. Gülle), Nebenprodukte (z. B. Stroh) und Abfälle (z. B. Klärschlamm, Organikanteil der kommunalen Siedlungsabfälle), die in nahezu allen Bereichen unserer Volkswirtschaft im Verlauf der gesamten Wertschöpfungskette in unterschiedlichen Mengen und in verschiedenartigen Zusammensetzungen anfallen. Ausgehend von dieser damit vorliegenden Beschreibung der potenziell verfügbaren Biomasseressourcen wird dann auf die entsprechenden Bereitstellungsketten für wesentliche organische Stoffströme eingegangen; darunter wird hier der Prozessablauf bzw. „Lebensweg“ der Biomasse von der Anfall-/Anbaufläche bis zum Eingang in die entsprechende Konversionsanlage verstanden. Danach werden dann die einzelnen Verfahrensschritte, die im Rahmen derartiger Bereitstellungsketten im Zeitverlauf umgesetzt werden (müssen), diskutiert. Neben den entsprechenden Ernteprozessen inkludiert dies die Verfahren und Prozesse zur mechanischen Aufbereitung (u. a. Zerkleinerung, Kompaktierung), Transportprozesse auf dem Land (Straße und ggf. Schiene) und dem Wasser (Binnengewässer und Hochseegewässer) sowie die entsprechend notwendigen Trocknungs- und Lagerungsprozesse. Alle bisher betrachteten Biomassen und deren jeweilige Bereitstellungsketten beziehen sich auf Pflanzen, die auf Land angebaut werden. Da Biomasse jedoch auch im Wasser bzw. in einem sehr feuchten Umfeld produziert werden kann, adressiert ein weiteres Kapitel die Produktion und Bereitstellung von Mikro- und Makroalgen.

- Band 2 beinhaltet die Grundlagen der thermo-chemischen bzw. wärmeinduzierten Umwandlung fester organischer Stoffe in End- bzw. Nutzenergie. Nach einer vertieften Darstellung des Aufbaus und der Zusammensetzung biogener Festbrennstoffe werden die chemischen (und physikalischen) Grundlagen der thermo-chemischen Umwandlung detailliert diskutiert; da letztlich alle thermo-chemischen Umwandlungsoptionen die verschiedenen Phasen der thermo-chemischen Umwandlung – wenn auch z. T. unter unterschiedlichen Prozessbedingungen und in einer verschiedenartigen zeitlichen Abfolge – umsetzen, beinhaltet dieses Kapitel die wesentliche Basis für alle nachfolgenden Ausführungen. Ausgehend davon wird nun auf die Einordnung und Abgrenzung der jeweiligen thermo-chemischen Umwandlungsverfahren eingegangen; d. h., es wird ein Klassifizierungsschema vorgeschlagen, das eine eindeutige Einordnung und Abgrenzung der diversen wärmeinduzierten Biomasse-Konversionsverfahren erlaubt. Aufbauend darauf wird dann die Verbrennung biogener Festbrennstoffe – einschließlich der Grundlagen der Verbrennung und der korrespondierenden Schadstoffbildung, der Anlagentechnik für Klein- und Großanlagen, der jeweiligen Abgasreinigungsoptionen (d. h. Sekundärmaßnahmen) und der korrespondierenden Stromerzeugungsmöglichkeiten – diskutiert. Da die Verbrennung nur eine Möglichkeit darstellt, aus fester Biomasse End- oder Nutzenergie bereitzustellen, wird zusätzlich auf die Verfahren der Gaserzeugung, der schnellen und langsamen Pyrolyse sowie der hydrothermalen Biomassewandlung eingegangen. Da die Erzeugung von Treib- oder Kraftstoffen aus biogenen Festbrennstoffen nach wie vor in der Diskussion ist, werden ebenso die verschiedenen Möglichkeiten einer Synthese erörtert – und damit die Konversion beispielsweise von Produktgasen aus der Gaserzeugung in langkettige Kohlenwasserstoffverbindungen.
- Band 3 umfasst im Wesentlichen die Optionen einer biochemischen Biomassewandlung. Dazu werden zunächst die in der Biomasse natürlicherweise vorhandenen Makromolekülgruppen beschrieben. Ausgehend davon wird auf den Aufschluss der organischen Stoffe mithilfe u. a. chemischer, physikalischer oder biologischer Verfahren eingegangen und die grundsätzlich gegebenen Optionen zur Umwandlung der biogenen Makromoleküle auf biokatalytischem Weg in die jeweils gewünschten und ggf. energetisch nutzbaren Moleküle dargestellt. Basierend darauf wird dann auf die Möglichkeiten einer Bioethanolerzeugung und einer Biogasgewinnung detailliert eingegan-

gen, da dies aus Sicht einer kommerziellen Umsetzung die beiden bisher wichtigsten Prozessoptionen sind; dabei werden jeweils sowohl die biologischen, biochemischen als auch biotechnologischen Grundlagen, der aktuelle Stand der jeweiligen verfahrenstechnischen Lösungen und die entsprechenden Nutzungsoptionen der erzeugten Energieträger dargestellt. Zusätzlich dazu wird dann auf weitere fermentative Biomasseumwandlungsoptionen eingegangen (z. B. Biobutanolerzeugung). Anschließend werden auch die Möglichkeiten einer Bereitstellung von Pflanzenöl-basierten Kraftstoffen diskutiert.

Dabei liegt der Schwerpunkt der jeweiligen Ausführungen auf der Darstellung der physikalischen, chemischen, biologischen und (verfahrens-)technischen Grundlagen sowie den entsprechenden anlagentechnischen Umsetzungs- und Realisationsmöglichkeiten. Ökonomische Fragestellungen, ökologische Analysen, Potenzialuntersuchungen und energiewirtschaftliche Betrachtungen sind damit nicht Gegenstand der nachfolgend gemachten Ausführungen.

Nachfolgend werden der Aufbau und der Inhalt des hier vorliegenden dritten Bandes dieser Buchreihe kurz zusammenfassend vertieft (Abb. 1.4). Die Wärmegewinnung aus Verrottungs- bzw. Kompostierungsprozessen (d. h. aerober Abbau) wird dabei nicht näher betrachtet, da die bei solchen biochemischen Abbauprozessen anfallende Niedertemperaturwärme lediglich ein Abfallprodukt darstellt, das in den meisten Fällen nicht genutzt wird bzw. werden kann. Deshalb hat diese Biomasse-Nutzungsoption zwar in der Abfallwirtschaft zur Kompostherstellung eine gewisse Bedeutung; dies gilt aber nicht aus energetischer Sicht.

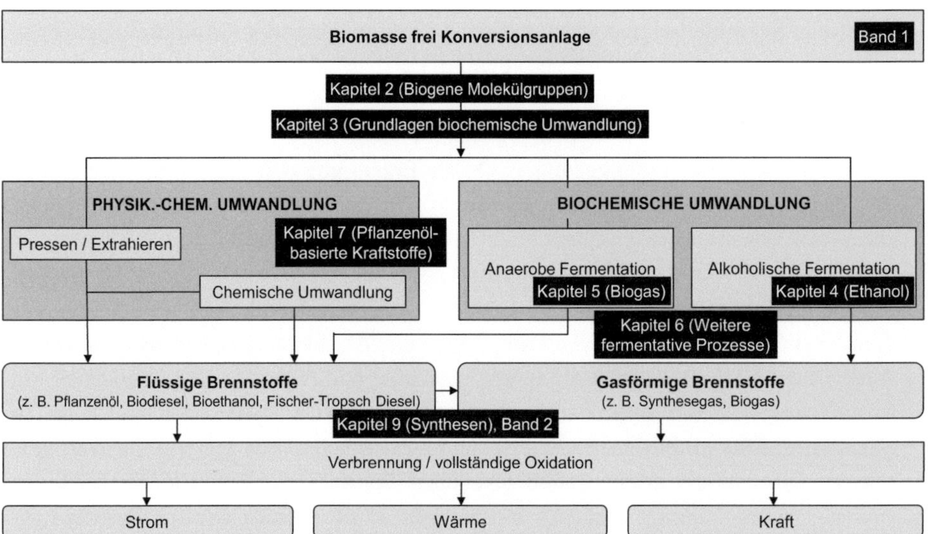

Abb. 1.4 Inhalte und Zuordnung der hier vorliegenden Buchpublikation (abgerundete Kästen Energieträger; eckige Kästen Prozesse; vereinfachte Darstellung)

1.4.1 Gebiet „Biogene Molekülgruppen"

Die Syntheseleistung der Pflanzen manifestiert sich typischerweise in der Erzeugung bestimmter Makromoleküle (z. B. Cellulose, Lignin), mit denen dann die Pflanzenstruktur aufgebaut bzw. die dann dort eingelagert werden. Biochemische Umwandlungsprozesse nutzen diese Syntheseprodukte und die darin gespeicherte (Sonnen-)Energie und wandeln die entsprechenden pflanzlichen (Makro-)Moleküle in Moleküle bzw. Kohlenwasserstoffverbindungen mit anderen Eigenschaften / Kenngrößen um; ein typisches derartiges Beispiel ist die Konversion von Zucker in Ethanol. Vor diesem Hintergrund ist es zum tieferen Verständnis der Möglichkeiten und auch der Grenzen einer biochemischen Umwandlung essenziell, die Kenngrößen und Eigenschaften der in der pflanzlichen Biomasse enthaltenen Makromoleküle bzw. Molekülgruppen zu kennen und zu verstehen. Deshalb ist es das Ziel des zweiten Kapitels, diese einzelnen Molekülgruppen darzustellen und zu charakterisieren (Abb. 1.4); dies gilt beispielsweise für Kohlenhydrate, Proteine, Lipide und Lignin. Diese einzelnen Stoffgruppen werden ausführlich beschrieben und charakterisiert.

1.4.2 Gebiet „Grundlagen der biochemischen Umwandlung"

Biomasse kann durch biochemische Verfahren in End- bzw. Nutzenergie umgewandelt werden. Die einer derartigen Umwandlung zugrunde liegenden wesentlichen biologischen Grundlagen – und die daraus resultierenden Anforderungen an die Verfahrenstechnik – werden im dritten Kapitel diskutiert (Abb. 1.4).

In diesem Kontext wird zunächst auf den Aufschluss der Biomasse eingegangen, da biochemische Konversionsprozesse typischerweise langsam sind und deshalb eine große innere Oberfläche, auf der die Biokatalysatoren aktiv werden können, benötigt wird. Diskutiert werden die entsprechenden mechanischen, physikalischen und chemischen Prinzipien. Danach wird zunächst auf die Grundlagen der biochemischen Konversion – und die sie bestimmenden Determinanten – eingegangen; in diesem Kontext werden auch wesentliche Begriffe diskutiert, die in diesem Zusammenhang immer wieder fallen. Anschließend werden sowohl für Enzym-katalysierte als auch für mikrobiologische Umsetzungen jeweils der Aufbau und die Funktion, die Grundlagen der entsprechenden Kinetik und neben potenziellen Hemmungsmechanismen auch exemplarische industrielle Anwendungsfälle dargestellt und vertieft. Final werden ausgehend davon die verfahrenstechnischen „Leitplanken" einer technischen Umsetzung derartiger Prozesse zur Erzeugung von Energieträgern und / oder Plattformchemikalien begründet abgeleitet und diskutiert; diese stecken quasi das Feld ab, innerhalb dessen sich die verfahrenstechnischen Lösungen bewegen müssen.

1.4.3 Gebiet „Ethanolkraftstoffe"

Anschließend wird die Ethanolerzeugung aus zucker-, stärke- bzw. cellulosehaltiger Biomasse (Kapitel 4, Band 3; Abb. 1.4) erläutert. Dazu wird zunächst auf die biologischen Grundlagen der alkoholischen Gärung beispielsweise mithilfe von Hefen eingegangen, wie sie heute in den kommerziellen Ethanolerzeugungsanlagen großtechnisch umgesetzt wird. Danach wird die entsprechende Verfahrenstechnik diskutiert; dies gilt für Zucker-, Stärke- und Lignocellulose-haltige Input-Materialien und umfasst die Schritte „Bereitstellung einer fermentierbaren Zuckerlösung", „alkoholische Gärung", „Destillation" und „Absolutierung". Auch wird erörtert, wie die verschiedenen weiteren Stoffströme, die infolge der großtechnischen Ethanolerzeugung neben dem gewünschten Hauptprodukt „Ethanol" zwingend anfallen, sinnvoll im Rahmen integrierter Gesamtkonzepte nutzbar gemacht werden können. Final wird dann noch auf die Nutzungsmöglichkeiten der jeweiligen Alkohole und der weiteren in Koppelproduktion anfallenden Nebenströme eingegangen.

1.4.4 Gebiet „Biogas als Energieträger"

Anschließend werden die biologischen, biotechnologischen und verfahrenstechnischen Möglichkeiten und Grenzen einer Biogasbereitstellung (Kapitel 5, Band 3) präsentiert (Abb. 1.4). Dies inkludiert zunächst eine vertiefte Darstellung der biologischen Grundlagen der anaeroben Biogasfermentation und der sie bestimmenden Determinanten. Danach wird die Anlagentechnik zur Biogaserzeugung mit ihren diversen Facetten (u. a. Durchmischung, Beheizung) diskutiert; dies beinhaltet neben der eigentlichen Anaerobtechnik für die unterschiedlichsten Substrate auch Prozesse und Verfahren einerseits der Substrataufbereitung und andererseits der Biogasreinigung, der Biogaslagerung und ggf. der Aufbereitung zu Biomethan. Zusätzlich wird auch die potenzielle Weiterverarbeitung/Aufbereitung und weitergehende Nutzung des Gärrests thematisiert und adressiert. Final wird weiterhin auf die Möglichkeiten einer Biogasnutzung eingegangen; dies gilt sowohl in Bezug auf einen Einsatz in Blockheizkraftwerken als auch hinsichtlich einer Einspeisung in Erdgasnetze. Zusätzlich wird im Rahmen eines Exkurses noch auf die Möglichkeiten der Deponiegaserzeugung eingegangen; diese Option – in Mitteleuropa nahezu bedeutungslos (maximal noch Altdeponien) – hat insbesondere in einigen außereuropäischen Ländern nach wie vor eine bestimmte Relevanz.

1.4.5 Gebiet „Weitere fermentative Prozesse"

Eine alkoholische Gärung und eine Biogasfermentation sind die beiden biochemischen Umwandlungsoptionen, die in Europa die derzeit größte Bedeutung im Bioenergiebereich haben. Nichtsdestotrotz sind es nicht die einzigen fermentativen Prozesse, mit denen Pflanzenbiomasse über entsprechende Biokatalysatoren in Energieträger und / oder Plattformchemikalien umgewandelt werden können; eine derartige, in der Vergangenheit bereits großtechnisch umgesetzte und auch unter Kraftstoffaspekten vielfach diskutierte Möglichkeit ist beispielsweise eine Erzeugung von Biobutanol über die ABE-Fermentation.

Da derartige Optionen insbesondere im Zusammenhang mit den Möglichkeiten, über Gen-modifizierte Organismen (engl. Gen Modified Organism, GMO) im Rahmen der weißen Biotechnologie bestimmte Produkte effizienter und zielorientierter erzeugen zu können, an Bedeutung gewonnen haben, werden die entsprechenden Möglichkeiten zusätzlich vertieft. Neben der Butanolerzeugung gilt das auch für die Kohlenstoffmonoxidfermentation, die Butandiolfermentation, die Farnesenproduktion und die dunkle Fermentation zur Wasserstofferzeugung. Hinzu kommen weitere potenzielle Routen, mit denen Pflanzenbiomasse auf biochemischem Wege in energetisch nutzbare Moleküle überführt werden kann.

1.4.6 Gebiet „Pflanzenöl-basierte Kraftstoffe"

Ist die verfügbare Biomasse öl- oder fetthaltig, wie es beispielsweise bei der Raps- oder Sonnenblumensaat der Fall ist, können mithilfe physikalisch-chemischer Verfahren die darin enthaltenen pflanzlichen Öle und Fette abgetrennt werden. Dies kann durch eine ausschließliche Pressung, eine alleinige Extraktion und / oder eine Kombination der beiden verfahrenstechnischen Optionen realisiert werden. Die (verfahrens-)technischen Möglichkeiten und auch Grenzen der jeweiligen technischen Lösungen werden entsprechend dargestellt und erläutert (Kapitel 7, Band 3; Abb. 1.4); dies inkludiert auch die jeweils der eigentlichen Ölabtrennung vorgelagerten Prozessschritte (u. a. Saatvorbereitung und -konditionierung) und die jeweils nachfolgenden Verfahrensstufen u. a. zur Öl- bzw. Fettreinigung und zur Nutzbarmachung der entölten / entfetteten Biomasse. Die entsprechenden Pflanzenöle können dann in speziellen Pflanzenöl-tauglichen Motoren ggf. als Kraftstoff eingesetzt werden.

Da ein Großteil der heute vorhandenen Fahrzeugflotte naturbelassenes Pflanzenöl als Kraftstoff aus Motoren-technischer Sicht nicht einsetzen kann, wurde in der Vergangenheit eine Vielzahl an Prozessen und Verfahren erarbeitet und umgesetzt, mit denen das Pflanzenöl bzw. -fett an die Eigenschaften fossilen Dieselkraftstoffs angeglichen werden kann. Deshalb wird anschließend auf die vielfältigen entsprechenden verfahrenstechnischen Prozesse eingegangen, mit denen aus dem pflanzlichen Öl/Fett – und ggf. weiteren originär Pflanzen-basierten Ölen wie z. B. Altspeisefette – ein Biokraftstoff mit definierten Kraftstoffeigenschaften erzeugt werden kann. Zum besseren Verständnis dieser Prozesse, durch welche typischerweise die Molekülstruktur der Pflanzenöle/-fette in einem unterschiedlichen Ausmaß verändert wird, damit sie denen genormter Kraftstoffe eher entsprechen, wird auch auf die jeweiligen chemischen Grundlagen eingegangen. Abschließend werden die Eigenschaften der erzeugten Kraftstoffe und deren Einsatzmöglichkeiten dargestellt. Wieder steht im Rahmen dieses Kapitels die Darstellung der (verfahrens-)technischen Grundlagen und Zusammenhänge im Vordergrund der jeweiligen Ausführungen.

Literatur

[1.1] Kaltschmitt M, Streicher W, Wiese A (Hrsg.) (2020) Erneuerbare Energien – Systemtechnik, Wirtschaftlichkeit, Umwelteffekte, 6. Auflage. Springer, Berlin, Heidelberg

[1.2] Kaltschmitt M, (2022/23) Energie aus Biomasse. Folien zur Vorlesung. Institut für Umwelttechnik und Energiewirtschaft (IUE), Technische Universität Hamburg (TUHH), Wintersemester 2022/23

Chemische Grundlagen des Biomasseaufbaus

2

Marvin Scherzinger, Martin Kaltschmitt und Johannes Gescher

Bis zur Mitte des 19. Jahrhunderts wurde der globale Energieverbrauch überwiegend durch die energetische Nutzung von pflanzlicher Biomasse gedeckt. Mit zunehmender Industrialisierung erlangten fossile Energieträger wie Erdöl und Erdgas sowie Stein- und Braunkohle immer mehr an Bedeutung und lösten die Biomasse als wichtigsten Energieträger ab. Doch nach wie vor liefert die Biomasse einen energiewirtschaftlich relevanten Beitrag – wenn auch regional z. T. sehr unterschiedlich – zur Deckung der globalen Energienachfrage [2.1] – und das auch und in jüngster Zeit vermehrt auf der Basis einer biochemischen Umwandlung.

Fast alle natürlichen Vorkommensmodifikationen von Biomasse sind für eine energetische Nutzung i. Allg. und auch für eine biochemische Nutzung im Speziellen geeignet. Aufgrund der unterschiedlichen elementaren sowie (makro-)molekularen Zusammensetzung gibt es aber deutliche Unterschiede hinsichtlich der jeweils bevorzugten Eignung der jeweiligen Biomasse bzw. der entsprechenden Pflanzenkomponente für bestimmte Umwandlungsverfahren einer energetischen Nutzung, die z. T. mithilfe biologischer bzw. biochemischer Prozesse realisiert wird. Dabei gilt i. Allg., dass trockene Biomasse nahezu immer für eine thermo-chemische Umwandlung geeignet ist; die von der Natur beim Pflanzenwachstum synthetisierten organischen Makromoleküle können praktisch uneingeschränkt wärmeinduziert aufgebrochen und unter Energiefreisetzung vollständig oxidiert werden. Dies gilt aber nicht zwingend für eine biochemische Umwandlung. Bestimmte Biokatalysatoren können nur spezielle, in der Biomasse enthaltene Makromoleküle / Molekülgruppen einer weiteren (energetischen) Nutzung zugänglich machen.

Um ein besseres Verständnis dafür zu gewinnen, welche Biomassekomponenten für welche biochemischen Umwandlungsverfahren überhaupt bzw. am besten geeignet sind, erfolgt daher nachfolgend zunächst eine Klassifizierung von Biomasse. Dazu werden die unterschiedlichen Biomassearten in verschiedene übergeordnete Gruppen eingeteilt. An-

Marvin Scherzinger, Martin Kaltschmitt, Johannes Gescher, Hamburg, Deutschland

M. Kaltschmitt, M. Scherzinger, J. Gescher (Hrsg.), *Energie aus Biomasse*, Energie aus Biomasse 3, https://doi.org/10.1007/978-3-658-41386-6_2

schließend wird detailliert auf die jeweils darin enthaltenen chemischen Stoffklassen / Makromolekülgruppen eingegangen, da diese die Basis für die in den nachfolgenden Kapiteln diskutierten biochemischen Umwandlungspfade sind.

2.1 Klassifizierung

Eine Klassifizierung von primärer Biomasse kann mithilfe verschiedener Ansätze erfolgen. Eine relativ einfache und verbreitete Methode ist die Unterteilung in drei Hauptgruppen, wie sie nachfolgend vorgenommen wird (für eine detailliertere Betrachtung der verschiedenen verfügbaren Biomassearten siehe Band 1):

- Holz bzw. holzartige Biomasse,
- halmgutartige Biomasse und
- Algenbiomasse.

Innerhalb dieser Hauptgruppen kann jeweils eine weitere Unterteilung in verschiedene Untergruppen erfolgen. Auch ist ein weitergehendes Zusammenfassen ausgewählter Gruppen möglich und gängig; beispielsweise können die Gruppen „Holz" sowie „Halmgutartige Biomasse" entsprechend den jeweils zugrunde liegenden Stoffklassen bzw. den primär vorhandenen Makromolekülgruppen auch zur Gruppe der „Lignocellulosehaltigen Biomasse" zusammengefasst werden. Nachfolgend werden diese einzelnen Gruppen kurz charakterisiert.

Dabei ist zu beachten, dass es weitere Pflanzen-basierte Biomassearten gibt, die diesen drei Gruppen nicht zwingend zugeordnet werden können; dies gilt beispielsweise für Schalen (z. B. Erdnussschalen, Walnussschalen), Blüten und Fruchtstände sowie Pilze und Flechten. Da derartige Biomassegruppen im Vergleich zu den genannten drei Hauptgruppen global nur eine begrenzte Bedeutung haben, werden sie hier nicht weitergehend adressiert. Gleiches gilt auch für bereits „vorverdaute" pflanzliche Biomasse (z. B. tierische Exkremente) und tierische Biomasse (z. B. Rückstände aus Schlachthöfen). Derartige Biomasse-Stoffströme addieren sich noch zu den genannten drei Hauptgruppen.

2.1.1 Holz

Holz zählt zu den bedeutendsten biogenen Energieträgern und wird bereits seit Jahrtausenden, überwiegend durch Verbrennung, energetisch genutzt. Allgemein umfasst der Begriff Holz das harte Gewebe der Sprossachsen von Bäumen und Sträuchern, welches vom Kambium, dem Bindungsgewebe zwischen Holz und Rinde, gebildet wird (Kapitel 3, Band 1).

Eine Unterscheidung erfolgt zwischen Laubhölzern (engl. Hard Wood) und Nadelhölzern (engl. Soft Wood). Diesen beiden Gruppen können erwartete Durchschnittswerte der

Tabelle 2.1 Durchschnittliche chemische Zusammensetzung von Nadel- und Laubholz

	Nadelholz	Laubholz
	in % der Trockensubstanz	
Cellulose	42 ± 2	45 ± 2
Hemicellulose	27 ± 2	30 ± 5
Lignin	28 ± 3	20 ± 4
Extraktstoffe	3 ± 2	5 ± 3

chemischen Zusammensetzung zugeordnet werden; es ist aber nur begrenzt sinnvoll, die chemische Zusammensetzung für eine bestimmte Baumart oder gar einen bestimmten Baum zu definieren, da diese je nach Pflanzenteil (z. B. Wurzel, Stamm, Ast), geographischem Standort, regionalem Klima und lokalen Bodenbedingungen (sehr) stark variieren kann [2.2]; maximal lassen sich entsprechende mittlere Bandbreiten angeben, die aber auch aufgrund lokaler Besonderheiten nicht zwingend zutreffen müssen.

Der größte Unterschied in der Anatomie zwischen Laub- und Nadelholz liegt im Vorhandensein von weitlumigen Gefäßen bei Laubhölzern, den Tracheen; diese sind ausschließlich für den Wasser- und Nährstofftransport von der Wurzel in die Krone zuständig und die mechanische Festigung wird von den Holzfasern sichergestellt. Im Gegensatz dazu verfügen Nadelhölzer über Zellen, die als Längstracheiden bezeichnet werden und eine doppelte Funktion aufweisen; sie leiten Wasser und sind gleichzeitig für die Festigung zuständig [2.3].

Nadelhölzer bestehen aus zwei Hauptzelltypen. Neben den Längstracheiden, die etwa 90 % des Holzvolumens ausmachen, sind die sogenannten Parenchymzellen für die Speicherung und Leitung von Nährstoffen zuständig; diese bei Nadelhölzern quer ausgerichteten Parenchymzellen belegen etwa 10 % des Holzvolumens.

Demgegenüber ist die Anatomie von Laubhölzern deutlich komplexer. Die meisten Laubhölzer beinhalten vier verschiedene Zelltypen. Neben den Tracheen und Holzfasern sind auch in Laubhölzern Parenchymzellen zu finden, die im Gegensatz zu den Nadelhölzern sowohl quer (Querparenchymzellen) als auch längs (Längsparenchymzellen) ausgerichtet sein können [2.3].

Holz besteht i. Allg. aus zwei wesentlichen Stoffklassen bzw. Makromolekülgruppen, dem Lignin und den Kohlenhydraten; der Kohlenhydratanteil umfasst die Bestandteile Cellulose und Hemicellulosen. Diese Gruppen stellen komplexe, polymere Materialien dar. Außerdem enthält Holz auch geringe Mengen an Fremdstoffen, die meist in Form von organischen Extraktstoffen (z. B. Terpene) und anorganischen Mineralien (Asche) vorliegen [2.2].

Aufgrund des unterschiedlichen Aufbaus von Laub- und Nadelhölzern variiert auch der Anteil der einzelnen chemischen Bestandteile erheblich (Tabelle 2.1). Beispielsweise ist der Ligninanteil im Laubholz deutlich geringer im Vergleich zum Nadelholz.

2.1.2 Halmgutartige Biomasse

Zur Gruppe der halmgutartigen Biomasse zählen typischerweise alle Landpflanzen, die eine nichtverholzte Sprossachse aufweisen (teils wird hierbei auch von halmgut- und krautartiger Biomasse gesprochen). Dies beinhaltet u. a. Energiegräser sowie weitere einjährige und mehrjährige Kulturpflanzen. Generell gilt, dass derartige halmgutartige Biomassen – im Vergleich zum Holz – einen höheren Nährstoff- bzw. Spurenelementegehalt und einen geringeren Ligningehalt im Vergleich zu Holz aufweisen. Die individuelle Zusammensetzung kann aber auch hier – wie beim Holz – je nach Jahreszeit, Biomassekomponente, Pflanze und den jeweiligen standortspezifischen Gegebenheiten stark variieren und auch durch die Verfügbarkeit von Mineralien oder Nährstoffen im Boden beeinflusst werden [2.4].

Halmgutartige Biomasse wird in der Regel jährlich geerntet und kann nach der potenziellen Verwertungsoption in die Gruppen zucker-/stärkehaltige Pflanzen, ölhaltige Pflanzen und Lignocellulose-Pflanzen unterteilt werden [2.5] (Kapitel 4, Band 1). Oft können auch einzelne Kulturpflanzen nicht nur einer, sondern mehreren dieser nachfolgend diskutierten Gruppen zugeordnet werden; Beispiele dafür sind Leinen (*Linum usitatissimum*) und Hanf (*Cannabis sativa*), die einerseits bezogen auf die Stängel den Lignocellulose-Pflanzen und andererseits in Bezug auf die Öl enthaltenden Samen den ölhaltigen Pflanzen zugeordnet werden können.

Die derzeit global am meisten angebauten zuckerhaltigen Pflanzen sind das Zuckerrohr (*Saccharum officinarum*) und die Zuckerrübe (*Beta vulgaris*) (Kapitel 4, Band 1). Der Zucker liegt in diesen Pflanzen als Saccharose vor; dies ist ein Zweifachzucker (Disaccharid), der sich aus den Monosacchariden Glucose und Fructose zusammensetzt und in den Vakuolen dieser Pflanzen gespeichert wird (die Vakuole ist ein Zellorganell in einer Pflanzenzelle; sie ist mit Zellsaft [Wasser, gelöste Stoffe, Proteine] gefüllt und von einer Membran umhüllt). Etwa 80 % der weltweit produzierten Saccharose entfallen auf Zuckerrohr, das hauptsächlich in tropischen und subtropischen Regionen angebaut wird. Die verbleibenden 20 % werden aus Zuckerrüben gewonnen, die hauptsächlich in Ländern mit einem gemäßigten Klima in der nördlichen Hemisphäre angebaut werden [2.6].

Zuckerhaltige Pflanzen können biochemisch relativ einfach genutzt werden, da die enthaltenen Zucker z. B. direkt von Hefen vergoren werden können. Die Bandbreiten der Hauptbestandteile einiger Zuckerpflanzen bzw. von Nebenprodukten aus deren Verwertung zeigt exemplarisch Tabelle 2.2 (siehe auch Kapitel 4, Band 1).

Da alle Pflanzen zu einem gewissen Anteil aus Stärke bestehen, die in bestimmten Pflanzenorganen (z. B. Samen, Früchte, Knollen) als Speicherstoff eingelagert wird, ergibt sich bei den stärkehaltigen Pflanzen – im Vergleich zu den zuckerhaltigen Pflanzen – eine deutlich größere Vielzahl an industriell bedeutenden Nutzpflanzen. In der nördlichen Hemisphäre werden insbesondere Mais (*Zea mays*), Kartoffeln (*Solanum tuberosum*) und Weizen (*Triticum aestivum*) in großen Mengen angebaut (Kapitel 4, Band 1). In tropischen und subtropischen Gebieten sind insbesondere Cassava (*Manihot esculenta*) und die Süßkartoffel (*Ipomoea batatas*) von hoher Bedeutung [2.14]. Bei der Zusammensetzung der

Tabelle 2.2 Zusammensetzung ausgewählter zuckerhaltiger Rohstoffe (nach [2.7]–[2.13])

	Zuckerrübe	Zuckerrohr	Zuckerhirse	Rübenmelasse	Zuckerrohrmelasse
	in g/kg Frischmasse				
Wasser	765–770	697–716	320	180	188
Rohprotein	12,2–15,4	4	13,6	60	35
Rohfett	0,5–1,4	3–6	6,8	4	4
Rohasche	4,3–13	5–16	6,8–13,6	118	111
Lignin	1,8–4,5	14	340–524	–	–
Cellulose	11,2–14	65		–	–
Hemicellulose	11–15	54		–	–
Zucker	183–191	133–150	136–300	559	572
Stärke	–	–	–	–	–

Tabelle 2.3 Zusammensetzung ausgewählter stärkehaltiger Rohstoffe (nach [2.7], [2.8], [2.13], [2.15], [2.16])

	Weizen	Roggen	Triticale	Mais	Cassava	Kartoffel
	in g/kg Frischmasse					
Wasser	86–150	86–150	84–150	92–150	600–700	750–780
Rohprotein	117–141	87–131	124–128	79–105	10–23	21
Rohfett	12–20	10–26	10–15	37–43	1–3	0–1
Rohasche	18–23	17–19	18–24	13–15	4–8	2–3
Lignin	8–40	15–68	11–21	5–26	14–25	5–6
Cellulose	31–54	27–41	27–49	28–51		
Hemicellulose	53–140	12–173	12–133	84–106		
Zucker	27–59	54–58	34–61	9–19	5	4–7
Stärke	533–654	454–568	547–567	569–627	260–553	140–170

Rohstoffe ist eine Unterscheidung nach Stärke, Proteinen, Zucker, Rohfaser, Rohfett und Mineralstoffen für biochemische Konversionsverfahren zweckmäßig. Bandbreiten der Zusammensetzungen typischer stärkehaltiger Rohstoffe hinsichtlich dieser Inhaltsstoffe sind in Tabelle 2.3 zusammengefasst (siehe auch Kapitel 4, Band 1).

Ölhaltige Pflanzen (Kapitel 4, Band 1) sind Pflanzen, die in bestimmten Organen hohe Konzentrationen an Lipiden aufweisen. Diese Lipide bestehen aus Triacylglycerinen und Spuren von verschiedenen weiteren organischen Verbindungen (z. B. Sterole, Antioxidantien) [2.17]. Eine weitere Unterteilung der Ölpflanzen erfolgt hinsichtlich des Orts der Einlagerung dieser Lipide in den unterschiedlichen Pflanzenkomponenten. Beispielsweise werden bei der global bedeutendsten Ölpflanze, der Ölpalme (*Elaeis guineensis*), die Lipide zum größten Teil in den Früchten (im Fruchtfleisch sowie in den Samen) gespeichert (Ölfrüchte); der Lipidanteil im Fruchtfleisch reifer Früchte beträgt zwischen 45 und 50 % und in einzelnen Samen der Früchte werden Lipidgehalte zwischen 48 und 52 % erreicht. Weitere bedeutende Ölpflanzen wie Soja (*Glycine max*), Raps (*Brassica napus*) und Sonnenblume (*Helianthus annuus)* werden den Ölsaaten zugeordnet. Diese Gruppe weist einen hohen Lipidanteil von 30 bis 45 % innerhalb der Pflanzensamen auf [2.18].

Tabelle 2.4 Zusammensetzung halmgutartiger, Lignocellulose-haltiger Rohstoffe (nach [2.8], [2.28]–[2.31])

<table>
<tr><th rowspan="2"></th><th>Weizenstroh</th><th>Roggenstroh</th><th>Maisstroh</th><th>Triticalestroh</th><th>Miscanthus</th><th>Rutenhirse</th></tr>
<tr><th colspan="6">in g/kg Frischmasse</th></tr>
<tr><td>Wasser</td><td>70–190</td><td>150</td><td>350</td><td>150</td><td>130</td><td>150</td></tr>
<tr><td>Rohprotein</td><td>31–58</td><td>31</td><td>38</td><td>–</td><td>–</td><td>34</td></tr>
<tr><td>Rohfett</td><td>12</td><td>13</td><td>8</td><td>–</td><td>–</td><td>–</td></tr>
<tr><td>Rohasche</td><td>38–75</td><td>41</td><td>31</td><td>51</td><td>33</td><td>34</td></tr>
<tr><td>Lignin</td><td>128–202</td><td>153</td><td>117</td><td rowspan="2">349</td><td>177</td><td>182</td></tr>
<tr><td>Cellulose</td><td>271–410</td><td>315</td><td>241</td><td>518</td><td>265</td></tr>
<tr><td>Hemicellulose</td><td>171–281</td><td>136</td><td>176</td><td>238</td><td>143</td><td>282</td></tr>
<tr><td>Stärke</td><td>7–8</td><td>7</td><td>–</td><td>–</td><td>–</td><td>–</td></tr>
</table>

Zur Gruppe der Lignocellulose-Pflanzen (Kapitel 4, Band 1) gehört eine Vielzahl an Gräsern und krautigen Pflanzen. Pflanzenfasern, die i. Allg. einen großen Anteil der gesamten Lignocellulose-Kultur ausmachen, bestehen überwiegend aus Cellulose, Hemicellulosen und Lignin sowie geringen Anteilen an Fetten, Wachsen und anorganischen Bestandteilen [2.19]. Die Anteile dieser Stoffgruppen variieren ebenfalls je nach Pflanzenart und -teil sowie ggf. nach Standort stark. Häufig werden Pflanzenfasern daher hinsichtlich des Pflanzenteils, in welchem sie vorkommen, eingeordnet; deshalb wird z. B. zwischen Samenfasern, Bastfasern, Blattfasern und Fruchtfasern unterschieden. Lignocellulose-Kulturen können beispielsweise durch eine direkte Verbrennung genutzt oder z. T. durch eine biochemische bzw. enzymatische Konversion in Biogas oder Bioethanol umgewandelt werden. Die Möglichkeit, Lignocellulose-haltige Biomasse biochemisch zu verwerten, wurde bereits für eine große Zahl konkreter Rohstoffe untersucht. Diese lassen sich unterscheiden in land- und forstwirtschaftliche Energiepflanzen, land- und forstwirtschaftliche Rückstände und Nebenprodukte sowie Biomüll. Potenziell geeignete Rückstände und Nebenprodukte der Landwirtschaft sind vor allem Getreidestroh, Maisstroh und Bagasse, die in großen Mengen anfallen und bislang nur teilweise genutzt werden [2.20]–[2.23]. Als speziell angebaute Energiepflanzen wurden besonders Miscanthus, Rutenhirse und Pfahlrohr (*Arundo Donax*) untersucht [2.24]–[2.27]. Eine Übersicht der Zusammensetzung einiger ausgewählter Lignocellulose-haltiger Rohstoffe gibt Tabelle 2.4 (siehe auch Kapitel 4, Band 1).

2.1.3 Algenbiomasse

Unter dem Begriff Algen werden verschiedene chlorophyllhaltige eukaryotische Organismen zusammengefasst, die Photosynthese betreiben können. Weltweit gibt es etwa 220 000 Arten von Algen, von denen jedoch bisher nur sehr wenige kommerziell kultiviert werden [2.32]. Eine Unterteilung der Algen kann hinsichtlich ihrer Größe in einzellige Mikroalgen und mehrzellige Makroalgen erfolgen (Kapitel 12, Band 1).

Tabelle 2.5 Biochemische Zusammensetzung einiger Mikroalgenarten [2.33]

Mikroalge	Proteingehalt	Lipidgehalt	Kohlenhydrate
	in % der Trockensubstanz		
Anabaena cylindrica	43–45	4–7	25–30
Chlorella vulgaris	51–58	14–22	12–17
Euglena gracilis	39–61	14–20	14–18
Scenedesmus obliquus	50–56	12–14	10–17
Spirogyra sp.	6–20	11–21	33–64
Spirulina maxima	60–71	6–7	11–13

Mikroalgen sind einzellige Mikroorganismen, die sowohl in salzwasserhaltiger Umgebung als auch in Süßwasser vorkommen können. Sie zeichnen sich durch eine sehr hohe Reproduktionsrate aus; beispielsweise können einige Mikroalgenstämme ihre Masse innerhalb weniger Stunden verdoppeln [2.33]. Mikroalgen bestehen hauptsächlich aus Proteinen, Lipiden und Kohlenhydraten; deren Anteile variieren je nach Art und Umgebung stark. Eine Übersicht über die Anteile dieser Stoffklassen in verschiedenen Mikroalgen gibt Tabelle 2.5.

Makroalgen, auch als Seetang bezeichnet, sind mehrzellige Organismen, die den niederen Pflanzen zugeordnet werden. Anstelle von Wurzeln, Stängeln und Blättern bestehen sie aus einem blattähnlichen Vegetationskörper, dem Thallus. Die Größe von Makroalgen kann zwischen wenigen Millimetern und bis zu 80 m variieren [2.34]. Ähnlich wie Mikroalgen bestehen Makroalgen hauptsächlich aus Proteinen, Lipiden und Kohlenhydraten. Die Kohlenhydrate der Makroalgen unterscheiden sich jedoch deutlich von den Kohlenhydraten in Landpflanzen; dies kann zu Herausforderungen bei der Konversion dieser Biomasse beispielsweise zur Herstellung von Sekundärenergieträgern führen [2.34]. Eine Unterteilung von Makroalgen kann auf Basis ihrer Pigmentierung in die Gruppen der Braunalgen (*Phaeophyceae*), Rotalgen (*Rhodophyceae*) und Grünalgen (*Chlorophyceae*) erfolgen [2.35], [2.36].

Die Cyanobakterien stellen neben den Algen eine weitere bedeutende Gruppe innerhalb der aquatischen Biomasse dar. Cyanobakterien, die häufig auch als Blaualgen bezeichnet werden, sind Gram-negative Bakterien und damit Prokaryoten, die Photosynthese betreiben können [2.37]. Cyanobakterien sind auf der Erde vermutlich vor 3,5 Mrd. Jahren entstanden und zählen damit zu den ältesten Lebensformen. Ihre Morphologie ist vielfältig und umfasst einzellige, koloniebildende und fadenförmige Formen [2.38]. Im Vergleich zu eukaryotischen Algen sind die prokaryotischen Cyanobakterien wesentlich einfacher aufgebaute Organismen. Sie besitzen keinen Zellkern. Stattdessen befindet sich ihr genetisches Material (Genom) auf zirkulären DNA-Strängen und sie können mehrere Kopien des Genoms pro Zelle besitzen. Die DNA-Stränge sind von einer Zellwand umgeben. Die erste Schicht der Zellwand ist eine Lipidschicht, die als Cytoplasmamembran bezeichnet wird. Die zweite Schicht besteht aus Peptidoglykan, einem Polymer, das sich aus Zuckern und Aminosäuren zusammensetzt. Die angrenzende dritte Schicht besteht wieder aus Lipiden und wird als äußere Membran bezeichnet; auf ihrer äußeren Hülle enthält diese Lipopolysaccharide. Außerdem kommt bei einigen Arten noch eine vierte Schicht aus Proteinen vor [2.39]. Insgesamt setzen sich auch die Cyanobakterien überwiegend aus Proteinen, Lipiden und Kohlenhydraten zusammen; dabei können sehr hohe Proteingehalte von bis zu 80 % der Trockenmasse erreicht werden.

2.2 Stoffklassen in Biomasse

Bestimmte Biokatalysatoren sind von Natur aus in der Lage, unterschiedlichste organische Substanzen / Makromoleküle für den eigenen Stoffwechsel zu verwerten und daraus andere Substanzen / Makromoleküle zu erzeugen. Daher sind vertiefte Kenntnisse über die stoffliche Zusammensetzung biogener Stoffströme bzw. den chemischen Aufbau der darin enthaltenen Molekülgruppen von großer Bedeutung, wenn deren Eignung zur Verwertung mittels einer biochemischen Umwandlung eingeordnet werden soll.

Biomasse besteht im Wesentlichen aus den vier Stoffklassen Kohlenhydrate, Proteine, Lipide und Lignin, die je nach Ursprung unterschiedliche Anteile an der Gesamtmasse haben können. Um ein Verständnis der ablaufenden Vorgänge bei der biochemischen Umwandlung von Biomasse zu ermöglichen, werden im Folgenden die genannten Stoffklassen dargestellt und ihre jeweiligen Besonderheiten und Eigenschaften diskutiert.

2.2.1 Kohlenhydrate

Zur Gruppe der Kohlenhydrate gehören alle Stoffe, die mindestens eine Aldehydgruppe bzw. eine Ketogruppe und mindestens zwei Hydroxylgruppen enthalten. Typischerweise können diese durch die Summenformel $(C)_n(H_2O)_n$ beschrieben werden; dieser grundsätzliche chemische Aufbau erklärt auch den Ursprung des Begriffs „Kohlenhydrat", da die genannte Summenformel die hydratisierte Form des Kohlenstoffs im Verhältnis 1 : 1 abbildet. Heute werden jedoch auch die Derivate der Mono-, Oligo- und Polysaccharide wie etwa Zuckeralkohole oder Zuckersäuren – je nach Fachrichtung – zu den Kohlenhydraten gezählt. In Bezug auf eine energetische Verwertung sind diese Derivate jedoch weniger relevant. Daher werden die Begriffe „Saccharide" und „Kohlenhydrate" auch hier synonym verwendet.

Diese so definierten Kohlenhydrate bilden eine große und extrem vielfältige Klasse von organischen Verbindungen, die im Wesentlichen aus Kohlenstoff (C), Wasserstoff (H) und Sauerstoff (O) bestehen [2.40] und nur in seltenen Fällen (z. B. Aminozucker) auch Stickstoff (N) enthalten. Durch die Photosynthese werden jährlich ca. 200 Mrd. t Kohlenhydrate gebildet; d. h., diese Stoffgruppe repräsentiert die weltweit am häufigsten vorkommenden Biomoleküle [2.41]. Kohlenhydrate kommen aber nicht nur in pflanzlicher Biomasse als Speicher oder Gerüstsubstanz vor, sondern sind ein essenzieller Bestandteil des Energiestoffwechsels sowie der wesentliche Energieträger aller Lebewesen; außerdem fungieren sie u. a. auch als genetisches Material (in Form von Ribose- und Desoxyribosezuckern) [2.42].

Die Kohlenhydrate können in die folgenden vier Untergruppen der Monosaccharide, der Disaccharide, der Oligosaccharide und der Polysaccharide gegliedert werden. Nachfolgend werden diese Untergruppen zunächst näher erklärt und anschließend wird auf einige Vertreter dieser Untergruppen, die jeweils für biochemische Umwandlungsprozesse von besonderer Bedeutung sind, genauer eingegangen.

Monosaccharide. Monosaccharide mit der Summenformel $C_n(H_2O)_n$ mit $n \geq 3$ bestehen aus einer Kohlenstoffkette, einer Carbonylgruppe (C=O-Gruppe) und mindestens zwei Hydroxylgruppen (OH-Gruppen). Sie sind die kleinsten Einheiten von Sacchariden und können daher nicht in kleinere Kohlenhydrate aufgespalten werden.

Eine Unterteilung der Monosaccharide kann aus chemischer Sicht anhand der offenkettigen Form in zwei Hauptgruppen erfolgen. Je nach Art der Carbonylgruppe, die entweder eine Aldehyd- oder eine Ketogruppe ist, wird zwischen Aldosen und Ketosen unterschieden. In Aldehydgruppen ist einer der beiden Substituenten an der Carbonylgruppe ein Kohlenstoffatom und der andere ein Wasserstoffatom, während bei Ketogruppen beide Seiten mit einem Kohlenstoffatom verknüpft sind (Abb. 2.1). Daraus folgt zwangsläufig, dass, wenn sich die Carbonylgruppe eines Monosaccharids an einer anderen Position als C1 befindet, eine Ketose vorliegt; nur wenn die Carbonylgruppe an der endständigen Position C1 vorliegt, handelt es sich um eine Aldose.

Aldosen und Ketosen wiederum können nach der Anzahl der Kohlenstoffatome in der Monosaccharidkette, die üblicherweise zwischen 3 und 10 variiert, in Triosen (3 Kohlenstoffatome), Tetrosen (4 Kohlenstoffatome), Pentosen (5 Kohlenstoffatome), Hexosen (6 Kohlenstoffatome) usw. unterteilt werden [2.43].

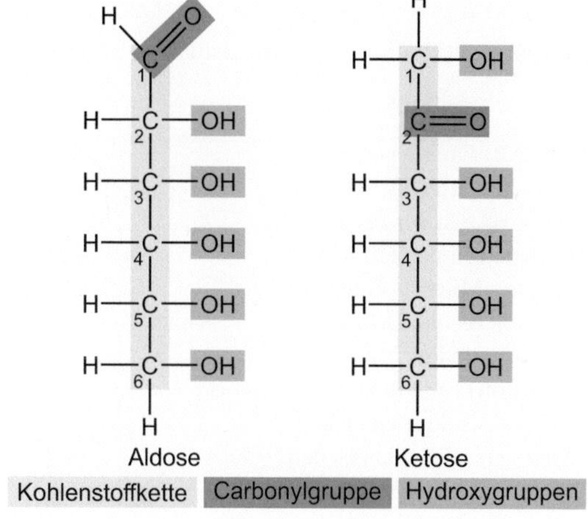

Abb. 2.1 Aufbau von Monosacchariden

In der belebten Natur erfolgt die Energiegewinnung überwiegend über Zucker und hier im Speziellen über Monosaccharide. Die relevantesten Monosaccharide, vor allem aus technischer Perspektive, sind dabei die Pentosen (C5-Zucker) und die Hexosen (C6-Zucker). Monosaccharide mit weniger Kohlenstoffatomen wie Triosen und Tetraosen (C3- bzw. C4-Zucker) sind (in der Natur) ebenso selten wie Monosaccharide mit mehr als sechs Kohlenstoffatomen (z. B. Heptosen, Oktosen).

- Hexosen. Die bekanntesten Vertreter der C6-Zucker sind die Glucose (auch Dextrose oder Traubenzucker) und Fructose (umgangssprachlich Fruchtzucker). Glucose ist nicht nur der wichtigste Energielieferant des menschlichen Körpers, sondern u. a. auch der Grundbaustein (Monomer) von Stärke und Cellulose.
- Pentosen. Wichtige Vertreter der C5-Zucker sind Xylose und Arabinose als ein wesentlicher Bestandteil der Hemicellulose. Damit finden sich C5-Zucker als Molekülbausteine beispielsweise in holzartiger Biomasse.

Innerhalb dieser Gruppen ist immer dieselbe Summenformel gegeben (im Fall der Hexosen: $C_6H_{12}O_6$). Damit handelt es sich bei den einzelnen Vertretern (z. B. Glucose, Fructose) um sogenannte Konstitutionsisomere; d. h., die strukturelle Anordnung der einzelnen Atome im Molekül unterscheidet sich.

Neben dieser Einteilung und der Anzahl an im Molekül enthaltenen Kohlenstoffatomen beeinflusst auch die dreidimensionale Struktur, die sogenannte Konfiguration, sowohl Eigenschaften als auch Nomenklatur der jeweiligen Kohlenhydrate. Beispielsweise verfügt eine Aldohexose wie Glucose über vier sogenannte Stereozentren, die sich durch vier unterschiedliche Substituenten auszeichnen (Abb. 2.2) und in je zwei unterschiedlichen Konfigurationen vorliegen können. Damit ergeben sich 2^4 = 16 verschiedene Aldohexosen. Durch das Vorhandensein solcher Stereozentren, auch als Chiralitätszentren bezeichnet, existieren u. a. zwei Molekülkonfigurationen, die spiegelbildlich zueinander sind und durch Drehung nicht zur Deckung gebracht werden können; d. h., die beiden Moleküle verhalten sich wie Bild und Spiegelbild (Chiralität). Diese sogenannten enan-

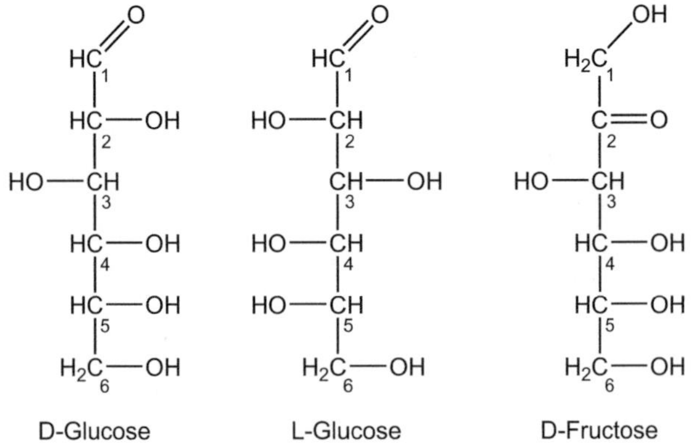

Abb. 2.2 Drei der 2^4 = 16 möglichen Stereoisomere einer Aldohexose in der Fischer-Projektion (links: D-Glucose [Aldose]; Mitte: L-Glucose [Aldose]; rechts: D-Fructose [Ketose]; die Fischer-Projektion ermöglicht es, die Raumstruktur einer linearen, chiralen chemischen Verbindung eindeutig zweidimensional abzubilden)

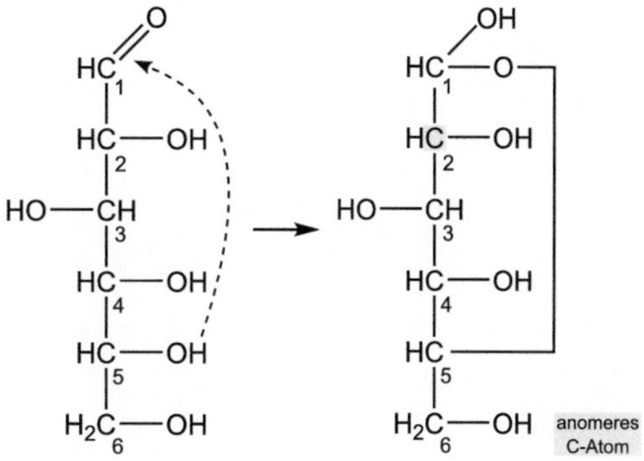

Abb. 2.3 Ringbildung von Glucose in wässriger Umgebung

tiomeren Monosaccharide werden aus historischen Gründen durch die D/L-Nomenklatur unterschieden. In der Projektion kann die Unterscheidung von D- und L-Monosacchariden relativ einfach vorgenommen werden. Liegt dabei die Hydroxylgruppe am vorletzten C-Atom der Kohlenstoffkette links vor, handelt es sich um einen L-Monosacchariden; ist das nicht der Fall, liegt ein D-Monosaccharid vor. Während sich diese beiden Konfigurationen eines Zuckers physikalisch und chemisch identisch verhalten (ausgenommen ihre optische Aktivität), hat die räumliche Struktur einen großen Einfluss auf biochemische Prozesse. So erkennen Enzyme bzw. Mikroorganismen die jeweiligen Enantiomere und durchlaufen in Abhängigkeit davon unterschiedliche, stereoselektive Reaktionen. Während die Enantiomere in allen Stereozentren immer die spiegelbildliche Anordnung aufweisen, unterscheiden sich Diastereomere bei mindestens einem Stereozentrum in der Konfiguration (z. B. Glucose und Galactose), womit sich acht verschiedene Aldohexosen jeweils in D/L-Konfiguration ergeben.

Werden Monosaccharide in Wasser gelöst, gehen die Carbonylverbindungen bevorzugt eine Ringschlussreaktion ein; dabei reagieren die Carbonylgruppen und eine der Hydroxylgruppen unter der Bildung von Halbacetalen. Infolge eines derartigen Ringschlusses entstehen typischerweise Fünfringe (Furanosen) oder Sechsringe (Pyranosen). Da nahezu alle biochemischen Umsetzungen in wässriger Umgebung stattfinden, liegen dementsprechend die Monosaccharide überwiegend als zyklisches Molekül vor. Eine vereinfachte Darstellung dieser Ringbildung zeigt Abb. 2.3.

Abbildung 2.4 zeigt zusätzlich die Haworth-Projektion eines Glucosemoleküls in Wasser (die Haworth-Projektion ist eine bestimmte Darstellungsweise für ringförmige fünf- und sechsgliedrige Moleküle in ihrer zyklischen Form). Demnach bildet der Ring eine Ebene und die Hydroxylgruppen (OH-Gruppen) können sich relativ zu dieser Ebene nach oben oder unten ausrichten. Durch die Bildung des zyklischen Halbacetals (Abb. 2.3) entsteht zudem ein sogenanntes anomeres Zentrum, welches zwei räumliche Konfigurationen ermöglicht: die α- und β-Konfiguration. Diese räumliche Anordnung ist insbesondere für die Polymerisierung relevant und bestimmt u. a., ob es sich bei einem Glucosepolymer um Stärke oder Cellulose handelt.

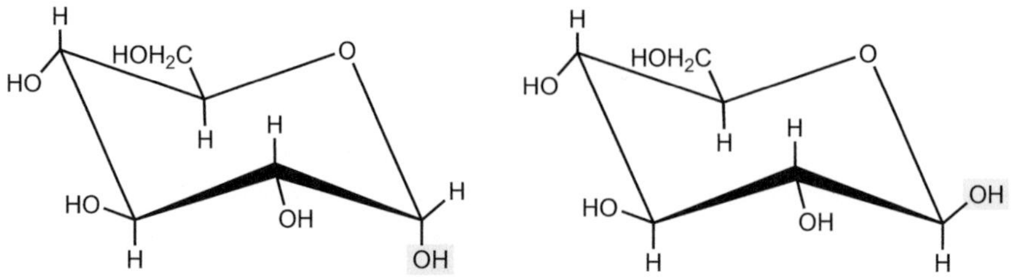

Abb. 2.4 Haworth-Projektion der Ringebene von α-D-Glucopyranose (links) und β-D-Glucopyranose (rechts)

Disaccharide. Werden zwei Monosaccharide über eine glycosidische Bindung verknüpft, spricht man von einem Disaccharid. Dabei reagiert die Hydroxylgruppe am anomeren Kohlenstoffatom des einen Monomers mit der Hydroxylgruppe eines weiteren. Der wohl wichtigste Vertreter dieser Gruppe ist die Saccharose, welche aus einem Glucose- und einem Fructosemonomer besteht, welche über eine α,β-1,2-glycosidische Bindung verknüpft sind. Saccharose ist in Pflanzen die zentrale Transportform für Kohlenhydrate; sie kann in tierischen Organismen jedoch nicht synthetisiert werden. Insbesondere in Zuckerrohr und Zuckerrüben kommt dieses Disaccharid in wirtschaftlich nutzbaren Mengen vor (Kapitel 2.1, Band 3).

Oligosaccharide. Wenn mehrere (gleiche oder verschiedene) Monosaccharide über glycosidische Bindungen verknüpft vorliegen, handelt es sich um Oligosaccharide; typischerweise bestehen Oligosaccharide aus drei oder mehr Monomeren. Die Benennung von Oligosacchariden erfolgt entsprechend der Anzahl der verknüpften Monosaccharideeinheiten (z. B. Tri-, Tetra-, Pentasaccharide usw.).

Polysaccharide. Der Übergang von den Oligo- zu den Polysacchariden ist fließend; Polysaccharide bestehen aus einer Vielzahl mittels glycosidischer Bindungen verknüpfter Monosaccharide (≥ 11) [2.44]. Dabei wird auch hier die Anzahl der verknüpften Monosaccharideinheiten als Polymerisationsgrad angegeben. Die meisten Kohlenhydrate kommen in der Natur in Form von Polysacchariden vor. Im Folgenden wird auf die derzeit bezüglich einer biochemischen Konversion bedeutendsten Polysaccharide näher eingegangen.

Stärke. Stärke ist das in der Natur am meisten verbreitete Speicherpolysaccharid. Monomere Komponente der Stärke ist der C6-Zucker Glucose. Stärke liegt in Pflanzen meist als Makromolekül vor und besteht aus zwei Hauptpolymeren (Amylose (ca. 20 bis 30 %) und Amylopektin (ca. 70 bis 80 %)).

- Amylose hat große strukturelle Ähnlichkeit zur Cellulose und besteht aus teils über 100 Monomeren. Die einzelnen Glucosemonomere sind über die Positionen 1 und 4

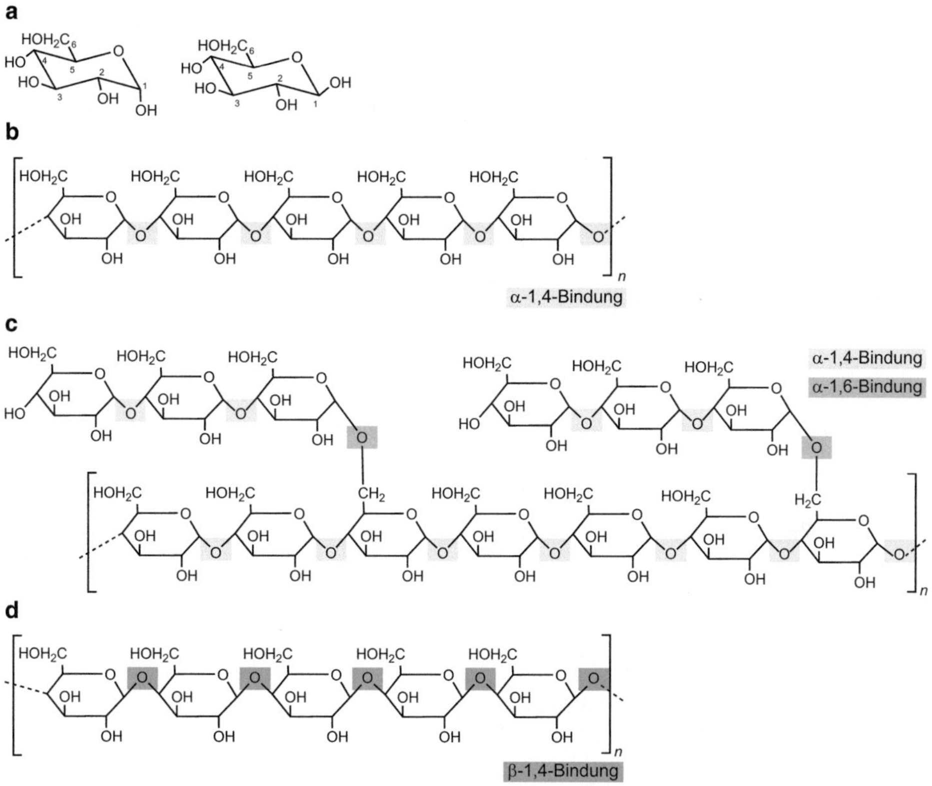

Abb. 2.5 Strukturdarstellung von D-Glucospyranose in der Sesselkonformation mit der Hydroxylgruppe am Kohlenstoffatom C1 in α- (links) und β-Position (rechts); das linke Monosaccharid bildet das Grundelement von Stärke und das rechte von Cellulose (Teilbild a); polymere Struktur in der Haworth-Projektion des Stärke-Polysaccharids Amylose (Teilbild b); polymere Struktur des Stärke-Polysaccharids Amylopektin (Teilbild c); polymere Struktur von Cellulose (Teilbild d)

der Kohlenstoffatome bzw. deren Hydroxylgruppen miteinander in langen, linearen Ketten verbunden. Im Unterschied zu Cellulose liegen die Glucosemonomere in ihrer α-Konformation vor (d. h., Amylose ist über α-1,4-glycosidische Bindungen aufgebaut; Abb. 2.5). Diese Konfiguration wird über die Position der Hydroxylgruppe am anomeren Kohlenstoffatom definiert. Die α-1,4-glycosidisch verknüpfte Glucose kann von spezifischen Enzymen vergleichsweise leicht gespalten (hydrolysiert) werden.

- Amylopektin, die innerhalb der Stärke überwiegende Komponente, besteht ebenfalls aus Glucosemonomeren, die jedoch nicht ausschließlich über α-1,4-Bindungen verknüpft sind. Innerhalb der Glucosekette tritt ungefähr alle 25 Monomere eine α-1,6-Bindung zweier Glucosemoleküle auf. Dadurch ist das Polysaccharid an diesen Positionen verzweigt (Abb. 2.5). Insgesamt besteht Amylopektin aus mehreren Tausend bis Hunderttausend Glucoseeinheiten und ist damit eines der größten nativen Biomoleküle.

Cellulose. Cellulose ist einer der primären Bausteine von Pflanzen und trägt neben Hemicellulose und Lignin maßgeblich zu deren Strukturierung und Stabilität bei (Kapitel 2.1, Band 3). Dabei handelt es sich um ein ausgesprochen stabiles und chemisch inertes Polysaccharid, das in Pflanzen sowohl amorph als auch kristallin vorliegt. Viele Lebewesen, so auch der Mensch, sind nicht in der Lage, dieses zu verstoffwechseln, da Enzyme zur Spaltung der β-glycosidischen Bindungen fehlen. Im technischen Bereich liegen spezielle Enzymmischungen zellulolytischer Mikroorganismen, sogenannte Zellulasen, vor, um die in der Cellulose enthaltenen Monosaccharide freizusetzen.

Strukturell setzt sich Cellulose aus einer linearen Kette aus D-Glucose-Monomeren zusammen. Die Glucose liegt als geschlossener, sechsgliedriger Ring (Glucopyranose) in der energetisch günstigen „Sesselkonformation" vor, sodass sich die Gruppen am Pyranosering räumlich möglichst auf Abstand befinden. Dabei sind die Glucoseeinheiten jeweils an den Kohlenstoffpositionen 1 und 4 des zyklischen Moleküls miteinander verbunden (1,4-glycosidische Bindung). Im Fall der Cellulose befindet sich die verknüpfende Hydroxylgruppe am C1-Kohlenstoffatom der Sesselkonformation in der β-Position; dementsprechend ist das Polysaccharid über β-1,4-glycosidische Bindungen verknüpft (Abb. 2.5). Die unverzweigten, teils mehrere Zehntausend Monomere langen Polysaccharidketten wiederum gliedern sich über Wasserstoffbrückenbindungen zu kleinen Fasern (Fibrillen) zusammen.

In der Natur tritt Cellulose teils nahezu rein (z. B. in Baumwolle) auf oder ist Bestandteil eines komplexen Verbunds mit Hemicellulose und Lignin, der Lignocellulose (z. B. in Holz).

Hemicellulose. Hemicellulose stellt das in der Natur am zweithäufigsten vorkommende Polysaccharid dar [2.45]. Die Zusammensetzung dieses Polysaccharids ist nicht in dem Maß definiert, wie es für Cellulose der Fall ist. Der Begriff „Hemicellulose" dient vielmehr als Oberbegriff für Heteropolysaccharide, die in Pflanzen begleitend zu Cellulose auftreten. Häufige monomere Strukturelemente innerhalb von Hemicellulose sind Pentosen (u. a. Xylose, Arabinose) und Hexosen (u. a. Mannose, Glucose, Galaktose). Diese bilden verschiedenste, teils sehr große Makromoleküle mit Tausenden Einheiten. Derartige Polymere können anhand des häufigsten Monomers im Kettenrückgrat grob in die Kategorien Xylane, Mannane und Xyloglukane untergliedert werden und je nach Biomasse stark variieren; im Fall von Getreidestroh überwiegen beispielsweise Xylane, welche entsprechend ihrem Namen aus Xyloseeinheiten bestehen. Neben vergleichsweise linearen Vertretern, wie dem Xylan, ist das Vorhandensein vieler Verzweigungen als Seitenketten (z. B. Glucuronsäure, Rhamnose, Arabinose) typisch für Hemicellulose (Abb. 2.6).

Innerhalb pflanzlicher Zellwände umhüllt die Hemicellulose die Cellulosefibrillen und ist in die Lignocellulose eingebettet. Hemicellulose liegt in überwiegend amorpher Form vor und wird durch Säuren und / oder Enzyme schneller hydrolysiert als Cellulose; dies ist auch deshalb der Fall, weil Hemicellulose im Verbund besser zugänglich ist. Teile der Hemicellulose sind jedoch eng an die Fasern gebunden und verbleiben daher bei

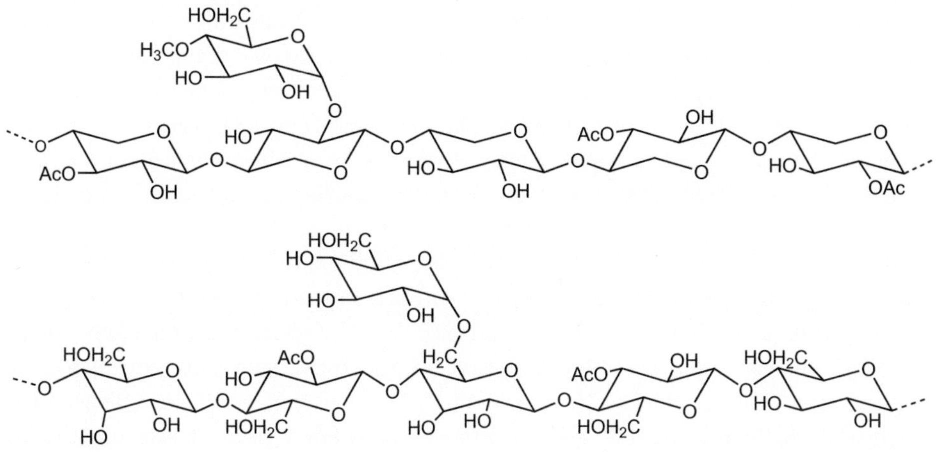

Abb. 2.6 Beispielhafte Strukturdarstellung von Hemicellulose mit Xylan-Rückgrat (Ac Acetyl; nach [2.46])

entsprechender Behandlung mit Säure und/oder Enzymen als Reste an bzw. in den Cellulosematerialien (d. h., es findet bei derartigen technischen Prozessen in der Regel keine vollständige Hydrolyse der Hemicellulose statt) [2.47].

2.2.2 Proteine

Proteine gehören ebenfalls zu den grundlegenden Biomolekülen, die in lebenden Organismen vorkommen; zudem sind sie die vielseitigsten natürlich vorkommenden Makromoleküle hinsichtlich des Aufbaus und ihrer Funktionen in Zellen. In Pflanzen können Proteine u. a. als Enzyme wirken, strukturelle Bausteine für das Zytoskelett liefern, ein Abwehrsystem gegen die Attacken von Phytopathogenen bereitstellen und als Reservestoffe dienen.

Proteine bestehen aus einer Kombination von einer oder mehreren Polypeptidketten, die neben Kohlenstoff (C), Wasserstoff (H) und Sauerstoff (O) vor allem auch Stickstoff (N) enthalten. Polypeptidketten sind Polymere aus Aminosäureresten, die durch Peptidbindungen (–CO–NH-Bindungen) miteinander verknüpft sind. Dementsprechend bilden Aminosäuren das Grundgerüst von Proteinen; i. Allg. wird ab etwa 100 verknüpften Aminosäuren von Proteinen gesprochen. Verschiedene Proteine unterscheiden sich in der Reihenfolge und Zusammensetzung ihrer Aminosäuren, der sogenannten Aminosäuresequenz [2.48].

Für ein Verständnis der Proteine wird nachfolgend zunächst auf deren Grundbausteine, die Aminosäuren, eingegangen. Anschließend werden die Peptidbindungen und der strukturelle Aufbau von Proteinen erläutert.

Aminosäuren. Zumeist wird von 20 verschiedenen Aminosäuren ausgegangen, aus denen nahezu alle Proteine aufgebaut sind (sogenannte proteinogene Aminosäuren). Pflanzen sind in der Lage, alle 20 proteinogenen Aminosäuren zu synthetisieren. Darüber hinaus nutzen viele Organismen, einschließlich dem Menschen, eine weitere 21. Aminosäure, das sogenannte Selenocystein. Demgegenüber können Menschen acht davon nicht bilden und müssen diese deshalb über die Nahrung aufnehmen; sie werden daher als essenzielle Aminosäuren bezeichnet [2.49].

Bei den proteinogenen Aminosäuren handelt es sich um α-Aminosäuren, welche aus einem zentralen Kohlenstoffatom bestehen, an das eine Aminogruppe ($-NH_2$), eine Carboxylgruppe ($-COOH$), ein Wasserstoffatom und eine charakteristische Seitengruppe ($-R$) gebunden sind. Da alle vier α-Kohlenstoffsubstituenten unterschiedlich sind, besitzen Aminosäuren eine inhärente Chiralität. Das bedeutet, dass ihre Spiegelbilder einzigartige Moleküle sind, die sich nicht gegenseitig überlagern können (die einzige Ausnahme von dieser Regel ist die Aminosäure Glycin, deren Seitenkette nur aus einem Wasserstoffatom besteht). Die jeweils spiegelbildlich gebauten Formen werden, wie bereits am Beispiel der Monosaccharide diskutiert (Kapitel 2.1, Band 3), als L- und D-Isomere bezeichnet. Alle natürlich vorkommenden Proteine bestehen aus Aminosäuren in der L-Konfiguration [2.50]. Aminosäuren in dieser Konfiguration sind gegenüber ihren Spiegelbildern in der D-Konfiguration formstabiler und besser wasserlöslich [2.49].

Aminosäuren können gemäß ihren spezifischen Eigenschaften in verschiedene Gruppen eingeteilt werden; häufig erfolgt dabei eine Unterteilung in unpolare, ungeladene polare und geladene polare Aminosäuren (Abb. 2.7). Generell sind polare Aminosäuren auch aufgrund des Vorhandenseins von Gruppen, die eine Wasserstoffbrückenbindung mit Wasser eingehen können, wasserlöslicher als unpolare Aminosäuren. Geladene Aminosäuren weisen ebenfalls einen stark hydrophilen Charakter auf [2.48].

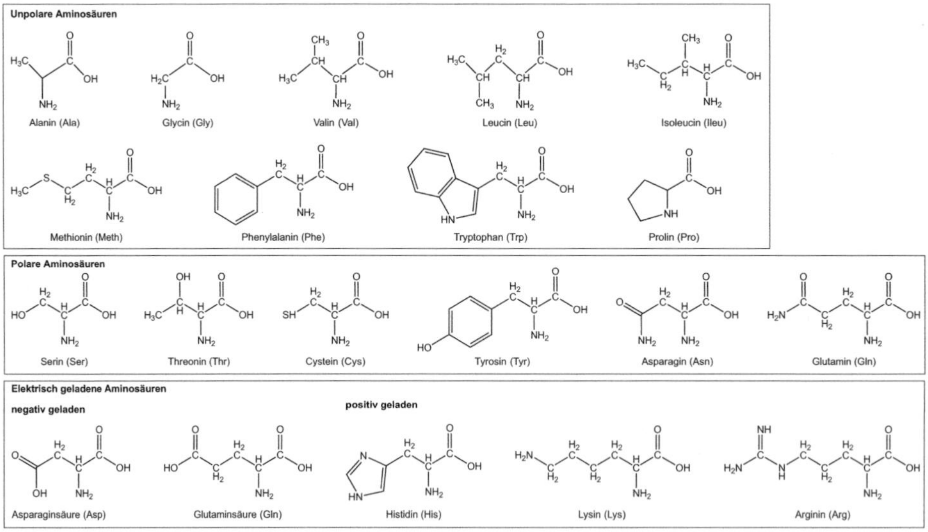

Abb. 2.7 Struktur der 20 proteinogenen Standardaminosäuren (nach [2.48])

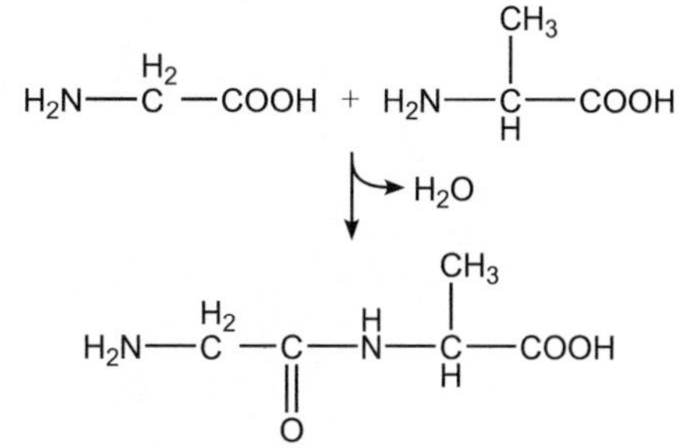

Abb. 2.8 Bildung des Dipeptids Glycylalanin durch Reaktion von Glycin und Alanin (nach [2.51])

$$H_2N{-}CH_2{-}COOH + H_2N{-}CH(CH_3){-}COOH \xrightarrow{-H_2O} H_2N{-}CH_2{-}C({=}O){-}NH{-}CH(CH_3){-}COOH$$

Proteinaufbau. Aminosäuren werden durch Peptidbindungen miteinander verbunden; dabei reagiert die Aminogruppe des einen mit der Carboxylgruppe des anderen Moleküls. Dabei handelt es sich um eine Kondensationsreaktion, bei der ein Wasserstoffatom aus der α-Aminogruppe der einen Aminosäure sowie je ein Wasserstoff- und ein Sauerstoffatom aus der α-Carboxylgruppe der zu verbindenden Aminosäure als Wassermolekül abgespalten werden (Abb. 2.8). Durch die Bildung mehrerer Peptidbindungen können entsprechend längere Aminosäureketten entstehen (ab 100 verbundenen Aminosäuren wird von Proteinen gesprochen). Die Anzahl möglicher Aminosäuresequenzen innerhalb einer solchen Polypeptidkette ist enorm groß (an jeder Position einer Kette aus n Aminosäuren kann jede der 20 proteinogenen Aminosäuren vorkommen; d. h., die Anzahl möglicher Sequenzen entspricht 20^n). Aminosäuren, die in einer Reihe von Peptidbindungen verbunden sind, werden als Aminosäurereste bezeichnet; dadurch soll eine Unterscheidung zwischen der freien Form und der Form, die in Proteinen gebunden ist, gewährleistet werden.

Beim biochemischen Abbau von Proteinen sind u. a. spezialisierte Mikroorganismen in der Lage, die Peptidbindungen zu spalten und so komplexe Proteine in kleinere, wasserlösliche Moleküle (d. h. Aminosäuren) aufzubrechen. Die Spaltung von Peptidbindungen geschieht dabei durch Wasseranlagerung (Hydrolyse) und unter Energieeinsatz.

Proteine bestehen aus verschiedenen Arten von Polypeptiden mit unterschiedlichen Aminosäuresequenzen. Die Struktur von Proteinen wurde auf vier verschiedenen Ebenen definiert (Primär-, Sekundär-, Tertiär- und Quartärstruktur).

- Die Primärstruktur eines Proteins ist definiert als die lineare Abfolge von Aminosäureresten, die durch die Bildung kovalenter Peptidbindungen miteinander verbunden sind. Damit ergibt sich ein Kettenende mit freier Aminogruppe (N-Terminus) bzw. Carboxylgruppe (C-Terminus). Die Peptidbindungen sind aufgrund der Resonanz oder der teilweisen gemeinsamen Nutzung von Elektronenpaaren zwischen Amidstickstoff und Carbonylsauerstoff starr und planar.
- Die Sekundärstruktur stellt den nächsten Organisationsgrad der Struktur von Proteinen dar, die auf Wechselwirkungen zwischen den Amino- und Ketogruppen in den Peptidbindungen zurückgeht. Die Seitenketten der Aminosäuren spielen hier eine untergeordnete Rolle. Die Sekundärstruktur bezieht sich folglich im Wesentlichen auf

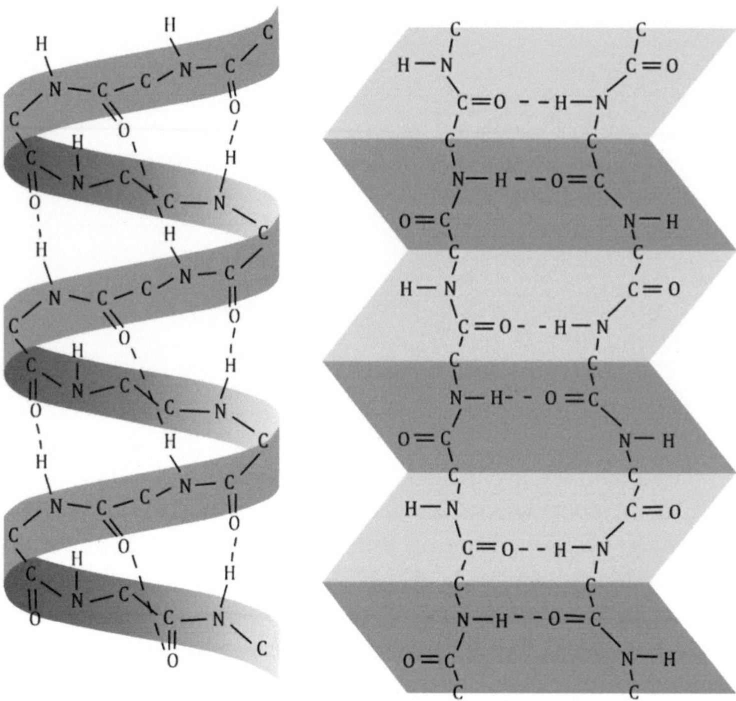

Abb. 2.9 Sekundärstrukturen von Proteinen: α-Helix (links) und β-Faltblatt (rechts) (nach [2.53])

die lokalen Konformationen, welche die verschiedenen Teile des Proteins einnehmen. Es handelt sich um ein regelmäßiges Faltmuster, dem das Polypeptidgerüst folgt. Die wichtigsten Grundeinheiten der Sekundärstruktur sind die α-Helix und der β-Strang (Abb. 2.9). Faserproteine weisen oft nur eine Art von Sekundärstruktur auf, die sich vollständig von einem Ende des Polypeptids zum anderen erstreckt. Im Gegensatz dazu weisen globuläre Proteine i. Allg. mehrere Abschnitte regelmäßiger Sekundärstruktur auf, die durch Abschnitte ohne regelmäßige, wiederkehrende Konformation getrennt sind. Die α-Helix und der β-Strang werden bevorzugt gebildet, weil sie die Bildung stabilisierender intramolekularer Wasserstoffbrückenbindungen maximieren. Gleichzeitig wird dadurch die sterische Abstoßung zwischen benachbarten Seitenkettengruppen minimiert; dabei sind diese Konformationen mit der starren planaren Natur der Peptidbindungen kompatibel. Entsprechend entsteht die Sekundärstruktur durch die Ausbildung von Wasserstoffbrückenbindungen zwischen den C=O- und den N–H-Gruppen der Peptidbindungen. Aminosäure-Seitengruppen sind am Aufbau der Sekundärstruktur nicht beteiligt; sie ragen nach außen und minimieren dadurch die Abstoßung zwischen benachbarten Seitengruppen [2.52].

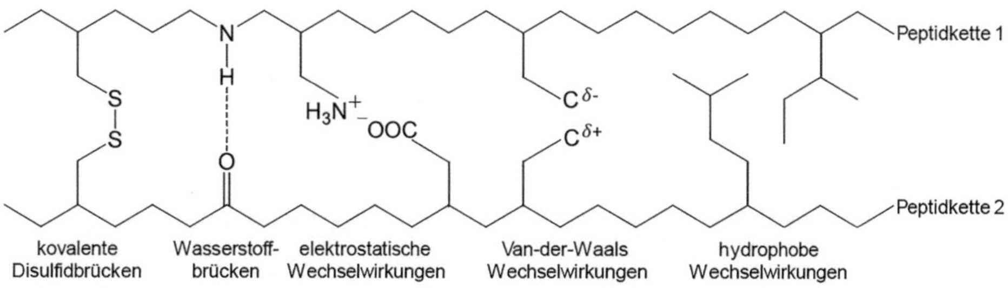

Abb. 2.10 Intramolekulare Wechselwirkung in Proteinmolekülen (nach [2.49])

- Bei biologisch aktiven Proteinen bilden sich dreidimensionale Tertiärstrukturen. Diese Tertiärstruktur wird auch als native Konformation bezeichnet und kann sich aus verschiedenen Sekundärstrukturen zusammensetzen. Sie hängt sowohl von der Primärstruktur als auch von den Umgebungsbedingungen (z. B. Temperatur, pH-Wert des Mediums) ab. Ihre Faltung erfolgt durch die Ausbildung nichtkovalenter Wechselwirkungen (z. B. Wasserstoffbrückenbindungen, elektrostatische Wechselwirkungen, Van-der-Waals-Kräfte, hydrophobe Wechselwirkungen) zwischen den Aminosäure-Seitengruppen und durch kovalente Disulfidbindungen (Abb. 2.10).
- Viele Proteine bilden stabile größere Einheiten mit anderen Kopien desselben Proteins oder mit anderen Proteinen; dies wird als quaternäre Struktur des Proteins bezeichnet. Es finden dabei zwischen einer oder mehreren Polypeptidketten (und damit Tertiärstrukturen) die gleichen Wechselwirkungen statt, die auch für die Tertiärstruktur verantwortlich sind [2.54].

Hinsichtlich einer energetischen Verwertung haben Proteine bislang eine eher geringe Bedeutung. Beispielsweise findet sich bei der Herstellung von Bioethanol oder Biodiesel der überwiegende Anteil der in der Biomasse enthaltenen Proteine in den Nebenprodukten (z. B. Schlempe, Presskuchen), die auch deshalb häufig als Tierfutter verwertet werden. Proteinreiche Fraktionen können aber auch mikrobiell bzw. enzymatisch abgebaut werden (z. B. anaerobe Fermentation zu Biogas) [2.55].

2.2.3 Lipide

Lipide bilden eine weitere bedeutende Molekülklasse, die eine große Vielfalt an Strukturen und biologischen Funktionen aufweist. Vergleichbar zu den Kohlenhydraten sind Lipide größtenteils Verbindungen der Elemente Kohlenstoff (C), Sauerstoff (O) und Wasserstoff (H). Lipide sind u. a. an der Bildung von Zellmembranstrukturen beteiligt, dienen zur Energiespeicherung und können als Signalmoleküle wirken. Häufig werden sie als biologische Moleküle definiert, die leicht in organischen Lösemitteln wie Chloroform, Ether oder Toluol löslich sind und als mehr oder weniger wasserunlöslich gelten [2.53]. Jedoch ist diese Definition nicht allgemein anerkannt, da einige Lipide in Wasser fast genauso löslich sind wie in organischen Lösemitteln [2.56]. Innerhalb der Lipide kann zwischen den Neutralfetten (Triglyceride) und den Lipoiden (fettähnliche Substanzen) unterschieden werden; sie werden nachfolgend charakterisiert.

Lipide sind hinsichtlich einer energetischen Nutzung bisher hauptsächlich bei der Herstellung von Biodiesel von Bedeutung (Kapitel 7, Band 3). Dabei werden insbesondere die hochmolekularen Triglyceride von Ölen aufgespalten und zu niedriger molekularen Fettsäuremethylestern umgewandelt. Diese Umesterung wird bisher überwiegend in Anwesenheit eines chemischen Katalysators (Säure oder Lauge) durchgeführt; es gibt aber auch alternative Herstellungsverfahren unter Verwendung von Mikroorganismen oder Enzymen [2.57].

Neutralfette. Pflanzliche Öle und Fette liegen als Neutralfette vor. Sie dienen in erster Linie der Speicherung von Energie und tragen keine elektrische Ladung; sie sind somit neutral. Da bei den Neutralfetten drei Fettsäuren an einem zentralen Glycerinmolekül verestert sind, werden sie auch als Triglyceride bezeichnet (Abb. 2.11).

Per Definition fallen unter den Begriff Fettsäuren alle Monocarbonsäuren, d. h. Verbindungen, die aus einer einzigen Carboxylgruppe (–COOH) und aus einer unterschiedlich langen, überwiegend unverzweigten Kohlenwasserstoffkette bestehen [2.58]. Je nach Hydrierungsgrad der Kohlenstoffkette wird zwischen gesättigten und ungesättigten Fettsäuren unterschieden. Entsprechend werden Fettsäuren ohne Doppelbindung in der Kohlenwasserstoffkette als gesättigt bezeichnet, während Fettsäuren mit einer Doppelbindung als einfach ungesättigt und Fettsäuren mit mehreren Doppelbindungen als mehrfach ungesät-

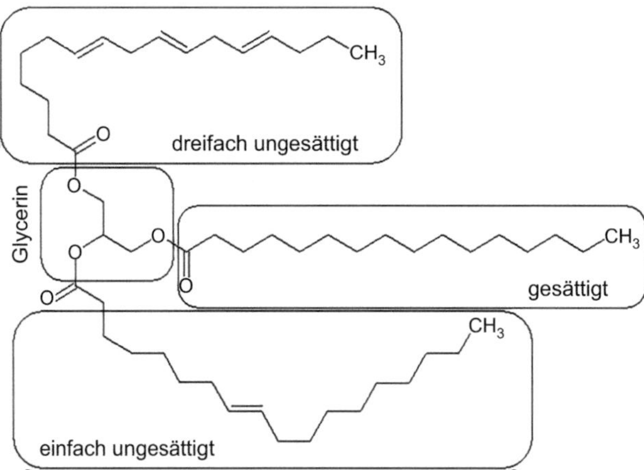

Abb. 2.11 Allgemeine Strukturdarstellung von Ölen und Fetten (in der Mitte ist das Triol Glycerin zu sehen, an welches die drei unterschiedlichen Fettsäuren über Esterbindungen gebunden sind; dargestellt sind eine gesättigte Fettsäure, eine einfach ungesättigte Fettsäure und eine dreifach ungesättigte Fettsäure)

tigt bezeichnet werden. Ein Maß für den Sättigungsgrad von Triglyceriden ist die Iodzahl, da an den Doppelbindungen Iod addiert werden kann.

Je nach Pflanzenart unterscheidet sich die mittlere Zusammensetzung der drei an Glycerin gebundenen Fettsäuren; dies wirkt sich auf die jeweiligen chemischen und physikalischen Eigenschaften aus. So resultiert z. B. die Unterscheidung in Öle und Fette lediglich aus der Fließfähigkeit des Materials bei Raumtemperatur (Öle liegen bei Raumtemperatur in flüssiger Phase und Fette in fester Phase vor); diese wiederum hängt von der Kettenlänge und vom Sättigungsgrad ab. Generell gilt, dass die Fließfähigkeit mit zunehmender Kettenlänge der Kohlenwasserstoffkette abnimmt, während sie mit der Anzahl an Doppelbindungen ansteigt. Dieses Phänomen wird bei der Fetthärtung (z. B. Herstellung von Margarine) genutzt, wo der Sättigungsgrad von zuvor flüssigen Pflanzenölen durch Hydrierung gesteigert wird.

Lipoide. Zur Gruppe der Lipoide (fettähnliche Substanzen) zählen Wachse, membranbildende Lipide und Isoprenoide. Im Folgenden wird auf jede dieser Gruppen kurz eingegangen.

- Wachse ähneln hinsichtlich ihres Aufbaus den Neutralfetten; es handelt sich dabei um Einfach-Ester von aliphatischen oder zyklischen Alkoholen mit langkettigen Fettsäuren (Abb. 2.12). Jedoch setzen sich Wachse, im Gegensatz zu den Dreifach-Estern (Neutralfette), nur aus einem einwertigen Alkohol (d. h. Alkohol mit nur einer Hydroxylgruppe) und einer Fettsäure zusammen. Dadurch sind sie zumeist härter und poröser als Neutralfette, da diese „unverzweigten" Ketten besser miteinander wechselwirken können. In pflanzlicher Biomasse sind Wachse ein Bestandteil der Cuticula und dienen u. a. der Verhinderung unkontrollierter Transpirationsverluste.
- Membranbildende Lipide besitzen im Gegensatz zu Neutralfetten Seitengruppen, welche ihnen amphiphile Eigenschaften verleihen (d. h., sie sind sowohl lipophil als auch

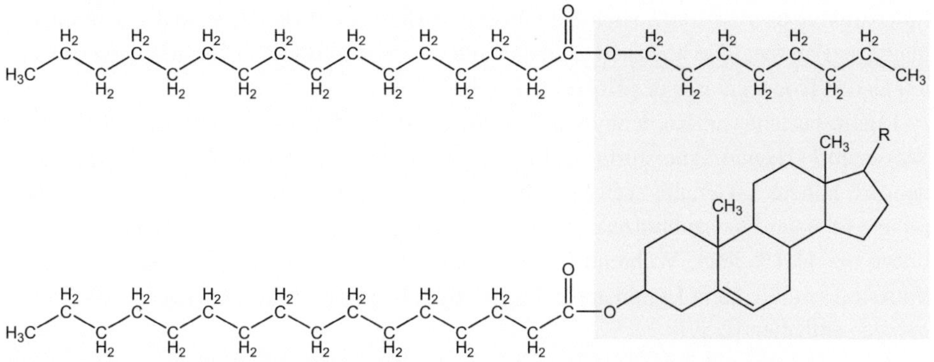

Abb. 2.12 Beispielhafte Strukturdarstellung von Wachsen (Ester von langkettigen Fettsäuren mit aliphatischen (oben) oder zyklischen (unten) Alkoholen) (R Aminosäurerest; nach [2.58])

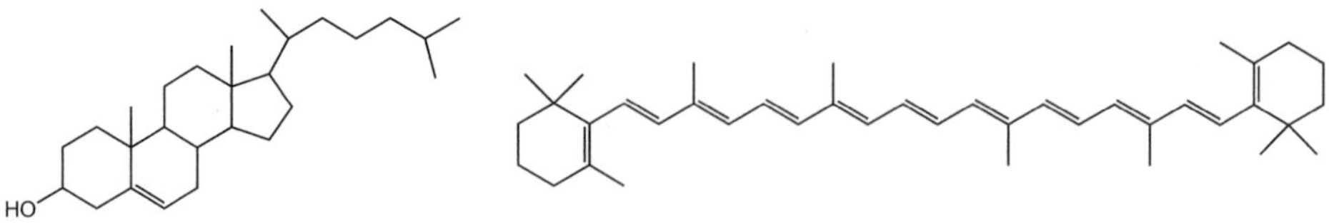

Abb. 2.13 Strukturformeln der beiden Isoprenoide Cholesterin (links) und β-Carotin (rechts)

hydrophil und daher sowohl in polaren als auch in unpolaren Lösemitteln gut löslich). Wichtige Vertreter dieser Gruppe sind Phospholipide, Sphingolipide und Glycolipide. Membranbildende Lipide kommen in der Natur insbesondere in Form einer Doppellipidschicht in der Zellmembran von Pflanzen und Tieren vor.

- Isoprenoide sind Lipide, die sich vom Grundbaustein Isopren, einem ungesättigten Kohlenwasserstoff, ableiten. Wichtige Vertreter innerhalb der Gruppe der Isoprenoide sind die Steroide und die Carotinoide. Die Grundstruktur der Steroide besteht aus vier Kohlenstoffringen (drei sechseckige und ein fünfeckiger). Der bekannteste Vertreter der Steroide ist das Cholesterin (Abb. 2.13, links), das ebenfalls ein essenzieller Bestandteil der meisten Zellmembranen ist und damit auch der Gruppe der membranbildenden Lipide zugeordnet werden könnte. Carotinoide hingegen sind aus acht Isopreneinheiten aufgebaut (Abb. 2.13, rechts) und fungieren überwiegend als Farbstoffe in pflanzlicher Biomasse.

2.2.4 Lignin

Die Struktur von Pflanzenzellwänden basiert neben Cellulose- und Hemicellulosefasern auf Lignin. Hierbei handelt es sich um ein stark vernetztes Polymer aus aromatischen Alkoholen; es stellt die mengenmäßig größte erneuerbare Quelle für aromatische Verbindungen in der Natur dar. In der Pflanzenwelt findet Lignin maßgebliche Verwendung als Stützstruktur und ist somit nach Cellulose und Hemicellulose das global massenmäßig häufigste Polymer. Die höchsten Ligninanteile kommen in Bäumen vor; hier liegt der Anteil an der Trockenmasse des Holzes bei 20 bis 40 %.

Lignin besteht wie Kohlenhydrate überwiegend aus den Elementen Kohlenstoff (C), Wasserstoff (H) und Sauerstoff (O). Ein Vergleich mit Cellulose zeigt, dass Lignin dabei deutlich höhere C-Gehalte aufweist; der C-Gehalt liegt in Nadelhölzern meist zwischen 60 und 65 % und in Laubhölzern zwischen 56 und 60 %, während der C-Gehalt von Cellulose bei 44,4 % liegt. Während Lignin, das in Holz vorkommt, normalerweise keinen Stickstoff enthält, kann Lignin aus halmgutartiger Biomasse hingegen geringe Stickstoffmengen enthalten [2.59].

Strukturell kann Lignin auf drei monomere Verbindungen zurückgeführt werden (p-Cumaryl-, Coniferyl- und Sinapylalkohol (Abb. 2.14)). Diese drei Grundverbindungen werden oft als „Lignole“ bezeichnet. Deren chemische Vernetzung erfolgt über Kohlenstoff-, Ether- und Esterbindungen. Eine Trennung dieses Polymers in die Lignole

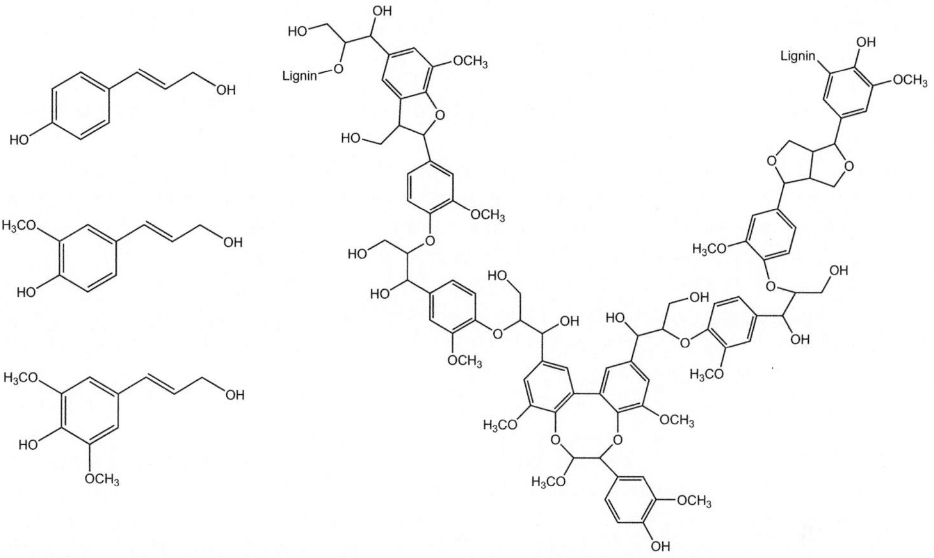

Abb. 2.14 Strukturdarstellung der drei Grundkomponenten des Lignins (p-Cumaryl-Alkohol (links oben); Coniferyl-Alkohol (links Mitte); Sinapylalkohol (links unten)) und ein beispielhafter Ausschnitt einer polymeren Ligninstruktur (rechts)

ist biochemisch ausgesprochen aufwändig; lediglich Braun- und Weißfäulepilze sind in der Lage, Lignin in entsprechend langen Zeiträumen (Tage bis Wochen) vollständig abzubauen.

Lignin wird bisher nur begrenzt stofflich verwertet. Beispielsweise kann daraus der Aromastoff Vanillin gewonnen werden. Ferner kann das Material in seiner polymeren Form als Additiv in Verbundwerkstoffen eingesetzt werden. Dennoch fallen große Ligninmengen im Bereich der Papierindustrie in Form sogenannter Lignosulfonate an, die meist vor Ort thermisch verwertet werden.

Literatur

[2.1] IEA – International Energy Agency Renewables 2019. Analysis and forecast to 2024. https://iea.blob.core.windows.net/assets/a846e5cf-ca7d-4a1f-a81b-ba1499f2cc07/Renewables\protect_2019.pdf. Zugegriffen: 05. März 2024

[2.2] Pettersen RC (1984) The Chemical Composition of Wood. In: Rowell R (Hrsg) The Chemistry of Solid Wood, Bd 207. American Chemical Society, Washington, DC, S 57–126

[2.3] Thomas RJ (1977) Wood: Structure and Chemical Composition. Wood Technology: Chemical Aspects 43:1–23. https://doi.org/10.1021/bk-1977-0043.ch001

[2.4] Elbersen W, Lammens TM, Alakangas EA, Annevelink B, Harmsen P, Elbersen B (2017) Lignocellulosic Biomass Quality. Matching Characteristics With Biomass Conversion Requirements. In: Panoutsou C (Hrsg) Modeling and Optimization of Biomass Supply Chains. Elsevier, S 55–78

[2.5] Bosworth SC (2015) Perennial Grass Biomass Production and Utilization. In: Dahiya A (Hrsg) Bioenergy. Biomass to Biofuels. Elsevier, S 73–87

[2.6] Marzo C, Díaz AB, Caro I, Blandino A (2019) Status and Perspectives in Bioethanol Production From Sugar Beet. In: Ray RC, Ramachandran S (Hrsg) Bioethanol Production from Food Crops. Elsevier, S 61–79

[2.7] Gruber L, Stögmüller G, Taferner K, Haberl L, Maierhofer G, Steiner B, Steinwidder A, Schauer A, Knaus W (2005) Protein- und Kohlenhydrat-Fraktionen nach dem Cornell Net Carbohydrate and Protein System sowie Ruminaler Nährstoffabbau in situ von energie- und proteinreichen Kraftfuttermitteln. Übersichten zur Tierernährung 33

[2.8] Igelspacher R (2006) Methode zur integrierten Bewertung von Prozessketten am Beispiel der Ethanolerzeugung aus Biomasse. Dissertation, Technische Universität München

[2.9] Schiweck H, Clarke M, Pollach G (2003) Sugar. In: Ley C (Hrsg) Ullmann's Encyclopedia of Industrial Chemistry. Wiley, S 557–628

[2.10] Cardona CA, Sanchez OJ, Gutierrez LF (2010) Process Synthesis for Fuel Ethanol Production, 1. Aufl. CRC Press, Boca Racon

[2.11] Dias MO, Modesto M, Ensinas AV, Nebra SA, Filho RM, Rossell CE (2011) Improving bioethanol production from sugarcane: evaluation of distillation, thermal integration and cogeneration systems. Energy 36(6):3691–3703. https://doi.org/10.1016/j.energy.2010.09.024

[2.12] Quintero JA, Montoya MI, Sánchez OJ, Giraldo OH, Cardona CA (2008) Fuel ethanol production from sugarcane and corn: Comparative analysis for a Colombian case. Energy 33(3):385–399. https://doi.org/10.1016/j.energy.2007.10.001

[2.13] Monceaux DA (2009) Alternative feedstocks for fuel ethanol production. In: Ingledew WM (Hrsg) The alcohol textbook: A reference for the beverage, fuel and industrial alcohol industries, 5. Aufl. Nottingham Univ. Press, Nottingham, S 507–530

[2.14] Rumble JR (Hrsg) (2021) CRC handbook of chemistry and physics. A ready-reference book of chemical and physical data, 102. Aufl. CRC Press, Boca Raton, London, New York

[2.15] Wölfel S (2006) Einflussnahme auf die Entwicklung des Stärkegehaltes von Speisekartoffeln unter Thüringer Bedingungen, Jena

[2.16] Brade W, Flachowsky G (Hrsg) (2006) Schweinezucht und Schweinefleischerzeugung. Empfehlungen für die Praxis. Landbauforschung Völkenrode Sonderheft, Bd 296. Bundesforschungsanstalt für Landwirtschaft (FAL), Braunschweig

[2.17] McKeon TA, Hayes DG, Hildebrand DF, Weselake RJ (2016) Introduction to Industrial Oil Crops. In: McKeon T, Hayes D, Hildebrand D, Weselake R (Hrsg) Industrial Oil Crops, 1. Aufl. Elsevier Reference Monographs, S 1–13

[2.18] Vollmann J, Rajcan I (Hrsg) (2009) Oil Crops. Bd 4. Springer-Verlag, New York

[2.19] Fortunati E, Kenny JM, Torre L (2019) Lignocellulosic materials as reinforcements in sustainable packaging systems: Processing, properties, and applications. In: Verma D, Fortunati E, Jain S, Zhang X (Hrsg) Biomass, biopolymer-based materials, and bioenergy. Construction, biomedical, and other industrial applications. Woodhead Publishing, Duxford, Cambridge, Kidlington, S 87–102

[2.20] Aden A, Ruth M, Ibsen K, Jechura J, Neeves K, Sheehan J, Wallace B, Montague L, Slayton A, Lukas J (2002) Lignocellulosic Biomass to Ethanol Process Design and Economics Utilizing Co-Current Dilute Acid Prehydrolysis and Enzymatic Hydrolysis For Corn Stover. Nr. NREL/TP-510-32438. National Renewable Energy Laboratory

[2.21] Dias MO, Ensinas AV, Nebra SA, Maciel Filho R, Rossell CE, Maciel MRW (2009) Production of bioethanol and other bio-based materials from sugarcane bagasse: Integration to conventional bioethanol production process. Chemical Engineering Research and Design 87(9):1206–1216. https://doi.org/10.1016/j.cherd.2009.06.020

[2.22] Kim S, Holtzapple MT (2005) Lime pretreatment and enzymatic hydrolysis of corn stover. Bioresource Technology 96(18):1994–2006. https://doi.org/10.1016/j.biortech.2005.01.014

[2.23] Talebnia F, Karakashev D, Angelidaki I (2010) Production of bioethanol from wheat straw: An overview on pretreatment, hydrolysis and fermentation. Bioresource Technology 101(13):4744–4753. https://doi.org/10.1016/j.biortech.2009.11.080

[2.24] Dien BS, Jung H-JG, Vogel KP, Casler MD, Lamb JF, Iten L, Mitchell RB, Sarath G (2006) Chemical composition and response to dilute-acid pretreatment and enzymatic saccharification of alfalfa, reed canarygrass, and switchgrass. Biomass and Bioenergy 30(10):880–891. https://doi.org/10.1016/j.biombioe.2006.02.004

[2.25] Mergner R, Janssen R, Rutz D, Bari I de, Sissot F (2013) Lignocellulosic Ethanol: Process and Demonstration. A Handbook (Part I)

[2.26] Pimentel D, Patzek TW (2005) Ethanol Production Using Corn, Switchgrass, and Wood; Biodiesel Production Using Soybean and Sunflower. Nat Resour Res 14(1):65–76. https://doi.org/10.1007/s11053-005-4679-8

[2.27] Sørensen A, Teller PJ, Hilstrøm T, Ahring BK (2008) Hydrolysis of Miscanthus for bioethanol production using dilute acid presoaking combined with wet explosion pre-treatment and enzymatic treatment. Bioresource Technology 99(14):6602–6607. https://doi.org/10.1016/j.biortech.2007.09.091

[2.28] Erdei B, Barta Z, Sipos B, Réczey K, Galbe M, Zacchi G (2010) Ethanol production from mixtures of wheat straw and wheat meal. Biotechnol Biofuels 3(1):16. https://doi.org/10.1186/1754-6834-3-16

[2.29] Erdei B, Frankó B, Galbe M, Zacchi G (2012) Separate hydrolysis and co-fermentation for improved xylose utilization in integrated ethanol production from wheat meal and wheat straw. Biotechnology for Biofuels 5(1):12. https://doi.org/10.1186/1754-6834-5-12

[2.30] Thomsen MH, Thygesen A, Jørgensen H, Larsen J, Christensen BH, Thomsen AB (2006) Preliminary results on optimization of pilot scale pretreatment of wheat straw used in coproduction of bioethanol and electricity. Appl Biochem Biotechnol 130(1-3):448–460. https://doi.org/10.1385/ABAB:130:1:448

[2.31] Wach W (2006) Bioethanol-Produktion - heute und morgen, Braunschweig

[2.32] Guiry MD (2012) How many species of algae are there? Journal of Phycology 48(5):1057–1063. https://doi.org/10.1111/j.1529-8817.2012.01222.x

[2.33] Anyanwu RC, Rodriguez C, Durrant A, Ramadan M, Olabi A-G (2022) Micro-Macroalgae Properties and Applications. In: Olabi AG (Hrsg) Encyclopedia of Smart Materials. Elsevier, San Diego, S 732–758

[2.34] Jung KA, Lim S-R, Kim Y, Park JM (2013) Potentials of macroalgae as feedstocks for biorefinery. Bioresource Technology 135:182–190. https://doi.org/10.1016/j.biortech.2012.10.025

[2.35] Bharathiraja B, Chakravarthy M, Ranjith Kumar R, Yogendran D, Yuvaraj D, Jayamuthunagai J, Praveen Kumar R, Palani S (2015) Aquatic biomass (algae) as a future feed stock for bio-refineries: A review on cultivation, processing and products. Renewable and Sustainable Energy Reviews 47:634–653. https://doi.org/10.1016/j.rser.2015.03.047

[2.36] Pourkarimi S, Hallajisani A, Alizadehdakhel A, Nouralishahi A (2019) Biofuel production through micro- and macroalgae pyrolysis – A review of pyrolysis methods and process parameters. Journal of Analytical and Applied Pyrolysis 142:104599. https://doi.org/10.1016/j.jaap.2019.04.015

[2.37] Parmar A, Singh NK, Pandey A, Gnansounou E, Madamwar D (2011) Cyanobacteria and microalgae: a positive prospect for biofuels. Bioresource Technology 102(22):10163–10172. https://doi.org/10.1016/j.biortech.2011.08.030

[2.38] Farrokh P, Sheikhpour M, Kasaeian A, Asadi H, Bavandi R (2019) Cyanobacteria as an eco-friendly resource for biofuel production: A critical review. Biotechnology Progress 35(5):e2835. https://doi.org/10.1002/btpr.2835

[2.39] Lea-Smith DJ, Howe CJ (2017) The Use of Cyanobacteria for Biofuel Production Biofuels and Bioenergy. John Wiley & Sons, Ltd, S 143–155
[2.40] Ramesh HPF, Tharanathan RN (2003) Carbohydrates–the renewable raw materials of high biotechnological value. Critical Reviews in Biotechnology 23(2):149–173. https://doi.org/10.1080/713609312
[2.41] Lindhorst TK (2000) Struktur und Funktion von Kohlenhydraten. Chemie in unserer Zeit 34(1):38–52. https://doi.org/10.1002/1521-3781(200002)34:1%3C38::AID-CIUZ38%3E3.0.CO;2-L
[2.42] Haghi AK, Gonzalez C, Thomas S, M PK (2017) Physical chemistry for engineering and applied sciences. Theoretical and methodological implications. Innovations in Physical Chemistry. Apple Academic Press, Toronto, New Jersey
[2.43] Khadem HS (1993) Carbohydrate chemistry. Monosaccharides and their oligomers. Academic Press, San Diego
[2.44] Gold V (Hrsg) (2019) The IUPAC Compendium of Chemical Terminology. International Union of Pure and Applied Chemistry (IUPAC), Research Triangle Park, NC
[2.45] Brienzo M (2022) Hemicellulose Biorefinery: A Sustainable Solution for Value Addition to Bio-Based Products and Bioenergy, 1. Aufl. Clean Energy Production Technologies. Springer Singapore, Singapore
[2.46] C. Tezara, J.P. Siregar, H.Y. Lim, F.A. Fauzi, M.H. Yazdi, I.K. Moey, J.W. Lim (2016) Factors that affect the mechanical properties of kenaf fiber reinforced polymer: A review. JMES 10(2):2159–2175. https://doi.org/10.15282/jmes.10.2.2016.19.0203
[2.47] Nypelö T, Peresin MS, Filpponen I (2020) Lignocellulosics and Their Use in Functional Materials and Nanotechnology. In: Filpponen I, Peresin MS, Nypelö T (Hrsg) Lignocellulosics. Renewable feedstock for (tailored) functional materials and nanotechnology. Elsevier, Amsterdam, S 1–16
[2.48] Poluri KM, Gulati K, Sarkar S (2021) Protein-Protein Interactions. Principles and Techniques: Volume I, 1. Aufl. Springer Singapore, Singapore
[2.49] Lamp A (2020) Proteingewinnung aus Bioethanolschlempe. Dissertation, Technische Universität Hamburg
[2.50] Liljas A, Liljas L, Ash M-R, Lindblom G, Nissen P, Kjeldgaard M (2017) Textbook of structural biology. Series in structural biology, Bd 8. World Scientific, New Jersey, London, Singapore, Beijing, Shanghai, Hong Kong, Taipei, Chennai, Tokyo
[2.51] Whitford D (2011) Proteins. Structure and function. Wiley, Chichester
[2.52] Walsh G (2014) Proteins. Biochemistry and biotechnology, 2. Aufl. John Wiley & Sons Inc, Chichester, West Sussex, UK, Hoboken, NJ
[2.53] Löffler G (2008) Basiswissen Biochemie. Mit Pathobiochemie, 7. Aufl. Springer, Berlin, Heidelberg
[2.54] Popova E (2007) Phasengleichgewichte beim Ausfällen von Proteinen aus wässrigen Lösungen. Dissertation, Technische Universität Kaiserslautern
[2.55] Yenigün O, Demirel B (2013) Ammonia inhibition in anaerobic digestion: A review. Process Biochemistry 48(5-6):901–911. https://doi.org/10.1016/j.procbio.2013.04.012
[2.56] Nakamura Y, Li-Beisson Y (2016) Lipids in plant and algae development. Subcellular biochemistry, Bd 86. Springer, Cham, Heidelberg, New York, Dordrecht, London
[2.57] Zuorro A, García-Martínez JB, Barajas-Solano AF (2021) The Application of Catalytic Processes on the Production of Algae-Based Biofuels: A Review. Catalysts 11(1):22. https://doi.org/10.3390/catal11010022
[2.58] Schubert S (2021) Biochemie, 2. Aufl. utb basics. utb GmbH, Stuttgart
[2.59] Huang J, Gan L, Fu S (2019) Lignin chemistry and applications, 1. Aufl. Chemical Industry Press series Series on natural polymer based novel materials. Elsevier, Amsterdam

Grundlagen biochemischer Konversionen 3

Andreas Zimmermann, Marvin Scherzinger, Johannes Gescher und Martin Kaltschmitt

Biomasse kann über biochemische Prozesse in Verbindungen mit klar definierten Eigenschaften – und folglich auch in entsprechende flüssige und / oder gasförmige Energieträger – umgewandelt werden. Vor diesem Hintergrund ist es das Ziel der folgenden Ausführungen, zunächst grundlegende Aspekte des Biomasseaufschlusses für eine Nutzung in biochemischen Umwandlungen zu diskutieren. Ein derartiger Aufschluss kann notwendig bzw. hilfreich sein, um die einzelnen, beispielsweise in der Lignocellulose-Biomasse enthaltenen makromolekularen Stoffe für eine biochemische Umsetzung verfügbar zu machen. Anschließend wird auf grundlegende Aspekte enzymatischer und mikrobieller Biomassekonversionen eingegangen. Final werden ausgewählte Aspekte, die für eine verfahrenstechnische Umsetzung derartiger biochemischer Prozesse relevant sind, dargestellt. Zuvor werden jedoch relevante Begriffe definiert.

- Unter einem biochemischen Prozess werden hier sämtliche mikrobiellen und / oder enzymatischen Umwandlungen bzw. Reaktionen (d. h. Stoffwechselvorgänge und Prozesse im Zusammenhang mit Lebewesen, insbesondere Mikroorganismen) verstanden (Abb. 3.1); synonym dazu wird häufig auch der Begriff der Fermentation verwendet, der auch eine Umwandlung organischen Materials mithilfe von Mikroorganismen oder Enzymen beschreibt. Dabei laufen – im Gegensatz zu beispielsweise (thermo-)chemischen Umwandlungen (Band 2) – derartige biochemische Prozesse typischerweise bei vergleichsweise geringen Temperaturen ab (im Regelfall deutlich unter 100 °C) und zeichnen sich in der Folge durch entsprechend geringe Reaktionsgeschwindigkeiten aus.
- Biokatalysatoren ermöglichen und beschleunigen – analog zu „klassischen" chemischen Katalysatoren – die entsprechenden biochemischen Reaktionen. Derartige Biokatalysatoren sind für das Leben unabdingbar und werden von allen (Mikro-)Orga-

Andreas Zimmermann, Marvin Scherzinger, Johannes Gescher, Martin Kaltschmitt, Hamburg, Deutschland

M. Kaltschmitt, M. Scherzinger, J. Gescher (Hrsg.), *Energie aus Biomasse*, Energie aus Biomasse 3, https://doi.org/10.1007/978-3-658-41386-6_3

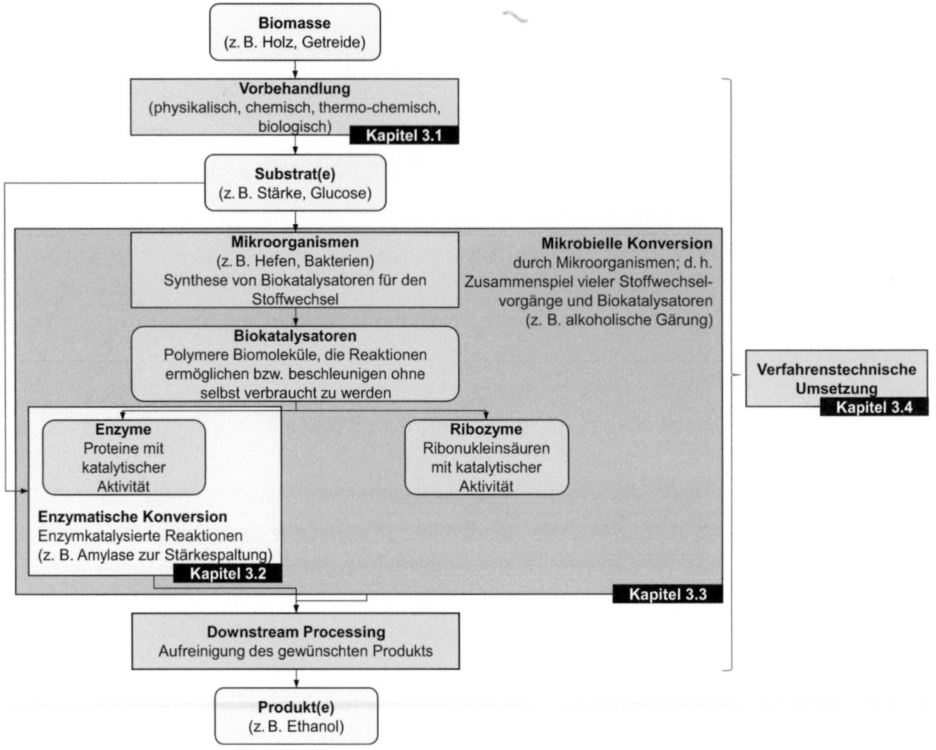

Abb. 3.1 Begrifflichkeiten und struktureller Aufbau dieses Kapitels

nismen synthetisiert und genutzt. Sie werden auch als Enzyme (Kapitel 3.2, Band 3) bezeichnet. Einzelne Enzyme katalysieren dabei typischerweise eine bestimmte biochemische Reaktion mit einem definierten Ergebnis.

- Für ihren Stoffwechsel produzieren (Mikro-)Organismen viele Enzyme gleichzeitig, um Energie zu gewinnen, Zellbausteine zu produzieren und / oder auf bestimmte Umweltreize reagieren zu können. Dementsprechend kann ein Mikroorganismus viele Reaktionsschritte hintereinander katalysieren, die in der Regel auch ineinandergreifen. Die Gesamtheit derartiger mikrobieller Reaktionskaskaden (d. h. aufeinanderfolgende bzw. ineinandergreifende enzymatische Reaktionen) werden hier unter dem Begriff mikrobielle Umsetzung (Kapitel 3.3, Band 3) vereint. Im Zuge einer solchen mikrobiellen Konversion setzen eine ganze Zelle und deren produzierte Enzyme ein oder mehrere Edukte bzw. Substrate zu einem Produkt um. Dabei kann es zu Nebenreaktionen kommen, da der Organismus ggf. nicht nur die gewünschten, sondern auch weitere Reaktionen katalysiert, die dann die Effizienz eines entsprechenden Prozesses vermindern können. Derartige Limitationen lassen sich aber vielfach durch eine genetische Manipulation der jeweiligen Organismen beheben (weiße Biotechnologie).

- Diesen mikrobiellen Prozessen mit ganzen Zellen stehen Prozesse gegenüber, die mit aufgereinigten Enzymen oder Enzymfraktionen durchgeführt werden (Kapitel 3.2, Band 3). Durch die Aufreinigung der Enzyme können bestimmte Nebenreaktionen vermieden werden und die Katalyse wird unabhängig vom Metabolismus des (Mikro-) Organismus und damit vorhersehbarer. Gleichzeitig ist dieser Prozess der Enzymaufreinigung und ggf. Stabilisierung z. T. sehr aufwändig und mit entsprechenden Kosten verbunden. Diese Kosten müssen sich durch den Wert des biochemisch erzeugten Endprodukts amortisieren.

Allgemein zählen auch Stoffwechselvorgänge in Tieren und Menschen sowie generell biologische Vorgänge zu den biochemischen Prozessen. Da diese (bisher) jedoch keine technische Relevanz für die Gewinnung von Energieträgern und / oder Plattformchemikalien besitzen, werden sie hier nicht behandelt. Dies gilt auch für die Ribozyme, eine Klasse von Biokatalysatoren, die nicht auf Proteinen, sondern auf Ribonukleinsäuren basiert und vor allem in der Genetik eine Rolle spielt (Abb. 3.1).

Die folgenden Ausführungen beschränken sich damit primär auf biochemische Prozesse, mit denen sich Energieträger und organische Verbindungen erzeugen lassen, die nicht nur als Grundchemikalien bzw. Plattformchemikalien (engl. Bulk Chemicals), sondern auch energetisch genutzt werden können. In der Natur finden derartige biochemische Prozesse typischerweise in oder im Zusammenhang mit lebenden Organismen statt. Für eine technische Nutzung wird jedoch versucht, diese natürlicherweise ablaufenden Vorgänge gezielt zu nutzen (z. B. bei der Bioethanolproduktion). Dabei werden nicht nur die entsprechenden Prozessbedingungen (z. B. Temperatur, Verweilzeit) optimiert, sondern z. T. auch die eingesetzten Mikroorganismen genetisch modifiziert (engl. Genetically Modified Organism, GMO), um deren Produktivität zu steigern und unerwünschte Nebenreaktionen möglichst zu unterdrücken.

Die auf der Erde vorkommende pflanzliche Biomasse stammt primär aus der Fixierung von Kohlenstoffdioxid (CO_2) durch lebende pflanzliche Organismen. Der anschließende Ab- bzw. Umbau dieser Pflanzenbiomasse, wie er natürlicherweise beispielsweise nach dem Absterben der jeweiligen Pflanzen stattfinden kann, wird u. a. von (Mikro-)Organismen über verschiedenartige Stoffwechselprozesse realisiert. Dabei lassen sich aerobe und anaerobe Vorgänge unterscheiden. Generell finden aerobe Vorgänge in Gegenwart von (Luft-)Sauerstoff (unter oxischen Bedingungen) statt, während anaerobe Vorgänge unter Ausschluss von Sauerstoff (unter anoxischen Bedingungen) ablaufen. Insgesamt wird der größere Teil toter pflanzlicher Biomasse natürlicherweise aerob zu CO_2 abgebaut und der natürliche Kohlenstoffkreislauf damit geschlossen; d. h., durch aerobe Vorgänge werden organische Moleküle zu CO_2 oxidiert, das dann in die Atmosphäre abgegeben wird und somit für die Photosynthese (Kapitel 2, Band 1) erneut zur Verfügung steht. In der Photosynthese können dann aus CO_2 wieder organische Moleküle aufgebaut werden. Nachfolgend werden die jeweiligen Unterschiede zwischen anaeroben und aeroben Vorgängen beschrieben.

Aerobe Prozesse. Bei aeroben Vorgängen oxidieren (Mikro-)Organismen (z. B. Bakterien, Einzeller, Pilze) das organische Ausgangsmaterial (z. B. Glucose [$C_6H_{12}O_6$]) mit Sauerstoff (O_2) aus der Luft zu Kohlenstoffdioxid (CO_2) und reduzieren den Sauerstoff zu Wasser (H_2O; Gleichung (3.1)). Die dadurch nutzbare, vergleichsweise große Energiemenge führt zu einem raschen Wachstum der aktiven mikrobiellen Biomasse und einer schnellen Verdoppelung solcher aeroben Mikroorganismen (innerhalb von Stunden). Zudem wird bei derartigen aeroben Abbauvorgängen Wärme freigesetzt. Dies kann beispielsweise dazu führen, dass sich ein gut belüfteter Komposthaufen bis auf etwa 70 °C erhitzt. Die freigesetzte Energie aus aeroben Prozessen, bei denen letztlich eine (schnelle) Oxidation des organischen Materials abläuft, fällt generell auf einem relativ geringen Temperaturniveau an (maximal 60 bis 70 °C); sie kann daher nur in Ausnahmefällen technisch sinnvoll nutzbar gemacht werden. Gleichzeitig wird bei diesen aeroben Vorgängen neben Kohlenstoffdioxid und Wasser (beides wird an die Umgebung abgegeben) vergleichsweise viel aktive bzw. lebende mikrobielle Biomasse gebildet. Dies führt beispielsweise in einem Klärprozess, wie er z. B. in kommunalen Kläranlagen realisiert wird, zu einem bis zu 20-fach höheren Schlammaufkommen im Vergleich zu einem anaeroben Abbau. Gleichzeitig ermöglicht der Sauerstoffeintrag in den Belüftungsbecken eines Klärwerks den vergleichsweise raschen (aeroben) Abbau des organischen Materials und damit die Wasserreinigung innerhalb von wenigen Stunden.

$$C_6H_{12}O_6 + 6\,O_2 \rightarrow 6\,CO_2 + 6\,H_2O \quad \Delta G^0 = -2879\,\frac{\text{kJ}}{\text{mol}} \tag{3.1}$$

Damit derartige aerobe Prozesse ablaufen können, muss eine Reihe von Voraussetzungen erfüllt sein; u. a. muss ein entsprechender Stoff- und Wärmetransport zwischen den in der Regel drei Phasen gewährleistet werden.

- Die abzubauenden organischen Stoffe müssen entweder gelöst oder als feste (kleine) Partikel vorliegen (z. B. Fäkalienpartikel im Klärwerk); je größer die für die Mikroorganismen potenziell zugängliche Oberfläche der abzubauenden Biomasse ist, desto schneller kann ein biochemischer Abbau erfolgen.
- Die abzubauenden Feststoffpartikel müssen von einem Flüssigkeitsfilm umgeben sein, denn ohne die Gegenwart von Wasser finden in der Regel keine biologischen und damit biochemischen Vorgänge statt.
- Gleichzeitig muss die flüssige Phase mit Luft bzw. dem darin enthaltenen Sauerstoff versetzt sein, um einen ausreichenden Sauerstofftransport zu den Mikroorganismen zu gewährleisten.

Das Gleichgewicht zwischen den drei genannten Phasen wird dabei von einer Vielzahl verschiedener Faktoren (u. a. Temperatur, Größe der Luftblasen) beeinflusst, die bei einer technischen Umsetzung gezielt beeinflusst werden können. Heuristische Regeln zur Verbesserung des Stoff- und Wärmetransports zielen beispielsweise auf eine Maximierung der spezifischen Oberfläche der Feststoffphase bzw. der Gasphase (d. h. möglichst kleine Partikel bzw. Gasblasen). Aerobe Prozesse benötigen bei der technischen Umsetzung daher üblicherweise Fremdenergie zur Belüftung (z. B. Verdichter) und Durchmischung (z. B. Rührwerk).

Aufgrund eines a priori limitierten Stofftransports werden feste organische Stoffe in der Natur nur in den äußersten Schichten aerob abgebaut. Wird Biomasse jedoch zu größeren Haufen aufgestapelt – wie es bei technischen Prozessen (z. B. bei der Kompostierung) der Fall ist –, läuft der Abbau des organischen Materials (im Inneren) zwangsweise vorwiegend anaerob ab, da nicht genügend Sauerstoff in das Haufeninnere gelangen kann. Wenn bei solchen Gegebenheiten durch eine künstliche Belüftung der Prozess intensiviert wird, können zudem so hohe Temperaturen erreicht werden, dass ein weiterer Abbau weitgehend zum Erliegen kommt, weil die Temperaturoptima der beteiligten Organismen überschritten werden. Deshalb können und dürfen bei einem aeroben Prozess die einzelnen Prozessparameter nicht isoliert betrachtet bzw. optimiert werden.

Anaerobe Prozesse. Beim anaeroben Abbau (d. h. in einer sauerstoffarmen oder -freien Atmosphäre) steckt u. U. ein großer Teil der Energie, welche zuvor in den chemischen Bindungen des abgebauten organischen Materials enthalten war, in den gebildeten energiereichen Stoffwechselprodukten (z. B. Methan, Alkohol, Essigsäure). Dies ist davon abhängig, ob ein anderer anaerober Elektronenakzeptor wie z. B. Nitrat (NO_3^-) oder Sulfat (SO_4^{2-}) zur Verfügung steht. Unter solchen Bedingungen kann der Biomasseabbau auch (ohne Sauerstoff) zu Kohlenstoffdioxid als Endprodukt führen, während die Elektronenakzeptoren zu molekularem Stickstoff (N_2) oder Schwefelwasserstoff (H_2S) reduziert werden. In Abwesenheit eines Elektronenakzeptors (Gärungsstoffwechsel) oder in Anwesenheit von Kohlenstoffdioxid (CO_2) als einzigem Elektronenakzeptor erfolgt die Bildung von Gärungsprodukten wie niederen Alkoholen, flüchtigen Fettsäuren, Wasserstoff, Kohlenstoffdioxid und teilweise Methan.

Demzufolge bleibt für die entsprechenden Mikroorganismen (aktive Biomasse), welche diese Art des anaeroben Abbaus realisieren, nur vergleichsweise wenig nutzbare Energie, mit der sie ihr Überleben sicherstellen können. Wird beispielsweise Glucose durch eine Methanisierung zu Methan und CO_2 anaerob abgebaut (Gleichung (3.2)), haben die Mikroorganismen unter Standardbedingungen weniger als 5 % der Energie – im Vergleich zu einem aeroben Abbau – zur Verfügung. Der Rest der im Edukt / Substrat vorhandenen und nutzbaren chemischen Bindungsenergie findet sich dann zu großen Teilen in dem von den jeweiligen Mikroorganismen erzeugten Produkt wieder (z. B. in Form von Methan (CH_4)). Mikroorganismen, die einen anaeroben Abbau vollziehen, wachsen daher deutlich langsamer als solche, die einen aeroben Biomasseabbau betreiben; d. h., bei einem anaeroben Abbau wachsen die Organismen in der Regel langsamer und es wird in einem vergleichbaren Zeitraum nicht so viel aktive mikrobielle Biomasse aufgebaut wie bei einem aeroben Prozess. In der Folge wird bei anaeroben Abbauprozessen auch nur vergleichsweise wenig Abwärme frei. Daher müssen die Mikroorganismen unter anaeroben Bedingungen zu ihrer Vermehrung relativ viel Material abbauen (d. h., nach einer anoxischen anaeroben Umsetzung bleibt im Vergleich weniger Substrat-Biomasse zurück). Auch haben anaerobe Abbauprozesse nur dort eine Chance, wo Sauerstoff fehlt (z. B. am

Grund von Seen, im Pansen von Wiederkäuern). Das liegt daran, dass Sauerstoff einerseits für obligate Anaerobier (d. h., anaerobe Bedingungen sind für das Überleben dieser Organismen unerlässlich) toxisch sein kann und dieser andererseits die Lebensbedingungen konkurrierender aerober oder fakultativ anaerober Organismen (d. h., ein Überleben ist sowohl mit als auch ohne Sauerstoff möglich) verbessern würde.

$$C_6H_{12}O_6 \rightarrow 3\,CO_2 + 3\,CH_4 \quad \Delta G^0 = -425\,\frac{kJ}{mol} \tag{3.2}$$

Einzelne anaerob arbeitende Organismen sind in Abwesenheit anderer Elektronenakzeptoren nicht in der Lage, komplexe organische Verbindungen (z. B. Cellulose) vollständig zu Kohlenstoffdioxid abzubauen. In der Natur sind deshalb meist „Nahrungsketten" aus verschiedenen, jeweils nur auf einen Teilumwandlungsschritt spezialisierten Mikroorganismen für den anaeroben Abbau verantwortlich. Bei der alkoholischen Gärung sind es beispielsweise Bakterien oder Hefen, welche Glucose zu Ethanol und Kohlenstoffdioxid abbauen. Diese können beispielsweise Cellulose, welche aus Glucosemolekülen besteht, nicht abbauen. Auch bei der Methanisierung sind es mehrere Gruppen von Bakterien und abschließend Archaea, welche nacheinander das Ausgangsmaterial zunächst zu einfacheren organischen Verbindungen, dann zu niederen organischen Fettsäuren und schließlich zu Biogas (primär CH_4 und CO_2) abbauen.

Obwohl bei anaeroben Prozessen auch Gase entstehen, handelt es sich in Bezug auf die Edukte bzw. Substrate in der Regel um Zwei-Phasen-Prozesse, da keine Belüftung notwendig ist (d. h. um eine feste abzubauende Biomassephase und eine umgebende flüssige Phase). Die entstehenden Gase (z. B. Kohlenstoffdioxid bei der Alkoholgärung, Biogas bei der Methanisierung) sind Ausscheidungsprodukte der Mikroorganismen. Sie entweichen und beeinflussen die Kinetik des Abbaus in erster Näherung nicht, da das Gas für den Abbauprozess selbst nicht gebraucht wird und diesen – mit einigen Ausnahmen – auch nicht hemmt. Entscheidend für einen anaeroben Abbau sind vielmehr die festen und gelösten Substrate und die sie umgebende flüssige Phase, in welcher die anaeroben Bakterien leben. Anaerobe Abbauprozesse sind daher in der Regel einfacher steuerbar und erfordern z. T. weniger apparativen Aufwand als aerobe Prozesse (z. B. weil keine Belüftung notwendig ist).

Beim anaeroben Abbau wird aus den diskutierten Gründen kaum Prozess(ab)wärme frei. Das Substrat muss deshalb z. T. auf eine geeignete Prozesstemperatur erwärmt werden. Energieaufwendungen für einen Sauerstoffeintrag, wie es bei aeroben Prozessen der Fall sein kann, entfallen dagegen. Auch werden energetisch hochwertige Abbauprodukte (z. B. Methan, Ethanol) freigesetzt, die relativ einfach zur Strom- und / oder Wärmebereitstellung oder als Treibstoff (bzw. als Plattformchemikalie) eingesetzt werden können. Da beim anaeroben Abbau viel weniger aktive Biomasse gebildet wird (aufgrund des deutlich langsameren Wachstums der Mikroorganismen), ist die Versorgung der Organismen mit Makroelementen, Vitaminen und Spurenelementen normalerweise deutlich weniger kritisch als bei aeroben Prozessen, wo entsprechend mehr Stickstoff, Phosphor und andere Spurenelemente für das Wachstum der Mikroorganismen benötigt werden.

3.1 Vorbehandlung und Aufschluss

Biomasse ist ein Oberbegriff für komplex zusammengesetzte und in ihrer molekularen Zusammensetzung stark schwankende Stoffströme. Auf die wesentlichen Stoffklassen (Kohlenhydrate, Proteine, Lipide, Lignin), aus denen Biomasse hauptsächlich aufgebaut ist, wird in Kapitel 2.2 (Band 3) detailliert eingegangen. Innerhalb der Biomasse kommen diese Stoffklassen überwiegend als polymere Bestandteile vor, die aus entsprechenden monomeren Grundbausteinen (z. B. Aminosäuren, Fettsäuren) aufgebaut sind; d. h., Organismen, in diesem Kontext typischerweise Pflanzen, verknüpfen die einzelnen Bausteine zu entsprechenden Makromolekülen. Für eine biochemische Umwandlung von Biomasse in energiereiche Produkte wie beispielsweise Alkohole oder Methan müssen diese polymeren Bestandteile deshalb zunächst erneut in niedermolekulare Verbindungen (z. B. fermentierbare monomere Zucker) gespalten werden.

Klassische Substrate zur biochemischen Herstellung von als Energieträger nutzbaren Produkten sind u. a. Glucose und Stärke, die aus Nahrungs- und Futterpflanzen (z. B. Getreide, Kartoffeln) abgetrennt werden können. Derartige agrarische Ausgangsprodukte erfordern i. Allg. nur eine verhältnismäßig einfache Vorbehandlung bzw. einen einfachen Aufschluss, mit der bzw. dem diese Inhaltsstoffe in einer relativ reinen Form technisch verfügbar gemacht werden können. Derartige technische Prozesse umfassen üblicherweise zunächst Reinigungs- und Zerkleinerungsschritte, bevor dann die gewünschten Moleküle aus der zerkleinerten Biomasse beispielsweise durch Auswaschen gewonnen werden (z. B. Zucker aus der Zuckerrübe).

Bei derartigen Nahrungs- oder Futterpflanzen ist ein Aufschluss der durch biochemische Prozesse umzuwandelnden Molekülbausteine relativ einfach; auch deshalb haben sie sich als Kulturpflanzen in den vergangenen Jahrhunderten etabliert. Problematischer ist ein derartiger Aufschluss aber für alternative Substratquellen bzw. Biomassefraktionen, die beispielsweise – im Vergleich zu Nahrungs- und Futterpflanzen – in deutlich größeren Mengen anfallen (z. B. Lignocellulose-Pflanzen) und nicht oder nur begrenzt für die menschliche und / oder tierische Ernährung eingesetzt werden können (Nutzungskonkurrenz). Um auch derartige biogene Ressourcen für eine Nutzung durch biochemische Prozesse zu erschließen, wurden in den vergangenen Jahren zahlreiche Technologien und Verfahren entwickelt, um solche alternativen Substrate (insbesondere Lignocellulose) für eine anschließende Nutzung aufzuschließen und so verfügbar zu machen. Dies ist notwendig, da eine effiziente biochemische Konversion solcher Substrate häufig durch verschiedenste chemische, strukturelle oder physikalische Faktoren gehemmt wird. Beispielsweise schützt die komplexe makromolekulare Struktur der Lignocellulose u. a. die Pflanzenzellwand vor dem Angriff durch (Mikro-)Organismen und verleiht ihr Widerstandsfähigkeit gegen mechanische Kräfte; dadurch ist z. B. Holz naturgemäß relativ abbauresistent [3.1].

Eine Vorbehandlung bzw. ein Biomasseaufschluss ist in solchen Fällen entscheidend für eine anschließend zu realisierende möglichst vollständige biochemische Umsetzung. Durch eine derartige Behandlung kann die makromolekulare Struktur der Biomasse verändert und geschwächt werden; die Biomasse kann dadurch zugänglicher für Enzyme und

Mikroorganismen werden. Auf diese Weise können u. a. auch Nebenprodukte, Rückstände und Abfälle als Ausgangsmaterial für eine biochemische Umwandlung in energetisch verwertbare Kohlenwasserstoffe nutzbar gemacht werden.

Ausgehend davon werden im Rahmen dieses Kapitels verschiedene Verfahren und Prozesse vorgestellt, die zur Vorbehandlung und für den Aufschluss von Biomasse angewendet bzw. eingesetzt werden können. Dabei werden insbesondere die grundlegenden Effekte adressiert, welche von den jeweiligen Verfahren bzw. dem entsprechenden Prozess (mit dem Ziel des Biomasseaufschlusses) hervorgerufen werden können. Eine detailliertere Beschreibung der technischen Umsetzung derartiger Verfahren wird dann jeweils für den zu betrachtenden Anwendungsfall in den Kapiteln 4, 5, 6 und 7 (Band 3) vorgenommen.

- Unter dem Begriff Vorbehandlung werden hier alle Verfahren und Prozesse verstanden, mit denen die Ausgangsbiomasse für den folgenden biochemischen Prozessschritt vor- bzw. aufbereitet wird; sinnvoll ist eine derartige Vorbehandlung nur, falls die nachgelagerte biochemische Konversion dadurch positiv beeinflusst wird. In einigen Fällen ist der Einsatz bestimmter Biomassearten (z. B. Lignocellulose) ohne eine vorherige (Vor-)Behandlung jedoch gar nicht möglich.
- Der Begriff Aufschluss bezeichnet hingegen alle Verfahren, welche dazu dienen, die Biomassestruktur in die einzelnen darin enthaltenen Verbindungen bzw. makromolekularen Stoffgruppen aufzuspalten bzw. diese voneinander zu separieren. Außerdem werden Verfahren, bei denen einzelne oder mehrere solcher Biomassebestandteile in kurzkettige Verbindungen aufgespalten / abgebaut werden, ebenfalls unter dem Begriff Aufschluss subsumiert. Der Biomasseaufschluss wird zumeist als erster Verfahrensschritt bei der biochemischen Umwandlung realisiert und stellt somit eine Art der Vorbehandlung dar.

Im Folgenden werden einige wichtige Vorbehandlungs- und Aufschlussverfahren, die im Zusammenhang mit biochemischen Umwandlungsprozessen angewendet werden, vorgestellt und diskutiert. Außerdem werden die den Verfahren zugrunde liegenden Wirkungsmechanismen erläutert. Der Fokus liegt dabei insbesondere auf der Behandlung von Lignocellulose-Biomasse.

3.1.1 Wirkungsmechanismen

Lignocellulose-Biomasse ist ein komplexes Komposit, das im Wesentlichen aus Cellulose, Hemicellulose und Lignin besteht; dabei wirkt insbesondere das Biopolymer Lignin einer mikrobiellen Zersetzung entgegen. Lignin verhindert dabei u. a., dass Wasser an die Bindungsstellen der einzelnen Fasern gelangen kann, weshalb beispielsweise eine enzymatische Hydrolyse verhindert wird.

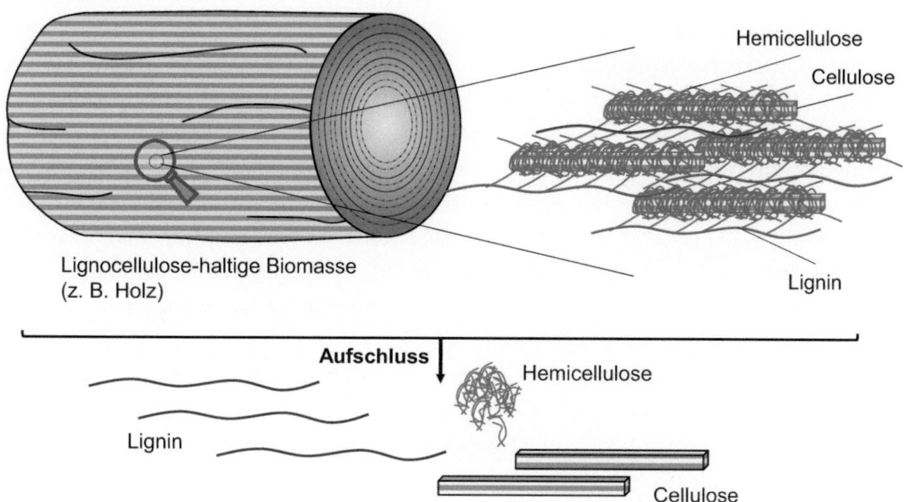

Abb. 3.2 Struktureller Aufbau von Lignocellulose und dessen Veränderung durch Vorbehandlung (Lignocellulose besteht aus einem Verbund von Cellulose und Hemicellulose, der von Lignin umgeben ist)

Zu den wichtigsten strukturellen Eigenschaften, die einen biochemischen Abbau von Lignocellulose-Biomasse beeinflussen, zählen insbesondere der Aufbau von Cellulose, Hemicellulose und Lignin, die Kristallinität der Cellulose sowie die für die Enzyme zugängliche Oberfläche. Abbildung 3.2 zeigt eine vereinfachte Darstellung einer möglichen Strukturveränderung von Lignocellulose durch eine Vorbehandlung, welche eine anschließende biochemische Konversion begünstigt. Die im Folgenden vorgestellten Vorbehandlungsverfahren verändern im Regelfall mehrere der zuvor genannten Eigenschaften gleichzeitig in einer mehr oder weniger gezielten Art und Weise. Nachfolgend werden die Auswirkungen dieser Eigenschaften von Lignocellulose auf die biochemische Abbaubarkeit näher beleuchtet.

Veränderungen der Zusammensetzung. Insbesondere aufgrund der den biochemischen Abbau hemmenden Wirkung von Lignin ist die Zusammensetzung der für biochemische / biotechnologische Prozesse eingesetzten Biomasse von essenzieller Bedeutung. Deshalb kann beispielsweise eine Verringerung des Ligningehalts durch eine delignifizierende Vorbehandlung für eine anschließende biochemische Umwandlung von Vorteil sein. Dadurch kann beispielsweise eine enzymatische Hydrolyse (d. h. eine Spaltung durch Wasseranlagerung mithilfe von Enzymen) deutlich erleichtert werden. Dies kann u. a. auf eine Quellung der Biomasse sowie auf eine erhöhte Zugänglichkeit der abbaubaren Fraktionen für die jeweils eingesetzten Enzyme zurückgeführt werden. Aber auch nur eine Veränderung der Ligninstruktur kann bereits erhebliche Auswirkungen auf die biochemische Abbaubarkeit der Lignocellulose haben [3.2].

Neben einer Entfernung oder Veränderung von Lignin kann sich ebenso die Entfernung von Hemicellulose positiv auf eine anschließende biochemische Umwandlung auswirken. Auch hierfür ist das Aufbrechen der Struktur der Lignocellulose maßgeblich verantwortlich, sodass ein Angriff durch Enzyme oder Mikroorganismen erleichtert wird. Der Einfluss einer Ligninveränderung bzw. -entfernung bei biochemischen Konversionsverfahren ist jedoch i. Allg. höher als der einer Hemicellulose-Entfernung. Dieser Effekt wurde bisher vor allem bei einer thermischen Vorbehandlung beobachtet [3.3]. Zudem können übermäßige Hemicellulose-Verluste infolge einer entsprechenden Vorbehandlung auch zu einer insgesamt niedrigeren Ausbeute bei einer anschließenden biochemischen Umwandlung führen (z. B. bei der Biogasproduktion) [3.4].

Auch der Polymerisationsgrad der Cellulose-Fraktion ist ein wichtiger Einflussfaktor. Er gibt die relative Häufigkeit von inneren und endständigen β-glycosidischen Bindungen an und damit auch die Zahl der enthaltenen Monomere. Für die meisten Lignocellulose-Biomassen liegt er im Bereich zwischen 1500 und 5500.

- Höhere Cellulose-Polymerisationsgrade sind ein Indiz für längere Cellulose-Ketten, die entsprechend auch eine höhere Anzahl an Wasserstoffbrückenbindungen, ein stärkeres Netzwerk und eine geringere Zugänglichkeit für Enzyme aufweisen.
- Niedrigere Cellulose-Polymerisationsgrade hingegen deuten auf kürzere Ketten und somit eine höhere Anzahl von Cellulose-Enden hin (bei gleicher Cellulose-Masse), welche wiederum beispielsweise für einen Angriff durch Exo-Enzyme verfügbar sind, die selektiv am Kettenende wirken.

Eine Reduktion des Cellulose-Polymerisationsgrades kann entsprechend zu Verbesserungen bei einer anschließenden biochemischen Umwandlung führen bzw. diese erleichtern [3.5].

Cellulose-Kristallinität. Cellulose-Mikrofibrillen bestehen sowohl aus amorphen als auch aus kristallinen Bereichen. Diese Mikrofibrillen sind winzige Fasern und haben einen Durchmesser zwischen 10 und 30 nm. Sie sind Bestandteile der pflanzlichen Zellwand und bestehen aus bis zu 20 Elementarfibrillen, die sich wiederum aus bis zu 50 Cellulose-Fäden zusammensetzen. In der Natur kommt aber mehrheitlich die kristalline Form vor. Die Cellulose-Kristallinität ist daher definiert als das Verhältnis dieser beiden Bereiche.

Amorphe Cellulose weist im Vergleich zu kristalliner Cellulose eine höhere Enzymbindungskapazität auf und kann daher schneller (enzymatisch) hydrolysiert werden. Generell gilt daher, dass eine geringere Cellulose-Kristallinität für eine anschließende biochemische Konversion von Vorteil ist [3.2].

Bei einer Vorbehandlung werden jedoch meist mehrere Biomasseeigenschaften verändert. In einigen Fällen wird beispielsweise von einer erhöhten enzymatischen Abbaubarkeit nach einer entsprechenden Vorbehandlung berichtet, welche auch die Cellulose-Kristallinität erhöht. Eine genauere Analyse zeigt, dass andere dabei stattfindende Änderungen an bzw. in der Lignocellulose-Biomasse (z. B. eine Vergrößerung der inneren

Oberfläche, eine Reduzierung des Ligningehalts) für diese erhöhte Abbaubarkeit verantwortlich sind. Daher sollten die Auswirkungen der Cellulose-Kristallinität nur gemeinsam mit anderen Faktoren bewertet werden [3.6].

Zugängliche Oberfläche. Die für Enzyme bzw. Mikroorganismen zugängliche Oberfläche der Biomasse ist ebenfalls ein wichtiger Einflussparameter bei einer biochemischen Umwandlung. Für Lignocellulose-haltige Biomasse ist dabei insbesondere der Einfluss der zugänglichen Oberfläche der Cellulose-Fraktion von Bedeutung, da beispielsweise die enzymatische Hydrolyse von Cellulose heterogen katalysiert ist; d. h., das Enzym muss zunächst an der Cellulose-Oberfläche adsorbiert werden, bevor die eigentliche Hydrolyse stattfinden kann.

Deshalb ist es ein Ziel nahezu aller Aufschluss- bzw. Vorbehandlungsverfahren, die zugängliche Oberfläche der eingesetzten Biomasse zu vergrößern. Dieser Effekt tritt dabei in der Regel immer gemeinsam mit anderen Effekten wie z. B. der zuvor beschriebenen Delignifizierung oder einer Verringerung des Polymerisationsgrads der enthaltenen Biopolymere (insbesondere Cellulose) auf [3.2].

Die (zugängliche) Oberfläche der Biomasse kann in zwei verschiedene Bereiche, die äußere und die innere Oberfläche, aufgeteilt werden. Die äußere Oberfläche hängt direkt von der Größe und der Form der entsprechenden Biomassepartikel ab, während die innere Oberfläche primär von der Porosität und der Kapillarstruktur der jeweiligen Biomasse definiert wird; sehr kleine Poren und deren innere Oberfläche sind für Mikroorganismen beispielsweise nicht zwingend zugänglich (Abb. 3.3).

Da die zugängliche Oberfläche nur schwer bestimmt werden kann, wird häufig die spezifische Oberfläche als Indikator verwendet. Dabei handelt es sich um die Summe aller Grenzflächen zwischen fester und gasförmiger bzw. flüssiger Phase, welche z. B. über eine BET-Messung bestimmt werden kann. Die BET-Messung ist ein Verfahren zur Bestimmung von Oberflächengrößen mittels Gasadsorption, das insbesondere für poröse Festkörper eingesetzt wird [3.7].

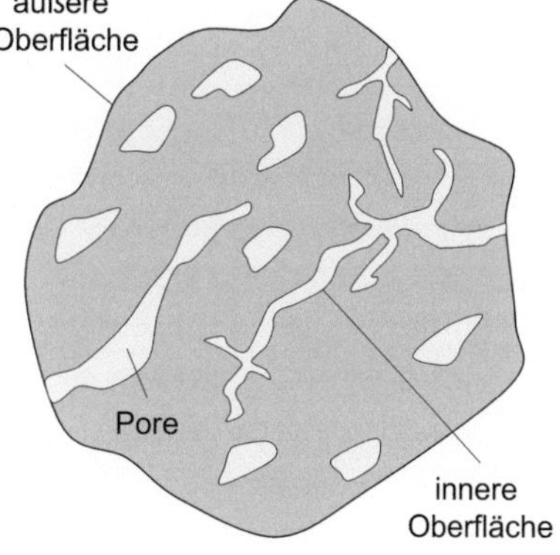

Abb. 3.3 Innere und äußere Oberfläche von porösen Biomassepartikeln

3.1.2 Verfahren

Die zuvor genannten Effekte können mittels einer großen Vielzahl an z. T. sehr verschiedenen Vorbehandlungs- bzw. Aufschlussverfahren erzielt werden. Eine Unterteilung derartiger Verfahren kann in die Gruppen „physikalisch", „thermo-chemisch", „chemisch" und „biologisch" erfolgen (Abb. 3.4). Einige (weitere) Verfahren weisen aber auch Merkmale mehrerer dieser Kategorien auf; d. h., sie können daher nicht klar zugeordnet werden. In einigen Fällen können auch mehrere Vorbehandlungsverfahren miteinander kombiniert werden, um die sich anschließende biochemische Umwandlung möglichst vollständig (und schnell) zu ermöglichen.

Nachfolgend werden wesentliche Vorbehandlungsverfahren entsprechend der in Abb. 3.4 dargestellten Struktur erläutert.

Physikalische Verfahren. Bei dieser Gruppe von Vorbehandlungsverfahren wird die Struktur der Biomasse durch physikalische Einwirkungen verändert. Darunter sind hier beispielsweise mechanische Kräfte oder Strahlung zu verstehen; d. h., für derartige Verfahren werden keine Chemikalien wie z. B. Säuren oder Laugen benötigt. Auch die thermische Vorbehandlung kann dieser Gruppe zugeordnet werden und meint eine Wärmebehandlung bei erhöhten Temperaturen (d. h. eine Behandlung mit thermischer Energie). Dabei erhöht sich i. Allg. die Löslichkeit von Feststoffen bei erhöhten Temperaturen, sodass einzelne Bestandteile der Biomasse besser gelöst werden können. Andere durch thermische Behandlung induzierte Vorgänge können wiederum der Gruppe chemischer Vorbehandlungen zugeordnet werden (z. B. Reaktionen, die infolge der Temperaturerhöhung ablaufen).

Mechanische Zerkleinerung. Die häufigste Form der physikalischen Biomassevorbehandlung ist die (mechanische) Zerkleinerung. Dabei wird primär die Partikelgröße der

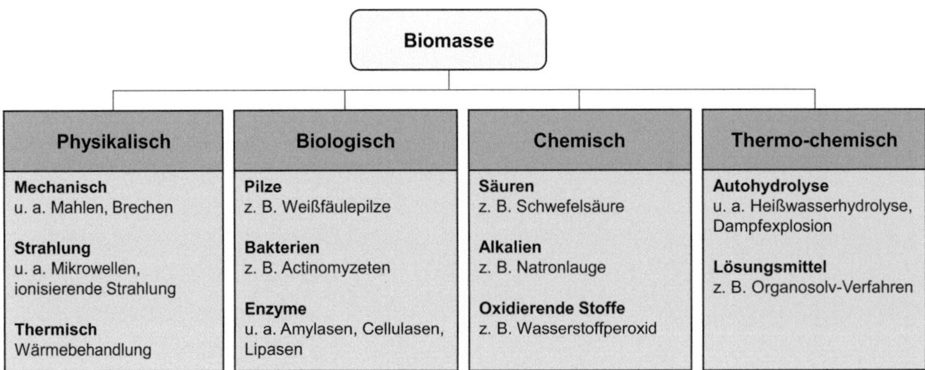

Abb. 3.4 Einteilung von Aufschlussverfahren für Biomasse (übergeordnetes Verfahrensprinzip und dazugehörige Methoden bzw. notwendige Chemikalien)

Biomasse verringert, was mit einer Vergrößerung der spezifischen Oberfläche einhergeht. Außerdem können durch eine mechanische Zerkleinerung sowohl die Kristallinität als auch der Polymerisationsgrad der Biomasse reduziert werden. Dadurch kann u. a. die enzymatische Hydrolyse von abbaubaren Inhaltsstoffen (z. B. Cellulose) verbessert bzw. die Hydrolyse beschleunigt werden [3.2], [3.8]. Eine Biomassezerkleinerung findet für Lignocellulose-Biomassen häufig direkt nach der Ernte statt, um beispielsweise den Transport und die Lagerung zu erleichtern.

Die technischen Ausgestaltungsmöglichkeiten einer derartigen mechanischen Zerkleinerung sind vielfältig. In Abhängigkeit von den mechanisch-physikalischen Eigenschaften der Ausgangsbiomasse sowie den Anforderungen an die Zielpartikelgröße kann diese u. a. gehäckselt oder gemahlen werden (Kapitel 8, Band 1).

Analysen einzelner Partikelgrößenfraktionen nach einer mechanischen Zerkleinerung von Lignocellulose-haltiger Biomasse zeigen, dass sich in Fraktionen mit höherer Partikelgröße die strukturbildenden Makromoleküle (Cellulose, Hemicellulose, Lignin) akkumulieren (z. B. in Fasern). In den Feinpartikeln (< 0,4 mm) konzentrieren sich hingegen zumeist wasserlösliche Extraktstoffe und anorganische Verbindungen [3.8], [3.9]. Aufgrund des Energiebedarfs für das Mahlen, der mit kleiner werdenden Zielpartikelgrößen bei Mahlvorgängen deutlich ansteigt, wird in der Praxis eine Zerkleinerung meist nur bis zu einer Partikelgröße von 1 bis 2 mm durchgeführt [3.10], [3.11].

Bestrahlung. Bei einem Biomasseaufschluss durch Bestrahlung kann zwischen dem Einsatz von ionisierender und nichtionisierender Strahlung unterschieden werden.

Zu den ionisierenden Strahlen zählen beispielsweise Gamma- und Elektronenstrahlen. Derartige ionisierende Strahlen können Elektronen aus der Hülle von Atomen oder Molekülen entfernen und führen so zu einer Ionisierung; d. h., es bleiben positiv geladene Ionen oder auch (Makro-)Moleküle zurück. Die daraus resultierenden Haupteffekte sind eine Vergrößerung der Oberfläche, eine Zerstörung der molekularen Struktur und damit auch eine Verringerung des mittleren Molekulargewichts bzw. des Polymerisationsgrads. Letzteres wird durch eine Spaltung der in der Biomasse originär enthaltenen Makromoleküle in kleinere Molekülbruchstücke hervorgerufen. Bei Lignocellulose-Biomasse wird zudem häufig von einer Verringerung der Cellulose-Kristallinität infolge einer Bestrahlung mittels ionisierender Strahlung berichtet [3.8].

Bei der Bestrahlung mit Elektronenstrahlen treten üblicherweise keine Temperatureffekte auf; d. h., die sich einstellenden Effekte werden allein durch die Strahlung bewirkt [3.12]. Dabei wirkt eine solche Elektronenbestrahlung hauptsächlich depolymerisierend auf Cellulose und wird daher fast ausschließlich in Kombination mit anderen Vorbehandlungsverfahren (z. B. Dampfexplosion oder alkalischer Aufschluss) durchgeführt, um auch die nach einer derartigen Vorbehandlung noch verbleibenden Biomassepolymere aufzuspalten [3.13]. Im Gegensatz dazu kann bei der Bestrahlung mit Gammastrahlen auch eine Depolymerisierung von Lignin erreicht werden. Außerdem sind die hochenergetischen Gammastrahlen in der Lage, den Lignocellulose-Komplex teilweise aufzulösen [3.14]. Eine Bestrahlung von Biomasse mit Gammastrahlen führt auch zur Bildung von freien Radikalen, welche insbesondere in kristallinen Bereichen auch nach Beendigung der Bestrahlung einen weiteren Abbau bewirken können [3.13].

Zu den nichtionisierenden Strahlen zählen u. a. die Mikrowellen. Der Begriff „Mikrowelle“ bezeichnet umgangssprachlich elektromagnetische Wellen mit einer Frequenz von 1 bis 300 GHz. Aufgrund ihrer Wellenlänge regen derartige Mikrowellen besonders Dipole und Multipole von Molekülen an. Ersichtlich wird dieser Effekt bei der Schwingungsanregung von Wassermolekülen in einem Mikrowellenherd, in dem sich die Dipole der Wassermoleküle ständig nach dem elektromagnetischen Wechselfeld ausrichten und dabei als dielektrischer Verlust Wärme entsteht. Die Hauptwirkung derartiger elektromagnetischer Wellen auf Lignocellulose ist eine Erwärmung der Biomasse (d. h., diese Art der Vorbehandlung kann auch den thermo-chemischen Verfahren zugeordnet werden). Mithilfe einer solchen Mikrowellenvorbehandlung können komplexe Biopolymere aufgespalten und in kleinere Moleküle zerlegt werden. Die Wirksamkeit einer solchen Vorbehandlung hängt insbesondere von den dielektrischen Eigenschaften der Biomasse ab (d. h. der Fähigkeit, elektromagnetische Energie zu speichern) [3.15].

Die genannten Bestrahlungsverfahren zur Biomassevorbehandlung finden derzeit hauptsächlich in der Forschung Anwendung. Dies liegt u. a. daran, dass bei den meisten Bestrahlungsverfahren eine Skalierung hin zu industriellen Anwendungen nur schwierig bzw. in größeren Maßstäben nicht mehr energieeffizient (und kostengünstig) umgesetzt werden kann.

Chemische Verfahren. Chemische Verfahren zur Biomassevorbehandlung inkludieren eine Zugabe von Chemikalien wie Säuren oder Laugen zu der aufzuschließenden Biomasse. Dabei wird, im Unterschied zu den physikalischen Verfahren, immer eine Flüssig- oder auch Dampf- bzw. Gasphase benötigt. In Abhängigkeit von den eingesetzten chemischen Stoffen können dabei verschiedene Mechanismen der Biomassezersetzung auftreten.

Säurebehandlung. Eine Vielzahl verschiedener Säuren wie Schwefelsäure (H_2SO_4), Salpetersäure (HNO_3), Salzsäure (HCl), Phosphorsäure (H_3PO_4) und Peroxyessigsäure ($C_2H_4O_3$) weist eine generelle Eignung zur Biomassevorbehandlung auf. Auch finden Säurebehandlungen bereits in einem industriellen Maßstab Anwendung (z. B. bei der biochemischen Konversion von Lignocellulose-Biomasse zu Bioethanol). Dabei wird Schwefelsäure u. a. aufgrund der hohen Wirksamkeit und der vergleichsweise geringen Kosten bisher am häufigsten eingesetzt [3.16].

Säurebehandlungen können sowohl mit konzentrierten als auch mit verdünnten Säuren realisiert werden. Aufgrund der starken Korrosionswirkung konzentrierter Säuren, die einen hohen apparativen Aufwand verursacht, werden in den meisten Anwendungsfällen verdünnte Säuren verwendet [3.17]. Bei der Behandlung von Lignocellulose-haltiger Biomasse bewirken derartige Verfahren hauptsächlich eine Hydrolyse der Hemicellulose sowie eine Kondensation und Ausfällung von Lignin; dadurch wird letztlich die Cellulose-Fraktion zugänglicher für die danach zum Einsatz kommenden Enzyme und / oder Mikroorganismen [3.18]. Unter bestimmten Bedingungen kann mit derartigen Säurebehandlungen eine merkliche Effizienzsteigerung bei anschließenden biochemischen Konversionsschritten erreicht werden. Jedoch hat diese Vorbehandlungsmethode auch einige Nachteile; dies gilt u. a. für den hohen Aufwand bei der Säurerückgewinnung. Außerdem können bei einer Säurebehandlung ggf. Substanzen gebildet werden, die eine anschließende Umwandlung hemmen (z. B. Hydroxymethylfurfural) [3.15].

Laugenbehandlung. Zur Vorbehandlung von Biomasse können auch Laugen wie Natriumhydroxid (NaOH), Ammoniak (NH_3) und Calciumhydroxid ($Ca(OH)_2$) verwendet werden. Eine derartige Laugenvorbehandlung zählt aufgrund ihrer starken Auswirkungen auf die Biomasse (d. h. hoher Aufschlusseffekt) sowie der relativ einfachen technischen Umsetzbarkeit zu den am häufigsten genutzten Vorbehandlungsmethoden, die derzeit großtechnisch umgesetzt werden. Zudem sind die genannten Laugen relativ kostengünstig erhältlich [3.19].

Bei der Behandlung von Lignocellulose-Biomasse ist die Hauptwirkung alkalischer Behandlungsverfahren das selektive Entfernen von Lignin (z. T. auch der Hemicellulose) durch das Aufbrechen der Alkyl-Aryl-Bindungen; dies kann durch Laugen ohne nennenswerten Verlust von Zuckern erfolgen. Jedoch wird dabei die Ligninstruktur verändert, was eine weitere Verarbeitung dieser Biomassefraktion erschweren kann [3.17]. Gleichzeitig können bei der Laugenbehandlung aber auch die spezifische Oberfläche und die Porosität der Biomasse erhöht werden; dies wiederum kann zu Verbesserungen bei einem anschließenden Einsatz von entsprechenden Enzymen führen.

Die Vorbehandlung von Biomasse mithilfe von Laugen kann bei Raumtemperatur durchgeführt werden und benötigt daher in der Regel nur vergleichsweise wenig thermische Energie. Die Ausbeute solcher Verfahren hängt dabei insbesondere vom Ligningehalt der eingesetzten Biomasse ab; Biomassen mit einem geringen Ligninanteil sind eher für diese Art der Vorbehandlung geeignet als Biomassen mit hohen Gehalten an Lignin.

Ein Nachteil der Behandlung mit Laugen ist die lange Verfahrensdauer. Zudem entsteht bei dieser Art der Vorbehandlung zwangsläufig eine Flüssigphase, die nachbehandelt (neutralisiert) oder rezykliert werden muss [3.18]; prinzipiell können jedoch viele der bei der Behandlung mit Laugen verwendeten Reagenzien zurückgewonnen und wiederverwertet werden [3.20].

Oxidative Behandlung. Eine oxidative Vorbehandlung erfolgt unter Verwendung von Oxidationsmitteln wie Ozon (O_3), Wasserstoffperoxid (H_2O_2), Sauerstoff (O_2) oder Luft. Bei einer derartigen Behandlung von beispielsweise Lignocellulose-haltiger Biomasse wird hauptsächlich Lignin aus der Biomassestruktur entfernt; dadurch wird die Cellulose-Fraktion für Enzyme besser zugänglich und damit der biochemische Abbau verbessert. Ursprünglich wurden derartige Verfahren für das oxidative Bleichen von Pflanzenzellstoff entwickelt, was immer noch die wichtigste industrielle Anwendung der Lignocellulose-Oxidation darstellt [3.21].

Aus chemischer Sicht erfolgt die Entfernung von Lignin aus der Lignocellulose-Biomasse bei solchen Verfahren durch die Oxidation der aromatischen Lignin-Bausteine zu Carbonsäuren. Weitere Reaktionen, die bei einer derartigen oxidativen Vorbehandlung ablaufen, sind die Abspaltung von Seitenketten sowie die Spaltung von Alkyl-Aryl-Bindungen. Da die Oxidation von Biomasse kein selektiver Prozess ist, geht sie zumeist mit einem Verlust von Cellulose und Hemicellulose einher [3.18].

Die oxidative Vorbehandlung erfolgt in der Regel in einer wassergesättigten Umgebung und meist bei gegenüber der Umgebung erhöhten Temperaturen (in diesem Fall kann dann auch eine Zuordnung zu den thermo-chemischen Verfahren erfolgen). Zur Vorbehandlung von Biomasse mit dem Ziel der Verbesserung einer anschließenden biochemischen Umsetzung werden derartige Verfahren derzeit noch nicht in einem industriellen Maßstab genutzt; es existieren aber bereits Demonstrationsanlagen [3.15].

Vorbehandlung mit ionischen Flüssigkeiten. In den letzten Jahren trat die Verwendung ionischer Flüssigkeiten (engl. Ionic Liquids) zur Vorbehandlung insbesondere von Lignocellulose-haltiger Biomasse stark in den Vordergrund. Bei ionischen Flüssigkeiten handelt es sich um Salze, deren Schmelzpunkt typischerweise unter 100 °C liegt. Die meisten ionischen Flüssigkeiten, die zur Biomassevorbehandlung bisher untersucht wurden, sind bereits bei Raumtemperatur flüssig [3.22]. Besonderheiten von derartigen ionischen Flüssigkeiten sind der Aufbau aus in der Regel anorganischen Anionen und organischen Kationen, eine hohe Polarität, thermische Stabilität und ein vernachlässigbarer Dampfdruck. Die spezifischen Eigenschaften einer konkreten ionischen Flüssigkeit hängen dabei von ihrer jeweiligen chemischen Struktur bzw. den Anionen und Kationen ab. Damit können ihre Eigenschaften als Lösemittel für die Vorbehandlung von Biomasse durch ein geeignetes Strukturdesign verändert bzw. eingestellt werden (z. B. über die Wahl von Kation und Anion) [3.23].

Bei der Behandlung Lignocellulose-haltiger Biomasse mit ionischen Flüssigkeiten werden zunächst die Cellulose- und die Ligninfraktion zum Quellen gebracht und anschließend aufgelöst. Die genauen Mechanismen, die dafür verantwortlich sind, hängen von der jeweils eingesetzten ionischen Flüssigkeit ab und sind bisher noch nicht vollständig verstanden. Im Fall von Cellulose wird jedoch angenommen, dass es zur Bildung neuer Wasserstoffbrücken zwischen den Cellulose-Ketten und der jeweiligen ionischen Flüssigkeit kommt. Dabei wird die Löslichkeit von Cellulose durch das Anion und dessen Fähigkeit, Wasserstoffbrückenbindungen auszubilden, bestimmt [3.18].

Bisher werden ionische Flüssigkeiten zur Vorbehandlung von Biomasse fast ausschließlich im Labormaßstab verwendet; ihre Produktion ist bisher sehr kostenintensiv und aufgrund ihrer hohen Viskosität ist der großtechnische Umgang mit verfahrenstechnischen Herausforderungen verbunden. Aus heutiger Sicht ist offen, ob und ggf. wann die Behandlung mit ionischen Flüssigkeiten großtechnisch zur Biomassevorbehandlung eingesetzt werden wird.

Vorbehandlung mit tief eutektischen Lösemitteln. Tief eutektische Lösemittel (engl. Deep Eutetic Solvents) sind potenziell kostengünstige eutektische Mischungen, deren physikalische und chemische Eigenschaften mit denen ionischer Flüssigkeiten vergleichbar sind (z. B. Schmelzpunkt bei Raumtemperatur, sehr niedriger Dampfdruck). Sie stellen eine

Kombination von Wasserstoffbrücken-Bindungsdonatoren und -Bindungsakzeptoren dar, die eine Mischung mit einem Eutektikum bilden; d. h. einer Mischung, deren Bestandteile in einem solchen Verhältnis zueinanderstehen, dass sie allesamt bei einer definierten Temperatur von fest in flüssig übergehen (eutektischer Punkt). Demgegenüber ergibt sich für andere Mischungsverhältnisse ein Schmelz- bzw. Erstarrungsbereich. Der Schmelzpunkt solcher stark eutektischer Lösemittel liegt nahe oder unterhalb der Raumtemperatur. Im Vergleich zu ionischen Flüssigkeiten sind tief eutektische Lösemittel zumeist weniger umweltschädlich und einfacher zu synthetisieren; sie können z. B. aus relativ einfach verfügbaren Rohstoffen wie quaternärem Ammoniumsalz und Metallchlorid gewonnen werden [3.24].

Bei der Vorbehandlung Lignocellulose-haltiger Biomasse wird die Fähigkeit tief eutektischer Lösemittel, Lignin und Hemicellulose aus der Biomassestruktur zu entfernen, durch die Fähigkeit zur Dissoziation von Protonen bestimmt. Stark Elektronen-ziehende Gruppen von Wasserstoffbrücken-Bindungsdonatoren können die Prozessleistung einer solchen Vorbehandlungen somit verbessern, während Hydroxyl- oder Aminogruppen von Wasserstoffbrücken-Bindungsdonatoren die Prozesseffizienz weniger beeinflussen [3.18].

Wie auch die ionischen Flüssigkeiten werden tief eutektische Lösemittel derzeit noch nicht großtechnisch zur Biomassevorbehandlung eingesetzt. Eine der größten Herausforderungen, die einer großtechnischen Markteinführung entgegenstehen, ist die technische Rückgewinnung und dadurch die Option einer Wiederverwertung der Lösemittel, um eine großtechnische Biomassevorbehandlung möglichst kosteneffizient umsetzen zu können [3.25].

Thermo-chemische Verfahren. In vielen Fällen werden chemische Verfahren mit einer Erhöhung der (Reaktions-)Temperatur gekoppelt, um die Reaktionsgeschwindigkeit der jeweils ablaufenden chemischen Reaktionen zu erhöhen und damit die Prozesseffizienz zu verbessern. Zusätzlich gibt es auch Verfahren, bei denen eine thermische Behandlung ohne die zusätzliche Zugabe von Chemikalien erfolgt. Da bei der thermischen Zersetzung von Biomasse aber z. T. auch Säuren (u. a. Ameisen- und Essigsäure) gebildet werden, welche den weiteren Aufschluss bzw. Abbauprozess beeinflussen können, werden auch diese Verfahren hier zu den thermo-chemischen Verfahren gezählt.

Sulfat- und Sulfitaufschluss. Insbesondere bei der Vorbehandlung von Holz werden der Sulfat- und der Sulfitaufschluss eingesetzt; das derzeit bedeutendste Einsatzgebiet dieser Verfahren liegt in der Papierherstellung (d. h. bei der Gewinnung von Zellstoff und damit Cellulose). Der Sulfat- und der Sulfitaufschluss unterscheiden sich insbesondere in Bezug auf den pH-Wert. Aufgrund der hohen Mengen an zuckerhaltigen Abfallprodukten, die bei diesen Aufschlussverfahren anfallen, ist auch eine Kopplung mit biochemischen Konversionsverfahren (z. B. Bioethanolerzeugung) möglich [3.26].

Beide Aufschlüsse haben den Nachteil einer hohen Abwasserbelastung durch Schwefeloxidverbindungen. Ferner hat das resultierende Lignin einen Schwefelanteil von bis zu 8 %; dies kann z. B. bei einer späteren thermischen Verwertung (des Lignins) eine Abgasreinigung erforderlich machen.

Sulfitverfahren. Bei dem Sulfitverfahren handelt es sich um einen Aufschluss im sauren Milieu. Hierbei werden verdünnte Schwefelsäurelösung und Calciumhydrogensulfit zugegeben, das in Form von schwefliger Säure Lignin als Lignosulfonat lösen kann. Dazu wird die Suspension (aus Lignocellulose-Biomasse und schwefelsaurer Lösung) für bis zu 10 h auf Temperaturen von 120 bis 140 °C unter Druck erhitzt [3.27]. Unter diesen Bedingungen wird ein großer Anteil der in der Biomasse enthaltenen Hemicellulose hydrolysiert. Diese kann dann als Zuckerlösung (primär Pentosen wie Xylose und Arabinose) abgetrennt werden und es wird ein vergleichsweise reiner Zellstoff (Cellulose) erhalten. Dieses Verfahren eignet sich daher eher für Rohstoffe mit einem geringen Ligninanteil, da Lignin vergleichsweise wenig durch verdünnte Säuren beeinflusst wird. Die Behandlung eines breiteren Rohstoffspektrums ist demgegenüber mit konzentrierter Schwefelsäure möglich. Dabei tritt bei erhöhten Temperaturen gleichzeitig eine Hydrolyse der Cellulose-Fraktion zu Glucose auf und es fallen mehr Nebenprodukte an (z. B. Furfural aus Xylose, Hydroxymethylfurfural aus Glucose).

Sulfatverfahren. Bei dem Sulfatverfahren wird Biomasse (typischerweise Holz) im alkalischen Milieu behandelt. Dazu werden Natronlauge (NaOH) und Natriumsulfid (Na_2S) bei einem pH-Wert von 13 bis 14 zu der jeweiligen Lignocellulose gegeben und bei einer Temperatur von 150 bis 180 °C für 3 bis 6 h unter Druck gekocht. Bei dieser Behandlung werden Lignin und die Hemicellulose größtenteils gelöst.

Bei der Rückgewinnung der Chemikalien spielt das für den Prozess namensgebende Natriumsulfat ($NaSO_4$), das zu Natriumsulfid reduziert wird, eine tragende Rolle. Aufgrund der Festigkeit des resultierenden Sulfat-Zellstoffs wird dieser auch Kraftpapier und das Verfahren entsprechend Kraft-Aufschluss genannt. Ein Großteil des globalen Papierbedarfs wird heute mithilfe dieses Verfahrens gedeckt.

Organosolv-Verfahren. Ein alternatives Verfahren zum zuvor beschriebenen Einsatz von Schwefelverbindungen ist die Extraktion der Holzkomponenten mit einem Ethanol-Wasser-Gemisch (Organosolv-Verfahren) bei Temperaturen von 150 bis 180 °C. Ein zusätzlicher Aufschluss der Lignocellulose kann danach autokatalytisch unter Abspaltung von Acetat bzw. Essigsäure aus der Lignin- und Hemicellulose-Fraktion oder unter Zugabe einer Mineralsäure erfolgen. Beim Organosolv-Verfahren werden Hemicellulose und Lignin in wässrigem Ethanol gelöst, sodass Cellulose als Feststoff abgetrennt werden kann. Im Anschluss daran ist eine Fällung des gelösten Lignins durch eine Erhöhung des Wasser- oder eine entsprechende Verringerung des Ethanolanteils möglich.

Bei dem Organosolv-Aufschluss werden, wie auch bei anderen Aufschlussverfahren unter erhöhter Temperatur, Furfural und Hydroxymethylfurfural (HMF) aus den C5- bzw. C6-Zuckern in Nebenreaktionen gebildet. Diese Komponenten wirken sowohl inhibierend auf hydrolysierende Enzyme als auch toxisch auf bestimmte Mikroorganismen. Für eine sinnvolle Verwendung von Lignocellulose als Fermentationssubstrat müssen diese Stoffe daher in vielen Fällen zuvor entfernt werden.

Hydrothermale und vapothermale Vorbehandlung. Lignocellulose-haltige Biomasse kann auch unter Verwendung von Wasser durch eine hydrothermale Vorbehandlung aufgeschlossen werden. Hierzu wird Wasser zusammen mit der aufzuschließenden Biomasse – je nach Verwendungszweck – unter Druck auf 160 bis 180 °C erhitzt.

Das Wasser bleibt hierbei unter dem mit der Temperaturzunahme steigenden Druck in der flüssigen Phase (engl. Liquid Hot Water). Bei einer derartigen hydrothermalen Vorbehandlung wird in erster Linie Hemicellulose gelöst und kann vom festen Rückstand getrennt werden. Dies führt u. a. zu einer Vergrößerung der Zellwandporen der aufgeschlossenen Pflanzenzellen und damit zu einer Vergrößerung der zugänglichen Oberfläche der Biomasse; d. h., die für eine anschließende biochemische Umwandlung eingesetzten Enzyme haben damit einen besseren Zugang zum Substrat. Im Gegensatz zum Organosolv-Verfahren erfolgt jedoch nur eine geringe Abtrennung von Lignin. Dieses verbleibt größtenteils in den Fasern und erschwert nachfolgend beispielsweise die enzymatische Hydrolyse der verbleibenden Polysaccharide (v. a. Cellulose).

Ein derartiger Aufschluss kann auch in einer gesättigten Dampfatmosphäre realisiert werden (vapothermale Vorbehandlung). Da in diesem Fall wesentlich weniger Masse (v. a. Wasser) aufgeheizt werden muss, ist die Aufheizzeit im Vergleich zur hydrothermalen Vorbehandlung deutlich geringer und eine vapothermale Vorbehandlung deshalb in der Regel vergleichsweise energieeffizient. Derartige Dampfbehandlungen können ab Temperaturen von ca. 100 °C durchgeführt werden und führen bei Lignocellulose-haltiger Biomasse und Temperaturen bis 140 °C hauptsächlich zu einer Solubilisierung von thermisch instabilen organischen Bestandteilen (z. B. Hemicellulose). Bei höheren Temperaturen ändert sich – wie auch bei der hydrothermalen Behandlung – die strukturelle Zusammensetzung der eingesetzten Biomasse; so führt beispielsweise die Hydrolyse der Hemicellulose-Fraktion zu einer relativen Erhöhung des Cellulose-Gehalts im verbleibenden Feststoff [3.3].

Dampfdruckaufschluss. Pflanzliche Biomasse kann auch mithilfe eines Dampfdruckaufschlusses (engl. Steam Explosion) mit anschließender Natronlauge-Extraktion fraktioniert werden. Dabei wird die aufzuschließende pflanzliche Biomasse zusammen mit Wasser in einem geschlossenen Reaktor auf Temperaturen von 160 bis 260 °C erhitzt (z. T. wird auch ein Temperaturbereich zwischen 180 und 220 °C angegeben); durch den mit dem Temperaturanstieg zunehmenden Druck bleibt das Wasser in dem geschlossenen Reaktor flüssig. Nach einer kurzen Verweilzeit auf dem jeweiligen Temperaturniveau wird schlagartig der Druck im Reaktor reduziert. Dadurch verdampft auch das in der Biomasse befindliche Wasser schlagartig und das sich bildende Dampfvolumen sucht sich einen Weg in die Umgebung. Darum kommt es – neben einer Extraktion durch den komprimierten, warmen Wasserdampf – zu einer zusätzlichen mechanischen Krafteinwirkung durch die schlagartige Expansion des Dampfs; d. h., die Biomassestruktur wird „von innen heraus" mechanisch zerstört und aufgeschlossen. Vergleichbar dazu funktioniert auch das AFEX-(Ammoniak-Faser-Explosion) und das CO_2-Explosionsverfahren.

- Im Fall des AFEX-Verfahrens wird Lignocellulose nicht mit Wasser, sondern mit Ammoniak durchtränkt, was zur Quellung der Biomasse führt. Die AFEX-Behandlung erfolgt bei bis zu 100 °C unter Druck und wird durch eine abrupte Entspannung (analog zur Steam Explosion) gestoppt. Während der alkalischen Hydrolyse durch die Ammoniakatmosphäre reduziert sich der Ligninanteil der festen Biomasse und teilweise wird auch die Hemicellulose hydrolysiert. Durch ein anschließendes schlagartiges Entspannen und die resultierende explosionsartige Dekompression kommt es zu einer weiteren partiellen Zerstörung der Biomassestruktur. Dies erleichtert eine anschließende biochemische Umsetzung durch Enzyme oder Mikroorganismen. Der Ammoniak verdampft bei der Entspannung und kann zurückgewonnen werden. Aus diesem Grund bleibt keine Flüssigphase (im Vergleich beispielsweise zur Steam Explosion) zurück und die zuvor gelösten Fraktionen liegen als Feststoffgemisch vor.
- Ähnlich verläuft auch eine CO_2-Explosion, bei der überkritisches CO_2 (d. h. oberhalb des kritischen Punkts von 31 °C und 74 bar) zum Einsatz kommt. Die CO_2-Moleküle bilden im überkritischen Zustand Kohlensäure (H_2CO_3) und hydrolysieren so die Hemicellulose. Durch die anschließende schlagartige Entspannung wird auch hier die spezifische Oberfläche der behandelten Biomasse zusätzlich vergrößert und damit zugänglicher.

Biologische Verfahren. Eine Vorbehandlung von Biomasse ist auch unter milderen (biologischen) Bedingungen möglich und wird derzeit hauptsächlich für Lignocellulose-haltige Biomasse sowie für Algen untersucht; d. h., keines der im Folgenden dargestellten Verfahren wird bisher großtechnisch umgesetzt. Insbesondere die bei diesen Verfahren benötigten langen Inkubationszeiten sowie hohen Kohlenhydratverluste und die geringe Effizienz erschweren eine wirtschaftliche, großtechnische Anwendung.

Vorbehandlung mit Pilzen. Eine Vorbehandlung mit Pilzen wird derzeit fast ausschließlich für Lignocellulose-haltige Biomasse untersucht. Eine derartige Option ist beispielsweise der Einsatz von Weißfäulepilzen, die selektiv Lignin aus der Lignocellulose abbauen und verstoffwechseln können. Diese Organismen sind u. a. in Waldgebieten für den Abbau ligninreicher Holzreste (Totholz) verantwortlich und werden auch von einigen Termitenarten gezielt dafür eingesetzt. Die nach dem Ligninabbau verbleibenden Polysaccharide können anschließend mit enzymatischen Verfahren in die entsprechenden Monosaccharide hydrolysiert und als Substrat verwendet werden. Alternativ können auch Braunfäulepilze eingesetzt werden, die bevorzugt die Polysaccharide der Lignocellulose verstoffwechseln. Der Unterschied zwischen Weiß- und Braunfäulepilzen ist somit, dass erstere bevorzugt Hemicellulosen und Lignin abbauen und weiße Cellulose-Fasern zurücklassen, während Braunfäulepilze vor allem Cellulose und Hemicellulose abbauen, sodass bräunliches (Rest-)Lignin zurückbleibt.

Für den Abbau des Lignins wird durch die Pilze eine Sequenz an Enzymen abgegeben. Neben verschiedenen ligninolytischen Enzymen sekretieren Weißfäulepilze vor allem auch Substanzen, bei deren Oxidation Wasserstoffperoxid entsteht, das neben molekularem Sauerstoff zur Hydrolyse des Lignins durch Peroxidasen und Laccasen notwendig ist. Nach der Bildung des Wasserstoffperoxids folgen Radikalreaktionen mithilfe der Mangan- und Ligninperoxidasen innerhalb der Myzelstruktur (Hyphen) des Pilzes. Meist dient hierbei Glyoxal bzw. dessen Säure in den Pilzen als Reduktionsmittel für den erforderlichen Sauerstoff, der zu Wasserstoffperoxid reduziert wird. Dieses dient wiederum als Oxidationsmittel für Mangan-Ionen, die mithilfe der Enzyme fähig sind, Ligninbindungen zu spalten. Die Ligninstruktur zerfällt dabei in Radikalkationen, die entweder weiter degradieren oder mit anderen Bruchstücken in einer Rückreaktion Bindungen eingehen. Schließlich entstehen aus der Ligninstruktur hauptsächlich Glycolaldehyde, Derivate des Benzaldehyds und phenolische Reste.

Zum vollständigen Ligninabbau durch Weißfäulepilze sind somit zahlreiche Substanzen erforderlich (u. a. Sauerstoff, Enzyme und Coenzyme, organische Elektronenquellen für die Bildung von Wasserstoffperoxid, Metalle und Komplexbildner).

Vorbehandlung mit Bakterienkulturen. Im Unterschied zur Biomassevorbehandlung mit Pilzen können bei der Vorbehandlung mit Bakterienkulturen i. Allg. kürzere Behandlungszeiten realisiert werden, da die Wachstumsraten und die Stoffwechselaktivitäten von Bakterien in der Regel höher sind als die von Pilzen. Dabei macht man sich hier zunutze, dass unterschiedliche Bakterienstämme Enzyme bilden, die verschiedene Biomassebestandteile verstoffwechseln können.

Zu den Lignin-abbauenden Bakterien gehören insbesondere Actinomyzeten, α- und γ-Proteobakterien. Allerdings erfolgt der Ligninabbau durch diese Bakterienstämme nicht so wirksam wie bei den zuvor beschriebenen, Lignin-abbauenden Pilzen [3.28].

Weiterhin können auch hydrolytische Bakterien für eine Vorbehandlung von Biomasse mit dem Ziel einer nachfolgenden biochemischen Umwandlung von Bedeutung sein. Mögliche Anwendungen solcher Bakterien sind z. B. ein Voraufschluss von Substraten für die anaerobe Biogaserzeugung (z. B. durch *Clostridium sp.*, *Cellulomonas sp.*, *Bacillus sp.*, *Thermomonospora sp.* und *Streptomyces sp.*) oder von lipidreichen Algen für eine verbesserte anschließende Ölextraktion (z. B. durch *Bacillus thuringiensis)* [3.29], [3.30].

Vorbehandlung mit Enzymen. Zur Biomassevorbehandlung können auch (industriell hergestellte) Enzyme verwendet werden, die – im Gegensatz zu den zuvor beschriebenen Mikroorganismen – mehr oder weniger aufgereinigt eingesetzt werden. Dabei existiert ein breites Spektrum an Enzymen, die für eine Vorbehandlung von Biomasse verwendet werden können. Zu den in der Forschung, aber auch technisch am häufigsten für den Biomasseaufschluss verwendeten Enzymen gehören Cellulasen, Hemicellulasen, Amylasen, Pectinasen, Laccasen und Peroxidasen [3.30].

Die Aktivität der Enzyme und damit auch deren Effizienz, eine Reaktion zu katalysieren, hängt von vielen Faktoren (u. a. Zusammensetzung des zu behandelnden Substrats, Temperatur, pH-Wert) ab. Die Enzymaktivität ist dabei begrenzt und geht i. Allg. über die Zeit zurück (z. B. durch Inhibierung) oder weil Enzyme durch Mikroorganismen, die an der nachfolgenden biochemischen Umwandlung beteiligt sind, abgebaut werden [3.31].

3.2 Enzymkatalysierte Umsetzungen

Bei der energetischen und auch der stofflichen Nutzung von Biomasse spielen Enzyme eine herausragende Rolle, da die meisten biochemischen Reaktionen anderenfalls nur sehr langsam (oder überhaupt nicht) ablaufen würden. Damit ermöglichen Enzyme Leben sowohl von Mikroorganismen als auch von Menschen überhaupt erst. Die teils hochspezialisierten Enzyme erlauben und steuern bestimmte klar definierte biochemische Reaktionen. Vor diesem Hintergrund ist es das Ziel der folgenden Ausführungen, ausgewählte Grundlagen derartiger enzymkatalysierter Umsetzungen darzustellen. Dazu wird nachfolgend auf deren Wirkweise und Einteilung sowie die Kinetik von enzymatischen Reaktionen eingegangen. Außerdem werden die (vor allem aus energetischer Sicht) industriell relevanten enzymkatalysierten Reaktionen und deren Produkte beleuchtet.

3.2.1 Aufbau und Funktion

Enzyme sind in aller Regel Proteine (Kapitel 2.2.2, Band 3), die als Biokatalysatoren spezifisch nur eine Reaktion katalysieren und ein bestimmtes Molekül bzw. eine Molekülgruppe in ein definiertes Produkt umsetzen (Abb. 3.1). Durch die dreidimensionale Struktur der zugrunde liegenden Proteine (Proteinfaltung) und häufig auch die Einlagerung von Cofaktoren (z. B. Metallionen) verfügen Enzyme über ein aktives Zentrum, das für die Bindungsspezifität zum Substrat (d. h. Ausgangsstoff, der biochemisch umgesetzt wird) entscheidend ist (Substratspezifität). An diesem aktiven Zentrum bindet das Substrat und die Umsetzung zum Produkt wird ermöglicht. Dabei katalysiert ein Enzym i. Allg. nur eine bestimmte Reaktion (Wirkungsspezifität). Dazu senkt das Enzym die jeweilige Aktivierungsenergie der entsprechenden chemischen Reaktion und erhöht so die Reaktionsgeschwindigkeit. Das Enzym selbst verändert sich dabei nicht und wird im Sinne eines (Bio-)Katalysators nicht verbraucht.

Neben den Protein-haltigen Enzymen besitzen auch Ribozyme eine katalytische Aktivität und können biochemische Reaktionen beeinflussen (Abb. 3.1). Ribozyme sind Ribonukleinsäuren (RNA), welche neben Proteinen, Kohlenhydraten und Lipiden eine weitere Gruppe von Biomolekülen bilden und sich aus chemischer Sicht grundlegend davon unterscheiden. Die Bausteine einer makromolekularen RNA-Kette und damit der Ribozyme sind die Nukleotide, aus denen auch die Desoxyribonukleinsäure (DNA) aufgebaut ist. In technischen Anwendungen spielen Ribozyme bisher jedoch keine Rolle; hier kommen Protein-basierte Enzyme zum Einsatz.

Im ersten Schritt einer enzymkatalysierten Reaktion kommt es zur Bindung bzw. Anlagerung des Substrats an das aktive Zentrum; d. h., es bildet sich ein Enzym-Substrat-Komplex, der als Übergangszustand die eigentliche katalytische Reaktion ermöglicht. Allgemein gibt es zwei Theorien zur Beschreibung der Enzym-Substrat-Interaktionen:

- Schlüssel-Schloss-Prinzip. Durch die räumliche Struktur des Enzyms und vor allem des aktiven Zentrums ist dieses nur für Substrate einer bestimmten Form und Größe zugänglich; so werden z. B. andere Moleküle durch beispielsweise sterische Effekte vor einer Anlagerung am aktiven Zentrum gehindert. Enzyme (Schloss) erkennen also nur ein ganz bestimmtes Substrat (Schlüssel). Dadurch ist die Bindungsspezifität gegeben.
- Induced-fit-Mechanismus. In dieser erweiterten Theorie bindet ein Ligand (z. B. das Substrat) am Enzym und verursacht durch diese Wechselwirkung eine Änderung der Konformation am aktiven Zentrum. Das Enzym geht dabei von seiner inaktiven in die aktive Form über und ermöglicht so die eigentliche Katalyse der entsprechenden Reaktion. Damit werden Enzyme – im Gegensatz zum Schlüssel-Schloss-Prinzip – nicht mehr als starr (und passgenau) angesehen. Vielmehr wird eine dynamische Erkennung zwischen Enzym und Substrat unterstellt.

Neben den Aminosäuren im Protein, deren Anteil am Enzym Apoenzym genannt wird, spielen bei vielen Proteinen bzw. Enzymen auch funktionelle Gruppen wie Cofaktoren bei der enzymatischen Aktivität eine wichtige Rolle. Bei diesem Nicht-Proteinanteil handelt es sich um niedermolekulare Bestandteile (z. B. Metallionen) oder um komplexe organische Moleküle, die auch als Coenzyme bezeichnet werden. Dabei wird die Aktivität von vielen Enzymen erst durch das Vorhandensein von derartigen Cofaktoren und die Wechselwirkung mit diesen ermöglicht. Das gesamte Enzymmolekül mit den funktionellen Gruppen wird dann Holoenzym genannt.

Nomenklatur und Klassifizierung. Enzyme werden anhand ihrer Substrat- oder auch Wirkungsspezifität in sechs Klassen unterteilt und benannt (Tabelle 3.1). Entsprechend erhält jedes Enzym eine systematische Bezeichnung und genau einen vierzahligen Klassifizierungscode, die sogenannte EC-Nummer (engl. „Enzyme Commission Number").

- Die erste Ziffer der EC-Nummer gibt Aufschluss über die Enzymklasse und damit den katalysierten Reaktionstyp.
- In der zweiten Ziffer stecken Informationen zu den an der Reaktion beteiligten Stoffgruppen bzw. Verbindungen.
- Die letzten beiden Ziffern spezifizieren die katalytische Reaktion und das Enzym näher.

Beispielsweise lautet der Klassifizierungscode für das Enzym Hexokinase (ATP-Glucose-Phosphotransferase) 2.7.1.1. Es katalysiert den ersten Schritt der Glycolyse und damit die Reaktion von Adenosintriphosphat (ATP) mit Glucose zu Adenosindiphosphat (ADP) und Glucose-6-P; d. h., es wird ein Phosphat-Molekül (P) von Adenosintriphosphat (ATP) auf Glucose übertragen und zurück bleibt Adenosindiphosphat (ADP). Demnach handelt es sich bei diesem Enzym um eine Transferase (2.) der Subklasse Phosphotransferase (2.7.) für die Übertragung Phosphat-haltiger Gruppen. Die Sub-Subklasse (2.7.1.) gibt an, dass die Phosphatgruppe auf eine Hydroxy-Gruppe (der Glucose) transferiert wird, und die letzte Ziffer beschreibt hier spezifisch die Hexokinase (2.7.1.1.).

Tabelle 3.1 Enzymklassen mit ihrer jeweiligen EC-Nummer und Erläuterung

EC-Nummer / Enzymklasse	Katalytische Funktion	Erläuterung / Beispiele
1. Oxidoreduktasen	Oxidation und Reduktion verschiedener Substrate durch Elektronenübertragung.	Oxidoreduktasen nutzen oftmals $NAD(P)^+$ als Cosubstrate. Im technischen Bereich werden sie in Biosensoren eingesetzt, so beispielsweise die Glucoseoxidase in Blutzuckertests.
2. Transferasen	Übertragung unterschiedlicher funktioneller Gruppen (z. B. Amino- oder Phosphatgruppen) von einem auf ein anderes Molekül.	Ein wichtiges Enzym dieser Klasse ist die Hexokinase, die im Körper den ersten Schritt der Glycolyse katalysiert und dabei eine Phosphat-Gruppe vom ATP auf ein Glucose-Molekül überträgt.
3. Hydrolasen	Spaltung eines Substrats durch Reaktion mit einem Wassermolekül (Hydrolyse).	Diese Enzyme werden technisch genutzt, u. a. da diese bei der Herstellung durch Mikroorganismen oftmals extrazellulär vorliegen und somit einfach aufgearbeitet werden können. Hydrolasen spielen bei der Spaltung von Peptidbindungen in Proteinen oder glycosidischen Bindungen in Polysacchariden eine wichtige Rolle (z. B. Proteasen in Waschmitteln).
4. Lyasen	Wie bei den Hydrolasen wird die Spaltung von Molekülen in zwei Teile katalysiert; dies geschieht nicht hydrolytisch, d. h. ohne Anlagerung von Wasser. Katalysiert werden kann aber auch die Verknüpfung zweier Moleküle ohne ATP.	Die Abspaltung von Gruppen erfolgt unter Bildung einer Doppelbindung. Die Verknüpfung wiederum erfolgt über die Anlagerung von Gruppen an eine Doppelbindung (Untergruppe: Synthasen). Diese Enzymklasse spielt z. B. bei Stoffwechselvorgängen eine wichtige Rolle.
5. Isomerasen	Katalysiert wird die Umlagerung von Gruppen innerhalb eines Moleküls.	Großtechnische Anwendung findet beispielsweise die Glucose-Isomerase bei der Herstellung von High Fructose Corn Syrup, die Glucose in süßer schmeckende Fructose isomerisiert.
6. Ligasen	Katalysiert wird die Verknüpfung von Molekülen durch chemische Bindungen.	Verknüpfung zweier Moleküle (z. B. durch Bildung von C–C-, C–S-, C–O- oder C–N-Bindungen), wobei die benötigte Energie meistens aus der Spaltung von ATP stammt; bei Stoffwechselvorgängen spielen Ligasen eine wichtige Rolle.

Aktivität und Stabilität. Die Aktivität von Enzymen (d. h. die von ihnen umgesetzte Stoffmenge an Substrat pro Zeit) kann auf unterschiedliche Arten beeinflusst werden. Die Reaktionsgeschwindigkeit enzymatisch katalysierter Reaktionen hängt nicht nur vom thermodynamischen Gleichgewicht der jeweils katalysierten Reaktion ab, sondern auch vom eingesetzten Enzym. Dessen dreidimensionale Struktur und damit die katalytische Aktivität wird vor allem von der Temperatur, dem pH-Wert und der Ionenstärke des Reaktionsmilieus beeinflusst, aber auch von Inhibitoren (Hemmstoffen), die sich an das aktive Zentrum binden und dieses blockieren können.

Die Enzymaktivität ist eine extensive Größe und wird meist in der SI-Einheit Katal (kat) oder auch in „International Units" (U) angegeben. Diese Einheiten sind wie folgt definiert:

- Die Einheit Katal (kat) wird vorzugsweise zur Angabe von Aktivitäten verwendet. Sie ist definiert als Umsatz einer Stoffmenge an Substrat (in mol) bei definierten Bedingungen innerhalb einer Sekunde; d. h., 1 kat ist demnach die Enzymmenge, die benötigt wird, um 1 mol Substrat pro Sekunde umzusetzen.
- Eine „International Unit" (U) ist die Enzymmenge, mit der bei 25 °C 1 µmol eines Substrats pro Minute umgesetzt werden kann. Dabei wird zwischen der Volumenaktivität (U/mL), der molaren Aktivität (U/mol) und der (massen-)spezifischen Aktivität (U/mg) unterschieden. Obwohl diese Einheit veraltet ist, werden dennoch zahlreiche Enzymaktivitäten kommerzieller Produkte weiterhin in U angegeben. Das Verhältnis von Katal (kat) zu Units (U) beträgt 1 µkat = 60 U.

Die technische Umsetzung einer enzymatischen Katalyse wird u. a. maßgeblich von der Enzymstabilität und der daraus resultierenden Veränderung der Aktivität beeinflusst.

- Langzeitstabilität. Proteine neigen häufig bereits bei Raumtemperatur zur Denaturierung (d. h. Entfaltung der dreidimensionalen Struktur der Polypeptidketten). Dies ist mit einer Abnahme der Aktivität verbunden, die dabei auch vollständig verloren gehen kann. Derartige Langzeitstabilitätsveränderungen werden durch die Zykluszahl (engl. Total Turnover Number) berücksichtigt, welche die Wiederverwendbarkeit von (Bio-)Katalysatoren und damit deren Stabilität in technischen Prozessen beschreibt. Sind beispielsweise technische Enzympräparate in ihrer Herstellung sehr günstig (z. B. in der Waschmittelherstellung oder der Lebensmittelverarbeitung), kann ein einzelner Zyklus im Einsatz vertretbar sein. Im Fall kostspieligerer Enzyme muss auf technische Verfahren der Enzymimmobilisierung und -stabilisierung zurückgegriffen werden, um das Enzym zurückzugewinnen, damit die entsprechenden Prozesse auch unter Wirtschaftlichkeitsaspekten betrieben werden können.
- Temperaturstabilität. Enzyme sind nur begrenzt temperaturstabil und können bei zu hohen Temperaturen denaturieren und so ihre Aktivität verlieren. Teilweise existieren aber auch thermostabile Varianten, die bei Temperaturen von etwa 100 °C eingesetzt werden können. Typischerweise laufen enzymkatalysierte Prozesse je-

doch eher bei 10 bis 50 °C ab (z. B. im menschlichen Körper bei 37 °C) und zeigen dann ihr Aktivitätsoptimum auch in diesem Bereich. Ein lokales Temperaturoptimum ergibt sich dabei einerseits durch die allgemeingültige Steigerung der Geschwindigkeit von (bio-)chemischen Reaktionen bei höheren Temperaturen (entsprechend der Arrhenius-Gleichung, welche die Temperaturabhängigkeit der Reaktionsgeschwindigkeitskonstante beschreibt) und andererseits durch eine Denaturierung der Enzyme bei zu hohen Temperaturen.

- pH-Optimum. Die Enzymaktivität zeigt ebenfalls eine Abhängigkeit vom pH-Wert und jedes Enzym ist durch ein spezifisches pH-Optimum gekennzeichnet. Dieses pH-Optimum lässt sich durch Protonierung bzw. Deprotonierung des Enzymproteins infolge des pH-Wertes erklären. Infolgedessen kann ein Enzym in seiner aktiven Form vorliegen, seine Aktivität reduziert sein oder bei enzymspezifischen Extremwerten denaturieren, woraus ein Verlust der Aktivität resultiert.
- Weitere Einflussfaktoren. Die Stabilität und in der Folge die Aktivität von Enzymen wird auch durch Salze bzw. die Ionenstärke eines Mediums (z. B. Aussalzen von Proteinen), das Lösemittel selbst (z. B. Denaturierung in Alkohol), Strahlung oder auch Schwermetalle beeinflusst.

3.2.2 Michaelis-Menten-Kinetik

Durch die Bindung zwischen einem Enzym und einem Substrat wird ein Übergangszustand, der sogenannte Enzym-Substrat-Komplex, gebildet. Dieser liegt energetisch „tiefer“ und senkt damit die Aktivierungsenergie der zugehörigen Reaktion (Abb. 3.5). Dabei können Enzyme, wie alle Katalysatoren, das Reaktionsgleichgewicht nicht verschieben, sondern nur die Reaktionsgeschwindigkeit durch Senkung der Aktivierungsenergie erhöhen.

Diese Bildung eines Enzym-Substrat-Komplexes *ES* bildet den ersten Teil der enzymkatalysierten Reaktion entsprechend Gleichung (3.3). Dabei handelt sich um eine Gleichgewichtsreaktion, deren Hinreaktion mit der Geschwindigkeitskonstante k_1 und

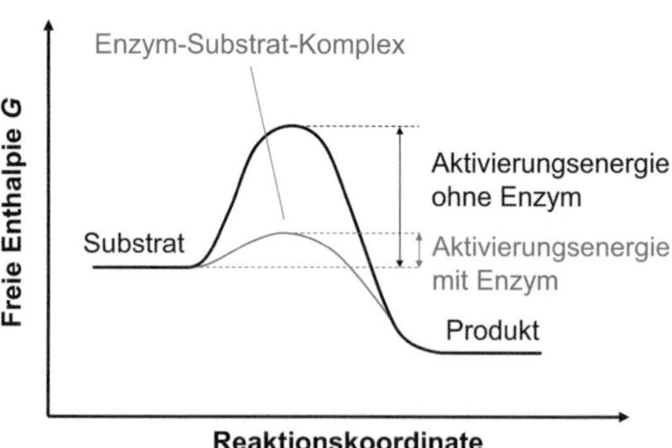

Abb. 3.5 Energiediagramm einer katalysierten (grauer Verlauf) und nichtkatalysierten Reaktion (schwarzer Verlauf)

deren Rückreaktion mit der Konstante k_{-1} verläuft. Bei der Folgereaktion treten eine simultane Umwandlung des enzymgebundenen Substrats in das Produkt P und ein Zerfall des Komplexes ES in das Enzym E und das Produkt P mit der Geschwindigkeitskonstante k_2 auf. Das Enzym steht damit wieder zur Verfügung. Bei diesem Reaktionsmechanismus wird vereinfacht angenommen, dass die Reaktion von Substrat zum Produkt irreversibel ist [3.32].

$$E + S \underset{k_{-1}}{\overset{k_1}{\rightleftharpoons}} ES \overset{k_2}{\rightarrow} E + P \tag{3.3}$$

Neben den Reaktionsbedingungen und den Eigenschaften des Enzyms wird die Geschwindigkeit einer enzymkatalysierten Reaktion (in bestimmten Grenzen) auch von der Konzentration des Substrats S beeinflusst. Dabei nimmt die Reaktionsgeschwindigkeit v mit steigender Substratkonzentration so lange zu, bis bei hohen Konzentrationen ein Sättigungswert mit einer Maximalgeschwindigkeit v_{max} erreicht wird. Das Erreichen dieser maximalen Geschwindigkeit ist ein wesentliches Charakteristikum enzymatisch katalysierter Reaktionen. Im einfachsten Fall lässt sich die Abhängigkeit der Reaktionsgeschwindigkeit v von der Substratkonzentration S mit Gleichung (3.4) beschreiben. Dabei wird angenommen, dass nur ein Substrat entsprechend Gleichung (3.3) umgesetzt wird und ein Fließgleichgewicht vorliegt (engl. Steady State); d. h., die Konzentration des Enzym-Substrat-Komplexes ES unterliegt keiner zeitlichen Änderung $dES/dt = 0$. Eine detaillierte Herleitung der Michaelis-Menten-Gleichung findet sich u. a. bei [3.32].

$$v = \frac{v_{max}\, S}{K_M + S} \tag{3.4}$$

In Gleichung (3.4) ist v_{max} die Maximalgeschwindigkeit der Reaktion, die bei einer Sättigung aller vorhandenen Enzyme durch das Substrat erreicht wird. K_M ist die Michaelis-Menten-Konstante. Bei einer Substratkonzentration, die der Michaelis-Menten-Konstante entspricht (d. h. $S = K_M$), läuft die Reaktion mit halber Maximalgeschwindigkeit $v_{max}/2$ ab. Daher kann die Michaelis-Menten-Konstante als ein Maß für die Affinität des Enzyms zum Substrat interpretiert werden; je niedriger sie ist, desto schneller läuft die Bildung des Enzym-Substrat-Komplexes.

Definiert ist K_M als der Quotient der Geschwindigkeitskonstanten der einzelnen Reaktionsschritte einer enzymatischen Umsetzung nach Gleichung (3.3) und ergibt sich aus Gleichung (3.5).

$$K_M = \frac{k_{-1} + k_2}{k_1} \tag{3.5}$$

In Gleichung (3.5) sind k_1 und k_2 die Geschwindigkeitskonstanten der Hinreaktion bzw. Folgereaktion und k_{-1} die der Rückreaktion (Gleichung (3.3)).

Einen typischen Verlauf der Reaktionsgeschwindigkeit einer enzymkatalysierten Umsetzung in Abhängigkeit von der Substratkonzentration nach der Kinetik von Michaelis

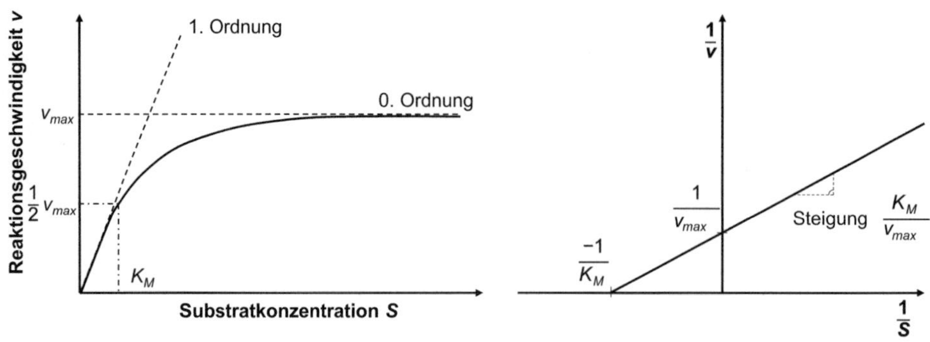

Abb. 3.6 Verlauf der Michaelis-Menten-Gleichung für eine Auftragung von Reaktionsgeschwindigkeit v über der Substratkonzentration S (links; bei geringen Substratkonzentrationen folgt die Reaktion einer Kinetik 1. Ordnung, die bei hohen Substratkonzentrationen in eine Reaktion 0. Ordnung übergeht) und linearisierte Darstellung der Michaelis-Menten-Gleichung nach Lineweaver-Burk für eine enzymatisch katalysierte Reaktion (rechts)

und Menten zeigt Abb. 3.6. Der Verlauf entspricht qualitativ der Wachstumskinetik von Mikroorganismen nach der Monod-Kinetik (Kapitel 3.3.5, Band 3). Diese Ähnlichkeit ist nicht zufällig, da die Funktion einer lebenden Zelle auf dem Zusammenspiel zahlreicher Enzyme basiert, die wiederum der Michaelis-Menten-Kinetik folgen.

Nach Abb. 3.6 (links) folgt die biochemische Reaktion bei geringen Substratkonzentrationen einer Kinetik 1. Ordnung; d. h., in diesem Bereich steht für jedes Substrat ausreichend Enzym zur Verfügung, sodass die Reaktionsgeschwindigkeit nur von der Substratkonzentration abhängt. In Gleichung (3.4) wird die Substratkonzentration S somit sehr viel kleiner als die Michaelis-Menten-Konstante ($K_M \gg S$); unter diesen Bedingungen ist die Reaktionsgeschwindigkeit direkt proportional zur Substratkonzentration.

Dann folgt ein Übergangsbereich, in dem die Reaktionsordnung nicht exakt definiert ist. Dabei konkurrieren die Substrate mit steigender Substratkonzentration um die aktiven Zentren der Enzyme. In diesem Bereich sind die Werte für die Substratkonzentration und die Michaelis-Menten-Konstante an einem Punkt identisch. Der Schnittpunkt dieser Konzentration zeigt auf der Ordinate die halbmaximale Reaktionsgeschwindigkeit $v_{max}/2$ und auf der Abszisse die Michaelis-Menten-Konstante K_M an.

Bei sehr hohen Substratkonzentrationen (als Faustregel gilt: etwa über dem Zehnfachen des Werts der Michaelis-Menten-Konstante K_M) geht die Reaktion in eine Kinetik 0. Ordnung über und die Reaktionsgeschwindigkeit ist dann unabhängig von der Substratkonzentration. In diesem Bereich sind nahezu alle Enzyme E im Enzym-Substrat-Komplex ES gebunden und die insgesamt vorhandene Enzymmenge wirkt limitierend. Die maximale Geschwindigkeit v_{max} ist erreicht, wenn keine freien Enzyme mehr vorhanden sind.

Die Methode zur Bestimmung der Michaelis-Menten-Konstante anhand des hyperbolischen Verlaufs nach Abb. 3.6 (links) ist relativ ungenau, da sich v_{max} in den wenigsten Fällen eindeutig festlegen lässt bzw. $S \to \infty$ experimentell nicht erreicht werden kann. Die graphische Bestimmung kann durch eine linearisierte Auftragung wesentlich vereinfacht werden. Dieser liegt eine einfache Umformung der Michaelis-Menten-Gleichung (3.4) zugrunde, aus der sich Gleichung (3.6) ergibt.

$$\frac{1}{v} = \frac{K_M}{v_{max}} \frac{1}{S} + \frac{1}{v_{max}} \tag{3.6}$$

In Gleichung (3.6) ist v_{max} die Maximalgeschwindigkeit der Reaktion, K_M ist die Michaelis-Menten-Konstante und S die Substratkonzentration.

Bei einer Auftragung des Verlaufs von $1/v$ gegen $1/S$ ergibt sich eine Gerade, welche die Ordinate im Punkt $1/v_{max}$ und die Abszisse im Punkt $-1/K_M$ schneidet (Abb. 3.6, rechts). Mittels linearer Regression der Messwerte einer enzymkatalysierten Reaktion lassen sich aus diesen Schnittpunkten sowohl die Maximalgeschwindigkeit als auch die Michaelis-Menten-Konstante bestimmen. Neben dieser Linearisierung nach Lineweaver und Burk werden häufig auch andere Linearisierungsverfahren wie die Eadie-Hofstee-Darstellung oder die Hanes-Darstellung zur Bestimmung genutzt [3.17].

Typischerweise sind an enzymatischen Reaktionen nicht nur ein Substrat, sondern zwei (und mehr) Substrate beteiligt, die dann ein oder mehrere Produkte bilden. In solchen Fällen müssen anstelle der einfachen Michaelis-Menten-Kinetik komplexere Modelle herangezogen werden [3.17].

3.2.3 Hemmungsmechanismen

Enzyme können durch spezifische Inhibitoren gehemmt werden. Dadurch geht ihre katalytische Aktivität vollständig oder zumindest teilweise verloren. Durch eine derartige Hemmung verändert sich auch die Kinetik der jeweiligen enzymatischen Reaktion; d. h., die Reaktionsgeschwindigkeit v (Gleichung (3.4)) nimmt ab. Die Gleichungen (3.7) bis (3.11) leiten sich aus der Michaelis-Menten-Gleichung (3.4) ab und basieren folglich auf denselben Annahmen (u. a. stationärer Zustand).

Allgemein wird zwischen verschiedenen Hemmtypen unterschieden. Besonders wichtig ist die Unterscheidung zwischen irreversibler und reversibler Hemmung. Bei Ersterer werden funktionelle Gruppen, die für die Enzymaktivität benötigt werden, dauerhaft blockiert; d. h., das Enzym steht nicht mehr für eine Reaktion zur Verfügung und es findet keine Katalyse statt. Bei Letzterer, der reversiblen Hemmung, kann die Enzymaktivität wiederhergestellt werden. Bei der reversiblen Enzymhemmung kann zwischen einer kompetitiven, einer nichtkompetitiven und einer unkompetitiven Hemmung unterschieden werden; dies wird nachfolgend diskutiert (Abb. 3.7). Häufig treten aber auch gemischte Hemmtypen auf, die sich nicht eindeutig einer dieser drei Grundarten zuordnen lassen.

Kompetitive Hemmung. Bei der kompetitiven Hemmung wird der Inhibitor reversibel am aktiven Zentrum des Enzyms gebunden und verhindert so die Bindung des eigentlichen Substrats. Der Inhibitor I konkurriert also mit dem Substrat S um das bindende

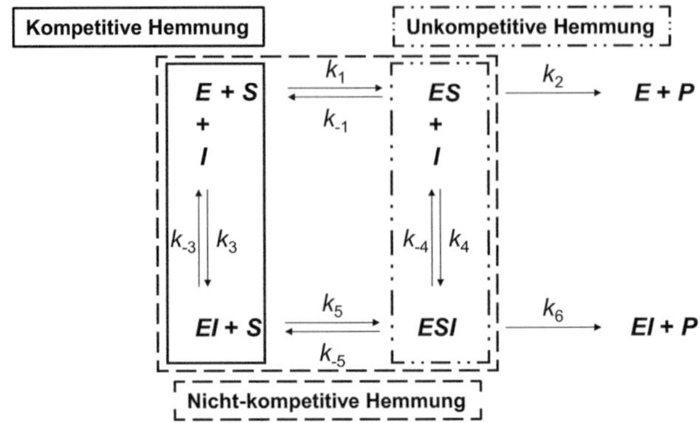

Abb. 3.7 Reaktionsschema der reversiblen (vollständigen) Enzymhemmung für eine Reaktion von Substrat S mit Enzym E über den Enzym-Substrat-Komplex ES zum Produkt P; in Abhängigkeit vom Hemmungstyp treten zusätzlich ein Enzym-Inhibitor-Komplex EI und/oder ein Enzym-Substrat-Inhibitor-Komplex ESI auf (k_i ist die Reaktionsgeschwindigkeitskonstante des jeweiligen Reaktionsschritts)

bzw. aktive Zentrum am Enzym E, sodass sich neben dem Enzym-Substrat-Komplex ES in einer Parallelreaktion ein Enzym-Inhibitor-Komplex EI bildet (Abb. 3.7, Volllinie).

Die Michaelis-Menten-Konstante K_M, und damit die Substratmenge zum Erreichen der halben maximalen Reaktionsgeschwindigkeit, nimmt in Anwesenheit eines solchen Inhibitors zu (Abb. 3.8, links). Folglich vermindert sich die Affinität des Enzyms zum Substrat bei einer kompetitiven Hemmung. In der Michaelis-Menten-Gleichung wird die Hemmung durch die scheinbare (apparente) Michaelis-Menten-Konstante $K_{M,app}$ entsprechend Gleichung (3.7) berücksichtigt. Diese tritt anstelle von K_M für die ungehemmte Reaktion; es gilt: $K_{M,app} \geq K_M$. Für Gleichung (3.7) werden die Gleichgewichtskonstante K_{Ik} für den Enzym-Inhibitor-Komplex EI und die Konzentration des Inhibitors I benötigt (Gleichung (3.8)). Diese Inhibitor-Gleichgewichtskonstante K_{Ik} ist ein Maß für die Affini-

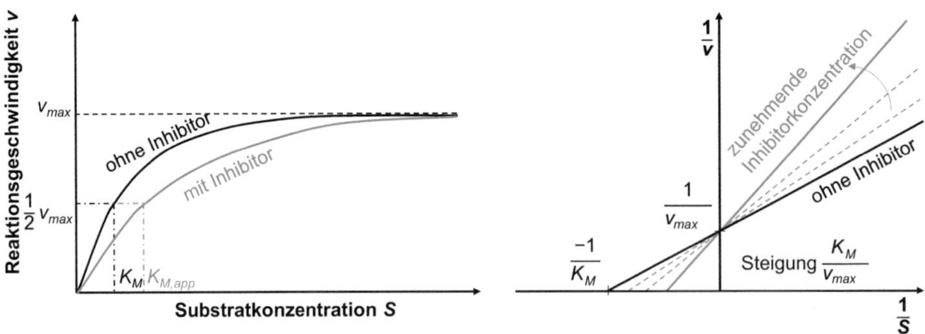

Abb. 3.8 Kompetitive Hemmung – Michaelis-Menten-Darstellung (links) und linearisierte Auftragung nach Lineweaver-Burk (rechts)

tät des Enzyms zu dem Inhibitor analog zur Michaelis-Menten-Konstante. Je kleiner K_{Ik} ist, desto größer ist die Affinität zwischen Enzym und Inhibitor.

$$v = \frac{v_{max}\, S}{\underbrace{K_M\left(1 + \frac{I}{K_{Ik}}\right)}_{K_{M,app}} + S} \tag{3.7}$$

In Gleichung (3.7) ist v_{max} die Maximalgeschwindigkeit der enzymatischen Reaktion und S die Substratkonzentration. Die Inhibitor-Gleichgewichtskonstante K_{Ik} ergibt sich aus Gleichung (3.8). Dabei sind k_3 und k_{-3} die Geschwindigkeitskonstanten der Hin- und Rückreaktion zum bzw. vom Enzym-Inhibitor-Komplex *EI*, der sich als Nebenreaktion aus Enzym *E* und Inhibitor *I* bildet (Abb. 3.7).

$$K_{Ik} = \frac{k_{-3}}{k_3} \tag{3.8}$$

Die aus Gleichung (3.7) resultierende Konstante $K_{M,app}$ entspricht der Substratkonzentration, bei der die Reaktionsgeschwindigkeit der gehemmten Reaktion gerade halb so groß ist wie die Maximalgeschwindigkeit der (nicht) gehemmten Reaktion v_{max} (Abb. 3.8, links). Durch eine Erhöhung der Substratkonzentration S kann der reversible Inhibitor I verdrängt werden, sodass die Maximalgeschwindigkeit v_{max} der (ungehemmten) enzymatischen Reaktion prinzipiell noch erreicht werden kann. Daher gilt, dass die apparente (d. h. die durch Hemmung herabgesetzte) Reaktionsgeschwindigkeit bei einem Substratüberschuss ($S \gg I$) gleich der maximalen Reaktionsgeschwindigkeit v_{max} wird.

Die linearisierte Auftragung (Abb. 3.8, rechts) ergibt eine Gerade, deren Steigung K_M/v_{max} mit zunehmender Inhibitorkonzentration steigt. Hingegen ändert sich der Schnittpunkt der Ordinate $1/v_{max}$ für eine kompetitiv gehemmte Enzymreaktion gegenüber der ungehemmten Reaktion nicht.

Unkompetitive Hemmung. Wird der Inhibitor nur von dem Enzym-Substrat-Komplex *ES* und nicht vom freien Enzym *E* gebunden, handelt es sich um eine unkompetitive Hemmung (Abb. 3.7, Strich-Zweipunkt-Linie).

Bei dieser Art der Hemmung wird ein Enzym-Substrat-Inhibitor-Komplex *ESI* gebildet, der nicht oder nur verlangsamt zum Enzym-Produkt-Komplex und damit zum Produkt *P* umgesetzt wird. Eine auf diese Weise inhibierte enzymatische Reaktion verläuft in linearisierter Darstellung (Lineweaver-Burk) parallel zur Geraden für die ungehemmte Reaktion (Abb. 3.9, rechts). Ein unkompetitiv hemmender Inhibitor reduziert somit in gleichem Maße sowohl v_{max} als auch K_M. Daher lassen sich in diesem Fall für die Michaelis-Menten-Darstellung (d. h. der Verlauf der Reaktionsgeschwindigkeit v über der Substratkonzentration S) nicht unmittelbar Zusammenhänge zur ungehemmten Reaktion ableiten wie etwa bei der kompetitiven Hemmung (Abb. 3.9, links).

Die (apparente) Reaktionsgeschwindigkeit bei unkompetitiver Hemmung ergibt sich entsprechend Gleichung (3.9). K_{Iuk} ist die Gleichgewichtskonstante der Bildungsreaktion

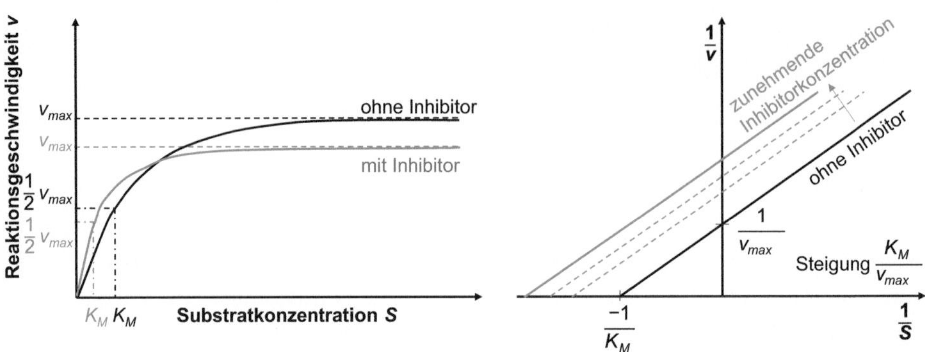

Abb. 3.9 Unkompetitive Hemmung – Michaelis-Menten-Darstellung (links) und linearisierte Auftragung nach Lineweaver-Burk (rechts)

des Enzym-Substrat-Inhibitor-Komplexes *ESI* aus dem Enzym-Substrat-Komplex *ES* und dem Inhibitor *I* (Gleichung (3.10)). Das Verhältnis der Konstanten v_{max}/K_M bleibt bei derartigen Enzymhemmungen konstant.

$$v = \frac{v_{max}\,S}{K_M + \left(1 + \frac{I}{K_{Iuk}}\right)S} \tag{3.9}$$

In Gleichung (3.9) ist v_{max} die Maximalgeschwindigkeit der enzymatischen Reaktion und S die Substratkonzentration. Die Gleichgewichtskonstante K_{Iuk} ergibt sich aus Gleichung (3.10). Dabei sind k_4 und k_{-4} die Geschwindigkeitskonstanten der Hin- und Rückreaktion zum bzw. vom Enzym-Inhibitor-Komplex *ESI*, der sich als Nebenreaktion zwischen dem Enzym-Substrat-Komplex *ES* und dem Inhibitor *I* bildet (Abb. 3.7).

$$K_{Iuk} = \frac{k_{-4}}{k_4} \tag{3.10}$$

Nichtkompetitive Hemmung. Hier wird der Inhibitor nicht am aktiven Zentrum, sondern an einer anderen Stelle des Enzyms *E* oder auch des Enzym-Substrat-Komplexes *ES* gebunden (Abb. 3.7, Strichlinie). Dadurch wird die Aktivität des Enzyms herabgesetzt oder auch vollständig unterdrückt. Da in diesem Fall der Inhibitor nicht durch das Substrat *S* vom Enzym verdrängt werden kann, wird selbst bei sehr hohen Substratkonzentrationen die Maximalgeschwindigkeit v_{max} des ungehemmten Enzyms nicht erreicht (Abb. 3.10, links).

Formal entspricht die nichtkompetitive Hemmung einer Verringerung der aktiven Enzymmenge. In der Regel verändert sich die Michaelis-Menten-Konstante K_M für das Substrat dabei nicht bzw. nur geringfügig, da sich die Affinität des Substrats gegenüber dem gehemmten Enzym nicht bzw. kaum ändert. In diesem Fall ergibt sich bei der linearisierten Auftragung daher eine Gerade, welche die Abszisse im gleichen Punkt schneidet wie die Gerade der ungehemmten Reaktion (Abb. 3.10, rechts). Die Maximalgeschwindigkeit

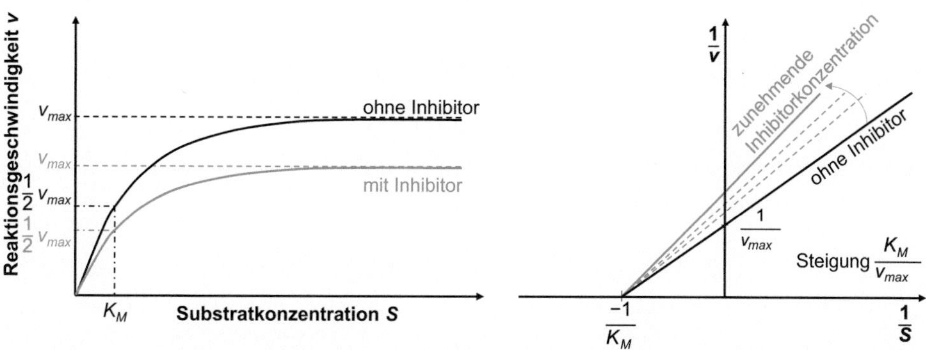

Abb. 3.10 Nichtkompetitive Hemmung – Michaelis-Menten-Darstellung (links) und linearisierte Auftragung nach Lineweaver-Burk (rechts)

der gehemmten Reaktion lässt sich aus dem Schnittpunkt mit der Ordinate bestimmen; sie sinkt gegenüber der ungehemmten Reaktion. Die Reaktionsgeschwindigkeit kann mit Gleichung (3.11) beschrieben werden.

$$v = \frac{v_{max}\, S}{K_M\left(1 + \frac{I}{K_{Ik}}\right) + S\left(1 + \frac{I}{K_{Iuk}}\right)} \tag{3.11}$$

Hierbei ist I die Konzentration des Inhibitors und v_{max} die Maximalgeschwindigkeit der gehemmten Reaktion. K_M ist die Michaelis-Menten-Konstante, die im Fall einer nichtkompetitiven Hemmung der Konstante der ungehemmten Reaktion entspricht. Die Gleichgewichtskonstante K_{Ik} des Enzym-Inhibitor-Komplexes EI und die Gleichgewichtskonstante K_{Iuk} des Enzym-Substrat-Inhibitor-Komplexes ESI ergeben sich analog zur kompetitiven bzw. unkompetitiven Hemmung entsprechend Gleichung (3.8) und (3.10).

Die beschriebenen Hemmtypen unterstellen allesamt eine vollständige Hemmung. Demgemäß kann der Enzym-Substrat-Inhibitor-Komplex ESI das Substrat nicht direkt zum Produkt P umsetzen und es gilt: $k_6 = 0$ (Abb. 3.7). Daneben gibt es auch sogenannte partielle Enzymhemmungen, die ebenfalls wieder in die drei beschriebenen Fälle reversibler Hemmung unterteilt werden können (d. h. partiell kompetitive, partiell unkompetitive und partiell nichtkompetitive Hemmung). Bei der partiell unkompetitiven Hemmung beispielsweise behält das Enzym trotz gebundenen Inhibitors seine katalytische Aktivität – in der Regel wird diese durch den Inhibitor aber reduziert. In der Folge setzt auch der Enzym-Inhibitor-Substrat-Komplex ESI das Substrat S zum Produkt P und dem Enzym-Inhibitor-Komplex EI um (für weitergehende Informationen siehe u. a. [3.32]).

3.2.4 Industrielle Anwendungen von Enzymen

Zu wichtigen Bereichen für Enzymanwendungen zählen der Lebens- und Futtermittelsektor, gefolgt von der Waschmittelindustrie und dem Bioenergiemarkt. Nachfolgend werden deshalb ausgewählte enzymatische Reaktionen, die insbesondere für die energetische Biomassenutzung von Bedeutung sein können, dargestellt und diskutiert.

Enzymatische Stärkeverzuckerung. Die Hydrolyse von Stärke erfolgt heute insbesondere durch Enzyme. Dazu werden vorwiegend die drei im Folgenden diskutierten Arten Stärke-degradierender Enzyme eingesetzt.

- Endo-Amylasen (α-Amylase, EC 3.2.1.1). Das Enzym Endo-Amylase katalysiert die reversible Hydrolyse von α-1,4-glycosidischen Bindungen in Amylose, die neben dem Hauptbestandteil Amylopektin etwa 20 bis 30 % der Stärke ausmacht. Als Cofaktor (d. h. Stoff, welcher die Funktion von Enzymen unterstützt) benötigt die Amylase Calcium-Ionen (Ca^{2+}), um die notwendige thermische Stabilität zu gewährleisten und eine erhöhte Aktivität gegenüber dem Substrat aufzuweisen. Neuere, genetisch modifizierte Amylasen können Stärke auch ohne Zusatz von Ca^{2+} hydrolysieren.
  Die Endo-Amylase ist eine Endo-Hydrolase; d. h., die Spaltung (Hydrolyse) erfolgt im inneren Teil der Stärkekette, sodass kleinere Fragmente und inhomogene Produkte entstehen bis hin zum kleinsten Abbauprodukt, dem Disaccharid Maltose. Die Spaltprodukte werden als Dextrine bezeichnet und umfassen 2 bis 20 Glucose-Einheiten. Die α-1,6-Verknüpfungen des Amylopektins können nicht durch α-Amylase gespalten werden. Der Grad der Hydrolyse wird mit dem Dextrose-Äquivalent (DE-Wert) quantifiziert. Dieser beschreibt den Anteil der reduzierenden Zucker (d. h. Zucker mit freien Aldehydgruppen) an der Trockenmasse, gemessen als Dextrose bzw. Glucose. Damit ist der DE-Wert ein Maß für den hydrolytischen Abbau eines Polysaccharids. Je höher dieser Wert ist, desto mehr niedermolekulare Abbauprodukte (d. h. reduzierende Zucker) sind vorhanden und desto geringer ist der Anteil an Polysacchariden, die nicht hydrolysiert wurden.
- Exo-Amylasen (Gluco-Amylasen, EC 3.2.1.3; β-Amylasen, EC 3.2.1.2; α-Glucosidasen, EC 3.2.1.20). Exo-Amylasen hydrolysieren schrittweise die glycosidischen Bindungen ausgehend vom nichtreduzierenden Ende eines Stärkepolymers. Damit handelt es sich um Exo-Hydrolasen, die vom Kettenende her angreifen. So entstehen einheitliche Spaltprodukte in der Form von Glucose-Monomeren. Neben der Spaltung der α-1,4-glycosidischen Verbindungen kann dieses Enzym auch die α-1,6-Bindungen des Amylopektins, das etwa 70 bis 80 % der Stärke ausmacht, spalten. Die enzymatische Aktivität beträgt im Vergleich zu den 1,4-Bindungen jedoch lediglich ca. 0,2 %.
- Pullulanasen und entzweigende Amylasen (Pullulanasen, EC 3.2.1.41; Isoamylasen, EC 3.2.1.68). Diese Enzyme gehören zur Gruppe der entzweigenden Enzyme. Der Name leitet sich von dem Polysaccharid Pullulan ab, das aus α-1,6-verknüpften Maltotriose-Einheiten besteht, die sich wiederum aus α-1,4-glycosidisch verknüpften Glucoseeinheiten zusammensetzen. Pullulanasen vom Typ I spalten bevorzugt 1,6-Bindungen, während Pullulanasen vom Typ II 1,4- und 1,6-glycosidische Bindungen hydrolysieren können.

Zum Einsatz kommen derartige Enzyme bei der industriellen Stärkeverzuckerung, die mehrere Prozessschritte umfasst.

1. Stärkeverflüssigung. Die Stärkekörner werden zu Beginn in Wasser bei einem pH-Wert von 3,5 bis 4,2 suspendiert. Die Suspension wird 5 bis 8 min bei 106 °C inkubiert und danach 1 bis 2 h auf 95 °C erwärmt. Hierbei wird eine thermostabile α-Amylase zugegeben, welche die Stärkehydrolyse bis zu einer mittleren Kettenlänge von 10 bis 13 Glucose-Einheiten katalysiert. Diese Gelatinisierung erfolgt bei einem pH-Wert von 6,2 bis 6,5.
2. Stärkeverzuckerung. Anschließend wird ein pH-Wert von 4,2 bis 4,5 eingestellt und es erfolgt die eigentliche Verzuckerung mit einem Gemisch aus Glucoamylase und Pullulanase für 24 bis 96 h bei 60 °C. Dabei werden Glucose-Ausbeuten von ca. 95 %, bezogen auf das Substrat, erzielt.
3. Isomerisierung. Je nach Verwendungszweck kann die resultierende Glucoselösung durch eine Säule mit immobilisierter Glucose-Isomerase (EC 5.3.1.18) geführt werden. Dabei wird ein Teil der Glucose in die süßere Fructose umgewandelt. Durch eine mehrstufige Isomerisierung kann der Fructose-Anteil so schrittweise erhöht werden. Anwendung findet dies in der Lebensmittelindustrie – und hier vor allem bei der Herstellung von High Fructose Corn Syrup aus Maisstärke.

Enzymatische Hydrolyse von Lignocellulose. Nach der Reduktion des Ligninanteils durch eine entsprechende Vorbehandlung können Cellulose und Hemicellulose mittels enzymatischer Hydrolyse in die Monosaccharide Glucose bzw. Xylose und Arabinose gespalten werden. Bei der Spaltung der Cellulose können verschiedene Enzyme zum Einsatz kommen; nachfolgend wird eine Auswahl dargestellt.

- Cellulase (auch Endo-Glucanase oder Endo-1,4-β-Glucanase genannt, EC 3.2.1.4)
- Cellulose-1,4-β-Cellobiosidase (auch Exo-Cellobiohydrolase oder Cellobiohydrolase genannt, EC 3.2.1.91)
- β-Glucosidase (auch Cellobiase oder Gentiobiase, EC 3.2.1.21)

In Analogie zum oben beschriebenen Stärkeabbau werden die langkettigen Cellulose-Polymere mit Endo-Cellulasen durch Angriff im Ketteninneren in inhomogene Fragmente gespalten. Im Gegensatz dazu katalysieren Exo-Cellulasen die Hydrolyse an den reduzierenden Enden der Cellulose-Kette unter Bildung des Disaccharids Cellobiose, das durch β-Glucosidase zu Glucose hydrolysiert werden kann. Dabei bezieht sich das reduzierende Ende auf die freie, endständige Aldehydgruppe der Polymerkette, die nicht an der glycosidischen Bindung beteiligt ist. Das nichtreduzierende Ende liegt am anderen Ende der Polymerkette und verfügt über keine freie Aldehyd-Gruppe, kann also somit nicht zur entsprechenden Carbonsäure oxidiert werden.

Industriell relevante Anwendungen von Cellulasen – abseits der energetischen Biomasseverwertung – sind u. a. der Zusatz in Waschmitteln zur Glättung von Baumwollfasern.

Tabelle 3.2 Beispielhafte Zusammensetzung eines Enzympräparats zur Hydrolyse von Lignocellulose

Komponente	Verwendungszweck
Cellulasen	Hydrolyse von Cellulose in Cellobiose und Glucose
β-Glucosidasen	Hydrolyse von Cellobiose zu Glucose als Ergänzung zum Cellulasekomplex
Hemicellulasen	Hydrolyse von Xylanen und / oder Arabinoxylanen in kurzkettige Oligosaccharide, was deren Löslichkeit verbessert und die Viskosität (z. B. von Getreideextrakten) reduziert Teilweise findet auch eine Freisetzung von monomeren Pentosen (v. a. Xylose und Arabinose) aus der Hemicellulose statt
β-Glucanasen	Hydrolyse von β-Glucanen, die z. B. in Zellwänden vorkommen

Dabei wird durch den Abbau feinster Fäserchen, insbesondere bei farbigen Textilien, deren Farbintensität erhöht. In der Papierindustrie werden Cellulasen zum Entfärben von Altpapier eingesetzt. Im Kontext einer energetischen Verwertung können cellulolytische Enzyme auch zur Erhöhung der Vergärbarkeit holzartiger Abfälle und somit der Produktion von Bioethanol oder Biogas beispielsweise aus Holz genutzt werden.

Um die in Lignocellulose enthaltene Hemicellulose, die vor allem in holzartiger Biomasse ein Xylan-Rückgrat aufweist, zu spalten, wird ferner die Aktivität von Xylanasen benötigt. Auch hier gibt es sowohl Endo- als auch Exo-Xylanasen, die, analog zu den beschriebenen Cellulasen, glycosidische Bindungen entweder innerhalb der makromolekularen Kette oder an deren Enden spalten. Neben den Xylanasen stehen weitere Hemicellulasen zur Verfügung, um Biomasse bzw. Lignocellulose abzubauen und die entsprechenden monomeren Zucker (z. B. Mannose aus Mannan) freizusetzen. Anwendung finden Hemicellulasen beispielsweise bei der Herstellung von Backerzeugnissen zur Verbesserung der Eigenschaften von Teig (u. a. Wasserbindevermögen, Teigstruktur).

Zur Hydrolyse pflanzlicher Lignocellulose verschiedenen Ursprungs existieren technische Enzymkits, die Kombinationen aus verschiedenen Enzymen nutzen. Kommerziell verfügbare Enzymmischungen enthalten beispielsweise Cellulasen und Hemicellulasen, um fermentierbare Monosaccharide aus vorbehandelter Biomasse freizusetzen. Tabelle 3.2 zeigt beispielhaft ein derartiges technisches Enzympräparat zur Hydrolyse von Lignocellulose.

Lipolytische Enzyme zur Ölumwandlung. In der Natur sind Lipide allgegenwärtig, da die Membranen aller Zellen größtenteils daraus bestehen. Zudem kommen Fette und Öle als Energiespeicherstoff in vielen Pflanzen vor. Mikroorganismen und deren Enzyme können Fette aber erst nach der Hydrolyse der Esterbindungen verwerten. Dafür sind extrazelluläre lipolytische Enzyme nötig, die von den Zellen ausgeschieden werden. Hierzu gehören Lipasen (EC 3.1.1.3). Das Resultat von lipolytisch katalysierten Lipidspaltungen sind Fettsäuren und Glycerin bzw. Mono- oder Diglyceride.

Zu den wichtigsten Lipasen zählen Triacylglycerinlipasen und Phospholipasen. Triacylglycerinlipasen aus verschiedenen Organismen unterscheiden sich vor allem in ihrer

Substratselektivität und Stereospezifität. Die Spezifität bezieht sich dabei häufig auf die Position am Glycerin-Rückgrat, an der die Fettsäure gebunden ist und von wo diese enzymatisch abgespalten wird. Es kommen jedoch auch zahlreiche unspezifische Lipasen vor, die Fettsäurereste aus jeder Position des Glycerin-Rückgrats abspalten können. Des Weiteren existieren fettsäurespezifische Lipasen, die nur eine bestimmte Fettsäure vom Glycerin abspaltet.

Die Aktivität von Lipasen ist stark von der Phasengrenze zwischen Öl und Wasser abhängig. Die Enzyme sind nur in einer wässrigen Umgebung aktiv, sodass mit Emulsionen gearbeitet werden muss. Hierbei ist eine möglichst große spezifische Grenzfläche für eine schnelle Reaktion vorteilhaft. Eine Emulsion sollte somit möglichst fein verteilt sein (d. h., die Tröpfchen sollten möglichst klein sein).

Für eine energetische Nutzung ist dies beispielsweise im Kontext der Biodieselproduktion von Interesse. Hierbei werden Öle oder Fette mit Methanol oder anderen Alkoholen unter Verwendung eines Katalysators umgeestert (d. h., sie werden von einem Ester in einen anderen überführt). Dabei entstehen Glycerin und Fettsäuremethylester (Biodiesel). Diese Verfahren werden bisher vornehmlich mit chemischen Katalysatoren durchgeführt. Alternativ kann die Umesterung auch biokatalytisch mit verschiedenen Lipasen erreicht werden (Kapitel 7.2, Band 3).

Lebens- und Futtermittel. Im Bereich der Lebensmittelverarbeitung modifizieren Enzyme Stärke für z. B. eine längere Haltbarkeit von Backwaren, optimieren Fette und Proteine, stabilisieren Schäume und dienen der Texturgebung von Fleischteilen. Dabei verbleiben die Enzyme oftmals im fertigen Produkt und müssen entsprechend geeignet für einen Verzehr sein (z. B. Labenzyme aus Kälbermägen zur Käseherstellung).

Bei der Fruchtsaftproduktion spielen beispielsweise Pektinasen zum Pektinabbau eine wichtige Rolle. Etwa ein Drittel der pflanzlichen Primärzellwand besteht aus Pektin. Dies ist ein Sammelbegriff für eine sehr heterogene Gruppe verschiedener Polygalacturonsäuren. Deren Rückgrat besteht aus α-1,4-verknüpften Galacturonsäure-Molekülen, die mit verschiedenen Anteilen an D-Galactosyl-, L-Arabinosyl- oder L-Rhamnosyl-Resten verbunden sind. Dazu kommen α-1,2-verknüpfte Reste, die Querverbindungen in das Molekül einbauen. Die meisten Carboxylgruppen der Galacturonsäure sind zudem methyliert und es kommen weitere Zucker (u. a. Glucose, Xylose, Galactose, Fructose) als Substituenten vor. Wie bei der Lignocellulose ist auch hier eine Reihe von Enzymen am synergistischen Abbau derartiger Makromoleküle beteiligt. Die wichtigsten sind Polygalacturonasen (EC 3.2.1.15), die α-1,4-galacturosidische Bindungen im Rückgrat des Moleküls spalten, und Galacturonasen, die eine Abspaltung von ein (EC 3.2.1.67) oder zwei Galacturonsäure-Resten (EC 3.2.1.82) vom nichtreduzierenden Ende her katalysieren. Zur Entfernung der verschiedenen Substituenten kommen Pektin-Methylesterasen (EC 3.1.1.11), welche Methoxylgruppen vom C6-Atom abspalten, und verschiedene Lyasen (EC 4) zum Einsatz. Letztere katalysieren Molekülspaltungen, die im Gegensatz zu den bisher vorgestellten Hydrolasen (EC 3) jedoch nicht hydrolytisch erfolgen. Relevante Vertreter sind Endo-Galacturonasen (EC 4.2.2.2), Exo-Polygalacturonasen

(EC 4.2.2.9) und Endo-Pektin-Lyasen (EC 4.2.2.10), welche Spaltungen über einen β-Eliminationsmechanismus katalysieren und ungesättigte Galacturonate (mit einer Doppelbindung im Molekül) produzieren. Dabei sind Ca^{2+}-Ionen als Cofaktor für die enzymatische Aktivität notwendig. Zur Anwendung kommen pektinolytische Enzyme hauptsächlich in der Klärung von Fruchtsäften, der Olivenölproduktion, der Vorbehandlung von Zuckerrüben und der Textilindustrie.

Im Futtermittelbereich wird aus Pilzen gewonnene Phytase (EC 3.1.3) eingesetzt, um die Phosphoraufnahme im Tier zu verbessern. Aufgrund der fehlenden Enzymaktivität ist der in pflanzlicher Biomasse enthaltene und als Phytinsäure gebundene Nährstoff Phosphor für nicht wiederkäuende Tiere (z. B. Schweine) nicht verwertbar. Durch den Zusatz von Phytase im Futter kann z. T. auf die Zufütterung von Phosphat verzichtet werden, da der phosphatreiche Speicherstoff Phytinsäure durch die Phytase hydrolysiert und der Phosphor so zugänglich wird. Neben der besseren Ausnutzung der Futtermittelinhaltsstoffe kann dadurch zusätzlich die Phosphatbelastung der Umwelt bei der Düngung mit Gülle sinken.

Enzyme in Waschmitteln. Nach der Lebens- und Futtermittelindustrie macht der Bereich Wasch- und Reinigungsmittel den zweitgrößten Marktanteil industrieller Enzyme aus. Nicht nur in Waschmitteln, sondern beispielsweise auch in Geschirrspülmitteln oder anderen Reinigungsflüssigkeiten unterstützen Enzyme die Reinigungswirkung und reduzieren den Energieverbrauch durch niedrigere Wasch- bzw. Reinigungstemperaturen. So sind Proteasen in etwa 80 % aller Waschmittel enthalten. Hierbei handelt es sich um Enzyme, die Proteine spalten, welche einen großen Teil der Wäscheverunreinigungen ausmachen (z. B. Milch-, Ei- oder Blutflecken). Zusätzlich bauen Amylasen in Waschmitteln Stärke ab, die z. B. in Soßen, Verdickungsmitteln und prozessierten Lebensmitteln enthalten ist. Diese Stärke wird dabei in lösliche Maltose gespalten und kann so leicht vom Waschwasser aufgenommen werden. Ebenso sind Cellulasen in Waschmitteln enthalten. Diese dienen jedoch nicht primär dem Schmutzabbau, sondern wirken auf die Textilgewebe selbst. So entfernen Cellulasen auf Baumwollgeweben die winzigen Knötchen (Pilling), die das Gewebe rau machen, oder bauen abstehende Mikrofibrillen ab, die den Farbeindruck schwächen. Lipasen spalten Fette in die leichter löslichen Bestandteile (Fettsäuren und Glycerin), sodass Fettschmutz (z. B. Lippenstift, Kragenschmutz) hierdurch auch bei niedrigen Waschtemperaturen entfernt werden kann.

3.3 Mikrobielle Umsetzungen

Nachfolgend werden die Grundlagen der mikrobiellen Biomasseumwandlung diskutiert. Dazu wird grundlegend auf Mikroorganismen eingegangen und es werden deren wichtigste Stoffwechselvorgänge beschrieben. Auch werden für die technische Nutzung relevante Mikroorganismen beleuchtet. In diesem Zusammenhang ist ein Grundverständnis zu Enzymen (Kapitel 3.2, Band 3) hilfreich, da Leben ganz grundsätzlich nicht ohne enzymatisch katalysierte Reaktionen zu Stande kommt.

3.3.1 Einteilung von Mikroorganismen

Mikroorganismen umfassen Kleinstlebewesen (vor allem Bakterien und Archaeen, aber auch Pilze), deren Zellen mit wenigen Ausnahmen im Bereich von einigen Mikrometern, aber zumindest unter 0,1 mm liegen. Sie sind sowohl massen- als auch mengenmäßig mit Abstand die häufigste Form des Lebens auf der Erde und bevölkern praktisch jeden Lebensraum. Dabei basieren die biochemischen Vorgänge im Zusammenhang mit Mikroorganismen grundsätzlich auf einzelnen enzymkatalysierten Reaktionen (Kapitel 3.2, Band 3).

Für biochemische Umsetzungen insbesondere im großtechnischen Maßstab werden vorwiegend einzellige Mikroorganismen, insbesondere Bakterien und Hefen, eingesetzt. Sämtliche Vertreter dieser Gruppe von Mikroorganismen verfügen über eine als Desoxyribonukleinsäure (DNA) gespeicherte Erbinformation, auf welcher der Aufbau von Proteinen und damit auch von Enzymen codiert ist.

Eine Unterscheidung solcher einzelligen Mikroorganismen findet anhand ihrer Komplexität statt. Üblicherweise werden sie eingeteilt in Prokaryoten und Eukaryoten bzw. entsprechend der drei Domänen des Lebens in Bakterien, Archaea und Eukaryoten entsprechend Abb. 3.11. In dieser Darstellung verdeutlicht der Abstand zwischen den Ästen die Verwandtschaftsverhältnisse zwischen den Domänen und zeigt deren jeweilige Größe im Verhältnis; Tiere, Pflanzen und Menschen teilen sich hier nur einen winzigen Ast im Bereich der Eukaryoten.

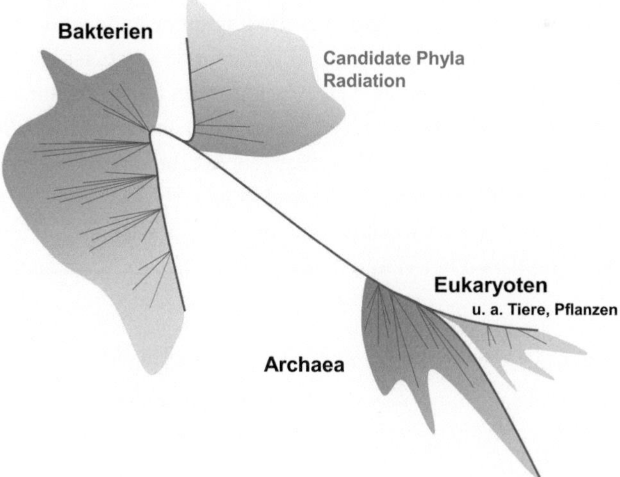

Abb. 3.11 Stammbaum des Lebens in vereinfachter Darstellung mit den Domänen Bakterien, Archaea (zusammen Prokaryoten) und Eukaryoten (die Bakterien der Candidate Phyla Radiation umfassen etwa 25 % der bakteriellen Diversität und zeichnen sich durch vergleichsweise kleine Zellen und einen einfachen Metabolismus aus; Darstellung in Anlehnung an [3.33], wobei die feineren Verästelungen die weitere Unterteilung einer Domäne symbolisieren)

- Prokaryoten. Die am einfachsten aufgebauten Einzeller sind Prokaryoten, die in Bacteria (Bakterien) und Archaea (Archaeen) untergliedert werden (Abb. 3.11). Bestimmendes Merkmal einer typischen prokaryotischen Zelle ist der geringe Grad an innerer Kompartimentierung; d. h., es gibt, wenn überhaupt, nur wenige (durch Membranen) abgegrenzte Organellen. Deshalb zählen Prokaryoten zu den kleinsten Mikroorganismen, deren Zelldurchmesser im Bereich von 0,2 bis 3 µm liegt. Sie besitzen keinen Zellkern und ihre Desoxyribonukleinsäure (DNA) liegt frei im Zellinneren vor.
- Eukaryoten. Eukaryoten sind im Vergleich zu den Prokaryoten komplexer aufgebaut und besitzen einen Zellkern. Dazu zählen u. a. Pflanzen, Tiere und Pilze, zu denen wiederum auch die (einzelligen) Hefen gehören. Meist treten die Pilzzellen ebenso wie die pflanzlichen und tierischen Zellen jedoch nicht vereinzelt, sondern als Zellverbund auf. Das wesentliche kennzeichnende Merkmal ist das Vorhandensein eines echten Zellkerns, der die Erbinformation beinhaltet. Dieser komplexe Aufbau wirkt sich auch auf die Größe eukaryotischer Mikroorganismen aus; diese haben typischerweise Durchmesser im Bereich von 10 bis 30 µm und sind damit ca. zehnmal größer als die Prokaryoten. Dieser Größenunterschied resultiert in einer deutlich geringeren Wachstumsrate der Eukaryoten im Vergleich zu Prokaryoten.

Aus systematischer Sicht umfassen Mikroorganismen somit völlig unterschiedliche Gruppen von Lebewesen. Sie finden sich in allen drei Domänen des Lebens und bevölkern unterschiedlichste, teils lebensfeindliche Habitate. Dementsprechend können sie technisch unter sehr verschiedenen Bedingungen und für eine Vielzahl von Produktionsprozessen eingesetzt werden. So finden sich insbesondere die Archaeen häufig in unwirtlichen Lebensräumen. Organismen, die an solche Lebensbedingungen angepasst sind, werden dementsprechend als Extremophile bezeichnet; d. h., sie können beispielsweise bei hohen Temperaturen (z. B. Hyperthermophile > 80 °C), extremen Salzkonzentrationen (d. h. Halophile) oder sehr geringen pH-Werten (z. B. Acidophile) überleben. Tabelle 3.3 zeigt eine Zusammenstellung von begrenzenden Umgebungsbedingungen für derartige extremophile Mikroorganismen einschließlich deren Bezeichnung.

Im Gegensatz zu diesen Extremophilen gedeihen die meisten Bakterien und Eukaryoten als mesophile Organismen bei Temperaturen von 20 bis 45 °C und bei pH-Werten von

Tabelle 3.3 Definition und Wachstumsgrenzen einiger extremophiler Mikroorganismen (Beispiele)

Kryophile Mikroorganismen	Temperaturbereich unter −10 °C
Psychrophile Mikroorganismen	Temperaturbereich −5 bis 20 °C
Thermophile Mikroorganismen	Temperaturoptimum 50 bis 70 °C
Extrem thermophile Mikroorganismen	Temperaturoptimum 70 bis 85 °C
Hyperthermophile Mikroorganismen	Temperaturoptimum 85 bis 120 °C
Halophile Mikroorganismen	10 bis 35 % Salzkonzentration
Acidophile Mikroorganismen	pH 0,7 bis 4
Alkaliphile Mikroorganismen	pH 8 bis 12

etwa 7. Für diese Gruppe von Mikroorganismen ist die Denaturierung der Proteine bzw. deren Stabilität unter Hitzeeinwirkung bzw. in Gegenwart von Säuren oder Basen ein primär limitierender Faktor.

3.3.2 Aufbau von mikrobiellen Zellen

Zellen erfüllen als kleinste Einheit im Fall prokaryotischer und eukaryotischer Organismen dieselben Funktionen (z. B. Vermehrung durch Zellteilung, Stoffwechsel, kontrollierter Stoffaustausch mit der Umgebung).

Einteilung. Entsprechend ihres Aufbaus erfolgt nachfolgend eine Unterteilung in prokaryotische und eukaryotische Zellen.

Prokaryotische Zellen. Sie besitzen meist eine Zellwand, die der Zellmembran (auch Cytoplasmamembran genannt) aufliegt. Die Cytoplasmamembran ist eine Barriere, über die der Stofftransport aktiv oder passiv erfolgen kann. Das Zellinnere bildet das Cytoplasma, in welchem die grundlegenden Stoffwechselaktivitäten und Prozesse für die Zellteilung stattfinden. Im Gegensatz zu eukaryotischen Zellen weisen prokaryotische Zellen keine Kompartimente (z. B. Mitochondrien, Chloroplasten, Zellkern) auf. Sämtliche Prozesse laufen hier im Cytoplasma ab (Abb. 3.12, rechts). Ein wesentliches Differenzierungsmerkmal bei Bakterien ist mit wenigen Ausnahmen die Art des Zellwandaufbaus. Hier wird in Gram-positive und Gram-negative Bakterien, benannt nach einer diagnostischen Färbemethode, unterschieden.

- Bei Gram-positiven Bakterien ist der Cytoplasmamembran eine dicke Schicht aus bis zu 40 Schichten des Zellwandmaterials Peptidoglycan (Murein) aufgesetzt; d. h., die Zellwand ist in diesem Fall vergleichsweise dick.

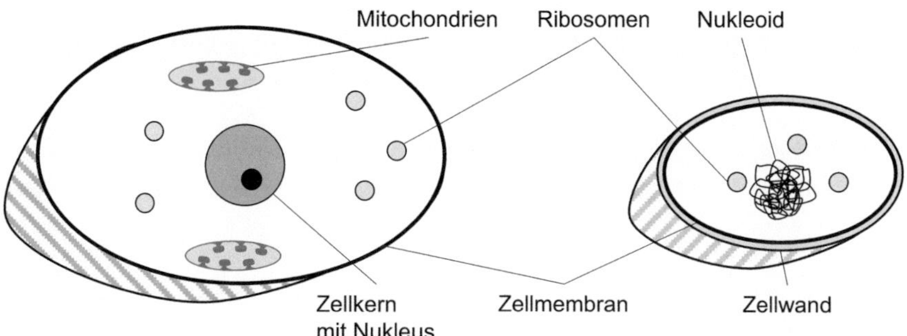

Abb. 3.12 Schematischer Aufbau (vereinfacht) einer eukaryotischen Zelle (links) und einer prokaryotischen Zelle (rechts)

- Bei Gram-negativen Bakterien folgt auf eine dünne Zellwand aus Peptidoglycan eine äußere Membran, die durch eingelagerte Poren für kleinere hydrophile Moleküle bis etwa 600 Da frei durchgängig ist. Die Zellwand ist hier vergleichsweise dünn.

Im Gegensatz zu bakteriellen Zellen zeigt die Zellhülle (Zellmembran und -wand) von Archaeen einige Besonderheiten. Die Zellmembran besteht, anstelle von mit Glycerin veresterten Fettsäuren, aus Isoprenketten, die durch stabilere Etherbindungen mit Glycerin verknüpft sind und eine Anpassung an extremophile Lebensbedingungen ermöglichen können. Gleichzeitig besitzen Archaea eine Zellwand, die nicht aus Peptidoglycan bzw. Murein besteht, sondern aus Pseudomurein (bestehend aus Polysacchariden und Aminosäuren) aufgebaut ist. Darüber hinaus können die Zellwände von Archaea aber auch wesentlich heterogener aus Polysacchariden, Proteinen oder Glycoproteinen bestehen, andere Vertreter besitzen auch gar keine Zellwand.

Eukaryotische Zellen. Die Zellen von Eukaryoten zeichnen sich im Gegensatz zu den Prokaryoten durch eine wesentlich differenziertere Kompartimentierung der einzelnen Organellen aus. Der Aufbau aller eukaryotischen Zellen ist prinzipiell gleich und in vereinfachter Form in Abb. 3.12 (links) dargestellt. So sind bei Eukaryoten stets der Zellkern und zahlreiche spezialisierte Regionen mit Membranen vom Cytoplasma der Zelle getrennt. Damit verfügt die eukaryotische Zelle im Zellinneren über verschiedenste (transmembrane) Transportsysteme. Unterschiede gibt es bei den einzelnen Organellen zwischen Pilzen sowie tierischen und pflanzlichen Zellen. Letztere verfügen beispielsweise über Chloroplasten, welche die Photosynthese ermöglichen. Eine Zellwand wiederum besitzen Pflanzen, Algen und Pilze, Tiere hingegen nicht.

Die Energiegewinnung erfolgt sowohl bei Pilzzellen als auch bei pflanzlichen und tierischen Zellen in den Mitochondrien, die über eine stark eingestülpte Membranstruktur verfügen. Durch diese Einstülpungen bildet sich eine große innere Oberfläche aus, auf der eine hohe Anzahl von Enzymen beispielsweise zur aeroben Energiegewinnung Platz findet. Zwischenprodukte und Moleküle zur Energiespeicherung werden in Vakuolen (d. h. kleinen, einfachen Membrankompartimenten) gelagert. Zusätzlich zu den Mitochondrien verfügen pflanzliche Zellen über Chloroplasten, in denen die Enzyme und lichtaktiven Substanzen zur Energiegewinnung aus Sonnenlicht sowie für die CO_2-Fixierung zu finden sind.

Zur Umgebung abgegrenzt sind Zellen bzw. das Zellinnere dabei immer durch eine Biomembran, die sogenannte Zellmembran, die auch (Cyto-)Plasmamembran genannt wird.

Aufbau. Jede Zelle und deren Bestandteile (Organellen) sind aus makromolekularen Proteinen, Nukleinsäuren, Lipiden und Polysacchariden aufgebaut (Kapitel 2, Band 3). Deren wesentliche Funktionen in der Zelle werden nachfolgend kurz erläutert.

Nukleinsäuren. Diese aus Nukleotiden (bestehend aus Base, Zucker und Phosphat) aufgebauten Makromoleküle dienen in Zellen als Informationsspeicher. Beispielsweise ist in der Desoxyribonukleinsäure (DNA), die als Doppelhelix vorliegt, die genetische Information eines Organismus gespeichert. Diese ist überwiegend im Nukleoid (Prokaryoten) oder im Zellkern (Eukaryoten) lokalisiert. In Bakterien können zudem auch extrachromosomale Elemente (Plasmide) auftreten, die zusätzliche Informationen (z. B. Antibiotikaresistenzen) enthalten und ebenfalls als doppelsträngiges DNA-Molekül vorliegen.

Neben der DNA spielt die in der Regel einzelsträngige RNA (Ribonukleinsäure) eine wichtige Rolle in biologischen Zellen. Hierbei lassen sich drei RNA-Arten unterscheiden. Die sogenannte messenger RNA (mRNA) dient als dynamischer Informationszwischenspeicher in der Zelle mit einer Halbwertszeit im Bereich von Sekunden bis wenigen Minuten. Um ein Protein zu produzieren, wird die stabile Information für ein Gen der DNA zunächst in mRNA übersetzt, die dann die Matrize für die Produktion eines Proteins ist. Diesen Vorgang nennt man Transkription. Der Weg über die mRNA zum Protein (Translation), mit einer mRNA-Halbwertszeit von typischerweise wenigen Minuten, erlaubt den Zellen eine flexible Anpassung auf sich ggf. ändernde Umweltreize. Daneben spielen die transfer RNA (tRNA) und die ribosomale RNA (rRNA) eine Rolle bei der Bildung von Proteinen basierend auf der mRNA-Matrize. Zudem können Spezialformen der RNA auch regulatorische Funktionen übernehmen.

Proteine. Proteine sind Makromoleküle, die aus Aminosäuren aufgebaut sind. Derartige Aminosäureketten können sich zu einer biologisch aktiven Struktur falten. Dadurch kann sich u. a. eine katalytische Funktion ergeben, die dann die Wirkung als Enzym ermöglicht. Diese dreidimensionale Struktur des Proteins und damit die enzymatische Aktivität wird durch äußere Einflüsse wie u. a. Temperatur und pH-Wert beeinflusst. Deshalb können Enzyme durch Einflüsse wie Hitze, extreme pH-Werte, Lösemittel oder auch Chemikalien denaturieren und somit ihre biologische Aktivität verlieren.

Neben dieser enzymatischen Wirkung haben Proteine weitere essenzielle und vielfältige Aufgaben. Beispiele dafür sind Strukturproteine, die den Aufbau von Zellen bestimmen, oder Proteine, welche die Ionenkanäle in Zellen regulieren.

Lipide. Sie sind der Hauptbestandteil der Zellmembran bzw. Cytoplasmamembran in eukaryotischen Zellen und Bakterien. Lipide bestehen aus Glycerin, das mit verschiedenen Fettsäuren verestert ist. Die Zellmembran aller Organismen ist dabei vom Prinzip her gleich aufgebaut und besteht aus einer Lipiddoppelschicht. Da die Membranlipide einen amphipathischen Charakter (d. h. einen stark hydrophoben Fettsäureteil und eine hydrophile Kopfgruppe) aufweisen, ordnen sie sich in Membranen zu einer Lipiddoppelschicht an. Dabei wechselwirken die hydrophoben Fettsäureketten miteinander und zeigen nach innen, sodass die hydrophilen Reste entsprechend nach außen zeigen (d. h. voneinander weg). Zusätzlich mit (Membran-)Proteinen durchsetzt, bilden diese Lipide die Zellmembran, die infolge ihres Aufbaus eine Permeabilitätsbarriere für gelöste Stoffe aus dem Cytoplasma sowie für Stoffe von außerhalb der Zelle (aus der Umgebung) bildet.

Gleichzeitig trägt diese Barriere zu einer Ladung der Zelle bei, da Ionen diese nur selektiv überwinden können. Dies ermöglicht den Aufbau eines Protonengradienten über die Membran (in diesem Kontext oft als transmembrane protonenmotorische Kraft bezeichnet), den die Zelle zur Energieerzeugung nutzen kann (z. B. in der Atmungskette).

Polysaccharide. Polysaccharide sind für die Zelle insbesondere als Energiespeicherstoff und beim Zellwandaufbau von Bedeutung. In Bakterien dient dabei in erster Linie Glycogen, ein Polymer aus Glucose, als Energiespeicher (analog zur Stärke bei pflanzlicher Biomasse). In der bakteriellen Zellwand spielt das Peptidoglycan als Grundgerüst eine wesentliche Rolle. Hierbei handelt es sich um ein Polymer aus alternierenden Einheiten von N-Acetylglucosamin und N-Acetylmuraminsäure, welche mit kurzen Peptiden quervernetzt sind. Auch in den Seitenketten der äußeren Membran haben Zucker eine wichtige Bedeutung. Pilzliche Zellwände bestehen aus Chitin, einem Polymer aus N-Acetylglucosamin. Nach der Cellulose (und neben der Hemicellulose), die die Zellwand pflanzlicher Zellen bildet, ist Chitin eines der am häufigsten auftretenden Zuckerpolymere auf der Erde.

3.3.3 Grundlegende Stoffwechselvorgänge

Der Stoffwechsel oder auch Metabolismus ist die Summe aller biochemischen Vorgänge in einem Organismus, die zur Erhaltung des Lebens nötig sind. Das umfasst auch den Austausch von Stoffen zwischen einer Zelle und ihrer Umgebung. Dabei wird zwischen zwei grundlegenden Vorgängen unterschieden, die in der Regel ineinandergreifen und eng verknüpft sind:

- Dies ist zum einen der Katabolismus (Energiestoffwechsel), in dem komplexe Biomoleküle degradiert werden. Dies dient der Bereitstellung von Grundbausteinen, vor allem aber der Energiebereitstellung zum Überleben des jeweiligen Organismus.
- Zum anderen ist dies der Anabolismus (Baustoffwechsel), der aus einfacheren Grundbausteinen unter Energieverbrauch Biomoleküle für den Bedarf der Zelle aufbaut.

Gekoppelt sind beide Stoffwechselpfade vor allem über den universellen zellulären Energieträger Adenosintriphosphat (ATP), der im Katabolismus aufgebaut und dann im Anabolismus zu Adenosindiphosphat (ADP) oder (seltener) Adenosinmonophosphat (AMP) abgebaut wird.

Nicotinamidadenindinukleotid(-phosphat) ist ebenfalls von zentraler Bedeutung für den Metabolismus und ist an vielen zellulären Redoxreaktionen (z. B. Atmungskette) beteiligt (in oxidierter Form als $NAD(P)^+$ bzw. in reduzierter Form als NAD(P)H). Dabei tritt dieses Redoxäquivalent im Katabolismus vorwiegend als NAD^+ bzw. NADH (in der Literatur auch $NADH+H^+$) auf, während im Anabolismus vor allem die Form $NADP^+$ bzw. NADPH (in der Literatur auch $NADPH+H^+$) als Elektronenträger und Elektronenlieferant fungiert. Letzteres weist dabei lediglich eine zusätzliche Phosphatgruppe (P) auf.

Diese Diskriminierung im Stoffwechsel erlaubt es der Zelle, dem typischerweise reduzierenden Anabolismus ein hohes Verhältnis von NADPH/NADP$^+$ anzubieten, während dem oxidierenden Katabolismus ein niedriges Verhältnis aus NADH/NAD$^+$ zur Verfügung steht. Damit bildet das Redoxsystem NAD(P)H und NAD(P)$^+$ ebenfalls eine Brücke zwischen Energie- und Baustoffwechsel. Daneben spielen Enzyme durch das Herabsetzen der Aktivierungsenergie bei Stoffwechselvorgängen eine zentrale Rolle.

Nachfolgend werden relevante Grundlagen, die zum Verständnis mikrobiellen Lebens benötigt werden, erläutert (für eine detailliertere Beschreibung siehe z. B. [3.34]).

Anabolismus (Baustoffwechsel). Der Anabolismus umfasst die Summe aller Stoffwechselvorgänge, welche dem Aufbau von Stoffen für die Zelle dienen. Dafür werden neben Energie (aus dem Katabolismus) auch Bausteine bzw. chemische Elemente benötigt. Hierbei kommt dem Kohlenstoff als primärem Grundbaustein eine besondere Bedeutung zu. Entsprechend wird nach der Art der Kohlenstoffquelle in heterotrophe und autotrophe Organismen unterschieden.

- Autotrophe Organismen können Kohlenstoff aus anorganischen Verbindungen, vor allem Kohlenstoffdioxid aus der Luft, gewinnen. Die dafür notwendige Energie stellen sie durch die Photosynthese (Kapitel 2, Band 1) oder durch die Umsetzung von chemischen Stoffen bereit. Hierzu zählen typischerweise Pflanzen, Algen und auch einige Bakterien. Je nach Art der Energiequelle werden derartige autotrophe Organismen wiederum in Phototrophe (Energie aus Licht) und Chemotrophe (Energie aus (an-)organischen Verbindungen) unterteilt.
- Heterotrophe Organismen gewinnen den Kohlenstoff hingegen aus organischen Verbindungen und beziehen die dafür notwendige Energie aus der Oxidation organischer Verbindungen (z. B. Glucose). Typische Vertreter sind Tiere, Pilze und die meisten Bakterien sowie die Archaeen.

Die autotrophe Kohlenstofffixierung bei Pflanzen und einigen Bakterien (z. B. Cyanobakterien) erfolgt über den sogenannten Calvin-Zyklus (Kapitel 2, Band 1); bei Pflanzen ist dies ausschließlich auf diesem Weg möglich. Dabei stammt der Kohlenstoff aus dem Kohlenstoffdioxid der Luft. Dieser wird unter Nutzung des in der Photosynthese (Lichtreaktion) gebildeten Energieträgers Adenosintriphosphat (ATP) und dem Redoxäquivalent Nicotinamidadenindinukleotidphosphat (NADPH) letztlich in Kohlenhydraten (zunächst Glucose) gespeichert. Diese Aufnahme von Kohlenstoff mit dem Ziel, daraus organische Kohlenwasserstoffverbindungen aufzubauen, wird auch als Kohlenstoffassimilation bezeichnet. Da für den Calvin-Zyklus (isoliert von anderen Stoffwechselpfaden betrachtet) keine Lichtenergie benötigt wird, werden die dabei ablaufenden Reaktionen auch als Dunkelreaktion bezeichnet. Darüber hinaus existieren weitere Kohlenstofffixierungswege (z. B. der reverse Citrat-Zyklus), die von Bakterien und Archaeen genutzt werden.

Katabolismus (Energiestoffwechsel). Die Summe aller Stoffwechselvorgänge, die zur Gewinnung von Energie und der Bereitstellung von Stoffen für den Anabolismus dienen, wird unter diesem Begriff vereint. Die Verknüpfung beider Stoffwechsel erfolgt vor allem über Adenosintriphosphat (ATP), den universellen Energieträger in Zellen, sowie die universellen Elektronentransporter Nicotinamidadenindinukleotid (NADH) und Flavin-Adenin-Dinukleotid ($FADH_2$). Diese beiden Moleküle bilden die Grundlage der Speicherung und des Transports von Energie in allen lebenden Zellen. Die Speicherung von Energie in ATP erfolgt in Form einer energiereichen Phosphorsäureanhydrid-Verbindung aus Adenosindiphosphat (ADP) und Phosphat (P). Energie-verbrauchende Prozesse der Zelle beziehen ihre Energie aus der Rückreaktion, einer hydrolytischen Spaltung von ATP in ADP und P.

Mikroorganismen bzw. deren kataboler Stoffwechsel können hinsichtlich ihrer Abhängigkeit von Sauerstoff in aerob und anaerob unterschieden werden; d. h., Sauerststoff wird für den jeweiligen Stoffwechselweg benötigt (aerob) oder ist nicht notwendig (anaerob). Während einige Organismen strikt auf einen aeroben oder anaeroben Stoffwechsel limitiert sind (obligate Anaerobier oder Aerobier), können andere Organismen zwischen einem aeroben und einem anaeroben Stoffwechsel wechseln (fakultative Anaerobier).

Von zentraler Bedeutung für den heterotrophen Stoffwechsel ist die Atmung. Im Fall von Aerobiern bedeutet das die Oxidation organischer Substanzen in die Produkte Wasser (H_2O) und Kohlenstoffdioxid (CO_2) unter Einsatz von Sauerstoff (O_2), um dabei Energie für die Zelle zu gewinnen. Neben dieser aeroben Atmung ist auch eine Oxidation der Substrate ohne die Anwesenheit von Sauerstoff möglich (anaerobe Atmung). In diesem Fall dienen andere Substanzen als Oxidationsmittel (Elektronenakzeptoren) und nehmen die Elektronen der reduzierten Substrate (Elektronendonoren) auf. Häufig genutzte Elektronenakzeptoren sind Nitrate, Sulfate, Eisen- oder Mangan-Ionen sowie organische Stoffwechselintermediate, die reduziert werden (z. B. Fumarat). Anstelle von Kohlenstoffdioxid und Wasser werden in diesen Fällen Kohlenstoffdioxid in Kombination mit Substanzen wie Ammoniak (NH_3), Stickstoff (N_2), Schwefelwasserstoff (H_2S), Eisenionen (Fe^{2+}) oder Carbonsäuren wie Succinat als Endprodukte gebildet.

Neben der aeroben und anaeroben Atmung ist die Gärung eine weitere Möglichkeit der anaeroben Energiegewinnung. Zahlreiche Bakterien und Hefen haben diese Fähigkeit. Ein prominenter Vertreter dieser Gruppe ist die Hefe *Saccharomyces cerevisiae*, die beispielsweise bei der Bierherstellung Anwendung findet.

Unabhängig davon, wie die Gewinnung von Energie (d. h. aerob oder anaerob) stattfindet, wird beim Abbau von Glucose in der Regel zunächst über den Weg der Glycolyse das Intermediat Pyruvat aus Glucose gebildet. Dabei wird bereits Energie in Form von Adenosintriphosphat (ATP) gespeichert. Darüber hinaus besteht neben Kohlenhydraten auch die Möglichkeit, Proteine bzw. die darin enthaltenen Aminosäuren oder auch Lipide bzw. das gebundene Glycerin und die Fettsäuren dem Energiestoffwechsel zuzuführen (Abb. 3.13).

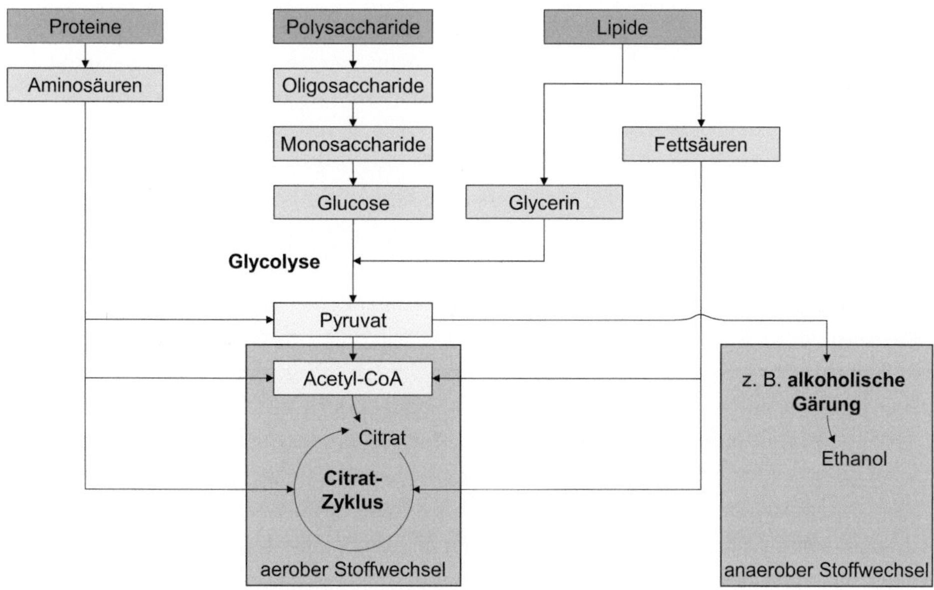

Abb. 3.13 Vereinfachte Darstellung des Katabolismus und die zentrale Rolle des Glucoseabbaus

Glycolyse. Lokalisiert ist die Glycolyse im Cytoplasma einer Zelle. In deren Verlauf wird Glucose unter Einsatz zahlreicher Enzyme zunächst phosphoryliert und gespalten. Nach anschließender Oxidation mithilfe des Elektronenübertragungssystems NADH/NAD$^+$ werden je Glucosemolekül zwei ATP (Adenosintriphosphat) aus Adenosindiphosphat (ADP) gebildet. Die zwei gebildeten Redoxäquivalente NADH können in der Atmungskette (unter Bildung weiterer ATP) genutzt werden. Dies ist bei einer sich anschließenden Gärung nicht möglich; hier werden in der Regel nur diese zwei ATP pro Glucoseeinheit gebildet (d. h., die Energieausbeute ist bei der Gärung deutlich geringer als bei der Atmung). Darüber hinaus entstehen in der Glycolyse zwei Moleküle Pyruvat je Glucosemolekül, die unter oxischen Bedingungen vollständig zu Kohlenstoffdioxid oxidiert werden können oder anaerob zu Produkten wie beispielsweise Milchsäure oder Ethanol vergärt werden (Abb. 3.13). Nach ihren Entdeckern wird die Glycolyse auch als Embden-Meyerhof-Parnas-Weg bezeichnet. Neben der Glycolyse ist ein häufiger Weg des Glucose-Metabolismus der sogenannte Entner-Douderoff-Weg, der in einigen Prokaryoten gefunden wird und der über eine andere biochemische Reaktionsfolge ebenfalls zu zwei Pyruvatmolekülen als Produkten führt.

Aerobe Energiegewinnung. Das Pyruvat aus der Glycolyse wird zunächst in einer oxidativen Decarboxylierung weiter zu Acetyl-CoA oxidiert; dies stellt die Verbindung zum Citrat-Zyklus her (Abb. 3.13). Dabei entsteht zusätzlich pro Pyruvat ein NADH für die anschließende Atmungskette.

Im Citrat-Zyklus, auch als Tricarbonsäure- oder Krebs-Zyklus bezeichnet, erfolgt die vollständige Oxidation des Acetylrests unter Bildung von Energie und Redoxäquivalenten. Der Citrat-Zyklus findet bei Eukaryoten in den Mitochondrien und bei Prokaryoten im Cytoplasma statt. Am Citrat-Zyklus ist eine Vielzahl verschiedener Enzyme beteiligt, die den Abbau von Acetyl-CoA zu Kohlenstoffdioxid katalysieren. Die Nettobilanz beim zweimaligen Durchlaufen dieses Kreislaufs (einmal je Pyruvatmolekül) liefert zwei ATP und sechs NADH sowie zwei $FADH_2$ pro Glucosemolekül. Die Redoxäquivalente können in der Atmungskette unter Bildung weiterer ATP umgesetzt werden.

Im Zuge der Atmungskette werden die Redoxäquivalente, die im Citrat-Zyklus reduziert wurden, mithilfe eines Elektronenakzeptors wie Sauerstoff wieder oxidiert. Im Fall der Sauerstoffoxidation entsteht dabei Wasser. Gleichzeitig gewinnt die Zelle dabei Energie in Form von ATP. Verschiedene membrangebundene Enzymsysteme (Komplex I bis V) bewirken in der Atmungskette den Aufbau eines elektrochemischen Gradienten. Dabei werden Elektronen von den Redoxäquivalenten zum finalen Akzeptor (hier: Sauerstoff) transportiert und gleichzeitig ein Protonengradient über die Membran aufgebaut. Dieses Potenzial über der Membran wird auch als protonenmotorische Kraft bezeichnet. Angetrieben durch diesen Gradienten gelangen die Protonen durch das in die Cytoplasmamembran eingelagerte Enzym ATPase zurück ins Cytoplasma. Diese ATPase besteht aus einem membranintegrierten Teil und einem im Cytoplasma gelegenen Kopfteil, der wie ein Motor fungiert und von dem Protonenstrom angetrieben wird. Dabei führt die Rotation des im Cytoplasma befindlichen Teils der ATPase zur Bildung von ATP.

Die Bilanz der aeroben Energiegewinnung, deren Gesamtheit Zellatmung genannt wird, lautet wie folgt. Dabei werden in der Atmungskette 28 ATP aus den zuvor gebildeten 10 NADH und 2 $FADH_2$ aufgebaut.

Glycolyse	2 ATP	2 NADH	
Oxidative Decarboxylierung		2 NADH	
Citrat-Zyklus	2 ATP	6 NADH	2 $FADH_2$
Atmungskette	28 ATP	10 NAD^+	2 FAD
Summe	32 ATP		

Damit ergibt sich eine Nettobilanz für ein Glucosemolekül ($C_6H_{12}O_6$) entsprechend Gleichung (3.12).

$$6\,C_6H_{12}O_6 + 6\,O_2 + 32\,ADP + 32\,P_i \rightarrow 6\,CO_2 + 6\,H_2O + 32\,ATP \tag{3.12}$$

Teilweise werden auch ATP-Ausbeuten von bis zu 38 ATP-Molekülen pro Glucosemolekül angeben. Dann wird davon ausgegangen, dass in der Atmungskette je Molekül NADH bzw. $FADH_2$ 3 bzw. 2 ATP-Moleküle gebildet werden; tatsächlich sind die Ausbeuten bei der ATP-Synthese in der Zelle jedoch geringer und liegen ungefähr bei 2,5 bzw. 1,5 ATP-Molekülen.

Anaerobe Energiegewinnung aus organischen Kohlenstoffquellen. Ausgangspunkt ist auch hier die Glycolyse bzw. die Bereitstellung von Pyruvat und/oder Acetyl-CoA. Dies kann auch aus Amino- und Fettsäuren und damit Proteinen und Lipiden erfolgen (Abb. 3.13). Der Abbau der Fettsäuren, die beispielsweise aus Membranlipiden stammen können, erfolgt über den Pfad der β-Oxidation, an deren Ende Acetyl-CoA steht.

Die in der Glycolyse reduzierten Elektronentransporter (NADH) müssen ohne das Vorhandensein des Oxidationsmittels Sauerstoff auf anderem Wege regeneriert bzw. oxidiert werden. Die Organismen können dies mithilfe einer anaeroben Atmung oder einer Gärung bewerkstelligen. Die Energieausbeute für die Zelle ist dabei stets (wesentlich) geringer als bei einer aeroben Umsetzung. Aufgrund der Relevanz für die energetische und auch stoffliche Biomasseverwertung wird in Kapitel 3.3.4 (Band 3) noch detaillierter auf Gärungsprozesse eingegangen.

Phototrophe Energiegewinnung. Im Gegensatz zu den bisher beschriebenen Wegen der Energiegewinnung wird beim phototrophen Metabolismus nicht die chemische Energie aus Stoffverbindungen, sondern die (Strahlungs-)Energie aus dem Sonnenlicht genutzt. Hierbei wird zwischen zwei Wegen der Photosynthese unterschieden.

- Bei der oxygenen Photosynthese wird aus Wasser Sauerstoff gebildet und in die Umgebung freigesetzt. Eine derartige Bildung von Sauerstoff bei der Energiegewinnung findet bei den phototrophen Eukaryoten (Algen, Pflanzen) und Cyanobakterien statt.
- Andere Bakterien (z. B. Purpurbakterien, grüne Schwefelbakterien) betreiben die Photosynthese hingegen anoxisch (anoxygene Photosynthese). Diese sind dann auf einen externen Elektronendonator angewiesen, bei dem es sich um Verbindungen wie gasförmigen Wasserstoff, Schwefel(-wasserstoffe) oder auch reduzierte Metalle handeln kann. Ferner können organische Verbindungen als H-Donator genutzt werden.

Die Cyanobakterien bilden die größte Gruppe phototropher Bakterien (und damit phototropher Prokaryoten). Zahlreiche Vertreter dieser Gruppe sind zudem in der Lage, gasförmigen Stickstoff zu fixieren. Durch diesen Vorteil können sie sich in nährstoffarmen Umgebungen behaupten und bevorzugt verbreiten. Aufgrund dieser Eigenschaft treten beispielsweise in Stickstoff-limitierten Gewässern bei erhöhten Temperaturen oft große Mengen dieser Mikroorganismen in Form blaugrüner Biomasseteppiche auf. Dieses „Algenblüte" genannte Phänomen ist neben der Fähigkeit zur Photosynthese ein Grund für die nicht exakte und irreführende Bezeichnung „Blaualgen", die für Cyanobakterien (Kapitel 12, Band 1) ebenfalls geläufig ist. Die Photosynthese findet bei Cyanobakterien in gefärbten Randschichten an oder z. T. auch in der Cytoplasmamembran statt.

Im Gegensatz dazu findet der Prozess der Energiegewinnung aus Licht im Fall der Eukaryoten in den Chloroplasten statt. Diese sind durch eine Doppelmembran gegenüber dem Cytoplasma innerhalb einer pflanzlichen Zelle abgetrennt. In diesen Chloroplasten wird die Lichtenergie mithilfe von Pigmenten (v. a. Chlorophyll) absorbiert. Hierbei nutzen membrangebundene Enzyme die Energie des Lichts, um Wasser in Sauerstoff

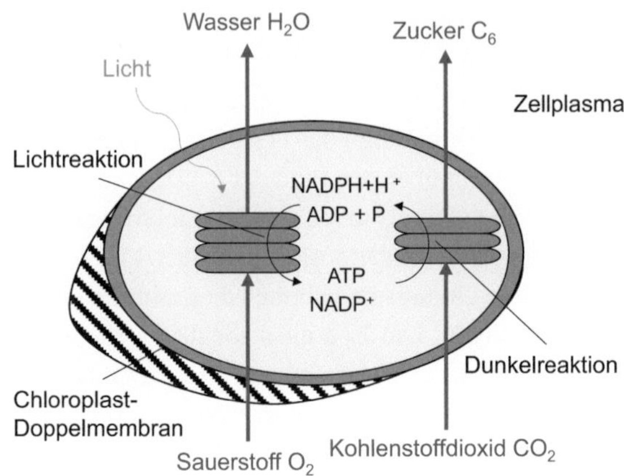

Abb. 3.14 Vereinfachte Darstellung der Photosynthese in einem Chloroplast (innerhalb einer pflanzlichen Zelle)

und Wasserstoff bzw. Elektronen zu spalten (Abb. 3.14), wobei letztere gleichzeitig auf ein höheres Energieniveau gebracht werden. Mithilfe der absorbierten Strahlungsenergie kann so eine Elektronentransportkette in der Membran realisieren werden, mit der sowohl ATP (über die ATPase) produziert als auch Nicotinamidadenindinukleotidphosphat ($NADP^+$) reduziert werden kann. Bei $NADP^+$ handelt es sich um ein dem NAD^+ analoges Redoxäquivalent zum Übertragen von Elektronen. Während NAD^+/NADH im Katabolismus (vorwiegend bei der Glycolyse und beim Citrat-Zyklus) lokalisiert ist, findet $NADP^+$/NADPH in Organismen vorwiegend im Bereich des Anabolismus als Reduktionsmittel Anwendung.

3.3.4 Wichtige Gärungsprozesse

Die Begriffe Gärung und Fermentation werden oftmals synonym verwendet. Typischerweise bedeutet Fermentation allerdings ganz grundsätzlich die Herstellung von Stoffwechselprodukten (Metaboliten) mithilfe von Mikroorganismen oder Enzymen. Der Stoffwechselvorgang der Gärung meint dagegen vor allem die Rückgewinnung der Redoxäquivalente NAD^+/NADH für die Glycolyse.

Im Kontext einer energetischen Verwertung von Biomasse spielt der anaerobe Abbau organischer Masse durch Mikroorganismen und damit die Gärung eine besondere Rolle. Da in der Regel nur ein Bruchteil der eingesetzten Energiemenge (im einfachsten Fall: Glucose) von der Zelle genutzt wird, steckt ein Teil der Energie in den gebildeten Produkten (Metaboliten), die von den Zellen ausgeschieden werden. Entsprechend können verschiedene Gärungsarten unterschieden werden. In der Regel werden dabei die den gebildeten Säuren zugehörigen Salze angegeben, die für gewöhnlich in neutralen Medien vorliegen (z. B. Lactat für Milchsäure).

Alle diese organischen Moleküle besitzen, trotz des biochemischen Abbaus aus der als Substrat eingesetzten Biomasse, einen vergleichsweise hohen (Rest-)Energiegehalt, da die

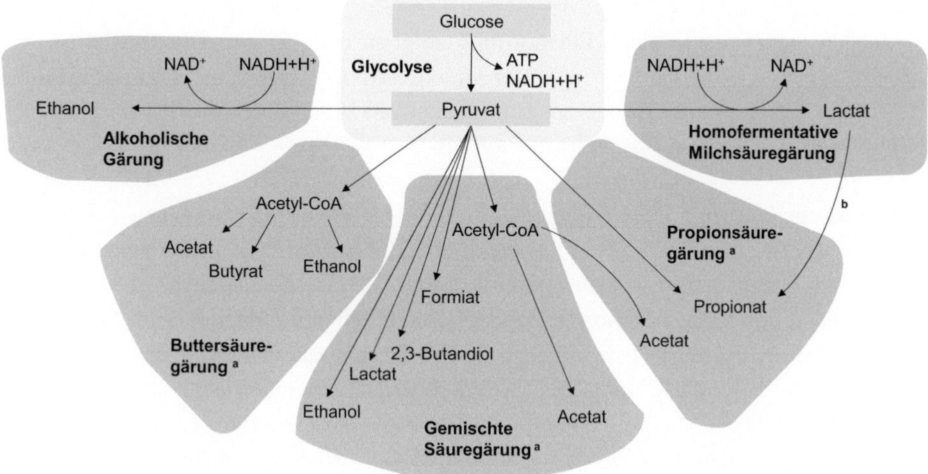

Abb. 3.15 Vereinfachte Darstellung gängiger Gärungen und deren Endprodukte im Stoffwechsel von Mikroorganismen nach [3.34] ([a] im Zuge der Gärung wird aus NAD^+ das NADH zurückgewonnen und teilweise auch ATP aufgebaut; [b] eine Propionsäuregärung kann auch als sekundäre Gärung aus Lactat katalysiert werden)

in den Molekülen gebundene chemische Energie nicht für das Zellwachstum verwendet werden konnte. Dies ist auch ein Grund, warum die Bildungsgeschwindigkeit von mikrobieller Biomasse im Fall anaerober Fermentationen deutlich geringer ist als im Fall aerober Prozesse (Kapitel 3.3.3, Band 3). Dennoch werden anaerobe Prozesse häufig eingesetzt, da die verbleibenden Produkte interessante Eigenschaften für eine nachfolgende Bereitstellung als Grundchemikalien bzw. Plattformchemikalien und / oder als Treibstoff / Energieträger haben. Neben den beiden bekanntesten Varianten (Ethanol- und Milchsäuregärung) sind die häufigsten Produkte der Gärung kurzkettige Carbonsäuren wie Ameisen-, Essig-, Propion- und Buttersäure (Abb. 3.15).

Milchsäuregärung. Bei der homofermentativen Milchsäuregärung wird das Pyruvat aus der Glycolyse mithilfe des Enzyms Lactat-Dehydrogenase zu Lactat, dem Anion der Milchsäure, reduziert (Abb. 3.15). Gleichzeitig wird das Redoxäquivalent NADH oxidiert und so zurückgewonnen. Ohne diese Regenerierung würde der Stoffwechsel binnen kurzer Zeit zum Erliegen kommen. Dieser Stoffwechselweg wird von vielen Milchsäurebakterien beschritten und spielt bei der Lebensmittelkonservierung eine wichtige Rolle (z. B. Sauerkraut, Kimchi). Darüber hinaus werden über 70 % der weltweit produzierten Milchsäure fermentativ gewonnen und dann beispielsweise zur Synthese von Polylactiden (PLA) verwendet. Diese können als biobasierter und unter entsprechenden Bedingungen auch bioabbaubarer Kunststoff Anwendung finden.

Einigen Milchsäure produzierenden Mikroorganismen fehlt ein entscheidendes Enzym der Glycolyse; d. h., die Glycolyse kann in diesen Mikroorganismen nicht bzw. nur teilweise ablaufen. Deshalb erfolgt der Abbau von Glucose auf einem anderen Weg und es entsteht neben Lactat auch Ethanol und lediglich ein ATP pro Glucoseeinheit (heterofermentative Milchsäuregärung). Der Glucose-Abbau folgt dabei dem sogenannten Pentosephosphatweg, der es den heterofermentativen Milchsäurebakterien erlaubt, auch Pentosen (d. h. C5-Zucker) zu verstoffwechseln.

Alkoholische Gärung. Eine Folgereaktion der Glycolyse ist die Umsetzung des gebildeten Pyruvats zu Ethanol (Abb. 3.15). Dabei spaltet das Enzym Pyruvat-Decarboxylase das Pyruvat im ersten Schritt in Kohlenstoffdioxid (CO_2) und Acetaldehyd. Letzteres wird anschließend durch die Alkohol-Dehydrogenase zu Ethanol reduziert. Auf diese Weise werden zwei Moleküle ATP je Glucose gewonnen, die aus der vorangehenden Glycolyse stammen; d. h., die Gärung dient lediglich der Regeneration der Redoxäquivalente (Abb. 3.15).

Fakultative Anaerobier wie Hefen und einige Bakterien nutzen, solange Sauerstoff zur Verfügung steht, bevorzugt den aeroben Abbau. In sauerstofffreier Umgebung zeigen beispielsweise Hefen eine erhöhte Verstoffwechslung von Glucose und damit einhergehend eine erhöhte Produktion von Ethanol. Dieser sogenannte Pasteur-Effekt bewirkt, dass der geringere Energieumsatz während der Gärung durch eine erhöhte Verstoffwechslung vom Organismus zumindest teilweise ausgeglichen wird.

Daneben zeigt Hefe eine weitere Besonderheit. Trotz des Vorherrschens von aeroben Bedingungen kann Glucose auch dann zu Ethanol umgesetzt werden, wenn hohe Glucosekonzentrationen vorhanden sind. Dieses Phänomen wird Crabtree-Effekt genannt und tritt auf, da bei hohen Substratkonzentrationen der aerobe Stoffwechsel quasi voll ausgelastet ist, sodass zusätzlich ein anaerober Abbau (trotz oxischer Bedingungen) erfolgt.

Die Toxizität des Ethanols führt bei etwa 14 Vol.-% zur Selbstvergiftung der Hefen, sodass höhere Alkoholkonzentrationen (außer bei Hochleistungshefen) nur über entsprechende Trennverfahren erreicht werden können. Dazu kann beispielsweise das produzierte Ethanol fortlaufend aus der Fermentationsbrühe entfernt werden, sodass eine Selbstvergiftung verhindert wird. Im Vergleich zu den Hefen tolerieren Bakterien (z. B. *Zymomonas mobilis*) teils höhere Ethanolkonzentrationen und liefern auch höhere Ethanolausbeuten.

Propionsäuregärung. Ausgangspunkt ist hier Glucose oder auch Milchsäure aus einer vorangegangenen Milchsäuregärung. Neben Kohlenstoffdioxid und der charakteristischen Propionsäure wird auch Essigsäure als Produkt gebildet. Eine Rolle spielt dieser Vorgang beispielsweise bei der Käsereifung, bei der die gebildete Milchsäure vergoren wird und dabei zusätzliche typische Käsearomen gebildet werden. Das gebildete Kohlenstoffdioxid ist für die Löchrigkeit des Käses verantwortlich (z. B. beim Emmentaler).

Der Ablauf der Propionsäuregärung ist vergleichsweise komplex und läuft auch im Fall der Milchsäure über Pyruvat. Dabei werden Propionat und Acetat im Verhältnis 2:1 gebildet. Je nach Substrat wird auch ATP aufgebaut (zusätzlich zur ATP-Synthese der vorgehenden Glycolyse). Dadurch steht dem Organismus bei diesem Stoffwechselweg mehr Energie zur Verfügung als beispielsweise bei der alkoholischen Gärung (Abb. 3.15).

Buttersäuregärung. Dieser Pfad wird u. a. von Bakterien der Gattung *Clostridium* beschritten und beginnt ebenfalls mit der Glycolyse (d. h. dem Abbau von Glucose zu Pyruvat). Anschließend erfolgt – im Gegensatz zur Decarboxylierung vor dem Citrat-Zyklus bei der aeroben Energiegewinnung (Abb. 3.13) – eine Decarboxylierung, katalysiert über die Pyruvat-Ferredoxin-Oxidoreduktase zu Acetyl-CoA und reduziertem Ferredoxin. Dabei wird Kohlenstoffdioxid freigesetzt. Das vergleichsweise niedrige Redoxpotenzial des Ferredoxins erlaubt dabei unter bestimmten Bedingungen eine Reduktion von Protonen zu elementarem Wasserstoff. Neben dem mehrstufigen Hauptreaktionsweg zum charakteristischen Butyrat entstehen auf parallel verlaufenden Reaktionspfaden auch geringe Mengen Ethanol und Acetat aus dem Acetyl-CoA. Neben dem während der Glycolyse gebildeten ATP wird bei der Buttersäuregärung zusätzlich ATP aufgebaut und es werden die Redoxäquivalente NADH für die Glycolyse zu NAD^+ regeneriert (Abb. 3.15).

Gemischte Säuregärung. Dieser Gärungstyp wird vor allem von Gram-negativen, fakultativ anaeroben Enterobakterien (z. B. Darmbakterien wie *E. coli*) in Abwesenheit von Sauerstoff betrieben. Bei der gemischten Säuregärung entstehen dabei aus Glucose bzw. Pyruvat mehrere verschiedene organische Säuren wie Formiat (Ameisensäure), Succinat (Bernsteinsäure), Lactat (Milchsäure) und Acetat (Essigsäure) sowie Ethanol und teilweise 2,3-Butandiol sowie auch Kohlenstoffdioxid und Wasserstoff (aus der Ameisensäure; Abb. 3.15). Im Verlauf dieser Gärungsreaktionen kann bei der Bildung von Acetat sowie Succinat ATP zusätzlich zur vorangehenden Glycolyse generiert werden. Je nach Bakterienart und Bedingungen entstehen dabei die einzelnen Produkte in unterschiedlichen Mengenverhältnissen. Im menschlichen Darm spielt dieser Abbau, vor allem von Ballaststoffen wie unverdaulichen Kohlenhydraten (z. B. Fructanen), zu den genannten Carbonsäuren eine wichtige Rolle. Diese auch kurzkettige Fettsäuren (engl. Short Chain Fatty Acids) genannten Stoffe dienen den gesundheitsförderlichen Darmbakterien als Nahrung. Gleichzeitig senken diese Carbonsäuren den pH-Wert, wodurch pathogene Bakterien und Pilze gehemmt werden. Neben einer Vielzahl weiterer positiver Effekte (z. B. Regulierung der Zellteilung durch Butyrat) sorgen kurzkettige Fettsäuren insgesamt für ein gesundes Mikrobiom im Darm.

Essigsäuregärung. Unter der Essigsäuregärung ist in den meisten Fällen keine Gärung im Sinne des Stoffwechsels zu verstehen (d. h. einem Vorgang zur Energiegewinnung ohne einen Elektronenakzeptor wie beispielsweise Sauerstoff). Vielmehr meint eine Essigsäuregärung in der Regel die Fermentation von Kohlenhydraten zu Essigsäure in Gegenwart von Luftsauerstoff. Dies erfolgt beispielsweise durch *Acetobacter*. Dabei wird zunächst Ethanol mithilfe einer alkoholischen Gärung gebildet, der dann anschließend mit (Luft-) Sauerstoff zu Essigsäure oxidiert wird.

Darüber hinaus existieren aber auch Mikroorganismen wie *Clostridien* (z. B. *Clostridium thermoaceticum*), die eine sogenannten Homoacetatgärung betreiben. Diese läuft anoxisch, also ohne Sauerstoffverbrauch, und produziert Essigsäure, indem das Kohlenstoffdioxid aus der Glycolyse reduziert wird. Kennzeichnend für die Homoacetatgärung ist, dass primär Acetat gebildet wird. Wie für eine „echte“ Gärung charakteristisch, werden dabei die Redoxäquivalente aus der Glycolyse regeneriert.

2,3-Butandiol-Gärung. Dieser Gärungstyp wird von fakultativ anaeroben Bakterien (z. B. *Klebsiella*) unter anoxischen Bedingungen zum Glucoseabbau genutzt. Im Anschluss an die Glycolyse reagieren zwei Pyruvatmoleküle (C3-Molekül) enzymkatalysiert unter zweimaliger Abspaltung von Kohlenstoffdioxid zu Acetoin (C4-Molekül). Dieses wird dann mit der Butandiol-Dehydrogenase zu 2,3-Butandiol reduziert und gleichzeitig wird NADH oxidiert. Daneben entstehen auf anderen Reaktionswegen vor allem Kohlenstoffdioxid, Ethanol und Formiat. Im Vergleich zur gemischten Säuregärung entsteht aber vornehmlich 2,3-Butandiol, während die anderen Nebenprodukte in geringeren Mengen gebildet werden. Dabei variiert das Verhältnis der Produkte u. a. in Abhängigkeit vom Organismus. Neben dem ATP aus der Glycolyse wird keine zusätzliche Energie in dieser Form gewonnen.

Aceton-Butanol-Ethanol-Gärung (ABE). Mikroorganismen der Gattung *Clostridium* können diese modifizierte Buttersäuregärung vollziehen (z. B. *Clostridium acetobutylicum*). In einer ersten Phase werden dabei die Carbonsäuren Butyrat und Acetat gebildet, wobei auch geringe Mengen Kohlenstoffdioxid, Wasserstoff und Ethanol anfallen. In der zweiten Phase erfolgt die Umwandlung zu Butanol und Aceton, wobei sich am Ende ein Verhältnis von Aceton zu Butanol zu Ethanol von etwa 3:6:1 einstellt. Großtechnisch spielte die ABE-Fermentation vor allem in der ersten Hälfte des 20. Jahrhunderts eine wichtige Rolle und diente beispielsweise im Ersten Weltkrieg zur Gewinnung von Aceton für die Explosivstoffherstellung. Mit dem Durchbruch des Erdöls und der damit einhergehenden kostengünstigen Bereitstellung von (Grund-)Chemikalien verlor die ABE-Fermentation zunehmend an wirtschaftlicher Bedeutung.

Methanogenese. Die Bildung von Methan in Abwesenheit von Sauerstoff erfolgt durch eine Nahrungskette unterschiedlicher Prokaryoten, an deren Ende anaerobe methanogene Archaea (d. h. Methan-bildende Organismen) stehen. Dieser auch Methangärung genannte Prozess ist vor allem für die Biogasproduktion von Bedeutung, spielt aber auch bei der Abwasserreinigung und Stabilisierung von landwirtschaftlichen Abfällen eine Rolle.

Typischerweise beginnt dieser anaerobe Zersetzungsprozess mit den durch Mikroorganismen ausgeschiedenen Exo-Enzymen, die Biopolymere (z. B. Polysaccharide) hydrolysieren und so in ihre löslichen Monomere spalten. Im Zuge des weiteren Abbaus werden diese Monomere (z. B. Glucose) in Carbonsäuren wie Acetat, Propionat und Butyrat sowie Alkohole, Wasserstoff und Kohlenstoffdioxid umgewandelt. Im weiteren Verlauf kommt es zu sogenannten sekundären Fermentationsreaktionen, bei denen die primären Gärungsprodukte sukzessive in Acetat, CO_2 und Wasserstoff umgesetzt werden. Diese Stoffwechselprozesse sind unter Standardbedingungen endergon; d. h., sie führen nicht zu einer Energiegewinnung für die Organismen. Die Zehrung von Wasserstoff und Acetat durch die nachgeschalteten methanogenen Archaea verschiebt allerdings das chemische Gleichgewicht, sodass unter diesen Bedingungen eine Energiegewinnung möglich wird (exergon). Am Ende in der Methanogenese setzen acetoklastische Methanbildner Essigsäure (Acetat) und hydrogenothrophe Methanbildner Kohlenstoffdioxid und Wasserstoff zu Methan um. Methanogene Organismen sind pH-sensitiv und verlangsamen bzw. stoppen ihren Stoffwechsel bei sinkenden pH-Werten. Daher muss im Biogasprozess ein stabiles Gleichgewicht aus der Produktion von Säuren und deren anschließender Methanisierung vorherrschen. Ist dies nicht der Fall, akkumulieren die primären Gärungsendprodukte; dies kann aber in einer bestimmten technischen Umsetzung erwünscht sein. Eine Vergärung von Biomasse führt unter diesen leicht sauren pH-Bedingungen dann zu einem relativ hochkonzentrierten Perkolat, vornehmlich bestehend aus Acetat, Propionat und Butyrat, das als Ausgangspunkt für Synthesen genutzt werden kann. Daneben fällt ein Gasstrom, bestehend aus Wasserstoff und Kohlenstoffdioxid, an. Da die Biomassehydrolyse unter diesen Bedingungen ebenfalls leicht verbessert abläuft, kann es prozesstechnisch interessant sein, die Biogasherstellung zweistufig zu gestalten und zunächst eine saure Hydrolyse ablaufen zu lassen, auf die dann nach Neutralisation des Perkolats die sekundäre Fermentation und Methanogenese folgt.

Die mikrobielle Methanisierung, die auch der Biogaserzeugung (Kapitel 5, Band 3) zugrunde liegt, erfolgt also durch ein komplexes Konsortium von Mikroorganismen, das von Bakterien und Archaeen dominiert wird. Dieser biochemische Abbauprozess wird entsprechend den beteiligten Mikroorganismen und deren Stoffwechselvorgängen in vier Prozessschritte unterteilt:

- Hydrolyse der Biopolymere (z. B. Stärke) zu Monomeren (z. B. Glucose);
- Acidogenese, d. h. Versäuerung der kurzkettigen Hydrolyseprodukte zu kurzkettigen organischen Säuren (z. B. Propionsäure) und Alkoholen;
- Acetogenese, d. h. die Bildung von Essigsäure aus den niedermolekularen Verbindungen (z. B. Butter- und Propionsäure) und damit der Übergang zur Methanbildung, wobei auch Wasserstoff und Kohlenstoffdioxid gebildet werden;
- Methanogenese, d. h. Spaltung der Essigsäure durch methanogene Mikroorganismen und Verwertung des Wasserstoffs und CO_2 als Substrat, wobei primär Kohlenstoffdioxid (aus der Disproportionierung des Acetats) und Methan gebildet werden.

Entsprechend diesen Teilschritten können die beteiligten Organismen anhand ihrer vorherrschenden Funktion in hydrolytische, acidogene, acetogene und methanogene Mikroorganismen unterteilt werden.

3.3.5 Wachstumskinetik

Für das Wachstum von Mikroorganismen müssen verschiedene Voraussetzungen erfüllt sein (z. B. das Vorhandensein von Nahrung) und diese in einem für den jeweiligen Organismus spezifischen Bereich liegen. Besondere Bedeutung kommt den Umgebungsbedingungen wie u. a. der Temperatur, dem Druck, dem pH-Wert sowie dem Sauerstoffgehalt und dem Salzgehalt zu. Diese Größen müssen in einem tolerablen Bereich liegen; d. h., es gibt Wachstumsgrenzen und somit einen minimalen und einen maximalen Wert, bei dem ein Organismus überleben kann. In der Regel hat jeder Mikroorganismus innerhalb dieses Toleranzbereichs auch ein spezifisches Optimum, an dem Stoffwechselvorgänge und damit das Wachstum bestmöglich ablaufen. Neben den genannten abiotischen Größen (d. h. Umweltfaktoren ohne Beteiligung von Lebewesen) beeinflussen auch biotische Faktoren wie Fressfeinde oder Konkurrenten das Wachstum von Mikroorganismen.

Weitere Vorausetzung für das Wachstum ist das Vorhandensein einer Energiequelle wie z. B. Licht (phototrophe Mikroorganismen) oder chemischen Verbindungen wie Glucose (chemotrophe Mikroorganismen). Für das Wachstum der Mikroorganismen werden neben Energie auch Baustoffe benötigt. Die Gesamtheit der Elemente und Verbindungen, die für mikrobielles (Über-)Leben notwendig sind, werden als Nährstoffe bezeichnet und umfassen verschiedenste Stoffgruppen. Darunter fallen Makronährstoffe wie Proteine, Lipide, Kohlenhydrate bzw. die darin enthaltenen Elemente Kohlenstoff und Stickstoff. Insbesondere das Verhältnis von Kohlenstoff zu Stickstoff im Substrat hat einen merklichen Einfluss auf das Wachstum heterotropher Mikroorganismen, d. h. Lebewesen, die im Gegensatz zu autotrophen Organismen (z. B. Pflanzen) organische Verbindungen zum Überleben benötigen. In technischen Prozessen sind verschiedene Stickstoffquellen über eine Zufütterung nutzbar. Im Fall eines industriellen Fermentationsmediums wird Stickstoff in der Regel entweder in Form von Salzen, meist Ammoniumverbindungen, oder als Proteinhydrolysat zugegeben. Kommerziell verfügbare Nährmedien für die Kultivierung von Mikroorganismen basieren auf säure- oder enzymvorbehandelten Proteinen. Diese Hydrolysate sind pflanzlichen, tierischen oder mikrobiellen Ursprungs und enthalten weitere essenzielle Bestandteile für die Energiegewinnung und damit letztlich den Stoffwechsel von Mikroorganismen. Darüber hinaus spielen Mikronährstoffe (Spurenelemente) wie Kupfer, Mangan oder Zink eine wichtige Rolle für das Leben und damit das Wachstum von Mikroorganismen und müssen in adäquater Menge und Form vorliegen.

Bestimmte Stoffe können von den Organismen z. T. selbst aufgebaut werden (z. B. manche Aminosäuren). Demgegenüber können andere sogenannte essenzielle Stoffe nicht vom Organismus selbst synthetisiert werden; d. h., sie müssen zwingend aufgenommen werden. Von besonderer Bedeutung sind hierbei u. a. Phosphate, Aminosäuren und Vitamine.

Wachstum. Die Vermehrung von Mikroorganismen erfolgt über Zellteilung; d. h., es ergibt sich eine fortlaufende Verdopplung der bereits vorhandenen Zellen und damit der mikrobiellen Biomasse. Die durchschnittliche Zeit zwischen einer solchen Verdopplung wird entsprechend als Verdopplungszeit oder als Generationszeit bezeichnet. Diese hängt von den Umgebungsbedingungen, der Verfügbarkeit von Nährstoffen und vom Organismus selbst ab. Während beispielsweise *Escherichia coli* Generationszeiten von 20 min erreicht, benötigen langsam wachsende Mikroorganismen wie Anammox-Bakterien (die entsprechend ihrem Namen anaerobe Ammonium-Oxidation betreiben) mehrere Tage, um sich einmal zu verdoppeln. Die kürzesten Generationszeiten und damit das schnellste Wachstum erzielen Mikroorganismen unter den jeweiligen optimalen Bedingungen.

Unter derartigen idealen Bedingungen (u. a. keine Substratlimitierung, optimaler pH-Wert, optimale Temperatur) folgt das Wachstum einer exponentiellen Gesetzmäßigkeit nach Gleichung (3.13).

$$X = X_0 \, e^{\mu_{max} t} \tag{3.13}$$

Dabei ist X die Konzentration an mikrobieller Biomasse, X_0 die mikrobielle Biomassekonzentration zu Beginn der exponentiellen Wachstumsphase, μ_{max} die maximale spezifische Wachstumsgeschwindigkeit des betrachteten Mikroorganismus unter den gegebenen Umgebungsbedingungen und t die verstrichene (Wachstums-)Zeit.

Wachstumsphasen. Abbildung 3.16 zeigt den typischen zeitlichen Verlauf mikrobiellen Wachstums für die Verwertung eines Substrats. Diese Wachstumskurve gilt für eine Batch-Kultivierung; d. h., es werden weder Substrat oder Produkte noch die Mikroorganismen zu- oder abgeführt. Bis zum Erreichen der exponentiellen Phase (auch Log-Phase genannt) wird demnach zunächst eine Anlaufphase (auch als Lag-Phase bezeichnet) durchlaufen. Letztere ist durch keine oder nur eine geringe Verdopplungsrate der Mikroorganismen bestimmt; d. h., hier tritt keine signifikante Zunahme der mikrobiellen Biomassekonzentration auf.

Bei der Batch-Kultivierung werden zu Beginn einer Fermentation die Mikroorganismen als Inokulum zugegeben und benötigen zunächst einige Stunden, um sich an die Umgebung anzupassen. Während dieses Zeitraums werden die notwendigen Enzyme gebildet, damit die vorhandenen Substrate im Katabolismus und Anabolismus biochemisch umgesetzt werden können. Nach der Adaption beginnt die Vermehrung des Organismus, der sich in der exponentiellen Phase mit der für die vorliegenden Bedingungen maximalen Wachstumsgeschwindigkeit vermehrt. Das exponentielle Wachstum bzw. die exponentielle Phase endet spätestens dann, wenn das Substrat vollständig durch die Mikroorganismen umgesetzt wurde. Daneben können Haupt- und Nebenprodukte des Stoffwechsels toxisch bzw. inhibierend auf den Mikroorganismus wirken (z. B. Ethanol). In allen Fällen von

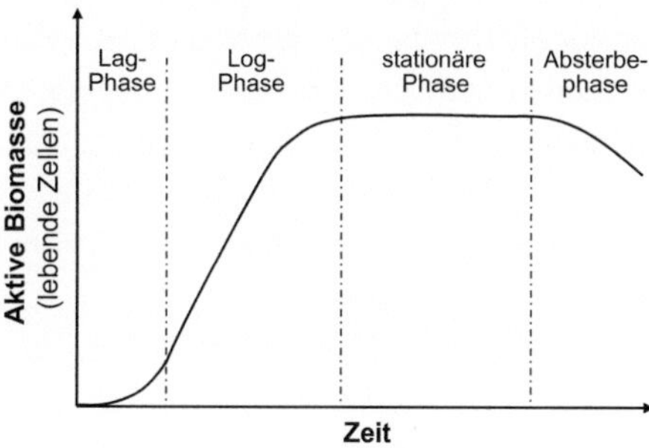

Abb. 3.16 Zeitlicher Verlauf mikrobiellen Wachstums mit den jeweiligen Phasen für eine Batch-Kultur und die Verwertung von einem Substrat

Wachstumslimitierung, sei es beispielsweise durch Substratmangel oder durch toxische Stoffe, verlangsamt sich das Wachstum und die mikrobielle Biomasse nimmt langsamer zu. Dies geht schließlich in die stationäre Phase über, in der die Zahl lebender Zellen nicht mehr weiter steigt; d. h., die Bildungsgeschwindigkeiten neuer Zellen und die Geschwindigkeit ihres Absterbens sind in der stationären Phase in einem Gleichgewicht. In der Absterbephase sinkt die Zahl lebender Zellen weiter, da durch Nährstoffmangel oder auch die Bildung toxischer Metaboliten das Wachstum und die Zellteilung zunehmend zum Erliegen kommen (d. h., die Wachstumskurve sinkt).

Kann ein Mikroorganismus zwei verschiedene oder auch mehrere Substrate verwerten, kann dessen Wachstum zwei- oder mehrphasig ablaufen. Für den Fall, dass der Organismus nicht beide Substrate gleichzeitig abbauen kann, weil die entsprechende Enzymsynthese unterdrückt bzw. gehemmt ist, spricht man von Diauxie. Dabei wird das besser verwertbare Substrat zuerst abgebaut, bevor die Verwertung des zweiten Substrats beginnt; d. h., es gibt dann je Substrat eine Lag-Phase und eine exponentielle Phase, bevor eine stationäre Phase und letztlich das Absterben einsetzt. Ein Beispiel hierfür ist *E. coli*, welches bevorzugt Glucose verstoffwechselt, aber auch Lactose nutzen kann. Ist in einem Nährmedium die Glucose verbraucht, werden in Gegenwart von Lactose dann die spezifischen Enzyme für dessen Abbau synthetisiert und *E. coli* nutzt Lactose für das Wachstum.

Im Gegensatz zur Batch-Kultivierung können technische Prozesse auch (semi-)kontinuierlich betrieben werden (Kapitel 3.4, Band 3). Dazu wird beispielsweise kontinuierlich Substrat zugeführt (und im kontinuierlichen Betrieb auch verbrauchtes Medium abgeführt), um Mangelerscheinungen (oder Autointoxikationen) zu vermeiden. Auf diese Weise kann das exponentielle Wachstum der Kultur bzw. die stationäre Phase verlängert werden, da entsprechende Limitierungen nicht auftreten; dies gilt im Fall eines kontinuierlichen Betriebs theoretisch auch unbegrenzt.

Monod-Kinetik. Die spezifische maximale Wachstumsgeschwindigkeit μ_{max} ist maßgeblich für das mikrobielle Wachstum und abhängig von der Stoffwechsel- bzw. Reproduktionsgeschwindigkeit des betrachteten Mikroorganismus. Ferner beeinflussen auch die Umgebungsbedingungen (u. a. Temperatur, pH-Wert) die spezifische maximale Wachstumsgeschwindigkeit μ_{max}, welche die maximal mögliche Geschwindigkeit unter den jeweils gegebenen Bedingungen für einen bestimmten Mikroorganismus beschreibt. Die (tatsächliche) spezifische Wachstumsgeschwindigkeit μ ist jedoch meist geringer. Diese ist vor allem von der Substratkonzentration abhängig und lässt sich mit der sogenannten Monod-Kinetik entsprechend Gleichung (3.14) beschreiben. Den entsprechenden Zusammenhang dieser Abhängigkeit zeigt Abb. 3.17. Hierbei zeigt sich die Ähnlichkeit zu enzymatischen Vorgängen (entsprechend der Michaelis-Menten-Kinetik), da Enzyme letztlich die Grundlage für mikrobielles Wachstum bilden.

$$\mu = \frac{\mu_{max} S}{K_S + S} \tag{3.14}$$

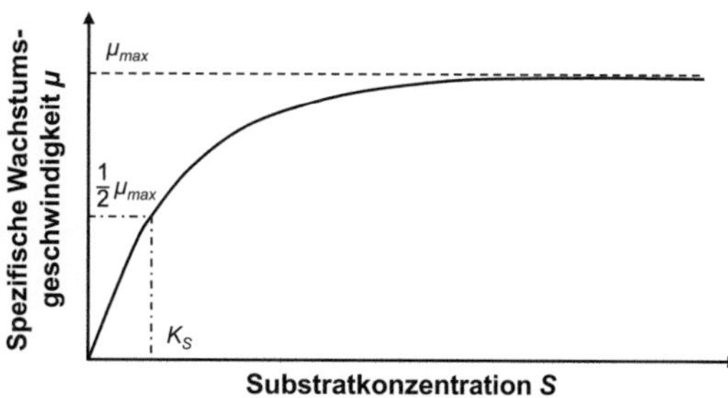

Abb. 3.17 Verlauf der spezifischen Wachstumsgeschwindigkeit μ eines Mikroorganismus in Abhängigkeit von der Substratkonzentration S gemäß der Monod-Kinetik

Dabei ist S die Substratkonzentration und K_S die Monod-Konstante, μ die spezifische und μ_{max} die maximale spezifische Wachstumsgeschwindigkeit (für das jeweilige Substrat und abhängig von Temperatur und pH-Wert). Die Monod-Konstante K_S ist ein Maß für die Affinität eines Mikroorganismus zum Substrat S und wird ebenfalls in der Einheit einer Konzentration angegeben. Sie entspricht der Substratkonzentration, bei der ein Organismus mit $\mu_{max}/2$ wächst. Damit gilt, dass je größer die Monod-Konstante ist, desto höhere Substratkonzentrationen sind notwendig, um die maximale spezifische Wachstumsgeschwindigkeit μ_{max} zu erreichen. Analog zur Enzymkinetik (Kapitel 3.2.2, Band 3) kann auch hier eine Linearisierung mittels Lineweaver-Burk zur Auswertung kinetischer Daten herangezogen werden.

Gleichung (3.14) beschreibt nur den einfachsten Fall einer Abhängigkeit der spezifischen Wachstumsgeschwindigkeit von der Substratkonzentration. Häufig wird das Wachstum von Mikroorganismen bei hohen Substratkonzentrationen jedoch inhibiert, sodass sich hier der Wert von μ wieder verringert. Dementsprechend wird das mikrobielle Wachstum bei sehr hohen Zuckerkonzentrationen (z. B. in Marmelade) nahezu unmöglich. Neben der Monod-Kinetik existieren weitere detailliertere Modelle zur Beschreibung der Wachstumskinetik (z. B. [3.32]).

3.3.6 Industrielle Anwendungen

Auch wenn mehrere Millionen Mikroorganismen bereits bekannt sind und von Milliarden existenter Spezies ausgegangen wird, haben bisher nur einige wenige Vertreter Einzug in den Bereich der technischen Nutzung gefunden. Im Stammbaum des Lebens (Abb. 3.11) werden Teile dieser wenig bekannten Lebensformen durch die Gruppe der Candidate Phyla Radiation verdeutlicht, die bisher nur durch ihre DNA erfasst sind, jedoch nicht kultiviert, geschweige denn näher untersucht werden konnten.

Für technische Umwandlungen werden derzeit vorwiegend Bakterien und einfache Pilze (v. a. Hefen) eingesetzt. Pflanzliche und tierische Zellkulturen finden bisher lediglich im Bereich der Pharmatechnologie Anwendung. Neben der Herstellung von Produkten wie Alkohol und organischen Säuren spielen Mikroorganismen vor allem auch bei der Herstellung von industriellen Enzymen eine wichtige Rolle (Kapitel 3.2.4, Band 3). Heutzutage kommen dabei vielfach gentechnisch veränderte Mikroorganismen (engl. Genetically Modified Organism, GMO) zum Einsatz.

Eukaryoten. Für biochemische Umwandlungsprozesse besonders interessante eukaryotische Mikroorganismen sind Hefen (u. a. in der Lebensmittelindustrie, Genussmittelindustrie). Bekanntester Vertreter ist *Saccharomyces cerevisiae*, die als Bäcker- oder Brauhefe Verwendung findet. Aber auch die Hefe *Pichia pastoris* findet häufig Anwendung und wird zur Produktion von über 500 verschiedenen Proteinen, u. a. auch für Pharmaapplikationen, eingesetzt und ist ein wichtiger Modellorganismus in der Forschung. Einer der Vorteile von *Pichia pastoris* gegenüber beispielsweise *Saccharomyces cerevisiae* ist ihre Fähigkeit, auf Methanol zu wachsen und dieses als Nahrungsquelle für den Stoffwechsel zu nutzen. Dies gilt vor allem dann, wenn Methanol, im Vergleich zu konventionellen Nährmedien mit Zucker, als günstigeres Substrat zur Verfügung steht. Darüber hinaus finden auch zahlreiche andere (Schimmel-)Pilze Anwendung beispielsweise bei der Antibiotikaherstellung (u. a. Penicillin) und zur Herstellung säurehaltiger Produkte (u. a. Zitronensäure). Prominente Vertreter sind die Gattungen *Aspergillus* und *Penicillium* wie beispielsweise *Aspergillus niger* oder *Penicillium chrysogenum*. Für die energetische Verwertung von Biomasse spielen aus der Gruppe der eukaryotischen Organismen vor allem Hefen eine zentrale Rolle, und zwar bei der Erzeugung von Bioethanol (Kapitel 4, Band 3).

Prokaryoten. Durch ihre hohe Anpassungsfähigkeit an extreme Lebensbedingungen sind prokaryotische Mikroorganismen ubiquitär verbreitet. Dies gilt selbst dort, wo kein eukaryotisches Leben mehr möglich ist. Dies liegt nicht zuletzt in der sehr hohen Stoffwechselvielfalt der Prokaryoten begründet. So sind viele Stoffwechselvorgänge ausschließlich Bakterien und Archaeen vorbehalten. Damit liefern sie einen elementaren Beitrag zu den globalen Stoffwechselkreisläufen der Natur. Viele der Schlüsselreaktionen in den natürlichen Stickstoff-, Schwefel- und Kohlenstoff-Kreisläufen werden ausschließlich von (prokaryotischen) Mikroorganismen bzw. deren Enzymen katalysiert, da höhere Organismen dazu nicht in der Lage sind.

Prokaryoten spielen beispielsweise bei der Biogaserzeugung (Kapitel 5, Band 3) die zentrale Rolle, da die Erzeugung von Methan praktisch ausschließlich durch strikt anaerobe Archaeen erfolgt und das letzte Glied der anaeroben Nahrungs- bzw. Abbaukette darstellt (Kapitel 3.3.4, Band 3). Neben ihrer hohen Toleranz gegenüber Umwelteinflüssen ist das einfache und schnelle Wachstum der Prokaryoten ein häufiges Entscheidungskriterium für deren Einsatz. Darüber hinaus ist ihre DNA, vor allem bei Bakterien, im Vergleich zu Eukaryoten leichter veränderbar und somit sind gentechnische Modifikationen einfacher möglich.

Einer der am häufigsten gewählten Produktionsorganismen ist *Escherichia coli*, mit dem u. a. das erste humane rekombinante Insulin (d. h. durch Gentransfer) hergestellt werden konnte. Heutzutage wird *Escherichia coli* in verschiedenen großtechnischen Prozessen (z. B. zur Herstellung von Aminosäuren) genutzt. Allgemein werden Prokaryoten zur Produktion genutzt, die das „GRAS"-Kriterium (engl. Generally Recognized As Safe) erfüllen. Hierzu gehören z. B. *Escherichia coli*, *Bacillus subtilis*, *Lactobacillen* und *Streptomyceten*.

Im Lebensmittelbereich wird beispielsweise Xanthan, ein Polysaccharid, das als Verdickungsmittel eingesetzt wird (z. B. in Fertigsoßen), mikrobiell produziert. Die Herstellung erfolgt durch aerobe Fermentation mithilfe der Bakteriengattung *Xanthomonas*. Dabei dienen Glucose und Saccharose als Substrat, aus dem mithilfe der Bakterien langkettiges Xanthan aufgebaut wird. Die eigentliche Fermentation erfolgt bei milden Bedingungen (pH 7 und ca. 30 °C). Wichtig ist dabei die ausreichende Belüftung der Fermentationsbrühe, um aerobe Bedingungen sicher zu gewährleisten. Die hohe Viskosität infolge der steigenden Xanthan-Konzentration erschwert jedoch die gleichmäßige Durchmischung im Fermenter und damit auch den Sauerstoffeintrag. Dies muss prozesstechnisch entsprechend berücksichtigt werden. Im Anschluss an die Fermentation wird das Xanthan mit Alkohol gefällt, das Präzipitat abgetrennt und gewaschen, bevor es final getrocknet wird. Andere Polysaccharide wie beispielsweise Pullulane, Dextrane oder z. T. auch Fructane werden ebenfalls mikrobiell durch Fermentation hergestellt. Der Prozessablauf ist dabei grundsätzlich ähnlich.

3.4 Verfahrenstechnische Umsetzung biochemischer Prozesse

Biomasse umfasst heterogen zusammengesetzte und in ihrer Komposition schwankende Stoffströme. Die Mikroorganismen müssen sich bei der Biomasseverwertung dementsprechend nicht nur an die jeweils vorherrschenden Bedingungen, sondern auch an das Substrat anpassen. So können Mikroorganismen z. T. bedarfsgerecht unterschiedlichste Enzyme herstellen und diese für die Zersetzung der Biomasse in die Umgebung abgeben. Mithilfe dieser Exo-Enzyme (d. h. von einem Organismus ausgeschiedene Enzyme) werden Makromoleküle in Monomere gespalten und auf diese Weise in Lösung gebracht, sodass sie für die weitere Umsetzung im Stoffwechsel verfügbar vorliegen. Für die technische Verwertung organischer Stoffe kann als alternative Herangehensweise die Biomasse vorbehandelt werden, um diese dann biochemisch einfacher und damit schneller umwandeln zu können (Kapitel 3.1, Band 3). Existierende Verfahren zur Vorbehandlung dienen daher meist der Schwächung der Primärstruktur der Biomasse (meist Lignocellulose), um so Enzymen den Zugang zu den Substraten zu erleichtern. Ferner hat die Vorbehandlung von Biomasse oftmals auch das Ziel einer Fraktionierung der einzelnen Stoffgruppen, was deren anschließende biochemische Umsetzung ebenfalls erleichtert.

Industrielle biochemische Prozesse (biotechnologische Prozesse) werden in das Upstream Processing, die Fermentation und das Downstream Processing unterteilt. Diese Unterscheidung orientiert sich am Ablauf des Gesamtprozesses (Abb. 3.18). Teilweise sind die Übergänge zwischen den Schritten fließend und häufig nicht klar voneinander zu trennen (z. B. beim Einsatz eines Membranreaktors, der das Produkt während der

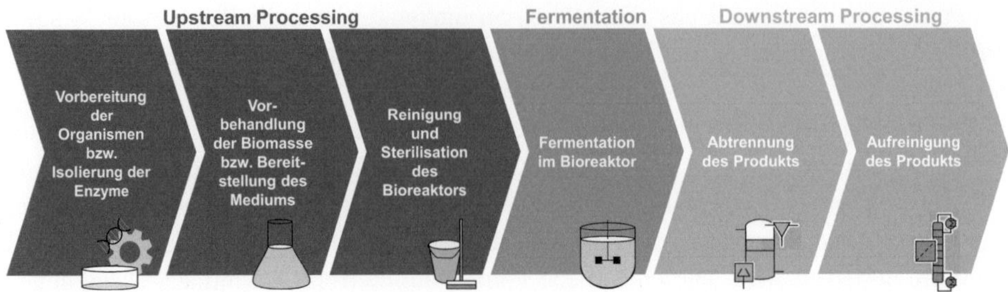

Abb. 3.18 Einteilung biochemischer / biotechnologischer Prozesse entsprechend dem Prozessablauf vom Substrat zum Produkt

Fermentation bereits laufend abtrennt). Im Folgenden werden entsprechende Aspekte bei einer (verfahrens-)technischen Umsetzung beleuchtet.

- Das Upstream Processing umfasst alle Schritte zur Vorbereitung der gewünschten biochemischen Umsetzung (Fermentation). Dies beinhaltet die Auswahl geeigneter mikrobieller Stämme sowie deren Isolierung, Lagerung und Kultivierung bzw. ggf. die Isolierung von Enzymen. Darüber hinaus muss ein entsprechendes (Nähr-)Medium bereitgestellt und der Fermenter vorbereitet werden (z. B. Reinigung, Sterilisation).
- Die Fermentation umfasst die eigentliche biokatalytische Umsetzung des Edukts bzw. Substrats zu dem gewünschten Produkt.
- Im anschließenden Downstream Processing erfolgt die Aufreinigung zum fertigen Produkt, die je nach Anforderung beliebig aufwändig sein kann.

3.4.1 Upstream Processing

Der Einsatz von Mikroorganismen bzw. deren Enzymen zur Herstellung von Produkten wird typischerweise als Fermentation bezeichnet und erfolgt in einem Bioreaktor (auch Fermenter genannt). Diesem zentralen Schritt geht i. Allg. das Upstream Processing voraus. Es dient vor allem der Zellentwicklung, Zellanzucht und auch der Bereitstellung von Substrat(en) sowie der Vorbereitung des Bioreaktors.

Daher soll hier auf die Anzucht von mikrobiellen Zellen eingegangen werden, die in einer Fermentation zum Einsatz kommen können. Ebenso soll die Isolierung von Enzymen, die in aufgereinigter bzw. konzentrierter Form Anwendungen finden können, diskutiert werden. Darüber hinaus wird die Vorbereitung und Sterilisation des Reaktors als ein in der Regel ebenfalls zentraler Schritt des Upstream Processing beleuchtet.

Nährmedium. Aufgabe des Nährmediums ist es, eine Kultivierung von Mikroorganismen zu ermöglichen. Die daraus resultierenden Anforderungen an das Nährmedium wurden zuvor in Kapitel 3.3.5 (Band 3) diskutiert (z. B. Bereitstellung von Nährstoffen). Die für die Herstellung von üblicherweise flüssigen Nährmedien notwendigen Substrate (z. B. Glucose) können mit den in Kapitel 3.1 (Band 3) beschriebenen Vorbehandlungs- und Aufschlussverfahren verfügbar gemacht werden. Durch gezielte Zugabe von Makronährstoffen (z. B. Proteine, Kohlenhydrate) oder Mikronährstoffen (z. B. Eisen, Iod) können ausbalancierte und für den jeweiligen Organismus angepasste Medien hergestellt werden. Weitere Bestandteile neben den Nährstoffen sind vor allem Wasser und Puffersubstanzen für das Einstellen eines definierten pH-Wertes und ggf. Verdickungsmittel wie Gelatine für Nährböden (typischerweise in Petrischalen).

Reinigung und Sterilität. Für biochemische Prozesse ist Sterilität von besonderer Bedeutung. Im Vergleich zu chemischen Reaktoren sind beim Einsatz von Bioreaktoren daher weitere Vorbereitungsschritte notwendig. Insbesondere müssen die Reaktoren und deren Inhalt sterilisiert werden, um eine Verunreinigung mit anderen Mikroorganismen zu verhindern. Andernfalls droht mit hoher Wahrscheinlichkeit die Kontamination mit anderen Mikroorganismen, die um das Substrat konkurrieren, es verbrauchen und ggf. unerwünschte (Neben-)Produkte bilden. Ferner besteht die Gefahr des Eintrags toxischer Verbindungen in den Reaktor oder die Ausbildung von Biofilmen auf der Ausrüstung. Deshalb sind eine entsprechende regelmäßige Reinigung und Sterilisierung zwingend notwendig. Üblicherweise erfolgt die Sterilisation durch Sattdampf bei einem erhöhten Druck. Typische Werte für Sterilisationsvorgänge sind 121 °C mit Dampf bei 2 bar für 20 min oder trockene Hitze bei 180 °C für 2 h. Daneben kann eine Sterilisation auch mit Strahlung oder Chemikalien (z. B. Ethanol, Ethylenoxid) erfolgen. Diese zusätzlichen Arbeitsschritte bewirken vor allem im diskontinuierlichen Satzbetrieb erhöhte Standzeiten von Bioreaktoren, da nach jeder Charge sterilisiert werden muss. In industriellen Anlagen wird daher versucht, eine derartige Sterilisation zumindest ohne Demontage der Anlage (engl. Sterilization in Place, SIP) umzusetzen (z. B. mit Heißdampf, der die Anlage durchströmt). Darüber hinaus werden Bioreaktoren oftmals mit leichtem Überdruck (gegenüber der Umgebung) betrieben, was ein Eindringen von Mikroorganismen verhindern soll.

Auch das Nährmedium muss in der Regel steril bereitgestellt werden, um den Eintrag unerwünschter Mikroorganismen auf diesem Weg zu verhindern. Enthält das Nährmedium beispielsweise verschiedene Inhaltsstoffe (z. B. Kohlenhydrate, Aminosäuren, Vitamine), können bei der Hitzesterilisation unerwünschte Reaktionen auftreten. So reagieren beispielsweise Kohlenhydrate und Peptide bei erhöhten Temperaturen miteinander in komplexen Reaktionen (Mailliard-Produkte). Diese resultieren in braun färbenden Verbindungen, die oft wachstumsinhibierend sind. Um dies zu vermeiden, kann das Substrat (z. B. eine Glucoselösung) getrennt hitzesterilisiert oder das Medium steril gefiltert werden. Die Sterilfiltration (< 0,2 µm), bei der Bakterien und andere Mikroorganismen zurückgehalten werden, ist insbesondere für hitzeempfindliche Stoffe wie beispielsweise Vitamine sinnvoll. Eine derartige Filtration wird ggf. auch eingesetzt, um bei aeroben Fermentationsprozessen die zugeführte Luft zu entkeimen.

Aus den genannten Gründen und um das Einbringen von Störstoffen (z. B. in Form von Schmutzablagerungen) zu verhindern, gilt auch der Reinigung von Bioreaktoren besonderes Augenmerk. Dabei kommen verschiedene Reinigungsmittel wie Säuren oder Alkalien zum Einsatz und es wird analog zur Sterilisation versucht, die Reinigung möglichst in der montierten Anlage durchzuführen (engl. Cleaning in Place, CIP). Wie die Möglichkeit zur einfachen Sterilisation muss auch dies bereits bei der Planung einer solchen Anlage berücksichtigt werden. Dies umfasst u. a. glatte Oberflächen, Vermeidung von Rissen, Spalten oder Toträumen sowie eine strömungsgünstige Gestaltung (z. B. keine unnötigen Krümmungen).

Kultivierung von Mikroorganismen. Das Screening nach Mikroorganismen, deren Modifikation und Auswahl für einen spezifischen Prozess sind wie die Entwicklung neuer Enzyme nicht Gegenstand dieser Ausführungen (z. B. [3.17]). Ausgangspunkt hier sind ein oder mehrere isolierte mikrobielle Stämme, die gezielt für einen Prozess kultiviert werden. Basierend darauf kann entsprechend Abb. 3.1 unterschieden werden zwischen dem (direkten) Einsatz der Mikroorganismen in der Fermentation und der Produktion von Enzymen durch die Mikroorganismen, die dann wiederum in der Fermentation eingesetzt werden.

Für die Kultivierung der Mikroorganismen und damit deren Wachstum wichtige Voraussetzungen sind in Kapitel 3.3.5 (Band 3) beleuchtet (z. B. Temperatur, pH-Wert). Ist eine entsprechende aktive Zellzahl erreicht, können die Zellen mithilfe von beispielweise Zentrifugation abgetrennt und dann gezielt eingesetzt werden. Teilweise erfolgt die Zellanzucht aber auch parallel zur eigentlich gewünschten Fermentation, sodass kein Trennschritt notwendig ist und das Upstream Processing und die Fermentation ineinander übergehen.

Enzymproduktion. Bei Prozessen, die Enzyme verwenden, wird unterschieden in technische Enzyme und therapeutische bzw. diagnostische Enzyme, wobei sich dabei vor allem die Anforderungen an die Reinheit unterscheiden. Die hier relevanten technischen Enzyme sind in aller Regel industriell produzierte Massenprodukte, die im Tonnenmaßstab hergestellt werden und deren Reinheit typischerweise zwischen 20 und 90 % liegt. Derartige Enzyme werden vom zugrunde liegenden Organismus oftmals ausgeschieden (d. h. Exo-Enzyme) und können durch eine Fest-Flüssig-Trennung (z. B. Zentrifugation) vergleichsweise einfach gewonnen werden. Eine anschließende Aufkonzentrierung erfolgt mittels Filtration, Fällung oder Kristallisation. Liegen die Enzyme im Zellinneren (d. h. Endo-Enzyme) vor, muss zunächst ein Zellaufschluss durchgeführt werden, um an diese zu gelangen. Für therapeutische und diagnostische Enzyme kommen auch wesentlich komplexere und kostenintensivere Verfahren wie Chromatographie für die Aufreinigung zum Einsatz. Die so gewonnenen Enzyme werden entweder in Lösung stabilisiert oder (gefrier-)getrocknet.

3.4.2 Fermentation

Prozesse, die eine biochemische Umwandlung auf Basis von Mikroorganismen oder Enzymen beinhalten, werden aus Gründen der Reaktionsregelung und Reproduzierbarkeit in Bioreaktoren durchgeführt. Ein Bioreaktor, auch Fermenter genannt, ist definiert als ein Apparat, in dem unter Einsatz von Mikroorganismen bzw. Enzymen Stoffumwandlungen stattfinden. Im Folgenden werden einige konstruktive Aspekte von Bioreaktorsystemen und deren Betrieb diskutiert. Zunächst werden grundsätzliche Möglichkeiten der Prozessführung vorgestellt, die bei Fermentationsprozessen zum Einsatz kommen. Teilweise wird die Fermentation zum Produkt auch dem Upstream Processing zugeordnet. Als zentraler Schritt einer biochemischen Umwandlung wird die Fermentation hier jedoch separat bzw. entkoppelt betrachtet.

Prozessführung. Bei der gezielten Durchführung von Fermentationen im Labormaßstab und auch bei der industriellen Umsetzung können drei verschiedene Betriebsweisen unterschieden werden: der Batch-Betrieb, der Fed-Batch-Betrieb und der kontinuierliche Betrieb (Abb. 3.19). Diese verschiedenen Möglichkeiten werden nachfolgend beschrieben.

Neben diesen unterschiedlichen Arten der Prozessführung können Fermentationsprozesse auch in submerse Verfahren und Oberflächenverfahren eingeteilt werden.

- Bei der Fermentation im Oberflächenverfahren handelt es sich um ein dreiphasiges System (gasförmig, flüssig, fest), bei dem die Reaktion in einem dünnen Film auf der Oberfläche eines Trägermaterials stattfindet, auf dem die Enzyme oder auch Mikroorganismen immobilisiert sind. Dabei wird das Trägermaterial mit Medium überrieselt oder durchströmt, während gleichzeitig (falls notwendig) Sauerstoff aus der Luft zum Reaktionsort diffundiert. Anwendung findet ein solches Verfahren beispielsweise bei der Herstellung von Essig (Fesselverfahren).

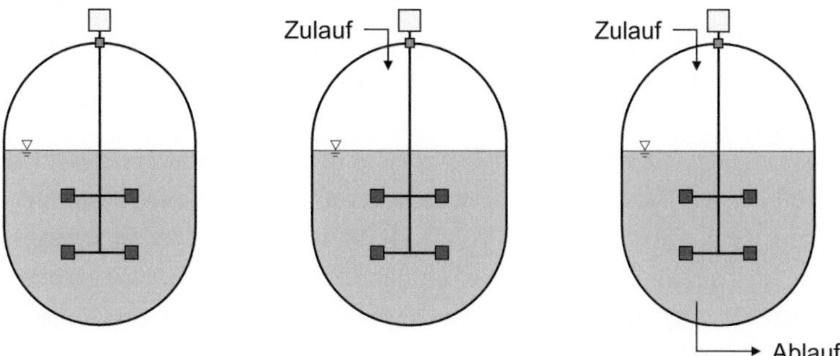

Abb. 3.19 Prozessführung in Bioreaktoren (Batch-Betrieb (links), Fed-Batch-Betrieb (Mitte) und kontinuierlicher Betrieb (rechts))

- Bei einer submersen Reaktionsführung, die hauptsächlich Anwendung in der biochemischen Umsetzung findet, erfolgt die Fermentation in der flüssigen Phase (üblicherweise wässrig, d. h. unterhalb der Wasseroberfläche). In dieser flüssigen Phase sind die Enzyme gelöst bzw. die Mikroorganismen suspendiert. Diese setzen die ebenfalls suspendierte Biomasse bzw. bereits gelöste Komponenten (als Substrat) zum gewünschten Produkt um.

Batch-Betrieb (Abb. 3.19, links). Diese Betriebsweise, auch als Satzverfahren bezeichnet, beinhaltet eine diskontinuierliche Stoffumwandlung in Chargen; d. h., das Medium (u. a. Substrat, Nährstoffe) wird mit den Mikroorganismen zu Beginn in den Bioreaktor gefüllt und nach der biochemischen Reaktion komplett entleert. Typischerweise wird der Bioreaktor nach dem Befüllen mit Medium zunächst sterilisiert. Danach erfolgt die Zugabe des Inokulums (reine Zellkultur), um das Wachstum anderer Mikroorganismen zu vermeiden. Während der eigentlichen Fermentation bzw. der biochemischen Umwandlung wird dem Reaktor nichts hinzugefügt oder entnommen. Vorteil eines derartigen Batch-Betriebs ist – neben den vergleichsweise geringen Investitionen – die hohe Flexibilität, die z. B. eine einfache Umstellung auf andere Fermentationsprozesse zulässt. Nachteile von Batch-Prozessen sind die Totzeiten beim Befüllen, Sterilisieren und Entleeren sowie eine potenziell schwankende Produktqualität je Charge.

Fed-Batch-Betrieb (Abb. 3.19, Mitte). Bei dieser Prozessführung (auch Zulaufverfahren genannt) wird während der Fermentation Substrat hinzugefügt und am Ende der gesamte Reaktorinhalt abgelassen. Diese Betriebsweise kommt zum Einsatz, wenn beispielsweise die Bildung bestimmter Nebenprodukte infolge von zu hohen Substratkonzentrationen vermieden werden soll. Ist das maximale Füllvolumen des Bioreaktors erreicht, muss die Reaktion unterbrochen und der Reaktor wie beim Satzbetrieb zunächst entleert werden, bevor eine neue Charge angesetzt werden kann. Von Vorteil ist auch hier die hohe Flexibilität, da beispielsweise unmittelbar in Abhängigkeit der Nachfrage produziert werden kann. Darüber hinaus kann eine vergleichsweise hohe Produktreinheit erzielt werden, was das nachgeschaltete Downstream Processing erleichtert. Im industriellen Maßstab wird daher diese Betriebsweise häufig eingesetzt. Allerdings kommt es auch bei der Fed-Batch-Betriebsweise zu – mit entsprechenden Kosten verbundenen – Totzeiten.

Kontinuierlicher Betrieb (Abb. 3.19, rechts). Bei dieser Betriebsweise wird fortlaufend Substrat zugeführt und entsprechend ein mit Substrat abgereicherter Produktstrom abgeführt. Dabei entspricht im Sinne der Massenerhaltung der eingehende dem ausgehenden Massenstrom. Im Reaktor werden die mikrobiellen Zellen bzw. Enzyme entweder zurückgehalten (Immobilisierung) oder ebenfalls kontinuierlich zu- bzw. abgeführt. Neben der Möglichkeit zur einfachen Automatisierung erlaubt eine derartige kontinuierliche Prozessführung einen stationären Betrieb, der i. Allg. mit einer gleichbleibenden Produktqualität und relativ geringen Kosten (keine Totzeiten) einhergeht.

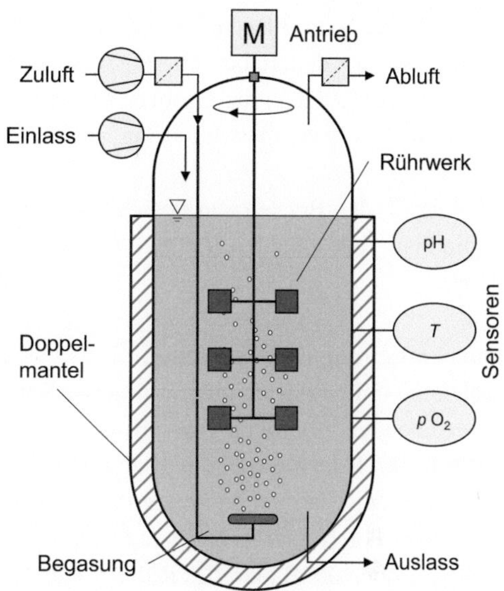

Abb. 3.20 Schematischer Aufbau eines Bioreaktors mit Motor und Rührwerk sowie einem Doppelmantel zur Temperierung (Sterilfilter an der Gaszufuhr und -abfuhr verhindern eine Kontamination im Reaktor; Sensoren u. a. zur Temperaturmessung (T), pH-Bestimmung (pH) und zur Messung des gelösten Sauerstoffs ($p\,O_2$) ermöglichen definierte Bedingungen im Reaktor; M Motorantrieb)

Bioreaktorsysteme. Im technischen Maßstab (Abb. 3.20) verfügt ein Bioreaktor über verschiedene wesentliche Einbauten. In aller Regel umfasst dies eine Vorrichtung zur Durchmischung des Reaktorinhalts, um dessen homogene Zusammensetzung zu gewährleisten und einen adäquaten Stoff- und Wärmetransport zu ermöglichen. Üblicherweise sind derartige Reaktoren mit einer Temperaturregelung ausgestattet, die einen isothermen Betrieb erlaubt; d. h., der Reaktor kann beheizt oder gekühlt werden, was aufgrund der Temperatursensitivität von biochemischen Prozessen von besonderer Bedeutung ist. Je nach Prozess verfügen Bioreaktoren zudem über eine Möglichkeit zur Begasung mit Luft bzw. Sauerstoff (aerober Betrieb) oder auch Stickstoff (anaerober Betrieb). Über eine Sauerstoffsonde kann der Anteil an gelöstem Sauerstoff im Medium bestimmt und überwacht werden. Ferner ist für biochemische Umwandlungen der pH-Wert entscheidend, sodass eine entsprechende pH-Regelung benötigt wird. Diese erfolgt über eine Tauchsonde zur kontinuierlichen Messung des pH-Werts sowie ein Vorlagegefäß mit Säure und Base, die über eine Pumpe zudosiert werden, um auch in dieser Beziehung definierte Bedingungen zu gewährleisten.

Im Gegensatz zu chemischen Reaktoren werden Bioreaktoren üblicherweise schlanker dimensioniert; d. h., das Verhältnis von Höhe zu Durchmesser der meist zylindrischen Behälter ist größer als 1 (üblicherweise im Bereich von 2 bis 3). Für diese Ausgestaltung von Bioreaktoren gibt es zwei primäre Gründe.

- Durch die schlanke Bauart ergibt sich ein größeres Oberflächen-zu-Volumen-Verhältnis. Dies ermöglicht einen besseren Wärmeübergang über den Mantel des Reaktors und erleichtert somit die (isotherme) Temperaturführung. Aufgrund der allgemein sehr temperatursensitiven biochemischen Reaktionen ist dies von besonderer Bedeutung.

- (Luft-)Sauerstoffblasen, die von unten in den Bioreaktor bzw. das flüssige Medium eingeblasen werden, haben mit zunehmender Reaktorlänge eine immer längere Steigzeit. In der Folge haben die Gasblasen eine höhere Verweilzeit in der Fermentationsbrühe, wodurch sich der Gas- bzw. Sauerstoffeintrag verbessert.

Wichtig für den Betrieb von Bioreaktoren sind zudem Sterilität und Sauberkeit, um Kontamination zu vermeiden und dem gewünschten Organismus ideale Voraussetzungen zu bieten.

Durchmischung und Begasung. Eine vollständige Durchmischung (Homogenisierung) und damit ein möglichst nicht limitierter Stoff- und Wärmetransport gehört zu den primär zu erfüllenden Aufgaben eines Bioreaktors. Standardmäßig erfolgt die Durchmischung mithilfe von Rührwerken, die in den unterschiedlichsten Ausführungen für z. T. sehr verschiedene Mischaufgaben konzipiert wurden. So unterscheidet man beispielsweise entsprechend der primär erzeugten Strömungsrichtung in axiale, radiale oder tangentiale Rührer. Neben der Bauart des Rührers kann die Durchmischung und damit der konvektive Wärme- und Stofftransport über die Drehzahl beeinflusst werden. Durch eine hohe Rührgeschwindigkeit werden die Gasblasen fein verteilt, wodurch sich ihre spezifische Oberfläche (Oberfläche bezogen auf das Volumen) vergrößert. Daraus wiederum resultiert ein verbesserter Sauerstofftransport in die flüssige Phase und damit zu den Mikroorganismen. Somit wird bei aeroben Prozessen eine möglichst hohe Rührerdrehzahl angestrebt, die allerdings durch die Scherempfindlichkeit der Mikroorganismen begrenzt wird. Insgesamt resultiert daraus, dass üblicherweise ein Leistungseintrag zwischen 0,5 und 5,0 kW/m^3 für Bioreaktoren im technischen Maßstab angestrebt wird.

Neben dem Rührkesselreaktor (Abb. 3.20) sind auch hydraulische und pneumatische Mischapparate im Einsatz, um eine gleichmäßige Durchmischung zu gewährleisten. Eine hydraulische Durchmischung erfolgt dabei meist in einem sogenannten Schlaufenreaktor. Dabei wird der Reaktorinhalt unter Einsatz einer oder mehrerer Pumpen schlaufenförmig im Kreis geführt. Anstatt einer hydraulischen Förderung kann eine Schlaufenströmung auch pneumatisch erzeugt werden. Die Triebkraft ist in diesem Fall der Dichteunterschied zwischen Gasblasen und Flüssigkeit. Ein Beispiel für die technische Umsetzung sind sogenannte Airlift-Reaktoren (Abb. 3.21). In dieser Bauform können aerobe Prozesse auch in sehr großer Skalierung (Reaktorvolumen über 500 m^3) umgesetzt und gleichzeitig der für den Prozess notwendige Sauerstoffeintrag gewährleistet werden. Die Begasung erfolgt dabei, wie in der Regel auch bei Rührkesselreaktoren, bodenseitig bzw. submers (d. h. eingetaucht), um eine möglichst lange Verweilzeit der Gasblasen zu erreichen. Durch ihren turmförmigen Aufbau (Verhältnis von Höhe zum Durchmesser im Bereich von etwa 5 bis 10) bildet sich innerhalb des Airlift-Reaktors eine Druckdifferenz aus, die einen schlaufenförmigen Flüssigkeitsstrom bewirkt. Ein Vorteil, gerade bei den pneumatischen Mischapparaten, ist die in der Regel nur geringe Scherbelastung für die mikrobiellen Zellen.

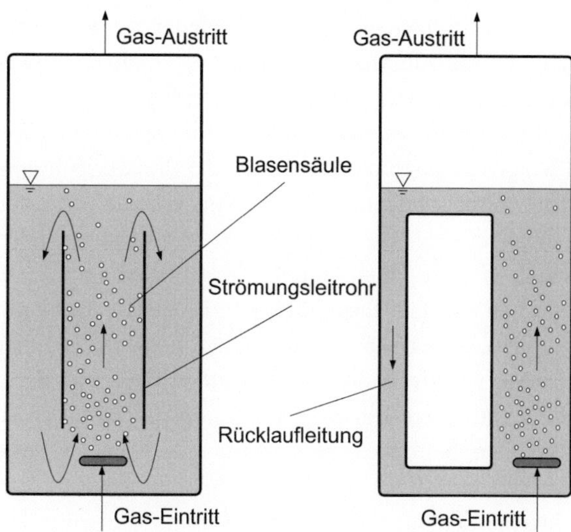

Abb. 3.21 Aufbau eines Airlift-Schlaufenreaktors mit innerer (links) und äußerer (rechts) Umwälzung

Neben der beschriebenen Submersbegasung gibt es auch Bioreaktoren, die über die Oberfläche oder blasenfrei über Membranen begast werden. Letztere benötigen für einen entsprechenden Gaseintrag große Membranflächen und einen hohen Gasdruck.

3.4.3 Downstream Processing

Ziel des Downstream Processing ist die Aufarbeitung des gewünschten Produkts in definierter Qualität (z. B. Reinheit) und (falls möglich) die Rückgewinnung des Biokatalysators. Diese Aufarbeitung des Produkts ist üblicherweise sehr kostenintensiv und somit von zentraler Bedeutung für die Rentabilität eines Prozesses. In der Regel entfallen bei biochemischen Prozessen über die Hälfte der Produktgestehungskosten auf das Downstream Processing. Analog zu den Verfahren für die Vorbehandlung (Kapitel 3.1, Band 3) können auch die im Downstream Processing eingesetzten Verfahren in physikalische (mechanische), thermische und (bio-)chemische Verfahren unterteilt werden.

Biokatalysator-Rückgewinnung. Analog zu chemischen Prozessen wird auch bei biochemischen / biotechnologischen Verfahren versucht, den (Bio-)Katalysator zurückzugewinnen. Die Realisierung dessen hängt u. a. davon ab, ob es sich dabei um ein Enzym oder um mikrobielle Zellen handelt. Neben der Immobilisierung von Enzymen oder Mikroorganismen auf einem Träger (z. B. in Gelpartikeln) kann die Abscheidung von Zellen mittels Verfahren zur Fest-Flüssig-Trennung erfolgen. Zur Abscheidung von Zellen können Verfahren wie Sedimentation (z. B. Absetzbecken), Zentrifugation (z. B. Dekanter) und Filtration (z. B. Bandpresse) zum Einsatz kommen. Die abgetrennten Zellen können dann zurückgeführt werden, wobei ggf. auch Zelltrümmer sowie Partikel (z. B. im Fall von festen Substraten) mit abgeschieden werden können. Gelöste Enzyme wiederum können mithilfe von Membranverfahren prinzipiell entweder zurückgehalten oder abgetrennt werden und so teilweise recycelt werden.

Eine Immobilisierung von Mikroorganismen und auch von Enzymen erleichtert deren Rückgewinnung und damit auch die Produktreinigung. Dabei ist nicht nur die Fixierung des Mikroorganismus oder Enzyms entscheidend, sondern auch der Erhalt der katalytischen Aktivität. Die einfachste Art einer Immobilisierung ist die Bindung des Biokatalysators an einen Träger durch Adsorption oder auch „Anwachsen". Andere Realisierungen basieren auf dem Einschluss von Enzymen oder Mikroorganismen in eine Matrix (z. B. Alginat), wobei Substrate durch Diffusion an die aktiven Zentren gelangen und gebildetes Produkt entsprechend aus der Matrixhülle diffundiert. Neben diesen auf einer Trägerbindung und einem Einschluss basierenden Verfahren zur Immobilisierung existieren auch Varianten, bei denen die Enzyme untereinander vernetzt werden. Auf diese Weise können sich unlösliche Agglomerate bilden, die dann leichter abtrennbar sind als das gelöste einzelne Enzym. Vorteile solcher Immobilisierungskonzepte sind nicht nur eine leichtere Produktabtrennung und ein vereinfachtes Biokatalysator-Recycling, sondern z. T. auch eine höhere Produktivität bzw. eine höhere Raum-Zeit-Ausbeute. Insbesondere für Prozesse mit hohen Enzymkosten (bezogen auf die Enzymmenge) kann eine Immobilisierung wirtschaftlich sinnvoll sein.

Zellaufschluss. Abhängig von der Lokalisation des Produkts kann zunächst ein Zellaufschluss notwendig sein. Ziel der entsprechenden Verfahren ist die Zerstörung der Zellstruktur (v. a. der Zellwand), um ggf. an intrazelluläre Produkte zu kommen. Als mechanische Verfahren werden hier typischerweise Mühlen und Ultraschall eingesetzt. Demgegenüber verwenden (bio-)chemische Verfahren Lösemittel, Säuren, Basen oder auch Enzyme (v. a. Lyasen), um die Zellstruktur zu zerstören. Thermische Verfahren wie die Gefriertrocknung haben dasselbe Ziel.

In manchen Fällen ist auch die gesamte Zelle das Produkt (z. B. Einzeller als Proteinquelle in Futtermitteln). In solchen Fällen ist ein Zellaufschluss dann nicht notwendig; hier können die Zellen über technische Verfahren wie beispielsweise die Zentrifugation geerntet werden.

Auch bei Produkten, die extrazellulär vorliegen – also von den Zellen ausgeschieden oder von Enzymen extrazellulär produziert wurden –, ist ein Zellaufschluss nicht notwendig.

Produktreinigung. Für die Wahl geeigneter Verfahren zum Downstream Processing ist u. a. entscheidend, wie das Zielprodukt nach der biochemischen Umwandlung vorliegt bzw. vorliegen soll. Die gebildeten Produkte können extrazellulär (außerhalb der Zelle) im Medium vorliegen oder intrazellulär (innerhalb in der Zelle) akkumulieren. Ersteres ist beispielsweise bei der Herstellung von Ethanol der Fall, der von den Hefen ausgeschieden wird. Handelt es sich demgegenüber um intrazelluläre Produkte, dann ist zunächst ein Zellaufschluss notwendig (siehe oben), bevor die Aufreinigung des Produkts erfolgen kann. Ein Beispiel hierfür ist die Herstellung von intrazellulären Enzymen.

Liegt das Produkt gelöst und frei vor (z. B. nach einem Zellaufschluss), können die ggf. vorliegenden Zellen, Zelltrümmer oder anderen Partikel und Feststoffe (z. B. aus der eingesetzten Biomasse) abgetrennt werden. Dies kann mithilfe von Verfahren wie beispielsweise einer Sedimentation, einer Zentrifugation oder auch einer Filtration umgesetzt werden. Es folgt die Aufreinigung der – je nach Verfahren – mehr oder weniger partikelfreien Fermentationslösung. Bevorzugt werden bei biochemischen Prozessen die folgenden Verfahren eingesetzt.

Fällung (Präzipitation). Bei diesem Verfahren wird ein gelöster Stoff durch Zugabe einer geeigneten Substanz oder auch durch eine Änderung der Bedingungen (z. B. Lösemittel, Temperatur) aus der Lösung abgeschieden; d. h., der Stoff wird unlöslich. Ein typisches Beispiel ist die Fällung von Proteinen, die durch Zugabe von Salzen oder auch organischen Lösemitteln ausgefällt werden können. Auch eine Denaturierung der Proteine (z. B. durch Hitze) führt zu einer Präzipitation. Durch eine anschließende Fest-Flüssig-Trennung – in der Regel mittels Zentrifugation – kann das entstandene Präzipitat (d. h. der gefällte Stoff) dann von der flüssigen Phase abgetrennt werden. Im Gegensatz zur Kristallisation liegt der gefällte Stoff unter diesen Gegebenheiten nicht in einer kristallinen Form vor.

Kristallisation. Hierunter fallen Verfahren, bei denen Stoffe aus einer zuvor homogenen Lösung, Schmelze oder auch Gasphase in einen kristallinen Zustand übergehen und so abgeschieden werden können. Im Kontext biochemischer Prozesse erfolgt diese Abscheidung üblicherweise aus einer Lösung (meist der Fermentationsbrühe). Damit eine Kristallisation stattfindet, muss die Löslichkeitsgrenze des jeweiligen Stoffes überschritten werden. Dies erfolgt technisch durch Abkühlung, Verdampfung (Einengung) oder auch Verdrängung mithilfe von geeigneten Substanzen. Bei der Herstellung von Zucker aus Zuckerrüben erfolgt die Kristallisation beispielsweise durch eine Verdampfung bei reduziertem Druck, sodass aus dem gewonnenen Dicksaft Zucker auskristallisiert.

Extraktion. Relevant sind hier Flüssig-Flüssig-Extraktionen, bei denen sich Stoffe zwischen nicht mischbaren (flüssigen) Phasen entsprechend dem zugrunde liegenden Gleichgewicht verteilen. Zum Einsatz kommen derartige Verfahren beispielsweise bei der Gewinnung von Vitaminen. Die Fest-Flüssig-Extraktion von Stoffen mithilfe einer flüssigen Phase aus Feststoffen fällt auch hierunter. Dies ist aber vor allem für die Vorbehandlung von Biomasse und damit das Upstream Processing relevant und spielt bei der Aufreinigung von Fermentationsbrühen keine Rolle.

Membranverfahren. Allgemein ist eine Membran eine Struktur, die für gewisse Stoffe oder auch Partikel permeabel und für andere undurchlässig ist. Der Trennmechanismus kann sowohl auf Siebeffekten (d. h. auf der Größe) als auch auf Sorption und Diffusion (d. h. der Wechselwirkung zwischen Stoff und Membran) basieren. Je nach Aufbau einer

Membran und deren Porengröße können auch mehrere der genannten Effekte gleichzeitig auftreten; es wird entsprechend unterschieden. Im Fall von Mikro- und Ultrafiltration überwiegt der Siebeffekt und die Porengröße liegt im Bereich von > 0,1 µm bzw. zwischen 0,1 und 0,01 µm. Hierbei ist die treibende Kraft vor allem eine angelegte Druckdifferenz über die Membran. Bei der Nanofiltration (Porengröße 0,01 bis 0,001 µm) und primär der Umkehrosmose (< 0,001 µm) handelt es sich um dichte Membranen, durch die Stoffe lediglich diffundieren können. Daher wird die Trennung vor allem auch durch komplexe Wechselwirkungen zwischen Stoff(-gemisch) und Membran beeinflusst. Die Triebkraft ist in diesem Fall das chemische Potenzial, das neben der Druckdifferenz auch den Konzentrationsgradienten über die Membran berücksichtigt. Einsatz finden derartige Verfahren beispielsweise bei der Aufarbeitung von Proteinen. Darüber hinaus existieren auch weitere Membranverfahren (z. B. die rein konzentrationsgetriebene Dialyse, die zum Entsalzen eingesetzt werden kann).

Chromatographische Verfahren. Chromatographie basiert auf den trilateralen Wechselwirkungen zwischen einer stationären Phase (feste Phase) und einer mobilen Phase (flüssige oder auch gasförmige Phase) und dem darin enthaltenen, zu trennenden Stoffgemisch (u. a. das Zielprodukt). Neben Gas- und Flüssigchromatographie wird entsprechend den Hauptwechselwirkungen unterschieden (z. B. Adsorptionschromatographie, Ionenchromatographie).

In der praktischen Umsetzung durchströmt bei derartigen Trennverfahren eine mobile Phase mitsamt dem Stoffgemisch eine Säule, welche die stationäre Phase enthält. Beim Durchgang durch das Säulenmaterial (z. B. Silicagel) wechselwirken die zu trennenden Stoffe unterschiedlich stark mit der stationären Phase bzw. der mobilen Phase und werden so mehr oder weniger stark zurückgehalten (retardiert). Auf diese Weise verlassen die Stoffe die Säule entsprechend ihrer Wechselwirkung nacheinander und können getrennt voneinander aufgefangen werden. Damit kann ein Stoffgemisch immer nur chargenweise getrennt werden und somit müssen (einfache) chromatographische Trennungen prinzipiell im Batch-Betrieb gefahren werden. Es gibt jedoch auch deutlich komplexere Chromatographietechniken, bei denen mithilfe von mehreren Säulen und einer entsprechenden Verschaltung auch ein kontinuierlicher Betrieb möglich ist (engl. Simulated Moving Bed, SMB). Solche SMB-Prozesse kommen beispielsweise bei der Herstellung von aufkonzentriertem Fructose-Sirup (engl. High Fructose Corn Syrup) oder der Gewinnung von Aminosäuren zum Einsatz.

Destillation und Rektifikation. Diese thermischen Trennverfahren werden üblicherweise kontinuierlich betrieben und kommen vor allem bei der Produktion von Massenprodukten zum Einsatz. Ein Beispiel ist die Bioethanolproduktion, bei der das Ethanol aus der Fermentationsbrühe mittels einer Destillation abgetrennt wird und die Schlempe zurückbleibt (Kapitel 4, Band 3).

Trocknung. Ein weiterer wichtiger und in der Regel abschließender Schritt ist die Trocknung (des Produkts). In der Regel ist es hier das Ziel, ein lagerfähiges Produkt herzustellen, indem die Wasseraktivität von Mikroorganismen herabgesetzt wird, sodass die enzymatischen Reaktionen nicht mehr ablaufen können. Die Trocknung ist dabei insofern von besonderer Bedeutung, als biochemische Umsetzungen mit Enzymen und Mikroorganismen i. Allg. in wässrigen Medien stark verdünnt ablaufen und daraus vergleichsweise geringe Produktkonzentrationen resultieren. Daher muss beim Trocknungsprozess relativ viel Wasser (dem eigentlichen Produkt) entzogen werden, was typischerweise mit einem hohen Energieaufwand (und damit hohen Kosten) verbunden ist. In der Bioverfahrenstechnik wird dazu meist die schonende Gefriertrocknung, die Sprühtrocknung und / oder die Wirbelschichttrocknung eingesetzt.

3.4.4 Verfahrenstechnische Herausforderungen

Einem biologischen System sind natürliche, durch die Umwelt definierte enge Grenzen vorgegeben. Hieraus resultieren verschiedene Aspekte, auf die bei der verfahrenstechnischen Umsetzung bzw. der Prozessentwicklung von biochemischen Prozessen geachtet werden muss. Einige diesbezüglich relevante Punkte werden nachfolgend diskutiert.

Für die biochemische Umsetzung von Biomasse in stoffliche und / oder energetische Produkte ist meist ein beachtlicher Aufwand zur Bereitstellung der Ausgangsstoffe (Substrate) nötig. Da die Zusammensetzung der eingesetzten Biomasse z. T. stark schwankt, ist oft eine Vorbehandlung (Kapitel 3.1, Band 3), Fraktionierung und ggf. Verflüssigung (d. h. In-Lösung-Bringen) des Substrats notwendig, bevor die eigentliche biochemische Umsetzung starten kann. Zusätzlich sind im beschriebenen Downstream Processing (Kapitel 3.4.3, Band 3) oft aufwändige Aufkonzentrationsschritte bzw. Trocknungsschritte notwendig, um aus der verdünnten Produktlösung ein angereichertes Produkt zu erhalten.

Bei der Fermentation sind einer Steigerung der Produktbildungsgeschwindigkeit durch eine Erhöhung der Temperatur im Fall von Enzymen und damit Mikroorganismen strikte Grenzen gesetzt. Bei Wasser-basierten Bioprozessen sind üblicherweise maximal rund 100 °C möglich. Im Gegensatz dazu ist bei chemischen Prozessen oft ein Vielfaches dieser Temperatur umsetzbar und somit können prinzipiell auch höhere Reaktionsgeschwindigkeiten erzielt werden. Dies wiederum führt bei chemischen Prozessen zu klaren Vorteilen in Bezug auf die Katalysatoraktivität. Dies bietet zusätzlich die Möglichkeit, durch eine Temperaturerhöhung die Viskosität von hochviskosen Substraten herabzusetzen (z. B. bei polymeren Produkten). Die Mehrheit der bisher bekannten Organismen kann aber nur bei moderaten Temperaturen von 30 bis 50 °C und nahe am neutralen pH-Wert existieren. Durch die intensive Forschung an extremophilen Lebewesen wurden und werden jedoch vermehrt Mikroorganismen (und deren Enzyme) isoliert und charakterisiert, die bei höheren Temperaturen, höheren Drücken und extremen pH-Werten leben können (bzw. stabil sind).

Eine weitere Problematik bei mikrobiellen Umsetzungen kann die Aufrechterhaltung aerober Bedingungen sein, die durch eine entsprechende Begasung und Durchmischung sicher gewährleistet werden muss. Temperatur- und Sauerstofflimitierung sind oftmals die primär auftretenden Grenzen aerober biochemischer Umsetzungen. Sauerstoffknappheit tritt bei anaeroben biochemischen Umsetzungen gemäß der Natur der Sache nicht auf. Anaerobe Verfahren (z. B. Biogaserzeugung) benötigen demgegenüber erheblich weniger Energie, da der teils aufwändige Sauerstoffeintrag (mithilfe von Kompressoren) entfällt. Derartige biochemische Umwandlungsprozesse laufen jedoch insgesamt merklich langsamer ab, tolerieren i. Allg. aber größere Schwankungen bei der Substratzusammensetzung. Bei anaeroben Umsetzungen wird ein Großteil der im Ausgangssubstrat zur Verfügung stehenden Energie in energiereichen Molekülen wie Methan oder Ethanol gespeichert, die das Endprodukt der Umwandlung darstellen. Dies macht anaerobe Prozesse vor allem aus energetischer Sicht interessant, denn die in den Umwandlungsprodukten gespeicherte Energie ist nachfolgend nutzbar.

Eine besondere Herausforderung stellt letztlich auch das Scale-up von biochemischen Prozessen dar. Diese werden im Labor im Liter-Maßstab entwickelt und für Massenprodukte letztlich in einem Maßstab > 100 000 L realisiert. Dabei ist im kleinen Maßstab von geringerer Stoff- und Transportlimitierung auszugehen, als dies bei großtechnischen Umsetzungen der Fall ist, was beispielsweise über die Reaktorbauform bzw. entsprechende Einbauten berücksichtigt werden muss. Während anaerob betriebene Rührreaktoren besser skalierbar sind, stellt die Skalierung von begasten Reaktoren oder auch Trocknungsprozessen eine große Herausforderung dar. Schaumbildung (z. B. durch Proteine) lässt sich im Labor vergleichsweise leicht durch Antischaummittel verhindern, kann in großen Reaktoren jedoch zu Problemen führen. Selbiges gilt für die Druckverhältnisse, die u. a. die Gaslöslichkeit beeinflussen. So führt die Wassersäule in großen Reaktoren zu deutlich höheren Drücken (ca. 1 bar Wasserdruck bei 10 m Wassersäule) und in der Folge zu einer höheren Gaslöslichkeit (Henry-Gesetz). Neben den Apparaten für die Fermentation und das Downstream Processing muss auch die Vermehrung der mikrobiellen Zellen bei einer großtechnischen Realisierung berücksichtigt werden. Neben einem entsprechend gestalteten Produktionsreaktor für die Zellen muss auch gewährleistet sein, dass die Zellkultur über viele Generationszeiten hinweg genetisch stabil ist (ausgehend von der Zellkultur in der Petrischale). Bei einem Scale-up von biochemischen Prozessen müssen derartige Aspekte letztlich vor dem Hintergrund wirtschaftlicher Betrachtungen bedacht und abgewogen werden [3.35].

Literatur

[3.1] Kumar S, Sani RK (2018) Biorefining of Biomass to Biofuels (4) Springer. https://doi.org/10.1007/978-3-319-67678-4

[3.2] Zheng Y, Shi J, Tu M, Cheng Y-S (2017) Principles and Development of Lignocellulosic Biomass Pretreatment for Biofuels. In: Advances in Bioenergy. Elsevier, S 1–68. https://doi.org/10.1016/bs.aibe.2017.03.001

[3.3] Scherzinger M, Kaltschmitt M (2021) Thermal pre-treatment options to enhance anaerobic digestibility – A review (137) Renewable and Sustainable Energy Reviews. Elsevier, 110627. https://doi.org/10.1016/j.rser.2020.110627

[3.4] Murciano PM, Bakker R, Harmsen P, Gruppen H, Kabel M (2015) Importance of acid or alkali concentration on the removal of xylan and lignin for enzymatic cellulose hydrolysis (64) Industrial Crops and Products. Elsevier, S 88–96. https://doi.org/10.1016/j.indcrop.2014.10.031

[3.5] Hallac BB, Ragauskas AJ (2011) Analyzing cellulose degree of polymerization and its relevancy to cellulosic ethanol 5(2) Biofuels, Bioproducts and Biorefining. Wiley, S 215–225. https://doi.org/10.1002/bbb.269

[3.6] Mirmohamadsadeghi S, Karimi K, Azarbaijani R et al (2021) Pretreatment of lignocelluloses for enhanced biogas production: A review on influencing mechanisms and the importance of microbial diversity (135) Renewable and Sustainable Energy Reviews. Elsevier, S 110173. https://doi.org/10.1016/j.rser.2020.110173

[3.7] Vasić K, Knez Ž, Leitgeb M (2021) Bioethanol Production by Enzymatic Hydrolysis from Different Lignocellulosic Sources 26(3) Molecules. MDPI, 753.

[3.8] Cantero D, Jara R, Navarrete A, et al (2019) Pretreatment Processes of Biomass for Biorefineries: Current Status and Prospects (10) Annual review of chemical and biomolecular engineering, S 289–310. https://doi.org/10.1146/annurev-chembioeng-060718-030354

[3.9] Chundawat SPS, Venkatesh B, Dale BE (2007) Effect of particle size based separation of milled corn stover on AFEX pretreatment and enzymatic digestibility 96(2) Biotechnology and bioengineering, S 219–231. https://doi.org/10.1002/bit.21132

[3.10] Shashidhar MG, Murthy TPK, Girish KG, Manohar B (2013) Grinding of Coriander Seeds: Modeling of Particle Size Distribution and Energy Studies 31(5) Particulate Science and Technology, S 449–457. https://doi.org/10.1080/02726351.2013.772546

[3.11] Atelge, MR, Atabani AE, Banu JR, et al (2020) A critical review of pretreatment technologies to enhance anaerobic digestion and energy recovery (270) Fuel. Elsevier, 117494. https://doi.org/10.1016/j.fuel.2020.117494

[3.12] Loow Y-L, Wu TY, Yang GH, et al (2016) Role of energy irradiation in aiding pretreatment of lignocellulosic biomass for improving reducing sugar recovery 23(5) Cellulose. Springer, S 2761–2789. https://doi.org/10.1007/s10570-016-1023-x

[3.13] Hassan SS, Williams GA, Jaiswal AK (2018) Emerging technologies for the pretreatment of lignocellulosic biomass (262) Bioresource technology. Elsevier, S 310–318. https://doi.org/10.1016/j.biortech.2018.04.099

[3.14] Singh R, Krishna BB, Kumar J, et al. (2016) Opportunities for utilization of non-conventional energy sources for biomass pretreatment (199) Bioresource technology. Elsevier, S 398–407. https://doi.org/10.1016/j.biortech.2015.08.117

[3.15] Bhutto AW, Qureshi K, Harijan K, et al (2017) Insight into progress in pre-treatment of lignocellulosic biomass (122) Energy. Elsevier, S 724–745. https://doi.org/10.1016/j.energy.2017.01.005

[3.16] Wyman CE (Hrsg) (1996) Handbook on bioethanol. Production and utilization. Applied energy technology series. Taylor & Francis.

[3.17] Jaeger K-E, Liese A, Syldatk C (2018) Einführung in die Enzymtechnologie. Springer. https://doi.org/10.1007/978-3-662-57619-9

[3.18] Jędrzejczyk M, Soszka E, Czapnik M, Ruppert AM, Grams J (2019) Physical and chemical pretreatment of lignocellulosic biomass. In: Second and Third Generation of Feedstocks. Elsevier, S 143–196. https://doi.org/10.1016/B978-0-12-815162-4.00006-9

[3.19] Rezania S, Oryani B, Cho J, et al (2020) Different pretreatment technologies of lignocellulosic biomass for bioethanol production: An overview (199) Energy. Elsevier, 117457. https://doi.org/10.1016/j.energy.2020.117457

[3.20] Kim JS, Lee YY, Kim TH (2016) A review on alkaline pretreatment technology for bioconversion of lignocellulosic biomass (199) Bioresource technology. Elsevier, S 42–48. https://doi.org/10.1016/j.biortech.2015.08.085

[3.21] Liu Z-H, Ragauskas A (2021) Emerging Technologies for Biorefineries, Biofuels, and Value-Added Commodities. Springer. https://doi.org/10.1007/978-3-030-65584-6

[3.22] Halder P, Kundu S, Patel S, et al (2019) Progress on the pre-treatment of lignocellulosic biomass employing ionic liquids (105) Renewable and Sustainable Energy Reviews. Elsevier, S 268–292. https://doi.org/10.1016/j.rser.2019.01.052

[3.23] Zhang Q, Hu J, Lee D-J (2017) Pretreatment of biomass using ionic liquids: Research updates (111) Renewable Energy. Elsevier, S 77–84. https://doi.org/10.1016/j.renene.2017.03.093

[3.24] Satlewal A, Agrawal R, Bhagia S, Sangoro J, Ragauskas AJ (2018) Natural deep eutectic solvents for lignocellulosic biomass pretreatment: Recent developments, challenges and novel opportunities 36(8) Biotechnology advances. Elsevier, S 2032–2050. https://doi.org/10.1016/j.biotechadv.2018.08.009

[3.25] Isci A, Kaltschmitt M (2022) Recovery and recycling of deep eutectic solvents in biomass conversions: a review (12) Biomass Conversion and Biorefinery. Springer, S 197–226. https://doi.org/10.1007/s13399-021-01860-9

[3.26] Branco RHR, Serafim LS, Xavier AMRB (2019) Second Generation Bioethanol Production: On the Use of Pulp and Paper Industry Wastes as Feedstock 5(1) Fermentation. MDPI, S 4. https://doi.org/10.3390/fermentation5010004

[3.27] Behr A, Agar DW, Jörissen J (2010) Einführung in die Technische Chemie. Spektrum Akademischer Verlag. https://doi.org/10.1007/978-3-8274-2195-1

[3.28] Zabed HM, Akter S, Yun J, et al (2019) Recent advances in biological pretreatment of microalgae and lignocellulosic biomass for biofuel production (105) Renewable and Sustainable Energy Reviews. Elsevier, S 105–128. https://doi.org/10.1016/j.rser.2019.01.048

[3.29] Bai M-D, Chen C-Y, Lu W-C, et al (2015) Enhancing the oil extraction efficiency of Chlorella vulgaris with cell-disruptive pretreatment using active extracellular substances from Bacillus thuringiensis ITRI-G1 (101) Biochemical Engineering Journal. S 185–190. https://doi.org/10.1016/j.bej.2015.05.020

[3.30] Kissel R, Henkelmann G, Seidel J, Koch K, Dollhofer V, Lebuhn M (2019) Substrataufbereitung – Zur Verbesserung des Abbaus faserreicher Biomasse. Fachinformation, ALB Bayern eV.

[3.31] Hosseini KE, Dahadha S, Bazyar LAA, Azizi A, Elbeshbishy, E (2019) Enzymatic pretreatment of lignocellulosic biomass for enhanced biomethane production – A review (233) Journal of environmental management. Elsevier, S 774–784. https://doi.org/10.1016/j.jenvman.2018.09.106

[3.32] Chmiel H (2011) Bioprozesstechnik. Spektrum Akademischer Verlag. https://doi.org/10.1007/978-3-662-54042-8

[3.33] Hug LA, Baker BJ, Anantharaman K, et al (2016) A new view of the tree of life (1) Nature microbiology, 16048. https://doi.org/10.1038/nmicrobiol.2016.48

[3.34] Fritsche O (2016) Mikrobiologie. Springer. https://doi.org/10.1007/978-3-662-49729-6

[3.35] Sahm H, Antranikian G, Stahmann K-P, Takors R (2013) Industrielle Mikrobiologie. Springer. https://doi.org/10.1007/978-3-8274-3040-3

Bioethanolerzeugung

4

Arne Gröngröft, Gabriel Costa de Paiva, Anton Friedl, Angela Miltner, Andreas Zimmermann und Martin Kaltschmitt

Ethanol, als der global am meisten erzeugte Alkohol, ist eine energiereiche chemische Verbindung, die sehr vielfältig eingesetzt werden kann und wird; die Bandbreite der Möglichkeiten reicht vom Einsatz als Trinkalkohol über chemische und pharmazeutische Anwendungen bis zum Einsatz als Kraftstoff bzw. Kraftstoffzusatz beispielsweise zu fossilem Ottokraftstoff für die Mobilität oder als Ausgangsstoff für die Herstellung von Sustainable Aviation Fuel (SAF) durch sogenannte Alcohol-to-Jet-Verfahren. Obwohl Ethanol auch aus fossilen Energieträgern über Ethen hergestellt werden kann, wird er weltweit hauptsächlich aus biogenen Rohstoffen über eine biochemische Fermentation produziert.

Als Bezeichnung sind neben Ethanol auch Bioethanol, Äthanol und – umgangssprachlich – Alkohol als Vereinfachung von Ethylalkohol in Verwendung. Die Bezeichnung Bioethanol hat sich insbesondere für den Einsatz im Verkehrssektor als Beimischkomponente zu fossilem Ottokraftstoff durchgesetzt.

Ethanol hat die Summenformel C_2H_6O bzw. die Halbstrukturformel C_2H_5OH und gehört aufgrund der Anwesenheit der Hydroxygruppe (–OH) in die chemische Stoffklasse der Alkohole. Weitere bekannte Vertreter von Alkoholen, die durch Fermentation hergestellt werden können, sind u. a. Butanol, Isopropanol und 2,3-Butandiol (Kapitel 6, Band 3).

Bei der Ethanolproduktion sind mehrere Verfahrensschritte in Abhängigkeit des jeweils eingesetzten biogenen Ausgangsmaterials erforderlich. Für die Ethanolherstellung eignen sich beispielsweise Rohstoffe, die einen hohen Anteil an Kohlenhydraten enthalten und sich (einfach) zu unmittelbar vergärbaren Zuckerlösungen verarbeiten lassen. Dies ist insbesondere bei den zuckerhaltigen Pflanzen der Fall, aus denen sich eine Zuckerlösung verhältnismäßig einfach durch ein Auspressen und / oder eine Extraktion gewinnen lässt. Auch Stärke aus Getreide und anderen stärkehaltigen Pflanzen lässt sich relativ ein-

Arne Gröngröft, Gabriel Costa de Paiva, Leipzig, Deutschland
Anton Friedl, Angela Miltner, Wien, Österreich
Andreas Zimmermann, Martin Kaltschmitt, Hamburg, Deutschland

M. Kaltschmitt, M. Scherzinger, J. Gescher (Hrsg.), *Energie aus Biomasse*, Energie aus Biomasse 3, https://doi.org/10.1007/978-3-658-41386-6_4

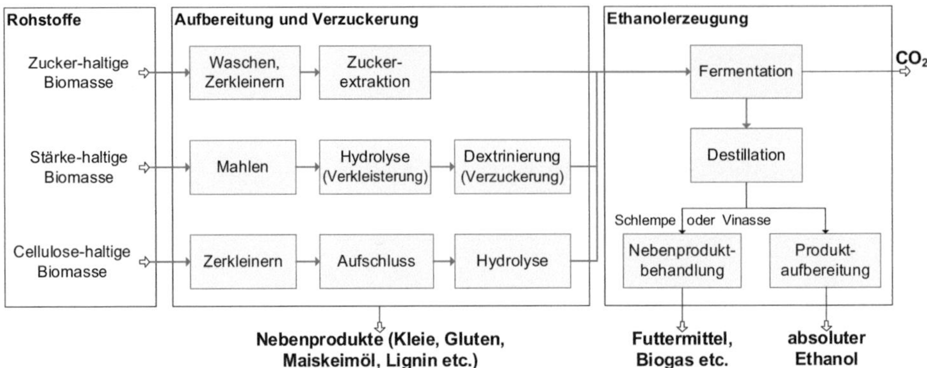

Abb. 4.1 Verfahrensschritte vom Rohstoff bis zum Ethanol bei der alkoholischen Fermentation für unterschiedliche Arten von Rohstoffen

fach und effizient durch den Einsatz von Enzymen zu Zucker umwandeln. Daher wurden für diese beiden Rohstoffklassen Herstellungsverfahren entwickelt, bei denen auf Jahrhunderte alten Erfahrungen aus der Trinkalkoholherstellung aufgebaut werden konnte. Aufwändiger, aber auch möglich ist der Einsatz von Lignocellulose-haltigen Rohstoffen für die Ethanolherstellung. Lignocellulose enthält einen erheblichen Anteil an Kohlenhydraten wie Cellulose und Hemicellulose. Diese sind jedoch aufgrund ihres molekularen Aufbaus und im Strukturverbund mit Lignin sehr gut gegen eine Auflösung und einen Abbau zu Zuckermonomeren geschützt. Daher bedarf es einer intensiven Vorbehandlung / eines Aufschlusses der Lignocellulose, um diese zu vergärbaren Zuckerlösungen verarbeiten zu können (zur Beschreibung der biogenen Rohstoffe und deren Eigenschaften siehe Kapitel 2 und 4, Band 1, sowie Kapitel 2, Band 3).

Aus den biogenen Rohstoffen muss damit zunächst eine vergärbare Zuckerlösung hergestellt werden. Die dazu notwendigen Schritte Rohstoffreinigung, -aufbereitung und ggf. -hydrolyse werden auch als „Upstream Processing“ bezeichnet. Darauf folgt die eigentliche alkoholische Gärung (auch als Fermentation bezeichnet), in welcher Mikroorganismen (meistens Hefen) die Zuckerlösung in Alkohol und Kohlenstoffdioxid (CO_2) umwandeln. Nach dieser alkoholischen Gärung folgt dann das „Downstream Processing“ mit Destillation, Rektifikation und Absolutierung zur Herstellung von reinem Ethanol. Zudem fällt bei der Destillation Schlempe (bei stärkehaltigen Rohstoffen) oder Vinasse (bei zuckerhaltigen Rohstoffen) als Destillationsrückstand an. Diese Rückstände werden zu mengenmäßig und wirtschaftlich wichtigen Nebenprodukten weiterverarbeitet bzw. aufbereitet. Abbildung 4.1 zeigt diese einzelnen Verfahrensschritte beispielhaft für Zucker-, Stärke- und Cellulose-haltige Biomasse. Nachfolgend werden die einzelnen Verfahrensschritte und unterschiedliche Möglichkeiten zu deren Ausgestaltung erläutert.

Vor diesem Hintergrund ist es das Ziel der folgenden Ausführungen, die Grundlagen und Verfahren der Ethanolerzeugung aus organischen Ausgangsmaterialien darzustellen und zu diskutieren. Hier wird sowohl auf die heute schon vorhandenen Prozesse (d. h.

Erzeugung von Ethanol aus Zucker oder Stärke, z. T. auch als Verfahren oder Kraftstoff der 1. Generation bezeichnet) als auch auf Verfahren auf der Basis von Lignocellulose (z. T. auch als Verfahren oder Kraftstoff der 2. oder nächsten Generation bezeichnet) eingegangen. Dabei folgen die nachfolgenden Darstellungen dem Prozessverlauf, wie er in Abbildung 4.1 dargestellt ist.

4.1 Rohstoffaufbereitung und -verzuckerung

Ziel der folgenden Ausführungen ist die Darstellung des Upstream Processing, über welches aus den verwendeten biogenen Rohstoffen zunächst eine vergärbare Zuckerlösung gewonnen wird. Dazu wird detailliert auf die verschiedenen Verfahren, die für die unterschiedlichen Rohstoffe (d. h. Zucker-, Stärke- und Lignocellulose-haltige Biomasse) angewendet werden, eingegangen.

4.1.1 Zuckerhaltige Rohstoffe

Nachfolgend wird auf die Reinigung und Aufbereitung zuckerhaltiger Rohstoffe eingegangen. Dabei wird unterschieden zwischen den beiden wichtigsten Zuckerpflanzen (Kapitel 4, Band 1), die weltweit angebaut werden, nämlich den Zuckerrüben und dem Zuckerrohr; nur diese beiden pflanzlichen Rohstoffe werden hier exemplarisch vertieft betrachtet.

Zuckerrüben. Die Zuckerrübenverarbeitung erfolgt prinzipiell durch eine Abfolge von Wäsche, Extraktion des Zuckers aus der Rübe, Reinigung und Aufkonzentration des Saftes. An unterschiedlichen Stellen dieser Verarbeitungskette kann vergärbarer Zuckersaft für die Ethanolerzeugung entnommen werden (Abb. 4.2). Die einzelnen Verfahrensschritte werden im Folgenden erläutert.

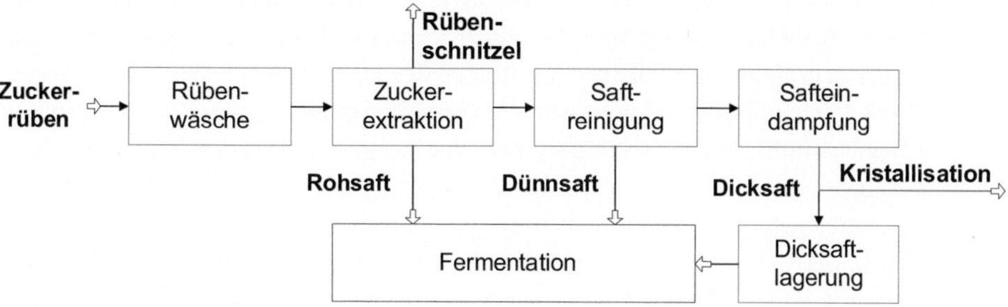

Abb. 4.2 Verfahrensschritte zur Herstellung von zuckerhaltigen Substraten aus Zuckerrüben

Nach der Anlieferung müssen die Zuckerrüben, an denen i. Allg. rund 15 Gew.-% Erde anhaften, zunächst gereinigt werden. Sie werden deshalb vom Anlieferungsbunker aus zuerst in einer Schwemmrinne zur Rübenwäsche gefördert. Dabei werden die Rüben häufig schon mit einem Wasserstrahl aus einem Strahlrohr abgespritzt bzw. mithilfe von Waschwasser transportiert. Zusätzlich dazu sind auch Abscheider für Steine und Rübenblätter vorhanden.

Die derart gewaschenen Zuckerrüben werden dann in einer Trommelschneidmaschine in Schnitzel zerkleinert. Im Anschluss daran wird mithilfe von ca. 70 °C heißem Wasser den Schnitzeln in Extraktionstürmen der Zucker im Gegenstrom entzogen. Dadurch wird der sogenannte Rohsaft mit ca. 16 % Zuckergehalt und etwa 2 % Begleitstoffen gewonnen. Die Schnitzel werden nach dieser Extraktion ausgepresst, getrocknet und können u. a. als Tierfutter oder als Biogassubstrat verwendet werden. Nun wird in der sogenannten Carbonatisierung durch die Zugabe von Kalkmilch und Kohlenstoffdioxid der Rohsaft von unerwünschten Begleitstoffen gereinigt. Dadurch können 30 bis 40 % der unerwünschten Begleitstoffe abgetrennt werden. Der so gewonnene klare und hellgelbe Dünnsaft wird danach in einer mehrstufigen Eindampfung aufkonzentriert (d. h., das Wasser wird stufenweise abgetrennt). Das Produkt dieses Prozesses ist ein Dicksaft mit etwa 63 bis 65 % Zucker und 4 bis 5 % Verunreinigungen. Diese Dicksaftherstellung ist aufgrund des Verdampfungsprozesses zum Wasserentzug energieintensiv. Sie ist aber für die Herstellung von kristallinem Zucker erforderlich und ermöglicht es zudem, dass Dicksaft über eine längere Zeit gelagert werden kann ohne die Gefahr, dass es zu ungewolltem Abbau durch Mikroorganismen kommt. Dies ermöglicht es beispielsweise, die Ethanolanlage über die Zeitspanne der Rübenkampagne hinaus zu betreiben.

Zuckerrohr. Vor bzw. bei der Ernte des Zuckerrohres werden zunächst die Blätter der Zuckerrohrpflanze entfernt. Traditionell wurde dies durch Abbrennen erreicht; dies ist aber u. a. aus Umweltschutzgründen immer weniger erwünscht und deshalb werden die trockenen Blätter im unteren Bereich des Zuckerrohres und die meist noch grünen Blätter im oberen Bereich/am oberen Ende des Zuckerrohrstängels heute mithilfe einer mechanischen Blattabtrennung durch die Erntemaschinen entfernt; sie verbleiben traditionell auf der Anbaufläche. Mittlerweile ist es aber z. B. in Brasilien auch üblich, das Zuckerrohr ohne eine vorherige Verbrennung der abgetrockneten Blattmasse zu ernten; die nach der Ernte auf dem Feld zurückbleibenden Blätter werden gesammelt und zu Ballen gepresst. Diese können dann gemeinsam mit anderen Nebenprodukten / Rückständen wie z. B. der Bagasse in Biomasse-Heizkraftwerken zur Strom- und Wärmebereitstellung verbrannt werden.

Für die Ernte stehen im Wesentlichen zwei Varianten von Erntemaschinen zur Verfügung: Entweder wird das Zuckerrohr kurz über dem Boden geschnitten und als lange Stange transportiert oder die Stängel werden bereits bei der Ernte in kleine Teile zerhackt. Die letztere Option ist mit einer einfacheren Handhabung und Vorteilen beim Transport verbunden und verringert außerdem die in der Anlage benötigte Schredderkapazität.

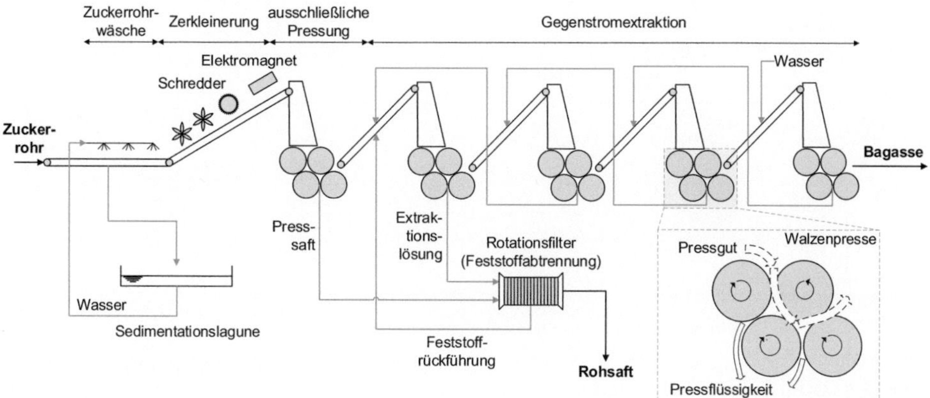

Abb. 4.3 Verfahrensschritte zur Herstellung des zuckerhaltigen Substrats aus Zuckerohr (u. a. nach [4.1])

Die zu verarbeitenden Zuckerrohrhalme oder das Häckselgut werden in der das Zuckerrohr verarbeitenden Anlage zunächst gewaschen, um Verunreinigungen zu entfernen. Das Waschwasser wird in eine Dekantierlagune geleitet, in der sich die Verunreinigungen (vor allem mitgeführter Sand und Staub) absetzen; das so von Schwebstoffen gereinigte Wasser wird wiederverwendet, damit der Frischwasserbedarf verringert werden kann. Alternativ dazu kann das Zuckerrohr auch mit Druckluft gereinigt werden.

Anschließend wird das zuckerhaltige biogene Material (weiter) zerkleinert. Danach ist eine Metallabscheidung mittels eines Magnetabscheiders obligatorisch, um die nachfolgende Anlage vor Zerstörung durch metallische Objekte (z. B. Maschinenteile, Werkzeuge) zu schützen, die mitunter im geernteten Zuckerrohr mitgeführt werden können.

Für die nachfolgende Gewinnung des Zuckersaftes gibt es unterschiedliche Möglichkeiten. Weit verbreitet ist der Einsatz von Walzenpressen, mit denen der zuckerhaltige Saft aus den Halmen gepresst wird. Im Vergleich dazu höhere Zuckerausbeuten sind durch ein mehrstufiges Extraktionsverfahren zu erzielen. Das Zuckerrohr durchläuft dazu eine Kaskade von Walzen, in denen es zerkleinert und ausgepresst wird (Abb. 4.3). Eine derartige Walzenkaskade besteht beispielsweise aus Einheiten mit je drei Walzen, die mit einem minimalen Abstand eingestellt werden, und einer oder zwei Zusatzwalzen, die zusätzlichen Druck ausüben. Die Höhe des in die Walzen einlaufenden Zuckerrohrs und der ausgeübte Druck werden während des Pressens laufend kontrolliert. Zwischen den einzelnen Walzschritten wird der Zucker aus dem Material mit im Gegenstrom geführtem warmem Wasser (60 bis 80 °C) ausgewaschen. Die erste Walze extrahiert dabei einen großen Teil des Zuckersaftes (50 bis 70 %) und der extrahierte Saft verlässt direkt den Prozess. Das beladene Wasser, das im Gegenstrom geführt wird, wird dem Prozess in der zweiten Walze entzogen. Die Mischung der beiden Ströme ergibt den sogenannten Rohsaft. Die Menge des zugeführten Frischwassers hängt dabei von der Gesamtmenge der Zuckerrückgewinnung ab und wird auf Grundlage der Verdampfungskapazität der nachgeschalteten Anlage und weiteren wirtschaftlichen Faktoren festgelegt.

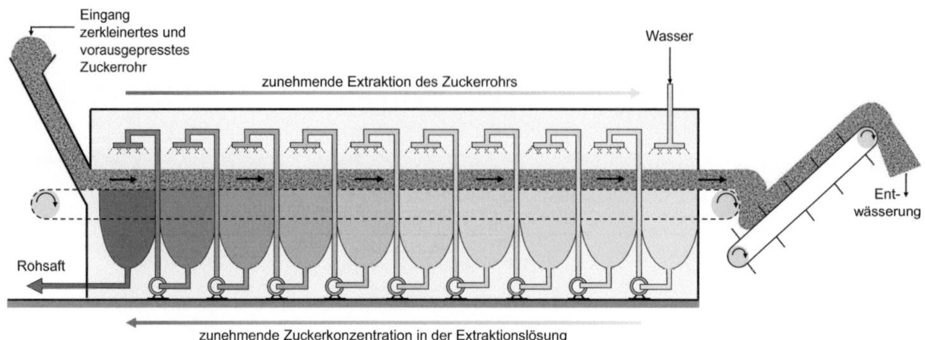

Abb. 4.4 Diffuseur für die Extraktion von Zucker aus zerkleinertem und vorausgepresstem Zuckerrohr (nach [4.4])

Bevor dieser Rohsaft dann in die eigentliche Zuckerfabrik gelangt, werden in einem mechanischen Rotationsfilter noch mitgeführte feine Fasern entfernt. Damit entstehen beim Pressen oder Extrahieren des Zuckerrohrs zwei Hauptfraktionen: eine vergärbare Zuckerlösung und die faserigen Rückstände des Zuckerrohrs, die als Bagasse bezeichnet werden. Bagasse wird in der Regel zur Bereitstellung von Prozesswärme und Strom in einem Biomasse-Heizkraftwerk verbrannt, das typischerweise unmittelbar mit der Anlage gekoppelt ist und die benötigte Prozessenergie bereitstellt [4.2], [4.3].

Darüber hinaus können zur Extraktion von Zuckersaft auch sogenannte Diffuseure eingesetzt werden. In derartigen Apparaten wird der Zucker vor allem durch Diffusion im Gegenstrom mit warmem Wasser aus dem zerkleinerten Zuckerrohr oder der vorausgepressten Bagasse aus der ersten Mühle gewonnen. Dazu wird ein Bett des Materials von Kammer zu Kammer durch einen Förderer transportiert (Abb. 4.4). Das Wasser wird am Abwurfende des Förderers mit ca. 80 °C zugeführt und sickert durch das Bagassebett und die perforierten Lamellen des Förderers. Das Wasser löst so den Zucker aus der Bagasse und der entstehende Dünnsaft wird in einem entsprechenden Auffangbehälter gesammelt. Dieser Dünnsaft wird in die nächste Kammer gepumpt und der Vorgang so lange wiederholt, bis der Saft die maximale Konzentration am Einlassende des Diffuseurs erreicht hat. Die ausgelaugte Bagasse enthält nach dem Diffuseur noch viel Flüssigkeit und muss in einem nachgelagerten Schritt entwässert werden, damit sie für die Verbrennung eingesetzt werden kann. Derartige Diffuseure können Extraktionseffizienzen von bis zu 98,5 % erreichen, verursachen weniger Wartungskosten (d. h., die Walzen verursachen die mit Abstand höchsten Wartungskosten in den Anlagen zur Zuckerrohrverarbeitung) und verbrauchen potenziell weniger mechanische Energie. Die Effizienz ist aber nur geringfügig höher als beim Einsatz von Walzenpressen und die Diffuseure erfordern viel Regelung und Überwachung, um in dem komplexen System von Kammern und Pumpen überall die Auslegungsparameter einzuhalten. Zudem wird mehr Wasser pro Zuckerrohr eingesetzt als beim Einsatz von Walzenkaskaden; dies führt zu einem erhöhten Trennaufwand (Dampfbedarf) in anderen Anlagenbereichen (z. B. Verdampfer, Bagasseentwässerung). Daher wurden bislang nur wenige industrielle Anlagen mit dieser Technologie gebaut.

4.1.2 Stärkehaltige Rohstoffe

Nach der Rohstoffannahme und -einlagerung müssen die stärkehaltigen Rohstoffe (Kapitel 4, Band 1, und Kapitel 2, Band 3) verzuckert werden.

Bei der Rohstoffannahme am Produktionsstandort wird das angelieferte Getreide zumeist mittels Nahinfrarotspektrometer (NIR) und Laborschnelltests stichprobenartig auf Getreidefeuchte sowie Stärke- und Proteingehalt untersucht (Richtwerte vgl. Kapitel 2, Band 3); diese Indikatoren lassen Rückschlüsse über die erzielbaren Ethanolausbeuten zu.

Nach der Getreideannahme, z. B. über Bodeneinlässe, erfolgt zunächst die Reinigung des Getreides mit dem Ziel, Fremdmaterial wie Ähren- und Spelzenteile, Staub, Feinkorn, Steine und anderes unerwünschtes Material zu entfernen. Der Reinigungsprozess beinhaltet typischerweise Steinabscheider, Magnetabscheider, Siebe und pneumatische Reinigungen (Sichtung) [4.5], [4.6].

Danach erfolgt üblicherweise eine Zwischenlagerung des Rohstoffs, die dazu dient, einen durchgängigen Betrieb zu ermöglichen. Die Lagermengen sind demnach mindestens so bemessen, dass bei typischen Belieferungspausen, wie z. B. an Wochenenden oder Feiertagen, ein kontinuierlicher Betrieb sichergestellt werden kann. Häufig wird die benötigte Lagerkapazität mit mehreren Silos realisiert, um unterschiedliche Rohstoffe lagern zu können und flexibler in der Lagerhaltung zu sein. Während dieser Lagerung können sowohl der Befall mit Insekten, Schimmelpilzen und Bakterien als auch der Getreideauswuchs zum Verderb des Rohstoffs führen. Zur Vermeidung des damit verbundenen Qualitätsrückgangs des Getreides werden Konservierungsmethoden, wie z. B. die Belüftungstrocknung (Belüftung mit atmosphärischer Luft), Warmlufttrocknung (z. B. Durchlauftrocknung, Silotrocknung, Lagerbelüftungstrocknung) oder die Getreidekühlung angewendet [4.7]. Eine sichere Getreidelagerung ist gegeben, wenn das einzulagernde Getreide einen Feuchtegehalt von 14 % nicht übersteigt und die Luftfeuchte in der Lagerstätte nicht mehr als 75 % beträgt. Bei höheren Feuchtegehalten ist ein Verderb des Rohstoffs ohne zusätzliche Maßnahmen, wie Belüftung, nicht ausgeschlossen.

Das ein- bzw. zwischengelagerte Getreidekorn wird anschließend der Verarbeitung und damit der Verzuckerung zugeführt. Dabei werden die im Rohstoff enthaltenen Stärkeanteile (und damit die vergärbaren Inhaltsstoffe) aus dem Zellverband möglichst vollständig freigesetzt und in Zucker umgesetzt.

Ausgehend davon wird nachfolgend zunächst auf die Mahlprozesse und anschließend auf den Stärkeaufschluss eingegangen. Beide Prozessstufen (d. h. Mahlen und Aufschließen) sind eng miteinander verzahnt und nicht zwingend ist jede beliebige Verfahrenskombination möglich. Der Ablauf der nachfolgend beschriebenen Prozessschritte unterscheidet sich bei Bioethanolanlagen unterschiedlicher Größenklassen nur hinsichtlich der Betriebsweise (d. h. Batch-Betrieb oder kontinuierlicher Betrieb) und nicht hinsichtlich des Produktionsmaßstabs (d. h., auch bei großtechnischen Verfahren entspricht die Abfolge der Prozessschritte der beim kleinen oder mittleren Produktionsmaßstab). Jedoch ist bei großtechnischen Produktionsanlagen die energetische Optimierung einfacher; daraus resultiert ein geringerer spezifischer Energieaufwand für die Rohstoffhydrolyse und für alle Aufbereitungsschritte. Zusätzlich werden spezielle Varianten von Verzuckerungsverfahren wie die batchweise Einmaischung, das „Hohenheimer Dispergier-Maischverfahren" und der Stärkeaufschluss unter Druck vorgestellt.

Mahlprozesse. Die Verarbeitung von Getreide kann bei industriellen, großtechnischen Ethanolprozessen auf zwei Wegen erfolgen: dem Trocken- und dem Nassmahlprozess. Dabei führt beispielsweise bei Mais der Trockenmahlprozess zu geringeren Investitionen, aber auch zu kleineren Ethanolausbeuten im Vergleich zum Nassmahlprozess [4.8]. Beide Optionen unterscheiden sich in den technischen Möglichkeiten einer Wertstoffabtrennung vor der Fermentation, da das Getreidekorn neben der Stärke weitere vermarktbare Produkte (u. a. Protein, Fett, Zellwandmaterial, Fasern) enthält (Kapitel 2, Band 3). Nachfolgend werden die beiden Mahlprozesse vertieft dargestellt und diskutiert.

Trockenmahlprozess. Beim Trockenmahlprozess wird die direkte Verarbeitung des gesamten Getreidekorns in der Fermentation angestrebt; d. h., auch alle Begleitbestandteile des Getreides (d. h. die Nicht-Stärke-Komponenten) werden mitvergoren. Diese finden sich dann nach der alkoholischen Fermentation und der Ethanolabtrennung in der Schlempe wieder und können anschließend beispielsweise durch einen Separationsschritt, eine Eindampfung und eine Trocknung z. B. als Futtermittel (DDGS – Distillers Dried Grain with Solubles) gewonnen werden. Bei diesem Trockenmahlprozess gibt es auch spezielle Verfahrensvarianten, die eine Gewinnung von (werthaltigen) Nebenprodukten ermöglichen [4.9]; dies wird aufgrund der geringen Marktbedeutung hier aber nicht weitergehend diskutiert.

Nach einer Grobteilabscheidung als Sicherheitsschritt werden in Trockenmahlprozessen bei der industriellen Ethanolherstellung meist Hammermühlen (Kapitel 8, Band 1) zur Zerkleinerung der Getreidekörner eingesetzt (Abb. 4.5); alternativ dazu können auch Walzenstühle oder Rotormühlen Verwendung finden. Ein befriedigender Zerkleinerungsgrad wird in derartigen Mühlen mit einem 1 bis 1,5 mm-Sieb erreicht [4.10]. Wegen ihrer besseren Stabilität werden dabei meist Schlitzsiebe eingesetzt, obwohl sie zu einem deutlich schlechteren Mahlergebnis als Lochsiebe mit gleichem Durchmesser führen. Der typische Energiebedarf bei der Vermahlung von Getreide mit Hammermühlen liegt bei 50 bis 70 kWh/t. Dabei ist der Energiebedarf auch abhängig von der Getreideart; beispielsweise steigt er bei der Gerstenvermahlung aufgrund des höheren Spelzenanteils an. Hammermühlen haben einen signifikanten Verschleiß an den Hämmern und müssen ca. vier bis sechs Mal pro Jahr gewartet werden [4.11]. Auch muss die Mühle aus Sicherheitsgründen mit einer Staubabscheidung ausgerüstet werden.

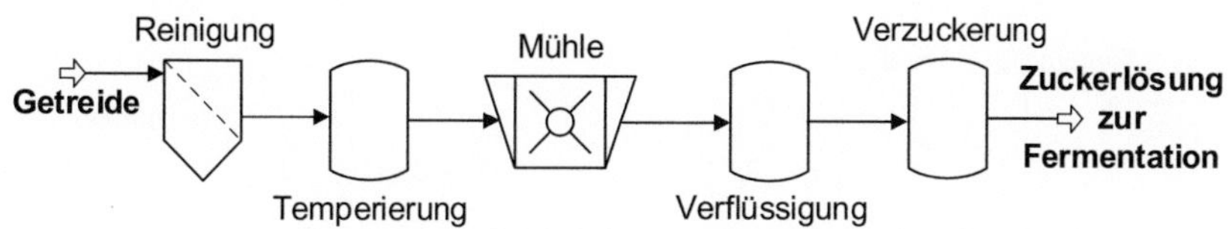

Abb. 4.5 Verfahrensschritte eines Trockenmahlprozesses einschließlich der Prozesse Verflüssigung und Verzuckerung

Das produzierte Mehl wird anschließend mit Wasser gemischt und dem Stärkeaufschluss durch Verflüssigung und Verzuckerung zugeführt. Die Abfolge der Prozessschritte ist in Abb. 4.5 dargestellt.

Nassmahlprozess. Beim Nassmahlprozess können die einzelnen Kornbestandteile (Stärke, Fette, Protein; Kapitel 2, Band 3) vor der Fermentation abgetrennt werden. Dadurch sind höherwertige Produkte (z. B. industriell nutzbare Stärke) herstellbar und die eigentliche Ethanolfermentation wird nur mit Stärke minderer Qualität betrieben. Daher werden Nassmahlverfahren zumeist zur Verarbeitung von Getreide eingesetzt, bei denen der Keimling, die Kleie und das Gluten abgetrennt werden sollen. Beispielsweise kann aus dem Weizenkorn Weizenkleie und das Weizenprotein in Form von Weizengluten gewonnen werden; bei den beim Mais damit gewinnbaren hochwertigen Produkten handelt es sich um Maiskeimöl und Maisgluten.

Bei der Verwendung des Nassmahlprozesses zur Getreidevorbehandlung wird nach der Reinigung das Korn in einem Quellschritt für etwa 30 h in einer etwas angesäuerten wässrigen Lösung bei einer Temperatur von etwa 50 °C gehalten (Abb. 4.6). Danach wird das Korn in einer Stiftmühle zerkleinert. Dabei wird das Mahlgut in das Zentrum zweier gegenläufig rotierender Stiftscheiben dosiert und durch Aufprall an den jeweiligen Mahlstiften zerkleinert. Durch gegenläufige Scheiben kommt es zu einer hohen Schergeschwindigkeit, die eine besonders intensive Beanspruchung des gequollenen Getreidekorns ermöglicht. Dabei werden die Kerne zerrissen und dadurch der Getreidekeim zugänglich gemacht. Die Abtrennung des Keims erfolgt in einer Serie von Hydrozyklonen. Der Getreidekeimling enthält Keimöl, welches als hochwertiges Nebenprodukt vermarktet werden kann.

Im Anschluss werden über Siebe die Faserstoffe abgetrennt. Diese abgetrennten Fasern werden vor der Trocknung noch zusätzlich gewaschen. Nach der Pressung (z. B. mittels Schraubenpresse) und Trocknung (z. B. mithilfe eines Rotationstrommeltrockners) mit dem Ziel der Wasserreduktion kann der faserhaltige Rohstoff mit einem Feuchtegehalt von ca. 10 % veräußert werden [4.11].

Danach wird die verbleibende Lösung mit Stärke und Protein mit Bogensieben und mehrstufigen Dichtetrennungen über Dekanter und Separatoren aufgetrennt. Bei der Nassseparation von Gluten und Stärke werden die Unterschiede dieser beiden Fraktionen in Bezug auf die Wasserlöslichkeit, die Partikelgröße und die Dichte ausgenutzt. Durch Hydratation mit Wasser agglomerieren die Glutenproteine. Sie bilden ein starkes, kohä-

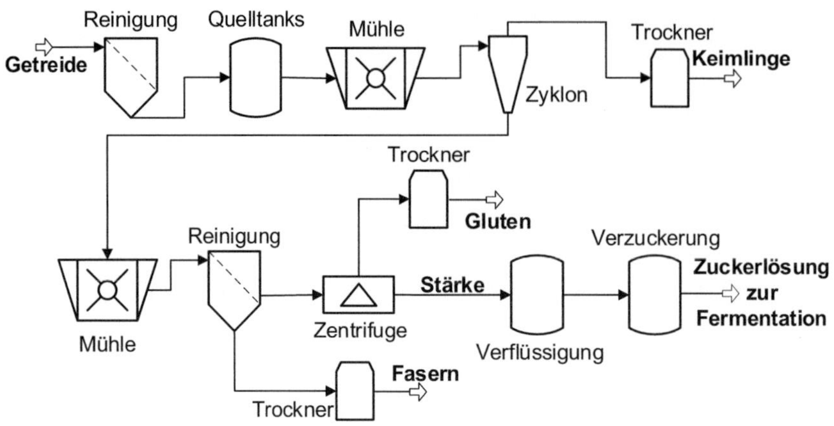

Abb. 4.6 Verfahrensschritte eines Nassmahlprozesses einschließlich der Prozesse Verflüssigung und Verzuckerung (nach [4.9])

sives, visco-elastisches (gummiartiges) Netzwerk aus; dadurch entsteht eine mit Gluten angereicherte feste Phase, während die Stärke weiterhin als flüssige Suspension vorliegt. Die Glutenproteine werden dabei durch Disulfidbindungen und sekundäre Bindungskräfte (wie Wasserstoff-, Ionen- oder andere nichtkovalente Bindungen) stabilisiert. Auch sind diese Proteine nach der Anfeuchtung größer und haben eine geringere Dichte als die Stärkemoleküle. Somit kann die Abtrennung der mit Gluten angereicherten Phase von der Stärke durch Separation (z. B. in einem Drei-Phasen-Dekanter) oder durch mehrstufige Siebung und Waschvorgänge (z. B. mittels Hydrozyklon-Waschung) erfolgen. Die abgeschiedene Eiweißfraktion (Gluten) wird anschließend in mehreren Schritten (z. B. mittels Vakuumbandfiltern und Ringtrocknern) auf einen Endfeuchtegehalt von ca. 10 % getrocknet. Die in der Lösung verbliebene Stärke kann jetzt dem Maischetank zur Verflüssigung und Verzuckerung zugeführt werden.

Stärkeabbau zu Zucker. Nach der Trockenmahlung wird das Getreidemehl mit Wasser zu einer sogenannten Maische vermengt. Bei der Nassmahlung wird die resultierende Stärkelösung als Maische bezeichnet. In beiden Fällen wird dieses Stärke-Wasser-Gemisch dem nachfolgenden Verflüssigungs- und Verzuckerungsprozess bzw. dem Stärkeaufschluss zugeführt.

Stärke, das Reserve-Kohlenhydrat von Pflanzen wie Getreide und Kartoffeln, ist ein Polysaccharid, das ausschließlich aus Glucose-Bausteinen aufgebaut ist. Sie kommt (α-1,4-glycosidisch verbunden) als unverzweigte Glucosekette in Form der Amylose und (α-1,6-glycosidisch verbunden) als verzweigte Glucosekette in Form des Amylopektins vor. Hierbei ist vor allem das Amylopektin für die starke Kleisterbildung von Stärke verantwortlich.

Stärke kann von Hefen nicht unmittelbar zu Ethanol vergoren werden. Um sie dennoch für eine Fermentation zugänglich zu machen, muss sie nicht nur – analog zum Zucker – aus dem Zellmaterial freigesetzt, sondern zusätzlich auch vor der Fermentation in vergärbare Zucker umgewandelt werden. Bei diesen Zuckern handelt es sich entweder um Glucose oder um Maltose, die aus zwei Glucose-Bausteinen aufgebaut ist.

Um im technischen Maßstab Stärke möglichst vollständig zu vergärbaren Zuckern abzubauen, wird sie einer Kombination von erhöhten Temperaturen und Enzymen ausgesetzt. Beim Erhitzen von Stärke mit Wasser nehmen die Stärkekörner Wasser auf; sie werden dadurch gelöst und bilden einen Kleister. Je nach Getreideart liegen die optimalen Verkleisterungstemperaturen im Bereich von 53 bis 70 °C [4.11]. Dieser Vorgang der Verkleisterung ist wesentlich, da nur verkleisterte Stärke mit Enzymen schnell abgebaut werden kann. Dabei sind zwei Gruppen von Stärke abbauenden (amylolytischen) Enzymen erforderlich. Die erste Gruppe umfasst die „verflüssigenden" α-Amylasen und die zweite Gruppe die „verzuckernden" Glucoamylasen und β-Amylasen; d. h., beim Stärkeabbau wird zunächst die Stärke verflüssigt und anschließend verzuckert.

Nachfolgend werden verschiedene technische Möglichkeiten der Stärkeverflüssigung und -verzuckerung dargestellt. In der industriellen Bioethanolproduktion werden vor allem die enzymatischen Verfahren zur Verflüssigung und Verzuckerung eingesetzt. In der Herstellung von Trinkalkohol werden teilweise auch noch traditionelle Verfahren wie die Verzuckerung durch Malz oder Autoamylolyse oder spezielle Maischprozesse eingesetzt, die im Anschluss vorgestellt werden.

Generell ist dabei zu beachten, dass großindustrielle Ethanolanlagen schon bei der Planung auf eine möglichst hohe Energieeffizienz ausgelegt werden; dies kann u. a. durch eine umfängliche Ausnutzung aller verfügbaren Wärmerückgewinnungsmöglichkeiten erreicht werden. Eine weitere Prozessoptimierung ist durch eine direkte Schlempenutzung (d. h. Schlemperückführung) möglich. Dazu wird die Schlempe, die aus der Destillation entnommen wird, mit einem Dekanter von Feststoffen befreit und danach in einem isolierten Tank zwischengelagert. Sie darf dabei an keiner Stelle dieses Schlempetanks unter 80 °C abkühlen. Bei dieser Lagerung erfolgt nun eine rasche Sedimentation der Feststoffe in der Schlempe und es trennen sich Dick- und Dünnschlempe. Während von der anfallenden Originalschlempe bis zu 25 % direkt in den Prozess zurückgeführt werden können, kann diese Schlempe-Recyclingrate bei der Verwendung eines Sedimentationstanks und der Verwendung nur der Dünnschlempe im Prozess bei der Verarbeitung beispielsweise von Mais als Stärketräger auf bis zu 75 % gesteigert werden. Bei Weizen und Triticale als Inputmaterial sind Schlempe-Recyclingraten von bis zu 60 % möglich. Dies bedeutet in der Praxis, dass der Maischprozess bei der Verarbeitung von Weizen oder Triticale praktisch ohne weitere Zufuhr thermischer Energie durchgeführt werden kann und der Bedarf an Frischwasser erheblich gesenkt wird [4.12].

Enzymatische Stärkeverflüssigung. Die in technischen Prozessen eingesetzten Verflüssigungsenzyme sind praktisch alle α-Amylasen (α-1,4-Glucan-4-Glucanohydrolase), welche die 1,4-Bindungen der Stärke in Amylose und Amylopektin spalten. Die im Amylopektin enthaltenen α-1,6-Bindungen werden jedoch nicht hydrolysiert. α-Amylase ist ein Endo-Enzym. Dies bedeutet, dass es Bindungen in polymeren Substraten im Innern der Moleküle spalten kann. Im Stärke-Makromolekül werden also willkürlich alle α-1,4-Bindungen angegriffen. Lediglich die α-1,4-Bindungen, die sich an den Kettenenden und in der Nachbarschaft von α-1,6-Bindungen der Stärke-Makromoleküle befinden, werden sehr viel langsamer angegriffen. Dadurch werden die Makromoleküle der Stärke sehr schnell in Oligosaccharide mit einem Polymerisationsgrad von 7 bis 10 Glucose-Einheiten zerlegt; dies macht sich technologisch in einer raschen und deutlichen Senkung der Maischeviskositäten bemerkbar.

In der Praxis werden unterschiedliche α-Amylase-Präparate eingesetzt, die sich in ihrer Wirkungsweise je nach Herkunft des Enzyms unterscheiden:

- Thermostabile α-Amylase aus *Bacillus licheniformis* hat unter technologischen Bedingungen ein pH-Optimum zwischen 6,2 und 7,5. Bei pH-Werten unterhalb von 5,6 kommt es zu einem rapiden Absinken der Enzymaktivität. Das Temperaturoptimum liegt bei 80 bis 85 °C; es kann jedoch auch bei Temperaturen bis zu 105 °C eingesetzt werden, wo es zeitlich begrenzt durchaus sehr hohe Aktivitäten aufweist. Je höher die Temperatur gewählt wird, desto schneller wird das Enzym inaktiviert.
- Bei der Verarbeitung von Weizen und Roggen ist der Einsatz von Bakterien-α-Amylase aus *Bacillus subtilis* weit verbreitet. Dieser Biokatalysator weist ein Temperaturoptimum von 65 °C und ein pH-Optimum von 5,8 bis 6,8 auf. Ein Einsatz ist für kurze Zeit auch bis 75 °C möglich. Für die Verflüssigung von Mais- bzw. Kartoffelstärke ist er jedoch nicht geeignet, da die Stärke dieser Rohstoffe erst oberhalb von 80 °C (Mais) bzw. 90 °C (Kartoffeln) vollständig verkleistert werden kann. Dieses Enzym hat zudem die ungünstige Eigenschaft, beim Angriff auf das Stärke-Makromolekül einen relativ hohen Anteil an sogenannten α-Grenzdextrinen zu bilden. Diese Grenzdextrine enthalten meist mehrere durch α-1,6-Bindungen verursachte Verzweigungen und werden vom Enzym dann nicht weiter angegriffen. Außerdem sind diese Grenzdextrine im weiteren Verlauf des Stärkeabbaus auch für die üblicherweise eingesetzten verzuckernden Glucoamylasen nur sehr langsam angreifbar. Dies führt letztlich dazu, dass auch in der vergorenen Maische nicht abgebaute und nicht vergorene Grenzdextrine verbleiben.
- Ein weiteres Verflüssigungsenzympräparat stellt die Bakterien-α-Amylase aus *Bacillus stearothermophilus* dar. Dieses Enzym ist in seiner Wirkung der *Bacillus licheniformis*-α-Amylase vergleichbar, zeichnet sich jedoch durch ein deutlich niedrigeres pH-Optimum von 5,0 bis 5,5 aus. Es ist bis zu 85 °C temperaturstabil; bei höheren Temperaturen kommt es zu einer raschen Inaktivierung. Dieses Enzym bewirkt eine besonders ausgeprägte Senkung der Maischeviskositäten; für die Verflüssigung von Kartoffelmaischen ist es allerdings nicht geeignet.
- Ebenfalls zu den Verflüssigungsenzymen wird auch die aus einem Schimmelpilz gewonnene Fungal-α-Amylase aus *Aspergillus oryzae* gezählt. Aufgrund seiner Herkunft zeigt dieses Enzym ein Temperaturoptimum bei etwa 50 bis 57 °C. Das pH-Optimum liegt zwischen 5,0 und 6,0; es weist jedoch bei einem pH-Wert von 4,5 immer noch

50 % der maximalen Aktivität auf. Es wird den zu verarbeitenden Maischen daher meist erst zur Verzuckerung zugegeben, um einerseits auch während der Verzuckerungsphase noch eine spürbare viskositätssenkende Wirkung und andererseits auf diese Weise auch zum Beginn der Fermentation noch eine ausreichend dextrinierende Wirkung in den Maischen aufrechtzuerhalten [4.12]–[4.15].

Enzymatische Stärkeverzuckerung. Der geschilderte Angriff der α-Amylasen auf Stärke führt in den verflüssigten Maischen nur zu geringen Mengen an vergärbaren Zuckern. Die bei der Verflüssigung im Wesentlichen gebildeten Dextrine müssen daher einem weitergehenden enzymatischen Abbau durch Glucoamylase unterworfen werden. Glucoamylase ist ein Exo-Enzym, das die Stärkemoleküle von den nicht reduzierenden Enden her angreift und entlang der Glucoseketten aus diesen Glucose freisetzt. Dieses Enzym kann zudem nicht nur die α-1,4-Bindungen, sondern auch α-1,6- und α-1,3-Bindungen hydrolysieren. Je größer die Moleküle sind, desto schneller werden sie von Glucoamylase abgebaut.

Für diesen Zweck wird meist Glucoamylase aus *Aspergillus niger* verwendet, das ein Temperaturoptimum von etwa 60 °C und ein pH-Optimum von 3,4 bis 5,0 aufweist. Damit ist dieses Enzym unter den Bedingungen der Fermentation völlig stabil. Mehrfach verzweigte Dextrine werden jedoch nur sehr langsam abgebaut.

Eine Alternative besteht im Einsatz von Glucoamylase aus *Rhizopus spez.* Dieses Enzym hat ein Temperaturoptimum von 40 °C und kann unter praxisüblichen Bedingungen problemlos bis 55 °C eingesetzt werden. Das pH-Optimum liegt bei 3,4 bis 5,0. Diese Glucoamylase weist zusätzlich eine das Stärkemolekül entzweigende Aktivität auf, die zu einem praktisch vollständigen Abbau auch von Grenzdextrinen führt und damit den vollständigen Abbau der Stärke zu vergärbaren Zuckern sicherstellt.

Während zur Maischeverflüssigung meist nur ein einziges Enzympräparat eingesetzt wird, ist dies bei der Verzuckerung nicht sinnvoll. Die Kombination verschiedener Enzyme zeigt für die Verzuckerung von Maischen deutlich positive synergistische Effekte. Die Kombination von geeigneten Enzymen ist damit mehr als die bloße Addition ihrer Wirkungen. So führt der gemeinsame Einsatz von Glucoamylase aus *Rhizopus spez.* und reduzierter Mengen an Glucoamylase von *Aspergillus niger* in Kombination mit Fungal-α-Amylase aus *Aspergillus oryzae* zu einer deutlich niedrigeren Viskosität und zu einer wesentlich beschleunigten Angärung der Maischen im Fermenter. Neben einem praktisch vollständigen Abbau der Stärke in vergärbare Zucker führt dies auch zu einer deutlichen Reduzierung der Infektionsgefahr während der Fermentation.

Stärkeverflüssigung und -verzuckerung durch Malz. Das traditionelle Verflüssigungs- und Verzuckerungsmittel der Brennereiindustrie wie auch z. B. in der Whisky- und Bierherstellung ist Malz (d. h. gekeimte und getrocknete Gerste). Dabei war die Anwendung von „Grünmalz“ in Brennereien bei der Kartoffelverarbeitung bis etwa um das Jahr 1970 weit verbreitet. Sie wurde außer bei der Bierherstellung in der Zwischenzeit aber nahezu vollständig durch kostengünstigere, technisch hergestellte Enzyme ersetzt [4.10].

Während des Keimens der Gerste werden im keimenden Gerstenkorn alle für den Stärkeabbau notwendigen Enzyme gebildet. Im Unterschied zu Braumalz wird Brennmalz jedoch einer längeren Keimdauer unterzogen, um dadurch die Enzymgehalte im Malz (d. h. der gekeimten und getrockneten Gerste) zu erhöhen. Nach beendeter Keimung wird das Material dann schonend getrocknet, um dabei auftretende Aktivitätsverluste der Enzyme so gering wie möglich zu halten.

Der im Malz gebildete, stärkeabbauende Enzymkomplex ist zusammengesetzt aus α-Amylase, β-Amylase, Grenzdextrinase und R-Enzym. β-Amylase ist wie Glucoamylase ein Exo-Enzym, das jedoch vom nicht reduzierenden Ende des Stärkemoleküls Maltose – und nicht Glucose – abspaltet. Die Wirkungsoptima von β-Amylase liegen bei 50 bis 55 °C und bei pH-Werten zwischen 5,0 und 5,2. Grenzdextrinase und R-Enzym sind entzweigende Enzyme, welche die α-1,6-Bindungen des Stärkemoleküls angreifen. Dies erfolgt umso schneller, je länger die Stärkemolekülketten sind.

Durch diese den Angriff auf die Stärke ergänzenden Enzyme ist der Malz-Enzymkomplex äußerst effektiv und ermöglicht die Verzuckerung von Maischen in nur 10 bis 15 min. Der Enzymkomplex wird allerdings in seiner Wirkung durch die dabei entstehende Maltose gehemmt, sodass danach ein Maltose-Dextrin-Gleichgewicht erreicht wird, bei dem in der Maische etwa 66 % Maltose, 4 % Glucose, 10 % Maltotriose und 20 % Grenzdextrine enthalten sind. Eine weitere Verzuckerung der Maischen kann daher erst dann erfolgen, wenn die Maltose aus dem Substrat entfernt wird. Dies geschieht bei beginnender Fermentation, wenn die Maltose durch die Hefe vergoren wird.

Damit sind beim Stärkeabbau mit Malz die folgenden zwei Verzuckerungsphasen zu unterscheiden:

- die Hauptverzuckerung bis zum Gleichgewichtszustand und
- die Nachverzuckerung während der Gärung.

Allerdings bleibt der Stärkeabbau trotzdem unvollständig, sodass die alleinige Verwendung von Malz als Verzuckerungsmittel immer auch mit gewissen Ausbeuteverlusten verbunden ist.

Stärkeverflüssigung und -verzuckerung durch Autoamylolyse. Einige Getreidearten (u. a. Roggen, Weizen) enthalten bereits im nativen Zustand, also ungemälzt, amylolytische Aktivitäten, die ausreichen, um die im Korn enthaltene Stärke zu vergärbaren Zuckern abzubauen. Der autoamylolytische Enzymkomplex setzt sich aus α-Amylase, β-Amylase und Grenzdextrinase zusammen [4.16]–[4.18]. Früher wurde diese Eigenschaft im sogenannten Kaltmaischverfahren genutzt. Dass dieses Verfahren nicht mehr eingesetzt wird, hat primär zwei Ursachen:

- Es gab keine analytischen Methoden, um das Getreide vor der Verarbeitung verlässlich auf die enthaltenen amylolytischen Enzyme bzw. die autoamylolytische Aktivität

hin zu untersuchen. Reicht diese aus irgendwelchen Gründen nicht aus, kommt es im Verarbeitungsprozess zu erheblichen Störungen.
- Durch die Getreidezüchtung der letzten Jahrzehnte wurde das Korn vor allem hinsichtlich der Backqualität verbessert. Deshalb wurden die im Backprozess störenden amylolytischen Enzyme immer weiter herausgezüchtet, sodass es heute kaum noch Weizensorten gibt, die über eine für die Alkoholproduktion ausreichende amylolytische Aktivität verfügen.

Um die Kosten für Verzuckerungsenzyme bei der drucklosen Verarbeitung von Weizen, Roggen oder Triticale zu senken, gab es daher auch Anstrengungen, das amylolytische Potenzial der Getreidearten wieder für die Alkoholerzeugung nutzbar zu machen.

Um die autoamylolytische Aktivität in Getreide beurteilen zu können, kann der autoamylolytische Quotient (AAQ) bestimmt werden [4.19], indem das Getreide im Labormaßstab zwei unterschiedlichen Gärversuchen unterzogen wird. Dazu wird einmal unter Verwendung einer optimalen Kombination von Verflüssigungs- und Verzuckerungsenzymen und einmal nur unter Nutzung der im Getreide vorhandenen amylolytischen Aktivität vergoren. Der autoamylolytische Quotient (AAQ) ist dann definiert als die prozentuale Alkoholausbeute im autoamylolytischen Gärversuch, bezogen auf die Alkoholausbeute im Gärversuch mit optimaler Enzymierung. Getreide mit einem autoamylolytischen Quotienten (AAQ) über 95 % können autoamylolytisch verarbeitet werden.

Bei der technischen Umsetzung muss das Verfahren bezüglich der eingesetzten Temperaturen den jeweiligen Rohstoffen angepasst werden. Hier sind beispielsweise einerseits für eine vollständige Verkleisterung von Weizenstärke 65 °C notwendig. Andererseits wird aber vor allem die verzuckernde β-Amylase bei dieser Temperatur bereits inaktiviert. Die Verfahrenstemperatur ist also so zu gestalten, dass die für die Verkleisterung notwendige Temperatur zumindest für kurze Zeit erreicht wird; um den Enzymkomplex zu schonen, muss aber nach wenigen Minuten wieder auf eine Verzuckerungstemperatur von 52 bis 55 °C abgekühlt werden. Dadurch kann bei geeigneten Getreidechargen ganz auf die Zugabe von Verzuckerungsenzymen verzichtet werden. Um das Verfahren in jedem Fall betriebssicher zu gestalten, empfiehlt sich allerdings die Zugabe von Verflüssigungsenzymen.

Nachfolgend werden die Bedingungen für den autoamylolytischen Stärkeabbau für ausgewählte Getreidesorten diskutiert.

- Weizen. Die optimalen Bedingungen für das autoamylolytische Enzymsystem liegen für Weizen bei 55 °C und einem pH-Wert zwischen 5,3 und 5,4 [4.20]. Zur Verkleisterung der Weizenstärke ist eine Temperatur von 64 °C erforderlich. Die Maischen müssen daher auf diese Temperatur erhitzt werden. Nach maximal 10 min wird auf 55 °C gekühlt und eine Verzuckerungsrast von etwa 30 min bei pH 5,3 eingehalten. Die Weizensorte Alamo ist hierbei am besten geeignet, da sie praktisch unabhängig von Klima- und Aufwuchsbedingungen immer einen autoamylolytischen Quotienten (AAQ) von über 95 % liefert.

- Roggen. Nahezu alle Roggensorten weisen einen autoamylolytischen Quotienten (AAQ) von über 95 % auf [4.21]. Die Wirkungsoptima der Enzyme entsprechen denen von Weizen. Bedingt durch den teilweise hohen Gehalt an Pentosanen in Roggen kommt es im Maischprozess häufig zu hohen Maischeviskositäten, die durch die Zugabe von Pentosanasen oder die Anwendung geeigneter Temperaturprogramme gesenkt werden können. Um die Viskosität der Roggenmaischen niedrig zu halten, kann auch das korneigene Enzymsystem zum Abbau der Pentosane nutzbar gemacht werden [4.22]. Zu Beginn des Maischprozesses muss hierzu der fein vermahlene Roggen bei 50 °C und einem pH-Wert von 5,0 eingemaischt und bei diesen Bedingungen 30 min gehalten werden. Nach dieser „Pentosan-Rast" kann in üblicher Weise gemaischt werden, ohne dass es zu störenden Maischeviskositäten kommt.
- Triticale. Triticale wird unter autoamylolytischen Bedingungen wie Weizen verarbeitet, da hier keine störenden Mengen an Pentosanen enthalten sind. Die zur Verkleisterung der Stärke angewandte Maximaltemperatur darf allerdings 62 °C nicht überschreiten. Die Aktivität des autoamylolytischen Enzymsystems von Triticale ist so hoch, dass es über die Verzuckerung der in der Triticale enthaltenen Stärke hinaus in der Lage ist, zusätzlich noch dieselbe Menge an Fremdstärke zu verzuckern. Dabei kann z. B. die Maische aus 1 t Triticale genutzt werden, um die verflüssigte und auf Verzuckerungstemperatur gekühlte Maische aus 1 t Mais ohne Alkoholverluste mitzuverzuckern [4.12], [4.23], [4.24].

Verzuckerungsverfahren. Nachfolgend werden technische Lösungen für eine derartige Verzuckerung dargestellt und diskutiert.

Batchweise Mahl-Maischprozesse. Diese Verfahren (Abb. 4.7) sind zur drucklosen Aufarbeitung der Rohstoffe in der Brennereitechnologie am weitesten verbreitet. Praktisch alle stärkehaltigen Rohstoffe können mit diesen Prozessen verarbeitet werden.

Das beispielsweise mit einer Hammermühle trocken vermahlene Getreide (siehe oben) wird – nach einer möglichen Zwischenlagerung in einem Silo – in die Maischanlage gefördert und dort mit Wasser gemischt. Alternativ kann das in der Mühle produzierte Schrot dagegen unmittelbar durch Wasserzugabe mittels einer Pumpe ausgetragen werden; dann kann bereits hier das notwendige Verflüssigungsenzym zudosiert werden. Die Temperatur

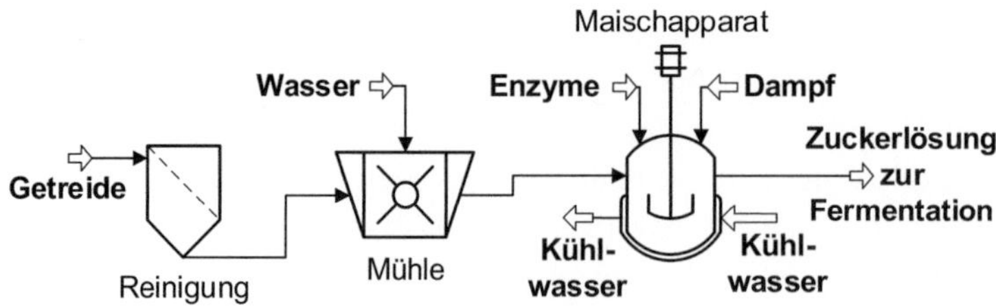

Abb. 4.7 Mahl-Maischverfahren mit Maischapparat

des Wassers, das zum Schrotaustrag aus der Mühle genutzt wird, sollte dabei nicht über 55 °C betragen, da der in der Mühle sonst entstehende Wasserdampf zum Verkleben und Verstopfen der Mahlsiebe führt.

Die Wassermenge, die benötigt wird, um das Mahlgut aus der Mühle pumpen zu können, ist beispielsweise bei der Verarbeitung von Kartoffeln sehr gering. Bei der Getreideverarbeitung beträgt demgegenüber das Verhältnis von Rohstoff zu benötigtem Wasser etwa 1:1. Als Pumpen werden in der Regel Exzenterschneckenpumpen eingesetzt.

Im Maischapparat wird die Maische dann zur Stärkeverkleisterung und -verflüssigung auf die für den jeweiligen Rohstoff erforderliche Temperatur erhitzt (Kartoffeln 90 bis 95 °C; Mais 80 bis 90 °C; Weizen, Roggen und Triticale 65 bis 70 °C). Bei Verwendung von thermostabiler α-Amylase aus *Bacillus licheniformis* muss der pH-Wert auf 6,0 bis 6,2 eingestellt werden. Hierzu wird meist Kalkmilch verwendet. Nach einer Verflüssigungsrast von etwa 30 min wird auf 55 °C abgekühlt. Bevor diese Verzuckerungstemperatur, die für alle Rohstoffe gleich ist, erreicht wird, erfolgt mit konzentrierter Schwefelsäure eine pH-Wert-Korrektur auf 5,3 bis 5,5 [4.10]. Ist diese Temperatur erreicht, werden die Verzuckerungsenzyme zu der Maische gegeben. Danach wird eine Verzuckerungsrast von 15 bis 30 min eingehalten, bevor sie auf die Anstelltemperatur abgekühlt wird. Ab etwa 35 °C kann nun Hefe zugegeben werden. Die Anstelltemperatur ist dabei so zu bemessen, dass die Temperatur der Maischen 24 h nach dem Start der Fermentation bei 33 bis 34 °C liegt. Im weiteren Verlauf der Fermentation sollte die Temperatur jedoch 35 bis 36 °C nicht übersteigen.

Diese Verfahrensweise kann vielfältig – je nach Ausstattung und Betriebserfordernissen – variiert werden. Beispielsweise ist zusätzlich eine Energieeinsparung durch die Nutzung der Wärmeenergie aus der heißen Schlempe nach der Destillation zur indirekten Aufheizung der Maische möglich.

Dispergier-Maischverfahren. Das Dispergier-Maischverfahren, das als einen wesentlichen Verfahrensschritt das Schlempe-Recycling beinhaltet, zeigt Abb. 4.8. Damit können alle stärkehaltigen Rohstoffe und Zuckerrüben verarbeitet werden. Das Dispergier-Maischverfahren ist durch drei wesentliche Punkte charakterisiert [4.25]:

- Zerkleinerung der Rohstoffe mithilfe einer Rotor-Stator-Dispergiermaschine,
- Nutzung des Schlempe-Recyclings zur Energieeinsparung und zur Optimierung der Effektivität der Fermentation sowie
- Einsatz einer optimierten Enzymkombination für die Verzuckerung der in druckloser Verfahrensweise gewonnenen Maischen, die auch zu einem verbesserten Destillationsverhalten der Maischen und einer effektiveren Dekantation der anfallenden Schlempen beiträgt.

Der im Dispergier-Maischverfahren zu verarbeitende Rohstoff wird zunächst beispielsweise mittels einer Hammermühle (siehe oben) vorzerkleinert; dabei reicht bei der Verarbeitung von Getreide ein 3 mm-Sieb aus. Dieses vorzerkleinerte Gut wird dann in einen

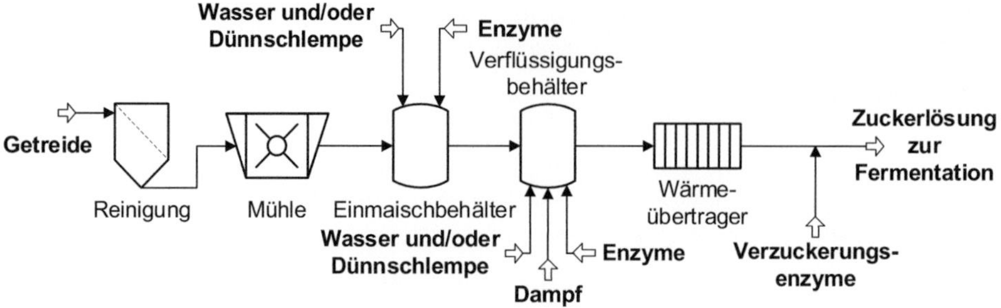

Abb. 4.8 Dispergier-Maischverfahren

Puffertank gefördert, in dem das Einmaischen des Materials erfolgt. Dazu wird dem Mahlgut im Fall von Getreide unter Rühren die 1- bis 1,5-fache Menge an Warmwasser und / oder Dünnschlempe zugegeben. Zugleich erfolgt auch die Zugabe von Verflüssigungsenzymen. Durch die Schlempezugabe kann dabei bereits an dieser Stelle des Prozesses der pH-Wert auf einen Wert von 5,0 eingestellt werden.

Nach einer Verweilzeit von 15 bis 30 min wird die Maische über das Rotor-Stator-System in die Verweilbehälter für die Verflüssigung der in der Maische enthaltenen Stärke gepumpt. Hier wird dann auch der gewünschte Trockensubstanzgehalt der Maische eingestellt, indem die dazu erforderlichen Mengen an Wasser und / oder Schlempe zugegeben werden. Die Verweilzeiten betragen hier 1 bis 2 h. Dabei ist eine intensive Verflüssigung der Maischen sicherzustellen, da dies die Voraussetzung ist für den vollständigen Abbau der Stärke zu vergärbaren Zuckern und für einen zügigen Start und Verlauf der Vergärung. In dieser Verflüssigungsphase wird die Maische auf 75 bis 95 °C gebracht und gehalten. Dieses Temperaturniveau hängt ab von dem zu verarbeitenden Rohstoff und den betrieblichen Erfordernissen bezüglich der Hygienisierung der Maischen.

Nach Beendigung der Verflüssigungsrast wird die Maische über einen Platten-Wärmeübertrager auf Anstelltemperatur gekühlt und unter gleichzeitiger Dosierung der Verzuckerungsenzyme in die Fermenter gepumpt. Dort wird auch zu Beginn der Befüllung eines jeden Fermenters die erforderliche Menge an reifer Hefe mit zugegeben. Nach Beendigung der Hefezugabe wird der Hefesatz wieder mit verflüssigter Maische unter Zugabe von Verzuckerungsenzymen aufgefüllt.

Die anschließende Fermentation ist in der Regel nach 42 bis 48 h abgeschlossen. Die Maischen enthalten dann 10 bis 11 Vol.-% Ethanol und werden anschließend destilliert; dabei fallen als Produktströme Ethanol und Schlempe an. Mithilfe eines Bogensiebs werden die festen Bestandteile der Schlempe mit etwa 16 bis maximal 25 % Trockenmasse(TM)-Gehalt abgetrennt. Die Dünnschlempe wird in einen Sammeltank gegeben (siehe oben) und dort als Prozessflüssigkeit wieder bereitgehalten, wobei sie nicht unter 80 °C abkühlen darf, wenn Infektionen verhindert werden sollen.

Das Dispergier-Maischverfahren führt zu einer nahezu vollständigen Freisetzung von Stärke aus dem Zellverband des Rohstoffs. Darüber hinaus sorgt die eingesetzte Enzymkombination für einen weitestgehenden Abbau der Stärke in vergärbare Zucker und so für optimale Alkoholausbeuten von über 64 L Alkohol pro 100 kg Stärke. Das Schlempe-Recycling garantiert einen besonders schnellen Start der Fermentation; zusätzlich wird auch die Fermentationsdauer deutlich reduziert. Es führt zudem zu optimalen Bedingungen für die Hefe bei der Hefefermentation. Außerdem ist der Prozess energieeffizient und die anfallende Schlempemenge wird deutlich reduziert.

Stärkeaufschlussverfahren unter Druck. Bei Stärkeaufschlussprozessen unter Druck erfolgt der Rohstoffaufschluss bei Temperaturen über 100 °C unter Überdruck (Abb. 4.9). Noch bis Mitte der 1970er-Jahre war dies die am weitesten verbreitete Verfahrensweise in der Alkoholproduktion und wurde zur Verarbeitung von Kartoffeln, Getreide und anderen stärkehaltigen Rohstoffen eingesetzt.

Der Aufschluss unter Druck wurde gewöhnlich in einem Dämpfapparat durchgeführt. Der sogenannte Henze-Dämpfer ist ein speziell hierfür entwickelter Druckbehälter mit einem zylindrischen oberen und einem konischen unteren Teil. Er ist mit Ventilen zur Einleitung von Direktdampf in das Dämpfgut ausgestattet, die sich in der Mitte und am unteren Ende des konischen Teils sowie am Kopf des Dämpfers befinden. Am Dämpferkopf befindet sich zudem ein Abblasventil, um zu Beginn des Dämpfprozesses ein Entweichen der Luft zu ermöglichen. Das untere Ende des Dämpfers mündet in das Ausblasventil, das der Entleerung des Dämpfers dient.

Die zu verarbeitenden Rohstoffe werden meist ohne vorherige Zerkleinerung zusammen mit der erforderlichen Menge an Wasser in den Dämpfer eingefüllt. Durch Öffnen des unteren Dampfventils wird das Dämpfgut dann langsam erhitzt und auf Druck gebracht. Werden beispielsweise Kartoffeln verarbeitet, die das erforderliche Prozesswasser bereits selbst enthalten, wird von oben angedämpft, während das anfallende Kondensat zunächst

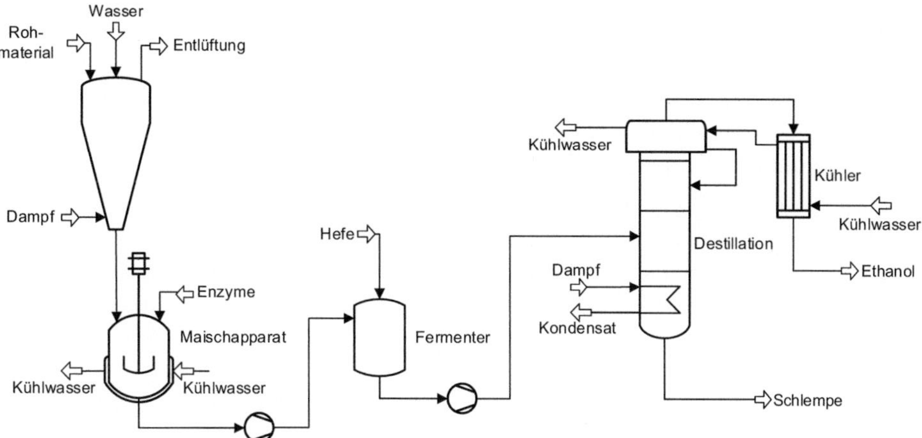

Abb. 4.9 Hochdruck-Dämpfverfahren einschließlich nachgeschalteter Fermentation und Destillation (nach [4.26])

abläuft. Tritt Dampf aus, wird der Ablaufhahn geschlossen und das Dämpfgut auf Druck gebracht. Dieser Vorgang dauert etwa 45 min. Je nach Rohstoff wird der Dämpferinhalt auf 4 bis 6 bar gebracht und bei diesem Druck für 40 bis 60 min belassen. Nach Ablauf dieser Dämpfzeit wird das Ausblasventil geöffnet und der Dämpfer entleert sich langsam im Verlauf von 30 bis 40 min.

Druck und Temperatur bewirken bei dieser Verfahrensweise ein weitgehendes Verkleistern und Lösen der Stärke in Wasser, wobei bei Getreide jedoch die äußere Form nahezu erhalten bleibt. Erst beim anschließenden Ausblasen des Dämpfers in den Maischapparat wird durch den plötzlichen Druckabfall im Ausblasventil durch die entstehenden Dampfblasen der Zellverband des Dämpfgutes weitestgehend zerstört. Noch vorhandene Stärkekörner werden dabei freigelegt und sofort verkleistert.

Vor dem Ausblasen wird in einer geringen Menge in Wasser gelöste thermostabile α-Amylase aus *Bacillus licheniformis* zur Verflüssigung der Stärke zugegeben. Dabei wird bereits während des Ausblasens die Maische im Maischapparat gekühlt, sodass eine Temperatur von etwa 90 °C gehalten wird. Ist die Maische ausgeblasen, wird weiter gekühlt und bei Erreichen von 55 °C werden die Verzuckerungsenzyme zugegeben. Danach wird auf etwa 35 °C gekühlt. Die Maische wird dann nach Hefezugabe zur Fermentation in die Gärtanks gepumpt.

Dieses Verfahren zeichnet sich vor allem durch seine hohe Betriebssicherheit und einen weitgehenden Aufschluss der vorhandenen Stärke aus. Zudem fallen nahezu „sterile" Maischen an. Der vergleichsweise hohe Energiebedarf ist jedoch der Grund dafür, dass es weitgehend von drucklosen Verfahren verdrängt wurde.

4.1.3 Lignocellulose-haltige Rohstoffe

Die Herstellung von Ethanol aus Lignocellulose-haltigen Rohstoffen befindet sich nach wie vor in der Entwicklung. Mittlerweile sind erste Anlagen im kommerziellen Maßstab dabei, die Produktion aufzunehmen (Stand 2022). Wenn sie ihre Wirtschaftlichkeit über einen längeren Zeitraum nachweisen, stehen Technologien zur Verfügung, um die großen Potenziale an Lignocellulose-haltiger Biomasse zu nutzen.

Lignocellulose-haltige Rohstoffe bestehen aus Cellulose, Hemicellulose und Lignin sowie aus Spurenelementen, die bei der thermischen Nutzung in Form von Asche anfallen (Kapitel 2, Band 3). Cellulose und Hemicellulose sind – vergleichbar zu Stärke – Kohlenhydrate und stellen zudem die weltweit am meisten vorkommenden Stoffwechselprodukte der Pflanzen dar (Kapitel 2, Band 3).

- Cellulose ist aus Glucosemolekülen aufgebaut. Sie kann aber nur sehr schwer hydrolysiert werden, da sich aufgrund der β-Verknüpfung mehrere Cellulosemoleküle antiparallel über Wasserstoffbrücken zu Mikrofibrillen zusammenlagern können und dabei eine kristalline Struktur ausbilden. Darüber hinaus ist Cellulose sehr eng mit Lignin, Pektin und Hemicellulosen vergesellschaftet; dies erhöht die Hydrolyseresistenz weiter.

- Hemicellulosen sind aus verschiedenen Zuckern aufgebaut und enthalten hauptsächlich Pentosen (C_5-Zucker), aber auch zu einem geringeren Anteil Hexosen (C_6-Zucker). Daher werden die Hemicellulosen auch häufig unter dem Begriff Polyosen zusammengefasst.

Um die in pflanzlichen Rohstoffen wie z. B. Holz und Stroh enthaltenen Zucker für eine Alkoholproduktion verfügbar zu machen, müssen diese zunächst zerkleinert und durch eine geeignete Vorbehandlung zugängig gemacht werden. Erst danach können die langkettigen Cellulose- und Hemicellulosemoleküle hydrolysiert werden. Die Hydrolyse kann entweder enzymatisch katalysiert werden oder durch den Einsatz von Säuren erfolgen.

Beim Einsatz von Cellulose-haltigen Rohstoffen entstehen bei beiden Hydrolyseverfahren (enzymatisch katalysiert oder säurekatalysiert) neben C_6- auch C_5-Zucker. C_6-Zucker können mit herkömmlichen Hefestämmen in Ethanol umgewandelt werden. Für die Ethanolproduktion würde so allerdings der Anteil von 10 bis 20 % an Pentosen (C_5-Zuckern) ungenutzt bleiben, da diese in einer konventionellen Fermentation nicht ohne Weiteres mit den vorhandenen Hefen umsetzbar sind. Daher wurde und wird an der Entwicklung von Hefestämmen geforscht, die auch C_5-Zucker verwerten können [4.27]–[4.29]. Durch die erzielten Fortschritte ist die Fermentation von Pentosen mittlerweile ein fester Bestandteil kommerzieller Anlagenkonzepte geworden. Trotz dieser Fortschritte bei der Verwertung von Pentosen durch Hefen sind diese im Vergleich zu fermentierbaren Zuckern wie Glucose immer noch eine minderwertige Kohlenstoffquelle für die Ethanolfermentation [4.30].

Für den Einsatz zur Alkoholerzeugung ist eine Vielzahl unterschiedlichster Lignocellulose-haltiger Rohstoffe denkbar. Darunter fallen z. B. verschiedene Hart- und Weichhölzer, Stroh und entsprechende organische Rückstände, Nebenprodukte und Abfälle (Kapitel 3, 4 und 5, Band 1, und Kapitel 2, Band 3). Je nach Art und Beschaffenheit des jeweils eingesetzten biogenen Materials müssen die entsprechenden erforderlichen Reinigungs- und Zerkleinerungsschritte ausgewählt werden. Prinzipiell mögliche verfahrenstechnische Lösungsansätze zeigt Abb. 4.10.

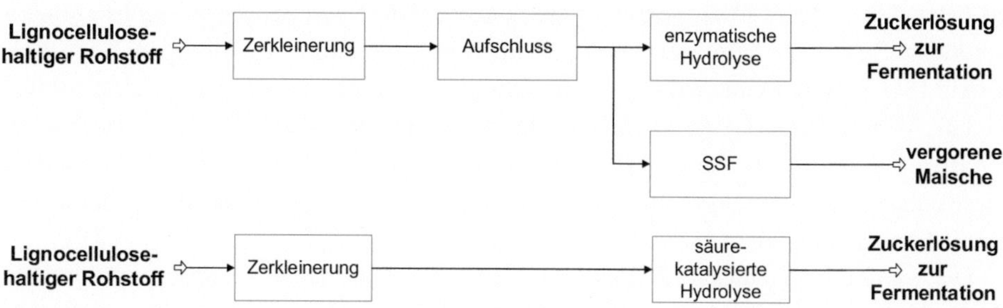

Abb. 4.10 Möglichkeiten zur Herstellung eines zuckerhaltigen Substrats aus Lignocellulose-haltigen Rohstoffen (SSF Simultaneous Saccharification and Fermentation bzw. gleichzeitige Verzuckerung und Fermentation)

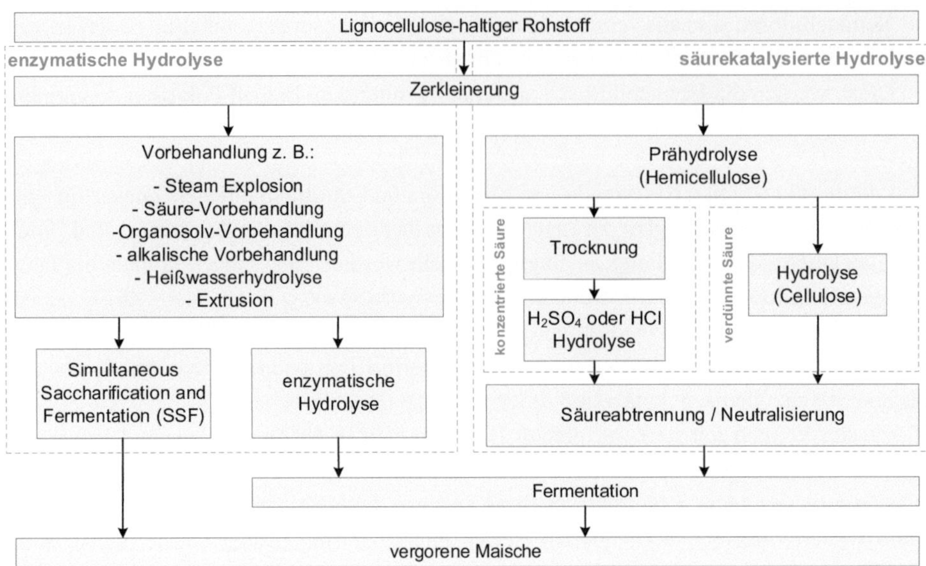

Abb. 4.11 Enzym- und säurekatalysierte Verzuckerungsverfahren für Lignocellulose-haltige Rohstoffe

Die Verzuckerung von Lignocellulose kann demnach mittels enzymatisch katalysierter und/oder säurekatalysierter Hydrolyse realisiert werden. Die Kombinationsmöglichkeiten der Hydrolyseverfahren sind in Abb. 4.11 dargestellt. Insbesondere aufgrund der erheblichen Weiterentwicklungen in der Biotechnologie und Enzymproduktion werden seit einigen Jahren vor allem Kombinationen von vergleichsweise milden Vorbehandlungsverfahren mit anschließender enzymatischer Hydrolyse zur Verzuckerung von Lignocellulose eingesetzt (in der linken Hälfte von Abb. 4.11 dargestellt).

Da für einen effektiven enzymatischen Angriff auf das Cellulosemolekül ein Aufquellen der Fibrillen unumgänglich ist, um die einzelnen Molekülstränge zugänglich zu machen, kann das Cellulosematerial vor der Hydrolyse auch mit aufquellenden Agenzien behandelt werden. Dazu gehören u. a. konzentrierte Natronlauge, konzentrierte oder verdünnte Salz- oder Schwefelsäure oder das Imprägnieren mit gasförmigem Schwefeldioxid (SO_2). Durch eine derartige Behandlung können der erforderliche Betriebsdruck und die Verweilzeit reduziert sowie die Bildung von unerwünschten Zuckerabbauprodukten (u. a. Hydroxymethylfurfural [HMF], Furfural, Essigsäure) verringert werden, sodass diese nach der pH-Werteinstellung den weiteren biochemischen Abbau und die darauffolgende Fermentation nicht stören [4.31].

Der weitere biochemische Abbau der Cellulose und der Hemicellulosen erfolgt dann durch Enzyme, die sich aus mehreren synergetisch wirkenden Komponenten zusammensetzen. Die Hydrolyse kann als eigenständiger Prozessschritt vor der Fermentation durchgeführt werden oder gleichzeitig mit der Fermentation ablaufen. Bei der simultanen Verzuckerung und Fermentation (SSF – Simultaneous Saccharification and Fermentation) werden die Zucker direkt weiter zu Ethanol vergoren, sodass kein zuckerreicher Intermediatstrom entsteht. Insgesamt läuft der enzymatische Hydrolyseprozess von Cellulose und Hemicellulosen verglichen mit der Hydrolyse von Stärke langsamer ab, erreicht häufig nicht die gleichen Umsätze und bedarf einer deutlich größeren Menge an Enzymen.

Weiterhin wurden im 20. Jahrhundert Verfahren bis in den (halb-)industriellen Maßstab entwickelt, die vor allem auf der säurekatalysierten Verzuckerung von Lignocellulose basierten (in der rechten Hälfte der Abb. 4.11 dargestellt). Aufgrund der verfahrens- und materialtechnischen Herausforderungen beim Einsatz der Säuren unter gleichzeitig hohen Drücken und Temperaturen sowie der weniger spezifischen Reaktionen sind diese zuletzt nicht mehr so intensiv weiterentwickelt worden wie die Verfahren, die einen Teil der Hydrolyse mit Enzymen durchführen.

Unterschiedliche Verfahren zur Vorbehandlung und Verzuckerung von Lignocellulose-haltigen Rohstoffen werden im Folgenden dargestellt.

Vorbehandlung. Die Vorbehandlung der Lignocellulose hat das Ziel, die komplexen Verbindungen von Cellulose, Hemicellulosen und Lignin durch den Einsatz von Chemikalien, mechanischer oder thermischer Energie (oder einer Kombination von diesen) aufzuschließen, um anschließend ein schnelles und tiefes Eindringen der Enzyme in das biogene Material zu ermöglichen. Dies kann durch eine mechanische Zerkleinerung (Mahlen), eine „Steam Explosion", eine Säurevorbehandlung, eine Vorbehandlung mit organischen Lösemitteln, eine Heißwasserhydrolyse, eine Alkalivorbehandlung, eine Extrusion, eine CO_2-Explosion, eine Behandlung mit Wasserstoffperoxid (H_2O_2), eine Bestrahlung und/oder eine mikrobiologische Behandlung realisiert werden. Eine detaillierte Beschreibung der Wirkungsmechanismen dieser Vorbehandlungsverfahren wird in Kapitel 3 (Band 3) gegeben. Einige relevante Vorbehandlungsverfahren mit einem speziellen Bezug zur Bioethanolerzeugung werden im Folgenden näher erläutert.

Mechanische Zerkleinerung. Die feste Lignocellulose-Biomasse kann einfach zerkleinert werden. Ziele dieser Behandlung sind, den Wärme- und Stoffaustausch zu verbessern sowie verfahrenstechnische Grundoperationen wie Pumpen und Transport durch Rohrsysteme zu ermöglichen. Zur Zerkleinerung können beispielsweise Messer- oder Hammermühlen eingesetzt werden. Der Energiebedarf dieser Mühlen ist vergleichsweise hoch. Für Stroh in Ballenform wurde auch eine Kombination von Schneidmühlen zur Vorzerkleinerung und Hammermühlen zur weiteren Zerkleinerung auf die gewünschte Partikelgröße vorgeschlagen [4.32]. Dabei beeinflussen die unterschiedlichen Rohstoffe den Energiebedarf der Mühlen. Tabelle 4.1 zeigt exemplarisch ausgewählte Werte des spezifischen Energiebedarfs zur Zerkleinerung unterschiedlicher Lignocellulose-haltiger Rohstoffe.

Eine schnelle, jedoch sehr energieintensive Methode ist auch die feine Vermahlung des Rohstoffs bis zu einer Zerstörung der kristallinen Struktur und zu einem verminderten Polymerisationsgrad der Lignocellulose. Dieses Material ist dann direkt für die Hydrolyse zugänglich [4.35]. Für die industrielle Herstellung von Ethanol aus Lignocellulose

Tabelle 4.1 Spezifischer Energiebedarf bei der Zerkleinerung unterschiedlicher Lignocellulosehaltiger Rohstoffe [4.33], [4.34]

Rohstoff	Schneidmühle, mittlere Partikelgröße 35,8 mm	Hammermühle, mittlere Partikelgröße 3,2 mm
Maisstroh	14 kWh/t	11 kWh/t
Rutenhirse (Switchgrass)	10 kWh/t	50 kWh/t
Weizenstroh	13 kWh/t	50 kWh/t

wird jedoch in der Regel aus ökonomischen Gründen auf eine derart feine Vermahlung verzichtet und stattdessen ein anderes Aufschlussverfahren eingesetzt.

Steam Explosion. Ein weiteres Verfahren zur Vorbehandlung von Lignocellulose-Biomasse besteht in der Anwendung eines Hochdruck-Dämpf-Verfahrens (auch als „Steam Explosion" oder Thermodruckhydrolyse bezeichnet). Durch die Wahl geeigneter Bedingungen können so die Hemicellulosen weitgehend und das Lignin teilweise im Wasser gelöst werden. Bei der Vorbehandlung durch Steam Explosion erfolgt das Aufheizen der Biomasse auf 180 bis 220 °C mit Dampf bei 10 bis 25 bar [4.36]. Bei diesen Temperaturen kommt es zu einer Verstärkung der Selbstionisierung des Wassers. Die zusätzlich frei werdenden H^+-Ionen senken den pH-Wert des Wassers und katalysieren die Hydrolyse der Lignocellulose. Dieser Vorgang wird als Autohydrolyse bezeichnet [4.37]. In dem hier betrachteten Temperaturbereich betrifft diese Katalyse hauptsächlich die Hemicellulosen sowie geringe Mengen des Lignins; ein signifikanter Celluloseabbau setzt erst bei Temperaturen über 220 °C ein [4.38]. Unter diesen Bedingungen werden neben oligomeren und monomeren Zuckern organische Säuren – und hier überwiegend Essigsäure – von der Hemicellulose abgespalten. Diese Säuren verstärken zusätzlich die Autohydrolyse [4.39].

Zur Verstärkung der Autohydrolyse kann der Dampf mit flüssiger Schwefelsäure (H_2SO_4), gasförmigem Schwefeldioxid (SO_2) oder Ammoniak versetzt werden; dies führt zu einer Beschleunigung der Vorbehandlung und zu einer größeren Zuckerausbeute aus den Hemicellulosen. Das Absinken des pH-Wertes von Wasser bei hohen Temperaturen wirkt zusätzlich als Katalysator für eine erste hydrolytische Reaktion.

Nach bis zu 20 min wird der Druck abrupt auf Umgebungsdruck abgesenkt. Dadurch verdampft Wasser in den Poren der Lignocellulose und der Zellverbund wird physikalisch zerstört. Die dabei entstehenden Dampfblasen führen im Lignocellulose-Material zu einer Explosion der Gewebezellen. Zusätzlich wird aufgrund dieses Druckabfalls auch die Ligninhülle von den Cellulosefibrillen abgesprengt. Gleichzeitig bewirkt die Verdampfung eine rasche Abkühlung; dies stoppt den thermischen Hydrolyseprozess und führt dazu, dass die Hemicellulose zu Mono- und Oligomeren hydrolysiert, anschließend im kondensierenden Wasser in Lösung geht und so aus dem Feststoff entfernt wird. So lässt sich ein Cellulose-reicher Feststoff abtrennen. Der zusätzliche physikalische Aufschluss führt zu einer sehr gut zugänglichen Biomasse bezüglich des enzymatischen Angriffs [4.40], [4.41].

Die wichtigsten Faktoren, welche die Vorbehandlung durch Steam Explosion beeinflussen, sind die Partikelgröße der Biomasse, die Temperatur, der Feuchtigkeitsgehalt und die Verweilzeit im Reaktor. So spielt beispielsweise die Partikelgröße eine wichtige Rolle, da kleine Partikel die Wärmeübertragung begünstigen:

- Sind die Partikel zu groß, kann dies zu einer übermäßigen Behandlung an der Partikeloberfläche und einer unvollständigen Behandlung im Inneren der Partikel führen.
- Sind die Partikel zu klein, kann dies z. B. zu geringen Schüttdichten führen, welche den Betrieb der Anlage erschweren [4.42].

Um die Effizienz der Steam Explosion zu verbessern, kann diese in mehreren Teilschritten bei unterschiedlichen Parametern durchgeführt werden. Beispielsweise wurde ein Vorbehandlungssystem entwickelt, das aus einem Vorlauftrichter, zwei Reaktoren und einer Reihe von Förder- und Dosierschnecken besteht, um zwischen einzelnen Teilschritten die Feuchtigkeit aus der Biomasse zu pressen und die Partikelgröße der Biomasse anzupassen (Abb. 4.12). In dem Verfahren wird die befeuchtete Biomasse zunächst über eine Schnecke in den Vorhydrolysebehälter eingebracht. Dann wird Dampf eingeblasen und die feuchte Biomasse für 30 bis 60 min bei 130 bis 170 °C und etwa 2,5 bis 8 bar gehalten. Die Biomasse verlässt den Vorhydrolysereaktor am unteren Ende und wird über Press- und Transportschnecken zum Hauptreaktor geleitet. Dabei wird das flüssige Hydrolysat abgepresst, welches die gelösten Hemicellulosen enthält. Danach wird die Biomasse mit Dampf in den Hauptreaktor geleitet, in dem nur eine kurze Behandlung von 1 bis 2 min bei Temperaturen von 180 bis 225 °C (10 bis 25 bar) stattfindet. Die Biomasse verlässt nun den Hauptreaktor über einen Druckscheiben-Refiner für eine bessere Zerfaserung. Anschließend wird der Druck entspannt und ein Zyklon eingesetzt, um den Dampf von

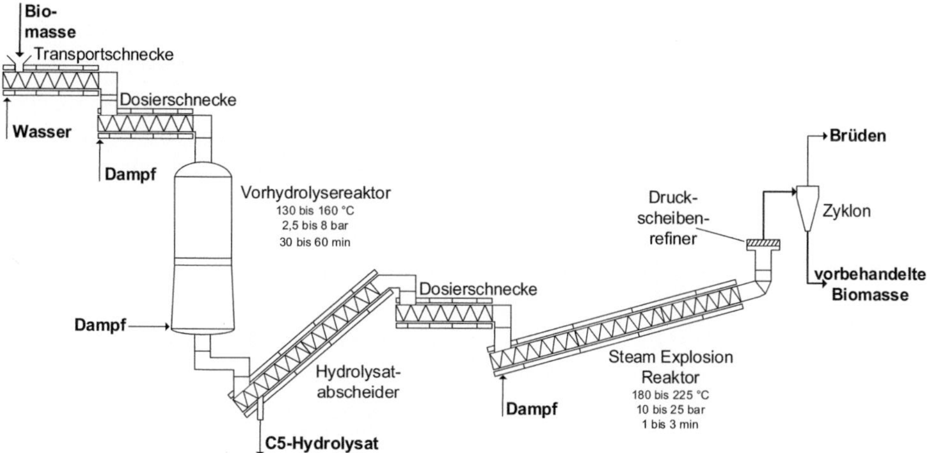

Abb. 4.12 Zweistufige Vorbehandlung durch Steam Explosion (nach [4.46])

der vorbehandelten Biomasse abzutrennen; diese thermische Energie kann dann zur Beheizung anderer Prozessschritte verwendet werden.

Insgesamt gibt es sehr unterschiedliche Variationen dieses Verfahrens [4.43], [4.44]. Einige Projekte zur Ethanolgewinnung aus Lignocellulose setzen auch auf den Einsatz des Steam-Explosion-Verfahrens. Es ist industriell schon relativ weit entwickelt und beruht auf ähnlichen Apparaten wie die Kocher der Zellstoffindustrie; beispielsweise werden für die Behandlung von Weizenstroh etwa 8 % des Energieinhalts des Strohs für die thermische Vorbehandlung benötigt [4.45].

Extrusion. Eine weitere Möglichkeit zur Vorbehandlung von Lignocellulose-haltiger Biomasse ist die Extrusion, die auch die Widerstandsfähigkeit der Biomasse reduziert und die Zucker für die Enzyme im nachfolgenden Hydrolyseschritt zugänglicher macht.

Der Extruder besteht aus einem mit Schneckenelementen gefüllten Zylinder. Die Extruderschnecken bewegen die bereits zerkleinerte Biomasse durch ihre Rotation durch den Zylinder und üben Scherkräfte auf das Material aus. Dadurch wird die physikalische und chemische Struktur des Materials mechanisch verändert.

Ein Vorteil der Extrusion ist, dass unterschiedliche Prozessbedingungen in den axialen Zonen der Extruderschnecke eingestellt werden können und diese mit anderen Vorbehandlungen in derselben Ausrüstung gekoppelt werden kann. So können beispielsweise Teile des Extruders beheizt oder dem Biomassestrom an einer Stelle der Ausrüstung alkalische / saure Lösungen zugesetzt werden. Damit kann ein Schneckenextruder mehrere Funktionen wie Komprimieren, Mahlen, Erhitzen, Mischen, Trocknen, chemische Reaktion und Fest-Flüssig-Trennung durchführen.

Diverse Parameter können die Zuckerrückgewinnung innerhalb der Extrusion beeinflussen, wie z. B. das Kompressionsverhältnis des Materials, die Schneckendrehzahl, die Zylindertemperatur und die Konfiguration des Schneckenextruders (z. B. Ein- oder Doppelschneckenextruder, Drehrichtung der Schneckenelemente).

Die weiter oben beschriebenen Effekte der Zugabe von Säuren oder alkalischen Substanzen kann auch bei der Extrusion genutzt werden. Bei der Zugabe von derartigen Chemikalien in den Extruder sollte jedoch die Reihenfolge der Zugabe beachtet werden; beispielsweise kann die Zugabe von Säuren zu einer Materialkorrosion in der Maschine führen. Deshalb kann es sinnvoll sein, zuerst eine basische Substanz und dann eine Säure hinzuzufügen [4.47], [4.48].

Ein Beispiel für eine Anwendung der Extrusion [4.49] ist die Biomassebehandlung mit einem Extruder, der in drei Zonen unterteilt ist, in denen die Vorgänge Biomassezufuhr, Vermahlung und Hydrolysereaktion nacheinander durchlaufen werden. Die Biomasse wird durch diesen Extruder erhitzt und reagiert mit verdünnter Säure in einer Verweilzeit von etwa 20 s [4.50]. Die geringe Verweilzeit soll die Bildung von hemmenden Chemikalien verhindern. Abbildung 4.13 zeigt ein derartiges Beispiel exemplarisch für einen Schneckenextruder.

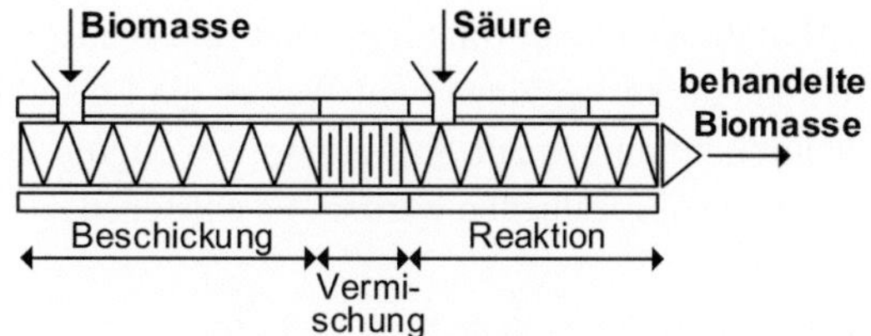

Abb. 4.13 Biomasse-Extruder mit unterschiedlichen Zonen für Biomassebeschickung, Vermahlung und Hydrolysereaktion nach Säurezugabe

Vorbehandlung mit organischen Lösemitteln. Verfahren mit organischen Lösemitteln zur „Delignifikation" werden als Organosolv-Verfahren bezeichnet. Durch eine derartige Behandlung entstehen eine flüssige Phase mit gelöstem Lignin und Hemicellulosezuckern sowie eine Cellulose-reiche feste Phase. Als Lösemittel kommen vor allem Ethanol, aber auch weitere organische Lösemittel wie Methanol, Aceton, Ethylenglycol, Triethylenglycol und Tetrahydrofurfuryl-Alkohol infrage. Neben der Lösung von Lignin in dem Lösemittel findet eine mehr oder weniger starke Hydrolyse der Hemicellulosen statt. Diese geschieht durch Autohydrolyse bei höheren Prozesstemperaturen oder durch den gezielten Zusatz von Katalysatoren in Form von Säuren oder Basen. In der Regel erfolgt nach dem Organosolv-Reaktor eine Fest-Flüssig-Trennung, um den Zellstoff zu erhalten (Abb. 4.14). Für eine Verarbeitung zu Ethanol wird dieser der anschließenden enzymatischen Hydrolyse der Cellulose zugeführt. Alternativ werden auch Verfahren entwickelt, in denen der weiter aufgereinigte Zellstoff selbst das Zielprodukt ist.

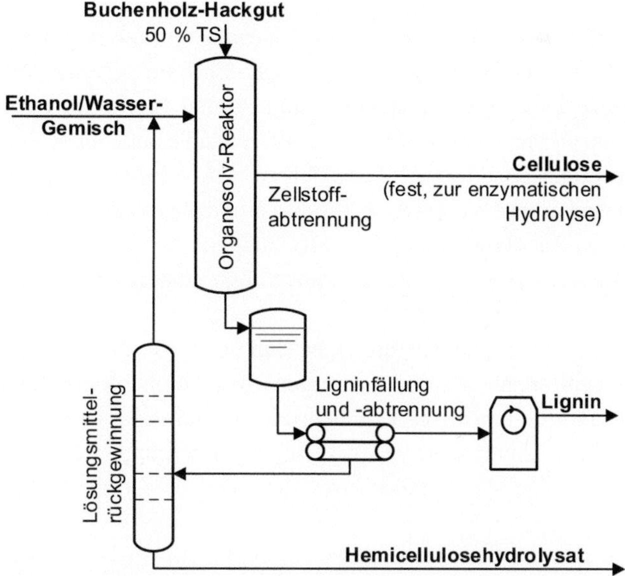

Abb. 4.14 Schema eines Organosolv-Verfahrens zur Fraktionierung von Buchenholz in Cellulose, Hemicellulosehydrolysat und Lignin (in Anlehnung an [4.51]; TS Trockensubstanzgehalt)

Für die Trennung von Lignin und gelösten Hemicellulosezuckern aus der flüssigen Phase kann durch Verdünnen mit Wasser die Löslichkeit des Lignins unterschritten werden; dadurch kommt es zur Ausfällung von Lignin, und dieses kann über eine Fest-Flüssig-Trennung abgeschieden werden. Es entstehen so die folgenden drei Fraktionen:

- eine Cellulose-reiche feste Fraktion,
- eine wässrige Lösung von Lösemittel, Oligomeren und Monomeren der Hemicellulosezucker sowie
- eine Lignin-reiche feste Fraktion als Niederschlag der Fällung.

Da das Lignin in hoher Reinheit und mit wenigen Verunreinigungen durch Prozesschemikalien gewonnen werden kann, wird der Organosolv-Aufschluss vor allem dann eingesetzt, wenn eine weitere hochwertige Verwertung des Lignins angestrebt wird. Für die weitere Verarbeitung des Hemicellulosehydrolysats kann es je nach Zielprodukt auch erforderlich sein, noch weitere Trennverfahren einzusetzen. Dies kann beispielsweise Membranfiltration oder Adsorption sein [4.52].

Die Ausbeuten und Zusammensetzungen der Lösungs- und Feststoffphasen aus dem Organosolv-Verfahren lassen sich durch Temperatur, Reaktionszeit, Katalysator- und Lösemittelkonzentration einstellen. Typischerweise werden für Organosolv-Prozesse Temperaturen von 155 bis 205 °C, Reaktionszeiten von 0,5 bis 1,5 h und Ethanolkonzentrationen von 25 bis 75 % angegeben. Als Katalysator kann Schwefelsäure in Konzentrationen von 0,8 bis 1,7 Gew.-% bezogen auf die Trockenmasse eingesetzt werden [4.53], [4.54].

Ionische Flüssigkeiten und stark eutektische Lösemittel. Ionische Flüssigkeiten (Ionic Liquids, IL) und stark eutektische Lösemittel (Deep Eutectic Solvents, DES; häufig auch als tief eutektische Lösemittel bezeichnet) können ähnlich wie herkömmliche organische Lösemittel (z. B. Methanol oder Ethanol) Bestandteile aus Lignocellulose lösen. Der Hauptvorteil derartiger Lösungen im Vergleich zu herkömmlichen Lösemitteln ist dabei die einfache Anpassbarkeit an die Art der Biomasse und die zu extrahierenden Komponenten durch die große Bandbreite möglicher Mischungen. Sie werden daher als Grundlage für innovative Ansätze des Lignocellulose-Aufschlusses untersucht.

- Bei den ionischen Flüssigkeiten handelt es sich um Salze, die aus einem organischen Kation und einem organischen oder anorganischen Anion zusammengesetzt sind und Schmelztemperaturen unter 100 °C haben; im Idealfall sind sie bei Raumtemperatur flüssig. Diese Salze können aus vielen verschiedenen Komponenten gebildet werden, woraus sich vielfältige Möglichkeiten zur Anpassung der Charakteristika als Lösemittel ergeben.
- Deep Eutectic Solvents (DES) sind Gemische aus einem Wasserstoffbrückenbindungs-Donor und -Akzeptor, die nur aufgrund der Wasserstoffbrückenbindungen miteinander wechselwirken. Die Wasserstoffbrückenbindungen führen zu einem Schmelzpunkt, der deutlich niedriger ist als jener der beiden reinen Substanzen. Das erste gemeldete DES

war ein Gemisch im Molverhältnis 1:2 aus Cholinchlorid und kristallinem Harnstoff, die einen Schmelzpunkt von 302 °C bzw. 133 °C haben. In der DES-Mischung sinkt der Schmelzpunkt auf 12 °C. Die DES haben ebenfalls eine große Vielfalt an Mischungsmöglichkeiten und daraus resultierende Freiheitsgrade bei den Extraktionseigenschaften. Darüber hinaus können DES je nach ihren Bestandteilen ungiftig, preisgünstig und inert gegenüber Wasser sein. Im Vergleich zu den ionischen Flüssigkeiten sind vor allem die einfacheren Herstellungsmethoden, die günstigeren Bestandteile und die Möglichkeit, grüne Chemikalien in ihren Bestandteilen zu verwenden, als Vorteile zu nennen [4.55]–[4.57].

Obwohl Herstellung und Zusammensetzung von ionischen Flüssigkeiten und Deep Eutectic Solvents (DES) unterschiedlich sind, haben ihre Anwendungen ein ähnliches Ziel: die Extraktion eines der Hauptbestandteile der Biomasse ohne eine weitergehende chemische Degradation. Dazu wurden verschiedene dieser Lösemittel entweder für die Abtrennung von Cellulose, Hemicellulosen oder Lignin untersucht. Für die Ethanolproduktion werden vor allem Lösemittel verwendet, die Lignin von der Holocellulose (Cellulose und Hemicellulosen) abtrennen. Nach der Trennung der zwei Fraktionen wird die Holocellulose durch Verzuckerung und Fermentierung zur Herstellung von Ethanol verwendet. Das Gemisch aus Lignin und Lösemittel muss dann getrennt werden, um die Wiederverwendung des Lösemittels zu ermöglichen.

Ein Konzept zur Herstellung von Ethanol unter Verwendung dieser Lösemittel ist in Abb. 4.15 dargestellt. In diesem Beispiel werden die Lösemittel mit der Biomasse gemischt, um das Lignin in der Lösemittelphase von der Holocellulose (Hemicellulosen und Cellulose) zu trennen. Die Holocellulose kann dann in Verzuckerungs- und Fermentationsschritten zur Herstellung von Bioethanol verwendet werden. Wasser wird mit dem Gemisch aus ionischen Flüssigkeiten und Deep Eutectic Solvents (DES) sowie Lignin vermischt, wodurch die Löslichkeit für das Lignin unterschritten wird, sodass das Lignin von

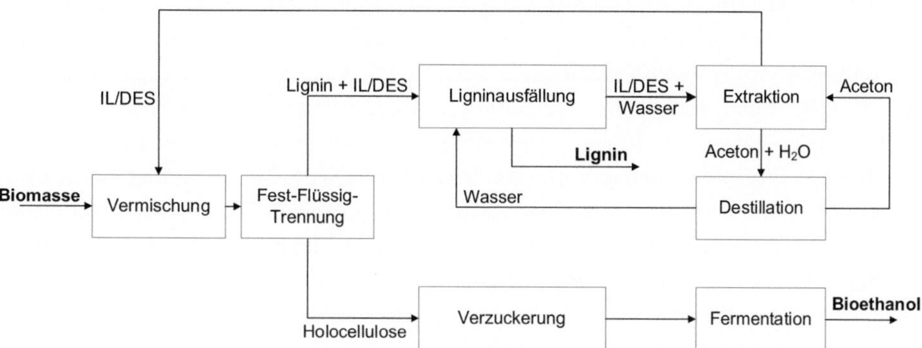

Abb. 4.15 Konzept zur Vorbehandlung von Biomasse mit ionischen Flüssigkeiten (IL) oder stark eutektischen Lösemitteln / Deep Eutectic Solvents (DES) zur anschließenden Ethanolproduktion [4.58]

der flüssigen Phase abgetrennt werden kann. Zur Rückgewinnung des Gemischs aus ionischen Flüssigkeiten und Deep Eutectic Solvents (DES) wird Aceton hinzugefügt; dadurch wird das Wasser aus dem Gemisch extrahiert. Schließlich kann Aceton durch Destillation vom Wasser getrennt werden [4.58].

Hydrolyse. Um fermentierbare Zuckermonomere aus den Hemicellulosen und der Cellulose freizusetzen, wird nach der Zerkleinerung und der jeweils eingesetzten Vorbehandlung eine Hydrolyse durchgeführt. Die dabei zur Verfügung stehenden technischen Möglichkeiten werden nachfolgend vorgestellt.

Enzymatisch katalysierte Hydrolyse. Nach der Vorbehandlung kann durch die Zugabe von Enzymen die Hydrolyse der Cellulose zu Glucose erfolgen (eine detaillierte Beschreibung der enzymkatalysierten Umsetzungen wird in Kapitel 3 (Band 3) gegeben). Dabei spalten Endoglucanasen Verbindungen innerhalb der langen Ketten der Cellulosemoleküle und lassen so freie Enden zurück, an denen die Exoglucanasen wirksam werden können. Diese trennen wasserlösliche Cellobiosemoleküle von den nichtreduzierenden Enden der Cellulose ab. Die Cellobiosemoleküle und andere kurze Oligosaccharide werden schließlich von β-Glucosidasen in Glucosemoleküle gespalten. Jedoch weisen sowohl die Exoglucanasen als auch die β-Glucosidasen eine Hemmung durch ihre jeweiligen Reaktionsprodukte Cellobiose bzw. Glucose auf. Die deutlich stärker ausgeprägte Hemmung der Cellobiose kann aber durch eine ausreichende Bereitstellung von β-Glucosidase gelöst werden.

Besonders bei der Hydrolyse von Suspensionen mit hoher Cellulosebeladung kann sich auch die Hemmung durch Glucose negativ auf die enzymatische Aktivität auswirken. Verfahrenstechnisch kann dies durch die gleichzeitige Durchführung von Verzuckerung und Vergärung mit dem sogenannten SSF-Verfahren (Simultaneous Saccharification and Fermentation) gelöst werden. Die enzymatisch hydrolysierten Glucosemoleküle werden direkt in demselben Reaktor von Hefezellen zu Ethanol vergoren, wodurch ein zu starker Anstieg der Glucosekonzentration verhindert wird. Von Nachteil ist, dass ein Kompromiss zwischen den unterschiedlichen optimalen Betriebsbedingungen für die Verzuckerung und die Vergärung eingegangen werden muss. Die Cellulasen haben ein Optimum der Aktivität bei ca. 50 °C, während die Hefen bei Temperaturen von 32 bis 37 °C die besten Resultate liefern. Außerdem ist auch Ethanol ein Inhibitor, wenn auch weniger stark als Glucose.

Optimale Prozessbedingungen für die Verzuckerung und die Vergärung können nur durch ein Verfahren mit getrennten Reaktoren, dem sogenannten SHF-Verfahren (Separate Hydrolysis and Fermentation), erreicht werden. In einem bei 50 °C betriebenen Hydrolysetank lassen sich so in etwa 5 bis 7 Tagen 80 bis 95 % der vorhandenen Cellulose zu Glucose abbauen. Damit verbunden ist allerdings ein höherer apparativer Aufwand.

Säurekatalysierte Hydrolyse. Durch eine Behandlung der Lignocellulose mit Säure kann auch eine direkte Hydrolyse von Cellulose und Hemicellulosen erreicht werden, ohne dass noch Enzyme eingesetzt werden müssen. Mehrere in der ersten Hälfte des 20. Jahrhunderts in industriellem Maßstab angewandte Verfahren zur Verzuckerung von Lignocellulose basierten auf diesem Prinzip. Dabei wird unterschieden zwischen Verfahren mit konzentrierter Säure, die bei Umgebungstemperatur durchgeführt werden, und Verfahren mit verdünnter Säure, die Temperaturen um die 200 °C benötigen.

Die Cellulosemoleküle lassen sich auch durch eine Behandlung mit konzentrierter Säure (z. B. Weizenstroh mit 75 % H_2SO_4) bei Umgebungstemperatur (30 °C) oder verdünnter Säure bei etwa 190 bis 230 °C hydrolysieren. Dabei werden unspezifisch die chemischen Bindungen der Makromoleküle der Cellulose und die der Hemicellulosen hydrolysiert. Dadurch entstehen neben den gewünschten Zuckern auch andere Nebenprodukte wie Hydroxymethylfurfural (HMF), Furfural und Essigsäure. Neben dem erheblichen technischen Aufwand bei der Reaktorkonstruktion – u. a. wegen der notwendigen Verwendung korrosionsfester Materialien – führt dies zu Ausbeuteverlusten. Zudem können die genannten Nebenprodukte beispielsweise die Ethanolfermentation hemmen. Deshalb ist üblicherweise ein zusätzlicher Entgiftungsschritt, z. B. mit Aktivkohle, erforderlich [4.59].

Hydrolyse mit konzentrierter Säure. Nachfolgend werden einige ausgewählte Verfahren mit konzentrierten Säuren dargestellt.

- Bergius-Verfahren. Das nach seinem Entwickler benannte Bergius-Verfahren wurde während des Zweiten Weltkriegs in Deutschland zur Hydrolyse von Holz verwendet. Dazu wurde zerkleinertes Nadelholz zunächst zwei Stunden bei 135 °C mit 1 %iger Salzsäure (HCl) vorbehandelt. Anschließend wurde die Zuckerlösung abgefiltert und mit Kalk neutralisiert. Der feste Rückstand aus Cellulose und Lignin wurde in einer Zentrifuge getrocknet und mit konzentrierter Salzsäure (ca. 41 %) in einem Gegenstromverfahren hydrolysiert. In Vakuumverdampfern wurde die Salzsäure von der entstandenen Zuckerlösung abgetrennt. Die Salzsäure hatte nach der Abtrennung noch eine Konzentration von ca. 34 % und konnte einem Recyclingverfahren zur weiteren Aufkonzentration zugeführt werden. Trotz der Rückgewinnung der Salzsäure wurden 1,2 t frische Säure pro Tonne Holz benötigt. In der Zuckerlösung konnten Zuckergehalte von ca. 70 % erreicht werden. Die Zuckerlösung enthielt auch nach der Trennung im Vakuumverdampfer noch einen Salzsäureanteil, der neutralisiert werden musste. Zudem lag der entstandene Zucker nach der Salzsäurebehandlung nicht als Glucose, sondern in Form von Oligomeren vor. Diese mussten in einer anschließenden Nachhydrolyse in einem Autoklaven bei 120 °C zu Glucose umgewandelt werden. Die zurückbleibende Lignin-Fraktion wurde durch Auspressen auf einen Wassergehalt von ca. 60 % gebracht und als Brennstoff im Dampfkessel verwendet [4.60], [4.61].
- TVA-Prozess. Die Tennessee Valley Authority (TVA) hat ab 1944 einen Prozess entwickelt, bei welchem Rückstände aus der Maisernte mit konzentrierter Schwefelsäure in einem Gegenstromverfahren hydrolysiert wurden. Durch das Gegenstromprinzip und zwischengeschaltete Konzentrationsverfahren nahm die Säurekonzentration im Verlauf des Feststoffweges zu, obwohl nur an einer Stelle Säure in das System eingebracht wurde. Ziel der Entwicklung sollte eine Minimierung des Säurebedarfs sein. Trotz-

dem lag der Verbrauch immer noch bei 850 kg frischer Säure pro Tonne Trockenmasse eingesetzter Biomasse. Da Schwefelsäure nicht durch Vakuumverdampfung aus der Zuckerlösung getrennt werden kann, wurde Kalk zur Neutralisierung eingesetzt. Es entstanden 2 kg Gips pro Liter Ethanol als Nebenprodukt, welcher abgetrennt und entsorgt werden musste [4.61].

- Arkenol-Prozess. Auch beim Arkenol-Prozess kam konzentrierte Schwefelsäure zum Einsatz. Allerdings setzte man hier auf eine chromatografische Trennung von Säure und Zuckerlösung, um damit den hohen Verbrauch an Schwefelsäure und Kalk – sowie die großen Mengen an entstehendem Gips – zu reduzieren. Das Hydrolysat wurde dazu durch Kolonnen geleitet, die eine Packung aus Ionentauscherharz-Kügelchen enthielten. Das Harz ist von Mikroporen durchzogen, in welche die Zuckermoleküle, nicht jedoch die Säure eindringen können. So verlässt eine säurereiche Fraktion die Kolonne zuerst, dann folgen eine ungetrennte Säure-Zucker-Mischung und zuletzt eine zuckerreiche Fraktion. Die ungetrennte Mischung wurde zurückgeführt. Da die zucker- und die säurereiche Fraktion während der chromatografischen Trennung mit Wasser verdünnt wurden, war anschließend eine Aufkonzentration durch Verdampfen vorgesehen. Im Vergleich zu Prozessen mit einem Neutralisationsschritt steigt dadurch der Energiebedarf deutlich an. Derartige chromatografische Verfahren sind prinzipiell Batch-Verfahren. Um jedoch einen kontinuierlichen Betrieb zu ermöglichen, kann eine Vielzahl von Säulen zu einem sogenannten Simulated Moving Bed verschaltet werden [4.62], [4.63].

Derartige Verfahren mit konzentrierter Säure zeichnen sich durch hohe Ausbeuten, hohe Zuckerkonzentrationen und kurze Reaktionszeiten aus. Nachteilig sind die hohen Anforderungen an die Materialien aufgrund der korrosiven Eigenschaften des sauren Milieus, die energieaufwändige Rückgewinnung und Aufkonzentration der Säure sowie die notwendige Trocknung und Zerkleinerung des Rohmaterials. Auch die Bereitstellung der großen Mengen an benötigter Säure ist kostenintensiv. Eine Säurerückgewinnung mit modernen Trenntechniken wie Chromatografie oder Membrantrenntechniken kann die Attraktivität der Verfahren auf Basis konzentrierter Säuren deutlich erhöhen. Allerdings sind derartige Prozesse für die Trennung von Feststoff führenden Flüssigkeiten i. Allg. nur schlecht geeignet, da eine Verschmutzung die Funktionsfähigkeit stark vermindert.

Hydrolyse mit verdünnter Säure. Die Hydrolyseverfahren mit verdünnter Säure lassen sich unterteilen in Verfahren mit einem Hydrolyseschritt und weiterentwickelten Verfahren mit zwei Hydrolyseschritten.

- Scholler-Verfahren. Das in den 1920er-Jahren entwickelte Verfahren zur Hydrolyse von Holz mit verdünnter Schwefelsäure beruhte auf der Verwendung sogenannter Perkolatoren, welche mit Holzspänen gefüllt wurden. Durch diese Holzspanpackung wurde schubweise 0,8 bis 1,2 %ige Schwefelsäure gedrückt. Durch die direkte Einleitung von Dampf wurde die Holzfüllung auf 175 bis 180 °C aufgeheizt und einem Druck von ca. 8 bar ausgesetzt. Mit dem periodischen Perkolationsverfahren wurde ein regelmäßiges Auswaschen der Hydrolyseprodukte erreicht, um eine weitere Degradation der Zuckermonomere bei den hohen Temperaturen zu unterbinden. Die festen Rückstände der Perkolatoren waren in erster Linie Lignin, welches nach abgeschlossener Hydrolyse in einem Zyklon abgetrennt wurde. Das flüssige Hydrolysat hatte einen maximalen Zuckeranteil von 4 % und musste durch Zugabe von Kalk neutralisiert werden [4.60], [4.61].

- TVA-Madison-Verfahren. Das Scholler-Verfahren wurde hier um eine zweischrittige Hydrolyse erweitert, welche die unterschiedlichen Eigenschaften von Hemicellulosen und Cellulose bei der Verzuckerung berücksichtigt. Deshalb wurde beim TVA-Madison-Verfahren eine Imprägnierung und Vorhydrolyse der Biomasse eingeführt. Die Vorhydrolyse wurde mit ca. 1 %iger Schwefelsäure (H_2SO_4) und Dampf bei 12 bar durchgeführt. Dabei wurden hauptsächlich Hemicellulosen hydrolysiert; dies lieferte eine Pentosenlösung. Der zweite Hydrolyseschritt wurde mit etwa 3 %iger Schwefelsäure (H_2SO_4) und Dampf bei 20 bar durchgeführt und hydrolysierte den Celluloseanteil. Daher enthielt die entstehende Zuckerlösung einen hohen Glucoseanteil [4.61].

Der Vorteil der Verzuckerung mit verdünnten Säuren liegt in den kurzen Verweilzeiten bei gleichzeitig geringen Mengen an eingesetzter Säure. Dafür sind jedoch relativ hohe Prozesstemperaturen notwendig, was in Kombination mit dem sauren Milieu zu erhöhter Korrosion in den benötigten Apparaten führen kann. Der insgesamt größte Nachteil der Verzuckerung mit verdünnten Säuren ist die vergleichsweise geringe Zuckerausbeute, die nur bei etwa 50 bis 60 % der theoretischen Ausbeute liegt.

4.2 Fermentation

Wenn geeignete Zuckersäfte oder zuckerhaltige Maischen durch die Rohstoffvorbehandlungsschritte zur Verfügung stehen, können diese biologisch bzw. biochemisch durch einen Fermentationsprozess – auch als alkoholische Gärung bezeichnet – in Ethanol und Kohlenstoffdioxid (CO_2) umgewandelt werden (allgemeine Grundlagen der biochemischen Konversion siehe Kapitel 3, Band 3).

Die Grundlage jeder direkten biochemischen Alkoholgewinnung aus Biomasse stellt ein Fermentationsprozess mit dem Einsatz von Mikroorganismen dar. Bei diesem Abbauprozess handelt es sich um eine biochemische Spaltung von Kohlenhydraten durch den Einsatz von Biokatalysatoren unter Ausschluss von Sauerstoff.

Als Mikroorganismen für die Ethanolproduktion werden bei der großtechnischen Umsetzung bevorzugt Hefen (*Saccharomyces cerevisiae*) eingesetzt. Hefen sind sehr robust und leicht zu kultivieren, erreichen hohe Umsatzraten zu Ethanol und tolerieren hohe Produktkonzentrationen. Die alkoholische Gärung verläuft gemäß der Summenformel nach Gleichung (4.1).

$$C_6H_{12}O_6 + 2\,P_i + 2\,ADP \rightarrow 2\,CH_3OCH_2OH + 2\,CO_2 + 2\,ATP \tag{4.1}$$

Aus einem Mol Hexose (z. B. Glucose, Fructose) werden demnach je zwei Mol Ethanol und Kohlenstoffdioxid (CO_2) sowie zwei Mol der energiereichen Verbindung Adenosin-Triphosphat (ATP) und Wärme gebildet. Die in Pflanzen enthaltenen Zucker (z. B. Glucose, Fructose, Saccharose) können von der Hefe direkt vergoren werden. Idealerweise heißt das, dass aus 1 kg Glucose rund 511 g Ethanol (C_2H_5OH) und 489 g Kohlenstoffdioxid (CO_2) unter Freisetzung von 867 kJ Wärme gebildet werden können. In gut geführten kommerziellen Fermentationen kommt man dieser theoretischen Ausbeute sehr nahe. Das bei der Fermentation gebildete Kohlenstoffdioxid (CO_2) entweicht gasförmig aus der Fermentationssuspension; aus 1 kg Glucose werden dabei rund 250 L CO_2 gebildet.

Die technisch realisierbare Ethanolausbeute hängt beispielsweise beim Getreide als biogenem Ausgangsmaterial maßgeblich vom Stärkegehalt ab, der mit dem Proteingehalt in negativer Korrelation steht. So verringert jeder Prozentpunkt Protein im Getreide den Stärkegehalt um 0,8 bis 1 Prozentpunkte und somit die Ethanolausbeute um 5 bis 6 L/t Korntrockenmasse. Ferner beeinflussen die Stärkebeschaffenheit (Anteil vergärbarer Stärke), die Kornausbildung und weitere Faktoren die Ethanolausbeute. Je nach Herkunft werden bei Weizen und Triticale Ethanolausbeuten von 41,0 bis 44,0 L/dt TS erreicht (TS Trockensubstanz). Auch Mais zeigt bei geringen Proteingehalten und hohen Stärkegehalten hohe Ethanolausbeuten von 44,3 bis 46,8 L/dt TS. Beim Roggen fallen die Ethanolausbeuten mit 39,4 bis 39,7 L/dt TS geringer aus; dies ist auf den niedrigeren Stärkeanteil, die geringe Korngröße und den hohen Anteil an unvergärbaren Pentosanen (aus den Hemicellulosen) zurückzuführen. Gerste weist aufgrund des hohen Spelzen- und β-Glucangehalts die niedrigsten Stärkegehalte und daraus resultierenden Ethanolausbeuten auf (36,9 bis 38,0 L/dt TS).

Für die, aus ökonomischen Gründen angestrebte, größtmögliche Ethanolbildung und damit eine weitestgehende Umsetzung des im Substrat enthaltenen vergärbaren Materials, ist es wichtig, dass für den jeweiligen Mikroorganismus (d. h. Hefen, Bakterien) optimale Kulturbedingungen eingestellt werden. Es müssen vergärbare Zucker und Nährstoffe in ausreichender Konzentration vorliegen. Fermentationstemperatur und pH-Wert sind so zu regulieren, dass sie dem Optimalbereich der Mikroorganismen entsprechen. Die Fermentation kann aus verfahrenstechnischer Sicht diskontinuierlich (batchweise) und kontinuierlich realisiert werden. Nachfolgend werden – nach einer vertieften Darstellung der biologischen Grundlagen der alkoholischen Fermentation – in weiterer Folge die Bereitstellung der für die Ethanolfermentation erforderlichen Hefe, die Grundlagen der verfahrenstechnischen Umsetzung der alkoholischen Gärung sowie die batchweisen und kontinuierlichen Fermentationstechniken behandelt.

4.2.1 Biologische Grundlagen

Nachfolgend wird detailliert auf die biochemischen Vorgänge, die bei der Umwandlung von Zucker zu Ethanol ablaufen, eingegangen (zu den Grundlagen zu Enzymen und Mikroorganismen (z. B. allgemeine Stoffwechselvorgänge), die für ein Verständnis der folgenden Ausführungen notwendig sind, siehe Kapitel 3, Band 3). Dazu werden die beiden wichtigsten Gruppen von Mikroorganismen, die in der Lage sind, Zucker in Ethanol abzubauen, beleuchtet; d. h., die entsprechenden Stoffwechselwege werden dargestellt und diskutiert. Dies gilt für Hefen (Eukaryoten), die insbesondere bei der großindustriellen Ethanolerzeugung Bedeutung haben; aber auch Bakterien (Prokaryoten) werden diskutiert, obwohl sie bisher vor allem zur Trinkalkoholgewinnung (z. B. Tequila) eingesetzt werden.

Für eine technische Umsetzung sollte ein Ethanol produzierender Organismus prinzipiell die folgenden Anforderungen erfüllen.

- Ethanoltoleranz. Der Organismus sollte möglichst resistent gegenüber einer Selbstvergiftung in Folge der Ethanolbildung und -ausscheidung sein. Dies ermöglicht höhere Ethanolkonzentrationen in der Fermentationsbrühe und steigert somit die Effizienz eines derartigen Prozesses; d. h., in einem (Fed-)Batch-Betrieb sind so höhere Umsätze von Zucker zu Ethanol möglich.
- Ethanolausbeute. Der Organismus sollte je Substrateinheit (z. B. Glucosemonomer) möglichst viel Ethanol produzieren und möglichst keine anderen Nebenprodukte bilden (z. B. Säuren durch andere Gärungstypen); dadurch muss weniger Substrat bereitgestellt werden, um eine entsprechende Ethanolmenge zu produzieren, und gleichzeitig wird die Aufreinigung aufgrund von weniger Nebenprodukten erleichtert.
- Nährmedium. Die Anforderungen, die vom Organismus an das Nährmedium gestellt werden, wirken sich unmittelbar auf die Kosten für den Prozess aus. Ist ein Organismus vergleichsweise anspruchslos und in der Lage, beispielsweise in Gegenwart von inhibierenden Stoffen (z. B. Zuckerabbauprodukte wie Hydroxymethylfurfural), Stoffwechsel zu betreiben, ist dies von Vorteil für eine technische Realisierung. Selbiges gilt, wenn ein Organismus verschiedene Substrate (z. B. unterschiedliche Zucker) in das gewünschte Produkt (hier: Ethanol) verstoffwechseln kann.
- Temperatur- und pH-Toleranz. Je temperatursensitiver ein Organismus ist, desto höher sind die Anforderungen an den Prozess (z. B. Temperaturregelung) und damit zwangsläufig auch an dessen Betrieb, was typischerweise mit höheren Kosten einhergeht. Gleiches gilt, wenn ein Organismus nur ein sehr schmales pH-Optimum aufweist, in dem Stoffwechsel betrieben werden kann. Darüber hinaus muss bei moderaten Temperaturen und pH-Werten verstärkt auf Kontaminationen durch andere Organismen geachtet werden. Dies kann eine entsprechende Sterilisation (z. B. des Nährmediums) – und damit einen höheren Aufwand – notwendig machen.

Hefen. Hefen (Kapitel 3, Band 3) sind einzellige Pilze, von denen bisher ca. 600 verschiedene Arten bekannt und die nahezu überall in der Natur zu finden sind. Zu deren wichtigsten Vertretern, die die Menschheit z. T. seit Jahrhunderten nutzt, gehören *Saccharomyces cerevisiae*, *Saccharomyces uvarum*, *Schizosaccharomyces pombe* sowie *Kluyveromyces*. Dabei hat die erstgenannte *Saccharomyces cerevisiae*, auch bekannt als Back- oder Bierhefe, die mit Abstand größte Bedeutung.

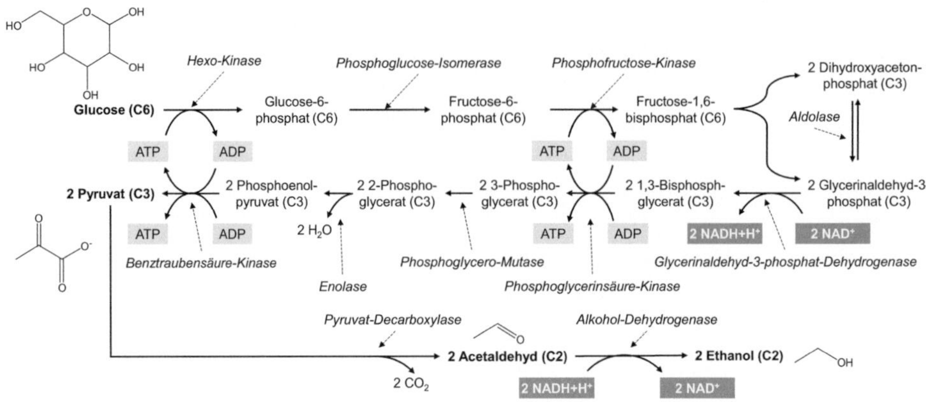

Abb. 4.16 Glycolyse von Glucose zum Pyruvat über den Embden-Meyerhof-Parnas-Weg und anschließende alkoholische Gärung durch Hefen (ATP Adenosintriphosphat; ADP Adenosindiphosphat; $NAD^+/NADH+H^+$ Nicotinamidadenindinukleotid; *kursiv* beteiligte Enzyme)

Die alkoholische Gärung ist ein Stoffwechselpfad der Hefen zur Energiegewinnung (Katabolismus). Dabei werden von der Hefe Kohlenhydrate schrittweise mithilfe von entsprechenden Enzymen abgebaut. Gleichung (4.1) zeigt die dazugehörige Netto-Reaktionsgleichung der alkoholischen Gärung über die vorgeschaltete Glycolyse; dieser Abbaupfad wird auch als Embden-Meyerhof-Parnas-Weg bezeichnet. Demnach werden je Glucosemolekül 2 Moleküle Adenosintriphosphat (ATP) aus Adenosindiphosphat (ADP) aufgebaut und dabei 2 Moleküle Ethanol (C_2H_5OH) unter Kohlenstoffdioxid-Freisetzung (CO_2) gebildet.

Eine detaillierte Darstellung der alkoholischen Gärung, wie sie beispielsweise von der genannten Hefe umgesetzt wird, zeigt Abb. 4.16. Demnach wird in der Glycolyse zunächst mithilfe zahlreicher Enzyme und über verschiedene Intermediate der C6-Körper Glucose zur Brenztraubensäure (Pyruvat) – einem C3-Molekül – abgebaut. Eine entscheidende Rolle spielt dabei das Redoxsystem NAD/NADH (synonym zu $NAD^+/NADH+H^+$). Dieses muss in der sich anschließenden alkoholischen Gärung regeneriert werden, um so wieder für die Glycolyse bereitzustehen. Insgesamt werden dabei zwei ATP aufgebaut.

Das in der Glycolyse gebildete Pyruvat wird in der anschließenden Gärung mit dem Enzym Pyruvat-Decarboxylase unter Abspaltung von Kohlenstoffdioxid zunächst zu Acetaldehyd umgewandelt. Mithilfe des Enzyms Alkohol-Dehydrogenase wird das Aldehyd dann zu Ethanol reduziert und gleichzeitig NADH zu NAD oxidiert.

Bei den Reaktionsschritten der alkoholischen Gärung wird kein ATP gebildet. Die Aufgabe derartiger Gärungen ist es, den Elektronentransporter NADH aus der vorgehenden Glycolyse zu regenerieren (d. h. zu oxidieren).

Im komplexen mikrobiellen Metabolismus ist die alkoholische Gärung ein Pfad, der zur Energiegewinnung in Form von ATP genutzt werden kann. Abbildung 4.17 zeigt das Zusammenspiel der katabolen Stoffwechselvorgänge zur Energiegewinnung in *Sac-*

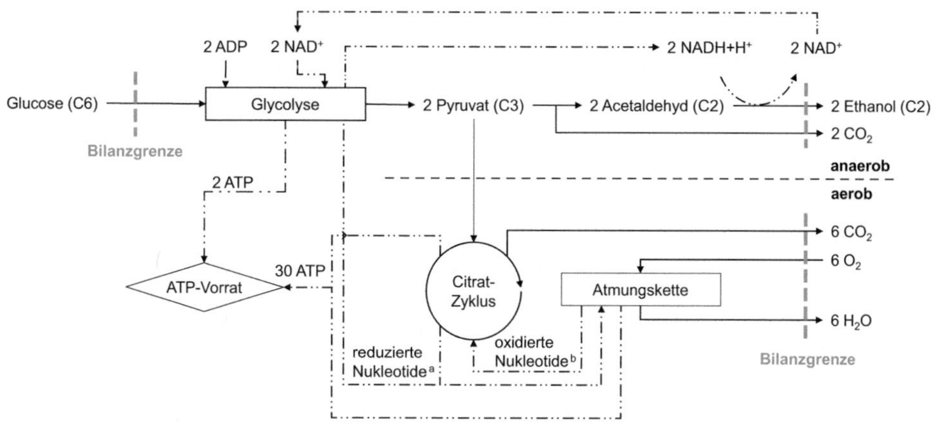

Abb. 4.17 Vereinfachte Darstellung des aeroben und anaeroben Katabolismus von *Saccharomyces cerevisiae* (in Anlehnung an [4.64]; [a] NADH+H^+ und $FADH_2$ [reduzierte Form]; [b] NAD^+ und FAD [oxidierte Form]; anaerob alkoholische Gärung; aerob Zellatmung)

charomyces cerevisiae. Dem zuvor vorgestellten anaeroben Abbau steht demnach die aerobe Energiegewinnung (Abb. 4.17) aus Glucose gegenüber. Diese beginnt ebenfalls mit der Glycolyse und erfolgt über den Citrat-Zyklus und die Atmungskette (Kapitel 3.3.4, Band 3). Dabei werden bis zu 32 ATP pro Glucosemonomer aufgebaut, die dann für die Biosynthese im Anabolismus (Baustoffwechsel) zur Verfügung stehen.

Nach Abb. 4.17 besitzen Hefen die Fähigkeit, unter verschiedenen (Umwelt-)Bedingungen Energie zu gewinnen. Sie zählen deshalb zu den fakultativ anaeroben Organismen. Dies bedeutet, sie können ihre Energie sowohl aerob (mit Sauerstoff) als auch anaerob (ohne Sauerstoff) über eine Gärung verfügbar machen. Typischerweise läuft unter oxischen Bedingungen (d. h. in der Gegenwart von Sauerstoff) der effektivere aerobe Katabolismus, der mehr ATP pro Glucose liefert. Steht der Hefe unter Anwesenheit von Sauerstoff jedoch sehr viel Glucose zur Verfügung ($\geq$ 0,1 g/L), kommt es auch unter oxischen Bedingungen zur Bildung von Ethanol; d. h., die Gärung tritt infolge eines erhöhten Zuckerangebots auf und nicht infolge von Sauerstoffmangel. Dieses als Crabtree-Effekt bezeichnete Phänomen führt zu einem deutlich verminderten Wachstum der Hefen trotz bzw. gerade weil zu viel Substrat vorhanden ist.

Unter Sauerstoffmangel zeigen Hefen ein weiteres Phänomen, den sogenannten Pasteur-Effekt. Wird den Hefen kein Sauerstoff zur Verfügung gestellt, kommt es zu einer deutlich verstärkten Verstoffwechselung von Glucose in der Glycolyse. Die Zellen müssen unter derartigen anoxischen Bedingungen (d. h. ohne Sauerstoff) dann auf dem anaeroben Weg mehr Glucose umsetzen, um eine entsprechende Menge an ATP aufbauen zu können (im Vergleich zur aeroben Energiegewinnung). Ist genug ATP vorhanden, hemmt dieses einen Teilschritt bzw. ein spezielles Enzym der Glycolyse (die Phosphorfructokinase) und damit auch den Umsatz von Glucose. Dieser Hemmmechanismus ist ein Spezialfall der nichtkompetitiven Hemmung (Kapitel 3, Band 3); dabei wird das

Enzym durch das Produkt (hier: ATP) gehemmt. Durch Adenosinmonophosphat (AMP) bei *Saccharomyces cerevisiae* oder auch durch ADP bei *Escherichia Coli* wird das Enzym wieder aktiviert (dies erfolgt entsprechend, sobald der ATP-Vorrat verbraucht ist). Eine derartige (End-)Produkthemmung tritt in der Natur häufig auf und ist eine Möglichkeit zur Selbstregulation von enzymatischen Reaktionen infolge der negativen Rückkopplung durch das Produkt.

Hefen können unterschiedlichste Substrate in Ethanol umwandeln. *Saccharomyces cerevisiae* ist beispielsweise in der Lage, neben Monosacchariden (z. B. Glucose, Mannose, Fructose, Galactose) auch Vielfachzucker wie Raffinose (Trisaccharid) oder Saccharose (Disaccharid) zu verstoffwechseln. Jedoch können die genannten Hefen Pentosen (C5-Zucker), wie Xylose und Arabinose, nicht nutzen. Dies gilt auch für Stärke, die von *Saccharomyces cerevisiae* nicht allein gespalten werden kann, da sie die notwendigen Enzyme nicht produzieren kann. Deshalb ist eine entsprechende Vorbehandlung von Stärke notwendig (d. h. eine Verzuckerung), weil *Saccharomyces cerevisiae* letztlich nur die in einer wässrigen Lösung vorliegenden Glucosemonomere nutzen kann [4.65].

Hefen sind in der Lage, bei relativ moderaten Bedingungen (pH-Werte von 3,5 bis 6 und Temperaturen von 28 bis 35 °C) effizient Ethanol zu produzieren. Dies macht sie zu vergleichsweise leicht kultivierbaren und insgesamt relativ anspruchslosen Organismen für den Einsatz zur Ethanolgewinnung aus Zucker. Neben ihrer Temperatursensitivität (Absterben bei > 45 °C) sind Hefen aber auch druckempfindlich. Dies kann zur Steuerung eines Gärprozesses genutzt werden, indem ihre Aktivität beispielsweise durch steigenden Druck herabgesetzt wird.

Nachteilig ist die teils geringe Alkoholtoleranz von Hefen. Bierhefen wie *Saccharomyces cerevisiae* sind typischerweise bis ca. 10 Vol.-% alkoholtolerant. Sie können aber auch in der Gegenwart von bis zu 14 Vol.-% Ethanol (gehemmt) wachsen. Hochgezüchtete Hefen vertragen bei ansonsten optimalen Bedingungen teils Ethanolkonzentrationen von über 20 Vol.-%. Auf lange Fermentationszeiten gesehen verhält sich die Hemmung der Hefen durch Alkohol ähnlich zu einer nichtkompetitiven Enzymhemmung (Kapitel 3, Band 3), da Zellen absterben und keinen Alkohol mehr produzieren; d. h., die maximale Reaktionsgeschwindigkeit der Ethanolbildung wird mit steigender Alkoholkonzentration immer weiter herabgesetzt, da weniger (aktive) Hefen zur Verfügung stehen [4.64].

Bakterien. Neben Hefen können auch Bakterien zur Erzeugung von Ethanol genutzt werden. Dabei bilden viele derartige Bakterien nicht ausschließlich Ethanol, sondern auch weitere Nebenprodukte wie u. a. andere Alkohole (z. B. Butanol, 2,3-Butandiol) und bestimmte Säuren (z. B. Essigsäure, Buttersäure). Derartige Stoffwechselwege sind in Kapitel 3 (Band 3) näher beschrieben.

Vertreter bakterieller Mikroorganismen, die vorrangig Ethanol (d. h. ≥ 1 Ethanolmolekül pro Glucosemolekül) produzieren, sind u. a. *Clostridium*, *Zymomonas* oder *Spirochaeta*. Einige dieser Bakterien metabolisieren dabei Glucose analog zu den Hefen über die Glycolyse. Neben diesem Stoffwechselweg läuft in einigen Bakterien (und in modifizierter Form auch in Archaeen) der Abbau von Zuckern über den Entner-

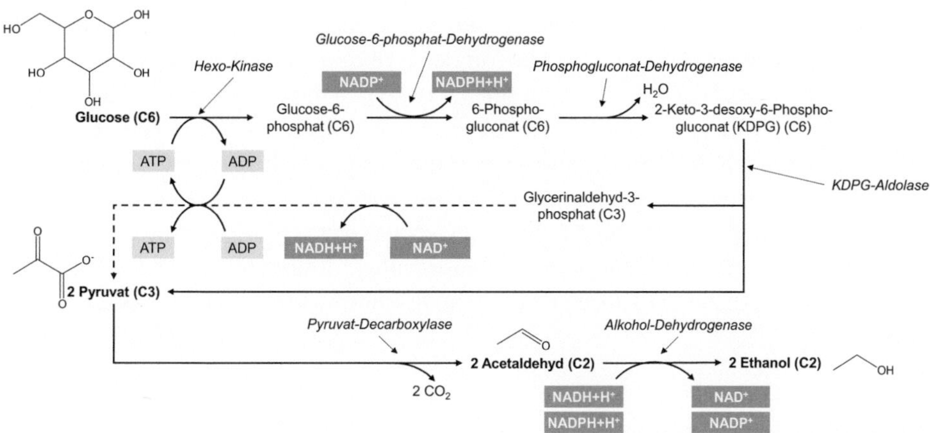

Abb. 4.18 Bakterielle Ethanolbildung aus Glucose am Beispiel *Zymomonas mobilis* über den Entner-Doudoroff-Weg und anschließende alkoholische Gärung (ATP Adenosintriphosphat; ADP Adenosindiphosphat; NAD^+/NADH+H^+ Nicotinamidadenindinukleotid; $NADP^+$/NADPH+H^+ Nicotinamidadenindinukleotidphosphat; *kursiv* beteiligte Enzyme; gestrichelte Linie weitere Intermediate, die hier nicht dargestellt sind)

Doudoroff-Weg (ED-Weg) zum Pyruvat (Abb. 4.18). Dieser biochemische Abbauweg liefert dabei nur 1 ATP-Molekül beim Abbau von Glucose zu Pyruvat und damit weniger im Vergleich zur Glycolyse (2 ATP pro Glucoseeinheit). Im Anschluss an den Entner-Doudoroff-Weg kann die alkoholische Gärung dann analog zu den Hefen vom Pyruvat über Acetaldehyd zu Ethanol erfolgen. Durch eine derartige Gärung werden auch hier die Redoxäquivalente NADH zu NAD^+ bzw. NADPH zu $NADP^+$ (synonym $NADP^+$/NADPH+H^+) regeneriert und stehen somit für den Entner-Doudoroff-Weg bereit. Analog zum Nicotinamidadenindinukleotid (NADH) überträgt auch Nicotinamidadenindinukleotidphosphat (NADPH) den im Entner-Doudoroff-Weg abgespaltenen Wasserstoff zum Ethanol (Abb. 4.18).

Dieser Stoffwechselweg (Entner-Doudoroff-Weg) wird beispielsweise von *Zymomonas mobilis* beschritten und aus technischer Sicht bei der Herstellung des mexikanischen Getränks Pulque genutzt. Dabei wird Agavensaft mithilfe derartiger Bakterien zu einem alkoholhaltigen Getränk mit etwa 2 bis 6 Vol.-% Ethanol vergoren. Das Bakterium *Zymomonas mobilis* ist vergleichsweise ethanoltolerant und zeigt aufgrund des alternativen Stoffwechselwegs (Entner-Doudoroff-Weg) im Vergleich zu Hefen (Glycolyse) höhere Reaktionsgeschwindigkeiten. Allerdings sind die Anforderungen an das zu vergärende Substrat für derartige Bakterien höher, da diese nur teilweise in der Lage sind, Saccharose eigenständig in Glucose zu spalten. Darüber hinaus muss das Nährmedium in der Regel sterilisiert werden, um Kontaminationen zu verhindern, da der pH-Wert (pH-Optimum von *Z. mobilis* > 4) nicht so weit abgesenkt werden kann wie beispielsweise bei *Saccharomyces cerevisiae* [4.64]. Ein weiterer Nachteil ist das langsame Zellwachstum infolge des weniger effektiven Entner-Doudoroff-Wegs. Für *Zymomonas mobilis* bedeutet das letztlich zwar eine potenziell höhere Ethanolausbeute, aber gleichzeitig eine geringere Ausbeute an aktiver Biomasse (lebende Zellen) im Vergleich zu *Saccharomyces cerevisiae*.

In der großtechnischen Anwendung spielen Bakterien daher bislang nur eine untergeordnete Rolle. Aber gerade im Bereich gentechnisch veränderter Bakterien wird derzeit intensiv geforscht [4.66]; beispielsweise existieren bereits genetisch modifizierte Bakterien des Typs *Zymomonas mobilis*, die C5-Zucker wie Xylose und Arabinose in Ethanol metabolisieren können. Derartige Entwicklungen sind gerade im Hinblick auf eine Verwertung von Hemicellulose (aus Lignocellulose-haltiger Biomasse) relevant und könnten somit für Verfahren zur 2G-Bioethanolgewinnung (Biocthanol der 2. Generation) interessant werden.

4.2.2 Hefebereitstellung

Die für die Fermentation erforderliche Hefe wird in der Regel in den Ethanolanlagen selbst hergestellt. Dazu werden, von der eigentlichen Fermentation getrennt, Hefemaischen herangeführt. Die erforderliche Menge beträgt je nach Zuschnitt des Verfahrens 5 bis 10 % der täglich erzeugten Maischemenge.

Um die Fermentation erstmalig zu starten, kommt meist speziell für diese Zwecke selektierte Trocken-Reinzuchthefe zum Einsatz. Dieser wird verzuckerte Maische zugegeben und 12 bis 24 h fermentiert. Diese Hefefermentation erfolgt im Gegensatz zur eigentlichen Alkoholfermentation bei relativ niedrigen Temperaturen von 20 bis 24 °C und pH-Werten von 2,5 bis 3,5. Dies dient dazu, ausreichende Hefemengen verfügbar zu haben, die sich in einem Stadium starker Vermehrung befinden und damit eine schnelle Angärung bei der Alkoholfermentation sicherstellen.

Die Hefefermentation findet in speziellen Hefegefäßen statt, die mit Rührwerken und Kühleinrichtungen versehen sind. In großtechnischen Anlagen müssen diese Hefegefäße zudem sterilisierbar sein. Um große Hefemengen in kurzer Fermentationsdauer anzuziehen, werden die Hefemaischen zur Beschleunigung des Hefewachstums belüftet.

Die reife Hefemaische wird dann zur Animpfung der Hauptmaischen verwendet. Das entleerte Hefegefäß wird anschließend gereinigt bzw. sterilisiert und danach erneut mit verzuckerter Maische befüllt. Es wird dann mit etwa 10 % reifer Hefemaische versetzt und auf die gewünschte Temperatur und den notwendigen pH-Wert gebracht. Dadurch kann der Hefesatz praktisch über die gesamte Produktionskampagne hinweg geführt werden. Wird in einem Hefesatz eine Infektion mit Bakterien festgestellt, darf dieser jedoch nicht mehr für die Hefezüchtung weiterverwendet werden.

Bei der Vergärung von Zuckersaft aus Zuckerrohr wird die Hefe durch Zentrifugation von der Gärbrühe abgetrennt und kann zur Wiederverwendung aufbereitet werden. In diesem Fall erfolgt die Herstellung und Anzucht der Fermentationshefe nur einmal während der Erntezeit. Dazu werden die Hefebehandlungsgefäße für die Erstvermehrung verwendet. Spezielle Hefestämme werden mit kaltem Wasser und niedriger Zuckersaftkonzentration gemischt. Während der Hefevermehrungsphase werden Parameter wie Ethanolkonzentration, pH-Wert und Temperatur je nach den Anforderungen des Hefestamms kontrolliert. Auch mikroskopische Hefeanalysen werden häufig durchgeführt, um die Hefezucht und auch die bakterielle Kontamination zu kontrollieren. Die Zuckersaftkonzentration wird stufenweise erhöht; die Mischung wird dann in den Gärbehälter überführt, wenn der Zuckersaft das Betriebsoptimum erreicht hat.

4.2.3 Konstruktionsmerkmale von Fermentern

Üblicherweise erfolgt die Fermentation von Maischen in zylindrischen Gärbehältern (Abb. 4.19). Je nach Kapazität der Ethanolanlage erreicht das Volumen dieser Fermentationsbehälter bis zu 3 000 m^3. Typischerweise werden an Bioethanolanlagen etwa sechs solcher Fermenter betrieben. Diese Gärbehälter sollten aus Edelstahl gefertigt sein und folgende Konstruktionsmerkmale aufweisen:

- stehende zylindrische Bauform, deren Höhe den Durchmesser übersteigen sollte; die Höhe des Gärbehälters sollte überschüssig dimensioniert werden, um den Verlust an verfügbarem Gärvolumen durch Schaumbildung zu berücksichtigen;
- Personenzugänge oben und am unteren Ende des zylindrischen Teils;
- Schauglas über der unteren Inspektionsöffnung;
- Thermometer im unteren und optional auch im oberen Drittel des Gärbehälters, die etwa 50 cm in den Behälter hineinragen;
- Sammelrohr für das austretende Kohlenstoffdioxid (CO_2) am höchsten Punkt des Fermenters; soll die Fermentation kontinuierlich erfolgen, wird das Sammelrohr zwischen allen Fermentern verbunden.

Überschreitet das Fermentervolumen etwa 40 m^3, ist eine Kühleinrichtung erforderlich, die für eine schnelle und effektive Reinigung konzipiert sein muss. Die beiden am häufigsten verwendeten Kühleinrichtungen sind externe Plattenwärmeübertrager und interne Wärmeübertrager.

- Interne Wärmeübertrager können einen sehr effektiven Wärmeübertrag und eine optimale Temperaturkontrolle bieten. Jedoch ist die Erreichbarkeit für die Instandhaltung schwieriger; dies gilt vor allem dann, wenn das Volumen des Fermenters besonders groß ist (z. B. über 500 m^3). Wenn es einen Schaden in der internen Kühlvorrichtung gibt, kann dies zu großen Wartungsstopps führen.
- Externe Plattenwärmeübertrager sind u. a. aufgrund der folgenden Vorteile die am häufigsten verwendete Option:
  - leichte Anpassbarkeit der Wärmeübertragungskapazität durch Erhöhung oder Verringerung der Anzahl der Platten;
  - einfachere Instandhaltung bei Verwendung von parallelen Wärmeübertragern, die separat ausgeschaltet werden können;
  - die erzwungene Rezirkulation der Fermentationsbrühe unterstützt die Vermischung im Fermenter.

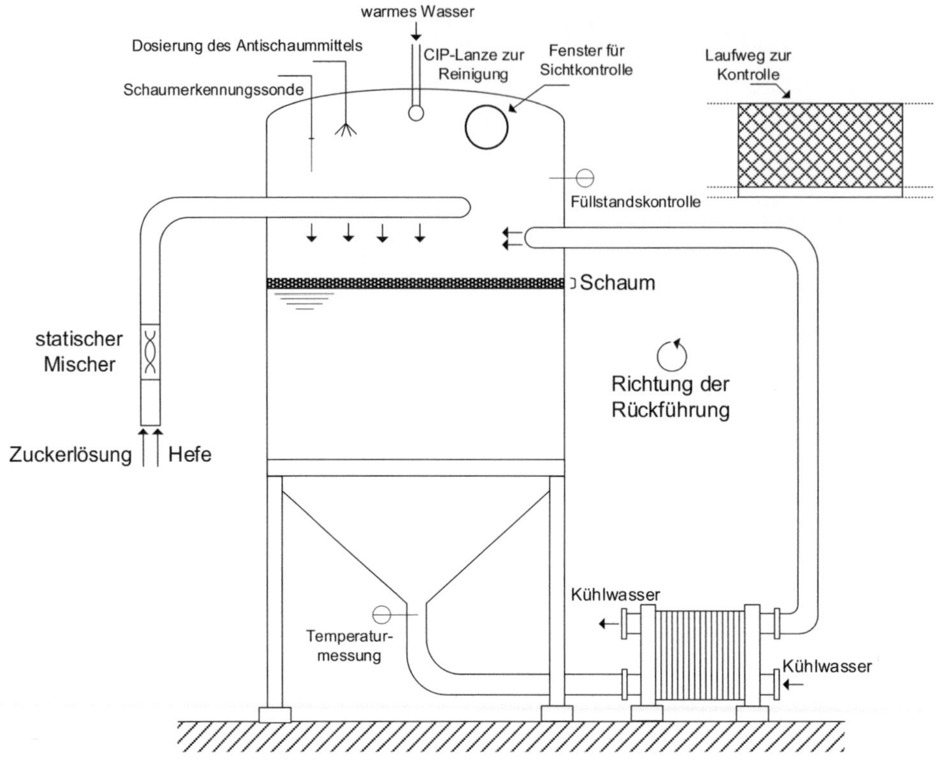

Abb. 4.19 Fermenter und seine Hauptelemente (CIP Cleaning in Place)

Die Planung der Wärmeübertragerkapazität hängt auch von der Betriebsweise der Fermentation ab. Erfolgt die Fermentation im Batch-Betrieb, muss die Wärmeabfuhrkapazität für alle Fermenter gleich sein. Wird die Fermentation kontinuierlich betrieben, nimmt die benötigte Wärmeübertragerkapazität im Verlauf der Fermentationskaskade ab; damit geht auch das Fermentervolumen zurück.

Zwei weitere Ausrüstungen, die in einem Fermenter benötigt werden, sind die CIP-Lanze (CIP – Cleaning in Place) sowie die Lanzen zur Erkennung von Schaum und zur Dosierung von Antischaummitteln.

- Die CIP-Lanze wird zur Reinigung des Fermenters eingesetzt. Entweder wird ein Reinigungsmittel, warmes Wasser oder Lutterwasser (Lutterwasser fällt als Kondensat bei der Destillation von vergorener Maische an; es besteht aus Wasser, organischen Säuren, Ethanol und weiteren Bestandteilen) unter Druck in die Lanze dosiert, die es an den Innenwänden des Fermenters verteilt, um biologische Ablagerungen und Bakterienbildung zu entfernen. Eine derartige Reinigung eines batchweise betriebenen Fermenters erfolgt nach der Entleerung des Behälters. Im kontinuierlichen Betrieb kann demgegenüber nur der obere Teil des Behälters gereinigt werden.

- Die Erkennung von Schaumbildung erfolgt über einen Sensor in einer Lanze, der die Dosierung von Antischaummittel auslöst. Die Bildung von Schaum ist während der Gärung normal, aber die erzeugte Menge hängt von vielen Faktoren ab, wie z. B. den Gärbedingungen und der verwendeten Hefe.

Während bei Gärbehältern ohne Kühleinrichtung die Fermentation im Wesentlichen über die Anstelltemperatur gesteuert wird und allenfalls eine Berieselungskühlung möglich ist, kann bei vorhandener Kühlschlange im Fermenter die Fermentation mit höheren Temperaturen gestartet werden; dadurch kommt sie schneller in Gang und nimmt auch insgesamt weniger Zeit in Anspruch. Beispielsweise muss bei der Trinkalkoholherstellung mit einem Fermentervolumen von 30 m^3 in der Regel die Anstelltemperatur auf 20 bis 22 °C abgesenkt werden. Ist eine Kühleinrichtung vorhanden, kann die Gärung demgegenüber mit 28 bis 30 °C gestartet werden; dies spart nicht nur Kühlwasser und -zeit bei der Maischebereitung, sondern beschleunigt auch die Fermentation insgesamt und macht sie somit auch weniger infektionsanfällig. Allerdings steigt dadurch der Kühlwasserverbrauch während der Fermentation an. Bei großen Fermentern für die Bioethanolherstellung ist aber eine Kühleinrichtung ohnehin unausweichlich.

4.2.4 Fermentationstechniken

Nachfolgend werden die beiden wesentlichen Fermentationstechniken – die Batch- und die kontinuierliche Fermentation – dargestellt. Auch werden die jeweiligen Vor- und Nachteile im Vergleich untereinander diskutiert. Zusätzlich werden die Vakuumfermentation und das Gasstrippen vorgestellt; beide Optionen erlauben vom Grundsatz her – im Unterschied zu der Batch- und der kontinuierlichen Fermentation – eine Ethanolabtrennung bereits während der Fermentation; derartige Ansätze haben aber bisher noch keinen Eingang in die Praxis gefunden.

Batch-Fermentation. Traditionell wird die Fermentation absatzweise (d. h. im Batch-Verfahren) durchgeführt. Die vorbereitete Maische wird dazu in einen Gärbehälter gefüllt und mit Gärhefe geimpft. Sie verbleibt in diesen Gärbehältern bis zum Abschluss der Fermentation. Der Vorteil der absatzweisen oder Batch-Fermentation liegt in der einfachen Prozessführung bei gleichzeitig hohem Zuckerumsatz, der bei 90 bis 95 % des theoretisch möglichen Umsatzes liegt.

Der operationelle Vorteil der Batch-Fermentation liegt vor allem in der Kontaminationskontrolle. Die regelmäßige Reinigung des Behälters zwischen den Fermentationszyklen und die einfachere Identifizierung bzw. Behandlung von Kontaminationen führen zu einem geringeren Risiko der Kontaminationsausbreitung im Vergleich zur kontinuierlichen Fermentation.

Die Fermentation kann unter Verwendung von Hefemaische durch zwei unterschiedliche Vorgangsweisen gestartet werden.

- Die reife Hefemaische wird der süßen Maische im Maischapparat zugegeben, sobald die Temperatur der süßen Maische bei der Kühlung 35 °C unterschreitet. Diese frisch mit Hefe versetzte Maische (frische Maische) wird dann im Maischapparat auf Anstelltemperatur abgekühlt und anschließend in den Gärtank gepumpt. Mit einem Teil der frischen Maischen wird auch das Hefegefäß wieder befüllt und mit der erneuten Hefesatzbereitung begonnen.
- Alternativ dazu können 90 bis 95 % des reifen Hefesatzes direkt in den Fermenter gepumpt werden. Die süße Maische wird dann über den Maischekühler ebenfalls dem Fermenter zugeführt. Dies kann auch zeitgleich mit dem Überpumpen des Hefesatzes geschehen. Ein Teil der süßen Maische wird dann dazu benutzt, den fast entleerten Hefesatz wieder aufzufüllen. Dieses Verfahren wird üblicherweise dort angewandt, wo ein separater Kühler für die Maischekühlung verwendet wird.

Die Anstelltemperatur zum Start der Fermentation ist so zu wählen, dass nach 24 h eine Fermentationstemperatur von 34 °C erreicht wird, ohne während der weiteren Fermentation 36 °C zu überschreiten. Kühleinrichtungen sollten so genutzt werden, dass eine Temperatur von etwa 34 °C in den Gärtanks gehalten wird, nachdem diese einmal erreicht wurde.

Nach 24 h sollten etwa 50 % des vergärbaren Extraktes vergoren sein und der Alkoholgehalt der Maischen 4 bis 5 Vol.-% betragen. Normalerweise liegt der pH-Wert der Maischen zu Beginn der Fermentation bei etwa 5,2, um im Verlauf der ersten 24 h auf 4,6 bis 4,8 abzusinken. Im weiteren Verlauf der Fermentation geht er dann auf 4,2 bis 4,5 zurück, während er zum Ende der Gärung wieder um rund 0,2 Einheiten ansteigt. Kommt es im Zuge der Fermentation zu einer Infektion mit Milchsäurebakterien, fällt dagegen der pH-Wert auf 4,0 und weit darunter.

Durch das Recycling der Schlempe in den Maischprozess wird der Start der Fermentation deutlich beschleunigt. Wird dagegen Maismaische ohne Schlempe-Recycling hergestellt, beginnt die Fermentation mit einer Verzögerungsphase von etwa 4 h. Werden nur 50 % der erforderlichen Prozessflüssigkeit durch Schlempe ersetzt, verkürzt dies die Phase auf nur noch etwa 1,5 h, während bei ausschließlicher Nutzung von Schlempe als Prozessflüssigkeit diese Verzögerungsphase praktisch wegfällt. Ein derartiger schneller Start der Fermentation reduziert das Infektionsrisiko deutlich.

Durch das Schlempe-Recycling wird zusätzlich auch eine deutliche Reduzierung der gesamten Fermentationsdauer erreicht. So können Weizen-, Roggen- und Triticalemaischen problemlos innerhalb von nur 40 h vergoren werden. Wird die Gärtemperatur über Kühleinrichtungen gesteuert, sind sogar Gärzeiten von nur 30 h realisierbar. Die Gärdauer von Maismaischen beträgt dagegen etwa 60 h und die von Körnermaissilage etwa 40 h. Demgegenüber dauert die Gärung von Maismaischen ohne Schlempe-Recycling 3 bis 4 Tage und bleibt immer unvollständig.

In der Praxis muss die Gärung analytisch verfolgt und kontrolliert werden. Hierzu sollten täglich der Extraktgehalt – als Maß für die Menge an vergorener Glucose – der gärenden Maische sowie der pH-Wert und die Temperatur gemessen und dokumentiert werden. Zudem ist eine tägliche mikroskopische Untersuchung der Maischen notwendig. Allgemein gültige Sollwerte für die während der Fermentation zu erhebenden Prozessdaten können dabei nicht gegeben werden, da diese vom verwendeten Maischprozess und vom eingesetzten Rohstoff, dem eingestellten Extraktgehalt der Maischen und dem Anteil der in den Prozess zurückgeführten Schlempe abhängen. Nur durch eine tägliche Erhebung und Beobachtung der Prozessdaten können für bestimmte Prozesse und bestimmte Rohstoffe spezifische Verfahrensweisen ermittelt werden. Sie können dann unter den jeweiligen Randbedingungen als maßgeblich angesehen werden, wenn sie bei gleicher Verfahrensweise und identischem Rohstoff auch gleiche Werte liefern und aus diesen Maischen mehr als 64 L Alkohol pro 100 kg Stärke destilliert werden.

Mögliche Infektionen der Maischen werden meist durch Milchsäurebakterien verursacht. Dies führt in der Regel zwar zu deutlichen Ausbeuteverlusten; die Qualität des erzeugten Alkohols wird jedoch nur gering beeinträchtigt, wobei diese Auswirkungen nur bei der Herstellung von Trinkalkohol eine etwas größere Rolle spielen.

In Ethanolanlagen treten auch immer wieder Infektionen mit bestimmten Milchsäurebakterien auf, die Propenal (Acrolein) bilden können. Propenal wirkt schleimhaut- und tränenreizend und führt außerdem zu einer drastischen Qualitätsverschlechterung des erzeugten Ethanols; es kann auch nur mit großem Aufwand und nur in geringen Konzentrationen bei einer Rektifikation wieder abgetrennt werden.

Da die Propenalbildung in Maischen durch das Wachstum sporenbildender Bakterien (Clostridien) induziert wird, müssen derartige Maischen so verarbeitet werden, dass einerseits eine ausreichende Pasteurisation sichergestellt ist und andererseits ein Auskeimen der vorhandenen Sporen verhindert wird [4.67], [4.68]. Für eine ausreichende Pasteurisation müssen die infektionsgefährdeten Maischen für mindestens 30 min über 65 °C erhitzt werden. Nach erfolgter Verflüssigung werden sie dann auf Verzuckerungstemperatur gekühlt; der pH-Wert wird jedoch vor dem Erreichen von 60 °C auf exakt 4,0 abgesenkt, um ein Auskeimen vorhandener Sporen zu unterbinden. Diese gezielte Ansäuerung der Maischen verhindert somit das Auskeimen von Sporen; Infektionen, die durch Maischereste in Rohrleitungen oder einen infizierten Hefesatz in die Maische eingeschleppt werden (vitale Keime), können dadurch jedoch nicht unterdrückt werden. Eine entsprechende Reinigung der Anlagen ist somit oberstes Gebot zur Vermeidung von Infektionen.

Die Fermentationsbedingungen können je nach verwendetem Ausgangsmaterial unterschiedlich sein. So gibt es beispielsweise Unterschiede in den erreichbaren Ethanolkonzentrationen. Typischerweise liegen diese im Bereich von 7 bis 12 Vol.-% für Zuckerrohr, bis zu 16,5 Vol.-% bei Zuckerrüben und 12 bis 18 Vol.-% für Mais. Der Unterschied ergibt sich in erster Linie aus den unterschiedlichen Zuckerkonzentrationen zu Beginn der Fermentation [4.69].

Beim Vergleich von Zuckersaft aus Zuckerrohr oder -rübe und Maische aus stärkehaltigen Rohstoffen weist der erstere im Vergleich zur zweiten zudem eine deutlich geringere Konzentration an suspendierten Feststoffen auf (weniger als 1 % für Zuckerrohr und mehr als 30 % für Mais). Das ermöglicht das Heferecycling durch Zentrifugation bei der Zuckersaftverarbeitung; besonders bei der Zuckerrohrverarbeitung ist diese verbreitet. Da die Anzucht von frischer Hefe mit dem Verbrauch von Zucker einhergeht, kann durch die Rückführung der Hefe eine höhere Hefekonzentration in der Fermentationsbrühe eingestellt werden. Bei der Verarbeitung von Zuckerrohr sind daher Hefekonzentrationen von 8 bis 12 Vol.-% typisch, während es bei der Verarbeitung von Mais lediglich 3 bis 4 Vol.-% sind. Daraus ergibt sich eine kürzere Fermentationsdauer von 6 bis 12 h für Zuckerrohr im Vergleich zu 45 bis 60 h bei Mais sowie ein höherer Fermentationsertrag von 90 bis 92 % für Zuckerrohr im Vergleich zu 85 bis 90 % für Mais.

Wenn die Hefe recycelt wird, muss sie nach Beendigung der Fermentation aus der Brühe extrahiert werden. Dies kann in Hefezentrifugen geschehen, in denen die Brühe aufgrund der Zentrifugalkräfte in eine ethanol- und eine hefereiche Phase getrennt wird. Um einen störungsfreien Betrieb der Maschine zu gewährleisten, muss vor dem Eingang ein Feststofffilter installiert werden, um eventuelle Feststoffreste aus dem Prozess abzufangen, die möglicherweise das Innere der Maschine zerkratzen und deren Lebensdauer verkürzen könnten. Die Trennleistung kann mit Indikatoren wie der Ethanolkonzentration in der hefereichen Phase und dem Hefeverlust in die ethanolreiche Phase kontrolliert werden. Da die Leistung der Zentrifuge mit der Zeit aufgrund von Faktoren wie der Verschmutzung der inneren Teile oder der Ablagerung von flockender Hefe nachlässt, muss die Zentrifuge in regelmäßigen Abständen gereinigt werden. Daher ist es üblich, Zentrifugen im Überschuss für Reinigungs- und Wartungsstopps zu installieren.

Die Rückführung von Hefe kann bei der Batch-Fermentation eine operationelle Herausforderung sein. Das liegt am kontinuierlichen Betrieb der Hefezentrifugen, die ständig mit Hefe versorgt werden müssen. Daher müssen mehrere Fermenter betrieben werden, sodass immer einer von ihnen entleert wird und die Zentrifugen mit Hefe versorgt. Daher wird der Fermenterbetrieb in vier Phasen unterteilt: Beladung, Fermentation, Entleerung und Reinigung. Der optimale Betrieb einer Batch-Fermentation erfordert daher einen geeigneten Betriebsablauf mit der sinnvollen Verschaltung dieser Betriebsphasen für alle vorhandenen Fermenter. So lassen sich auch mit Heferecycling eine geringe Bakterienkontamination und geringe Abweichungen der angestrebten Fermentationszeit erreichen.

Durch den Einsatz von Recyling muss die Hefe häufig analysiert werden; dabei werden Parameter wie Zellwachstum, Viabilität und Kontamination mit Bakterien kontrolliert. Unter optimalen Bedingungen würde die Hefe nur eine minimale Menge an Zucker zu ihrer Erhaltung verbrauchen und damit die Ethanolproduktion maximieren. In der Praxis ist das Monitoring des Fermentationsprozesses sehr wichtig, da Abweichungen in der Fermentation zu Rohstoffverlusten oder Durchsatzminderungen führen können. Typische Maßnahmen zur Einflussnahme auf die Fermentation sind z. B. die Absenkung des pH-Werts durch Schwefelsäure zur Eindämmung des Bakterienwachstums und zur Verringerung von Hefeausflockung, die Dosierung von Hefenährstoffen (z. B. DAP (Diammoniumphosphat), Harnstoff, Zinksulfat, Magnesiumsulfat) zur Erhöhung der Lebensfähigkeit der Zellen und die Bakterienkontrolle durch Dosierung verschiedener Antibiotika. Wenn die Betriebsbedingungen ungewollt zu einer überschüssigen Zellbildung geführt haben, kann die Hefe aus dem Prozess entfernt werden. In Brasilien ist es beispielsweise gängige Praxis, die abgetrennte überschüssige Hefe durch Temperaturanhebung oder Luftzufuhr zur verstärkten Alkoholbildung anzureizen. So kann die abgetrennte Hefe nach Erreichen einer konstanten Ethanolkonzentration ebenfalls der Destillation zugeführt werden und so noch einen Beitrag zur Ethanolproduktion liefern. Außerdem ist es in Brasilien auch üblich, überschüssige Hefe zwischen verschiedenen Ethanolanlagen zu transferieren [4.70].

Kontinuierliche Fermentation. Die kontinuierliche Fermentation – aufgrund des höheren anlagentechnischen Aufwandes nur in großtechnischen Anlagen sinnvoll – ist im Vergleich zur absatzweisen oder Batch-Fermentation durch eine deutlich höhere volumenbezogene Produktivität, bezogen auf die Alkoholproduktion pro Zeiteinheit, gekennzeichnet. Beispielsweise beträgt die Produktivität bei einer diskontinuierlichen Fermentation etwa 2 bis 3 g Ethanol je Liter Fermentervolumen und Stunde. Sie kann in kontinuierlich arbeitenden Anlagen auf bis zu 30 bis 50 g/(L h) gesteigert werden [4.71]. Dadurch sind wesentlich kleinere spezifische Fermentervolumina möglich. Grundsätzlich können aber bei der Batch-Fermentation höhere Ausbeuten im Bereich von 92 % gegenüber der kontinuierlichen Fermentation mit etwa 89 % erzielt werden [4.72].

Bei kontinuierlichen Verfahren wird ein quasi stationärer Zustand zwischen dem, einem oder mehreren Fermenter(n) zugeführten, Frischsubstrat und dem oder den Fermenter(n) abgeführten vergorenen Substrat angestrebt. Dabei kann zwischen einstufigen und mehrstufigen Prozessen unterschieden werden.

- Beim Ein-Stufen-Prozess findet die Fermentation in einem Reaktor statt; beispielsweise wird das Frischsubstrat am oberen Ende des Fermenters zugegeben und das vergorene Substrat am Boden abgezogen.
- Bei Mehr-Stufen-Prozessen (Abb. 4.20) werden beispielsweise zwei bis acht Fermenter in einer Kaskade durchlaufen (Kaskadenverfahren); d. h., die kontinuierliche Fermentation wird durch das Hintereinanderschalten und Durchströmen von mehreren Fermentern realisiert [4.73]. Dabei können die vorderen Behälter für ein verbessertes Wachstum der Hefen belüftet werden.

Im Gegensatz zur absatzweisen Gärung müssen die zu fermentierenden Substrate sterilisiert und, wegen der erforderlichen Rückführung von Hefezellen, frei von Feststoffen sein. Insbesondere die Sterilisation führt notwendigerweise zu einem zusätzlichen, bei der diskontinuierlichen Fermentation nicht erforderlichen Energieverbrauch.

Hohe Produktivitäten können in kontinuierlichen Fermentern nur erzielt werden, wenn das Ausspülen der Hefezellen verhindert wird. Dies erfordert eine Rückführung von He-

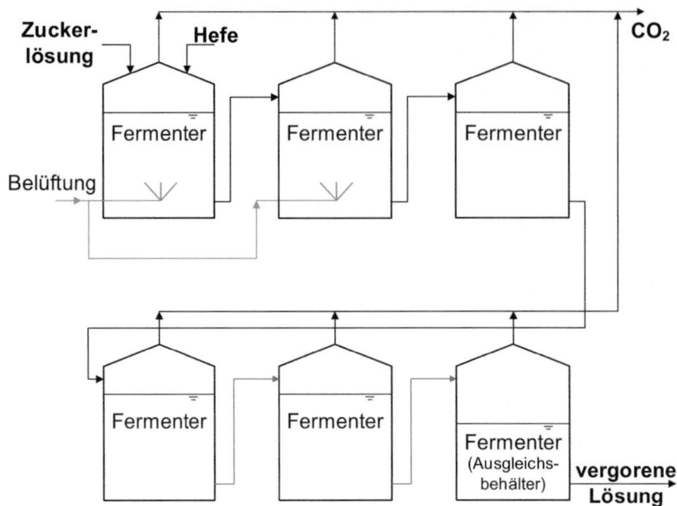

Abb. 4.20 Beispiel für eine kontinuierliche Fermentation als Mehr-Stufen-Prozess

fezellen aus der vergorenen Maische in den Fermenter. Einerseits kann dies dadurch realisiert werden, dass die Hefe aus den vergorenen Substraten mithilfe von Zentrifugen zurückgewonnen wird. Andererseits können auch spezielle flockulierende Hefestämme verwendet werden; hier wird dem kontinuierlich arbeitenden Fermenter meist ein zylindrokonisch geformter Sedimentationstank nachgeschaltet, aus dem oben die „hefefreie" Maische und unten die zurückzuführende Hefefraktion entnommen werden kann.

Die Abtrennung der Feststoffe aus z. B. Getreidemaischen führt zudem zu einem erheblichen apparativen Aufwand und entsprechenden Verlusten an vergärbaren Substanzen, die zwangsweise an der Feststofffraktion anhaften und damit entweder verloren gehen oder in einem aufwändigen Waschprozess zurückgewonnen werden müssen. Durch diese Abtrennung verarmen die Gärsubstrate zudem an Nährstoffen; sie müssen deshalb vor der Fermentation zugesetzt werden.

Auch ist die aus dem kontinuierlichen Fermenter entnommene vergorene Maische aus Getreide in den seltensten Fällen vollständig endvergoren, sodass einem kontinuierlich arbeitenden Fermenter häufig ein Fermenter zum „Ausreifen" der Maischen nachgeschaltet wird; dies reduziert den Produktivitätsvorteil zusätzlich. Deshalb werden in solchen kontinuierlichen Fermentern meist Zuckerrohr und Melassen verarbeitet, wo von vornherein schon feststofffreie Gärsubstrate anfallen; hierbei ist jedoch die Vergärung von Melassen in kontinuierlichen Fermentern durch die darin enthaltenen Melanoidine deutlich problematischer als die Fermentation von Zuckersäften.

In der Regel wird die kontinuierliche Fermentation weit weniger genutzt als die Fed-Batch-Fermentation. So wurde beispielsweise in Brasilien geschätzt, dass etwa 83 % der Destillerien die Batch-Fermentation und 17 % die kontinuierliche Fermentation anwenden. Der Vergleich der beiden Fermentationsverfahren zeigt, dass das kontinuierliche Verfahren einen großen Nachteil hat, da es eine geringere Fermentationsausbeute, eine höhere Neigung zu Kontamination und einen höheren Verbrauch an Chemikalien wie Schwefelsäure, Antibiotika und Antischaummittel aufweist [4.69], [4.74].

Vakuumfermentation. Die Vakuumfermentation basiert auf der unterschiedlichen Flüchtigkeit von Ethanol im Vergleich zu anderen Bestandteilen der Fermentationsbrühe. Dazu wird der Druck im Fermenter während des Betriebs so weit abgesenkt, dass der Siedepunkt von Ethanol (78,37 °C bei Normaldruck) auf die Gärtemperatur zwischen 30 und 35 °C sinkt. Dazu wird eine Vakuumpumpe an den Fermenter angeschlossen, die das flüchtige Ethanol mit anderen Bestandteilen zu einem Kondensator führt, wo es kondensiert und zurückgewonnen werden kann. Dadurch kann das Ethanol direkt aus der Fermentationsbrühe entfernt und somit die hemmende Wirkung des Ethanols während des Fermentationsverlaufs verringert werden. Obwohl berichtet wird, dass das Vakuum die gesamte Ethanolproduktion steigert und sich z. B. positiv auf das Hefewachstum auswirken könnte, wurde diese Option bisher hauptsächlich im Labormaßstab untersucht [4.75].

Gasstrippen. Beim Gasstrippen wird ein Inertgas (z. B. Kohlenstoffdioxid, Stickstoff) in die Fermentationsbrühe eingeleitet, um das Ethanol aus dem Fermenter mitzuführen. Dabei wird die Desorption aus der Flüssigkeit gemäß des Löslichkeitsgleichgewichts von Ethanol zwischen Gas- und Flüssigphase (Henry'sches Gesetz) ausgenutzt. Dieser Stoffübergang in die Gasphase spielt auch eine Rolle bei der Kohlenstoffdioxidbildung durch die Gärung, wird jedoch durch das Einleiten von zusätzlichem Inertgas verstärkt. Um den Stoffübergang in die Gasphase zu verbessern, können Füllkörperkolonnen außerhalb des Fermenters eingesetzt werden, welche im Gegenstrom durchströmt werden. Die Hauptabsicht des Verfahrens besteht darin, wie bei der Vakuumfermentation einen Teil des Ethanols direkt aus der Fermentationsbrühe zu entfernen und damit die Produktivität der Gärung aufgrund der geringeren hemmenden Wirkung des Ethanols zu erhöhen. Das Gasstrippen kann jedoch auch die Gärung beeinträchtigen und hemmt z. B. das Hefewachstum. Wichtige Einflussfaktoren auf die Leistung des Gasstrippens sind die Temperatur der Fermentationsbrühe, die Gastemperatur und die Gasdurchflussrate. Diese Option wurde bisher nur zu Forschungszwecken eingesetzt und spielt kommerziell keine Rolle [4.75].

Wird das Gasstrippen zur Gewinnung von Ethanol aus der Fermentationsbrühe verwendet, muss das gestrippte Gas abgetrennt und gereinigt werden. Dies kann durch die Abfolge von Adsorption des Ethanols, Flash der Restgase und Destillation zur Abtrennung des im Gas enthaltenen Restwassers geschehen (basiert auf [4.76]). Abbildung 4.21 zeigt beispielhaft einen derartigen Prozess.

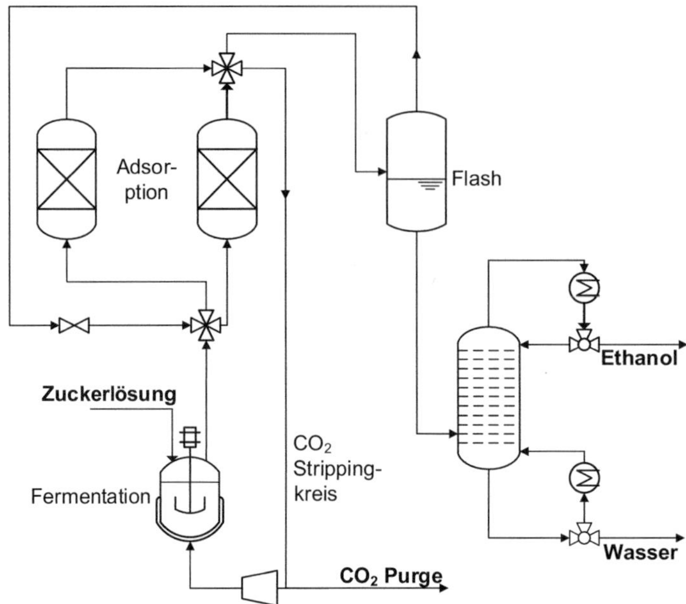

Abb. 4.21 Gas-Stripping-System unter Einsatz von Kohlenstoffdioxid zur Entfernung von Ethanol aus der Fermentationsbrühe (nach [4.76])

4.3 Ethanolabtrennung und -aufreinigung

Ist die Zuckerlösung vergoren, muss der Alkohol aus dieser Lösung abgetrennt und aufgereinigt werden, damit er als Kraftstoffzu- und -ersatz eingesetzt werden kann; dies wird nachfolgend beschrieben.

4.3.1 Destillation und Rektifikation

Nach der Fermentation, durch welche die in der Biomasse vorhandenen vergärbaren Bestandteile möglichst vollständig in Ethanol umgewandelt werden, muss der Alkohol aus der Fermentationsbrühe abgetrennt und aufkonzentriert werden. Dies wird mithilfe einer Destillation und Rektifikation bis in die Nähe des azeotropen Punktes erreicht.

- Unter Destillation wird die thermische Trennung eines Zwei-Stoff-Gemischs durch einfache Trennkolonnen ohne externen Rücklauf verstanden. Häufig werden derartige Destillationskolonnen als erste Abtrennstufe für die Entfernung leichtflüchtiger Bestandteile aus einer Lösung eingesetzt. Dazu wird der zu trennende Strom in der Nähe des Kopfes der Kolonne eingespeist und im Abtriebsteil der Kolonne die leichtflüchtige Komponente nahezu vollständig aus der Lösung entfernt (d. h. gestrippt; Abb. 4.23).

Konkret wird unter Destillation hier die Herstellung eines Rohalkohols mit etwa 55 Vol.-% mit einfachen kontinuierlichen Maischedestillationskolonnen verstanden.

- Die Rektifikation wird zur Aufkonzentrierung und Feinreinigung des aus der Destillation gewonnenen Kopfstroms eingesetzt. Dabei wird ein Teil des gewonnenen Destillats kondensiert und als Rücklauf am Kopf der Rektifikationskolonne aufgegeben. Damit wird in der Rektifikationskolonne ein Flüssigkeitsstrom dem aufsteigenden Dampfstrom entgegengeführt. Durch das eingestellte Rücklaufverhältnis und die eingebauten Trennstufen in der Trennkolonne kann die Reinheit des gewonnenen Destillats beeinflusst werden. Für die Ethanolproduktion bedeutet dies, dass die weitere Reinigung des aus der Destillation kommenden Produkts durch den Prozess der Rektifikation realisiert wird. Hierbei wird das Ethanol so weit konzentriert und von Begleitstoffen befreit, dass ein Destillat mit 93 bis 96 Vol.-% Ethanol erhalten wird.

Für den Einsatz als Beimischungskomponente zu Ottokraftstoff muss das rektifizierte Bioethanol anschließend einer sogenannten Absolutierung unterzogen werden. Dieser absolutierte Alkohol enthält dann weniger als 0,3 Vol.-% Wasser.

Nachfolgend werden die entsprechenden Prozesse für Ethanol dargestellt und diskutiert. Zuvor werden die dazu notwendigen Grundlagen erörtert.

Grundlagen. Das physikalische Verhalten des zu trennenden Zweistoffgemischs bildet die Grundlage für die Destillation und die Rektifikation. Betrachtet man beispielsweise eine Ethanol-Wasser-Mischung, weist diese einen Siedepunkt auf, der sich in Abhängigkeit von der Alkoholkonzentration zwischen dem Siedepunkt des reinen Wassers (100 °C) und dem des reinen Ethanols (78,3 °C) bewegt; d. h., je höher die Alkoholkonzentration in der Mischung ist, desto mehr nähert sich der Siedepunkt einer entsprechenden Alkohol-Wasser-Mischung dem Siedepunkt des Alkohols an. Allerdings zeigt das Zweistoffsystem Ethanol-Wasser ein sogenanntes Azeotrop. Dabei handelt es sich um ein Mischungsverhältnis, bei dem die Siedetemperatur der Mischung niedriger ist als die Siedetemperatur der beiden Reinsubstanzen.

In der Praxis werden unterschiedliche Konzentrationsmaße verwendet. Bei der Angabe von Stoffdaten im Siedediagramm (Abb. 4.22) und im Gleichgewichtsdiagramm (Abb. 4.23) wird meist das Konzentrationsmaß auf Gewichtsbasis in Gewichtsbruch (Gew.-Bruch) verwendet. Wird der Bruch mit 100 multipliziert, kommt man zum Konzentrationsmaß in Gew.-%. Zusätzlich werden die Konzentrationsangaben häufig auch auf Basis des Volumens in Vol.-% oder der Stoffmengenanteile in Mol-% angegeben.

Wird eine Alkohol-Wasser-Mischung nun bis zum entsprechenden Siedepunkt erhitzt, beginnt bei dieser Temperatur das gesamte Flüssigkeitsgemisch zu sieden. Der dabei gebildete Dampf weist ebenfalls die Siedetemperatur auf und die Konzentration befindet sich auf der Dampflinie / Taulinie im Siedediagramm. Im Fall einer Ethanol-Wasser-Mischung liegt in der Dampfphase eine höhere Ethanolkonzentration vor als in der flüssigen Phase, aus der der Dampf entsteht; man spricht von der Verstärkung. Dabei ist der sogenannte Verstärkungsfaktor, mit dem derartige Phänomene beschrieben werden können, definiert

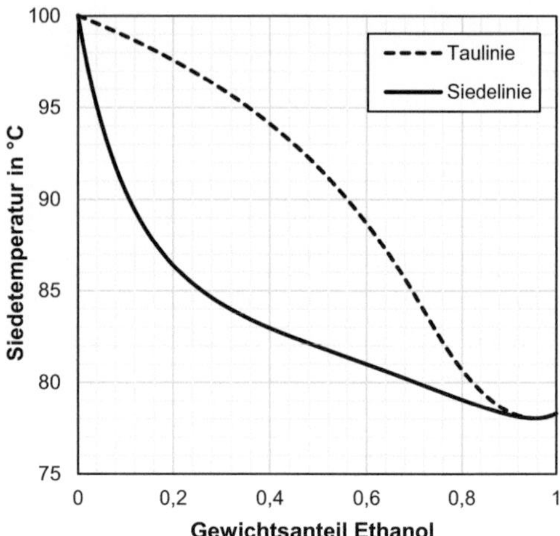

Abb. 4.22 Siedediagramm der Ethanol-Wasser-Mischung (Stoffdaten berechnet nach UNIFAQ-Methode)

durch die Alkoholkonzentration im Dampf bezogen auf die Alkoholkonzentration der siedenden Flüssigkeit. Ist dieser Verstärkungsfaktor größer als eins, wie das beim Ethanol-Wasser-Gemisch unterhalb des Azeotrops der Fall ist, reichert sich Ethanol im Dampf an. So kann durch eine wiederholte Trennung und Herstellung von Dampf- und Flüssigkeitsphasen in der Rektifikation eine Aufkonzentration des Ethanols erfolgen.

Der Verstärkungsfaktor ist dabei keine konstante Größe. Er wird vielmehr mit steigender Alkoholkonzentration in der siedenden Flüssigkeit immer kleiner, bis er bei einer Konzentration von 95,57 Gew.-% (Abb. 4.22) Alkohol im Wasser den Wert 1 erreicht; diese Konzentration entspricht etwa 96,5 Vol.-% oder etwa 89,5 Mol-%. Diesen Punkt nennt man den azeotropen Punkt. Er weist mit 78,15 °C den niedrigsten Siedepunkt des Stoffsystems Ethanol-Wasser auf. Im Vergleich dazu hat reines Ethanol einen Siedepunkt von 78,3 °C. Eine Alkohol-Wasser-Mischung mit 95,57 Gew.-% Alkohol kann damit auf destillativem Wege nicht weiter aufkonzentriert werden, da die siedende Flüssigkeit und der entstehende Dampf dieselbe Zusammensetzung aufweisen (Abb. 4.22).

Die vereinfachte Auslegung und Darstellung der Verhältnisse bei der Destillation und der Rektifikation erfolgt im sogenannten Gleichgewichtsdiagramm (auch McCabe-Thiele-Diagramm genannt). Abbildung 4.23 zeigt ein Gleichgewichtsdiagramm im Konzentrationsmaß Gewichtsbruch (Gew.-Bruch). Hier sind die Gleichgewichtslinie für die im Gleichgewicht stehenden Phasen Flüssigkeit und Dampf sowie eine 45°-Hilfslinie eingezeichnet.

In solchen Gleichgewichtsdiagrammen können in einer vereinfachten Weise die Vorgänge beim Destillations- und Rektifikationsprozess dargestellt werden. Der Feed-Zugabepunkt (Feedkonzentration; Abb. 4.23) links unten bei 11 Gew.-% unterteilt die Trennkolonne in einen Verstärkungsteil (oberhalb der Feed-Einspeisestelle) und einen Abtriebsteil (auch als Strippkolonne bezeichnet; unterhalb der Feed-Einspeisestelle). Für beide Trennteile werden die Vorgänge innerhalb der Kolonne in Form von Arbeitsgera-

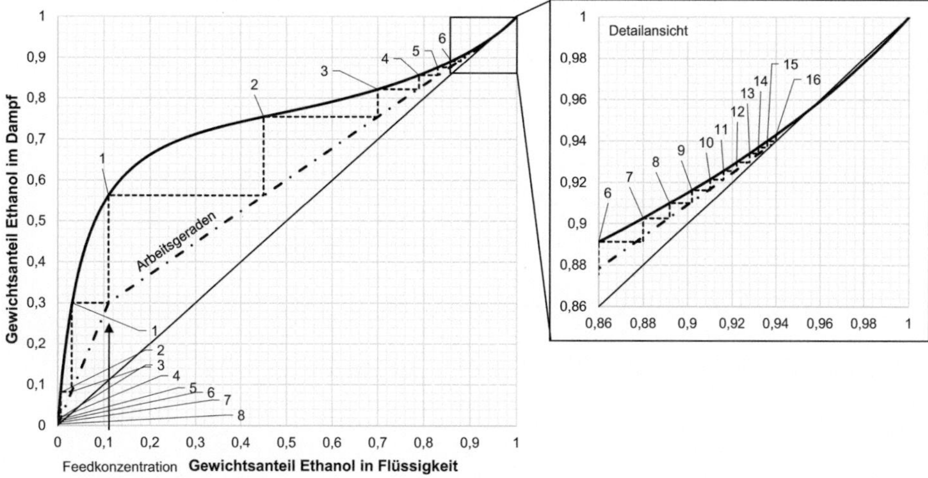

Abb. 4.23 Gleichgewichtsdiagramm der Ethanol-Wasser-Mischung mit idealer Trennstufenkonstruktion bei Umgebungsdruck; Azeotrop und Details der Rektifikation in Detailansicht rechts (Stoffdaten berechnet nach UNIFAQ-Methode; zur Erklärung der Zahlen siehe Text)

den repräsentiert. Der Bereich zwischen der Arbeitsgerade und der Gleichgewichtskurve ist der Arbeitsbereich, in dem die für die erforderliche Trennung notwendigen „idealen Trennstufen" ermittelt werden können. Eine „ideale Trennstufe" weist eine vollständige Gleichgewichtseinstellung auf. In der Realität bewegen sich die Trennstufenwirkungsgrade aber nur im Bereich von 60 bis 90 %. Durch die entsprechende Erhöhung der Anzahl der tatsächlich ausgeführten Trennstufen werden die realen Trennverhältnisse berücksichtigt. Abbildung 4.23 zeigt zwischen der Gleichgewichtskurve und den Arbeitsgeraden die idealen Trennstufen.

In Abb. 4.23 wird deutlich, dass die Gewinnung von Alkohol aus einer Ethanol-Wasser-Mischung nicht in einem einzigen Schritt gelingen kann und für die Gewinnung und Reinigung von Ethanol bei der Destillation von Maischen eine Vielzahl an Destillationsschritten erforderlich ist. Dies ist in Abb. 4.23 an einem Beispiel (nach [4.77]) an den Zahlen 1 bis 8 links unten für eine Strippkolonne und 1 bis 16 im rechten Teil der Darstellung für den Verstärkungsteil der Rektifikationskolonne erkennbar. Die jeweilige erste Stufe beginnt an der Konzentration des Ethanols in der Maische nach abgeschlossener Fermentation. Die Ausgangskonzentration (Feedkonzentration) an Ethanol in der Maische (Feed) beträgt in dem abgebildeten Beispiel etwa 11 Gew.-%. Ausgehend von dieser Feedkonzentration werden etwa acht ideale Trennstufen für das Strippen von Ethanol aus der Maische benötigt und etwa 16 Stufen für die Ethanolanreicherung in der Rektifikationskolonne bis zu einer Kopfkonzentration von etwa 94 Gew.-%.

In einer technisch realisierten Rektifikationskolonne werden deshalb sogenannte Glockenböden (oder auch andere Kolonneneinbauten) in Abständen von 20 bis 50 cm eingebaut und dadurch diese Trennstufen realisiert. Der aus der siedenden flüssigen Phase gebil-

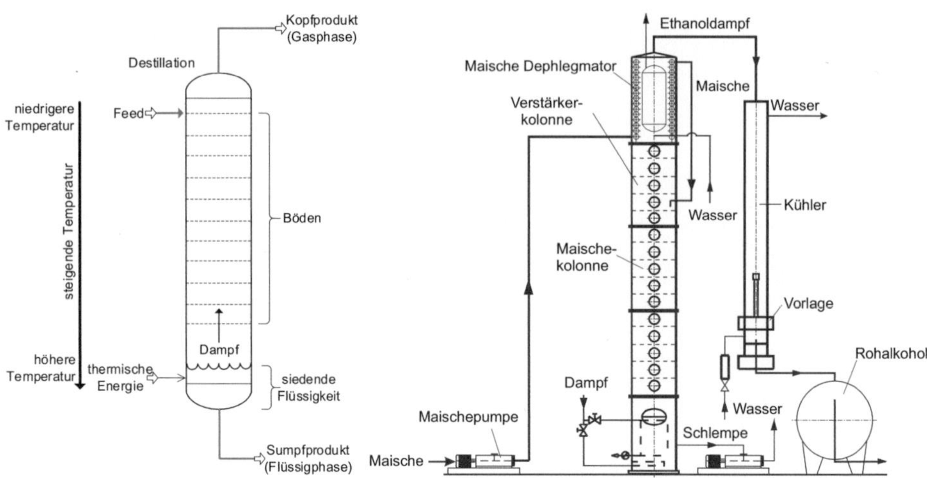

Abb. 4.24 Rohalkoholkolonne (Schema (links) und mögliche technische Ausführung (rechts)) [4.78]

dete Dampf steigt dabei nach oben und wird durch die dort angebrachte Glocke durch die auf diesem Boden befindliche flüssige Phase hindurchgeleitet. Der aufsteigende Dampf kondensiert hierbei und gibt dabei die Kondensationswärme an diese Flüssigkeit ab. Dadurch wird auch Letztere am Sieden gehalten. Aufgrund dessen wird, in einem nächsten Destillationsschritt, wiederum ein alkoholischer Dampf erzeugt, der nun zum folgenden Glockenboden aufsteigt (Abb. 4.25, oben). Durch diese Kondensation erhöht sich zudem das auf dem jeweiligen Boden befindliche Volumen der Ethanol-Wasser-Mischung. Wird dieses Volumen aber größer, fließt die Ethanol-Wasser-Mischung über ein Standrohr, das dieses Volumen begrenzt, zu dem darunterliegenden Boden. So wird auf dem Weg des Dampfes zum Kolonnenkopf die gewünschte Alkoholkonzentration (etwa 94 Gew.-% in Abb. 4.23) erreicht, während das Kondensat auf seinem Weg zum Kolonnensumpf letztlich ethanolfrei wird. Zudem ergibt sich durch diese Kolonnendestillation eine kontinuierliche Arbeitsweise.

Die Aufarbeitung der ethanolhaltigen Lösung von der Fermentationskonzentration bis in die Nähe des azeotropen Punktes gestaltet sich aufgrund der Lage der Gleichgewichtskurve sehr aufwändig. Üblicherweise werden deshalb in großtechnischen Anlagen mehrere kontinuierlich betriebene Kolonnen hintereinandergeschaltet; Abb. 4.24 zeigt exemplarisch eine Rohalkoholkolonne bezüglich des schematischen Aufbaus (links) und einer denkbaren Ausführungsform (rechts). Für den reibungsfreien technischen Betrieb von kontinuierlichen Rektifikationsanlagen ist vor allem die Maischekolonne, das ist die erste Kolonne in der Aufarbeitungskette (auch Strippkolonne genannt), wichtig, da in diese Kolonne eine zwar von Feststoffen befreite, aber komplexe wässrige Lösung mit dem gebildeten Ethanol und den restlichen löslichen Bestandteilen aus der Fermentation eingespeist wird. In dieser ersten Kolonne besteht die größte Gefahr von unerwünschten

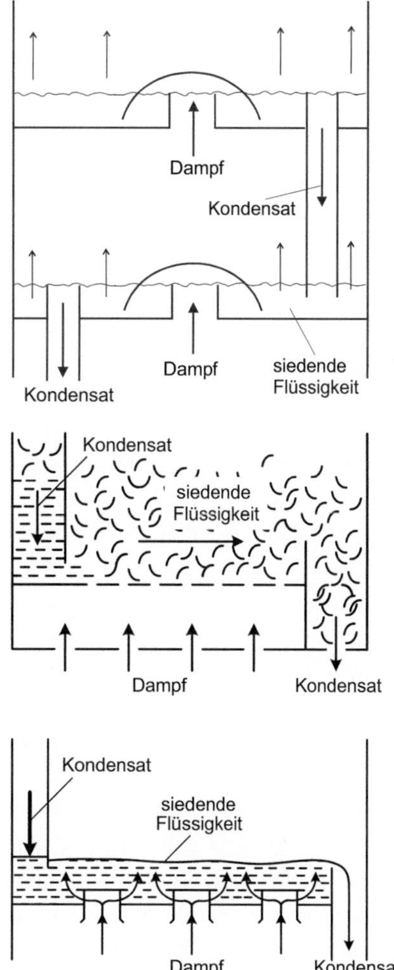

Abb. 4.25 Ausschnitt einer Destillationskolonne mit Glockenböden (oben), aus einer Siebbodenkolonne (Mitte) und einer Ventilkolonne (unten)

Ablagerungen in der Trennkolonne, da durch die Verdampfung von Wasser und Ethanol Löslichkeitsgrenzen überschritten werden können. Es müssen daher Kolonneneinbauten verwendet werden, die unter solchen Bedingungen einen langfristigen Betrieb garantieren. Das kann durch die Verwendung von sehr offenen Glockenböden (Abb. 4.25, oben) erreicht werden. Zudem kann es z. B. für Getreidemaischen sinnvoll sein, die Maischekolonne im Vakuum zu betreiben, um durch niedrigere Temperaturen im Verdampfer die Gefahr von Verkrustungen zu verringern. In der Maischekolonne wird die entalkoholisierte Lösung im Sumpf als Schlempe abgezogen. Am Kopf der Kolonne wird ein Dampfstrom, bestehend aus einer praktisch reinen angereicherten Wasser-Ethanol-Mischung, gewonnen. Verunreinigungen wie z. B. Methanol können im Kopf der Kolonne noch vorhanden sein.

Abb. 4.26 Beispiele für Füllkörperformen

In den anschließenden Kolonnen (Vorlaufkolonne, Rektifizierkolonne u. a.) können nun für den Stoffübergang optimierte Kolonneneinbauten wie Siebböden (Abb. 4.25, Mitte) mit engeren Bohrungsdurchmessern, Ventilböden (Abb. 4.25, unten), die aufgrund der flexiblen Ventileinbauten flexibler auf Belastungsänderungen reagieren können, oder Füllkörperkolonnen aus Metall (Abb. 4.26) eingesetzt werden.

Verschaltung von Destillation und Rektifikation. Aufgrund des hohen Energieverbrauchs einer getrennten Destillation und Rektifikation und zur Erreichung höherer Durchsatzraten werden bei größeren Anlagenkapazitäten diese beiden Verarbeitungsschritte in einer kombinierten und kontinuierlich arbeitenden Anlage zusammengefasst. Dabei werden die Verschaltungen der Apparate an die Anforderungen der unterschiedlichen Maischen (u. a. Feststoffgehalt, Verkrustungsverhalten) und die weiteren Möglichkeiten zur thermischen Kopplung (beispielsweise mit der Schlempeaufbereitung) angepasst.

Ein Beispiel mit drei verschalteten Kolonnen zeigt Abb. 4.27. Die zu destillierende Maische wird hier zunächst durch die Kühlschlange des Dephlegmators, der auf der Rektifizierkolonne sitzt, gepumpt und dabei erhitzt. Die danach heiße Maische wird nun auf den Entgasungsteil am Kopf der Maischekolonne gegeben. Hier werden leichtflüchtige Komponenten abgeführt und in einem Kondensator weitgehend niedergeschlagen. Das Kondensat fließt zur Maischekolonne zurück, während der nicht kondensierende, besonders leichtflüchtige Dampfanteil einem Kühler zugeführt, dort kondensiert und über eine Vorlaufvorlage abgezogen wird. Die entalkoholisierte Maische (Schlempe) verlässt die Kolonne über den Kolonnensumpf.

Die alkoholischen Dämpfe werden der Rektifizierkolonne zugeführt, in der nun die Rektifikation kontinuierlich stattfindet. Von einem der oberen Böden der Rektifizierkolonne wird das gewünschte Produkt (d. h. der Alkohol) abgeleitet und einer Schlusskolonne zugeführt. Hier findet eine weitere Abtrennung leichtflüchtiger, das Produkt verunreinigender Komponenten statt; damit ist mit diesem System die Herstellung von Neutralalkohol (d. h. geruchs- und geschmacksneutrale Alkohol-Wasser-Mischung von bis zu 96,5 Vol.-% Alkohol) möglich. Sowohl am Kopf der Rektifizier- als auch der Schlusskolonne werden die aufsteigenden Dämpfe einem Kondensator zugeführt; das entstehende Kondensat wird zum großen Teil auf die jeweiligen Kolonnen zurückgeführt, während die kleinere Teilmenge der Kondensate als Vorlauf dem System entnommen wird. Im unteren Teil der Rektifizierkolonne reichern sich in dem Bereich, in dem ca. 40 Vol.-% Ethanol vorliegen, die Fuselöle an, sodass sie hier auch kontinuierlich entnommen werden können.

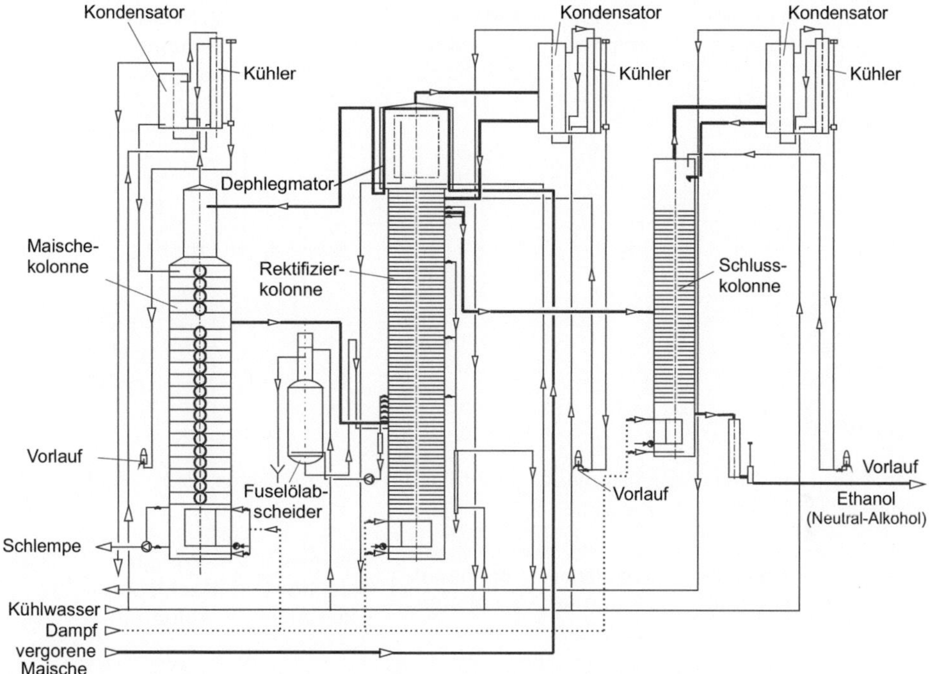

Abb. 4.27 Beispiel der Verschaltung von Kolonnen zur kontinuierlichen Destillation und Rektifikation von Ethanol aus Maische [4.78]

Ein konventionelles großtechnisches Anlagenkonzept zeigt Abb. 4.28. Diese beispielhaft dargestellte Anlage besteht aus fünf hintereinandergeschalteten Kolonnen, die alle bei Atmosphärendruck betrieben und separat beheizt werden. Die Maischekolonne dient der Entalkoholisierung (d. h. Entgeistung) der vergorenen Maische, während die erzeugten alkoholischen Dämpfe einer Vorlaufkolonne zugeführt werden, in der die leichtflüchtigen Vorlaufbestandteile entfernt werden. Der Hauptproduktstrom wird unten an der Vorlaufkolonne abgezogen und auf die Rektifizierkolonne gegeben. Die Vorlaufbestandteile werden vom Kopf dieser Kolonne dann auf eine weitere Reinigungskolonne, die Fuselölkolonne, gegeben. Über den Kopf der Rektifizierkolonne wird der gereinigte Alkohol einem letzten Reinigungsschritt, der Methanolabtrennung, in der Methanolkolonne zugeleitet. Hier wird das Methanol über den Kopf dieser Kolonne ausgetrieben und mit dem aus der Fuselölkolonne gewonnenen Vorlauf zusammengeführt. Im unteren Teil der Fuselölkolonne fallen der Nachlauf und die Fuselöle an, während der gereinigte Alkohol am unteren Ende der Methanolkolonne abgezogen wird. Der gesamte Energieverbrauch einer solchen Anlage beläuft sich auf etwa 5,6 kg Dampf bei 6 bar pro Liter Alkohol.

Der wesentliche Fortschritt bei modernen Anlagenkonzepten der Destillation und Rektifikation liegt in der energetischen Kopplung des Kolonnensystems; dabei werden die einzelnen Kolonnen bei unterschiedlichen Drücken betrieben. Bei dem beispielhaft ge-

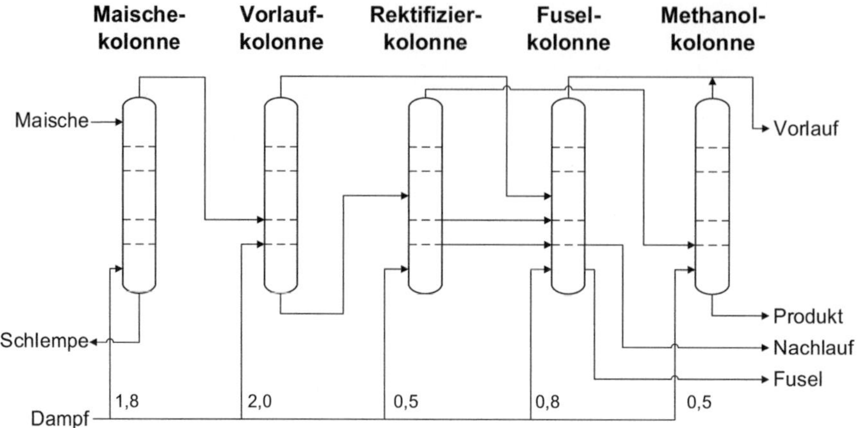

Abb. 4.28 Konventionelles großtechnisches Destillier-/Rektifizierverfahren (stark vereinfacht; alle Zahlenangaben in kg Dampf/L Alkohol) [4.79]

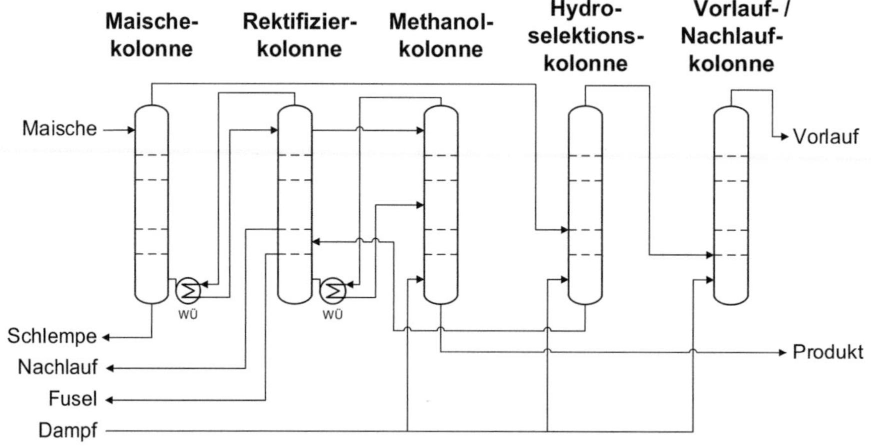

Abb. 4.29 Modernes Druck-Vakuum-Destillier-/Rektifizier-Verfahren (stark vereinfacht; WÜ Wärmeübertrager) [4.79]

zeigten Rektifiziersystem in Abb. 4.29 beheizt die Methanol- die Rektifizierkolonne, die ihrerseits die Maischekolonne, die im Vakuum arbeitet, mit Wärmeenergie versorgt, während die Vorlauf- bzw. Nachlaufkolonne von der Hydroselektionskolonne beheizt wird. Dieser Hydroselektionskolonne werden die aus der Maische gewonnenen alkoholischen Dämpfe zugeführt und hier erfolgt eine Herabsetzung der Alkoholkonzentration auf unter 40 Vol.-%; dadurch wird die gleichzeitige Abtrennung von Vorlauf- und Fuselkomponenten ermöglicht. Der vorgereinigte Alkohol wird auf die Rektifizierkolonne gegeben und dort weitgehend bis zum Azeotrop aufgereinigt, um dann der Methanolkolonne zur Schlussreinigung zugeführt zu werden. Der Energieverbrauch einer solchen Mehrstufen-

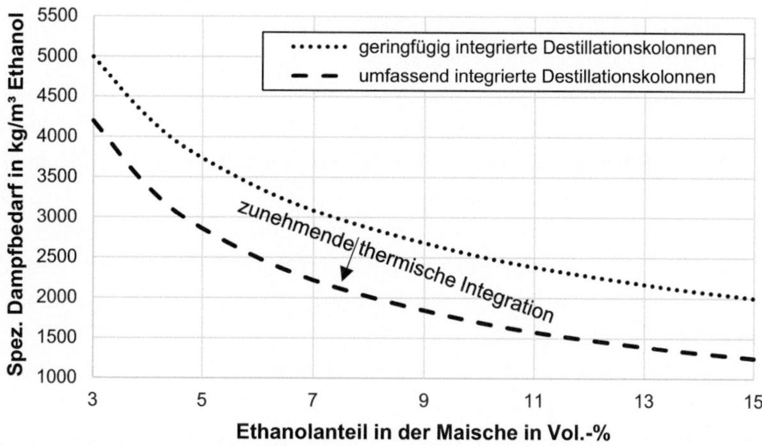

Abb. 4.30 Spezifischer Dampfbedarf für Destillation und Rektifikation in Abhängigkeit des Integrationsgrades und des Ethanolgehalts in der Maische (nach [4.80])

Druck-Destillation und -Rektifikation liegt bei nur noch 2,5 kg Dampf bei 6 bar pro Liter Alkohol.

Der Grad der thermischen Integration zwischen den Destillationskolonnen und ggf. der Vinasse- oder Schlempeeindampfung spielt demnach eine wichtige Rolle bei der Minimierung des Dampfbedarfs. Durch aufwändigere Destillationstechnik (u. a. mehr Kolonnen, mehrere unterschiedliche Druckniveaus, aufwändigere Verschaltung) lässt sich der Energieeinsatz reduzieren. Ein weiterer Faktor, der den Energiebedarf der Destillation bedingt, ist die Alkoholkonzentration in der vergorenen Maische. Dies macht sich insbesondere bei der Ethanolproduktion aus Lignocellulose bemerkbar, da dort die Alkoholkonzentrationen häufig niedriger sind (5 bis 10 Vol.-%) als bei der Stärke- oder Zuckerverarbeitung (10 bis 15 Vol.-%). Den Zusammenhang zwischen Ethanolkonzentration und Dampfbedarf für unterschiedlich stark integrierte Destillationssysteme zeigt Abb. 4.30.

4.3.2 Absolutierung

Für viele technische Anwendungen ist es notwendig, wasserfreie Alkohole zu erhalten. Für Ethanol bedeutet das beispielsweise, dass das azeotrope Ethanol-Wasser-Gemisch weiter aufgetrennt werden muss. Dies kann u. a. durch Adsorption in sogenannten Molekularsieben (d. h. Bindung von Wasser an einen hoch porösen Feststoff) und auf destillative Weise durch Azeotroprektifikation – unter Verwendung eines sogenannten Schleppmittels – realisiert werden. Eine weitere Möglichkeit stellt die Trennung durch Membranen (d. h. Pervaporation oder Dampfpermeation) dar. Diese Möglichkeiten werden nachfolgend diskutiert.

Molekularsiebe. Bei großtechnischen Ethanolanlagen wird zur Entwässerung meistens die Adsorption mit Molekularsieben eingesetzt. Als Adsorptionsmittel werden hydrophile Zeolithe mit einer Porenweite von etwa 3Å (0,3 nm) verwendet. Aufgrund dieser Porengröße können nur die Wassermoleküle (Moleküldurchmesser 0,28 bis 0,296 nm), aber nicht die größeren Ethanolmoleküle (Moleküldurchmesser 0,43 bis 0,44 nm) in die Poren eindringen. Dabei ist ein absatzweiser Betrieb notwendig, indem periodisch die Beladung des Adsorptionsbettes mit Wasser und danach die Entladung erfolgt. Damit sind mindestens zwei Adsorptionsbehälter erforderlich, welche wechselnd betrieben werden. Als Beladungsgrenze für Silicat-Zeolithe werden etwa 2,8 mmol Wasser je Gramm Zeolith angegeben [4.11].

Das zu entwässernde Ethanol-Wasser-Gemisch wird direkt aus der Rektifikationskolonne nach einer Überhitzung dampfförmig dem Adsorptionsbett zugeführt (Abb. 4.31). Das Wasser wird am Bettmaterial adsorbiert und das Ethanol dadurch bis auf etwa 500 ppm Wasser entwässert. Die Zykluszeiten zwischen Beladung und Entladung betragen etwa 5 bis 10 min. Bei der Entladung (Desorption) wird das Bettmaterial mit einem Teilstrom des entwässerten Endprodukts gespült. Der kondensierte Desorptionsstrom wird wieder zur Rektifikationskolonne zurückgeführt, um Ethanolverluste zu vermeiden.

Von Vorteil ist der geringe Energiebedarf dieses Verfahrens. Es wird etwa 1 kg Dampf bei 6 bar pro Liter Alkohol für den Adsorptionsschritt benötigt. Außerdem ist die Adsorption relativ flexibel bezüglich des Wassergehalts des Eingangsstroms; damit können Ethanolkonzentrationen unter 95 Gew.-% eingesetzt werden. Dadurch ist eine energetische Optimierung der gesamten Ethanolabtrennung mittels Rektifikation und Adsorption möglich.

Von Nachteil sind die hohen Investitionen und ggf. hohe Kosten für den Tausch von abgenutztem Bettmaterial, da sich durch den Betrieb des Molekularsiebs das Zeolithmaterial abnutzen kann. Beispielsweise kann das Mitreißen von Komponenten wie Fuselöl zu Ver-

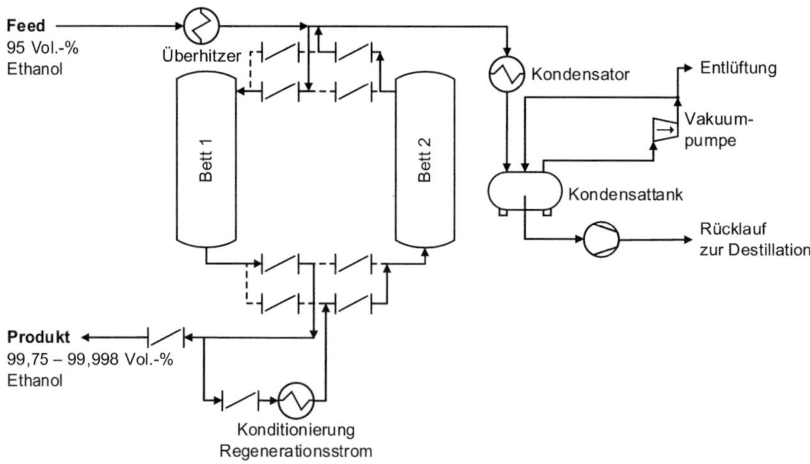

Abb. 4.31 Ethanolentwässerung durch Adsorption [4.81]

krustungen auf der Zeolithoberfläche führen. Ein weiterer Abnutzungsmechanismus ist auf die Scherkräfte zurückzuführen, die durch die Zyklen der Vakuumerzeugung und der internen Bewegung des Bettes entstehen. Wenn das Zeolithbett abgebaut wird, vergrößert sich der freie Raum im Behälter, was zu einer stärkeren Bewegung und einem stärkeren Abbau aufgrund von Scherkräften führt. Um dem entgegenzuwirken, kann die Fixierung des Adsorberbetts durch ein bewegliches Oberteil erfolgen, welches bei einem etwaigen Verlust von Bettmaterial nach unten nachrutschen kann. So bleibt die Schüttung kompakt und eine freie Bewegung des Zeolithmaterials wird verhindert, da diese zu einem weiteren Abrieb führen würde. Zudem ist in modernen Molekularsieben ein Mechanismus zum Nachfüllen des Bettmaterials vorgesehen.

Azeotroprektifikation. Hier nutzt man zur Absolutierung das Verhalten azeotroper Gemische aus drei (ternäres Gemisch) oder mehr verschiedenen Flüssigkeiten. Als Zusatzstoff wurde früher Benzol verwendet, welches ein ternäres Azeotrop mit Wasser und Ethanol mit einem Siedepunkt von 64,85 °C bildet. Da Benzol karzinogen ist, wird es heute nicht mehr eingesetzt. Als Alternative wurde beim Drawinol-Verfahren Trichlorethylen als azeotropes Schleppmittel verwendet. Aufgrund der Klimarelevanz des Stoffes Trichlorethylen wurde ein alternatives Verfahren auf der Basis von Cyclohexan entwickelt, das in der Zwischenzeit die genannten Schleppmittel verdrängt hat. Cyclohexan bildet mit Ethanol und Wasser ein niedrig siedendes Azeotrop bei 62,4 °C.

In Abb. 4.32 ist ein derartiges Druck / Vakuum-Destillier-, Rektifizier- und Absolutier-Verfahren dargestellt. Aus energetischen Gründen beheizen dabei die Dehydrier- und

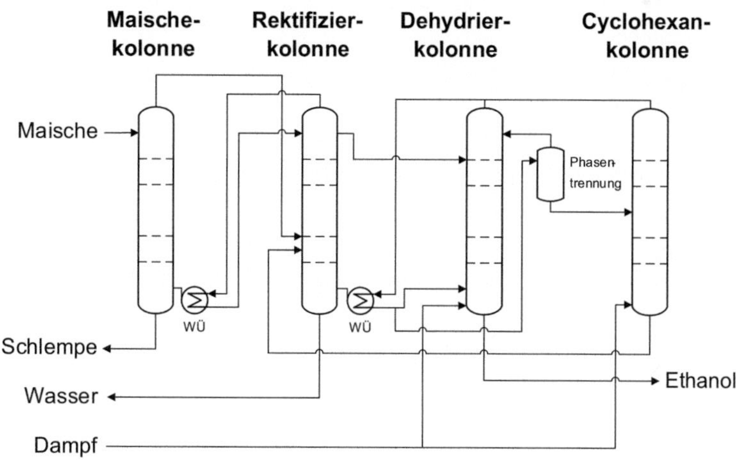

Abb. 4.32 Druck / Vakuum-Destillier-, Rektifizier- und Absolutier-Verfahren (stark vereinfacht; WÜ Wärmeübertrager) [4.79]

die Schleppmittel(Cyclohexan)-Rückgewinnungskolonne die Rektifizierkolonne, welche wiederum die im Vakuum betriebene Maischekolonne heizt. Das in der Rektifizierkolonne gewonnene Ethanol-Wasser-Azeotrop wird auf die Dehydrier- bzw. Absolutierkolonne gegeben und dort mithilfe des Schleppmittels Cyclohexan entwässert. Am Boden der Kolonne kann das wasserfreie Ethanol entnommen werden, während eine wasserreiche Phase mit dem Cyclohexan über den Kolonnenkopf abgezogen, über einen Wärmeübertrager kondensiert und zu einer Phasentrenneinrichtung geleitet wird. Die an Cyclohexan reiche Phase wird zurück in die Dehydrierkolonne geführt, während die wasserreiche Phase zur Cyclohexankolonne geleitet wird; hier wird das eingesetzte Schleppmittel zurückgewonnen und über einen Wärmeübertrager wieder in die Dehydrierkolonne zurückgeführt. Der Sumpfstrom der Cyclohexankolonne wird wieder in die Rektifizierkolonne geleitet und enthält vorwiegend das entfernte Wasser und Restmengen an Ethanol. Über den Sumpf der Rektifizierkolonne wird das gesamte Wasser aus dem Entwässerungskreislauf ausgeschleust. Die dicken Pfeile aus den Wärmeübertragern symbolisieren die Wärmeströme (Abb. 4.32). Der Energiebedarf einer solchen Anlage beträgt zur Herstellung von 1 L absolutiertem Ethanol nur 1,8 kg Dampf bei 6 bar.

Membranverfahren. Alkohol kann auch mithilfe von Membranen entwässert werden. Derartige Membrantrennverfahren sind prinzipiell zwar relativ flexibel in Bezug auf die Eingangskonzentration; sie werden jedoch in der Regel erst für die Absolutierung eingesetzt. Wird das Zweistoffgemisch der Membrananlage flüssig zugeführt, spricht man von Pervaporation und im Fall einer dampfförmigen Zufuhr von Dampfpermeation.

Der Stoffdurchgang durch die Membran erfolgt durch einen Lösungs-Diffusions-Mechanismus. Beim selektiven Lösungsschritt nimmt die hydrophile Membran vorwiegend Wasser auf, welches dann die Membran mittels Diffusion durchwandert (permeiert). Auf der Permeatseite wird durch eine Vakuumpumpe ein niedriger Partialdruck aufrechterhalten, wodurch das Permeat als Dampf abgeführt wird. Anschließend wird der dampfförmige Strom kondensiert. Mit derartigen Membrantrennverfahren können Ethanolkonzentrationen von 99,7 bis 99,9 Vol.-% erreicht werden.

- Bei der Pervaporation wird der flüssige Eingangsstrom nahe am Siedepunkt dem Membranmodul zugeführt. Es folgt die Lösung in der Membran, die Diffusion und auf der Permeatseite die Verdampfung in den Permeatraum (Abb. 4.33). Die Verdampfungswärme der durch die Membran permeierenden Stoffe wird dem Retentatstrom entzogen, was zu einer Abkühlung führt. Daher wird der Retentatstrom mehrmals wieder aufgeheizt, damit der temperaturabhängige Membranfluss nicht zu stark absinkt. Abbildung 4.34 zeigt ein mögliches Schaltungsschema.
- Bei der Dampfpermeation wird der Kopfstrom aus der Rektifikationskolonne nicht kondensiert. Er wird vielmehr geringfügig überhitzt, damit es zu keiner Kondensation im Membranmodul kommt. Dies kann auch unter Druck von etwa 3 bis 4 bar realisiert werden. Dadurch kann der Membranfluss wesentlich gesteigert und die benötigte Membranfläche verringert werden. Zusätzlich entfällt die Notwendigkeit für die mehrmalige Zwischenaufheizung. Abbildung 4.35 zeigt ein mögliches Schaltungsschema.

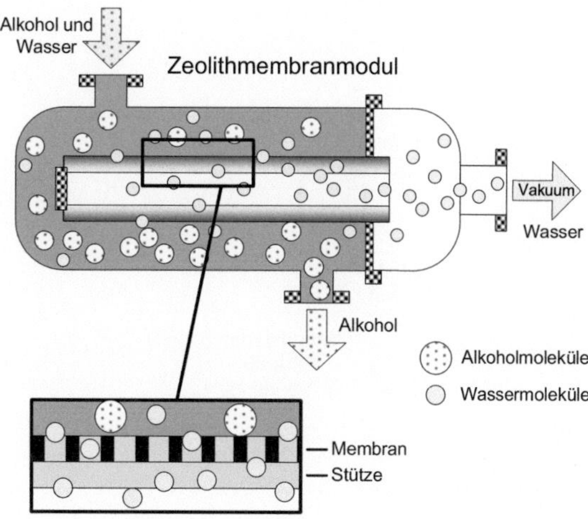

Abb. 4.33 Funktionsprinzip der Pervaporation

Obwohl Membrantrennverfahren durch einen geringen Energiebedarf gekennzeichnet sind, werden sie in großtechnischen Anlagen bislang nur selten eingesetzt; dies liegt vor allem in der fehlenden Erfahrung bezüglich der Langzeitstabilität der Membranmaterialien und der Module. Die Langzeitstabilität ist aber entscheidend für diese Verfahren, da die Membranen teuer sind und deshalb aus ökonomischer Sicht eine Membranlebensdauer von mindestens drei bis fünf Jahren erforderlich ist. Vorteile bietet die Membrantechnik speziell für Ethanolproduktionsanlagen im kleinen bis mittleren Produktionsmaßstab, da hier die Investitionen im Vergleich zur Adsorption geringer ausfallen.

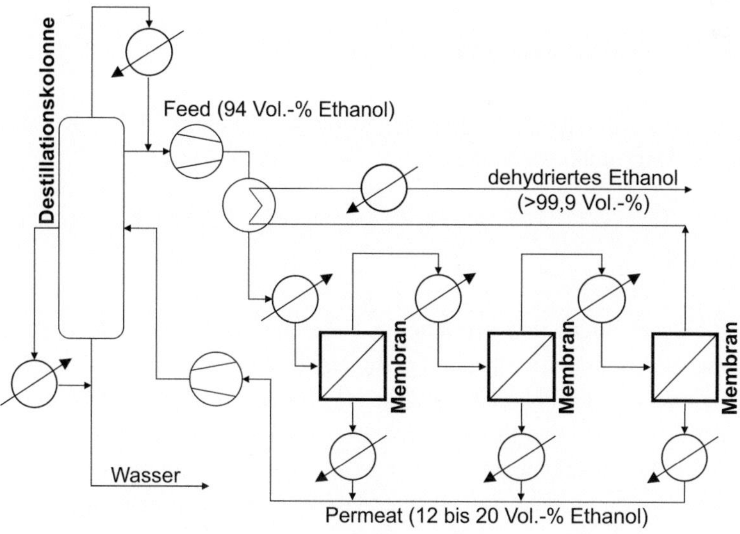

Abb. 4.34 Ethanolentwässerung durch Pervaporation [4.82]

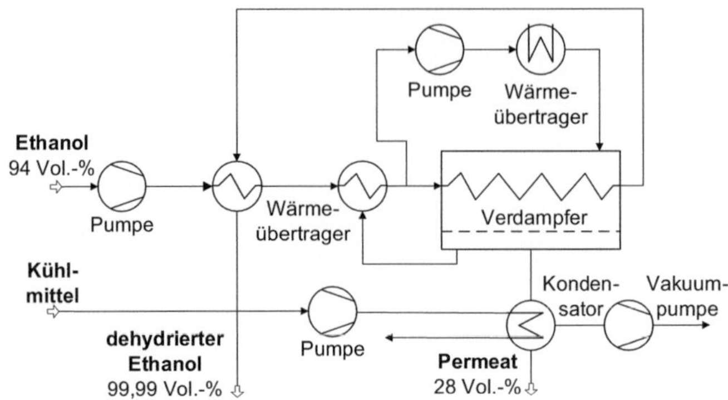

Abb. 4.35 Ethanolentwässerung durch Dampfpermeation

Obwohl die Membranverfahren in der Lage sind, Gemische mit unterschiedlichen Ethanolkonzentrationen zu verarbeiten, fokussiert sich ihre Verwendung meist auf Ethanol-Wasser-Gemische nach der Vorkonzentration durch eine Destillation (d. h. ab ca. 85 Gew.% Ethanol). Der Hauptgrund dafür ist die Abtrennung von Schlempe, die ein komplexes Gemisch organischer Verbindungen enthält, das zu Fouling in der Membran führen könnte. Außerdem können die Membranverfahren in Kombination mit verschiedenen nachgeschalteten Kaskaden eingesetzt werden (z. B. als Ersatz für die Entwässerung, die Rektifikation oder beide Schritte). Potenziell können reine Membranverfahren im Vergleich zu einem herkömmlichen Ethanol-Reinigungsverfahren etwa 50 % Energieverbrauch einsparen [4.11].

4.4 Nebenproduktbehandlung

Nachfolgend werden die neben dem primär gewünschten Hauptprodukt Ethanol zusätzlich anfallenden Nebenprodukte diskutiert.

4.4.1 Fuselöl

Fuselöl ist die Bezeichnung für Gemische aus Nebenprodukten der alkoholischen Gärung, die im Rahmen des Hefestoffwechsels in geringen Mengen neben Ethanol und CO_2 entstehen. Fuselöle bestehen aus höheren Alkoholen (Isoamyl-, Isobutyl- und n-Propylalkohol), Fettsäureestern, Terpenen und Furfuralen, deren Molekulargewicht größer ist als das von Ethanol. Die genaue Zusammensetzung hängt u. a. von Faktoren wie der Dauer der Fermentation, dem verwendeten Ausgangsmaterial, der Fermentationstemperatur, dem pH-Wert der Fermentation oder der Verfügbarkeit von Stickstoff in der Fermentationsbrühe ab und kann erheblich variieren.

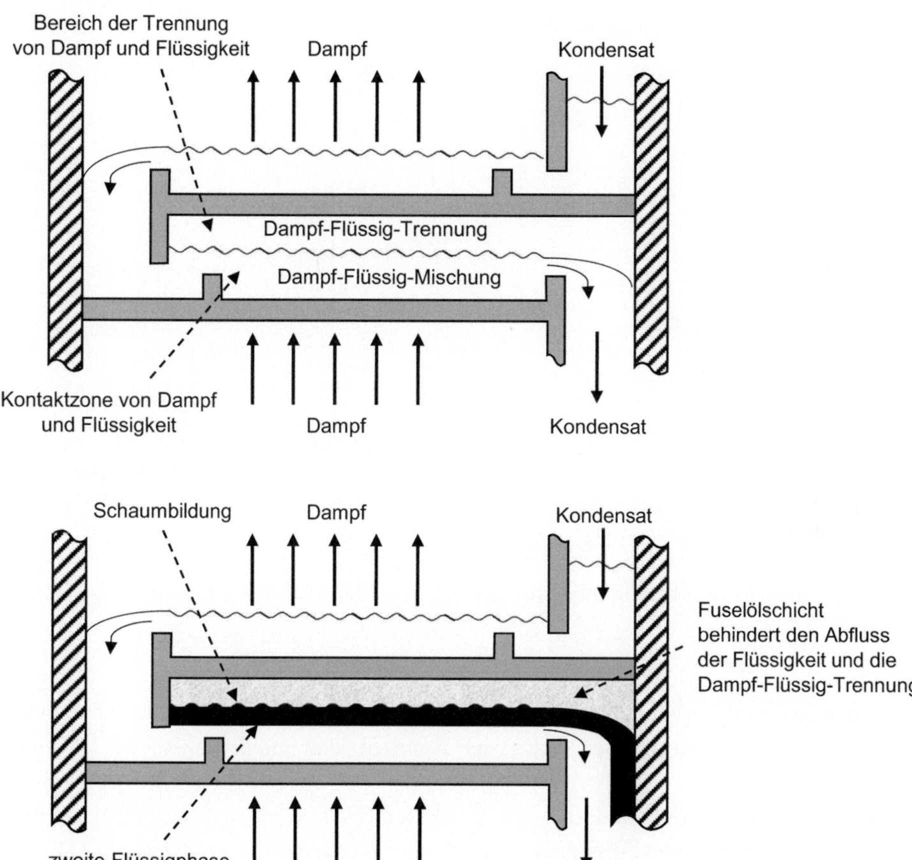

Abb. 4.36 Einfluss einer ungewünscht starken Fuselölanreicherung in der Destillationskolonne auf den Trennprozess (nach [4.84])

Das Fuselöl fließt mit der Fermentationsbrühe in die Destillationskolonne ein und kann aufgrund seiner Stoffeigenschaften dort zu erheblichen Störungen führen. Die Bestandteile des Fuselöls bilden mit Ethanol und Wasser ein heterogenes Azeotrop. Die Fuselölkomponenten sind leichter flüchtig als Wasser bei niedrigen Ethanolkonzentrationen (im Kolonnensumpf) und schwerer flüchtig als hoch konzentriertes Ethanol (am Kolonnenkopf). Daher reichern sich die Fuselöle im Bereich der Ethanolkonzentration von ca. 65 und 80 % in der unteren Hälfte der Rektifikationskolonne an und verlassen die Kolonne weder als Kopf- noch als Sumpfprodukt. Das führt auf den betroffenen Böden zu einer Überschreitung der Löslichkeit und es bildet sich eine zweite Flüssigphase. Wird das Fuselöl nicht entfernt, sammelt es sich zwischen der flüssigen und der Dampfphase eines Kolonnenbodens (Abb. 4.36). Dies führt zu einer Behinderung des Flüssigkeitsstroms zwi-

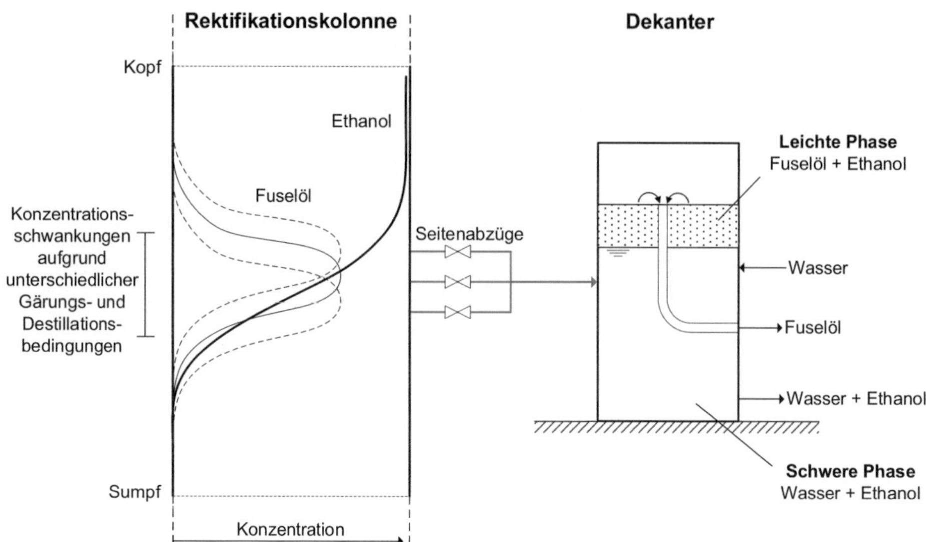

Abb. 4.37 Anreicherung des Fuselöls in der Rektifikationskolonne und der Dekantierung mit Wasser

schen den Kolonnenböden und somit zur Behinderung der Flüssigkeit-Dampf-Trennung. Die Hauptauswirkungen sind der Verlust der Trenneffizienz und der Anstieg des Dampfverbrauchs [4.83].

Um diese Effekte zu verhindern, wird in der Rektifikation auf den betroffenen Böden kontinuierlich ein Teil der Flüssigphase durch einen Seitenabzug entnommen. Die entnommene Flüssigkeit (rohes Fuselöl) enthält typischerweise 10 bis 30 % Fuselöl, 60 bis 80 % Ethanol und einen bestimmten Wasseranteil. Zur Abtrennung von Fuselöl und Ethanol kann die Mischung in einen Dekanter geführt werden, in dem sich das Fuselöl als zweite Flüssigphase absetzt. Um die Trennung zu unterstützen, kann zudem weiteres Wasser hinzugefügt werden (Abb. 4.37).

Da die Konzentration des Fuselöls während der Gärung schwankt, ist es üblich, in einigen Böden der Rektifikationskolonne Entnahmestellen einzurichten, an denen während des Betriebs festgestellt werden kann, an welcher Stelle sich das Fuselöl ansammelt. Die Entnahmestelle kann dann angepasst werden.

Das Fuselöl wird in eigene Lagertanks eingelagert und kann je nach Zusammensetzung als geringwertiges Nebenprodukt verkauft werden [4.85]–[4.87]. Alternativ wird das Fuselöl in manchen Ländern auch wieder dem Ethanol zugefügt, wenn die Kraftstoffspezifikationen dies zulassen.

4.4.2 Vinasse

Vinasse ist die Bezeichnung für das Sumpfprodukt der Destillation, wenn zuckerhaltige Rohstoffe (z. B. Zuckerrohr, Zuckerrübe) vergoren wurden. Die Rohvinasse verlässt die Destillationskolonne bei einer Temperatur von etwa 75 bis 90 °C. Sie besteht hauptsächlich aus Wasser (93 %) und enthält im Idealfall nur noch (sehr) geringe Spuren von Ethanol. Zudem enthält die Rohvinasse organische Bestandteile (kleine Partikel und schwerflüchtige Bestandteile), Nährstoffe und Mineralien. Die genaue Zusammensetzung hängt primär ab u. a. von den Bestandteilen, die mit der Ausgangsbiomasse in den Prozess eingebracht werden.

Je nach Alkoholgehalt nach der Fermentation und nach dem Destillationsprozess fallen zwischen 4 und 15 L Rohvinasse je Liter Ethanol an. Enthält die Vinasse noch Anteile von Ethanol, ist dies ein Indikator dafür, dass der Destillationsprozess nicht optimal abläuft und die Betriebsbedingungen überprüft werden müssen; der Ethanolanteil in der Vinasse ist als Verlust anzusehen.

In Brasilien ist es beispielsweise gängige Praxis, die Vinasse aus der Ethanolerzeugung aus Zuckerrohr für die Bewässerung und Düngung auf nahe gelegenen Feldern auszubringen. Die Vinasse wird dazu mit Prozessabwasser vermischt und entweder per Lkw oder mithilfe von Pump- und Röhrensystemen auf die Felder der Zuckerrohrplantagen verteilt. Aufgrund des hohen Wassergehalts ist eine ökonomisch darstellbare Ausbringung auf die Region in der unmittelbaren Nähe der Ethanolanlage beschränkt. Nachteile der direkten Ausbringung von Vinasse sind u. a. die Gefahr einer überhöhten Mineralienkonzentration im Boden (hauptsächlich Kalium), der schlechte Geruch aufgrund der hohen Konzentration organischer Bestandteile und die mögliche Kontamination von Gewässern [4.88]–[4.90].

Um derartige Probleme der direkten Ausbringung zu vermeiden, sind die beiden wichtigsten Behandlungsmethoden für Rohvinasse die Eindampfung zur Herstellung proteinreicher Futtermittel und die Biogaserzeugung.

Eindampfung. In Europa wird die Vinasse aus der Ethanolherstellung aus Zuckerrüben in der Regel zur Einsparung von Transport- und Lagerkosten eingedampft. Dazu wird eine Abfolge von Separatoren und Verdampfern eingesetzt, um den Trockensubstanzgehalt von ca. 7 bis 10 % in der Rohvinasse auf etwa 60 bis 80 % in der eingedickten Vinasse anzuheben.

Für die Vinasseeindampfung werden typischerweise in den ersten zwei Stufen Fallfilmverdampfer eingesetzt, welche die Vinasse auf 20 bis 25 % Trockensubstanz eindicken. Die Vinasse wird dazu in den oberen Bereich eines jeden Verdampfers gepumpt, wo sie an den durch Dampf erhitzten Rohrwänden nach unten sinkt. Die weitere Eindickung erfolgt aufgrund der bereits erhöhten Trockensubstanzgehalte in zwei bis vier weiteren Stufen mit Zwangsumlaufverdampfern.

In allen Verdampfern werden kurze Verweilzeiten bevorzugt, um organische Bestandteile der Vinasse nicht thermisch abzubauen und die Gefahr von Verkrustungen an den Innenwänden der Apparate zu verringern.

Zur Verringerung des Dampf- und damit Energieeinsatzes werden die Verdampferstufen untereinander oder mit der Destillation thermisch integriert. So kann beispielsweise der Abdampf aus der Verdampfung der Vinasse zum Beheizen anderer Betriebsteile der Ethanolanlage genutzt werden. Die aus der Eindampfung kondensierten Brüden enthalten nur wenige Verunreinigungen und können daher in der Zucker-/Ethanolproduktion wieder als (bereits warmes) Prozesswasser eingesetzt werden; dies führt zu einem geringeren Frischwasserverbrauch.

Eingedampfte Zuckerrübenvinasse enthält bis zu 160 g/kg (TS) der stickstoffreichen Verbindung Betain (ca. 40 % der Stickstofffraktion der Rübenvinasse; TS Trockensubstanz). Betain und Glutaminsäure bilden in Summe mehr als die Hälfte des Gesamtstickstoffgehalts in Vinassen. Im Vergleich zur Stärke-basierten Schlempe (siehe unten) weist Vinasse als Futtermittel einen geringeren Nährstoffgehalt auf. Nach dem bundesdeutschen Futtermittelrecht ist Vinasse seit 1976 zur Beimischung im Wiederkäuerfutter zugelassen. Die eingedampfte Vinasse kann in Mischfutterpellets zur Staubbindung eingesetzt werden und führt zu einer Anhebung des Eiweißgehalts [4.11]. Die Beimischung ist allerdings durch die hohen Kaliumgehalte der Vinasse limitiert.

Biogasgewinnung. Vinasse kann aufgrund ihres hohen Anteils an organischen Bestandteilen auch zu Biogas vergoren werden (Beschreibung der dabei ablaufenden Prozesse siehe Kapitel 5, Band 3). In der Zuckerrübenverarbeitung können beispielsweise die Rübenschnitzel gemeinsam mit einer teileingedickten Vinasse (ca. 22 % TS) zu Biogas vergoren werden; aufgrund des dann höheren Biomasseanteils ist der Biogasertrag entsprechend höher.

Die anaerobe Fermentation wird im industriellen Maßstab in mehreren Fermentern (jeweils bis zu 4 500 m^3 Fermentervolumen) durchgeführt, die gut durchmischt werden müssen. Zudem können im industriellen Maßstab zusätzlich Hilfsstoffe wie Eisen-III-Chlorid als Schwefelbinder und geringe Mengen Rapsöl als Antischaummittel zugegeben werden. Die Fermenter müssen in der Regel (je nach Wetterbedingungen) gekühlt werden, da die Vinasse mit ca. 70 °C aus der Voreindampfung kommt und die Wärmeentwicklung bei der Covergärung mit Rübenschnitzeln so hoch ist, dass die Temperatur ohne Kühlung zu stark ansteigen würde.

Das Biogas dient entweder zur Erzeugung von Strom und Wärme (Kraft-Wärme-Kopplung) und / oder der Aufbereitung zu Biomethan für die nachfolgende Einspeisung in das Erdgasnetz.

Trotz der genannten Vorteile ist die anaerobe Vergärung von Vinasse beispielsweise in Brasilien immer noch ein Verfahren, das bisher nur in wenigen Produktionsanlagen umgesetzt wird. Darüber hinaus gibt es auch teilweise noch verfahrenstechnische Herausforderungen wie z. B. hohe Säuregehalte der Vinasse, hohe Schwefelkonzentrationen und saisonale Verfügbarkeit der Vinasseproduktion von lediglich etwa fünf Monaten [4.91]–[4.93].

4.4.3 Schlempe

Werden stärkehaltige Rohstoffe (z. B. Mais, Getreide) für die Ethanolproduktion eingesetzt, wird der Destillationsrückstand als Schlempe bezeichnet. Auch hier fallen – je nach Produktionsprozess – etwa 5 bis 10 L Rohschlempe an. Durch eine verbesserte Fermentationsführung werden jedoch immer höhere Ethanolkonzentrationen in der vergorenen Maische erreicht; dadurch hat sich das Verhältnis Schlempe / Ethanol in den letzten Jahren entsprechend verringert.

Für die Schlempeverwertung gibt es eine Vielzahl an Möglichkeiten. Neben einem Einsatz als Futtermittel für Nutztiere in flüssiger und / oder fester Form – dazu ist zumindest bei größeren Anlagen eine entsprechende Aufkonzentrierung (durch Entwässerung und Eindampfung) und ggf. auch Trocknung zwingend notwendig – ist auch ein Einsatz in Biogasanlagen zur Energieproduktion möglich. Nachfolgend werden diese Optionen exemplarisch diskutiert; sie sind in Abb. 4.38 schematisch dargestellt.

Fest-Flüssig-Trennung. Nach der Entfernung des Ethanols und der weiteren flüchtigen Bestandteile (u. a. Methanol, Aldehyde, Fuselöle) durch die Destillation verbleiben in der Rohschlempe alle von der Hefe nicht umgesetzten Stoffe (u. a. stickstoffreiche Proteine, Restzucker, Faserstoffe, Salze, die Hefezellen selbst). Die Rohschlempe hat typischerweise einen Trockensubstanzgehalt von 11 bis 14 %. Der Proteingehalt darin kann je nach eingesetztem Rohstoff etwa 29 bis 36 % des getrockneten Produkts ausmachen. Zudem sind noch ca. 9 % Rohfasern und bis zu 8 % Fette in der Schlempe-Trockensubstanz enthalten.

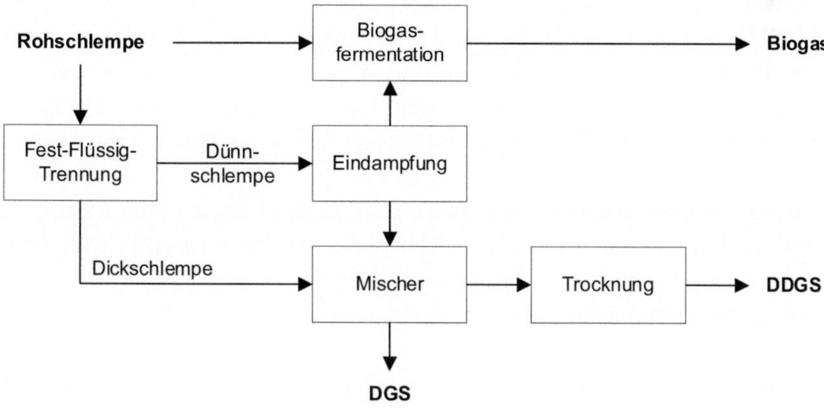

Abb. 4.38 Übersicht über Möglichkeiten der Schlempebehandlung (DGS Distillers Grains with Solubles (eingedickte Schlempe); DDGS Dried Distillers Grains with Solubles (getrocknete Schlempe))

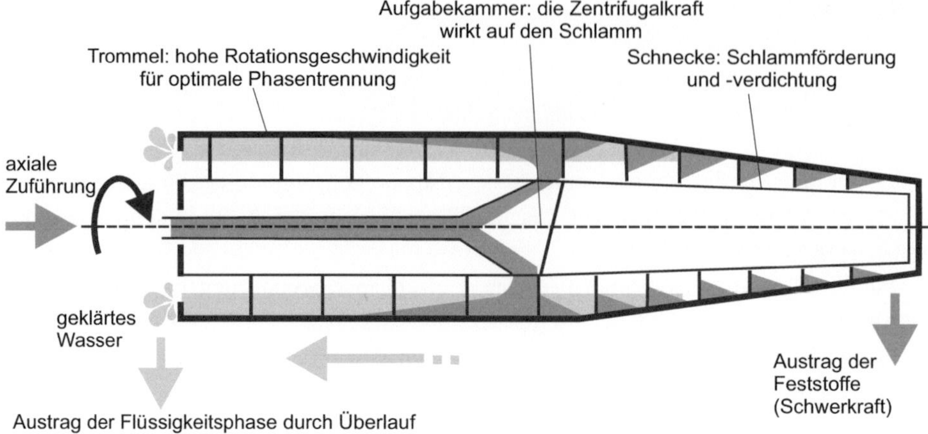

Abb. 4.39 Funktionsweise eines Zwei-Phasen-Dekanters [4.94]

Als erster Schritt der weiteren Schlempeaufbereitung erfolgt üblicherweise eine Fest-Flüssig-Trennung mittels Dekantern. Das sind Zentrifugen, in denen durch eine drehende Trommel Fliehkräfte erzeugt werden und dadurch die Feststoffsedimentation beschleunigt wird; dadurch können Suspensionen geklärt werden.

Ein Dekanter besteht aus einer sich mit hoher Rotationsgeschwindigkeit drehenden äußeren Trommel und einer sich ebenfalls drehenden Schnecke mit geringerer Drehzahl (Abb. 4.39). Die zu trennende Suspension wird dabei über die Welle zentral in den Dekanter zugeführt. Bedingt durch die Zentrifugalkraft bewegen sich die Feststoffpartikel an die Wand der äußeren Trommel. Die Schnecke befördert die Partikel dann über einen sich konisch verengend ausgeführten Teil des Dekanters in Richtung Austrag. Dadurch werden die Partikel verdichtet. Mit derartigen Systemen kann eine Dickschlempe mit etwa 25 bis maximal 35 % Feststoffanteil erzeugt werden. Diese Dickschlempe kann zur weiteren Konservierung zur Trocknung geleitet oder direkt als Flüssigfutter vermarktet werden.

Die geklärte Flüssigkeit bewegt sich in entgegengesetzter Richtung zum Austrag durch einen Überlauf. Der im Dekanter gewonnene Flüssigkeitsstrom (oft auch als Dünnschlempe bezeichnet) enthält typischerweise nur noch etwa 7 % Trockensubstanz und wird anschließend zur Eindampfung geleitet.

Eindampfung. Der aus dem Dekanter kommende Flüssigkeitsstrom (Klarphase, Dünnschlempe) beinhaltet noch alle in der Schlempe enthaltenen löslichen Bestandteile (u. a. Salze, nicht umgesetzte Zuckerbestandteile). Diese Stoffe können durch eine thermische Wasserverdampfung weiter aufkonzentriert werden. Aufgrund der hohen Verdampfungsenthalpie von Wasser ist dieser Eindampfungsprozess aber sehr energieintensiv. Daher werden aus Energieeffizienzgründen mehrstufige Verdampferanlagen mit interner Wärmerückgewinnung eingesetzt.

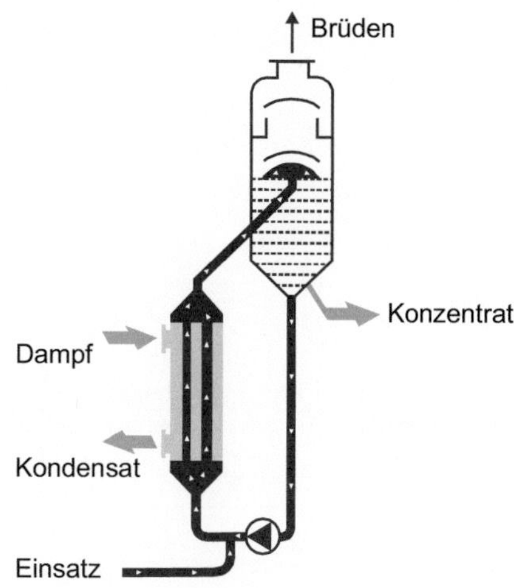

Abb. 4.40 Einstufiger Zwangsumlauf-Verdampfer [4.95]

Aufgrund der Zusammensetzung der Dünnschlempe neigt sie bei einer thermischen Eindampfung zur Verschmutzung von Heizflächen. Auch weist sie eine mittlere Viskosität auf, die im Verlauf der Eindampfung zunimmt. Verfahrenstechnisch erfolgt die Eindampfung daher in Fallfilmverdampfern und / oder Zwangsumlaufverdampfern (Abb. 4.40), um Ablagerungen an den Heizflächen des Verdampfers zu vermeiden.

In den Zwangsumlaufverdampfern wird die Dünnschlempe beispielsweise mittels einer Pumpe mit relativ hoher Geschwindigkeit und unter Druck über die Heizflächen des Verdampfers geführt. Dadurch wird eine Verdampfung direkt an den Heizflächen verhindert. Durch die anschließende Entspannung in einem Abscheider werden die Brüden und eine konzentrierte Flüssigkeit gewonnen (Abb. 4.40). Durch Hintereinanderschaltung mehrerer Verdampferstufen mit unterschiedlichen Druckniveaus können die Brüden zur Beheizung der nächsten Stufe verwendet werden. Dadurch lässt sich der Energieverbrauch merklich senken. Bei vier und mehr Verdampferstufen ist dadurch eine Reduktion des Dampfbedarfs auf unter 200 kg Dampf pro Tonne verdampftes Wasser möglich.

Durch diese Eindampfung wird ein Sirup gewonnen, der mit dem Feststoffstrom aus dem Dekanter vermischt und dann der Trocknung zugeführt wird. Auch ist eine direkte Ausschleusung dieses vermischten Stroms ohne weitere Behandlung möglich; dieses Produkt wird dann als DGS (Distillers Grains with Solubles) bezeichnet.

Trocknung. Die aus dem Dekanter kommende Dickschlempe und der Sirup aus der Eindampfung werden in einem Trockner zu lagerfähiger Trockenschlempe (DDGS; Distillers Dried Grains with Solubles) weiterverarbeitet. Meist wird das Produkt zusätzlich pelletiert, um eine bessere Handhabbarkeit zu erreichen.

Auch die Trocknung und damit die DDGS-Erzeugung ist aufgrund der hohen Verdampfungsenthalpie von Wasser sehr energieintensiv. Hinzu kommt, dass das Ausgangsmaterial wegen der hohen Viskosität, des klebrigen Verhaltens und der geringen Rieselfähigkeit

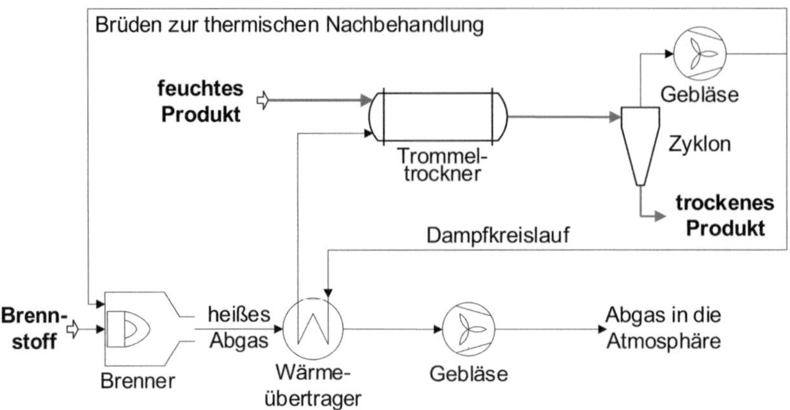

Abb. 4.41 Indirekte DDGS-Trocknung (DDGS Dried Distillers Grains with Solubles (getrocknete Schlempe)) [4.96]

relativ schwer zu verarbeiten ist. Darüber hinaus müssen Geruchs- und Staubemissionen vermieden werden.

Als Apparate werden Drehrohr- bzw. Trommeltrockner verwendet. Durch die Drehbewegung und spezielle Einbauten, die das zu trocknende Gut gleichmäßig verteilen, wird dabei die Bildung von Ablagerungen möglichst verhindert. Dabei kann zwischen einer direkten und indirekten Trocknung unterschieden werden.

- Wird das Gut durch einen heißen Abgasstrom einer entsprechenden Feuerung getrocknet, spricht man von einer direkten Trocknung. Hier wird meist Erdgas oder Öl als Brennstoff eingesetzt. Dabei muss sichergestellt werden, dass sich keine im heißen Gasstrom vorhandenen unerwünschten und ggf. toxischen Stoffe an das Trockengut anlagern können.
- Eine indirekte Trocknung erfolgt mittels Dampfbeheizung der Trockneroberflächen. Dies birgt die Gefahr der Bildung von Ablagerungen an den Wärmeübergangsflächen. In Abb. 4.41 ist exemplarisch das Verfahrensschema eines derartigen indirekten Trocknungsprozesses dargestellt. Hierbei werden die bei der Trocknung erzeugten Brüden in einem Wärmeübertrager erhitzt und im Kreislauf geführt. Durch den hohen Dampfanteil im Trocknungsgas erfolgt ein schonender Trocknungsvorgang; dadurch kann eine hohe Produktqualität erreicht werden. Die überschüssigen Brüden werden im Brenner mitverbrannt, um Emissionen von Geruch und Staub zu vermeiden.

Biogasgewinnung. Die in der Schlempe enthaltene organische Masse kann auch in einer Biogasanlage anaerob vergoren (Kapitel 5, Band 3) und das produzierte Gas zur Energieproduktion eingesetzt werden. Je nach dem bei der Alkoholerzeugung eingesetzten Rohstoff variiert der Anteil an organischer Trockensubstanz in der Schlempe sowie deren

Zusammensetzung und damit auch die erzielbaren Gaserträge. So können beispielsweise aus Weizenschlempe 0,380 und aus Maisschlempe 0, 347 m_N^3 CH_4/kg oTS gewonnen werden (oTS organische Trockensubstanz) [4.97]. Das entstandene Biogas kann dann u. a. in einem Gaskessel zur direkten Prozessdampferzeugung verbrannt werden. Alternativ sind auch eine Stromerzeugung in einem Biogas-BHKW und die Nutzung der in Kraft-Wärme-Kopplung anfallenden Prozesswärme möglich. Das produzierte Biogas kann aber auch auf Erdgasqualität aufbereitet und dann als Biomethan in das vorhandene Erdgasnetz eingespeist werden (Kapitel 5, Band 3).

Die Kombination der Ethanolproduktion mit einer Biogasproduktion ermöglicht damit eine Vielzahl von Variationsmöglichkeiten, die an den jeweiligen Bedarfsfall optimal angepasst werden müssen. Verfolgt eine Bioethanolerzeugung das Ziel der Bereitstellung von Biokraftstoffen, kann beispielsweise durch eine Biogaserzeugung aus der Schlempe mit anschließender Netzeinspeisung die Biokraftstofferzeugung aus dem biogenen Ausgangsmaterial maximiert werden.

Die vergorene Schlempe kann – ggf. nach einer Eindickung – direkt als Flüssigdünger auf landwirtschaftlichen Nutzflächen ausgebracht werden. Alternativ oder additiv dazu ist auch eine Nährstoffabtrennung insbesondere von Stickstoff (N) und damit die Produktion eines Düngers mit definierten Eigenschaften möglich. Die danach noch verbleibende Schlempe kann beispielsweise auf Vorfluterqualität weiter aufgereinigt und / oder z. T. im Prozess recycelt werden (Kapitel 5, Band 3).

Ethanol aus Maiskornfasern. Bei der Ethanolproduktion aus Mais kann aus den in der Schlempe verbleibenden Cellulose-haltigen Faserbestandteilen relativ einfach Cellulose-Ethanol gewonnen werden. Dies liegt hauptsächlich an drei Faktoren:

- der Homogenität der Schlempe, die schon einmal die Ethanolanlage durchlaufen hat,
- dem geringeren Ligningehalt der Maiskornfasern im Vergleich zu anderen Cellulose-haltigen Biomassen,
- der geringeren Widerstandsfähigkeit der Cellulose gegenüber einem enzymatischen Abbau.

Anlagen, die mit diesem Verfahren zusätzlich zum Ethanol aus Stärke auch geringe Mengen an Ethanol aus derartigem Lignocellulose-Material herstellen, werden z. T. als Anlagen der 1,5ten Generation (1,5 G) bezeichnet.

Die Maiskornfasern können entweder vor oder nach der Fermentation abgetrennt werden. Die Verarbeitung erfolgt dann ähnlich wie bei anderen Lignocellulose-haltigen Materialien durch eine enzymatische Hydrolyse und Fermentation (Kapitel 4.1, Band 3); aufgrund des relativ höheren Cellulosegehalts (im Vergleich zu „klassischer" Lignocellulose) ist die benötigte Menge an Enzymen für die Hydrolyse von Maiskornfasern relativ gering.

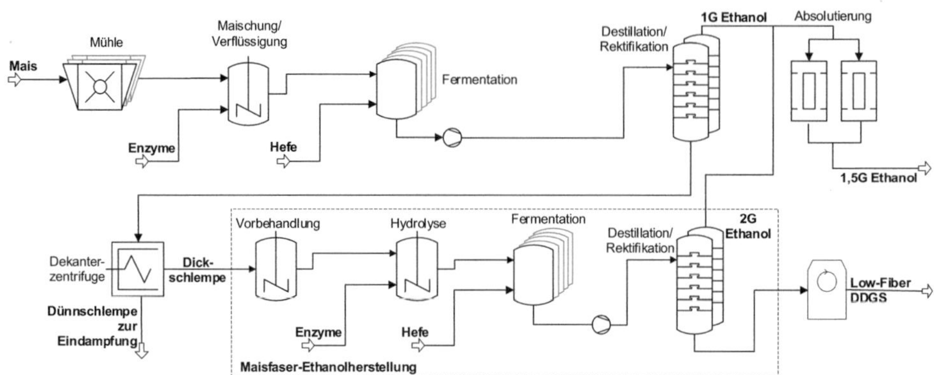

Abb. 4.42 Verfahren zur Herstellung von 1,5 G-Ethanol aus Mais und Maiskornfasern (DDGS Dried Distillers Grains with Solubles (getrocknete Schlempe); 1G 1. Generation; 1,5G 1,5. Generation; 2G 2. Generation) [4.98], [4.99]

Ein Beispiel für ein derartiges 1,5 G-Mais-Ethanol-Verfahren zeigt Abb. 4.42. Demnach lässt sich durch eine entsprechende Umrüstung von Ethanolanlagen die Produktionskapazität um 8 bis 10 % Lignocellulose-Ethanol erhöhen. Das ist vor allem dann attraktiv, wenn dieser durch regulatorische Anreize als Ethanol aus organischen Abfällen zu höheren Preisen verkauft werden kann.

Die Abtrennung und Verarbeitung der Maiskornfasern zu Ethanol verändert auch die Eigenschaften des DDG/DDGS-Produkts; der Fasergehalt sinkt und der Proteingehalt steigt auf bis zu 40 %. Der geringere Fasergehalt wirkt sich negativ auf die Verwendung als Tierfutter in dem Milch- und Rinderfuttermarkt aus. Allerdings kann das Produkt mit dem hohen Proteingehalt weiterhin für die Fütterung von Schweinen und Geflügel eingesetzt werden.

4.4.4 Kohlenstoffdioxid

Während der alkoholischen Gärung entsteht Kohlenstoffdioxid (ca. 0,95 kg Kohlenstoffdioxid pro 1 kg erzeugtem Ethanol). Dieses Kohlenstoffdioxid verlässt den Reaktor in Gasform; dabei führt es in geringen Mengen auch leichtflüchtige Bestandteile wie Ethanol, Wasser, Acetaldehyd, Schwefeldioxid und Stickstoffoxide mit sich. Als „grünes" Kohlenstoffdioxid kann dieser Gasstrom potenziell nutzbar gemacht werden. Aber unabhängig davon muss es vor der Freisetzung in die Atmosphäre oder einer weitergehenden Nutzung gereinigt werden.

Gaswäsche durch Wasserstripping. Das aus dem Fermenter kommende Gasgemisch wird zur Rückgewinnung des Ethanols in eine Gaswaschkolonne geleitet, in der es im Gegenstrom mit Wasser in Kontakt gebracht wird. Um hierbei einen möglichst guten

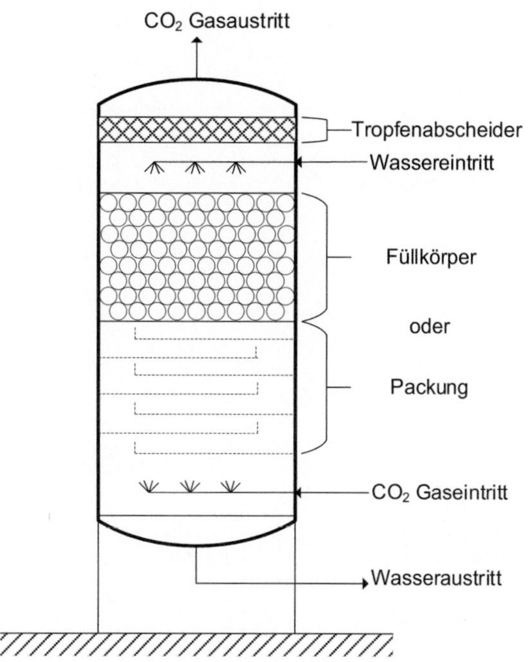

Abb. 4.43 CO_2-Wäscher

Stoffübergang zu ermöglichen, durchströmen Wasser und Gas ein Bett aus Füllkörpern oder Packungsmaterial (Abb. 4.43). Anschließend wird das gewaschene CO_2 über Aktivkohlefilter geführt, um verbleibende Geruchsstoffe zu entfernen, und im einfachsten Fall danach in die Umgebung abgegeben. So behandeltes Kohlenstoffdioxid hat eine Reinheit von ca. 97 bis 99 %.

Das Waschwasser enthält den mitgeführten Ethanolanteil (2 bis 3 Vol.-%) und kann in die Destillationskolonne oder andere vorgelagerte Produktionsprozesse (z. B. Anmaischung des Mehls) zurückgeführt werden, sodass das Ethanol zurückgewonnen werden kann. Die Wassermenge im Gaswäscher sollte jedoch so gering wie möglich sein, um Energieverluste bei der Destillation zu minimieren.

CO_2-Verflüssigung. Das bei der Fermentation entstehende biogene CO_2 kann nach der Gaswäsche aufgefangen und verflüssigt werden, um entweder technische, Lebensmittel- oder pharmazeutische Qualität zu erreichen. Dazu wird das gewaschene Rohgas zunächst zwischengespeichert, um einen konstanten Druck und Volumenstrom in der Verflüssigungsanlage zu gewährleisten, da die Fermentation keinen konstanten Ausstoß an Kohlenstoffdioxid liefert.

Der erste Verfahrensschritt der Verflüssigung ist die Verdichtung des CO_2 auf 16 bis 20 bar bei 40 °C in einem zweistufigen Verdichterprozess. Nach dieser Verdichtung erfolgt die Reinigung des Gases auf die gewünschte Qualität. Wird lediglich technisches

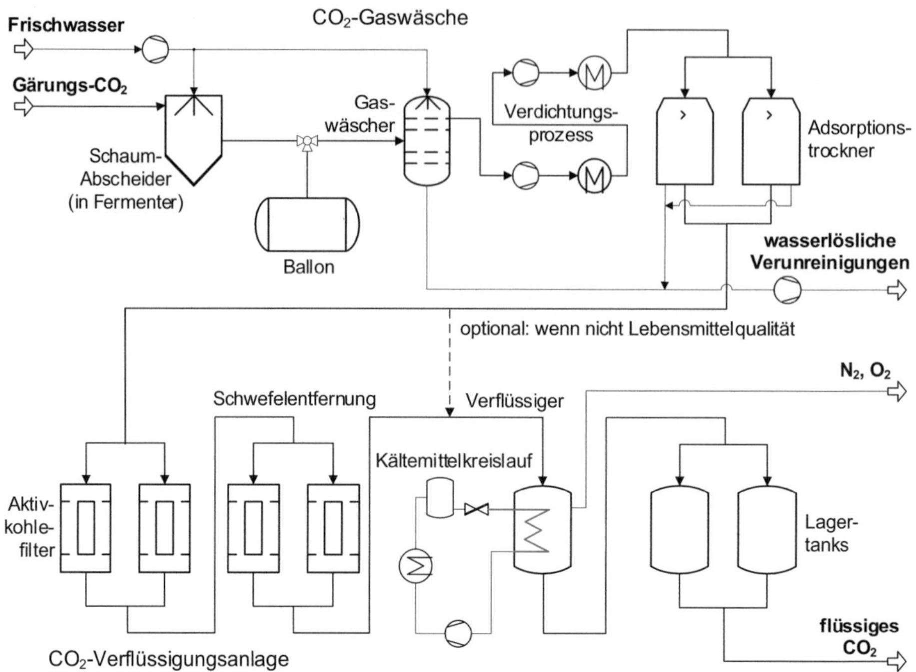

Abb. 4.44 CO_2-Gewinnungsanlage (nach [4.11], [4.100])

CO_2 angestrebt, genügt es, das Gas mithilfe eines Adsorptionstrockners (z. B. gefüllt mit Silica-Gel) zu trocknen. Wenn jedoch Lebensmittel- und Getränkequalität angestrebt wird, müssen zusätzlich zum Trocknerbett Schwefel, ggf. noch vorhandene Kohlenwasserstoffe und eventuell darin befindliche organische Verunreinigungen entfernt werden; dies kann durch Schwefelentfernungs- und Aktivkohlefilterbetten erreicht werden. Die Funktionsweise dieser Verfahren ist ähnlich: Sie bestehen aus zwei Füllkörperbetten, die entweder in Betrieb sind oder sich in der Regeneration befinden. Die Reihenfolge der Reinigungsschritte kann je nach Anlage oder gewünschter Produktreinheit variieren.

Das gereinigte Gas muss anschließend auf eine Temperatur von unter –40 °C und einen Druck von 16 bar abgekühlt werden, damit es sich verflüssigt. Dazu wird ein Kältemittelkreislauf verwendet, der z. B. mit Ammoniak, Glycol oder dem Kältemittel R507 befüllt werden kann. Wenn die Entfernung von Spuren von Inertgasen wie O_2 und N_2 erwünscht ist, kann zusätzlich ein optionales Strippsystem in den Prozess integriert werden. Eine beispielhafte Verschaltung der Verfahrensschritte zur CO_2-Aufbereitung und -verflüssigung ist in Abb. 4.44 dargestellt.

Das verflüssigte Gas kann dann entweder direkt verwendet, gepumpt oder in Druckbehältern bzw. Zylindern zwischengelagert werden. Die Reinheit des verflüssigten CO_2 kann bis zu 99,998 % betragen [4.11], [4.100].

4.5 Produkte und deren Nutzung

Bei der Alkoholproduktion mittels alkoholischer Fermentation fallen als Hauptprodukte der erzeugte Alkohol (Ethanol) und die Schlempe oder Vinasse (d. h. das alkoholfreie vergorene Substrat) an. Zudem fallen große Mengen an CO_2 an. Als Nebenprodukte können weiterhin in geringeren Mengen u. a. Fuselöle, Maiskeimöl, Proteine, Gluten und Kleie produziert werden. Die wichtigsten Produkte werden nachfolgend diskutiert.

4.5.1 Ethanol

Ethanol (früher auch Äthanol) ist seit dem Altertum bekannt als ein Stoffwechselprodukt bestimmter Hefen und Bakterien. Es ist eine leicht entzündliche, klare, farblose Flüssigkeit mit würzigem Geruch und brennendem Geschmack, die sich in jedem Verhältnis mit Wasser, Ether, Chloroform, Benzin und Benzol mischt. Die Mischung mit Wasser führt zur Volumenverminderung (sogenannte Volumenkontraktion) und zur Erwärmung. Bei der Verbrennung von Ethanol entstehen Kohlenstoffdioxid (CO_2) und Wasser (H_2O). Ethanol wird als absoluter Alkohol bezeichnet, wenn die Flüssigkeit mindestens 99,8 Vol.-% Alkohol enthält, also praktisch wasserfrei ist.

Ethanol kann als Mischkraftstoff (d. h. unter Zumischung zu konventionellem Ottokraftstoff), nach einer chemischen Umwandlung zu ETBE ebenfalls als Mischkraftstoff oder als Reinkraftstoff in jeweils geeigneten bzw. angepassten Motoren eingesetzt werden. Diese verschiedenen Verwendungsmöglichkeiten werden nachfolgend dargestellt. Auf weitere Einsatzmöglichkeiten im Energiesystem wird – da sie gegenwärtig von untergeordneter Bedeutung sind – nicht eingegangen.

Zumischung als Reinkomponente. Ethanol enthält volumenbezogen etwa 65 % des Energiegehalts von konventionellem Ottokraftstoff (Tabelle 4.2). Da Ethanol einen höheren Dampfdruck als Benzin und zudem eine höhere Verdampfungswärme aufweist, sind die Zündeigenschaften bei niedrigen Temperaturen schlechter als bei Benzin. Dadurch ist deutlich mehr Energie erforderlich, um Ethanol zu verdampfen; dies hat zur Folge, dass die vom Motor angesaugte Luft relativ warm sein muss, um genügend Verdampfungswärme bereitzustellen. Beispielsweise muss deshalb zum Starten eines Vergasermotors die Temperatur der angesaugten Luft mindestens 10 °C betragen; auch sollte bei kalter Witterung die Luft auf 90 °C vorgewärmt werden, um ein weiches und leistungsadäquates Fahrverhalten sicherzustellen. Diesem Problem kann aber auch durch die Zumischung von Ethern oder Benzin begegnet werden; bei Ethanol-Benzin-Gemischen spielt es damit nur eine untergeordnete Rolle.

Zur Beurteilung der Eignung von Treibstoffen für Ottomotoren ist die Oktanzahl ein wichtiges Kriterium. Sie beschreibt die Resistenz eines Treibstoffs gegen Explosionserscheinungen (Klopfen, Klopffestigkeit) während der Verbrennung. Hierbei weist Ethanol eine im Vergleich zu Benzin deutlich höhere Oktanzahl (ROZ) von 107 verglichen mit 93

Tabelle 4.2 Kraftstofftechnische Eigenschaften von Ethanol, Benzin und Dieselkraftstoff (u. a. [4.101]; kinematische Viskosität bezogen auf 20 °C)

	Ethanol	Benzin	Diesel
Zusammensetzung			
Kohlenstoff (C) in Gew.-%	52	86	86
Wasserstoff (H) in Gew.-%	13	14	13
Sauerstoff (O) in Gew.-%	35	0	0
Heizwert			
Massebezogen in MJ/kg	26,8	42,7	42,5
Volumetrisch in MJ/L	21,3	ca. 32,0	ca. 36,0
Dichte (15 °C) in kg/L	0,794	0,72–0,78	0,815–0,855
Kinematische Viskosität in mm^2/s	1,5	0,6	4
Siedepunkt in °C	78	25–215	180–360
Flammpunkt in °C	12,8	−42,8	68
Zündtemperatur in °C	420	ca. 300	ca. 250
Spezifische Verdampfungswärme in kJ/kg	904	380–500	ca. 250
Theoretische Mindestluft in kg/kg	9	14,8	14,5
Oktanzahl (ROZ)	107	93	–

auf. Dadurch ist auch der Wirkungsgrad alkoholbetriebener Motoren höher, da sie mit einer höheren Kompression in den Zylindern betrieben werden können.

Bei Dieselmotoren ist demgegenüber die Zündverzögerung des Treibstoffs von Bedeutung, die über die Cetanzahl ausgedrückt wird. Sie ist bei Ethanol jedoch viel zu gering, weshalb der alleinige Einsatz in Dieselmotoren problematisch ist.

Bisher ist zumindest in Europa und Nordamerika die direkte Beimischung von Ethanol zu Ottokraftstoff die am weitesten verbreitete Art, Ethanol als Kraftstoff im Verkehr einzusetzen; in Europa typischerweise zugelassene Ethanolbeimischungen sind E5 und E10 (d. h. 5 oder 10 Vol.-% Ethanol bei konventionellen fossilem Ottokraftstoff). Einige Länder erlauben auch höhere Ethanolmischungen; das relevanteste Beispiel ist Brasilien mit einer Mindestmischung von 27 Vol.-% Ethanol in Benzin (E27) [4.102].

In Deutschland bzw. in der EU werden die Anforderungen der DIN EN 228 für unverbleiten Ottokraftstoff durch den E5- oder E10-Mischkraftstoff eingehalten; bei E10 sind 3 % Methanol- und 10 % Ethanolzusatz als Obergrenzen vorgesehen. Demnach müssen solche Mischkraftstoffe sicher und mit ähnlicher Leistung wie das heute übliche Benzin in den gegenwärtig im Verkehr befindlichen oder im Handel angebotenen Kraftfahrzeugen mit Ottomotor einsetzbar sein, ohne dass eine Umrüstung erforderlich ist [4.102], [4.103]. Seit geraumer Zeit sind auch die neu hergestellten Autos mit Ottomotor in der EU in aller Regel zur Verwendung der Kraftstoffnormen E5 oder E10 serienmäßig zugelassen.

Auch bietet die Automobilindustrie mittlerweile Motoren an, in denen alle Gemische von reinem konventionellem Ottokraftstoff bis zu einem Ottokraftstoff-Ethanol-Gemisch mit 85 % Ethanol (E85) nach der Norm DIN EN 15293 eingesetzt werden können. Diese Motoren sind mit Sensoren ausgestattet, welche die jeweilige Kraftstoffzusammensetzung erfassen und dementsprechend Zündzeitpunkt und Luftmenge optimal anpassen; die für den Einsatz dieser Kraftstoffmischung geeigneten Fahrzeuge werden als Flex-Fuel-Fahrzeuge bezeichnet [4.102].

Damit ist die Beimengung von Ethanol zu fossilem Ottokraftstoff ein etabliertes Verfahren. Typischerweise können maximal 20 bis 25 Vol.-% Ethanol dem Ottokraftstoff beigemischt werden, ohne dass signifikante Änderungen am Motor erforderlich werden. Die Zugabe von Ethanol zu herkömmlichen Ottokraftstoffen verändert jedoch eine Reihe von Kraftstoffkenndaten und kann sich folgendermaßen auswirken (vgl. [4.104]):

- Phasenstabilität. Der Wasseranteil im Ethanol – wird kein absolut wasserfreies Ethanol eingesetzt – destabilisiert die Mischung und kann zu einer Phasentrennung im Kraftstoff führen. Beispielsweise besteht beim Unterschreiten von 10 °C schon bei Wassergehalten von 0,5 Vol.-% im Gemisch die Gefahr einer Entmischung. Daher wird Ethanol für den Kraftstoffmarkt auf 99,9 % Reinheit absolutiert. Alternativ kann durch den Zusatz von Lösevermittlern und Wasserausschluss bei der Lagerung gegengesteuert werden [4.105].
- Materialverträglichkeit. Auch Ethanol-Mischkraftstoffe haben – ähnlich wie Rein-Ethanol-Kraftstoffe – Lösemitteleigenschaften für bestimmte Elastomere und können korrosionsfördernd auf Metalle wirken. Dies kann durch modifizierte Elastomermaterialien bzw. durch korrosionshemmende Additive verhindert werden [4.105].
- Klopffestigkeit. Ethanolbeimischungen erhöhen die M- bzw. R-Oktanzahl entsprechend der Zusammensetzung des Grundkraftstoffs. Besonders die Klopffestigkeit geringoktaniger Grundkraftstoffe kann mit Ethanol wirksam angehoben werden [4.106]. Inwieweit dies auf die Straßenverhältnisse übertragen werden kann, für die die sogenannte S-Oktanzahl maßgeblich ist, hängt zusätzlich noch vom Motortyp ab.
- Betriebsverhalten. Beim Einsatz von Mischkraftstoffen in Ottomotoren älterer Baujahre, ohne Zulassung für E5 oder E10, kann beispielsweise das Kaltanfahrverhalten bei Mischungen ab etwa 10 % Ethanolanteil infolge der erhöhten Verdampfungswärme des Mischkraftstoffs kritisch werden. Dem steht jedoch eine durch Ethanol erhöhte Flüchtigkeit des Mischkraftstoffs im unteren Siedebereich gegenüber, die im heiß gefahrenen Motor Störungen durch Dampfblasenbildung in den motornahen Kraftstoffleitungen verursachen kann. Kraftstoffseitige Anpassungsmaßnahmen durch entsprechende Additive versagen jedoch bei Ethanolgehalten oberhalb von rund 10 Vol.-% und erzwingen dann Veränderungen an der Gemischaufbereitung [4.107]. Auch erhöht der Zusatz von Ethanol zusätzlich den Dampfdruck des Mischkraftstoffs und fördert damit die Verdunstung flüchtiger Kohlenwasserstoffkomponenten (insbesondere beim Heißstart) infolge der höheren Flüchtigkeit des Gemischs. Außerdem kommt es zu einer Abmagerung des Kraftstoff-Luft-Gemischs durch den in Ethanol enthaltenen Sauerstoff. Auch kann es zu Zündproblemen bei niedrigen Temperaturen kommen. Insgesamt kommt es auch zu einem höheren volumetrischen Kraftstoffverbrauch infolge der geringeren Energiedichte von Ethanol. Durch die Ethanolbeimischung und die damit verbundene Erhöhung der Oktanzahl des Gemischs können die Motoren allerdings bei einer

Abb. 4.45 Synthese von ETBE aus 2-Methylpropen (auch Isobuten) und Ethanol

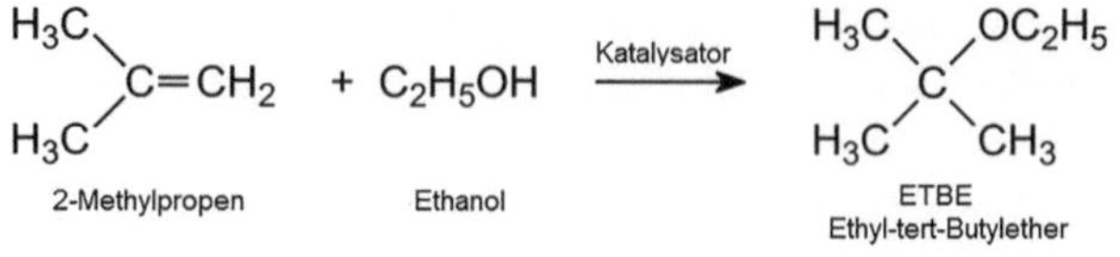

$$(H_3C)_2C{=}CH_2 + C_2H_5OH \xrightarrow{\text{Katalysator}} (H_3C)_2C(OC_2H_5)CH_3$$

2-Methylpropen — Ethanol — ETBE Ethyl-tert-Butylether

höheren Verdichtung (bis 12:1) gefahren werden; dies führt zu einer Steigerung des Motorwirkungsgrades. Dadurch wird bei einer Ethanolzumischung auch die Beimischung von Benzol, beim konventionellen Benzin üblich, überflüssig [4.71], [4.108], [4.109].

Zumischung nach Umwandlung zu ETBE. Ethanol kann auch zu Ethyl-Tertiär-Butylether (ETBE) weiterverarbeitet werden. ETBE wird als Kraftstoffadditiv für die Erhöhung der Oktanzahl und somit eine Steigerung der Klopffestigkeit von Ottokraftstoffen eingesetzt. Gemäß EU-Kraftstoffqualitätsrichtlinie darf Ottokraftstoffen maximal 22 Vol.-% ETBE beigemischt werden. ETBE ist damit eine Alternative mit biogenem Anteil zum rein fossilen Methyl-Tertiär-Butylether (MTBE).

Die ETBE-Herstellung erfolgt durch die säurekatalytische Addition von Ethanol an die Doppelbindungen des Isobuten. Hierzu wird Ethanol in petrochemischen Anlagen mit Isobuten verestert. Die ablaufenden chemischen Reaktionen zeigt Abb. 4.45 beispielhaft für die Anlagerung von Isobuten an Ethanol. Dieses Isobuten wird aus der Zerlegung von Erdöl oder Erdgas und damit aus fossilen Energieträgern gewonnen. Da in vielen Raffinerien in Europa Anlagen zur Herstellung von MTBE (Methyl-Tertiär-Butylether) existierten, wurden diese auf die ETBE-Produktion umgestellt.

Aufgrund der stöchiometrischen Zusammensetzung besteht ETBE zu 47 Vol.-% aus Ethanol und zu 53 Vol.-% aus Isobuten. Somit kann dem Kraftstoffgemisch beim Einsatz von Bioethanol ein biogener Anteil von 47 % der zugegebenen Menge an ETBE gutgeschrieben werden. Je nach Produktionskapazitäten und Bedarf werden – je nach Land und Raffinerie – ETBE und / oder absolutiertes Ethanol dem Ottokraftstoff zugesetzt. Insgesamt gesehen bietet die Zumischung von ETBE jedoch gegenüber einer Zumischung von Ethanol zu Ottokraftstoff praktisch keine quantifizierbaren Vorteile [4.110].

Ethanol als Reinkraftstoff. Ethanol kann auch als Reinkraftstoff in speziell entwickelten Reinethanolmotoren oder Flex-Fuel-Motoren verwendet werden. In solchen Verbrennungskraftmaschinen kann ein Ethanol-Wasser-Gemisch mit 70 bis 100 Vol.-% Ethanol eingesetzt werden; dies wird beispielsweise z. T. in Brasilien realisiert. Außerdem gibt es Flex-Fuel-Motoren, die mit beliebigen Ethanol-Benzin-Gemischen betrieben werden können. In Brasilien wurde der erste Flex-Fuel-Motor 2003 auf den Markt gebracht. Im Jahr 2021 waren bereits 91 % der neu zugelassenen Pkw in Brasilien mit Flex-Fuel-Motoren ausgestattet [4.111].

Im Vergleich zum benzinbetriebenen Ottomotor muss das Luft-Kraftstoff-Verhältnis im Motor verändert werden. Zudem müssen alle kraftstoffberührten Teile unempfindlich gegenüber Ethanol ausgeführt werden, da Ethanol mit bestimmten Materialien, die gegenüber Benzin beständig sind, Reaktionen eingehen kann; dies kann zur Korrosion führen.

Nach einer eventuell zusätzlich notwendigen Verstellung des Zündzeitpunktes kann der für den Einsatz von Benzin konzipierte Ottomotor dann mit Ethanol betrieben werden, sofern eine ausreichend warme Witterung herrscht. Solche angepassten Motoren weisen einen verbesserten thermischen Wirkungsgrad sowie ein erhöhtes Drehmoment und eine etwas erhöhte Leistung auf – bei einem allerdings höheren volumetrischen Kraftstoffverbrauch.

Die notwendigen Anpassungen sind vergleichsweise einfach zu bewerkstelligen und relativ billig, führen aber zu Problemen bei kalter Witterung. Dies kann z. B. durch die Installation eines separaten Tanks mit einem Starthilfsmittel (Propan, Ether oder Benzin), mit dessen Hilfe dann der Kaltstart erfolgt, gelöst werden. Moderne Flex-Fuel-Motoren haben keine separaten Tanks, sie heizen das Ethanol elektrisch vor. Die Wärmemenge, die zum Vorwärmen des Ethanol-Kraftstoffs benötigt wird, hängt von der getankten Mischung ab und wird auf Grundlage der Ethanolkonzentration im Kraftstoff elektrisch gesteuert. Nach erfolgtem Motorstart muss dann die angesaugte Luft über einen Wärmeübertrager mit den heißen Abgasen auf rund 90 °C vorgewärmt werden. Dies führt allerdings zu einer geringeren Dichte der angesaugten Luft, wodurch die maximale Leistung des Motors etwas reduziert wird.

Ein derart umgebauter Benzinmotor nutzt allerdings die besseren Verbrennungseigenschaften des Ethanols nicht vollständig aus, da durch die hohe Klopffestigkeit des Treibstoffs der Motor bei deutlich höherer Verdichtung betrieben werden könnte, als dies bei einem konventionellen Benzinmotor (6 bis 8:1) der Fall ist. Dies hat im Vergleich zu einem speziell für Ethanol konzipierten Motor mit einem Verdichtungsverhältnis von 12:1 einen höheren Kraftstoffverbrauch zur Folge.

4.5.2 Vinasse

Nachfolgend werden verschiedene Nutzungsmöglichkeiten der Vinasse angerissen und diskutiert.

Düngemittel. Bei der Herstellung von Bioethanol aus Zuckerrohr wird die Vinasse aufgrund ihres Gehalts an Mineralien (z. B. Calcium und Kalium) in Ländern wie Brasilien als Düngemittel auf den landwirtschaftlichen Flächen in der Umgebung der Ethanolanlagen ausgebracht.

Der Düngewirkung stehen jedoch auch Umweltgefahren aufgrund der Ausbringung gegenüber. Da die Vinasse eine hohe Salzkonzentration aufweist, kann ihr übermäßiger Einsatz beispielsweise zu Salzanreicherungen im Boden führen. Weitere mögliche Umweltschäden sind die Auslaugung von Nährstoffen in das Grundwasser, die Emission von Treibhausgasen wie Kohlenstoffdioxid, Methan und Distickstoffoxid in die Atmosphäre oder Geruchsbelastungen aufgrund des hohen Anteils an Organik in der Vinasse. In Brasilien ist beispielsweise deswegen die Kaliumoxidkonzentration im Boden mit einem Grenzwert versehen [4.112], [4.113].

Da die genaue Zusammensetzung der Vinasse auch abhängt von Faktoren wie Anbaubedingungen des Zuckerrohrs, Produktionsprozess und Fermentationsbedingungen und die Düngeanforderungen standortabhängig sind, sollte die Anwendung als Düngemittel nur nach gründlicher Analyse der Boden- und Vinassezusammensetzung verfolgt werden.

Energiegewinnung. Anstelle der direkten Ausbringung kann aus dem organischen Anteil der Vinasse zunächst Biogas (Kapitel 5, Band 3) erzeugt werden. Mithilfe geeigneter Reaktorkonzepte (z. B. UASB (Upflow Anaerobic Sludge Blanket); Kapitel 5, Band 3) und der Zugabe von fehlenden Nährstoffen und von Spurenelementen sind bei hydraulischen Verweilzeiten von 2,5 Tagen spezifische Methanausbeuten von etwa 5,5 L je Liter Vinasse möglich [4.114].

Das Hauptziel der Biogaserzeugung ist neben der Energieerzeugung, die nicht nur die Energiebilanz der Bioethanolanlage verbessert, auch die Volumenreduzierung der Vinasse-Gärreste im Vergleich zu der unvergorenen Vinasse; dies verbessert auch die Handhabung dieses Nebenprodukts. Dabei unterscheiden sich die Vinasse-Gärreste von der Rohvinasse hauptsächlich durch den geringeren Gehalt an organischen Stoffen; die Nährstoffkonzentration bleibt weitgehend unverändert. Diese Reduzierung des hohen Anteils an organischen Stoffen verringert das Schadenspotenzial für das Grundwasser, da auch der chemische Sauerstoffbedarf von Vinasse erheblich vermindert wird [4.92], [4.113].

4.5.3 Schlempe

Nach der Destillation fallen pro erzeugtem Liter Ethanol – je nach Fermentationsverfahren und Destillationsanlage – 5 bis 10 L Rohschlempe an. Als Verwertung für die Getreideschlempen hat sich vor allem der Einsatz als getrocknetes Futtermittel durchgesetzt. Alternativ ist auch eine direkte Verfütterung als eingedicktes Flüssigfutter, eine Ausbringung als Dünger oder der Einsatz zur Biogasproduktion möglich. Im Folgenden werden die wesentlichen Verwertungspfade für Schlempe dargestellt.

Festes Futtermittel. In den USA und in Europa hat sich die Aufbereitung der Schlempe zu Trockenfutter (engl. Distillers Dried Grains and Solubles – DDGS) weitgehend durchgesetzt. Die Inhaltsstoffe von getrockneter Schlempe können je nach Getreidequalität etwa 30 % Protein, 6,5 % Rohfaser und 6 % Fett enthalten. Damit stellt DDGS ein hochwertiges Eiweißfuttermittel dar, das aber möglichst nicht länger als zwei bis drei Monate gelagert werden sollte. Da besonders in der EU große Mengen an Proteinfutter aufgrund der hohen Nachfrage für die Tierzucht importiert werden, unterstützt die DDGS-Produktion die regionale Vernetzung der Landwirtschaft mit der Bioethanolproduktion. Auch ist die Vermarktung des DDGS eine wichtige zusätzliche Einnahmequelle der Bioethanolproduzenten. Über den Umweg der Tierzucht werden zudem die enthaltenen Nährstoffe wieder in das landwirtschaftliche Kreislaufsystem eingebracht.

Flüssiges Futtermittel. Auch eingedickte, flüssige Schlempe kann als ein hochwertiges Futtermittel z. B. zur Schweinemast eingesetzt werden. Da sie aber schnell verdirbt, muss sie entweder innerhalb von zwei Tagen frisch verfüttert oder zuvor getrocknet werden. Für diese Nutzungsvariante ist das Schlempe-Recycling im Maischprozess von Vorteil, da die anfallende Schlempemenge dadurch um gut die Hälfte reduziert werden kann (d. h. vermindertes Transportvolumen), aber nach wie vor die in der Gesamtschlempe vorhandene Feststoff- und Nährstoffmenge enthält.

Düngemittel. Die Schlempe kann aufgrund der in ihr enthaltenen Mineralien auch als Düngemittel eingesetzt werden; beispielsweise liegt der Nährstoffgehalt je Kubikmeter Kartoffelschlempe bei rund 2,7 kg Stickstoff (N), bei etwa 1,1 kg P_2O_5 und bei ca. 4,2 kg K_2O [4.115]. Die Schlempe sollte jedoch nur in einem frischen Zustand als Dünger auf die landwirtschaftliche Anbaufläche ausgebracht werden, da nur so eine weitgehende Geruchsfreiheit gewährleistet werden kann. Infolge der meist unangenehmen Gerüche, die bei einer Lagerung der Schlempe entstehen und an die Umgebung abgegeben werden, ist dies oft nur unter Zugabe von Konservierungsmitteln möglich. Auch hier macht sich das innerbetriebliche Schlempe-Recycling in einer Halbierung der zu lagernden und auszubringenden Mengen vorteilhaft bemerkbar.

Frische Schlempe enthält kaum freien mineralisierten Stickstoff. Er ist fast vollständig in Proteinen fixiert und wird daher erst während der Vegetationsperiode langsam freigesetzt (mineralisiert). In dieser Form kann er dann von den Pflanzen aufgenommen werden.

Energiegewinnung. Eine weitere Möglichkeit der Schlempeverwertung besteht in der Produktion von Biogas (Kapitel 5, Band 3). Dadurch ist es theoretisch möglich, aus der anfallenden Schlempe etwa 120 % der für die Ethanolerzeugung erforderlichen Energie bereitzustellen. Zudem bleibt in der ausgefaulten Schlempe praktisch die vollständige Düngewirkung erhalten; einem anschließenden Einsatz als Dünger steht damit nichts im Wege.

4.5.4 Kleie

Die Kleieabtrennung bei der Getreidevermahlung kann ein zusätzliches, vermarktungsfähiges Nebenprodukt liefern. Als Kleie wird die Außenhülle der Getreidekörner bezeichnet (bis zu 25 % des Korns). Die abgeschälte Kleiefraktion enthält neben der Getreideaußenhülle die Aleuronschicht sowie Rückstände des stärkehaltigen Endosperms. Die typische

Tabelle 4.3 Durchschnittliche Zusammensetzung der Weizenkleie [4.117]

Inhaltsstoff	Anteil in %
Glucan	10,5
Xylan	18,3
Arabinan	10,1
Galactan	1,1
Stärke	17–34
Lignin	5
Protein	13,5
Mineralstoffe	6,1

Zusammensetzung von Weizenkleie zeigt Tabelle 4.3. Ein Großteil der im Getreidekorn enthaltenen Mineralstoffe findet sich demnach in der Kleie wieder. Darunter sind u. a. Kalium, Phosphor und Calcium mit jeweils etwa 1,35 %, 1,14 % und 0,07 % in der abgetrennten Kleie vertreten [4.116].

Der Kleieertrag von Weizen liegt bei ca. 180 kg Kleie pro Tonne trockenem Weizen. Der Stärkeanteil, der an der Weizenkleie noch anhaftet, kann teilweise über 17 Gew.-% betragen und damit einen erheblichen Verlust für die Ethanolproduktion darstellen. Kleie wird getrocknet entweder als loses Produkt oder in pelletierter Form (Pelletiertemperatur ca. 80 °C) vermarktet.

Kleie kann im Nahrungsmittelmarkt, als Futterzusatzstoff oder als Bestandteil von Brennstoffpellets (mit einem Anteil von 35 bis 40 %) verwendet werden.

- Ein Teil der abgetrennten Kleie kann in die Lebensmittelindustrie als hochreines Kleiezusatzprodukt abgegeben werden.
- Der Einsatz als Futtermittel kann beispielsweise durch die Beimischung der Kleie in der DDGS-Herstellung erfolgen. Dadurch wird der Trockensubstanzgehalt erhöht und es kann Energie zur Trocknung der Schlempe gespart werden.
- Durch die Verbrennung der Kleie in einem geeigneten Biomassekessel kann Prozessenergie für die Bioethanolanlage bereitgestellt werden. Beim Einsatz von reinen Kleiepellets als Festbrennstoff ist von einem vergleichsweise niedrigen Brennwert von 13,1 MJ/kg auszugehen. Herausforderungen ergeben sich zudem aus der niedrigen Ascheerweichungstemperatur der Kleie. Um die daraus resultierende Gefahr der Verschlackung des Brennraums zur verringern, kann der Verbrennung Branntkalk oder Kalksteinmehl (0,5 bis 2 Mas.-%) zugefügt werden.

Die Abtrennung und Gewinnung von Kleie ermöglicht so flexiblere Vermarktungsmöglichkeiten in unterschiedlichen Märkten und führt zu einer geringeren Belastung der Fermenter und des Downstreamings mit unvergärbaren Substanzen sowie einem damit einhergehenden geringeren Bedarf an Enzymen und Hefen [4.11].

Tabelle 4.4 Durchschnittliche Zusammensetzung der Weizenglutenfraktion [4.118]

Inhaltsstoff	Anteil in %
Proteine	73–82
Kohlenhydrate	3–20
Lipide	5–8 (davon 1 bis 2 % freie Lipide)
Asche	0,5–1,5
Pentosane	1

4.5.5 Gluten

Gluten kann als zusätzlich erzeugtes Nebenprodukt in Weizen-basierten Bioethanolanlagen abgetrennt werden (siehe oben). In der Regel gehen aus dem Nassvermahlungsprozess ein Stärkestrom (Reinheit >98 %) und ein viscoelastischer Glutenproteinstrom (ca. 80 % Reinheit) hervor. Um eine Denaturierung der Proteine zu vermeiden, wird daraus durch schonende Trocknung Glutenpulver hergestellt, welches mit einem Wassergehalt von maximal 10 % vermarktet wird. Der Ertrag an getrocknetem Gluten (Restfeuchte von 5 bis 10 %) beträgt ca. 60 kg/t trockener Weizen. Die Zusammensetzung von handelsüblichem Weizengluten zeigt Tabelle 4.4.

Weizengluten wird vorrangig im Lebensmittelsektor beispielsweise in der Backwarenindustrie oder als hochwertiger Futterzusatzstoff für den Einsatz in Fischfarmen und der Heimtierfütterung eingesetzt. Beispielsweise beim Backen dient Gluten der Stärkung des Proteinnetzwerks, der Verbesserung der Wasseraufnahme des Teiges sowie der Volumenvergrößerung des Endprodukts.

Auch bei der Maisverarbeitung kann eiweißreiches Maisklebermehl (60 bis 75 % Proteine) gewonnen werden. Dieses hat typischerweise einen Reststärkegehalt von 15 bis 20 % und noch einen geringen Anteil an Rohfasern (1 %), Fett (3 %) und Mineralstoffen (2 %) [4.119]. Einsatzgebiet von Maisklebermehl ist die Fütterung von Masthähnchen, Rindern und Milchkühen.

Vorteile der Glutenabtrennung sind demnach die Vermarktung eines zusätzlichen Nebenprodukts und – wie bei der Kleie – eine geringere Belastung der Fermenter und des Downstreamings mit unvergärbaren Substanzen. Demgegenüber stehen vor allem der größere apparative Aufwand in der Nassvermahlung durch zusätzlich benötigte Trenntechnik, wie Hydro-Zyklone, Drei-Phasen-Dekanter oder Siebe, sowie eine Wertminderung der Trockenschlempe (DDGS) durch geringere Proteingehalte [4.11].

4.5.6 Maiskeimöl

Bei der Verarbeitung von Mais zu Ethanol kann das Maiskeimöl abgetrennt werden. In den USA haben sich an der Mehrzahl der Bioethanolanlagen Verfahren etabliert, die über Erhitzung und Einsatz von Dekanterzentrifugen aus der Dünnschlempe ein Öl (engl. Corn

Tabelle 4.5 Beispielhafte Bandbreiten der Konzentration von Alkoholen, Estern und Aldehyden in Fuselölen aus drei unterschiedlichen brasilianischen Ethanolanlagen [4.121]

Chemischer Bestandteil	in g/L
Isoamylalkohol	367–425
Isobutylalkohol	133–201
Ethanol	12–46,9
Methanol	5–26,9
n-Propanol	6,5–14,6
Summe von Methylacetat, Amylacetat, 3-Pentanol, Butanol, Hexylacetat, n-Oktanol, n-Decanol, Pentanol, Ethylformiat, 2-Butylalkohol, Methylbenzoat	0,007–0,018

Distillers Oil) abtrennen können. Dieses Öl wird in der Regel für die Herstellung von Biodiesel oder als Zusatz in der Tierfütterung eingesetzt. Es gibt auch Verfahren zur Gewinnung von Maiskeimöl, die eine Verwendung für die menschliche Ernährung zulassen würden; jedoch sind diese in der Regel zu aufwändig für den Einsatz in der Bioethanolindustrie.

4.5.7 Fuselöle

Fuselöle sind eine heterogene Mischung unterschiedlicher Alkohole, Ester und Aldehyde, welche für energetische Zwecke verwendet werden können oder vor einer hochwertigeren Verwendung aufbereitet/raffiniert werden (Tabelle 4.5). Werden die Fuselöle nach der Destillation nicht wieder dem Bioethanol zugefügt, ist Isoamylalkohol der für die stoffliche Verwendung maßgebliche Bestandteil von Fuselöl. Daher steht auch der erzielbare Preis in direktem Zusammenhang mit der Konzentration von Isoamylalkohol in der Mischung. Isoamylalkohol kann als Ausgangsmolekül für aromatische Ester verwendet werden (z. B. Isoamyllaurat und Isoamylacetat). Darüber hinaus wurde untersucht, ob Fuselöl als Gemisch in Diesel und Ethanol sowie als Reaktant für die Herstellung von Biodiesel verwendet werden kann [4.120]. Derartige Einsatzfelder sind kommerziell aber bislang ohne Bedeutung.

4.5.8 Kohlenstoffdioxid

Kohlenstoffdioxid (CO_2) ist ein farb- und geruchloses Gas, das etwa 1,5-mal schwerer als Luft ist. In der Ethanolindustrie kann es drei relevante Quellen geben, an denen Kohlenstoffdioxid freigesetzt werden kann: bei der Gärung, bei der Verbrennung von Biomasse (wenn es in der Anlage einen Biomassekessel gibt) und bei der Biogasaufbereitung zu Biomethan (wenn es eine Biogasanlage mit Biomethanaufbereitung gibt).

Die wichtigste Quelle für eine CO_2-Nutzung sind die Fermenter, in denen CO_2 bei dem biologischen Abbauprozess von Zucker zu Ethanol freigesetzt wird. Hier lassen sich über eine relativ einfache Entfernung von Wasser und Ethanol in der Regel Reinheiten von über 99 % erreichen. Dieses CO_2 aus der Fermentation kann z. B. in der Lebensmittelindustrie, als Reinigungsmittel oder als Ausgangsstoff für die Herstellung von Trockeneis verwendet werden [4.11]. Zudem gibt es in der chemischen Industrie vielfältige Anwendungen für („grünes“) CO_2.

Lebensmittelindustrie. In der Lebensmittelindustrie wird CO_2 zum Carbonisieren von Getränken eingesetzt. Dabei entsteht in einer chemischen Reaktion von CO_2 mit Wasser Kohlensäure, die den Getränken einen frischen Geschmack gibt und einem raschen Verderben des Getränkes vorbeugt. Darüber hinaus kann CO_2 zum Kühlen und Tiefkühlen, zur Wasseraufbereitung, als Schutzgas und für Gewächshäuser zur Erhöhung der Konzentration und damit zur Steigerung der Photosyntheseleistung eingesetzt werden.

Carbon Capture and Utilization (CCU). Carbon Capture and Utilization (CCU) ist die Bezeichnung für die Verwertung von Kohlenstoffdioxid aus einer industriellen Quelle wie z. B. aus der Fermentation und die nachfolgende Nutzung z. B. zur Produktion von Kraftstoffen, Chemikalien oder Materialien. Dadurch soll zum Klimaschutz durch die Vermeidung / Substitution von CO_2 aus fossilen Quellen beigetragen werden.

Carbon Capture and Storage (CCS). Carbon Capture and Storage (CCS) ist die Bezeichnung für die dauerhafte (oder aufgrund der langen Lagerzeit als dauerhaft angesehene) Speicherung von Kohlenstoffdioxid in unterirdischen Lagerstätten. Diese Speicherung erfolgt durch eine Injektion in tiefe geologische Formationen; hier soll das CO_2 durch die Einbringung in Gesteinsporen, die Auflösung in Salzwasser oder eine Mineralisierung dauerhaft gespeichert werden. Stammt das derart endgelagerte CO_2 aus der Biomasse, kann ein solches Vorgehen kohlenstoffnegativ sein, da das Kohlenstoffdioxid über die Biomasse aus der Atmosphäre aufgenommen wurde und durch die Speicherung idealerweise dauerhaft dem kurzfristigen Kohlenstoffkreislauf entnommen wird [4.122]–[4.125].

4.6 Beispielhafte Anlagenkonzepte

In der EU wird Ethanol großtechnisch in Anlagen mit Produktionskapazitäten von etwa 40 000 bis 480 000 m^3/a erzeugt. In den USA und in China sind noch größere Anlagen in Betrieb. Hierbei konkurrieren Batch- und kontinuierlich betriebene Fermentationsverfahren und es hängt von den jeweiligen Standortbedingungen und vom Betreiber ab, welche Kriterien als wichtig erachtet werden und damit welche Betriebsweise realisiert wird. Dabei sind üblicherweise kontinuierliche Verfahren durch geringere Investitionen gekennzeichnet. Sie weisen allerdings mit etwa 89 % kleinere Alkoholausbeuten auf als die Batch-Fermentation mit Ausbeuten von rund 92 % [4.72].

Ausgehend von den dargestellten Verfahrensschritten, die für eine Bioethanolerzeugung benötigt werden, werden nachfolgend verschiedene Anlagenkonzepte vorgestellt und diskutiert. Dabei handelt es sich um beispielhafte Verschaltungen der Verfahrensschritte zu kompletten Anlagen. Zunächst werden die besonders in Brasilien verbreiteten Anlagen zur kombinierten Herstellung von Zucker und Ethanol aus Zuckerrohr vorgestellt. Ähnliche Kombinationen gibt es auch in Europa für die Verarbeitung von Zuckerrüben zu Zucker und Ethanol. Als Beispiel für in Europa und Nordamerika vorzufindende Anlagen werden integrierte, Stärke-basierte Anlagenkonzepte vorgestellt, in denen neben Ethanol auch weitere Produkte aus Getreide (z. B. Weizen oder Mais) hergestellt werden. Auch eine Integration zwischen Zucker- und Stärke-basierten Verfahren ist möglich und wird sowohl in Brasilien als auch in Deutschland umgesetzt. Zudem gibt es einige Anlagenkonzepte für die Herstellung im kleinen und mittleren Maßstab, die eher für die Branntweinherstellung und die landwirtschaftliche Ethanolherstellung interessant sind; sie werden hier nachrichtlich mit aufgeführt.

Für den zunehmend angestrebten Einsatz von biogenen Rückständen und Nebenprodukten der Land- und Forstwirtschaft zur Bioethanolproduktion werden nachfolgend sowohl aktuelle als auch historische Anlagenkonzepte zur Verarbeitung von Lignocellulose dargestellt. Für Südamerika werden Add-on-Konzepte für bestehende Ethanolanlagen entwickelt und umgesetzt, in denen Teile der Bagasse zur Herstellung von 2G-Ethanol eingesetzt werden. Zudem werden Anlagenkonzepte für die Integration der Ethanolherstellung mit dem Zellstoffaufschluss im Sulfitverfahren und für die Verwertung von Lebensmittelresten dargestellt.

4.6.1 Zucker und Ethanol aus zuckerhaltiger Biomasse

Beim Einsatz von zuckerhaltigen Rohstoffen (z. B. Zuckerrohr in Brasilien, Zuckerrüben in Europa) ist die Aufbereitungstechnik relativ einfach ausgeführt, da keine enzymatische Behandlung erforderlich ist. Beispielhaft wird eine Anlage zur Verarbeitung von Zuckerrohr zu Kristallzucker und Ethanol beschrieben (Abb. 4.46). Dazu wird zunächst das Zuckerrohr zerkleinert, gepresst und der Rohsaft aus dem Zuckerrohr extrahiert. Die ausgelaugten Zuckerrohrreste verlassen als Bagasse den Prozess. Im Normalfall kann durch die Verbrennung dieser Bagasse der Energieverbrauch der Ethanolproduktion gedeckt werden.

In dem Rohsaft wird anschließend durch Zugabe von Schwefel, Kalk und ggf. Flockungsmitteln die Ausfällung von Begleitstoffen erreicht. Durch Dekantieren und Filtrieren können so die im Zuckersaft vorhandenen Verunreinigungen als Filterkuchen entfernt werden. Durch die Erwärmung des Zuckersafts zwischen den Reinigungsschritten werden zudem nicht kondensierbare Leichtbestandteile ausgetrieben und verlassen die Produktionsanlage durch einen Flash-Behälter. Dadurch ergibt sich eine direkt verarbeitbare Zuckerlösung, aus der anschließend Zucker gewonnen oder die auch direkt zu Ethanol vergoren werden kann. Daraus ergibt sich für viele Anlagenbetreiber die Möglichkeit, die

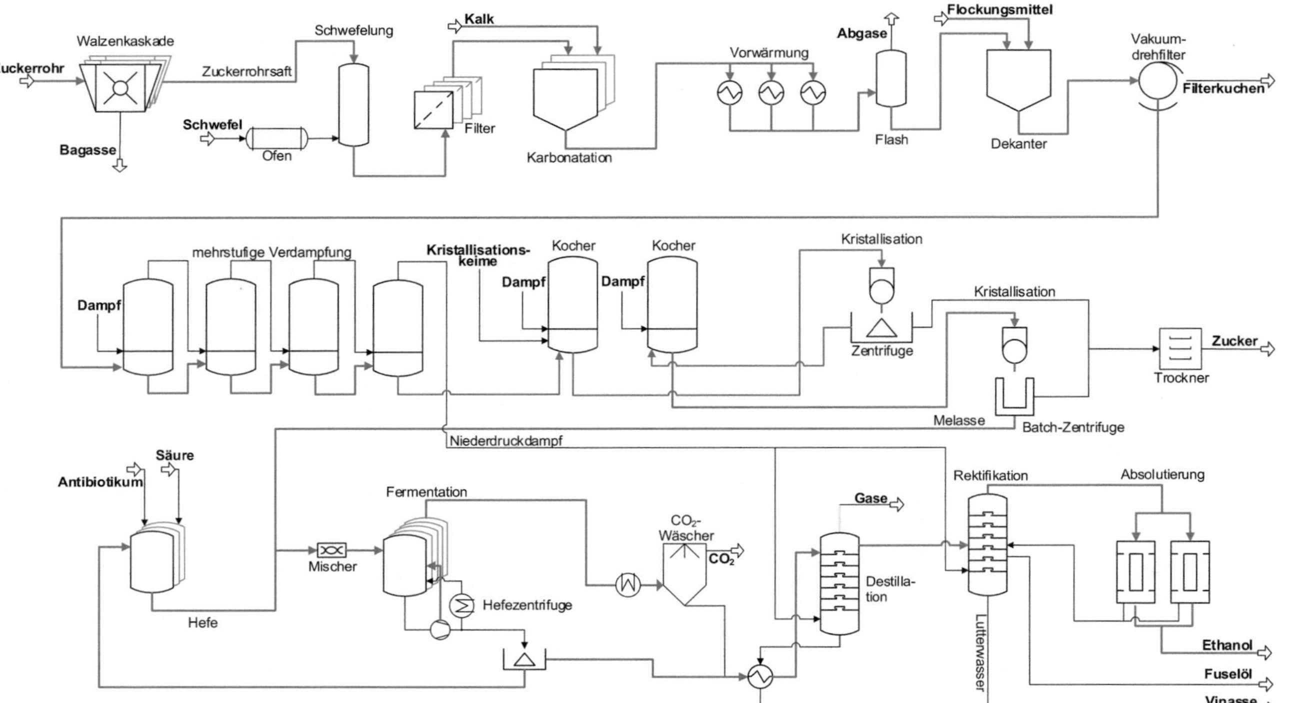

Abb. 4.46 Produktionsflussdiagramm einer Zuckerrohrraffinerie mit integrierter Produktion von Zucker und Ethanol (Bereitstellung von Prozessenergie durch Bagasse-Verbrennung nicht dargestellt) (nach [4.1])

Produktionsmengen von Zucker und Ethanol anzupassen und auf aktuelle Marktbedingungen zu reagieren. Andere Anlagen sind nicht so flexibel und müssen sich entweder auf die Zucker- oder die Ethanolproduktion konzentrieren.

Für die Zuckerherstellung wird der Zuckersaft über mehrstufige Verdampfer aufkonzentriert. Der konzentrierte Zuckersaft wird anschließend in einen zweistufigen Zuckerkocher gegeben. Dort werden Zuckerkristalle als Kristallisationskeime zugefügt und zusammen mit dem Zuckersaft unter Temperatur- und Druckbedingungen gekocht, die besonders das Wachstum bereits vorhandener Kristalle fördern. Nach zweimaligem Zentrifugieren wird der kristallisierte Zucker abgetrennt und in einen Trockner geleitet. So wird vermarktungsfähiger Kristallzucker erhalten. Der verbrauchte Zuckersaft, Melasse genannt, enthält immer noch Reste der fermentierbaren Zucker sowie anorganische Bestandteile und lässt sich nicht weiter zu hochwertigem Kristallzucker kristallisieren. Die Melasse wird daher weiter zur Ethanolproduktion geleitet.

Auch energetisch ist eine Integration zwischen Zucker- und Ethanolherstellung möglich. So kann der im mehrstufigen Verdampfer der Zuckerherstellung anfallende Niederdruckdampf in die Destillationsanlage integriert werden und den Wärmebedarf für die Destillation und Rektifikation decken.

Für die Ethanolherstellung wird der vorgereinigte Zuckersaft direkt in die Vergärung geführt. Der Fermentationsprozess kann entweder batchweise oder kontinuierlich erfolgen. Da es sich bei den Zuckerlösungen um klare Lösungen handelt, sind die Hefezellen nach der Fermentation leicht abzutrennen. Um möglichen Infektionen vorzubeugen, wird das durch die Zentrifugation gewonnene Hefekonzentrat mit Säuren und / oder Antibiotika behandelt und anschließend der Fermentation wieder zugeführt. Dadurch sind hohe Zelldichten und damit hohe Produktivitäten im Fermenter erreichbar. Wird anstelle von direktem Zuckersaft Melasse verwendet, hängt der Zuckergehalt der Lösung davon ab, wie viel Zucker in der Zuckerfabrik extrahiert wurde. Eine weitere Auswirkung der Menge des extrahierten Zuckers ist die sich daraus ergebende Änderung der Konzentration anderer im Saft vorhandener Bestandteile, die sich auf die Gärungsbedingungen auswirken können.

Die von den Hefezellen getrennte Fermentationslösung (d. h. vergorenes Substrat) wird einer üblichen Aufarbeitung – bestehend aus einer Maischekolonne und einer Rektifikation – unterworfen. Die Ethanolabsolutierung erfolgt heute weitgehend durch eine Adsorption [4.1].

4.6.2 Integrierte Stärke-basierte Anlagen

Um die Wirtschaftlichkeit von Ethanolanlagen zu verbessern und mehr Flexibilität bei den Produkten zu gewinnen, werden Ethanolanlagen und Stärkeanlagen kombiniert. Dadurch ergeben sich Vorteile in der Verwertung von Nebenproduktströmen (z. B. Stärke minderer Qualität) und der Nutzung von wässrigen Lösungen zur Maischeherstellung. Ab-

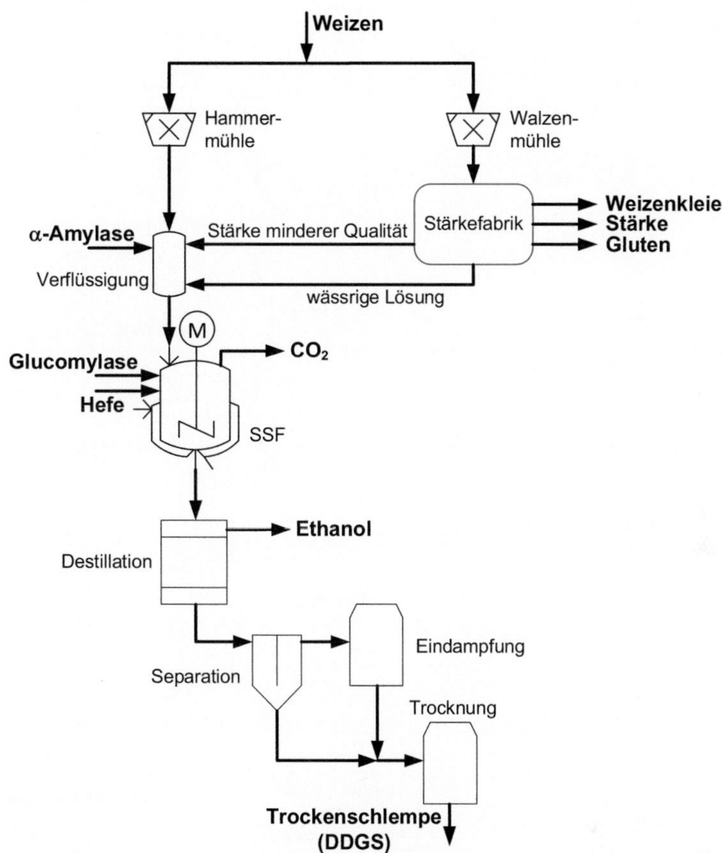

Abb. 4.47 Beispiel für eine Ethanolanlage mit einer integrierten Weizenstärkeanlage (M Motorantrieb, SSF Simultaneous Saccharification and Fermentation (gleichzeitige Verzuckerung und Vergärung))

bildung 4.47 zeigt eine mögliche Konfiguration einer Ethanolanlage mit einer integrierten Weizenstärkeanlage.

Die in Abb. 4.47 dargestellte Ethanolanlage produziert nach einem klassischen Trockenmahlprozess Ethanol. Die Stärkefabrik erzeugt mit etablierten Prozessschritten ebenfalls nach einem Trockenmahlprozess hochwertige Produkte. Beispielsweise ist bei Weizen als Rohstoff das folgende Produktspektrum üblich:

- Weizenkleie für den Nahrungsmittelsektor oder für die Nutzung als Tierfutter,
- Weizenstärke für den industriellen Einsatz und
- Weizeneiweiß (d. h. Gluten) für die Nahrungsmittelproduktion.

Eine derartige Kombination der klassischen Ethanolproduktion mit einer klassischen Stärkeproduktion bietet die Möglichkeit, das Getreide nach seiner Qualität in die jeweilige

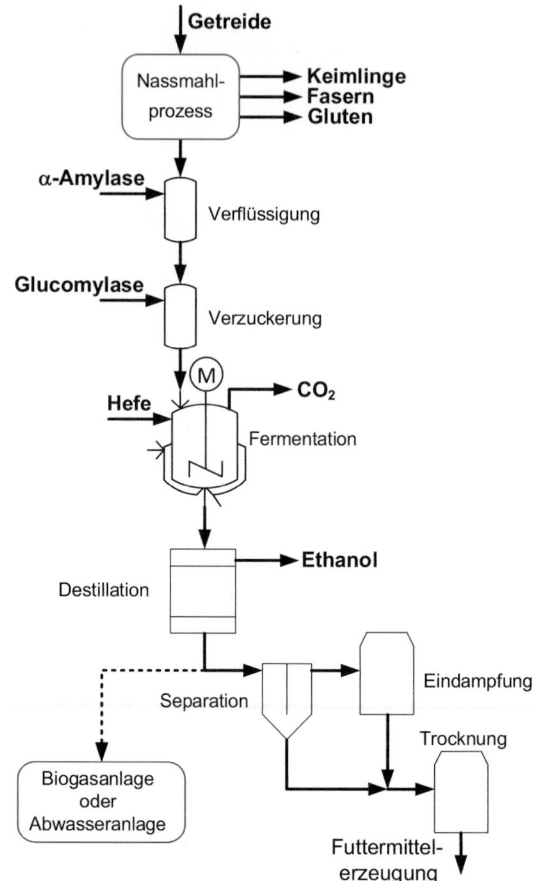

Abb. 4.48 Beispiel für eine großtechnische Alkoholproduktion auf der Basis des Nassmahlprozesses (M Motorantrieb)

Verarbeitungsschiene zu dirigieren und Nebenströme der Stärkeanlage in der Ethanolanlage zu nutzen – und zusätzlich eine energetische Optimierung durch eine Wärmeintegration durchzuführen.

Alternativ können auch durch die Vorschaltung eines Nassmahlprozesses neben dem Ethanol weitere hochwertige Produkte gewonnen werden. Bei Mais als Rohstoff können als Produkte Kornöl, Kornkeimling, Maiskleie, Maisstärke und Glutenmehl erzeugt werden. Auch können die Faserstoffe als Produkt verkauft oder nach einem Aufschluss ebenfalls zu Ethanol fermentiert werden; sie werden jedoch häufig mit anderen Produktströmen vermischt und als Futtermittelergänzung eingesetzt. Das Anlagenkonzept einer Ethanolfermentation mit einem Nassmahlprozess zeigt exemplarisch Abb. 4.48.

Bei einem derartigen Nassmahlprozess werden in einem komplexen mehrstufigen Verfahren die Produkte (Keimlinge, Fasern und Gluten) gewonnen. Die resultierende Stärke wird dann entsprechend dem klassischen Stärkeabbauweg zur Bioethanolherstellung verwendet.

4.6.3 Integration Zucker- und Stärke-basierter Produktion

Ethanolanlagen basieren nicht immer nur auf einer Biomassesorte. Je nach Verfügbarkeit der Agrarrohstoffe vor Ort kann die Anlage für die Verarbeitung von mehr als einem Rohstoff gebaut werden: Dies gilt auch für die Verarbeitung von zucker- und stärkehaltigen Biomassen.

In Brasilien wird beispielsweise zunehmend auch Ethanol aus Mais gewonnen. Dazu wurden Anlagenkonzepte entwickelt, die sowohl Zuckerrohr als auch Mais verarbeiten können. Auch in Deutschland gibt es eine Anlage, die verschiedene Getreidesorten und Zuckersirup verarbeiten kann [4.126]. Die Abb. 4.49 veranschaulicht ein allgemeines Anlagenkonzept zur Verarbeitung von zucker- und stärkehaltigen Rohstoffen und die möglichen Verknüpfungen.

Das Hauptziel einer derartigen Anlage, die verschiedene Rohstoffe verarbeitet, besteht darin, die Synergien beider Prozesse zu nutzen. Angestrebte Vorteile sind dabei u. a.:

- Verbesserung der Treibhausgasbilanz von Ethanol, wenn der aus der Verbrennung von Bagasse erzeugte Dampf und Strom für den Betrieb der gesamten Prozesskette ausreicht,
- bessere Auslastung der Ethanolanlage durch Erhöhung der Betriebsstunden zwischen Ernten der schnell verderblichen, zuckerhaltigen Pflanzen,
- Senkung der Investitionen für die Fermentation und Destillation, da beide Anlagen möglicherweise zusammen genutzt werden können.

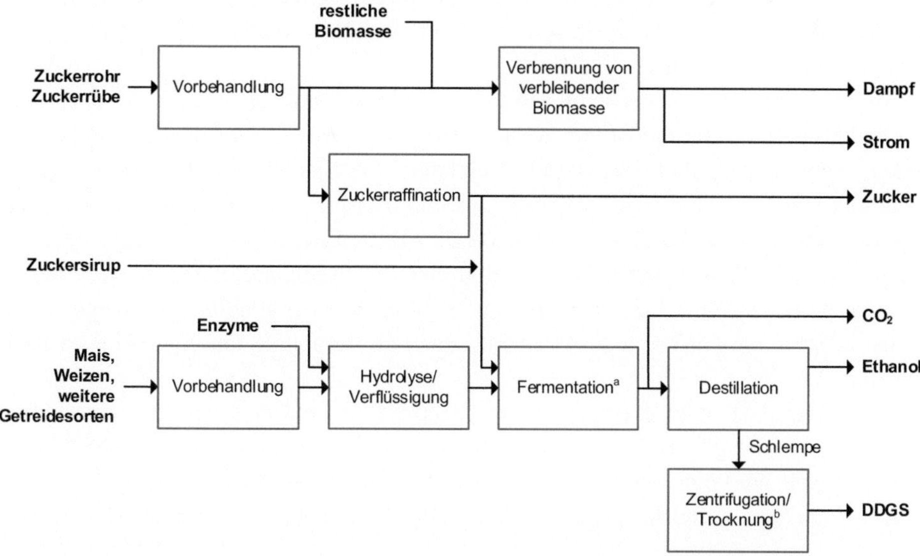

Abb. 4.49 Darstellung einer Multi-Feedstock-Anlage, die sowohl auf zucker- als auch auf stärkehaltiger Biomasse basiert ([a] Fermentationsverfahren ändert sich je nach Ausgangsmaterial; [b] nach Eignung der Schlempe kann DDGS produziert werden) [4.127]

Bei der möglichen Integration verschiedener Rohstoffe müssen viele Faktoren analysiert werden, sodass der resultierende Produktionsprozess eine individuelle Lösung für die regionale Verfügbarkeit der Lieferkette darstellt. Zwei Hauptpunkte der Integration, die für die Anlage entscheidend sind, sind die Fermentation und die Schlempe-/Vinasseverarbeitung. Bei Ethanol auf der Grundlage von brasilianischem Zuckerrohr- und Maisethanol muss beispielsweise vorab analysiert werden, ob der Zuckersaft für das Heferecycling geeignet ist oder ob Zuckerrohr- und Maissäfte getrennt fermentiert werden müssen. Darüber hinaus müssen die Eigenschaften der Schlempe untersucht werden, um die Möglichkeit der Herstellung von DDGS zu prüfen (in einer Anlage, die hauptsächlich auf Zuckerrohr basiert, kann es sein, dass die Rückstände nur als Vinasse entsorgt werden) [4.128], [4.129].

4.6.4 Klein- und mittelgroße Ethanolerzeugung

In landwirtschaftlichen Kleinbrennereien werden Ethanolmengen von etwa 1 000 bis 4 500 m^3/a erzeugt. Die Ethanolproduktion im mittleren Maßstab umfasst Anlagen mit Kapazitäten von etwa 10 000 bis 40 000 m^3/a. Da in Europa der Einsatz von Bioethanol als Kraftstoff hauptsächlich über die Beimischung erreicht wird, haben derartige kleine Anlagen Schwierigkeiten beim Marktzugang. Sie können nicht die von den Mineralölkonzernen geforderten Mengen für die Beimischung (Blending) liefern, da typischerweise in ganzen Zügen geliefert werden muss. Wenn das in kleinen Anlagen produzierte Ethanol nicht als Trinkalkohol zum Einsatz kommt, kann es für technische oder pharmazeutische Anwendungen sowie als Kraftstoff für den Privatgebrauch vermarktet werden (z. B. in Kanistern im Baumarkt als Brennstoff für Ethanolkamine). Auch ein Einsatz als Infektionsschutzmittel ist möglich.

Die Anlagen kleinen Maßstabs haben gemein, dass üblicherweise Stärke eingesetzt wird und die Rohstoffaufbereitung, die enzymatische Umsetzung und die Fermentation im Batch-Verfahren ablaufen. Erst ab der eigentlichen Destillation wird die Prozessführung kontinuierlich; Abb. 4.50 zeigt ein entsprechendes Beispiel. Die in derartigen Kleinanlagen erzeugte Ethanolqualität liegt bei 90 bis 92 Vol.-%. Eine Absolutierung des Ethanols ist aus Wirtschaftlichkeitsgründen erst bei größeren Anlagenkapazitäten sinnvoll, sodass hier beispielsweise eine Lohnabsolutierung realisiert werden könnte. Aus energetischen Gründen ist in diesem Leistungsbereich oft auch die Kopplung mit einer Biogasanlage sinnvoll.

Abbildung 4.51 zeigt exemplarisch ein Konzept für eine derartige landwirtschaftliche Bioethanolanlage mit Biogasproduktion für einen kleinen und mittleren Produktionsmaßstab. Hier wird die erforderliche Getreidemenge direkt in dem Ethanol erzeugenden landwirtschaftlichen Betrieb produziert. Zusätzlich erfolgt auf rund einem Drittel der Ge-

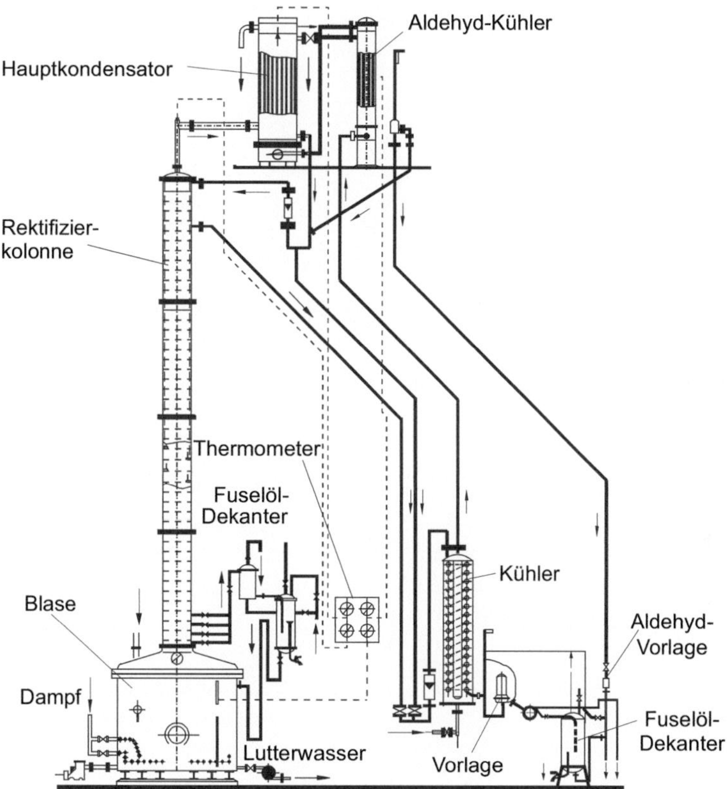

Abb. 4.50 Blasen-Rektifizierapparat [4.130]

treideanbaufläche die Produktion einer Blattfrucht (Fruchtfolge) als Co-Substrat für die Biogasproduktion. Das Getreidekorn wird in der Brennerei zu Ethanol verarbeitet. Die anfallende Schlempe wird anschließend von den Feststoffanteilen befreit, die als Futtermittel dienen. Die verbleibende Dünnschlempe wird dann zusammen mit einem Co-Substrat in einer Biogasanlage verwertet. Zusätzlich wird ein Teil des anfallenden Strohs ebenfalls in der Biogasanlage genutzt. Das entstehende Biogas wird genutzt, um mittels eines Dampferzeugers die Brennerei mit Energie zu versorgen. Das überschüssige Biogas wird in einem BHKW verstromt, wobei wiederum zumindest teilweise nutzbare Wärme ausgekoppelt werden kann. Die ausgefaulte Schlempe dient als Dünger für die landwirtschaftlichen Flächen, um damit zur Schließung des innerbetrieblichen Kohlenstoff- und Stickstoffkreislaufs beizutragen.

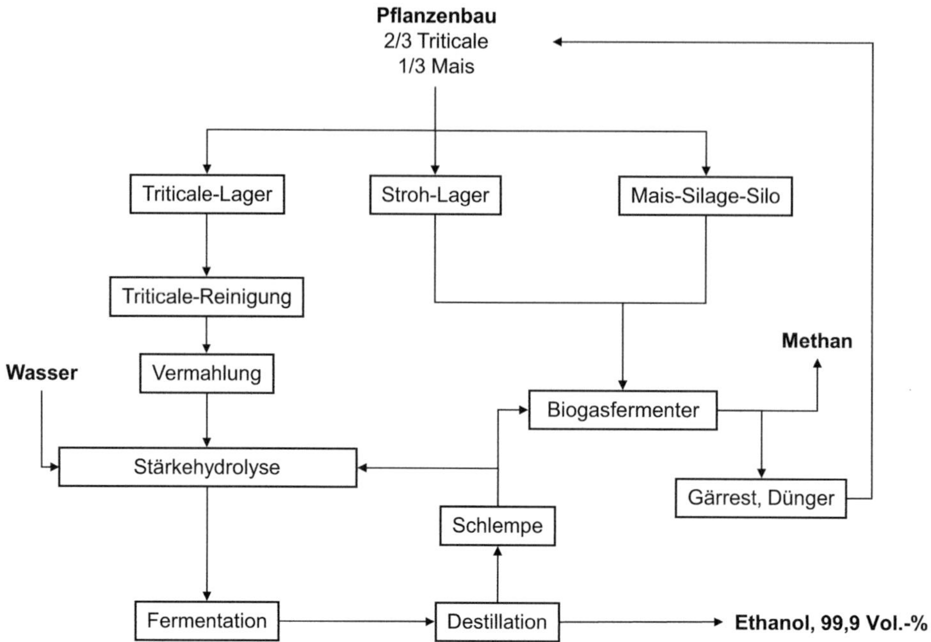

Abb. 4.51 Beispiel für eine gekoppelte Ethanol- und Biogasproduktion im kleinen und mittleren Produktionsmaßstab [4.131]

4.6.5 Ethanol aus Stroh

Mittlerweile werden erste kommerzielle Anlagen zur Ethanolerzeugung aus Stroh in Betrieb genommen [4.132] (Abb. 4.52). Der erste Verfahrensschritt ist eine thermische Vorbehandlung des Strohs ohne Einsatz von Chemikalien; offen ist, ob es sich bei dieser Vorbehandlung um eine Art Steam Explosion handelt. Ein kleiner Teil des vorbehandelten Strohs wird zur Herstellung von Hydrolyseenzymen vor Ort verwendet. Dadurch lassen sich Enzyme herstellen, die gut für den Aufschluss der am Standort eingesetzten Biomasse geeignet sind; dies kann die Kosten im Vergleich zu einer externen Versorgung mit Enzymen verringern. Der Hauptanteil des vorbehandelten Strohs wird dann im Hydrolysereaktor mit den Enzymen vermischt. Damit wird aus dem Celluloseanteil des Strohs eine vergärbare Zuckerlösung hergestellt; dabei sollen in dieser Hydrolyse über 90 % der theoretischen Zuckerausbeute erreicht werden [4.133], [4.134]. Das verbleibende Lignin wird als Feststoff aus der Fermentationsbrühe abgetrennt und nach einer Trocknung in Biomassekesseln verbrannt; die dabei erzeugte Energie und der Dampf werden zur Deckung der Energie- und Wärmenachfrage der Anlage genutzt [4.135].

Die C5- und C6-Zucker werden nach der Hydrolyse gemeinsam fermentiert; dadurch soll im Vergleich zur herkömmlichen Ethanolfermentation eine um etwa 50 % erhöhte Ethanolausbeute möglich sein. Die Ethanolabtrennung nach der Fermentation erfolgt

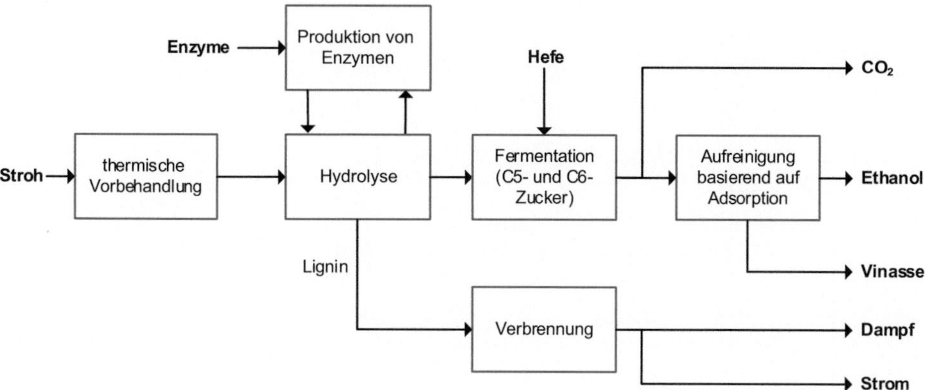

Abb. 4.52 Ethanolproduktion aus Stroh (nach [4.135])

hier mithilfe eines adsorptionsbasierten Trennverfahrens, das im Vergleich zur herkömmlichen Destillation einen um 50 % geringeren Energiebedarf haben soll – und das bei einer Ethanol-Endkonzentration vom mindestens 98,7 %.

4.6.6 Ethanol aus Bagasse in bestehenden Anlagen

In den in Südamerika verbreiteten Zuckerrohr-basierten Zuckerfabriken und Ethanolanlagen werden die faserigen, gemahlenen Überreste vom Zuckerrohr (Bagasse) nach dem Auspressen normalerweise verbrannt, um Strom und Dampf für die Anlage zu erzeugen. Alternativ kann Bagasse als ein Lignocellulose-haltiger Rohstoff auch für die Ethanolproduktion verwendet werden. Da Bagasse bereits an bestehenden Ethanolanlagen anfällt, wird ihre Verwendung als Rohstoff für die Lignocellulose-Ethanolproduktion normalerweise als Erweiterung zur ursprünglichen Anlage und nicht als eigenständige Anlage konzipiert. Der Vorteil des Erweiterungsansatzes besteht darin, dass an effizienten Zuckerrohr-basierten Ethanolanlagen ausreichend Bagasse anfällt, um Strom und Dampf für die Prozessenergie bereitzustellen und zusätzlich die Cellulose-Ethanolanlage mit Rohstoff zu versorgen.

Vergleichbar zu anderen Cellulose-haltigen Rohstoffen muss Bagasse geeignete Schritte der Vorbehandlung und Verzuckerung durchlaufen, um den Zucker für die Fermentation zugänglich zu machen. Bei einem beispielsweise in Brasilien umgesetzten Anlagenkonzept wird Steam Explosion als Vorbehandlung der Bagasse eingesetzt. Die Enzyme, die in der danach realisierten Hydrolysestufe eingesetzt werden, werden vor Ort produziert. Die anschließende Fermentation der hydrolysierten Bagasse kann entweder im gleichen Fermenter mit dem Zuckersaft oder separat erfolgen. Auch können für beide Fermentationen der gleiche Hefetyp oder jeweils spezialisierte Hefen verwendet werden.

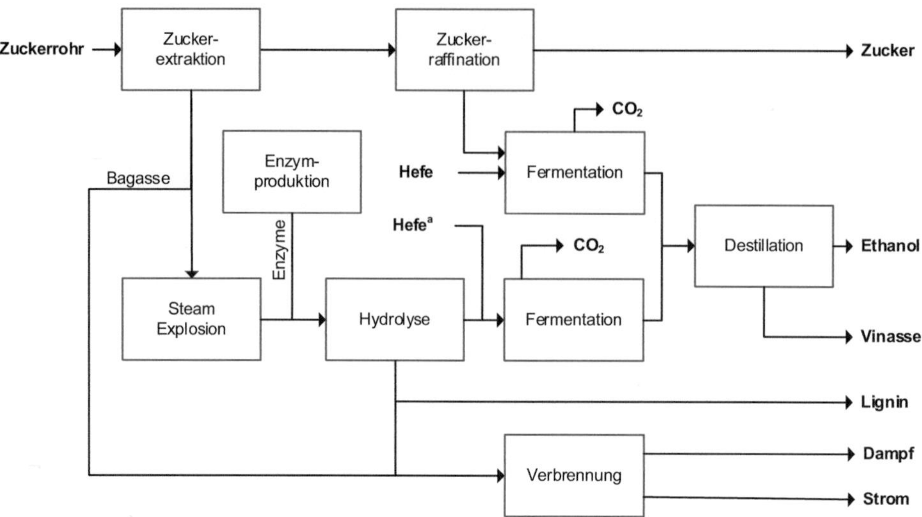

Abb. 4.53 Integration der Herstellung von Ethanol aus Bagasse in bestehende, Zuckerrohr-basierte Ethanolanlagen ([a] ggf. andere Hefestämme)

Die genaue Ausgestaltung eines derartigen Verfahrens kann sich je nach Betreiber unterscheiden. Die typischen Verfahrensschritte der Integration von Zuckerfabrik und Ethanolproduktion aus Zuckersaft und Bagasse zeigt Abb. 4.53 [4.136]–[4.139].

4.6.7 Ethanol in Sulfit-Zellstoffanlagen

Das Sulfitverfahren ist mit einem Marktanteil von etwa 4,4 % an der europäischen Zellstoffproduktion nach dem Kraft-Verfahren das zweitwichtigste Verfahren für den chemischen Aufschluss von Holz für die Zellstoffproduktion [4.140]; derzeit kommt es hauptsächlich bei der Herstellung von Chemiezellstoff zum Einsatz.

Beim Sulfitverfahren werden die Holzhackschnitzel mit Magnesiumbisulfit oder Calciumhydrogensulfit gekocht. Dabei wird das Lignin als sogenanntes Lignosulfonat aus dem Lignocellulose-Verbund herausgelöst. Durch die sauren Prozessbedingungen wird während des Kochvorgangs auch die Hemicellulose hydrolysiert und als leicht fermentierbare Monosaccharide (vor allem Xylose, aber auch Glucose, Arabinose, Mannose, Galactose usw.) aus dem Holz abgetrennt. Die beim Kochprozess entstehende flüssige Phase (engl. Brown Liquor) enthält ca. 2 bis 3 Gew.-% vergärbare Zucker.

Üblicherweise wird die Braunlauge in einem mehrstufigen Verdampfer auf ca. 60 % Trockensubstanz aufkonzentriert und in einem Rückgewinnungskessel verbrannt, um Dampf und Energie zu erzeugen und die im Kochprozess verwendeten anorganischen Chemikalien zurückzugewinnen.

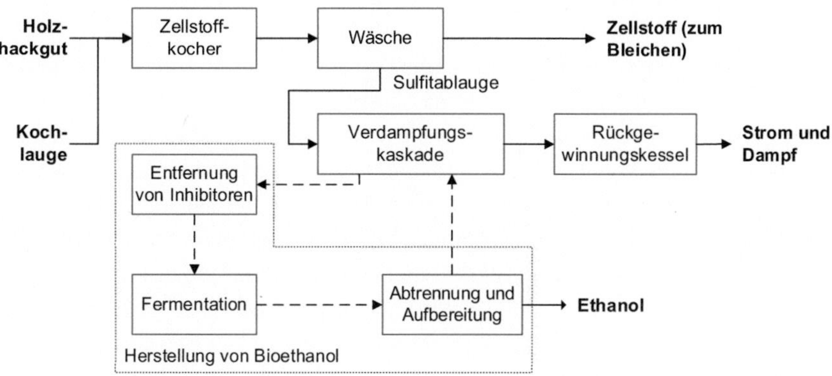

Abb. 4.54 Darstellung der Kopplung von einer Ethanolanlage in einer Sulfit-Zellstofffabrik [4.141]

Alternativ ist auch eine Ethanolproduktion in diesem Konzept möglich, wenn aus einer Zwischenstufe der Eindampfkaskade eine vorkonzentrierte Braunlauge mit einem Trockensubstanzgehalt von ca. 25 bis 30 % extrahiert wird (Abb. 4.54). Mit dieser Lösung kann ohne aufwändige Aufbereitungsschritte eine Ethanolfermentation betrieben werden, in der vor allem die C6-Zucker, aber auch einige der Pentosen fermentativ umgesetzt werden. Bei diesen Verfahren werden nur relativ geringe Ethanolkonzentrationen von wenigen Prozent erreicht. Nach Abschluss der Fermentation wird das erzeugte Ethanol durch Destillation von der zuckerarmen Braunlauge getrennt, die anschließend wieder der Chemikalienrückgewinnung zugeführt wird [4.141] (Beispiele für dieses Konzept sind Anlagen der Firmen Borregaard (Kapazität ca. 16 kt/a), Domsjö (Kapazität ca. 19 kt/a) und AustroCel Hallein (Kapazität ca. 24 kt/a) [4.142], [4.143]).

4.6.8 Ethanol aus Lebensmittelabfällen

Ethanol kann auch aus Lebensmittelabfällen produziert werden [4.144]. Derartige „Abfallbasierte“ Ethanolanlagen verarbeiten zucker- und stärkehaltige Rückstände und Nebenprodukte (z. B. Brot- und Teigabfälle, Wein-/Bierreste, Säfte). Aufgrund des begrenzten Anfalls derartiger Stoffströme ist dieses Konzept insbesondere für kleine Standorte mit Produktionskapazitäten von 5 bis 20 kt/a gedacht. Die Anlagen können als selbstständige Anlagen oder integriert in bestehende Verarbeitungsanlagen gebaut werden; beispielsweise ist eine Kopplung der Ethanolanlage an die Wein- oder Bierproduktion möglich, um direkten Zugang zu den dort anfallenden Abfallströmen zu haben [4.141], [4.143], [4.145].

4.6.9 Lignocellulose-Ethanol mithilfe verdünnter Schwefelsäure

Beim Schwefelsäure-Aufschluss von Lignocellulose [4.110] wird die trockene Biomasse zunächst auf eine Größe von rund 15 mm vermahlen. Danach wird sie mit verdünnter Schwefelsäure behandelt und mit Dampf erhitzt. Die von Säure durchdrungene Masse wird dann zusammen mit weiterer verdünnter Schwefelsäure in einen Vorbehandlungsreaktor gegeben. Durch Zugabe von Dampf wird der Reaktorinhalt auf 160 bis 180 °C erhitzt (Abb. 4.55). Dadurch werden die Hemicellulosen in monomere Zucker hydrolysiert. Diese hydrolysierte Maische wird gekühlt und einer anschließenden Fest-Flüssig-Trennung unterzogen. Das flüssige Hydrolysat wird nun neutralisiert. Dies geschieht in einem kontinuierlichen Prozess des Ionenaustauschs mit anschließender Behandlung mit Kalkmilch. In erster Linie wird hierbei die im Prozess gebildete und für Hefen toxische Essigsäure aus dem Hydrolysat entfernt. Der dabei entstehende Gips wird danach abgetrennt. Das gereinigte Hydrolysat wird nun auf Fermentationstemperatur gekühlt und der Ethanolfermentation zugeführt.

Für die Produktion von Cellulase wird *Trichoderma reesei* verwendet. Als Substrat für diese Fermentation wird ebenfalls im Prozess gewonnenes Cellulosehydrolysat eingesetzt. Eine weitere Aufarbeitung der gebildeten Cellulase erfolgt nicht, da zur Ethanolfermentation die Verwendung des gesamten Cellulase-Fermentationssubstrats deutlich effizienter ist.

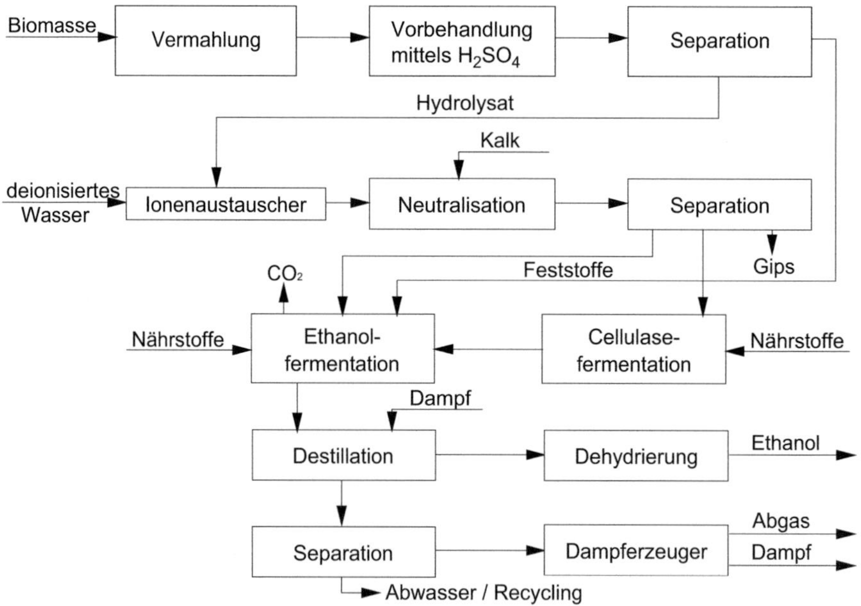

Abb. 4.55 Ethanolproduktion aus Cellulose, die mittels verdünnter Schwefelsäure (H_2SO_4) aufgeschlossen wird (verd. verdünnter) [4.110]

Der aufgeschlossene Substratstrom wird gemeinsam mit der Cellulase und Nährstoffen der Fermentation zugeführt, bei der je nach eingesetzten Mikroorganismen nur die Hexosen oder Hexosen und Pentosen verwertet werden können. Die erreichbare Ethanolkonzentration ist mit etwa 4 bis 5 Gew.-% relativ gering; dies erhöht den Aufwand für die weitere Aufarbeitung des Produkts. Die Schlempe wird anschließend separiert und die Feststoffanteile können zur Energieerzeugung verwendet werden.

Aus Stroh können durch die ausschließliche Verwertung der Hexosen etwa 200 L Ethanol pro Tonne Stroh erzeugt werden. Verwertet man auch noch die Pentosen, können zusätzlich noch etwa 120 L Ethanol gewonnen werden. Damit können aus einer Tonne Stroh, je nach Gehalt an Cellulose und Hemicellulose, etwa 300 bis 350 L Ethanol hergestellt werden [4.146].

4.6.10 Arkenol-Prozess

Beim Arkenol-Prozess, einem Ethanol-Lignocellulose-Prozess mit konzentrierter Schwefelsäure, wird die fein vermahlene Biomasse zunächst einer Hydrolyse mit konzentrierter Schwefelsäure unterworfen (Abb. 4.56). Die hierbei aufschließbaren Anteile von Hemi-

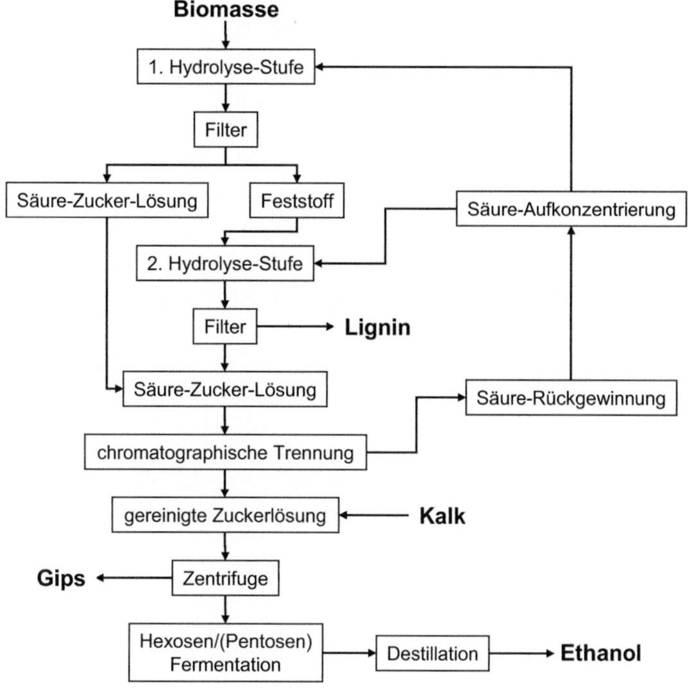

Abb. 4.56 Arkenol-Prozess zur Verarbeitung von Cellulose-haltiger Biomasse

cellulose und Cellulose gehen in Lösung und werden anschließend durch eine Filtration von den nicht löslichen Anteilen getrennt. Die hierbei anfallenden Feststoffe werden dann einer zweiten Hydrolyse unterworfen. Die nun immer noch unlöslichen Anteile bestehen im Wesentlichen aus Lignin, das nach der zweiten Hydrolyse von den gelösten und vergärbaren Anteilen abgetrennt wird. Die in beiden Hydrolyseschritten gewonnene Säure-Zucker-Lösung wird nun einer chromatografischen Säurerückgewinnung zugeführt. Die zurückgewonnene Säure wird erneut aufkonzentriert und im Prozess wiederverwendet. Die erhaltenen Zuckersäfte müssen nun noch mit Kalk neutralisiert werden und können dann – nach Abtrennung des entstandenen Gipses – analog wie bei Ethanolanlagen auf Zucker- oder Stärkebasis vergoren werden. Die ligninhaltigen festen Rückstände werden entwässert und als Brennstoff für die Erzeugung von Dampf eingesetzt. Dadurch kann die für den Prozess erforderliche Energie bereitgestellt werden.

4.6.11 Iogen-Prozess

Beim Iogen-Prozess (Abb. 4.57) erfolgt der Celluloseaufschluss durch Steam Explosion und eine enzymatische Hydrolyse. In dem Steam-Explosion-Verfahren wird der Rohstoff nach Zugabe von etwa 0,5 bis 1 % Schwefelsäure für etwa 1 min auf 200 bis 250 °C erhitzt und danach in einen Hydrolysebehälter entspannt. Bei diesem Druckabfall kommt es zu

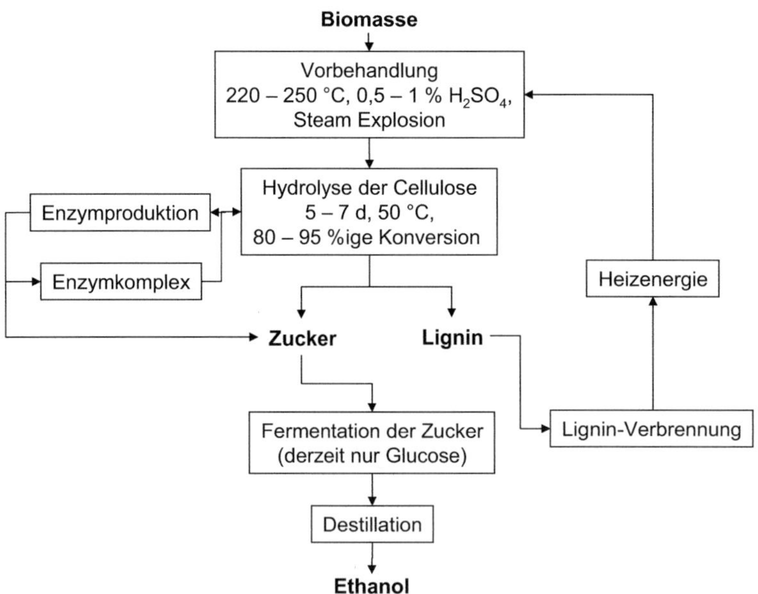

Abb. 4.57 Iogen-Prozess zur Verarbeitung von Cellulose-haltiger Biomasse

einer weitgehenden Zerstörung der ursprünglichen Zellstruktur des Rohstoffs; dadurch kommt es auch zu einer guten Trennung von Lignin und Cellulose.

Im Hydrolysetank wird diese Cellulosemaische auf einen pH-Wert von 5 neutralisiert und bei etwa 50 °C mit Cellulasen zu Glucose abgebaut. Diese Hydrolyse kann etwa fünf bis sieben Tage dauern; dann sind 80 bis 95 % der vorhandenen Cellulose zu Glucose abgebaut. Die hydrolysierte Maische wird dann durch eine Filtration von den stark ligninhaltigen Feststoffen abgetrennt. Um die Verluste an gelöstem Zucker zu verringern, ist es sinnvoll, den Filterkuchen noch einer Wäsche zu unterziehen. Anschließend wird die Zuckerlösung fermentiert. Bei der Fermentation und der anschließenden Ethanolaufreinigung werden herkömmliche Technologien eingesetzt. Die abgetrennte Ligninfraktion wird getrocknet und steht anschließend als Brennstoff für die Wärmebereitstellung der Anlage zur Verfügung. Der so erschlossene Brennstoff kann je nach Rohstoff ausreichen, um die energieaufwändigen Destillationsschritte zu beheizen [4.146], [4.147].

Literatur

[4.1] Rein P (2017) Cane sugar engineering, Second edition. Verlag Dr. Albert Bartens KG, Berlin

[4.2] Macedo IC, Seabra JEA, Silva JEAR (2008) Green house gases emissions in the production and use of ethanol from sugarcane in Brazil: The 2005/2006 averages and a prediction for 2020. Biomass Bioenergy 32:582–595

[4.3] Dauriat A, Gnansonou E (2007) Ethanol-based biofuels. In: Jungbluth N (Hrsg) Life Cycle Inventories of Bioenergy. econinvent-report, Bd 17. EcoInvent, Uster

[4.4] Product information BMA Diffusers (2024) Diffusers from BMA – superior performance, high availability and low maintenance https://www.bma-worldwide.com/de/extraktion-von-zuckerrohr.html abgerufen am 20.03.2024

[4.5] Fleck D-M (2010) Efficient Grinding Systems for the Ethanol Industry, 6. European Bioethanol Technology Meeting, Detmold

[4.6] Kelsall DR (2003) The Alcohol Textbook, 4th Edition. Nottingham University Press, Nottingham

[4.7] Mellmann J (2012) Körnerkonservierung. Jahrbuch Agrartechnik 2012 24:1–7

[4.8] Rajagopalan S, Ponnampalam E, McCalla D, Stowers M (2005) Enhancing profitability of dry mill ethanol plants. Appl Biochem Biotechnol 120:37–50

[4.9] Singh V, Johnston D (2009) Fractionation technologies for dry-grind corn processing. In: The Alcohol Textbook: A Reference for the Beverage, Fuel and Industrial Alcohol Industries. University Press, Nottingham

[4.10] Roehr M (2001) The Biotechnology of Ethanol: Classical and Future Applications. Wiley-VCH, Weinheim

[4.11] Braune M, Grasemann E, Gröngröft A, et al (2016) Die Biokraftstoffproduktion in Deutschland – Stand der Technik und Optimierungsansätze, 1. Aufl., Leipzig

[4.12] Senn T, Pieper HJ (1991) Ethanol – Classical Methods. In: Rehm HJ (Hrsg) Biotechnology, 2. Aufl. Chemie, Weinheim

[4.13] Fogarty WM, Kelly CT (1979) Starch Degrading Enzymes of Microbial Origin. In: Bull MJ (Hrsg) Progress in Industrial Microbiology, Bd 15. Elsevier, Amsterdam

[4.14] Harris G (1962) The Enzyme Content and Enzymatic Conversion of Malt. In: Cook AH (Hrsg) Barley and Malt – Biology, Biochemistry, Technology. Academic Press, New York

[4.15] Rosendal P, Nielsen BH, Lange NK (1979) Stability of Bacterial α-Amylase in the Starch Liquefaction Process. Starch / Stärke 31:368–372

[4.16] Laberge DE, Marchylo BA (1983) Heterogenity of the β-Amylase Enzymes of Barley. J Am Soc Brew Chem 41:120–122

[4.17] Manners DJ, Sperra KL (1966) Studies on Carbohydrate-Metabolizing Enzymes; Part XIV: The Specifity of R-Enzyme from Malted Barley. J Inst Brew 72:360–365

[4.18] Marchylo BA, Kruger JE, MacGregor AW (1984) Production of Multiple Forms of Alpha-Amylase in Germinated, Incubated, Whole, De-embryonated Wheat Kernels. Cereal Chem 61:305–310

[4.19] Rau T, Thomas L, Senn T, Pieper HJ (1993) Technologische Kriterien zur Beurteilung der Industrietauglichkeit von Weizensorten unter besonderer Berücksichtigung der Alkoholproduktion. Deutsche Lebensmittelrundschau 89:208–210

[4.20] Rau T (1989) Das Autoamylolytische Enzymsystem des Weizens, seine quantitative Erfassung und technologische Nutzung bei fremdenzymreduzierter Amylolyse unter besonderer Berücksichtigung der Ethanolproduktion. Dissertation, Universität Hohenheim

[4.21] Aufhammer W, Pieper HJ, Sützel H, Schäfer V (1993) Eignung von Korngut verschiedener Getreidearten zur Bioethanolproduktion in Abhängigkeit von der Sorte und den Aufwuchsbedingungen. Bodenkultur 44:183–194

[4.22] Quadt A (1994) Alkoholproduktion aus Roggen nach dem Hohenheimer Dispergier-Maischverfahren. Diplomarbeit, Universität Hohenheim

[4.23] Senn T, Thomas L, Pieper HJ (1991) Bioethanolproduktion aus Triticale unter ausschließlicher Nutzung des korneigenen Amylasesystems. Wiss Z TH Köthen 2:53–60

[4.24] Thomas L (1991) Enzymtechnische Untersuchungen mit Triticale zur technischen Amylolyse unter besonderer Berücksichtigung der fremdenzymfreien Bioethanolproduktion. Dissertation, Universität Hohenheim

[4.25] Lösche KG-H (2000) Enzyme in der Lebensmitteltechnologie, 1. Aufl. Behr's Verlag, Hamburg

[4.26] Pieper HJ, Bohner X (1985) Energiebedarf, Energiekosten und Wirtschaftlichkeit verschiedener Alkoholproduktionsverfahren für Kornbranntwein unter besonderer Berücksichtigung des Schlempe-Recycling-Verfahrens. Branntweinwirtschaft 125:286–293

[4.27] Hahn-Hägerdal B, Karhumaa K, Fonseca C, Spencer-Martins I, Gorwa-Grauslund M (2007) Towards industrial pentose-fermenting yeast strains. Appl Microbiol Biotechnol 74:937–953

[4.28] Matsushika A, Inoue H, Kodaki T, Sawayama S (2009) Ethanol production from xylose in engineered Saccharomyces cerevisiae strains: current state and perspectives. Appl Microbiol Biotechnol 84:37–53

[4.29] Wisselink HW, van Maris AJA, Pronk JT (2013) Pentose and glucose fermenting yeast cell. US Patent, US2013273601 (A1)

[4.30] Kwak S, Jo JH, Yun EJ, et al (2019) Production of biofuels and chemicals from xylose using native and engineered yeast strains. Biotechnology Advances 37:271–283. https://doi.org/10.1016/j.biotechadv.2018.12.003

[4.31] Alvira P, Tomas-Pejo E, Ballesteros M, Negro M (2010) Pretreatment technologies for an efficient bioethanol production process based on enzymatic hydrolysis: A review. Bioresource Technol 101:4851–4861

[4.32] Hoque M, Sokhansanj S, Naimi L, et al (2007) Review and analysis of performance and productivity of size reduction equipment for fibrous materials. In: proceedings of the 2007 ASABE Annual International Meeting, Minneapolis, Minnesota

[4.33] Bitra VSP, Womac AR, Chevanan N, et al (2009) Direct mechanical energy measures of hammer mill comminution of switchgrass, wheat straw, and corn stover and analysis of their particle size distributions. Powder Technology 193:32–45. https://doi.org/10.1016/j.powtec.2009.02.010

[4.34] Bitra VSP, Womac AR, Igathinathane C, et al (2009) Direct measures of mechanical energy for knife mill size reduction of switchgrass, wheat straw, and corn stover. Bioresource Technology 100:6578–6585. https://doi.org/10.1016/j.biortech.2009.07.069

[4.35] Sun Y, Cheng J (2002) Hydrolysis of lignocellulosic materials for ethanol production: a review. Bioresource Technol 83:1–11

[4.36] Carvalheiro F, Duarte LC, Gírio FM (2008) Hemicellulose biorefineries: a review on biomass pretreatments. J Sci Ind Res 67:849–864

[4.37] Mosier NS (2013) Fundamentals of Aqueous Pretreatment of Biomass. In: Wyman CE (Hrsg) Aqueous Pretreatment of Plant Biomass for Biological and Chemical Conversion to Fuels and Chemicals. John Wiley & Sons, Ltd, Chichester, UK

[4.38] Bouchard J, Nguyen TS, Chornet E, Overend RP (1990) Analytical methodology for biomass pretreatment – part 1. Solid residues, Biomass 23(4):243–261

[4.39] Garrote G, Domínguez H, Parajó JC (2002) Interpretation of deacetylation and hemicellulose hydrolysis during hydrothermal treatments on the basis of the severity factor. Process Biochem 37(10):1067–1073

[4.40] Ballesteros I, Negro J, Oliva JM, Cabañas A, Manzanares P, Ballesteros M (2006) Ethanol Production from Steam-Explosion Pretreated Wheat Straw. Appl Biochem Biotechnol 496(508):129–132

[4.41] Mosier N, Wyman C, Dale B, Elander R, Lee YY, Holtzapple M, Ladisch M (2005) Features of promising technologies for pretreatment of lignozellulosic biomass. Biomass Technol 96:673–686

[4.42] Duque A, Manzanares P, Ballesteros I, Ballesteros M (2016) Chapter 15 – Steam Explosion as Lignocellulosic Biomass Pretreatment. In: Mussatto SI (Hrsg.) Biomass Fractionation Technologies for a Lignocellulosic Feedstock Based Biorefinery. Elsevier, Amsterdam, 349–368

[4.43] Stelte W (2013) Steam explosion for biomass pre-treatment. Danish Technological Institute, Taastrup

[4.44] Fang H, Deng J, Zhang X (2011) Continuous seam explosion of wheat straw by high pressure mechanical refining system to produce sugars for bioconversion. BioResources 6:4468–4480. https://doi.org/10.15376/biores.6.4.4468-4480

[4.45] van Groenestijn J (2013) Pretreatment of wheat straw using superheated steam. Biofuels Int 7(2):68–69

[4.46] Pschorn T (2012) BioFuel Equipment – derived from Pulp & Fiberboard applications for Ligno-Cellulosic BioFuel & BioChemicals Technology. gehalten auf der IEA Bioenergy Conference, Wien, November 2012

[4.47] Zheng J, Rehmann L (2014) Extrusion pretreatment of lignocellulosic biomass: a review. Int J Mol Sci. 15(10):18967–84. https://doi.org/10.3390/ijms151018967

[4.48] Doménech P, Duque A, Higueras I, et al (2020) Biorefinery of the Olive Tree—Production of Sugars from Enzymatic Hydrolysis of Olive Stone Pretreated by Alkaline Extrusion. Energies 13:4517. https://doi.org/10.3390/en13174517

[4.49] OÜ FIBENOL (2022) Fibenol and Sweetwater complete final acceptance tests of the pretreatment technology in Imavere. Press release 2.3.2022

[4.50] Ryan N, Yaseneva P (2021) A critical review of life cycle assessment studies of woody biomass conversion to sugars. Phil. Trans. R. Soc. A 379:20200335 https://doi.org/10.1098/rsta.2020.0335

[4.51] Nitzsche R, Gröngröft A, Köchermann J, et al (2020) Platform and fine chemicals from woody biomass: demonstration and assessment of a novel biorefinery. Biomass Conv Bioref. https://doi.org/10.1007/s13399-020-00769-z

[4.52] Nitzsche R, Etzold H, Verges M, et al (2022) Demonstration and Assessment of Purification Cascades for the Separation and Valorization of Hemicellulose from Organosolv Beechwood Hydrolyzates. Membranes 12:82. https://doi.org/10.3390/membranes12010082

[4.53] Hsu T-A (1996) Pretreatment of Biomass. In: Wyman C (Hrsg) Handbook on Bioethanol: Production and Utilization. Taylor and Francis, Washington DC

[4.54] Pan X, Xie D, Kang K-Y, Yoon S-L, Saddler JN (2007) Effect of Organosolv Ethanol Pretreatment Variables on Physical Characteristics of Hybrid Poplar Substrates. Appl Biochem Biotechnol 136–140:367–378

[4.55] Scelsi E, Angelini A, Pastore C (2021) Deep Eutectic Solvents for the Valorisation of Lignocellulosic Biomasses towards Fine Chemicals. Biomass 1:29–59. https://doi.org/10.3390/biomass1010003

[4.56] Hansen BB, Spittle S, Chen B, et al (2021) Deep Eutectic Solvents: A Review of Fundamentals and Applications. Chem Rev 121:1232–1285. https://doi.org/10.1021/acs.chemrev.0c00385

[4.57] Osch DJGP van, Kollau LJBM, Bruinhorst A van den, et al (2017) Ionic liquids and deep eutectic solvents for lignocellulosic biomass fractionation. Phys Chem Chem Phys 19:2636–2665. https://doi.org/10.1039/C6CP07499E

[4.58] Kumar AK, Parikh BS, Shah E, et al (2016) Cellulosic ethanol production from green solvent-pretreated rice straw. Biocatalysis and Agricultural Biotechnology 7:14–23. https://doi.org/10.1016/j.bcab.2016.04.008

[4.59] Lenihan P, Orozco A, O'Neill E, Ahmad M, Rooney D, Walker G (2010) Dilute acid hydrolysis of lignocellulosic biomass. Chem Eng J 156:395–403

[4.60] Osteroth D (1988) Holzverzuckerung – Ein historischer Rückblick. Chemie für Labor und Betrieb 39(4):165–169

[4.61] Wayman M, Parekh SR (1990) Biotechnology of Biomass Conversion. Open University Press, Milton Keynes

[4.62] Nanguneri SR, Hester RD (1990) Acid / Sugar Separation Using Ion Exclusion Resins: A Process Analysis and Design. Separation Sci Technol 25(13-15):1829–1842

[4.63] Wooley RJ (1997) Continuos Countercurrent Chromatographic Separator for the Purification of Sugars from Biomass Hydrolyzate. Final Project Report. National Renewable Energy Laboratory, Golden, Colorado

[4.64] Roehr M (2001) The Biotechnology of Ethanol. Wiley-VCH Verlag

[4.65] Steinbüchel A, Oppermann-Sanio FB (2003) Mikrobiologisches Praktikum. Springer, Berlin, Heidelberg

[4.66] Aggarwal NK, Kumar N, Mittal M (2022) Bioethanol Production: Past and Present. Springer International Publishing, Cham

[4.67] Butzke C, Misselhorn K (1992) Zur Acroleinminimierung in Rohsprit. Branntweinwirtschaft 132:27–30

[4.68] Krell U, Pieper HJ (1995) Entwicklung eines Betriebsverfahrens zur acroleinfreien Alkoholproduktion aus stärkehaltigen Rohstoffen. Handbuch für die Brennerei- und Alkoholwirtschaft 42:371–391

[4.69] Lopes ML, Paulillo SC de L, Godoy A, et al (2016) Ethanol production in Brazil: a bridge between science and industry. Brazilian Journal of Microbiology 47:64–76. https://doi.org/10.1016/j.bjm.2016.10.003

[4.70] Ferreira LV, Amorim HV, Basso LC (1999) Fermentação de trealose e glicogênio endógenos em Saccharomyces cerevisiae. Food Sci Technol 19:29–32. https://doi.org/10.1590/S0101-20611999000100008

[4.71] Kosaric N (1996) Ethanol – Potential Source of Energy and Chemical Products. In: Rehm HJ, Reed G (Hrsg) Biotechnology, 2. Aufl. VCH, Weinheim

[4.72] Dörfler J, Amorim HV (2007) Applied bioethanol technology in Brazil. Sugar Industry / Zuckerindustrie 132(9):694–697

[4.73] Schmitz N (2003) Bioethanol in Deutschland Schriftenreihe Nachwachsende Rohstoffe, Bd 21, S 72

[4.74] Godoy A, Amorim H, Lopes M, Oliveira AJ (2008) Continuous and batch fermentation processes: Advantages and disadvantages of these processes in the Brazilian ethanol production. International Sugar Journal 110:175–181

[4.75] Zentou H, Abidin ZZ, Yunus R, et al (2019) Overview of Alternative Ethanol Removal Techniques for Enhancing Bioethanol Recovery from Fermentation Broth. Processes 7:458. https://doi.org/10.3390/pr7070458

[4.76] Zavrel M, Kraus M, Hofmann S, et al (2017) Method for obtaining ethanol during fermentation. US-Patent: US9637434B2

[4.77] Madson PW (2003) Ethanol distillation: the fundamentals. In: The Alcohol Textbook, 4. Aufl. University Press, Nottingham

[4.78] Firmenunterlagen (2023) Jacob AG, Trubschachen, Schweiz https://www.jakob.com/de/de abgerufen am 21.03.2023

[4.79] Firmenunterlagen (2023), GEA-Wiegand GmbH, Ettlingen, Deutschland https://www.gea.com/de/careers/school-students/ettlingen/ abgerufen am 21.03.2023

[4.80] Lehr M (2011) Special Downstream Processing Solutions the basis for successful production of first and second generation bioethanol. Gehalten auf der XIX ISAF, Verona, 10. Oktober 2011

[4.81] Firmeninformationen (2024), Vogelbusch GmbH, Wien, Österrreich https://www.vogelbusch.com/ abgerufen am 21.03.2024

[4.82] Kujawski W, Zielinski (2006) Bioethanol – One Of The Renewable Energy Sources. Environ Protection Eng 32(1):143–150

[4.83] Walker GM (2017) The Alcohol Textbook: a reference for the beverage, fuel and industrial alcohol industries, 6. Aufl. Lalemand Biofuels & Distilled Spirits, Duluth, GA

[4.84] Vigil T (2017) Distillation practice. In: Walker GM, Abbas C, Ingledew WM, Pilgrim C (Hrsg.) The Alcohol Textbook, 6. Aufl. Duluth, 427–440

[4.85] Ryan R (2014) Safety of Food and Beverages: Alcoholic Beverages. In: Motarjemi Y (Hrsg.) Encyclopedia of Food Safety. Academic Press, Waltham, 364–370

[4.86] Ferreira MC, Meirelles AJA, Batista EAC (2013) Study of the Fusel Oil Distillation Process. Ind Eng Chem Res 52:2336–2351. https://doi.org/10.1021/ie300665z

[4.87] Rowney TH (1853) On the occurrence of capric and caprylic acids in some fousel oils. Q J Chem Soc 5:22–24. https://doi.org/10.1039/QJ8530500022

[4.88] Silva MAS da, Griebeler NP, Borges LC (2007) Uso de vinhaça e impactos nas propriedades do solo e lençol freático. Rev bras eng agríc ambient 11:108–114. https://doi.org/10.1590/S1415-43662007000100014

[4.89] Fuess LT (2012) Qual o valor da vinhaça: mitigação e impacto ambiental e recuperação de energia por meio da digestão anaeróbica. Cultura Acadêmica Editora, ISBN 978-85-7983-275-8 1

[4.90] Rolim MM, Lyra MRCC, Duarte A de S, et al (2013) Influência de uma lagoa de distribuição de vinhaça na qualidade da água freática. Rev Ambient Água 8:155–171. https://doi.org/10.4136/ambi-agua.1014

[4.91] da Silva Neto JV, Gallo WLR, Nour EAA (2020) Production and use of biogas from vinasse: Implications for the energy balance and GHG emissions of sugar cane ethanol in the brazilian context. Environmental Progress & Sustainable Energy 39:13226. https://doi.org/10.1002/ep.13226

[4.92] Longati AA, Lino ARA, Giordano RC, et al (2020) Biogas Production from Anaerobic Digestion of Vinasse in Sugarcane Biorefinery: A Techno-economic and Environmental Analysis. Waste Biomass Valor 11:4573–4591. https://doi.org/10.1007/s12649-019-00811-w

[4.93] Bernal AP, dos Santos IFS, Moni Silva AP, et al (2017) Vinasse biogas for energy generation in Brazil: An assessment of economic feasibility, energy potential and avoided CO_2 emissions. Journal of Cleaner Production 151:260–271. https://doi.org/10.1016/j.jclepro.2017.03.064

[4.94] Firmeninformationen (2024), Andritz AG, Gra, Österreich https://www.andritz.com/group-de abgerufen am 21.03.2024

[4.95] Firmeninformationen (2024), GIG Karasek GmbH, Gloggnitz, Österreich https://www.gigkarasek.com/en/ abgerufen am 21.03.2024

[4.96] Firmeninformationen (2024), SWISS COMBI W. Kunz dryTec AG, Dintikon, Schweiz https://www.swisscombi.ch/de abgerufen am 21.03.2024

[4.97] Liebmann B, Pfeffer M, Wukovits W, Bauer A, Amon T, Gwehenberger G, Narodoslawsky M, Friedl A (2007) Modelling of small-scale bioethanol plants with renewable energy supply 10th Conference on Process Integration Modelling and Optimisation for Energy Saving and Pollution Reduction, Ischia, Naples, Italy, June 2007, S 309–314 (PRES 07)

[4.98] Novozymes Firmeninformation zu Fiberex Verfahren (2024). https://www.novozymes.com/en/campaigns/fiberex abgerufen am 21.03.2024

[4.99] Yancey M (2017) D3MAX Technology Deployment Update. Firmeninformation D3MAX

[4.100] McKaskle R, Fisher K, Selz P, Yongqi L (2018) Evaluation of carbon dioxide capture options from ethanol plants. Illinois State Geological Survey, Champaign

[4.101] Wu H, Nithyanandan K, Zhou N, Lee TH, Fon F, Lee C, Zhang C (2015) Impacts of acetone on the spray combustion of Acetone-Butanol-Ethanol (ABE)-Diesel blends under low ambient temperature. Fuel 142:109–116

[4.102] Schröder J, Naumann K (2022) Monitoring erneuerbarer Energien im Verkehr. DBFZ, Leipzig

[4.103] EG-Direktive 85/536/ Council Directive 85/536/EEC of 5 December 1985 on crude-oil savings through the use of substitute fuel components in petrol

[4.104] Kaltschmitt M, Reinhardt GA (Hrsg) (1997) Nachwachsende Energieträger – Grundlagen, Verfahren, ökologische Bilanzierung. Vieweg, Braunschweig / Wiesbaden

[4.105] Menrad H, König A (1982) Alkoholkraftstoffe. Springer, Wien, New York

[4.106] Funk H, Schmoltzi M (1985) Technische und ökonomische Aspekte der Verwendungsalternativen von Äthanol im Kraftstoffsektor IflM Arbeitsbericht, Bd 85/3. Institut für landwirtschaftliche Marktforschung, Bundesforschungsanstalt für Landwirtschaft, Braunschweig-Völkenrode

[4.107] Nierhauve B (1986) Ethanol – Beimischung zu Kraftstoffen. In: Informationen für die Landwirtschaft, Kolloquium „Kurzfristige Möglichkeiten zum Einsatz nachwachsender Rohstoffe". Ministerium für Ernährung, Landwirtschaft, Umwelt und Forsten, Stuttgart

[4.108] Gairing M (1986) Ethanol – Einsatz in Fahrzeugmotoren aus der Sicht der Automobilindustrie. Kolloquium „Kurzfristige Möglichkeiten zum Einsatz nachwachsender Rohstoffe". Ministerium für Ernährung, Landwirtschaft, Umwelt und Forsten, Stuttgart

[4.109] Stout BA (1990) Handbook of Energy for World Agriculture. Elsevier, London, New York

[4.110] Kadam KL, Camobreco VJ, Glazebrook BE, Forrest LH, Jacobson WA, Simeroth DC, Blackburn WJ, Nehoda KC (1999) Environmental Life Cycle Implications of Fuel Oxygenate Production from California Biomass. National Renewable Energy Laboratory, Colorado, USA

[4.111] Jalonetsky A (2022) Brazilian Automotive Industry Yearbook. ANFAVEA

[4.112] Moran-Salazar RG, Sanchez-Lizarraga AL, Rodriguez-Campos J, Davila-Vazquez G, Marino-Marmolejo EN, Dendooven L, Contreras-Ramos SM. Utilization of vinasses as soil amendment: consequences and perspectives. Springerplus. 2016 Jul 7;5(1):1007. https://doi.org/10.1186/s40064-016-2410-3. PMID: 27441131; PMCID: PMC4937036.

[4.113] Marafon AC, Salomon KR, Amorim ELC, Peiter FS (2020) Use of sugarcane vinasse to biogas, bioenergy, and biofertilizer production. In: Sugarcane Biorefinery, Technology and Perspectives. Elsevier, pp 179–194

[4.114] Janke L, Leite AF, Batista K, et al (2016) Enhancing biogas production from vinasse in sugarcane biorefineries: Effects of urea and trace elements supplementation on process performance and stability. Bioresource Technology 217:10–20. https://doi.org/10.1016/j.biortech.2016.01.110

[4.115] Matthes F (1995) Bewertung von Schlempe als Bodendünger. Handbuch für die Brennerei- und Alkoholindustrie 42:393–402

[4.116] Thomann R, Schneeweiß R (2010) Abschlussbericht Verbundvorhaben: Bioethanolverfahren mit thermischer Tresternutzung – Grundlagen neue Vermahlung / Vergärung, Institut für Lebensmittel und Umweltforschung e. V., Nuthetal

[4.117] Palmarola-Adrados B, Choteborská P, Galbe M, Zacchi G (2005) Ethanol production from non-starch carbohydrates of wheat bran. Bioresource Technology 96:843–850

[4.118] Sayaslan A (2004) Wet-milling of wheat flour: industrial processes and small-scale test methods. LWT – Food Science and Technology 37:499–515. https://doi.org/10.1016/j.lwt.2004.01.009

[4.119] Zhang R, Ma S, Li L, et al (2021) Comprehensive utilization of corn starch processing by-products: A review. Grain & Oil Science and Technology 4:89–107. https://doi.org/10.1016/j.gaost.2021.08.003

[4.120] Gröngröft A, Costa de Paiva G, Hauschild S, et al (2021) Retrofitting of an existing bioethanol plant for the production of sustainable aviation fuel (SAF). BIOFIT Project

[4.121] Pérez ER, Cardoso DR, Franco DW (2001) Análise dos álcoois, ésteres e compostos carbonílicos em amostras de óleo fúsel. Quím Nova 24:10–12. https://doi.org/10.1590/S0100-40422001000100003

[4.122] Mirza N, Kearns D (2022) State of the art: CCS technologies 2022. Global CCS Institute

[4.123] Fernandez Pales A, Remme U (2019) Exploring Clean Energy Pathways: The role of CO2 storage. IEA, Paris

[4.124] Cavalett O, Cherubini F, Olsson O (2021) Bio-CCS in the cement sector: an overview of technology options and policy tools. IEA Bioenergy

[4.125] EBTP/ZEP Joint Taskforce (2012) Biomass with CO2 Capture and Storage (Bio-CCS) – The way forward for Europe. EBTP – ZEP

[4.126] CropEnergies (2024) Firmeninformationen, https://www.cropenergies.com/de/ abgerufen am 21.03.2024

[4.127] Tena M, Buller LS, Sganzerla WG, et al (2022) Techno-economic evaluation of bioenergy production from anaerobic digestion of by-products from ethanol flex plants. Fuel 309:122171. https://doi.org/10.1016/j.fuel.2021.122171

[4.128] Alcantara GU, Nogueira LC, Stringaci LDA, et al (2020) Brazilian "Flex Mills": Ethanol from Sugarcane Molasses and Corn Mash. Bioenerg Res 13:229–236. https://doi.org/10.1007/s12155-019-10052-3

[4.129] Sumikawa VIO, Medeiros De Lima A (2021) Technoeconomic Evaluation of a Flex Ethanol Plant of Sugarcane and Corn in Brazil. Chem Eng & Technol 44:2147–2158. https://doi.org/10.1002/ceat.202100177

[4.130] Kreipe H (1981) Getreide und Kartoffelbrennerei, Handbuch der Getränketechnologie. Eugen Ulmer, Stuttgart

[4.131] Senn T (2003) Produktion von Bioethanol als Treibstoff unter dem Aspekt der Energie-, Kosten- und Ökobilanz. FVS Fachtagung 2003, S 87–98

[4.132] Clariant International Ltd (2023) Firmeninformation https://www.clariant.com/de/Corporate abgerufen am 21.03.2023

[4.133] Clariant International Ltd (2023) Erfolgreicher LIGNOFLAG-Projektabschluss: EU-geförderte kommerzielle Großanlage produziert Bioethanol aus Agrarreststoffen. Clariant, Planegg

[4.134] Clariant International Ltd (2023) Communication Package Sunliquid https://www.clariant.com/de/Corporate abgerufen am 21.03.2023

[4.135] Hortsch R, Corvo P (2020) The Biorefinery Concept: Producing Cellulosic Ethanol from Agricultural Residues. Chemie Ingenieur Technik 92:1803–1809. https://doi.org/10.1002/cite.202000203

[4.136] Tolan JS (2002) Iogen's process for producing ethanol from cellulosic biomass. Clean Techn Environ Policy 3:339–345. https://doi.org/10.1007/s10098-001-0131-x

[4.137] Robak K, Balcerek M (2020) Current state-of-the-art in ethanol production from lignocellulosic feedstocks. Microbiological Research 240:126534. https://doi.org/10.1016/j.micres.2020.126534

[4.138] Macrelli S, Mogensen J, Zacchi G (2012) Techno-economic evaluation of 2nd generation bioethanol production from sugar cane bagasse and leaves integrated with the sugar-based ethanol process. Biotechnol Biofuels 5:22. https://doi.org/10.1186/1754-6834-5-22

[4.139] Santos F, Eichler P, De Queiroz JH, Gomes F (2020) Production of second-generation ethanol from sugarcane. In: Sugarcane Biorefinery, Technology and Perspectives. Elsevier, 195–228

[4.140] Confederation of european paper industries (CEPI) (2018) Key statistics 2018 – European pulp & paper industry

[4.141] Petersen AM, Haigh K, Görgens JF (2014) Techno-economics of integrating bioethanol production from spent sulfite liquor for reduction of greenhouse gas emissions from sulfite pulping mills. Biotechnol Biofuels 7:169. https://doi.org/10.1186/s13068-014-0169-8

[4.142] Rutz D, Janssen R, Reumerman P, et al (2022) Technische Optionen für die Umrüstung und Nachrüstung von Industrien mit Bioenergie, 2. Aufl. WIP Renewable Energies, München

[4.143] IEA Bioenergy, Task 39 (abgerufen 2023) Database on facilities for the production of advanced liquid and gaseous biofuels for transport. https://demoplants.best-research.eu/

[4.144] ST1 (2023) Firmeninformation

[4.145] Pitkänen P, Turpeinen V (2018) Creating New Business from Waste-Based Advanced Ethanol. st1

[4.146] Kravanja P (2013) Bioethanol production from lignocellulosic biomass – Process simulation, integration and validation. Dissertation, TU Wien

[4.147] Tolan JS (2006) Iogen's Demonstration Process for Producing Ethanol from Cellulosic Biomass. In: Kamm B, Gruber PR, Kamm M (Hrsg.) Biorefineries – Industrial Processes and Products, 1. Aufl. Wiley-VCH Verlag, Weinheim

Biogaserzeugung 5

Christiane Dieckmann, Martin Kaltschmitt, Jörg Kretzschmar, Jan Liebetrau, Saskia Oldenburg, Marco Ritzkowski, Marvin Scherzinger, Frank Scholwin, Jana Schultz und Sören Weinrich

Die Erzeugung von Biogas aus Rückständen, Nebenprodukten und Abfällen einerseits sowie aus nachwachsenden Rohstoffen andererseits ist eine weitere Option zur Biomassekonversion. Biogas bzw. das daraus gewinnbare Biomethan zeichnet sich durch eine vergleichsweise großtechnisch einfach umsetzbare Erzeugung und durch eine hohe Flexibilität in Bezug auf mögliche Nutzungsoptionen im Energie- bzw. Wirtschaftssystem aus; d. h., ein Einsatz im Wärme-, Strom- und Kraftstoffmarkt sowie als Rohstoff für beispielsweise die chemische Industrie ist problemlos mit vorhandener Technik möglich.

Im Folgenden werden zunächst die biochemischen Grundlagen der anaeroben Vergärung zur Erzeugung von Biogas beschrieben. Vor dem Hintergrund der daraus resultierenden Anforderungen und Randbedingungen für eine verfahrenstechnische Umsetzung werden anschließend die einzelnen Teilprozesstechniken sowie deren Kombinationsmöglichkeiten anhand von ausgewählten Anwendungsbeispielen dargestellt. Mit dem Ziel einer möglichst effizienten Nutzung der eingesetzten Biomasse werden abschließend neben den Verwendungsoptionen für Biogas bzw. Biomethan auch die stofflichen und / oder energetischen Nutzungskonzepte der weiteren Gärprodukte erläutert.

Autoren in alphabetischer Reihenfolge mit Beiträgen zum Kapitel; die Autorenzuordnung geht aus den einzelnen Unterkapiteln hervor.

Christiane Dieckmann, Martin Kaltschmitt, Saskia Oldenburg, Marco Ritzkowski, Marvin Scherzinger, Jana Schultz, Hamburg, Deutschland
Jörg Kretzschmar, Jan Liebetrau, Sören Weinrich, Leipzig, Deutschland
Frank Scholwin, Weimar, Deutschland

M. Kaltschmitt, M. Scherzinger, J. Gescher (Hrsg.), *Energie aus Biomasse*, Energie aus Biomasse 3, https://doi.org/10.1007/978-3-658-41386-6_5

5.1 Grundlagen

Marvin Scherzinger, Jana Schultz, Saskia Oldenburg (Mitautorin Kapitel 5.1.2.1), Jan Liebetrau (Mitautor Kapitel 5.1.2.2), Sören Weinrich (Mitautor Kapitel 5.1.2.2), Christiane Dieckmann und Martin Kaltschmitt

Ausgehend von den in Kapitel 4 und 5 (Band 1) diskutierten und für eine Biogaserzeugung prinzipiell einsetzbaren organischen Stoffen werden im Folgenden die biochemischen Grundlagen der anaeroben Fermentation dargestellt. Anschließend werden für die Substrat- und Prozesscharakterisierung wesentliche Größen beschrieben. Auch wird auf die Grundlagen der Prozesskinetik im Biogasfermenter sowie die entsprechenden relevanten Prozess(kenn)größen eingegangen.

5.1.1 Anaerober Abbau

Bei der Methanbildung bauen Mikroorganismen organische Substanzen in einem sauerstofffreien Milieu unter Freisetzung eines wasserdampfgesättigten Gases (hier: Biogas) ab. Dieses Gasgemisch besteht im Wesentlichen aus Methan (CH_4) und Kohlenstoffdioxid (CO_2). Weitere Bestandteile neben Wasserdampf sind Spurengase wie u. a. Stickstoff, Sauerstoff, Wasserstoff, Schwefelwasserstoff und Ammoniak.

Dieses Biogas wird natürlicherweise von anaeroben Mikroorganismen beispielsweise in Mooren, Sedimenten, Böden und im Pansen von Wiederkäuern erzeugt. Aber auch in anthropogenen Systemen wie Festmistlagerstätten, Güllegruben oder Hausmülldeponien findet eine derartige mikrobielle Biogas-/Methanbildung statt. In Biogas- und Klärgasanlagen werden diese anaeroben Gärungsprozesse technisch umgesetzt und mit einer möglichst hohen Effizienz ein energetisch / technisch nutzbares Biogas erzeugt.

Dieser anaerobe Abbau organischen Materials wird durch ein komplexes Netzwerk mikrobieller Lebensgemeinschaften (Biozönose) realisiert, in dem die Mikroorganismen in unterschiedlichen Beziehungen und Abhängigkeiten zueinander stehen. Die Diversität der Mikroorganismen nimmt über die Stufen des anaeroben Abbaus ab und damit ihre Spezialisierung entsprechend zu. Die verschiedenen phylogenetischen Gruppen weisen dabei individuelle Aktivitäten und Wachstumsgeschwindigkeiten auf. Dies hat zur Folge, dass die Geschwindigkeit des Gesamtabbaus durch die mikrobiologische Gruppe mit der niedrigsten Gesamtaktivität bestimmt wird.

Bei Verwendung von stapelbaren bzw. stichfesten Substraten ist die Hydrolyse oft der die Abbaugeschwindigkeit bestimmende Schritt. Vor allem Cellulose und Hemicellulose (Kapitel 2, Band 3), die häufig in pflanzlichen Substraten vorkommen, können nur vergleichsweise langsam hydrolysiert werden.

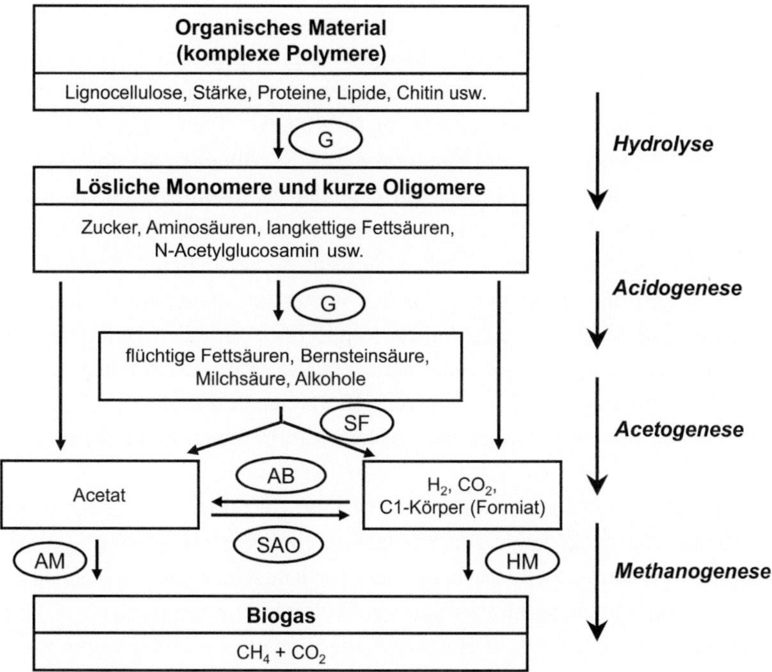

Abb. 5.1 Anaerober Abbau von organischem Material zu Biogas (G Gärer; AB acetogene Bakterien; SF sekundäre Fermentierer; SAO syntrophe Acetatoxidierer; AM acetoklastische Methanogene; HM hydrogenotrophe Methanogene)

Im Fall von Lignocellulose ist der Abbau zusätzlich erschwert. Ein anaerober Abbau von Lignin ist nicht bekannt bzw. aus biologischen Gründen (bisher) nicht möglich und die abbaubaren Substanzen Cellulose und Hemicellulose sind in einem Ligningerüst eingebaut und somit für hydrolytische Bakterien nur schwer zugänglich.

Wenn große Mengen an leicht abbaubaren Verbindungen vorliegen (z. B. in Abwässern von Brennereien oder Molkereien, in Küchenabfällen, in einigen nachwachsenden Rohstoffen), kann die acetoklastische Methanbildung zum bestimmenden Schritt für die Geschwindigkeit werden, da die Wachstumsgeschwindigkeiten der syntrophen Bakterien und der Methanbildner im Vergleich zu den Gärern niedriger sind [5.1].

Beim Substratabbau wird durch die Vermehrung der Mikroorganismen aktive Biomasse neu gebildet. Der Anteil des Substrats, der in Mikroorganismen-Biomasse umgewandelt wird, wird sehr unterschiedlich quantifiziert; für die einzelnen am Abbau beteiligten Gruppen schwanken die Angaben zwischen 3 und 10 %.

Nachfolgend werden die verschiedenen voneinander abhängigen metabolischen Schritte der anaeroben Vergärung, die in Abb. 5.1 dargestellt sind, detaillierter beschrieben.

Hydrolyse. In einem ersten Schritt, der Hydrolyse (Abb. 5.1), wird das Gärsubstrat, welches aus unlöslichen komplexen polymeren Verbindungen (z. B. Polysaccharide, Lipide, Proteine) besteht, von hydrolytischen Bakterien enzymatisch in seine oligomeren und schließlich dimeren und monomeren Einheiten (u. a. Zucker, Fettsäuren, Glycerin, Aminosäuren) zerlegt [5.2]. Die wichtigste Funktion dieses Schrittes ist, die unlöslichen organischen Verbindungen, die von der Pflanze im Zuge der Photosynthese und der nachfolgenden biochemischen Weiterverarbeitungsprozesse gebildeten Makromoleküle, in kleinere Bestandteile zu zersetzen / zerlegen, sodass diese in wasserlöslicher Form vorliegen. So können sie von bestimmten Mikroorganismen weiter abgebaut und in deren Zellstoffwechsel als Energiequelle bzw. zur Synthese von Zellbestandteilen genutzt werden [5.2]. Die Hydrolyse gilt für Lignocellulose-haltige Biomasse als der die Abbaugeschwindigkeit bestimmende Schritt der anaeroben Vergärung [5.3]. Generell läuft der Abbau von Cellulose und Hemicellulose im Vergleich zum Abbau von Proteinen und Fetten langsamer ab [5.4].

Mikroorganismen bilden sogenannte Exo-Enzyme, die außerhalb der eigentlichen Zellen große organische Makromoleküle in kleinere Einheiten aufspalten können. Einige Mikroorganismen bilden Exo-Enzyme, die verschiedene Makromoleküle spalten können, und andere sind auf ganz bestimmte Makromolekularstrukturen spezialisiert. Dazu gehören beispielsweise saccharolytische Bakterien, die Enzyme zur Aufspaltung von Zuckern produzieren, sowie proteolytische Bakterien, die Biokatalysatoren zum Spalten von Proteinen bereitstellen können [5.2], [5.4]. Hierbei gibt es wiederum jeweils unterschiedliche Exo-Enzyme bzw. Gruppen von Exo-Enzymen, die geeignet sind, die verschiedenen Zucker, Proteine usw. aufzuspalten.

Zu den wichtigsten hydrolytischen Enzymen – die unter dem Begriff Hydrolasen zusammengefasst werden können – gehören Proteasen, Cellulasen, Hemicellulasen, Amylasen, Lipasen und Pektinasen. Entsprechend ihrer Bezeichnung sind diese für den Abbau von den jeweiligen spezifischen Makromolekülen geeignet [5.4]. Die Substratklassen und die jeweiligen Abbauprodukte der Enzymgruppen zeigt Tabelle 5.1.

Diese Exo-Enzyme werden von den Mikroorganismen entweder in die umgebende Flüssigkeit abgegeben oder an der Membranaußenseite der Bakterienzelle angereichert

Tabelle 5.1 Gruppen hydrolytischer Enzyme und deren Substrate sowie Abbauprodukte [5.4], [5.5]

Biopolymer	Enzymgruppe	Produkte der Hydrolyse (Monomere)
Polysaccharide		
Cellulose	Cellulasen	Glucose
Hemicellulose	Hemicellulasen	Xylose, Arabinose, Glucose, Mannose, Galactose u. a.
Stärke	Amylasen	Glucose
Pektin	Pektinasen	Galacturonsäure, Galactose, Arabinose, Xylose
Fette	Lipasen	Fettsäuren, Glycerin
Proteine	Proteasen	Oligopeptide, Dipeptide und Aminosäuren

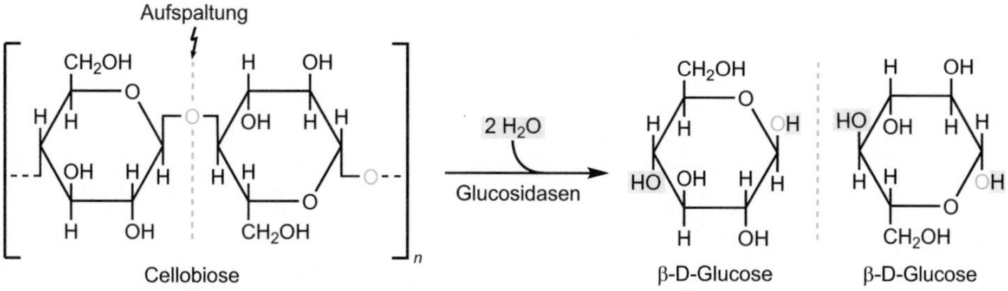

Abb. 5.2 Enzymatische Hydrolyse der Cellulose zu Glucose (nach [5.7])

[5.4]; letztere werden dann teilweise als große Enzymkomplexe (z. B. Cellulosome) in die Umgebung abgegeben.

Die Abbauprodukte dieser Hydrolyse von organischen Makromolekülen sind wasserlöslich. Sie können dann über die Cytoplasmamembran in die Zelle transportiert werden [5.5].

Hydrolyse von Polysacchariden. Beim anaeroben Abbau von Polysacchariden (Cellulose, Hemicellulose, Stärke und Pektin) können die entsprechenden Enzymkomplexe zur Hydrolyse – beispielsweise die Cellulosome zum Abbau von Cellulose – sowohl von Bakterien als auch von Pilzen ausgeschieden werden. Diese haben die Eigenschaft, sich an das entsprechende Substrat binden zu können; dies begünstigt den Abbau der Polysaccharide [5.4], [5.6]. Diese Enzyme bewirken eine Aufspaltung der glycosidischen Bindungen zwischen den monomeren und dimeren Bausteinen der Polysaccharide. Beispielsweise wird Cellulose durch Cellulasen zunächst in Cellobiose und diese wiederum durch das Enzym Glucosidase (auch: Cellobiase) in Glucose gespalten. Den Reaktionsmechanismus zeigt Abb. 5.2 beispielhaft für die Hydrolyse von Polysacchariden. Dabei wird unter Aufwendung von einem Wassermolekül je Molekül Glucose die Bindung zwischen den Glucosemolekülen aufgespalten. Da Hemicellulose aus verschiedenen Monomeren aufgebaut ist, werden zu deren Abbau verschiedene Enzyme gebraucht. Die Hauptkomponente Xylose wird dabei gebildet, indem Xylanasen zunächst Xylobiose und anschließend Xylose bilden. Stärkemoleküle werden durch verschiedene Enzyme – Amylasen, Glucoamylasen und Pullulanasen – aufgespalten. Zu den Pektinasen gehört beispielsweise die Polygalacturonase, durch die der Hauptbestandteil von Pektinen – das Monomer Galacturonsäure – abgespalten wird [5.5]. Die monomeren Bestandteile, die durch den Abbau der Polysaccharide entstehen, sind u. a. Cellobiose, Glucose, Fructose, Xylose, Arabinose, Mannose, Galactose und Galacturonsäure. Sie werden zunächst in die Zellen der Mikroorganismen aufgenommen [5.5]. Der weitere Abbau der Monomere zu niedermolekularen organischen Säuren ist Teil der Acidogenese.

Hydrolyse von Proteinen. Die Peptidbindungen von Proteinen werden durch Proteasen und Peptidasen aufgespalten. Produkte dieser Prozesse sind Oligopeptide, Dipeptide und

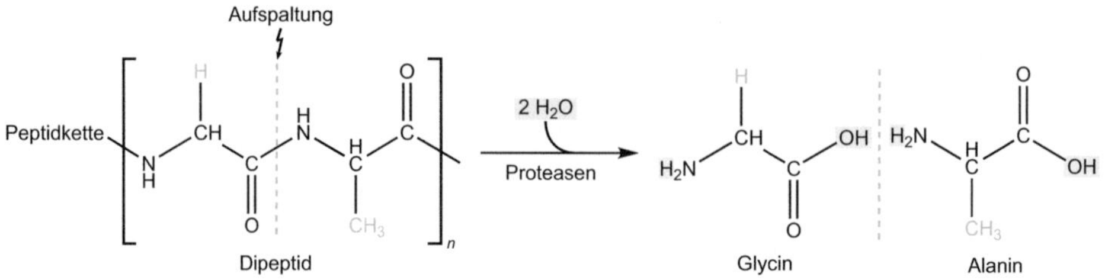

Abb. 5.3 Enzymatische Hydrolyse von Proteinen zu Aminosäuren (hier Glycin und Alanin) (nach [5.7])

Aminosäuren [5.5]. Abbildung 5.3 zeigt eine derartige Abspaltung der Aminosäuren Glycin und Alanin durch Proteasen; hierbei wird ein Wassermolekül pro Aminosäurebaustein benötigt. Handelt es sich bei dem Ausgangsmolekül um ein Glycoprotein, entstehen bei dessen Abbau ebenfalls Kohlenhydrate bzw. Zucker [5.4]. Die entstandenen Monomere werden dann in die Zellen transportiert [5.5], wo wiederum organische Säuren gebildet werden (Acidogenese).

Hydrolyse von Fetten. Esterbindungen von Lipiden (u. a. Fette, Öle, Wachse) werden durch Lipasen in der Regel an Wasser-Lipid-Grenzschichten von Emulsionen hydrolysiert. Produkte dieser Hydrolyse von Fetten (Triglyceriden) sind Fettsäuren und Glycerin (Abb. 5.4) [5.5]. Dabei werden pro Triglyceridmolekül drei Wassermoleküle benötigt und es werden drei positiv geladene Wasserstoffionen (H^+) gebildet. Die Aufnahme in die Zelle erfolgt im Fall von langkettigen Fettsäuren durch Permeasen. In der Zelle findet danach, wie im Fall der Zucker und Aminosäuren, die Acidogenese statt [5.5].

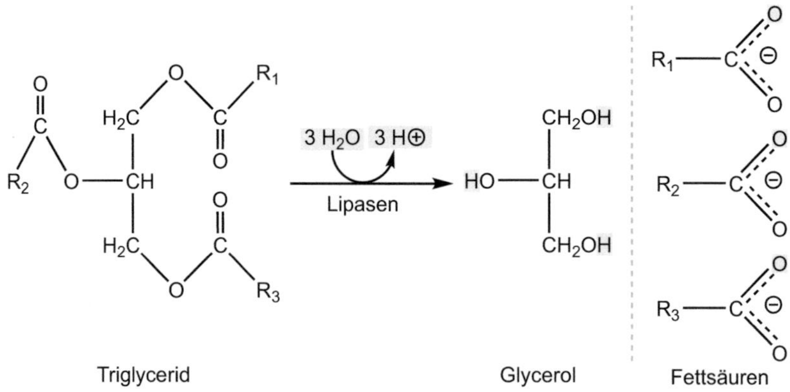

Abb. 5.4 Enzymatische Hydrolyse von Fetten (Triglyceriden) zu Glycerin und Fettsäuren (nach [5.7])

Acidogenese (Säurebildung). In einem zweiten Schritt der Biogasbildung (Abb. 5.1) werden die wasserlöslichen Hydrolyseprodukte über die Cytoplasmamembran – weniger häufig auch durch eine Diffusion – in die Zellen der fermentativen Bakterien (Gärer [G] in Abb. 5.1) aufgenommen [5.8]. Im Zellinneren werden sie dann im Wesentlichen unter Bildung verschiedener niedermolekularer organischer Säuren (vor allem Essigsäure, Propionsäure, Bernsteinsäure, n-Buttersäure, Milchsäure) bzw. deren Salze und / oder von Alkoholen, Kohlenstoffdioxid und Wasserstoff vergoren bzw. weiter aufgespalten. Die Gärungen resultieren dabei nicht immer in einem direkten Abbau der Substrate bis zu dem genannten Gärungsendprodukt; beispielsweise kann durch mikrobielle Kettenverlängerungen (Kapitel 6, Band 3) vorübergehend auch z. B. Butter- aus Essigsäure oder Valerian- aus Propionsäure gebildet werden. Dies führt insgesamt zu einem eher mäandernden als einem linearen Stoffwechselgeschehen im Rahmen der anaeroben Vergärung.

Die Diversität der bakteriellen Gärer ist hoch und kann mehrere Tausend verschiedene fakultativ und strikt anaerobe Arten, vor allem aus den Klassen *Clostridia*, *Bacteroidia*, *Gammaproteobacteria*, *Actinobacteria* und *Bacilli*, umfassen.

Acidogenese von Glucose und weiteren Monosacchariden. Glucose wird im Rahmen des glycolytischen Abbaus (Glycolyse) zu Pyruvat abgebaut. Pyruvat ist das zentrale Abbauprodukt dieses Stoffwechselweges [5.5]. Die entsprechende Reaktion lässt sich anhand der Summen-Reaktionsgleichung (5.1) beschreiben (NAD Nicotinamid-Adenin-Dinukleotid [oxidierte Form], NADH/H$^+$ Nicotinamid-Adenin-Dinukleotid [oxidierte Form], Nicotinamid-Adenin-Dinukleotid [reduzierte Form], ADP Adenosindiphosphat, ATP Adenosintriphosphat); dabei läuft die eigentliche Reaktion in mehreren Einzelschritten ab [5.9]. Das entstandene Pyruvat wird von verschiedenen Mikroorganismen wiederum zu diversen niedermolekularen organischen Säuren wie Essigsäure (bzw. Acetat), Milchsäure (bzw. Laktat) oder Propionsäure oder zu Ethanol abgebaut [5.5]. Welche Produkte bevorzugt gebildet werden, hängt u. a. vom Wasserstoffpartialdruck, dem pH-Wert und der Temperatur ab [5.7], [5.10]–[5.14]. Wichtige Stoffwechselwege zeigt Tabelle 5.2 [5.5], [5.7].

$$\text{Glucose} + 2\,\text{NAD}^+ + 2\,\text{ADP} + 2\,\text{P}_\text{i} \rightarrow 2\,\text{Pyruvat} + 2\,\text{NADH/H}^+ + 2\,\text{ATP} \qquad (5.1)$$

Glucose ist nur eines von vielen Monosacchariden, welche durch die Hydrolyse von komplexen Kohlenhydraten entstehen können. Andere Monosaccharide wie Fructose, Mannose oder Galactose werden so umgewandelt, dass sie als Zwischenprodukt des Glucoseabbaus (Glycolyse) denselben Abbauweg durchlaufen können wie die Glucose (Abb. 5.5) [5.9].

Acidogenese von Aminosäuren. Aminosäuren entstehen sowohl bei der Hydrolyse von Proteinen als auch bei der Hydrolyse von Peptiden und Oligopeptiden. Nach Aufnahme in die Zelle findet zunächst die Desaminierung bzw. in einigen Fällen die Transaminierung, gefolgt von der Desaminierung, statt. Bei der Transaminierung wird die Aminogrup-

Tabelle 5.2 Verschiedene Gärwege der Umwandlung von Pyruvat zu organischen Säuren

Gärweg	Reaktionsgleichung
Alkoholische Gärung	2 Pyruvat + 2 $NADH/H^+ \rightarrow$ 2 Ethanol + 2 CO_2 + 2 NAD^+
Homofermentative Milchsäuregärung	2 Pyruvat + 2 $NADH/H^+ \rightarrow$ 2 Laktat + 2 NAD^+
Heterofermentative Milchsäuregärung	2 Pyruvat + 2 $NADH/H^+ \rightarrow$ Laktat + Ethanol + CO_2 + 2 NAD^+
Gemischte Säuregärung	2 Pyruvat + 2 $NADH/H^+ \rightarrow$ Acetat + Ethanol + 2 CO_2 + 2 H_2 + 2 NAD^+
Buttersäuregärung	2 Pyruvat + 2 $NADH/H^+ \rightarrow$ Buttersäure + 2 CO_2 + 2 H_2 + 2 NAD^+
Butanolgärung	2 Pyruvat + 2 $NADH/H^+ \rightarrow$ Buttersäure + 2 $NADH/H^+$ $\rightarrow$ Butanol + 2 NAD^+
Propionsäuregärung	3 Pyruvat + 3 $NADH/H^+ \rightarrow$ 2 Propionsäure + Acetat + CO_2 + 3 NAD^+
Homoacetatgärung	2 Pyruvat + 2 $NADH/H^+ \rightarrow$ 3 Acetat + 2 NAD^+

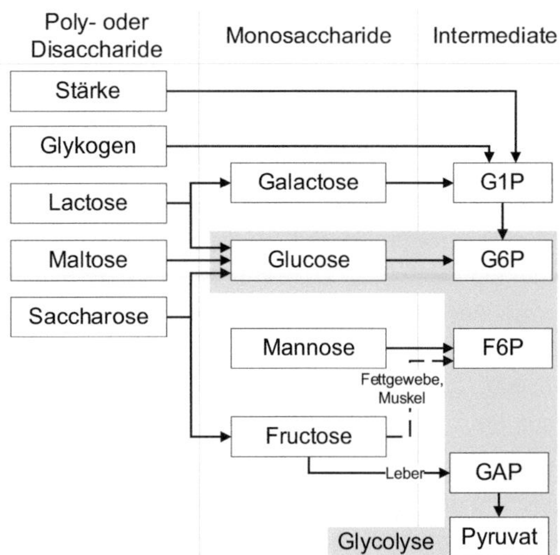

Abb. 5.5 Aus Monosacchariden werden Zwischenprodukte der Glycolyse (in der Darstellung grau hinterlegt) gebildet, welche dann den Abbauweg der Glycolyse durchlaufen (G1P Glucose-1-Phosphat; G6P Glucose-6-Phosphat; F6P Fructose-6-Phosphat; GAP Glycerinaldehyd-3-Phosphat) (nach [5.9])

pe zunächst auf ein anderes Molekül übertragen. Die Desaminierung kann als oxidative Desaminierung, hydrolytische Desaminierung oder desaturative Desaminierung der Aminosäuren erfolgen. Ein weiterer diesbezüglicher Reaktionsweg ist die Stickland-Reaktion, bei der eine Aminosäure oxidativ und eine andere Aminosäure reduktiv desaminiert werden. Dabei wird jeweils die Aminogruppe der Aminosäure abgespalten und es entsteht Ammoniak [5.5], [5.7], [5.9]. Diese entsprechenden Reaktionsmechanismen werden im Folgenden näher beleuchtet.

- Transaminierung. Bei der Transaminierung wird die Aminogruppe der Aminosäure zunächst durch das Enzym Transaminase (mit Coenzym Pyridoxalphospat) auf ein α-Ketoglutarat-Molekül übertragen. Es entstehen eine α-Ketosäure (aus der Aminosäure ohne die Aminogruppe) und Glutamat (enthält nach der Reaktion die Aminogruppe).

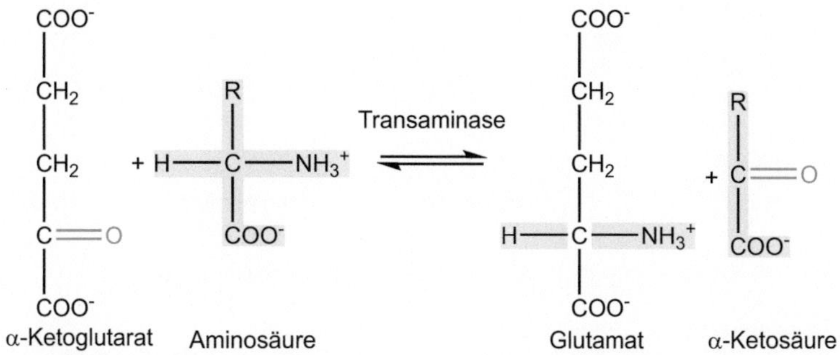

Abb. 5.6 Transaminierung einer Aminosäure durch die Übertragung der Aminogruppe auf α-Ketoglutarat unter Bildung von Glutamat und eine α-Ketosäure (nach [5.9])

Diese reversible Reaktion ist in Abb. 5.6 allgemeingültig für Aminosäuren dargestellt. Beispielhaft beschreibt Gleichung (5.2) die Transaminierung von Alanin zu Pyruvat [5.9].

$$\alpha\text{-Ketoglutarat} + \text{Alanin} \leftrightarrow \text{Pyruvat} + \text{Glutamat} \tag{5.2}$$

- Oxidative Desaminierung. Da in der Transaminierung die Aminogruppe nicht abgespalten, sondern nur übertragen wurde, ist eine weitere Desaminierung erforderlich. Dazu wird beispielsweise im Fall des Glutamats die Aminogruppe über eine oxidative Desaminierung abgespalten. Dabei wird ein $NAD(P)^+$ unter Freisetzung von Ammonium verbraucht (NADP Nicotin-Amidadenin-Dinukleotid-Phosphat). Über diesen Mechanismus wird außerdem das α-Ketoglutarat regeneriert, das für die Transaminierung erforderlich ist [5.9]. Diese Reaktion zeigt Abb. 5.7. Die oxidative Desaminierung spielt auch für den Abbau weiterer Aminosäuren eine Rolle und lässt sich allgemein nach Gleichung (5.3) beschreiben [5.15].

$$\text{A-Aminosäure} + NAD(P)^+ + H_2O \rightarrow \alpha\text{-Ketosäure} + NH_4{}^+ + NAD(P)H + H^+ \tag{5.3}$$

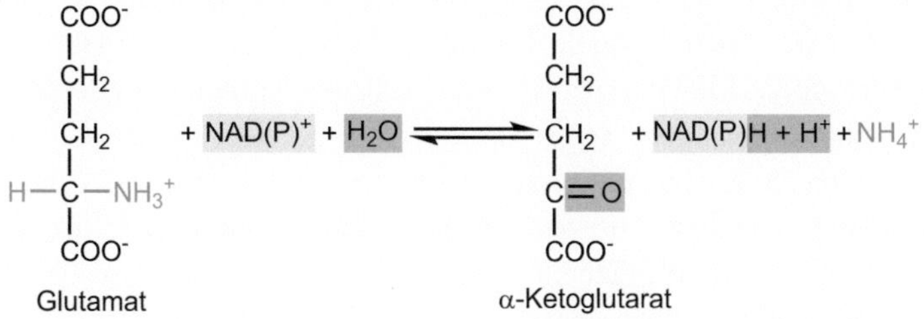

Abb. 5.7 Oxidative Desaminierung von Glutamat zu α-Ketoglutarat (nach [5.9])

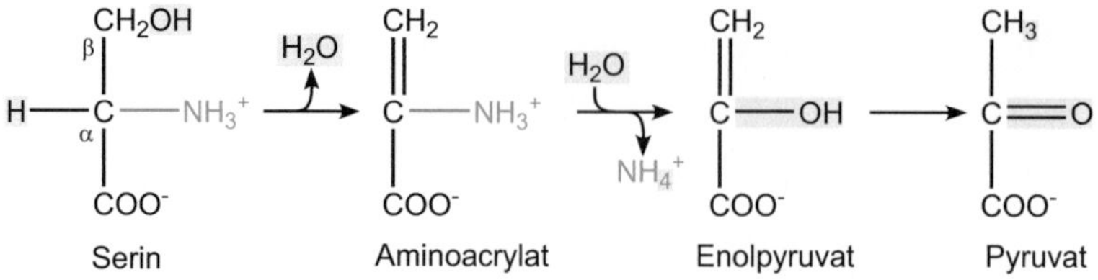

Abb. 5.8 Hydrolytische Desaminierung von Serin zu Pyruvat (nach [5.9])

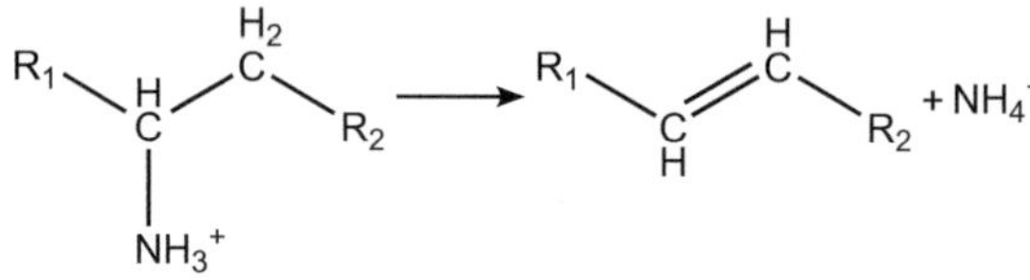

Abb. 5.9 Desaturative Desaminierung einer Aminosäure unter Bildung einer Doppelbindung und Freisetzung von NH_4^+ (nach [5.15])

- Hydrolytische Desaminierung. Die Aminogruppen der Aminosäuren Serin und Threonin werden beispielsweise durch eine hydrolytische Desaminierung von den Molekülen abgespalten. Dabei wird zunächst ein Wassermolekül von der Aminosäure abgetrennt. Mithilfe eines weiteren Wassermoleküls wird dann die Aminogruppe abgespalten und an diese Stelle eine OH-Gruppe in das Molekül eingebaut. Diesen Mechanismus zeigt Abb. 5.8 für Serin. Das entstandene Enolypyruvat wird in einem weiteren Reaktionsschritt durch eine Isomerisierung zu Pyruvat umgewandelt [5.9].
- Desaturative Desaminierung. Bei der desaturativen Desaminierung wird während der Abspaltung der Aminogruppe (Freisetzung von NH_4^+) eine Doppelbindung zwischen zwei C-Atomen der Aminosäure gebildet (Abb. 5.9).
- Stickland-Reaktion. Die Stickland-Reaktion beschreibt die oxidative Desaminierung einer Aminosäure und die gleichzeitige reduktive Desaminierung einer weiteren Aminosäure. Diesen Mechanismus zeigt beispielhaft für Alanin und Glycin Abb. 5.10. Zunächst wird demnach Alanin zu Pyruvat oxidativ desaminiert; dabei wird ein Glycin-Molekül reduktiv desaminiert. Das Pyruvat wird in der Decarboxylierung weiter zu Acetyl-CoA (enzymatisch aktivierte Form des Acetats bzw. der Essigsäure) oxidiert, während ein weiteres Glycin-Molekül desaminiert wird. Über weitere Zwischenreaktionen werden beide Moleküle dann zu Acetat abgebaut [5.7]. Sind Sulfhydryl-Gruppen (SH-Gruppen) in der abzubauenden Aminosäure enthalten, wird bei der Molekülspaltung auch Schwefelwasserstoff gebildet [5.5]. Somit sind die Produkte der Acidogenese von Aminosäuren Ammoniak, H_2, H_2S / HS^- und CO_2 sowie die nachfolgend genannten kurzkettigen organischen Säuren bzw. deren Salze oder enzymatisch aktivierte Form (Tabelle 5.3):
  - Pyruvat (bzw. Brenztraubensäure),
  - Acetat (bzw. Essigsäure bzw. Acetyl-CoA, Thioester der Essigsäure mit CoA),
  - Acetoactly-CoA (wird durch die Acetyl-CoA-Transferase und Thiolase in zwei Acetyl-CoA zerlegt, das wiederum zu Acetat umgewandelt wird),

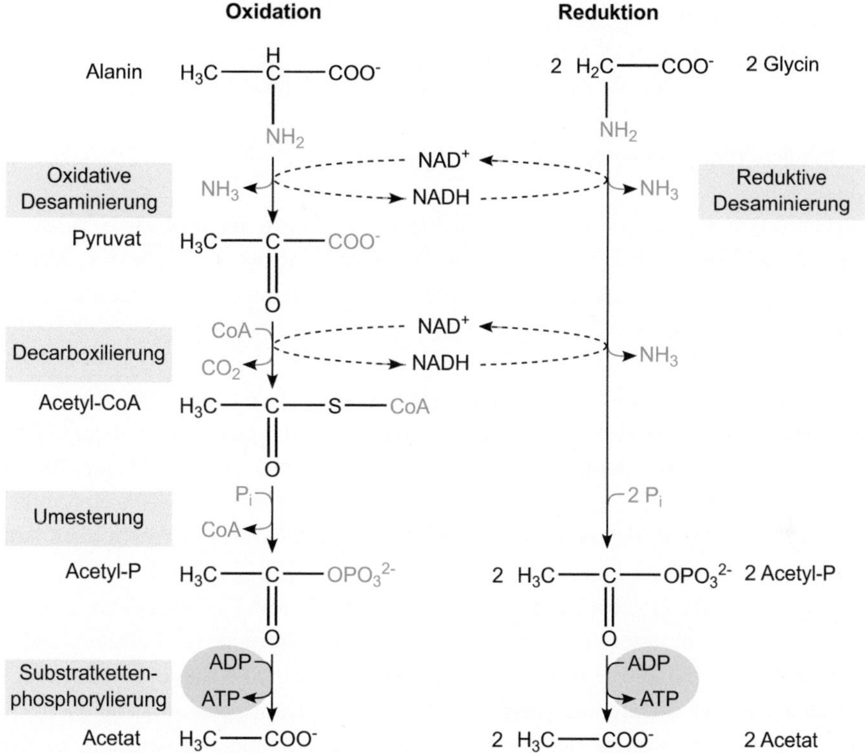

Abb. 5.10 Gemeinsame Desaminierung von Alanin und Glycin über die Stickland-Reaktion (nach [5.15], zitiert in [5.7])

Tabelle 5.3 Hauptprodukte der Desaminierung / Acidogenese von Aminosäuren nach Kettenlänge der Ausgangsmoleküle [5.9]

Ausgangssubstrat	C-Atome des Ausgangsmoleküls	Hauptprodukt der Acidogenese
Leucin	C_2	Acetat
Lysin	C_2	Acetat
Alanin, Serin, Cystein, Glycin	C_3	Pyruvat
Tryptophan	C_3	Pyruvat, Acetat
Aspartat	C_4	Oxalacetat, Fumarat
Asparagin	C_4	Oxalacetat
Phenylalanin, Tyrosin	C_4	Fumarat
Methionon, Valin	C_4	Succinat
Isoleucin	C_4	Succinat, Acetat
Threonin	C_4	Succinat, Pyruvat
Glutamat, Glutamin, Prolin, Arginin, Histidin	C_5	α-Ketoglutarat

- Oxalacetat (bzw. Oxalessigsäure),
- α-Ketoglutarat (bzw. α-Ketoglutarsäure),
- Succinat (bzw. Bernsteinsäure bzw. Succinyl-CoA, Thioester der Bernsteinsäure mit CoA) und
- Fumarat (bzw. Fumarsäure) [5.9].

Entstehen durch die Desaminierung Fettsäuren (längerkettig als Essigsäure / Acetat und Propionsäure / Propionat), können diese wie über eine β-Oxidation abgebaut werden (siehe unten) [5.5]. Für den Fall der Bildung von Pyruvat können die oben bereits beschriebenen Gärwege ablaufen.

Acidogenese von Fettsäuren. Langkettige Fettsäuren werden über die sogenannte β-Oxidation abgebaut. Abbauweg und Abbauprodukte hängen von der Anzahl der C-Atome und der Position der ungesättigten Doppelbindungen der Fettsäuren ab. Bei einer Fettsäure mit gerader Anzahl an C-Atomen handelt es sich bei dem Hauptstoffwechselprodukt um Essigsäure (Acetat). Im Fall einer ungeraden Anzahl an C-Atomen entsteht beim Abbau der Fettsäure neben Essigsäure auch Propionsäure [5.16], [5.17] (Abb. 5.11).

Zunächst wird die abzubauende Fettsäure durch die Acetyl-CoA-Synthetase aktiviert. Hierbei wird eine Thioesterbindung zwischen der Carboxylgruppe der Fettsäure und dem Co-Enzym CoA gebildet. Die Kohlenstoffkette der aktivierten Fettsäure wird dann im Reaktionskreislauf der β-Oxidation schrittweise abgebaut. Dabei laufen nacheinander vier Reaktionsschritte ab, welche sich bis zum vollständigen Abbau der Fettsäure zu Essigsäure und ggf. Propionsäure wiederholen. Zunächst wird im Rahmen der primären Oxidation (FAD-abhängige Oxidation, beteiligtes Enzym: Acyl-CoA-Dehydrogenase) unter Abspaltung von 2 H-Atomen (gleichzeitige Reduktion von FAD zu $FADH_2$) eine trans-Doppelbindung zwischen dem zweiten und dritten C-Atom der Fettsäure gebildet. Anschließend erfolgt eine Hydration (beteiligtes Enzym: Enoyl-CoA-Hydratase) dieser Doppelbindung am dritten C-Atom. Die am dritten C-Atom gebundene Hydroxygruppe wird durch einen weiteren Oxidationsschritt (NAD^+-abhängige Oxidation; beteiligtes Enzym: L-3-Hydroxyacyl-CoA-Dehydrogenase) zu einer Ketogruppe oxidiert (gleichzeitige Reduktion von NAD^+ zu $NADH/H^+$). Letztlich wird in der Thiolyse (beteiligtes Enzym: Thiolase) ein aktiviertes Essigsäuremolekül (Acetyl-CoA) abgespalten, wodurch sich die Kettenlänge der Fettsäure um zwei C-Atome verringert. Diese verkürzte Fettsäure durchläuft die vier beschriebenen Reaktionsschritte so lange, bis sich die Kettenlänge auf zwei C-Atome (Essigsäure) oder drei C-Atome (Propionsäure) reduziert hat [5.7], [5.9].

Acetogenese (Acetatbildung). Im dritten Schritt der Biogaserzeugung (Abb. 5.1) werden die verschiedenen Stoffwechselprodukte der vorangegangenen Abbaustufen weiter abgebaut. Dabei wird überwiegend Essigsäure (bzw. Acetat) gebildet, die ein Hauptsubstrat für die nachfolgend ablaufende Methanbildung darstellt. Obwohl der größte Teil der im anaeroben Abbau produzierten Essigsäure in der Phase der Acetogenese gebildet wird,

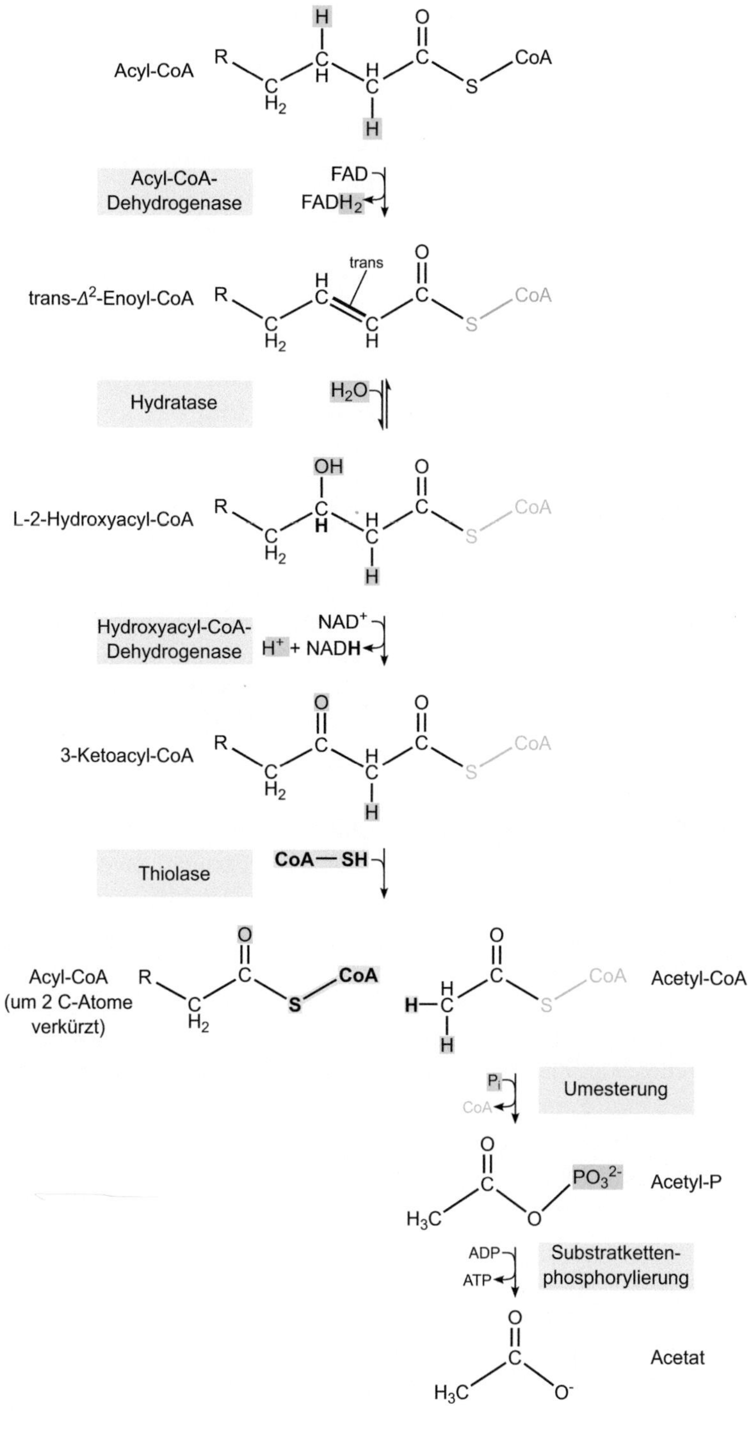

Acyl-CoA

Acyl-CoA-Dehydrogenase

FAD → $FADH_2$

trans-Δ^2-Enoyl-CoA

trans

Hydratase

H_2O

L-2-Hydroxyacyl-CoA

Hydroxyacyl-CoA-Dehydrogenase

NAD^+ → H^+ + NADH

3-Ketoacyl-CoA

Thiolase

CoA—SH

Acyl-CoA (um 2 C-Atome verkürzt)

Acetyl-CoA

Umesterung

P_i → CoA

Acetyl-P

PO_3^{2-}

Substratkettenphosphorylierung

ADP → ATP

Acetat

Abb. 5.11 Abbau von Fettsäuren über β-Oxidation

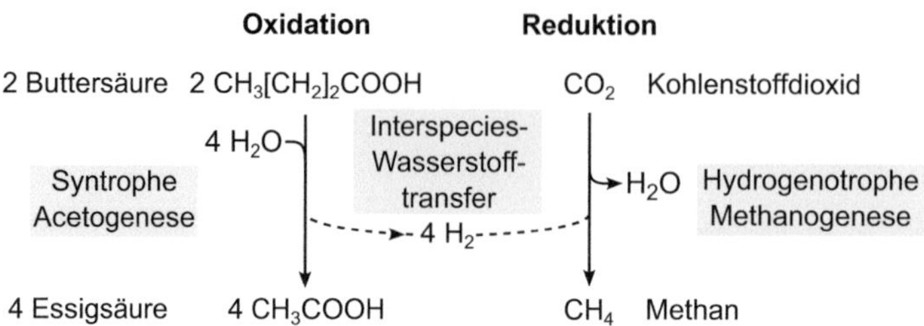

Abb. 5.12 Syntrophe Oxidation von Buttersäure

kann Essigsäure auch in der Hydrolyse- oder der Acidogenese-Phase gebildet werden (siehe oben). Dies hängt u. a. vom eingesetzten Substrat ab [5.18].

Die Essigsäure-bildenden Reaktionen während des anaeroben Abbaus können in zwei verschiedene Reaktionspfade unterteilt werden; diese sind die Wasserstoff-produzierende Acetogenese und die Homoacetogenese. Im Gegensatz zu den Bakterien, die für die hydrolytische Acetatbildung verantwortlich sind, und die auch bei einem Überschuss an (selbst produziertem) Wasserstoff das Abbauprodukt Acetat herstellen können, sind die Bakterien in der Acetogenese auf niedrige Wasserstoffpartialdrücke angewiesen. Mit steigendem Wasserstoffpartialdruck nimmt die Aktivität der an der Acetogenese beteiligten Bakterien stark ab, da der Abbauprozess nur bei niedrigen Partialdrücken thermodynamisch möglich ist.

Um derartige niedrige Wasserstoffpartialdrücke aufrechtzuerhalten, stehen die acetogenen Bakterien daher häufig in enger räumlicher Beziehung zu Wasserstoff-verbrauchenden Mikroorganismen. Vermutlich kann anstelle des direkten sogenannten Interspecies-Wasserstofftransfers der Wasserstoff auch in Form von Formiat von einer Zelle auf die andere übertragen werden. Diese Abhängigkeit zwischen den Mikroorganismen wird als Syntrophie bezeichnet. Syntrophe Partner der acetogenen Bakterien können z. B. Sulfat-reduzierende Bakterien oder methanogene Archaea sein; beispielsweise kann der durch die Oxidation von Buttersäure erzeugte Wasserstoff direkt für die hydrogenotrophe Methanbildung verwendet werden (Abb. 5.12) [5.7]. Die Diversität der syntroph lebenden Bakterien ist geringer als die der Acidogenese; beispielsweise wurden verschiedene Vertreter der *Synergistales*, *Syntrophobacterales*, *Clostridiales* und *Thermoanaerobacteriales* als abundante Acetogene identifiziert.

Im Folgenden werden die verschiedenen in Abb. 5.1 dargestellten Abbaupfade, die während der Acetogenese eingeschlagen werden können, genauer betrachtet.

Abbau von kurzkettigen Fettsäuren und Alkoholen. Die Hauptprodukte der vorangegangenen Acidogenese (d. h. kurzkettige Fettsäuren und Alkohole) werden in der Acetogenese größtenteils über den Pfad der Wasserstoff-produzierenden Acetogenese zu Essigsäure und weiteren (Neben-)Produkten abgebaut [5.19]. Eine Übersicht über einige bedeutende Reaktionen, die über diesen Reaktionspfad ablaufen, gibt Tabelle 5.4. Verantwortlich

Tabelle 5.4 Bedeutende Essigsäure-bildende Reaktionen aus dem Pfad der Wasserstoff-produzierenden Acetogenese

Edukt	Reaktion
Propionat	$CH_3CH_2COO^- + 3\,H_2O \rightarrow CH_3COO^- + HCO_3{}^- + H^+ + 3\,H_2$
Butyrat	$CH_3[CH_2]_2COO^- + 2\,H_2O \rightarrow 2\,CH_3COO^- + H^+ + 2\,H_2$
Valeriat	$CH_3[CH_2]_3COO^- + 2\,H_2O \rightarrow CH_3COO^- + CH_3CH_2COO^- + H^+ + 2\,H_2$
Kapronat	$CH_3[CH_2]_4COO^- + 4\,H_2O \rightarrow 3\,CH_3COO^- + 2\,H^+ + 4\,H_2$
Laktat	$CH_3CH\,OH\,COO^- + 2\,H_2O \rightarrow CH_3COO^- + HCO_3{}^- + H^+ + 2\,H_2$
Ethanol	$CH_3CH_2OH + H_2O \rightarrow CH_3COO^- + H^+ + 2\,H_2$
Glycerol	$C_3H_8O_3 + 2\,H_2O \rightarrow CH_3COO^- + HCO_3{}^- + 2\,H^+ + 3\,H_2$

für diese Abbaureaktionen sind syntrophe anaerobe Bakterien, die schwer kultivierbar und bisher noch nicht vollständig erforscht sind. Die sekundären Gärungsreaktionen aus Tabelle 5.4 sind für die katalysierenden Organismen nur mit einem Energiegewinn verbunden, wenn die Endprodukte durch vor allem methanogene Organismen gezehrt werden. Daraus resultiert das typischerweise sehr langsame Wachstum [5.20].

Syntrophe anaerobe Bakterien können u. U. auch die gebildete Essigsäure über die syntrophe, Acetat-oxidierende Reaktion (d. h. die Umkehrung des nachfolgend beschriebenen Acetyl-CoA-Wegs) zu Kohlenstoffdioxid und Wasserstoff verstoffwechseln. Diese Reaktion erfolgt vorzugsweise bei hohen Temperaturen [5.21].

Acetatbildung aus Wasserstoff, Kohlenstoffdioxid und C1-Körpern. Die Acetatbildung aus Wasserstoff, Kohlenstoffdioxid und C1-Körpern (z. B. Formiat) erfolgt über den Pfad der Homoacetogenese. Für die genannten Edukte erfolgt dies autotroph über den Acetyl-CoA-Weg (auch bekannt als Wood-Ljungdahl-Weg; Kapitel 6, Band 3). Dabei wird der verfügbare Wasserstoff zur Reduktion von Kohlenstoffdioxid zu Essigsäure (Acetat) verwendet (Gleichung (5.4)). Diese Reaktion ist aber in vielen anoxischen Lebensräumen mit niedrigen Wasserstoffpartialdrücken thermodynamisch ungünstig. In Mischkulturen wird Wasserstoff z. B. häufig von Sulfat- und Eisenreduzierern verwertet und steht dann für diese Reaktion nicht mehr zur Verfügung. In Biogasanlagen wird daher ein Großteil des vorhandenen Wasserstoffs von methanogenen Archaea verstoffwechselt. Unter bestimmten Bedingungen (z. B. bei geringen Temperaturen) können die an der Homoacetogenese beteiligten Bakterien gegenüber den methanogenen Archaea im Vorteil sein; dies dürfte wahrscheinlich mit ihrer vergleichsweise schnelleren Wachstumsrate unter diesen Bedingungen zusammenhängen [5.22].

$$4\,H_2 + 2\,CO_2 \rightarrow CH_3COO^- + H^+ + 2\,H_2O \tag{5.4}$$

Methanogenese. Im letzten Schritt des anaeroben Abbaus (Abb. 5.1) entsteht schließlich Methan durch die Aktivität spezialisierter, strikt anaerober Mikroorganismen, den methanogenen Archaea. Über die letzten Jahrzehnte wurde angenommen, dass diese Mikroorganismen ausschließlich zum Stamm der *Euryarchaeota* gehören; innerhalb dieses

Tabelle 5.5 Stoffwechselphysiologische Reaktionen bei der Methanogenese (verändert nach [5.27])

Art der Methanogenese	Reaktion
Hydrogenotroph	$4\,H_2 + CO_2 \rightarrow CH_4 + 2\,H_2O$
Methylotroph	$4\,CH_3OH \rightarrow 3\,CH_4 + CO_2 + 2\,H_2O$
Acetoklastisch	$CH_3COOH \rightarrow CH_4 + CO_2$

Stammes wurden die methanogenen Archaea zunächst in die folgenden fünf Ordnungen eingeteilt: *Methanococcales*, *Methanobacteriales*, *Methanosarcinales*, *Methanomicrobiales* und *Methanopyrales*. Zwischen den Jahren 2008 und 2012 wurden dem Stamm zwei weitere Ordnungen methanogener Mikroorganismen, die *Methanocellales* und die *Methanomassiliicoccales*, zugefügt [5.23]. Durch umfassende Metagenomanalysen wurde innerhalb der letzten Jahre außerdem entdeckt, dass neben den bisher bekannten methanogenen Archaea aus dem Stamm der *Euryarchaeota* noch weitere existieren, die den neu postulierten Stämmen *Bathyarchaeota* und *Verstraetearchaeota* zugeordnet werden [5.24], [5.25].

Die methanogenen Archaea sind eine sehr vielfältige Gruppe von Mikroorganismen. Verschiedene Vertreter werden in den unterschiedlichsten (aber immer anoxischen) Lebensräumen gefunden. Entsprechend liegt auch ihr Wachstumsoptimum bei unterschiedlichsten Umgebungsbedingungen; der natürliche Lebensraum methanogener Archaea reicht von anoxischen Bodensedimenten über den Verdauungstrakt verschiedener Lebewesen (z. B. Termiten) bis hin zu extremen Lebensräumen wie Salzseen. Obwohl diese methanogenen Archaea damit sehr divers sind, können sie nur eine begrenzte Anzahl von Substraten verwerten (und dabei zu Methan umwandeln). Diese verwertbaren Substrate sind Kohlenstoffdioxid, methylgruppenhaltige Verbindungen (vor allem Methanol, Methylamin und Dimethylsulfat) und Acetat (vor allem Essigsäure und Ameisensäure) [5.26]. Dementsprechend werden stoffwechselphysiologisch drei Gruppen, die hydrogenotrophen, die methylotrophen und die acetotrophen Archaea, unterschieden.

Die Reaktionen der unterschiedlichen durch diese Bakteriengruppen katalysierten Methanogenese-Pfade zeigt Tabelle 5.5. Demnach wird bei allen drei Reaktionspfaden neben dem Zielprodukt Methan (CH_4) auch mindestens ein weiteres Nebenprodukt (Wasser und / oder CO_2) gebildet wird. CO_2 liegt unter atmosphärischen Bedingungen in gasförmigem Zustand vor; dies führt dazu, dass Biogas im Regelfall zu 25 bis 55 % aus CO_2 besteht. Da aus technischer Sicht das CO_2 nicht zum Biogas-Heizwert beiträgt, wird derzeit versucht, durch eine biologische Methanisierung (Kapitel 5.2, Band 3) den CH_4-Anteil im gebildeten Biogas zu erhöhen. Dabei wird das bei der Biogasbildung durch die Methanbildner produzierte Kohlenstoffdioxid (CO_2) durch die Zufuhr von zusätzlichem / externem Wasserstoff (H_2) über den Pfad der hydrogenotrophen Methanisierung zu Methan (CH_4) und Wasser umgewandelt.

Die biochemischen Prozesse, die dieser Methanogenese zugrunde liegen, sind außerordentlich komplex. Daran beteiligt sind mindestens sechs verschiedene Coenzyme; zudem laufen einige der stattfindenden Reaktionen nur bei extrem niedrigen Redoxpotenzialen ab [5.28]. Im Folgenden werden die biochemischen Prozesse der unterschiedlichen Pfade der Methanogenese beschrieben.

Hydrogenotrophe Methanogenese. Die meisten in der Natur vorkommenden Methanbildner sind hydrogenotroph und können Kohlenstoffdioxid mit Wasserstoff als primärem Elektronendonor zu Methan reduzieren. Einige hydrogenotrophe Archaea sind zudem in der Lage, Ameisensäure anstelle von Wasserstoff als Elektronenquelle für die Reduktion von Kohlenstoffdioxid zu verwenden. Bei diesem Pfad werden zunächst vier Ameisensäuremoleküle durch Formiat-Dehydrogenase zu Kohlenstoffdioxid oxidiert; anschließend erfolgt dann die Reduktion eines Kohlenstoffdioxidmoleküls zu Methan [5.23]. Den gesamten Kohlenstoffdioxid-Abbaupfad zeigt Abb. 5.13. Im ersten Schritt wird demnach das Kohlenstoffdioxid zunächst zu einer Formylgruppe reduziert, die kovalent an das Trägermolekül Methanofuran (MFR) gebunden ist. Anschließend wird diese Formylgruppe auf den Träger Tetrahydromethanopterin (H_4MPT) übertragen. Eine Dehydratisierung führt dann durch Ringbildung zur Entstehung von Methenyl-H_4MPT. Die so gebildete Methenylgruppe wird nachfolgend erst zu einer Methylengruppe reduziert, welche dann wiederum zu einer Methylgruppe reduziert wird. Diese Methylgruppe wird anschließend

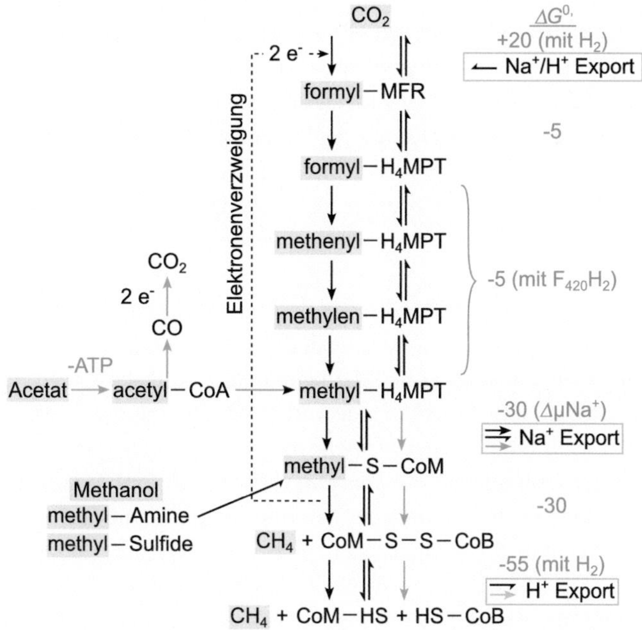

Abb. 5.13 Hauptpfade der Methanogenese; Reaktionen der hydrogenotrophen Methanogenese (schwarze Linien), der methylotrophen Methanogenese (schwarze Halbpfeile) und der acetoklastischen Methanogenese (graue Linien)

auf einen dritten Träger, das sulfhydrylhaltige Coenzym M (HS-CoM), übertragen. Dieser Vorgang geht mit dem gleichzeitig stattfindenden Export von Natrium-Kationen (Na^+) durch die Zellmembran einher. Die Methylgruppe wird schließlich durch die Oxidation von HS-CoM zusammen mit einem anderen sulfhydrylhaltigen Coenzym, dem Coenzym B (HS-CoB), zu Methan reduziert. Dabei entsteht das Heterodisulfid CoM-S-S-CoB, welches zuletzt reduziert wird, um HS-CoM und HS-CoB zu regenerieren. Zudem läuft bei der hydrogenotrophen Methanogenese der Prozess der Elektronen-Bifurkation ab, bei der die Reduktion eines Substrats mit einem hohen Potenzial an die Reduktion eines Substrats mit einem niedrigen Potenzial gekoppelt ist; dabei bleibt die Energie der ersten Reduktion erhalten, um die zweite Reduktion anzutreiben. Im Fall der hydrogenotrophen Methanogenese koppelt die Elektronen-Bifurkation den letzten, Heterodisulfid-reduzierenden Schritt mit der anfänglichen Reduktion von Kohlenstoffdioxid zu Formyl-MFR [5.29].

Acetoklastische Methanogenese. Acetoklastische Methanbildner sind in der Lage, Acetat zu Methan und Kohlenstoffdioxid zu spalten. Dabei handelt es sich ausschließlich um Vertreter der Ordnung *Methanosarcinales* [5.27]. Derartige Methanbildner werden vor allem in Lebensräumen angetroffen, in denen hydrogenotrophe Methanbildner den Wasserstoffgehalt so weit absenken, dass die Bedingungen für eine hohe Acetatbildung gegeben sind. Solche Bedingungen herrschen z. B. auch in anaeroben Fermentern zur Biogaserzeugung, weswegen die acetoklastischen Methanbildner dort, in Abhängigkeit von der Fermenterauslegung und den Betriebsbedingungen, teils hauptverantwortlich für die Methanbildung sind [5.28], [5.30]. Bei der Methanogenese aus Acetat gelangt die Methylgruppe als Methyl-H_4MPT in den Stoffwechselweg, wobei der Carboxylkohlenstoff oxidiert wird, um Elektronen für die Methylreduktion zu liefern. Dabei wird das Acetat zunächst mit Adenosintriphosphat (ATP) und Coenzym A (CoA) zu Acetyl-CoA umgewandelt. Der weitere Abbau entspricht dann dem zuvor beschriebenen Kohlenstoffdioxid-Abbaupfad [5.23], [5.29].

Methylotrophe Methanogenese. Bei der methylotrophen Methanogenese dienen methylierte Verbindungen als Substrat. Diese Methanbildner sind insbesondere in marinen und hypersalinen sulfatreichen Sedimenten weit verbreitet. Die meisten methylotrophen Methanbildner gehören zur Ordnung der *Methanosarcinales*; jedoch gibt es auch methylotrophe Archaea, die zur Ordnung der *Methanomassiliicoccales* und der *Methanobacteriales* gehören. Zudem wurde auch innerhalb der neu postulierten Stämme *Bathyarchaeota* und *Verstraetearchaeota* ein methylotropher Methan-Stoffwechsel aufgezeigt [5.23]. Während hydrogenotrophe und acetoclastische Methanbildner für die anaerobe mikrobielle Methanbildung in fast allen anoxischen Umgebungen erforderlich sind, ist die Rolle der methylotrophen Methanogenese bisher noch nicht vollständig geklärt. Generell gelangen die Substrate bei der methylotrophen Methanogenese als Methyl-S-CoM in den Stoffwechselweg. Die für die Reduktion von Methyl-S-CoM zu Methan benötigten Elektronen stammen entweder aus Wasserstoff oder aus der Oxidation eines anderen Methyl-S-CoM zu Kohlenstoffdioxid. Die Oxidation eines Methyl-S-CoM läuft dabei über den umgekehrten hydrogenotrophen Weg ab, wodurch die reduzierenden Äquivalente erzeugt werden, um 3 Methyl-CoM zu Methan zu reduzieren; zudem wird dabei ebenfalls eine Antriebskraft für Protonen erzeugt. Im Gegensatz zur hydrogenotrophen Methanogenese ist die Elektronen-Bifurkation bei der methylotrophen Methanogenese kein fester Bestandteil. Stattdessen erfolgt die Heterodisulfid-Reduktion über eine membrangebundene Elektronentransportkette, die Protonen exportiert und ein chemiosmotisches Membranpotenzial erzeugt [5.29].

5.1.2 Substrate und Prozessbedingungen

Für die technische Umsetzung der Vergärung von organischen Substanzen (z. B. mit organischen Stoffen belastete Abwässer, organische Nebenprodukte und Abfälle, nachwachsende Rohstoffe) sind die Substrateigenschaften, das Biogasbildungspotenzial, die Abbaukinetik, die Gehalte an hemmenden Substanzen, Störstoffen, Nährstoffen und Spurenelementen sowie der Feststoffgehalt (bzw. die Partikelgröße) von entscheidender Bedeutung für die Auswahl eines geeigneten Verfahrens und damit auch für den im Zeitverlauf erreichbaren Biogasertrag. Die Eigenschaften der Substrate bestimmen damit das technische Verfahren, welches für die anaerobe Behandlung geeignet ist, sowie die Bedingungen, die sich im Prozess einstellen. Im Folgenden werden die wichtigsten dieser Kenngrößen diskutiert.

5.1.2.1 Biogasbildungspotenzial

Die wichtigste Größe für die Bewertung eines Substrats hinsichtlich der Einsatzmöglichkeiten in einer Biogasanlage ist das Biogasbildungspotenzial. Es definiert die maximal erreichbare Gasmenge, die je Masseeinheit Substrat gebildet werden kann. Dabei kann das Potenzial auf die Frischmasse oder als spezifische Größe auf Teilfraktionen (z. B. organische Trockenmasse (oTM)) bezogen angegeben werden. In Abb. 5.14 werden die durch den Abbauvorgang jeweils entstehenden Teilfraktionen des Substrats definiert und voneinander abgegrenzt.

Der Biogasertrag ist dabei definiert als der in einer technischen Anwendung erreichbare Anteil des Biogaspotenzials. Der Ertrag wird durch die Wahl des eingesetzten technischen Verfahrens, der realisierten Verweilzeit, der Anwesenheit von hemmenden Substanzen, auftretenden Mangelerscheinungen (z. B. an Nährstoffen), dem Biomasseaufbau und der Abbaukinetik des Substrats unter Prozessbedingungen definiert.

Im Folgenden werden verschiedene Methoden zur Bestimmung des Biogaspotenzials vorgestellt. Generell gilt dabei für die meisten Substrate, dass nur ein Teil der organischen Bestandteile in Biogas umgewandelt werden kann. Für eine präzise analytische Bestimmung des Biogaspotenzials müssen daher der anaerob verfügbare Anteil (wie z. B. die fermentierbare organische Trockenmasse (FoTM)) des Substrats und die chemische

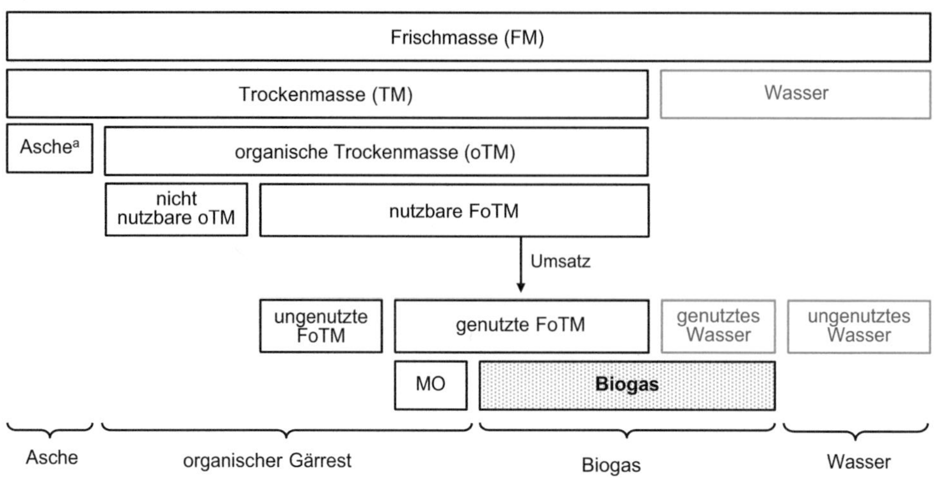

Abb. 5.14 Biogasbildung aus organischen Substraten (oTM organische Trockenmasse; FoTM fermentierbare organische Trockenmasse; MO Mikroorganismen; [a] Asche; entspricht der anorganischen Trockenmasse, die mitunter Substanzen und Nährstoffe (z. B. N, P, S) enthält, die von Mikroorganismen für das Wachstum und die Biogasbildung benötigt werden)

Substratzusammensetzung bekannt sein. Alternativ kann das Bildungspotenzial auch experimentell durch Gasbildungsversuche ermittelt werden.

Die Analyse der Parameter organische Trockenmasse (oTM), gesamter organischer Kohlenstoff (TOC), chemischer Sauerstoffbedarf (CSB) oder die Elementarzusammensetzung können den abbaubaren Anteil des Substrats bzw. den Anteil des (Hydrolyse-) Wassers am gebildeten Biogas nicht abbilden. Werden diese Parameter jedoch vor und nach der Vergärung bestimmt, ist eine Massenbilanzierung und damit die Ermittlung des abgebauten Anteils der jeweiligen Fraktion möglich.

Da die Bestimmung der chemischen Zusammensetzung der Substrate aufwändig und aufgrund der heterogenen Substratzusammensetzung kaum repräsentativ möglich ist, hat sich in der Praxis die Verwendung von substratspezifischen Standardgaserträgen, Literaturwerten oder die experimentelle Bestimmung des Biogaspotenzials weitgehend durchgesetzt. Bei der Verwendung von Standardgaserträgen wird vorausgesetzt, dass der Gasertrag und die organische Substanz direkt proportional sind. Auch wurde der Gasertrag i. Allg. experimentell oder durch Erfahrungswerte auf großtechnischen Anlagen bestimmt. Dieses Vorgehen kann für homogene Substrate (z. B. Grasschnitt) in bestimmten Grenzen sinnvoll sein; demgegenüber ist für heterogene Substrate mit stark schwankender Zusammensetzung (z. B. Bioabfall) eine solche Übertragung i. Allg. nicht möglich. Neben den Schwierigkeiten, eine repräsentative Substratprobe zu nehmen, gibt es bei der Bestimmung des Gasbildungspotenzials eine Vielzahl von Variablen, die das Ergebnis beeinflussen können, sodass Standardgaserträge oder Literaturwerte allenfalls als Orientierung dienen können.

Biogaspotenzial anhand der Stöchiometrie. Buswell und Müller entwickelten ein stöchiometrisches Modell für die Berechnung des Biogaspotenzials sowie der Biogaszusammensetzung [5.31] für Materialien organischen Ursprungs [5.32]. Für die Berechnung des Biogaspotenzials nach diesem stöchiometrischen Modell müssen die betrachteten Stoffgruppen des Biogassubstrats mit den charakteristischen Summenformeln bekannt sein. Durch die einzelnen stöchiometrischen Koeffizienten können dann die bei einer anaeroben Fermentation potenziell entstehenden Mengen an Methan und Kohlenstoffdioxid unter Verwendung von Gleichung (5.5) berechnet werden [5.32].

$$C_aH_bO_c + \left(a - \tfrac{b}{4} - \tfrac{c}{2}\right) H_2O \rightarrow \left(\tfrac{a}{2} + \tfrac{b}{8} - \tfrac{c}{4}\right) CH_4 + \left(\tfrac{a}{2} - \tfrac{b}{8} + \tfrac{c}{4}\right) CO_2 \tag{5.5}$$

Boyle hat später Gleichung (5.5) erweitert und zusätzlich Stickstoff und Schwefel berücksichtigt, um so die anaerobe Vergärung der Proteine einbeziehen zu können (Gleichung (5.6)) [5.33]. Dazu müssen zusätzlich die Stoffgruppen, welche Stickstoff und Schwefel enthalten, bekannt sein, da das entstehende Biogas ebenfalls einen Anteil an Ammoniak und Schwefelwasserstoff enthält.

$$\begin{aligned} &C_aH_bO_cN_dS_e + \left(a - \tfrac{b}{4} - \tfrac{c}{2} + \tfrac{3d}{4} + \tfrac{e}{2}\right) H_2O \\ &\rightarrow \left(\tfrac{a}{2} + \tfrac{b}{8} - \tfrac{c}{4} - \tfrac{3d}{8} - \tfrac{e}{4}\right) CH_4 + \left(\tfrac{a}{2} - \tfrac{b}{8} + \tfrac{c}{4} + \tfrac{3d}{8} + \tfrac{e}{4}\right) CO_2 + d\, NH_3 + e\, H_2S \end{aligned} \tag{5.6}$$

Gleichung (5.6) macht deutlich, dass sich die Mengen an Methan und Kohlenstoffdioxid entsprechend reduzieren, wenn Stickstoff und Schwefel im Substrat vorhanden sind. Wenn damit die zu vergärenden Ausgangsstoffe diese Elemente zu erhöhten Anteilen enthalten, sollte die Formel nach Boyle zur Berechnung des Gasbildungspotenzials verwendet werden, da es sonst zu einer Fehlinterpretation der entstehenden Gasmengen kommt.

Biogaspotenzial anhand des chemischen Sauerstoffbedarfs. Das theoretische Biogaspotenzial kann auch auf der Basis des chemischen Sauerstoffbedarfs (CSB) berechnet werden. Der CSB gibt die Menge an Sauerstoff an, die für eine vollständige Oxidation eines organischen Substrats notwendig ist. Dabei wird unterstellt, dass alle oxidierbaren organischen Verbindungen vollständig zu Kohlenstoffdioxid und Wasser umgewandelt werden.

Der CSB (d. h. die erforderliche Sauerstoffmenge) kann auf Grundlage der Elementarzusammensetzung und nach Abgleich mit experimentellen Daten nach Gleichung (5.7) [5.34] berechnet werden.

$$C_aH_bO_cN_d + \left(a + \tfrac{b}{4} - \tfrac{c}{2} - \tfrac{3d}{4}\right) O_2 \rightarrow a\, CO_2 + \left(\tfrac{b}{2} - \tfrac{3d}{2}\right) H_2O + d\, NH_3 \tag{5.7}$$

Mit den entsprechenden molaren Massen kann dann nach Gleichung (5.8) der CSB in g O_2/g Substrat berechnet werden. a bis d sind Größen, die aus Gleichung (5.7) resultieren.

$$\mathrm{CSB} = \frac{16(2a + 0,5(b - 3d) - c)}{12a + b + 16c + 14d} \tag{5.8}$$

In der Praxis wird der CSB jedoch durch die nasschemische Oxidation mit Kaliumdichromat oder Kaliumpermanganat bestimmt. Der CSB lässt jedoch keine Aussage zur biologischen Verfügbarkeit und folglich auch zur Abbaubarkeit des Substrats zu.

Methan (CH_4) wird bei der vollständigen Oxidation mit Sauerstoff (O_2) zu Kohlenstoffdioxid (CO_2) und Wasser (H_2O) umgewandelt. Dabei entspricht ein Mol Methan (CH_4) einem Normvolumen von 22,4 L_N und für die Verbrennung von einem Mol Methan werden 64 g Sauerstoff benötigt. Daraus errechnet sich ein spezifischer Sauerstoffbedarf von 350 mL_N CH_4/1 g O_2. Auch der CSB gibt die Menge an Sauerstoff an, die für eine vollständige Oxidation notwendig ist. Daraus folgt, dass 350 mL_N Methan einem 1 g CSB entsprechen; d. h., wird die Bildung von aktiver Biomasse vernachlässigt, können demnach aus einem Gramm abgebautem CSB maximal 350 mL_N Methan entstehen.

Biogaspotenzial anhand des Total Organic Carbon (TOC). Das Biogaspotenzial kann zusätzlich auch auf der Basis des Total Organic Carbon (TOC; gesamter organischer Kohlenstoff) berechnet werden [5.35]. Wird Kohlenstoff in Biogas umgewandelt, entsteht aus einem Mol Kohlenstoff ein Mol Biogas, das wiederum einem Normvolumen von 22,4 L_N entspricht. Entsprechend der molaren Massen kann dann aus 1 kg Kohlenstoff maximal 1,868 m_N^3 Biogas entstehen.

Anhand des TOC-Gehalts in einem Substrat kann auch der Gehalt an oTM (organische Trockenmasse) abgeschätzt werden; dabei entspricht 1 g Kohlenstoff (TOC) ca. 1,8 bis 2,2 g organischer Trockenmasse (oTM) [5.36]. Und 1 g TM (Trockenmasse) enthält ca. 0,5 g Kohlenstoff [5.37].

Der TOC (gesamter organischer Kohlenstoff) kann beispielsweise durch eine thermisch-katalytische Verbrennung oder eine UV-Nassoxidation messtechnisch bestimmt werden. Durch die Analyse der Verbrennung der Substrate von Feststoffproben ist aber keine Beurteilung der bakteriellen Verfügbarkeit des insgesamt vorhandenen Kohlenstoffs möglich, da biologisch schwer bzw. nicht abbaubare Substanzen (z. B. Lignin) nicht gesondert bestimmt werden. Vorteile der TOC-Bestimmung im Vergleich zur CSB-Analyse sind aber eine erhöhte Genauigkeit, weniger benötigte umweltschädliche Chemikalien für die Analyse sowie eine bessere Automatisierbarkeit [5.37].

Biogaspotenzial anhand der Rohnährstoffe. Das Gasbildungspotenzial von Substraten in landwirtschaftlichen Biogasanlagen [5.38] kann auch unter der Annahme bestimmt werden, dass bei gleichbleibenden Bedingungen der Gasertrag durch den Gehalt an Proteinen, Fetten, Kohlenhydraten sowie deren Verdaulichkeiten festgelegt wird und die Stoffumwandlung mit den im Rindermagen (Pansen) ablaufenden Prozessen (näherungsweise) vergleichbar ist. Aufgrund der zweiten Annahme kann für die Bestimmung des Gehalts an Rohnährstoffen sowie deren Verdaulichkeiten auf Kenntnisse aus der Tierernährung zurückgegriffen werden [5.39]. Dieses Vorgehen hat den Vorteil, dass nicht von einer vollständigen Abbaubarkeit der organischen Substanz ausgegangen wird, wie es bei anderen Ansätzen zur Bestimmung des Gasbildungspotenzials der Fall ist. Im Folgenden werden die einzelnen Annahmen, die einem derartigen Ansatz zugrunde liegen, erläutert.

Verdaulichkeitskoeffizienten. Die scheinbare Verdaulichkeit bzw. der Verdaulichkeitskoeffizient V_Q beschreibt das Verhältnis der Nährstoffmenge im aufgenommenen Futter zu der Nährstoffmenge, die im Kot noch vorhanden ist. Dabei kann entweder ein Verdaulichkeitsquotient pro Stoffgruppe oder für ein Substrat bestimmt werden (Gleichung (5.9) [5.40]).

$$V_Q = \frac{F - K}{F} \tag{5.9}$$

F ist die aufgenommene Menge im Futter und K die im Kot ausgeschiedene Menge. Allerdings enthält der Kot außer den nichtverdauten Nahrungsbestandteilen auch Stoffwechselprodukte (sog. endogene Kotbestandteile). Dies hat bei der Berechnung des Verdaulichkeitskoeffizienten die Konsequenz, dass dieser üblicherweise zu gering berechnet wird [5.40]. Zur Berechnung der wahren Verdaulichkeit ist daher der Verdaulichkeitskoeffizient um die im Kot enthaltenen Stoffwechselprodukte endogenen Ursprungs zu korrigieren.

Der Verdaulichkeitskoeffizient kann entweder durch Laborversuche (z. B. [5.41], [5.42]) oder durch Tierversuche (klassische Verdauungsversuche oder Indikatormethode) bestimmt werden. Voraussetzung dafür ist, dass die zu untersuchenden Substrate von den Tieren gefressen werden (können). Damit ist die Verdaulichkeit keine konstante Größe, sondern variiert z. B. in Abhängigkeit von Tierart oder Substratmenge und -zusammensetzung. Derartige Daten sind aber in Datenbanken verfügbar [5.43], [5.44]. Zusätzlich können sie auch durch Schätzgleichungen (Entwicklung durch Modelle mit multivariabler Regressionsanalyse) bezogen auf die verschiedenen Tierarten abgeschätzt werden [5.45]. Dabei wird davon ausgegangen, dass die Verdaulichkeiten der Substrate bei Tieren mit dem Abbau im Biogasprozess korrelieren, aber nicht identisch sind.

Rohnährstoffe. Die Rohnährstoffe teilen sich mindestens in Rohprotein, Rohfett und Kohlenhydrate auf; abhängig von den verwendeten Methoden können sie in weitere Unterkategorien unterteilt werden. Die für die Berechnung des Biogaspotenzials benötigten Rohnährstoffe können für bekannte Substrate beispielsweise aus den Kraftfuttertabellen [5.44], den Futterwerttabellen [5.46] oder entsprechenden Datenbanken [5.43] entnommen werden. Sind die Rohnährstoffe nicht bekannt, müssen sie analytisch ermittelt werden. Dazu können folgende Verfahren eingesetzt werden:

- Die Weender-Futtermittelanalyse ist ein Standardverfahren zur Ermittlung der Inhaltsstoffe von Futtermitteln [5.47]. Bei dieser Methode werden die Gehalte von Trockensubstanz (TS), Rohasche (XA), Rohprotein (XP), Rohfett (XL), Rohfaser (XF) und stickstofffreien Extraktstoffen (NfE) ermittelt (Abb. 5.15). Die Weender-Analyse ist ein summarisches Verfahren; daher werden nur Stoffgruppen erfasst. Die stickstofffreien Extraktstoffe werden durch Aufsummieren ermittelt.
- Die Van Soest-Futtermittelanalyse legt den Schwerpunkt bei der Analyse von Futtermitteln auf die Kohlenhydratfraktionen [5.49]. Die Kohlenhydrate werden dabei dem

Weender-Analyse	**Van Soest-Analyse**
Wasser	Wasser
Rohasche (XA)	Rohasche (XA)
Rohprotein (XP)	Rohprotein (XP)
Rohfett (XL)	Rohfett (XL)
N-freie Extraktstoffe (NfE)	N-freie Extraktstoffe (NfE)
Rohfaser (XF)	Hemicellulose
	Cellulose
	Lignin

Abb. 5.15 Aufteilung der Nährstoffe nach Weender und Van Soest (nach [5.48])

Zellinhalt (NFC), bestehend aus Zucker, Stärke, organischem Rest, Pektinen, sowie der Zellwand (NDF), bestehend aus Hemicellulose, Cellulose und Lignin, zugeteilt [5.49]. Dabei entspricht der Ligninanteil dem Acid Detergent Lignin (ADL), der Anteil aus Lignin und Cellulose dem Acid Detergent Fiber (ADF) sowie die Anteile von Lignin, Cellulose und Hemicellulose dem Neutral Detergent Fiber (NDF; Abb. 5.15).

Für die jeweiligen Stoffgruppen bzw. die Rohnährstoffe lassen sich mit bekanntem Verdaulichkeitskoeffizienten die Massen des verdaulichen Rohproteins, des verdaulichen Rohfetts und der verdaulichen Kohlenhydrate nach Gleichung (5.10) errechnen. $m_{verdaulich}$ beschreibt die Masse der verdaulichen Stoffgruppe, m die Masse der jeweiligen Stoffgruppe und $V_{Q,m}$ den Verdaulichkeitskoeffizienten der entsprechenden Stoffgruppe.

$$m_{verdaulich} = m V_{Q,m} \tag{5.10}$$

Gasausbeuten der Rohnährstoffe. Im Rahmen der anaeroben Schlammfaulung wird für Kohlenhydrate ein Biogaspotenzial (50 % Methan, 50 % Kohlenstoffdioxid) von 790 L_N/kg, für organische Fette von 1 279 L_N/kg und für Eiweißstoffe von 704 L_N/kg angegeben [5.50]. Die Herausforderung dabei ist, für die Rohnährstofffraktionen eine chemische Zusammensetzung anzugeben, die für die Vielzahl der enthaltenen Teilsubstanzen repräsentativ ist. Auf Basis dieser chemischen Zusammensetzungen können dann stöchiometrisch die Biogaserträge nach Gleichung (5.6) ermittelt werden.

Biogaspotenzial anhand der FoTM. Der Parameter fermentierbare organische Trockenmasse (FoTM) ist definiert als die „Menge organischer Trockenmasse, die unter anaeroben Bedingungen potenziell durch Mikroorganismen abgebaut werden kann und die sich unter optimalen Prozessbedingungen und bei ausreichend langer Prozessdauer in Biogasanlagen biologisch nutzen lässt" [5.51], d. h. der Gehalt an tatsächlich von der aktiven Biomasse nutzbarer organischer Substanz. Dafür wurde auf Basis der typischen chemischen Zusammensetzung und der Biogaserträge von verschiedenen Stoffgruppen

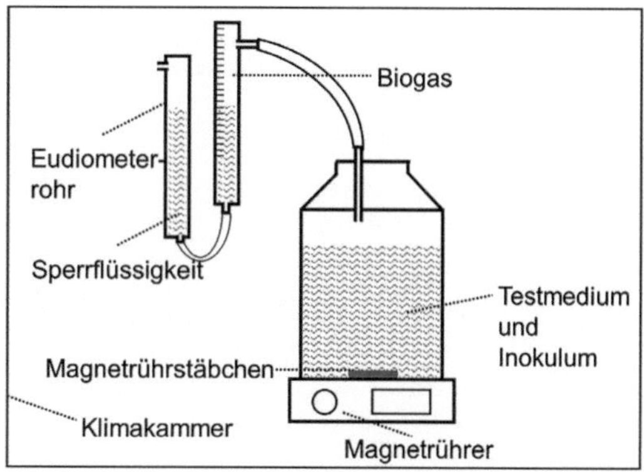

Abb. 5.16 Beispiel für ein Biogas-Batch-Test (nach [5.57])

untersucht [5.52], wie der Einfluss der unterschiedlichen Nährstoffgruppen und der biologischen Abbaubarkeit der organischen Trockenmasse (oTM) auf das Biogaspotenzial ist [5.53], [5.54]. Mit dieser Methode sollte die Berechnung des Biogaspotenzials schnell, kostengünstig und reproduzierbar sein, wenn die substratspezifischen Informationen verfügbar sind [5.55], [5.56].

Experimentelle Bestimmung des Biogaspotenzials. Die Biogaspotenziale können experimentell u. a. nach der VDI 4630 [5.57] mithilfe von Gärversuchen bestimmt werden. Bei dieser Methode wird die während des anaeroben Abbaus in einer Versuchsanordnung entstehende substratspezifische Biogasmenge gemessen und auf die eingesetzte Substratmenge bezogen.

Die Bestimmung erfolgt in der Regel durch einen dreifach redundanten Batch-Ansatz (Abb. 5.16). Dazu wird das zu untersuchende Substrat in Gärgefäße eingewogen und mit Impfschlamm versetzt. Der Impfschlamm, auch als Inokulum bezeichnet, enthält die zur stabilen Fermentation notwendige Bakterienbiomasse. Üblicherweise kommt dafür vergorener Klärschlamm zum Einsatz, da unterstellt wird, dass dieser aufgrund der Vielzahl und Diversität an organischen Stoffen, die in einer Kläranlage anfallen, sehr wenig spezialisierte Bakterienbiozönose enthält.

Die Einwaage wird so gewählt, dass die Gaserträge aus dem Substrat potenziell mehr als 80 % der produzierten Gesamtgasmenge ausmachen. Darüber hinaus sollte der Trockenmasse(TM)-Gehalt des Ansatzes maximal 10 % betragen, um einen ausreichenden Stoffübergang zu gewährleisten. Das Mischungsverhältnis von Substrat und Impfschlamm nach Gleichung (5.11) ist ebenfalls einzuhalten [5.57]. $\mathrm{oTM}_{Substrat}$ ist die organische Trockenmasse des Substrats und $\mathrm{oTM}_{Impfschlamm}$ die des Impfschlamms.

$$\frac{\mathrm{oTM}_{Substrat}}{\mathrm{oTM}_{Impfschlamm}} \leq 0{,}5 \tag{5.11}$$

Zusätzlich zum Ansatz der Proben wird das Inokulum als Blindansatz angesetzt. Durch Subtrahieren der Gasbildungsrate des reinen Inokulums kann dann die substratspezifische Gasbildung berechnet werden.

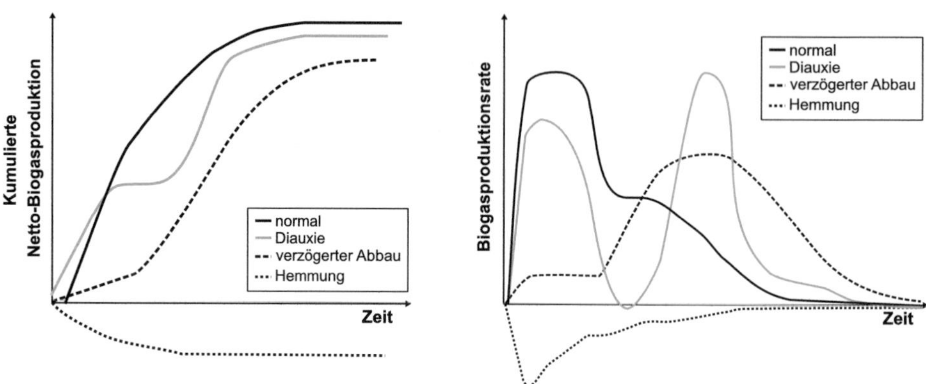

Abb. 5.17 Typische Verläufe von Gasbildungskurven (kumulierte Netto-Biogasproduktion (links) und zugehörige Biogasproduktionsrate (rechts)) [5.57]

Des weiteren wird mikrokristalline Cellulose als Referenzsubstrat mithilfe des Impfschlamms vergoren. Bei einem vollständigen Umsatz sind Gasmengen von 745 mL_N/g_{oTM} zu erwarten. Wird dieser Wert im Kontrollansatz um weniger als 10 % über- oder unterschritten, ist eine ausreichende Leistungsfähigkeit der im Impfschlamm enthaltenen aktiven Biomasse anzunehmen [5.57].

Für eine Vergleichbarkeit der spezifischen Gasproduktion müssen die experimentell ermittelten Gasvolumina in ein Normvolumen umgerechnet werden. Das Netto-Gasnormvolumen, das die tatsächliche Biogasausbeute des Substrats beschreibt, ergibt sich aus der Differenz des Normvolumens des Versuchsansatzes und dem Normgasvolumen des Impfschlamms.

Die Verweilzeit des Substrats im Versuchsansatz wird über ein Abbruchkriterium bestimmt. Nach VDI 4630 kann der Versuch dann abgebrochen werden, wenn die tägliche Biogasrate an drei aufeinanderfolgenden Tagen weniger als 0,5 % des bis dahin angefallenen Gesamtbiogasvolumens beträgt. Das gesamte Biogaspotenzial muss dann anhand der Versuchsdaten mit geeigneten Kinetiken rechnerisch ermittelt werden. Die Mindestdauer eines Versuchsdurchlaufs beträgt 25 Tage.

Ein realistischer Variationskoeffizient bei Biogaspotenzialtests nach VDI 4630 liegt bei 10 %; er ist unabhängig von dem eingesetzten Substrat und der Wahl des Inokulums [5.58]. Weitere Fehler können durch das inhomogene Gärsubstrat verursacht werden, da für alle Analysen vergleichsweise kleine Stichproben eingewogen werden und die organischen Stoffe oft eine inhomogene Probenmatrix aufweisen.

Zusätzlich zu Erkenntnissen bezüglich des Biogaspotenzials liefern derartige Gärversuche ebenfalls Informationen über die Abbaukinetik der untersuchten Substrate. Abbildung 5.17 zeigt typische Verläufe von Gasbildungskurven, die für eine qualitative Auswertung herangezogen werden können. Bei leicht umsetzbaren Substraten ist der Kurvenverlauf durch einen raschen Anstieg der akkumulierten Biogasmenge gekennzeichnet, während schwer abbaubare Substanzen eher einen verzögerten Abbau aufweisen (d. h., der Anstieg der Biogasproduktionskurve ist zunächst weniger steil). Ein verzögerter Abbau kann ggf. auch auf eine leichte Hemmung des anaeroben Abbauprozesses infolge bestimmter Substratbestandteile zurückzuführen sein. Bei einer starken Hemmung ist die Netto-Biogasproduktion negativ (eine negative Gasproduktion ist physikalisch / biochemisch nicht möglich; die Ursache liegt in der Methodik, nach der die Gasproduktion des Inokulums von der im Ansatz gebildeten Gasproduktion abgezogen wird (siehe oben); da bei der Hemmung auch die Gasproduktion aus dem Inokulum zum Erliegen kommt, werden daher rechnerisch negative Werte erhalten). Bei einem Substratabbau in zwei Schritten (Treppenverlauf) liegt eine zweiphasige Umsetzung vor (Diauxie).

Für eine Vielzahl an Untersuchungen sind Batch-Versuche jedoch aufgrund ihrer prozesstechnischen Limitierungen nicht geeignet. Deshalb können zusätzlich kontinuierliche Gärtests eingesetzt werden. Derartige kontinuierliche Testverfahren zur Bestimmung des Biogaspotenzials sind allerdings deutlich aufwändiger bezogen auf das benötigte Versuchsequipment und die Durchführung. Sie liefern aber genauere Daten zu realisierbaren Verweilzeiten und Raumbelastungen sowie zu Gaserträgen und dem Einfluss von Nährstoffen und hemmenden Substanzen auf den Prozess [5.57]. Weiterhin können u. a. zu den nachfolgend aufgezählten Punkten nur durch kontinuierliche Tests Erkenntnisse gewonnen werden:

- Einfluss einer mehrphasigen Prozessführung,
- Bildung von Stoffwechselzwischenprodukten während des anaeroben Abbaus,
- Bewertung von Schockbelastungen und qualitativen Schwankungen der Substrate,
- Spurenelementmangel im Dauerbetrieb,
- Einfluss der Substratzufuhr sowie zu Steuer- und Regelungsstrategien,
- Einfluss des Reaktorkonzepts (d. h. der Reaktorbauart) auf den anaeroben Abbau und
- Untersuchungen an Gärresten (welche nur in kontinuierlichen Testverfahren anfallen).

5.1.2.2 Kinetik des Substratabbaus

Die Abbaukinetik beschreibt die Geschwindigkeit der Umwandlung des Substrats in Biogas. Sie ist substratspezifisch und kann mithilfe verschiedener Modelle (z. B. Monod-Kinetik) abgebildet werden. Die Geschwindigkeit der anaeroben Umsetzung von Substraten wird in einem stabilen, ungehemmten Zustand von der substratspezifischen Abbaukinetik und dem eingesetzten technischen Vergärungsverfahren (Kapitel 5.2, Band 3) definiert, wenn die anderen Prozessparameter (z. B. verfügbare Nährstoffe, hemmende Substanzen, Temperatur) sich im Optimum befinden oder zumindest den Effekt nicht überlagern. Die Geschwindigkeit des Substratabbaus ist die zentrale Basisgröße für die Festlegung der geeigneten Verweilzeit und damit der Dimensionierung von Biogasanlagen.

Da der anaerobe Prozess von einer komplexen Mischpopulation unterschiedlichster Biokatalysatoren in einer Vielzahl von aufeinander aufbauenden und voneinander abhängigen Teilschritten vollzogen wird, wird die maximale Abbaugeschwindigkeit des gesamten Prozesses vom langsamsten Teilschritt bestimmt. Dies können je nach Substrat und Verfahren prozessspezifisch unterschiedliche Schritte (z. B. Hydrolyse, Methanogenese) sein. Deshalb besteht beim anaeroben Abbau die Schwierigkeit bei der mathematischen

Modellierung des Gesamtprozesses darin, die Mischpopulation mit entsprechenden, die Komplexität stark vereinfachenden Modellansätzen so abzubilden, dass eine hinreichend genaue Beschreibung des Prozesses möglich ist.

Für die Weiterentwicklung des Prozessverständnisses und für wissenschaftliche Zwecke gibt es aufwändige umfangreiche Modelle wie beispielsweise das Anaerobic Digestion Model (ADM1) [5.59], das eine Vielzahl unterschiedlicher Teilschritte abbildet. Für die Dimensionierung von Biogasanlagen sind i. Allg. einfachere Modelle ohne Stoffbilanzen ausreichend, in denen unterschiedliche Teilprozesse zusammengefasst werden. Nachfolgend werden nur solche einfachen Modelle beschrieben, welche die grundsätzlichen Prinzipien der Dynamik des Abbauprozesses abbilden und für eine Dimensionierung von anaeroben Verfahren hilfreich sind.

Das in landwirtschaftlichen Biogasanlagen am häufigsten eingesetzte Verfahren ist der kontinuierlich betriebene, volldurchmischte Rührkesselfermenter (zur Technik siehe Kapitel 5.2, Band 3). Gleichung (5.12) [5.60] stellt die Massenbilanz für den stationären Zustand eines solchen Fermenters dar. Der stationäre Zustand beschreibt dabei das Optimum, da unter diesen Bedingungen alle Teilprozesse im Gleichgewicht sind und prozessspezifisch maximale Umsatzraten erreicht werden können.

$$V\frac{dS}{dt} = Q_{zu}S_0 - Q_{ab}S_t + Vr_S = 0 \tag{5.12}$$

Demnach entspricht die Änderung der Substratkonzentration dS in Abhängigkeit von der Zeit dt im Reaktionsvolumen V der Substratzufuhr, die sich aus dem zugeführten Volumenstrom Q_{zu} und der Zulauf-Substratkonzentration S_0 abzüglich des Substrataustrags ergibt. Letzterer setzt sich aus dem abgeführten Volumenstrom Q_{ab} und der Ablauf-Substratkonzentration S_t, die der Substratkonzentration im Fermenter entspricht, zuzüglich des abgebauten Substrats, das aus dem Reaktionsvolumen V und der Reaktionsrate r_S resultiert, zusammen. Dabei ist die Änderung der Substratkonzentration im stationären Zustand gleich null.

Die Reaktionsrate kann auf Basis von verschiedenen Modellen für das Wachstum von Mikroorganismen dargestellt werden. Die Auswahl des geeigneten Modells erfolgt auf Basis von vorhandenen Prozessdaten oder der bestmöglichen erreichbaren Annäherung an diese.

Eine stark vereinfachte Form ist die Kinetik erster Ordnung nach Gleichung (5.13). S_t ist die Substratkonzentration zum Zeitpunkt t.

$$r_s = -kS_t \tag{5.13}$$

Die Geschwindigkeitskonstante k beinhaltet alle substratspezifischen Aspekte und auch Einflussfaktoren (u. a. hemmende Substanzen, Temperatur). Bei Bedarf kann das Modell auch um weitere Terme ergänzt werden, die diese speziellen Bedingungen separat abbilden. Diese vereinfachte Annäherung kann allerdings die Details dynamischer Vorgänge und Teilprozesse (z. B. Säureakkumulation) nicht abbilden.

Wird diese Kinetik erster Ordnung in die Massenbilanz des Rührkessels eingesetzt, ergibt sich unter der Annahme einer volumenkonstanten Reaktion ($Q_{zu} = Q_{ab}$) ein Zusammenhang nach Gleichung (5.14). Wird der Quotient aus dem Volumenstrom Q und dem Reaktionsvolumen V als Durchflussrate D definiert und Gleichung (5.14) nach der Substratkonzentration im nächsten Zeitschritt umgestellt, resultiert der Zusammenhang nach Gleichung (5.15). Dabei entspricht die Durchflussrate D dem Kehrwert der hydraulischen Verweilzeit θ.

$$\frac{Q}{V}(S_0 - S_t) - kS_t = 0 \qquad (5.14)$$

$$S_t = \frac{S_0}{1 + \frac{k}{D}} = \frac{S_0}{1 + k\theta} \qquad (5.15)$$

Eine derartige Kinetik erster Ordnung kann nicht alle Prozesszustände im Detail abbilden. Sie kann aber trotzdem bei einer überschlägigen Dimensionierung von Biogasanlagen wertvolle Informationen liefern. Ausgehend davon ist für eine Auslegung der technischen Einrichtungen zu beachten, dass der anaerobe Abbauprozess in einem kontinuierlich betriebenen Rührkessel bei Verweilzeiten von weniger als acht Tagen in einen kritischen Bereich mit der Gefahr der Auswaschung gerät; d. h., die Mikroorganismen können sich nicht hinreichend schnell reproduzieren, sodass die Population ausgespült wird bzw. der Austrag die Reproduktionsrate übersteigt. Einige an der Methanogenese beteiligte Mikroorganismen weisen sogar Reproduktionszeiten von bis zu 30 Tagen auf; entsprechend müssen teils längere Verweilzeiten gewählt werden, um eine Verminderung dieser Mikroorganismenkulturen im Fermenter zu verhindern, oder die aktive Biomasse muss vom vergorenen Substrat abgetrennt und in den Biogasreaktor rückgeführt werden [5.61]. Beide Ansätze sind vorhanden und werden technisch umgesetzt (Kapitel 5.2, Band 3).

Der Betriebspunkt mit der kleinsten praktisch möglichen Verweilzeit (und damit der höchsten Raumbelastung), die stabil gefahren werden kann, ist der Betriebspunkt, an dem die Kapazitätsauslastung maximal ist und somit die volumenspezifische Gasproduktionsrate ihren größten Wert annimmt. Der substratspezifische Biogasertrag (d. h. die Substratausnutzung) ist im Gegensatz dazu an dieser Stelle am kleinsten und wird mit steigender Verweilzeit größer (Abb. 5.18).

Für Batch-Reaktoren, die in der Praxis zwar seltener, im Labor aber wegen der einfachen Handhabung häufiger eingesetzt werden, gelten – mit leichten Anpassungen – ebenfalls die diskutierten Zusammenhänge. Allerdings ändert sich die Substratkonzentration im Fermenter mit einem zunehmenden Abbau – und damit auch die Wachstumsbedingungen für die Mikroorganismen – stetig. Bei einem derartigen diskontinuierlichen Betrieb vereinfacht sich Gleichung (5.12); sie kann dann nach Gleichung (5.16) geschrieben werden.

$$\frac{dS}{dt} = -kS \qquad (5.16)$$

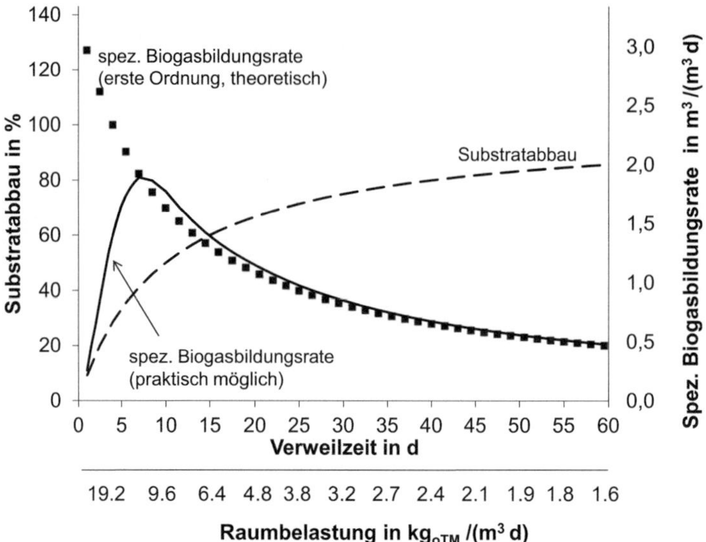

Abb. 5.18 Verweilzeit, Raumbelastung, spezifischer Biogasertrag und Gasbildungsrate nach der Kinetik erster Ordnung für einen Rührkesselfermenter (Inputsubstrat: 12 % TM (Trockenmasse), 80 % oTM (organische Trockenmasse), $k = 0{,}1$ 1/d, Biogaspotenzial 0,34 L_N/g_{oTM})

Nach erfolgter Integration ergibt sich daraus der in Gleichung (5.17) gezeigte Zusammenhang. Folglich kann die Substratkonzentration S_t durch die Substratkonzentration des Zulaufs S_0, der Geschwindigkeitskonstante k und der Verweilzeit t beschrieben werden.

$$S_t = S_0 \, e^{-kt} \tag{5.17}$$

Wird der Substratabbau von diskontinuierlich (d. h. Batch-Betrieb) und kontinuierlich betriebenen Rührkesselfermentern gegenübergestellt, ergibt sich das in Abb. 5.19 dargestellte Verhalten. Demnach können Fermenter im Batch-Betrieb den gleichen Gasertrag mit einer kürzeren Verweilzeit erzielen.

Werden mehrere kontinuierlich betriebene Rührkesselfermenter in Reihe geschaltet, kann mehr Substrat als in einem Einzelfermenter mit gleichem Volumen umgesetzt werden, da sich in den ersten Reaktoren eine höhere Substratkonzentration einstellt und damit eine höhere Reaktionsrate erreicht werden kann. Je mehr Fermenter in Reihe geschaltet werden, desto mehr nähert sich die Kurve der des Batch-Betriebs an. Der Abbauprozess in echten Pfropfenstromfermentern zeigt ein kinetisches Verhalten, das dem des Batch-Fermenters entspricht. Jedoch ist ein echter Pfropfenstrom ohne Zonenvermischung im praktischen Betrieb von Biogasanlagen aus technischer Sicht nur sehr schwer zu erreichen.

Der zeitliche Verlauf des anaeroben Substratabbaus hängt aber nicht nur vom gewählten Vergärungsverfahren (d. h. der realisierten Verfahrenstechnik), sondern auch vom Sub-

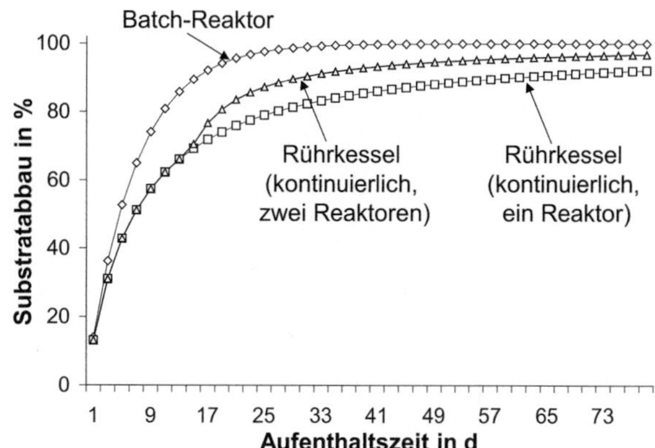

Abb. 5.19 Substratabbau in Rührkesselfermentern bei verschiedenen Prozessführungen

strat ab, da die Abbaugeschwindigkeiten verschiedener Substrate erheblich differieren können. Damit hat die Substrateigenschaft einen großen Einfluss auf den mit einer bestimmten Verweilzeit erreichbaren Abbaugrad.

In Abb. 5.20 ist der Zusammenhang von erreichbarem Abbaugrad und Verweilzeit für zwei Substrate mit einem unterschiedlichen *k*-Wert dargestellt. Je nach Abbaucharakteristik kann bei dem leichter abbaubaren Substrat mit dem *k*-Wert von 0,2 1/d innerhalb einer vergleichsweise kürzeren Verweilzeit ein größerer Abbau der organischen Substanz erwartet werden. Mit zunehmender Verweilzeitzeit nähern sich die Abbauergebnisse einander an. Mithilfe derartiger Überlegungen kann eine Anlage im Hinblick auf den gewünschten Abbaugrad der Substrate bei einer bestimmten Behältergröße und Verweilzeit sowie den damit verbundenen Investitionen optimiert werden.

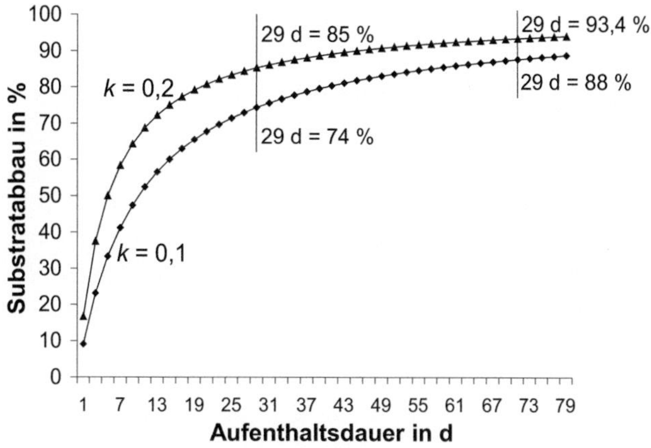

Abb. 5.20 Verlauf des Substratabbaus verschiedener Substrate in kontinuierlichen Rührkesselfermentern in Abhängigkeit von der Verweilzeit mit *k*-Werten von 0,1 1/d bzw. 0,2 1/d (Kinetik erster Ordnung)

Zusätzlich hängt die Kinetik auch von der Prozesstemperatur ab. Wenn andere Limitierungen ausgeschlossen sind, werden prinzipiell bei höheren Temperaturen höhere Umsatzraten erzielt.

Auch können die kinetischen Eigenschaften eines Substrats durch geeignete Vorbehandlungsmaßnahmen beeinflusst werden. Durch einen chemischen, physikalischen und / oder biologischen Aufschluss (Kapitel 3, Band 3) können langsam abbaubare Bestandteile in schneller abbaubare Komponenten umgewandelt werden; dies führt zu einer Beschleunigung des Abbaus.

5.1.2.3 Charakterisierende Kenngrößen

Nachfolgend werden charakterisierende Kenngrößen, die den anaeroben Abbau beeinflussen, diskutiert.

Trockenmassegehalt. Der anaerobe Abbauprozess wird im wässrigen, anaeroben Milieu umgesetzt. Damit sind Substrate mit einem hohen Wassergehalt und einem niedrigen Ligningehalt besonders gut für den Biogasbildungsprozess geeignet.

Bei der Vergärung wird zwischen flüssigen Substraten, Schlämmen und festen Substraten unterschieden.

- Flüssige Substrate (z. B. organisch belastete Abwässer) sind normalerweise durch Trockenmassegehalte von unter 6 % gekennzeichnet.
- Schlämme weisen zwischen rund 6 und 20 % Trockenmassegehalt auf und enthalten mehr oder weniger große Mengen freien Wassers bzw. große Konzentrationen von Feststoffen in einer Suspension. Sie weisen i. Allg. eine hohe Viskosität auf.
- Unter festen Substraten werden Stoffe mit mehr als 20 % Trockenmassegehalt, die meist kein freies Wasser aufweisen, zusammengefasst.

Bestimmung. Der Trockenmassegehalt wird durch Trocknen des Substrats bei 105 °C bis zur Gewichtskonstanz gemessen. Der Anteil der organischen Trockenmasse (oTM) an der Gesamttrockenmasse (TM) wird mit dem Glühverlust durch Glühen der gesamten Trockenmasse (TM) bei 550 °C gleichgesetzt.

Bei der Bestimmung der Trockenmasse (TM) durch Trocknung gehen flüchtige Substanzen (z. B. organische Säuren) verloren. Dies kann zu einer Falscheinschätzung des TM-Gehalts und damit auch zu einer Falscheinschätzung der spezifischen Biogasausbeute bzw. des Biogasbildungspotenzials führen [5.57], da bei der Vergärung der Frischmasse diese Substanzen enthalten sind und zur Gasbildung beitragen. Für eine präzise Angabe der enthaltenen organischen Substanz müssen der Trockenmasse (TM) und der organische Trockenmassegehalt (oTM) um diesen Anteil korrigiert werden. Um eine Korrekturgleichung beispielsweise für Maissilage zu entwickeln, wurden 182 Silageproben untersucht und jeweils ein Wert für den korrigierten Trockenmassegehalt (TM_k) abgeleitet [5.62]. Die jeweiligen Proben wurden zuerst bei 60 bis 65 °C vorgetrocknet und anschließend für

3 h bei 105 °C endgetrocknet. Im Mittel betragen die analysierten Stoffverluste 4 % und die maximalen Abweichungen liegen bei 16 %. Gleichung (5.18) zeigt die sich daraus ableitbare Korrekturformel.

$$\mathrm{TM}_k = \mathrm{TM}_n + (1{,}05 - 0{,}059\mathrm{pH})\mathrm{NFS} + 0{,}08\mathrm{MS} + 0{,}77\mathrm{PD} + 0{,}87\mathrm{BD} + \mathrm{AA} \quad (5.18)$$

TM_k ist der korrigierte Trockenmassegehalt, TM_n der Trockenmassegehalt mit Vor- und Endtrocknung, NFS die Summe der Gehalte an niederen Fettsäuren, MS der Gehalt an Milchsäure, PD der Gehalt an 1,2-Propandiol, BD der Gehalt an 2,3-Butandiol und AA die Summe der Gehalte an anderen Alkoholen.

Weitere derartige Beziehungen wurden u. a. auch für Zuckerrübensilage [5.63] entwickelt. Die Korrektur ist ebenso für alle anderen Analysen zu berücksichtigen, die auf die Bestimmung des Gehalts an organischen Bestandteilen abzielen und an der getrockneten Probe durchgeführt werden.

Beeinflussung. Der Trockenmassegehalt im Substratmix kann durch die Beimischung von Rezirkulat (Flüssigphase aus der Fest-Flüssig-Trennung des Gärrestes) oder Wasser an die notwendigen Prozessbedingungen der jeweils eingesetzten verfahrenstechnischen Lösung angepasst werden. Durch den anaeroben Abbau wird der organische Trockenmassegehalt (oTM) im Prozess reduziert; dadurch werden neben dem Trockenmassegehalt auch die Struktur und die Viskosität des Gärmediums verändert. Daher bestimmt der Trockenmassegehalt im Substrat und im Gärmedium das technische Verfahren und die notwendigen Komponenten (z. B. Rührwerke, Pumpen), mit denen das Ausgangssubstrat behandelt werden kann.

Hemmende Substanzen. Der Gehalt an potenziellen Hemmstoffen – sowohl im Substrat vorliegend als auch als Ergebnis der Abbauprozesse – ist zu berücksichtigen, da diese die Abbaueigenschaften des Substrats erheblich beeinflussen können. Derartige Hemmstoffe können Stoffwechselprodukte wie Ammoniak, Schwefelwasserstoff und organische Säuren oder hemmend / toxisch wirkende Substanzen (z. B. Desinfektionsmittel, Antibiotika, Schwermetalle, Salze und Tenside) sein. Je nach Art und Konzentration der Hemmstoffe ist eine entsprechende Adaptation (Anpassung) der Mikroorganismen möglich. Ist das nicht umsetzbar, müssen die Hemmstoffe inaktiviert, durch eine Vorbehandlung abgetrennt oder aus dem Prozess ausgeschleust werden.

Unter einer Hemmung des anaeroben Abbaus wird generell ein reversibler Prozess, der die Wachstumsraten der Mikroorganismen beeinflusst, verstanden [5.64]. Im Gegensatz dazu wird der toxische Effekt als die irreversible letale Wirkung von Substanzen auf Mikroorganismen definiert. Die Hemmung ist dabei abhängig von der Konzentration der Hemmstoffe und der Anpassungsfähigkeit der Mikroorganismen an den Hemmstoff. Da kinetische Eigenschaften beeinflusst werden, ist eine Hemmung nur dann erkennbar, wenn der Prozess im entsprechenden Grenzbereich betrieben wird. Toxische Substanzen können den Prozess ebenso negativ beeinflussen; jedoch können anaerobe Mikroorganismen eine

Vielzahl toxischer Verbindungen abbauen [5.65]. Die Konzentration der Substanzen im Prozess sollte sich dann jedoch deutlich unter der letalen Dosis befinden.

Tabelle 5.6 zeigt eine Zusammenstellung bekannter Hemmstoffe und deren kritische Konzentrationen. Jedoch wurden über maximal zulässige Konzentrationen hemmend wirkender und toxischer Stoffe in anaeroben Prozessen sehr viele und teilweise sehr widersprüchliche Daten publiziert. Derartige uneinheitliche Beobachtungen können u. a. darauf zurückgeführt werden, dass verschiedene Mikroorganismenpopulationen sich unterschiedlich gut an einzelne Hemmstoffe anpassen können. Je nach Fermentertyp, relevanten Prozessparametern (z. B. Verweilzeit, pH-Wert, Temperatur) und Wechselwirkungen mit anderen Inhaltsstoffen der Substrate werden stark unterschiedliche Grenzkonzentrationen beobachtet. Zudem spielt auch die Geschwindigkeit der Konzentrationsänderung und damit die für die Adaption zur Verfügung stehende Zeit eine Rolle.

Daher können die in Tabelle 5.6 dargestellten Angaben lediglich der groben Orientierung dienen. Dabei sind zusätzlich auch die folgenden Randbedingungen zu berücksichtigen.

- Adaptationszeit. An einige Hemmstoffe kann sich die Population anpassen. Wie schnell die Anpassung der Mikroorganismen vor sich geht, hängt von der Zusammensetzung der ursprünglich vorhandenen Biozönose sowie vom Hemmstoff und der Konzentration ab.
- Art der Zugabe. Ein zugegebener Hemmstoff oder eine toxische Substanz hat unterschiedliche Konsequenzen für einen kontinuierlich betriebenen Prozess, wenn er einmalig oder kontinuierlich zugegeben wird. Bei einer einmaligen Zugabe entsteht nur dann ein irreversibler Schaden, wenn die Expositionszeit genügend lang und die Konzentrationen entsprechend hoch waren; andernfalls wird durch die Austragung des vergorenen Substrats die Konzentration wieder abgesenkt.
- Fermentertyp. Biogasprozesse in Fermentern mit zurückgehaltener Biomasse (z. B. Hochlastverfahren mit Biomasserückhaltung auf Aufwuchskörpern für stark wechselnde organische Lasten in Abwässern der Lebensmittelindustrie) sind i. Allg. weniger anfällig gegenüber hemmenden Substanzen als volldurchmischte Rührkesselfermenter, da die Wachstumsraten in Rührkesselreaktoren höher sind als in Systemen mit Biomasserückhalt (zur Anlagentechnik siehe Kapitel 5.2, Band 3).
- Verweilzeit bei kontinuierlichen Rührkesselfermentern. Hoch belastete Verfahren mit kurzen Verweilzeiten sind Hemmstoffen gegenüber intoleranter, weil eine Hemmung das notwendige Mikroorganismenwachstum in dem kritischen Bereich verlangsamen und es damit zur Auswaschung der Population kommen kann.
- Stabiler Betrieb bei Hemmwirkung. Eine deutlich erhöhte Konzentration an organischen Säuren kann den anaeroben Abbau hemmen. Allerdings kann dies u. U. durch ebenfalls erhöhte Ammoniak / Ammonium-Konzentrationen teilweise kompensiert werden. Bei einem sinkenden pH-Wert verschiebt sich das Ammoniak / Ammonium-Verhältnis in Richtung Ammonium, wobei basisch wirkende Hydroxidionen freigesetzt werden. Aufgrund dieses Ammonium / Ammoniak-Puffers können Biogasanlagen da-

Tabelle 5.6 Hemmstoffe und ihre Wirkungen bei der anaeroben Gärung

Natrium	Natrium kann zwischen 5 und 15 g/L hemmen; bei 15 g/L ergeben sich nur noch 50 % der Abbauleistung; Wechselwirkung möglich mit Kalium [5.66]
Kalium	Regulierung der Osmose der Methanogene; mittlere inhibitorische Konzentration (IC 50) bei 4 800 mg/L [5.66]
Calcium	Mittlere inhibitorische Konzentration (IC 50) bei 4 800 mg/L [5.66]
Magnesium	Mittlere inhibitorische Konzentration (IC 50) bei 1 900 mg/L [5.66]
Ammonium	In Lösung im Gleichgewicht mit Ammoniak (pH-Wert- und temperaturabhängig); hemmend zwischen 2,7 und 10 g/L; Wechselwirkung je nach Organismen mit Ca^{2+} oder Na^{+}
Schwefel	Schwefel ist hemmend ab 30 mg/L H_2S (undissoziiert, entspricht 1 bis 2 % im Biogas) [5.64], Fällung in Anwesenheit von gewissen Metallionen
Schwermetalle	Schwermetalle hemmen als freie Ionen: Nickel ab 10 mg/L, Kupfer ab 40 mg/L, Chrom ab 100 mg/L, Blei ab 340 mg/L, Zink ab 150 mg/L [5.64]; Sulfidbildung kann Schwermetalle durch Fällung neutralisieren; Möglichkeit der Elimination von Kupfer, Cadmium, Blei und Zink durch Polyphosphate (Komplexbildner)
Fettsäuren	Hemmwirkung abhängig vom pH-Wert, undissoziierte Anteile wirken hemmend [5.64]
Petrochemische Produkte	Bei unadaptierten Systemen bereits Hemmungen ab 0,1 mmol Kohlenwasserstoffen, aromatischen und halogenisierten Verbindungen etc.; adaptierte Biozönosen hingegen bauen einige petrochemische Produkte sehr gut ab (mittlere inhibitorische Konzentration [IC 50] von Phenol 1 500 mg/L [5.66])
Chlorierte Verbindungen	Anpassung an Chloroform möglich bis zu 40 mg/L; Fluor-Chlor-Kohlenwasserstoffe und andere halogenierte niedermolekulare organische Verbindungen sind toxisch ab ca. 50 mg/L
Formaldehyd	Formaldehyd wird für nicht adaptierte Kulturen ab 100 mg/L hemmend; Adaptation möglich bis zu 1 200 mg/L
Wasserstoff	Zusammenhang mit der Akkumulierung und dem Abbau von niederen Fettsäuren; für den Propionsäureabbau sind möglichst niedrige Konzentrationen erwünscht
Ethen und Terpen	Ungefähr 50 mg/L Öl mit Ethen und Terpen (z. B. von Zitrusfrüchten) kann hemmend wirken; Schwelle bei ca. 1 mg/L
Stickstoffoxide, Nitrat, Nitrit	Stickstoffverbindungen werden im anaeroben Milieu normalerweise denitrifiziert
Aromatische Aminosäuren	L-Dopa kann wahrscheinlich zu Hemmungen führen (z. B. Abwasser aus der Kartoffelverarbeitung); Wechselwirkung mit Fettsäuren, Adaptation möglich
Desinfektionsmittel und Antibiotika	Können hemmend in Bereichen ab rund 1 bis 100 mg/L wirken; dies muss aber nicht der Fall sein, da die anaeroben Mikroorganismen nicht auf alle Antibiotika ansprechen (z. B. wirkt Penicillin nur auf die Zellwandsynthese von Bakterien, nicht aber von Archaea)

her auch bei erhöhten Säurekonzentrationen stabil betrieben werden, sofern größere Schwankungen im Betrieb ausgeschlossen werden.

- Antagonismen/Synergismen. Die Wirkung verschiedener Hemmstoffe wird durch die Anwesenheit von anderen Komponenten und damit durch antagonistische oder synergistische Effekte beeinflusst. So hängt beispielsweise die hemmende Wirkung von Schwermetallen davon ab, welche Anionen gleichzeitig vorhanden sind, da ggf. Metalle in Anwesenheit von z. B. Schwefelwasserstoff ausgefällt oder in Komplexen gebunden werden können. Zu hohe Sulfidionen-Konzentrationen können aber auch – je nach Temperatur und pH-Wert – selbst wieder toxisch wirken. Die Reduktion eines Schadstoffs durch Zugabe eines antagonistisch wirkenden Stoffes kann daher infolge verschiedener Wechselbeziehungen problematisch sein. Meist sind jedoch anaerobe Prozesse gegenüber Hemmstoffen relativ unempfindlich und oft ist eine Anpassung auch an ursprünglich toxische Konzentrationen möglich.

Temperatur. Für die technische Anwendung anaerober Prozesse werden im Wesentlichen die folgenden, aus Sicht der technischen Biogaserzeugung wichtigen Temperaturbereiche, in denen geeignete Mikroorganismenpopulationen ihr Optimum haben, unterschieden:

- psychrophil: bis etwa 25 °C,
- mesophil: 35 bis 42 °C,
- thermophil: 50 bis 55 °C.

Der psychrophile Temperaturbereich findet vor allem in Anlagen Anwendung, die über keine Temperierung verfügen (z. B. Lagunensysteme). Für technische Prozesse werden vor allem die Temperaturbereiche mesophil und thermophil angewendet. Da bei der anaeroben Fermentation kaum Wärme entsteht, muss das Substrat auf Gärtemperatur temperiert werden.

Für die Wahl der geeigneten Temperatur gilt, dass höhere Temperaturen generell höhere Abbauraten ermöglichen. Die Kriterien für die Wahl der zu realisierenden Temperatur hängt außerdem davon ab, wie hoch der Wassergehalt des Substrats ist, ob Hemmstoffe gebildet werden, deren Wirkung temperaturabhängig ist (z. B. Ammoniak) und / oder ob eine Hygienisierung erwünscht ist. Muss beispielsweise das Substrat erwärmt werden und hat einen hohen Wassergehalt (z. B. Gülle), ist eine hohe Gärtemperatur nicht sinnvoll, da sonst bis zu 60 % der produzierten Wärme zur Bereitstellung der benötigten Prozessenergie aufgewendet werden müssen. Tabelle 5.7 zeigt die Vorteile mesophiler und thermophiler Vergärungen.

Die Grenzen zwischen den Temperaturbereichen sind fließend. Ein Übergang von einem Temperaturbereich in den anderen ist problemlos möglich, wenn der Temperaturgradient nicht zu groß und der Prozess nicht an der Leistungsgrenze betrieben wird. Der Übergang sollte i. Allg. mit einer Temperaturänderung von 1 K pro Woche realisierbar sein. Größere Gradienten sowie unkontrollierte Temperaturschwankungen sollten jedoch auf jeden Fall vermieden werden, da sie zu Instabilitäten im Prozess führen können.

Tabelle 5.7 Vor- und Nachteile der mesophilen und thermophilen Vergärung

Mesophile Vergärung	Thermophile Vergärung
– geringerer Wasserdampfgehalt des Gases – weniger CO_2 im Gas (da CO_2 besser in der Flüssigkeit gelöst bleibt) – geringerer Wärmebedarf – größere Vielfalt der Organismen und daher größere Stabilität der Biozönose bzw. des Abbaus – Möglichkeit für den Einsatz von Niedertemperaturabwärme zur Prozessheizung – geringere Wirkung der Ammoniakhemmung	– schnellere Wachstumsraten – kürzere Verweilzeit – bessere Abtötung von pathogenen Keimen – Reduktion des Schlammvolumens – schlechtere Löslichkeit von Sauerstoff im Substrat; daher schnelles Erreichen anaerober Bedingungen

Energetisch gesehen ist es für den Betrieb von Biogasanlagen von Vorteil, wenn die Substrate bereits auf einem hohen Temperaturniveau anfallen, da für ein ansonsten erforderliches Aufheizen ein entsprechender Teil der erzeugten Energiemenge eingesetzt werden muss.

Störstoffgehalt. Für die technische Umsetzung der Vergärung ist der Gehalt an Störstoffen (z. B. Sand, Steine, Glas, Metalle, Plastik) im Substrat von Bedeutung. Diese Stoffe können Pumpen und Rührer durch ihre abrasiven Eigenschaften zerstören oder zu Ablagerungen in Rohrleitungen und in den Fermentern führen. Insbesondere bei Substraten wie Hühnertrockenkot, Bioabfall oder Festmist aus offener Tierhaltung (wenn die Tiere nicht auf Betonflächen stehen) ist auf den Anteil an inertem Material im Substrat zu achten.

Korngrößenverteilung. Die Korn- oder Partikelgrößenverteilung beeinflusst die Nutzung bzw. Behandlung von organischen Stoffen in technischen Anlagen, da die Feststoffe für den mikrobiellen Abbau in gelöste Komponenten umgewandelt werden müssen. Der Abbau schreitet von den Oberflächen der Substratpartikel her fort. Daher sind kleine Partikel aufgrund der größeren Oberfläche in der Regel leichter abbaubar als grobkörnige Stoffe. Ebenso ist die Auslegung von Förder- und Rührtechnik davon abhängig, ob die Biomasse gelöst, feinkörnig, grobkörnig oder in Faserform vorliegt.

Falls eine Nachbehandlung von Gärresten (auch nach einer Fest-Flüssig-Trennung) durch Kompostierung vorgesehen ist, muss die Struktur des Materials ggf. durch die Zugabe von Strukturmaterialien so eingestellt werden, dass eine optimale Versorgung mit Sauerstoff möglich wird.

Nährstoffe und Spurenelemente. Die zu vergärenden Ausgangsmaterialien sollten, damit der Gärprozess optimal ablaufen kann, genügend für Mikroorganismen verfügbare Nährstoffe und Spurenelemente enthalten. Ein grundlegender Wert ist das Verhältnis zwischen Kohlenstoff (C) und Stickstoff (N) (sowie Phosphor (P) und Schwefel (S)). Die ausgewogene Versorgung mit grundlegenden Elementen für den Zellaufbau ist eine essenzielle Voraussetzung für das Wachstum der Mikroorganismen.

Neben dem Verhältnis der Nährstoffe im Substrat ist die Verfügbarkeit der Nährstoffe für eine optimale Versorgung der aktiven Biomasse von zentraler Bedeutung. Die Verfügbarkeit von Nährstoffen kann durch chemische Bindungen, welche die Aufnahme durch die Mikroorganismen verhindern, eingeschränkt werden. Die Aufnahmemöglichkeit der Nährstoffe durch die Mikroorganismen wird auch durch die resultierende Konzentration im Gärmedium beeinflusst. Beispielsweise müssen manche Nährstoffe in einer gewissen Konzentration vorliegen, um von den Mikroorganismen aufgenommen werden zu können. Auch können zu hohe Nährstoffkonzentrationen zu Hemmwirkungen führen.

Daher werden unterschiedliche Konzentrationen angegeben, die zwischen einem C : N : P : S-Verhältnis von 2 000 : 15 : 5 : 3 [5.67] bis zu 600 : 15 : 5 : 1 [5.68] liegen können. Diese Verhältnisse stellen Minimalkonzentrationen im Verhältnis zum Kohlenstoff dar; eine Überversorgung mit einem der Elemente muss keine negativen Effekte haben.

Weitere Elemente, wie Natrium (Na), Kalium (K) und Calcium (Ca), sowie Spurenelemente (z. B. Fe, Zn, Cu, Mo, Mn, Co, Ni, Se) sind einerseits essenziell für den Abbau nötig. Sie können andererseits jedoch in hoch konzentrierter Form auch hemmend auf den anaeroben Abbau wirken. Bei der Vergärung von nachwachsenden Rohstoffen sind Mangelerscheinungen aufgrund von Spurenelementemangel bekannt. Insbesondere bei hoch belasteten Systemen ist dann ein negativer Effekt auf die Prozessstabilität zu erkennen. Derartige Effekte treten bei hohen Verweilzeiten aufgrund der langsamen Auswaschungseffekte oft erst lange nach einer ursächlichen Substratumstellung auf. Die Verwendung der Flüssigphase einer Fest-Flüssig-Separation als Rezirkulat kann die Versorgung mit Nährstoffen und Spurenelementen verbessern, wenn sich die Zielsubstanz in der Flüssigphase anreichern lässt. Richtwerte für notwendige Konzentrationen liegen vor (z. B. [5.69]).

pH-Wert. Der optimale pH-Wert-Bereich für die Methanbildung liegt zwischen rund 7,0 und 7,5. Im praktischen Anlagenbetrieb ist diese Grenze aber nicht scharf definiert. Der pH-Wert entsteht in der Interaktion verschiedener prozessrelevanter Größen wie z. B. der Dissoziation von Säuren, Ammoniak oder Schwefelwasserstoff. Prozessspezifisch können Anlagen auch außerhalb des Optimalbereichs erfolgreich betrieben werden. Bei Anlagen, bei denen alle Prozessschritte in einem Fermenter parallel ablaufen, stellt sich in einem stabilen Zustand aufgrund der Pufferkapazität und den niedrigen Säurekonzentrationen automatisch ein pH-Wert im neutralen Bereich ein. Werden Hydrolyse / Säurebildung und Methanbildung räumlich getrennt, sollte der pH-Wert in der Hydrolysestufe zwischen 5,0 und 6,5 liegen, da so methanogene Mikroorganismen weitgehend gehemmt sind, während gärende Bakterien weitaus pH-toleranter sind oder gar ihr Optimum in diesem Bereich haben. Bei einem pH-Wert von rund 4,5 hemmen die hydrolytischen und Säure bildenden Bakterien ihr Wachstum durch ihre eigenen Stoffwechselprodukte. Der pH-Wert in der methanogenen Stufe stabilisiert sich normalerweise aufgrund der Pufferkapazität des Mediums und des Säureabbaus ohne Zuschlagstoffe im neutralen Bereich.

Bei Prozessstörungen wird in den meisten Fällen das Gleichgewicht zwischen Säurebildungsprozess und Säureabbau (Methanbildung) gestört. Die Säurebildner sind resistenter gegenüber Störungen; daher werden bei einer Störung Säuren zwar weiter gebildet, aber nicht mehr abgebaut. Als Folge akkumulieren die gebildeten Säuren im Gärmedium. Ist dann bei steigender Säurekonzentration der Puffer aufgebraucht, beginnt der pH-Wert im Prozess zu sinken. Daraus folgt, dass die Hemmwirkung der angereicherten Säuren auf die Methanbildung weiter steigt und somit die Säurekonzentration noch schneller steigt. Sobald erste Zeichen einer derartigen Versauerung sichtbar werden (Ansteigen der Säurekonzentrationen), muss deshalb der Prozess genau überwacht und, wenn notwendig, die Substratzufuhr reduziert werden. Ziel muss es sein, den Mikroorganismen zu ermöglichen, die bereits vorhandenen Säuren abzubauen und so wieder günstigere Lebensbedingungen zu schaffen. Parallel sollten die Ursachen der Störung identifiziert werden. Im Extremfall einer starken Versauerung – wenn auch die Zugabe von Basen den pH-Wert nicht mehr stabilisieren kann – muss der Fermenterinhalt (teilweise) ausgetauscht und der Prozess neu angefahren werden.

Pufferkapazität. Da die anaerobe Vergärung einerseits in einem engen pH-Wert-Bereich (ca. 7,0 bis 7,5) ihr Optimum hat und andererseits viele Substrate und Stoffwechselprodukte (u. a. organische Säuren, Ammoniak, Kohlenstoffdioxid) den pH-Wert beeinflussen können, ist eine ausreichende Pufferkapazität notwendig, um den pH-Wert bei Prozessveränderungen zu stabilisieren. Die Stoffwechselprodukte Kohlenstoffdioxid und Ammoniak bilden in Lösung bereits ein Puffersystem, sodass sich die meisten Prozesse im Normalbetrieb in einem ausreichenden Maße selbst stabilisieren. Bei größeren Störungen des Abbauprozesses oder bei der Behandlung spezieller Industrieabwässer kann es allerdings erforderlich sein, den pH-Wert durch die Zugabe von Puffern einzustellen.

Redoxpotenzial. Lebensprozesse sind immer mit Redoxreaktionen verbunden. Für das Gedeihen von Methan bildenden Mikroorganismen sind niedrige Redoxpotenziale (ca. $-300\,mV$) optimal. In einem Fermenter können die Potenziale jedoch deutlich höher sein. Um niedrige Potenziale zu gewährleisten, ist es sinnvoll, dem Prozess möglichst wenig Oxidationsmittel zuzuführen. Neben Sauerstoff sind dies insbesondere Sulfate, Nitrate und Nitrite.

Gehalt an kurzkettigen Fettsäuren. Organische Säuren sind Zwischenprodukte im Vergärungsprozess. Im Normalbetrieb werden die gebildeten Säuren (im Wesentlichen Essig-, Propion-, Butter- und Valeriansäure) mit annähernd der gleichen Rate zu Methan umgewandelt, wie sie gebildet werden; d. h., die vorhandenen Konzentrationen sind niedrig. Kommt es zu Störungen im Prozess (z. B. durch den plötzlichen Eintrag von großen Mengen an Substrat oder hemmenden Substanzen), wird das Gleichgewicht zwischen den Abbauschritten gestört. Die Folge ist, dass die Säurekonzentrationen ansteigen, da die Säurebildner gegenüber Störungen wesentlich robuster als die Methanbildner sind. Langkettige Säuren (z. B. Propionsäure) müssen zuerst in Essigsäure umgewandelt werden, bevor sie weiter in Methan transformiert werden können. Dieser Prozess ist gegenüber

Milieuveränderungen sehr sensibel, sodass die Anreicherung von langkettigen Säuren oft mit einer Prozessstörung einhergeht und ein Zeichen für die Hemmung der Essigsäurebildung darstellt.

Der Absolutwert der Säurekonzentration kann jedoch nicht allein zur Prozessbewertung herangezogen werden. Unter dem Einfluss von hohen Ammoniumkonzentrationen (ab ca. 5 g/L) kann es zu stabilen, aber erhöhten Säurekonzentrationen bei einem gleichzeitig guten Abbau kommen. Entscheidend für die Bewertung der Stabilität des Prozesses ist daher die Konzentrationsänderung mit besonderer Berücksichtigung des pH-Wertes, da die undissoziierten Säuren hemmend wirken und auch der pH-Wert selbst einen Einfluss auf die Stabilität des Prozesses hat.

Kurzfristig können erhöhte Säurekonzentrationen (z. B. durch Substrateintrag) stimulierend wirken. Entsprechend dem Zusammenhang von Substratkonzentration und Wachstum verursachen höhere Substratkonzentrationen auch höhere Wachstumsraten. So kann die impulsartige Beschickung von Fermentern zu einem kurzzeitigen Anstieg der Konzentration an Säuren führen, die jedoch durch verstärkte Stoffwechselaktivität wieder abgebaut werden kann.

Ammoniumgehalt. Ammoniak wird freigesetzt, wenn organisch gebundener Stickstoff im reduktiven Milieu abgebaut wird. Speziell bei eiweißreichen Substraten können entsprechend hohe Mengen an Ammoniak (NH_3) freigesetzt werden. In wässriger Lösung steht Ammoniak im chemischen Gleichgewicht mit Ammonium. Stickstoff wird für den Zellaufbau benötigt und ist somit ein lebensnotwendiger Nährstoff. Hohe Konzentrationen im Gärmedium hemmen allerdings den Abbau. Jedoch wird die Hemmung mit der nichtdissoziierten Form, dem Ammoniak, in Verbindung gebracht. Obwohl sich anaerobe Mikroorganismen bis zu einem gewissen Maß an hohe Ammoniakgehalte anpassen können, beeinflusst der Ammoniakgehalt den anaeroben Abbau deutlich. Dabei reagieren Anlagen, die im thermophilen Bereich betrieben werden, auf hohe Ammoniumkonzentrationen empfindlicher als mesophile Anlagen (Abb. 5.21).

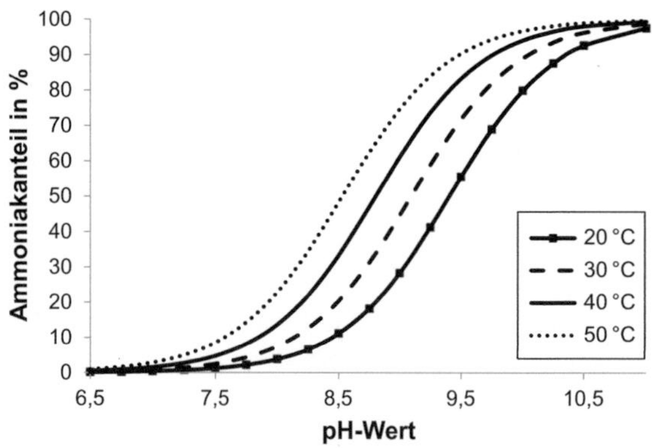

Abb. 5.21 NH_3-Anteil des Ammoniak-Ammonium-Gleichgewichts in Abhängigkeit von Temperatur und pH-Wert (nach [5.70])

Feste Grenzwerte können nicht definiert werden, da die Reaktion auf erhöhte Ammoniak- bzw. Ammoniumkonzentrationen prozessspezifisch ist. Vieles deutet aber darauf hin, dass die hemmende Wirkung vom undissoziierten Anteil, dem Ammoniak, ausgeht. Dabei gibt es eine Abhängigkeit der Hemmwirkung von der Temperatur und dem pH-Wert (Abb. 5.21). Die Notwendigkeit der Adaption der Mikroorganismen hat zur Folge, dass eine Steigerung des Gehalts an Ammonium schrittweise und langsam ausgeführt werden sollte. Da die maximale Wachstumsrate der Mikroorganismen durch die Hemmung limitiert wird, ist die Erhöhung der Verweilzeit insbesondere für Rührkesselfermenter eine sinnvolle Strategie zur Minderung der Hemmwirkung.

In Rührkesselreaktoren werden bei erhöhten Ammoniumkonzentrationen gleichzeitig auch erhöhte Säurekonzentrationen beobachtet [5.71]. Die Hemmung des Wachstums durch das Ammoniak kann aber offensichtlich durch höhere Säurekonzentrationen „ausgeglichen" werden. Trotz dieser ungünstigen Bedingungen ist bei hohen Ammonium/Ammoniak-Konzentrationen ein stabiler Betrieb möglich. Allerdings ist eine erhöhte Vorsicht bei Belastungsschwankungen geboten, da der Prozess diese nicht mehr durch eine Steigerung der Stoffwechselaktivität abfangen kann. Hohe Ammoniumkonzentrationen wirken als Puffer und somit führen erhöhte Konzentrationen an organischen Säuren nicht unbedingt zu Veränderungen des pH-Wertes.

Gaszusammensetzung. Die Gaszusammensetzung (d. h. primär das Verhältnis von Kohlenstoffdioxid und Methan) ist nur bedingt beeinflussbar. Der Methangehalt, der aus energetischen Gründen vorrangig interessant ist, hängt u. a. von den folgenden Größen ab.

- Zusammensetzung des Ausgangsmaterials. Insbesondere der Oxidationsgrad spielt dabei eine Rolle. Fettreiches und damit „sauerstoffarmes" Material bedingt höhere Methangehalte im Biogas im Vergleich zu Kohlenhydraten oder Eiweißen (Abb. 5.22).
- Wassergehalt des Gärguts. Je höher der spezifische Wassergehalt des Fermenterinhalts ist, desto mehr Kohlenstoffdioxid (CO_2) wird im Wasser gelöst und desto größer ist die Konzentration an Methan im Biogas.
- Gärtemperatur. Je höher die Gärtemperatur, desto weniger Kohlenstoffdioxid (CO_2) wird im Wasser gelöst; d. h., der CO_2-Anteil im Biogas steigt mit zunehmender Gärtemperatur.
- Druck im Fermenter. Je höher der Druck, desto mehr CO_2 wird im Wasser gelöst und desto reicher an Methan ist das Biogas. Positive Auswirkungen auf die Gasqualität wären möglich, wenn das Material vom Fermentergrund ausgetragen wird, da somit mehr CO_2 mit dem Austrag nach außen gelangt.
- Verweilzeit. Je länger die Verweilzeit, desto besser bzw. weitergehend erfolgt der Abbau. In späten Abbauphasen, wenn die – vor allem CO_2 freisetzende – Säurebildung abklingt, entsteht überproportional viel Methan und damit ein Biogas mit einem deutlich höheren Heizwert.
- Beschickung. Eine stoßartige Substratzugabe hat starke Schwankungen in der Gasqualität aufgrund von Säurebildungsaktivitäten und pH-Wert-Veränderungen zur Folge.

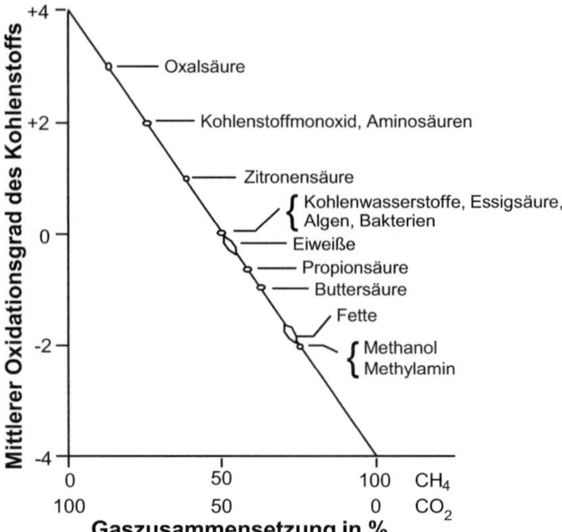

Abb. 5.22 Abhängigkeit der Gaszusammensetzung vom mittleren Oxidationsgrad („Oxidationszahl") des Kohlenstoffs (nach [5.72])

Die Methanausbeute hängt primär von der chemischen Zusammensetzung des Substrats ab. Abbildung 5.22 zeigt deshalb den Zusammenhang zwischen dem Methangehalt des Gases und dem mittleren Oxidationsgrad des Kohlenstoffs (theoretische Werte unter der Annahme einer vollständigen Mineralisation der Substanzen; d. h. ohne Bildung von Mikroorganismenbiomasse).

5.2 Verfahrenstechnik

Christiane Dieckmann, Martin Kaltschmitt, Frank Scholwin, Jörg Kretzschmar (Mitautor Kapitel 5.2.5), Marvin Scherzinger

Um eine effiziente Biogasproduktion zu gewährleisten, muss die Verfahrenstechnik den Anforderungen des biochemischen Abbaus – und damit der Prozessbiologie – optimal gerecht werden. Daraus resultiert eine Vielzahl von Forderungen und Randbedingungen, die im Sinne eines effizienten Biomasseumsatzes möglichst eingehalten werden sollten. Diese werden nachfolgend, ausgehend von und aufbauend auf den zuvor dargestellten Grundlagen des anaeroben Abbaus, diskutiert.

- Damit der anaerobe Abbau möglichst schnell und mit einem maximalen Umsatz ablaufen kann, müssen die Mikroorganismen immer ausreichend mit Inputmaterial und Nährstoffen versorgt werden. Je nach Mikroorganismengruppe kann dies Frischsubstrat oder bereits teilabgebautes Substrat (d. h. das Endprodukt des jeweils vorherigen Abbauschritts) sein. Die spezifische Oberfläche des Inputmaterials sollte darüber hinaus möglichst groß sein, damit die abzubauende bzw. weiter abzubauende organische

Masse für die Mikroorganismen möglichst leicht verfügbar ist. Aus verfahrenstechnischer Sicht resultieren daraus mehrere Forderungen:

- Das Frischsubstrat sollte ausreichend zerkleinert werden, damit es für die Biokatalysatoren möglichst gut zugänglich ist.
- Eine gute Durchmischung der abzubauenden Substrate mit der aktiven Biomasse muss sichergestellt werden, damit diese kontinuierlich und ausreichend mit Nahrung versorgt wird.
- Damit der anaerobe Abbau – zur Sicherstellung einer gleichmäßigen Biogasproduktion auf hohem Niveau – kontinuierlich ablaufen kann, muss immer eine bestimmte Menge an Frischsubstrat zugeführt und gleichzeitig eine bestimmte Menge an ausgefaultem Substrat abgezogen werden.

- Die anaerobe Vergärung wird in einzelnen, aufeinander aufbauenden Abbauschritten durch unterschiedliche Mikroorganismengruppen realisiert. Jeder dieser einzelnen Schritte kann mit maximaler Geschwindigkeit und Effizienz ablaufen, wenn die für diesen Schritt optimalen Prozessbedingungen vorliegen (pH-Wert, Temperaturniveau, Konzentration, Nährstoffe, Spurenelemente). Aus verfahrenstechnischer Sicht resultieren daraus zwei Ansätze: (a) Jeder einzelne Abbauschritt wird unter den jeweils optimalen Bedingungen separat in einem speziellen Reaktor realisiert oder (b) alle bzw. mehrere Abbauschritte laufen unter suboptimalen Bedingungen in einem Reaktor ab.
- Beim anaeroben Abbau wird organische Masse in das energiereiche Abbauprodukt Methan (CH_4) und das nicht mehr energetisch nutzbare Gas Kohlenstoffdioxid (CO_2) überführt. Durch eine bilanzielle Gegenüberstellung der in den Ausgangsmaterialien (Edukten) und den erzeugten Gasen (Produkten) chemisch gebundenen Energie wird deutlich, dass bei dieser Umwandlung nur sehr wenig Energie für den Stoffwechsel der den Abbau realisierenden Mikroorganismen verbleibt. Daraus resultieren vergleichsweise langsame Wachstums- bzw. Verdopplungsraten der aktiven Biomasse. Deshalb reicht auch die beim anaeroben Abbau frei werdende (Ab-)Wärme i. Allg. nicht aus, um das Substrat im Biogasreaktor zu beheizen. Aus verfahrenstechnischer Sicht folgt daraus, dass es sinnvoll sein kann, das Biogassubstrat zu beheizen und auf einem bestimmten Temperaturniveau zu stabilisieren, auf dem die jeweils eingesetzten Mikroorganismen einen substratspezifisch optimalen Abbau zeigen.
- Soll aus verfahrenstechnischer Sicht die Abbauleistung eines Biogasreaktors näherungsweise konstant gehalten werden, darf nicht mehr aktive Biomasse den Reaktor verlassen (z. B. zusammen mit dem ausgefaulten Substrat) als „nachwächst“. Folglich muss die mittlere Verweilzeit des Substrats im Reaktor regeltechnisch so angepasst werden, dass die aktive Mikroorganismenbiomasse mindestens konstant gehalten (d. h. in der Summe nicht reduziert) wird. Daraus resultiert, dass die Durchflussrate des Substrats durch den Biogasreaktor geringer oder zumindest gleich sein muss wie die Verdopplungsrate der Mikroorganismen. Alternativ dazu können aus technischer Sicht auch Einrichtungen in den Reaktor eingebaut werden, welche die aktive Biomasse im Fermenter zurückhalten und / oder Systemelemente in die Gesamtanlage integriert wer-

den, durch welche die Mikroorganismen nach dem eigentlichen Biogasreaktor aus dem ausgefaulten Substrat abgetrennt und dem Frischsubstrat zugegeben bzw. in den Biogasreaktor rückgeführt werden.

- Die aktive Biomasse, die den anaeroben Biomasseabbau realisiert, kann sich – in einem begrenzten Ausmaß – an verändernde Umwelt- bzw. Prozessbedingungen und an eine sich ändernde Nahrungs- und Nährstoffzusammensetzung anpassen. Dafür benötigen die Mikroorganismen aber eine bestimmte Anpassungszeit. Deshalb kann bei einer sich nur langsam und stetig verändernden Frischsubstratzusammensetzung ein hohes Abbauniveau beibehalten werden, während dies üblicherweise bei einer sprunghaften Änderung der Substratzusammensetzung nicht möglich ist. Um einen möglichst stabilen Betrieb eines Biogasreaktors sicherzustellen, ist deshalb eine homogene Substratzusammensetzung mit nur langsamen Veränderungen der Substrateigenschaften anzustreben; deshalb wird vor dem Substrateintrag in den Reaktor oft eine Homogenisierung des Gärsubstrats realisiert.
- Mikroorganismen benötigen – um eine maximale Leistungsfähigkeit zu erreichen – eine möglichst ausgewogene Versorgung mit Nährstoffen. Eine Besonderheit stellt dabei der Bedarf an den Spurenelementen Eisen (Fe), Nickel (Ni), Kobalt (Co), Molybdän (Mo) und Selen (Se) dar. Diese sind für den Zellaufbau unentbehrlich und führen bei einem Mangel zum Absterben der aktiven Biomasse. Deswegen muss eine ausgewogene Nährstoffversorgung ggf. über entsprechende Nährstoff- bzw. Spurenelementzusätze sichergestellt werden.
- Mit dem Substrat können auch das Bakterienwachstum hemmende Substanzen in den Reaktor eingetragen werden (z. B. Desinfektionsmittel aus der Stallbehandlung, Stickstoffverbindungen mit bestimmten Exkrementen, Schwermetalle mit bestimmten Abfallstoffströmen). Daher ist durch technische Maßnahmen sicherzustellen, dass eine Kontamination der Substrate mit Stoffen, welche die biologische Aktivität bzw. das Wachstum der aktiven Biomasse hemmen können, sicher vermieden werden kann. Sind derartige Stoffe unvermeidbar im Substrat vorhanden, sollten sie mit entsprechenden Verfahren abgetrennt werden.

Vor dem Hintergrund der genannten Randbedingungen ist es das Ziel der nachfolgenden Ausführungen, die verfahrenstechnischen Grundlagen der Biogaserzeugung darzustellen. Dazu werden zunächst die einzelnen Prozessstufen von der Substratlagerung bis hin zur Gärrestaufbereitung beschrieben und anschließend Aspekte und Konzepte unterschiedlicher Biogasanlagen diskutiert.

5.2.1 Substratzwischenlagerung

Nicht alle organischen Stoffe, die in Biogasanlagen vergoren werden können, fallen konstant im gesamten Jahresverlauf an; beispielsweise sind Gras- und Rasenschnitt in Mitteleuropa nur in den Sommermonaten verfügbar. Da die Biogasanlage jedoch i. Allg. eine konstante Substratzufuhr im Verlauf des gesamten Kalenderjahres benötigt, muss das Gärsubstrat oft über eine bestimmte Zeitspanne möglichst verlustarm gelagert werden. Aber auch bei im Jahresverlauf konstant anfallenden Substratströmen wird häufig eine bestimmte Menge zwischengelagert, um beispielsweise Verzögerungen bei der Anlieferung auszugleichen und dadurch eine gleichmäßige Reaktorbeschickung sicherzustellen.

In der „klassischen" Landwirtschaft werden unterschiedliche Lagerverfahren für organische Stoffe zur Überbrückung der Zeitspanne zwischen Anfall und Nutzung eingesetzt (u. a. [5.73]–[5.75]), die z. T. auch für die Lagerung von Biogassubstraten genutzt werden können. Dabei kann zwischen einer oxischen / aeroben und einer anoxischen / anaeroben Lagerung des organischen Materials unterschieden werden. Beide Optionen werden nachfolgend kurz diskutiert. Generell gilt aber, dass nur anaerob eine verlustarme Lagerung von organischem Material möglich ist (Kapitel 11, Band 1); aerobe Lagerprozesse zeigen i. Allg. hohe Biomasseverluste infolge der dabei stattfindenden Oxidation des organischen Materials. Trotzdem kann unter bestimmten Gegebenheiten eine – ggf. auch nur kurzfristige – aerobe Lagerung des Gärsubstrats sinnvoll sein (z. B. zur Erwärmung der organischen Hausmüllfraktion vor der eigentlichen anaeroben Vergärung).

Aerobe Lagerung. Die aerobe Lagerung bzw. (Teil-)Kompostierung erfolgt überwiegend in aufgesetzten Mieten oder Rotteboxen. Dabei laufen biologische Abbau- und Zersetzungsprozesse in Abhängigkeit der physikalischen und chemischen Beschaffenheit des organischen Materials und der herrschenden Umweltbedingungen in den nachfolgend dargestellten aufeinanderfolgenden Phasen ab [5.76]–[5.79].

1. In der Erwärmungsphase werden zunächst die leicht verfügbaren Substanzen wie Eiweiß und Zucker abgebaut. Das Material erwärmt sich dabei infolge der Aktivität der mesophilen Mikroorganismen auf ca. 40 °C.
2. In der darauffolgenden Heißphase erfolgt ein Temperaturanstieg auf ca. 65 °C und durch die Wirkung thermophiler Mikroorganismen ein Abbau der schwer verwertbaren Bestandteile (u. a. Cellulose der Zellwand).
3. In der anschließenden Abkühlungsphase sinkt die Temperatur auf 40 bis 45 °C. In dieser Phase werden durch mesophile Mikroorganismen schwer abbaubare Bestandteile wie Cellulose, Lignin und andere Biopolymere zersetzt.
4. In der finalen Reifephase erfolgt der Abbau zum Humus. Die Temperatur wird von der Umgebung und nicht mehr von den Zersetzungsschritten bestimmt.

Im Hinblick auf eine spätere anaerobe Fermentation des organischen Materials ist eine derartige aerobe Lagerung mit dem Ziel der Herstellung eines Humus bzw. Komposts nicht sinnvoll, da bei dieser Kompostierung die in der Biogasanlage anaerob abbaubaren organischen Verbindungen mit Sauerstoff – unter Abgabe von Niedertemperaturwärme – im Wesentlichen zu Kohlenstoffdioxid (CO_2) und Wasser (H_2O) abgebaut werden. Der dabei entstehende Kompost kann aufgrund des meist nur sehr geringen potenziellen Gasertrags nicht mehr sinnvoll als Substrat in Biogasanlagen eingesetzt werden. Deshalb wird eine aerobe Lagerung unter Durchlaufen der dargestellten vier Schritte ggf. nur mit dem bereits ausgefaulten Gärsubstrat realisiert, um daraus einen vermarktbaren Kompost zu erzeugen.

Dennoch kann es sinnvoll sein, ein potenzielles Gärsubstrat kurzfristig aerob zu lagern und zumindest Teile des ersten und ggf. auch den zweiten der dargestellten Abbauschritte zu durchlaufen. Die dabei zwingend resultierende Erhitzung des Materials kann Vorteile beispielsweise bei einer späteren Feststoffvergärung haben, da dann das Gärsubstrat bereits erwärmt ist, bevor die anaerobe Fermentation beginnt.

Anaerobe Lagerung. Bei der anaeroben Lagerung (Silierung, Feuchtkonservierung) wandeln Milchsäurebakterien unter Sauerstoffabschluss pflanzliche Kohlenhydrate in organische Säuren um [5.80], die dann eine weitere Zersetzung des organischen Materials verhindern (Kapitel 11, Band 1). Dazu wird die Biomasse verdichtet und abgedeckt [5.81]. Dieser Silierprozess verläuft in vier charakteristischen aufeinanderfolgenden Phasen [5.82]–[5.84] (Kapitel 11, Band 1).

1. In der Vorphase befindet sich im Silostock noch Restsauerstoff. Dadurch können sich unerwünschte aerobe Mikroorganismen (u. a. Bakterien, Pilze, Hefen) vermehren und eine mit Verlusten verbundene Erwärmung des organischen Materials tritt ein.
2. Die Hauptphase beginnt mit dem Zeitpunkt, ab dem der Sauerstoff im Material vollständig aufgebraucht ist und sich anaerobe Verhältnisse eingestellt haben. Dann setzt die Milchsäuregärung ein; dadurch wird der pH-Wert auf 4 bis 4,5 abgesenkt. Unter diesen Bedingungen werden die Eiweißspaltung und die Zellatmung auf ein Minimum reduziert. Enzyme, Gärschädlinge und konkurrierende Mikroorganismen werden dadurch ebenfalls inaktiviert.
3. In der Lager- oder stabilen Phase stirbt der größte Teil der Milchsäurebakterien aufgrund des geringen pH-Wertes ab und die Hefen verweilen unter diesen Bedingungen in einem Ruhezustand. Nur säuretolerante Enzyme bleiben aktiv und hydrolysieren Strukturkohlenhydrate zu wasserlöslichen Kohlenhydraten. Zusätzlich werden durch Proteasen komplexe Stickstoffverbindungen zu Ammoniak abgebaut.
4. Die Entnahmephase beginnt mit dem Öffnen des Silos. Dabei dringt Luftsauerstoff in die Anschnittfläche ein und aerobe Mikroorganismen werden reaktiviert. Der pH-Wert an der Öffnungsstelle steigt an und der Bereich erwärmt sich. Die Folge sind Trockenmasseverluste; der Nährwert der Silage wird reduziert. Eine Vermehrung von *Clostridien*, aufgrund des daraus resultierenden pH-Wert-Anstiegs, verursacht das Induzieren von Sporen in anaerobe Bereiche der Silage und führt zur Nacherwärmung.

5.2.2 Substrataufbereitung

Aus technischer Sicht ist eine Vielzahl unterschiedlichster Verfahren zur Substrataufbereitung möglich. Die konkret im Einzelfall zu treffende Verfahrensauswahl bzw. ggf.

auch Verfahrenskombination ist im Wesentlichen abhängig von der physikalischen Beschaffenheit der Substrate. Nachfolgend werden die üblicherweise eingesetzten Verfahren diskutiert.

Anmaischung. Soll ein festes oder pastöses Substrat in einer Nassvergärung eingesetzt werden, muss es ggf. angemaischt werden; d. h., der Wassergehalt wird erhöht, sodass ein pumpfähiges Gärsubstrat entsteht. Ein derartiges Anmaischen findet i. Allg. in einer Vorgrube oder einem Sammelbehälter kurz vor der Einbringung des Substrats in den Biogasreaktor statt. Um den Verbrauch an Frischwasser zu minimieren, wird dafür z. T. aus dem vergorenen Substrat abgetrenntes Prozesswasser verwendet; dadurch kann gleichzeitig das Gärmaterial und damit der Gärprozess mit aktiver Biomasse angeimpft werden. Von Nachteil bei einer derartigen Rückführung vergorenen Substrats / vergorener Substratkomponenten kann aber die Anreicherung bestimmter (den anaeroben Abbau ggf. hemmender) Stoffe (z. B. Schwermetalle, Stickstoff) im System „Biogasanlage" sein.

Störstoffabtrennung. Bei einer Störstoffabtrennung kann unterschieden werden zwischen einer Abtrennung aus flüssigen und festen / pastösen Substraten. Beides wird nachfolgend diskutiert.

Pumpfähige Substrate. Pumpfähige Substrate (z. B. Wirtschaftsdünger, organisch belastete Abwässer, Produktionsabfälle der Lebensmittelbe- und -verarbeitung) enthalten meist keine oder nur sehr wenige Störstoffe. Trotzdem kann bei bestimmten Biogassubstraten eine Störstoffabtrennung erforderlich sein.

Ein möglicher Vorbehandlungsschritt ist die mechanische Feststoffabtrennung. Dadurch können beispielsweise anaerob nicht abbaubare feste Stoffe (z. B. mineralische Bestandteile wie u. a. Sand, Steine) abgetrennt werden, sodass diese nicht unnötig das vorhandene Fermentervolumen reduzieren und / oder bestimmte Aggregate (z. B. Pumpen) mechanisch schädigen. Zusätzlich können auch bestimmte Substratfraktionen abgeschieden werden, die in Hochleistungsbiogasprozessen unerwünscht sind, da sie in solchen Reaktoren (z. B. Anaerobfilter) üblichen kurzen Aufenthaltszeiten nicht vollständig anaerob abgebaut werden können (z. B. ligninhaltige Fraktionen in organisch hoch belastetem Abwasser). Gleiches gilt sinngemäß auch für grobe Feststoffpartikel, um beispielsweise bei Anaerobfiltern ein Verstopfen der Filterelemente zu vermeiden.

Derartige Störstoffe werden i. Allg. unterteilt in Stoffe, die leichter oder schwerer als das eigentliche Biogassubstrat sind (d. h. in aufschwimmende Leichtstoffe oder absinkende Schwerstoffe).

- Schwerstoffe. Häufig auftretende Störstoffe, die schwerer als das Biogassubstrat sind, sind beispielsweise Steine, Sand, Glas und Metalle. Derartige Stoffe sollten im Sinne einer Maximierung der Prozesssicherheit durch mechanische, hydromechanische oder ggf. auch manuelle Verfahren sicher aussortiert werden, bevor das Substrat in den eigentlichen Fermenter gepumpt wird. Bei einigen Substraten (z. B. Hühnerkot) kann jedoch der Störstoff (z. B. Sand) so stark an bzw. in das Substrat (ein-)gebunden sein, dass er erst im Verlauf des anaeroben Biomasseabbaus im Fermenter freigesetzt wird. Unter diesen Bedingungen müssen die Störstoffe im Fermenter selbst abgetrennt werden.

- Steine sollten aus dem Gärsubstrat möglichst vor dem Reaktor abgetrennt werden, da sie, wenn sie in den Biogasreaktor gelangen, bestimmte Einbauten (z. B. Rührwerke) beschädigen können. Eine solche Abtrennung ist z. B. in einer Vorgrube bzw. in einem vorgeschalteten Sammelbehälter möglich; derartige Behälter dienen als Absetzbecken, in denen sich diese Schwerstoffe ablagern und von deren Boden die Steine von Zeit zu Zeit mechanisch oder manuell entnommen werden können.
- Sand führt im Gärbehälter zu einer Versandung; d. h., er lagert sich auf dem Reaktorboden ab und reduziert dadurch das zur Vergärung verfügbare Reaktorvolumen. Zudem trägt er zum Verschleiß der dort befindlichen bewegten Teile bei. Ist das Substrat erheblich mit Sand belastet und dieser nicht stark an das Substrat gebunden, kann letzterer vor der Substratzuführung in den Reaktor durch Sandfänge oder Zyklone abgetrennt werden. Gelangt der Sand in den Faulbehälter, muss er mit einem Sedimentaustragssystem entfernt werden; dafür kommen in stehenden Fermentern z. B. Bodenräumer zum Einsatz. In liegenden Fermentern lassen sich u. a. auch Austragsschnecken einbauen.

- Leichtstoffe. Leichte Stoffe (z. B. Stroh, Kunststoffe) neigen zur Bildung von Schwimmschichten, zu Zöpfen an Rührwerken und zu Verstopfungen der Rohrleitungen. Behindern sie einen reibungslosen Betrieb und / oder eine anschließende Verwertung des vergorenen Substrats (z. B. als Gärkompost), sollten sie ebenfalls abgetrennt werden. Dies kann u. a. manuell oder durch eine nassmechanische Siebung erfolgen. Auch besteht die Möglichkeit einer Schwimm-Sink-Trennung.

Feste / pastöse Substrate. Bei festen Substraten (d. h. stapelbar bzw. stichfest) kann eine Stör- oder Fremdstoffabtrennung dann sinnvoll sein, wenn der nach dem anaeroben Abbau verbleibende Gärrest qualitativ hochwertig sein soll (z. B. zur Vermarktung als Bodenverbesserungsmittel). In diesem Fall muss es das Ziel sein, ein weitgehend fremdstofffreies Gärsubstrat bereitzustellen. Bei einer möglichen Trockenaufbereitung bewegt sich das Gärsubstrat über ein langsam laufendes Förderband, von dem Fremdstoffe (z. B. Plastik, Glas, Blumentöpfe) manuell und / oder teil- bzw. – im Idealfall – vollautomatisiert abgetrennt werden. Metallische Störstoffe (z. B. Nägel, Gartenscheren) können beispielsweise mit Magnetabscheidern und Nichteisenmetallabscheidern abgetrennt werden.

Solche mit z. T. sehr unterschiedlichen Mechanisierungs- und Automatisierungsgraden ablaufenden Aufbereitungsprozesse (wie z. B. Siebung oder Windsichtung) können auch nach dem Gärprozess zur nachträglichen Abtrennung von Kunststoffen und anderen Fremdkörpern eingesetzt werden; dies ist jedoch i. Allg. nur dann sinnvoll, wenn solche Stoffe den Gärprozess bzw. die jeweilige Verfahrenstechnik nicht stören und anschließend eine entsprechende Aufbereitung der Gärreste mit dem Ziel der Vermarktung erfolgt.

Werden die festen / pastösen Substrate angemaischt, besteht die Möglichkeit einer Nassaufbereitung (siehe oben). Dann können mit einer Schwimm-Sink-Trennung Schwerstoffe (z. B. Steine, Metalle, Glas) bzw. Schwimmstoffe (z. B. Kunststoff) weitgehend automatisiert entfernt werden. Derartige Aufbereitungsprozesse können auch nach der anaeroben Fermentation realisiert werden.

Wertstoffabtrennung. Bevor die Substrate dem eigentlichen anaeroben Abbau in einer Biogasanlage zugeführt werden, können ggf. darin enthaltene Wertstoffe ebenfalls abgetrennt werden. Dies ist aber i. Allg. nur dann sinnvoll, wenn das Gärsubstrat merkliche Anteile bestimmter Inhaltsstoffe enthält, die als Reinstoff durch einen entsprechend hohen Marktwert gekennzeichnet sind und / oder kostengünstig abgetrennt werden können. Dafür können die auch in der Lebensmittelindustrie üblichen Abtrennverfahren zum Einsatz kommen (z. B. Extraktion von Pflanzenölen).

Zerkleinerung. Um grobkörnige Gärsubstrate (besser) pumpfähig zu machen, werden sie üblicherweise zerkleinert. Dies hat den positiven Nebeneffekt, dass dadurch eine größere spezifische Substratoberfläche für den anaeroben Abbau zur Verfügung steht und / oder schwer abbaubare Hüllen (z. B. von Körnern) bzw. Pflanzenkomponenten i. Allg. zerstört und damit aufgeschlossen werden. Insgesamt kann für die Vergärung das Rohmaterial beliebig stark zerkleinert werden.

Deshalb wird z. T. auch bereits pumpfähiges Substrat vor dem Eintrag in den Biogasreaktor weiter zerkleinert. Die Auswahl des passenden Zerkleinerungswerkzeugs richtet sich dabei üblicherweise nach der Substratcharakteristik. Beispielsweise können Grünabfälle in einem Häcksler – vor der Aufgabe in die Vorgrube – zerkleinert werden. Demgegenüber lassen sich halbfeste und pastöse Substrate (z. B. Festmist) mit Schneidpumpen oder Schneidrührwerken zerkleinern. Dabei sollten langsam laufende Apparate eingesetzt werden, um den Metallabrieb bzw. den Verschleiß möglichst zu minimieren.

Handelt es sich um eine Nassaufbereitung, wird einer groben (Vor-)Zerkleinerung häufig eine weitere Zerkleinerungsstufe mit einer schnelllaufenden Schneidmühle (Mazerator) nachgeschaltet (Abb. 5.23). Es können auch Extruder zur Zerfaserung und Anlagen zur Thermodruckhydrolyse (Temperaturen bis 200 °C bei einem Druck bis 10 bar) eingesetzt werden.

Aus technischer Sicht kann eine Zerkleinerung an verschiedenen Orten im Prozess stattfinden (z. B. vor der Aufgabe des Substrats in die Vorgrube/in den Sammelbehälter, in der Vorgrube/im Sammelbehälter, in der Förderleitung).

Die letztliche Entscheidung, welche Zerkleinerungstechnik und welche Anordnung innerhalb einer bestimmten Anlage konkret realisiert werden sollen, wird dabei u. a. von den zu erwartenden Substrateigenschaften, den lokalen Gegebenheiten, ökonomischen Aspekten und der insgesamt angestrebten verfahrenstechnischen Lösung bzw. deren Optimierung beeinflusst.

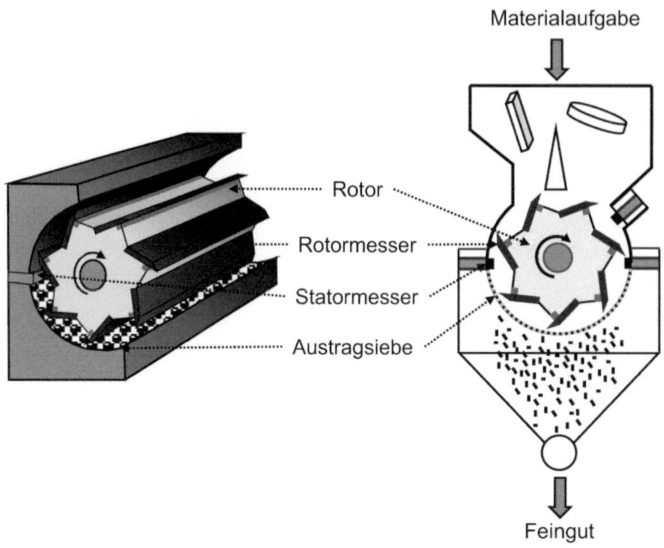

Abb. 5.23 Beispiel für eine Schneidmühle (nach [5.85], [5.86])

Hygienisierung. Bestimmte Substrate (z. B. Bioabfälle) müssen, bevor sie in einem Biogasreaktor anaerob behandelt werden dürfen, gesetzliche Anforderungen u. a. an die Seuchen- und Phytohygiene erfüllen. Auch können sie Komponenten beinhalten (z. B. keimfähige Unkrautsamen in Grünabfällen), die eine gewinnbringende Nutzung des vergorenen Substrats erschweren und / oder verhindern. In diesen Fällen sollte das Substrat vor der Vergärung hygienisiert werden.

Dies kann beispielsweise in einer Vorbehandlungsstufe realisiert werden, bei der das Substrat kontinuierlich oder diskontinuierlich thermisch behandelt wird (Abb. 5.24). Erstere Option kommt tendenziell bei weitgehend homogenen, kontinuierlich anfallenden großen Stoffströmen zum Einsatz, während letztere Variante eher bei inhomogenen, kleineren, ggf. sporadisch anfallenden Substratmengen umgesetzt wird.

In derartigen Vorbehandlungsstufen muss die organische Masse nicht weniger als 1 h einer Temperatur von mindestens 70 °C ausgesetzt werden. Danach sollte das so hygienisierte Substrat problemlos in einer Biogasanlage einsetzbar sein. Allerdings kann ein aus der Hygienisierungsstufe austretendes Substrat bei der Lagerung in einer Vorgrube oder einem Sammelbehälter erneut mit Keimen belastet werden; dies sollte durch entsprechende Maßnahmen sicher verhindert werden.

Zusätzlich werden – als ein gewollter Nebeneffekt – durch eine solche Wärmebehandlung bestimmte organische Stoffe bzw. Komponenten thermisch aufgeschlossen; dadurch können diese anschließend einfacher, schneller und vollständig anaerob abgebaut werden.

Nach der Hygienisierung weist das Substrat i. Allg. eine Temperatur auf, die das Temperaturniveau einer thermo- und insbesondere mesophilen Fermentation übersteigt; d. h., es ist eine Abkühlung notwendig, um die aktive Biomasse im Biogasreaktor nicht zu schä-

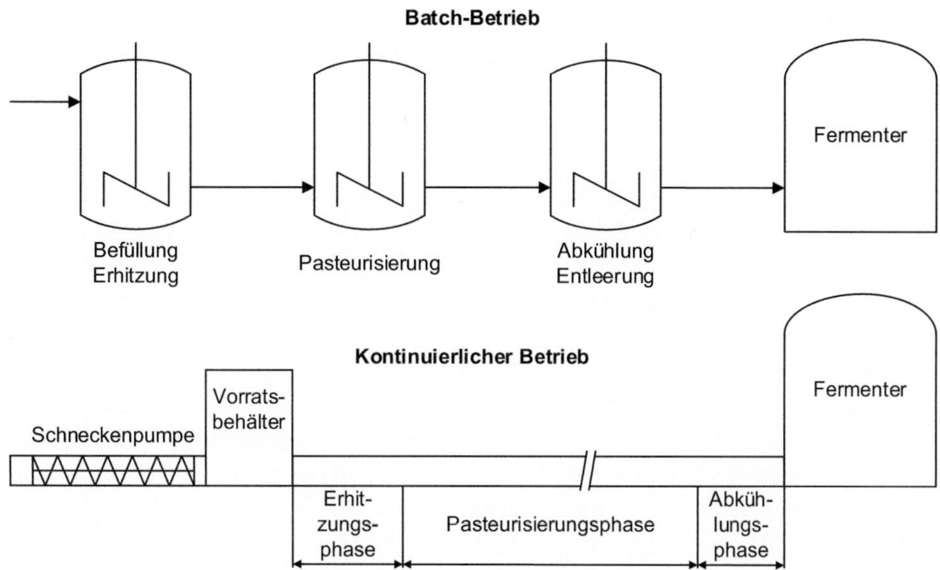

Abb. 5.24 Möglichkeiten zur Hygienisierung von Gärsubstraten (Batch-Betrieb (oben), kontinuierlicher Betrieb (unten))

digen. Um unter diesen Bedingungen den Energieeigenverbrauch einer Biogasanlage zu minimieren, ist eine optimale verfahrenstechnische Einbindung in die Gesamtanlage mit einer maximalen Nutzung der anfallenden Abwärmeströme anzustreben.

Zu den im Rahmen der Hygienisierung durchzuführenden Maßnahmen gibt es konkrete gesetzliche Regelungen (z. B. Bioabfallverordnung (BioAbfV), Europäische Hygiene-Verordnung (EG-Hygiene-VO)), in denen die erforderlichen und bei bestimmten Substraten zwingend einzuhaltenden Verfahren und Betriebsbedingungen definiert werden.

Homogenisierung. Zur Sicherstellung einer maximalen Prozessstabilität sollte dem Reaktor ein möglichst homogenes Substrat zugeführt werden. Eine derartige Homogenisierung kann bei pumpfähigem organischem Material beispielsweise durch eine Substratsammlung in einer Vorgrube / einem Sammelbehälter und eine dortige Vermischung mittels Rührwerken erreicht werden. Alternativ dazu kann auch ein durchmischbarer Vorlagebehälter beliebiger Größe zum Einsatz kommen.

pH-Wert-Anpassung. Da ein für die anaerobe Fermentation günstiger pH-Wert im neutralen Bereich liegt, kann bei besonders basischen oder sauren Substraten eine pH-Wert-Regulierung durch Zugabe von Lauge oder Säure vor der Substrateinbringung in den Fermenter sinnvoll sein. Eine derartige pH-Wert-Anpassung muss aber nicht zwingend umgesetzt werden, da im Biogasreaktor durch die Bakterien üblicherweise ein gepuffertes Milieu erzeugt wird, das den pH-Wert normalerweise in einem aus Sicht der Vergärung günstigen Bereich stabilisiert.

Additivzugabe. Die für die Vergärung organischer Stoffe verantwortlichen Mikroorganismen benötigen eine ausgewogene Nährstoffverfügbarkeit, damit sie eine optimale Biogasproduktion realisieren können. Um eine zumindest ausreichende Nährstoffversorgung der aktiven Bakterienbiomasse zu gewährleisten, kann deshalb eine Konditionierung des Substrats mit Nährstoffen und / oder Spurenelementen und weiteren Zuschlägen sinnvoll bzw. notwendig sein. Dies gilt insbesondere bei einseitig zusammengesetzten (Mono-) Substraten (z. B. mit einem Monosubstrat belastete Industrieabwässer, nachwachsende Rohstoffe). Defizite bestehen oftmals bei bestimmten Elementen wie z. B. Stickstoff (N) und Phosphor (P) sowie eventuell auch bei gewissen Spurenelementen (Nickel (Ni), Kobalt (Co), Eisen (Fe) usw.). Je nach Bedarf können derartige Stoffe in der Vorgrube und / oder im eigentlichen Biogasreaktor zugegeben werden.

Derzeit wird eine Vielzahl derartiger Produkte am Markt angeboten, mit denen einem potenziellen Nährstoffmangel entgegengewirkt bzw. gleichzeitig die Hemmwirkungen anderer Stoffgruppen (z. B. Ammoniak, Schwefelwasserstoff) reduziert werden können. Dadurch soll eine Steigerung der Biogasausbeute bzw. deren Stabilisation auf hohem Niveau realisiert werden.

Obwohl hinsichtlich der Wirksamkeit dieser am Markt verfügbaren bzw. grundsätzlich einsetzbaren Zuschlagstoffe mit potenziellem Nähreffekt kaum neutrale systematische Untersuchungen vorliegen, scheinen zumindest einige der angebotenen Stoffe, insbesondere hinsichtlich der Prozessstabilisierung, wirksam zu sein. Deshalb werden gegenwärtig viele Biogasanlagen unter Zusatz von derartigen Prozesshilfsmitteln betrieben. Als vielversprechende Stoffgruppen bzw. Zusatzstoffe, die sich positiv auswirken sollen, sind die folgenden in der Diskussion:

- Metallsalze,
- Enzympräparate und
- Mischungen von Spurenelementen mit Eisen, Molybdän, Mangan, Kobalt, Nickel und Selen.

Des Weiteren wird derzeit untersucht, inwiefern sich kohlenstoffhaltige Additive positiv auf den Biogasprozess auswirken können. Diese können eine gute Immobilisierungsmatrix für Mikroorganismen darstellen – und dies kann wiederum zu einer erhöhten mikrobiellen Aktivität, einem verbesserten Elektronentransfer zwischen anaeroben Mikroorganismen und dadurch zu einer erhöhten Biogasproduktion führen. Vor diesem Hintergrund wird insbesondere der Einsatz von Biokohlen diskutiert, welche eine poröse und leitfähige Struktur aufweisen. Prinzipiell können derartige Biokohlen durch eine unvollständige thermo-chemische Zersetzung aus sämtlichen kohlenstoffhaltigen Biomassen hergestellt werden (Kapitel 3 und 8, Band 2). Jedoch wirken sich insbesondere Biokohlen, die aus Holz hergestellt wurden, aufgrund einer hohen Elektronendonator-Kapazität und einer großen spezifischen Oberfläche positiv auf die Biogasbildung aus [5.87].

Ausgehend von den praktischen Erfahrungen zeichnet sich ein Trend zur Ableitung des erforderlichen Bedarfs an Prozesshilfsstoffen aus der detaillierten Analyse des Fermenterinhalts ab.

Hemmstoffabtrennung. Sind hemmende Substanzen in (zu) großen Mengen im Substrat enthalten (z. B. Stickstoffverbindungen im Hühnertrockenkot), kann eine Fällung oder ein Strippen dieser Stoffe vor der Vergärung oder ggf. aus dem Reaktor erforderlich sein.

- Bei der Fällung werden die gelösten Hemmstoffe durch Fällungsmittel in einen ganz oder teilweise unlöslichen Zustand überführt. Durch Sedimentation, Filtration oder Flotation können diese Stoffe dann aus dem flüssigen Substratstrom entfernt werden.
- Bei der Strippung handelt es sich um eine Form der Desorption. Die Hemmstoffe werden dabei aus der flüssigen Phase in die Gasphase überführt und können dadurch leicht abgeschieden werden. Der stoffspezifische Übergang wird durch die jeweilige Henry-Konstante beschrieben. Eine solche Strippung erfolgt in der Regel in Füllkörperkolonnen, in denen die flüssige Phase im Gegenstrom zur Gasphase (einem Strippmedium) geführt wird. Durch eine kontinuierliche Durchströmung wird der Partialdruck der abzutrennenden Hemmstoffe in der Gasphase gering gehalten, sodass der Übergang nahezu vollständig ablaufen kann.

Erwärmung des Gärsubstrats. Unter bestimmten Bedingungen kann es sinnvoll sein, das Gärsubstrat vor der Zuführung in den Biogasreaktor auf dessen Temperaturniveau zu erwärmen. Für pumpfähige Substrate kann dies beispielsweise durch einen Wärmeeintrag auf dem Weg zwischen der Vorgrube / dem Sammelbehälter und dem Biogasfermenter erfolgen. Bei stapelbaren Biogassubstraten ist z. B. eine Ankompostierung des Materials möglich; dabei wird durch einen biologischen Teilabbau des organischen Materials Wärme im Substrat erzeugt.

5.2.3 Substrataufschluss

Unterschiedliche in organischen Stoffen enthaltene Komponenten (z. B. Proteine, Fette, Kohlenhydrate, Cellulose, Hemicellulose, Lignin) sind anaerob mit verschiedenartiger Geschwindigkeit und in unterschiedlichem Ausmaß abbaubar. Beispielsweise werden Fette i. Allg. schnell und vollständig mit einem vergleichsweise hohen Methanertrag vergoren. Im Unterschied dazu ist z. B. Lignin anaerob nicht abbaubar und deshalb ist verholzte halmgutartige Biomasse nur teilweise und auch nur sehr langsam in Biogasanlagen zersetzbar. Außerdem bildet Lignin durch die Verbindung mit Hemicellulose über sogenannte Lignin-Kohlenhydrat-Komplexe eine Matrix, welche die Cellulosefibrillen schützend umschließt. Dieser in der Natur wichtige Schutz der Cellulose vor dem Angriff von Mikroorganismen hemmt die Zugänglichkeit der aktiven Biomasse beim anaeroben Abbau.

Deshalb kann es hilfreich sein, beispielsweise Lignocellulose-haltige Biomasse vor dem Eintrag in den Reaktor aufzuschließen, um eine bessere und schnellere Bioverfügbarkeit bzw. Zugänglichkeit für die Mikroorganismen zu ermöglichen und dadurch Abbauraten zu erzielen, die eine technisch-wirtschaftliche Vergärung ermöglichen (für eine Beschreibung der grundlegenden Wirkungsmechanismen eines derartigen Substrataufschlusses siehe Kapitel 3.1, Band 3). Die jeweils konkret zu realisierende verfahrenstechnische Lösung wird dabei von dem entsprechenden Substrat und dessen Eigenschaften sowie von dem aus technisch-ökonomischer Sicht angestrebten Ergebnis bestimmt. Nachfolgend wird eine Auswahl unterschiedlicher biologischer, physikalischer und chemischer Aufschlusstechniken erläutert, die speziell für den Aufschluss von Biomasse für den Einsatz in Biogasanlagen zum Einsatz kommen.

Biologische Verfahren. Ein biologisch induzierter Substrataufschluss kann durch geeignete Biokatalysatoren erreicht werden. Beispielsweise können Weißfäulepilze eingesetzt werden, deren Enzyme in der Lage sind, Lignin abzubauen.

Biologische Ansätze zeichnen sich durch geringe Energiekosten und einen geringen Chemikalieneinsatz aus. Allerdings benötigen die z. B. verwendeten Pilze in der Regel viel Zeit aufgrund der geringen Stoffumsätze, durch die diese Organismen bisher gekennzeichnet sind. Auch treten bei derartigen biologischen Vorbehandlungen Kohlenhydratverluste auf, da die das Substrat zersetzenden Organismen für ihr Überleben und ihr Wachstum Nährstoffe bzw. Energie aus ebendiesem Substrat ziehen [5.88].

Physikalische Verfahren. Zu dieser Kategorie gehören neben der „klassischen" mechanischen Zerkleinerung Mikrowellen-, Extrusions-, Kavitations- und Ultraschallverfahren. Die genannten Verfahren werden im Folgenden beschrieben.

Zerkleinerung. Durch das mechanische Zerkleinern wird die spezifische Oberfläche des Gärsubstrats erhöht und dadurch der Zugang der den anaeroben Abbau realisierenden Mikroorganismen zu den anaerob abbaubaren Komponenten im eingesetzten organischen Substrat verbessert bzw. erst ermöglicht. Jedoch ist eine vollständige Aufmahlung der Substrate energetisch vergleichsweise aufwändig und daher als alleinige Vorbehandlung bisher kaum sinnvoll einsetzbar.

Mikrowellenbehandlung. Bei einer Bestrahlung von Lignocellulose mit Mikrowellen wird der Polymerisationsgrad der Cellulose reduziert. Die langkettigen Makromoleküle werden dadurch z. T. in kurzkettigere Oligosaccharide aufgespalten; diese sind dann für einen anaeroben Abbau leichter zugänglich. Nachteilig ist, dass der dafür benötigte Energieaufwand sehr hoch und die großtechnisch bisher erreichbaren Aufschlussgrade begrenzt sind. Deshalb befindet sich dieses Verfahren noch im Forschungs- und Entwicklungsstadium.

Extrusion. Lignocellulose kann auch mittels eines Extruders aufgeschlossen werden; darunter sind Fördergeräte zu verstehen, die vergleichbar einem Schneckenförderer feste bis dickflüssige Massen unter hohem Druck und hoher Temperatur gleichmäßig aus einer formgebenden Öffnung herauspressen. Dabei wird die Struktur der Lignocellulose zerstört und dadurch das Material für einen späteren anaeroben Abbau aufgeschlossen. Das Verfahren ist jedoch sehr energieintensiv und befindet sich für diesen Anwendungsfall noch in der Weiterentwicklung bzw. Optimierung.

Kavitation. Durch Kavitation entstehen Scherkräfte, die auf die einzelnen Zellen der Lignocellulose-Biomasse wirken und diese zerstören können. Derartige Kräfte können durch Strömung und / oder Ultraschall hervorgerufen werden. Bei geringeren Ultraschallfrequenzen entstehen dabei größere Kavitationsblasen und es treten größere Scherkräfte auf, die dann einen verbesserten Aufschluss versprechen.

Ultraschall-basierte Verfahren sind am Markt verfügbar. Sie können sowohl zu dem diskutierten Lignocellulose-Aufschluss vor der Zuführung des Gärsubstrats in den Biogasreaktor als auch zum Aufschluss eines aus dem Reaktor abgepumpten Teilstroms eingesetzt werden, der nach der Ultraschallbehandlung wieder dem anaeroben Abbau zugeführt wird.

Ultraschall. Neben dem Einsatz von sogenanntem harten Ultraschall (Frequenzen bis 1 MHz), der Kavitationsblasen erzeugt und die Lignocellulose-Biomasse durch Scherung zerstört, kann auch sogenannter weicher Ultraschall (20 bis 100 kHz) verwendet werden, um die organische Masse aufzuschließen. Bei diesen Frequenzen kommt es nicht zur Kavitation, sondern lediglich zu einer mikrobiologischen Anregung, die ebenfalls die Abbaubarkeit fördern kann. Der Einsatz von weichem Ultraschall zum Substrataufschluss erfolgt noch weitgehend im Labormaßstab.

Chemische Verfahren. Die Gruppe der chemischen Aufschlussverfahren lässt sich in saure und alkalische (d. h., der pH-Wert der aufzuschließenden Biomasse wird jeweils kurzfristig in den sauren oder alkalischen Bereich verschoben) sowie oxidative Verfahren untergliedern. Außerdem wird seit wenigen Jahren auch der Einsatz organischer Lösemittel untersucht.

- Bei einer Alkalibehandlung bricht die Lignocellulose-Matrix auf, sodass die Cellulose und die Hemicellulose ligninfrei vorliegen und danach dem Gärprozess bzw. den aktiven Mikroorganismen zugänglich sind. Dadurch kann die Abbaurate – im Vergleich zu einem unbehandelten Substrat – z. T. merklich erhöht werden.
- Bei einer Behandlung mit konzentrierter oder verdünnter Säure werden durch eine säurekatalysierte Hydrolyse Lignin und Hemicellulose aus der Zellwand gelöst. Dadurch wird ebenfalls die anaerobe Abbaubarkeit verbessert.
- Bei der oxidativen Behandlung wird ein starkes Oxidationsmittel (z. B. Wasserstoffperoxid (H_2O_2)) verwendet, durch das die Lignin- und Hemicellulose-Strukturen zerstört werden. Dadurch steigt der relative Gehalt an Cellulose in Lignocellulose-haltigen Substraten. Dies kann insgesamt zu höheren Abbauraten führen [5.89].
- Organische Lösemittel können dazu verwendet werden, hochreine Cellulose aus Lignocellulose-haltiger Biomasse abzutrennen, ohne dass es dabei zu einem signifikanten Abbau der Cellulose kommt. Insbesondere der Einsatz von ionischen Flüssigkeiten (d. h. Salze mit einer Schmelztemperatur unter 100 °C) hat dabei forschungsseitig in den letzten Jahren an Bedeutung gewonnen.

Obwohl derartige Verfahren nachgewiesenermaßen eine Abbauverbesserung ermöglichen, befinden sie sich nach wie vor in der Entwicklung. Der Aufwand durch die notwendige anschließende Neutralisierung des Alkali- oder Säurezusatzes vor dem eigentlichen anaeroben Abbau ist erheblich und hat bisher eine kommerzielle Umsetzung verhindert. Weiterhin führt der Einsatz von Chemikalien zu deutlich ansteigenden Betriebskosten; auch dies spricht gegen eine breitere Anwendung.

Kombinierte Verfahren. Die bisher genannten Verfahren können auch untereinander nahezu beliebig mit dem Ziel kombiniert werden, einen maximalen Aufschluss bei minimalen Kosten zu realisieren.

Ein Beispiel für eine derartige Kombination ist der Dampfaufschluss mit verdünnter Säure. Beispielsweise können zwei (energieintensive) Varianten unterschieden werden, die aber beide noch nicht Stand der Technik sind.

- Steam-Explosion-Prozess. Bei diesem Prozess, der physikalische und chemische Verfahren kombiniert, wird die Lignocellulose unter Druck mit gesättigtem Wasserdampf beaufschlagt und anschließend unter schlagartiger Druckentspannung aus dem Reaktor gefördert. Das Wasser, das zuvor in die Biomassestruktur eingedrungen ist, wird dadurch stark beschleunigt und zerfasert bei der plötzlichen Druckentlastung die Biomasse. Dabei werden die Hemicellulosen durch eine Autohydrolyse herausgelöst und das Lignin koaguliert. Oftmals wird eine Säurezugabe in den Steam-Explosion-Prozess integriert, die einen Biomasseaufschluss unterstützt.
- Steam-Refining-Prozess. Bei diesem Ansatz erfolgt die Zerfaserung der Lignocellulose durch einen Refiner (eine Art Mahltrommel) anstelle der schlagartigen Druckentspannung. Auch in diesem Prozess wird das Material zunächst mit verdünnter Säure vorbehandelt. Dabei findet durch diese chemische Behandlung bereits eine Zerkleinerung statt und deshalb wird für eine weitere Zerkleinerung nur noch relativ wenig Energie benötigt.

5.2.4 Gärtechniken

Im Folgenden wird eine Übersicht über die zur Biogaserzeugung eingesetzten Gärtechniken gegeben. Dabei werden die einzelnen Systemkomponenten der Nass- und Feststofffermentationstechnik detaillierter erläutert und Kriterien für eine geeignete Verfahrensauswahl diskutiert.

5.2.4.1 Einteilung

Gärverfahren können hinsichtlich folgender Kriterien eingeteilt werden:

- Trockenmassegehalt des Fermenterinhalts,
- Art der Beschickung des Gärsubstrats in den Fermenter,

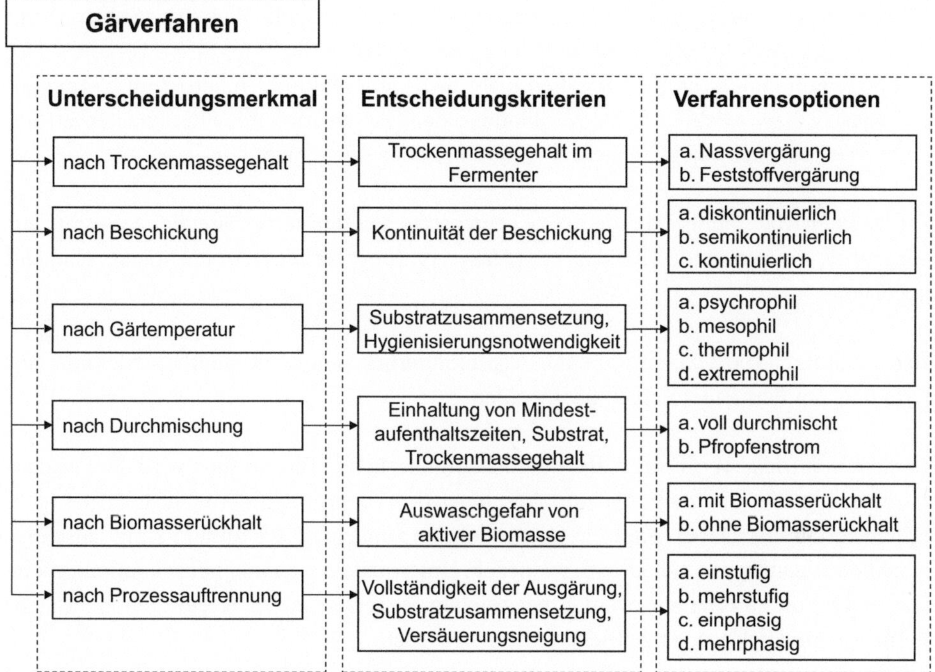

Abb. 5.25 Einteilung der Gärverfahren

- Vergärungstemperatur (d. h. die im Biogasreaktor vorherrschende Temperatur),
- Art der Durchmischung des Substrats im Reaktor,
- Art des Rückhalts von aktiver Bakterienbiomasse (vor allem bei der Vergärung von Substraten mit geringen Feststoffanteilen (z. B. Abwasser, Molke)),
- Art der Auftrennung des anaeroben Abbauprozesses in einzelne Prozessstufen.

Diese verschiedenen Einteilungsmöglichkeiten (Abb. 5.25) werden im Folgenden näher diskutiert.

Trockenmassegehalt. Gärverfahren können in Abhängigkeit des Trockenmassegehalts des im Fermenter befindlichen Substrats voneinander unterschieden werden.

- Die anaerobe Vergärung von Flüssigkeiten (in der Regel bei Trockenmassegehalten unter 3 %) und von festen, aber pumpfähigen Substraten oder Substratgemischen (in der Regel bei Trockenmassegehalten unter 15 bis maximal 20 %) erfolgt mit Verfahren der Nassfermentation. Bei diesen Verfahren ist der Fermenterinhalt immer pumpfähig. Sollen nicht pumpfähige Substrate (z. B. Festmist, organische Hausmüllfraktion) eingesetzt werden, kann ein pumpfähiger Zustand durch die Zumischung von Flüssigkeiten (z. B. Wasser) erreicht werden.

- Bei der Feststoff- oder Trockenfermentation werden ausschließlich feste Substrate mit hohen Trockenmassegehalten (üblicherweise oberhalb von 15 bis 20 %) vergoren. Der Fermenterinhalt ist in diesen Fällen nicht mehr pumpfähig; d. h., er ist im Normalfall stapelbar bzw. stichfest. Eine Verdünnung der Gärsubstrate mit Flüssigkeiten erfolgt bei der Feststoff- oder Trockenfermentation in der Regel nicht.

Ein direkter Rückschluss von dem Trockenmassegehalt der zu vergärenden Substrate auf das jeweils einzusetzende Trocken- bzw. Nassvergärungsverfahren ist aber nicht zwingend gegeben.

Beschickung. Das Gärsubstrat kann diskontinuierlich, semikontinuierlich oder kontinuierlich in den Fermenter eingebracht werden.

Diskontinuierliche Verfahren. Bei der diskontinuierlichen Einspeisung wird der Fermenter einmal gefüllt und dann bis zum Abschluss der Vergärung nicht mehr geöffnet (d. h. Batch-Verfahren). Dabei steigt die Gasproduktion zunächst rasch an und klingt anschließend über einen längeren Zeitraum wieder ab. Um trotzdem eine möglichst kontinuierliche Gasproduktion zu erhalten, werden bei solchen Systemen in der Regel mehrere Batch-Fermenter parallel, jedoch zeitlich versetzt, betrieben.

Kontinuierliche Verfahren. Bei kontinuierlichen Verfahren wird dem Fermenter ständig Frischmaterial zugeführt, während gleichzeitig eine entsprechende Menge vergorenen Materials entnommen wird.

Semikontinuierliche Verfahren. In semikontinuierlichen Verfahren, die weltweit die größte praktische Bedeutung aufweisen, wird das Frischmaterial nicht rund um die Uhr kontinuierlich, sondern vielmehr phasenweise in den Fermenter zugegeben (d. h. semikontinuierlicher Betrieb). Dazu kann ein Vorlagebehälter eingesetzt werden, aus dem dann in regelmäßigen Abständen (z. B. stündlich, alle 4 h) frisches Substrat in den Fermenter transportiert wird.

Temperatur. Gärverfahren können auch nach der Reaktortemperatur eingeteilt werden. Dabei werden im Wesentlichen

- mesophile Anlagen (ca. 35 bis 42 °C) und
- thermophile Anlagen (ca. 50 bis 55 °C)

unterschieden. Beispielsweise überwiegen im landwirtschaftlichen Bereich bisher mesophile Anlagen.

Durchmischung. Fermenter von Biogasanlagen sollten durchmischt werden, damit die aktive Biomasse jederzeit mit abbaubarem Substrat versorgt wird und dadurch eine hohe Gasbildungsrate gewährleistet werden kann. Dabei kann unterschieden werden zwischen teil- und volldurchmischten Systemen, Pfropfenstromverfahren und nicht durchmischten Systemen.

Teildurchmischte Verfahren. Bei den teildurchmischten Verfahren wird der Fermenterinhalt nur eingeschränkt durchmischt; d. h., es herrschen nicht überall und jederzeit im gesamten Reaktor identische Prozessbedingungen vor (Abb. 5.26). Typischerweise findet nur durch die Zu- und Abführung von Substrat eine begrenzte Durchmischung des Fermenterinhalts statt; hinzukommen können bei beheizten Systemen Substratdurchmischungen infolge des thermischen Ausgleichs. Auch kommt es natürlicherweise durch die Biogasproduktion und die damit verbundene Ausgasung aus dem Gärsubstrat zu einer begrenzten Durchmischung. Insgesamt sind aber teildurchmischte Verfahren durch z. T. erhebliche Inhomogenitäten bei den Prozessbedingungen gekennzeichnet.

Volldurchmischte Verfahren. Bei den volldurchmischten Verfahren wird der Fermenterinhalt laufend durchmischt, um überall und jederzeit im gesamten Reaktor identische Prozessbedingungen zu gewährleisten (Abb. 5.26). Dies erfolgt in sogenannten Rührkesselreaktoren (CSTR; Continuously Stirred Tank Reactor). Um dieses Ziel verfahrenstechnisch umzusetzen, ist eine Vielzahl von Lösungen verfügbar (vgl. Abb. 5.37), die an die jeweils einzusetzenden Substrateigenschaften angepasst sind; typischerweise wird dazu immer ein mit extern zugeführter Energie angetriebenes Rührwerk (bzw. eine Durchmischungseinrichtung) benötigt. Volldurchmischte Reaktoren haben den Nachteil, dass das Gärsubstrat systembedingt durch unterschiedliche Verweilzeiten im Reaktor gekennzeichnet ist. Kurzschlussströmungen ermöglichen einerseits einen Austrag von unvergorenem Substrat, andererseits verbleiben andere Substratkomponenten länger im Biogasfermenter als vorgesehen.

Pfropfenstromverfahren. Alternativen zum volldurchmischten Fermenter sind z. B. Pfropfenstromfermenter. Derartige Reaktorbauarten haben in der Regel eine längliche

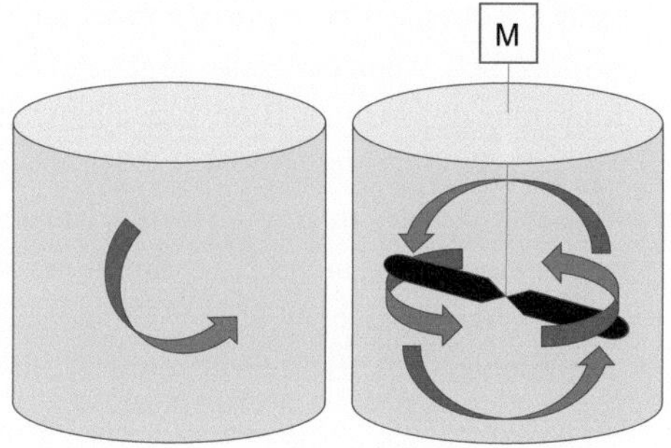

Abb. 5.26 Schema eines teildurchmischten (links) und eines volldurchmischten Biogasreaktors (rechts; M Motorantrieb)

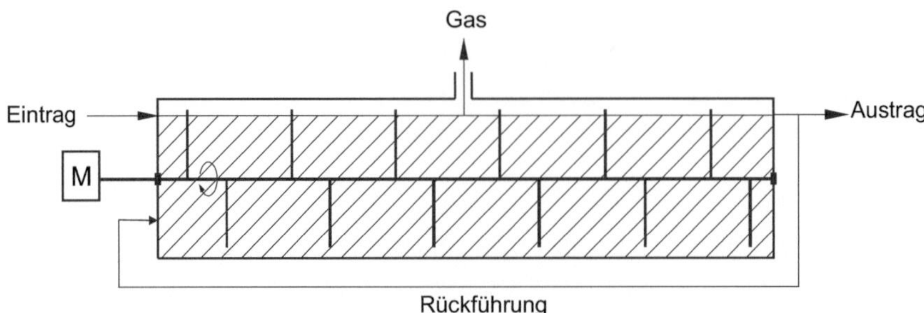

Abb. 5.27 Schema eines Pfropfenstromreaktors; die Durchmischung erfolgt nur senkrecht zur Fließrichtung, um eine einheitliche Verweilzeit zu gewährleisten (M Motorantrieb)

(zylindrische) Form und werden von einer Seite zur anderen bzw. vertikal mit dem zu vergärenden Substrat durchströmt. Die Durchströmung durch den Fermenter wird dabei durch das jeweils frisch zugeführte Substrat verursacht. Zusätzlich erfolgt meist eine quer zur Strömungsrichtung gerichtete Durchmischung des Gärsubstrats (Abb. 5.27). Die verfahrenstechnische Umsetzung eines realen Pfropfenstroms ist allerdings schwierig und meist nur bei sehr hohen Trockenmassegehalten im Fermenter möglich; d. h., eine Vermischung des Fermenterinhalts in Durchströmungsrichtung kann technisch kaum vollständig verhindert werden. Kurzschlussströmungen sind aber trotzdem eher unwahrscheinlich.

Nicht durchmischte Verfahren. Darüber hinaus existieren Verfahren, die im Batch-Betrieb laufen und oftmals gar nicht durchmischt werden (z. B. Garagenfermenter). Die Vermischung von aktiver Biomasse mit dem Gärsubstrat wird bei diesen Verfahren beispielsweise durch eine Berieselung gewährleistet.

Rückhalt aktiver Biomasse. Beim Rückhalt aktiver Biomasse (d. h. der Mikroorganismen bzw. aktiven Biomasse, welche den anaeroben Abbau realisieren) wird zwischen Prozessen für flüssige Substrate (z. B. Molkereiabwässer) und Prozessen für feststoffhaltige Substrate (z. B. Gülle) unterschieden.

- Bei flüssigen Substraten kann die aktive Bakterienbiomasse aus dem vergorenen Substrat abgetrennt und in den Fermenter rückgeführt werden; dies ist dann zwingend erforderlich, wenn der zeitbezogene Substratdurchsatz durch den Reaktor die Verdopplungsrate der aktiven Biomasse übersteigt; beispielsweise kann unter diesen Bedingungen die ausgetragene aktive Biomasse anschließend sedimentiert und als aktiver Schlamm wieder in den Fermenter zurückgeführt werden (sogenannte Kontaktreaktoren). Auch bilden sich bei bestimmten Gärsubstraten sedimentierbare Bakterienagglomerate, die durch technische Einbauten schon im Fermenter selbst zurückgehalten werden können (UASB-Prozess; engl. Upflow Anaerobic Sludge Blanket). Auch können

Materialien mit großer Oberfläche als Wachstumsfläche für Bakterien in den Fermenter eingebaut werden (Trägerkörperverfahren), auf denen sich die aktive Biomasse fest ansiedeln kann. Alternativ dazu können auch poröse Schwimmkörper in den Reaktor eingebracht werden, auf denen die aktive Biomasse wachsen kann und deren Austrag aus dem Biogasreaktor durch technische Maßnahmen verhindert wird (z. B. anaerober Wirbelbettreaktor).
- Bei Feststoffprozessen kann die aktive Biomasse im Reaktor dadurch erhöht werden, dass bakterienreiche Fraktionen des ausgegorenen Materials als Impfmaterial rückgeführt werden. Ein direkter Rückhalt von aktiver Biomasse in den entsprechenden Fermentern ist dabei i. Allg. nicht möglich, da die aktiven Mikroorganismen nicht vom häufig pastösen Gärgut abgeschieden werden können und daher zwingend mit der ausgefaulten Biomasse aus dem Fermenter ausgetragen werden.

Prozessauftrennung. Unter gewissen Umständen kann es sinnvoll sein, den anaeroben Abbau in unterschiedliche Phasen und / oder verschiedene Stufen aufzutrennen. Eine derartige Auftrennung in Prozessphasen und Prozessstufen ist vom Grundsatz her beliebig kombinierbar; jedoch setzen ökonomische Restriktionen den potenziellen Kombinationsmöglichkeiten enge Grenzen. Nachfolgend werden beide Optionen diskutiert.

Phase. Der Begriff „Phase" bezieht sich hier auf den mikrobiellen bzw. biochemischen Abbau(teil)prozess, durch den die eingesetzte organische Masse über verschiedene Zwischenprodukte letztlich zu Methan und Kohlenstoffdioxid abgebaut wird (Kapitel 5.1, Band 3).

- Von einer einphasigen Prozessführung wird gesprochen, wenn die Bildung von Methan ohne räumliche Trennung der Phasen Hydrolyse, Säurebildung, Acetatbildung und Methanbildung abläuft.
- Bei mehrphasigen Prozessen findet demgegenüber eine räumliche Trennung der genannten Abbauphasen statt, die ggf. aber auch teilweise zusammengefasst werden können.

Laufen beispielsweise die Phasen der Hydrolyse und der Säurebildung von der Methanisierung räumlich getrennt ab, handelt es sich um einen zweiphasigen Prozess (Abb. 5.28). Die Hydrolyse und Säurebildung muss dann so dimensioniert werden, dass die Aufenthaltszeit genügend groß ist, um das Wachstum der hydrolytischen und Säure bildenden Bakterien zu ermöglichen. Bei leicht hydrolysierbaren organischen Substraten kann die Hydrolyse dann so rasch ablaufen (z. B. innerhalb von ein bis zwei Tagen), dass sich die Methanisierung in der ersten biologischen Prozessphase nicht entwickeln kann („Auswaschung" der Methanbildner).

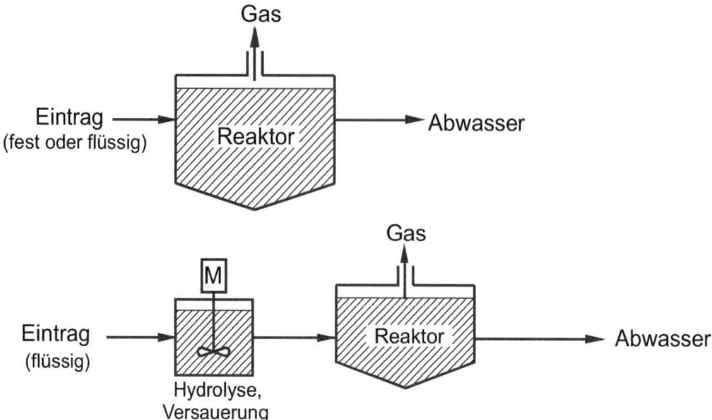

Abb. 5.28 Schema eines einphasigen (oben) und eines zweiphasigen (unten) Fermentationsprozesses (M Motorantrieb)

Stufe. Der Begriff „Stufe" bezieht sich in diesem Zusammenhang auf die verfahrenstechnische Anordnung der zur Vergärung eingesetzten Fermenter – und das unabhängig von der biologischen Phase; d. h., es kann zwischen einstufigen und mehrstufigen Biogasanlagen unterschieden werden.

- In einer einstufigen Biogasanlage laufen alle biochemischen Abbauphasen vom Frischsubstrat bis zum Biogas in einem oder mehreren parallel geschalteten Fermentern ab; d. h., alle Phasen finden gleichzeitig am gleichen Ort statt.
- Bei einer mehrstufigen Biogasanlage findet demgegenüber der biologische Abbau in unterschiedlichen und/oder in Serie geschalteten Fermentern statt; beispielsweise kann eine mehrstufige Biogasanlage aus einem Vorfermenter, einem Hauptfermenter und einem Nachfermenter bestehen, die in Serie geschaltet sind.

Damit kann der Vergärungsprozess in unterschiedliche Stufen, die sich prozessbiologisch nur wenig unterscheiden, unterteilt werden; beispielsweise können bei einer Kaskade von Rührkesseln mehrere Fermenter in Serie hintereinandergeschaltet werden, wie dies z. B. in Klärwerken (z. B. Vorfaulraum, Hauptfaulraum, Nachgärer) der Fall sein kann. Folglich ist in der Regel keine eindeutige Trennung der biologischen Prozessphasen vorhanden, obwohl die hydrolytische Aktivität im ersten Fermenter wahrscheinlich größer ist als in den folgenden Gärbehältern. Bei solchen Rührkesselkaskaden ist die Wahrscheinlichkeit sehr klein, dass frisch zugeführtes Material über einen Kurzschlussstrom direkt wieder ausgetragen wird. Dies trifft ebenfalls auf einen Fermenter mit einem nachgeschalteten, zum Nachgärraum umfunktionierten Gärrestspeicher zu. Zur Aufrechterhaltung einer guten Gasbildung oder auch eines stabilen biologischen Abbauprozesses kann eine Rückimpfung von Vorteil sein, bei der das Frischmaterial durch die Zuführung von vergorenem Material mit aktiver Biomasse versorgt wird.

5.2.4.2 Nassfermentationstechnik

Die meisten Biogasanlagen werden als Nassfermentationsverfahren betrieben; d. h., der Trockenmassegehalt des Substrats im Biogasreaktor liegt unter ca. 15 bis maximal 20 %. Die zur Nassfermentation eingesetzten Fermenterbauarten und Techniken der zugehörigen Systemkomponenten (z. B. zur Beschickung, Heizung und Durchmischung) werden im Folgenden beschrieben.

Fermenterbeschickung. Für einen stabilen Gärprozess ist aus prozessbiologischer Sicht ein kontinuierlicher Substratstrom durch die Biogasanlage der Idealfall. Da dieser in der Praxis oft nicht oder nur eingeschränkt realisiert werden kann, ist eine semi- oder quasikontinuierliche Zugabe des Substrats in den Fermenter bei vielen verfahrenstechnischen Lösungen der Regelfall. Üblicherweise erfolgt daher die Substratzugabe in mehreren Chargen über den Tag verteilt. Unter diesen Bedingungen werden alle Aggregate, die für den Substrattransport notwendig sind, nicht kontinuierlich betrieben. Dies beeinflusst entscheidend die technische Auslegung der jeweiligen Anlagenkomponenten.

Die Beschickung sollte dabei möglichst so erfolgen und angeordnet sein, dass in kontinuierlich betriebenen Fermentationssystemen ein sofortiger Austrag des frisch eingebrachten Gärmaterials (d. h. Kurzschlussströmung) möglichst sicher verhindert wird. Im Realfall wird allerdings mit hoher Wahrscheinlichkeit ein kleiner Teil des Substrats durch entstehende Kurzschlussströmungen unausgegoren gleich wieder ausgetragen, während andere Substratteile ggf. zu lange in der Anlage verbleiben. Solche Kurzschlussströmungen können sich auch negativ auf die Hygienisierungswirkung der anaeroben Fermentation im Biogasreaktor auswirken (siehe unten).

Bei der Einbringung der Substrate in den Fermenter ist deren Temperatur zu beachten. Bei sehr großen Temperaturdifferenzen zwischen dem frisch eingebrachten Gärmaterial und dem Fermenterinhalt kann die Prozessbiologie im Biogasreaktor stark gestört werden; eine Verminderung des Gasertrags ist die Folge. Als eine technische Lösung können entsprechende Wärmeübertrager vorgeschaltet werden.

Die Anlagentechnik für den Substrattransport und die -einbringung in den Fermenter hängt im Wesentlichen von der Substratbeschaffenheit und dessen Eigenschaften ab. Deshalb wird nachfolgend zwischen der Technik für pumpfähige und stapelbare Substrate unterschieden.

Pumpfähige Substrate. Pumpfähige Substrate innerhalb einer Biogasanlage werden hauptsächlich durch mit Elektromotoren angetriebene Pumpen transportiert. Sie können über Zeitschaltuhren oder Prozessrechner angesteuert werden. Dadurch ist der Gesamtprozess ganz oder teilweise automatisierbar.

Beispielsweise kann der gesamte Substrattransport innerhalb einer Biogasanlage über eine oder zwei zentral in einem Pump- oder Steuerhaus positionierte Pumpen realisiert werden. Die Verlegung der benötigten Rohrleitungen erfolgt dann so, dass alle eintretenden Betriebsfälle (z. B. Beschicken, vollständiges Entleeren von Behältern, Havariefälle) über gut zugängliche oder automatische Schieber gesteuert werden können. Verwendet werden fast ausschließlich Kreisel- oder Verdrängerpumpen (d. h. Exzenterschneckenpumpen, Drehkolbenpumpen, Balgpumpen).

Die Auswahl geeigneter Pumpen hinsichtlich Leistung und Fördereigenschaften ist in hohem Maß von den eingesetzten Substraten und deren Aufbereitungsgrad bzw. Trockensubstanzgehalt abhängig. Zum Schutz der Pumpe können zusätzlich Schneid- und Zerkleinerungsapparate sowie Fremdkörperabscheider direkt vor der Pumpe eingebaut werden. Alternativ können auch Pumpen eingesetzt werden, deren Förderelemente mit Zerkleinerungseinrichtungen versehen sind.

Zur Beschickung des Fermenters müssen Komponenten eingesetzt werden, die zuverlässig sind, einfach unterhalten werden können und die Ausbildung begrenzter Fließbahnen im Fermenter nach Möglichkeit verhindern. Beispielsweise wird daher ein UASB-Reaktor durch ein Netz von Verrohrungen auf dem Fermentergrund gleichmäßig beschickt. Anaerobfilter, die im Downflow-Betrieb arbeiten, weisen z. B. ein Verteilsystem für das zufließende Abwasser auf, das sicherstellen soll, dass die Oberfläche der Trägermaterialien, auf denen sich die aktive Biomasse befindet, gleichmäßig mit Substrat versorgt wird.

Damit der Fermenter in regelmäßigen Abständen beschickt werden kann, wird bei einem unregelmäßigen Substratanfall ein Pufferbehälter vor dem eigentlichen Fermenter benötigt. In diesem kann auch die Temperatur eingestellt und können ggf. benötigte Nährstoffe zugegeben werden. Wenn das Substrat – wie z. B. Abwasser – nur sehr wenige Feststoffpartikel aufweist, ist die Möglichkeit eines Wärmeübertrags vom warmen, ausgegorenen Substrat auf das zulaufende, noch unvergorene Frischsubstrat möglich; dies verbessert die Energieausbeute bzw. -effizienz der Anlage.

Stapelbare Substrate. Stapelbare Substrate werden bei Biogasanlagen mit Nassvergärung vom Substratlager bis zur Materialeinbringung bzw. Anmaischung meist mit einem Traktor mit Frontlader, einem Radlader o. Ä. transportiert. Erst für die automatisierte Beschickung des eigentlichen Biogasreaktors werden Kratzböden, Schubböden, Overhead-Schubstangen oder Förderschnecken eingesetzt; alternativ ist auch ein Einspülen des Substrats in den Reaktor möglich. Abbildung 5.29 zeigt exemplarisch das Konzept derartiger technischer Lösungen.

- Kratzböden, Schubböden und Overhead-Schubstangen sind in der Lage, nahezu alle stapelbaren Substrate horizontal oder mit einer leichten Steigung zu fördern. Sie können jedoch nicht für die Dosierung verwendet werden.
- Förderschnecken, Presskolben, Drehkolbenpumpen oder Exzenterschneckenpumpen können stapelbare Substrate in nahezu alle Richtungen transportieren. Bedingung ist nur die Freiheit von großen Steinen, Metallteilen usw. und damit eine so weit gehende Zerkleinerung des Substrats, dass es von der Schnecke ergriffen werden kann und in die Schneckenwindungen passt. Diese Zuführaggregate fördern – beispielsweise bei Anlagen zur Vergärung von Energiepflanzen – i. Allg. aus einem Zwischenlager, das wiederum zyklisch z. B. mit einem Rad- oder Frontlader nachgefüllt wird.

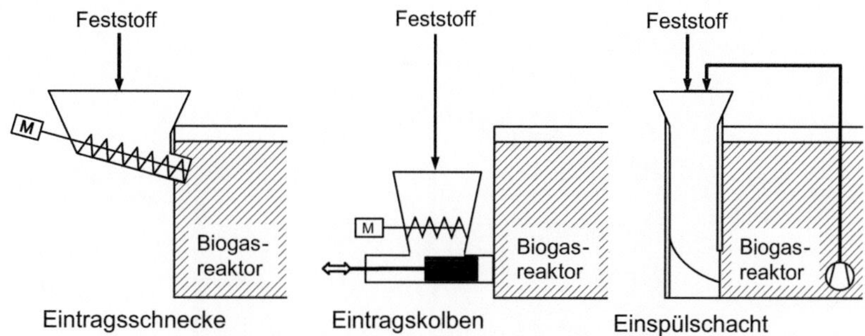

Abb. 5.29 Möglichkeiten zur Feststoffbeschickung von Nassfermentern (M Motorantrieb)

- Stapelbare Feststoffe können auch in den Fermenter eingespült werden. Dazu wird ein Teil des im Reaktor vorhandenen Gärsubstrats abgepumpt und damit der in einen beispielsweise offenen Vorlagebehälter mittels eines Radladers eingebrachte Feststoff verdünnt. Diese Suspension wird anschließend in den Fermenter gepumpt.

Fermenterbauarten. Nachfolgend werden unterschiedliche Reaktorbauarten zur Nassfermentation dargestellt und diskutiert.

Lagunenreaktoren. Unter einer Lagunenbiogasanlage wird ein zum Untergrund hin typischerweise mit einer Folie abgedichtetes Erdbecken (Abb. 5.30) verstanden, in welches das Gärsubstrat gepumpt wird. Dieses Becken, dessen Volumen durch die Aufschüttung eines Dammes um das Becken noch erhöht werden kann, wird dann mit einer gasundurchlässigen Folie abgedeckt. Das Frischsubstrat wird an der einen Seite der Lagune in den Fermenter gepumpt und an einer anderen Seite wieder entnommen. Häufig wird auch eine begrenzte Durchmischung über eine entsprechende Durchmischungseinrichtung realisiert; typischerweise handelt es sich aber um ein teildurchmischtes System.

Abb. 5.30 Lagunenbiogasanlage

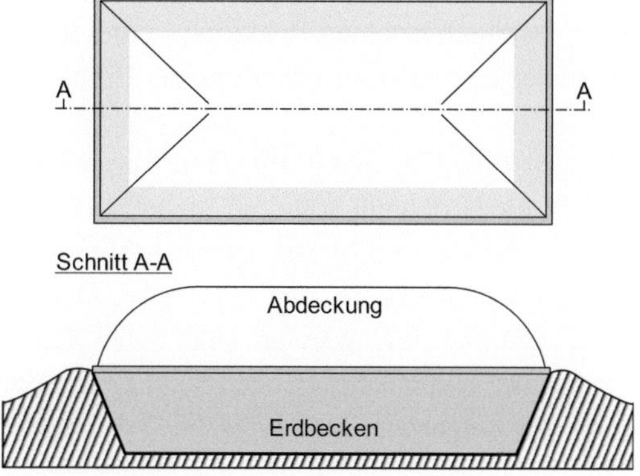

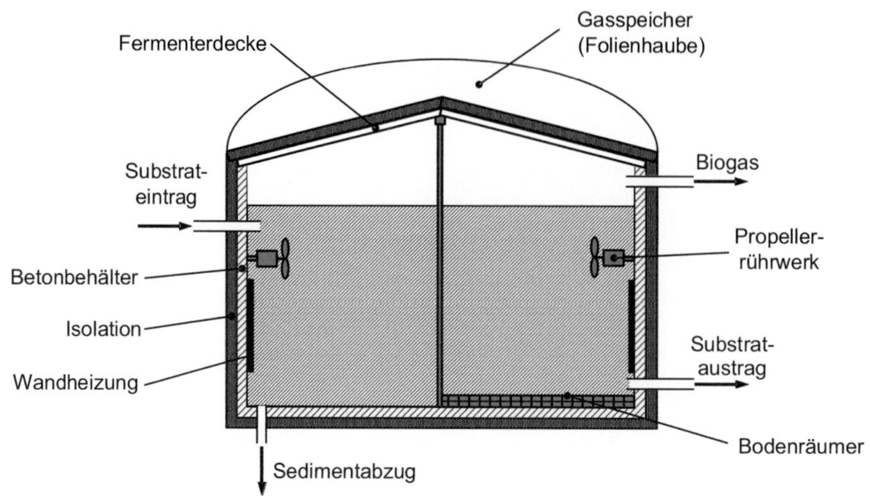

Abb. 5.31 Beispiel für einen volldurchmischten Rührkesselreaktor einschließlich diverser Einbauten

Rührkesselreaktoren. Darunter werden Reaktorbehälter verstanden, in denen das gesamte Substrat jederzeit mithilfe eines Rührwerks (voll-)durchmischt wird mit dem Ziel, innerhalb des Fermenters (möglichst) homogene Verhältnisse zu schaffen. Von Vorteil sind die einfache technische Umsetzung und die robuste Reaktortechnik; deshalb sind diese Reaktoren besonders im landwirtschaftlichen Bereich weit verbreitet. Nachteilig ist, dass gerade frisch eingetragenes Substrat direkt wieder aus dem Reaktor ausgetragen werden kann (sogenannte Kurzschlussströmung); d. h., es kann zu einer ungleichmäßigen Verweilzeit des Substrats im Reaktor kommen.

Entsprechende Fermenter sind typischerweise zylindrische Bauwerke, die meist aus einem Betonboden und wärmeisolierten Wänden aus Stahl oder Stahlbeton bestehen. Sie können oberirdisch aufgestellt oder teilweise bzw. ganz im Boden versenkt werden. Sie werden nur zu Reinigungszwecken komplett entleert. Abbildung 5.31 zeigt das Prinzip eines volldurchmischten Reaktors; in dieser Darstellung werden auch die verschiedenen Einbauten deutlich (zur Erklärung der Einbauten siehe unten).

Pfropfenstromreaktoren. Pfropfenstromreaktoren sind länglich geformte liegende Fermenter, die horizontal von dem zu vergärenden Substrat durchströmt werden (Abb. 5.32, siehe auch Abb. 5.37). Die Durchströmung wird erreicht, indem frisches Substrat auf der einen Reaktorseite zugeführt wird. Dadurch wird das im Reaktor enthaltene Material verdrängt und wandert sukzessive durch den Reaktor. Das ausgefaulte Material wird an der gegenüberliegenden Seite des Reaktors wieder abgezogen. Parallel dazu wird durch die eingebaute Durchmischungsvorrichtung das Substrat senkrecht zur Fließrichtung durchmischt, um in den jeweiligen Reaktorzonen vergleichbare Prozessparameter

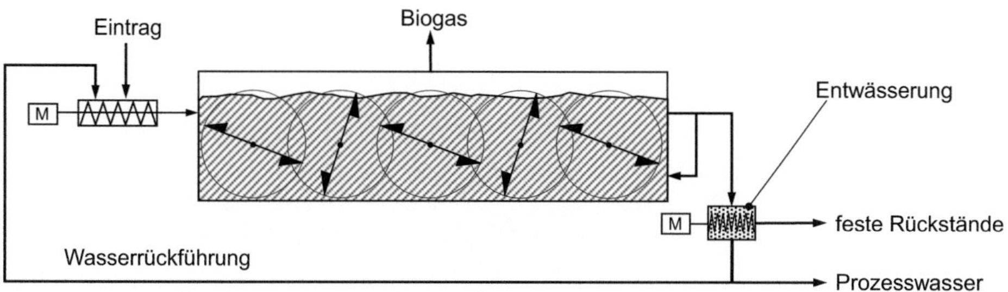

Abb. 5.32 Pfropfenstromreaktor (M Motorantrieb)

sicherzustellen. Auch soll dadurch eine (näherungsweise) einheitliche Verweilzeit erreicht werden. Im Allgemeinen kann bei der praktischen Umsetzung derartiger Anlagen eine Durchmischung des Gärsubstrats in Strömungsrichtung jedoch nicht vollständig vermieden werden. Jedoch können sich in unterschiedlichen Reaktorsegmenten leicht unterschiedliche Bedingungen einstellen; d. h., die Reaktorbedingungen nähern sich ggf. an die optimalen Bedingungen der jeweiligen Abbauphasen an.

Da sich an der Seite des Pfropfenstromreaktors, an dem der Substrateintrag realisiert wird, im Wesentlichen frisches Substrat befindet, sollte eine Substratrückführung vorhanden sein; d. h., dem Eintragsstrom bzw. Frischsubstrat wird ausgegorenes Material (d. h. Substrat, in dem sich biologisch aktive Biomasse befindet) zur Animpfung zugemischt und dadurch ein schneller Abbau induziert.

Derartige Pfropfenstromreaktoren werden beispielsweise im landwirtschaftlichen Bereich zur Vergärung von Rückständen, Nebenprodukten und Abfällen sowie von Energiepflanzen eingesetzt.

Schlammbettreaktoren. Bei den Schlammbettreaktoren wachsen die Bakterien entweder frei in der Flüssigphase und aggregieren zu kleinen Pellets oder sie wachsen auf bestimmten Trägermaterialien (z. B. feinen Sandkörnern). Die so entstandenen Bakterienagglomerate werden durch eine entsprechend große und angepasste Strömung des in solchen Reaktoren meist eingesetzten sehr dünnflüssigen Substrats im Reaktor in Suspension gehalten.

Aggregieren die Bakterienzellen allein zu pelletartigen Zusammenschlüssen, wird das Verfahren als UASB-Prozess (engl. Upflow Anaerobic Sludge Blanket) bezeichnet (Abb. 5.33). Das konditionierte, zu vergärende Abwasser wird dazu über ein am Reaktorboden liegendes Verteilsystem gepumpt und fließt aufwärts durch ein expandiertes Schlammbett aus aggregierten Bakterienzusammenschlüssen (sog. Schlammpellets). Für die Konditionierung des Abwassers sind konstante Bedingungen (Ausgleich der organischen Belastung und der Massenströme) und eine angemessene Vorversäuerung erforderlich.

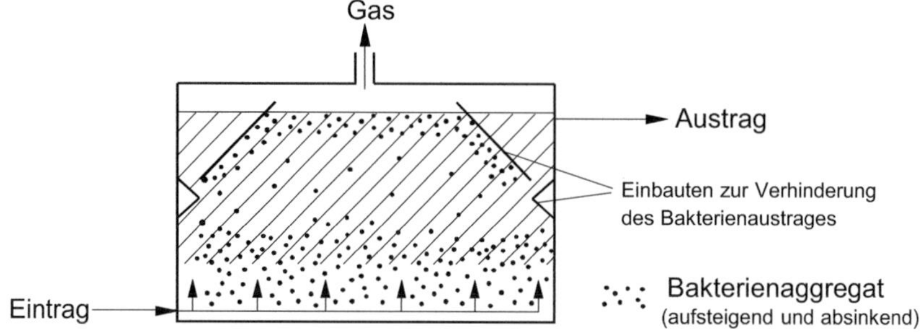

Abb. 5.33 UASB-Reaktor

Die im Reaktor vorhandenen Bakterienaggregate werden durch die vertikal nach oben gerichtete Strömung und die gebildeten Gasbläschen nach oben getrieben. Da sie eine höhere Dichte aufweisen als der Fermenterinhalt, wirkt die Schwerkraft diesem Prozess entgegen und ein Schlammbett bildet sich aus. Der Ablauf befindet sich an der Oberfläche des Reaktors. Um den Austrag des Biogases mit dem Fermenterablauf zu verhindern, leiten entsprechende Einbauten im Reaktor das Gas vom Austrag ab.

Die Bildung gut absetzbarer Schlammgranulate tritt nur unter bestimmten Bedingungen auf. Beispielsweise bilden sich die für den UASB-Prozess notwendigen Bakterienaggregate besonders gut in Substraten, die reich an Zucker oder an niedrigen Fettsäuren sind. Da das spezifische Gewicht der Bakterienaggregate sich nur unwesentlich von demjenigen des Wassers unterscheidet und zusätzlich kleine Methangasbläschen den Auftrieb verstärken können, sind nur sehr geringe Strömungsgeschwindigkeiten in einem derartigen Reaktor (0,5 bis 1 m/h) sinnvoll. Der UASB-Prozess eignet sich somit zur Behandlung organisch stark belasteter Abwässer, die nur wenig partikulären Kohlenstoff enthalten.

Zusätzlich wurden „Downflow"-Reaktoren (DASB; engl. Downflow Anaerobic Sludge Blanket) entwickelt, bei denen die Bakterienaggregate durch ein Sandbett am Grund zurückgehalten und durch mechanische Vorrichtungen in Suspension gebracht werden.

Wirbelbettreaktoren. In Wirbelbettreaktoren wachsen die Bakterien auf inerten porösen Feststoffpartikeln, sogenannten Trägern, die im Reaktor frei beweglich sind. Da unter diesen Bedingungen die Bakterienaggregate ein sehr viel höheres spezifisches Gewicht als das von Wasser aufweisen, sind im Vergleich zum UASB-Reaktor höhere Strömungsgeschwindigkeiten erforderlich, um die Teilchen zu suspendieren. Dafür sind in diesem Fall aber keine Einbauten zur Verhinderung des Austrags von aktiver Biomasse notwendig. Bei einem Wirbelbettreaktor (engl. Fluidized Bed Reactor), bei dem die Suspension nur im unteren Reaktorbereich vorliegt, sind beispielsweise Geschwindigkeiten von 5 bis 8 m/h üblich, während beim sogenannten Expanded Bed Reactor, bei dem die Bakterienmasse über die gesamte Reaktorhöhe verteilt werden soll, Geschwindigkeiten zwischen 15 und 30 m/h erforderlich sind.

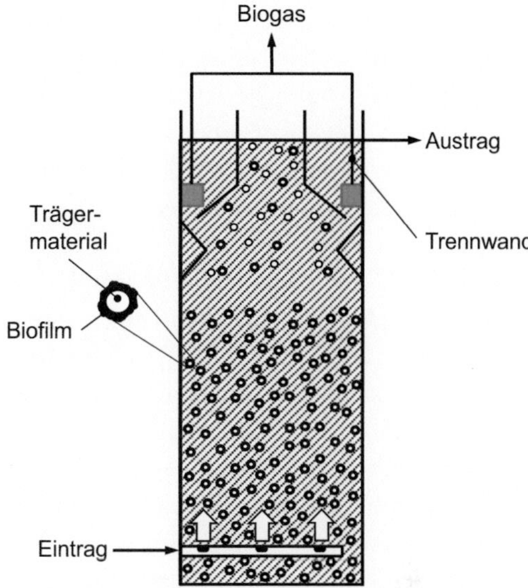

Abb. 5.34 Anaerober Wirbelbettreaktor

Wirbelbettreaktoren sind in der Regel hohe, stehende Zylinder, in denen die Flüssigkeit ständig umgepumpt wird; dies bewirkt eine vollständige Durchmischung. Da diese allerdings Energie benötigt, ist die Energiebilanz des Wirbelbettreaktors i. Allg. ungünstiger als bei anderen Hochleistungsreaktoren. Deshalb werden Wirbelbettreaktoren gegenwärtig nur noch relativ selten und vorwiegend zur Behandlung stark belasteter Abwässer mit weitgehend gelösten organischen Komponenten eingesetzt (Abb. 5.34).

Kontaktprozess. Beim Kontaktprozess folgt dem Fermenter eine Sedimentationsstufe, in der die aktive Bakterienbiomasse von der vergorenen Flüssigkeit abgetrennt und danach wieder in den Fermenter zurückgeführt wird (Abb. 5.35). Aufgrund der dadurch erhöhten Konzentration an aktiver Biomasse im Fermenter läuft der Abbau im Vergleich zu einer

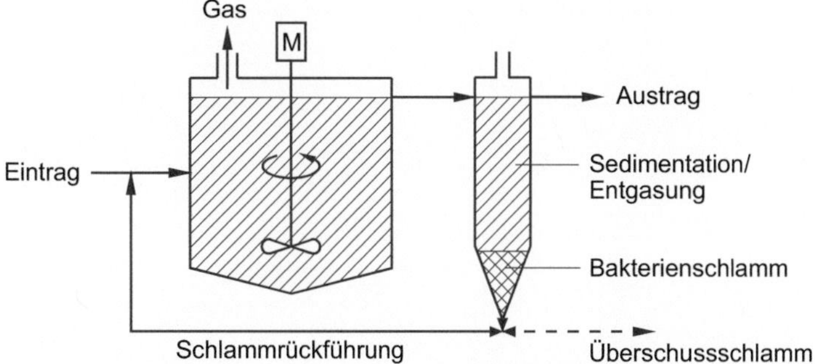

Abb. 5.35 Kontaktprozess (Rührkessel mit nachgeschalteter Entgasung, Sedimentierung der aktiven Biomasse und deren Rückführung in den Reaktor; M Motorantrieb)

Variante ohne Rückführung schneller ab. Dadurch kann – im Vergleich zu einem konventionellen volldurchmischten Reaktor – die Aufenthaltszeit des Substrats im Biogasreaktor um das Zwei- bis Dreifache verkürzt werden. Teilweise wird die Sedimentationsstufe auch in den Biogasreaktor integriert. Derartige Kontaktprozesse werden oft auch dort eingesetzt, wo stark mit organischen Stoffen belastete Abwässer eine relativ große Menge an partikulärem Kohlenstoff enthalten.

Anaerobfilter. Bei Reaktoren mit Anaerobfiltern wachsen die Bakterien als Bakterienfilm auf in dem Reaktor angebrachten Trägermaterialien. Dies schützt die aktive Biomasse davor, mit dem meist sehr dünnflüssigen Substrat ausgetragen zu werden (Abb. 5.36). Als inerte Trägermaterialien kommen beispielsweise Kunststoffe, Mineralien und Holz infrage. Reaktoreinbauten aus derartigen Materialen weisen eine große spezifische Oberfläche von 50 bis über 200 m^2/m^3 auf.

Bei Anaerobfiltern wird zwischen einem Upflow- und einem Downflow-Betrieb unterschieden; ersterer erzeugt u. U. zugleich ein Schlammbett, neigt aber eher zu Verstopfungen. Daneben sind auch horizontale Ausführungen (Pfropfströmer) möglich; sie werden z. B. bei dynamischen Anaerobfiltern realisiert. Das Trägermaterial wird gegenüber dem mit abbaubaren organischen Stoffen belasteten Abwasser leicht bewegt, sodass der Kontakt zwischen Bakterienfilm und Abwasser intensiviert, das Ausgasen begünstigt und ein Schlammbett erzeugt wird. Unterschieden werden rotierende (anaerobe Scheibentropfkörper) und pulsierende dynamische Anaerobfilter.

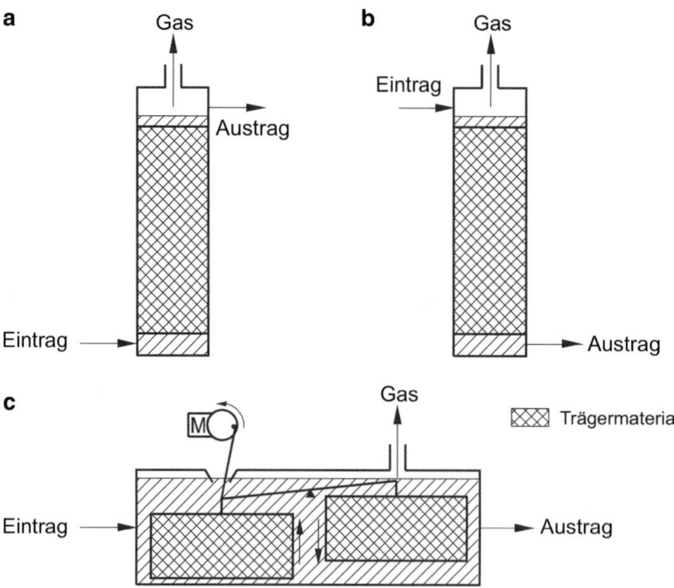

Abb. 5.36 Anaerobfilter (a Upflow-Filter, b Downflow-Filter, c liegender pulsierender dynamischer Anaerobfilter; M Motorantrieb)

Im Vergleich zu den Bakterienaggregaten des UASB-Prozesses wachsen auf den Trägermaterialien in der Regel Bakterienbiozönosen mit einer höheren Diversität; dies erhöht die Prozessstabilität und ermöglicht den Abbau von Inhaltsstoffen, die sich für Schlammbettprozesse weniger eignen.

Anaerobfilter werden ebenfalls zur Behandlung von stark belasteten Abwässern ohne gröbere Feststoffpartikel eingesetzt, da letztere besonders bei großen spezifischen Oberflächen des Filtermaterials speziell bei statischen Filtern zu Verstopfungen führen könnten.

Fermentermaterialien. Als Baumaterial für Biogasfermenter wird Beton, Stahl oder Kunststoff bzw. beliebige Kombinationen der drei Materialien eingesetzt.

Bei landwirtschaftlichen Biogasanlagen wird als Baumaterial für den Fermenter oft bewehrter Beton (Stahlbeton) verwendet. Neben relativ hohen Kosten insbesondere bei sehr kleinen Anlagen sind bei diesem Material potenzielle Korrosionsprobleme an der Phasengrenze flüssig / gasförmig und im Gasraum im Fermenterinnern von Nachteil. In diesem Bereich kann aber nicht nur der Beton, sondern auch beispielsweise rostfreier Stahl im Wesentlichen durch die sauer und korrosiv wirkende Lösung, die sich durch die Dissoziation von Schwefelwasserstoff in Kondensat bildet, stark angegriffen werden. Beton sollte daher speziell in diesem kritischen Bereich mit einem Schutzanstrich, besser noch mit Folien oder Belägen abgedeckt werden. Weitestgehend korrosionsfest sind bestimmte Edelstähle (z. B. V4 A) oder Sonderlösungen wie Holz oder Mineralguss mit Kunstharzanteilen. Emaillierter Stahl wird auch eingesetzt; hierbei sind aber die hohe Schlagempfindlichkeit und Sprödheit bei der Montage zu beachten.

Ein großer Teil der industriellen Fermenter für die Flüssigkeitsvergärung wird aus vorgefertigtem rostfreiem Stahl hergestellt; größere Fermenter können auch vor Ort aus Einzelteilen montiert werden. Bei Betriebsdrücken von −10 bis +30 mbar beträgt die Wanddicke beispielsweise rund 5 mm.

Fermenter (z. B. für Kleinstbiogasanlagen für den Einsatz in ländlichen Gebieten) können auch aus Kunststoff am Stück hergestellt werden. Alternativ dazu können auch größere Behälter aus Kunststoff produziert werden; zur Sicherstellung der Stabilität ist auch eine Kombination mit anderen Materialien (z. B. Stahl) möglich und z. T. üblich.

Stahlfermenter weisen üblicherweise Kapazitäten von 100 bis 500 m^3 auf; sie sind aber auch mit deutlich kleineren und deutlich größeren Volumina (ab 8 bis rund 10 000 m^3) am Markt verfügbar [5.90]. Betonfermenter werden ebenfalls in einem weiten Größenbereich gebaut; die größten bekannten Fermentervolumina liegen zwischen 6 000 und 8 000 m^3.

Die Isolierung des Fermenters gegen Wärmeverluste wird mit mineralischen Dämmmatten oder Polyurethanschaum bzw. anderen Isoliermaterialien realisiert. Diese Dämmmaterialien sollten feuchtigkeitsbeständig und schwer entflammbar sein. Eine gute Wärmedämmung stellt die Voraussetzung für einen störungsfreien Betrieb und vor allem eine hohe Energieausbeute bei einem geringen Eigenwärmebedarf dar.

Rührtechnik. Während des Gärprozesses muss der anaerobe Abbau durch eine gute Durchmischung des Gärguts unterstützt werden. Dadurch werden Substrat- und Nährstoffgradienten im Gärsubstrat ausgeglichen (d. h. gute Durchmischung von Frischsubstrat und vergorenem Substrat) und der Kontakt zwischen der aktiven Biomasse und dem Substrat wird intensiviert; letzteres fördert den Stoffaustausch zwischen den den anaeroben Abbau realisierenden Bakterien und dem umgebenden Medium und trägt dazu bei, optimale Lebensbedingungen für die Mikroorganismen zu schaffen. Darüber hinaus wird die Ausgasung des Substrats gefördert und Schwimmschichten können vermieden bzw. zerstört werden; zusätzlich soll eine Sedimentation organischer (und mineralischer) Substratanteile im Reaktor verhindert werden (d. h. Vermeidung von Sinkschichten). Auch wird zu einer möglichst gleichmäßigen Temperatur- und pH-Wert-Verteilung im Fermenter beigetragen.

Eine minimale Durchmischung des Gärsubstrats findet dabei durch das Einbringen von Frischsubstrat, durch thermische Konvektionsströmungen und durch das Aufsteigen von Gasblasen immer statt. Diese passive Durchmischung kann durch eine entsprechende Fermenterkonstruktion bzw. durch speziell gestaltete Reaktoreinbauten unterstützt werden; ggf. kann dabei das entstehende Biogas unterstützend wirken. Trotzdem ist eine derartige passive Durchmischung in den meisten Fällen nicht ausreichend, um eine definierte Durchmischung sicher und jederzeit zu gewährleisten. Deshalb muss i. Allg. der Durchmischungsprozess aktiv unterstützt werden.

Bei der aktiven Durchmischung wird zwischen mechanischen und hydraulischen Systemen unterschieden. Die verschiedenen technologischen Lösungen (Abb. 5.37) werden nachfolgend diskutiert.

Mechanische Systeme. Zur mechanischen Durchmischung bieten sich Rührwerke (z. B. Paddel- und Propellerrührwerke) an. Für diese Art der Durchmischung ist üblicherweise ein hoher Energieaufwand erforderlich, der häufig den Eigenstrombedarf der Anlage mit über 50 % dominiert.

Solche mechanischen Rührwerke können im Dauer- oder Intervallbetrieb gefahren werden. Die Rührintervalle müssen dabei an die spezifischen Eigenschaften jeder Biogasanlage (u. a. Substrateigenschaft, Behältergröße, Neigung zur Schwimmdeckenbildung) empirisch angepasst werden. Die Rührergeschwindigkeit ist von der verwendeten Technologie abhängig. Dabei ist zu berücksichtigen, dass bei sehr hohen Drehzahlen die in Rührernähe auftretenden Scherkräfte zur Schädigung der Mikroorganismengemeinschaften bzw. -agglomerationen führen können. Außerdem nimmt bei stark sandhaltigen Substraten der Verschleiß mit zunehmender Drehzahl überproportional zu.

Eine definierte Mischaufgabe kann durch unterschiedliche technologische Varianten von mechanischen Durchmischungseinheiten gelöst werden. Üblicherweise werden (Kreuz-)Balkenrührwerke und Haspelrührwerke sowie Propellerrührer unterschiedlichster Bauart eingesetzt. Die Rührerwellen können

- vertikal mittig und außermittig,
- horizontal an Längs- oder Querachsen in Bezug auf die Hauptströmungsrichtung,
- schräg durch die Behälterwand oder
- als Tauchmotor-Rührwerk

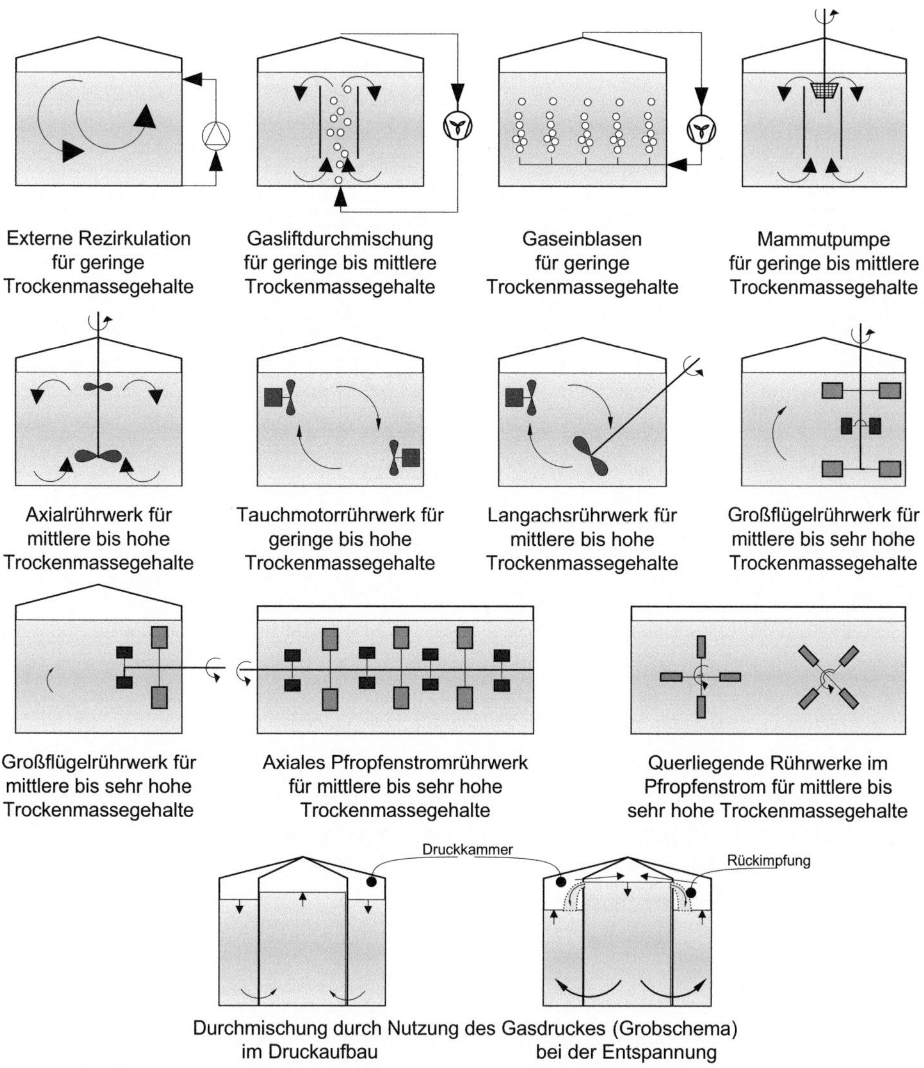

Abb. 5.37 Möglichkeiten zur Durchmischung des Fermenterinhalts

angeordnet sein [5.91]. Nachfolgend werden derartige Varianten dargestellt und kurz diskutiert.

Bei hohen Feststoffgehalten (> 8 % Trockenmasse) kommen üblicherweise langsam laufende Großflügelrührwerke mit z. T. sehr verschiedenartigen Bauformen zum Einsatz (Abb. 5.38). In liegenden Fermentern können dies z. B. längs oder quer installierte Paddelrührwerke sein. Von Vorteil sind die robuste und langlebige Bauart und der außen liegende Antrieb, der deshalb einfach gewartet werden kann. Problematisch kann die benötigte gasdichte Abdichtung der Durchführung der drehenden Rührwerkswelle durch die Reaktorhaut sein.

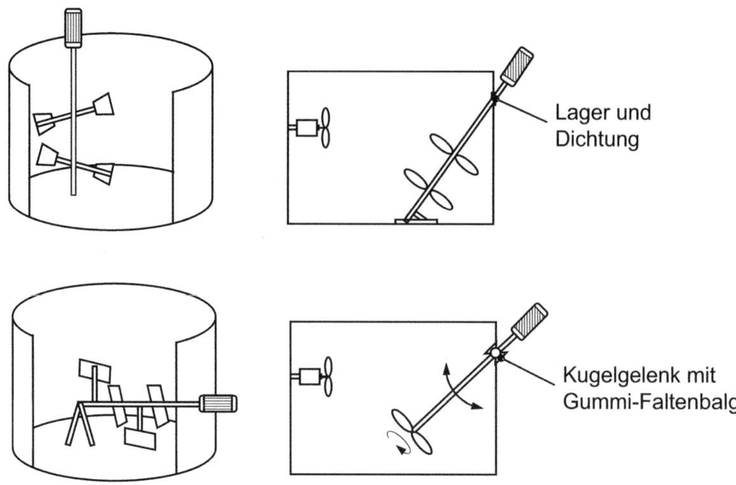

Abb. 5.38 Mechanische Durchmischungssysteme für Biogasanlagen

Bei geringeren Feststoffgehalten bzw. geringerer Viskosität können auch schneller laufende Langachsrührwerke eingesetzt werden, die schräg durch die Behälterwand oder senkrecht aus der Decke in den Reaktor geführt werden (Abb. 5.38). Der Motor ist am Ende einer entsprechenden Rührwelle angebracht und aus Wartungsgründen ebenfalls außerhalb des Fermenters angeordnet. Die Welle ist zusätzlich am Fermenterboden gelagert und mit einem oder mehreren großflächigen, paddelförmigen Rührwerkzeugen ausgestattet. Von Bedeutung ist die Wellenlagerung am Fermenterboden, die wartungsfrei sein sollte sowie die Entnahme und den Wiedereinbau des Rührwerks ohne ein Entleeren des Reaktorinhalts ermöglichen muss.

Eine weitere Möglichkeit der mechanischen Fermenterdurchmischung bieten axiale Rührwerke, die ebenfalls kontinuierlich betrieben werden. Sie sind meist an zentrisch an der Fermenterdecke montierten Wellen angebracht. Je nach Fermentergeometrie und Substratbeschaffenheit können zwei bis drei Flügelpaare an einer Welle befestigt werden. Die Geschwindigkeit des Antriebsmotors, der sich außerhalb des Fermenters befindet, wird durch ein Getriebe auf wenige Umdrehungen pro Minute herabgesetzt. Derartige Rührwerke sollen im Inneren des Fermenters eine ständige axiale Strömung (d. h. eine Strömung nach unten in der Fermentermitte und eine Strömung nach oben an den Fermenterwänden) und damit eine Durchmischung des Fermenterinhalts erzeugen.

In stehenden, nach dem Rührkesselprinzip arbeitenden Fermentern können auch Tauchmotor-Propellerrührwerke (TMR) zum Einsatz kommen (Abb. 5.39). Angetrieben werden diese üblicherweise durch getriebelose Elektromotoren oder in Ausnahmefällen durch hydraulische Systeme, deren Gehäuse druckwasserdicht und korrosionsfest ummantelt sind und durch das Umgebungsmedium gekühlt werden. Bei sehr hohen Feststoffgehalten kann die Kühlung aufgrund mangelhafter Strömung im Fermenter nicht

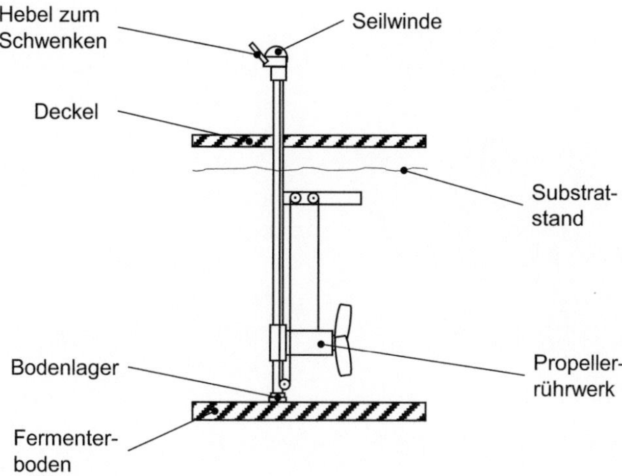

Abb. 5.39 Beispiel für ein Tauchmotor-Propellerrührwerk

immer gewährleistet werden. Derartige Tauchmotor-Propellerrührwerke werden komplett in das Substrat eingetaucht und besitzen meistens geometrisch optimierte zwei- oder dreiflügelige Propeller. Durch ihr Führungsrohrsystem, bestehend aus Galgen, Seilwinde und Leitprofil, lassen sich die Rührwerke meist von außen in ihrer Höhe und Neigung verstellen.

Paddel- oder Haspelrührwerke sind langsam laufende Rührwerke, die bauartbedingt meist in liegenden Fermentern, die nach dem Pfropfenstromprinzip arbeiten, eingesetzt werden. Auf der Rührachse sind Paddel angebaut, welche die Durchmischung realisieren. In den Laufwellen und auch in den Rührarmen der Rührwerke sind teilweise Heizschlangen integriert, mit denen das Gärsubstrat erwärmt wird.

Derartige mechanische Rühraggregate werden innerhalb bestimmter Bereiche der Rührsystemparameter betrieben. Deren Festlegung beruht infolge der komplexen Einflussgrößen zu einem wesentlichen Teil auf den empirischen Praxiserfahrungen der Ausrüstungsanbieter [5.91].

Die Rührwirkung dieser mechanischen Systeme hängt wesentlich vom Feststoffgehalt und der Viskosität des Gärsubstrats ab. Jedoch gibt es zwischen dem Feststoffgehalt und der Viskosität eines Substrats keinen proportionalen Zusammenhang. Beispielsweise benötigen partikuläre, vorwiegend mineralische Feststoffe aufgrund ihrer Dichte höhere Medienfließgeschwindigkeiten, um als Suspension in Bewegung gehalten zu werden. Gleichzeitig tragen sie aber nur wenig zur Viskosität der Suspension bei. Demgegenüber neigen höher konzentrierte Salzlösungen und insbesondere organische Verbindungen zu einer dreidimensionalen Vernetzung, die auch bei geringen Feststoffkonzentrationen zu einer hohen Viskosität im Gärsubstrat führen kann [5.91].

Abbildung 5.40 zeigt die zu erwartenden Größenordnungen der scheinbaren dynamischen Viskosität für verschiedene Gärsubstrate. Dabei gilt: Je höher die Viskosität im

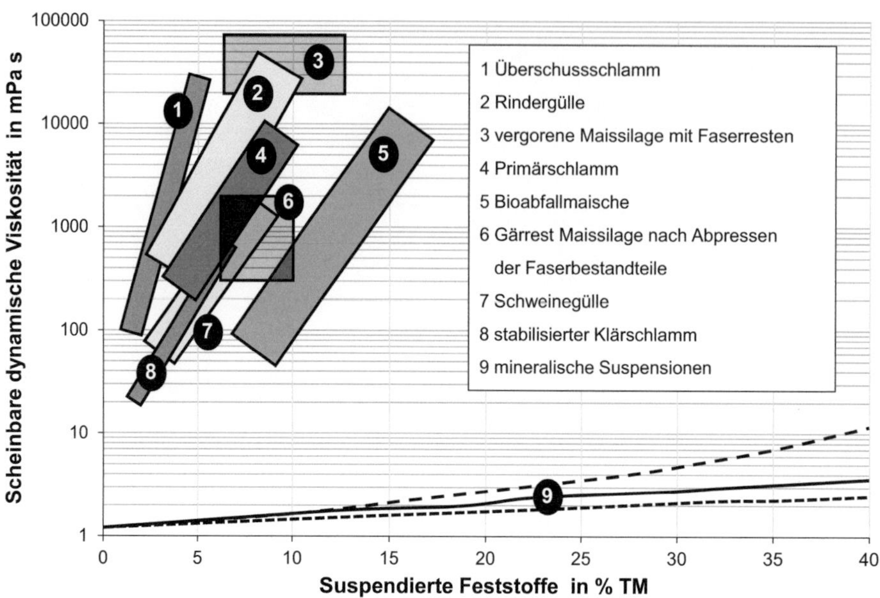

Abb. 5.40 Viskositäts-Feststoff-Diagramm für verschiedene Gärmedien (TM Trockenmasse) (nach [5.91])

Medium, desto begrenzter ist die Medienzirkulation im Behältervolumen. Damit sind beispielsweise für Substrate mit einer extrem hohen Viskosität auf Schub ausgelegte Propellerrührer ungeeignet, da ein derartiges Medium unter diesen Bedingungen nicht mehr fließt; es verflüssigt sich nur noch in unmittelbarer Nähe des Rührers durch die Scherkräfte und überhitzt dabei infolge der dann stattfindenden Energiedissipation. Im Bereich der teigähnlichen Medien werden daher langsam laufende Rührer eingesetzt, welche das Medium bewegen und zerteilen, um durch eine Grenzflächenerneuerung den Stoffübergang zu verbessern und den Aufstieg und Austritt der Biogasblasen zu unterstützen.

Unter Berücksichtigung derartiger physikalischer Zusammenhänge muss das Rührwerk u. a. in Abhängigkeit von Behälterart, Volumen und eingesetztem Medium ausgewählt werden. Dabei ist der Einsatz mehrerer Rührwerke – möglicherweise auch die Kombination verschiedener Rührwerksbauarten – insbesondere bei größeren Behältern zu empfehlen, um die gewünschte Durchmischung sicherstellen zu können. Auch lassen sich dadurch Rührzeiten und der Energieeinsatz für das Rühren reduzieren. Eine überdimensionierte Rührleistung kann hilfreich sein, wenn es rührseitig zu Problemen kommt oder auch schwierigere Medien eingesetzt werden sollen [5.91].

Hydraulische Systeme. In flüssigen Medien sind / ist auch ein Umpumpen und / oder das Einblasen von Biogas in den Fermenter möglich. Derartige Optionen werden unter dem Begriff der hydraulischen Systeme zur Durchmischung zusammengefasst.

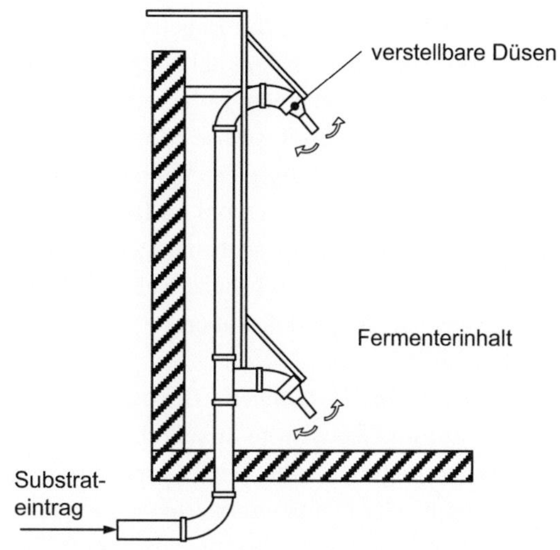

Abb. 5.41 Exemplarisches System zur hydraulischen Durchmischung

Bei der hydraulischen Durchmischung wird das pumpfähige Gärsubstrat aus dem Gärbehälter abgezogen und über Pumpen zurück in den Fermenter gepresst (Abb. 5.41). Dabei muss durch eine strömungstechnische Optimierung sichergestellt werden, dass durch das Absaugen und Einpressen des Substrats in den Gärbehälter eine möglichst homogene Durchmischung des Fermenterinhalts sichergestellt wird. Die Viskosität des Substrats ist dabei von großer Bedeutung und muss bei einer Auslegung unbedingt berücksichtigt werden. Von Vorteil ist, dass die für die Durchmischung benötigten beweglichen und damit verschleißanfälligen Anlagenkomponenten außerhalb des Fermenters angeordnet sind und somit einfach gewartet werden können. Nachteilig an derartigen Mischkonzepten ist die nur eingeschränkt mögliche Zerstörung von Schwimmschichten; deshalb ist ein potenzieller Anwendungsfall für hydraulische Systeme die Durchmischung dünnflüssiger Substrate mit geringer Neigung zur Bildung von Schwimmschichten.

Eine Reaktordurchmischung kann auch über die Einpressung von Biogas in den Fermenter – möglichst durch den Fermenterboden – erfolgen. Die aufsteigenden Biogasblasen sorgen für eine Durchmischung des Substrats. Ähnlich wie bei der Einpressung von Gärsubstrat liegen die bewegten Teile (z. B. die Verdichter) wartungsfreundlich außerhalb des Reaktors. Auch mit einem derartigen Konzept können Schwimmschichten nur eingeschränkt zerstört werden, sodass sich diese Form der Durchmischung i. Allg. auch nur für dünnflüssige Substrate mit geringer Neigung zur Schwimmschichtbildung eignet.

Bei der Auswahl und Dimensionierung des jeweiligen Systems zur Durchmischung müssen die Medien- und Prozesseigenschaften im Fermenter sowie die Größe und Geometrie des Reaktionsraums bzw. Fermentervolumens berücksichtigt werden. Diese komplexe und analytisch nur schwer abbildbare Aufgabe ist in der Praxis oft nur unzureichend gelöst; d. h., in vielen realisierten Mischungssystemen wird die angestrebte Durchmischung des Gärsubstrats nicht erreicht.

Reaktorbeheizung. In der Regel werden Biogasfermenter beheizt, damit der anaerobe Abbau möglichst effizient ablaufen kann. Zum Einsatz kommen Wärmeübertrager, in denen die Wärme von einem Heizkreislauf auf das Gärsubstrat übertragen wird. Als Wärmequellen dienen beispielsweise Blockheizkraftwerke (BHKW), bei denen gekoppelt zur (primär gewünschten) Stromerzeugung die Wärme ohnehin anfällt.

Das Gärsubstrat kann sowohl im Inneren des Fermenters (fermenterinterne Heizsysteme) als auch in einem Vorlagebehälter, in der Zulaufleitung oder in einer externen Schlaufe außerhalb des Fermenters beheizt werden (fermenterexterne Heizsysteme). Beide Varianten werden nachfolgend diskutiert.

Fermenterexterne Heizungen. Bei externen Heizungssystemen werden Gärsubstrat und Heizwasser im Gegenstrom in außerhalb des eigentlichen Biogasfermenters angeordnete Wärmeübertrager geleitet. Der Wärmeeintrag in den Substratstrom kann beispielsweise über Spiral- oder Doppelrohrwärmeübertrager realisiert werden, die mit heißem Wasser (z. B. durch Nutzung der Wärme aus dem BHKW) beheizt werden können. Die Vorteile eines derartigen externen Wärmeübertrags liegen in der guten Wärmeübertragung und den sehr vorteilhaften Reinigungsmöglichkeiten.

Je nach Systemansatz kann dabei nur das Frischsubstrat erwärmt werden, bevor es in den Fermenter eintritt oder bereits teilvergorenes Substrat, welches über einen Teilstrom aus dem Reaktor abgezogen, in einem Wärmeübertrager erwärmt und dem Fermenter erneut zugeführt wird; dies kann ggf. mit einer hydraulischen Durchmischung des Reaktors gekoppelt werden (siehe oben). Auch eine Kombination beider Ansätze ist möglich (Abb. 5.42).

Um die Temperatur im Fermenter näherungsweise konstant zu halten, müssen das außerhalb des Fermenters erwärmte Substrat und der im Fermenter bereits vorhandene Inhalt gut durchmischt werden. Ist dies nicht oder nicht ausreichend gewährleistet, wie es beispielsweise bei hoch viskosen Gärsubstraten möglich ist, kann das frische Substrat zwar extern vorgewärmt werden; eine zusätzliche interne Heizung ist dann jedoch trotzdem erforderlich.

Externe Heizungssysteme haben den Vorteil, dass sie unabhängig vom Fermenter betrieben und gewartet werden können. Darüber hinaus können durch die Erwärmung des Frischsubstrats große Temperaturgradienten in der Eintrittszone verhindert werden, so-

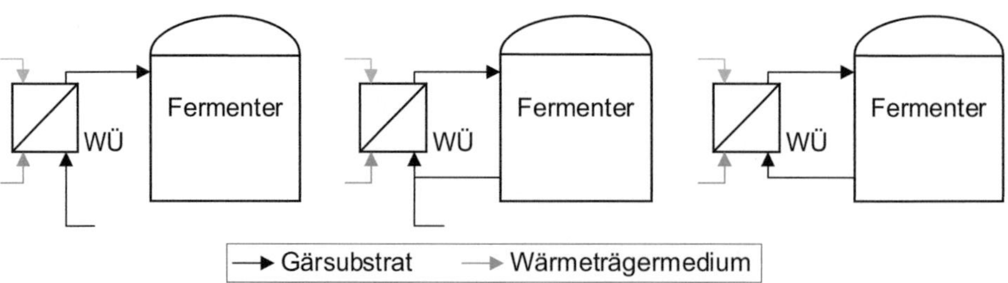

Abb. 5.42 Fermenter-externe Heizungssysteme (Beheizung des Frischsubstrats (links), Beheizung des Frisch- und Gärsubstrats (Mitte), Beheizung des Gärsubstrats (rechts); WÜ Wärmeübertrager)

dass keine Einschränkungen der Mikroorganismenaktivität in diesen Bereichen auftreten. Nachteilig ist, dass derartige Lösungen im Vergleich zu einer fermenterinternen Heizung i. Allg. technisch aufwändiger und damit teurer sind.

Fermenterinterne Heizsysteme. Eine interne (d. h. in dem Fermenter integrierte) Erwärmung des Gärsubstrats kann über im Fermenter verlegte Wärmeübertrager und / oder im Rührwerk integrierte Heizsysteme realisiert werden.

Bei der ersten Variante kann zwischen einer Beheizung über die Fermenterwand oder den Fermenterboden sowie einer Wärmeeinbringung über Rohrbündel- oder Flächenwärmeübertrager an der Innenseite des Fermenters unterschieden werden (Abb. 5.43). Der Vorteil einer im Fermenter angebrachten Heizung liegt in der guten Wärmeübertragung im Auslegungszustand. Üblicherweise sollte die Vorlauftemperatur jedoch nicht zu hoch gewählt werden, da sich sonst bei grobpartikulären Substraten verstärkt Inkrustierungen auf den Wärmeübertrageroberflächen bilden können, die den Wärmeübergang erschweren. Dies wird bei einer in der Reaktorwand und / oder im Fermenterboden verlegten Heizung vermieden; sie sind jedoch im Allgemeinen durch eine schlechtere Wärmeübertragung gekennzeichnet. Bei Bodenheizungen kommt zusätzlich hinzu, dass die Wärmeübertragung durch die Bildung von Sinkschichten bzw. Sedimenten weiter negativ beeinflusst werden kann. Außerdem kann es bei der unsachgemäßen Integration der Heizung in die Wand oder in den Boden zur Bildung von Wärmespannungen im Beton kommen; dies kann die technische Lebensdauer des Reaktors reduzieren.

Ein Teil dieser Probleme kann durch eine in das mechanische Rührwerk integrierte Heizung vermieden werden. Dabei werden entweder Teile oder das gesamte Rührwerk durch darin verlaufende Wärmeübertragerrohre beheizt und mit der Bewegung des Rührwerks wird die Wärme in das Gärsubstrat übertragen und verteilt. Nachteilig ist die konstruktiv aufwändigere Ausführung im Vergleich zu den zuvor genannten Alternativen. Von Vorteil sind der vergleichsweise gute Wärmeübergang und die geringere Neigung zur Bildung von Ablagerungen.

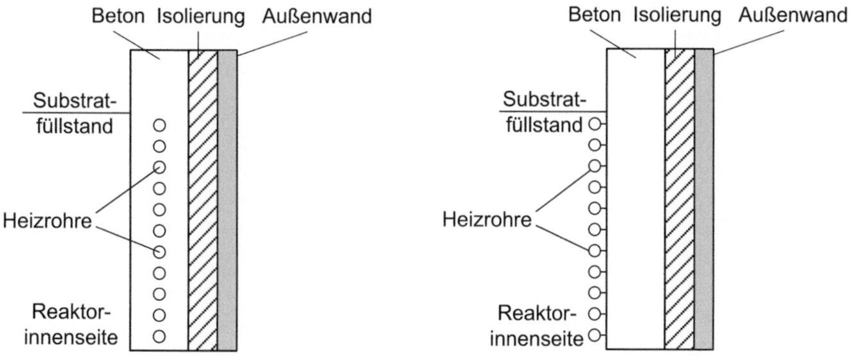

Abb. 5.43 Beispiele für fermenterinterne Heizungssysteme (Heizungssystem mit beheizter Reaktorwand (links), innen liegender Rohrbündel-Wärmeübertrager (rechts))

Weitere Komponenten. Für den erfolgreichen Betrieb einer Flüssigfermentation werden zusätzliche Systemkomponenten benötigt. Sie werden nachfolgend beschrieben.

Gasaustrag. Über den Gasaustrag wird das entstandene Biogas aus dem Reaktor abgeleitet. Dabei ist durch die Anordnung im Reaktor sicherzustellen, dass möglichst keine Feststoffe und kein Schaum mit dem Gas ausgetragen werden.

Substrataustrag. Das ausgefaulte Substrat muss aus dem Reaktor ausgetragen werden. Dies kann beispielsweise bei volldurchmischten Fermentern über einen Siphon bzw. Überlauf realisiert werden; dadurch wird ein unerwünschter Gasaustritt verhindert. Alternativ dazu kann das vergorene Substrat auch mittels Pumpen abgezogen werden. Vergleichbar dazu kann z. B. bei liegenden Pfropfenstromfermentern das vergorene Material parallel zum eingebrachten Frischsubstrat über einen Überlauf oder ein unterhalb des Substratspiegels installiertes Austragsrohr ausgetragen werden.

Sedimentabscheidung. In einem Biogasreaktor kann es zur Sedimentation beispielsweise des im Substrat möglicherweise enthaltenen Sandes kommen. Dies hat den Verlust nutzbaren Fermentervolumens zur Folge. Darüber hinaus verschlechtert sich bei Gärbehältern mit einer Bodenheizung der Wärmeübertrag mit ansteigender Sedimentdicke zunehmend (siehe oben). Um diese Probleme zu umgehen, sind Systeme verfügbar, mit denen die im Gärbehälter sedimentierten Komponenten im laufenden Betrieb abgeschieden werden können.

Abbildung 5.44 zeigt eine mögliche technische Lösung. Bei dieser Ausführung bewegt sich eine Art „Rechen" (Bodenräumer) mit einem aus Wartungsgründen außen liegenden Antrieb langsam über den Fermenterboden und transportiert das sedimentierte Material sukzessive nach außen. Dort kann es dann über einen im Fermenterboden eingelassenen

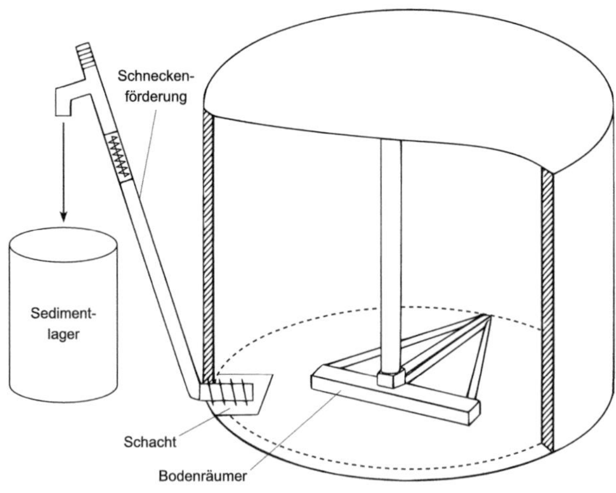

Abb. 5.44 Beispiel für eine automatisierte Sedimentabtrennung aus einem Rührkesselfermenter

Schacht mithilfe einer Schneckenförderung abgetrennt werden. Andere Systeme transportieren die sich ablagernden Sedimente ins Zentrum des Fermenters, wo sie ebenfalls mithilfe eines Schachtes abgeschieden werden können. Alternativ dazu kann der Fermenterboden auch konisch gestaltet werden. Das sich dann im Zentrum ansammelnde Sediment kann mithilfe einer Entnahmepumpe und einer Sinkschichtaufrührung oder einer entsprechenden Spüleinrichtung ausgetragen werden.

Nachgärer / Gärrestspeicher. In Deutschland ist das Ausbringen des vergorenen Materials auf landwirtschaftlichen Nutzflächen aus Umweltschutzgründen nur im Verlauf gesetzlich geregelter Zeitspannen erlaubt (näherungsweise in der Vegetationsperiode; dadurch soll ein Nährstoffaustrag von der landwirtschaftlichen Nutzfläche in Grund- und Oberflächenwässer vermieden werden). Deshalb ist bei vielen Biogasanlagen eine auch längerfristige Lagerung des vergorenen Substrats zwingend erforderlich. Diese wird i. Allg. in einem Gärrestspeicher realisiert. Dabei handelt es sich oft um einen ausreichend dimensionierten gasdichten Rundbehälter beispielsweise aus Beton, Stahl und / oder Kunststoff. Gelegentlich – und gegenwärtig üblich – wird das während der Lagerung immer noch begrenzt entstehende Biogas ebenfalls nutzbar gemacht. Der (nicht beheizte und kaum gerührte) Gärrestspeicher für das vergorene Material wird so zum Nachgärraum und wirkt dabei gewissermaßen als eine zusätzliche, dem Fermenter nachgeschaltete Speicherbiogasanlage. Dies hat den Vorteil, dass die klimawirksamen Methanemissionen, die bei der Lagerung des vergorenen Materials frei werden, nicht in die Atmosphäre gelangen, sondern den Energieertrag der Gesamtanlage verbessern.

Hygienisierung im Biogasreaktor. Der eigentliche anaerobe Abbau ist mit einer Hygienisierungswirkung verbunden. Damit kommt es in jeder Biogasanlage – in einem bestimmten Ausmaß – zu einer Hygienisierung des Ausgangsmaterials. Reicht diese Hygienisierungswirkung z. B. aufgrund der gesetzlichen Vorgaben nicht aus, muss dem Prozess eine separate Hygienisierungsstufe vor- oder nachgeschaltet werden.

Die Hygienisierungswirkung einer Biogasanlage ist primär abhängig von der Aufenthaltszeit des Substrats, der Gärtemperatur und den physikalisch-chemischen Bedingungen im Reaktor. Diesbezüglich sind volldurchmischte Reaktoren (Rührkessel) nicht optimal, da dort die potenzielle Möglichkeit besteht, dass ein Teil des Frischmaterials sogleich wieder ausgetragen wird (siehe oben). Dadurch können besonders resistente Keime (z. B. Bandwurmeier, bestimmte Viren) zu kurz im Fermenter verbleiben, um sicher abgetötet zu werden. Sie werden dann mit dem Gärgut ausgetragen und können – im Fall einer landwirtschaftlichen Verwertung der Rückstände – z. B. als pathogene Keime Pflanzenkrankheiten verursachen oder über die Nahrung wieder zum Menschen gelangen (zur Hygieneproblematik vgl. [5.92]).

Das Fehlen von Sauerstoff (Anaerobie) selbst scheint nur eine untergeordnete Bedeutung für die Hygienisierungswirkung zu haben. Hingegen wirkt offenbar das allgemeine Milieu bei der anaeroben Gärung (d. h. Exo-Enzyme, Säuregehalt, Redoxpotenzial) abtötend oder zumindest stark hemmend auf Pathogene. Speziell hygienisierend wirken die

Bedingungen der Hydrolyse, die bei leicht saurem pH-Wert und gleichzeitig hohen Konzentrationen an Exo-Enzymen stattfindet.

Auch die Temperaturen, bei denen der Biogasprozess abläuft, beschleunigen die Sterberate von Pathogenen. Bakterien werden beispielsweise mesophil in der Regel innerhalb von wenigen Tagen um 90 % dezimiert (z. B. *Salmonella typhimurium* 2,4 d, *E. Coli* 1,8 d, *Staphylococcus aureus* 0,9 d). Unter thermophilen Bedingungen beträgt die Dauer bis zur 90 %igen Elimination höchstens wenige Stunden [5.93]. Dennoch finden sich im Reaktor auch nach durchschnittlich 20 d Verweilzeit bei 35 °C bis zu rund 10 % der unerwünschten Bakterien wieder (z. B. Salmonellen). Bei einer Reaktorkaskade steigt diese Reduktion aber bereits auf 99 % an [5.93]. Dies legt den Schluss nahe, dass eine unvollständige Abtötung nur auf die ungünstige Aufenthaltszeitverteilung in einem Rührkesselreaktor zurückzuführen ist.

Viren, die beispielsweise für Erkrankungen bei Tieren verantwortlich sind, werden in der Regel mesophil innerhalb von weniger als 24 h inaktiviert (z. B. Schweinegrippe, Maul- und Klauenseuche, übertragbare Gastroenteritis). Im thermophilen Bereich ist die Resistenz normalerweise sogar auf deutlich weniger als eine Stunde beschränkt. Ausnahme ist das sehr kleine, äußerst resistente Parvovirus, das bei Schweinen zu Fehlgeburten führen kann. Bei mesophiler Vergärung sind für die vollständige Zerstörung nach derzeitigem Kenntnisstand mehrere Monate und im thermophilen Bereich eine Aufenthaltsdauer von ca. 8 d notwendig [5.93].

Ein besonderes Augenmerk muss auf phytopathogene Erreger gerichtet werden, da sonst Pflanzenkrankheiten mit dem Gärgut wieder auf die landwirtschaftliche Nutzfläche ausgebracht werden. Beispielsweise wird der ausgesprochen resistente Erreger der Kohlhernie (*Plasmodiophora brassicae*, Indikatororganismus) bei einer einstufigen Vergärung bei 35 °C über 14 d kaum abgetötet. Bei thermophiler Vergärung hingegen wird *Plasmodiophora* sowohl nach 14 d wie auch nach 7 d entweder vollständig abgetötet oder im Infektionspotenzial auf unter 1 % des Ausgangsmaterials reduziert.

Hinsichtlich der Hygienewirkung beim eigentlichen anaeroben Abbau sind Pfropfenstromprozesse oder Reaktorkaskaden besonders vorteilhaft, da dort sichergestellt wird, dass alles Gärgut ausreichend lange den hygienisierenden Bedingungen beim anaeroben Abbau ausgesetzt ist. In einem einstufigen Reaktor mit einem guten Pfropfenstromverhalten bzw. in Serie geschalteten Reaktoren lässt sich auch im mesophilen Temperaturbereich eine weitgehende Hygienisierung erreichen; nur bei sehr wenigen, sehr resistenten Erregern müssen gewisse Einschränkungen gemacht werden.

5.2.4.3 Feststofffermentationstechnik

Bei der Feststofffermentation (z. T. auch als Trockenfermentation bezeichnet) werden ausschließlich stapelbare Substrate mit im Vergleich zur Nassfermentation höheren Trockenmassegehalten (üblicherweise oberhalb von 15 bis 20 %) verarbeitet.

Nachfolgend werden ausgewählte Feststofffermentationsverfahren bzw. deren Systemkomponenten diskutiert. Dabei wird nur auf die im Vergleich zu den im vorherigen Kapitel diskutierten Nassfermentationstechniken gegebenen signifikanten Unterschiede eingegangen. Ähnliche Systemkomponenten (z. B. Gasaustrag) werden nicht erneut diskutiert.

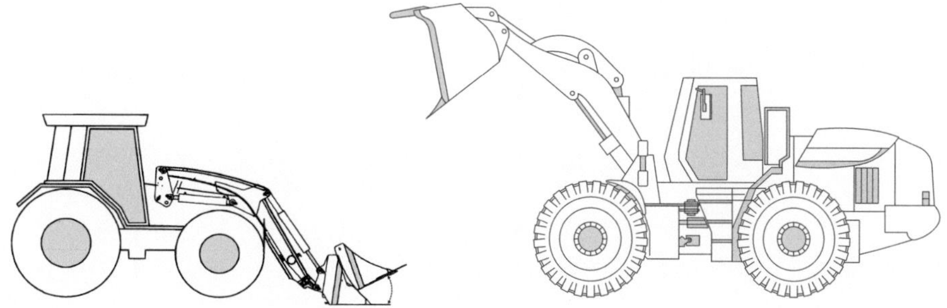

Abb. 5.45 Beispiel für einen Traktor mit Frontlader (kleintechnisch, links) und einen Radlader (großtechnisch, rechts) (nach [5.96])

Substrateintrag und -austrag. Bei der Beschickung von Festbettfermentern zur Biogaserzeugung wird zwischen kontinuierlichen und diskontinuierlichen Verfahren unterschieden.

Die kontinuierliche Beschickung wird meist mittels Förderschnecken oder Förderbändern realisiert; beispielsweise kann damit ein schachtförmiger Fermenter kontinuierlich von oben befüllt werden. Das Substrat wandert dann – bedingt durch die Schwerkraft – langsam durch den Reaktor und wird dabei sukzessive anaerob abgebaut. Parallel dazu wird – ebenfalls kontinuierlich – vergorenes Substrat aus dem Fermenter beispielsweise mit einem Kratzkettenförderer am unteren Reaktorende abgezogen [5.94].

Eine Beschickung von Feststofffermentern kann auch diskontinuierlich erfolgen. Beispielsweise werden Garagen- oder Boxenfermenter mithilfe von Radladern oder Frontladern (Abb. 5.45) befüllt. Dazu werden die Stahltore des Fermenters geöffnet und das frische Substrat ein- bzw. der ausgefaulte Gärrest ausgebracht. Dann sind keine speziellen fest installierten Beschickungstechniken erforderlich [5.95].

Fermenterbauarten. Nachfolgend werden unterschiedliche Reaktorbauarten zur Trocken- bzw. Feststofffermentation dargestellt und diskutiert.

Boxen- und Garagenfermenter. Unter Boxen- oder Garagenfermentern werden meist diskontinuierlich betriebene Gärbehälter aus Stahl und / oder Fertigbeton verstanden, die durch flexible Bauelemente gasdicht verschließbar sind. Beispielsweise besitzen Garagenfermenter einen quaderförmigen Gärraum, der durch ein Stahltor gasdicht verschlossen werden kann. Ist das Tor geöffnet, kann die Substratbeschickung bzw. der Austrag des vergorenen Materials diskontinuierlich z. B. mittels Radlader erfolgen (Abb. 5.46). Bei geschlossenem Tor findet dann die Vergärung statt.

Die Vorgänge im Fermenter bestehen aus einer kurzen aeroben Phase zu Beginn, bis der im Gärmaterial vorhandene Sauerstoff aufgebraucht ist; diese Ankompostierung hat auch den gewünschten Nebeneffekt, dass sich dadurch das Gärmaterial erwärmt. Anschließend erfolgt dann die eigentliche anaerobe Fermentation, deren Start durch eine

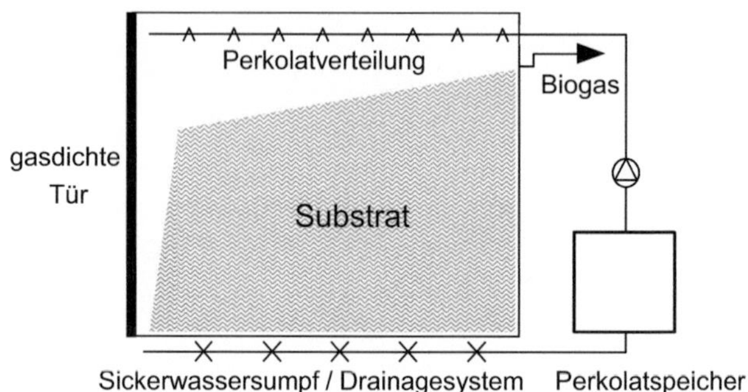

Abb. 5.46 Boxen- bzw. Garagenfermenter

teilweise Beschickung mit (teil-)vergorenem Material, das unter das zu vergärende Substrat gemischt wird, unterstützt werden kann. Zusätzlich wird das Substrat im Reaktor im Regelfall perkoliert, um durch die durch das Gärsubstrat strömende Flüssigkeit die biologische Aktivität zu verbessern und dadurch den Gasertrag zu steigern. Eine mechanische Durchmischung findet nicht statt. Eine Erwärmung kann beispielsweise über eine beheizte Bodenplatte erfolgen.

Die über das Drainagesystem abgetrennte, beim anaeroben Abbau entstehende Flüssigkeit kann über den Perkolattank zwischengespeichert und dann erneut über das Gärsubstrat perkoliert werden. Bei der Lagerung dieses Sickersaftes laufen aufgrund der hohen Belastung mit organischen Stoffen ebenfalls biochemische Prozesse ab; d. h., während der Perkolatlagerung wird im Regelfall ebenfalls Biogas erzeugt, das mit dem Biogas aus dem eigentlichen Boxenfermenter zusammengeführt einer anschließenden Nutzung zugeführt werden kann.

Die zuvor dargestellte Trocken- bzw. Feststoffvergärung wird bei einem weiter entwickelten Verfahren mit einer herkömmlichen Nassvergärung gekoppelt. Das Substrat wird als Haufwerk in den Boxenfermenter eingebracht und kurz belüftet. Durch den entstehenden aeroben Abbau wird es auf eine Temperatur von rund 38 °C erwärmt. Die anaerobe Vergärung und damit die Biogasproduktion wird anschließend durch Stoppen der Belüftung und durch die Perkolation von Sickerwasser gestartet. Nach dem Durchrieseln des Perkolats durch das Gärsubstrat wird es einem „klassischen" Rührkessel-Nassfermenter zugeführt, der auch als Sickerwasserbehälter und Biogasspeicher dient. In diesem Nassfermenter wird die organische Fracht, die mit dem Perkolat aus dem Feststoffvergärer ausgetragen wird, anaerob vergoren. Bei dieser Variante wird die Erwärmung des Gärsubstrats während des Betriebs durch die Erwärmung des Perkolats im Speicher vorgenommen.

Containerfermenter. Containerfermenter sind mobile Einschubfermenter, die mit einer Mischung aus primär Frischsubstrat und geringeren Anteilen an ausgegorenem oder teilweise vergorenem Material (zum Animpfen) befüllt werden. Sie sind weitgehend vergleichbar zu Boxenfermentern aufgebaut (Abb. 5.46). Im Unterschied dazu wird aber der

Einsatzstoff in mobile Behälter gefüllt, die dann komplett in eine entsprechende Einhausung gefahren werden.

Nach der Befüllung wird dem Substratgemisch erneut zunächst Luft zugeführt. Dadurch wird eine aerobe Vorrotte angeregt, Wärme freigesetzt und das Substrat auf die erforderliche Vergärungstemperatur erwärmt. Dann wird keine Luft mehr zugegeben und der Fermenter luftdicht verschlossen. Der im Gärbehälter und im Substrat befindliche Sauerstoff wird durch die Aerobier vollständig verbraucht. Danach setzt der anaerobe Abbau ein; d. h., das Material wird teilweise zu Biogas abgebaut. Um das Material ausreichend feucht zu halten, damit der biochemische Abbau möglichst effizient ablaufen kann, wird es mit im Kreislauf geführtem Wasser bzw. Gärsaft (Perkolat) durch an der Fermenterdecke angebrachte Düsen berieselt. Aus diesem Perkolat kann – vergleichbar zu den Boxen- oder Garagenfermentern – ebenfalls Biogas erzeugt werden.

Mieten- und Haubenfermenter. Bei diesen Verfahren wird der Einsatzstoff auf einer dafür vorgesehenen Fläche zu einer sogenannten Miete aufgehäuft. Die Miete wird mit einer wiederverwendbaren Haube / Folie abgedeckt, sodass ein Sauerstoffeintritt verhindert wird. Alternativ dazu ist auch eine Vergärung in Folienschläuchen möglich. Beide Verfahren werden im Folgenden kurz erläutert.

Der Folienschlauchfermenter ohne Perkolation besteht aus einem Siloschlauch, der auf einer beheizten Bodenplatte gelagert wird. Zur Animpfung wird das Substrat mit teilweise oder vollständig ausgefaultem Material durchmischt. Diese Mischung wird zwei bis drei Tage an der Luft gelagert, um eine Eigenerwärmung durch einen aeroben Abbau bzw. durch Kompostierungsvorgänge zu erzielen. Anschließend wird das Material in den Folienschlauch gefüllt, der dann mit einer Wärmeisolierung abgedeckt wird. In diesem Folienschlauch findet anschließend der anaerobe Abbau statt.

Bei dem Mietenverfahren wird das Substrat segmentweise in eine Fermentierwanne eingebracht und anschließend abgedeckt. Es finden zeitlich und räumlich aufeinanderfolgend eine aerobe, eine anaerobe und schließlich wieder eine aerobe Behandlung des Substrats statt. In der ersten aeroben Phase erwärmt sich das Substrat. In einer fakultativen Phase vor der eigentlichen anaeroben Phase findet eine Perkolation mit Sickerwasser statt, sodass die Luft verdrängt wird und im Anschluss eine anaerobe Vergärung stattfinden kann.

Aufgrund des relativ bescheidenen Biogasertrags und damit der geringen Effizienz haben derartige Verfahren bisher jedoch nahezu keine Marktbedeutung erlangt.

Vertikaler Pfropfenstromfermenter. Kennzeichen dieses Verfahrens ist die vertikale Bewegung des Substrats innerhalb eines stehenden Behälters vom Ein- zum Auslass in einem Pfropfenstrom (d. h., die querschnittsbezogene Substratgeschwindigkeit besitzt im Idealfall keinen lokalen Geschwindigkeitsgradienten; diese ideale Bewegung ist technisch jedoch nur sehr schwer umsetzbar). Derartige vertikale Pfropfenstromfermenter können kontinuierlich oder quasikontinuierlich betrieben werden. Sie entwickelten sich aus Anlagen mit diskret getrennter aerober Vorrotte und anaerober Hauptkammer zum einstufigen

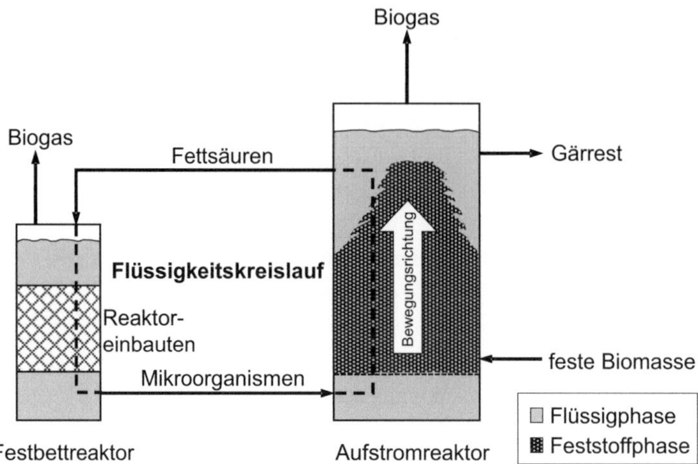

Abb. 5.47 Aufstromverfahren (nach [5.99])

Verfahren ohne mechanische Durchmischung und eignen sich auch für die Behandlung aufbereiteter Siedlungsabfälle.

Ein Beispiel für ein derartiges Konzept ist das Aufstromverfahren (Abb. 5.47) [5.98]. Zentraler Bestandteil dieses Verfahrens ist der aufströmend betriebene Feststoffreaktor. Dazu werden die faserigen und stapelbaren Gärsubstrate dem Reaktor kontinuierlich von unten zugeführt und der feste Gärrest wird am oberen Ende des Fermenters entnommen. Sich beim anaeroben Abbau bildende Gasbläschen lagern sich an den Oberflächen der Feststoffe an und unterstützen das Aufströmen des Materials im Reaktor. Infolge des Abbaus organischer Masse im Reaktor bildet sich neben der festen Phase auch eine Flüssigphase.

Diese Flüssigkeit wandert zunächst mit dem Material aufwärts durch die festen Substratbestandteile. Dabei reichert sie sich u. a. mit flüchtigen Fettsäuren an. Danach wird sie abgetrennt und in einen zweiten Reaktor abgeleitet, der dem Perkolattank beispielsweise bei den Garagenfermentern vergleichbar ist. In diesem erfolgt ebenfalls eine Biogaserzeugung. Die teilweise vergorene Flüssigkeit wird anschließend wieder dem Aufstromreaktor zugeführt und unterstützt dort erneut die Biogasbildung [5.98].

Horizontaler Pfropfenstromfermenter/Gärkanalfermenter. Wie beim vertikalen Pfropfenstromfermenter durchströmt das Substrat den Gärkanal (semi-)kontinuierlich im Pfropfenstrom. Damit ist die Bewegungsrichtung innerhalb des Fermenters im Wesentlichen horizontal. Einige marktgängige Anlagentypen weisen axiale oder quer dazu liegende Rührwellen mit oder ohne alternierender Drehrichtung auf [5.100]. Dieses kontinuierliche Verfahren kann beispielsweise bei der Behandlung von Bioabfällen und im landwirtschaftlichen Bereich eingesetzt werden.

Schwimmbettverfahren. Bei den Schwimmbettverfahren werden Teile des Substrats als feststoffreiche Materialschicht schwimmend auf direktem Weg vom Einlass zum Auslass des anaeroben Gärraums transportiert. Durch Perkolation werden Fermentationsprodukte aus der feststoffreichen Phase gelöst und in die darunterliegende Flüssigphase verdrängt. Sedimente und ausgegorene Sinkstoffe werden vom Grund des Reaktors entfernt. Möglich sind rotierende Fördermittel entlang der Schwimmdecke für den Transport. Vor dem Austragsort kann die Höhe der Schwimmdecke durch verschiedene Einbauten beeinflusst werden.

Durchmischung. Durch die Durchmischung des Substrats soll primär der Kontakt zwischen Frischsubstrat und biologisch aktivem Prozesswasser intensiviert, eine homogene konstante Temperaturverteilung im Fermenter sichergestellt und die Ausgasung des Substrats verbessert werden. Im Trocken- bzw. Feststofffermentationsverfahren kommen dazu, abhängig von der Fermentationstechnik, die folgenden Durchmischungsverfahren zur Anwendung:

Kontinuierliche Gärverfahren. Eine Durchmischung bei kontinuierlichen Trockenfermentationsverfahren kann hydraulisch, mechanisch und pneumatisch erfolgen.

Eine hydraulische Durchmischung kann durch das Eindrücken des Gärsubstrats in den Fermenter mithilfe von schwenkbaren Rührdüsen realisiert werden. Sie ist in stehenden Fermentern ohne Einbauten umsetzbar.

Die mechanische Durchmischung erfolgt durch schubbasierte oder knetende Rührwerke verschiedener Bauweisen; Beispiele sind Paddel- und Haspelrührwerke, die in stehenden und liegenden Fermentern des Pfropfenstromverfahrens Verwendung finden können.

Bei der pneumatischen Durchmischung wird Biogas unter hohem Druck am Fermenterboden injiziert und durch die aufsteigenden Gasblasen erfolgt eine vertikale Durchmischung.

Diskontinuierliche Gärverfahren. Bei den diskontinuierlichen Verfahren wird das Perkolationsverfahren am häufigsten zur Durchmischung genutzt. Dabei wird nicht das Substrat, sondern allein das Prozesswasser (Perkolat) bewegt. Das Perkolat wird durch Düsen an der Fermenterdecke von oben auf das Substrat verteilt und sickert dann durch das Substrat hindurch. Mithilfe von Schlitzböden kann das Perkolat am Fermenterboden aufgefangen und durch die Installation einer Pumpe rezirkuliert werden. Um eine ausreichende und möglichst gleichmäßige Durchrieselung des Substrathaufens zu ermöglichen, müssen im Substrat ausreichend strukturgebende Anteile vorhanden sein [5.101].

Reaktorbeheizung. Temperaturschwankungen können die Stabilität des Biogasprozesses negativ beeinflussen; d. h., zeitliche und örtliche Schwankungen des Temperaturniveaus innerhalb des Fermenters sollten vermieden werden. Vor diesem Hintergrund wird die Auswahl der technischen Lösung, mit der die Wärme in das Substrat eingetragen werden soll, von der Verfahrensart und in erster Linie von der Fermentergeometrie und dem verwendeten organischen Material beeinflusst.

Beispielsweise können in den Gärbehältern Wandheizungen installiert werden. Bei liegenden Fermentern (z. B. Pfropfenstromverfahren) kann die Beheizung zusätzlich oder alternativ über ein beheiztes Rührwerk erfolgen. Auch kann das Substrat vor dem Eintritt in den Reaktor erwärmt werden. Eine weitere Möglichkeit ist die Beheizung des Perkolats, mit dem dann die thermische Energie in den Gärbehälter bzw. das Gärsubstrat eingetragen wird. Problematisch bei allen diesen Ansätzen ist, dass infolge der z. T. relativ schlechten Wärmeleitung des Gärsubstrats eine homogene Temperaturverteilung im Gärmaterial oft nicht erreicht werden kann, zumal bei den meisten Feststoffvergärungsanlagen üblicherweise keine Substratdurchmischung – mit Ausnahme einer Perkolation – realisiert wird.

5.2.4.4 Kriterien für die Verfahrensauswahl

Ausgehend von den Substrateigenschaften (vorwiegend Trockenmassegehalt, Vergärbarkeit, notwendige Aufenthaltszeit, Pumpfähigkeit) und der Verfügbarkeit von Baufläche können für den konkreten Einsatzfall für ein bestimmtes Substrat verschiedene Gärverfahren und Fermenterbauarten ausgewählt werden. Mögliche Optionen zeigt Abb. 5.48.

- UASB-Fermenter (engl. Upflow Anaerobic Sludge Blanket) werden für die Behandlung mäßig belasteter und feststoffarmer Abwässer eingesetzt.
- Für flüssige Substrate mit geringen Feststoffgehalten, hohen und stark schwankenden Belastungen eignen sich Festbettreaktoren (auch Anaerobfilter genannt), in denen sich die Bakterien auf einem Bewuchsmaterial ansiedeln können und nicht ausgetragen werden.
- Für die Behandlung sehr hoch belasteter oder feststoffreicher Abwässer kann das anaerobe Belebtschlamm- oder Kontaktverfahren im durchmischten Reaktor mit Schlammrückführung eingesetzt werden.
- Hochleistungsfermenter (z. B. Festbettfermenter, UASB-Reaktoren) sind für die Vergärung von Abwässern konzipiert (Feststoffgehalt (d. h. nicht gelöste Bestandteile) $< 1\,\%$) und damit für die Vergärung von feststoffhaltigen Substraten nicht geeignet. Hochlastverfahren arbeiten bei außerordentlich hohen Raumbelastungen bis über $40\,\mathrm{kg_{oTM}}/(\mathrm{m}^3\,\mathrm{d})$ in vergleichsweise geringen Fermentervolumina. Um die aktive Bakterienbiomasse nicht auszuspülen, sind sowohl besondere Vorrichtungen zum Rückhalt dieser aktiven Biomasse als auch zum Austrag des gebildeten Biogases vorzusehen. Darüber hinaus werden diese Systeme in sehr hohen Türmen (bis über 20 m) mit geringen Durchmessern von unter 3 m installiert, um in etwa eine Pfropfenströmung zu erreichen und Prozessstufen sicher voneinander zu trennen.
- Bei Trockenmasse(TM)-Gehalten größer 1 % und kleiner 15 bis 20 % finden kontinuierlich betriebene volldurchmischte Rührkesselfermenter Anwendung.
- Bei angestrebten Trockenmasse(TM)-Gehalten größer 15 bis 20 % im Gärmedium können sogenannte Pfropfenstromverfahren (kontinuierlich) oder Garagenverfahren (Batch) eingesetzt werden.

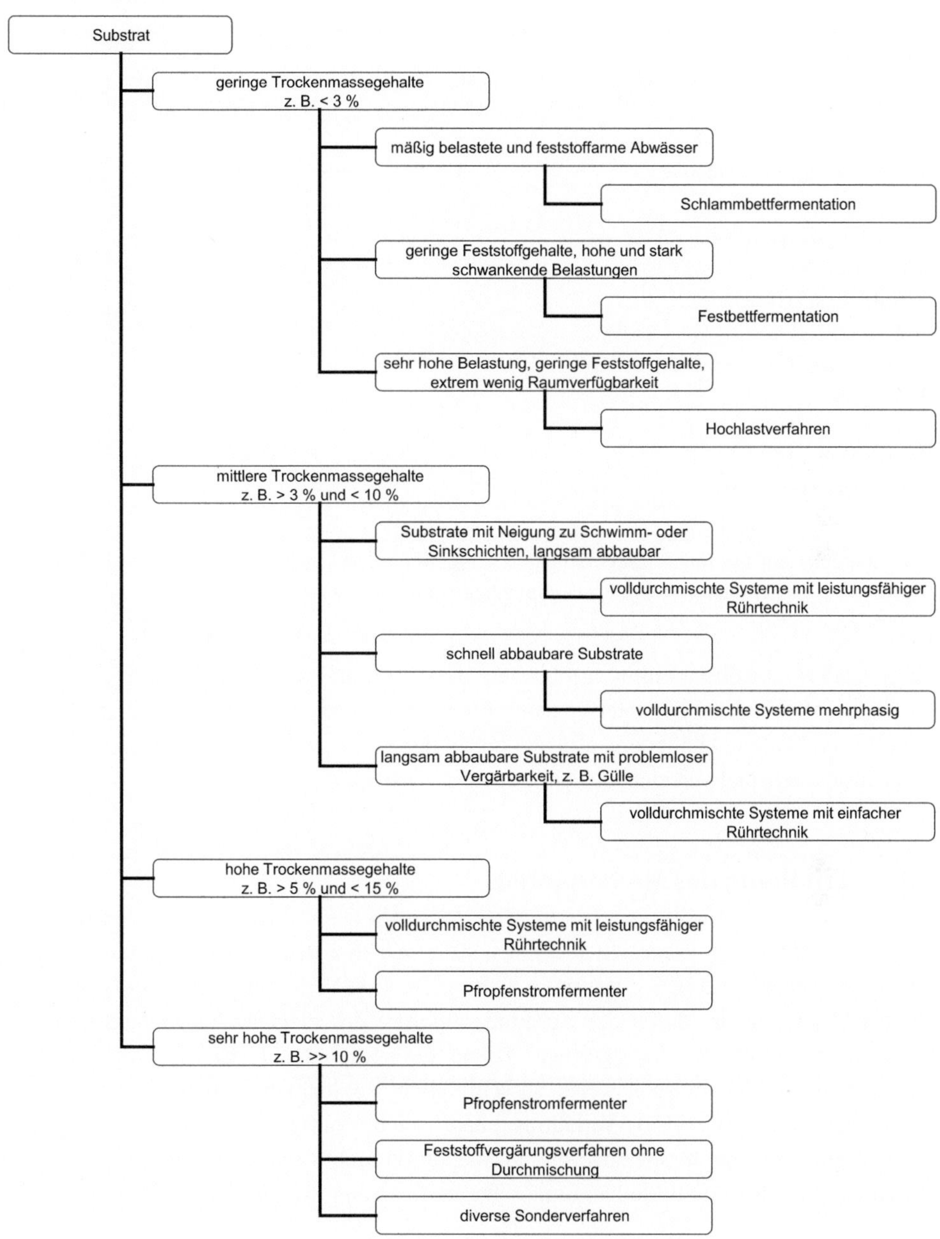

Abb. 5.48 Zuordnung von Vergärungsverfahren zu Gärsubstraten mit bestimmten Eigenschaften

Tabelle 5.8 Einsatzbereiche von verschiedenen Reaktortypen in Abhängigkeit verschiedener Auswahlkriterien

Auswahlkriterium	Rührkessel	Kontakt	UASB	Anaerobfilter	Wirbelbett
Anfahren des Fermenters	++	+	–[a]	–	–
Anreicherung von Biomasse	–	+	++	+(+)	++
Pfropfenstromverhalten	–	(+)	+	++	–
Stabilität gegen hydraulischen Schock	+	–	–	++	++
Stabilität gegen organische Belastung	–	–	+	+	+
Verträglichkeit suspendierter Feststoffe	++	+	–	+	++
Verträglichkeit gegenüber Verstopfung	++	+	++	–	++
Überwachungsaufwand	++	+	+	+	–

– unvorteilhaft, + vorteilhaft, ++ sehr vorteilhaft; [a] bei UASB-Reaktoren besteht die Möglichkeit des Anfahrens mit Impfmaterial (Granulat) von einem ähnlich betriebenen, bereits eingefahrenen Reaktor, was den Anfahrprozess sehr vereinfachen kann

Tabelle 5.8 zeigt weitere Einflussgrößen, die bei der Wahl des Fermenters eine Rolle spielen (können). Welcher Fermentertyp damit für einen konkreten Anwendungsfall am besten zum Einsatz kommt, hängt demzufolge – neben der Zusammensetzung des Gärsubstrats – vom Zusammenspiel verschiedenster Größen ab [5.102], [5.103].

5.2.5 Erhöhung des Methananteils

Biogas besteht in der Regel zu mehr als 90 % aus den beiden Gasen Methan (CH_4) und Kohlenstoffdioxid (CO_2; Kapitel 5.3, Band 3). Das Verhältnis dieser beiden Haupt-Biogasbestandteile ist durch die Zusammensetzung des eingesetzten Gärsubstrats einerseits und durch den biologischen Abbaupfad (Kapitel 5.1, Band 3) andererseits vorgegeben; werden beispielsweise ausschließlich Kohlenhydrate bzw. Fette anaerob vergoren, ist das CH_4-zu-CO_2-Verhältnis theoretisch 0,5 zu 0,5 bzw. 0,71 zu 0,29. Grundsätzlich gilt, dass durch eine anaerobe Fermentation nicht der gesamte in der Biomasse enthaltene Kohlenstoff zu Methan umgesetzt werden kann, weil im Regelfall

(a) in der Ausgangsbiomasse in Bezug auf das (gewünschte) Endprodukt Methan zu wenig Wasserstoff bzw. zu viel Kohlenstoff enthalten ist,
(b) ein Teil des Substrats (~ 5 %) für den Aufbau mikrobieller Biomasse benötigt wird und zudem
(c) die Biomasse aus biologischen Gründen nicht vollständig zu elementarem Kohlenstoff reduziert werden kann (Kapitel 5.1.2, Band 3).

Derzeit ist jedoch der Methananteil im Biogas die einzige werthaltige Komponente. Deshalb gewinnen Ansätze an Bedeutung, mit denen der CH_4-Anteil im Biogas in situ (d. h. im eigentlichen Biogasfermenter) bzw. ex situ (d. h. in einem dem eigentlichen Biogasreaktor unmittelbar nachgeschalteten zusätzlichen Reaktor) durch biochemische / biologische Verfahren erhöht werden kann. Bei einer derartigen biologischen Methanisierung handelt es sich um eine enzymkatalysierte biochemische Reaktion, bei der Wasserstoff (H_2) und Kohlenstoffdioxid (CO_2) in Methan (CH_4) und Wasser (H_2O) umgewandelt werden (Gleichung (5.19)). Der dafür benötigte Wasserstoff muss durch externe Quellen bereitgestellt werden; d. h., für die genannten chemischen Reaktionen muss dem entsprechenden Reaktor zusätzlich Wasserstoff beispielsweise aus einer Wasserelektrolyse zugeführt werden. Diese biochemische Reaktion wird durch methanogene Mikroorganismen umgesetzt, die als Biokatalysator fungieren.

$$CO_2 + 4\,H_2 \rightarrow CH_4 + 2\,H_2O \quad \Delta G^0 = -125{,}6\,\tfrac{\mathrm{kJ}}{\mathrm{mol}} \tag{5.19}$$

Alternativ dazu kann CO_2 auch mithilfe thermischer Prozesse (ebenfalls unter Zugabe von Wasserstoff aus externen Quellen) reduziert und dann zu Methan hydriert werden; derartige thermo-chemische Syntheseverfahren werden einschließlich der jeweiligen vor- und nachgelagerten Prozessstufen in Kapitel 9 (Band 2) diskutiert. Nachfolgend wird daher ausschließlich auf die biologische / biochemische Methanisierung näher eingegangen.

Bei einer derartigen biologischen Methanisierung handelt es sich um die exergone, mikrobiologisch katalysierte Reduktion von CO_2 mit dem extern zugeführten H_2 zu CH_4 und H_2O (Gleichung (5.19)). Als Katalysatoren dienen strikt anaerobe, hydrogenotrophe Archaea, die H_2 als Elektronendonator und CO_2 als Elektronenakzeptor im Rahmen ihres Stoffwechsels zur Energieerzeugung verwenden.

Diese biologische / biochemische Methanisierung ist identisch mit der hydrogenotrophen Methanogenese, die im Rahmen der Biogaserzeugung ohnehin abläuft (Kapitel 5.1, Band 3). Technisch kann damit CO_2 aus z. B. Biogas, Klärgas und Deponiegas, aber auch aus Abgasen aus Verbrennungsprozessen, aus der Ammoniak- oder Ethanolherstellung zu CH_4 umgewandelt werden. Folglich müssen – vereinfacht dargestellt – einem entsprechenden Methanisierungsreaktor mit einem wässrigen Prozessmedium und hydrogenotrophen Archaea als biologischen Katalysatoren nur entsprechendes CO_2 und H_2 in einem stöchiometrischen Verhältnis von 1 : 4, Schwefel (S) und Stickstoff (N) als Makronährstoffe sowie zusätzlich Spurenelemente und Vitamine bereitgestellt werden. Der dafür notwendige Wasserstoff (H_2) kann beispielsweise außerhalb des Reaktors, in dem diese biochemische Umwandlung stattfindet, mittels einer Wasserelektrolyse unter Verwendung von Strom beispielsweise aus erneuerbaren Energien erzeugt werden.

Eine derartige biologische Methanisierung kann – je nach dem optimalen Temperaturbereich der beteiligten Archaea – bei mesophilen (35 bis 42 °C) und bei thermophilen Bedingungen (50 bis 55 °C) – oder in der Nähe dieser Temperaturen ablaufen [5.104]. Aufgrund der höheren Methanbildungsraten versprechen thermophile Konzepte beispiels-

Tabelle 5.9 Temperaturbereiche und Methanbildungsraten (MBR) hydrogenotropher Archaea (nach [5.105], [5.106], ohne Anspruch auf Vollständigkeit)

Stamm	Temperaturbereich	Methanbildungsraten
Methanothermobacter thermoautotrophicus	60–65 °C	$\leq 19{,}5\,h^{-1}$
Methanothermobacter marburgensis	65 °C	$\leq 14{,}3\,h^{-1}$
Methanococcus thermolithotrophicus	65 °C	$\leq 3{,}2\,h^{-1}$
KN-15	65 °C	$\leq 28{,}7\,h^{-1}$

weise unter Verwendung von *Methanothermobacter thermoautotrophicus* nach dem derzeitigen Kenntnisstand relativ höhere Methanausbeuten im Vergleich zu mesophilen Ansätzen. Ausgewählte Archaea einschließlich der dazugehörigen Temperaturbereiche und Methanbildungsraten zeigt exemplarisch Tabelle 5.9.

Aus systemischer Sicht kann eine derartige biologische/biochemische Methanisierung mithilfe von vier grundsätzlich verschiedenen Verfahrenskonzepten realisiert werden (Abb. 5.49).

- Methanisierung in einem speziellen Reaktor unter Zufuhr von Wasserstoff (aus externen Quellen) zu dem Biogas; d. h. eine biologische Methanisierung in einem dem eigentlichen Biogasfermenter nachgeschalteten Reaktor (Variante 1).
- Methanisierung über eine mikrobielle elektrochemische Methanogenese des Biogases durch eine In-situ-Bereitstellung von Wasserstoff (d. h. In-situ-Elektrolyse) durch Anlegen einer elektrischen Spannung in einem dem eigentlichen Biogasreaktor nachge-

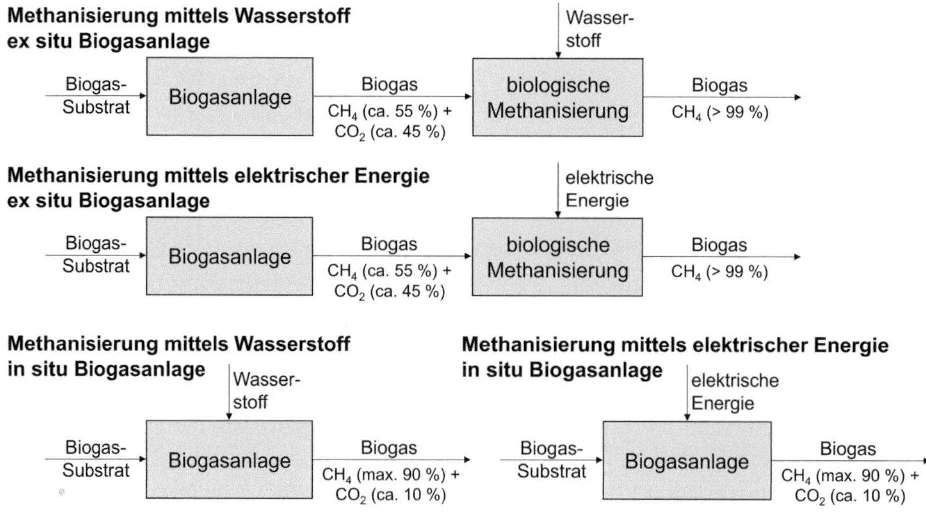

Abb. 5.49 Konzepte einer (biologischen) Erhöhung des Methananteils im Biogas

schalteten Methanisierungsreaktor (d. h. Wasserstofferzeugung durch Wasserspaltung und anschließende biochemische Methanisierung des CO_2 in einem Reaktor; Variante 2).

- Methanisierung von Biogas bzw. der CO_2-Komponente des Biogases direkt im eigentlichen Biogasprozess/-fermenter unter zusätzlicher Zufuhr von Wasserstoff (aus externen Quellen) in den Biogasreaktor, in dem auch das Biogas (CH_4 und CO_2) aus dem zugeführten Biogassubstrat erzeugt wird (Variante 3).
- Methanisierung von Biogas bzw. der CO_2-Komponente des Biogases direkt im eigentlichen Biogasprozess/-fermenter unter alleiniger Zufuhr von elektrischer Energie in den Biogasreaktor (d. h. Wasserstofferzeugung durch Wasserspaltung und anschließende biochemische Methanisierung des CO_2 im eigentlichen Biogasreaktor; Variante 4).

Die Methanisierung mithilfe von Wasserstoff in einem separaten Reaktor (Variante 1) ist technisch bisher am weitesten entwickelt; hier existieren bereits erste Demonstrationsanlagen bzw. Projekte im industriellen Maßstab. Die Methanisierung unter Wasserstoffzugabe im eigentlichen Biogasreaktor wird ebenfalls im Demonstrationsmaßstab erprobt (Variante 3), wohingegen die Elektromethanogenese (Varianten 2 und 4) den bisher geringsten technischen Entwicklungsstand aufweisen. Nachfolgend werden diese unterschiedlichen Optionen kurz vertieft.

Methanisierung mittels extern zugeführten Wasserstoffs ex situ Biogasanlage (Variante 1). Bei der Ex-situ-Methanisierung von Biogas werden in speziell dafür vorgesehenen und der eigentlichen anaeroben Fermentation nachgeschalteten Reaktoren (z. B. Rieselbett- oder Rührkesselreaktoren) extern zugeführter Wasserstoff (H_2) und der CO_2-Anteil im Biogas mithilfe von hydrogenotrophen Archaea zu Methan umgewandelt. Wie auch bei der H_2-basierten In-situ-Methanisierung (siehe unten) muss das dabei produzierte Gasgemisch (d. h. das Biogas mit einem merklich erhöhten Methananteil im Vergleich zu „konventionellem“ Biogas) anschließend getrocknet und ggf. H_2S entfernt werden. Für eine normenkonforme Einspeisung des erzeugten Biomethans ins Erdgasnetz ist nicht zwingend eine Abscheidung von CO_2 notwendig, da vom Grundsatz her Biomethan mit einer Reinheit von über 99 % erzeugt werden kann. Aufgrund der höheren Methanbildungsrate der beteiligen Mikroorganismen wird die Ex-situ-Methanisierung häufig als thermophiler Prozess (50 bis 70 °C) gefahren.

Zur Erhöhung der Konzentration an gelöstem H_2 in dem entsprechenden Methanisierungsreaktor erscheinen für dieses Konzept gegenwärtig u. a. Rieselbettreaktoren mit einem Druck von ca. 1 bis 10 bar vielversprechend. Durch derartige technische Bedingungen können die Löslichkeit von H_2 bzw. des in biotechnologischen Reaktoren wichtigen volumenbezogenen Stoffübergangskoeffizienten ($k_L a$-Wert, Gleichung (5.20)) sowie die Oberfläche des Phasenübergangs verbessert werden [5.107].

$$\frac{dC}{dt} = k_L a(C^* - C) \tag{5.20}$$

Die Änderung der Gelöstgas-Konzentration C ist abhängig vom $k_L a$-Wert von H_2 und der Gleichgewichtskonzentration C^* an der Grenze zwischen Flüssig- und Gasphase. C^* errechnet sich im Anwendungsfall über das Henry-Gesetz und den Partialdruck von H_2 in der Gasphase; das Henry-Gesetz besagt, dass der Partialdruck eines Gases über einer Flüssigkeit direkt proportional zur Konzentration dieses Gases in der entsprechenden Flüssigkeit ist. Der $k_L a$-Wert an sich stellt das Produkt aus Stoffübergangskoeffizient k_L und der Oberfläche des Phasenübergangs a dar. Durch eine entsprechend hohe Rührerdrehzahl oder den Einsatz von Membranen können beispielsweise kleinere Gasblasen mit einer erhöhten spezifischen Oberfläche erzeugt und somit der Übergang von H_2 in dic Flüssigphase begünstigt werden.

Bei der Ex-situ-Methanisierung von Biogas kommen häufig Reinkulturen thermophiler, hydrogenotropher Archaea (z. B. *Methanothermobacter thermoautotrophicus*) zum Einsatz. Damit sich diese wunschgemäß entwickeln können, werden spezielle Wachstumsmedien mit essenziellen Mikro- und Makronährstoffen benötigt [5.108]. Schwefel kann z. B. in Form von Na_2S und Stickstoff in Form von NH_4OH zugeführt werden; NH_4OH kann gleichzeitig zur Aufrechterhaltung des optimalen pH-Wertes von ~ 8 genutzt werden.

Methanisierung mittels extern zugeführten Wasserstoffs in situ Biogasanlage (Variante 3). Bei der Methanisierung im eigentlichen Biogasreaktor, in dem das zugeführte Substrat anaerob teilweise zu Biogas (CH_4 und CO_2) abgebaut wird, wird zusätzlich Wasserstoff (H_2) aus externen Quellen direkt dem Biogasprozess bzw. dem anaeroben Abbauprozess zugeführt. Dadurch kann das dort mikrobiologisch infolge der anaeroben Fermentation gebildete CO_2 (Kapitel 5.1, Band 3) mithilfe der im Biogasfermenter bereits vorhandenen hydrogenotrophen Archaea zu Methan reduziert werden; steht extern zugeführter Wasserstoff zur Verfügung, kommt die ansonsten gegebene Wasserstofflimitierung nicht mehr in dem bisherigen Ausmaß zum Tragen. Eine derartige In-situ-Methanisierung kann auch als integrierte Biogasaufbereitung aufgefasst werden, da es immer der „Kombination" der „klassischen" Biogaserzeugung aus entsprechenden Biogassubstraten mit der zusätzlichen Einspeisung von H_2 oder H_2-reichen Gasen bedarf [5.109], [5.110].

Die Zugabe von H_2 in den Biogasreaktor greift direkt in die syntrophe Beziehung zwischen Acetogenense und hydrogenotropher Methanogenese im Biogasprozess ein (Kapitel 5.1, Band 3). Durch eine entsprechende Konzentration an gelöstem Wasserstoff (H_2) in der Flüssigphase wird beispielsweise das thermodynamische Gleichgewicht des Säureabbaus verschoben und schlussendlich der Abbau der organischen Säuren unterbunden; die Folge ist eine Versäuerung des Fermenters und damit die Unterbindung der Methanogenese. Auch können die Gase H_2 und CO_2 über den homoacetogenen Reaktionspfad von Mikroorganismen zur Erzeugung von Essigsäure genutzt werden (Gleichung (5.21)); diese Konkurrenzreaktion [5.111] kann aber ggf. durch die Anpassung der biologisch aktiven Biomasse unterbunden werden [5.112]. Die mittels Homoacetogenese gebildete Essigsäure kann auch mittels der acetoklastischen Methanogenese wieder zu CH_4 und CO_2

umgewandelt werden. Dadurch erhöht sich aber nicht die CH_4-Konzentration im Biogas, sondern lediglich das Volumen an erzeugtem Biogas (Gleichung (5.22)) [5.113].

$$4\,H_2 + 2\,CO_2 \rightarrow CH_3COO^- + H^+ + 2\,H_2O \quad (\Delta G^{0'} = -94{,}9\,\mathrm{kJ/mol}) \quad (5.21)$$

$$CH_3COO^- + 2\,H_2O \rightarrow CH_4 + HCO_3{}^- \quad (\Delta G^{0'} = -31{,}9\,\mathrm{kJ/mol}) \quad (5.22)$$

Eine derartige In-situ-Methanisierung kann im Regelfall direkt in bereits bestehende Biogasanlagen integriert werden. Unter diesen Bedingungen entspricht die Prozesstemperatur immer der des eigentlichen Biogasprozesses. Die erreichbare Methankonzentration in dem dann entsprechend „methanisierten" Biogas kann maximal rund 90 % CH_4 erreichen [5.114]; d. h., eine nachgeschaltete Abscheidung von (Rest-)Kohlenstoffdioxid zur normenkonformen Einspeisung dieses Biomethans in das Erdgasnetz ist nach wie vor notwendig (Kapitel 5.2.8, Band 3) – jedoch im Unterschied zu einem „nichtmethanisierten" Biogas auf einem deutlich geringeren absoluten Abscheideniveau. Die Reinigung des Gases von H_2S sowie eine Gastrocknung sind ebenfalls erforderlich (Kapitel 5.2.6, Band 3).

Für die Wasserstoffeinbringung in den Fermenter stehen verschiedene technische Möglichkeiten zur Verfügung. Generell ist das Verhältnis zwischen Oberfläche und Volumen der Gasblasen für die Metabolisierungskinetik entscheidend; kleinere Substratblasen werden i. Allg. schneller von den beteiligten Mikroorganismen umgesetzt und steigen zudem langsamer auf (und stehen daher länger in der Flüssigphase für eine Nutzung durch die entsprechenden Mikroorganismen zur Verfügung) als größere Blasen [5.115]. Eine Gaseinbringung ist beispielsweise über dynamische Mischer, Mehrphasenpumpen, Begasungsrührwerke und Säulenreaktoren möglich. Die genannten Systeme werden zudem häufig mit im Fermenter integrierten Systemen zur Gasfeinverteilung kombiniert. Dazu eignen sich u. a. Lochplatten, Diffusoren, Sinterwerkstoffe und Membranen [5.116]. Bei den mit diesen Methoden eingebrachten Wasserstoffbläschen handelt es sich i. Allg. um Mikrobläschen mit einem Durchmesser von 40 bis 600 µm. Einige Untersuchungen beschäftigen sich zudem mit der Einbringung von Nanobläschen mit einem Durchmesser von unter 1 000 nm [5.105]; diese zeichnen sich u. a. durch eine entsprechende Langlebigkeit in der flüssigen Phase aus, die sich vorteilhaft auf die Verfügbarkeit für die methanogenen hydrogenotrophen Archaea auswirken kann. Des Weiteren können die mikroskaligen Veränderungen, die mit der Einbringung von Nanobläschen einhergehen, den Stofftransport von Nährstoffen zu den mikrobiellen Zellen fördern und dadurch ebenfalls die Effizienz der Methanproduktion erhöhen [5.117].

Methanisierung mittels elektrischer Energie (Elektromethanogenese; Variante 2 und 4). Bei diesem Konzept zur Überführung des CO_2-Anteils im Biogas in Biomethan werden H_2 bzw. Reduktionsäquivalente in Form von Elektronen nicht außerhalb eines Methanisierungsreaktors erzeugt und dann dem eigentlichen anaeroben Prozess zugeführt, sondern direkt im jeweiligen Methanisierungsreaktor bzw. Biogasfermenter durch das Anlegen einer elektrischen Spannung bereitgestellt. Damit handelt es sich hier um die

Kombination eines elektrochemischen Prozesses (dem der Wasserspaltung) mit dem mikrobiologischen Prozess der Methanogenese, die dann in einem Reaktor in unmittelbarer Nähe ablaufen.

Die Elektromethanogenese benötigt Kohlenstoffdioxid (CO_2; z. B. aus dem Biogas oder aus der alkoholischen Gärung (Kapitel 4.2, Band 3)) als Kohlenstoffquelle. Die für die Reduktion von CO_2 zu CH_4 notwendigen Elektronen werden elektrochemisch an einer Kathode erzeugt und die Protonen für den Ladungsausgleich stammen aus dem wässrigen Wachstumsmedium (Gleichung (5.23)).

$$HCO_3^- + 9\,H^+ + 8\,e^- \rightarrow CH_4 + 3\,H_2O \tag{5.23}$$

In einem derartigen mikrobiell-elektrochemischen Reaktor können methanogene Archaea CH_4 auf zwei Arten erzeugen [5.118]:

- durch direkte Aufnahme von Elektronen von der Kathode sowie Protonen aus dem Wachstumsmedium (z. B. in Form von H_3O^+) oder
- durch indirekte Aufnahme in Form von H_2, der durch eine In-situ-Elektrolyse des wässrigen Wachstumsmediums an der Kathode produziert wird.

Dieses Konzept, das noch am Anfang der technischen Umsetzung steht, hat den potenziellen Vorteil einer Vermeidung der externen Wasserstoffbereitstellung sowie der Eingasung des schwer löslichen Wasserstoffs in die Flüssigphase des Biogasreaktors oder eines anderen, der eigentlichen Biogasanlage nachgeschalteten Reaktors. Zwar muss in diesem Konzept Wasserstoff ebenfalls in der wässrigen Phase gelöst werden; dies ist aber aufgrund der bei der elektrochemischen Wasserspaltung erreichbaren kleinen Blasengrößen, die zudem in unmittelbarer Nähe zu dem entsprechenden „Verbraucher" erzeugt werden, effizienter als mit herkömmlichen Begasungsmethoden (siehe Variante 1 und 3). Des Weiteren besitzen hydrogenotrophe Archaea eine hohe Affinität zu Wasserstoff und sind damit in der Lage, die Konzentration des gelösten Wasserstoffs extrem niedrig zu halten.

Potenziell kann mittels einer derartigen Elektromethanogenese eine höhere Langzeit-Prozessstabilität im Vergleich zur Methanisierung mit extern zugeführtem Wasserstoff (H_2) erreicht werden. Da der Prozess zudem nicht durch die geringe Löslichkeit von H_2 in Wasser limitiert wird, ist theoretisch eine höhere Effizienz im Vergleich zu den Verfahren, bei denen H_2 in den Fermenter eingebracht wird, möglich [5.118], [5.119].

5.2.6 Biogasreinigung

In Abhängigkeit der angestrebten Verwendung des Biogases muss eine Gasreinigung unterschiedlichen Reinheitsanforderungen gerecht werden. Deshalb werden im Folgenden einzelne Gasreinigungsverfahren beschrieben. Soll das Biogas in Form von Biomethan ins Erdgasnetz eingespeist werden, ist eine zusätzliche Gasaufbereitung erforderlich (Kapitel 5.2.8, Band 3).

Biogas, das aus dem Fermenter austritt, ist üblicherweise mit Wasserdampf gesättigt. Dieser würde bei einer Abkühlung des Gases z. B. durch die umgebende Luft auf Umgebungstemperatur zumindest z. T. kondensieren. Das Wasser kann sich dann in den Gasleitungen ansammeln und diese ggf. blockieren. Hinzu kommt, dass Biogas – je nach Substratzusammensetzung – unterschiedliche Mengen an Schwefelwasserstoff (H_2S) enthalten kann. Dieses Gas bildet zusammen mit Wasser schweflige Säure, die zur Korrosion und damit zu Beschädigungen an den nachfolgenden Rohrleitungen sowie der / den nachgeschalteten Systemkomponente(n) (z. B. Motor(en)) beitragen kann. Außerdem bildet Schwefelwasserstoff bei der Verbrennung Schwefeldioxid (SO_2), das als gesetzlich limitierter Schadstoff nur in eng begrenzten Mengen an die Umgebung abgegeben werden darf.

Um die genannten Effekte zu verhindern, werden in vielen Anlagen standardmäßig eine Trocknung und eine Entschwefelung des Biogases durchgeführt. Zusätzlich kann – je nach Substrateigenschaften – eine Siloxanentfernung erforderlich sein. Entsprechende Reinigungsverfahren werden nachfolgend näher beschrieben. Außerdem wird die Gasfackel als eine notwendige Sicherheitseinrichtung thematisiert.

Gastrocknung. Um die Gasverwertungsaggregate vor hohem Verschleiß und Zerstörung zu schützen, muss der im Biogas enthaltene Wasserdampf entfernt werden.

Die relative Feuchte des Biogases beträgt im Fermenter nahezu 100 %; d. h., das Gas ist mit Wasserdampf gesättigt, wenn es den Gärreaktor verlässt. Dabei hängt die absolute Menge Wasser bzw. Wasserdampf, die im Biogas enthalten ist, von der Gär- bzw. Gastemperatur ab. Abbildung 5.50 zeigt die entsprechenden Wasseranteile in Abhängigkeit von der Temperatur. Demnach beträgt der Volumenanteil des Wassers im Biogas bei üblichen Fermentationstemperaturen zwischen 35 und 50 °C ca. 5 bis 15 %.

Biogas kann durch eine Kühlung des Biogases und einer damit verbundenen Kondensation des Wasserdampfes oder durch eine adsorptive Wasserabtrennung getrocknet werden. Beides wird nachfolgend diskutiert.

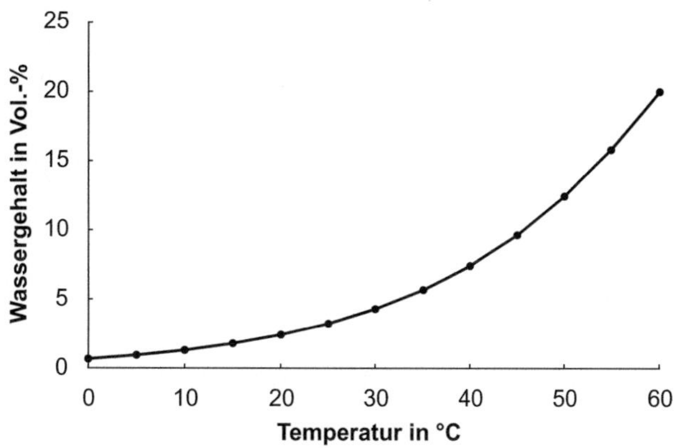

Abb. 5.50 Wassergehalt im Biogas in Abhängigkeit der Gärtemperatur (bei 1 bar)

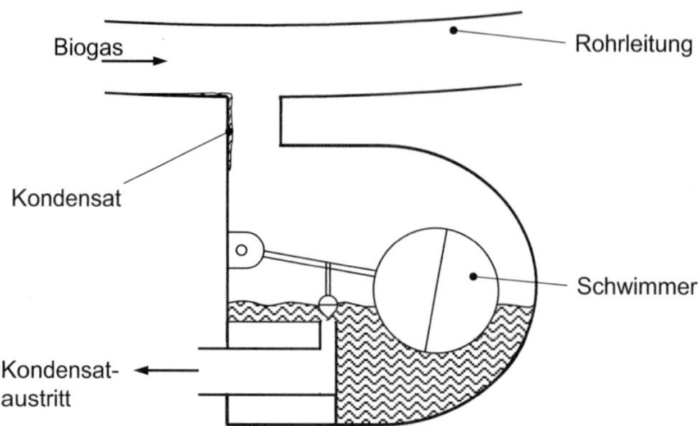

Abb. 5.51 Beispiel für eine automatische (mechanische) Kondensatableitung (nach [5.120])

Wasserabtrennung durch Kühlung. Die Kühlung des Biogases auf Umgebungstemperatur findet häufig bereits in der Gasleitung oder im Gasspeicher (Kapitel 5.2.6, Band 3) statt. Durch ein entsprechendes Gefälle kann das in den Leitungen als Kondensat anfallende Wasser in einem am tiefsten Leitungspunkt eingebauten Kondensatabscheider bzw. Kondensatableiter gesammelt und abgeschieden werden. Voraussetzung dafür ist allerdings eine für die Kühlung der gesamten Gasmenge ausreichende Länge der Gasleitung. Neben dem Wasserdampf kann durch das entstehende Kondensat ein Teil weiterer unerwünschter Inhaltsstoffe (u. a. wasserlösliche Gase wie Ammoniak und Aerosole) aus dem Biogas entfernt werden.

Die Kondensatableiter müssen – unabhängig davon, ob es sich um eine offene oder geschlossene Bauform handelt – regelmäßig oder besser automatisch entleert werden. Darüber hinaus muss ein Einfrieren des Kondensats bei entsprechend tiefen Umgebungstemperaturen durch einen entsprechenden Einbau unbedingt verhindert werden.

Abbildung 5.51 zeigt exemplarisch eine technische Lösung zur automatischen Kondensatableitung. Bei diesem System wird das Ablaufventil über ein Hebelarmsystem gesteuert. Bei einem zunehmenden Kondensatanfall steigt das Wasserniveau im Kondensatableiter, sodass die mit dem Hebelarm verbundene Schwimmkugel ein Öffnen des Ventils bewirkt. Umgekehrt wird das Ventil wieder geschlossen, sobald das Niveau und damit auch die Schwimmkugel im Kondensatableiter absinken.

Die Gastrocknung durch Kühlung des Biogases kann auch in elektrisch betriebenen Kühlern bei Temperaturen unter 10 °C stattfinden. Zur Minimierung der relativen Luftfeuchte (nicht jedoch der absoluten Luftfeuchte) kann das Gas nach der Kühlung wieder erwärmt werden. Dadurch kann eine Kondensatbildung im weiteren Verlauf der Gasleitung sicher verhindert werden.

Adsorptive Wasserabtrennung. Zur Feinabscheidung von Feuchtigkeit aus dem Gas können auch adsorptive Verfahren eingesetzt werden. Dazu wird der Gasstrom durch eine Adsorptionskolonne geleitet und der Wasserdampf z. B. an Molekularsieben oder an Kie-

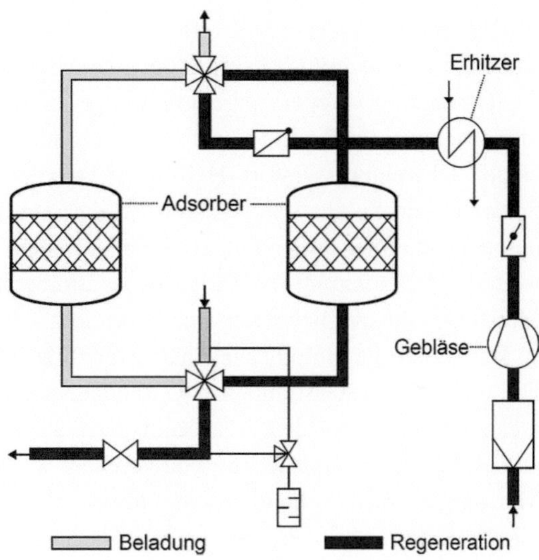

Abb. 5.52 Beispiel für eine Trocknungseinheit mit Kieselgel als Adsorptionsmittel (nach [5.121])

selgel (Silicagel) adsorbiert. Die eingesetzten Adsorbentien lassen sich in der Regel durch Erhitzung regenerieren. Deshalb sind üblicherweise mindestens zwei parallel geschaltete Kolonnen vorgesehen; Abb. 5.52 zeigt exemplarisch ein derartiges einfaches Prozesslayout. Eine solche vergleichsweise aufwändige Gastrocknung erfolgt in der Regel aber nur dann, wenn besondere Anforderungen an die Gasqualität gegeben sind.

Entschwefelung. Schwefelwasserstoff (H_2S) ist eine üblicherweise im Biogas – mit je nach Schwefelgehalt im Substrat variierenden Anteilen – enthaltene toxisch wirkende Komponente. In Gegenwart von Sauerstoff und Wasser (auch Wasserdampf) bildet sich – z. B. bei der Verbrennung des Rohbiogases in einem BHKW – schwefelige Säure (H_2SO_3) oder z. T. auch Schwefelsäure (H_2SO_4). Mögliche Folgen sind eine verstärkte Korrosion an den eingesetzten Bauteilen, eine vorzeitige Alterung des Motoröls bei einer motorischen Nutzung eines entsprechenden Biogases sowie die Vergiftung von Abgaskatalysatoren. Darüber hinaus entstehen bei der Verbrennung von schwefelwasserstoffhaltigem Biogas SO_x-Emissionen, deren Freisetzung in die Atmosphäre zumindest in der EU gesetzlich limitiert ist. Daher ist es für nahezu alle Anwendungen erforderlich, Schwefelwasserstoff aus dem Biogas zu entfernen; zumindest eine Grobentschwefelung auf unter ca. 300 ppm Schwefelwasserstoff im Biogas sollte immer realisiert werden. Deutlich geringere Werte erhöhen die Lebensdauer bzw. die Wartungszyklen der Nutzungsaggregate (z. B. BHKW) erheblich, sodass sich in vielen Fällen auch eine weitergehende Entschwefelung auf beispielsweise unter 50 ppm H_2S ökonomisch darstellen lässt.

Die zur Entschwefelung verwendeten Verfahren können in biologische, chemische und adsorptive Verfahren unterteilt werden. Bei der Verfahrensauswahl ist die Eignung für den jeweils konkreten Anwendungsfall zu prüfen.

Biologische Entschwefelung. Bei der biologischen Entschwefelung werden Schwefelbakterien (*Thiobacillus*) an einer bestimmten Stelle auf dem Gasweg vom Fermenter bis zur Gasnutzung / Weiterverarbeitung angesiedelt. Bei einer Zudosierung geringer Luftmengen (zwischen 2 und 5 % der täglich produzierten Gasmenge) oxidieren diese Bakterien den Schwefelwasserstoff (H_2S) unter Verwendung des Luftsauerstoffs zu elementarem Schwefel und Sulfat. Von Nachteil ist, dass infolge der Luftzumischung das Biogas einen erhöhten Stickstoff- und ggf. Sauerstoffanteil aufweist und dadurch die ggf. bei einer weiteren Aufbereitung des Biogases zu Biomethan (Kapitel 5.2.8, Band 3) geforderten Methangehalte möglicherweise nicht erreicht werden können.

Eine derartige biologische Entschwefelung im Biogasfermenter kann im einfachsten Fall im Gasraum / Gasdom eines Gärbehälters realisiert werden, indem dort geringe Luftmengen zudosiert werden. Als Grundvoraussetzung muss in unmittelbarer Nähe der Stelle, an der die Luft in den Gasraum eingebracht wird, ausreichend Besiedlungsfläche für die Mikroorganismen vorhanden sein. Obwohl diese Option keine aktive Regelung der Entschwefelungsleistung erlaubt, sind bei geringen Schwefelfrachten sehr gute Ergebnisse erreichbar (Wirksamkeit der biologischen Entschwefelung bis zu 95 %). Deshalb wird dieses Verfahren einer Luftzudosierung in den Gasdom häufig bei kleineren landwirtschaftlichen Biogasanlagen eingesetzt.

Die biologische Entschwefelung kann auch außerhalb des Fermenters in einem zusätzlichen Reaktor durchgeführt werden. Zum Einsatz kommen beispielsweise Tropfkörperkolonnen, durch die das Biogas geleitet wird (Abb. 5.53). Durch Einspeisung von

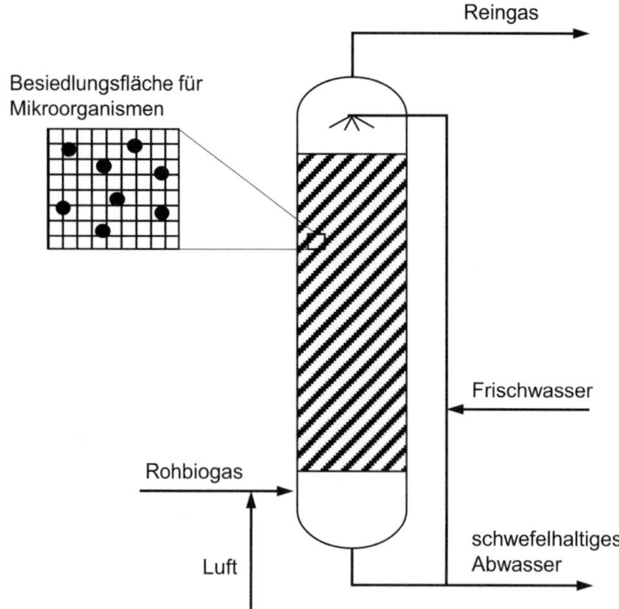

Abb. 5.53 Biologische Entschwefelung in einer Tropfkörperkolonne

Sauerstoff bzw. Luft in diese Kolonne wird der Schwefelwasserstoff, der zuvor aus dem Gasstrom in einem Lösemittel (z. B. Wasser) gebunden wurde, ebenfalls mikrobiell zu Schwefel oder Sulfat umgesetzt. Bei einer derartigen externen Entschwefelung besteht die Möglichkeit, die für diesen mikrobiologischen Prozess notwendigen Randbedingungen wie Luft- bzw. Sauerstoffzufuhr sehr genau einzuhalten und damit eine gezielte Regelung des Entschwefelungsverfahrens zu ermöglichen. Die Abreinigung und Entfernung des Schwefels kann durch Spülungen mit Wasser erreicht werden. Um die Düngewirkung des vergorenen Substrats zu erhöhen, kann der abgeschiedene Schwefel dem vergorenen Substrat im Gärrestlager wieder zugeführt werden; damit ist eine Ausbringung auf landwirtschaftliche Nutzflächen möglich (d. h., der Schwefel kann so im landwirtschaftlichen Kreislauf gehalten werden).

In einem Biowäscher kann die biologische auch mit einer absorptiven Entschwefelung (siehe unten) kombiniert werden. Das Biogas wird dazu durch eine Kolonne mit verdünnter Natronlauge (NaOH), in der sich der Schwefelwasserstoff löst, geleitet. Das dabei entstehende Natriumhydrogensulfid (NaHS) wird anschließend von den Schwefelbakterien unter Aufnahme von Sauerstoff zu elementarem Schwefel und Natronlauge umgewandelt; die zuvor verbrauchte Natronlauge wird somit regeneriert und steht wieder für den Prozess zur Verfügung. Die Lösung des Schwefelwasserstoffs in Natriumhydroxid (NaOH) und die darauffolgende mikrobielle Umwandlung können auch räumlich getrennt erfolgen, um den negativen Effekt der Lufteinbringung in das Biogas zu umgehen (z. B. wenn das Biogas später zu Biomethan aufbereitet werden soll).

Absorptive Entschwefelung. Bei der „klassischen" absorptiven Entschwefelung wird das Gas durch eine mit einem alkalischen Medium (z. B. NaOH) gefüllte Kolonne geleitet. Bei Verwendung beispielsweise von Natronlauge (NaOH) reagiert der Schwefelwasserstoff zu Natriumhydrogensulfid (NaHS), welches daraufhin abgeschieden werden kann. Um den Prozess aufrechtzuerhalten, ist eine regelmäßige Zugabe des alkalischen Mediums notwendig.

Adsorptive Entschwefelung. Schwefelverbindungen können auch durch die Verwendung von imprägnierter oder dotierter Aktivkohle abgetrennt werden. Die Dotierung kann dabei mit Kaliumjodid, Kaliumcarbonat oder Kaliumpermanganat erfolgen.

Bei derartigen Verfahren wird die Aktivkohle in einem Behälter fixiert und von dem zu reinigenden Biogas durchströmt. Der enthaltene Schwefelwasserstoff adsorbiert an der imprägnierten oder dotierten Aktivkohle und wird dort durch eine katalytische Reaktion (Oxidation) umgewandelt. Eine Regenerierung der eingesetzten Aktivkohle ist prinzipiell möglich; dies ist jedoch relativ teuer und wird i. Allg. nicht realisiert. Deshalb wird die Nutzung von Aktivkohlen typischerweise nur zur Feinentschwefelung, als Polizeifilter oder bei Gasen mit geringen H_2S-Konzentrationen angewandt.

Chemische Entschwefelung. Zu den chemischen Entschwefelungsverfahren zählt die Fällung von H_2S (Sulfidfällung) mit Eisensalzen wie z. B. Eisen(II)-Chlorid (Gleichung

(5.24)) oder Eisen(II)-Sulfat. Alternativ oder additiv ist auch eine Redoxreaktion mit Eisen(III)-Hydroxid ($Fe(OH)_3$; Gleichung (5.25)) oder Eisen(III)-Oxid (Fe_2O_3; Gleichung (5.26)) möglich.

$$FeCl_2 + H_2S \rightarrow FeS + 2\,H^+ + 2\,Cl^- \qquad (5.24)$$

$$2\,Fe(OH)_3 + 3\,H_2S \rightarrow 2\,FeS + S + 6\,H_2O \qquad (5.25)$$

$$Fe_2O_3 + 3\,H_2S \rightarrow 2\,FeS + S + 3\,H_2O \qquad (5.26)$$

Die jeweiligen Eisenverbindungen werden während des Vergärungsprozesses in den Fermenter, entweder in Lösung oder als Feststoff, zugegeben. Der Schwefelwasserstoff wird dann im Gärbehälter, wie in den Gleichungen (5.24) bis (5.26) gezeigt, zu Eisen(II)-Sulfid (FeS) und Schwefel (S) umgesetzt. Das wasserunlösliche Eisen(II)-Sulfid sowie der elementare Schwefel werden anschließend mit dem Gärrest ausgetragen. Durch die chemische Entschwefelung wird die Konzentration an Schwefelwasserstoff in der flüssigen Phase im Fermenter reduziert; d. h., es kann so weniger H_2S in die Gasphase und damit ins Biogas übergehen.

Erfolgt die Entschwefelung mit Eisenchelaten (Fe-L), wird Schwefelwasserstoff mittels einer Redoxreaktion zu elementarem Schwefel umgewandelt (Gleichung (5.27)). Das Verfahren wird in externen Reaktoren unter Zusatz von Sauerstoff realisiert.

$$2\,Fe^{3+}L + H_2S \rightarrow 2\,Fe^{2+}\,L + S + 2\,H^+ \qquad (5.27)$$

Eisenverbindungen können darüber hinaus auch in Waschkolonnen als Adsorptionsmittel für Schwefelwasserstoff genutzt werden. Zur Anwendung kommen dazu Eisen(III)-hydroxid oder Eisen(III)-oxid.

Ein weiteres Verfahren zur H_2S-Entfernung mithilfe chemischer Bindungsreaktionen stellt die Entschwefelung mit Zinkoxid dar, das typischerweise in Pelletform eingesetzt wird. Aufgrund der relativ hohen Kosten wird diese Option vorzugsweise zur Feinentschwefelung eingesetzt. Vorteilhaft ist, dass damit neben H_2S auch Carbonylsulfid (COS) und Mercaptane abgetrennt werden können, wenn diese vorher zu H_2S hydrolisiert werden (Prozesstemperatur 200 bis 400 °C; Thioalkohole oder Mercaptane sind Kohlenstoff-Wasserstoff-Verbindungen, die eine oder mehrere aliphatisch oder aromatisch gebundene Thiol- oder Mercapto-Gruppen (–SH) als funktionelle Einheit tragen; Thioalkohole oder Mercaptane entsprechen Alkoholen, deren Sauerstoffatom durch ein Schwefelatom ersetzt ist). Als weiterer Vorteil gelten die hohen erreichbaren Reinheiten von weniger als 1 ppm. Nachteilig sind die hohen Kosten für das Zinkoxid und die notwendige hohe Prozesstemperatur; auch kann das beladene Sorbens nicht regeneriert werden [5.122].

Siloxanentfernung. Siloxane sind chemische Verbindungen mit der allgemeinen Formel $R_3Si\text{-}[O\text{-}SiR_2]n\text{-}O\text{-}SiR_3$; R können Wasserstoffatome, Kohlenwasserstoffgruppen oder Alkylgruppen sein. Siloxane werden in Wasch- und Reinigungslösungen, Imprägniermitteln, Polituren und Kosmetika verwendet. Sie finden sich damit in Abfallstoffen und Abwasser wieder.

Erhöhte Konzentrationen an Siloxanen können daher insbesondere in Faul- bzw. Deponiegasen sowie ggf. auch in Biogasen vorkommen, für deren Erzeugung entsprechend kontaminierte Abfallstoffströme eingesetzt werden. Bei einer Verbrennung dieser Gase in einem Gasmotor oder einem BHKW werden die Siloxane oxidiert; dadurch entsteht z. B. Siliciumdioxid (SiO_2), das zu einem erhöhten Verschleiß bewegter Bauteile und damit zu steigenden Wartungs- und Instandhaltungskosten führen kann. Deshalb ist eine Abtrennung i. Allg. zwingend notwendig.

Siloxane können aus einem Gasstrom durch Adsorption an Aktivkohlen, durch Auskondensieren, durch Auswaschen oder durch eine Kombination dieser Verfahren abgeschieden werden.

Waschverfahren. Waschverfahren zur absorptiven Siloxanabtrennung unterscheiden sich grundsätzlich nicht von den Waschverfahren, die zur Abtrennung anderer Gasbestandteile eingesetzt werden können. Problematisch ist aber die Entsorgung der verwendeten Waschlösungen aufgrund oftmals unbekannter Zusammensetzung der Inhaltsstoffe und / oder die nur mit einem hohen verfahrenstechnischen Aufwand durchführbare Aufarbeitung bzw. Regeneration. Deshalb haben diese Verfahren nur eine begrenzte Bedeutung.

Tieftemperaturverfahren. Durch eine Abkühlung des zu behandelnden Biogases mit dem Ziel der Siloxanabtrennung durch tiefe Temperaturen kondensiert ein Teil des im Biogas enthaltenen Wasserdampfes aus. Zusammen mit dem Wasser fallen auch – beispielsweise bei einer Abkühlung des Gases auf 4 °C – bis zu 50 % der darin befindlichen Siloxane aus. Um 80 bis 90 % der Siloxane abzuscheiden, ist eine energetisch aufwändige Kühlung auf mindestens −30 °C erforderlich. Allerdings sind die Abscheidungsgrade nicht nur von der Kühltemperatur, sondern auch von der chemischen Struktur der im Gas enthaltenen Siloxane abhängig.

Adsorption. Bei den adsorptiven Verfahren (Abb. 5.54) können durch die Verwendung von nicht imprägnierten Aktivkohlen als Adsorptionsmittel in der Regel 80 bis 90 % der Siloxane aus dem Gasstrom entfernt werden. Um eine kontinuierliche Gasreinigung zu ermöglichen, werden dazu i. Allg. zwei parallel geschaltete Adsorber betrieben. Dabei durchströmt das zu reinigende Biogas zunächst so lange den ersten Adsorber, bis dieser (vollständig) beladen ist und ausgetauscht werden muss. Währenddessen wird das Gas durch den zweiten Adsorber geleitet. Ist auch dessen Adsorptionskapazität erreicht, wird wieder der erste Adsorber genutzt usw.

Die Adsorptionskapazitäten werden durch die Korngröße und Oberflächenstruktur der eingesetzten Aktivkohlen sowie durch die Temperatur des zu behandelnden Gases beeinflusst. Oftmals erfolgt vor der Adsorptionsstufe eine Gaskühltrocknung, da zum einen das im Gas enthaltene Wasser die Adsorption erschwert und zum anderen höhere Beladungen bei geringeren Temperaturen erzielt werden können. Durch die Kombination dieser beiden Verfahren können Siloxane nahezu vollständig abgetrennt werden.

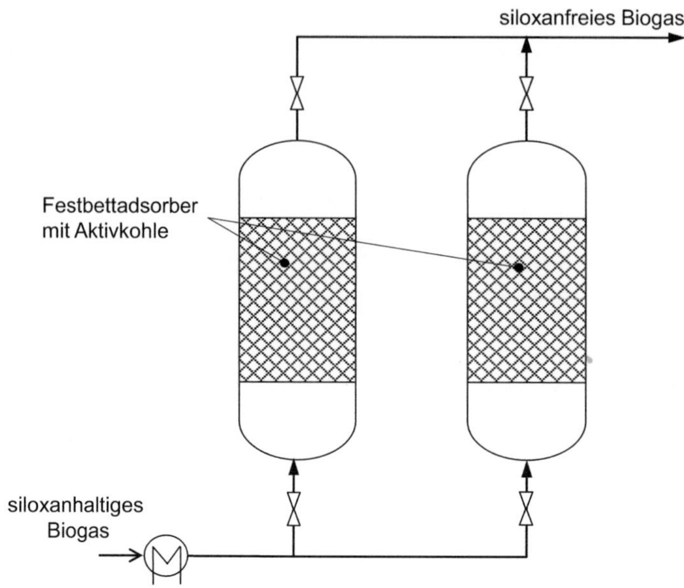

Abb. 5.54 Adsorbersystem zur Siloxanentfernung

Gas(not)fackel. Bei Störungen im Betriebsablauf einer Biogasanlage muss die unkontrollierte Freisetzung klimarelevanter, explosionsgefährlicher und ggf. auch toxischer Gase verhindert werden können. Deshalb müssen beispielsweise in Deutschland alle Biogasanlagen über eine alternative Gasverbrauchseinrichtung verfügen. Zum Einsatz kommen in der Regel stationäre Nieder-, Mittel- oder Hochtemperaturgasfackeln in offener oder geschlossener Bauweise, die beim Ausfall der regulären Verbraucher oder notwendiger Gasaufbereitungsprozesse die maximal produzierbare Biogasmenge kontrolliert verbrennen können. Abbildung 5.55 zeigt ein entsprechendes Beispiel, in dem auch die verschiedenen Verbrennungszonen und die jeweiligen Fachbegriffe dargestellt sind.

5.2.7 Biogasspeicherung

In der Regel verfügt jede Biogasanlage über eine Gasspeichermöglichkeit, damit kurzzeitige Unterschiede zwischen der Gasproduktion und dem Gasverbrauch ausgeglichen werden können. Da Biogas eine beispielsweise im Vergleich zu Methan niedrigere Energiedichte aufweist, wird die Speicherkapazität aus ökonomischen Gründen i. Allg. so dimensioniert, dass Nachfragespitzen nur innerhalb von einigen Stunden durch den jeweiligen Speicher ausgeglichen werden können. Je nach Verfügbarkeit der Gasverwertungsaggregate und der jeweiligen energiewirtschaftlichen Rahmensetzung liegt dieser Zeitraum in einem mittleren Bereich zwischen 0,5 und 12 h.

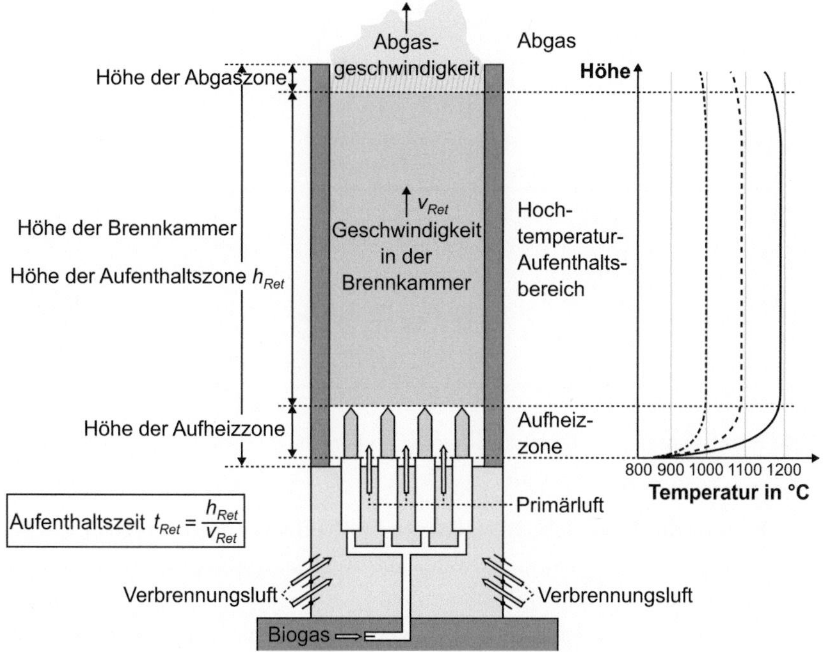

Abb. 5.55 Beispiel für eine Gasfackel einer Biogasanlage (nach [5.123])

In den letzten Jahren wurde jedoch durch die Veränderung der Vorgaben des EEG in Deutschland die flexible Fahrweise von Biogasanlagen deutlich unterstützt. Dies bedingt auch eine stärkere Biogasspeicherung an der Anlage, da bei derartigen EEG-Anlagen die installierte elektrische Leistung deutlich ausgebaut wurde, damit bei Bedarf entsprechend Spitzenlast ins Netz der öffentlichen Versorgung eingespeist werden kann; d. h., der Gasspeicher wird dafür genutzt, das Biogas möglichst nur in den Zeiträumen zu verstromen, in denen eine erhöhte Nachfrage nach elektrischer Energie am Strommarkt besteht. Dabei begrenzt die Speichergröße einerseits die maximale Ruhezeit und andererseits die maximale Laufzeit des Blockheizkraftwerks, in welchem das Biogas verstromt wird.

Während bei einem herkömmlichen Betrieb (d. h. kontinuierliche, gleichbleibende Stromproduktion) eine Biogasspeicherung von mehr als rund einem halben Tag (ca. 12 h) in den meisten Fällen aufgrund der dadurch zu speichernden großen Volumina bzw. des erforderlichen hohen Kompressionsaufwands zur Volumenreduzierung bei einer Speicherung unter Druck ökonomisch kaum darstellbar ist, wird bei der „neuen" flexiblen und durch das EEG unterstützten Fahrweise eine Speicherreichweite von mindestens 12 h empfohlen. Speicher mit einer Reichweite von etwa 2,5 d (ca. 60 h) ermöglichen dabei z. B. eine vollständige Ruhe an Wochenenden [5.124].

Die dafür eingesetzten Biogasspeicher müssen druckfest, temperatur- und witterungsbeständig sowie gasdicht sein; d. h., Leckagen müssen sicher verhindert werden. Darüber

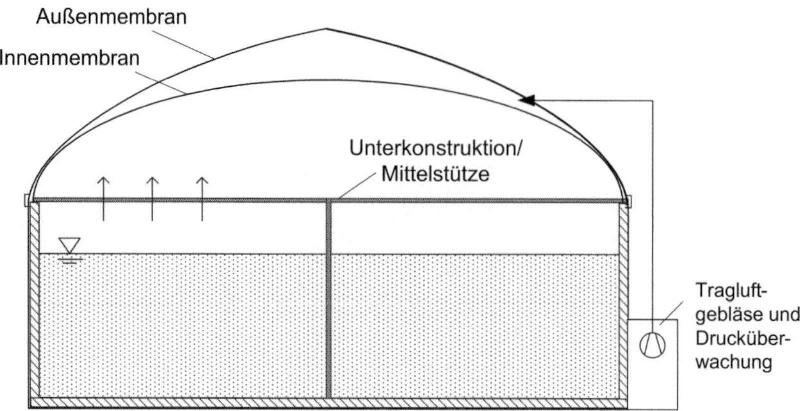

Abb. 5.56 Funktionsweise der Biogasspeicherung im Fermenter

hinaus muss durch die zusätzliche Installation einer Notfackel (siehe oben) eine schadlose Verbrennung eventuell überschüssigen oder aufgrund mangelnder Qualität energietechnisch nicht nutzbaren Gases ermöglicht werden.

Im Wesentlichen kommen bei Biogasanlagen vier verschiedene Speichersysteme, die im Folgenden beschrieben werden, zum Einsatz.

Interne Foliengasspeicher. Bei land- und abfallwirtschaftlichen Biogasanlagen erfolgt die Gasspeicherung am häufigsten in einer Folienhaube, die über den offenen Gär-/Lagerbehälter (d. h. Fermenter, Nachgärer, Gärrestlager) als Fermenterdach angebracht ist (Abb. 5.56). Je nach Fermentergröße werden die Folienhauben ohne oder mit Mittelstütze errichtet. Sowohl die Befestigung als auch die Abdichtung der Dächer erfolgen auf der Fermenteroberkante. Die Folienhauben werden einschichtig oder oftmals auch aufgrund von Sicherheitsüberlegungen mehrschichtig als Tragluftdach installiert.

Diese Form der Speicherung hat den Vorteil, dass auf eine Fermenterdecke z. B. aus Beton verzichtet und ein vergleichsweise großes Speichervolumen (bis zu 5 000 m^3) erschlossen werden kann [5.125]. Auch kann durch die Abdeckung von Gärrestlagern mit derartigen Systemen zusätzlicher Gasspeicherraum geschaffen werden.

Externe Foliengasspeicher. Niederdruckgasspeicher außerhalb eines Gär-/Lagerbehälters können als Folienkissenspeicher (eine Membran) oder als Doppelmembranspeicher ausgeführt werden (Abb. 5.57).

Folienkissenspeicher bestehen aus einer großvolumigen, geschlossenen, gasdichten Membran (z. B. aus PVC oder einem Polyethylen-Polypropylen-Gemisch) beispielsweise in Form eines „überdimensionalen" Kissens. Diese Folienkissen können beispielsweise an einem Gestell aufgehängt oder mittels einer speziellen Vorrichtung am Boden in oder außerhalb von Gebäuden befestigt werden. Das Speichervolumen derartiger externer Fo-

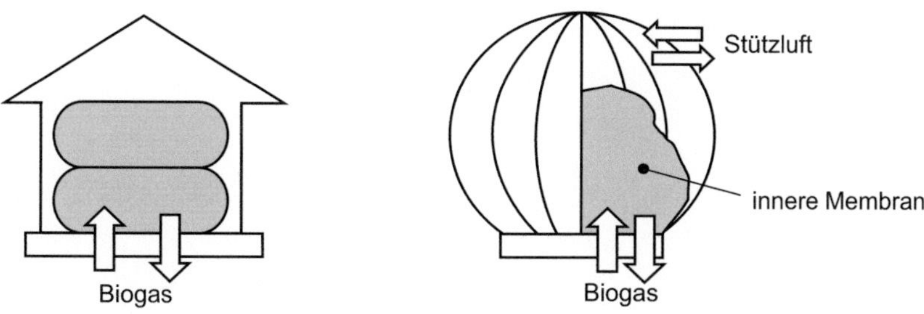

Abb. 5.57 Funktionsprinzip der Biogasspeicherung in einem Folienkissenspeicher (links) und einem Doppelmembranspeicher (rechts)

liengasspeicher liegt in der Regel zwischen 100 und 2 000, z. T. auch bei bis zu 5 000 m^3 [5.126].

Doppelmembranspeicher bestehen aus einer Doppelmembran, bei der die innere Membran mit Biogas befüllt und entleert wird und damit das eigentliche Speichervolumen darstellt. Das sich mit dem Füllstand des Speichers verändernde Volumen zwischen der inneren und der äußeren Membran wird mit Umgebungsluft ausgefüllt, die mithilfe eines Stützgebläses eingebracht wird; d. h., unabhängig vom Speicherfüllstand zeigt die äußere Membran immer die gleiche Größe. Doppelmembranspeicher können auf ein Speichervolumen von bis zu 10 000 m^3 und Drücke von bis zu 50 mbar ausgelegt werden [5.126]. Beispielsweise hat ein derartiger Doppelmembranspeicher mit rund 6 000 m^3 Speichervolumen bei einem Speicherdruck von 14 mbar einen Durchmesser von etwa 24 m und eine Höhe von rund 18 m [5.127].

Zur Druckerhöhung im Gasraum können die Speicher mit Gewichten belastet werden. Der Druck beträgt dann je nach Ausführung und Größe zwischen 25 und 50 mbar. Im Bereich zwischen 20 und 80 % Füllung variiert der Druck mit dem Füllgrad nur unwesentlich. Da der benötigte Druck für eine anschließende Nutzung häufig durch eine Gewichtsbelastung des Folienspeichers nicht erreicht werden kann, muss zusätzlich ein Fördergebläse installiert werden.

Externe Speicher besitzen den Vorteil, dass der Fermenter geöffnet werden kann, ohne den Gasspeicherinhalt zu verlieren, wie es bei den internen Foliengasspeichern der Fall ist.

Nassgasometer mit Glocke. Bei dieser Speichertechnologie bewegt sich eine „Glocke" in einem mit Flüssigkeit gefüllten Behälter oder direkt auf dem Gärgut (z. B. bei Faultürmen in Klärwerken). Damit sich die Glocke ungehindert vertikal bewegen kann, sind spezielle Führungen notwendig. Der notwendige Betriebsdruck kann durch eine zusätzlich zum Eigengewicht realisierte Belastung dieser Glocke eingestellt werden. Derartige, beispielsweise aus Stahl gefertigte Gasometer müssen vor Korrosion geschützt werden, da das Innere der Glocke dem in Verbindung mit dem Kondensatwasser korrosiv wirkenden Schwefelwasserstoff ausgesetzt und das Metall zusätzlich speziell im Grenzbereich Gärgut / Gasatmosphäre stark korrosionsgefährdet ist. Nassgasometer werden deshalb auch aus hartem, beispielsweise glasfaserverstärktem Kunststoff gefertigt. Befindet sich die Gasglocke direkt auf dem Fermenter, können Wärme- und Gasverluste auftreten, weil eine Wärmedämmung des in die Flüssigkeit eintauchenden zylindrischen Teils der Glocke schwierig ist und weil Gasverluste im Randbereich zwischen Glocke und Behälterwand auftreten können. Die Speicherkapazitäten von Nassgasometern liegen zwischen 50 und 500 m^3. Nassgasometer werden heute mit abnehmender Tendenz installiert.

Speichertanks und -flaschen. Biogas kann auch in sogenannten Mittel- und Hochdruckspeichern bei Betriebsdrücken zwischen 5 und 250 bar gespeichert werden. Zum Einsatz kommen üblicherweise Speichertanks oder -flaschen aus Stahl. Technisch ist die zur Speicherbefüllung notwendige mehrstufige Komprimierung des Biogases kein Problem. Im genannten Druckbereich verhält sich das Biogas nahezu wie ein ideales Gas, sodass sich das Volumen halbiert, wenn der Druck verdoppelt wird. Eine Trocknung und Entschwefelung sollte jedoch in jedem Fall vor der Verdichtung durchgeführt werden, um Korrosion in den Speichern zu verhindern.

Aufgrund des hohen Energiebedarfs zur Gaskompression und des beispielsweise im Vergleich zu Erdgas geringeren Heizwertes kommt diese Speichertechnologie üblicherweise nicht zum Einsatz.

5.2.8 Biogasaufbereitung und -einspeisung

Um Biogas in Form von Biomethan ins Erdgasnetz einspeisen und / oder als Kraftstoff in marktüblichen CNG-Fahrzeugen (engl. Compressed Natural Gas; verdichtetes Erdgas) verwenden zu können, muss es von unerwünschten Bestandteilen gereinigt und anschließend konditioniert werden, damit die am Einspeisestandort gültigen Erdgasspezifikationen sichergestellt werden können. Die dabei konkret einzuhaltenden Anforderungen an die Gasqualität sind in den entsprechenden Regelwerken (DVGW G 260 sowie DVGW G 262) festgelegt (Tabelle 5.10). Zu deren Einhaltung ist neben der Trocknung und Entschwefelung die Abtrennung von Kohlenstoffdioxid (CO_2) zwingend erforderlich. Außerdem ist eine Konditionierung auf den vom jeweiligen Gasnetzbetreiber in dem entsprechenden Netzbereich geforderten Heiz- bzw. Brennwert ebenso wie die Einhaltung weiterer gesetzlicher Vorgaben (z. B. Odorierung) notwendig. Mögliche Techniken und Verfahren zur CO_2-Abtrennung sowie zur nachgeschalteten Konditionierung des Gases werden im Folgenden beschrieben.

Kohlenstoffdioxid(CO_2)-Abtrennung. Biogas besteht – je nach Substrat – zu ca. 35 bis 45 % aus Kohlenstoffdioxid (CO_2). Dies ist ein inertes Gas, das die verbrennungstechnischen Eigenschaften wie Brennwert, Heizwert, Dichte und Wobbe-Index des erzeugten Biogases beeinflusst. Soll das Biogas in das vorhandene Erdgasnetz eingespeist werden, muss zur Erfüllung der geforderten Gaseigenschaften deshalb u. a. das enthaltene Methan

Tabelle 5.10 Qualitätsanforderungen zur Einspeisung des Biomethans ins Erdgasnetz nach DVGW G 260 und DVGW G 262 [5.128], [5.129]

Bezeichnung	Einheit	Anforderungen	
Wobbe-Index	kWh/m^3	L-Gas	11,0–13,0
		H-Gas	13,6–15,4
Brennwert	kWh/m^3		8,4–13,1
Relative Dichte[a]			0,55–0,75
Anschlussdruck	mbar		18–25
Methangehalt	mol-%	L-Gas	≥ 90
		H-Gas	≥ 95
Wassergehalt	mg/m^3	MOP[b] $\leq$ 10 bar	200
		MOP[b] > 10 bar	50
Sauerstoff	mol-%	MOP[b] < 16 bar	3
		MOP[b] $\geq$ 16 bar	0,001
Gesamtschwefel	mg/m^3	(ohne Odorierung)	6

[a] bei Luft gleich 1; [b] MOP maximal zulässiger Betriebsdruck

(CH_4) angereichert bzw. das Kohlenstoffdioxid (CO_2) abgetrennt werden. Das nach der CO_2-Abtrennung zur Verfügung stehende Methangas wird dann als Biomethan und z. T. auch als Bioerdgas oder Naturgas bezeichnet; ggf. sind noch weitere Handelsbezeichnungen gebräuchlich.

Kohlenstoffdioxid kann im Wesentlichen mit den in Tabelle 5.11 zusammengefassten Verfahren aus dem Biogasstrom abgetrennt werden. Die aufgeführten Verfahren werden hinsichtlich des jeweils genutzten Trennprinzips unterteilt.

- Bei den adsorptiven Verfahren wird eine Anlagerung von Molekülen aus der Gasphase an eine Feststoffoberfläche realisiert, die unter bestimmten Bedingungen wieder gelöst werden kann.
- Bei der Absorption handelt es sich dagegen um die Aufnahme bzw. das Lösen der abzuscheidenden Gasmoleküle in einem flüssigen Absorptionsmittel. Dabei kann zwischen physikalischen und chemischen Absorptionsverfahren unterschieden werden. Während bei den physikalischen Verfahren nur die Gaslöslichkeit in den jeweils verwendeten Waschlösungen ausgenutzt wird, wird bei den chemischen Verfahren das Gas durch eine zusätzlich ablaufende Reaktion in der entsprechenden Flüssigkeit chemisch gebunden.
- Bei den Membrantrennverfahren erfolgt die Abtrennung bestimmter Gasbestandteile mittels einer Membran, die nur für bestimmte Gaskomponenten durchlässig ist.
- Bei den kryogenen Verfahren wird die unterschiedliche Kondensations- bzw. Verdampfungstemperatur bestimmter Gasbestandteile ausgenutzt.

Nachfolgend werden die auf diesen Prinzipien aufbauenden Verfahren zur CO_2-Abtrennung erläutert. Dabei kommen in der Praxis primär die Druckwechseladsorption, die

Tabelle 5.11 Verfahren zur Gasaufbereitung

Art der Trennung	Verfahren / Technologie	Trenneffekt
Adsorption	Druckwechsel-adsorption (PSA)	Adsorption von CO_2 an Kohlenstoffmolekularsieben bei 8 bis 10 bar $>96\,\%$ CH_4
Physikalische Absorption	Druckwasserwäsche (DWW)	Lösung von CO_2 in Wasser durch Druckerhöhung $>97\,\%$ CH_4
	Selexol-, Rectisol-, Purisolverfahren	Lösung von H_2S und CO_2 in organischen Absorptionsmitteln $>96\,\%$ CH_4
Chemische Absorption	Aminwäsche	Chemische Reaktion von CO_2 mit Monoethanolamin (MEA), Diethanolamin (DEA) oder Methyldiethanolamin (MDEA) $>99\,\%$ CH_4
Membrantrenn-verfahren	Membrangastrennung trocken	Membrandurchlässigkeit von H_2S und CO_2 höher als für CH_4 $>97\,\%$ CH_4
Kühlung	Tieftemperaturtrennung (Kryogentechnik)	Phasentrennung von flüssigem CO_2 und gasförmigem CH_4 $>99{,}9\,\%$ CH_4

Aminwäsche unter Verwendung von Monoethanolamin (MEA) und die Druckwasserwäsche zum Einsatz. Auf eine weitergehende Erläuterung der Tieftemperaturtechnik wird dabei verzichtet, da dieses Verfahren bisher nur in Verbindung mit der Nutzung flüssigen Kohlenstoffdioxids Bedeutung erlangt hat.

Druckwechseladsorption. Die Druckwechseladsorption (PSA; engl. Pressure Swing Adsorption) zählt zu den physikalischen adsorptiven Aufbereitungsverfahren. Hier wird das spezifische Adsorptionsverhalten verschiedener Gasbestandteile an einer Feststoffoberfläche zur Gastrennung ausgenutzt. Als Adsorbentien (Feststoffe) können u. a. Aktivkohlen, Zeolithe oder Kohlenstoffmolekularsiebe eingesetzt werden. Aufgrund der Molekülgröße und der Polarität wird bevorzugt Kohlenstoffdioxid (CO_2) an derartigen Oberflächen adsorbiert. Zusätzlich dazu können jedoch auch geringe Mengen anderer Gasbestandteile (z. B. Stickstoff, Sauerstoff, Methan, Wasser, Schwefelwasserstoff) adsorbiert werden. Um die Lebensdauer der Adsorbentien zu erhöhen, wird deshalb in der Praxis eine vorgeschaltete Trocknung und Entschwefelung empfohlen.

Die Druckwechseladsorption basiert auf den vier Teilschritten Adsorption, Desorption, Evakuierung und Druckaufbau (Abb. 5.58).

1. Im ersten Schritt wird das zuvor getrocknete und entschwefelte Rohbiogas auf ca. 4 bis 10 bar verdichtet und dann in eine Adsorptionskolonne geleitet. Während das Methan die Kolonne nahezu vollständig passiert, wird das Kohlenstoffdioxid (CO_2) an den Oberflächen der in dem Behälter vorhandenen Adsorbentien adsorbiert und damit

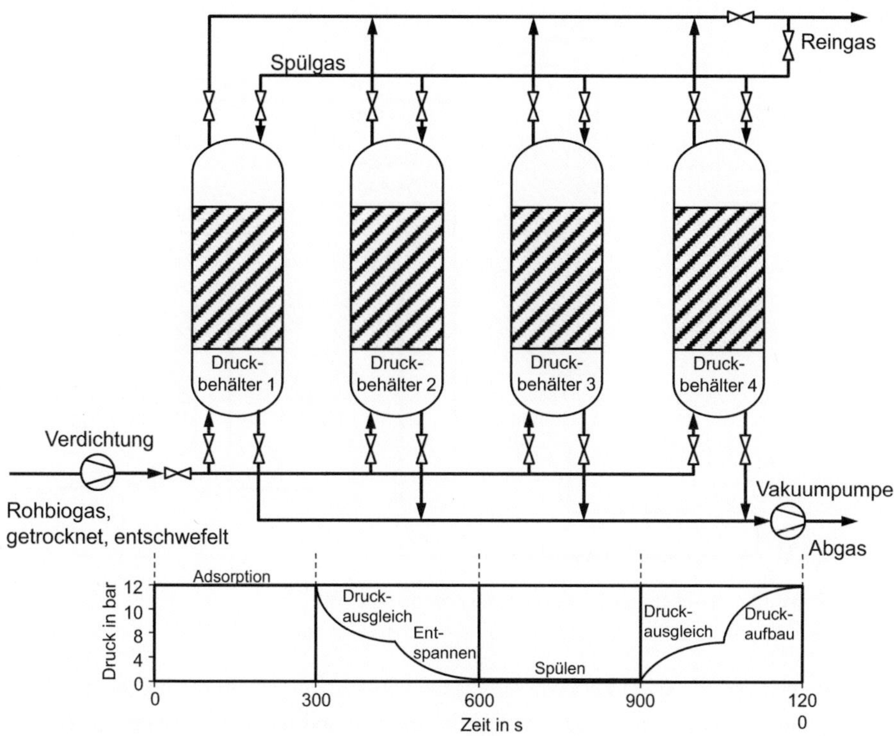

Abb. 5.58 Verfahrensschema der Druckwechseladsorption (PSA)

zurückgehalten. Niedrige Temperaturen und ein hoher CO_2-Partialdruck begünstigen dabei die Adsorption von CO_2.

2. Ist das eingesetzte Adsorbermaterial gesättigt, erfolgt im zweiten Schritt die Desorption der adsorbierten Biogasbestandteile durch eine Druckabsenkung auf Umgebungsdruck. Das desorbierte Gas enthält neben CO_2 noch kleine Mengen an Methan (und ggf. weiteren Gasen) und wird deshalb zu einer weitergehenden Reinigung in eine zweite, unbeladene Kolonne geleitet.
3. Im dritten Schritt erfolgt nach der Entspannung die vollständige Desorption durch Anlegen eines Vakuums (ca. 100 mbar). Der dabei entstehende Abgasstrom enthält ebenfalls noch Restmengen an Methan (und ggf. weiteren Gasen) und muss zur Verringerung des Methanschlupfes einer Abgasnachbehandlung zugeführt werden.
4. Nach der Regeneration des Adsorbermaterials erfolgt im vierten Schritt der erneute Druckaufbau, sodass wieder mit Schritt eins begonnen werden kann.

Um einen kontinuierlichen Betrieb zu realisieren, werden zur Biogasaufbereitung meist vier bzw. sechs Adsorptionskolonnen parallelgeschaltet. Je nach Verfahrensdesign und Prozessführung können damit Methangehalte im aufbereiteten Gas von bis zu 99 % erreicht werden.

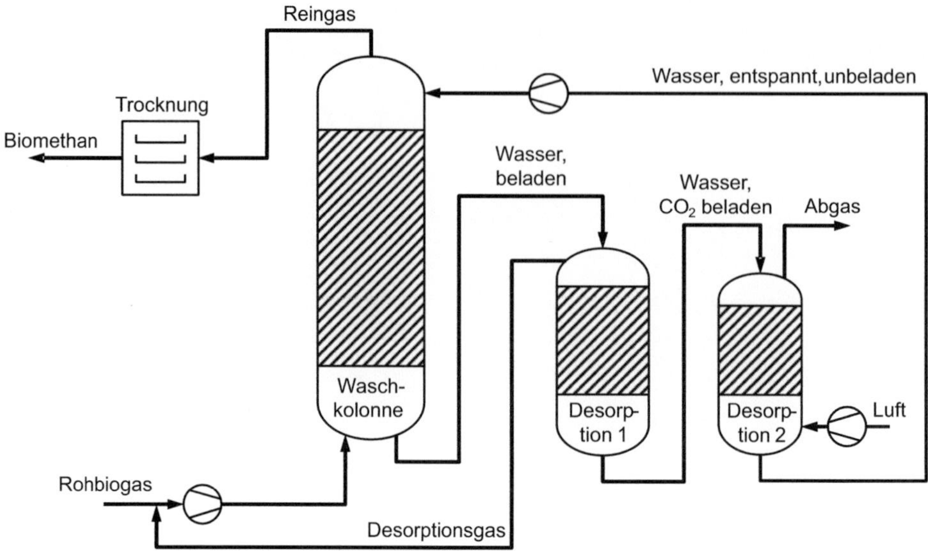

Abb. 5.59 Verfahrensschema der Druckwasserwäsche (DWW)

Druckwasserwäsche. Die Druckwasserwäsche zählt zu den absorptiven Biogasaufbereitungsverfahren. Zur Gastrennung werden die unterschiedlichen Löslichkeiten der Gasbestandteile in Wasser ausgenutzt. Während unpolare, hydrophobe Moleküle (z. B. Kohlenwasserstoffe) nicht bzw. nur wenig in Wasser löslich sind, werden bevorzugt polare Gaskomponenten (z. B. CO_2) reversibel durch physikalische Bindungskräfte in Wasser absorbiert.

Dazu wird das aufzubereitende Biogas zunächst auf ca. 10 bar verdichtet und anschließend einer Absorptionskolonne von unten zugeführt (Abb. 5.59). Die Kolonne ist i. Allg. als Rieselbettreaktor ausgeführt, in dem Wasser im Gegenstrom zum Gas von oben nach unten perkoliert. In diesem Wasser lösen sich dann neben Kohlenstoffdioxid auch weitere sauer und basisch wirkende Bestandteile (z. B. Schwefelwasserstoff, Ammoniak). Daher ist eine vorherige Entschwefelung des Rohbiogases bei diesem Verfahren nicht zwingend erforderlich. Darüber hinaus werden eventuell im Gas enthaltene Stäube und Mikroorganismen ebenfalls vom Waschwasser aufgenommen und damit aus dem Biogasstrom abgetrennt. Das gereinigte Gas verlässt die Kolonne mit einem Methangehalt von bis zu 98 %. Der prozessbedingt im Gas noch enthaltene Wasserdampf muss anschließend auskondensiert werden, damit der von der nachfolgenden Anwendung geforderte Taupunkt eingehalten werden kann.

Das Waschwasser kann durch eine mehrstufige Entspannung wieder vom enthaltenen CO_2 befreit werden. In der Praxis erfolgt dies üblicherweise in zwei Stufen. Dazu wird zunächst eine Teilentspannung des Wassers über eine Flash-Kolonne realisiert. Das dabei frei werdende Gasgemisch aus Methan und Kohlenstoffdioxid wird wieder dem Rohgas am Anlageneingang zugeführt, um die Methanverluste möglichst zu minimieren. In der nächsten Stufe erfolgt dann die Entspannung des Wassers auf Umgebungsdruck. Um dabei die Desorption zu beschleunigen, wird zusätzlich Luft von unten in die Kolonne geblasen. Die dabei entstehende Abgasluft enthält je nach Prozessführung und Anlagenkonfiguration neben Schwefelwasserstoff (H_2S) und Kohlenstoffdioxid (CO_2) auch geringe Mengen an Methan (CH_4), sodass aus Klimaschutzgründen eine zusätzliche Abgasbehandlung erforderlich sein kann.

Aminwäsche. Die Aminwäsche ist ein Aufbereitungsverfahren, das auf der chemischen Absorption basiert. Dabei kommt es zu einer reversiblen chemischen Reaktion zwischen den Bestandteilen der Waschlösung und der jeweils abzutrennenden Gaskomponente. Gleichung (5.28) zeigt dies exemplarisch für die Reaktion des Amins mit Kohlenstoffdioxid.

$$R{-}NH_2 + CO_2 \rightleftharpoons R{-}NHCOO^- + H^+ \tag{5.28}$$

Die abzuscheidende Gaskomponente wird bei diesem Verfahren im Vergleich zur physikalischen Absorption wesentlich stärker in der Waschlösung gebunden. Dadurch kann eine deutlich höhere Beladung der Waschflüssigkeit erreicht werden.

- Das Verfahren besteht aus einer Absorptions- und einer nachgeschalteten Desorptionsstufe (Abb. 5.60). In der Absorptionsstufe wird das Gas im Gegenstrom durch

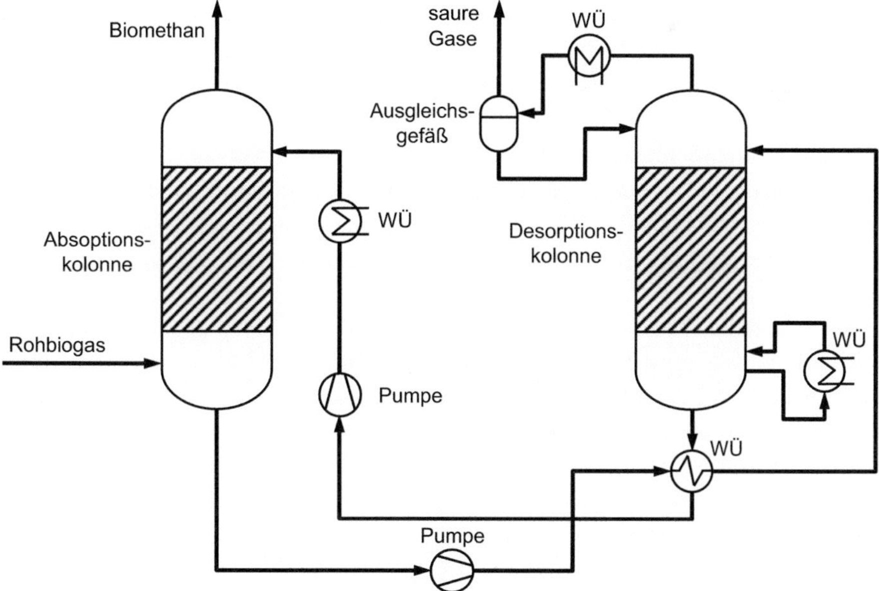

Abb. 5.60 Funktionsprinzip der Aminwäsche (WÜ Wärmeübertrager)

die Waschlösung geleitet. Zur CO_2-Abtrennung werden z. B. mit Wasser verdünnte Monoethanolamin- (MEA) oder Diethanolamin-Lösungen (DEA) eingesetzt. Sauer reagierende Bestandteile wie CO_2 und H_2S werden in dieser Aminlösung ebenfalls chemisch gebunden. Auf andere, nicht sauer reagierende Komponenten (z. B. CH_4) haben die Amine keine Wirkung. Daher kann das Verfahren auch zur Entschwefelung genutzt werden. Um die Kapazität der Waschlösung jedoch möglichst lange aufrechtzuerhalten, erfolgt eine Entschwefelung des Rohbiogases in der Regel bereits vor der Aminwäsche. Das aufbereitete Gas verlässt die Absorptionsstufe mit einem Reinheitsgrad von über 99 % Methan.

- Die mit CO_2 beladene Waschlösung wird anschließend im Desorber regeneriert. Dazu wird die beladene Aminlösung durch Wärmezufuhr auf Temperaturen zwischen 100 und 160 °C erhitzt. Dadurch wird das absorbierte CO_2 wieder freigesetzt. In einem separaten Kühler wird die Waschlösung anschließend auf 40 °C abgekühlt und in die Absorptionskolonne zurückgeführt.

Im Unterschied zu den physikalischen Absorptionsverfahren ist der Strombedarf der Aminwäsche geringer, da keine Druckerhöhung erforderlich ist. Allerdings muss zur Regeneration der Waschlösung thermische Energie bereitgestellt werden. Aus energetischer Sicht scheint dieses Verfahren daher dann vorteilhaft, wenn weitgehend ungenutzte Wärmeenergie zur Regenerierung des Absorptionsmittels am potenziellen Anlagenstandort zur Verfügung steht (z. B. Abwärme aus einem anderen Prozess).

Membrantrennung. Bei der Membrantrennung wird die selektive Permeation einzelner Gaskomponenten durch eine Membranoberfläche zur Trennung des Gasgemischs ausgenutzt. Dabei wird zwischen trockenen Hochdruck- und nassen Niederdruckverfahren unterschieden. Für eine Biogasaufbereitung sind jedoch nur trockene Verfahren relevant [5.130].

Der eingesetzte Membranwerkstoff entscheidet über die erzielbaren Selektivitäten. Zur CO_2-Abtrennung werden in der Regel Membrane aus Celluloseacetat oder aromatischen Polyimiden verwendet [5.130]. Keramische Membrane befinden sich in der Entwicklung. Die Materialien sind durch eine hohe Permeabilität für CO_2, H_2O, NH_3 und H_2S gekennzeichnet.

Die Permeabilität einzelner Gasbestandteile durch derartige Membranen wird durch ihre Löslichkeit in der eingesetzten Membran und die Diffusionsgeschwindigkeit bestimmt. So können aufgrund einer höheren Löslichkeit und einer geringeren Molekulargröße die CO_2-Moleküle die eingesetzten Membranen deutlich schneller durchströmen als die CH_4-Moleküle. Es entsteht ein CO_2-reiches Permeat und ein CH_4-reiches Retentat. Die treibende Kraft für den Trennprozess ist dabei die Partialdruckdifferenz über der Membran. Diese wird entweder durch eine Verdichtung des Rohgases oder durch das Anlegen eines Vakuums auf der Permeatseite erreicht.

Je nach Zusammensetzung des Gases beim Eintritt in die Membran befinden sich neben CO_2 im Permeat weitere permeierende Komponenten (z. B. H_2S, Wasser). Um die

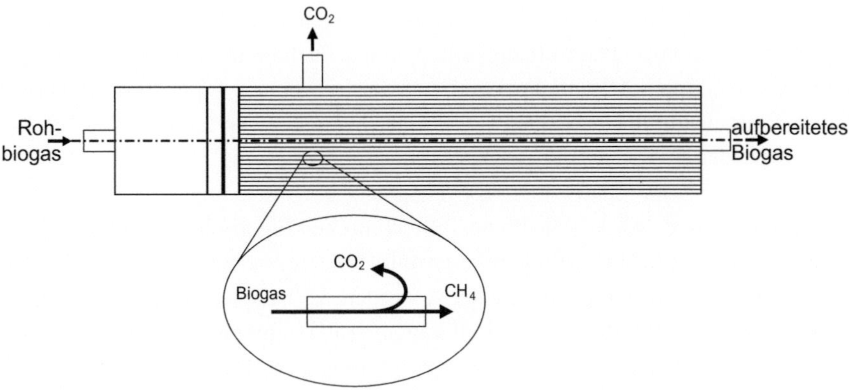

Abb. 5.61 Funktionsprinzip der Membrantrennung

Standzeiten der Membranen zu erhöhen, wird deshalb eine vorgeschaltete Trocknung und Entschwefelung empfohlen, sodass diese Komponenten beim Eintritt des Gases in die Membran nicht mehr enthalten sind. Durch geringe Mengen an Methan im Permeat ist dennoch eine Abgasnachbehandlung erforderlich [5.131].

Membranen, die diese Eigenschaften aufweisen, bestehen beispielsweise aus polymeren Hohlfasern, die in Bündeln zusammengefasst und in einem druckfesten Gehäuse eingefasst sind (Abb. 5.61) [5.132], [5.133]. Die Freiräume zwischen den einzelnen Hohlfasern und dem Gehäuse werden an den beiden Modulenden mit Epoxidharzen verschlossen [5.69]. Das aufzubereitende Gas wird dann von innen durch die Hohlfasermembran hindurchgeleitet.

Um die Methankonzentration im Retentat zu erhöhen, sind Serien- oder Parallelschaltungen der Membranmodule mit Rückführungen möglich. Beispielsweise sind zwei- und dreistufige Kaskaden möglich, mit denen sich CH_4-Reinheiten von über 96 % erreichen lassen. Weiterhin problematisch bleiben jedoch die bisher geringen Standzeiten (< 10 a) der Membranen [5.132].

Konditionierung. Zur Einspeisung des Biomethans ins Erdgasnetz bzw. zur Nutzung als Fahrzeugtreibstoff muss neben einer entsprechend hohen Methanreinheit eine Reihe weiterer Parameter erfüllt werden. Dabei wird die einzuhaltende Gasqualität im Wesentlichen durch den geforderten Brennwert, den Wobbe-Index und die maximal zulässigen Spurengasgehalte vorgegeben. Die konkret einzuhaltenden Grenzwerte dieser Parameter sind in den Arbeitsblättern DVGW G 260 sowie DVGW G 262 festgelegt [5.128], [5.129].

Spurengase. Möglicherweise noch im gereinigten Gas enthaltenen Spurengase werden üblicherweise im Zuge der CO_2-Abscheidung, ggf. mithilfe von zusätzlichen Aktivkohlefiltern und Gastrocknern, abgeschieden. Dadurch kann sichergestellt werden, dass die Konzentration derartiger Spurengase (z. B. Schwefelwasserstoff, Wasserdampf) unter den geforderten Grenzwerten liegen. Schwieriger kann die Einhaltung der geforderten Grenzen für Sauerstoff und Stickstoff sein, wenn diese bei einer biologischen Entschwefelung dem Biogasstrom in Form von Luft zugesetzt wurden, da diese mit den üblichen Verfahren zur CO_2-Abscheidung i. Allg. nicht abgetrennt werden können. Deshalb sollten bei einer geplanten Einspeisung des erzeugten Gases Entschwefelungsverfahren ohne Luftzugabe ausgewählt werden.

Brennwert und Wobbe-Index. Die brennstofftechnischen Eigenschaften des aufbereiteten Biogases müssen an die Gasqualitäten im jeweiligen Erdgasnetz (z. B. H-Gas, L-Gas), in das die Einspeisung erfolgen soll, angepasst werden. Ist beispielsweise eine Brennwerterhöhung notwendig, wird in der Regel Flüssiggas (LPG) zugemischt. Soll der Brennwert herabgesenkt werden, kann dies durch die Zudosierung eines Inertgases erreicht werden.

Odorierung. Aufgrund gesetzlicher Sicherheitsvorgaben ist eine Odorierung des aufbereiteten Gases vorzunehmen; dadurch soll sichergestellt werden, dass im Havariefall unbeabsichtigt ausströmendes Gas an dem unangenehmen Geruch detektiert werden kann. Dieses wird durch die Injektion eines Odoriermittels in den Gasstrom erreicht. Dazu werden überwiegend Schwefelverbindungen (z. B. Tetrahydrothiophen (THT), Mercaptane) eingesetzt, die dosiert dem einzuspeisenden Gasstrom zugemischt werden, damit die gesetzlichen Vorgaben sicher eingehalten werden.

Druckerhöhung. Zusätzlich kann eine Druckanhebung erforderlich sein, um den Druck des aufbereiteten Biogases (Biomethan) an die Erfordernisse des Gasnetzes bzw. des Nutzers anzupassen. Diese Druckerhöhung erfolgt überwiegend durch den Einsatz von Kolben- und / oder Schraubenverdichter. Je nach Differenz zwischen dem geforderten Einspeisedruck und dem aus der Aufbereitung resultierenden Gasdruck wird die Verdichtung ein- oder mehrstufig durchgeführt.

Qualitätskontrolle. Letztlich ist auch eine laufende Qualitätskontrolle aller relevanten Parameter notwendig. Dies wird üblicherweise mithilfe einer sogenannten Gasdruckregel- und -messstation durchgeführt, um die Weitergabe von qualitativ minderwertigem Gas ausschließen zu können. Zur Qualitätsüberwachung werden neben Brennwertmessgeräten, Feuchtemessgeräten, Drucksensoren und Volumenstrommessern auch Prozessgaschromatografen eingesetzt. Aus technischer Sicht muss zusätzlich ein Anschluss an das Gasnetz mit den entsprechenden Anschlüssen und Leitungen realisiert werden. Deshalb sollte der Standort einer Biogasanlage mit Biomethaneinspeisung so gewählt werden, dass die Übergabeleitungen möglichst kurz werden.

Biomethan im Erdgasversorgungssystem. Biomethan wird lokal / dezentral in Biogasanlagen erzeugt. Dabei handelt es sich um vergleichsweise kleine Anlagen mit einer installierten Gasleistung von im Regelfall unter 5 MW, um die Biomethangestehungskosten im Hinblick auf die Substratbereitstellungs- und Substratentsorgungskosten zu minimieren (d. h. ökonomischer Kompromiss zwischen einer Minimierung der Transport-

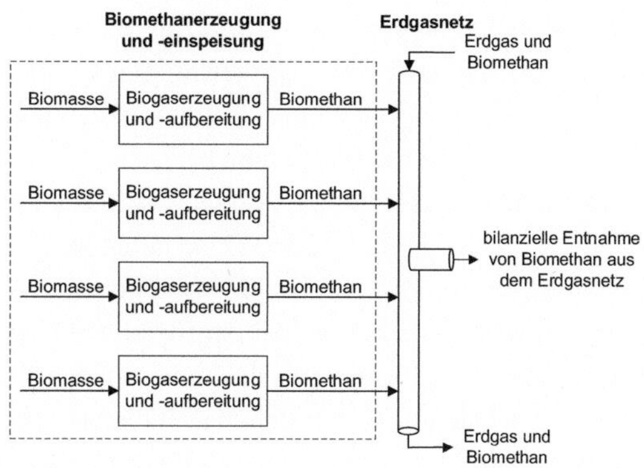

Abb. 5.62 Dezentrale Biomethanerzeugung und Einspeisung ins Erdgasnetz, das als Sammler und Verteiler dient

kosten für das Biomassesubstrat einerseits und den Investitionen für die Gesamtanlage andererseits).

Um das Biomethan als Austauschgas dem Kunden verfügbar zu machen, dient die normenkonforme Einspeisung des Biomethans in das vorhandene Erdgasnetz (Abb. 5.62), das dann quasi als „Sammler" für die in der Fläche stattfindende Biomethanerzeugung fungiert. Unter Austauschgasen werden in diesem Zusammenhang Gasgemische verstanden, die trotz ihrer vom Grundgas (hier: fossiles Erdgas) (leicht) abweichenden Zusammensetzung und unterschiedlichen Herkunft (d. h. rezente Herkunft und nicht fossile Herkunft) bei gleichem Gasdruck und unveränderter Geräteeinstellung (z. B. einer Erdgas-Brennwerttherme) ein gleichartiges Brennverhalten wie das Grundgas aufweisen.

Durch eine derartige Einspeisung wird es möglich, dieses dezentral erzeugte Gas an einer bestimmten Stelle ggf. auch mit einer großen Gasleistung zu entnehmen. Außerdem kann durch ein derartiges Konzept eine hohe Versorgungssicherheit erreicht werden, da die Gasversorgung einer bestimmten (Groß-)Kundenanlage dann nicht mehr nur von einer, sondern von vielen Biomethananlagen sichergestellt wird. Hinzu kommt, dass potenziell auch die im Erdgasversorgungssystem im Untergrund vorhandenen Kavernen- und Porengasspeicher genutzt werden könnten.

Ist das Biomethan im Erdgasversorgungssystem, kann es problemlos – typischerweise auf der Basis eines Bilanzansatzes – an die verschiedenen Kundengruppen geliefert werden; dies gilt beispielsweise für den Haushaltskunden ebenso wie für den Betreiber eines CNG-Fahrzeuges, der mit dem Biomethan klimaneutral Transportdienstleistungen erbringen kann.

5.2.9 Gärrestaufbereitung und -lagerung

Je nach Verfahren bleibt bei der anaeroben Biogaserzeugung ein fester (d. h. stapelbar) oder flüssiger Gärrückstand zurück. Dieser beinhaltet alle Bestandteile der zur Vergärung eingesetzten Substrate, die nicht zu Biogas umgesetzt wurden. Dazu zählen z. B. mineralische Bestandteile wie Sand, düngerelevante Nährstoffe wie Phosphate oder auch nichtabbaubare Komponenten wie Lignin. Der Wasseranteil dieses Gärrestes liegt im Mittel zwischen 60 und 96 %. Die jeweiligen stofflichen Eigenschaften der Gärreste variieren jedoch je nach eingesetztem Substrat und den jeweiligen Prozessbedingungen im Fermenter (u. a. Verweilzeit, Temperatur).

Bei landwirtschaftlichen Anlagen wird der entstandene, nährstoffreiche Gärrest unbehandelt – vergleichbar zum Wirtschaftsdünger – auf umliegenden landwirtschaftlichen Nutzflächen ausgebracht. Bei dieser sogenannten Direktausbringung ist es das Ziel, die in den Gärresten enthaltenen Nährstoffe an den Ursprungsort zurückzuführen und damit den Nährstoffkreislauf innerhalb des landwirtschaftlichen Betriebes zu schließen. Allerdings dürfen die Gärreste – ähnlich wie unbehandelte Gülle – aus umweltschutztechnischen Gründen nicht das gesamte Jahr über ausgebracht werden (u. a. beispielsweise zur Vermeidung von Nitratauswaschung ins Grundwasser), sodass entsprechende Lagerkapazitäten für das ausgefaulte Substrat zur Überbrückung dieser gesetzlich geregelten Sperrfristen erforderlich sind.

Problematisch kann die Direktausbringung der Gärreste in Regionen mit einer hohen Biogasanlagendichte oder bei industriellen Anlagen mit einer großen Leistung und einem dementsprechend großen Gärrestaufkommen werden. Außerdem ist aufgrund des hohen Wassergehalts die Transportwürdigkeit von Gärresten aus ökonomischen Gründen i. Allg. gering. Untersuchungen haben gezeigt, dass die Transportkosten den Düngewert der Gärreste bereits übersteigen, wenn die Ausbringflächen nur mehr als 10 km von der Biogasanlage entfernt liegen [5.134]. Eine Rückführung der Nährstoffe auf die Anbauflächen ist damit insbesondere dann nicht mehr wirtschaftlich darstellbar, wenn Substrate überregionaler Herkunft zur Biogasproduktion eingesetzt werden.

Um unter diesen Bedingungen einen potenziellen lokalen Nährstoffüberschuss zu vermeiden bzw. die anliegenden Nutzflächen nicht zu überdüngen, kann eine Gärrestaufbereitung notwendig werden. Die wesentlichen Ziele einer derartigen Aufbereitung der Gärreste können wie folgt zusammengefasst werden:

- Reduktion der auszubringenden Gärrestmengen,
- Verringerung von Lager- und Transportkosten,
- Nährstoffabtrennung zur Erzeugung marktfähiger Düngemittel,
- Reduktion der klimarelevanten Emissionen und
- Eliminierung geruchsintensiver Komponenten.

Im Folgenden werden die zur Lagerung und Aufbereitung von Gärresten einsetzbaren Techniken beschrieben. Die Gärprodukteigenschaften sowie entsprechende Verwendungsmöglichkeiten sind in Kapitel 5.3.2 (Band 3) erläutert.

Lagerung. Die Produktion der Gärreste ist in der Regel nicht an den Bedarf der Verwertung gekoppelt; dies gilt insbesondere dann, wenn die Gärreste für eine Direktausbringung vorgesehen sind. Deshalb werden entsprechende Lagerkapazitäten benötigt. Diese müssen

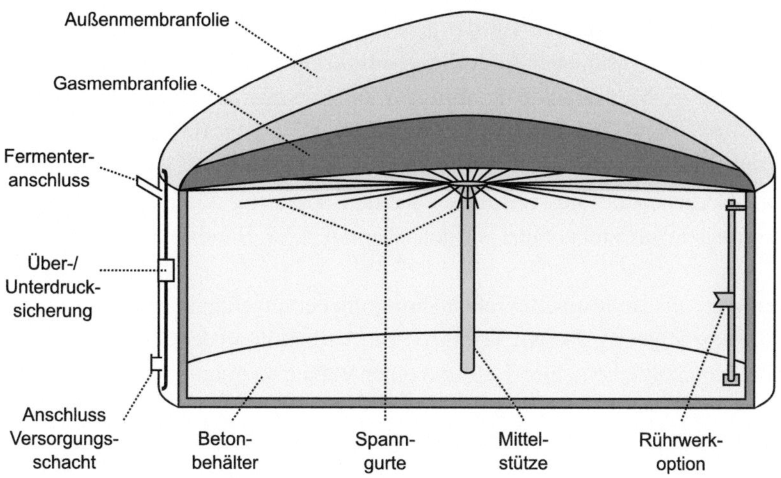

Abb. 5.63 Beispiel für ein Gärrestlager (nach [5.135])

so dimensioniert werden, dass die in der Düngeverordnung festgelegten Sperrfristen eingehalten werden können. Ist beispielsweise eine Speicherkapazität von sechs Monaten vorgeschrieben, muss die Größe des Lagers so bemessen sein, dass die Gärrestmengen, die innerhalb von sechs Monaten produziert werden, zwischengelagert werden können.

Die Gärrestlager werden aus praktischen Gründen überwiegend auf dem Gelände der Biogasanlagen in unmittelbarer Nähe zum Fermenter errichtet. Generell sind zur Lagerung von Gärresten verschiedene Verfahren bzw. Bauarten von Behältern möglich. Im Wesentlichen bestimmen die Gärresteigenschaften (flüssig oder stapelbar) sowie die betrieblichen Gegebenheiten, welche Form der Lagerung jeweils geeignet ist.

Stapelbare Gärreste aus der Feststofffermentation werden in der Regel auf befestigten wasserundurchlässigen Lagerflächen unter freiem Himmel, in Hallen oder in Containern zwischengelagert; üblicherweise erfolgt die Lagerung als Haufwerk auf einer Betonplatte. Dabei muss sichergestellt werden, dass keine abtropfenden Flüssigkeiten, Presswasser oder eingetragenes Regenwasser unkontrolliert in die Umgebung abfließen können. Durch die Errichtung entsprechender Auffangsysteme ist z. B. die Rückführung dieser Flüssigkeiten in die Biogasanlage im Normalfall problemlos möglich. Der Eintrag von Regenwasser sollte jedoch durch die Installation fester Überdachungen oder Planen möglichst minimiert werden. Bei einer Hallenlagerung können die potenziell entstehenden Ammoniak- und / oder Geruchsemissionen durch den Betrieb einer zusätzlichen Abluftreinigung (z. B. Biofilter) verhindert oder zumindest stark reduziert werden.

Flüssige Gärreste werden überwiegend in stehenden Rundbehältern gelagert (Abb. 5.63). Im Grundaufbau sind diese mit den in Kapitel 5.2.4.2 (Band 3) gezeigten Rührkesselfermentern weitgehend vergleichbar, wenn auch typischerweise etwas einfacher aufgebaut. Der optionale Einbau von Rührwerken ermöglicht – falls gewünscht – eine

Homogenisierung der Gärreste vor der jeweiligen Entnahme. Die Lagerbehälter müssen mit einer technisch gasdichten Abdeckung ausgestattet sein, um Emissionen klimarelevanter Gase (d. h. Methananteil im Biogas) zu verhindern. Darüber hinaus bietet eine gasdichte Ausführung der Lagerbehälter die Möglichkeit, das Restgaspotenzial zu nutzen und die Nährstoffverluste während der Lagerung zu minimieren; auch kann dadurch eine eventuelle Geruchsbelastung vermieden werden. Derartige Gärrückstandslager können auch als Gasspeicherraum genutzt werden (Kapitel 5.2.6, Band 3).

Aufbereitung. Anstelle einer Direktausbringung der unbehandelten Gärreste können die in Abb. 5.64 zusammengefassten Verfahren zur Aufbereitung der Gärreste eingesetzt werden. Dabei kann zwischen einer Teil- und einer Vollaufbereitung unterschieden werden.

- Teilaufbereitung. Bei diesem Ansatz werden Fest- und Flüssigphase voneinander getrennt. Nur die feste Phase wird z. B. zu Gärkompost oder anderen Bodenverbesserungsprodukten weiterverarbeitet. Die flüssige Phase (oder ein Teilstrom) kann je nach Anlagenkonzept in die Anlage zurückgeführt oder als Flüssigdünger auf landwirtschaftliche Nutzflächen ausgebracht werden.
- Vollaufbereitung. Fest- und Flüssigphase werden getrennt, bevor beide Phasen separat weiter aufbereitet werden. Ziel ist es, aus der festen und der flüssigen Phase marktfähige Produkte (z. B. Flüssigdünger mit definierten Eigenschaften, Düngekonzentrate) sowie Prozesswasser mit Einleitqualität zu erzeugen.

Um eine Teil- oder Vollaufbereitung durchzuführen, existiert eine Vielzahl technischer Verfahren (Abb. 5.64), die je nach Aufbereitungsziel und den vorliegenden Gärresteigenschaften auch kombiniert eingesetzt werden können. Generell lassen sich die im Folgenden beschriebenen Verfahren in physikalische, chemische und biologische Prozesse unterteilen.

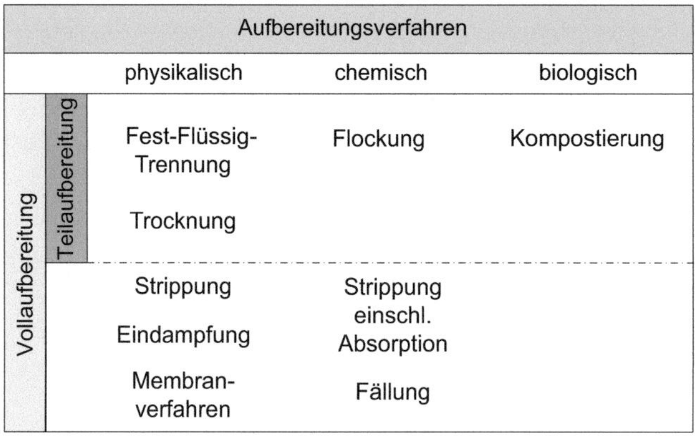

Aufbereitungsverfahren				
		physikalisch	chemisch	biologisch
Vollaufbereitung	Teilaufbereitung	Fest-Flüssig-Trennung Trocknung	Flockung	Kompostierung
		Strippung Eindampfung Membranverfahren	Strippung einschl. Absorption Fällung	

Abb. 5.64 Verfahren zur Gärrestaufbereitung

Fest-Flüssig-Trennung. Diese Form der mechanischen Separation ist in der Regel die erste Stufe einer Gärrestaufbereitung, sofern es sich um flüssige Gärreste handelt. Dazu werden vor allem Pressschneckenseparatoren, Dekanter, Siebband- und Siebtrommelpressen eingesetzt. Ziel ist es, die enthaltenen Feststoffe aus dem Gärrest abzutrennen, um eine feste und eine flüssige Phase zu erhalten, die anschließend getrennt weiterbehandelt werden können. Dabei teilen sich auch die im Gärrest enthaltenen Nährstoffe in Abhängigkeit von ihrem Lösungsverhalten auf beide Phasen auf.

Trocknung. Verfahren zur Erhöhung des Trockenmassegehalts werden bei der in der Regel zuvor separierten festen Phase eingesetzt. Technische Lösungen sind Bandtrockner, Trommeltrockner oder Schubwendetrockner. Die Wärme wird in diesen Systemen durch Heißluft übertragen, die den Gärrückstand über- oder durchströmt. Auf diese Weise sind Trockenmassegehalte von ca. 80 % erreichbar. Allerdings kann es während der Trocknung zu hohen Geruchs- und Ammoniakemissionen kommen; deshalb ist eine zusätzliche Ablufteinigung zwingend erforderlich.

Kompostierung. Feste Gärrückstände können auch kompostiert werden. Bei dieser aeroben Behandlung findet eine Stabilisierung der organischen Komponenten durch biologische Vorgänge statt (Kapitel 5.2.1, Band 3). Je nach Gärrestbeschaffenheit und betrieblichen Rahmenbedingungen können dazu verschiedene Systeme eingesetzt werden (z. B. Mieten, Rotteboxen). Der entstehende Gärkompost kann als Bodenverbesserer, vergleichbar zum herkömmlichen Kompost, eingesetzt werden.

Strippung. Mithilfe von Strippverfahren kann der im Gärrest enthaltene Stickstoff abgetrennt werden. Dazu wird durch Anhebung von pH-Wert und Temperatur das Ammonium / Ammoniak-Gleichgewicht im Gärrest auf die Seite des gasförmigen Ammoniaks verschoben (Abb. 5.21). Die Strippung erfolgt dann z. B. in einer Füllkörperkolonne, in welcher der Gärrest im Gegenstrom zum Strippmedium (Luft oder Wasserdampf) geführt wird (Abb. 5.65). Durch eine kontinuierliche Durchströmung mit dem Strippmedium wird der Partialdruck des Ammoniaks in der Gasphase gering gehalten, sodass eine nahezu vollständige Austreibung möglich ist. In einem anschließenden Desorptionsschritt wird dann der in der Gasphase befindliche Ammoniak durch Reaktion mit Schwefelsäure oder Calciumsulfat in ein verwertbares und marktfähiges Produkt (z. B. Ammoniumsulfat) überführt.

Eindampfung. Durch das Eindampfen bzw. Eindicken kann die Menge an flüssigem Gärrest deutlich (um 70 bis 90 %) reduziert werden. Dabei entsteht ein nährstoffreiches und ein nährstoffarmes Kondensat. Letzteres kann je nach Qualität eingeleitet oder als Prozesswasser in die Biogasanlage zurückgeführt werden. Das nährstoffreiche Konzentrat kann entweder weiter aufbereitet oder als Flüssigdünger auf landwirtschaftliche Nutzflächen ausgebracht werden. Aufgrund der Volumenreduktion ergeben sich dadurch deutlich geringere Lager- und Transportkosten. Zur Eindickung flüssiger Gärreste

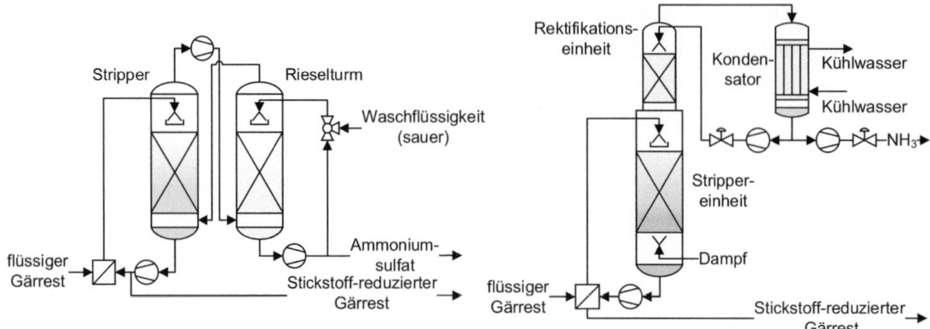

Abb. 5.65 Stickstoff-Strippung aus Gärresten mithilfe von Luft (links) und Dampf (rechts) (nach [5.136])

können Fallstromverdampfer, Zwangsumlaufverdampfer oder auch mehrstufige Vakuum-Verdampfungssysteme eingesetzt werden. Im Vakuumbetrieb ist auch die Verwendung von Niedertemperaturwärme möglich, sodass bei diesem Verfahren Abwärme z. B. aus einem BHKW genutzt werden kann.

Membranverfahren. Durch die Kombination verschiedener Filtrationsverfahren mit abnehmender Porengröße und einer Umkehrosmose kann die Flüssigphase des Gärrestes in ein nährstoffreiches Retentat und ein einleitfähiges Permeat ohne Wärmezufuhr aufbereitet werden. Nach Abb. 5.66 erfolgt dazu zunächst eine mechanische Fest-Flüssig-Trennung der Gärreste. Optional kann im Anschluss eine weitere Siebung durchgeführt werden, um noch enthaltene organische Inhaltsstoffe bzw. Feststoffe aus der Flüssigphase abzutrennen. Der Trockenmassegehalt sollte beim Eintritt in die Ultrafiltration nicht höher als 3 % sein, da ansonsten die Membranporen verblocken. Durch die anschließende Ultrafiltration (Porengröße 0,01 bis 0,1 µm) werden überwiegend enthaltene Makromoleküle sowie Phosphate zurückgehalten. Niedermolekulare Stoffe wie z. B. Ammonium- und Kaliumionen werden dagegen erst in der darauffolgenden Umkehrosmose abgetrennt. Die dabei entstehenden nährstoffreichen Retentate der Ultrafiltration und der Umkehrosmose können gemischt und anschließend als Flüssigdünger verwendet werden.

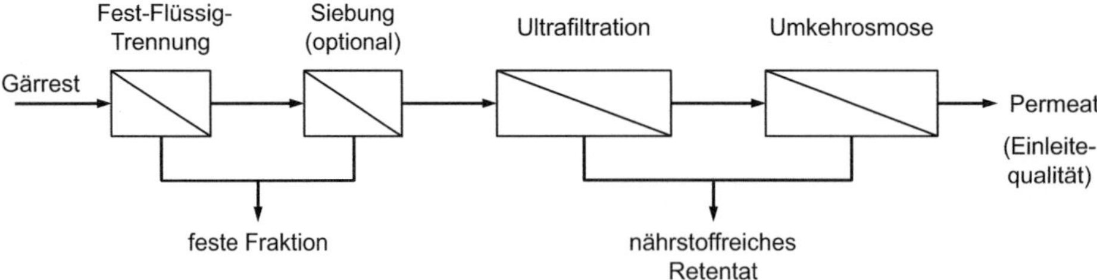

Abb. 5.66 Gärrestaufbereitung mittels Membranverfahren

Flockung. Zur verbesserten Abtrennung der Feststoffe aus der Flüssigphase können Flockungsmittel (z. B. Eisenhydroxid, Polyamine) vor einer Fest-Flüssig-Trennung zugegeben werden. Die Flockungsmittel bewirken eine Destabilisierung der suspendierten Feinstpartikel, indem die oberflächennahen Abstoßungskräfte zwischen den einzelnen kolloidalen Substanzen herabgesetzt werden. Es kommt zur Koagulation und Agglomeration dieser Feinstpartikel. Dadurch entstehen sogenannte Makroflocken. Diese können anschließend mit den etablierten Verfahren leichter abgetrennt werden.

Fällung. Einzelne Nährstoffe können aus der Flüssigphase durch Fällung abgetrennt werden. Durch die Zugabe geeigneter Chemikalien werden gelöste Substanzen in unlösliche Verbindungen, die Fällungsprodukte, überführt. Diese können anschließend durch physikalische Trennverfahren (z. B. Sedimentation, Filtration) aus der Flüssigphase abgeschieden werden. Im Rahmen der Gärrestaufbereitung ist die Zugabe von Magnesium eine Möglichkeit, um gezielt Ammonium und Phosphat in Form von Magnesium-Ammonium-Phosphat (MAP), einem kristallinen Feststoff, zurückzugewinnen.

5.2.10 Gesamtanlagenaspekte und -konzepte

Nachfolgend werden übergeordnete Aspekte und Konzepte von Biogasanlagen diskutiert. Dies betrifft neben der Anlagensicherheit die verfahrenstechnischen Kenngrößen zur Beschreibung und Charakterisierung derartiger Prozesse sowie exemplarische Anlagenbeispiele.

Anlagensicherheit. Biogasanlagen sind komplexe technische Anlagen, in denen ein gut brennbares und grundsätzlich explosionsfähiges Gas erzeugt wird. Deshalb ist die Anlagensicherheit von großer Bedeutung [5.137], [5.138]. Im Wesentlichen betrifft die Anlagensicherheit folgende Aspekte:

- Vermeidung von Zündquellen in explosionsgeschützten Bereichen,
- Vermeidung des unkontrollierten Austritts von Biogas im Havariefall durch Oxidation in einer Notfackel,
- sicherer Betrieb durch Erfüllung von Mindestanforderungen an die Bauausführung der Anlagenteile, insbesondere Gasleitungen und Sicherheitseinrichtungen,
- Einteilung von Explosionsschutzzonen und Anforderungen an Anlagenteile in diesen Zonen,
- Anforderungen an geschlossene Räume,
- Brandschutzanforderungen,
- Anforderungen an den Anlagenbetrieb,
- Anforderungen an die sicherheitstechnische Dokumentation der Anlage.

Für einen sicheren Anlagenbetrieb muss die Funktionsfähigkeit aller Anlagenkomponenten in allen Betriebszuständen abgesichert sein. Besonders beachtet werden sollten:

- vollständig geleerte Fermenter (die ggf. einem von außen wirkenden Erddruck oder Grundwasserdruck standhalten müssen),
- starke Sonneneinstrahlung (die solare Wärme kann zu starken Temperaturschwankungen und einer zusätzlichen Gasausdehnung führen),
- Havarien von Anlagenkomponenten und
- Frost (bei dem beispielsweise die Überdrucksicherungen nicht einfrieren dürfen).

Als technische Komponenten sind bei allen Biogasanlagen einige Vorrichtungen vorzusehen, welche der Betriebssicherheit dienen. Dabei handelt es sich beispielsweise um eine Über- und Unterdrucksicherung, eine Kondensatabscheidung und eine Flammenrückschlagsicherung. In geschlossenen Räumen sind zusätzlich Methansensoren zur Auslösung von Alarm bei Gasaustritt vorzusehen.

Verfahrenstechnische Kenngrößen. Eine Biogasanlage wird unter Beachtung der in den technischen Regelwerken gegebenen Vorgaben ausgelegt und anschließend hinsichtlich ökonomischer Größen optimiert; d. h., es wird nicht unbedingt die maximale Gasausbeute bzw. der maximale Abbau der im Substrat enthaltenen organischen Inhaltsstoffe angestrebt, sondern ein mit einem wirtschaftlich vertretbaren Aufwand erreichbarer Abbau in einer Anlage, die den gesetzlich geregelten sicherheitstechnischen, umweltrelevanten und weiteren legalen Anforderungen mindestens vollständig entspricht.

Um beispielsweise die theoretisch maximale Gasausbeute aus dem eingesetzten Substrat zu erreichen, müssten sehr lange Aufenthaltszeiten des Gärsubstrats im Biogasreaktor gewählt werden, da schwer abbaubare Substratkomponenten erst im Laufe längerer Zeiträume – wenn überhaupt – zu Biogas umgewandelt werden können. Dies würde große Reaktoren erfordern, bei denen die Kosten in keiner Relation zu dem potenziellen Ertrag stehen würden. Die Ziele des Anlagenbaus bestehen folglich darin, durch die Wahl der geeigneten Betriebsbedingungen innerhalb ökonomisch vorgegebener Grenzen mit vertretbarem Aufwand das Maximum an Abbauleistung bzw. Gasertrag zu erreichen, ohne dass gesetzliche / legale Vorgaben verletzt werden.

Vor diesem Hintergrund werden im Folgenden die Größen diskutiert, durch die die verfahrenstechnische Umsetzung des Biogasprozesses beschrieben – und ausgehend davon optimiert – werden kann.

Nutzvolumen Fermenter. Das Nutzvolumen eines Biogasfermenters ist das Volumen, welches von einem Gärbehälter aus baulichen und technischen Gründen maximal aufgenommen werden kann. Es entspricht der technisch maximal erlaubten oder technisch möglichen Füllmenge. Es wird als Bezugsgröße für viele andere Kenngrößen verwendet und ist in der Regel kleiner als das vom Behälter umbaute Volumen. Dabei kann das

Füllvolumen – je nach Betriebsweise einer Anlage – kleiner als das Nutzvolumen, aber niemals größer sein. Synonym wird es auch als Nettovolumen des Fermenters bezeichnet (nach [5.91]).

Eigenenergiebedarf. Der Eigenenergiebedarf als ein Maß für die Effizienz einer Biogasanlage hängt in der Regel vom zu vergärenden Substrat ab. Er kann als Kenngröße für die Qualität einer Biogasanlage verwendet werden und erlaubt damit auch den Vergleich verschiedener Anlagen.

Der Eigenenergiebedarf kann nach elektrischer und thermischer Energie, ggf. zusätzlich noch nach Kraftstoff unterteilt werden. Der Eigenwärmebedarf ist beispielsweise von der Außentemperatur, der Temperatur der Substrate und deren Zusammensetzung sowie der Ausführung der Biogasanlage, insbesondere der Fermenterisolierung, abhängig. Daher ist der Eigenwärmebedarf jahreszeitlich erheblichen Schwankungen unterworfen. In einigen Anlagen kann zusätzlich ein ebenfalls zu berücksichtigender Kühlbedarf bestehen (nach [5.91]).

Üblicherweise weisen kleinere Anlagen einen höheren Eigenenergiebedarf auf als größere Anlagen. Insbesondere ist bei kleinen Anlagen, bei denen das eingesetzte Substrat oft einen hohen Gülleanteil aufweist (d. h. geringer Energiegehalt, hoher Wassergehalt), der Eigenwärmebedarf deutlich erhöht.

Verweilzeit. Eine weitere Dimensionierungsgröße ist die Aufenthalts- oder Verweilzeit des Gärsubstrats im Reaktor. Dabei wird zwischen der hydraulischen Verweilzeit (d. h. HRT; engl. Hydraulic Retention Time) und der Aufenthaltszeit der nicht gelösten, partikulären Stoffe (d. h. SRT; engl. Solids Retention Time) unterschieden.

Die hydraulische Verweilzeit HRT beschreibt die durchschnittliche Aufenthaltszeit des Substrats im Fermenter in Tagen. Sie ist definiert als das Verhältnis zwischen dem Netto-Reaktorvolumen V und der täglichen Durchflussmenge Q (Gleichung (5.29)).

$$HRT = \frac{V}{Q} \tag{5.29}$$

Die hydraulische Verweilzeit muss so gewählt werden, dass nicht mehr Bakterien aus dem Fermenter ausgewaschen werden, als in ihm nachwachsen können bzw. dort festgehalten werden. Die nachwachsende Bakterienmasse ist dabei abhängig vom Reaktorvolumen, von der vorhandenen Bakterienkonzentration und vom Wachstumsverhalten der Mikroorganismen.

Generell gilt: Je stärker verdünnt ein Substrat ist, desto größer wird die Gefahr des Auswaschens der aktiven Biomasse. Beispielsweise liegen die Verdopplungszeiten bestimmter anaerober Bakterien (z. B. Methanbildner) im mesophilen Temperaturbereich bei zehn und mehr Tagen, während die hydraulische Verweilzeit eines dünnen Abwassers in einem Anaerobfilter z. T. nur wenige Stunden betragen kann. In diesen Fällen ist ein Rückhalt der Bakterien durch entsprechende Trägermaterialien oder eine Rückführung Voraussetzung für einen erfolgreichen Gärprozess (siehe oben).

Tabelle 5.12 Verweilzeiten bei landwirtschaftlichen Biogasanlagen in Abhängigkeit von der Leistungsklasse (Quelle: DFBZ Datenbank, Stand 2015)

Leistungsklasse in kW (elektrische Leistung)	Mittelwert Fermenter-Verweilzeit in d	Anlagenanzahl in Stück
≤ 70	59	87
71–150	90	101
151–500	84	463
501–1 000	80	181
> 1 000	72	52
Gesamtergebnis	81	884

Die Aufenthaltszeit der nicht gelösten, partikulären Stoffe (SRT) kann bei bestimmten Reaktortypen deutlich von der hydraulischen Verweilzeit (HRT) abweichen. Beispielsweise werden in einem liegenden Pfropfenstromreaktor abwechselnd unten und oben offene Trennwände als Hindernisse eingebaut, um die Feststoffe als Sediment und als Schwimmdecke im Reaktor zurückzuhalten, während die flüssige Phase ungehindert passieren kann. Dies schafft die nötigen Voraussetzungen dafür, dass die Feststoffe zurückgehalten und hydrolysiert werden können, bevor sie ausgetragen werden. Die Aufenthaltszeit der nicht gelösten, partikulären Stoffe (SRT) ist in diesem Fall um ein Vielfaches größer als die hydraulische Verweilzeit (HRT).

Mit der Aufenthaltszeit des Gärguts im Fermenter kann der Abbaugrad der organischen Substanz beeinflusst werden. Im mesophilen Temperaturbereich sind infolge langsamen Bakterienwachstums längere Aufenthaltszeiten für denselben Abbaugrad nötig als im thermophilen Temperaturbereich. In einem verstärkten Maße gilt das auch für psychrophile Bakterienstämme mit einem Temperaturoptimum bei 20 bis 25 °C, die allerdings aufgrund der erforderlichen großen Fermentervolumina für Industrieabwässer oder feste Substrate in der Regel nicht zum Einsatz kommen.

Tabelle 5.12 zeigt, dass im landwirtschaftlichen Bereich die realisierten Verweilzeiten in Biogasanlagen mit zunehmender Anlagegröße leicht abnehmen. Ausnahme dabei sind die Anlagen kleiner 70 kW, welche die kleinste Verweilzeit aufweisen. Das liegt allerdings an dem hohen Anteil an Gülle, der in dieser Anlagenklasse typischerweise als Substrat eingesetzt wird. Prinzipiell erfordern lange Verweilzeiten große Fermentervolumina. Daher wird bei diesen Anlagen aus Kostengründen eher auf kompakte Bauweise und entsprechend kurze Verweilzeiten gesetzt.

Die Abb. 5.67 verdeutlicht den Zusammenhang von Verweilzeit und Restgaspotenzial im Gärrest für ausgewählte Anlagen. Demnach zeigt sich eine Tendenz, dass mit höheren Verweilzeiten ein kleineres Restgaspotenzial erzielt werden kann. Da der Abbaugrad jedoch auch von der Abbaugeschwindigkeit der Substrate abhängt, ist eine direkte Abhängigkeit für diese Anlagenauswahl mit den unterschiedlichsten Substraten nicht gegeben; viele Anlagen erreichen niedrige Restgaspotenziale auch mit verhältnismäßig kurzen Verweilzeiten.

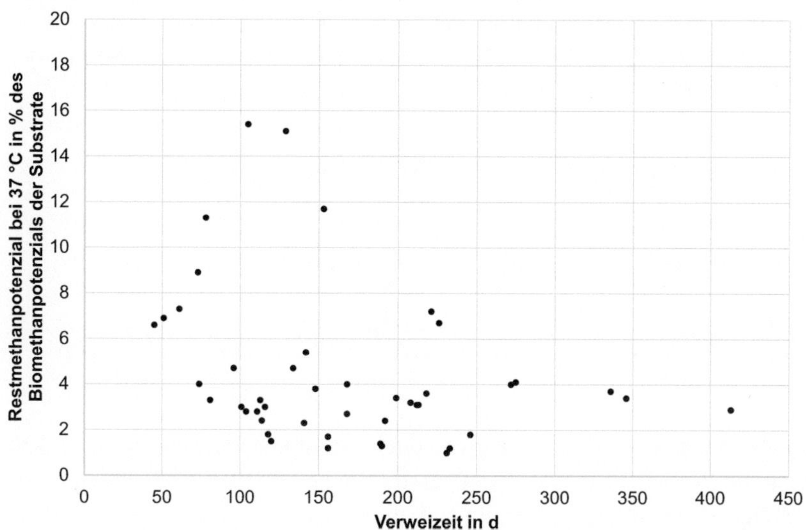

Abb. 5.67 Zusammenhang von Verweilzeit und Restgaspotenzial bei landwirtschaftlichen Anlagen (nach [5.139])

Durchflussrate. Die Durchflussrate D ist definiert als der Quotient aus dem Volumenstrom Q und dem effektiv genutzten Fermentervolumen V (Gleichung (5.30)). Alternativ wird sie auch festgelegt als Reziproke von HRT, der hydraulischen Verweilzeit.

$$D = \frac{Q}{V} = \frac{1}{HRT} \tag{5.30}$$

Die Durchflussrate ist aufgrund der dem Prozess zugrunde liegenden Kinetik mit der Wachstumsrate der Mikroorganismen verknüpft. Wird die Durchflussrate so stark gesteigert, dass die Wachstumsrate den Austrag von Mikroorganismen nicht mehr in ausreichendem Maße kompensieren kann, wird die Population ausgespült. Ein Zusammenbruch der Stoffwechselaktivitäten ist die Folge. In der Nähe dieses Grenzwertes ist der Prozess ebenfalls anfälliger gegenüber Störungen und Hemmeffekten, da diese nicht mehr durch eine Steigerung der Stoffwechselaktivitäten kompensiert werden können.

Raumbelastung. Die Raumbelastung B_R als ein weiterer, mit der Prozesskinetik eng verknüpfter Parameter wird auch als Kennwert für die Anlagenauslegung verwendet. Sie stellt ein Maß für die Belastung des Reaktors mit organischem Material dar (Gleichung (5.31)).

$$B_R = \frac{F}{V} \tag{5.31}$$

Die Raumbelastung B_R ist definiert als der Quotient aus der dem Fermenter täglich zugeführten Fracht organischer Trockenmasse F und dem effektiv nutzbaren Fermentervo-

Tabelle 5.13 Typische Raumbelastungen und Verweilzeiten in Abhängigkeit vom jeweiligen Vergärungsverfahren (bekannte Abweichungen in spezifischen praktischen Anwendungen sind in Klammern angegeben)

Vergärungsverfahren	Raumbelastung in kg/(m^3 d)	Hydraulische Verweilzeit in d
Rührkessel	2–4 (10)	(5) 10–40 (> 50)
Pfropfenstromfermenter	5–15 (20)	10–40
Kontaktverfahren	5–15	3–10
UASB	5–15	0,2–1 (5)
Anaerobfilter	5–15 (20)	0,5–8
Wirbelbett	bis 40	$\leq$ 0,15

lumen *V*. Sie wird oft zur Darstellung von Grenzbelastungen herangezogen. Tabelle 5.13 zeigt typische Verweilzeiten und Raumbelastungen verschiedener Vergärungsverfahren.

Bei hohen Raumbelastungen ergibt sich eine hohe volumenspezifische Gasproduktionsrate (d. h., das Fermentervolumen wird mit einer hohen Effizienz genutzt). Bei den entsprechend hohen Substratkonzentrationen wird die Durchmischung dann schwieriger; dies ist bei der Rührwerksauslegung zu berücksichtigen. Zusätzlich sind auch alle anderen Stoffkonzentrationen im Fermenter – und damit auch die hemmend wirkenden Substanzen (z. B. Ammoniak) – erhöht. Auch wird mit steigender Substratkonzentration der Substrattransportaufwand größer.

Abbauleistung. Bei einem gegebenen Substrat hängt die Abbauleistung – wie auch die Faulraumbelastung – stark von der Reaktorgestaltung ab. Je mehr aktive Biomasse pro Fermentervolumen vorhanden ist, desto schneller läuft i. Allg. der Abbau ab.

Der biologische Prozess der Methanbildung ist biochemisch von der Natur bereits weitestgehend optimiert. Nur in einem sehr kleinen „thermodynamischen Fenster" kann der anaerobe Abbau noch mit einem kleinen Energiegewinn für die entsprechenden Biokatalysatoren erfolgen. Daher wachsen anaerobe Bakterien, insbesondere Methanbildner, sehr langsam und setzen beim Wachstum auch keine Wärme frei. Soll daher die Abbauleistung erhöht werden, kann dies primär über eine Erhöhung der Anzahl aktiver Bakterien erfolgen. Ist eine genügend große Anzahl langsam arbeitender Bakterien im Fermenter, können sie gemeinsam den Abbau des organischen Materials trotzdem sehr rasch durchführen. Die Vergärung (d. h. der biochemische Abbau) an sich kann jedoch durch Manipulationen oder bestimmte Chemikalien kaum beschleunigt werden. Allenfalls sind vorgeschaltete (bio-)chemische und / oder physikalische Prozesse zum Cellulose- oder Ligninaufschluss (z. B. Desintegration) denkbar.

Ein biologischer Dimensionierungsparameter ist die spezifische Abbaurate, d. h. der Abbau pro Kilogramm aktiver Biomasse je Zeiteinheit. Er wird ausgedrückt als $\text{kg CSB}_{\text{abgebaut}}/(\text{kg}_{\text{aktive Biomasse}}\ \text{d})$ bzw. $\text{kg oTM}_{\text{abgebaut}}/(\text{kg}_{\text{aktive Biomasse}}\ \text{d})$. Dieser Parameter ist mehr oder weniger unabhängig vom eingesetzten Reaktortyp. Folglich hängt er vom Substrat ab und damit von

- dem Substratmilieu (d. h. Temperatur, pH-Wert) und
- der Substratzusammensetzung (d. h. Nährstoffgehalt, generelle Abbaubarkeit, vorhandene Hemmstoffe).

Es ist allerdings schwierig, die aktive Biomasse zu bestimmen, da Bakterien im Inneren von Bakterienflocken oder -filmen weniger aktiv sind als diejenigen, die sich an der Oberfläche einer Flocke befinden und dort besser mit abbaubarer organischer Substanz aus dem Gärsubstrat versorgt sind.

Die Abbaugeschwindigkeit der verschiedenen Substratkomponenten ist unterschiedlich groß. So braucht beispielsweise der Abbau von Cellulose deutlich mehr Zeit als jener von Eiweißen, Zuckern oder Fetten. In Wasser gelöste Verbindungen können meist besser abgebaut werden als noch in Feststoffen gebundene Komponenten, da die Säure- und Methanbildner nur gelöste Verbindungen aufnehmen können. Aus diesem Grund ist die Verflüssigung der Feststoffe (d. h. die Hydrolyse) normalerweise der die Abbaugeschwindigkeit bestimmende Schritt. Hydrolytische Bakterien lösen Feststoffe meist so, dass sie sogenannte Exo-Enzyme nach außen an das Medium (d. h. an die Oberfläche der Feststoffpartikel) abgeben, welche dann die Bindungen von Makromolekülen so auftrennen, dass lösliche Bruchstücke entstehen, die von den Mikroorganismen aufgenommen werden können. Dieses Vorgehen kann speziell bei großen organischen Feststoffpartikeln entsprechend zeitaufwändig sein.

Da die Bestimmung der aktiven Biomasse mit einem erheblichen technischen Aufwand verbunden ist, wird in der Regel eine spezifische Abbauleistung angegeben. Sie wird normalerweise auf das Fermentervolumen bezogen und hängt von der spezifischen Aktivität der Biomasse und von der Biomassekonzentration im Reaktor ab. Sie kann dargestellt werden als $CSB_{abgebaut}/(m^3_{Reaktor}\ d)$ oder Gasproduktion/$(m^3_{Reaktor}\ d)$.

Generell bestehen verschiedene Möglichkeiten, die aktive Biomasse im Fermenter zu erhöhen und so die spezifische Abbauleistung zu verbessern. Bei der einstufigen Vergärung fester Abfälle kann die Erhöhung der Bakterienpopulation im Fermenter beispielsweise durch die Rückführung von ausgegorenem Material (d. h. vergorenes Substrat) zur Beimpfung des Frischmaterials erfolgen. Dabei muss ein Optimum gesucht werden, damit nicht zu viel Reaktorvolumen durch bereits ausgegorenes Material in Anspruch genommen wird.

Gasausbeute. Der Gasertrag (Gasausbeute) bezeichnet die unter gegebenen Prozessbedingungen erreichte spezifische Biogasmenge. Er ist kleiner als das Biogasbildungspotenzial (Kapitel 5.1.2, Band 3). Der spezifische Biogasertrag ist auch mit der Bezugsgröße Methan anstelle von Biogas gebräuchlich. Die Gasmenge ist zudem auf den trockenen Zustand und auf Standardbedingungen normiert. In der Praxis kommen neben der Kinetik weitere limitierende Faktoren (z. B. die Wirkung hemmender Substanzen, die Durchmischung) hinzu.

Aus dem substratspezifischen Biogasertrag und dem Biogasbildungspotenzial kann ein Nutzungsgrad bestimmt werden. Vergleiche von Anlagen oder Verfahren lassen sich nur bei Kenntnis von Ertrag, Potenzial und der Kinetik (unter Berücksichtigung eventueller Hemmungen) führen. Da die Ermittlung dieser Werte sehr aufwändig ist, wird aber oft darauf verzichtet. Damit sind belastbare Daten für Verfahrens- bzw. Anlagenvergleiche kaum verfügbar.

Mangels besserer Daten wird oft auf Literaturwerte (oder Standardgaserträge) zurückgegriffen, die jedoch unter unterschiedlichsten Bedingungen ermittelt wurden und daher nur zur Orientierung geeignet sind. Für eine präzise Bestimmung von Potenzial, Ertrag und Kinetik bei unbekannten Substraten sollten deshalb Versuche mit repräsentativen Proben durchgeführt werden.

Im großtechnischen Bereich gestaltet sich die Bestimmung von spezifischen Erträgen schwierig. Grund dafür ist die fehlende Präzision der vorhandenen Messtechnik (z. B. Masse des eingebrachten Substrats, gebildetes Gasvolumen) und Schwierigkeiten hinsichtlich der Repräsentativität von Substratproben.

Spezifische Gasbildungsrate. Zur Charakterisierung der Fermenterleistung wird oft auch die Gasbildungsrate auf das Fermentervolumen bezogen. Diese spezifische Biogas- oder Methanbildungsrate wird auch als Biogasproduktivität oder Methanproduktivität bezeichnet. Sie wird in $m^3_{Gas}/(m^3_{Fermenter}$ d) angegeben. Dieser Wert ist ein Maß für die Nutzung des Fermentervolumens (Kapazitätsausnutzung; nach [5.91]).

Massenspezifischer Energieertrag. Der massenspezifische Energieertrag berechnet sich aus der real erzeugten Energiemenge bezogen auf die dafür aufgewendete Substratmenge (z. B. oTM, TM, CSB). Er kann auf den Energiegehalt der produzierten Gasmenge, die bereitgestellte elektrische Energie oder / und die erzeugte Wärmeenergie bezogen werden. Er beinhaltet alle Wirkungsgrade der Biogasanlage innerhalb der Bilanzierungsgrenzen und ermöglicht die Einbeziehung der Verwertung des Biogases in die Bilanzierung (nach [5.91]). Damit kann die gesamte Kette der Energiebereitstellung abgebildet werden.

Anlagenbeispiele. Nachfolgend werden ausgewählte Anlagenbeispiele diskutiert, welche die Bandbreite der derzeit realisierten Biogasanlagen wiedergeben.

Lagunenbiogasanlage zur POME-Vergärung. In einigen tropischen Ländern wird POME (engl. Palm Oil Mill Effluent) – das ist die organisch hoch belastete Abwasserfraktion aus der Palmölherstellung – in entsprechenden Lagunenbiogasanlagen zu Biogas vergoren (Abb. 5.68). Dazu wird das POME von der Palmölmühle in eine entsprechende, nach unten mittels einer stabilen Folie abgedichtete Lagune gepumpt. Eine Beheizung findet nicht statt; ggf. findet ein Wärmeeintrag durch das aus der Ölmühle nicht entsprechend erwärmte POME statt. Dabei wird etwa die gleiche Menge vergorenes Substrat entnom-

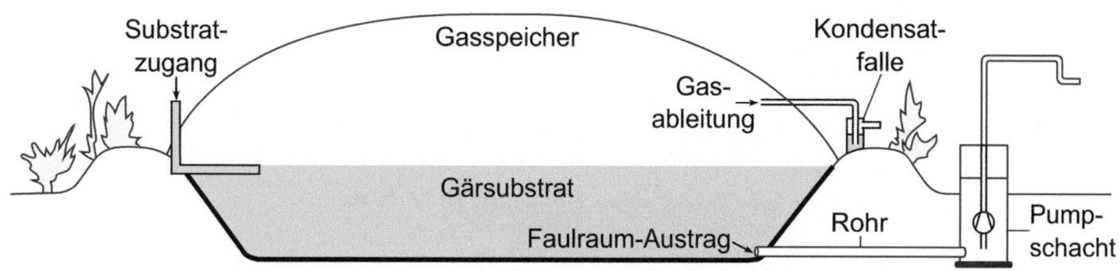

Abb. 5.68 Beispiel für eine Lagunenbiogasanlage zur POME-Vergärung

men, wie Frischsubstrat zugeführt wird. Die Lagunenbiogasanlage ist nach oben ebenfalls durch eine Folie abgedeckt, in der sich das Biogas sammelt. Es wird von hier zurück zur Ölmühle geleitet und dort zur Bereitstellung thermischer Energie eingesetzt.

Güllevergärung. Auf einem landwirtschaftlichen Betrieb mit Viehhaltung fällt Gülle in einer erheblichen Größenordnung an, die in einer Güllegrube am Stall gesammelt wird. Diese Gülle wird dann in eine Vorgrube gepumpt, in der auch ggf. anfallendes verdorbenes Futter und andere organische Stoffströme, die nicht mehr stofflich nutzbar sind, zugemischt werden können. Dieses Substratgemisch wird mehrmals täglich in einen Rührkesselreaktor gepumpt, in dem der biologische Abbauprozess zu Biogas stattfindet. Die Vermischung des Substrats mit dem schon im Fermenter befindlichen Substrat wird über ein Langachsrührwerk realisiert. Die Beheizung erfolgt über an der Innenwand des wärmegedämmten Reaktors angebrachte Wärmeübertrager.

Der Reaktor ist so ausgelegt, dass im Gasraum (d. h. das zwischen der Substratoberfläche und der Unterseite der Fermenterabdeckung befindliche Volumen) das entstandene Biogas bis zu einem gewissen Ausmaß zwischengespeichert werden kann. In diesem Gasraum findet ebenfalls die biologische Entschwefelung durch die Eindüsung geringer Luftmengen statt. Das Biogas wird an der Reaktoroberkante entnommen, mögliche mitgerissene Partikel werden entfernt und anschließend getrocknet. Es wird dann in einem BHKW, das in einem Container in unmittelbarer Nähe der Anlage lokalisiert ist, verstromt. Die produzierte elektrische Energie wird ins Netz eingespeist. Ein Teil der anfallenden Wärme dient der Fermenterbeheizung; der insbesondere im Sommer nicht nutzbare Anteil der Wärme wird an die Atmosphäre abgegeben. Fällt die Gasnutzung aus, ist für diesen Notfall eine Gasfackel vorgesehen, mit der das Biogas verbrannt wird, damit der Grenzwert zum Ausblasen von Methan in die Atmosphäre nicht überschritten wird.

Das vergorene Substrat wird an der Unterseite des Reaktors entnommen und in einen gasdichten Lagerbehälter gepumpt. Das in diesem Lagerbehälter noch entstehende Biogas wird in den Gasspeicherraum des Fermenters rückgeführt. Zusätzlich kann der Raum zwischen der Oberkante des vergorenen Substrats und der Lagerbehälterabdeckung als zusätzlicher Gasspeicherraum genutzt werden. Zu den gesetzlich zulässigen Zeiträumen wird das vergorene Substrat mit den in der Landwirtschaft üblichen Techniken und Verfahren auf die Felder ausgebracht. Das Schema einer derartigen Biogasanlage zur Vergärung von Gülle zeigt Abb. 5.69.

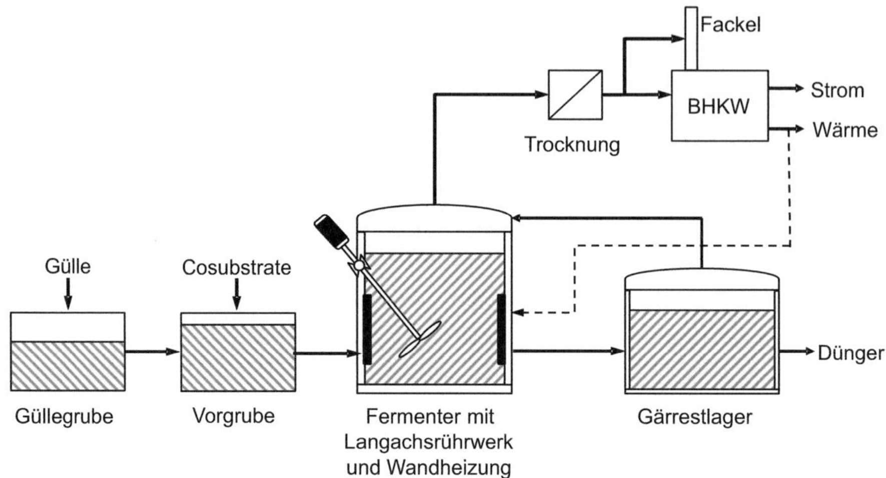

Abb. 5.69 Beispiel für eine Biogasanlage zur Vergärung von Gülle (BHKW Blockheizkraftwerk)

Vergärung nachwachsender Rohstoffe. Die angelieferten Substrate (z. B. Maishäcksel, Ganzpflanzenhäcksel) werden entweder in geschlossenen Silobunkern verschiedener Ausführungen oder auf offenen, gut abgedichteten Flächen in Form von Silage gelagert. Von dort werden sie mithilfe unterschiedlicher diskontinuierlicher und / oder kontinuierlicher Fördertechniken (z. B. Radlader, Schubböden, Schnecken) über eine Wiegevorrichtung zu einer Substrateintragseinrichtung transportiert (Abb. 5.70).

Die Vergärung findet in einem einstufigen Verfahren statt; d. h., es ist nur ein Fermenter vorhanden, in dem die anaerobe Fermentation stattfindet. Bei dem betrachteten ausschließlichen Einsatz nachwachsender Rohstoffe bietet sich dafür der Einsatz eines Pfropfenstromfermenters an. Dieser Fermenter wird mit einem Paddelrührwerk durchmischt, das beheizt ist und damit die Wärme zur Beheizung des Gärsubstrats während des Durchmischungsvorgangs in den Reaktor einträgt. Das entstandene Gas wird am oberen Teil des Reaktors und das ausgefaulte Substrat an dem zum Substrateintrag entgegengesetzten Fermenterende abgezogen. Das vergorene Material wird in ein gasdicht abgedecktes Gärrestelager gepumpt, das gleichzeitig auch als Gasspeicher verwendet werden kann und zusätzlich als Nachgärer dient. Das im Nachgärer entstehende Gas, das im Vergleich zum Fermenter in deutlich geringerer Menge produziert wird, wird mit dem Gasstrom aus dem Fermenter zusammengeführt.

Dieses Biogas wird anschließend getrocknet, um verfahrenstechnische Probleme durch eine Wasserblockierung in den Gasleitungen zu verhindern. Weiterhin wird das Gas in einem separaten Reaktor biologisch entschwefelt, damit die gesetzlich vorgegebenen Schwefeldioxid-Grenzwerte bei der anschließenden energetischen Nutzung sicher eingehalten werden können.

Das gereinigte Gas wird nun in einem BHKW verstromt und die elektrische Energie in das Netz der öffentlichen Stromversorgung eingespeist. Die parallel erzeugte Wärme

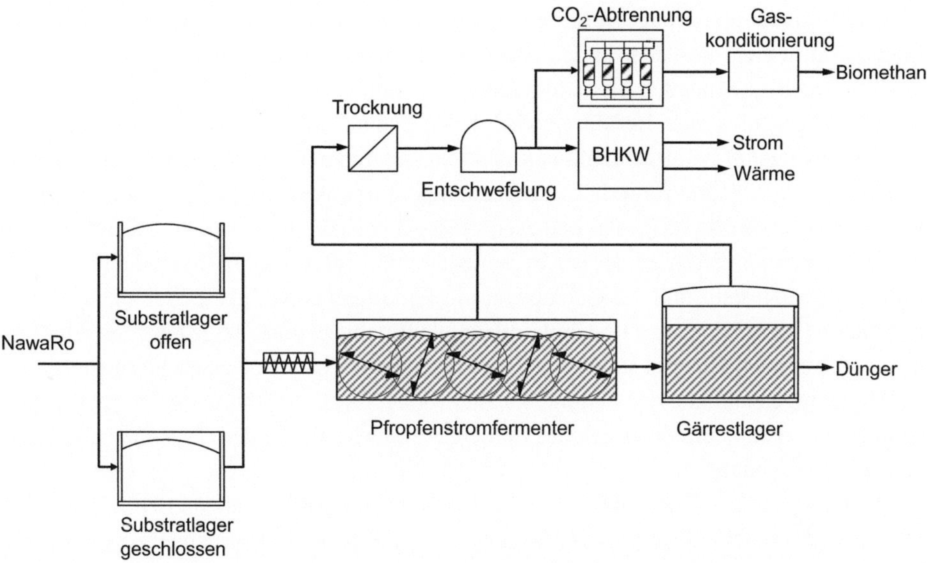

Abb. 5.70 Beispiel für eine Biogasanlage zur Vergärung nachwachsender Rohstoffe (NawaRo nachwachsender Rohstoff wie z. B. Maissilage; BHKW Blockheizkraftwerk)

wird zur Bereitstellung von heißem Wasser genutzt, mit dem das Paddelrührwerk – und damit das Substrat – beheizt wird. Die überschüssige Wärme wird hier zur Beheizung eines angrenzenden Gewerbebetriebes genutzt. Alternativ dazu kann auch eine weitere Gasaufbereitung zur Bereitstellung von Biomethan durchgeführt werden. Damit das gereinigte Biogas den Qualitätsanforderungen zur Einspeisung ins Gasnetz genügt, muss das im Biogas enthaltene Kohlenstoffdioxid (CO_2) abgetrennt werden. Dies kann z. B. durch eine Druckwechseladsorption erfolgen. In der darauffolgenden Gaskonditionierung werden die brenntechnischen Eigenschaften (Brennwert, Wobbe-Index) angepasst sowie eine Odorierung des Gases vorgenommen.

Der Gärrest wird mit den in der Landwirtschaft üblichen Techniken und Verfahrensabläufen als Wirtschaftsdünger auf die Felder ausgebracht, sodass die Nährstoffkreisläufe geschlossen werden.

Grünabfallvergärung. Bei der Landschaftspflege fällt stapelbarer Grünschnitt an, der aus ökologischen Gründen oft nicht auf der Anbaufläche verbleiben sollte. Dieser anfallende Grünschnitt wird mit den in der Landwirtschaft üblichen Verfahrensabläufen zur Biogasanlage transportiert, bei der eine Zwischenlagerung (z. B. Silierung) realisiert werden kann.

Der angelieferte Grünabfall – eine Aussortierung von Störstoffen oder eine Vorbehandlung des Substrats ist meist nicht erforderlich – wird zunächst mit bereits vergorenem Material beispielsweise im Verhältnis 70 % Frischmaterial zu 30 % Altmaterial vermischt und dadurch angeimpft. Dieses Mischsubstrat kann anschließend in einer Trocken- oder

Feststofffermentationsanlage vergoren werden. Dazu wird das nach wie vor stapelbare Material mit einem Radlader in den jeweiligen Fermenter eingebracht und anschließend das Tor des entsprechenden Boxenfermenters gasdicht verschlossen.

Nach abgeschlossener Befüllung wird der Fermenter in der Regel ein bis zwei Tage mit Umgebungsluft belüftet, damit aerobe Prozesse ablaufen können und dadurch die für den anaeroben Abbau erforderliche Prozesstemperatur erreicht wird. Eine weitergehende Erwärmung des Substrats erfolgt in diesem Anlagenbeispiel nicht. Um die Wärmeverluste möglichst zu minimieren, ist der Boxenfermenter gut isoliert. Im Anschluss daran wird die Luftzufuhr eingestellt und das Gärsubstrat mit Perkolationsflüssigkeit über an der Decke installierte Düsen berieselt. Diese Flüssigkeit, die für eine gleichmäßige Feuchteverteilung im zu vergärenden Material sorgen soll, wird als Sickersaft am Boden des Fermenters wieder aufgefangen und in einen Sammelbehälter rückgeführt. Aus diesem kann das Perkolat dann erneut in den Fermenter geleitet werden. Auch wird das in dem Perkolattank entstehende Biogas genutzt.

Das überschüssige Perkolat wird i. Allg. – ähnlich wie Gülle – auf landwirtschaftlichen Flächen ausgebracht. Alternativ dazu kann es auch einem Nassfermenter zugeführt und dort weitergehend anaerob vergoren werden. Dieser Nassfermenter dient dann gleichzeitig als Sickerwasserbehälter sowie ggf. als Biogasspeicher.

Eine derartige Trockenfermentationsanlage, die nach diesem Boxenverfahren arbeitet, besteht aus mehreren gasdichten Fermentern, die über einen Zeitraum von zwei bis sechs Wochen diskontinuierlich betrieben werden. Der Betrieb mehrerer Gärräume, in denen die Fermentation zeitversetzt gestartet wird, ermöglicht damit trotz der konzeptbedingten diskontinuierlichen Fahrweise eine gleichmäßige Gasproduktion.

Das entstandene Gas wird im oberen Teil des Fermenters abgezogen und gereinigt (d. h. Trocknung und Entschwefelung). Zusätzlich kann – da eine Gasspeicherung in den Boxenfermentern kaum möglich ist – ein Foliengasspeicher in den Gasweg integriert werden, um einen begrenzten Ausgleich zwischen Gasangebot und -nachfrage sicherzustellen. Anschließend wird das gereinigte Gas in einem Gasmotor bzw. einem BHKW verstromt und die elektrische Energie ins Netz der öffentlichen Versorgung eingespeist. Die im BHKW anfallende Wärme kann in dem Prozess nicht genutzt werden und wird an die Umgebung abgegeben. Ist jedoch eine Wärmesenke am Anlagenstandort oder in unmittelbarer Nähe vorhanden, ist eine technische Nutzung möglich und aus ökologischen Gründen auch sinnvoll.

Sobald das Substrat weitgehend ausgegast ist, wie es beispielsweise bei Grassilage nach etwa drei Wochen der Fall ist, wird der Boxenfermenter nachbelüftet, damit eine gefahrlose Entleerung ermöglicht wird. Dabei müssen die Gärgase abgezogen und vollständig oxidiert werden, um aus Umweltschutzgründen eine Freisetzung von Biomethanspuren in die Atmosphäre zu vermeiden.

Die Gärreste werden nach Beendigung des Gärprozesses beispielsweise mithilfe eines Radladers aus dem Fermenter gefahren. Der Teil, der nicht erneut als Impfmaterial eingesetzt wird, kann auf landwirtschaftlichen Flächen als Dünger ausgebracht werden. Das Schema einer derartigen Biogasanlage zur Vergärung von stapelfähigen Substraten ist in Abb. 5.71 dargestellt.

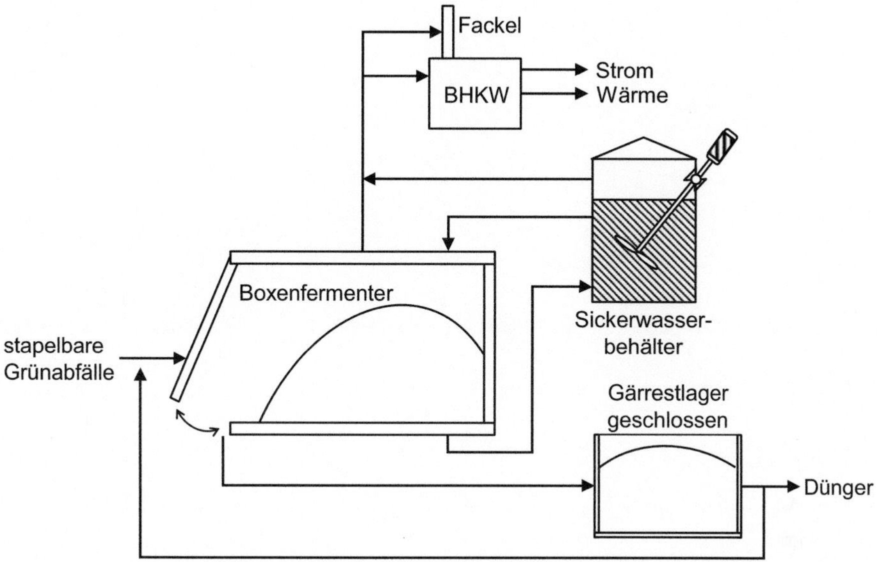

Abb. 5.71 Beispiel für eine Biogasanlage zur Vergärung von stapelbaren Grünabfällen (BHKW Blockheizkraftwerk)

Vergärung von Lebensmittelabfällen. Unter Lebensmittelabfällen werden Obst- und Gemüseabfälle des Groß- und Einzelhandels, überlagerte Lebensmittel aus dem Einzelhandel, Speisereste aus der Gastronomie, aus Altersheimen, aus Krankenhäusern und aus Betriebskantinen sowie Altfette und -öle beispielsweise aus Fettabscheidern verstanden. Derartige Stoffe fallen in sehr unterschiedlicher Form an. Sie können sowohl als verpackte Lebensmittel mit einem überschrittenen Mindesthaltbarkeitsdatum als auch in wässriger Lösung z. B. als organische Großküchenabfälle verfügbar sein. Die Anlieferung erfolgt üblicherweise mithilfe eines Lkw.

Die unterschiedlichen Substrate werden in verschiedenen Annahmebehältern gesammelt und anschließend einer Konditionierung zugeführt. In dieser werden die Abfälle zerkleinert, Störstoffe wie Verpackungen und Metalle entfernt und der Wassergehalt eingestellt. Das zerkleinerte, störstofffreie und pumpfähige Substrat wird dann der Vergärung zugeführt (Abb. 5.72).

Bei diesem Anlagenbeispiel handelt es sich um ein zweiphasiges Vergärungsverfahren. Dabei laufen zunächst die ersten beiden Stufen des anaeroben Abbaus, die Hydrolyse und die Versäuerung, in einem Reaktor ab. In dieser Phase liegt das Temperaturoptimum zwischen 25 und 35 °C. Anschließend gelangt das hydrolisierte Substrat in eine Hygienisierung, in der Viren und Keime bei einer Temperatur von mindestens 70 °C abgetötet werden. Die letzten beiden Abbauschritte, die Acetogenese und die Methangärung, finden bei ca. 38 °C in einem weiteren Fermenter statt. Bei diesem Verfahren entsteht ein vergleichsweise energiereiches Biogas mit einem Methangehalt von ca. 65 %. Das Gas wird anschließend entschwefelt und getrocknet (Abb. 5.72).

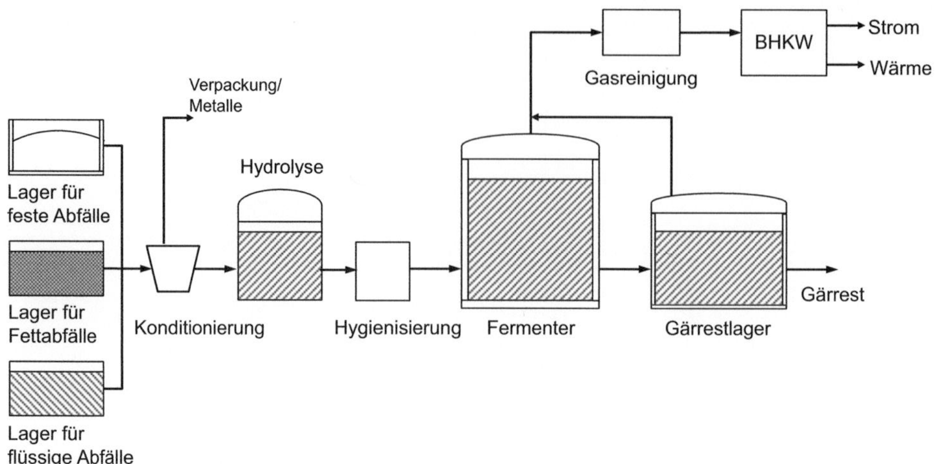

Abb. 5.72 Beispiel für eine Biogasanlage zur Vergärung von Lebensmittelabfällen (BHKW Blockheizkraftwerk)

Das gereinigte Biogas wird dann in einem Blockheizkraftwerk (BHKW) in Strom und Wärme umgewandelt. Der dabei produzierte Strom wird ins Netz eingespeist und die Wärme kann als Fernwärme zur Versorgung von Haushalten und / oder Großabnehmern eingesetzt werden. Die Gärreste müssen je nach verwendetem Substrat ggf. weiter aufbereitet werden, bevor eine Ausbringung auf die umliegenden landwirtschaftlichen Flächen erfolgen darf.

Schlempevergärung. In Europa wird für die Produktion von Bioethanol hauptsächlich Getreide eingesetzt. Bei der Fermentation kann jedoch nur die im Getreidekorn enthaltene Stärke zu Bioethanol umgesetzt werden (Kapitel 4, Band 3). Zurück bleibt ein wässriger Rückstand, die sogenannte Schlempe. In dieser sind bei den meisten der heute marktgängigen Anlagenkonzepte alle Komponenten des Getreides enthalten – außer die zu Ethanol umgesetzte Stärke. Üblicherweise wird diese Schlempe getrocknet und anschließend als Tierfutter genutzt (DDGS; engl. Dried Distillers Grains with Solubles). Es ist jedoch auch möglich, die Schlempe anaerob zu vergären. Ein beispielhaftes Prozessschema zeigt Abb. 5.73.

Die anfallende Schlempe wird ggf. konditioniert und anschließend in geeignete Fermentersysteme gepumpt. Darüber hinaus besteht die Möglichkeit, zuvor zerkleinertes Stroh ebenfalls in den Fermenter als Cosubstrat zuzugeben und somit die Nutzung der ganzen Pflanze (Stroh und Korn) zu realisieren. Das entstehende Biogas wird auf Erdgasqualität aufbereitet und als Biomethan ins Gasnetz eingespeist. Die anfallenden Gärreste werden teilaufbereitet und anschließend als Düngemittel eingesetzt.

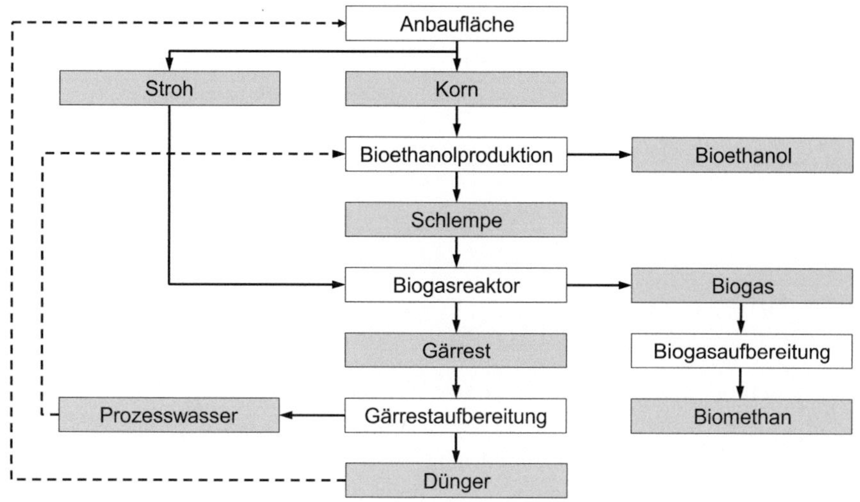

Abb. 5.73 Beispiel für eine Kopplung von Bioethanolproduktion und Biogas- bzw. Biomethanerzeugung

5.3 Produkte und Nutzung

Christiane Dieckmann, Martin Kaltschmitt, Marvin Scherzinger

Nachfolgend werden die verschiedenen Produkte, die den Prozess der anaeroben Fermentation verlassen, beschrieben. Dabei wird unterschieden zwischen dem Produkt Biogas als Energieträger und den anderen Gärprodukten (d. h. des ausgefaulten Substrats).

5.3.1 Biogas

Biogas ist ein Gasgemisch, das typischerweise zu rund der Hälfte bis maximal zwei Dritteln aus Methan (CH_4) und zu etwa einem Drittel bis maximal der Hälfte aus Kohlenstoffdioxid (CO_2) sowie aus diversen Spurengasen besteht.

Gaseigenschaften. Zur Verbrennung von Biogas mit 60 % Methan sind 5,71 m^3_{Luft}/m^3_{Gas} erforderlich. Die Flammenwanderungsgeschwindigkeit dieses Gemischs beträgt maximal 0,25 m/s. Explosionsgefahr besteht, wenn ein explosives Biogas-Luft-Gemisch sowie eine Zündquelle vorhanden sind. Bei einem Methananteil zwischen 5 und 15 Vol.-% ist ein Methan-Luft-Gemisch explosiv; bei einem CO_2-Anteil von beispielsweise 35 % verengen sich diese Grenzen auf 5 bis 12 Vol.-%. Explosionsgefahr besteht insbesondere in geschlossenen und schlecht durchlüfteten Räumen, in die das Biogas ausströmen kann.

Tabelle 5.14 Inhaltsstoffe von Biogas (Durchschnittswerte)

Bestandteil	Konzentration
Methan (CH_4)	45 bis 65 Vol.-%
Kohlenstoffdioxid (CO_2)	35 bis 55 Vol.-%
Wasser (H_2O)	2 (20 °C) bis 7 Vol.-% (40 °C)
Schwefelwasserstoff (H_2S)	20 bis 20 000 ppm (2 Vol.-%)
Stickstoff (N_2)	< 5 Vol.-%
Sauerstoff (O_2)	< 3 Vol.-%
Wasserstoff (H_2)	< 1 Vol.-%

Biogas kann störende Bestandteile (Wasser, Schwefelwasserstoff, Ammoniak und Kohlenstoffdioxid sowie diverse Spurenelemente) enthalten (Tabelle 5.14), deren Elimination die Nutzungsmöglichkeiten erweitern kann. Nachfolgend werden diese einzelnen Gasbestandteile kurz diskutiert. Darüber hinaus kann der Betrieb des Fermenters (u. a. Beschickung, Rührwerkseinsatz) zusätzliche, jedoch zeitlich begrenzte Schwankungen der Gasmenge und -qualität verursachen.

Methan (CH_4). Methan ist ein farb- und geruchloses Gas, dessen Dichte kleiner ist als die von Luft. Es ist insbesondere in Mischungen mit Luft brennbar und verbrennt mit bläulicher, nicht rußender Flamme. Der Heizwert liegt bei $35,89\,\mathrm{MJ/m_N^3}$ [5.140].

Die kritische Temperatur für die Verflüssigung von Methan liegt bei −161,5 °C; oberhalb dieser Temperatur findet auch bei sehr hohen Drücken keine Verflüssigung statt; damit ist die langfristige Lagerung auf kleinstem Raum (d. h. in Form von Flüssiggas, vergleichbar zu LNG (engl. Liquefied Natural Gas)) für eine spätere Nutzung nur bei sehr tiefen Temperaturen möglich.

Kohlenstoffdioxid (CO_2). Kohlenstoffdioxid ist ein inerter Biogasbestandteil. Die Löslichkeit von CO_2 im Kondensat und die daraus resultierende Bildung von Kohlensäure führen zur Versauerung und damit zur Korrosivität des Kondensats. Für die thermische Verwertung des Gases ist eine CO_2-Elimination jedoch nicht zwingend erforderlich. In einigen Anwendungsfällen (z. B. Treibstoff für Kraftfahrzeuge, Einspeisung ins Erdgasnetz) muss das Kohlenstoffdioxid jedoch zur Qualitätssicherung bzw. Volumenreduktion entfernt werden (Kapitel 5.2.7, Band 3).

Wasser (H_2O). Auch Wasser ist ein integraler Bestandteil des Biogases. In Abhängigkeit von der Temperatur können unterschiedliche Mengen Wasser in Form von Wasserdampf im Biogas enthalten sein (Abb. 5.74). Das bei einer Abkühlung entstehende Kondensat kann in den Leitungen Verstopfungen verursachen und Korrosion fördern, da sich bestimmte Biogasbestandteile im Kondensat lösen und erst dadurch besonders korrosiv wirken können. Deshalb sollten die Leitungen mit Gefälle in Richtung eines Kondensatableiters verlegt werden. Der danach noch verbleibende Wasserdampf beeinträchtigt viele

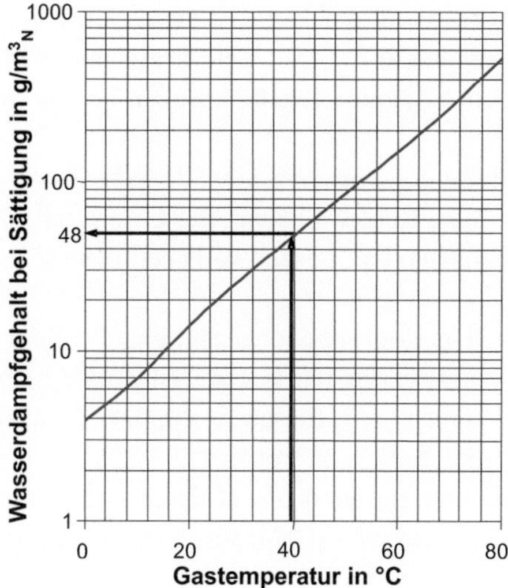

Abb. 5.74 Wasserdampfgehalt in gesättigtem Biogas bei unterschiedlichen Gastemperaturen, bezogen auf das trockene Gasvolumen im Normzustand

Verwendungsmöglichkeiten nicht (z. B. Einsatz in einem BHKW). Die Kondensatmenge erhöht sich mit zunehmendem Gasdruck. Je stärker dieser ansteigt, umso aggressiver sind die Kondensate, da sich auch die Löslichkeitsgleichgewichte zu den in Wasser dissoziierten, korrosiv wirkenden Produkten verschieben.

Schwefelwasserstoff (H_2S). Schwefelwasserstoff wirkt bereits bei geringen Gehalten im Biogas (bis 2 000 ppm) ätzend auf Kupfer und Kupferverbindungen. Für die Gasableitung sollten daher nur Kunststoff- oder Edelstahlleitungen verwendet werden. Bei Verwendung von H_2S-haltigem Biogas als Brennstoff muss außerdem für das Kaminsystem korrosionsbeständiges Material verwendet werden (z. B. rostfreier Stahl). Darüber hinaus führt die energetische Nutzung eines H_2S-haltigen Gases zur SO_x-Bildung und damit zu Emissionen, deren Freisetzung an die Atmosphäre in vielen Ländern gesetzlich limitiert ist. Gleichzeitig ist das zufällige Einatmen von H_2S-haltigem Biogas gefährlich, da ein Gehalt von 1 000 ppm H_2S und mehr für den Menschen tödlich sein kann.

Stickstoff und stickstoffhaltige Verbindungen. Elementarer Stickstoff im Biogas kann in Form von Luft als Bestandteil des Ausgangsmaterials in die Anlage gelangt sein. Der dabei zusätzlich eingetragene Sauerstoff wird in diesem Fall sogleich von fakultativ-aeroben Organismen umgesetzt. Generell deutet das gleichzeitige Vorkommen von Stickstoff und Sauerstoff auf den Zutritt von Falschluft hin, welche in den Gasraum der Anlage oder in die Gasleitung gelangt sein kann.

Auch können stickstoffhaltige Verbindungen im Biogas vorkommen, da im reduktiven Milieu einer Biogasanlage beim bakteriellen Abbau aus Eiweißen oder Nukleinsäuren freigesetzte Stickstoffverbindungen zu Ammonium umgewandelt werden. Das in der flüssigen Phase gelöst vorliegende Ammonium steht wiederum im Gleichgewicht mit gasförmigem Ammoniak. Im pH-Wert-Bereich zwischen 7,0 und 7,6, in dem die Biogasbildung vorzugsweise abläuft, ist dieses Gleichgewicht sehr sensibel gegenüber pH-Wert-Änderungen (Abb. 5.21). Eine Erhöhung des pH-Wertes um wenige Zehntel-Einheiten lässt den Ammoniakgehalt im Biogas bereits signifikant ansteigen.

Weitere Spurenelemente. Abhängig vom Eingangssubstrat können im Biogas u. a. auch höhere Kohlenwasserstoffe, Chlor- und Fluorverbindungen, organische Schwefelverbindungen oder Siloxane vorhanden sein [5.141].

- Die Konzentrationen an Benzol, Toluol, Ethylbenzol, Xylol und Cumol im Biogas sind sehr gering und liegen i. Allg. unterhalb der Nachweisgrenze von 1 mg/m_N^3; in Einzelfällen (z. B. Einsatz bestimmter Cosubstrate) kann eine Toluolbelastung bis 5 mg/m_N^3 nachgewiesen werden.
- Konzentrationen von Chlor und Fluor im Biogas liegen ebenfalls – von einzelnen Ausnahmen (Chlor bis 0, 15 mg/m_N^3) abgesehen – unterhalb der jeweiligen Nachweisgrenze von 0, 1 mg/m_N^3.
- Organische Schwefelkomponenten (z. B. Methaniol oder Ethanthiol) können in sehr wenigen Ausnahmefällen ebenfalls in Biogasen enthalten sein. Stichprobenmessungen haben Methanthiol-Werte von 30 bzw. 32 mg/m_N^3 ergeben; Ethanthiol konnte bisher messtechnisch nicht nachgewiesen werden.
- Siloxane können in erhöhten Konzentrationen insbesondere in Klär- und Deponiegasen sowie ggf. auch in Biogasen vorkommen, für deren Erzeugung entsprechend kontaminierte Abfallstoffströme eingesetzt werden. Um Korrosion und Abrieb in nachgeschalteten Gasnutzungsaggregaten zu verhindern, sollte vor der Nutzung des Biogases eine Entfernung der Siloxane (Kapitel 5.2.5, Band 3) durchgeführt werden.

Gasnutzung. Biogas kann durch eine Vielzahl unterschiedlicher Möglichkeiten energetisch genutzt werden. Wesentliche Varianten für die Bereitstellung von Wärme, Strom und Kraftstoff sind schematisch in Abb. 5.75 dargestellt und werden nachfolgend kursorisch vertieft.

Wärmebereitstellung. Über einen weiten Bereich der Zusammensetzung kann Biogas problemlos in den meisten Biogas-tauglichen Industriefeuerungsanlagen, ggf. nach Anpassung der entsprechenden Gasdüsen, zur ausschließlichen Wärmebereitstellung eingesetzt werden. Bei vorhandenen Ölbrennern muss der Brenner auf einen Zweistoffbetrieb umgerüstet werden. Auch sind ursprünglich für andere gasförmige Brennstoffe (z. B. Erdgas) vorgesehene Anlagen häufig an Biogas anpassbar; meist sind hierbei nur die Brennerdüsen und / oder der eigentliche Brenner zu modifizieren. Bei Verwendung von H_2S-haltigem Biogas muss außerdem für das Kaminsystem ein entsprechend korrosionsstabiles Material verwendet werden (z. B. rostfreier Stahl). In diesem Fall sind korrosionsfestere Heizkessel aus Gusseisen gegenüber Geräten aus Buntmetall zu bevorzugen. Sinngemäß gilt dies im Wesentlichen auch für Gas-Brennwertgeräte auch im kleineren Leistungsbereich.

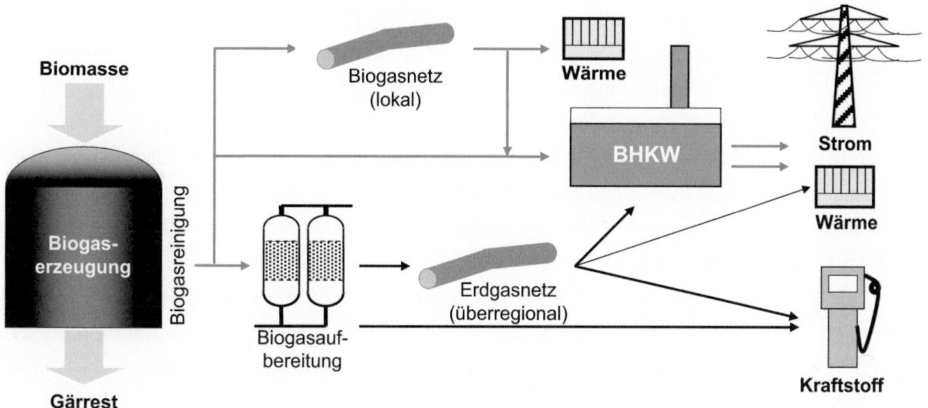

Abb. 5.75 Optionen zur Nutzung von Biogas (BHKW Blockheizkraftwerk)

In industriellen Feuerungen kann unter Verwendung einer kontinuierlichen Überwachung des Biogasheizwertes die Verbrennungsluftzufuhr geregelt werden, um eine optimale Verbrennung sicherzustellen. Die Biogaszusammensetzung schwankt in der Praxis i. Allg. aber nur wenig, wenn der Gärreaktor stabil betrieben wird. Die Feuerung wird außerdem meist so geregelt, dass auch bei schwankender Zusammensetzung ein sicherer Betrieb gewährleistet wird.

Nutzung in Verbrennungsmotoren. Biogas kann in stationären und mobilen Verbrennungsmotoren eingesetzt und hier in mechanische Energie umgewandelt werden. Am häufigsten werden Fremdzündmotoren (Gas-Otto-Motor) verwendet, in denen das zündfähige Luft-Gas-Gemisch mit einem Funken gezündet wird. Bei den Selbstzündungsmotoren (Dieselmotor) ist neben dem Biogas der Einsatz eines zusätzlichen Brennstoffs mit niedriger Zündtemperatur erforderlich. Bei Diesel-Gas-Motoren handelt es sich um sogenannte Zwei-Brennstoff-Motoren (engl. Dual Fuel). Das Luft-Gas-Gemisch wird dabei vom Motor angesaugt, verdichtet und durch Einspritzen von ca. 8 bis 10 % Diesel-Treibstoff gezündet. Alternativ können bei vielen neueren Motoren auch biogene Kraftstoffe wie Pflanzenöl oder Biodiesel als Zündöl verwendet werden.

Das Gasgemisch, das in einem Gasmotor verwendet wird, muss klopffest sein. Die Klopffestigkeit eines Gases bei der Verbrennung in Gasmotoren wird durch die Methanzahl angegeben; diese ist näherungsweise vergleichbar mit der Oktanzahl für Benzin. Die Methanzahl beschreibt den prozentualen Volumenanteil von Methan in einem Methan-Wasserstoff-Gemisch, das unter Standardbedingungen in einem Prüfmotor das gleiche Klopfverhalten aufweist wie das zu prüfende Gasgemisch. Sie wird durch die folgenden beiden Eckpunkte definiert.

- Methan hat definitionsgemäß eine Methanzahl von 100 und ist klopffest.
- Wasserstoff hat definitionsgemäß eine Methanzahl von 0 und ist klopffreudig.

Damit hat beispielsweise ein Gasgemisch mit einer Methanzahl von 89 die gleichen Klopfeigenschaften wie eine Vergleichsmischung, die aus 89 % Methan und 11 % Wasserstoff besteht. Die gängigen Qualitäten von Biogas können deshalb ohne Einschränkungen in marktüblichen Motoren verwendet werden.

Durch den im Biogas ggf. befindlichen Schwefelwasserstoff kann sich bei der Verbrennung im Motor schwefelige Säure bilden, welche – je nach Menge – die Funktion des Motors beeinträchtigen oder ihn sogar beschädigen kann. Motorenhersteller geben für den H_2S-Gehalt im Biogas zulässige Höchstwerte von meist < 200 bis maximal < 500 ppm an. Im Bereich der angegebenen Höchstwerte wird ein häufigerer Wechsel des Motoröls empfohlen. Der richtige Zeitpunkt für den Wechsel kann aus entsprechenden Ölanalysen abgeleitet werden. Durch einen höheren Entschwefelungsaufwand auf < 50 ppm H_2S können sowohl die Ölwechselintervalle als auch die Standzeit des Motors i. Allg. deutlich verlängert werden.

Bei einem geringen Methangehalt und einem mageren Gemisch ($\lambda = 1{,}4$) kann der CO_2-Gehalt im Biogas nachteilig wirken. Prinzipiell wird durch Kohlenstoffdioxid zwar das unerwünschte „Klopfen" verhindert, gleichzeitig reduziert sich aber auch die Verbrennungsgeschwindigkeit. Dadurch verzögert sich das Ende der Verbrennung und die Zylindertemperatur wird abgesenkt. Dies reduziert letztendlich den Wirkungsgrad des Motors.

Um eine unerwünschte Kondensatbildung während der Kaltstartphase des Motors auszuschließen, sollte der Wasserdampfgehalt im Biogas möglichst gering gehalten werden. Zur Vermeidung von Störungen und Schäden an den Motoren ist auch auf einen möglichst geringen Staubgehalt zu achten; ggf. ist eine Reinigung sinnvoll.

Für die Viertakt-Gas-Otto-Motoren existieren verschiedene Möglichkeiten, damit die Schadstoffemissionen im Abgas auf das gesetzlich geforderte Niveau reduziert werden können. Der Magerbetrieb beispielsweise, bei dem ein erhöhter Luftüberschuss vorliegt, führt zur Absenkung der Verbrennungstemperaturen und damit zur Minderung der Stickstoffoxid(NO_x)-Emissionen. Er ist aber auch mit einer reduzierten Motorleistung verbunden. Durch den Einsatz von Abgasturboladern kann diese Reduktion jedoch mehr als ausgeglichen werden. Der Nachteil des Magerbetriebs liegt in der verzögerten Verbrennung, bei der das Entstehen von Kohlenstoffmonoxid und unverbrannten Kohlenwasserstoffen begünstigt wird und es zu Fehlzündungen kommen kann.

Die niedrigsten Schadstoffemissionen werden beim Betrieb von Gasmotoren mit einem sehr geringen Luftüberschuss ($\lambda \approx 1$) und einem Dreiwegekatalysator erzielt. Durch die nichtselektive katalytische Reduktion (NSCR; engl. Non-Selective Catalytic Reduction) lassen sich Werte für NO_x von $< 10\,\mathrm{mg/m_N^3}$, für CO von $< 60\,\mathrm{mg/m_N^3}$ und für HC von $< 10\,\mathrm{mg/m_N^3}$ erzielen. Bei entsprechender Überwachung und Wartung können Katalysatorstandzeiten von über 20 000 h erreicht werden. Allerdings können schon geringe Mengen von Schwefel, Phosphor, Zink, Arsen sowie Chlor und Fluor den Katalysator zerstören. Bei der Vergärung tierischer Exkremente, industrieller Abwässer oder biogener Abfälle ist jedoch stets – je nach Zusammensetzung – mit der Anwesenheit von z. B. Schwefelwasserstoff im Biogas zu rechnen. Um eine Zerstörung des Katalysators zu verhindern, ist dann eine möglichst vollständige Entschwefelung des Biogases vorzusehen.

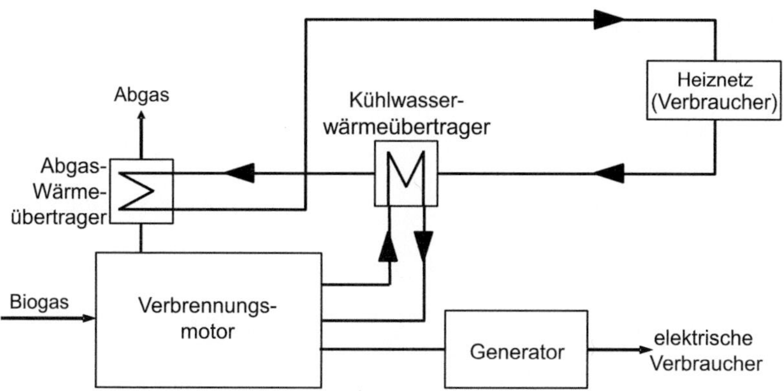

Abb. 5.76 Funktionsweise eines Biogas-Blockheizkraftwerks (BHKW)

Nutzung in Blockheizkraftwerken (BHKW). Die gekoppelte Erzeugung von Wärme und Kraft (bzw. Strom) aus Biogas erfolgt in Blockheizkraftwerken (BHKW). Als Antrieb werden Gas-Otto- und ggf. Zündstrahlmotoren eingesetzt. Sehr selten sind Mikrogasturbinen (elektrische Leistung: 30 bis 100 kW) oder noch seltener Gasturbinen im Einsatz. Der produzierte Strom wird dabei üblicherweise ins Netz der öffentlichen Versorgung eingespeist. Parallel dazu wird die Motor- und Abgasabwärme mittels Wärmeübertrager (u. a. Kühlwasser, Abgas, Motoröl) – auf jeweils unterschiedlichen Temperaturniveaus – abgeführt und kann zum Heizen von Gebäuden und / oder zur Bereitstellung von Prozessenergie verwendet werden. Die Funktionsweise eines Biogas-Blockheizkraftwerks ist in Abb. 5.76 dargestellt.

Aus Energieeffizienzgründen ist die Verwendung des Biogases in Blockheizkraftwerken besonders interessant; sie stellt auch die in Europa am meisten verbreitete Nutzungsform dar, zumal eine Biogasanlage typischerweise immer thermische Energie zum Betrieb der Fermenterbeheizung benötigt.

In der nachfolgenden Aufstellung sind typische Kenndaten und Größenordnungen von Biogas-Blockheizkraftwerken zusammengestellt.

- Industriegasmotoren (Otto, Fremdzündung)
  - Elektrische Leistung: 20 bis mehr als 3 000 kW
  - Elektrische Wirkungsgrade: 35 bis 47 %
  - Thermische Wirkungsgrade: 35 bis 55 %
  - Gesamtwirkungsgrade: 85 bis 90 %
  - Arbeitsweise als Fremdzünder
  - Lebensdauer: > 60 000 h
- Zündstrahlmotoren (Zündstrahl, Dual Fuel)
  - Elektrische Leistung: 5 bis maximal 300 kW
  - Elektrische Wirkungsgrade: 30 bis 45 %
  - Thermische Wirkungsgrade: 45 bis 50 %

- Gesamtwirkungsgrade: 80 bis 85 %
- Zündstrahlkraftstoff: > 5 % Diesel
- Arbeitsweise als Selbstzünder
- Lebensdauer: ca. 35 000 h [5.142]

Bei Biogasanlagen richtet sich die Auslegung eines BHKW üblicherweise nach der durchschnittlichen Gasproduktion, wenn unterstellt wird, dass die anfallende Wärme weitgehend konstant im Jahresverlauf benötigt und die bereitgestellte elektrische Energie mit einer näherungsweise konstanten Leistung dem entsprechenden Verbraucher / Netz der öffentlichen Versorgung zur Verfügung gestellt wird. Bei größeren Anlagen werden meist zwei oder mehr BHKW parallel betrieben, um im Fall von Havarien und Gasproduktionsschwankungen mit möglichst hohen Wirkungsgraden kontinuierlich arbeiten zu können; dies resultiert aus im Teillastbereich i. Allg. stark abfallenden Wirkungsgraden im Vergleich zum Volllastbetrieb. Dabei muss auch der Eigenenergiebedarf des BHKW einschließlich der Notkühlanlage, der bis zu 3 % der erzeugten Strommenge betragen kann, berücksichtigt werden.

Die Wahl des Generators hängt davon ab, ob die Anlage für den Netzparallelbetrieb, als Notstromanlage bei Netzausfall oder für einen Inselbetrieb ohne Netzanschluss vorgesehen ist. Dabei stellt der netzparallele Betrieb für die Stromerzeugung aus Biogas zumindest in Europa mit einer gut entwickelten elektrischen Netzinfrastruktur den Normalfall dar. Bei kleinen Anlagen werden dabei Asynchrongeneratoren eingesetzt. Durch spezielle Regelungseinrichtungen lassen sich diese begrenzt auch an einen Inselbetrieb anpassen. Bei höheren Ansprüchen, größeren Notstromanlagen und in Inselnetzen werden jedoch nur noch Synchrongeneratoren verwendet. Spannung, Frequenz und Blindleistung können bei diesem Maschinentyp über eine entsprechende Regelung eingestellt werden.

Zur Wärmegewinnung kommen Wärmeübertrager im Motorkühlwasser- und Schmieröl-/Motorölkreislauf sowie im Abgasstrom infrage. Das Verhältnis des Wärmeaufkommens dieser drei Wärmeströme kann je nach Motorauslegung und -konzeption stark schwanken; beispielsweise fallen bei einigen marktgängigen Biogas-BHKW rund zwei Drittel der Wärme als Abgaswärme und etwa ein Drittel als Wärme aus dem Kühlwasser- und Ölkreislauf an. Die jeweiligen Wärmeströme können – je nach angestrebter Verwendung für die Wärme – gemeinsam oder einzeln genutzt werden, zumal sie auf einem z. T. deutlich unterschiedlichen Temperaturniveau anfallen.

- Die Motorabwärme (d. h. Motorkühlwasser- und Motoröl-/Schmierölkreislauf), die auf einem Temperaturniveau von rund 90 bis maximal 100/110 °C anfällt, kann über Wasser-Wasser- bzw. Öl-Wasser-Wärmeübertrager abgeführt werden. Damit ist ein Heizungsvorlauf von rund 90 °C bei einem Rücklauf zwischen 55 und 70 °C möglich.
- Die Abgasabwärme fällt demgegenüber auf einem Temperaturniveau von rund 300 bis maximal 500 °C an. Sie kann über einen Gas-Wasser-Wärmeübertrager nutzbar gemacht werden. Bei der Auskopplung dieser Abgaswärme ist auch eine Frischdampfbereitstellung möglich.

Sind höhere Vorlauftemperaturen auch aus dem Heißwasserkreislauf notwendig oder genügt die Heizleistung nicht, kann zusätzlich ein Heizkessel in Serie zugeschaltet werden.

Ein Teil dieser Abwärme (in Mitteleuropa ca. 10 bis 30 %) ist i. Allg. für die Beheizung des Fermenters und die Erwärmung von frischen Substraten erforderlich, wenn keine anderen (kostengünstigeren) Abwärmequellen erschlossen werden können. Die über den potenziellen Eigenverbrauch hinausgehende Abwärme des BHKW kann zur Deckung der Niedertemperaturwärmenachfrage der ggf. lokal vorhandenen Verbraucher und / oder beispielsweise über ein Nahwärmenetz zur Versorgung entfernt liegender Nachfrager genutzt werden.

Eine Alternative dazu kann ein Mikrobiogasnetz sein, um beispielsweise einen zweiten BHKW-Standort an einer weiter entfernten Wärmesenke zu erschließen. In den überwiegenden Fällen kann Biogas einfacher und kostengünstiger im Vergleich zu der im BHKW anfallenden Wärme transportiert werden, da i. Allg. eine Gasleitung sehr verlustarm betrieben werden kann und – im Unterschied zu einer Warmwasserleitung, mit der Wärme transportiert wird – kein Rücklauf benötigt wird.

Trotz Wärmedämmung strahlen Gasmotor, Generator, Wärmeübertrager und auch die Wärmetransportleitungen thermische Energie ab, die entweder mit einem speziellen Austauscherkreislauf bzw. mit einer Wärmepumpe zurückgewonnen werden kann oder durch eine entsprechende Belüftung an die Umgebung abgeführt werden muss.

Zur Minderung der Lärmbelastung wird die BHKW-Anlage in der Regel in einem schalldämpfenden Gehäuse (z. B. Motorkapselung, Container) untergebracht.

Nutzung als Fahrzeugtreibstoff. Erdgas – und damit Methan – kann auch als Fahrzeugtreibstoff vergleichbar zu CNG (engl. Compressed Natural Gas) eingesetzt werden. Gegenwärtig sind am Markt Fahrzeuge vom Pkw bis zum Bus oder Lkw verfügbar, die serienmäßig mit CNG betrieben werden können. Damit diese Fahrzeuge einen akzeptablen Aktionsradius haben, muss das Gas auf 200 bis 250 bar komprimiert werden.

Aufgrund dieser hohen Verdichtung ist eine vorherige Aufbereitung des Biogases zwingend notwendig, da eine Kompression beispielsweise der energetisch nicht nutzbaren Gasbestandteile (z. B. Kohlenstoffdioxid) mit einem ökonomisch i. Allg. nicht darstellbaren Aufwand verbunden wäre. Parallel dazu ist eine weitergehende Reinigung notwendig; Wasserdampf muss ebenso weitgehend entfernt werden wie u. a. Schwefelwasserstoff. Erfüllt nach einer derartigen Aufbereitung das Biogas die Erdgasspezifikationen, kann jedes CNG-taugliche Fahrzeug auch problemlos mit aufbereitetem Biogas / Biomethan betrieben werden. Eine derartige Aufbereitung des Biogases auf Erdgasqualität hat auch den Vorteil, dass das Biomethan in das vorhandene Erdgasnetz eingespeist werden kann und dann – da es chemisch mit Erdgas identisch ist – bilanziell an (nahezu) beliebiger Stelle – und damit an jeder vorhandenen CNG-Tankstelle – entnommen bzw. von den entsprechenden Fahrzeugen getankt werden kann.

Einspeisung in Erdgasnetze. Eine flexible Möglichkeit der Nutzung von Biogas bietet die Aufbereitung von Biogas auf Erdgasqualität mit anschließender Einspeisung in das vorhandene Erdgasnetz. Damit lassen sich alle Erdgasanwendungen mit Biogas bzw. Biomethan erschließen (d. h. Wärmemarkt, Stromerzeugung, Mobilitätssektor, stoffliche Nutzung beispielsweise in der chemischen Industrie).

Weitere Möglichkeiten. Biogas lässt sich ebenfalls zum Beleuchten, Kochen und zum Kühlen einsetzen. Diese Anwendungsfelder werden in der Regel bei Kleinstanlagen genutzt (z. B. in Haushalten im ländlichen Indien oder im ländlichen China). Auch können lokale Biogasnetze neben der Stromerzeugung auch zur Wärme- und Kochgasversorgung errichtet werden. Insbesondere bei der Verwendung als Kochgas ist jedoch darauf zu achten, dass Biogas erhöhte Schwefelwasserstoffgehalte aufweisen kann, die gesundheitsgefährdend sind. Daher sollte bei der Verwendung in einer geschlossenen Küche das Gas zuvor entschwefelt werden.

5.3.2 Weitere Gärprodukte

Das vergorene Material, das den Fermenter verlässt, wird als Gärrest oder Gärrückstand bezeichnet. Aufgrund der in dem vergorenen Substrat enthaltenen Nährstoffgehalte werden Gärreste – sofern die gesetzlichen Bestimmungen es erlauben – überwiegend auf landwirtschaftlichen Nutzflächen eingesetzt.

Die gesetzliche Grundlage zur ordnungsgemäßen pflanzenbaulichen Verwertung von Gärresten bilden – unabhängig vom eingesetzten Substrat – das Düngegesetz (DüG) und die dazugehörigen Verordnungen (Düngemittelverordnung (DüMV), Düngeverordnung (DüV), Verbringungsverordnung). In der Düngemittelverordnung (DüMV) werden die Anforderungen an das Inverkehrbringen von Düngemitteln definiert. Festgelegt sind beispielsweise die Kennzeichnungsschwellen und Grenzwerte für einzelne Inhaltsstoffe (Nährstoffe, Schadstoffe wie z. B. Schwermetalle) sowie Anforderungen an die Seuchen- und Phytohygiene. Darüber hinaus dürfen laut Düngegesetz alle Düngemittel nur „nach den Grundsätzen der guten fachlichen Praxis“ [5.143] verwendet werden; d. h., die eingesetzten Düngemittel müssen bezüglich Art, Menge und Düngezeitpunkt auf den Nährstoffbedarf der Pflanzen und des Bodens abgestimmt sein. Entsprechende Vorgaben und Kriterien z. B. zur Bestimmung des Düngebedarfs, der Ausbringungszeitpunkte und der Ausbringungsbegrenzungen sind in der Düngeverordnung definiert.

Werden als Gärsubstrate nicht nur nachwachsende Rohstoffe und Gülle (d. h. „klassische“ landwirtschaftliche Substrate) eingesetzt, sondern auch pflanzliche und tierische Rückstände, Nebenprodukte und / oder Abfälle, müssen weitere Rechtsbereiche zum Inverkehrbringen der Gärprodukte beachtet werden. Dazu zählen u. a. das Kreislaufwirtschaft- und Abfallgesetz mit der zugehörigen Bioabfallverordnung und bei der Verwendung tierischer Nebenprodukte auch die entsprechende Verordnung (EG) Nr. 1069/2009 des Europäischen Parlaments und des Rates. Eine entsprechende Übersicht zu den geltenden Regelungen zeigt Abb. 5.77.

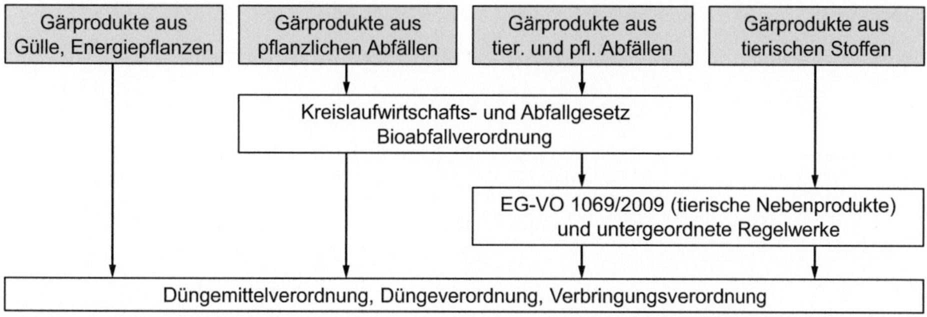

Abb. 5.77 Rechtsbereiche zum Einsatz von Gärrückständen als Düngemittel (tier. tierischen; pfl. pflanzlichen) (nach [5.144])

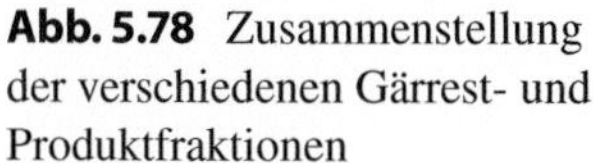

Abb. 5.78 Zusammenstellung der verschiedenen Gärrest- und Produktfraktionen

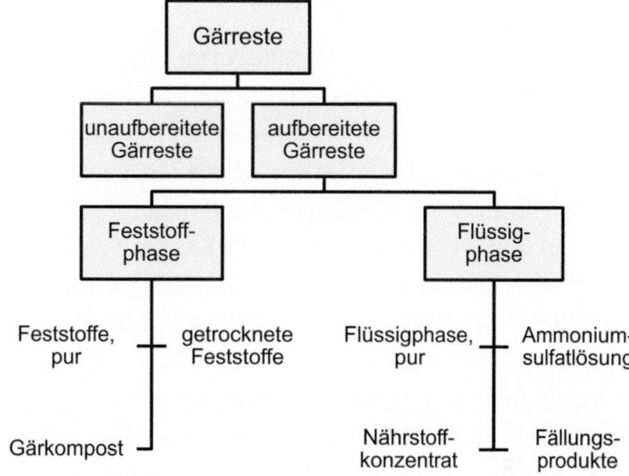

Werden die jeweils geltenden gesetzlichen Anforderungen erfüllt, können die Gärrückstände aus der Biogaserzeugung zur Düngung eingesetzt werden. Dabei ist eine Direktausbringung nicht aufbereiteter Gärreste von den Einsatzmöglichkeiten der teil- oder vollaufbereiteten Gärreste als Dünger zu unterscheiden (zur Technik der Gärrestaufbereitung siehe Kapitel 5.2.9, Band 3).

Im Folgenden werden zunächst die stofflichen Eigenschaften der Gärrückstände sowie die in Abb. 5.78 gezeigten Gärrest- und Produktfraktionen und deren Verwendungsmöglichkeiten erläutert.

Gärresteigenschaften. Die Eigenschaften bzw. die Zusammensetzung der Gärreste werden im Wesentlichen durch das jeweils eingesetzte Gärsubstrat bestimmt. In Deutschland kommen dabei beispielsweise neben Wirtschaftsdüngern (z. B. Rinder- und Schweinegülle) auch nachwachsende Rohstoffe (z. B. Maissilage, Grassilage, Ganzpflanzensilage) zum Einsatz. Hinzu kommt der Einfluss der jeweiligen Prozessbedingungen im Fermenter während der Vergärung.

Tabelle 5.15 Mittlere Nährstoffgehalte von Gärresten (nach [5.145] und [5.146])

Input / Gärsubstrat	TM	oTM	C_{ges}	N_{ges}	NH_4-N	P	K	Mg
	in %	in % der TM						
Rindergülle	7,0	71,3	42,7	6,4	3,7	0,9	5,3	0,9
Schweinegülle	5,2	70,9	45,6	10,6	8,1	1,2	4,8	1,0
Maissilage und Schweinegülle (50 : 50)	4,2	68,2	41,9	8,7	5,5	2,8	6,2	0,9
Maissilage	7,7	78,8	42,9	7,6	4,9	1,1	5,9	0,7
Bioabfälle nach BioAbfV	5,8	59,7	49,3	11,4	5,1	2,2	4,3	0,5
Speiseabfälle	3,3	56,5	32,6	16,3	12,2	0,9	4,5	0,2

TM Trockenmasse; oTM organische Trockenmasse

Generell gilt, dass bei der anaeroben Fermentation ein bestimmter Anteil der organischen Substanz des eingesetzten Substrats abgebaut wird; d. h., durch die Biogasbildung und -abführung (d. h. Abtrennung kohlenstoffhaltiger Komponenten wie Methan (CH_4) und Kohlenstoffdioxid (CO_2)) wird der Trockenmassegehalt und damit auch der Kohlenstoffgehalt im Gärrest gegenüber dem ursprünglichen Biogassubstrat reduziert. Demgegenüber verbleiben alle weiteren Mikro- und Makronährstoffe, die ursprünglich in dem Substrat vorhanden waren (z. B. Phosphor, Kalium, Stickstoff), im Gärrest und erhöhen sich beim Abbau relativ, da sie – im Unterschied zu den organischen Substratkomponenten – nicht abgebaut werden. Der anaerobe Abbau von Kohlenstoffverbindungen führt somit zu einer Verengung des C/N-Verhältnisses im Gärrest gegenüber dem Ausgangssubstrat. Darüber hinaus wird durch die Abbauprozesse ein Teil des organisch gebundenen Stickstoffs zu Ammoniumstickstoff (NH_4-N) umgewandelt (d. h. mineralisiert) und ist dadurch i. Allg. besser pflanzenverfügbar. Auch beim Phosphor wird der organisch gebundene Anteil durch den Fermentationsprozess reduziert, sodass dieser in Form von leicht löslichen Phosphaten vorliegt. Eine Übersicht über Nährstoffgehalte verschiedener Gärreste zeigt Tabelle 5.15.

Gärreste enthalten somit i. Allg. wichtige Pflanzennährstoffe, die z. T. bereits in pflanzenverfügbarer Form vorliegen. Bei einer pflanzenbaulichen Verwertung der Gärreste werden neben den düngewirksamen Bestandteilen (u. a. Stickstoff, Phosphor, Kalium und Magnesium) u. U. – je nach Substratzusammensetzung – auch Schadstoffe oder Schaderreger auf die Anbaufläche ausgebracht. Um entsprechende negative (Dünge-)Effekte zu verhindern, müssen daher je nach eingesetztem Substrat die jeweils gültigen rechtlichen Regelungen (u. a. Düngerecht, Abfallrecht und Hygienevorschriften) beachtet werden.

Unaufbereitete Gärreste. Gärreste, welche die Biogasanlage unaufbereitet verlassen, sind i. Allg. bezüglich ihrer Nährstoffgehalte mit „klassischen" Wirtschaftsdüngern (z. B. unvergorener Gülle) näherungsweise vergleichbar. Sie werden üblicherweise in der Vegetationszeit bzw. zu den gesetzlich erlaubten Zeiträumen direkt auf umliegende landwirtschaftliche Nutzflächen als Düngemittel ausgebracht. Je nach Ausgangssubstrat kann zuvor eine Hygienisierung der Gärreste erforderlich sein, um die Ausbreitung von Keimen und Krankheitserregern zu verhindern (siehe oben).

Zur Direktausbringung kommen die üblicherweise in der Güllewirtschaft eingesetzten Techniken und Verfahren zum Einsatz. Allerdings sollten nur bodennahe Ausbringtechniken gewählt werden, um die entstehenden Ammoniakemissionen und damit auch Nährstoffverluste zu minimieren.

Bei dieser Direktausbringung werden neben den Nährstoffen auch die anaerob nicht oder nur schwer abbaubaren Kohlenstoffverbindungen auf die Anbauflächen zurückgebracht, wo sie zur Erhaltung der Bodenqualität bzw. des Humusgehalts beitragen können.

Die Zusammensetzung der ausgebrachten Nährstoffe wird durch das Biogassubstrat weitestgehend vorgegeben und entspricht u. U. nicht dem jeweiligen (Nährstoff-)Bedarf der Böden bzw. der jeweils angebauten Pflanzen; d. h., eine bedarfsgerechte Düngung kann dadurch erschwert werden. Darüber hinaus ist die Transportwürdigkeit der Gärreste aufgrund der üblicherweise sehr hohen Wasseranteile gering. Dies kann besonders für Großanlagen oder in Regionen mit einer hohen Anlagendichte zu logistischen Problemen und hohen Kosten führen; derartige Randbedingungen können den zusätzlichen Aufwand einer Aufbereitung rechtfertigen.

Aufbereitete Gärreste. Durch eine Teil- oder Vollaufbereitung wird die Transportwürdigkeit der anfallenden Gärreste gesteigert und ein gezielterer Einsatz der enthaltenen Nährstoffe als Dünger ermöglicht. Dies gilt insbesondere dann, wenn standardisierte und zertifizierte Endprodukte mit vorgegebener Zusammensetzung – und damit definierter Düngewirkung – erzeugt werden.

Bei der Gärrestaufbereitung erfolgt i. Allg. zunächst eine Fest-Flüssig-Trennung (auch als Teilaufbereitung bezeichnet), um anschließend ggf. die flüssige und die feste Phase getrennt voneinander weiterzubehandeln (Vollaufbereitung). Nachfolgend werden die gegenwärtig bereits erzeugten Aufbereitungsprodukte und deren Verwertung erläutert.

Feststoffphase. Die Feststofffraktionen aus der Fest-Flüssig-Trennung des ausgefaulten Substrats weisen vergleichbare Eigenschaften auf wie ein Frischkompost. Sie können daher beispielsweise als Bodenverbesserer (d. h. Erhöhung der organischen Substanz im Boden) mit Düngewirkung eingesetzt werden. Gleichzeitig wird die Phosphorversorgung der Böden durch die in der Feststoffphase relativ angereicherten Phosphate verbessert. Allerdings sollten die separierten Feststoffe möglichst unmittelbar nach der Separierung auf die Anbauflächen ausgebracht werden, um Stickstoffverluste sowie Geruchs- und Methanemissionen während der Lagerung möglichst maximal zu verhindern. Denn obwohl die separierten Feststoffe weitgehend anaerob abgebaut sind, können die noch im Material enthaltenen anaeroben Bakterien – wenn auch nur in einem geringen Maße – den Gärprozess und damit die Methanbildung fortsetzen. Daher ist bei einer längeren Lagerung der abgetrennten Feststofffraktion eine Folienabdeckung vorzusehen. Durch eine weitere Aufbereitung können darüber hinaus die folgenden Produkte erzeugt werden:

- Gärkompost. Aus den separierten Feststoffen der Nassfermentation oder aus den Rückständen der Feststoffvergärung kann für eine spätere Vermarktung bzw. Verwertung auch ein stabilisiertes Produkt, der sogenannte Gärkompost mit einem Trockenmasse(TM)-Gehalt von rund 50 %, erzeugt werden. Nach einer professionell geführten, aeroben Reifephase in einer Nachrotte, die mindestens 10 bis 20 d dauern sollte, sind die Eigenschaften des Gärkompostes mit denen eines handelsüblichen Kompostes vergleichbar. Auf diese Weise bleiben die Pflanzennährstoffe erhalten und es wird ein lagerfähiges Produkt erzeugt, das auch außerhalb der Landwirtschaft z. B. im Garten- und Landschaftsbau eingesetzt werden kann. Damit der Gärkompost Absatz findet, ist – falls aufgrund des Inputmaterials erforderlich – zuvor eine Störstoffabtrennung (z. B. Kunststoffe, andere Inertstoffe) notwendig. Zudem müssen die aktuell gültigen Grenzwerte z. B. bezüglich der Schwermetallgehalte eingehalten werden.
- Getrocknete Feststoffphase. Durch eine Trocknung der Rückstände der Feststoffvergärung oder der aus einer Fest-Flüssig-Abtrennung separierten Feststoffe wird der Wassergehalt weiter reduziert und dadurch sowohl die Lagerfähigkeit bzw. -stabilität als auch die Transportwürdigkeit gesteigert. Getrocknete Gärrückstände können darüber hinaus zur verbesserten Handhabung pelletiert und anschließend in Gartencentern als Bodenverbesserer mit Düngewirkung angeboten werden. Zusätzlich kann durch eine derartige Trocknung und eine ggf. anschließend realisierte Pelletierung auch ein biogener Festbrennstoff erzeugt werden; die getrockneten Gärreste weisen einen mit Stroh weitgehend vergleichbaren Heizwert auf. Der Aschegehalt ist aber vergleichsweise hoch und der Ascheschmelzpunkt relativ gering; d. h., ein Einsatz ist i. Allg. nur in speziell angepassten Feuerungsanlagen möglich. Darüber hinaus sind aufgrund der im Vergleich zu Stroh hohen Stickstoffanteile hohe NO_x-Gehalte im Abgas zu erwarten, die – je nach Gärsubstrat – potenziell die Grenzwerte nach TA Luft überschreiten dürften.

Flüssigphase. Bei der Fest-Flüssig-Trennung der Gärreste aus der Nass- und ggf. der Feststoffvergärung fällt ebenfalls eine Flüssigphase an, die beispielsweise bei Pfropfenstrom- und pfropfenstromähnlichen Prozessen zur Rückimpfung eingesetzt werden kann. Bei der Flüssigvergärung fester Abfälle kann die Flüssigphase auch zum Anmaischen der Ausgangsstoffe verwendet werden. Ein weiterer Anteil kann insbesondere bei kombinierten Gär- und Kompostierverfahren zur Mietenbewässerung und ggf. zur Nährstoffversorgung holzreicher Kompostmieten verwendet werden.

Die Flüssigphase beinhaltet eine Vielzahl an Nährstoffen (insbesondere Ammonium) sowie – in Abhängigkeit der eingesetzten Trennprozesse – gelöste und suspendierte organische Komponenten. Die Schwermetallgehalte liegen zwar generell höher als in der festen Phase, aber beispielsweise bei „klassischen" landwirtschaftlichen Substraten in der Regel unter den beispielsweise für Kompost geltenden Grenzwerten. Deshalb kann die Flüssigphase üblicherweise als Düngemittel eingesetzt werden. Allerdings ist eine direkte Vermarktung der Flüssigphase oftmals schwierig, da die Transportwürdigkeit im Vergleich zum unbehandelten Gärrest kaum gestiegen ist und die Nährstoffkonzentrationen immer noch merklich unter den Werten der mineralischen Düngemittel liegen und

i. Allg. die Düngewirkung – da abhängig von den eingesetzten Substraten – nicht zwingend exakt bekannt ist. Deshalb können durch zusätzliche Aufbereitungsverfahren aus der Flüssigphase die im Folgenden dargestellten transport- und lagerfähigen Produkte hergestellt werden.

- Nährstoffkonzentrat. Um die Transportwürdigkeit der separierten Flüssigphase zu erhöhen, kann diese eingedampft werden (d. h., das Volumen wird deutlich reduziert und damit die Nährstoffe aufkonzentriert). Außer einer derartigen (energieintensiven) Eindampfung ist eine Aufkonzentration auch durch Membranprozesse möglich. Dadurch können die auszubringenden Mengen reduziert werden (d. h. Reduzierung der Transportkosten). Die Nährstoffzusammensetzung wird dadurch jedoch nicht verändert.
- Ammoniumsulfatlösung (ASL). Die aus der Strippung gewonnene Ammoniumsulfatlösung ist bereits als standardisiertes Aufbereitungsprodukt am Markt verfügbar. Als Produkt der Abluftreinigung und als Nebenprodukt der chemischen Industrie wird eine solche Ammoniumsulfatlösung heute bereits in der Landwirtschaft als Düngemittel eingesetzt.
- Fällungsprodukte. Zur Rückgewinnung von Phosphor und Stickstoff aus anaeroben Prozessen eignet sich besonders die Fällung mit Magnesiumsalzen. Das entstehende Magnesium-Ammonium-Phosphat (MAP) ist kristallin, geruchlos und hygienisch unbedenklich. Es ist lager- und transportfähig und weist definierte Produkteigenschaften auf. Im Gegensatz zu anderen Fällungsprodukten (z. B. Eisenphosphate) zeigt Magnesium-Ammonium-Phosphat eine hohe Pflanzenverfügbarkeit und wird aufgrund einer geringen Löslichkeit bereits heute als Langzeitdünger vermarktet.

5.4 Exkurs: Deponiegas

Marco Ritzkowski

Ergänzend zu dem bisher behandelten Biogas wird nachfolgend Deponiegas als ein Sonderfall diskutiert. Deponiegase werden durch einen mikrobiellen Abbau organischer Abfallbestandteile in Deponien gebildet; d. h., es handelt sich ebenfalls um Biogas, das aber weitestgehend ungesteuert im Deponiekörper entsteht. Deponiegase müssen aufgrund ihrer Klimawirksamkeit, Toxizität und Geruchsbelastung in erster Linie als zu entsorgende Emissionen betrachtet werden. Beispielsweise werden die global von Deponien ungesteuert in die Atmosphäre abgegebenen Methanemissionen lediglich von den Emissionen aus der Viehzucht übertroffen [5.147]. Dabei liegt der Schwerpunkt der Minderung dieser Emissionen bisher auf Maßnahmen zur schadlosen Beseitigung (z. B. Verbrennung in Hochtemperaturfackeln). Aber unter gewissen Umständen kann Deponiegas auch zur Energieerzeugung verwertet werden. Letzteres ist im Regelungsbereich der europäischen Abfallgesetzgebung mit der EU-Deponierichtlinie sowie in Deutschland mit der nationalen Deponieverordnung explizit vorgegeben [5.148], [5.149].

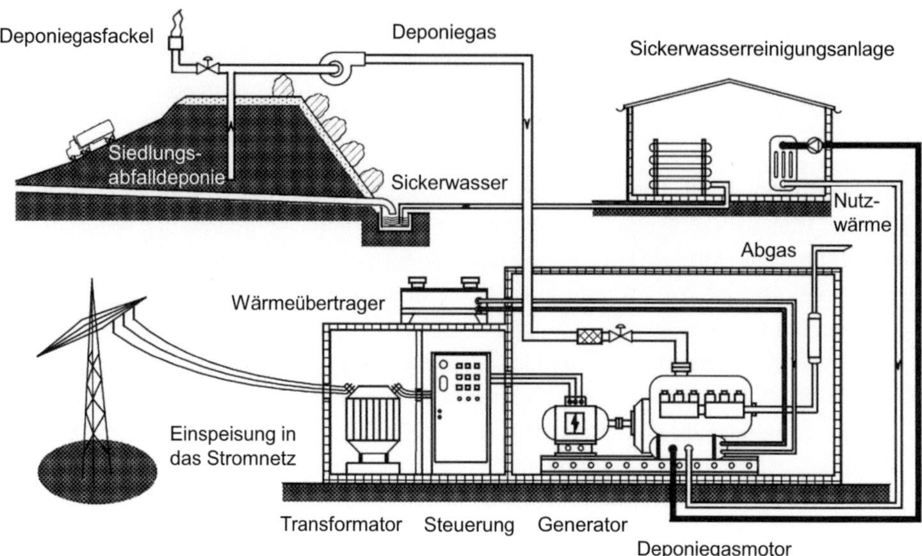

Abb. 5.79 Komponenten einer Deponieentgasungseinrichtung mit energetischer Verwertung des Deponiegases (Stromeinspeisung und Wärmenutzung vor Ort)

Weltweit werden die meisten Abfälle nach wie vor mittels einer Deponierung entsorgt; dies gilt sowohl für Abfälle mit größtenteils anorganischen Inhaltsstoffen als auch für Abfallstoffe mit hohen Organikgehalten. In der Europäischen Union (EU) wurde diese Praxis mit dem Inkrafttreten der Richtlinie 1999/31/EG (EU-Deponierichtlinie) schrittweise beendet. Demnach dürfen beispielsweise in Deutschland seit Juni 2005 nur noch Stoffe abgelagert werden, die einen organischen Anteil von unter 5 Mas.-% aufweisen [5.150]. Die Bildung von energetisch verwertbarem Deponiegas in Deponien mit reduzierten Organikfraktionen ist vernachlässigbar; deshalb ist das Deponiegaspotenzial in Deutschland seit 2005 immer weiter zurückgegangen, da Deponiegas nur noch in entsprechenden Altdeponien anfallen kann. Trotz der insgesamt abnehmenden Gasmengen bleibt daher die Aufgabe, das in den vorhandenen Altdeponien entstehende Deponiegas kontrolliert aufzufangen und zu verwerten bzw. dessen negativen Umwelt- bzw. Klimaeinfluss zu minimieren. Typischerweise erstreckt sich der Zeitraum der Deponiegasbildung über 10 bis 50 Jahre; teilweise werden aber auch deutlich längere Entgasungszeiträume beobachtet [5.151].

Nachfolgend wird zunächst auf die Entstehung und Zusammensetzung von Deponiegas aus Deponien, auf denen organikreiche Abfälle abgelagert wurden, eingegangen. Dies schließt den Einfluss der Zusammensetzung der Abfälle, die beteiligten mikrobiologischen Prozesse und die wesentlichen Rahmenbedingungen für den Ablauf dieser Prozesse ein. Anschließend werden Systeme zur Erfassung, zur Behandlung und zur Nutzung von energetisch verwertbaren Deponiegasen vorgestellt; dazu gibt Abb. 5.79 einen schematischen Überblick. Darüber hinaus werden die Möglichkeiten zum Umgang mit nicht verwertbaren Deponiegasen diskutiert.

5.4.1 Entstehung

Als Deponiegas wird die Gesamtheit der im Deponiekörper durch mikrobielle Abbauprozesse entstehenden gasförmigen Stoffwechselprodukte (z. B. Methan (CH_4), Kohlenstoffdioxid (CO_2), Wasserstoff (H_2), Schwefelwasserstoff (H_2S), Ammoniak (NH_3)) sowie die in die Gasphase übergehenden Komponenten, die direkt den abgelagerten Stoffen (z. B. Fluorkohlenwasserstoffe, Siloxane) bzw. der die Stoffe umgebenden Luft (Stickstoff (N_2), Sauerstoff (O_2)) entstammen, bezeichnet [5.152]. Dies gilt aber nur für Deponien, in denen Abfälle mit hohen Organikanteilen abgelagert wurden.

In quantitativer Hinsicht gehören CO_2, CH_4, N_2, O_2 sowie H_2 zu den Hauptkomponenten des Deponiegases. Es sind jedoch, in Abhängigkeit der Ablagerungsdauer der Abfälle auf der Deponie, zumeist nur zwei bis vier dieser Komponenten im Deponiegas präsent.

Bei der mikrobiellen Umsetzung von 1 kg organischem Kohlenstoff können im Idealfall $1,868\ m_N^3$ Gas gebildet werden [5.153]. Die auf einer Deponie tatsächlich entstehende Deponiegasmenge hängt aber hauptsächlich vom Anteil der biologisch umsetzbaren Kohlenstoffverbindungen im Abfall ab. Als Erfahrungswerte werden 0,15 bis $0,25\,m^3$ pro Kilogramm abgelagertem Abfall angegeben.

Die Deponiegasbildung ist bezüglich der Menge und hinsichtlich der Zusammensetzung starken zeitlichen Variationen unterworfen. Im Wesentlichen können fünf charakteristische Phasen unterschieden werden, für deren Ausprägung neben anaeroben Abbauvorgängen auch aerobe Abbauprozesse sowie Diffusionsprozesse eine Rolle spielen. Auch können die Deponiegasmenge und -zusammensetzung deponiespezifisch deutlich unterschiedlich ausfallen. Sie werden u. a. entscheidend vom Deponiebetrieb bestimmt; dies wird vom Grad der erreichten Verdichtung sowie vom Wassergehalt der abgelagerten Abfälle entscheidend mit beeinflusst [5.151].

Die unterschiedlichen Phasen der Deponiegasbildung werden im Folgenden kurz erläutert.

- Aerobe Phase (Phase I; Abb. 5.80). Die organischen Inhaltsstoffe der Abfälle werden nach der Deponierung zunächst so lange unter aeroben Bedingungen zu Kohlenstoffdioxid (CO_2) abgebaut (d. h. kompostiert), bis der Sauerstoff im freien Porenvolumen des jeweiligen Deponiekörpers verbraucht ist. Im gleichen Maße, wie der Sauerstoff verbraucht wird, nimmt die CO_2-Konzentration in dem Gasstrom, der den Deponiekörper verlässt, zu. Die weitere Sauerstoffzufuhr aus der Atmosphäre wird dabei infolge der starken Abfallverdichtung (u. a. Einsatz von Kompaktoren, Dünnschichteinbau), der Überdeckung mit weiteren Abfallschichten sowie dem Aufbau von Zwischenabdeckungen und einer weitgehend dichten Endabdeckung weitestgehend unterbunden. Diese aerobe Phase (Phase I; Abb. 5.80) dauert normalerweise einige Monate.
- Saure Gärung (Phase II; Abb. 5.80). Aufgrund des Sauerstoffverbrauchs in der aeroben Phase durch die mikrobielle Oxidation der organischen Verbindungen (Phase I) stellen sich im Deponiekörper sukzessive anaerobe Verhältnisse ein. Diese ermöglichen eine saure Gärung, bei welcher zunehmend neben organischen Säuren Kohlenstoff-

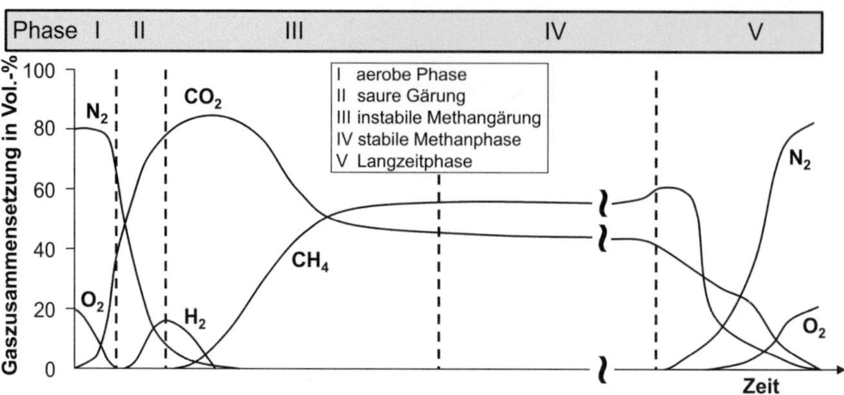

Abb. 5.80 Zeitlicher Verlauf der Konzentrationen der Deponiegas-Hauptkomponenten sowie Benennung der Deponiephasen (verändert nach [5.154])

dioxid und Wasserstoff als Stoffwechselprodukte des beginnenden anaeroben Abbaus produziert werden. Dieses Biogasgemisch verdrängt allmählich den im Deponiekörper noch vorhandenen Luftstickstoff. Es kommt außerdem zu einer sukzessiven Absenkung des Redoxpotenzials vom positiven in den negativen Bereich. Infolge von exothermen Reaktionen können sich bestimmte Zonen im Abfallkörper während dieser sauren Gärung (Phase II) auf weit über 60 °C aufheizen [5.150]. Auch diese Phase (Phase II; Abb. 5.80) erstreckt sich über einige Monate.

- Instabile Methangärung (Phase III; Abb. 5.80). In dieser Übergangsphase, die zumeist ebenfalls mehrere Monate andauert, verändert sich die Population der Mikroorganismen im Deponiekörper von Säure verbrauchenden zu Methan bildenden Mikroorganismen. Neben Methan als Metabolismusprodukt entsteht – vergleichbar zu einer „klassischen“ Biogasanlage – weiterhin Kohlenstoffdioxid. Die sich damit im Deponiekörper verändernden mikrobiellen Umsetzungsprozesse führen insgesamt zu einer steigenden Gasproduktion. Infolge der Methanproduktion steigt der relative CH_4-Gehalt und der CO_2-Gehalt des insgesamt produzierten Deponiegases nimmt ab. Freier Wasserstoff (H_2) wird von den methanotrophen Archaea als primäres Reduktionsmittel für das CO_2 verwendet, wodurch die relativen H_2-Gehalte deutlich abnehmen. Weitere wesentliche Kennzeichen dieser Phase der instabilen Methangärung sind der steigende pH-Wert und eine Abnahme der organischen Sickerwasserbelastungen. Beides ist auf die Umsetzung der organischen Säuren in der wässrigen Phase (Sickerwasser) zurückzuführen, welche über die zwischenzeitliche Essigsäurebildung zu Deponiegas umgesetzt werden.
- Stabile Methanphase (Phase IV; Abb. 5.80). In der anschließenden stabilen Methanphase, die etwa zwei Jahre nach Ablagerungsbeginn erreicht wird, steht die Säureproduktion nahezu im Gleichgewicht mit der Umsetzung der Säuren zu Methan und Kohlenstoffdioxid. Dieser Gleichgewichtszustand ist relativ stabil und dauert bei Siedlungsabfalldeponien, in Abhängigkeit von der Abfallzusammensetzung, der Abfall-

masse und dem Wasserhaushalt, etwa 15 bis 25 Jahre. Die Methan- und Kohlenstoffdioxidproduktion erreicht in diesem Stadium ihr Maximum. Der biologisch umsetzbare Kohlenstoff wird weitestgehend (zu mehr als 90 %) über den Gaspfad und nur noch in einem geringen Ausmaß mit dem Sickerwasser ausgetragen. Das Verhältnis der zwei Hauptkomponenten (CH_4 und CO_2) des Deponiegases ist weitgehend stabil; der Methangehalt liegt bei etwa 55 bis 60 Vol.-%.

- Postmethanogene Phase (Phase V; Abb. 5.80). In dieser Langzeitphase verändern sich die relativen Anteile des Deponiegases signifikant und die Gasproduktion nimmt über die Zeit stark ab. Aufgrund der abnehmenden Methangehalte sinkt der Heizwert des Gasgemisches im Zeitverlauf deutlich. Solange noch CH_4-Anteile im Gasgemisch enthalten sind, wird das entstehende Gas i. Allg. als Schwachgas bezeichnet. Langfristig kommt die Deponiegasproduktion aber zum Erliegen, sodass die Druckdifferenz zwischen dem Deponiekörper und der Umgebung gegen null strebt. Sofern keine luftundurchlässige Oberflächenabdeckung vorhanden ist, diffundiert in der Folge Umgebungsluft in die oberen Schichten der abgelagerten Abfälle; dadurch stellen sich an diesen Stellen sukzessiv wieder aerobe Verhältnisse ein. Die Zusammensetzung des Gases im freien Porenvolumen des äußeren Deponiekörpers gleicht sich damit langfristig der Zusammensetzung atmosphärischer Luft an.

Die Gaszusammensetzung in einer Deponie kann nur als statistisches Mittel vieler verschiedener Gaskompositionen aus verschiedenen Bereichen beschrieben werden. So finden in einem Deponiekörper aerobe und anaerobe Abbauprozesse zeitgleich nebeneinander statt. Erst wenn die stabile Methanphase (Phase IV, Abb. 5.80) erreicht und die Verfüllung der Deponie (oder eines Deponieabschnitts) beendet ist, stellt sich i. Allg. eine weitgehend einheitliche Gaszusammensetzung ein. Nur das Deponiegas aus dieser Phase ist typischerweise für eine energetische Nutzung geeignet. Sowohl die Deponiegasproduktion insgesamt als auch der Methangehalt des Deponiegases sind in dieser Phase ausreichend hoch.

Das in den anderen Phasen entstehende Deponiegas enthält ebenfalls Methan. Dieses Deponiegas ist jedoch i. Allg. für eine energetische Verwertung meist ungeeignet, da die Methangehalte und / oder die insgesamt anfallende Deponiegasmenge meist zu gering für eine kommerzielle Nutzung sind; unabhängig davon kann aus Klima- und Umweltschutzgründen eine Entsorgung dieses Gases sinnvoll und notwendig sein.

5.4.2 Erfassung

Damit das Deponiegas energetisch genutzt oder thermisch behandelt werden kann, muss es mithilfe von Entgasungseinrichtungen, die im Deponiekörper angebracht werden, erfasst und abgeleitet werden. Da die Deponiegasproduktion bereits während der Ablagerungsphase beginnt, sollte eine entsprechende Entgasungsanlage schon zu diesem Zeitpunkt betrieben werden. Dadurch werden sowohl unkontrollierte Emissionen über die

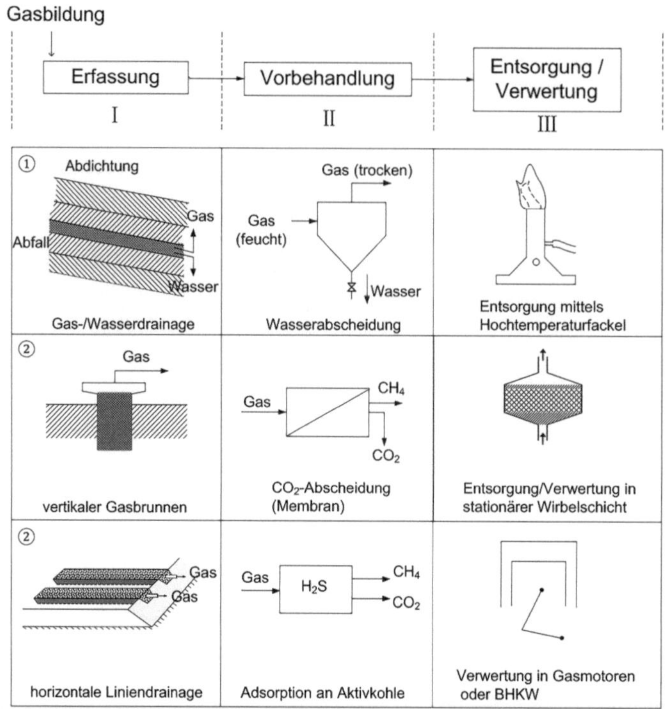

Abb. 5.81 Häufig eingesetzte Techniken und Verfahren zur Erfassung, Aufbereitung und Verwertung bzw. Entsorgung von Deponiegas (1 passive Entgasung, 2 aktive Entgasung; BHKW Blockheizkraftwerk)

Oberfläche in die Umgebung minimiert als auch die energetische Nutzung des Gases optimiert.

Die Deponieentgasung erfolgt in der Regel durch eine Absaugung mittels aktiver Systeme, welche eine Induktion negativer Druckgradienten ermöglichen. Die aktive Entgasung weist im Gegensatz zur passiven, bei der die Entgasung durch den Eigendruck der Gasphase im Deponiekörper erfolgt, einen signifikant höheren Erfassungsgrad auf; dies führt zu merklich geringeren Emissionen in die Atmosphäre. Als aktive Entgasungs- und Gasfördereinrichtungen werden in der Regel Seitenkanal- oder Drehkolbenverdichter eingesetzt, die den zur Gasabsaugung notwendigen Unterdruck erzeugen. Dieser sollte mindestens 30 mbar am jeweiligen Gaserfassungselement betragen [5.155].

Abbildung 5.81 zeigt exemplarisch häufig eingesetzte Komponenten und Verfahren zur Deponiegaserfassung, -vorbehandlung und -verwertung bzw. -entsorgung. In der Praxis orientiert sich der Einsatz der unterschiedlichen Techniken an den jeweiligen deponiespezifischen Randbedingungen. So werden beispielsweise passive Entgasungseinrichtungen im Regelfall nur bei sehr geringen Gasbildungsraten eingesetzt (z. B. bei Baggergutdeponien) und Deponiegasvorbehandlungsmaßnahmen orientieren sich an den Anforderungen der nachgeschalteten Gasnutzung (Wasser- und Schwefelwasserstoffabtrennung bei der

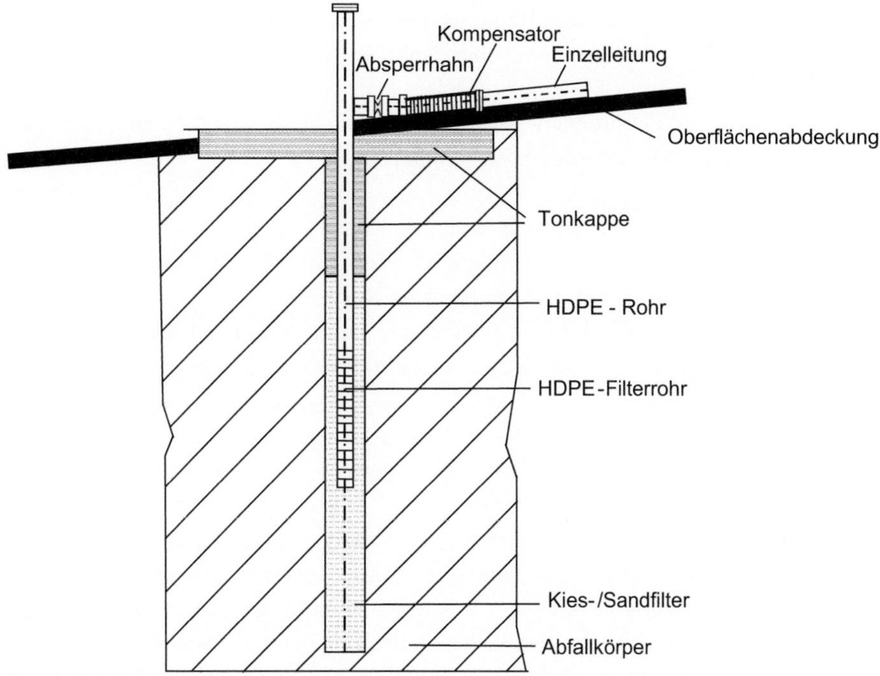

Abb. 5.82 Schema eines vertikalen Gasbrunnens (HDPE Polyethylen mit hoher Dichte)

energetischen Nutzung in einem BHKW oder einem Gasmotor). Demgegenüber hängt die Gasnutzung wesentlich von der Menge und Qualität des erfassten Deponiegases sowie den verfügbaren Nutzern für Strom und Wärme ab.

Demnach kann das Gas mit unterschiedlichen Systemen erfasst werden. Während der Ablagerungsphase können beispielsweise horizontale, linien- oder netzartige Gasdrainagen in den Deponiekörper eingebaut werden. Diese werden in einem vertikalen Abstand von 5 bis 10 m errichtet und ermöglichen aufgrund ihrer Anordnung einen ungestörten Ablagerungsbetrieb auf der gesamten Deponiefläche. Daneben kommen sehr häufig auch vertikale Gasbrunnen (Abb. 5.82) zum Einsatz. Während des Deponieaufbaus können diese als Ziehbrunnen zusammen mit den abzulagernden Abfällen hochgezogen werden. In bereits abgeschlossenen Deponien können, ggf. zusätzlich zu den bereits bestehenden Erfassungseinrichtungen, vertikale Gasbrunnen durch das Abteufen von Bohrungen hergestellt werden. Im Regelfall werden dafür Bohrlochdurchmesser von über 0,5 m gewählt, welche in Abständen von 25 bis 60 m in den Deponiekörper niedergebracht werden. Diese Brunnenabstände sind vor allem von der Mächtigkeit der Deponie sowie deren spezifischer Permeabilität abhängig. Die in die Bohrung eingebrachten Gasbrunnen bestehen i. Allg. aus Polyethylenrohren hoher Dichte (HDPE), die im unteren Bereich perforiert sind. An dieser Stelle ist das Rohr mit einem Filter aus grobem Kies (Korngröße ca. 16 bis 32 mm) umgeben. Der obere, nichtperforierte Bereich ist dagegen mit bindigem, luftundurchlässigem Material (z. B. Ton, Bentonit) umgeben. Der Gasbrunnen wird zusätzlich mit einer horizontalen Tonkappe zum Schutz vor dem Ansaugen von Umgebungsluft verschlossen.

Das zum Bau der Gasbrunnen gewählte Material (d. h. HDPE) muss den hohen chemisch-physikalischen Anforderungen standhalten.

- Physikalische Belastungen ergeben sich dabei hauptsächlich durch ungleichmäßige Setzungen des Deponiekörpers, aus Auflasten infolge der Abfallverdichtung und des Abfalleigengewichts sowie durch Temperaturen bis 70 °C.
- Chemische Belastungen resultieren sowohl aus den im Abfall enthaltenen aggressiven Komponenten (z. B. Lösemittel, Säuren, Laugen) als auch aus den im Zuge des mikrobiellen Abbaus entstehenden Stoffwechselprodukten (z. B. organische Fettsäuren).

Oberhalb der Tonkappen der Gasbrunnen und oberhalb der Oberflächenabdichtung der Deponie wird das vertikale Rohr des Gasbrunnens an eine Sammelleitung angeschlossen. Sammelleitungen können, zeitlich begrenzt, während der Ablagerungsphase auf der Deponieoberfläche verlegt werden; die endgültigen Leitungen werden aber in der Regel unterflur installiert. Im Anschlussbereich an die Sammelleitungen durchdringen die vertikalen Rohre der Fassungselemente die Oberflächenabdichtung in elastischen Rohrdurchführungen. Diese Durchdringungen sind unter geotechnischen Aspekten die empfindlichsten Stellen von Deponiegaserfassungs- und von Oberflächenabdichtungssystemen; deshalb ist an diesen Stellen besondere Sorgfalt geboten.

Die Sammelleitungen der verschiedenen Gasbrunnen werden in einer Gasregelstation zusammengeführt und der Methangehalt des Gases aus jedem einzelnen Gasbrunnen festgestellt. Auf der Grundlage dieser Messwerte erfolgt die Einstellung des jeweils optimalen Absaugvolumens. Die Gasregelstation ist mit der Deponiegasabsaugstation verbunden.

Eine Grundanforderung an Deponiegaserfassungssysteme ist die ständige Betriebssicherheit bei geringer Wartungsbedürftigkeit. Dies betrifft im Wesentlichen die Möglichkeit zur sicheren Entwässerung, d. h. die Abführung von Kondensat, welches sich in den Sammelleitungen bilden kann. Ein Wassereinstau in den Gasfassungselementen würde diese teilweise oder vollständig wirkungslos machen. Die deshalb zwingend notwendige Abführung des Kondensats kann beispielsweise durch die Anordnung von Kondensatsammelbehältern erfolgen, die an den Tiefpunkten des Erfassungssystems angebracht werden und in die das Kondensat abfließt. Als Bemessungsgrundlage für die Kondensatmenge dient die Wassermenge, die beim Abkühlen des Gases von 55 auf 20 °C entsteht. Als Richtwert sind dies ca. 50 g Kondensat pro Kubikmeter Deponiegas.

5.4.3 Behandlung und Nutzung

Neben den Hauptbestandteilen Methan (CH_4) und Kohlenstoffdioxid (CO_2) sind im Deponiegas zahlreiche Spurenstoffe enthalten, die aus mikrobiologischen oder chemischen

Tabelle 5.16 Typische Konzentrationen von Spurenstoffen im Deponiegas sowie potenzielle Wirkungen vor Ort (verändert nach [5.162])

Stoff	Konzentration in mg/m^3_N	Wirkung
Schwefelwasserstoff	< 150	Geruch, Korrosion, Toxizität
Fluor-Chlor-Kohlenwasserstoffe	< 100	Korrosion, Toxizität
Aromate (BTEX, z. B. Benzol oder Toluol)	< 300	Toxizität
Siloxane	< 100	Korrosion, Abrieb

Umsetzungsprozessen stammen oder direkt aus dem Abfall emittieren [5.156]. Es wurden bereits einige Hundert verschiedene (Schad-)Substanzen im Deponiegas nachgewiesen, darunter aromatische und aliphatische Kohlenwasserstoffe, sauerstoffhaltige Verbindungen (u. a. Alkohole, Aldehyde, Ketone, organische Säuren, Ester, Ether, Siloxane), schwefelhaltige Verbindungen (z. B. Mercaptane, organische Sulfide) und auch einige flüchtige anorganische Substanzen (u. a. Ammoniak, Schwefelwasserstoff; u. a. [5.157]–[5.160]).

Die Komplexität dieser im Deponiegas vorkommenden Spurenstoffe ist im Vergleich zu denen, die in anderen Biogasen vorkommen, wesentlich größer. Infolgedessen erhöht sich auch der Aufwand zur Gasreinigung vor einer energetischen Nutzung des Deponiegases in Gasmotoren oder Blockheizkraftwerken (BHKW). Dabei werden – je nach Anlagenhersteller – aus Sicht der Motortechnik unterschiedliche Anforderungen an die Deponiegasqualität gestellt. Dies gilt im Wesentlichen für die Konzentration von Schwefelwasserstoff, chlorierten und fluorierten Kohlenwasserstoffen sowie von Siloxanen. Werden die vorgegebenen Maximalkonzentrationen überschritten, ist eine Gasaufbereitung vorzusehen. So haben z. B. in der Vergangenheit insbesondere Siloxane (organische Siliciumverbindungen) beim Deponiegaseinsatz in Gasmotoren zu Motorschäden infolge von Siliciumoxidablagerungen im Verbrennungsraum geführt [5.161] und dadurch die Lebensdauer der Motoren signifikant reduziert.

Tabelle 5.16 gibt einen Überblick über ausgewählte Spurenstoffe, welche aufgrund negativer Auswirkungen auf die energetische Nutzung des Deponiegases von Bedeutung sind. Diese sollten aus dem Deponiegas entfernt werden, bevor es als Energieträger genutzt wird. Auf die Möglichkeiten zur Gasbehandlung wird im Folgenden kurz eingegangen.

Deponiegasreinigungsanlagen sind aufgrund der Komplexität der Schadstofffracht in der Regel mehrstufig aufgebaut. Zum Einsatz kommen unterschiedliche Verfahren wie Gaswäsche, Gastrocknung sowie Adsorptionsverfahren mit Aktivkohle oder Molekularsieben.

- Gaswäsche. Bei der Gaswäsche wird das Deponiegas im Gegenstrom mit wässrigen Lösungen gereinigt. Dabei kommt es zur Abtrennung von Feststoffpartikeln sowie wasserlöslichen Inhaltsstoffen. Dieses Verfahren ist insbesondere zur Abtrennung von Schwefelwasserstoff geeignet, während sich die unpolaren Siloxane nicht in polaren

Flüssigkeiten lösen. Letztere können aber dann mittels Gaswäsche abgereichert werden, wenn beispielsweise organische Lösemittel, starke Säuren oder Öle als Waschflüssigkeit eingesetzt werden. Aufgrund der damit verbundenen hohen Kosten werden diese Verfahren jedoch nur in Einzelfällen eingesetzt.

- Gastrocknung/-kühlung. Wird das Deponiegas gekühlt, verringert sich der Anteil an Wasser(-dampf) und damit das Gasvolumen. Dadurch steigt der relative Methangehalt im Gas an. Die Konzentrationen an Spurenstoffen wie Siloxanen und längerkettigen Kohlenwasserstoffen nehmen bei einer Kondensationstemperatur von ca. 4 °C um bis zu 50 % ab, da diese zusammen mit dem Kondensat abgeschieden werden. Demgegenüber wäre für eine weiter gehende Siloxanabtrennung eine Tiefkühlung des Deponiegases erforderlich. Die benötigte Temperatur variiert je nach den vorhandenen Siloxanverbindungen und müsste mindestens −30 °C zur signifikanten Reduzierung aller Siloxane betragen. Der Einsatz solcher Techniken beschränkt sich im Deponiegasbereich aufgrund des hohen Energieverbrauchs auf Einzelfälle.
- Adsorption (an Aktivkohle). Schwefelwasserstoff (H_2S) und organische Schwefelverbindungen sowie halogenierte Kohlenwasserstoffe können durch eine Adsorption an Aktivkohle aus dem aus der Deponie abgesaugten Gasgemisch entfernt werden. H_2S wird in Gegenwart von Sauerstoff unter dem katalytischen Einfluss der in der Regel weitporigen Aktivkohle zu Schwefel oxidiert, während die Halogene der halogenierten Kohlenwasserstoffe an der Oberfläche der Aktivkohle adsorbieren. Derartige Anlagen werden zumeist als Reihenschaltung zweier Festbettreaktoren konzipiert. Dabei erfolgt die Gasreinigung im ersten Filter, während der zweite als Sicherheitsfilter ausgelegt ist. Für den Adsorptionsprozess ist es notwendig, dass das zu reinigende Deponiegas eine geringe relative Feuchte ($\leq 50\,\%$) aufweist. Dieses wird durch eine Erwärmung nach vorhergehender Trocknung des Gases realisiert. Nachteil der Aktivkohleadsorption ist die unspezifische Abtrennung der im Deponiegas enthaltenen Spurenstoffe. So werden neben den zwingend für die energetische Nutzung abzutrennenden organischen Siliciumverbindungen auch die für die Gasmotoren unproblematischen organischen Kohlenwasserstoffe und Terpene abgeschieden. Durch die schnellere Beladung der Aktivkohleoberfläche mit diesen Stoffen verringert sich die Standzeit der Filter signifikant; dies führt zu entsprechend hohen Kosten. In den meisten Anwendungsfällen wird das Adsorbens (Aktivkohle) periodisch ausgetauscht und thermisch regeneriert. Alternativ können auch Systeme eingesetzt werden, bei denen die Aktivkohle innerhalb der Anlage (vor Ort) mittels Thermo- und Vakuumdesorption regeneriert werden kann [5.163].

Energetisch nutzbares Deponiegas. Während der stabilen Methanphase (Phase IV; Abb. 5.80) liegt der CH_4-Gehalt des Deponiegases – je nach Charakteristik der abgelagerten Abfälle – bei ca. 55 bis 60 Vol.-%. Dabei können durchschnittlich Gasvolumenströme von mehreren Hundert bis einigen Tausend m_N^3/h – in Abhängigkeit von der Deponiegröße und der Art der abgelagerten Abfälle – erfasst werden. Eine energetische Verwertung ist unter diesen Randbedingungen problemlos möglich.

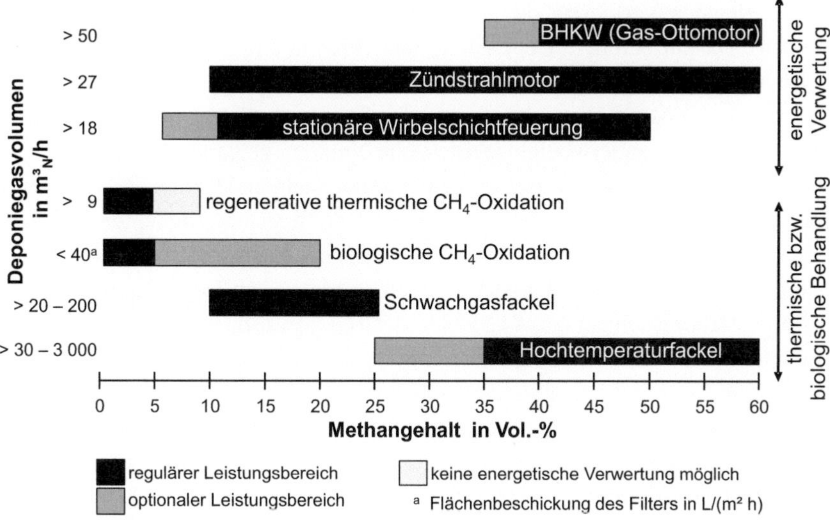

Abb. 5.83 Deponiegasverwertungs- und -behandlungsverfahren in Verbindung mit Mindestanforderungen hinsichtlich des Methangehalts sowie des Gasvolumenstroms (BHKW Blockheizkraftwerk)

Abbildung 5.83 gibt einen Überblick über häufig eingesetzte Deponiegasverwertungs- und -behandlungsverfahren in Bezug auf die Mindestanforderungen hinsichtlich des Methangehalts sowie des erforderlichen Gasvolumenstroms. Die energetische Verwertung von Deponiegas erfolgt im Regelfall in Blockheizkraftwerken (BHKW), die neben der Bereitstellung elektrischer Energie auch eine Wärmenutzung erlauben (Kraft-Wärme-Kopplung, KWK). Derartige Gasmotoren-BHKW zur Anwendung im Deponiegasbereich werden in einem breiten Spektrum an installierten elektrischen Leistungen von etwa 30 bis rund 2 700 kW angeboten. Infolge dieser unterschiedlichen Leistungen kann die Gasverwertung an die zeitlich veränderlichen Deponiegasproduktionsraten angepasst werden. Eine derartige Anpassung der Nennleistung an die erfassbaren Deponiegasmengen ist aufgrund abnehmender elektrischer Wirkungsgrade bei einer Lastreduktion von besonderer Bedeutung. Aus Effizienzgründen sollten Gasmotoren-BHKW im Regelfall unter Volllast gefahren werden. Fällt die Deponiegasmenge bei einem Methananteil von 40 Vol.-% unter ca. 50 m^3_N/h, ist ein BHKW-Betrieb unter mitteleuropäischen Gegebenheiten in der Regel nicht mehr wirtschaftlich darstellbar, sodass die Gasverwertung umgestellt oder – aus Umwelt- und Klimaschutzgründen – eine schadlose Entsorgung vorgesehen werden muss.

Aufgrund des relativ geringen elektrischen Wirkungsgrades der Gasmotoren-BHKW (35 bis 40 %) und der meist fehlenden Wärmenachfrage in Deponienähe werden z. T. auch Verfahren zur Aufbereitung des Deponiegases auf Erdgasqualität umgesetzt. Ziel der Aufbereitung ist primär die Abtrennung von Schwefelwasserstoff sowie die Anreicherung von Methan bzw. die Abtrennung von Kohlenstoffdioxid. Zum Einsatz kommen hierfür die gleichen Verfahren, die auch für die Biogasaufbereitung verwendet werden (siehe oben). Das aufbereitete Deponiegas kann dann in das Erdgasnetz eingespeist und dadurch deutlich effizienter genutzt werden [5.164].

Deponiegas mit Methankonzentrationen deutlich unter 40 Vol.-% ist nur bedingt für eine motorische oder anderweitige energetische Nutzung geeignet. Solches Schwachgas ist aber i. Allg. ein Zeichen einer schlechten bzw. übersaugten Deponiegaserfassung; d. h., durch eine Anpassung der erfassten Gasmengen und / oder ein Abdichten der Deponieoberfläche kann potenziell erneut verwertbares Gas gewonnen werden. Auch hat sich eine getrennte Erfassung (über ein doppeltes Leitungssystem) von Deponiegutgas (> 35 Vol.-% CH_4) und Deponieschlechtgas (< 35 Vol.-% CH_4) bewährt, wobei letzteres thermisch entsorgt wird und das Deponiegutgas energetisch verwertet werden kann.

Für Deponiegas mit Methankonzentrationen unter 40 Vol.-% sowie beim Vorliegen geringer Gasmengen (< 50 m_N^3/h) können kombinierte Diesel-Gas-Motoren (d. h. Zündstrahlmotoren) eingesetzt werden, die mit etwa 2 bis 10 % Dieselzusatz bis zu einer minimalen Methankonzentration von rund 10 Vol.-% und Gasmengen bis zu 20 m_N^3/h betrieben werden [5.165]. Bei diesen Anlagen wird der Motor im Leerlast-/Niedriglastbereich mit Diesel betrieben, während das Deponiegas über das Ansaugsystem als Gas-Luft-Gemisch zugeführt wird. Der elektrische Wirkungsgrad dieser Anlagen liegt je nach Gasmenge zwischen 30 und 36 %. Unter mitteleuropäischen Bedingungen ist i. Allg. ein wirtschaftlicher Betrieb bei Gasmengen bis 30 m_N^3/h nur unter Einbeziehung der Wärmenutzung möglich.

Wird erfasstes Deponiegas nicht energetisch verwertet, muss es aus Immissionsschutzgründen behandelt werden; beispielsweise können Wartung oder Defekte des Gasmotors die Ursache für einen derartigen Deponiegasüberschuss sein. Eine solche Behandlung erfolgt i. Allg. über Hochtemperaturfackeln, deren Betrieb und Emissionsverhalten in Deutschland nach der TA Luft geregelt ist [5.166]. Deponiegasfackeln werden standardmäßig parallel zu einem Gasverwertungssystem installiert, um so einen dauerhaften Betrieb der Deponieentgasungseinrichtung auch in solchen Zeiten zu garantieren, in denen der Gasmotor nicht einsatzfähig ist. Auch bei der getrennten Erfassung von Deponieschlechtgas ist die Entsorgung über eine Hochtemperaturfackel vorzusehen.

Deponiegasfackeln werden in einem Leistungsbereich von 30 bis ca. 3 000 m_N^3/h angeboten. Dabei ist zur Einhaltung der Anforderungen nach TA Luft in der Regel ein Methangehalt von > 35 Vol.-% notwendig. Durch technische Anpassungen im Bereich des Brenners und der Brennkammer können diese Fackeln aber auch noch bei CH_4-Konzentrationen > 25 Vol.-% betrieben werden. Werden im Deponiegas lediglich Methankonzentrationen zwischen 10 und 25 Vol.-% erreicht, kann dieses mittels Schwachgasfackeln schadlos entsorgt werden. Bei deren Betrieb wird das Gas in einem Abgaswärmeübertrager vorgewärmt, sodass auf den Einsatz einer Stützfeuerung (z. B. Propan, verbunden mit zusätzlichen Treibhausgasemissionen und Kosten) verzichtet werden kann.

Energetisch nicht nutzbares Deponiegas. Ist die Deponiegasproduktion infolge der fortschreitenden biologischen Stabilisierung stark zurückgegangen, ist eine energetische Nutzung nach dem Stand der Technik nicht mehr möglich. Nach Maßgabe der deutschen

Deponieverordnung [5.149] kann der Deponiebetreiber mit Zustimmung der zuständigen Behörde in diesem Fall auf die aktive Fassung geringer Restemissionen an Deponiegas verzichten.

Aus Immissionsschutzgründen ist dann jedoch gegenüber der zuständigen Behörde nachzuweisen, dass das im Deponiegas enthaltene Methan vor Austritt in die Atmosphäre weitestgehend oxidiert wird. Dieses kann beispielsweise mit einer biologischen Methanoxidation erfolgen. Dabei wird Methan durch methanotrophe Bakterien, welche auf die Verwertung von Methan als alleinige Kohlenstoff- und Energiequelle spezialisiert sind, in biochemischen Prozessen zu Kohlenstoffdioxid umgesetzt. Die biologische Methanoxidation kann in einer speziellen Rekultivierungsschicht erfolgen, die ein Bestandteil der Oberflächenabdichtung ist. In Standard-Rekultivierungsschichten können bei niedriger methanotropher Aktivität bereits spezifische Methanoxidationsraten von 0,4 bis 10,4 L CH_4 pro Quadratmeter Rekultivierungsschicht und Stunde erreicht werden [5.157], [5.167]. Als Bemessungswert wird i. Allg. 0,5 L CH_4/m^2 Rekultivierungsschicht und Stunde angesetzt, damit dieser Gasstrom unter den saisonal veränderlichen klimatischen Bedingungen jederzeit vollständig biologisch oxidiert werden kann. Dies bedeutet, dass für eine Deponiefläche von 10 ha ein Volumenstrom von mindestens 50 m_N^3/h Deponiegas sicher behandelt werden kann. Voraussetzung ist jedoch eine möglichst gleichmäßige Verteilung des Gasstromes in der Fläche, da es ansonsten zur punktuellen Überlastung der Methanoxidationsschicht kommen kann.

Das Deponiegas kann auch gezielt in Methanoxidationsfenster eingeleitet werden. Methanoxidationsfenster sind in die Oberflächenabdichtung integrierte Bereiche, welche als Biofilter ausgebildet sind. Die Dichtungskomponenten der Oberflächenabdichtung (in der Regel eine mineralische Schicht und eine überlagerte Kunststoffdichtungsbahn) sind an diesen Stellen unterbrochen, sodass das Deponiegas aus der flächigen Gasdrainage direkt in die Biofenster einströmen kann. Methanoxidationsfenster können insbesondere auf abgedichteten Altdeponien sowie auf Deponien mit sehr geringen Gasproduktionsraten (z. B. Hafenschlickdeponien) eingesetzt werden.

Eine weitere Möglichkeit ist die Methanoxidation in Biofiltercontainern, welche direkt auf der Deponieoberfläche oder dem Betriebsgelände aufgestellt werden und durch die das Deponiegas geleitet wird. Aufgrund der geringen Grundfläche der Container sind die Verweilzeiten des Methans im Biofiltermaterial oftmals der limitierende Faktor für dessen Oxidationsleistung. Wird mittels Biofilter eine weitgehende Methanoxidation (neben der Reduzierung von Geruchsbelastungen) angestrebt, ist die Flächenbeschickung auf unter 25 L $CH_4/(m^2\ h)$ zu beschränken.

Neben der biologischen Methanoxidation kann Deponieschwachgas mit Methankonzentrationen unterhalb der unteren Explosionsgrenze (d. h. $< 4{,}4$ Vol.-%) mittels regenerativer thermischer Oxidation behandelt werden [5.168]. Bei diesem Prozess wird das Deponiegas durch ein auf ca. 900 bis 1 000 °C aufgeheiztes Keramikbett geleitet. Bei einer ausreichend hohen Konzentration oxidierbarer Stoffe (Kohlenwasserstoffe, z. B. Methan) reicht die frei werdende Oxidationswärme aus, die Wärmeverluste infolge des Austritts erwärmten Gases auszugleichen. Der Oxidationsprozess läuft bereits ab einer Methankonzentration von 0,3 Vol.-% autotherm ab, sodass keine externe Wärmezufuhr benötigt wird. Bei höheren Methangehalten wird durch eine Verdünnung mit Luft eine entsprechend niedrige Methankonzentration eingestellt. Im Gegensatz zur biologischen Methanoxidation in der Rekultivierungsschicht oder in Biofenstern erfordert die Deponiegasentsorgung mittels autothermer Oxidation eine aktive Gaserfassung (d. h. Betrieb von Sauggebläsen und Gastransport durch Sammelleitungen), wodurch ein gewisses Maß an Sekundäremissionen entsteht. Demgegenüber wird die Methanfracht aus dem Deponiegas vollständig zu Kohlenstoffdioxid oxidiert, sodass klimarelevante Treibhausgasemissionen in Form von CH_4 vollständig vermieden werden.

Bei Methankonzentrationen zwischen 5 und 10 Vol.-% kann als weitere thermische Behandlungsoption eine stationäre Wirbelschichtfeuerung mit Gasvorwärmung eingesetzt werden [5.169]. Ebenso wie bei der autothermen Oxidation handelt es sich bei der stationären Wirbelschichtfeuerung um eine flammenlose Verbrennung des Methans, wobei im Betrieb eine wärmetechnische Nutzung der Verbrennungsabgase vorgesehen werden kann. Im genannten unteren Bereich der Methankonzentrationen muss jedoch nahezu die gesamte Wärmeenergie in den Prozess eingespeist werden (d. h. Gasvorwärmung), sodass eine Energieauskopplung i. Allg. ausgeschlossen ist.

Literatur

[5.1] Ma J, Frear C, Wang Z, Yu L, Zhao Q, Li X, Chen S (2013) A simple methodology for rate-limiting step determination for anaerobic digestion of complex substrates and effect of microbial community ratio. Bioresour Technol 134:391–395. https://doi.org/10.1016/j.biortech.2013.02.014

[5.2] Adekunle KF, Okolie JA (2015) A Review of Biochemical Process of Anaerobic Digestion. ABB 06:205–212. https://doi.org/10.4236/abb.2015.63020

[5.3] Pavlostathis SG, Giraldo-Gomez E (1991) Kinetics of Anaerobic Treatment. Water Science and Technology 24:35–59. https://doi.org/10.2166/wst.1991.0217

[5.4] Schnürer A (2018) Microbiology of the biogas process. SLU: ISBN 978-91-576-9546-8

[5.5] Gallert 2015. ISBN 978-3-642-24895-5

[5.6] Akin DE, Borneman WS (1990) Role of rumen fungi in fiber degradation. J Dairy Sci 73:3023–3032. https://doi.org/10.3168/jds.S0022-0302(90)78989-8

[5.7] Weinrich S, Nelles M (2021) Basics of anaerobic digestion: Biochemical conversion and process modelling. DBFZ Report, no. 40. Deutsches Biomasseforschungszentrum gemeinnützige GmbH, Leipzig. ISBN: 978-3-946629-72-6

[5.8] Rosenwinkel K-H, Kroiss H, Dichtl N, Seyfried C-F, Weiland P (eds) (2015) Anaerobtechnik: Abwasser-, Schlamm- und Reststoffbehandlung, Biogasgewinnung, 3rd edn. Springer Vieweg, Berlin, Heidelberg: https://doi.org/10.1007/978-3-642-24895-5

[5.9] Müller-Esterl W (2018) Biochemie. Springer Berlin Heidelberg, Berlin, Heidelberg. https://doi.org/10.1007/978-3-662-54851-6

[5.10] Bryant MP (1979) Microbial Methane Production—Theoretical Aspects2. Journal of Animal Science 48:193–201. https://doi.org/10.2527/jas1979.481193x

[5.11] Mosey FE (1983) Mathematical Modelling of the Anaerobic Digestion Process: Regulatory Mechanisms for the Formation of Short-Chain Volatile Acids from Glucose. Water Science and Technology 15:209–232. https://doi.org/10.2166/wst.1983.0168

[5.12] Temudo MF, Kleerebezem R, van Loosdrecht M (2007) Influence of the pH on (open) mixed culture fermentation of glucose: a chemostat study. Biotechnol Bioeng 98:69–79. https://doi.org/10.1002/bit.21412

[5.13] Fang HHP, Liu H (2002) Effect of pH on hydrogen production from glucose by a mixed culture. Bioresour Technol 82:87–93. https://doi.org/10.1016/S0960-8524(01)00110-9

[5.14] Zitomer DH, Johnson CC, Speece RE (2008) Metal Stimulation and Municipal Digester Thermophilic/Mesophilic Activity. J. Environ. Eng. 134:42–47. https://doi.org/10.1061/(ASCE)0733-9372(2008)134:1(42)

[5.15] Stozek A, Koppe P (1998) Kommunales Abwasser, 4th edn. Wasser & Abwasser 2016. Vulkan-Verlag, Essen. ISBN 9783802728334

[5.16] McInerney MJ, Bryant MP (1981) Basic Principles of Bioconversions in Anaerobic Digestion and Methanogenesis. In: Sofer SS, Zaborsky OR (eds) Biomass Conversion Processes for Energy and Fuels. Springer US, Boston, MA, pp 277–296. https://doi.org/10.1007/978-1-4757-0301-6_15

[5.17] Pavlostathis SG, Giraldo-Gomez E (1991) Kinetics of anaerobic treatment: A critical review. Critical Reviews in Environmental Control 21:411–490. https://doi.org/10.1080/10643389109388424

[5.18] Aresta M, Dibenedetto A, Dumeignil F (eds) (2015) Biorefineries: An Introduction. De Gruyter Textbook. De Gruyter, Berlin: ISBN 978-3-11-033153-0

[5.19] Merlin Christy P, Gopinath LR, Divya D (2014) A review on anaerobic decomposition and enhancement of biogas production through enzymes and microorganisms. Renewable and Sustainable Energy Reviews 34:167–173. https://doi.org/10.1016/j.rser.2014.03.010

[5.20] Ueda H, Otsuka S, Senoo K (2010) Bacterial communities constructed in artificial consortia of bacteria and Chlorella vulgaris. Microbes Environ. 2010;25(1):36-40. https://doi.org/10.1264/jsme2.me09177

[5.21] Dyksma S, Jansen L, Gallert C (2020) Syntrophic acetate oxidation replaces acetoclastic methanogenesis during thermophilic digestion of biowaste. Microbiome 8:105. https://doi.org/10.1186/s40168-020-00862-5

[5.22] Pan X, Zhao L, Li C, Angelidaki I, Lv N, Ning J, Cai G, Zhu G (2021) Deep insights into the network of acetate metabolism in anaerobic digestion: focusing on syntrophic acetate oxidation and homoacetogenesis. Water Res 190:116774. https://doi.org/10.1016/j.watres.2020.116774

[5.23] Enzmann F, Mayer F, Rother M, Holtmann D (2018) Methanogens: biochemical background and biotechnological applications. AMB Express 8:1. https://doi.org/10.1186/s13568-017-0531-x

[5.24] Evans PN, Parks DH, Chadwick GL, Robbins SJ, Orphan VJ, Golding SD, Tyson GW (2015) Methane metabolism in the archaeal phylum Bathyarchaeota revealed by genome-centric metagenomics. Science 350:434–438. https://doi.org/10.1126/science.aac7745

[5.25] Vanwonterghem I, Evans PN, Parks DH, Jensen PD, Woodcroft BJ, Hugenholtz P, Tyson GW (2016) Methylotrophic methanogenesis discovered in the archaeal phylum Verstraetearchaeota. Nat Microbiol 1:16170. https://doi.org/10.1038/nmicrobiol.2016.170

[5.26] Goswami R, Chattopadhyay P, Shome A, Banerjee SN, Chakraborty AK, Mathew AK, Chaudhury S (2016) An overview of physico-chemical mechanisms of biogas production by microbial communities: a step towards sustainable waste management. 3 Biotech 6:72. https://doi.org/10.1007/s13205-016-0395-9

[5.27] Liu Y, Whitman WB (2008) Metabolic, phylogenetic, and ecological diversity of the methanogenic archaea. Ann N Y Acad Sci 1125:171–189. https://doi.org/10.1196/annals.1419.019

[5.28] Lyu Z, Shao N, Akinyemi T, Whitman WB (2018) Methanogenesis. Curr Biol 28:R727-R732. https://doi.org/10.1016/j.cub.2018.05.021

[5.29] Costa KC, Leigh JA (2014) Metabolic versatility in methanogens. Curr Opin Biotechnol 29:70–75. https://doi.org/10.1016/j.copbio.2014.02.012

[5.30] Demirel B, Scherer P (2008) The roles of acetotrophic and hydrogenotrophic methanogens during anaerobic conversion of biomass to methane: a review. Rev Environ Sci Biotechnol 7:173–190. https://doi.org/10.1007/s11157-008-9131-1

[5.31] Buswell AM, Mueller HF (1952) Mechanism of Methane Fermentation. Industrial & Engineering Chemistry 44(3):550–552

[5.32] Buswell AM, Hatfield WD (1936) Anaerobis Fermentations. Bulletin 32:1–193

[5.33] Boyle WC (1977) Energy recovery from sanitary landfill: A review. Microbial Energy Conversion 119:138

[5.34] Gerike P (1984) The biodegrability testing of poorly water soluble compounds. Chemosphere 13(1):169–190

[5.35] DIN (2012) Schlamm, behandelter Bioabfall, Boden und Abfall – Bestimmung des gesamten organischen Kohlenstoffs (TOC) mittels trockener Verbrennung. Beuth Verlag GmbH, Berlin (DIN EN 15936)

[5.36] Navarro AF, Cegarra J, Roig A, Garcia D (1993) Bioresource Technology 44(3):203

[5.37] Scherer PA (2008) Tagungsband zum 17. Jahrestreffen des Fachverbandes Biogas eV, S 137

[5.38] Keymer U, Schilcher A (1999) Überlegungen zur Errechnung theoretischer Gasausbeuten vergärbarer Substrate in Biogasanlagen. Landtechnik-Bericht (32):1

[5.39] Weißbach F (2010) Kongressband 2010 Kiel: Vorträge zum Generalthema: Landschaftselement oder Rohstofflieferant – zur Multifunktionalität des Grünlandes und weitere Beiträge aus den öffentlichen Sitzungen und Workshops des 122 VDLUFA-Kongresses, 21.–24. September 2010. VDLUFA-Schriftenreihe, Bd 66. VDLUFA-Verlag, Darmstadt

[5.40] Kirchgessner M (1975) Tierernährung: Leitfaden für Praxis, Beratung und Studium, 3. Aufl. DLG-Verlag, Frankfurt (Main)

[5.41] Goering HK, van Soest PJ (1970) Agriculture Handbook No. 379. Agricultural Research Service, Washington DC

[5.42] Tilley JM, Terry RA (1963) J Br Grassld Soc 18:104

[5.43] Deutsche Landwirtschafts-Gesellschaft eV (DLG eV) (2008). Datenbank Futtermittel. http://www.dlg.org/futtermitteldatenbank.html. Zugegriffen: 20.10.2015

[5.44] Givens DI (2000) Forage evaluation in ruminant nutrition. CABI Pub., Wallingford, Oxon, New York

[5.45] Jeroch H (1993) Futtermittelkunde: Mit 238 Tabellen. Fischer, Jena

[5.46] Universität Hohenheim (1968) DLG-Futterwerttabelle für Wiederkäuer, 4. Aufl. DGL-Verlag, Frankfurt

[5.47] Wöhlbier W (1971) Zu dem Ursprung der heutigen Nährstoffanalyse. Zeitschrift für Tierphysiologie Tierernährung und Futtermittelkunde 28(1-5):289–293

[5.48] Meyer H (2009) Supplemente zu Vorlesungen und Übungen in der Tierernährung, 11. Aufl. Schaper, Hannover

[5.49] van Soest PJ, Wine RM (1967) Use of detergents in the analysis of fibrous feed – Determination of plant cell-wall constituents. J Assn Offic Agric Chem 50:50–55

[5.50] Roediger H (1990) Anaerobe alkalische Schlammfaulung, 4. Aufl. Oldenbourg, München

[5.51] Weißbach F (2009) Die Bewertung des Gasbildungspotentials von nachwachsenden Rohstoffen Band 3. Internationale Wissenschaftstagung Biogas Science 2009 3:517–529 (Schriftenreihe ISSN 1611-4159)

[5.52] Baserga U (1998) Landwirtschaftliche Co-Vergärungsanlagen: Biogas aus organischen Reststoffen und Energiegras. FAT-Berichte 512:1–12

[5.53] Weißbach F, Kuhla S, Schmidt L, Henkels A (1999) Proc Soc Nutr Physiol 8:72

[5.54] Weißbach F, Kuhla S, Schmidt L (1996) Proc Soc Nutr Physiol 5:115

[5.55] Weißbach F (2009) Landtechnik 64(5):317

[5.56] Weißbach F (2011) Biogas: Energieträger der Zukunft Fachtagung Braunschweig, 08. und 09. Juni 2011 VDI-Berichte, Bd 2121. VDI Verlag, Düsseldorf

[5.57] VDI 4630 (2016) Vergärung organischer Stoffe. Substratcharakterisierung, Probenahme, Stoffdatenerhebung, Gärversuche. Beuth Verlag, Düsseldorf

[5.58] Heuwinkel H, Aschmann A, Gerlach R, Gronauer A (2009) Optimierung der anaeroben Fermentierung durch mineralische Zusatzstoffe. Internationale Wissenschaftstagung Biogas Science 1:85–95 (Schriftenreihe ISSN 1611-4159)

[5.59] Batstone et al (2002) Anaerobic Digestion Model No. 1 (ADM1). IWA Publishing, London

[5.60] Braha A (1988) Bioverfahren in der Abwassertechnik: Erstellung reaktionskinetischer Modelle mittels Labor-Bioreaktoren und Scaling-up in der biologischen Abwasserreinigung. Udo Pfriemer Buchverlag in der Bauverlag GmbH, Berlin und Wiesbaden

[5.61] Hamilton DW (2009) Anaerobic digestion of animal manures: understanding the basic processes. BAE-1747

[5.62] Weißbach F, Strubelt C (2008) Die Korrektur des Trockensubstanzgehaltes von Grassilagen als Substrat für Biogasanlagen. Landtechnik 63(4):210

[5.63] Weißbach F, Strubelt C (2008) Die Korrektur des Trockensubstanzgehaltes von Zuckerrübensilage als Substrat für Biogasanlagen. Landtechnik 63(6):354

[5.64] Bischofsberger et al (2004) Anaerobtechnik. Springer Verlag, Berlin, Heidelberg

[5.65] Lorenz H (2006) Phytohygiene der biologischen Abfallbehandlung bei Kompostierung und Vergärung. Verlag Mensch und Buch, Berlin

[5.66] Speece RE (1996) Anaerobic Biotechnology for industrial wastewaters. Archae Press, New York, USA

[5.67] Ottow CGJ, Bidlingmaier W (1997) Umweltbiotechnologie. Gustav Fischer Verlag, Stuttgart Jena Lübeck Ulm, S 151

[5.68] Weiland P (2010) Biogas production current state and perspectives. Applied Microbiology and Biotechnology 85(4):849–860

[5.69] Graf F, Bajohr S (2013) Biogas, Erzeugung, Aufbereitung, Einspeisung. Deutscher Industrieverlag, München

[5.70] Dornack C (2000) Möglichkeiten der Optimierung bestehender Biogasanlagen am Beispiel Plauen / Zobes in Anaerobe biologischen Abfallbehandlung, Tagungsband der Fachtagung 21.–22.2.2000 Beiträge zur Abfallwirtschaft Band, Bd 12. Institut für Abfallwirtschaft und Altlasten der TU Dresden, Dresden

[5.71] Kroeker EJ, Schulte DD (1979) Anaerobic treatment process stability. Journal water pollution control Federation Washington DC 51:719–72

[5.72] Scherer P (2001) Mikrobiologie der Vergärung von festen Abfallstoffen. In: Biologische Behandlung organischer Abfälle. Springer Verlag, Heidelberg, S 45–80

[5.73] Gallert J (2009) Wirtschaftsdünger: Anfall, Lagerung, Verwertung, Umwelt, 1. Aufl. Landwirtschaftskammer Salzburg, Salzburg

[5.74] Sommer SG, Jensen LS, Christensen ML, Schmidt T (2013) Animal manure: Recycling, treatment, and management

[5.75] Demmel M, Thurner S, Fröhner A, Bayrische Landesamt für Landwirtschaft Lfl (2010) Knappe Flächen optimal nutzen. Futter- und Substratwirtschaft optimieren 2010 LfL-Jahrestagung, Triesdorf, S 35
[5.76] Raupp J, Oltmanns M (2006) Reduzierung von Nährstoffverlusten während der Stallmistrotte durch Beeinflussung der Rottenbedingungen, Darmstadt
[5.77] Bayerische Landesanstalt für Landwirtschaft (Hrsg) (2010) Knappe Flächen optimal nutzen: Jahrestagung 2010. Triesdorf
[5.78] Bundesministerium für Land- und Forstwirtschaft, Umwelt und Wasserwirtschaft (2005) Stand der Kompostierung: Richtlinie des Bundesministeriums für Land- und Forstwirtschaft, Umwelt und Wasserwirtschaft. http://www.bmlfuw.gv.at/. Zugegriffen: 20.10.2015
[5.79] Körner I (2009) Stickstoffhaushalt bei der Kompostierung: Bilanzen, Gehalte, Umsetzungs- und Austragungsprozesse Hamburger Berichte Abfallwirtschaf, Bd 33. Verl. Abfall aktuell, Stuttgart
[5.80] Fachagentur Nachwachsende Rohstoffe (Hrsg) (2013) Leitfaden Biogas: von der Gewinnung zur Nutzung. Gülzow. http://www.fnr.de/. Zugegriffen: 20.10.15
[5.81] Gerighausen H-G (Hrsg) (2011) Praxishandbuch Futter- und Substratkonservierung: jetzt auch mit Silagen für Biogasanlagen, 8. Aufl. DLG-Verl, Frankfurt
[5.82] Kuoppala K (2012) Proceedings of the XVIth International Silage Conference Hämeelinna, Finland, 2–4 July 2012. MTT Agrifood Research Finland, Helsinki
[5.83] McDonald P, Henderson N, Heron S (1991) The biochemistry of silage, 2. Aufl. Chalcombe, Marlow, England
[5.84] Banemann D (2010) Einfluss der Silierung und des Verfahrensablaufs der Biomassebereitstellung auf den Methanertrag unter Berücksichtigung eines Milchsäurebakteriensiliermittels. Dissertation, Universität Rostock
[5.85] Industrial Production (o.J.): Werkstoffe. https://www.industrial-production.de/werkstoffe/bilder/oberflaechentechnik---werkstoffe---kunststoff-schneidmuehlen-1.htm. Zugegriffen: 02.02.23
[5.86] Pallmann (o.J.) Schneidmühle - Typ PSP. https://produkte.pallmann.eu/de/kunststoff/detail/id/5. Zugegriffen: 02.02.23
[5.87] Liu M, Wei Y, Leng X (2021) Improving biogas production using additives in anaerobic digestion: A review. Journal of Cleaner Production 297:126666. https://doi.org/10.1016/j.jclepro.2021.126666
[5.88] Abraham A et al (2020) Pretreatment strategies for enhanced biogas production from lignocellulosic biomass. Bioresource Technology 301:122725. https://doi.org/10.1016/j.biortech.2019.122725
[5.89] Paudel SR, Banjara SP, Choi OK, Park KY, Kim YM, Lee JW (2017) Pretreatment of agricultural biomass for anaerobic digestion: Current state and challenges. Bioresour Technol 245:1194–1205. https://doi.org/10.1016/j.biortech.2017.08.182
[5.90] Zorg Biogas (o. J.) Vertikalfermenter mit Zentralrührwerk 8287 m. https://zorg-biogas.com/de/equipment/fermenter/vertikalfermenter-mit-zentralruhrwerk. Zugegriffen: 30.09.2022
[5.91] VDI-Richtlinie 4631 Gütekriterien für Biogasanlagen Düsseldorf 2011 Verein Deutscher Ingenieure
[5.92] Hartmann H, Angeldaki I, Ahring BK (2000) Increase of anaerobic degradation of particulate organic matter in full-scale biogas plants by mechanical maceration. Water Science and Technology 41(3):145–155
[5.93] Edelmann W, Engeli H (Hrsg) (1996) Biogas aus festen Abfällen und Industrieabwässern – Eckdaten für PlanerInnen; Bundesamt für Konjunkturfragen. EDMZ, Bern
[5.94] De Baer L (2010) The Dranco Technology: A unique digestion technology for solid organic waste. Organic Waste Systems (OWS) Pub, Brussels, Beligium

[5.95] Kern M, Raussen T (2013) Optimized assessment and usage of biological waste

[5.96] Solis Traktoren (o. J.) https://solis-traktor.de/produkt/frontlader-aloe-rops-s26/ Zugegriffen: 03.02.23

[5.97] Loock Biogassysteme GmbH (2005) Feststoffvergärung von Biomasse mit dem LOOK Trocken-Nass-Simultan (TNS-) Verfahren. Hamburg. http://www.eti-brandenburg.de/. Zugegriffen: 20.10.2015

[5.98] Mumme J (2008) Vergärung nachwachsender Rohstoffe im Aufstromverfahren. Winter Industries, Berlin

[5.99] Biogaserzeugung im Aufstrom-Verfahren – geeignet für faserreiche Reststoffe vom 15.06.2011, Archiv. http://www.fnr.de/. Zugegriffen: 17.03.2015

[5.100] Bundesforschungsanstalt für Landwirtschaft (FAL), Institut für Energie Leipzig, Universität Rostock (2007) Biogaserzeugung durch Trockenvergärung von organischen Rückständen, Nebenprodukten und Abfällen aus der Landwirtschaft. Schlussbericht zum Forschungsvorhaben 22011701. http://www.fnr-server.de/ftp/pdf/literatur/pdf_286-index.htm. Zugegriffen: 5.01.2012

[5.101] Weiland P (2006) Stand der Technik bei der Trockenfermentation – Aktuelle Entwicklungen. In: Fachagentur Nachwachsende Rohstoffe e V (FNR) (Hrsg) Trockenfermentation – Stand der Entwicklungen und weiterer F+E-Bedarf. Gülzower Fachgespräche, Bd 24. Fachagentur Nachwachsende Rohstoffe, Gülzow, S 22–38 (3980392759)

[5.102] Schulze D, Block R (2006) Ökologische und ökonomische Bewertung von Fermenterabwasseraufbereitungssystemen auf der Basis von Praxisversuchen und Modellkalkulationen für das Betreiben von Biogasanlagen; Endbericht eines durch das Ministerium für Umwelt und Naturschutz, Landwirtschaft und Verbraucherschutz des Landes Nordrhein Westfalen geförderten Projektes

[5.103] Daniel J, Schröder G, Majer S, Müller-Langer F (2007) Energie- und Klimaeffizienz ausgewählter Biomassekonversionspfade zur Kraftstoffproduktion; Endbericht eines Forschungsprojektes für die KWS Saat AG. Institut für Energietechnik und Umwelt, Leipzig

[5.104] Gerardi, MH (2003) The microbiology of anaerobic digesters. Hoboken N.J.: Wiley-Interscience (Wastewater microbiology series). https://onlinelibrary.wiley.com/doi/pdfdirect/https://doi.org/10.1002/0471468967.ch3?download=true. Zugegriffen: 29.07.2022

[5.105] Rusmanis D, O'Shea R, Wall DM, Murphy J D (2019) Biological hydrogen methanation systems - an overview of design and efficiency. In: Bioengineered 10 (1), S. 604–634. https://doi.org/10.1080/21655979.205.1684607

[5.106] Peillex J-P, Fardeau M-L, Boussand R, Navarro J-M, Belaich J-P (1988) Growth of Methanococcus thermolithotrophicus in batch and continuous culture on H2 and CO2: influence of agitation. Appl Microbiol Biotechnol 29:560–564. https://doi.org/10.1007/BF00260985

[5.107] Thema M, Weidlich T, Kaul A, Böllmann A, Huber H, Bellack A, Karl J, Sterner M (2021) Optimized biological CO2-methanation with a pure culture of thermophilic methanogenic archaea in a trickle-bed reactor. Bioresour Technol 333:125135. https://doi.org/10.1016/j.biortech.2021.125135

[5.108] Martin MR, Fornero JJ, Stark R, Mets L, Angenent LT (2013) A single-culture bioprocess of Methanothermobacter thermautotrophicus to upgrade digester biogas by CO2-to-CH4 conversion with H2. Archaea 2013:157529. https://doi.org/10.1155/2013/157529

[5.109] Luo G, Angelidaki I (2013) Hollow fiber membrane based H_2 diffusion for efficient in situ biogas upgrading in an anaerobic reactor. Appl Microbiol Biotechnol 97:3739–3744. https://doi.org/10.1007/s00253-013-4811-3

[5.110] Youngsukkasem S, Chandolias K, Taherzadeh MJ (2015) Rapid bio-methanation of syngas in a reverse membrane bioreactor: membrane encased microorganisms. Bioresour Technol 178:334–340. https://doi.org/10.1016/j.biortech.2014.07.071

[5.111] Agneessens LM, Ottosen LDM, Andersen M, Berg Olesen C, Feilberg A, Kofoed MVW (2018) Parameters affecting acetate concentrations during in-situ biological hydrogen methanation. Bioresour Technol 258:33–40. https://doi.org/10.1016/j.biortech.2018.02.102

[5.112] Tsapekos P, Alvarado-Morales M, Angelidaki I (2022) H2 competition between homoacetogenic bacteria and methanogenic archaea during biomethanation from a combined experimental-modelling approach. Journal of Environmental Chemical Engineering 10:107281. https://doi.org/10.1016/j.jece.2022.107281

[5.113] Wahid R, Mulat DG, Gaby JC, Horn SJ (2019) Effects of H2:CO2 ratio and H2 supply fluctuation on methane content and microbial community composition during in-situ biological biogas upgrading. Biotechnol Biofuels 12:104. https://doi.org/10.1186/s13068-019-1443-6

[5.114] Aryal N, Kvist T, Ammam F, Pant D, Ottosen LDM (2018) An overview of microbial biogas enrichment. Bioresour Technol 264:359–369. https://doi.org/10.1016/j.biortech.2018.06.013

[5.115] Lecker B, Illi L, Lemmer A, Oechsner H (2017) Biological hydrogen methanation - A review. Bioresour Technol 245:1220–1228. https://doi.org/10.1016/j.biortech.2017.08.176

[5.116] Patentschrift DE 10 2016 101 960 A1 2017.08.10

[5.117] Di Wang, Yang X, Tian C, Lei Z, Kobayashi N, Kobayashi M, Adachi Y, Shimizu K, Zhang Z (2019) Characteristics of ultra-fine bubble water and its trials on enhanced methane production from waste activated sludge. Bioresour Technol 273:63–69. https://doi.org/10.1016/j.biortech.2018.10.077

[5.118] Geppert F, Liu D, van Eerten-Jansen M, Weidner E, Buisman C, Heijne A ter (2016) Bioelectrochemical Power-to-Gas: State of the Art and Future Perspectives. Trends Biotechnol 34:879–894. https://doi.org/10.1016/j.tibtech.2016.08.010

[5.119] Kracke F, Deutzmann JS, Gu W, Spormann AM (2020) In situ electrochemical H 2 production for efficient and stable power-to-gas electromethanogenesis. Green Chem. 22:6194–6203. https://doi.org/10.1039/d0gc01894e

[5.120] Duinkerken ND, Dörling G (1993) Kondensatableiter und Kondensatsysteme – Fakten, Zahlen und Situationen. Resch-Media Mail Verlag, Gräfeling

[5.121] Silica (o.J.) https://d3pcsg2wjq9izr.cloudfront.net/files/34578/download/377359/Prospekt_Trocknung.pdf, https://silica.berlin/de/. Zugegriffen: 05.02.23

[5.122] https://www.biogas-netzeinspeisung.at/technische-planung/aufbereitung/reinigung/entschwefelung-mit-zinkoxid.html. Zugegriffen: 05.02.23

[5.123] Russow, F et al (2023) Gasfackeln – Technische Grundlagen und Anwendung auf landwirtschaftlichen Biogasanlagen Arbeitsgemeinschaft Landtechnik und landwirtschaftliches Bauwesen in Bayern e. V., Freising

[5.124] Die Fl(ex)perten (o. J.) Biogasspeicher. https://www.kwk-flexperten.net/biogasspeicher. Zugegriffen: 06.03.23

[5.125] Eder B (2012) Biogas Praxis – Grundlagen, Planung, Anlagenbau, beispiele, Wirtschaftlichkeit, Umwelt, 5. Aufl. ökobuch Verlag, Staufen bei Freiburg

[5.126] Agrotel (o. J.) AGROTEL CenoTec Biogasspeicher Betonschutz Betonsanierung Emissionsschutz Substratlagerung. Externer Gasspeicher. https://agrotel.eu/produkt/externer-gasspeicher/. Zugegriffen: 05.02.23

[5.127] Agrotel (o. J.) Windschutz. https://ceno.sattler.com/fileadmin/user_upload/top-tex/_files/Downloads/2021_SCTT_Biogas\protect_Broschuere\protect_DE\protect_1.0\protect_web.pdf. Zugegriffen: 05.02.23

[5.128] Deutscher Verein des Gas- und Wasserfonds eV (2013) Technische Regel – Arbeitsblatt DVGW G260 (A), März 2013 – Gasbeschaffenheit. Wirtschafts- und Verlagsgesellschaft Gas und Wasser GmbH, Bonn
[5.129] Deutscher Verein des Gas- und Wasserfaches eV (2011) Technische Regel – Arbeitsblatt DVGW G262 (A), September 2011 – Nutzung von Gasen aus regenerativen Quellen in der öffentlichen Gasversorgung. Wirtschafts- und Verlagsgesellschaft Gas und Wasser GmbH, Bonn
[5.130] Deutsche Vereinigung für Wasserwirtschaft, Abwasser und Abfälle eV (2011) DWA Regelwerk, Merkblatt DWA-M 361, Aufbereitung von Biogas, Oktober 2011. Hennef
[5.131] Evonik Industries AG (o. J.) Gastrennung. Effiziente Aufbereitung von biogas mit Sepuran Green Membranen von Evonik. https://www.membrane-separation.com/de/aufbereitung-von-biogas-zu-biomethan-mit-sepuran-green. Zugegriffen: 07.02.23
[5.132] Fachagentur Nachwachsende Rohstoffe e V (Hrsg) (2014) Leitfaden Biogasaufbereitung und -einspeisung. Gülzow-Prüzen
[5.133] Bright (o. J.) https://www.bright-renewables.com/de/. Zugegriffen: 07.02.23
[5.134] Raussen T, Lootsma A (2008) Verfahren der Gärrestaufbereitung, Biomasseforum. Witzenhausen-Institut für Abfall, Umwelt und Energie GmbH, Kassel
[5.135] NQ Anlagentechnik (o. J.) Gärrestlager. https://www.nq-anlagentechnik.de/gaerrestlager/. Zugegriffen: 09.02.23
[5.136] rvt (o.J.) Ammoniak-Rückgewinnung. https://www.rvtpe.com/global/de/produkte/anlagenbau/ammoniak-rueckgewinnung. Zugegriffen: 09.02.23
[5.137] FNR (o. J.) Anlagensicherheit. https://biogas.fnr.de/biogas-gewinnung/anlagensicherheit. Zugegriffen: 09.02.23
[5.138] Technische Information 4. Sicherheitsregeln für Biogasanlagen. Herausgeber: Sozialversicherung für Landwirtschaft, Forsten und Gartenbau, Weißensteinstraße 70–72, 34131 Kassel. https://cdn.svlfg.de/fiona8-blobs/public/svlfgonpremiseproduction/45b79757c1f38081/ce7f71d90169/ti04-sicherheitsregeln-biogasanlagen.pdf. Zugegriffen: 09.02.23
[5.139] Weiland P (2009) Biogas Messprogramm II, 61 Biogasanlagen im Vergleich. FNR, Gülzow
[5.140] Berufsgenossenschaftliches Institut für Arbeitsschutz (BGIA) (2008) Eintrag zu CAS-Nr. 74-82-8 in der GESTIS-Stoffdatenbank. Zugegriffen: 13.01.2008
[5.141] Urban W, Girod K, Lohmann H (2008) Technologien und Kosten der Biogasaufbereitung und Einspeisung in das Erdgasnetz Ergebnisse der Markterhebung, Bd 2007/2008. Fraunhofer Institut Umsicht, Oberhausen
[5.142] FNR (ed) (2016) Leitfaden Biogas: Von der Gewinnung zur Nutzung, 7th edn. Bioenergie. Druckerei Weidner, Rostock. ISBN 3-00-014333-5
[5.143] Düngemittelgesetz vom 15.11.1977 (BGBl. I S. 2134), zuletzt geändert durch das Gesetz zur Änderung des Düngemittelgesetzes vom 17. Dezember 1999 (BGBl. I S 2451)
[5.144] Luyten-Naujoks K (2015) Rechtliche Aspekte des Inverkehrbringens von Gärrückständen zu Düngezwecken, Fachtagung Pflanzenbauliche Verwertung von Gärrückständen aus Biogasanlagen. FNR, Berlin
[5.145] Bundesgütegemeinschaft Kompost eV (2014) Gärreste im Ackerbau effizient nutzen, CLG Merkblatt 397. Deutsche Landwirtschaftsgesellschaft. http://www.kompost.de/. Zugegriffen: 20.10.2015
[5.146] KTBL (2013) Faustzahlen Biogas. Fachagentur Nachwachsende Rohstoffe, Gülzow
[5.147] IEA (2021) Estimating methane emissions. https://www.iea.org/reports/global-methane-tracker-2022/estimating-methane-emissions. Zugegriffen: 12.02.23
[5.148] EU Deponierichtlinie (1999) Richtlinie 1999/31/EG des Rates vom 26. April 1999 über Abfalldeponien (ABl. Nr. L 182 vom 16.07.1999), zuletzt geändert am 10.12.2011

[5.149] DepV – Deponieverordnung Verordnung über Deponien und Langzeitlager (2009) Veröffentlicht im BGBl I Nr. 22 vom 29.04.2009, zuletzt geändert am 15. April 2013. BGBl. I, S 814

[5.150] Wirtz A (2000) Grundlegende Ermittlungen zur Umweltbeeinträchtigung durch Siedlungsabfalldeponien. In: Abfall – Recycling – Altlasten, Institut für Siedlungswasserwirtschaft, Bd 24. RWTH, Aachen

[5.151] Hermann T, Karsten N, Pant R, Plickert S, Thrän D (1997) Einführung in die Abfallwirtschaft – Technik, Recht und Politik, 2. Aufl. Verlag Harri Deutsch, Frankfurt

[5.152] Rettenberger G (1997) Grundsatzvortrag Vergärung-Biogase-Deponiegase. In: Rettenberger G, Stegmann R (Hrsg) Trierer Berichte zur Abfallwirtschaft, Bd 11. Economica Verlag, Bonn, S 69–81

[5.153] Theilen U, Kirchner R (1994) Entgasung von Altablagerungen. Abfallwirtschaftsjournal 6(7/8):520–528

[5.154] VDI (Hrsg) (2000) Umweltmeterologie. Entstehung von Gasen, Gerüchen und Stäuben aus diffusen Quellen. Deponien VDI-Richtlinie, Bd 3790 Blatt 2. Beuth Verlag, Berlin

[5.155] Technische Anleitung Siedlungsabfall (TASi) (1993) Dritte Allgemeine Verwaltungsvorschrift zum Abfallgesetz, Technische Anleitung zur Verwertung, Behandlung und sonstigen Entsorgung von Siedlungsabfällen – TA Siedlungsabfall. Vom 14. Mai 1993. Bundesanzeiger Nr. 99a vom 29.05.1993, S 4967

[5.156] Rettenberger G, Stegmann R (1997) Landfill gas components. In: Christensen TH, Cossu R, Stegmann R (Hrsg) Landfilling of Waste. Biogas. E & FN Spon, London, S 51–58

[5.157] Figueroa RA (1996) Gasemissionsverhalten abgedichteter Deponien. In: Stegmann R (Hrsg) Hamburger Berichte, Bd 13. Economica Verlag, Bonn

[5.158] Allen MR, Braithwaite A, Hills CC (1997) Trace organic compounds in landfill gas at seven T. K. waste disposal sites. Environmental Science & Technology 31:1054–1061

[5.159] Gendebien A, Pauwels M, Constant M, Ledrut-Damanet M-J, Nyns E-J, Williumsen H-C, Butson J, Farby R, Ferrero G-L (1992) Landfill gas: From environment to energy. Office for Official Publications of the European Communities, Luxembourg

[5.160] Rettenberger G (1991) Die Bedeutung der Methan-, Kohlendioxid- und HKW-Emissionen von Deponien für die Atmosphäre. In: Rettenberger G, Stegmann R (Hrsg) Erfassung und Nutzung von Deponiegas. Trierer Berichte zur Abfallwirtschaft, Bd 2. Economica Verlag, Bonn, S 9–25

[5.161] Beese JD (2007) Betriebsoptimierung der motorischen Gasverwertung durch den Einsatz von Gasreinigungssystemen. In: Rettenberger, Stegmann (Hrsg) Trierer Berichte zur Abfallwirtschaft, Bd 17. Verlag Abfall aktuell, Stuttgart, S 109–119

[5.162] Schneider D (2001) Entfernung von Silizium- und Halogenverbindungen aus dem Deponiegas – Erfahrungen aus Versuchen an der Deponie Ihlenberg. Trierer Berichte zur Abfallwirtschaft (13). G Rettenberger (Hrsg), Verlag Abfall Aktuell, Stuttgart, S 203–2016

[5.163] BINE-Informationsdienst (2014) Deponiegas sauber nutzen. In: Projektinfo 11/2014. http://www.bine.info/Projektinfo\protect_11\protect_2014. Zugegriffen: 22.10.2015

[5.164] Stegmann R, Heyer K-U, Hupe K (2006) Landfill gas extraction and utilization Sevilla. (Conference proceedings)

[5.165] Czepuck K, Oechsner H, Schumacher B, Lemmer A (2006) Biogasausbeuten im Labor im Vergleich zur rechnerischen Abschätzung. Landtechnik 61(2):82–83

[5.166] Erste Allgemeine Verwaltungsvorschrift zum Bundes-Immissionsschutzgesetz, TA Luft 02 (2002) Technische Anleitung zur Reinhaltung der Luft. In: Gemeinsames Ministerialblatt (GMBl) Nr 25–29 vom 30.7.2002, S 511

[5.167] Huber-Humer M, Lechner P (2006) Ausführung und Leistungsfähigkeit von Methanoxidationsschichten. In: Lorber KE, Staber W, Menapace H, Kienzl N, Vogrin A (Hrsg) DepoTech 2006, Tagungsband zur 8. DepoTech Konferenz. VGE Verlag GmbH, Essen, S 439–446
[5.168] Bräcker W (2010) Deponieentgasung bei rückläufigen Deponiegasmengen. In: Staatliches Gewerbeaufsichtsamt Hildesheim, Zentrale Unterstützungsstelle Abfallwirtschaft, Gentechnik und Gerätesicherheit (Hrsg) Abfallwirtschaftsfakten, Bd 5. Hildesheim
[5.169] Steinbrecht, Spiegelberg V (2008) Wirbelschichtfackel zur energetischen Nutzung von Deponieschwachgas. Müll und Abfall 11:561–563

Weitere fermentative Prozesse

6

Miriam Edel, Johannes Gescher, Angela Miltner, Anton Friedl und Martin Kaltschmitt

Die fermentative Gewinnung von Ethanol aus Stärke ist sicher das am besten verstandene und am häufigsten umgesetzte fermentative Verfahren zur biotechnologischen Gewinnung von Kraftstoffen. Ebenfalls großtechnisch etabliert war auch die sogenannte ABE-Fermentation mithilfe von Clostridien. Diese Organismen können ein großes Substratspektrum nutzen und sind unter bestimmten Bedingungen in der Lage, daraus die namensgebenden Substanzen Aceton, Butanol und Ethanol zu produzieren.

Aufgrund der schlechten Wasserlöslichkeit und der geringen chemischen Stabilität ist die biologische Verwendung von Lignocellulose als Substrat bisher nur mit begrenzten Umsatzraten möglich. Zudem rückt neben der energetischen auch mehr und mehr eine stoffliche Nutzung hin zu Grundstoffen für die chemische Industrie (Plattformchemikalien) in den Fokus. Daher etablieren sich zunehmend weitere Verfahren beispielsweise zur Ethanolproduktion, die auf Synthesegas als Substrat und damit einer biotechnologischen Gasfermentation beruhen. Synthesegas ist ein Gasgemisch aus CO, H_2 und CO_2, das geringe Konzentrationen an NH_3, N_2 und H_2S enthalten kann (Kapitel 9, Band 2); es kann beispielsweise über eine thermo-chemische Gaserzeugung aus fester Biomasse hergestellt werden. Neben Ethanol können aber auch weitere Verbindungen mithilfe der Synthesegasfermentation produziert werden; dazu gehören u. a. Butanol, 2,3-Butandiol und Isopropanol.

- Butanol kann u. a. in der chemischen und pharmazeutischen Industrie sowie als Treibstoff bzw. -zusatz genutzt werden; bei letzterem ist auch eine Zumischung zu Dieseltreibstoff möglich [6.1].
- Als mehrwertiger Alkohol weist 2,3-Butandiol ebenfalls sehr gute Eigenschaften als Lösemittel auf und wird u. a. in der Lack- und Kunststoffindustrie eingesetzt. 2,3-

Miriam Edel, Johannes Gescher, Martin Kaltschmitt, Hamburg, Deutschland
Angela Miltner, Anton Friedl, Wien, Österreich

M. Kaltschmitt, M. Scherzinger, J. Gescher (Hrsg.), *Energie aus Biomasse*, Energie aus Biomasse 3, https://doi.org/10.1007/978-3-658-41386-6_6

Butandiol wird auch als Ausgangsstoff für die chemische Herstellung von Kraftstoffen verwendet.
- Isopropanol wird in der chemischen Industrie vielfältig als Lösemittel eingesetzt und zeichnet sich speziell als Fettlöser aus.

Nachfolgend werden ausgewählte derartige, über die „klassischen" und sehr weitgehend umgesetzten fermentativen Prozesse alkoholische Gärung und Biogasfermentation hinausgehende fermentative Verfahren diskutiert.

6.1 Ethanol aus Synthesegas

Im Folgenden wird die biochemische / biotechnologische Umwandlung von Synthesegas (Kapitel 9, Band 2) in Ethanol diskutiert. Ethanol ist ein aliphatischer einwertiger Alkohol mit der Summenformel C_2H_5OH. Dazu wird zunächst auf die biochemischen Grundlagen der Synthesegasfermentation und dann auf potenzielle (bio-)verfahrenstechnische Umsetzoptionen eingegangen.

6.1.1 Grundlagen

Ethanol wird derzeit kommerziell primär mittels einer alkoholischen Gärung aus beispielsweise zuckerhaltigen Rohstoffen hergestellt (Kapitel 4, Band 3). Die „Teller oder Tank"-Diskussion und die daraus resultierende reduzierte Akzeptanz von Bioethanol-basierten Biokraftstoffen hat aber dazu geführt, dass zukünftig verstärkt Lignocellulose-haltige Rohstoffe (z. B. Stroh) – nach entsprechenden Vorbehandlungsschritten – als Rohstoff für die Ethanolerzeugung eingesetzt werden (sollen). Jedoch sind die benötigten Vorbehandlungsschritte zur Aufbereitung der Lignocellulose für die „klassische" alkoholische Gärung (Kapitel 4, Band 3) – d. h. die Überführung in eine vergärbare Zuckerlösung – sehr aufwändig, vergleichsweise ineffizient und damit relativ teuer; deshalb hat dieser Umwandungspfad in den letzten Jahren tendenziell auch an Bedeutung verloren.

Ein alternatives Verfahren zur Alkoholerzeugung, das die Bereitstellung beispielsweise von Ethanol aus nicht vorbehandelter Lignocellulose ermöglicht, ist die Fermentation von Synthesegas. Dabei wird aus dem Lignocellulose-Rohstoff (z. B. Waldholz, Holz aus Kurzumtriebsplantagen, Altholz) zunächst mithilfe der thermo-chemischen Gaserzeugung in der Gasatmosphäre (Kapitel 6, Band 2) oder der hydrothermalen Atmosphäre (Kapitel 8, Band 2) ein Synthesegas (Kapitel 9, Band 2) erzeugt, das anschließend in einem biochemischen Fermentationsschritt zu Alkoholen, Säuren und weiteren flüssigen Produkten umgewandelt wird (d. h. Kombination einer thermo-chemischen und einer bio-chemischen Biomasseumwandlung). Die Fermentation dieses Synthesegases, das im Wesentlichen aus Kohlenstoffmonoxid (CO), Kohlenstoffdioxid (CO_2) und Wasserstoff (H_2) besteht, läuft anaerob unter Einsatz von acetogenen Bakterien ab. Dabei werden

Bestandteile des Synthesegases über den Wood-Ljungdahl-Weg zu den Produkten umgewandelt [6.2], [6.3]; dieser wird nachfolgend diskutiert. Anschließend wird auf die dafür eingesetzten Biokatalysatoren eingegangen.

Wood-Ljungdahl Weg. Der Wood-Ljungdahl-Weg (auch reduktiver Acetyl-CoA-Weg genannt) beschreibt den Syntheseweg von Kohlenstoffmonoxid (CO) bzw. Kohlenstoffdioxid (CO_2) zum Zwischenprodukt Acetylcoenzym A, das in weiterer Folge zu flüchtigen Fettsäuren und Alkoholen umgewandelt wird. Diesen Verlauf des Synthesewegs von CO bzw. CO_2 zu Ethanol zeigt Abb. 6.1.

Im linken („westlichen") Methylzweig des Wood-Ljungdahl-Weges wird CO zunächst von der Kohlenstoffmonoxid-Dehydrogenase in einer biologischen Wasser-Gas-Shift-Reaktion mit Wasser zu CO_2 sowie zwei H^+-Ionen und zwei Elektronen umgesetzt. Das dabei gebildete CO_2 wird in den weiteren Reaktionsschritten von mehreren Enzymen zu Methyl-Corrinoid-Eisen-Schwefel-Protein (Methyl-CoFeSP) umgewandelt. Im rechten („östlichen") Carbonylzweig wird entweder direkt ein CO-Molekül verwertet oder dieses CO-Molekül zunächst aus CO_2 generiert. Das gebildete Methyl-Corrinoid-Eisen-Schwefel-Protein wird anschließend gemeinsam mit dem CO über das bifunktionale Schlüsselenzym Kohlenstoffmonoxid-Dehydrogenase / Acetylcoenzym-A-Synthease zu Acetylcoenzym A synthetisiert. Dieses bifunktionale Schlüsselenzym ist charakteristisch für diesen Reaktionsweg [6.3]; es ist aber auch die Ausgangssubstanz für viele Produkte.

Abbildung 6.1 zeigt exemplarisch den Syntheseweg zu Ethanol und Acetat, wobei das gebildete Acetat in einem nachfolgenden Syntheseschritt ebenfalls wieder zu Ethanol umgesetzt werden kann.

Die biochemischen Gesamtreaktionen zu Ethanol und Essigsäure, die im Wood-Ljungdahl-Weg ablaufen, beschreiben die Gleichungen (6.1) bis (6.7) [6.3], [6.4], [6.6], [6.7]. Demnach sind die Kohlenstoff- und Energiequellen der Reaktionen verschieden [6.3]. Dabei kann einerseits CO als alleinige Kohlenstoff- und Energiequelle fungieren (Gleichung (6.1) und (6.2)), andererseits können CO als Kohlenstoffquelle und sowohl CO als auch H_2 als Energiequelle genutzt werden (Gleichung (6.3) bis (6.5)). Letztendlich kann auch CO_2 als Kohlenstoffquelle und H_2 als Energiequelle dienen (Gleichung (6.6) und (6.7)).

$$6\,CO + 3\,H_2O \rightarrow CH_3CH_2OH + 4\,CO_2 \qquad (\Delta G^{0'} = -224\,kJ/mol) \tag{6.1}$$

$$4\,CO + 2\,H_2O \rightarrow CH_3COOH + 2\,CO_2 \qquad (\Delta G^{0'} = -175\,kJ/mol) \tag{6.2}$$

$$3\,CO + 3\,H_2 \rightarrow CH_3CH_2OH + CO_2 \qquad (\Delta G^{0'} = -164\,kJ/mol) \tag{6.3}$$

$$2\,CO + 2\,H_2 \rightarrow CH_3COOH \qquad (\Delta G^{0'} = -135\,kJ/mol) \tag{6.4}$$

$$2\,CO + 4\,H_2 \rightarrow CH_3CH_2OH + H_2O \qquad (\Delta G^{0'} = -144\,kJ/mol) \tag{6.5}$$

$$2\,CO_2 + 6\,H_2 \rightarrow CH_3CH_2OH + 3\,H_2O \qquad (\Delta G^{0'} = -104\,kJ/mol) \tag{6.6}$$

$$2\,CO_2 + 4\,H_2 \rightarrow CH_3COOH + 2\,H_2O \qquad (\Delta G^{0'} = -95\,kJ/mol) \tag{6.7}$$

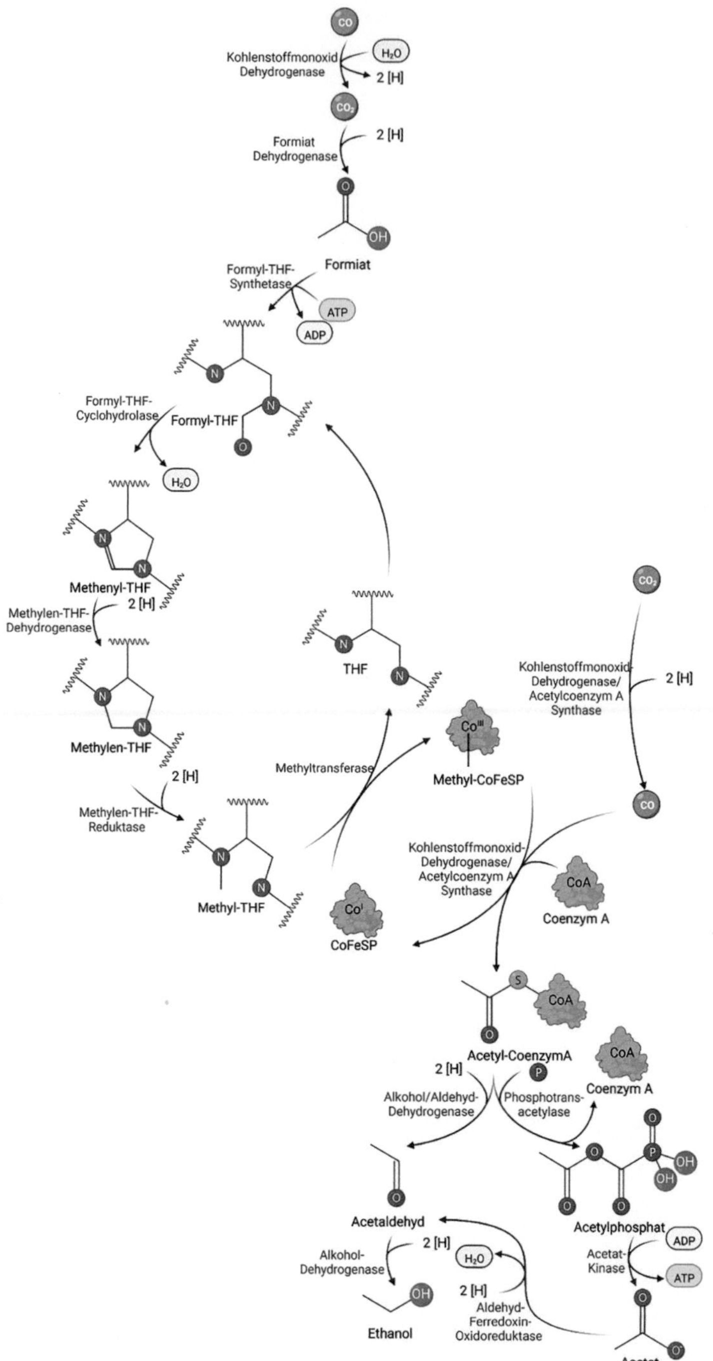

Abb. 6.1 Wood-Ljungdahl-Weg (ADP Adenosindiphosphat; ATP Adenosintriphosphat; CoFeSP Corrinoid-Eisen-Schwefel-Protein; P_i anorganischer Phosphor; THF Tetrahydrofolat) (nach [6.2]–[6.4]; Grafik erstellt mit [6.5])

Neben den hier angeführten Reaktionswegen zu Ethanol und Essigsäure kann es auch zur Bildung von weiteren Produkten (u. a. Butanol, Butyrat, Lactat, 2,3-Butandiol) kommen [6.2], [6.8]–[6.10].

Die Zusammensetzung des Synthesegases beeinflusst das Ausmaß, in dem die Gasbestandteile von den Mikroorganismen aufgenommen und umgesetzt werden können. So wird etwa bei hohen CO-Konzentrationen nur wenig H_2 aufgenommen; unter diesen Bedingungen laufen die Gleichungen (6.1) und (6.2) bevorzugt ab [6.3]. Zusätzlich beeinflussen die Reaktionsbedingungen (u. a. pH-Wert, Nährstoffangebot) die Mengenverhältnisse zwischen den gebildeten Produkten sowie die Verteilung zwischen Produkt- und Zellbildung.

Mikroorganismen. Bestimmte Mikroorganismen sind in der Lage, Gasbestandteile wie CO, CO_2 oder H_2 als Substrat zu verwerten und beispielsweise in Fettsäuren und Alkohole umzuwandeln [6.2], [6.4]. Dabei handelt es sich nur um acetogene, obligat anaerobe Bakterien, die chemolithotroph wachsen [6.2], [6.3]. Bei diesen acetogenen Organismen [6.11] handelt es sich um Anaerobier, die den Acetyl-CoA-Weg als

(1) Mechanismus für die reduktive Synthese von Acetyl-CoA aus CO_2,
(2) terminalen, Elektronen annehmenden, Energie liefernden Prozess und
(3) Mechanismus für die Fixierung (Assimilation) von CO_2 bei der Synthese von Zellkohlenstoff nutzen.

Acetogene Bakterien sind in der Natur allgegenwärtig und ein wichtiger Faktor für den globalen Kohlenstoffkreislauf. Sie können aus den unterschiedlichsten Quellen isoliert werden (u. a. Sedimente von Kohlegruben und Absetzbecken, Hühnermist, Fäkalien von Hasen, Verdauungstrakt von Termiten [6.3], [6.12]–[6.15]).

Bekannte Mikroorganismen. Eine Vielzahl derartiger Mikroorganismen wurde bereits auf ihr Potenzial zur Produktion von Essigsäure, Ethanol sowie anderen Fettsäuren und Alkoholen hin untersucht. Je nach Temperaturoptimum während der fermentativen Umsetzung werden sie in mesophile und thermophile Bakterien unterteilt; mesophile Bakterien haben ihr Temperaturoptimum bei 30 bis 40 °C und thermophile Bakterien bevorzugen Temperaturen zwischen 55 und 80 °C [6.4], [6.14]. Der Großteil der bisher entdeckten Mikroorganismen, die in der Lage sind, Ethanol zu produzieren, ist mesophil. Der pH-Wert, der zu der größten Ethanolausbeute führt, liegt häufig zwischen 5 und 7; er kann aber auch bis 4,5 bzw. 8,5 gehen [6.2], [6.4], [6.7]. Eine Auswahl gängiger Mikroorganismen zur Produktion von Ethanol zeigt Tabelle 6.1.

Stammoptimierung. Für einen erfolgreichen industriellen Einsatz von acetogenen Bakterien zur Herstellung von Ethanol aus Synthesegas ist eine hohe Produktivität bei geringen Kosten erforderlich. Die bekannten Mikroorganismen können diese Erfordernisse derzeit aber nur in einem sehr geringen Maß erfüllen. Zur Optimierung der Bakterienstämme

Tabelle 6.1 Häufig verwendete Mikroorganismen zur Produktion von Ethanol [6.2], [6.4], [6.7]

	Hauptprodukte	Temperatur in °C	pH-Wert
Alkalibaculum bacchi	Acetat, Ethanol	37	8,0–8,5
Butyrobacterium methylotrophicum	Acetat, Ethanol, Butyrat, Butanol	37	6
Clostridium autoethanogenum	Acetat, Ethanol, 2,3-Butandiol, Lactat	37	5,8–6,0
Clostridium carboxidivorans oder „P7"	Acetat, Ethanol, Butyrat, Butanol, Lactat	37–38	5,2–6,2
Clostridium drakei	Acetat, Ethanol, Butyrat	25–30	5,8–6,9
Clostridium ljungdahlii	Acetat, Ethanol, 2,3-Butandiol, Lactat	36–37	4,5–6,0
Clostridium ragsdalei oder „P11"	Acetat, Ethanol, 2,3-Butandiol, Lactat	32–37	5,0–6,3
Clostridium scatologenes	Acetat, Ethanol, Butyrat	37–40	5,4–7,5
Butyribacterium methylotrophicum	Acetat, Ethanol, Butyrat, Butanol	37	6,0–6,9
Clostridium leatocellum oder „SG6"	Acetat, Lactat, Ethanol	35	7,0–7,2
Eubacterium limosum	Acetat, Butyrat, Ethanol	37	6,8

wird daher Metabolic Engineering eingesetzt. Zielsetzung ist dabei neben der Verbesserung der Produktivität der Bakterien auch die Erhöhung der Selektivität (hohes Verhältnis von Ethanol zu Essigsäure), die Verbesserung der Robustheit der Bakterienstämme, die Verringerung der Produktinhibierung, die Verhinderung der Degeneration der Stämme, die Verbesserung der Verwertung der gasförmigen Substrate sowie die Erhöhung der Sauerstofftoleranz [6.3], [6.4]. Diese Stammoptimierung kann durch zufällige Mutagenese, gerichtete Evolution oder gentechnische Methoden erfolgen. Die Robustheit, die Produktivität und die Selektivität konnten etwa durch eine zufällige Mutagenese verbessert werden. Durch Metabolic Engineering ist es auch gelungen, in *Clostridium ljungdahlii* Gene zu implementieren, die dazu führen, dass bei der Fermentation Butanol oder Isopropanol entsteht [6.16].

6.1.2 Technische Umsetzung

Die Fermentation von Synthesegas zu Ethanol und anderen Alkoholen bzw. Chemikalien ist eine vergleichsweise neue Technologie, die vielfach noch intensiv beforscht wird. Ziel ist die Umsetzung gasförmiger Substanzen (primär Kohlenstoffmonoxid (CO), Kohlenstoffdioxid (CO_2) und Wasserstoff (H_2)) durch Biokatalysatoren, die daraus flüssige Produkte wie Ethanol, Butanol, Essigsäure oder Buttersäure produzieren.

Die Abb. 6.2 zeigt den prinzipiellen Ablauf einer Fermentation von Synthesegas. Das als Substrat dienende Synthesegas kann aus biogenen Rohstoffen oder organischen Rückständen, Nebenprodukten und Abfällen durch eine thermo-chemische Gaserzeugung in

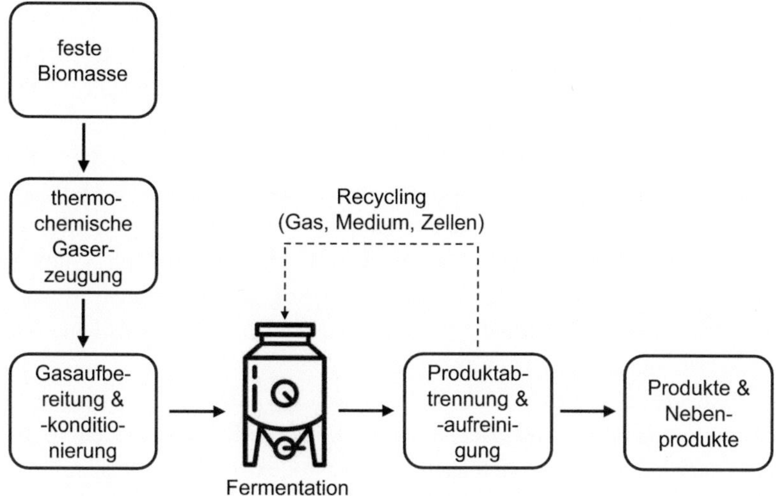

Abb. 6.2 Gesamtkonzept zur Produktion und Fermentation von Synthesegas

der Gasatmosphäre (Kapitel 6, Band 2) oder in der hydrothermalen Atmosphäre (Kapitel 8, Band 2) bereitgestellt werden. Vor der Einleitung eines derartigen Gases in den Fermenter muss das Synthesegas meist gereinigt, komprimiert sowie gekühlt werden. Anschließend wird es in den Fermenter eingebracht und dort von den Mikroorganismen in die jeweiligen Haupt- und Nebenprodukte umgewandelt. Danach folgen die Abtrennung und Reinigung der entsprechenden Produkte. Im Zuge dieser Produktabtrennung kann auch eine Rückführung von unverbrauchtem Synthesegas, Fermentationsmedium und Zellen in die Fermentation erfolgen. Die Produktreinigung und -aufkonzentration ist erforderlich, um die gewünschte Reinheit – beispielsweise für einen Einsatz als Treibstoff in Fahrzeugen – zu erzielen. Aus Energieeffizienzgründen sollte die Wärmeenergie, die bei der Kühlung des Gases vor dem Eintritt in den Fermenter anfällt, an andere Prozessschritte und/oder an externe Nachfrager (z. B. Fernwärmesysteme) abgegeben werden. Darüber hinaus sollte anfallendes Off-Gas aus dem Gasreinigungsschritt gemeinsam mit dem ungenutzten Synthesegas aus dem Fermenter beispielsweise zur Bereitstellung von Wärme und Strom genutzt werden.

Derzeit sind Ethanol und Butanol die bevorzugten Produkte der Synthesegasfermentation. Die Nutzung anfallender Nebenprodukte (u. a. 2,3-Butandiol, Essigsäure, Buttersäure) kann aber beträchtliche Anteile für den Gesamterlös einer derartigen Anlage liefern [6.4].

Im Vergleich zur Herstellung von Alkoholen mittels alkoholischer Gärung (Kapitel 4, Band 3) bzw. einer chemischen Synthese mittels der Fischer-Tropsch- oder anderen Synthesen (Kapitel 9, Band 2) zeigt die Synthesegasfermentation bestimmte Vor- und Nachteile.

- Vorteile [6.2]–[6.4]
  - Durch die Bereitstellung des Substrats in Form von Synthesegas aus einem thermochemischen Gaserzeugungsprozess ist eine einfache und flexible Nutzung von Lignocellulose-haltigen Rohstoffen möglich.
  - Im Vergleich beispielsweise zur Fischer-Tropsch-Synthese weist die Synthesegasfermentation niedrigere Temperaturen, einen niedrigeren Druck und damit einen geringeren Energieverbrauch – und damit potenziell auch geringere Kosten – auf.
  - Im Unterschied zu den Reaktionen bei den meisten chemischen Synthesen (z. B. Fischer-Tropsch-Synthese) laufen die Reaktionen der Synthesegasfermentation irreversibel ab. Daher kommt es nicht zu einer Gleichgewichtseinstellung und es ist ein nahezu vollständiger Umsatz möglich.
  - Die Synthesegasfermentation weist hohe Selektivitäten der eingesetzten Enzyme und damit erhöhte Produktausbeuten bei geringerer Menge an Nebenprodukten auf. Damit verbunden ergeben sich auch geringe Produktreinigungskosten.
  - Die Gaszusammensetzung kann in einem relativ breiten Bereich schwanken, wohingegen das CO/H_2-Verhältnis beispielsweise bei der Fischer-Tropsch-Synthese in einem sehr engen Bereich liegen muss.
  - Die Mikroorganismen der Synthesegasfermentation weisen eine relativ hohe Toleranz gegenüber Verunreinigungen wie Teer, Schwefel oder Chlor auf. Dadurch ist der Gasreinigungsbedarf verglichen beispielsweise mit der Fischer-Tropsch-Synthese geringer und weniger kritisch.
- Nachteile [6.2]–[6.4]
  - Die Synthesegasfermentation weist im Vergleich zu chemischen Synthesen deutlich langsamere Umsatzraten auf.
  - Die Produktivität der Ethanolerzeugung ist relativ niedrig.
  - Die Produktkonzentrationen am Ende der Fermentation sind gering; dies bedingt einen hohen Trennaufwand für die Bereitstellung der durch die Synthesegasfermentation erzeugten Kohlenwasserstoffverbindungen in Reinform.

Im optimalen Fall sollte bei der Synthesegasfermentation der gesamte Kohlenstoffanteil des Synthesegases in die jeweils gewünschten Produkte transferiert werden. Real wird jedoch ein Teil des Kohlenstoffs im Gas für das Wachstum der Zellen der aktiven Mikroorganismen-Biomasse benötigt; es ist eine gewisse Zellkonzentration im Fermenter erforderlich, um hohe Produktionsraten gewährleisten zu können. Um einen derartigen Kohlenstoffverlust durch Zellwachstum zu minimieren, können Fermentationsmedien eingesetzt werden, die das Zellwachstum erhöhen. Auch kann der Kohlenstoffverlust durch einen Abzug der Zellen aus dem Fermenter minimiert werden; dies ist beispielsweise durch eine Immobilisierung der Zellen im Fermenter möglich. Eine weitere Möglichkeit stellt die Abtrennung der Zellen aus der Fermentationslösung und ihre Rückführung in den Fermenter dar. Diese Abtrennung erfolgt häufig mittels semipermeabler Membranen, die jedoch aufgrund des meist auftretenden Foulings regelmäßig getauscht werden müssen; deshalb ist der Einsatz in kontinuierlichen Anlagen problematisch [6.3].

Nachfolgend wird zunächst auf die Gasreinigungsschritte eingegangen, durch die eine Gasqualität sichergestellt werden kann, die einen kontinuierlichen Betrieb ermöglichen soll. Anschließend wird die eigentliche Fermentation diskutiert, bevor ausgewählte Anlagenkonzepte dargestellt werden.

Gasreinigung. Das Roh-Synthesegas, das den mit biogenen Festbrennstoffen betriebenen thermo-chemischen Gaserzeuger (Kapitel 6, Band 2) verlässt, enthält neben den gewünschten Gassubstraten wie CO, CO_2 und H_2 auch andere Gasbestandteile, die ggf. die Fermentation der Substrate zu den Endprodukten behindern können. Zu diesen störenden Bestandteilen zählen u. a. Stickstoffoxide, Teere, Ammoniak, Schwefelwasserstoff und Sauerstoff. Aber auch der im Gasstrom enthaltene Staub muss entfernt werden, da er sich beispielsweise in nachfolgenden Anlagenteilen ansammeln und diese dann blockieren kann. Diese Bestandteile können mittels geeigneter technischer Verfahren abgetrennt werden (Kapitel 6 und 9, Band 2).

Gasbestandteile, welche die Fermentation beeinträchtigen können, können die Mikroorganismen direkt (z. B. Zellgift, Enzyminhibitoren) oder indirekt (Änderung der Fermentationsbedingungen wie pH-Wert oder Redoxpotenzial) beeinflussen und dadurch sowohl die Wachstumsraten als auch die Produktbildung beeinträchtigen [6.3], [6.17]. Dies wird wesentlich beeinflusst durch die jeweilige Konzentration dieser störenden Gasbestandteile in der Gasphase, die Löslichkeit dieser Gasbestandteile in der Fermentationslösung und deren Diffusion in der Lösung [6.17]. Nachfolgend sind die Verunreinigungen aufgelistet, welche die Gasfermentation entscheidend beeinträchtigen können. Auch wird der Einfluss diskutiert, den sie auf die Fermentation ausüben.

Stickstoffoxide. Stickstoffoxide (NO) haben einen inhibierenden Effekt auf das Hydrogenase-Enzym [6.2], [6.3], [6.7], [6.17]; sowohl das Zellwachstum als auch das Verhältnis der Fermentationsprodukte wird dadurch beeinflusst. Dieser inhibierende Effekt ist jedoch reversibel und tritt bei dem untersuchten Mikroorganismus *C. carboxidivorans* nur bei NO-Konzentrationen > 0,04 Mol-% auf [6.17]. Stickstoffoxide können auch die Ethanolproduktionsraten erhöhen, gleichzeitig aber die Effizienz der Kohlenstoffumwandlung senken [6.3].

Die Entfernung von Stickstoffoxiden ist durch eine Gaswäsche mit Natriumhypochlorit, Kaliumpermanganat oder Natriumhydroxid möglich [6.3], [6.7]. Auch durch eine Vorbehandlung der Biomasse, etwa durch ein kombiniertes Auswaschen und Mahlen, kann der Gehalt an NO_x (aber auch an SO_x) im Synthesegas signifikant reduziert werden [6.7] (Kapitel 6, Band 2).

Teer. Im Synthesegas enthaltene Teere können zu einem Ruhezustand der Zellen und einer Verschiebung des Produktverhältnisses zwischen Essigsäure und Ethanol führen. Diese negativen Effekte der Teere auf die Zellen sind jedoch ebenfalls reversibel und können bei einem Einsatz von gereinigtem Gas wieder überwunden werden. Auch gibt es Hinweise, dass die Zellen möglicherweise in der Lage sind, sich an die Anwesenheit von

Teeren anzupassen und nach einer Adaptionsphase trotz deren Gegenwart wieder zu wachsen [6.3], [6.17]. Beispielsweise reichte der Einsatz von 0,025 µm-Filtern zur Entfernung der Teere aus, um eine Zellbeeinträchtigung zu verhindern [6.7], [6.17].

Möglichkeiten zur Entfernung von Teer sind etwa Nasswäscher oder Katalysator-basierte Heißgasreinigungsschritte [6.3] (Kapitel 6 und 9, Band 2).

Ammoniak. Die Löslichkeit von Ammoniak (NH_3) in der Fermentationslösung ist im Vergleich zu den anderen Gasbestandteilen besonders hoch. Darüber hinaus kann Ammoniak dissoziieren und Ammonium-Ionen bilden. Deshalb können sehr hohe Mengen an Ammoniak aus dem Gas in das Fermentationsmedium übergehen; d. h., Ammoniak stellt ein sehr hohes Risikopotenzial für die Fermentation von Synthesegas dar [6.17]. Experimente haben gezeigt, dass das Zellwachstum mit steigender Konzentration an Ammonium-Ionen in der Lösung zunehmend inhibiert wird. Darüber hinaus wird die Umwandlung von Essigsäure zu Ethanol und die Aktivität des Hydrogenase-Enzyms, das den Wasserstoff des Synthesegases oxidiert, inhibiert; dabei tritt diese Enzym-Inhibierung bereits bei sehr niedrigen Konzentrationen auf. Die Beeinträchtigung des Zellwachstums dürfte dabei hauptsächlich vom Osmolaritätsniveau abhängen, das mit zunehmendem Gehalt an Ammonium-Ionen in der Lösung ebenso wie auch die Inhibierung des Zellwachstums ansteigt [6.3], [6.17]. Ammoniak ist aber auch eine Stickstoffquelle, die von den Bakterien konsumiert wird.

Ammoniak kann ähnlich wie Teer durch Nasswäscher oder Katalysator-basierte Heißgasreinigungsschritte aus dem Gas entfernt werden [6.3] (Kapitel 6 und 9, Band 2).

Schwefelwasserstoff. Die zur Synthesegasfermentation eingesetzten Mikroorganismen können i. Allg. eine geringe Menge Schwefel tolerieren. Wird eine bestimmte kritische Schwefelmenge aber überschritten, kommt es zu einer massiven Beeinträchtigung der Substrataufnahme und des Zellwachstums [6.3]. Arbeiten mit *C. acetobutylicum* und *C. ljungdahlii* haben jedoch gezeigt, dass die negative Beeinflussung der Mikroorganismen erst ab H_2S-Konzentrationen stattfindet, welche die üblichen Konzentrationen in Synthesegasen aus Lignocellulose übersteigen.

Die Entfernung von Schwefelwasserstoff kann beispielsweise in ZnO-Adsorbern oder Aktivkohlefiltern erfolgen [6.3] (Kapitel 6 und 9, Band 2).

Sauerstoff. Acetogene Mikroorganismen können unter oxischen Bedingungen nicht wachsen, da die am Wood-Ljungdahl-Pfad beteiligten Enzyme bereits bei sehr geringen Sauerstoffkonzentrationen inhibiert werden. Allerdings besitzen einige Mikroorganismen (insbesondere *Clostridium genus*) einen Sauerstoff-Detoxikationspfad; d. h., sie können geringe Mengen an Sauerstoff tolerieren und trotz Sauerstoffanwesenheit wachsen bzw. den Sauerstoff sogar metabolisieren [6.3].

Sauerstoff kann aus dem Synthesegas entfernt werden, indem das Gas durch ein Bett aus reduziertem Kupfer oder einen Palladium-Katalysator geleitet wird. Letztere Option ist zu bevorzugen, da reduziertes Kupfer mit eventuell vorhandenem Acetylen reagieren und Explosionen verursachen kann [6.3].

Fermentation. Die Synthesegasfermentation beispielsweise zu Ethanol wird durch eine Vielzahl von Faktoren, die bisher nur z. T. bekannt und quantifiziert sind, beeinflusst. Nachfolgend sind einige wichtige dieser Einflussfaktoren nach dem derzeitigen Kenntnisstand zusammengestellt.

Zusammensetzung Synthesegas. Neben den Gasverunreinigungen beeinflusst auch die Synthesegaszusammensetzung die Fermentation. Insbesondere wird die Produktivität der Mikroorganismen durch das Verhältnis der wesentlichen Substratkomponenten beeinflusst. Beispielsweise verbessert ein höheres molares Verhältnis von H_2 zu CO die Effizienz der Konversion von CO zu Produkten, da in diesem Fall die Reduktionsschritte eher über H_2 erfolgen als über CO. Allerdings darf die CO-Konzentration nicht zu hoch sein, da CO ein Hydrogenaseinhibitor ist und dadurch die Wasserstoffnutzung beeinflusst werden kann [6.4]. Auch die CO_2-Konzentration im Synthesegas ist von Bedeutung, da durch die Lösung von CO_2 im Fermentationsmedium der pH-Wert im Medium absinken kann [6.2].

Zusammensetzung Medium. Um ein ausreichendes Wachstum der Mikroorganismen gewährleisten zu können, muss das Fermentationsmedium die optimalen Mengen an Vitaminen, Mineralstoffen, metallischen Cofaktoren und Reduktionsmitteln enthalten. Dabei wird bei einem Fermenterbetrieb unter Bedingungen, die das Wachstum der Zellen nicht begünstigen, offenbar das Produktprofil verbessert. Der Grund dafür ist, dass in der Ruhephase der Zellen die Produktion von Lösemitteln (Solventogenesis) gegenüber der Produktion von Säuren (Acidogenesis) bevorzugt wird. Dieser Effekt kann z. B. durch den Einsatz von nährstofflimitierten Medien für die Fermentation erreicht werden.

Spurenelemente im Medium. Die im Fermentationsmedium enthaltenen Spurenelemente dienen als Cofaktoren für die Mikroorganismen. Sie unterstützen die Aktivität der am Wood-Ljungdahl-Pfad beteiligten Schlüssel-Metalloenzyme. Dadurch werden wiederum das Zellwachstum und die Produktbildung verbessert. Ein Großteil der Spurenelemente (u. a. Nickel, Zink, Selen, Wolfram) führen bei Anwesenheit im Medium zu einer Erhöhung der Produktivität der Mikroorganismen. Es gibt jedoch auch Elemente, welche die Produktivität herabsetzen (z. B. Kupfer als Cu^{2+}). Darüber hinaus erhöht die Abwesenheit der Spurenelemente Eisen, Kobalt, Nickel und Kupfer im Medium das Verhältnis von Produkt zu Essigsäure. Die Abwesenheit von Molybdän führt hingegen zu einer Erhöhung der Essigsäureproduktion. Die Rolle von Kobalt im Wood-Ljungdahl-Pfad lässt darüber hinaus darauf schließen, dass eine Kobalt-Limitierung im Medium dazu genutzt werden kann, die Produktion der Mikroorganismen von Essigsäure zu Ethanol umzulenken [6.2]–[6.4].

pH-Wert. Die Mikroorganismen der Synthesegasfermentation sind nur innerhalb eines bestimmten und meist sehr engen pH-Wert-Bereichs metabolisch aktiv; zu hohe Abweichungen können zur Beschädigung oder zum Absterben der aktiven Biomasse führen. Der pH-Wert der Fermentationslösung steuert jedoch auch den Umschlag zwischen Solventogenesis und Acidogenesis. Dabei kommt es mit sinkendem pH-Wert zu einer Steigerung der Produktionsrate von Ethanol und anderen gewünschten Produkten. Vermutlich liegt das darin begründet, dass die Mikroorganismen durch die Produktion von Alkoholen der für sie lebensbedrohenden pH-Wert-Absenkung entgegenwirken wollen. Der optimale pH-Wert-Bereich für die Fermentation hängt von den eingesetzten Mikroorganismen ab [6.2], [6.3].

Reduktionslösung. Für das Wachstum von strikt anaeroben Mikroorganismen muss ein niedriges Reduktionspotenzial in der Fermentationslösung vorliegen. Daher ist die Zugabe von Reduktionsmitteln (z. B. Natrium-Thioglycolat, Ascorbinsäure, Methylviologen, Benzylviologen, Natriumsulfid) üblich. Darüber hinaus führt die Zugabe von Reduktionsmitteln zu einer Verschiebung des Elektronen- und Kohlenstoffflusses in Richtung Solventogenesis. Eine zu hohe Menge an Reduktionsmitteln führt jedoch zu einer Verlangsamung des Wachstums der Mikroorganismen. Daher muss die jeweils optimale Menge an Reduktionsmitteln ermittelt werden. Speziell beim Einsatz von Natriumsulfid ist zu beachten, dass neben Ionen wie HS^- oder S^{2-} auch H_2S entsteht und in die Gasphase entweichen kann. Dies führt wiederum zu einer Änderung des Redoxpotenzials der Fermentationslösung. Daher ist es beim Einsatz von Natriumsulfid umso wichtiger, die optimale Konzentration im Medium einzustellen [6.2], [6.4].

Produktinhibierung. Zu hohe Konzentrationen an produzierter Essigsäure im Fermentationsmedium können zu einer Inhibierung der Fermentation führen. Beispielsweise hat sich in Versuchen ab einer Essigsäurekonzentration von 3 g/L sowohl das Zellwachstum als auch die H_2-Produktion verringert [6.2].

Stoffübergang. Bei der Fermentation von Synthesegas müssen die gasförmigen Substrate zunächst im flüssigen Fermentationsmedium gelöst werden. Diese gelösten Substrate müssen dann in der Flüssigkeit zu den Mikroorganismen transportiert werden, durch die flüssige Grenzschicht, welche die Mikroorganismen umgibt, diffundieren, schließlich in die Zelle eindringen und innerhalb der Zelle zu den Produkten umgesetzt werden. Aufgrund der niedrigen Löslichkeit der Substrate CO und H_2 in wässrigen Flüssigkeiten ist der Lösungsvorgang und damit der Stoffübergang von der gasförmigen zur flüssigen Phase der geschwindigkeitsbestimmende Schritt im System; d. h., dieser Stoffübergang muss möglichst ideal umgesetzt werden. Dies ist insbesondere beim Scale-up auf kommerzielle Anlagengrößen herausfordernd, da die Optimierung des Massentransports oftmals mit einer Erhöhung des Energiebedarfs einhergeht.

Dieser Gas-Flüssigkeits-Stoffübergang wird durch die Wahl einer optimalen Fermenterbauart bzw. die Betriebsparameter beeinflusst [6.2]–[6.4].

- Fermenterbauart [6.2]–[6.4]. In Laboranlagen zur Synthesegasfermentation werden üblicherweise Rührkesselreaktoren eingesetzt. Hier wird das eingebrachte Gas mechanisch durch den Einsatz von Impellerrührern zerteilt, um kleine Blasen mit großer Austauschfläche für den Stofftransport zu erzeugen. Zusätzlich zeigen kleinere Blasen eine niedrigere Aufstiegsgeschwindigkeit und damit eine erhöhte Verweilzeit, die wiederum den Stoffaustausch erhöht. Dies kann durch den Einsatz von Mikroblasen-Gasverteilern weiter verbessert werden. Dem Vorteil, den der Rührkesselreaktor zeigt (d. h. vollständige Durchmischung, gleichmäßige Verbreitung des Gases in der Flüssigkeit), steht der Nachteil eines hohen Energiebedarfs pro Fermentervolumen für den Betrieb der Rührwerke gegenüber. Deshalb scheint der Einsatz von Rührkesselreaktoren für den Einsatz in kommerziellen Anlagen eher unwahrscheinlich.

Fermenterbauarten, die diesen Nachteil aufgrund fehlender Rührwerke nicht aufweisen, sind beispielsweise Blasensäulenreaktoren, Kolonnenreaktoren mit immobilisierten Zellen oder Tropfkörperreaktoren. Auch sind Hohlfasermembranen mit immobilisierten Zellen einsetzbar. Diese Optionen werden nachfolgend kurz diskutiert.

- In Blasensäulenreaktoren wird das Gas in Form von Blasen in die Flüssigkeit eingebracht und dadurch ohne Einsatz von mechanischen Rührwerken mit der Flüssigkeit vermischt. Dadurch können gute Werte für Massentransport und Wärmeübertragung bei geringen Investitionen und Betriebskosten erreicht werden. Zu hohe Gasflüsse können jedoch zu heterogenen Strömungen und Rückmischungen führen.
- Kolonnenreaktoren mit immobilisierten Zellen (d. h. Zellen, die mithilfe technischer Maßnahmen den Reaktor nicht mit dem vergorenen Substrat verlassen können) bieten die Möglichkeit, die Zelldichte im Reaktor zu erhöhen. Darüber hinaus können sie mit einer Kolbenströmung betrieben werden. Auch kann durch die Immobilisierung der Zellen ein direkter Kontakt zwischen den Mikroorganismen und dem Synthesegas ermöglicht werden, wodurch die Gas-Flüssigkeits-Stoffübergangsraten hohe Werte erreichen können. Die Immobilisierung erfolgt beispielsweise durch Adsorption der Mikroorganismen an unlöslichen Materialien, die im Reaktor als Packungen eingebracht werden. Nachteile sind die geringe Flexibilität aufgrund von Limitierungen durch die Reaktorabmessungen und die Packungen sowie die Gefahr des Zuwachsens der Packung aufgrund von übermäßigem Wachstum der Organismen.
- Eine spezielle Form der Reaktoren mit immobilisierten Zellen stellt der Tropfkörperreaktor dar. Hier tropft bzw. fließt das flüssige Fermentationsmedium über eine Packung, auf der die Mikroorganismen immobilisiert bzw. in manchen Fällen suspendiert sind. Der Gasstrom kann entweder im Gleich- oder Gegenstrom zur Flüssigphase eingebracht werden. Die Flüssigkeits- und Gasströme sind bei diesem Reaktortyp meist niedrig; dies gilt auch für den Druckverlust. Die erzielbaren Gaskonversionsraten und Produktivitäten sind in Tropfkörperreaktoren höher als in Rührkessel- und Blasensäulenreaktoren.
- Immobilisierte Hohlfasermembranen bestehen aus einer mikroporösen Schicht, die einen Biofilm mit den Mikroorganismen beherbergt, und aus einer außen liegenden, Flüssigkeit undurchlässigen Schicht. Dadurch kann das Gas direkt mit den Mikroorganismen in Kontakt treten, ohne dass es zuerst in der Flüssigkeit gelöst werden

muss. Darüber hinaus kann der Prozess so geregelt werden, dass die gasförmigen Substrate während der Diffusion durch den Biofilm aufgezehrt werden und somit das Problem der geringen Löslichkeit von CO und H_2 umgangen werden kann. Dabei hängt die Menge des umsetzbaren Gases sowohl von der Biofilmdicke als auch von seiner Dichte mit Mikroorganismen ab [6.18].
- Druck [6.2]–[6.4]. Eine Erhöhung des Drucks in der Gasphase – und damit die Erhöhung der Partialdrücke der gasförmigen Substrate – begünstigt den Gas-Flüssigkeits-Stoffübergang, da dadurch die Löslichkeit von CO und H_2 erhöht wird. Durch die dadurch zunehmende Verfügbarkeit der Gassubstrate für die Mikroorganismen steigt auch deren Ethanolproduktion an. Es gibt jedoch auch Mikroorganismen, die eine niedrige CO-Toleranz aufweisen (z. B. *Eubacterium limosum*); dann kann eine Erhöhung des CO-Partialdrucks zu einer Verschlechterung des Wachstums führen.
- Temperatur [6.3], [6.4]. Die Gaslöslichkeit von CO und H_2 hängt auch von der Temperatur ab; d. h., mit steigender Temperatur sinkt die Löslichkeit dieser Gase. Da die Temperatur die Produktivität der Mikroorganismen sowie die Viskosität der Fermentationslösung beeinflusst, muss für die Fermentationstemperatur ein Optimum ermittelt werden.

Temperatur. Die Fermentationstemperatur beeinflusst – außer der bereits diskutierten Gaslöslichkeit – auch die Produktivität der Mikroorganismen. Dabei weisen einzelne Mikroorganismen unterschiedliche Temperaturoptima auf, die in zwei Gruppen eingeteilt werden können:

- Mesophile Mikroorganismen, welche die Mehrzahl der eingesetzten Organismen für die Produktion von Alkoholen darstellen, haben ihr Temperaturoptimum im Bereich von 30 bis 40 °C.
- Thermophile Mikroorganismen weisen die höchste Produktivität bei Temperaturen von 55 bis 80 °C auf.

Zusätzlich wird durch die Temperatur auch die Viskosität der Fermentationslösung beeinflusst [6.3], [6.4], [6.7].

Nachdem die Gaslöslichkeit mit steigender Temperatur sinkt, die Produktivität nur in einem bestimmten Temperaturbereich ein Maximum aufweist und die Viskosität mit steigender Temperatur sinkt, muss für die Fermentationstemperatur empirisch ein Kompromiss gefunden werden, bei dem die gesamte Fermentationsanlage optimale Ergebnisse liefert.

Bakteriophagen-Infektion. Die Bakteriophagen-Infektion ist insbesondere aus der ABE-Fermentation bekannt. Sie führt dort zu massiven Problemen wie verringerter Produktivität und verringertem Wachstum der Mikroorganismen sowie einer Veränderung der Zellmorphologie und der Population. Die betroffenen Anlagen mussten bei Auftreten der Bakteriophagen-Infektion oftmals komplett abgeschaltet werden. Diesem Problem kann bei der ABE-Fermentation dadurch begegnet werden, dass erhöhte Hygienemaßnahmen ergriffen und darüber hinaus die eingesetzten Stämme sowie deren Zellkulturpraxis verbessert werden [6.3].

Auch in der Synthesegasfermentation können wahrscheinlich solche Bakteriophagen-Infektionen auftreten. Bisher wurden sie jedoch noch nicht beobachtet, da das gasförmige Substrat aufgrund der hohen Temperaturen im Vergaser kaum Infektionskeime beinhalten dürfte. Darüber hinaus sind die eingesetzten Fermentationsmengen wesentlich geringer als bei der ABE-Fermentation und es ist kein Zucker im Medium anwesend, der hauptsächlich als Nahrungsquelle für die Infektionskeime dient [6.3].

Kettenverlängerung. Bei den primären Produkten der acetogenen Synthesegasfermentation handelt es sich um eher kurzkettige C2- bis maximal C4-Verbindungen. Mithilfe einer intelligenten Verschaltung mehrerer acetogener Mikroorganismenstämme kann aber eine Kettenverlängerung realisiert werden. Dabei produziert der erste Stamm aus dem Synthesegas eine Mischung aus Ethanol und Acetat. Der zweite Organismus ist nun in der Lage, längerkettige Verbindungen aufzubauen, indem Ethanol zu Acetyl-CoA (CoA Coenzym A) oxidiert und dann mit einem weiteren Acetyl-CoA zu Acetoacetyl-CoA verbunden wird. In weiteren Schritten entsteht daraus Butyryl-CoA (Gleichung (6.8)). Über eine CoA-Transferase kann dann der CoA-Rest auf Acetat übertragen werden; d. h., es entsteht ein neues Molekül Acetyl-CoA. Verbleibt das Butyryl-CoA im System, kann ein weiteres Acetyl-CoA angehängt werden; d. h., es entsteht ein C6-Körper (Gleichung (6.9)). Energie gewinnen diese sekundären Organismen in einem exothermen Schritt der Kettenverlängerung, der zum Aufbau eines Membrangradienten benutzt wird. Schlussendlich können in einer solventogenen Phase die entstehenden längerkettigen Verbindungen in die korrespondierenden Alkohole überführt werden [6.19]. Entsprechende Prozesse befinden sich momentan in einer Pilotierung.

$$\underbrace{CH_3COO^-}_{\text{Acetat}} + \underbrace{CH_3CH_2OH}_{\text{Ethanol}} \rightarrow \underbrace{CH_3CH_2CH_2COO^-}_{\text{Butyrat}} + H_2O; \quad \Delta G^{0'} = -38{,}8\,\text{kJ/Reaktion} \tag{6.8}$$

$$\underbrace{CH_3CH_2CH_2COO^-}_{\text{Butyrat}} + \underbrace{CH_3CH_2OH}_{\text{Ethanol}} \rightarrow \underbrace{CH_3CH_2CH_2CH_2CH_2COO^-}_{\text{Hexanoat}} + H_2O; \quad \Delta G^{0'} = -38{,}7\,\text{kJ/Reaktion} \tag{6.9}$$

Produktabtrennung. Die Produktaufreinigung kann vergleichbar zu der alkoholischen Gärung durchgeführt werden. Allerdings liefert die Fermentation von Synthesegas derzeit nur sehr niedrige Produktkonzentrationen von unter 5 bis 6 Gew.-% [6.20], [6.21]. In diesem relativ niedrigen Konzentrationsbereich steigt der spezifische Energiebedarf für die Alkoholabtrennung stark an [6.22], [6.23]; d. h., eine ausschließlich destillative Abtrennung des Ethanols aus dem Fermentationsmedium führt zu sehr hohen Energiekosten. Deshalb werden auch andere Produktkonzentrierungsmethoden (u. a. Flüssig-Flüssig-

Extraktion, Pervaporation, Gasstrippen) untersucht, um die Ethanolkonzentration vor der Destillation zu erhöhen oder den Destillationsschritt gänzlich zu ersetzen [6.4]. Ein Vorteil des Gasstrippens ist die Möglichkeit, das Ethanol in situ aus dem Medium abzutrennen und somit eine Produktinhibierung zu verhindern. Das im gasförmigen Zustand aus dem Fermentationsmedium entnommene Ethanol muss dann aber wieder kondensiert werden. Dieser Prozessschritt kann ebenfalls sehr energieintensiv ausfallen, insbesondere bei Einsatz hoher Strippgasströme.

Anlagenkonzepte. Für eine kommerzielle Synthesegasfermentation müssen einige der bestehenden Limitierungen überwunden werden; dies gilt beispielsweise für die niedrige Ethanolproduktivität, den niedrigen Gas-Flüssigkeits-Stoffübergang, die niedrige Effizienz bei der Substratausnutzung und den hohen Aufwand bei der Produktrückgewinnung [6.4]. Dabei dürfte die Erhöhung des Stoffübergangs die größte Herausforderung darstellen (siehe oben). Dennoch gibt es bereits semikommerzielle bzw. kommerzielle Anlagen zur Fermentation von derartigen Synthesegasen.

Beispielsweise zeigt Abb. 6.3 ein umgesetztes Anlagenkonzept zur Gaserzeugung biogener Abfälle und anschließenden Fermentation des Synthesegases zu Ethanol. Die Anlage besteht aus einem Trocknungsschritt für den Rohstoff, gefolgt von einer zweistufigen Gaserzeugung mit Sauerstoff. Das entstandene Synthesegas ist frei von Teeren; dadurch reichen ein Trockenabscheider sowie eine Wasserquenche zur Gasreinigung und -kühlung aus. Das gereinigte Synthesegas gelangt in den Fermenter, der gerührt wird, um den Gas-Flüssigkeits-Transfer zu verbessern. Zusätzlich werden dem Fermenter Nährstoffe zur Wachstumsunterstützung der Mikroorganismen zugeführt. Das ungenutzte Synthesegas wird gereinigt und zur gekoppelten Wärme- und Stromerzeugung mit dem Ziel der Deckung des Eigenbedarfs sowie zur Einspeisung in externe Netze verbrannt. Die Fermentationslösung wird kontinuierlich abgezogen und die Bakterien und Nährstoffe abgefiltert. Die verbleibende Fermentationslösung wird destilliert und das erhaltene Ethanol mittels Molekularsieben dehydriert. Ein Großteil des in der Destillationsanlage anfallenden Wassers wird zur Kreislaufschließung wieder in den Fermenter zurückgeleitet. Die

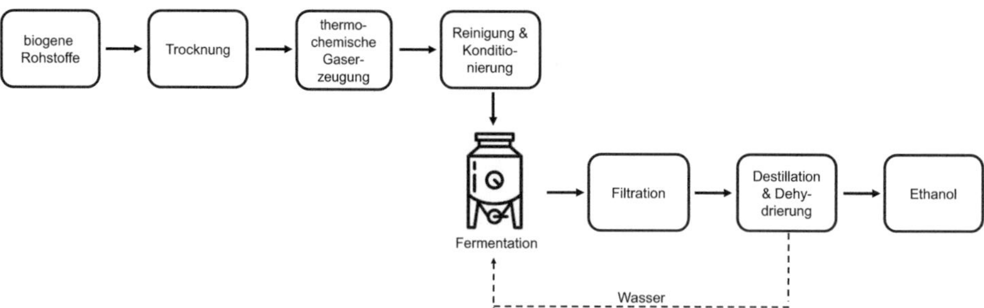

Abb. 6.3 Layout einer Anlage zur Herstellung von Synthesegas und anschließenden Fermentation zu Ethanol

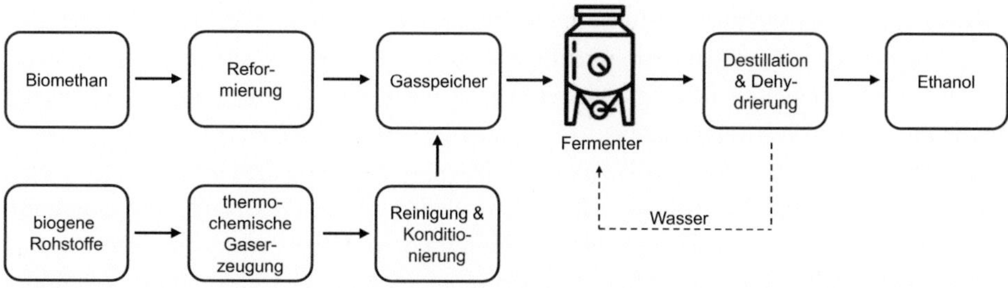

Abb. 6.4 Layout einer Fermentationsanlage für Synthesegas aus festen bzw. gasförmigen Rohstoffen

ausgeführte kommerzielle Anlage produziert täglich aus 300 t trockenem Rohstoff rund 30 Mio. L/a Ethanol und 6 MW Strom [6.3], [6.4], [6.24].

Ein ähnliches Anlagenkonzept zeigt Abb. 6.4. Hier wird als Rohstoff entweder ein Gas (z. B. Biomethan) oder ein Feststoff (z. B. Altholz) eingesetzt. Im Fall von Biomethan erfolgt zunächst die Umwandlung in ein Synthesegas in einem Standardreformer (Kapitel 9, Band 2). Wird feste Lignocellulose-Biomasse eingesetzt, erfolgt zunächst die Umwandlung in das benötigte Synthesegas in einem Vergaser (Kapitel 6, Band 2). Anschließend wird das Gas gereinigt, gekühlt und zwischengespeichert, um den Fermentationsprozess auch bei einem schwankenden Rohstoffangebot kontinuierlich betreiben zu können. Die im Kühlschritt abgeführte Wärme wird beispielsweise zur Beheizung der Destillationskolonne genutzt. Das Synthesegas gelangt aus dem Speicher in den Bioreaktor, in dem daraus dann die gewünschten Produkte erzeugt werden. Die anschließende Produktreinigung erfolgt in Destillations- und Dehydrationsanlagen. Das dabei anfallende Wasser wird zur Minimierung des Wasserbedarfs wieder in den Fermenter zurückgeführt. Das dargestellte Konzept wurde in einer Demonstrationsanlage umgesetzt, die ein Plasma-Gaserzeugungsverfahren für holzartige Biomasse (Kapitel 6, Band 2) einsetzt und rund 380 L Ethanol pro Tonne trockener holzartiger Biomasse erzeugt [6.3], [6.4], [6.25].

Ein weiteres Anlagenkonzept zur Synthesegasfermentation zeigt Abb. 6.5. Hier werden hauptsächlich CO-reiche Abgase aus der Stahlerzeugung verwertet; es kann jedoch auch ein Synthesegas aus der Gaserzeugung aus holz- oder halmgutartigen Rückständen eingesetzt werden. Das Gas wird in einem Gasspeicher zwischengespeichert und gelangt über

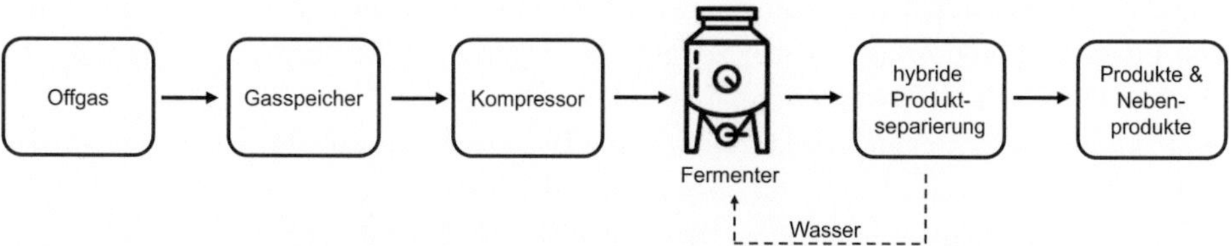

Abb. 6.5 Layout einer Anlage zur Fermentation von industriellen Abgasen

einen Kompressionsschritt in den Fermentationsreaktor. Hier wird es am Reaktorboden eingebracht und im flüssigen Fermentationsmedium verteilt. Das Produkt wird kontinuierlich mit der Fermentationslösung am oberen Ende des Fermenters abgezogen und gelangt in die Produktrückgewinnungsanlage. Diese Anlage stellt eine fortschrittliche hybride Separierungsanlage dar, welche die Haupt- und Nebenprodukte von der Fermentationslösung abtrennt. Die wässrige Fermentationslösung wird wieder in den Fermenter zurückgeführt, um den Wasserbedarf der Gesamtanlage zu minimieren. Dieses Anlagenkonzept wurde bereits mehrmals in kommerziellen Anlagen umgesetzt, die zwischen rund 38 000 und 380 000 L/a Ethanol produzieren. Darüber hinaus existiert auch eine Pilotanlage zur Fermentation von Synthesegas aus holzartiger Biomasse zu diesem Konzept, die pro Tag 125 t an trockenen Holzresten verarbeiten kann [6.3], [6.4], [6.26], [6.27].

6.2 Butanol

Neben der Ethanol-Fermentation war die Aceton-Butanol-Ethanol(ABE)-Fermentation in der Vergangenheit die zweitgrößte großtechnische Produktion eines Produkts mittels Mikroorganismen. In den 1960er-Jahren wurden in den OECD-Staaten jedoch aufgrund der energieintensiven und damit teuren Produktion alle derartigen Fermentationsanlagen aus Kostengründen geschlossen; eine Butanolerzeugung aus fossilen Rohstoffen wurde zunehmend kostengünstiger. Nur in Russland wurde die Produktion bis in die späten 1980er-Jahre aufrechterhalten [6.28].

- Aceton ist der Trivialname für die organisch-chemische Verbindung Propanon bzw. Dimethylketon mit der Summenformel C_3H_6O.
- Butanol beschreibt eine Gruppe von vier isomeren gesättigten Alkoholen mit jeweils vier Kohlenstoffatomen. Diese vier gesättigten vierwertigen Alkohole haben die allgemeine Summenformel C_4H_9OH. Die bei dieser Kohlenstoff-Kettenlänge möglichen vier Strukturisomere unterscheiden sich in ihren Eigenschaften teils deutlich.
- Ethanol, umgangssprachlich auch Alkohol genannt, ist ein aliphatischer, einwertiger Alkohol; er hat die Summenformel C_2H_5OH.

Großtechnisch etabliert ist bzw. war die sogenannte ABE-Fermentation mithilfe von Clostridien. Diese Organismen können ein sehr großes Substratspektrum nutzen und sind in der Lage, unter bestimmten Bedingungen die namensgebenden Substanzen Aceton, Butanol und Ethanol zu produzieren. Dabei verläuft diese Gärung typischerweise zweiphasig. In einer ersten Wachstumsphase werden vor allem kurzkettige Fettsäuren produziert. Dies geht mit einem Absinken des pH-Wertes einher. Das Absinken des pH-Wertes ist der Auslöser für die zweite Fermentationsphase, in der die Organismen in einer Art Entgiftungsreaktion die Säuren in die korrespondierenden Alkohole überführen (Abb. 6.6).

Nachfolgend werden für die Butanolerzeugung die entsprechenden Grundlagen und anschließend Aspekte einer technischen Umsetzung diskutiert.

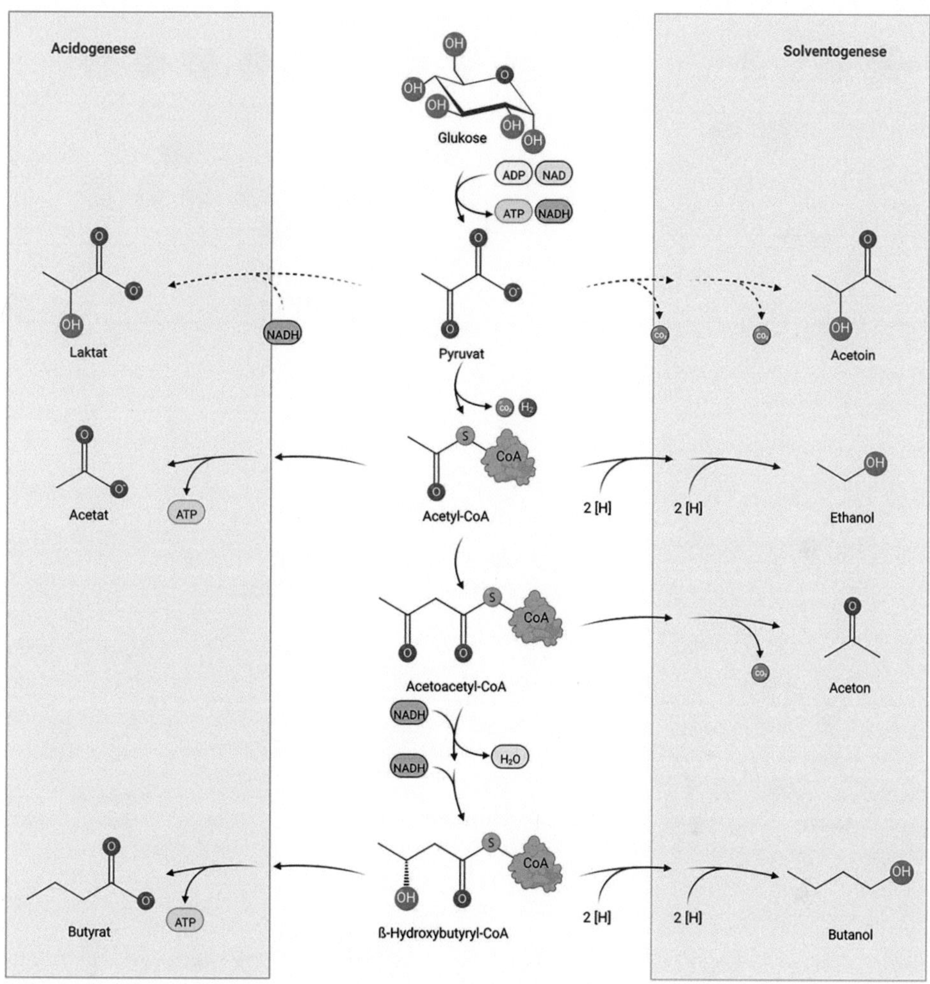

Abb. 6.6 ABE-Fermentation von Clostridien (in der ersten Fermentationsphase werden vorwiegend kurzkettige Fettsäuren produziert (Acidogenese) und das dadurch bedingte Absinken des pH-Wertes löst die zweite Phase der Fermentation aus, die sogenannte Solventogenese) (Grafik erstellt mit [6.5])

6.2.1 Grundlagen

Für die ABE-Produktion werden Bakterien aus dem Stamm der Clostridien eingesetzt; konkret wurden bzw. werden vor allem *Clostridium acetobutylicum* mit den Produkten Aceton, Butanol und Ethanol (ABE) und *Clostridium beijerinckii* mit den Produkten Isopropanol, Butanol und Ethanol (IBE) großtechnisch genutzt [6.29]. Abbildung 6.7 zeigt den vereinfachten Stoffwechselweg der Clostridien.

Ein wesentlicher Unterschied der Clostridien im Vergleich zu Hefe ist, dass das nutzbare Substratspektrum wesentlich größer als bei Hefen ist; d. h. auch Polysaccharide

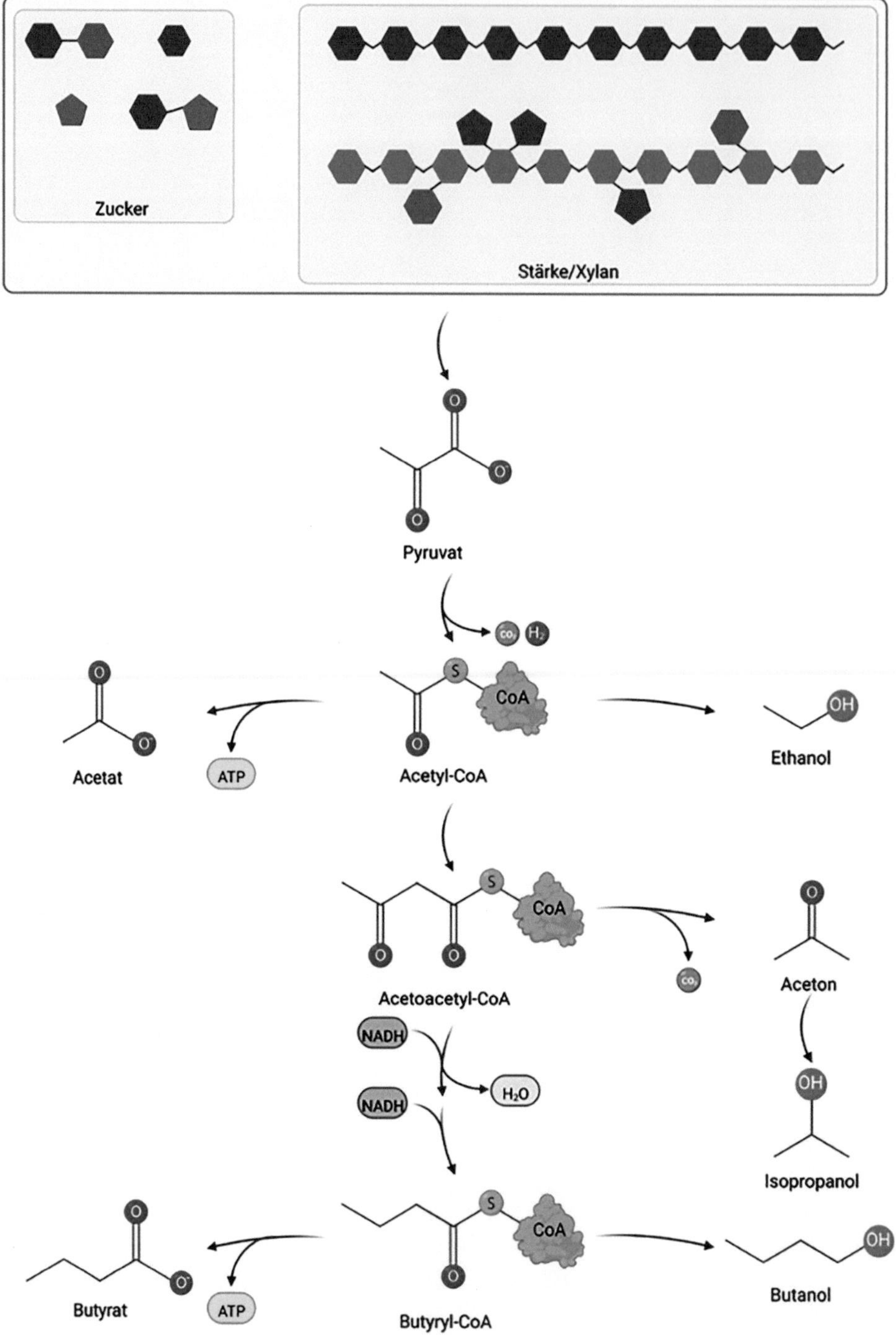

Abb. 6.7 Stoffwechselweg von Clostridien (CoA Coenzym A; vereinfacht nach [6.30]; Grafik erstellt mit [6.5])

wie Stärke [6.31] und Xylane [6.32] können genutzt werden. Cellulose kann demgegenüber ähnlich wie bei den Hefen nicht verwertet werden. Interessant für technische Anwendungen ist, dass bestimmte Lignocellulose-Hydrolysate, die aus einer Mischung aus C_6-Zuckern (z. B. Glucose) sowie Xylosen und anderen C_5-Zuckern bestehen, durch Clostridien in Produkte umgesetzt werden können. Dies gilt auch für Laktose (Milchzucker), der für die Butanolproduktion ebenfalls ein nutzbarer Rohstoff ist [6.33].

In den mithilfe von Clostridien fermentierten Ausgangsmaterialien finden sich nach Abschluss der biochemischen Umwandlung neben Aceton, Butanol und Ethanol auch Essigsäure und Buttersäure in geringen Konzentrationen in der Fermentationslösung. Aufgrund einer ausgeprägten Produkttoxizität von Butanol auf die den Abbauprozess realisierenden Bakterien werden üblicherweise Lösemittelkonzentrationen von unter 20 g/L erreicht [6.34]. Das normalerweise erreichbare Verhältnis von Aceton zu Butanol zu Ethanol beträgt rund 3 : 6 : 1 [6.35]. Dabei haben die eingesetzten Rohstoffe, die verwendeten Clostridienstämme und die jeweilige verfahrenstechnische Betriebsweise einen großen Einfluss auf die erzeugten Produkte (Aceton, Isopropanol, Butanol, Ethanol) und die erreichbaren Konzentrationsverhältnisse [6.29]. Durch eine Prozessoptimierung beispielsweise mittels einer Online-Produktabtrennung kann die Produktausbeute von ca. 30 auf 40 % (Summe der Produkte bezogen auf den eingesetzten Zucker) erhöht werden [6.36].

6.2.2 Technische Umsetzung

Bei der Aceton-Butanol-Ethanol(ABE)-Fermentation macht Butanol mit 60 % den größten Anteil an den Produkten aus; Aceton ist mit 30 % und Ethanol mit 10 % in der Produktmischung vorhanden. Das Butanol / Wasser-Flüssig-Dampf-Gleichgewicht bestimmt damit die gesamte Aufarbeitungskette. Eine besondere physikalische Eigenschaft der Butanol-Wasser-Mischung ist dabei die Ausbildung eines Heteroazeotrops. Diese Eigenschaft ist sehr vorteilhaft, denn obwohl Butanol mit 118 °C einen höheren Siedepunkt als Wasser hat, kann es bei den in der Fermentation erreichbaren niedrigen Konzentrationen (ca. 1 Gew.-%) bei der destillativen Abtrennung bevorzugt im Dampf angereichert werden. Erkennbar ist dieses Verhalten im Siedediagramm (Abb. 6.8, links) und im Gleichgewichtsdiagramm (Abb. 6.8, rechts).

Das Heteroazeotrop führt dazu, dass im Bereich von ca. 7 bis rund 80 Gew.-% durch die physikalisch nicht mögliche homogene Mischung (Mischungslücke) bei der Kondensation der Dämpfe ein Zwei-Phasen-Gemisch mit einer butanolreicheren Phase (ca. 80 Gew.-%) und einer butanolärmeren Phase (ca. 7 Gew.-%) entsteht (Abb. 6.8, rechts). Dadurch wird der bei der destillativen Aufarbeitung benötigte Energiebedarf stark reduziert. Jedoch wird noch immer etwa 2,5-mal so viel Energie benötigt, wie im dadurch gewonnenen Butanol in Form des unteren Heizwerts als chemische Energie gebunden ist [6.37].

Dieser hohe Energieverbrauch kann nur durch den Einsatz innovativer Trennprozesse stark reduziert werden; beispielsweise benötigt die Kombination von Pervaporation und Destillation nur etwas mehr als 20 % des Energieinhalts von Butanol für die Abtrennung. Dies macht den Gesamtprozess technisch wieder interessant [6.37]. Abbildung 6.9 zeigt

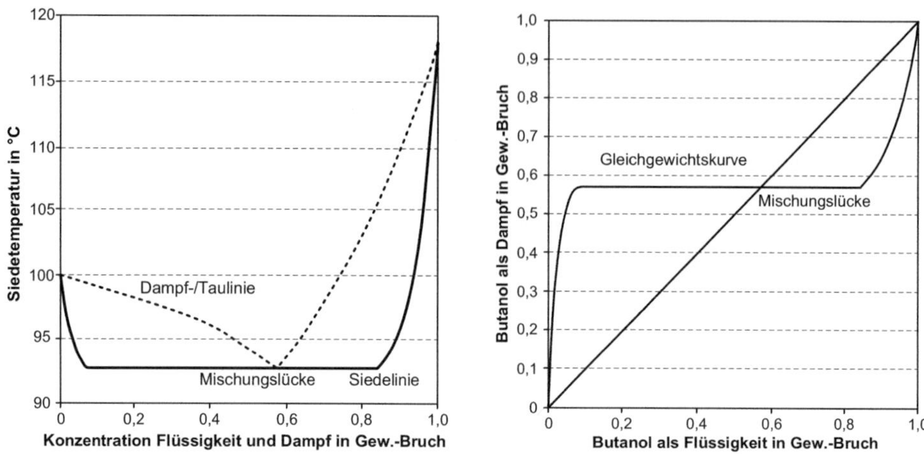

Abb. 6.8 Siedediagramm der Butanol-Wasser-Mischung (links) und Gleichgewichtsdiagramm der Butanol-Wasser-Mischung (rechts)

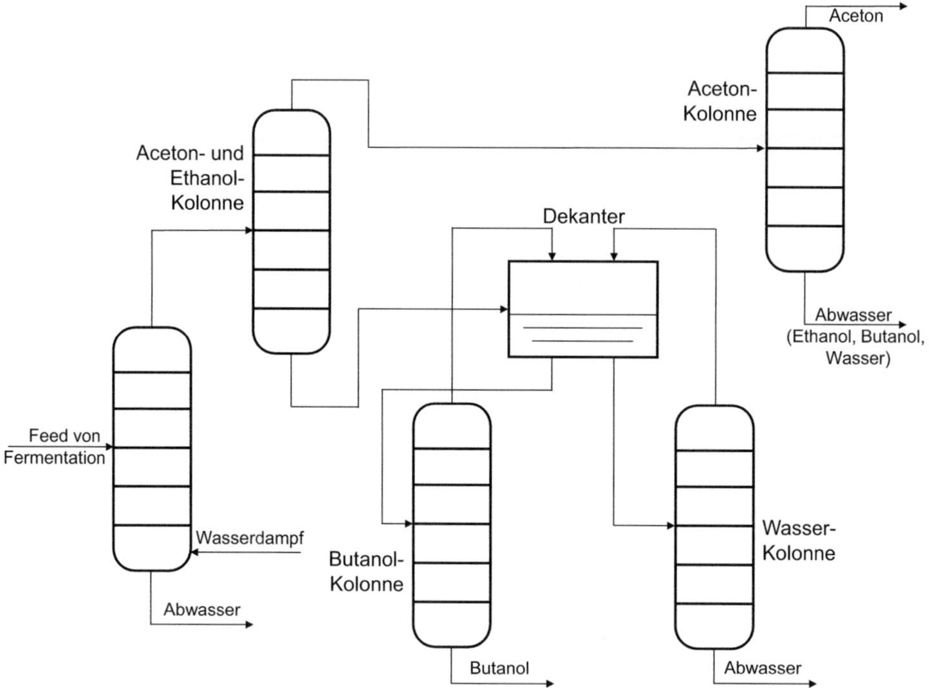

Abb. 6.9 Schema einer destillativen Aufarbeitung einer Aceton-Butanol-Ethanol-Mischung (vereinfacht)

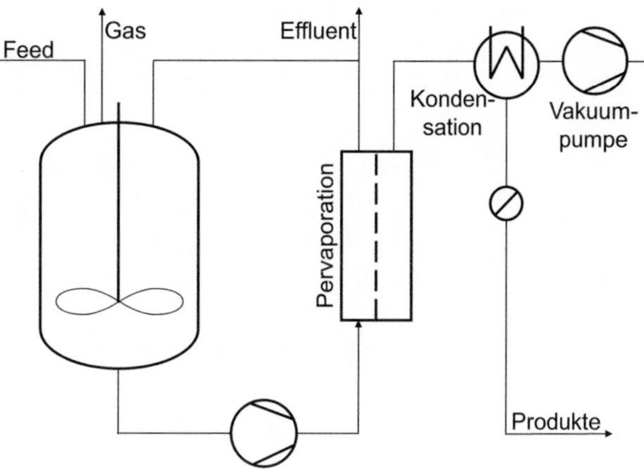

Abb. 6.10 Online-Produktabtrennung bei der ABE-Fermentation mittels Pervaporation

exemplarisch ein Schema der destillativen Aufarbeitung mit der Gewinnung der Produkte der ABE-Fermentation.

Aufgrund des hohen Energiebedarfs bei der destillativen Aufarbeitung werden intensive Forschungsarbeiten bezüglich Prozessverbesserungen mit in der Fermentation integrierter Pervaporation als (Online-)Produktabtrennung betrieben (Abb. 6.10); u. a. werden Kombinationen mit den Trennverfahren Pervaporation, Gasstrippen, Vakuumabtrennung und Flüssig-Flüssig-Extraktion untersucht [6.38]–[6.40]. Ein Vergleich dieser Verfahren [6.37] hat gezeigt, dass die Pervaporation als Membrantrennverfahren das größte Potenzial hinsichtlich selektiver Online-Abtrennung der ABE-Fermentationsprodukte darstellt (vgl. auch [6.41]).

6.3 2,3-Butandiol

2,3-Butandiol ist ein aliphatischer Alkohol mit zwei Hydroxygruppen. Er hat die Summenformel $C_4H_{10}O_2$. Für das 2,3-Butandiol, dessen großtechnische Produktion eine lange Entwicklungsgeschichte von mehr als hundert Jahren aufweist, werden nachfolgend die entsprechenden Grundlagen und dann ausgewählte Aspekte der technischen Umsetzung diskutiert.

6.3.1 Grundlagen

Für die Butandiol-Fermentation werden Bakterien der Familie der *Enterobacteriaceae*, speziell die Gattung *Klebsiella* eingesetzt; beispielsweise werden *Klebsiella pneumoniae* und *Klebsiella oxytoca* genutzt, die unter anaeroben Bedingungen als Endprodukt hauptsächlich 2,3-Butandiol oder Mischungen mit Ethanol und geringe Mengen an Acetat erzeugen [6.42]. Bei der großtechnischen Anwendung dieser Bakterien ist deren pathogene

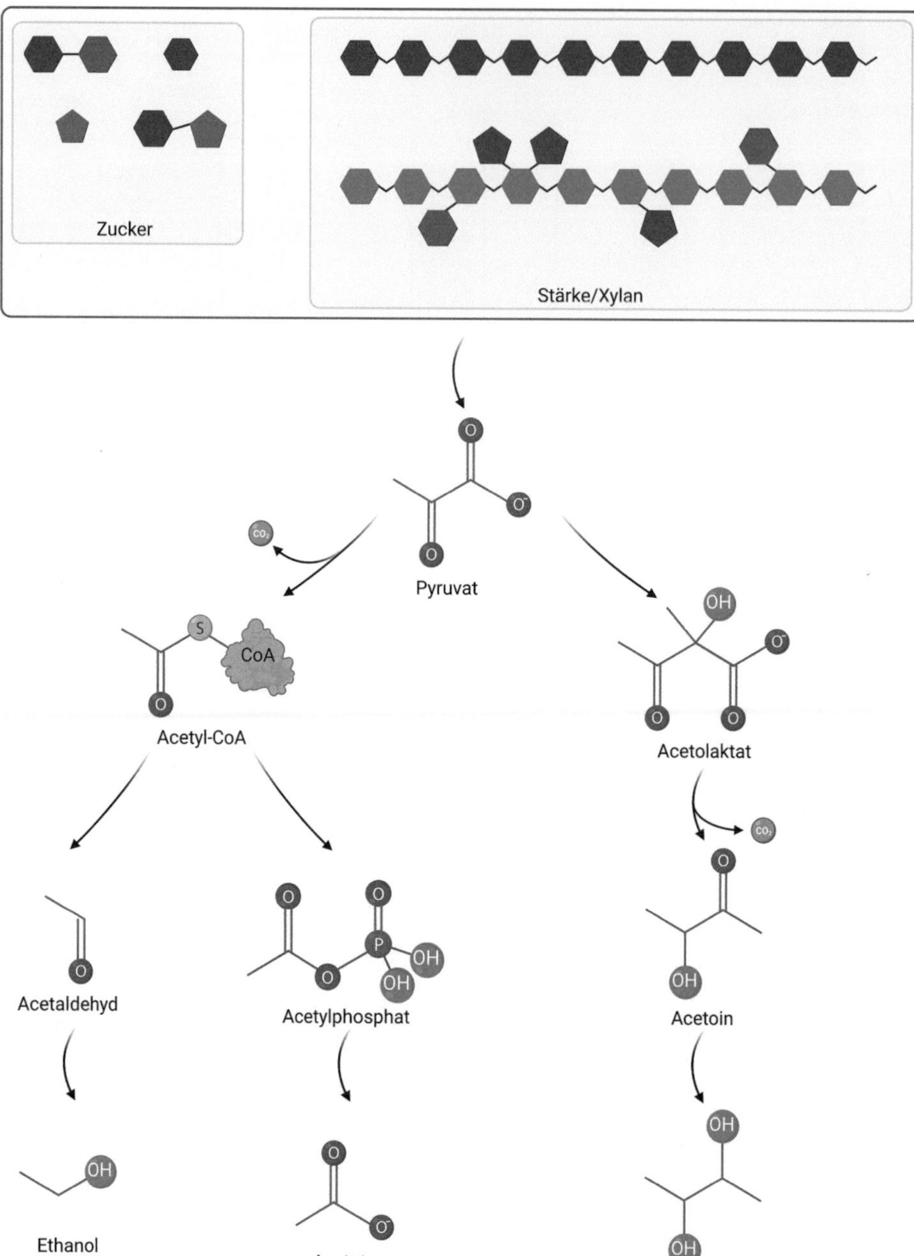

Abb. 6.11 Stoffwechselweg der 2,3-Butandiol-Produktion (CoA Coenzym A; vereinfacht nach [6.42]; Grafik erstellt mit [6.5])

Eigenschaft zu berücksichtigen, allerdings lässt sich dies durch heterologe Expression der Gene für die Butandiol-Produktion in nichtpathogenen Organismen lösen [6.43]. *Klebsiella*-Stämme produzieren ein Gemisch an Stereoisomeren von 2,3-Butandiol. Wenn chirale Spezifizität gewünscht ist, kann das mit *Paenibacillus polymyxa* erreicht werden; sie zeigen aber nur eine Produktion von etwa der Hälfte im Vergleich zu der, die mit *Klebsiella*-Stämmen erreicht werden kann [6.42]. Abbildung 6.11 zeigt den Stoffwechselweg zur Produktion von 2,3-Butandiol.

Bei der großtechnischen Herstellung werden derzeit Butandiol-Konzentrationen von bis zu 150 g/L in der Fermentationslösung erreicht. Die Ausbeute bezogen auf das Ausgangsprodukt liegt bei etwa 30 bis 50 % [6.42].

Bei der Ethanolproduktion mithilfe von Hefe (*Saccharomyces cerevisiae*) und der 2,3-Butandiol-Produktion mittels Bakterien des Stammes *Klebsiella* ist die Hydrolyse der Rohstoffe zu Zucker in monosaccharidischer Form unerlässlich, da die Biokatalysatoren nur diese Form der Zucker verwerten können. Demgegenüber können *Clostridien* und *Paenibacillus polymyxa* auch Polysaccaride (z. B. Stärke, Xylan) nutzen, da sie die dafür erforderlichen Enzyme Xylanase, Inulase und α-Amylase selbst produzieren und ausscheiden können. Jedoch führt auch hier eine vorangehende enzymatische Verzuckerung, zumindest zu Oligomeren, zu einer Erhöhung der Fermentationsraten.

6.3.2 Technische Umsetzung

Ähnlich wie bei der Butanolerzeugung hängt auch die wirtschaftliche Herstellung von 2,3-Butandiol mittels Fermentation hauptsächlich von der Produktabtrennung und Produktreinigung ab. Die Hauptschwierigkeit ist wieder der relativ hohe Siedepunkt (180 °C) von 2,3-Butandiol und dessen hohe Affinität zu Wasser. Dazu wurden die Destillation [6.44], das Wasserdampfstrippen [6.45], die Umkehrosmose [6.46] und die Pervaporation [6.47] untersucht. Alle diese Verfahren weisen jedoch einen relativ hohen Energieverbrauch auf. Deshalb werden zunehmend in den Fermentationsprozess integrierte Online-Abtrennverfahren (u. a. die Flüssig-Flüssig-Extraktion und die Pervaporation) untersucht [6.48]–[6.50]. Dadurch konnte eine Prozessverbesserung, gekoppelt mit einem geringeren Energieverbrauch, erreicht werden [6.42].

Literatur

[6.1] Rakopoulos D, Rakopoulos C, Giakoumis E, Dimaratos A, Kyritsis D (2010) Effects of butanol-diesel fuel blends on the performance and emissions of a high-speed DI diesel engine. Energy Conversion Manag 51:1989–1997

[6.2] Mohammadi M, Najafpour GD, Younesi H, Lahijani P, Uzir MH, Mohamed AR (2011) Bioconversion of synthesis gas to second generation biofuels: A review. Renewable and Sustainable Energy Rev 15:4255–4273

[6.3] Daniell J, Köpke M, Simpson SD (2012) Commercial Biomass Syngas Fermentation. Energies 5:5372–5417

[6.4] Liew FM, Köpke M, Simpson SD (2013) Gas fermentation for commercial biofuels production. In: Fang Z (Hrsg) Liquid, gaseous and solid biofuels-conversion techniques. InTech, https://doi.org/10.5772/52164

[6.5] BioRender (Hrsg.) (2024), Toronto, Ontario (biorender.com)

[6.6] Kundiyana DK, Huhnke RL, Wilkins MR (2010) Syngas fermentation in a 100-L pilot scale fermentor: Design and process considerations. J Bioscie Bioeng 109:492–498

[6.7] Munasinghe PC, Khanal SK (2010) Biomass-derived syngas fermentation into biofuels: Opportunities and challenges. Bioresource Technol 101:5013–5022

[6.8] Maddipati P, Atiyeh HK, Bellmer DD, Huhnke RL (2011) Ethanol production from syngas by Clostridium strain P11 using corn steep liquor as a nutrient replacement to yeast extract. Bioresource Technol 102:6494–6501

[6.9] Rajagopalan S, Datar RP, Lewis RS (2002) Formation of ethanol from carbon monoxide via a new microbial catalyst. Biomass Bioenergy 23:487–493

[6.10] Ukpong MN, Atiyeh HK, De Lorme MJ, Liu K, Zhu X, Tanner RS, Wilkins MR, Stevenson BS (2012) Physiological response of *Clostridium carboxidivorans* during conversion of synthesis gas to solvents in a gas-fed bioreactor. Biotechnol Bioeng 109:2720–2728

[6.11] Stams, A. J. M., & Dong, X. (1995). Role of formate and hydrogen in the degradation of propionate and butyrate by defined suspended cocultures of acetogenic and methanogenic bacteria. Antonie van Leeuwenhoek, 68(4), 281–284

[6.12] Küsel K, Dorsch T, Acker G, Stackebrandt E, Drake H (2000) Clostridium scatologenes strain SL1 isolated as an acetogenic bacterium from acidic sediments. Int J Systematic Evol Microbiol 50:537–546

[6.13] Liou J-C, Balkwill D, Drake G, Tanner R (2005) Clostridium carboxidivorans sp. nov., a solvent-producing clostridium isolated from an agricultural settling lagoon, and reclassification of the acetogen Clostridium scatologenes strain SL1 as Clostridium drakei sp. nov. Int J Systematic Evol Microbiol 55:2085–2091

[6.14] Phillips J, Clausen E, Gaddy J (1994) Synthesis gas as substrate for the biological production of fuels and chemicals. Appl Biochem Biotechnol 45–46:145–157

[6.15] Abrini J, Naveau H, Nyns E-J (1994) *Clostridium autoethanogenum*, sp. nov., an anaerobic bacterium that produces ethanol from carbon monoxide. Arch Microbiol 161:345–351

[6.16] Bengelsdorf, F. R., Straub, M., & Dürre, P. (2013). Bacterial synthesis gas (syngas). Environ. Technol., *34*(13-14), 1639–1651

[6.17] Xu D, Tree DR, Lewis RS (2011) The effects of syngas impurities on syngas fermentation to liquid fuels. Biomass Bioenergy 35:2690–2696

[6.18] Edel, M., Horn, H., & Gescher, J. (2019). Biofilm systems as tools in biotechnological production. Appl. Microbiol. Biotechnol., 103(13), 5095–5103

[6.19] Bäumler, M., Schneider, M., Ehrenreich, A., Liebl, W., & Weuster-Botz, D. (2022). Synthetic co-culture of autotrophic *Clostridium carboxidivorans* and chain elongating *Clostridium kluyveri* monitored by flow cytometry. Microb. Biotechnol., *15*(5), 1471–1485

[6.20] Liu K, Atiyeh HK, Stevenson BS, Tanner RS, Wilkins MR, Huhnke RL (2014) Continuous syngas fermentation for the production of ethanol, n-propanol and n-butanol. Bioresource Technol 151:69–77

[6.21] Martin M, Grossmann IE (2011) Energy optimization of bioethanol production via gasification of switchgrass. AIChE J 57:3408–3428

[6.22] Galbe M et al (2007) Process engineering economics of bioethanol production. Adv Biochem Eng/Biotechnol 108:303–327

[6.23] Madson PW, Lococo DB (2000) Recovery of volatile products from dilute high-fouling process streams. Appl Biochem Biotechnol 84–86:1049–1061

[6.24] INEOS Bio (2013) INEOS US Bio Process Description Brochure. www.ineosbio.com. Zugegriffen: 05.11.2014

[6.25] Coskata Inc (2014) Information auf der Firmenhomepage. www.coskata.com. Zugegriffen: 06.11.2014

[6.26] LanzaTech (2014) Executive Summary. www.lanzatech.com/wp-content/uploads/2014/05/LanzaTech_Ex_Summary_8.5x11_05_09_2014.pdf. Zugegriffen: 06.11.2014

[6.27] LanzaTech (2014) Information auf der Firmenhomepage. www.lanzatech.com. Zugegriffen: 06.11.2014

[6.28] Zverlov V, Berezina O, Velikodvorskaya G, Schwarz W (2006) Bacterial acetone and butanol production by industrial fermentation in the Soviet Union: use of hydrolyzed agricultural waste for biorefinery. Appl Microbiol Biotechnol 71:587–597

[6.29] Bankar SB, Jurgens G, Survase SA, Ojamo H, Granström T (2014) Enhanced isopropanol-butanol-ethanol (IBE) production in immobilized column reactor using modified Clostridium acetobutylicum DSM792. Fuel 136:226–232

[6.30] Dürre P (1998) New insights and novel developments in clostridial acetone/butanol/isopropanol fermentation. Appl Microbiol Biotechnol 49:639–648

[6.31] Ezeji T, Qureshi N, Blaschek H (2005) Continuous butanol fermentation and feed starch retrogradation: butanol fermentation sustainability using *Clostridium beijerinckii* BA101. J Biotechnol 115:179–187

[6.32] Lemmel S, Datta R, Frankiewicz J (1986) Fermentation of xylan by Clostridium acetobutylicum. Enzyme Microbial Technol 8:217–221

[6.33] Maddox I, Qureshi N, Roberts-Thomson K (1995) Production of acetone-butanol-ethanol from concentrated substrate using *Clostridium acetobutylicum* in an integrated fermentation-product removal process. Process Biochem 30:209–215

[6.34] Maddox IS (2013) The Acetone-Butanol-Ethanol Fermentation: Recent Progress in Technology. Biotechnol Genetic Eng Rev 7:189–220

[6.35] Wu H, Nithyanandan K, Zhou N, Lee TH, Fon F, Lee C, Zhang C (2015) Impacts of acetone on the spray combustion of Acetone-Butanol-Ethanol (ABE)-Diesel blends under low ambient temperature. Fuel 142:109–116

[6.36] Friedl A, Qureshi N, Maddox IS (1991) Continuous acetone-butanol-ethanol (ABE) fermentation using immobilized cells of *Clostridium acetobutylicum* in a packed bed reactor and integration with product removal by pervaporation. Biotechnol Bioeng 38:518–527

[6.37] Friedl A (1990) Produktabtrennung bei der Ethanol-Fermentation und bei der Aceton-Butanol-Fermentation. Dissertation, TU Wien

[6.38] Kurkijärvi A, Lehtonen J, Linnekoski J (2014) Novel dual extraction process for acetone-butanol-ethanol fermentation. Separation and Purification Technol 124:18–25

[6.39] Qureshi N, Friedl A, Maddox I (2014) Butanol production from concentrated lactose/whey permeate: Use of pervaporation membrane to recover and concentrate product. Appl Microbiol Biotechnol 98:9859–9867

[6.40] Mariano AP, Qureshi N, Filho RM, Ezeji TC (2011) Bioproduction of butanol in bioreactors: New insights from simultaneous in situ butanol recovery to eliminate product toxicity. Biotechnol Bioeng 108:1757–1765

[6.41] Nimcevic D, Gapes JR (2000) The acetone-butanol fermentation in pilot plant and pre-industrial scale. J Molecular Microbiol Biotechnol 2(1):15–20

[6.42] Ji X-J, Huang H, Ouyang P-K (2011) Microbial 2,3-butanediol production: A state-of-the-art review. Biotechnol Adv 29:351–364

[6.43] Lee, J. W., Lee, Y. G., Jin, Y. S., & Rao, C. V. (2021). Metabolic engineering of non-pathogenic microorganisms for 2,3-butanediol production. Appl. Microbiol. Biotechnol. 105(14-15), 5751–5767

[6.44] Afschar AS, Vaz Rossell CE, Jonas R, Quesada Chanto A (1993) Microbial production and downstream processing of 2,3-butanediol. Journal of Biotechnology 27:317–329

[6.45] Garg SK, Jain A (1995) Fermentative production of 2,3-butanediol: A review. Bioresource Technology 51:103–109

[6.46] Xiu Z, Zeng A (2008) Present state and perspective of downstream processing of biologically produced 1,3-propanediol and 2,3-butanediol. Appl Microbiol Biotechnol 78:917–926

[6.47] Qureshi N, Meagher MM, Hutkins RW (1994) Recovery of 2,3-butanediol by vacuum membrane distillation. Separation Science and Technology 29(13):1733–1748

[6.48] Shao P, Kumar A (2009) Separation of 1-butanol/2,3-butanediol using ZSM-5 zeolite-filled polydimethylsiloxane membrandes. Journal of Membrane Science 339:143–150

[6.49] Shao P, Kumar A (2009) Recovery of 2,3-butanediol from water by solvent extraction and pervaporation separation scheme. Journal of Membrane Science 329:160–168

[6.50] Harvianto, G. R., Haider, J., Hong, J., Van Duc Long, N., Shim, J. J., Cho, M. H., Kim, W. K., & Lee, M. (2018). Purification of 2,3-butanediol from fermentation broth: Process development and techno-economic analysis. Biotechnol. Biofuels 11(1), 1–16

Erzeugung Pflanzenöl-basierter Kraftstoffe

7

Edgar Ahn, Martin Kaltschmitt, Thies Langmaack, Ulf Neuling, Edgar Remmele, Marvin Scherzinger, Klaus Thuneke und Steffen Voß

Die in bestimmten Pflanzenteilen, insbesondere Samen, enthaltenen Öle und / oder Fette können durch technische Verfahren mit einer sehr hohen Reinheit abgetrennt werden. Diese Pflanzenöle bzw. -fette sowie deren Mischungen können, falls sie bestimmten Mindestqualitätsanforderungen entsprechen, direkt als Kraftstoff in dafür spezifizierten selbstzündenden Motoren eingesetzt werden. In weit größerem Umfang aber werden Öle und Fette pflanzlichen oder tierischen Ursprungs in ihrem natürlichen molekularen Aufbau verändert, damit die Makromoleküle den Kohlenwasserstoffketten, wie sie Bestandteile des Dieselkraftstoffs sind, ähnlicher werden oder sogar entsprechen. Dadurch können diese Kraftstoffe konventionellem, fossilem Dieselkraftstoff beigemischt oder auch als Reinkraftstoff in Dieselmotoren, die nicht oder nur geringfügig modifiziert sind, verwendet werden. Im Folgenden wird zunächst auf die Herstellung von normgerechten Pflanzenölen als Reinkraftstoff eingegangen und anschließend werden Ansätze und Konzepte einer Weiterverarbeitung von Ölen und Fetten pflanzlichen oder tierischen Ursprungs im Hinblick auf die Einhaltung definierter Kraftstoffeigenschaften erläutert.

Autoren in alphabetischer Reihenfolge mit Beiträgen zum Kapitel; die Autorenzuordnung geht aus den einzelnen Unterkapiteln hervor.

Edgar Ahn, Raaba-Grambach, Österreich
Martin Kaltschmitt, Ulf Neuling, Marvin Scherzinger, Steffen Voß, Hamburg, Deutschland
Thies Langmaack, Flensburg, Deutschland
Edgar Remmele, Klaus Thuneke, Straubing, Deutschland

M. Kaltschmitt, M. Scherzinger, J. Gescher (Hrsg.), *Energie aus Biomasse*, Energie aus Biomasse 3, https://doi.org/10.1007/978-3-658-41386-6_7

7.1 Pflanzenölgewinnung

Martin Kaltschmitt, Edgar Remmele, Klaus Thuneke, Thies Langmaack, Marvin Scherzinger

Die Gewinnung von Pflanzenölen oder -fetten für eine spätere energetische Nutzung beispielsweise als vollständiger Ersatz für fossilen Dieselkraftstoff oder als Zumischkomponente zu konventionellem Diesel unterscheidet sich nicht von den Verarbeitungstechniken zur Erzeugung eines Öls oder Fetts für Nahrungs- oder Futtermittelzwecke (z. B. Speiseöl) bzw. für eine stoffliche Nutzung (z. B. als Chemierohstoff beispielsweise zur Herstellung von Kosmetika oder Seifen). Es bestehen lediglich u. U. veränderte Anforderungen an die Qualität der Öle bzw. Fette, die üblicherweise durch eine sorgfältige Rohstoffauswahl und eine für den jeweiligen Verwendungszweck spezifische Aufbereitung des pflanzenbasierten Rohöls erfüllt werden können. Deshalb entspricht das im Folgenden dargestellte Vorgehen zur Pflanzenöl- bzw. -fettproduktion im Wesentlichen dem Verfahrensablauf, wie er derzeit in den vorhandenen Ölmühlen realisiert ist, die primär den Nahrungs- und Futtermittelmarkt und auch den Markt für eine stoffliche und energetische Nutzung bedienen.

In Abhängigkeit des Aggregatzustands bei Raumtemperatur werden gemeinhin flüssige Fette als Öle und feste Fette als Fette bezeichnet. Derartige Pflanzenöle oder -fette werden aus öl- oder fetthaltigen Pflanzenteilen (z. B. Kerne der Samen von Raps, Sonnenblume, Baumwolle, Kokospalme oder Jatropha, Fruchtfleisch der Samen von Ölpalme oder Olive) abgetrennt. Dies kann durch eine mechanische Fest / Flüssig-Trennung (Pressen) und / oder durch eine Extraktion (d. h. ein Herauslösen des Öls bzw. des Fetts aus den Zellen mithilfe eines Lösemittels) realisiert werden (zur Verfahrenstechnik siehe unten). Vereinfachend wird bei der Erläuterung der Prozesse im Folgenden anstelle von Pflanzenölen und -fetten nur noch von Pflanzenölen gesprochen.

Eine Pflanzenölerzeugung wird heute in Leistungsbereichen von wenigen Kilogramm Saat pro Stunde bis mehr als 100 t/h realisiert. Dabei gleichen sich die eingesetzten Verfahrensprinzipien. Immer wird zunächst das Öl von den anderen Bestandteilen der ölhaltigen Pflanzenteile abgetrennt und anschließend aufbereitet, bis es den gewünschten Anforderungen entspricht. Nachfolgend wird zunächst definiert, was unter einer typischen klein- und großtechnischen Pflanzenölerzeugung verstanden wird. Anschließend werden die unterschiedlichen verfahrenstechnischen Schritte diskutiert.

Kleintechnische Pflanzenölgewinnung. Pflanzenöl kann Erzeuger-nah (z. B. auf einem landwirtschaftlichen Betrieb) in Anlagen mit installierten Leistungen von etwa 0,5 bis 25 t/d Saat gewonnen werden. Die hierbei realisierte Verarbeitungskapazität richtet sich vor allem danach, ob ausschließlich selbst erzeugte Saat verarbeitet werden soll bzw. wie viel Saat aus der Region bezogen werden kann und welche Mengen der erzeugten Produkte wiederum regional vermarktet werden können. Üblicherweise werden dabei ohne externe Wärmezufuhr nur durch Pressung (Abb. 7.1) qualitativ hochwertiger Roh-

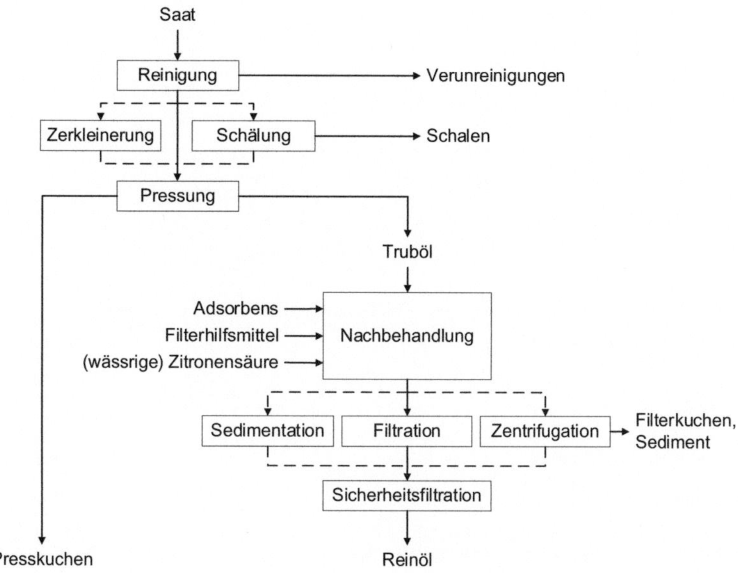

Abb. 7.1 Verfahrensschritte der kleintechnischen Pflanzenölgewinnung

stoffpartien sogenannte kaltgepresste Pflanzenöle hergestellt. Deshalb sind die Anteile unerwünschter Fettbegleitstoffe vergleichsweise gering; daher können im Vergleich zu einer großtechnischen Pflanzenölerzeugung die Raffinations- bzw. Aufbereitungsschritte weitgehend reduziert werden oder sie entfallen völlig. Üblicherweise wird das Öl direkt nach der Pressung nur einer sogenannten Nachbehandlung zur Reduzierung der Gehalte an Elementen wie z. B. Phosphor, Calcium und Magnesium unterzogen (d. h. Verfahrensschritte der Bleichung, z. T. in Kombination mit einer Entschleimung). Hierzu werden z. B. Adsorbenzien sowie Filterhilfsmittel in das warme Öl eingemischt und die Suspension konditioniert; anschließend werden die Zuschlagstoffe mit den Reaktionsprodukten und die festen Pressrückstände aus den Pflanzenteilen (Trub) abgereinigt. Sofern die Mindestanforderungen der einschlägigen Kraftstoffnormen [7.1], [7.2] eingehalten werden, kann das Öl als Kraftstoff unmittelbar, beispielsweise in pflanzenöltauglichen Motoren (z. B. in Traktoren), eingesetzt werden [7.3].

Großtechnische Pflanzenölgewinnung. Je nach den Eigenschaften der Ölsaat (u. a. Ölgehalt) kann eine Ölabtrennung großtechnisch entweder ebenfalls durch ein mechanisches Auspressen mit allerdings deutlich größeren Pressen im Vergleich zur kleintechnischen Variante (d. h. Fertigpressen), durch eine Extraktion (d. h. Direktextraktion) oder durch eine Kombination beider Optionen (d. h. zuerst eine Pressung und dann eine nachfolgende Extraktion) gewonnen werden (Abb. 7.2). Zuvor muss die Ölsaat gereinigt, zerkleinert und konditioniert werden, um eine optimale Ölausbeute und eine möglichst gute Ölqualität zu erzielen.

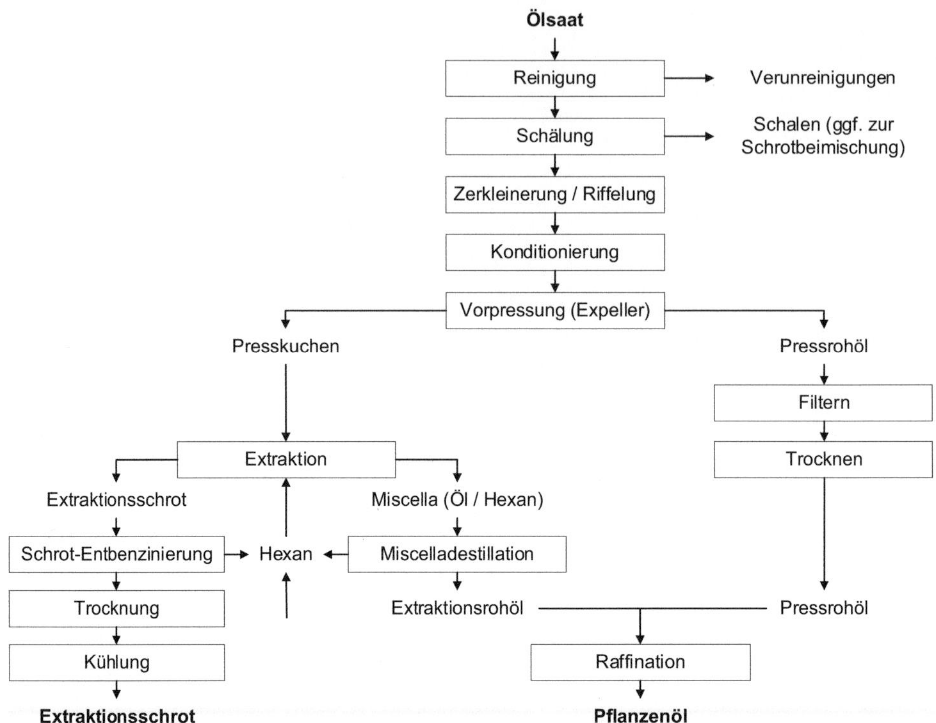

Abb. 7.2 Verfahrensschritte der Pflanzenölgewinnung

- Fertigpressung. Das Pflanzenöl wird ausschließlich durch eine ein- oder zweistufige Pressung gewonnen. Beim einstufigen Pressen wird die Ölsaat mechanisch entölt und anschließend sowohl das Öl als auch der Presskuchen entsprechend weiterverarbeitet und/oder unmittelbar vermarktet. Bei einem zweistufigen Presskonzept wird der eingesetzten Ölsaat das Öl zunächst bis auf einen Restölgehalt von etwa 11 bis 25 % entzogen und anschließend wird der Pressrückstand erneut gepresst. Dadurch kann der Presskuchen oder Pressrückstand bis auf einen Restölgehalt von 6 bis 10 % entölt werden [7.4], [7.5]; dies ist ein etwas geringerer Gehalt als bei der einstufigen Pressung, bei der Restölgehalte von 7 bis 10 % erreicht werden können. Fertigpressverfahren kommen vor allem in Anlagen im kleineren industriellen Leistungsbereich zum Einsatz. In Großanlagen haben sie wegen der vergleichsweise geringen Ölausbeute (d. h. aufgrund des relativ hohen Ölgehalts im Presskuchen, der in der Regel hier als Verlust anzusehen ist) keine Bedeutung mehr.
- Direktextraktion. Bei der Extraktion wird der zerkleinerten und konditionierten Ölsaat das Öl mithilfe eines Lösemittels (z. B. Hexan) entzogen. Diese Vorgehensweise ermöglicht wesentlich höhere Ölausbeuten als eine Pressung. Zudem ist die Prozessführung einfacher als beispielsweise bei kombinierten Press-/Extraktionsverfahren. Daher

kommt die Direktextraktion insbesondere bei Ölsaaten mit einem niedrigen Ölgehalt prioritär zur Anwendung, da bei weniger ölhaltigen Rohstoffen (z. B. Sojabohnen mit nur rund 20 % Ölanteil) das im Pressrückstand beispielsweise bei einer Fertigpressung verbleibende Öl typischerweise einen erheblichen (relativen) Ölverlust darstellt. Deshalb kann insbesondere für Ölsaaten mit einem vergleichsweise geringen Ölgehalt der Einsatz eines Direktextraktionsverfahrens mit seinen vergleichsweise hohen Ölausbeuten – und damit hohen Entölungsgraden – wirtschaftliche Vorteile bieten.

- Kombination Pressung / Extraktion. Bei kombinierten Verfahren wird nach einer (Vor-) Pressung der Ölsaat die im festen Pressrückstand (d. h. Presskuchen) noch verbleibende Ölmenge mit einem Lösemittel extrahiert. So wird zunächst der wirtschaftliche Vorteil des Pressens bei Ölsaaten mit hohen Ölgehalten (z. B. Rapssaat) gegenüber einer Extraktionsanlage ausgenutzt (Pressen ist i. Allg. deutlich kostengünstiger im Vergleich zu einer Extraktion). Durch die anschließende Extraktion ist dann ein wesentlich niedrigerer Restölgehalt im Extraktionsrückstand (Extraktionsschrot) als durch einen weiteren Pressvorgang (d. h. im Vergleich zum Fertigpressen) zu erzielen. Gleichzeitig weisen die Pressen zur Vorpressung im Vergleich zu Fertigpressverfahren längere Standzeiten auf, da die Materialbeanspruchung typischerweise geringer ist, weil zumeist nur auf einen Restölgehalt von etwa 15 bis 20 % gepresst wird [7.4]. Nachteilig bei einer zusätzlich zum Pressen realisierten Extraktion ist, dass eine aufwändige destillative Trennung von Öl und Hexan einerseits sowie eine Hexan-Entfernung aus dem Feststoffrückstand (Extraktionsschrot) andererseits notwendig werden. Außerdem sind höhere Investitionen gegeben und der durch den Einsatz von Hexan notwendige Explosionsschutz erfordert besondere Betriebsbedingungen.

Stand der Technik in großen Ölmühlen ist bei Ölsaaten mit einem vergleichsweise hohen Ölgehalt die Pressung mit anschließender Extraktion; die Ölausbeute beträgt in derartigen Anlagen etwa 98 %.

Anschließend muss das Press- und Extraktionsöl in einem unterschiedlichen Ausmaß aufbereitet (d. h. raffiniert) werden, damit die in den jeweiligen Märkten (d. h. Nahrungsmarkt, Kraftstoffmarkt, Markt für Chemierohstoffe) geltenden Spezifikationen sicher eingehalten werden können. Diese Raffination kann die folgenden Schritte beinhalten.

- Entschleimung, d. h. Entfernung von Schleimstoffen beispielsweise mittels einer Hydratation.
- Neutralisation, d. h. Abtrennung der freien Fettsäuren u. a. durch eine Verseifung mittels Alkalilauge und anschließende Seifenabtrennung.
- Bleichung, d. h. Entfernung unerwünschter Farbstoffe (u. a. Chlorophyll) mittels eines festen Bleichmittels.
- Desodorierung, d. h. Abtrennung unerwünschter Geruchs- und Geschmacksstoffe z. B. durch Dämpfung unter Vakuum.

7.1.1 Rohstoffbereitstellung und -vorbehandlung

Bei der Rohstoffbereitstellung und -vorbehandlung kann zwischen den in den gemäßigten Breiten typischerweise angebauten und auch verarbeiteten Ölsaaten und den primär in tropischen Bereichen angebauten Ölfrüchten (z. B. Frucht der Ölpalme) unterschieden werden. Obwohl einige der nachfolgend diskutierten Verfahren für beide ölhaltigen Produkte der agrarischen Produktion eingesetzt werden können, wird zunächst auf die entsprechenden Verfahren für Ölsaaten eingegangen. Anschließend werden dann speziell die Verfahren adressiert, die zusätzlich und / oder alternativ für bestimmte Ölfrüchte zum Einsatz kommen können.

Ölsaaten. Anbau, Reifegrad, Erntetechnik sowie Transport und Lagerung beeinflussen die Qualität der Ölsaat. Beispielsweise laufen während der Lagerung und z. T. auch während des Transports von Ölsaaten biologische Abbau- und Umsetzungs-/Umwandlungsprozesse ab. Kohlenhydrate und vor allem Fette werden unter Freisetzung von Wärme zu Kohlenstoffdioxid (CO_2) und Wasser (H_2O) veratmet bzw. zu entsprechenden Zwischenprodukten abgebaut. Verantwortlich dafür sind in erster Linie Enzyme, aber auch Hefen und Pilze, deren Wachstum durch Wärme und Feuchtigkeit gefördert wird. Durch solche Mikroorganismen bzw. Biokatalysatoren wird zunächst die Samenschale geschädigt und anschließend werden die inneren Komponenten der Ölsaat angegriffen; im Extremfall kann es zum Verderb der Saat kommen [7.6]. Hinzu kommen potenzielle Schädigungen durch Milben und andere Insekten. Auch erhöht sich bei ungünstigen Lagerungsbedingungen der Gehalt an freien Fettsäuren und es bilden sich nicht hydratisierbare Phospholipide; dies verschlechtert die Qualität des später gewonnenen Öls. Weiter kann es zur Bildung schädlicher Mykotoxine kommen, die durch mikrobiellen Befall bei einem Wassergehalt über 9 % entstehen können (d. h. feuchtes Milieu, Erwärmung; unter dem Begriff „Mykotoxine“ werden sekundäre Stoffwechselprodukte aus Schimmelpilzen zusammengefasst, die bei Wirbeltieren bereits in sehr geringen Mengen giftig wirken können). Abbildung 7.3 zeigt exemplarisch für Rapssaat in Abhängigkeit des Wassergehalts und der Lagertemperatur, unter welchen Bedingungen welche potenziellen Schadmechanismen zum Tragen kommen können.

Für eine möglichst hohe Ölausbeute sind derartige Effekte durch geeignete Maßnahmen (u. a. Reinigen, Trocknen, Belüften, Kühlen, Umlagern) möglichst zu minimieren [7.6]. Bis zu einem Wassergehalt von 9 % zeigt beispielsweise Rapssaat ein sehr gutes Lagerverhalten mit Trockenmasseverlusten von nur rund 0,4 %/a; sie verringern sich bei einem Wassergehalt von 7 bis 8 % auf 0,1 bis 0,2 %/a. Zusätzlich verbessert sich die Lagerfähigkeit z. B. unter Belüftung und mit abnehmender Temperatur.

Hinzu kommt, dass es bei der Lagerung der Ölsaat durch biologische Abbauprozesse zu einer Wärmeentwicklung kommt. Diese Selbsterhitzung ist abhängig von dem Wassergehalt in der Saat, da die daran beteiligten Biokatalysatoren nur ab einem bestimmten Feuchtegehalt ihre volle biologische Aktivität entfalten können. Exemplarisch für Raps-

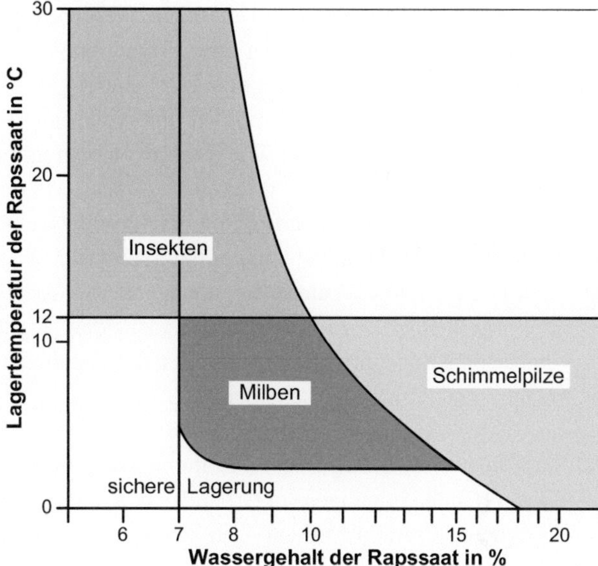

Abb. 7.3 Insekten-, Milben- und Schimmelpilzbefall der gelagerten Rapssaat in Abhängigkeit des Wassergehalts und der Lagertemperatur (verändert nach [7.7])

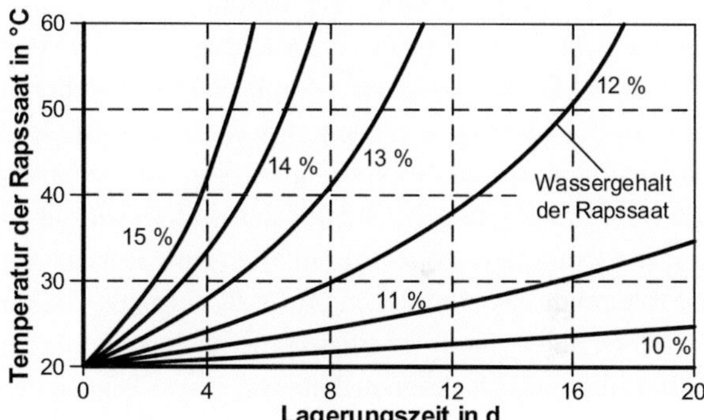

Abb. 7.4 Temperaturentwicklung exemplarisch für Rapssaat (Selbsterhitzung), abhängig von der Dauer der Lagerung und dem Wassergehalt der Saat (nach [7.7])

saat zeigt Abb. 7.4 die sich in Abhängigkeit des Wassergehalts und der Lagerdauer der Saat im Mittel einstellenden Temperaturen.

Ölsaaten werden daher für den Transport und die Lagerung gereinigt und auf bestimmte Wassergehalte eingestellt; beispielsweise wird für Handelsware ohne monetären Abzug (EU-Norm) ein maximaler Wassergehalt bei Raps von 9 Gew.-% gefordert. Für eine längerfristige und sichere sowie verlustarme Lagerung werden 7 bis 8 % empfohlen [7.6]. Die Ölsaat wird dabei in der Regel erst nach der Trocknung gereinigt, da feuchte Körner und Beimengungen die Siebe verstopfen können.

Die Saattrocknung muss möglichst schonend erfolgen. Eine Trocknung bei zu hohen Temperaturen birgt die Gefahren der Reduktion der Oxidationsstabilität und der Erhöhung des Gehalts freier Fettsäuren.

Bei der Reinigung werden vorhandene Verunreinigungen wie z. B. Pflanzenreste, Staub, Sand, Holz, Metallteilchen oder Fremdsaaten mechanisch entfernt; ein zu hoher Anteil an Verunreinigungen vermindert die bei der Ölmühle erzielbaren Ölqualitäten und -ausbeuten und führt zu einem erhöhten (unerwünschten) Verschleiß an den entsprechenden Verarbeitungsanlagen [7.4]. Die Reinigung kann mithilfe von

- weit-/engmaschigen Sieben für Teile, die größer / kleiner als die Ölsaat sind,
- Windsichtern für Teile, die leichter bzw. schwerer als die Ölsaat sind,
- Trieuren (der Trieur ist ein Reinigungsgerät, mit dem Begleitkomponenten, die sich in der Form deutlich vom Hauptgut unterscheiden, abgetrennt werden) zum Abtrennen von beispielsweise nichtrunden Körnern aus der runden Ölsaat sowie
- Magnet- und Allmetallabscheidern

erfolgen. Die de facto eingesetzten Reinigungstechniken bzw. -verfahren hängen von den jeweiligen Randbedingungen vor Ort und der zu reinigenden Ölsaat bzw. deren Qualität ab.

Anschließend kann die Ölsaat – je nach den Anforderungen an die Produkte – geschält werden. Dies wird beispielsweise insbesondere bei der Sonnenblumensaat häufig angewandt, da durch das vorherige Abtrennen der Schalen der Verschleiß der Pressgarnitur reduziert sowie der Eintrag von Wachsen in das Öl vermindert und außerdem ein Presskuchen bzw. ein Extraktionsschrot mit einem besonders hohen Eiweißgehalt erzeugt wird. Die zur Schälung der Ölsaaten verwendeten Spezialmaschinen beruhen im Wesentlichen auf den technischen Wirkprinzipien von Zerkleinerung und Sichtung. Die Samenschalen werden dazu aufgebrochen; dabei sollte aber der Samenkern möglichst nicht zerstört werden. Alternativ können Prallteller zum Einsatz kommen. Hier fällt die Saat auf eine rotierende Scheibe. Beim Aufprall zerplatzt die Saathülle und wird – wie auch der Schaleninhalt – durch die Fliehkräfte nach außen geschleudert. Die leichten Schalen und Schalenbruchstücke können dann mit einem Windsichter und über Siebe vom schwereren Samenkern abgetrennt werden. Die Schalen können z. B. als Futtermittel oder als biogener Festbrennstoff Verwendung finden.

Auch kann ein zu hoher Schalenanteil im Pressgut bei bestimmten Ölsaaten (z. B. bei Sonnenblumenkernen) die Ölqualität herabsetzen, da die bei der Extraktion eingesetzten Lösemittel (z. B. Hexan) auch das Schalenwachs ablösen. Bei der Rapssaat kommt das Schälen beispielsweise bei der Kaltpressung zur Erzeugung spezieller Speiseölqualitäten (z. B. „Kernöl") zur Anwendung; gleichzeitig entsteht ein qualitativ hochwertiger Presskuchen [7.8]. Bei der großtechnischen Pflanzenölerzeugung hat sich diese Vorgehensweise bisher aus Kostengründen nur sehr eingeschränkt durchgesetzt.

Anschließend wird die Ölsaat zerkleinert und flockiert. Dieser Schritt wird auch als mechanische Konditionierung bezeichnet.

- Bei der Zerkleinerung werden Speichergewebe und Samenschale zerstört, um zusätzliche Oberflächen zu schaffen und dadurch den Ölaustritt bei den nachfolgenden verfahrenstechnischen Schritten zu erleichtern. Dabei erfolgt die Vorzerkleinerung oft

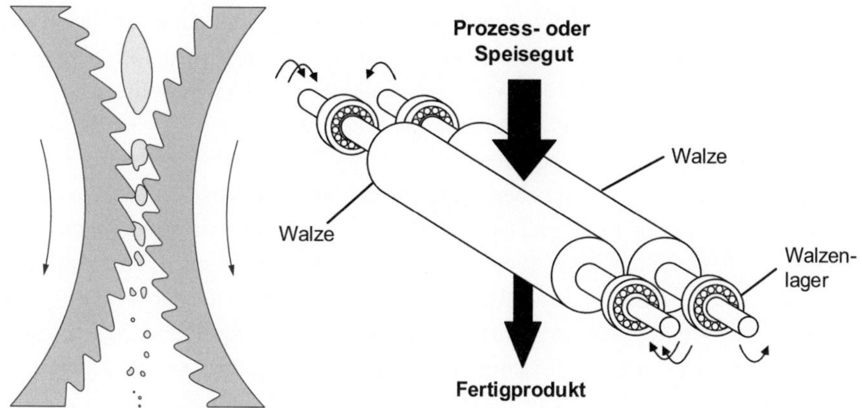

Abb. 7.5 Prinzip der Riffelwalze (links; nach [7.9]) und Flockierwalzwerk (rechts; Doppelpfeil symbolisiert die schnell drehende Walze und der Einfachpfeil die langsamer drehende Walze; nach [7.10])

mithilfe von Riffel- und die Feinzerkleinerung mit Glattwalzen. Riffelwalzen tragen auf ihrem Umfang Riffeln von sägezahnähnlichem Querschnitt (Abb. 7.5, links). Diese etwas schräg verlaufende Riffelung des Walzenpaares, das mit unterschiedlichen Drehzahlen gegeneinanderläuft, führt wiederum zu Schneidbewegungen. Der Abstand der Riffeln beträgt – je nach Ölsaat – 3 bis 30 mm.

- Bei der Flockierung, der zweiten Zerkleinerungsstufe, walzen Glatt- oder Flockierwalzwerke die Ölsaat zu Flocken von 0,25 bis 0,35 mm Dicke (Abb. 7.5, rechts). Diese Walzwerke bestehen aus zwei nebeneinander angeordneten geschliffenen Walzen, die durch eine Hydraulik oder durch Federkraft aneinandergepresst werden und eine um 3 bis 5 % unterschiedliche Umdrehungsgeschwindigkeit haben. Abbildung 7.5 (rechts) zeigt den schematischen Aufbau eines solchen Flockierwalzwerks. Dabei wird die vorzerkleinerte Ölsaat über einen Trichter zu den beiden schematisch dargestellten Zylinderwalzen geführt, welche aus dem Ausgangsmaterial die anschließend zu entölenden Flocken produzieren. Größe und Durchsatz des Mahlgutes lassen sich durch die Walzenlänge, die Umdrehungsgeschwindigkeit und den Walzenabstand einstellen und damit an die nachfolgenden Verarbeitungsschritte (Pressung und Extraktion) anpassen. Bei einigen Saaten (z. B. der Rapssaat) kann die dargestellte Vorzerkleinerung beispielsweise über Riffelwalzen entfallen. Dafür werden die Körner aber im Idealfall auf etwa 60 °C vorgewärmt, um ein gutes Flockierergebnis zu erzielen.

Danach wird das Mahlgut konditioniert; d. h., Wassergehalt und Temperatur werden so eingestellt, dass ein gutes Trennergebnis in der Schneckenpresse erreicht werden kann.

- Ein zu hoher Wassergehalt in der Saat verhindert einen guten Druckaufbau, der notwendig ist, um möglichst große Ölanteile aus der Saat zu pressen. Ein zu niedriger

Wassergehalt führt demgegenüber zu hohen Trubmengen und damit zu einem hohen Feststoffgehalt im Öl, da der Presskuchen dann sehr „bröselig“ wird. Der Wassergehalt wird deshalb – je nach Saat – auf Werte zwischen 3 und 5 % eingestellt.

- Temperaturen von über 80 °C verändern das Pressgut; dadurch werden die anschließenden Prozesse z. T. positiv beeinflusst.
  - Die in den Ölsaaten befindlichen Enzyme und Mikroorganismen, welche die Haltbarkeit des Presskuchens und auch die Qualität des Öls verringern können, werden ab einem bestimmten Temperaturniveau inaktiviert (z. B. Lipasen, Phospholipasen).
  - In der Saat befindliche Eiweißstoffe werden koaguliert. Dadurch wird ein Verschmieren der Pressen oder eine Schaumbildung bei der Extraktion vermieden. Außerdem kann dann das Lösemittel das Extraktionsgut besser durchdringen.
  - Das Pflanzenöl wird mit zunehmender Temperatur dünnflüssiger, sodass es beim Pressen leichter abläuft.

Diese thermische Konditionierung des Pressgutes wird vorwiegend in trommelartigen, horizontalen oder geneigten Apparaten durchgeführt; Abb. 7.6 (oben) zeigt ein Beispiel für einen derartigen vertikalen Konditionierer, bei dem die Ölsaat von oben über verschiedene Zwischenböden nach unten bewegt wird. Die Mäntel und / oder die Rührwerke derartiger Konditionierer werden mit Dampf beheizt. Meistens sind dazu Vorrichtungen zum direkten Einblasen von Wasserdampf angebracht. Außerdem ist im Regelfall die Möglichkeit vorgesehen, die eingebrachte Luft zur Trocknung des Pressgutes zu benutzen. Die Ölsaat wird dabei auf eine Temperatur von 80 bis 90 °C und einen von der jeweiligen Ölsaat bzw. den nachfolgenden Verarbeitungsschritten abhängigen Wassergehalt eingestellt. Zusätzlich zeigt Abb. 7.6 (unten) einen horizontalen Konditionierer, bei dem das zu konditionierende Material horizontal durch einen Rohrbündelkonditionierer wandert und dabei ebenfalls die bei der vertikalen Bauweise genannten Eigenschaften eingestellt werden können.

Ölfrüchte. Die zuvor beschriebenen Verfahren zur Rohstoffbereitstellung und -vorbehandlung beziehen sich primär auf Ölsaaten (d. h. das nutzbare Öl liegt überwiegend in den Samen vor). Im Fall von Ölfrüchten liegt das Öl aber (auch) im Fruchtfleisch und im Kern vor; dies ist beispielsweise bei der Frucht der Ölpalme der Fall, aus der weltweit mit Abstand am meisten Pflanzenöl produziert wird. Folglich muss bei derartigen Ölfrüchten das Öl auch aus dem Fruchtfleisch abgetrennt / gewonnen werden. Dies kann im Vergleich zu Ölsaaten teils andere Vorbehandlungsprozesse erforderlich machen. Nachfolgend werden exemplarisch anhand der Ölfrüchte der Ölpalme diese Aufbereitungsprozesse diskutiert.

Im Vergleich zu den Ölsaaten sind die Ölfrüchte i. Allg. schneller verderblich; beispielsweise kommt es unter den tropischen Bedingungen (u. a. hohe Temperaturen, hohe Feuchtigkeit) nach der Ernte der reifen Frucht der Ölpalme schnell zu biologischen Abbauprozessen, die zu einem schnellen Ölabbau in der Frucht führen. Deshalb müssen die Ölfrüchte nach der Ernte schnell verarbeitet werden.

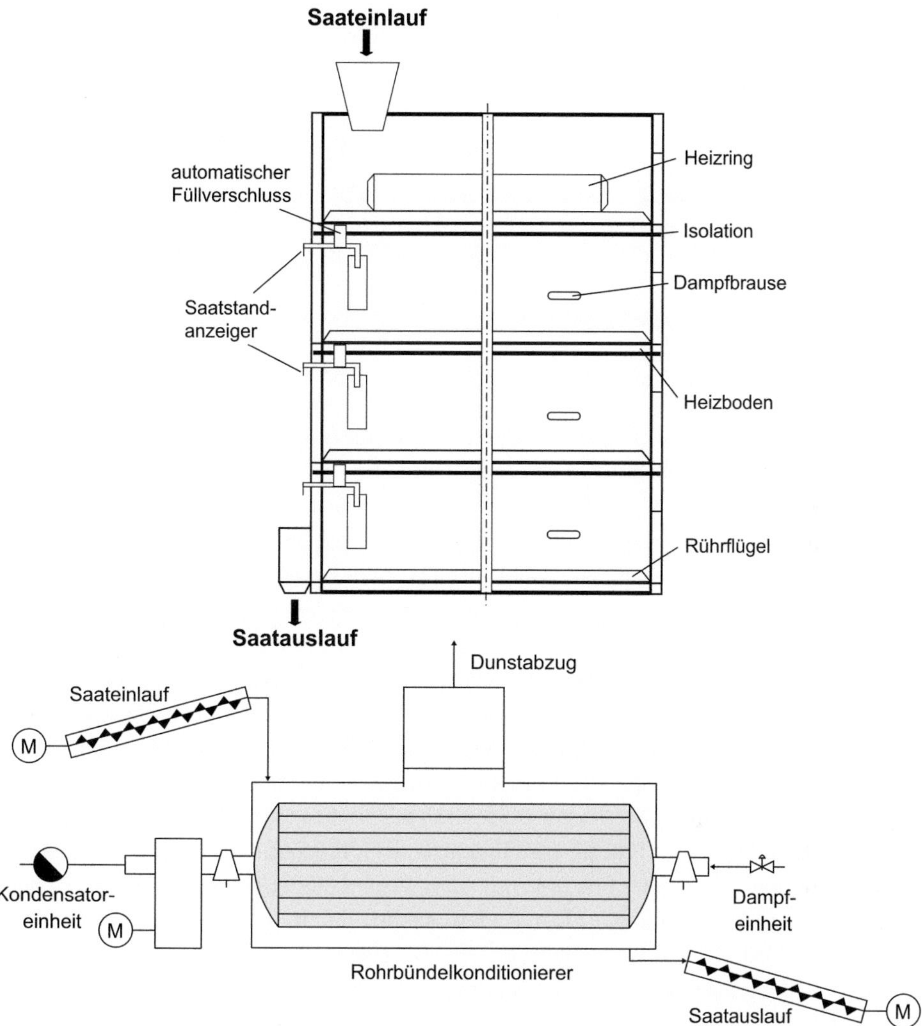

Abb. 7.6 Beispiel für eine vertikal (oben) und eine horizontal angeordnete Ölsaatenkonditionierung (unten; M Motorantrieb)

Die frisch geernteten Früchte werden deshalb am Erntetag meist mitsamt dem Fruchtstand von den Plantagen an den Verarbeitungsstandort (hier: die Ölmühle) transportiert; ein derartiger Fruchtstand einer Ölpalme besteht aus ca. 1 000 bis 4 000 Früchten und hat ein Gewicht von insgesamt rund 10 bis 40 kg. Jede dieser mehreren Tausend Ölfrüchte besteht aus dem fasrigen Fruchtfleisch (Mesokarp), das rund 45 bis 50 % Öl enthält und durch Carotine gelb bis rötlich gefärbt ist. Im Innern der Ölfrucht befindet sich in einer Steinschale (Endokarp) ein meist einzelner Samen, der ebenfalls rund 48 bis 52 % Öl beinhaltet.

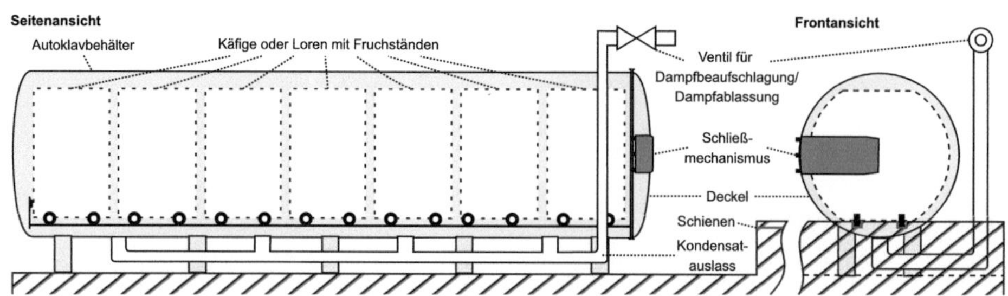

Abb. 7.7 Horizontaler Sterilisationsautoklav (nach [7.12])

In sehr kleinen Ölmühlen (kleintechnischer Ansatz) werden zu Beginn der Ölgewinnung die Früchte vom Fruchtstand manuell mithilfe von Äxten oder Macheten abgetrennt. Anschließend werden die Früchte gekocht; neben der damit einhergehenden Sterilisation werden dabei auch u. a. natürlicherweise vorkommende, Fett-spaltende Enzyme (z. B. Lipasen) denaturiert und dadurch die Haltbarkeit des Öls deutlich verbessert.

In größeren Anlagen (großtechnischer Ansatz) findet vor dem Abtrennen der Ölfrüchte vom Fruchtstand häufig erst eine Sterilisation der gesamten Fruchtbündel statt. Diese Sterilisation wird aus Effizienzgründen anstatt durch ein (kleintechnisches) Kochen in Wasser mithilfe einer Behandlung mit Wasserdampf realisiert.

Zusätzlich zur Inaktivierung der natürlicherweise vorhandenen Enzyme werden durch die Sterilisation weitere Effekte erzielt (diese sind z. T. analog zu den Effekten, die bei der thermischen Konditionierung von Ölsaaten auftreten; siehe oben). Beispielsweise wird dadurch auch die Struktur der Fruchtstiele geschwächt; dies erleichtert das anschließende maschinelle Entfernen der Früchte vom Fruchtstand [7.11]. Zusätzlich wird das Mesokarp (d. h. die mittlere Schicht der Fruchtwand) aufgeweicht; dies erleichtert eine anschließende Freisetzung / Auspressung des Öls. Zudem werden durch die Behandlung mit heißem Dampf Schleimstoffe und Harze hydrolysiert. Außerdem werden ggf. in bzw. an den Ölfrüchten sitzende Insekten, Pilze etc. inaktiviert.

Meist wird eine derartige Sterilisation „klassisch“ in horizontal angeordneten zylindrischen Autoklaven durchgeführt (Abb. 7.7). Dazu werden die von der Plantage angelieferten Fruchtstände zunächst in Käfige oder Loren umgeladen, die dann über im Boden eingelassene Schienen im Satzbetrieb in den Sterilisator / Autoklaven gefahren werden. Dieser Apparat wird anschließend geschlossen und mit Heißdampf beaufschlagt. Dadurch baut sich in diesem Autoklav ein Überdruck auf (üblicherweise ca. 2,7 bar). Zusätzlich wird eine Temperatur von ca. 130 °C eingestellt. Unter diesen Bedingungen werden die Fruchtstände ca. 60 bis 90 min behandelt; durch diese vergleichsweise lange Zeitspanne soll sichergestellt werden, dass die gesamten Fruchtbündel vollständig er- bzw. durchwärmt werden.

Nach der Sterilisation werden die einzelnen Früchte von den Fruchtständen maschinell entweder mittels einer rotierenden Trommel (Abb. 7.8) oder einer festen Trommel mit rotierenden Schlagleisten abgetrennt. Die Fruchtstände (engl. Empty Fruit Bunches,

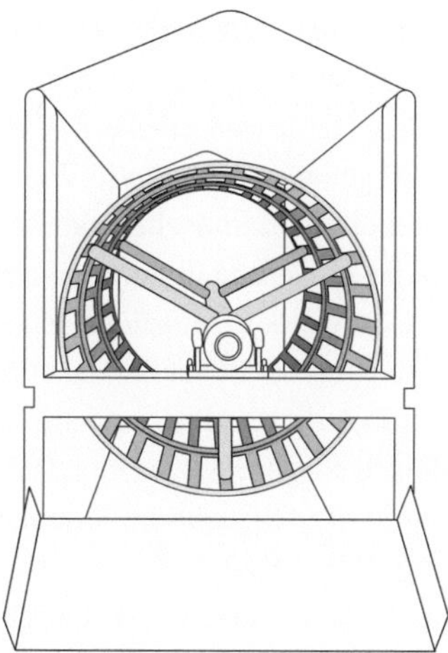

Abb. 7.8 Apparat zum Abtrennen der Ölfrüchte von den Fruchtständen (nach [7.13])

EFB) dienen i. Allg. der Energieversorgung (hier: der Dampfbereitstellung) der jeweiligen Ölmühle.

Ein derartiger Batch-Betrieb zur Sterilisation und anschließenden Trennung von Ölfrüchten und Fruchtständen ist i. Allg. arbeits- und aufgrund der entsprechenden Rüstzeiten des Sterilisators auch zeitintensiv. Deshalb gewannen in den letzten Jahren kontinuierlich betriebene Sterilisatoren an Bedeutung. Dies gilt insbesondere für die Durchlaufsterilisatoren, bei denen die Fruchtstände zunächst mechanisch zerkleinert und mittels Förderbändern in den Reaktor / Sterilisator eingebracht werden. Hier findet im Durchlauf die Sterilisation statt (Abb. 7.9) [7.14].

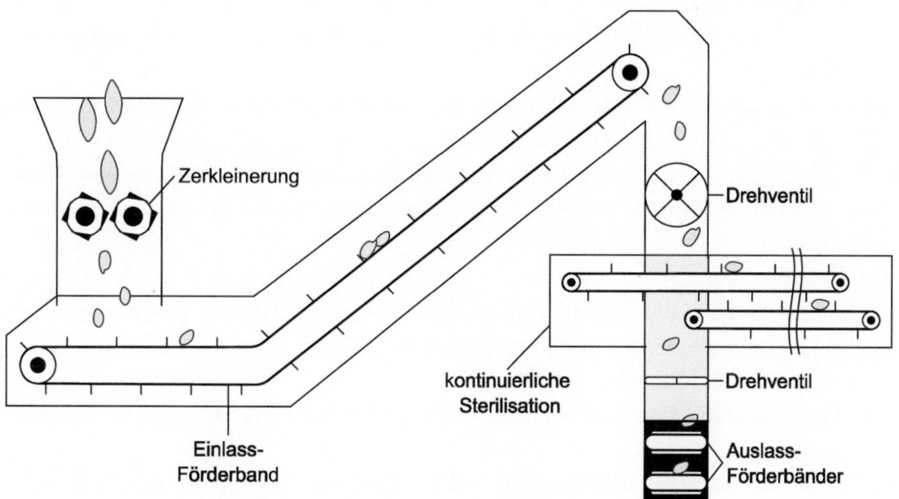

Abb. 7.9 Kontinuierliches Sterilisationssystem (Durchlaufsterilisator)

Die abgetrennten und sterilisierten Früchte werden nun in einen sogenannten Fermenter transportiert. Hier werden sie erneut erhitzt, um das Perikarp (d. h. die Fruchtwand) zu lösen. Dafür werden ebenfalls typischerweise mit Dampf beheizte Behälter verwendet. Sie verfügen über rotierende Wellen, an denen entsprechende Rührarme befestigt sind. Beim Drehen / Durchmischen der sterilisierten und damit bereits teilaufgeschlossenen Früchte in dieser Heißdampfatmosphäre löst sich das Perikarp und die Ölfrüchte bzw. das Fruchtfleisch werden zerdrückt. Zudem wird der bereits während der Sterilisation begonnene Aufschluss der Ölzellen des Fruchtfleischs während dieses Behandlungsschritts vollendet.

Nach diesem Prozessschritt kann das nun vollständig aufgeschlossene ölhaltige Fruchtfleisch ausgepresst werden (Kapitel 7.1.2, Band 3). Aus dem Pressrückstand können dann die in der Ölfrucht enthaltenen Kerne von dem faserreichen Fruchtfleisch separiert werden. Diese Kerne, die ebenfalls einen hohen Ölgehalt aufweisen, werden analog zu den zuvor beschriebenen Verfahren für Ölsaaten aufbereitet; daraus wird dann das sogenannte Palmkernöl hergestellt.

7.1.2 Pressung

Nachfolgend werden zunächst die Grundlagen der Pressung diskutiert, bevor auf die für die Pflanzenölerzeugung üblicherweise eingesetzten Pressen eingegangen wird.

Grundlagen der Pressung. Beim Pressen erfolgt das Austreiben flüssiger Phasen (hier: das Öl, z. T. auch Wasser) aus einem Gemisch aus zumindest einer Flüssigkeit und einem Feststoff durch eine kontinuierliche oder gestufte Druckerhöhung auf das zu trennende Gemisch (hier: die Ölsaat). Durch den auf dieses Gemisch aufgebrachten Druck werden die Flüssigphasen aus dem Gemischverbund mit dem Feststoff getrieben; der Kapillareffekt, der die unter Normalbedingungen flüssigen Komponenten zurückhält, wird dadurch überwunden.

Bei den für eine Ölpressung häufig eingesetzten Schneckenpressen erfolgt die Druckerhöhung durch eine kontinuierliche Vorwärtsbewegung des Saatgutes durch die Schnecke bei einer gleichzeitigen Verkleinerung des Presskammervolumens. Mikroskopisch betrachtet kann dieser Pressvorgang dabei in die folgenden drei Schritte aufgeteilt werden:

a) Kompression ohne Flüssigkeitsabgabe; hier werden die Zellen aufgeschlossen und es entweicht die Luft aus den Hohlräumen des Pressgutes.
b) Kompression mit Flüssigkeitsabgabe als ein instationäres Nicht-Gleichgewicht; in dieser Phase wird das Porenvolumen verringert und gleichzeitig Öl und ggf. Wasser abgetrennt.
c) Gleichgewichtszustand des Pressgutes mit dem aufgezwungenen Pressdruck nach Beendigung der partiellen Flüssigkeitsabgabe; dies ist die Phase der Formgebung.

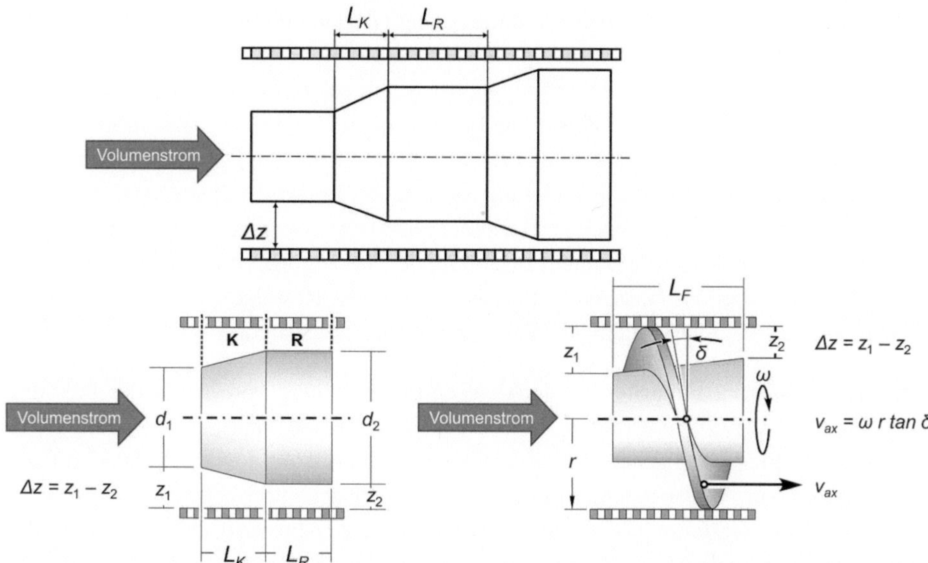

Abb. 7.10 Beispiel für eine Kerngeometrie einer Ölpresse (oben) sowie Aufbau und Funktion eines Kompressionselements (unten links) und eines Förderelements (unten rechts; L_K Kompressionslänge; L_R Relaxationslänge; L_F Länge des Förderelements; z Abstand zwischen Kern und Seiher (1 und 2 beziehen sich auf unterschiedliche Stellen); K Kompressionsabschnitt; R Relaxationsabschnitt; r Radius des Förderelements; ω Winkelgeschwindigkeit; δ Winkel; v_{ax} Geschwindigkeit in Axialrichtung) (nach [7.15])

Diese unterschiedlichen Phasen werden auch in Abb. 7.10 (oben) deutlich, welche die Geometrie der Schneckenwelle einer handelsüblichen Schneckenpresse zeigt. Dabei wird die vorkonditionierte Ölsaat von links (Abb. 7.10) in das Volumen zwischen der Kernwelle und der äußeren Begrenzung (hier: Seiher) eingebracht und mithilfe einer in diesem Abbildungsteil nicht dargestellten Schnecke in Richtung des Pressendes transportiert; dabei kommt es bereits zu einer Vorkomprimierung. Danach kommt die Saat an das Kompressionselement (Abb. 7.10, unten links). Dieses Funktionselement realisiert im Bereich der Kompressionslänge L_K die beschriebene Kompression zunächst ohne und dann mit Flüssigkeitsabgabe. Im weiteren Verlauf der Relaxationslänge L_R stellt sich dann der dargestellte Gleichgewichtszustand ein. Dieser Phase der Kompression und Relaxation kann sich eine weitere derartige Phase anschließen (Abb. 7.10, oben). Das Pressmaterial wird mithilfe entsprechender Förderelemente in Richtung eines zunehmend größeren Druckaufbaus transportiert (Abb. 7.10, unten rechts).

Die Qualität der Pressung – und damit der jeweils erreichbare Entölungsgrad der Saat – hängt von verschiedenen Parametern ab; ausgewählte Größen werden nachfolgend beschrieben.

- Die Qualität der mechanischen Konditionierung (Zerkleinerung und Flockierung) hat einen großen Einfluss auf den Erfolg der thermischen Konditionierung und damit auch der Pressung. Die Flocken sollten möglichst wenig ganze Saatkörner enthalten (d. h. guter Saataufschluss). Auch dürfen die Flocken nicht zu fein sein; dies führt zu einer Kompaktierung des Materials in den Pressen und somit zu einer geringeren Ölausbeute.
- Der in der thermischen Konditionierung eingestellte Wassergehalt der Saat beeinflusst den Restölgehalt im Presskuchen. Beispielsweise liegt bei einer Pressung mit Seiherpressen (zur Technik siehe unten) der optimale Wassergehalt zwischen 2,5 und 4 % (Abb. 7.11). Liegt der Wassergehalt darunter, steigt der Restölgehalt des Presskuchens stark an; dies liegt vermutlich am Elastizitätsverlust des Saatgutes [7.4].

Der Restölgehalt im Ölkuchen ist auch wesentlich abhängig von der in der Pressung eingesetzten Energie. Diese Energie wird benötigt, damit das Pressgut die Verengungen zwischen den Pressoberflächen überwinden kann. Das Pressgut durchläuft dabei auf seinem Weg durch die Presse mehrere Kompressions- und Relaxationszonen; dies wird durch die geometrische Gestaltung der Schneckenwelle erreicht (Abb. 7.10, oben). Während der Entspannungsphase erhöht sich dabei die Permeabilität des Presskuchens, damit das Öl leichter austreten kann. In der folgenden Kompressionszone wird erneut ausgepresst; dazu wird in der Regel ein höherer Druck im Pressgut durch erneut verringerte Abstände zwischen den Pressoberflächen bzw. einem reduzierten insgesamt verfügbaren Volumen für das Pressgut realisiert. Grundsätzlich gilt, dass mit zunehmender eingesetzter Pressenergie der Entölungsgrad der Ölsaat ansteigt.

Bei der mechanischen Pressung der Ölsaat entstehen zwei wesentliche Produkte, das Pressöl und der Presskuchen.

- Das Pressöl (d. h. die die Presse verlassende flüssige Phase) enthält verfahrenstechnisch bedingt noch Trub (kleine Saatteilchen), der in nachgeschalteten Trubabscheidern und Dekantern oder Filteranlagen entfernt wird. Der abgeschiedene Trub wird zumeist anschließend wieder der Schneckenpresse zusammen mit der frischen, konditionierten

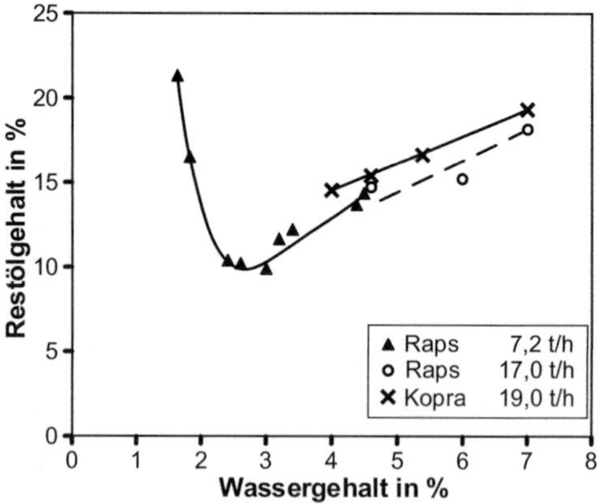

Abb. 7.11 Ölgehalt des Presskuchens in Abhängigkeit von der Ölsaat und dem Wassergehalt in der Saat sowie des Saatdurchsatzes bei der Pressung (nach [7.4])

und noch zu entölenden Ölsaat zugeführt. Abschließend wird das gereinigte Pressöl mit dem in der Extraktionsanlage gewonnenen Öl zusammengeführt (falls eine zusätzliche Extraktion realisiert wird) und der weiteren Aufbereitung zugeführt.
- Der Presskuchen (d. h. die die Presse verlassende feste Phase) enthält einen Restölgehalt, welcher von der Pressenart und von deren Betriebsweise abhängt und typischerweise in einer Größenordnung von rund 10 % liegt (siehe oben).

Bei der Pflanzenölpressung kann zwischen einer Vorpressung und einer Fertigpressung unterschieden werden.

- Vorpressung. Da es hier das übergeordnete Konzept ist, dass nach der Pressung eine Extraktion des Presskuchens erfolgt, wird die Ölsaat nur so weit ausgepresst, dass der Presskuchen nach der Vorpressung einen Restölgehalt von etwa 18 bis 21 % hat; bei der Rapssaat bedeutet das eine Reduktion des Ölgehalts durch eine derartige Vorpressung um etwa die Hälfte. Der verbleibende Presskuchen wird dann zur Extraktionsanlage transportiert und dort nach einer eventuell notwendigen Kühlung weiter entölt. Wesentlich dabei ist auch die Sicherstellung der Extrahierfähigkeit des abgepressten Materials.
- Fertigpressung. Hier wird das Öl ausschließlich durch eine Pressung des Saatguts gewonnen. Der Presskuchen hat dann – je nach Presstechnologie und Anlagenfahrweise – einen Restölgehalt typischerweise zwischen 7 und 10 %.

Presstechnik. Heute werden zur Pflanzenölpressung aus ölhaltigen Saaten primär Schneckenpressen eingesetzt. Deshalb wird nachfolgend nur diese Option diskutiert. Die heute großtechnisch eingesetzten Pressen unterscheiden sich prinzipiell – außer durch die Größe bzw. den Durchsatz und damit die installierte Leistung – im Hinblick auf Aufbau und Funktionsweise kaum von den Pressen, wie sie auch für die Ölgewinnung im kleinen Leistungsbereich eingesetzt werden.

Abbildung 7.12 zeigt exemplarisch eine Schneckenpresse. Zunächst wird das vorkonditionierte Material über eine Dosiervorrichtung und einen Füllschacht auf die Schneckenpresse aufgegeben, die von einer perforierten Umhüllung (Seiherkorb) umgeben ist. Das Pressmaterial wird dann von der durch einen Elektromotor angetriebenen Schneckenwelle mitgenommen und in Richtung des gegenüberliegenden Schneckenendes transportiert. Dabei kommt es zu der gewünschten Materialverdichtung (Abb. 7.13), da konstruktionsbedingt das Volumen zwischen der Welle und des sie umschließenden Korbs abnimmt. Damit wird – bei kontinuierlich nachgeförderter Saat – auf das in dem Zwischenraum zwischen Schneckenwelle und Umhüllung (hier: Seiherkorb) befindliche Material immer mehr mechanischer Druck ausgeübt (Abb. 7.13). Dadurch wird das im Pressgut enthaltene Öl durch die in der Schneckenumhüllung (hier: Seiherkorb) vorhandenen Öffnungen gepresst und von den Feststoffen abgeschieden. Dieses auf der gesamten Mantelfläche der Schneckenumhüllung austretende Pressöl wird dann in einer Bodenwanne aufgefangen und anschließend einer Weiterverarbeitung zugeführt; es enthält noch geringe Anteile an festen Saatpartikeln (Öltrub oder Trub), die ebenfalls durch den die Schneckenwelle

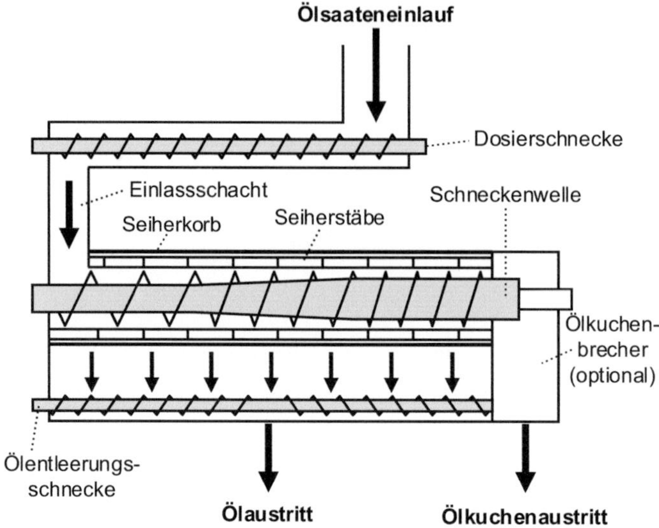

Abb. 7.12 Funktionsweise einer Schneckenpresse zur Pflanzenölerzeugung (nach [7.16])

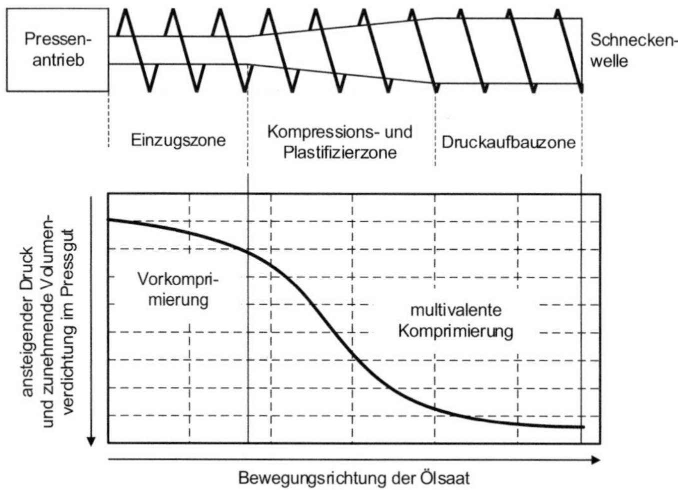

Abb. 7.13 Volumenverdichtung des Pressgutes in einer Schneckenpresse zur Pflanzenölerzeugung (nach [7.16], [7.17])

umhüllenden Korb hindurchtreten können. Der Presskuchen wird am Schneckenende ausgetragen und kann getrennt von dem Pressöl einer Weiterverarbeitung zugeführt werden [7.16].

Entscheidend für den Pressvorgang ist dabei ein Wechsel zwischen Kompression (Verdichtung) und Relaxation (Entspannung) des Komprimats (Pressgut). Zudem muss sicher verhindert werden, dass sich das Pressgut mit der Schneckenwelle mitdreht. Deshalb muss die Reibungskraft zwischen dem Pressgut und der Schneckenumhüllung größer sein als zwischen dem Presskuchen und der Schnecke. Dies wird z. B. durch Abstreifer an der die Schneckenwelle umgebenden Umhüllung (z. B. Seiherstäbe; siehe unten) oder „auf Keil" gestellte Seiherstäbe erreicht (Abb. 7.14). Die Relaxation des Pressguts fördert den Ölabfluss aus dem Pressgut hin zum Seiher.

Anhand der Gestaltung des Seihers (d. h. der öldurchlässigen Umhüllung), in dem sich die Schneckenwelle dreht, lassen sich verschiedene Bauformen von Schneckenpressen unterscheiden. Abbildung 7.15 zeigt zwei wesentliche Bauarten, die nachfolgend beschrieben werden.

- Bei Lochseiher-Schneckenpressen (Abb. 7.15, links; Abb. 7.16) ist der Presszylinder durch Bohrungen perforiert. Am Presskopf befindet sich eine Pressdüse, welche die zylindrische Form des Presskuchens (Pellets) bestimmt.
- Seiherstab-Schneckenpressen (Abb. 7.15, rechts; Abb. 7.17) sowie Seiherscheiben-Schneckenpressen haben demgegenüber Seiherstäbe bzw. -scheiben, die in definierten Abständen parallel zueinander angeordnet sind. Der Ölaustritt erfolgt über die Spalten zwischen den Seiherstäben bzw. -scheiben. Der Presskuchen wird am Ende der Pressschnecke in Form kleiner Plättchen oder, falls eine Pelletiereinrichtung vorhanden ist, als Pellets ausgetragen.

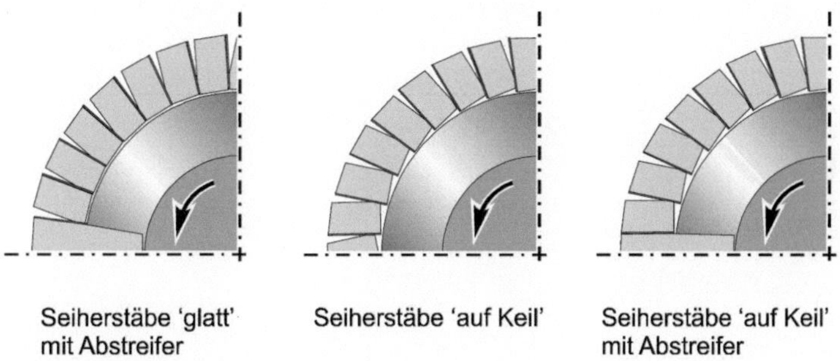

Abb. 7.14 Seiher-Konfigurationen bei Schneckenpressen (nach [7.15])

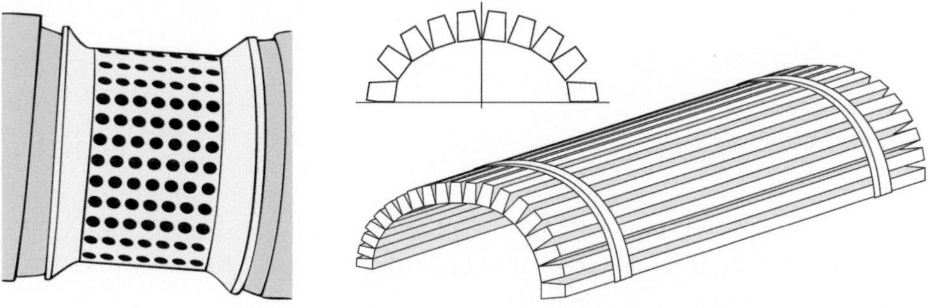

Abb. 7.15 Exemplarische Lochseiher- (links) und Seiherstab-Konfigurationen (rechts) (nach [7.15])

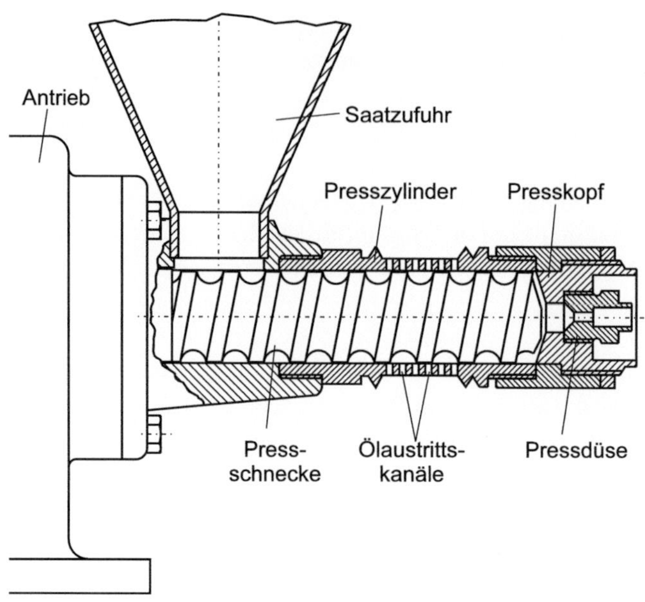

Abb. 7.16 Lochseiher-Schneckenpresse (nach [7.3])

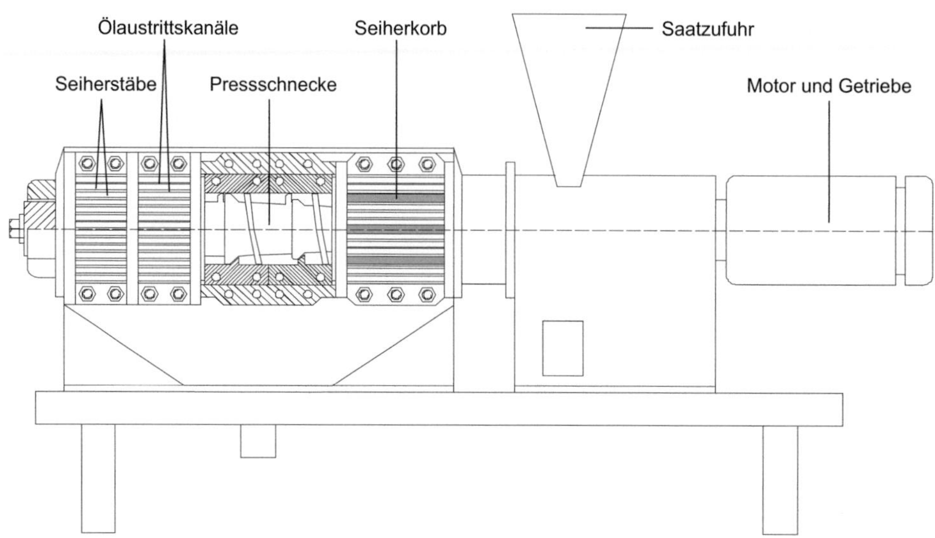

Abb. 7.17 Seiherstab-Schneckenpresse (nach [7.3])

Im Leistungsbereich bis etwa 75 kg/h Rapssaat kommen überwiegend Lochseiher-Schneckenpressen und im größeren Leistungsbereich bis zu 3 000 kg/h Saat vor allem Seiherstab-Schneckenpressen zum Einsatz.

Die Stoffflüsse bei der Ölpressung zeigt Abb. 7.18. Demnach erfolgt der Ölaustritt über die Länge des Seiherkorbs in unterschiedlicher Intensität. Deutlich wird auch, dass sich das ausgepresste Öl mit den Feststoffen zu dem letztlich erzeugten Trub- oder Rohöl vermischt. Darunter wird folglich ein zweiphasiges Stoffgemisch aus einer flüssigen (Öl) und einer festen Phase (Partikel) verstanden, das etwa 0,5 bis 6 Gew.-% Feststoffe (ölfrei) enthält. Dieser Feststoffgehalt ist abhängig u. a. von der Bauform und dem Zustand der Ölpresse (Verschleiß), der Durchsatzleistung, der verarbeiteten Ölsaat und dem Wassergehalt des Pressguts [7.18]. Zusätzlich entweicht bei der Ölpressung ein Teil der in der Saat enthaltenen Feuchte in Form von Wasserdampf in die Umgebung [7.15], [7.19], [7.20].

Tendenziell lassen sich mit Ölpressen, die mit (kurzem) Lochseiher ausgestattet sind, geringere Phosphor-, Calcium- und Magnesium-Gehalte im Öl – ein Qualitätsmerkmal für die Verwendung als Kraftstoff – erzielen als mit Pressen, die mit (langem) Seiherstabkorb ausgeführt sind. Dies liegt möglicherweise an der unterschiedlichen Dauer, während der das Pressgut bzw. das Öl den heißen Bauteilen der beiden Pressentypen ausgesetzt ist.

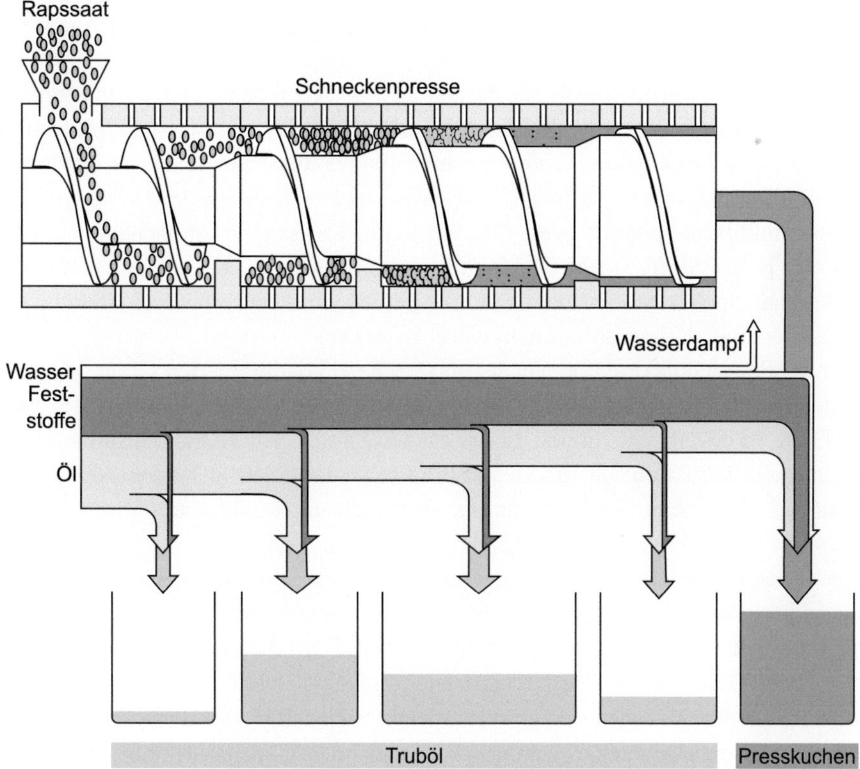

Abb. 7.18 Stoffflüsse bei der Ölpressung (verändert nach [7.15])

7.1.3 Extraktion

Bei einer Extraktion wird der erwünschte Stoff durch ein Lösemittel aus seiner Umgebung herausgelöst. Demnach kann mithilfe der Extraktion sowohl das Pflanzenöl aus der Ölsaat als auch das nach der Pressung noch im Presskuchen / Pressrückstand enthaltene Öl abgetrennt werden. Nachfolgend werden die dazu notwendigen verfahrenstechnischen Schritte dargestellt und diskutiert.

Grundlagen. Die Extraktion (lat. extrahere, „herausziehen") ist ein Stofftrennverfahren. Hier erfolgt die Trennung mittels eines Extraktions- oder Lösemittels, durch das eine Komponente aus einem festen oder flüssigen Stoffgemisch herausgelöst wird. Das Lösemittel muss so ausgewählt werden, dass sich der zu extrahierende Stoff (hier: das Pflanzenöl) aus der Ölsaat löst, die anderen Bestandteile (hier: die sonstigen in der Ölsaat vorhandenen Komponenten wie z. B. Proteine, Samenschale) jedoch nicht. Damit das Lösemittel ungehindert in die Saat eindringen und das Öl herauslösen kann, sollten die Zellwände der Ölsaat aufgebrochen und die Diffusionswege klein gehalten werden; dies ist bei bereits vorgepresster Saat jedoch i. Allg. gegeben.

Unter einem Löse- oder auch Lösungsmittel wird allgemein ein Stoff (meistens eine Flüssigkeit) verstanden, der Gase, andere Flüssigkeiten oder Feststoffe lösen kann. Dabei kommt es nicht zu chemischen Reaktionen zwischen dem gelösten und dem lösenden Stoff; im Regelfall werden Flüssigkeiten als Lösemittel eingesetzt. Eine quantitative Vorhersage von Löseeigenschaften und ihrer Temperaturabhängigkeit ist i. Allg. nicht möglich; diese müssen experimentell ermittelt werden. Jedoch gilt als Näherungsregel „Similia similibus solvuntur" (lat. für „Ähnliches löst sich in Ähnlichem"). Demnach lösen sich polare Stoffe (mehr oder weniger gut) in polaren Lösemitteln (z. B. Salze in Wasser) und unpolare Stoffe (mehr oder weniger gut) in unpolaren Lösemitteln (z. B. Öle in unpolaren organischen Lösemitteln wie z. B. Hexan).

Für die Pflanzenölextraktion aus der entsprechend konditionierten Ölsaat können primär das Perkolations- und das Immersionsverfahren eingesetzt werden [7.21]. Beiden Extraktionsverfahren gemeinsam ist, dass das Lösemittel (d. h. Extraktionsmittel) und das Saatgut (d. h. Extraktionsgut) im Gegenstrom bewegt werden; d. h., frisches Lösemittel kommt mit weitgehend entölter Saat und nicht oder nur wenig entölte Saat mit bereits ölgesättigtem Lösemittel (der sogenannten Miscella) in Berührung.

Das Gegenstromprinzip (auch Gegenstromverfahren) ist eine beim Wärmeübertrag oder beim Stoffaustausch angewandte verfahrenstechnische Methode, bei der zwei Stoffströme in jeweils entgegengesetzter Richtung aneinander vorbeigeführt werden (Abb. 7.19). Durch das in entgegengesetzter Richtung Aneinander-Vorbeiströmen der beiden Stoffströme kommen sie derart in Kontakt zueinander, dass zwischen ihnen Stoffe und / oder Wärme ausgetaucht werden können. Da durch die verfahrenstechnisch realisierte Stromführung immer ein Temperatur- und / oder Konzentrationsgefälle zwischen den beiden Stoffströmen besteht, ist es (im Idealfall) möglich, nahezu die gesamte Wärme und / oder Stoffbeladung von dem einen Stoffstrom auf den anderen Strom zu übertragen.

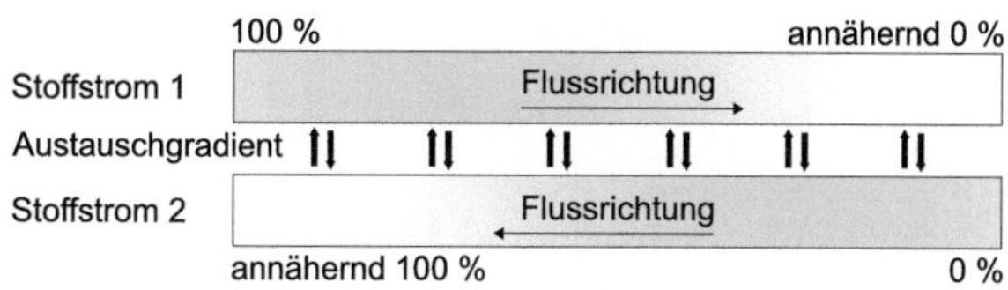

Abb. 7.19 Gegenstromprinzip

Nachfolgend werden das Perkolations- und das Immersionsverfahren, mit denen das beschriebene Gegenstromprinzip umgesetzt werden kann, kurz beschrieben.

- Perkolationsverfahren. Beim Perkolations- oder Durchlaufverfahren wird das Extraktionsgut (d. h. der Presskuchen / Pressrückstand, die konditionierte Ölsaat) ununterbrochen mit dem Extraktions- oder Lösemittel benetzt [7.21]; letzteres strömt laufend am Extraktionsgut vorbei. Dadurch kommt es zu einem ununterbrochenen Austausch des frei fließenden Lösemittels mit der zu extrahierenden Biomasse (konditionierte Ölsaat); letztere nimmt dabei das Extraktionsmittel auf. Durch diesen ständigen Lösemitteldurchfluss wird gewährleistet, dass das an bestimmten Stellen lokal gesättigte Lösemittel abfließen kann und durch Extraktionsmittel ersetzt wird, das nicht gesättigt ist und deshalb noch weiteres Öl aufnehmen kann. Grundvoraussetzung für Perkolationsverfahren ist, dass das Lösemittel im Extraktionsgut frei fließen kann. Bei diesem Verfahren wird das Extraktionsgut mechanisch nicht belastet. Es wird daher primär dann angewandt, wenn „frei" vorliegendes Öl extrahiert werden soll. Feine Saatteilchen, die zwangsläufig während der Extraktion mobiler werden, gelangen üblicherweise nur eingeschränkt in das Lösemittel, da die im Perkolationsbett verbleibenden Saatteilchen als Filter wirken und diese weitgehend zurückhalten. Dieses Perkolationsverfahren wird üblicherweise für Ölsaaten eingesetzt, die einen hohen Ölanteil aufweisen.
- Immersionsverfahren. Mit dem Immersionsverfahren kann Öl aus einer schwer extrahierbaren Matrix (d. h., das Extraktionsgut ist stark rohfaserhaltig) abgetrennt werden [7.21]. Dazu wird die gesamte zu extrahierende Ölsaat in das Lösemittel eingetaucht. Dabei kommt es – im Unterschied zum Perkolationsverfahren – systembedingt nicht zu einer erzwungenen Bewegung, durch die das ölgesättigte Lösemittel gegen ungesättigtes ausgetauscht wird. Deshalb muss durch entsprechende Rührsysteme ein Konzentrationsausgleich sichergestellt werden. Durch dieses Rühren bildet sich aber zwangsläufig ein Abrieb des Extraktionsgutes; d. h., das gesättigte Lösemittel (Miscella) muss später filtriert werden. Dieses verfahrenstechnische Prinzip kommt primär bei Ölsaaten zum Einsatz, die nur einen vergleichsweise geringen Ölanteil aufweisen. Aus ökonomischen Gründen werden derartige Öle aber kaum zur Biokraftstofferzeugung eingesetzt; deshalb wird dieses Verfahren nachfolgend nicht weiter betrachtet.

Beide Verfahren werden durch eine Vielzahl von Faktoren beeinflusst. Nachfolgend werden wesentliche Einflussgrößen kurz diskutiert [7.21].

- Wassergehalt. Wasser behindert die Benetzung der Saatgutoberfläche mit dem Lösemittel und erschwert das Eindringen des Extraktionsmittels in die Ölsaat. Hinzu kommt, dass es die Diffusion herabsetzt. Aus verfahrenstechnischer Sicht wird jedoch eine bestimmte Restfeuchte im Extraktionsgut benötigt, damit die Saatteilchen elastisch bleiben und nicht zu immer kleineren Saatpartikelchen zerfallen; tritt letzteres ein, kann das Extraktionsmittel die kleinen Partikelchen nur noch schlecht durchdringen.
- Partikelgröße und -form. Die einzelnen Teilchen des (konditionierten) Extraktionsgutes sollten so beschaffen sein, dass das Lösemittel ohne großen Widerstand hindurchfließen kann. Zusätzlich sollte die Teilchengröße durch die vorgelagerten Prozessschritte so eingestellt werden, dass eine möglichst gute Extraktion jedes Einzelteilchens dadurch ermöglicht wird, dass die Diffusionswege minimiert werden.
- Extraktionsmittelmenge. Das Verhältnis zwischen der einzusetzenden Menge an Lösemittel in Relation zu der Menge an zu extrahierendem Gut wird von der Saatzusammensetzung beeinflusst. Üblicherweise nimmt die Lösemittelmenge mit dem Anteil der Rohfaser an der Saat zu. Andererseits wird immer ein möglichst hoher Ölanteil im gesättigten Extraktionsmittel angestrebt, da mit ansteigendem Ölgehalt im Lösemittel der Energieaufwand zur Abtrennung relativ abnimmt.
- Extraktionstemperatur. Die Viskosität des Extraktionsmittels und die Löslichkeit des Extraktes im Lösemittel sind temperaturabhängig; d. h., mit zunehmender Temperatur sinkt die Öl- und Lösemittelviskosität, während die Öllöslichkeit im Extraktionsmittel steigt. Damit führen erhöhte Temperaturen durch die geringere Viskosität und das größere Lösevermögen zu einem verbesserten Extraktionsgrad. Die obere Temperaturgrenze ist u. a. durch den Siedepunkt des Lösemittels bzw. die thermische Stabilität des Extraktionsgutes (hier: des Pflanzenöls) begrenzt. Aufgrund des gleichzeitig mit der Temperatur steigenden technischen Aufwandes muss immer ein Kompromiss zwischen einer erhöhten Ölausbeute und den entsprechend steigenden Kosten gefunden werden.
- Extraktionszeit. Der Zeitraum, in dem die Ölextraktion realisiert wird, beeinflusst den Extraktionsgrad. Er wird wesentlich von Art und Struktur des Extraktionsgutes bestimmt.
- Reinheit des Extraktionsmittels. Das Lösemittel wird im Kreis gefahren (d. h., nach jeder Extraktion wird es durch Destillation vom Pflanzenöl getrennt (regeneriert) und wiederverwendet). Um eine hohe Ölausbeute erhalten zu können, sollte die Regeneration vollständig sein (d. h., das Extraktionsmittel sollte nahezu ölfrei sein).

Vorbereitung. Vor der Extraktion sollte der Presskuchen / Pressrückstand der Temperatur im Extrakteur angepasst werden. Dabei ist eine Temperatur von etwa 65 °C akzeptabel; diese Temperatur muss beim Eintritt in den Extrakteur aber sicher unterhalb der Siedetemperatur des Lösemittels liegen. Wichtig ist, dass die Feuchtigkeit im Extraktionsgut so weit reduziert wird, dass eine Extraktion erst ermöglicht wird. Dazu wird oft ein Trockner / Kühler zwischen der Presse, in der das Vorpressen realisiert wird (siehe oben), und der eigentlichen Extraktion installiert. Die Umgebungsluft dient dabei als Kühl- und Trocknungsmedium.

Lösemittel. Als Lösemittel werden überwiegend aliphatische Kohlenwasserstoffe, vor allem n-Hexan, eingesetzt. Hexan erfüllt die an ein Extraktionsmittel zu stellenden Anforderungen aus gegenwärtiger Sicht am besten.

- Das Lösemittel soll nur Triglyceride, nicht aber unerwünschte Begleitstoffe (z. B. Schleimstoffe, Farbstoffe, Wachse) aus dem Presskuchen / Pressrückstand bzw. der Saat lösen.
- Das Lösemittel darf keine nichtflüchtigen, toxischen Bestandteile enthalten und muss sicher zu handhaben sein.
- Das Lösemittel muss sich einfach aus dem extrahierten Gut entfernen und sich leicht und nahezu verlustfrei wiedergewinnen lassen.

Industriell fraktioniertes Hexan hat Siedegrenzen zwischen 65 und 70 °C und ist als Lösemittel ein Kompromiss, da bestimmte Ölbegleitstoffe von dem gesättigten Kohlenwasserstoff mit der Summenformel C_6H_{14} mit extrahiert werden; diese müssen dann anschließend wieder aus dem Extraktionsöl abgetrennt werden. Außerdem kann Hexan ein explosives Gemisch mit Luft bilden; besondere Sicherheitsmaßnahmen sind daher anzuwenden. Hexan lässt sich aber bei Temperaturen unter 100 °C und im Vakuum relativ leicht aus dem extrahierten Pflanzenöl entfernen. Auch aus dem Extraktionsschrot kann es mithilfe von Dampf einfach ausgetrieben werden.

Dieses Lösemittel wird bei der Extraktion im Kreislauf gefahren. Dabei verbleibt nur ein sehr geringer, gesetzlich geregelter Höchstanteil Hexan im Schrot bzw. im Öl; zusätzlich können geringe Verlustmengen mit der Abluft in die Umwelt gelangen. Typischerweise liegen die Gesamtverluste zwischen 0,6 und 1,5 kg/t Saat [7.4], [7.22].

Extraktion. Bei der Extraktion wird das Pflanzenöl durch das Lösemittel aus der aufbereiteten (konditionierten) Saat oder dem Presskuchen / Pressrückstand herausgelöst. Dadurch entstehen zwei Produkte, nämlich das mit Öl angereicherte Lösemittel, die sogenannte Miscella (10 bis 30 % Ölgehalt, 70 bis 90 % Lösemittel), und das mit Lösemittel durchsetzte, weitgehend ölfreie Extraktionsschrot (25 bis 35 % Lösemittel) [7.4]. Beide Fraktionen müssen anschließend aufgearbeitet werden, damit die jeweils gewünschten Produkte in brauchbarer und vermarktbarer Form vorliegen.

Zur Extraktion können diskontinuierliche und kontinuierliche Verfahren eingesetzt werden. Für die großtechnische Pflanzenölgewinnung haben jedoch in den letzten Jahren nur noch die kontinuierlichen Verfahren Bedeutung.

Bei kontinuierlichen Extraktionsanlagen wird das Extraktionsgut in einem geschlossenen Extraktionsraum (z. B. Halle) in offenen Behältern (Becher oder Kästen) transportiert. Während dieser Transportbewegung wird das entsprechend konditionierte Extraktionsgut (z. B. auf- bzw. vorbereiteter Presskuchen / Pressrückstand) dem auf 50 bis 60 °C temperierten Lösemittel im Gegenstrom ausgesetzt. Das Lösemittel läuft durch die zu extrahierende Biomasse, löst dabei das Öl heraus, wird aufgefangen und anschließend entgegen der Transportrichtung des Extraktionsgutes in den nächsten offenen Behälter (z. B. Kammer, Kasten) gepumpt. Nachfolgend werden zwei marktübliche Bauarten derartiger Extrakteure dargestellt.

Karussellextrakteur. Beim Karussellextrakteur (Abb. 7.20) handelt es sich um ein im Kreis drehendes Zellenrad, in dessen einzelnen Zellen sich das Extraktionsgut befindet. Es wird von oben nach unten von dem von oben auf das Extraktionsgut aufgegebenen Lösemittel perkoliert. Am Ende des Extraktionsprozesses wird das reine Lösemittel auf das zuvor schon fast vollständig extrahierte und damit nahezu ölfreie Extraktionsgut aufgegeben; dadurch wird nur gering konzentrierte Miscella verdrängt und auch das wenige noch im Extraktionsgut befindliche Öl aus dem zu extrahierenden Feststoff herausgelöst. Das verdrängte Gemisch aus Lösemittel und Öl wird aufgefangen und auf einen Bereich des Extrakteurs aufgegeben, in dem sich Extraktionsgut mit einem relativ höheren Ölanteil be-

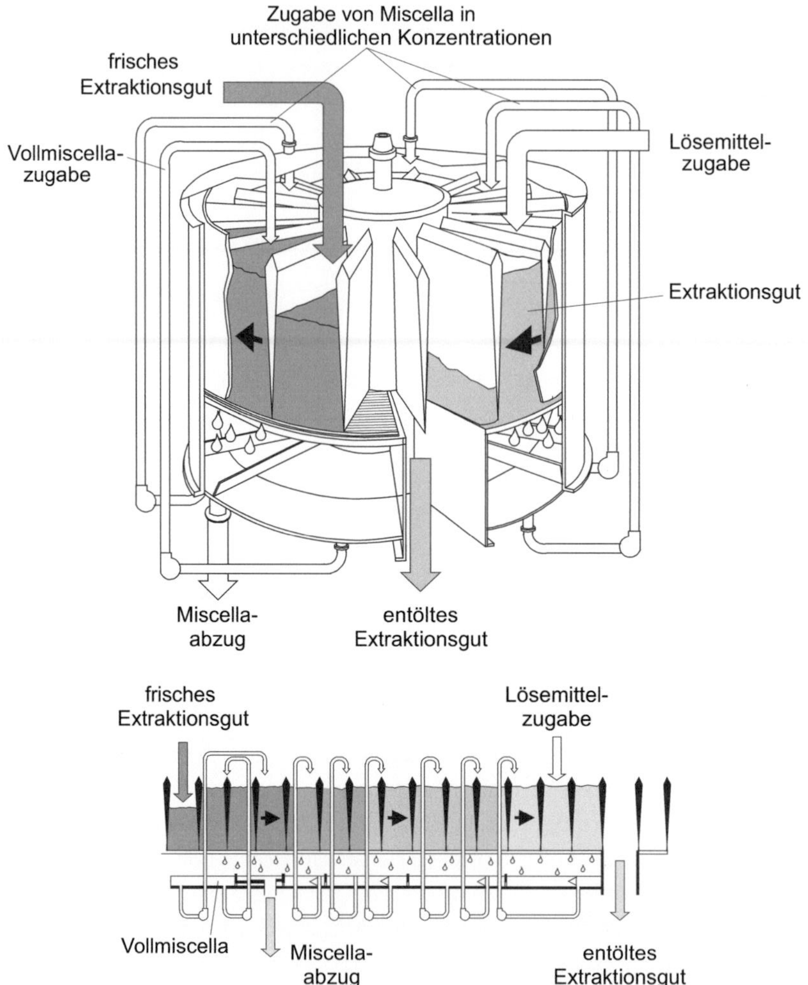

Abb. 7.20 Karussellextrakteur (Aufbau (oben) und realisiertes Gegenstromprinzip (unten)) (nach [7.23])

findet (d. h. im Gegenstrom). Dort wird wieder die vorhandene ölreichere Miscella durch das ölärmere Lösemittel verdrängt und dabei erneut Öl aus dem Extraktionsgut herausgelöst – und anschließend an einer noch ölreicheren Stelle wieder auf das Extraktionsgut aufgegeben.

Auf diese Weise wird die Miscella in entgegengesetzter Richtung zum Extraktionsgut immer höher aufkonzentriert (d. h., das Hexan weist einen immer höheren Ölanteil auf). Durch eine kontinuierliche Zugabe von Lösemittel und den Abzug der mit Öl stark angereicherten Miscella ergibt sich ein konstanter Flüssigkeitsstrom.

Dieser generell realisierte Gegenstrom wird in den einzelnen Extraktionsstufen von einem Kreuzstrom überlagert, indem die Miscella innerhalb der jeweiligen Extraktionsstufe über das Extraktionsgutbett rezirkuliert wird.

Dieses Gegenstromverfahren endet vor den Austrittsstellen des nahezu vollständig entölten Presskuchens / Pressrückstands (d. h. des Extraktionsschrotes) und der Miscella. Hier durchläuft das (nahezu ölfreie) Schrot (d. h. die nahezu vollständig entölte Ölsaat) vor dem Austritt eine Abtropfzone, in der kein weiteres Lösemittel mehr zugeführt wird; wesentliche Anteile des im Extraktionsgut befindlichen Lösemittels können dadurch abtropfen. Auch wird die mit Öl maximal angereicherte Miscella, bevor sie den Extrakteur verlässt und dann weiter aufgearbeitet wird, ausnahmsweise nicht im Gegen-, sondern im Gleichstrom durch das Feststoffbett geführt. Dadurch werden die Feststoffanteile in der Miscella reduziert, da sie so zum Schluss in einen Bereich gelangen, der zuvor schon von Miscella durchlaufen und dessen Verunreinigungen damit bereits weitgehend ausgewaschen wurden. Durch derartige Maßnahmen kann der Aufwand für die nachfolgenden Aufarbeitungsschritte verringert werden.

Gleitzellenextrakteur. Beim Gleitzellenextrakteur, einem weiteren in Ölmühlen eingesetzten Extraktionsapparat, wird das aufbereitete Extraktionsgut durch einen Einfüllstutzen eingebracht, der gleichzeitig einen Luftabschluss sicherstellen soll. Die entsprechend konditionierte Ölsaat bewegt sich dann in den Gleitzellen entgegen dem Uhrzeigersinn durch den Extrakteur (Abb. 7.21). Nach dem Durchlaufen der oberen Ebene fällt das Extraktionsgut in Zellen, die sich auf der unteren Ebene befinden (Abb. 7.21). Dabei kommt es zu einer erwünschten Umschichtung des teilweise extrahierten Materials. Nach dem Durchlaufen der unteren Ebene fällt das nahezu ölfreie Extraktionsgut dann durch eine Auslassöffnung und kann der nachfolgenden Lösemittelabtrennung zugeführt werden.

Das Lösemittel wird – wie beim Karussellextrakteur – im Gegenstrom zu dem Extraktionsgut geführt. Auch hier wird sichergestellt, dass das Lösemittel aus dem entölten Material vor dessen Transport zur Lösemittelabscheidung (d. h. Schrot-Entbenzinierung) weitgehend abtropfen konnte.

Miscella-Destillation. Die Miscella wird nach der Extraktion zunächst durch Blattfilter oder Hydrozyklone gereinigt; d. h., mitgerissene Saatteilchen (Trub) werden entfernt. Anschließend muss der gereinigten Miscella noch das Lösemittel entzogen werden, um das Pflanzenöl in Reinform zu gewinnen und das Lösemittel zurückzugewinnen (und damit

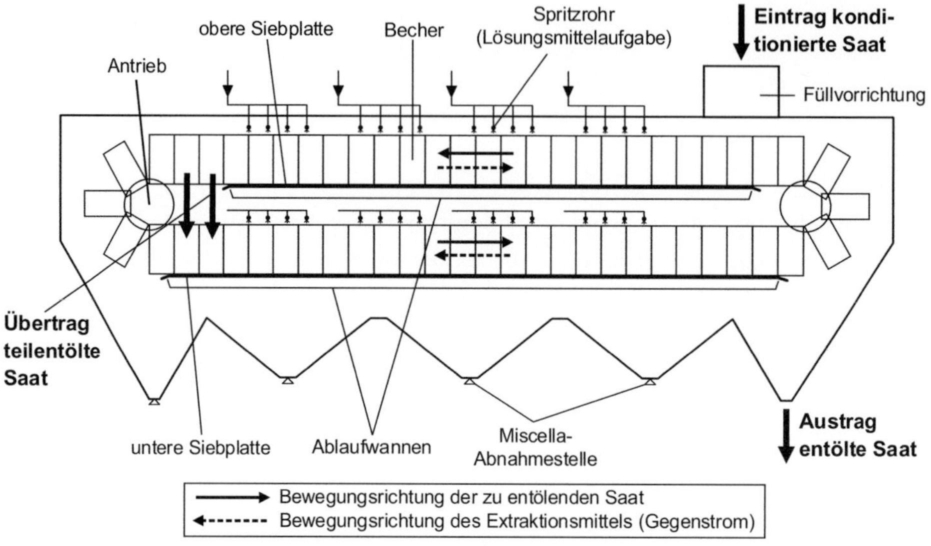

Abb. 7.21 Prinzip eines Gleitzellenextrakteurs

recyclen zu können). Da das Lösemittel einen niedrigeren Siedepunkt als das Extraktionsöl hat, verwendet man üblicherweise eine mehrstufige Destillation zur Trennung von Öl und Hexan.

Zur Voreindampfung auf bis zu 94 % Ölgehalt werden z. B. Umlaufverdampfer eingesetzt. Danach kommt ein mit Dampf beheizter Verdampfer zum Einsatz, der wie der Vorverdampfer unter Unterdruck (< 0,6 bar) betrieben wird; hier ist ein Ölgehalt von 98 % erreichbar. Die zugeführte Wärme lässt das Lösemittel verdampfen; es entweicht nach oben und gelangt in einen Kondensator; dort wird es verflüssigt und danach dem Extrakteur wieder zugeführt. Das aufkonzentrierte Öl wird aus dem Verdampfer unten abgezogen. Abbildung 7.22 zeigt exemplarisch eine entsprechende Umsetzung eines derartigen Verfahrensablaufs.

Die Endeindampfung geschieht überwiegend mit Dünnschichtverdampfern oder Stripperkolonnen. Anders als bei der Voreindampfung wird jetzt Wasserdampf von unten in die Apparatur eingeblasen; er strömt der nach unten fließenden Miscella entgegen und treibt dabei das Lösemittel aus. Sowohl Dünnschichtverdampfer als auch Stripperkolonnen arbeiten bei einem verminderten Druck.

Das Rohöl darf danach noch maximal 300 ppm Lösemittel enthalten [7.22]; in der Praxis wird dieser Wert aber deutlich unterschritten.

Die an verschiedenen Stellen der Extraktion anfallenden hexanhaltigen Dämpfe (Brüden) werden in entsprechenden Kondensatoren verflüssigt und einem Hexan-Wasser-Scheider zugeführt. Dort und im nachfolgenden Auskocher wird das Hexan vom Wasser abgetrennt und schließlich wieder im Extrakteur als Lösemittel verwendet. Die Apparateabluft wird durch eine Absorption geleitet, in der die noch mitgeführten Lösemittelreste in einem Paraffinölsystem absorbiert und zurückgewonnen werden.

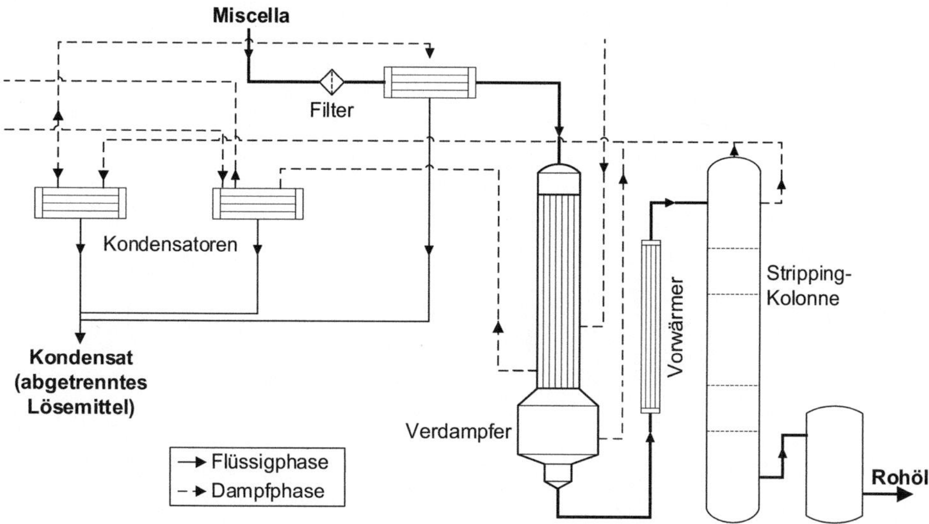

Abb. 7.22 Exemplarischer Verfahrensablauf zur Abtrennung des Lösemittels aus dem Pflanzenöl

Schrot-Entbenzinierung. Um das Extraktionsschrot einer weiteren Verwendung z. B. als Futtermittel zuführen zu können, muss ihm ebenfalls zunächst weitestgehend das Lösemittel entzogen werden. Beispielsweise darf Rapsextraktionsschrot maximal 500 ppm [7.22] Lösemittel enthalten; dies liegt u. a. darin begründet, dass höhere Gehalte in Lagerräumen oder beim Transport zu explosionsfähigen Hexan-Luft-Gemischen führen könnten. In der Praxis wird das Schrot mit einem Anteil von 100 bis 300 ppm Hexan verkauft [7.22].

Bei der Nutzung des Schrotes als Futtermittel erfolgt der Entzug des Lösemittels z. B. in einem sogenannten Desolventizer-Toaster. Es handelt sich dabei um einen Apparat mit mehreren übereinanderliegenden beheizten Böden, die das Schrot von oben nach unten durchläuft. Im Gegenstrom zum Extraktionsschrot wird Wasserdampf durch den Apparat geleitet, mit dem das im Schrot noch enthaltene Lösemittel ausgetrieben wird. Gegen Ende des Prozesses wird das Schrot zusätzlich bei einem Wassergehalt von mehr als 15 % auf über 105 °C erhitzt, um verdauungshemmende oder andere unerwünschte Stoffe zu zerstören. Abbildung 7.23 zeigt schematisch einen derartigen Desolventizer-Toaster.

Das Extraktionsschrot wird anschließend durch eine mit Luft durchgeführte Trocknung und Kühlung auf den erforderlichen Wassergehalt eingestellt und – falls erforderlich – gemahlen oder pelletiert. Es steht nun für eine weitere Verwendung zur Verfügung (z. B. Einsatz als Futtermittel). Das abgetrennte Hexan wird wieder zum Extrakteur zurückgeführt.

Abbildung 7.24 zeigt exemplarisch den gesamten Ablauf einer derartigen Extraktionsschrot-Entbenzinierung; außerdem zeigt die Darstellung exemplarisch Temperaturen und Verweilzeiten.

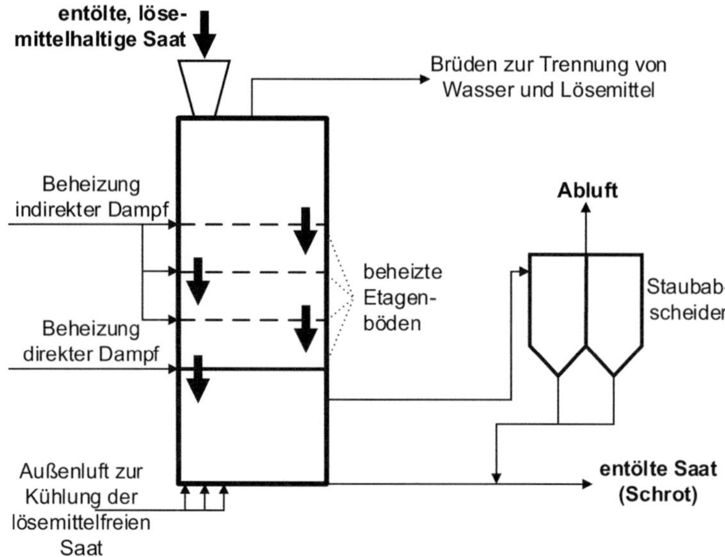

Abb. 7.23 Exemplarischer verfahrenstechnischer Ablauf zur Abtrennung des Lösemittels aus der entölten Saat

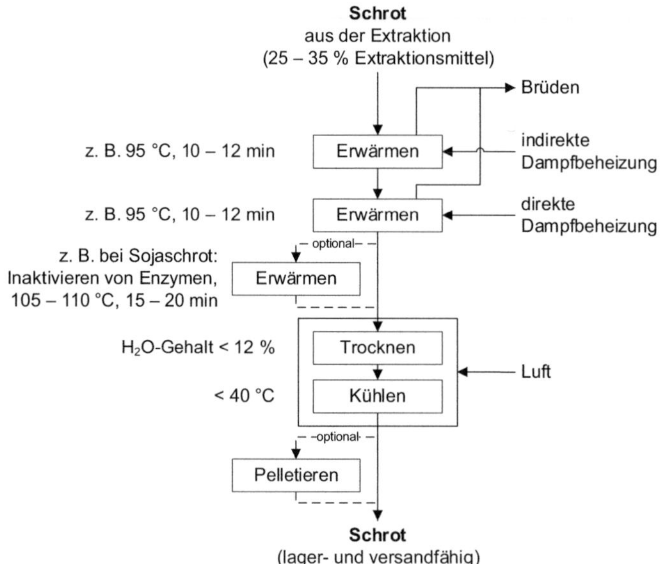

Abb. 7.24 Verfahrenstechnische Kenngrößen der Schrot-Entbenzinierung (nach [7.4])

In einigen Anlagen sind Trocknung und Kühlung im Desolventizer-Toaster integriert. Hier wird in der Trocknungs- bzw. Kühlungszone Heiß- bzw. Kaltluft durch das Schrotbett geblasen; dadurch wird Feuchtigkeit bzw. Wärme abgeführt. Auch sind im Vergleich zum herkömmlichen Vorgehen nicht zwei Apparate notwendig, sondern nur einer. Dadurch fallen die Förderelemente für den Transport des Schrotes zwischen den verschiedenen Anlagenbestandteilen weg und der Dampfverbrauch ist durch eine weitgehende Ausnutzung der im Schrot vorhandenen Wärme geringer.

7.1.4 Ölreinigung

Unter der Ölreinigung ist die Entfernung von festen Verunreinigungen (hauptsächlich Samenbestandteile; Trub) aus dem Öl zu verstehen (Fest / Flüssig-Trennung). Dies ist u. a. deshalb notwendig, da bestimmte Samenbestandteile Enzyme enthalten können, die bei der Keimung den Abbau der Triglyceride ermöglichen. Ein hoher Anteil an entsprechenden Samenbestandteilen in Pflanzenölen birgt deshalb die Gefahr einer vorzeitigen Ölalterung. Zusätzlich können Verunreinigungen im Öl beispielsweise bei einer späteren Nutzung als Kraftstoff zu Filterverstopfungen oder zu einem abrasiven Verschleiß an Werkstoffen führen.

Für die Fest / Flüssig-Trennung wichtige physikalische Kenngrößen der flüssigen Phase sind die kinematische Viskosität und die Dichte. Die feste Phase (im Öl suspendierte Partikel) lässt sich durch ihre Menge, Form, Größenverteilung und Dichte beschreiben. Diese Eigenschaften der zu reinigenden Ölsuspension und die Ansprüche an die Effektivität des Verfahrens der Fest / Flüssig-Trennung bestimmen die Auswahl des Trennverfahrens.

Die festen Rückstände im Öl werden üblicherweise in einer Hauptreinigung (d. h. Grobklärung) und einer anschließenden Sicherheitsfiltration (d. h. Endfiltration) abgeschieden. Dabei sollten bei der Hauptreinigung die Feststoffe bereits möglichst vollständig entfernt werden. Die Sicherheitsfiltration hat i. Allg. nur die Aufgabe, Störungen bei der Hauptreinigung anzuzeigen und die angestrebte Reinheit sicherzustellen.

Die üblicherweise bei der Hauptreinigung von Pflanzenölen eingesetzten Verfahren sind die Sedimentation, die Filtration [7.24], [7.25] und die Zentrifugation. Sedimentationsverfahren werden dabei aufgrund des hohen Raumbedarfs nur bei Ölpressen mit Verarbeitungskapazitäten bis ca. 50 kg/h Ölsaat eingesetzt. Bei der Sicherheitsfiltration werden ausschließlich Filtrationsverfahren eingesetzt.

Abbildung 7.25 zeigt eine Systematik der verfahrenstechnischen Optionen für die Fest / Flüssig-Trennung von mit Saatkomponenten kontaminierten Pflanzenölen. Demnach ist eine Abtrennung der Samenteile aus dem Öl mittels einer Sedimentation im Erdschwerefeld (d. h., infolge der Erdanziehung setzen sich im Laufe der Zeit die (schwereren) Saatteilchen ab und das reine (leichtere) Öl sammelt sich darüber an) bzw. im Zentrifugalfeld (d. h., durch das Anlegen eines Zentrifugalfeldes kann eine größere Kraft auf die abzutrennenden Komponenten ausgeübt und dadurch die Abtrennung – im Vergleich zum Erdschwerefeld – beschleunigt werden) möglich. Alternativ und / oder zusätzlich dazu ist

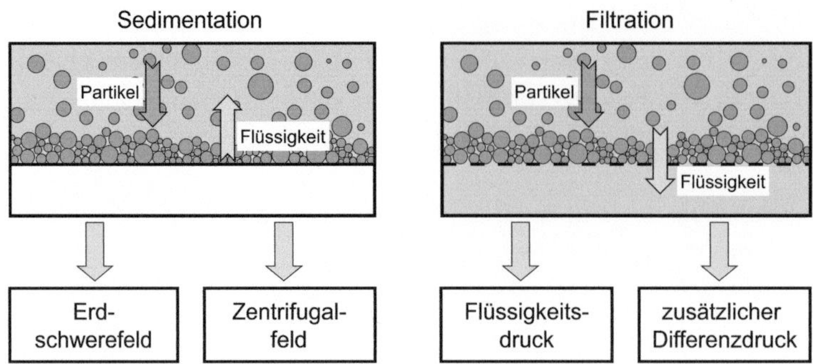

Abb. 7.25 Stoffflüsse bei der Ölpressung (nach [7.3], stark verändert)

eine Filtration möglich. Im einfachsten Fall kann dies allein durch den Druck infolge der Flüssigkeitssäule über dem Filter realisiert werden. Um die Filtrationszeiten zu verkürzen, kann einerseits das zu filternde Edukt unter einen zusätzlichen (Über-)Druck gesetzt und / oder auf der Produktseite (hier: der Reinölseite) ein Unterdruck angelegt werden. Nachfolgend werden entsprechende technische Lösungen speziell für die Reinigung von Pflanzenölen diskutiert.

Sedimentationsverfahren zur Hauptreinigung. Sedimentationsverfahren nutzen den Dichteunterschied zwischen der Flüssigkeit und den abzutrennenden Feststoffen (hier: Samenteilchen). Das Sedimentationsverhalten wird damit u. a. beeinflusst durch die Dichtedifferenz, die Partikelgröße und -form, die Viskosität der Flüssigkeit und die Wechselwirkungen zwischen den Partikeln und der flüssigen Phase. Nachfolgend werden technische Lösungen einer Sedimentation im Erdschwerefeld und einer Sedimentation im Zentrifugalfeld diskutiert. Wesentlich ist, dass Sedimentationsverfahren im Erdschwerefeld aufgrund des großen Platzbedarfs (sehr langsame Abtrennung) aus ökonomischen Gründen nur bei vergleichsweise kleinen Ölmengen eingesetzt werden können.

Sedimentation im Erdschwerefeld. Bei kleinen Ölsaatenverarbeitungsanlagen kann das Öl durch eine Sedimentation im Erdschwerefeld gereinigt werden. Dabei werden diskontinuierliche (Batch-Verfahren) und kontinuierliche Sedimentationsverfahren unterschieden.

Bei der diskontinuierlichen Sedimentation werden einzelne Behälter mit zumeist mehreren Hundert Liter Fassungsvermögen mit Truböl befüllt und die Partikel sedimentieren oft über einen Zeitraum von mehreren Wochen (Abb. 7.26). Die geklärte Flüssigkeit wird durch eine sogenannte Schwimmabsaugung wenige Zentimeter unter dem Flüssigkeitsspiegel entnommen, um Partikel mit geringerer Dichte als die Flüssigkeit nicht mit zu entfernen. Die Entnahme des Sediments erfolgt manuell.

Bei der kontinuierlichen Sedimentation erfolgen die Zugabe der Suspension, die Entnahme der geklärten Flüssigkeit und die Entfernung der aufkonzentrierten Feststoffe zeitgleich [7.25]. Dabei durchströmt das Truböl beispielsweise vier Absetzbehälter, die über Rohrverbindungen miteinander kommunizieren. Der zweite, dritte und vierte Absetzbe-

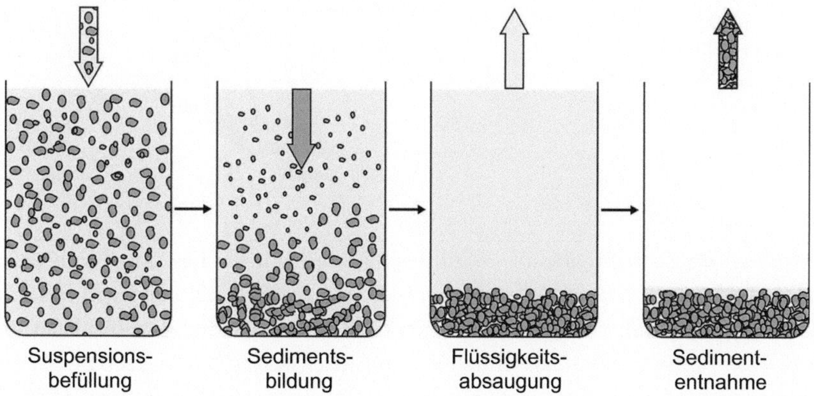

Abb. 7.26 Diskontinuierliche, kleintechnische Sedimentation im Erdschwerefeld (nach [7.3], verändert)

hälter bei diesem Beispiel wird jeweils vom Überlauf aus dem vorigen Behälter im unteren Bereich befüllt (Abb. 7.27). Das Sedimentationssystem sollte in Abhängigkeit der Verarbeitungskapazität der Ölpresse hinsichtlich seines Behältervolumens auf eine Ölverweilzeit von etwa vier Tagen ausgelegt sein. Ist das Sedimentationssystem nach der Startphase gefüllt, tritt das Ölvolumen, das der von der Presse zugeführten Menge Truböl entspricht, weitgehend gereinigt aus dem vierten Absetztank aus. Die sedimentierten Trubstoffe sammeln sich in den Abscheidebehältern an und können von dort mittels geeigneter Pumpen oder mithilfe von Druckluft entnommen werden. Während der Trubstoffentnahme werden die Absetztanks über Absperrventile von den Trubstoffabscheidetrichtern getrennt.

Da das mittels Sedimentation gereinigte Öl noch einen relativ hohen Anteil Partikel (bis zu 250 mg/kg Gesamtverschmutzung) enthält, müssen ein oder mehrere Filter mit definierter Porengröße (in der Regel etwa 1 µm) und ausreichendem Schmutzaufnahmevermögen, die die gewünschte Reinheit sicherstellen, nachgeschaltet werden.

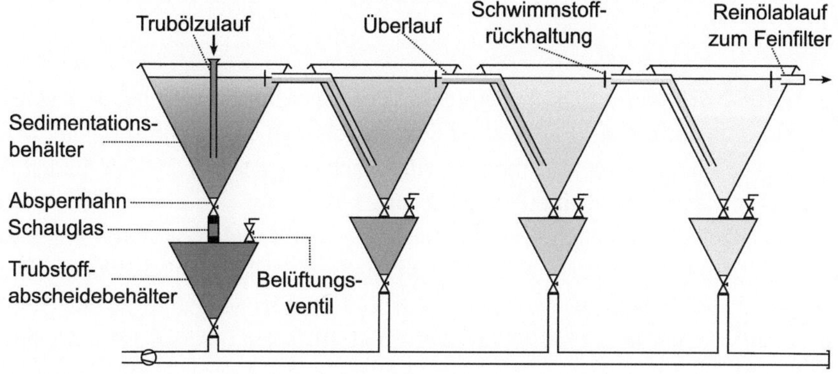

Abb. 7.27 Kontinuierliches, kleintechnisches Sedimentationssystem (nach [7.3], verändert)

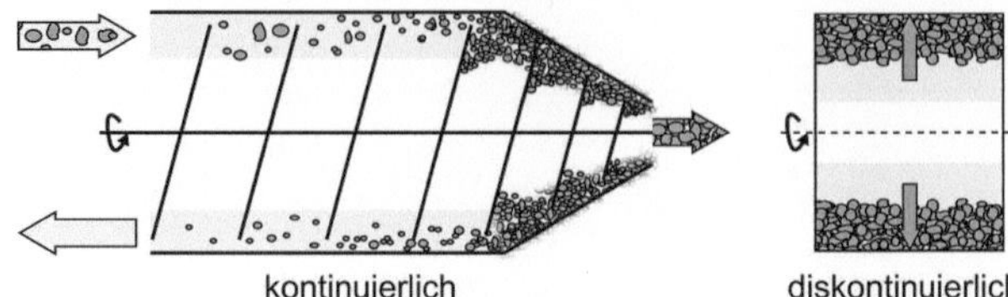

Abb. 7.28 Prinzip der diskontinuierlichen (rechts) und der kontinuierlichen Sedimentation (links) im Zentrifugalfeld (nach [7.3], verändert)

Sedimentation im Zentrifugalfeld. Wird das zu trennende Öl-Feststoff-Gemisch einem Zentrifugalfeld ausgesetzt, erhöht sich durch die auf die Partikel dann wirkende Zentrifugalkraft die Sinkgeschwindigkeit; damit verkürzt sich die Sedimentationsdauer im Vergleich zu einer Sedimentation ausschließlich im Erdschwerefeld. Eingesetzt werden dafür diskontinuierlich oder kontinuierlich betriebene Dekanter oder Separatoren (Abb. 7.28); meist kommen sie auch in Kombination zum Einsatz. Die Auswahl erfolgt in Abhängigkeit vom Feststoffgehalt und den Partikelgrößen.

Die mit einer derartigen kontinuierlichen oder diskontinuierlichen Sedimentation erreichbaren Abscheidegrade der Feststoffe aus dem jeweiligen Flüssigkeit-Feststoff-Gemisch hängt von Größe, Form und Dichte der Feststoffpartikel ab; größere Partikel sedimentieren schneller als kleinere und Partikel mit höherer Dichte setzen sich schneller ab im Vergleich zu solchen mit niedrigerer Dichte. Auch beeinflussen die Dichte und die Viskosität des flüssigen Mediums die Sedimentationsgeschwindigkeit. In Flüssigkeiten mit hoher Viskosität sedimentieren Feststoffteilchen langsamer als in Medien mit einer niedrigeren Viskosität.

Bei der kontinuierlichen Sedimentation wird das Zentrifugalfeld durch eine entsprechende Drehgeschwindigkeit des jeweiligen Apparates aufgebaut. Im Pflanzenöl enthaltene Saatteilchen mit größerer Dichte werden in einem derartigen Gerät nach außen geschleudert und dann durch die apparatetechnische Konstruktion nach unten bzw. oben oder ggf. auch zur Seite abgeleitet.

Filtrationsverfahren zur Hauptreinigung. Die zur Feststoffabscheidung eingesetzten Filtrationsverfahren sind vorrangig die kuchenbildende Filtration und die Tiefenfiltration [7.26].

Kuchenbildende Filtration. Die Feststoffe in der Suspension werden bei der kuchenbildenden Filtration unter der Wirkung eines Druckgefälles an einem porösen Filtermaterial (z. B. Gewebe, Vliese, Metallmembranen) zurückgehalten (Abb. 7.29). Sie bilden dabei Brücken und wachsen zu einem Filterkuchen an.

Um ein schnelles Verstopfen des Filtermaterials zu vermeiden, wird der Porendurchmesser des Filtermittels größer gewählt als der Durchmesser der Partikel, die zurückgehalten werden sollen. Deshalb gelangen zu Beginn des Filtrationsvorganges so lange Partikel in das Filtrat, bis sich über dem Filtermittel stabile Brücken aus den Feststoffpartikeln gebildet haben.

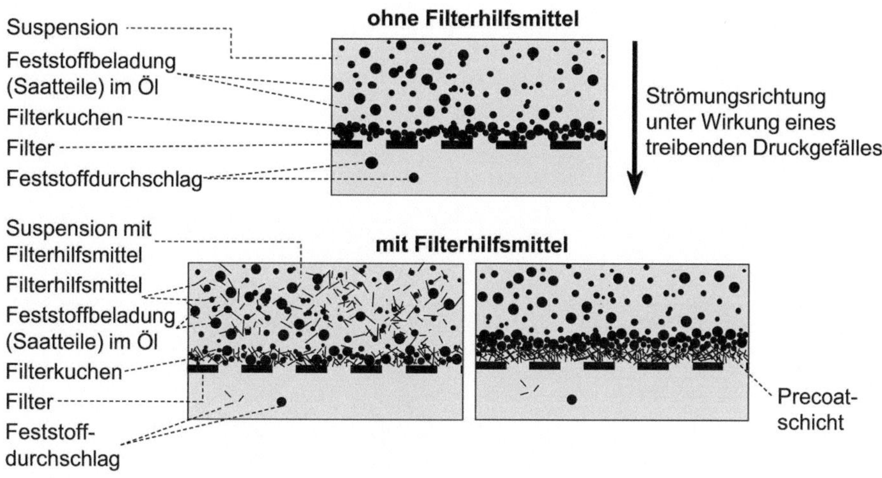

Abb. 7.29 Prinzip der kuchenbildenden Filtration (nach [7.27])

Das Rückhaltevermögen eines Filtermittels wird als absolute oder nominale Filterfeinheit angegeben.

- Die absolute Filterfeinheit nennt den Durchmesser der größten harten kugelförmigen Partikel, die das Filtermittel unter stationären Durchflussbedingungen passieren können.
- Die nominale Filterfeinheit gibt eine Partikelgröße an, die sich auf die Abscheidung von in der Regel 98 % der im Ausgangsmaterial vorhandenen Partikel bezieht.

Der Filterkuchen, der sich im Laufe des Filtrationsprozesses aufbaut, übernimmt dabei die Funktion des Filtermittels. Zur Verbesserung der Brückenbildung können Filterhilfsmittel (z. B. Cellulose) eingesetzt werden, die zuvor mit dem zu trennenden Flüssigkeit-Feststoff-Gemisch vermischt werden. Sind die Filterapparate mit zu engmaschigen Filtermitteln bestückt, müssen Drainage fördernde Filterhilfsmittel verwendet werden.

Kammer- und Rahmenfilterpressen, in denen dieses Prinzip technisch umgesetzt wird, bestehen aus parallel aufgehängten Filterplatten mit einem dazwischen eingespannten Filtermittel (Filtertücher). Das Filterplattenpaket wird zwischen einer festen und einer beweglichen Druckplatte meist hydraulisch zusammengespannt.

- Bei Rahmenfilterpressen wird der Raum für die Kuchenbildung durch den Hohlraum zwischen dem eingesetzten Rahmen und den ebenen Filterplatten erzeugt.
- Bei Kammerfilterpressen (Abb. 7.30) entsteht der Hohlraum durch eine beidseitige Vertiefung im Plattenkörper; Rahmen müssen deshalb nicht eingesetzt werden.

Die Zuführung des ungereinigten Öls (Truböl) erfolgt von der Stirnseite durch eine in der Plattenmitte durchgängige Bohrung, die beim Zusammenspannen einen Kanal bildet. Die

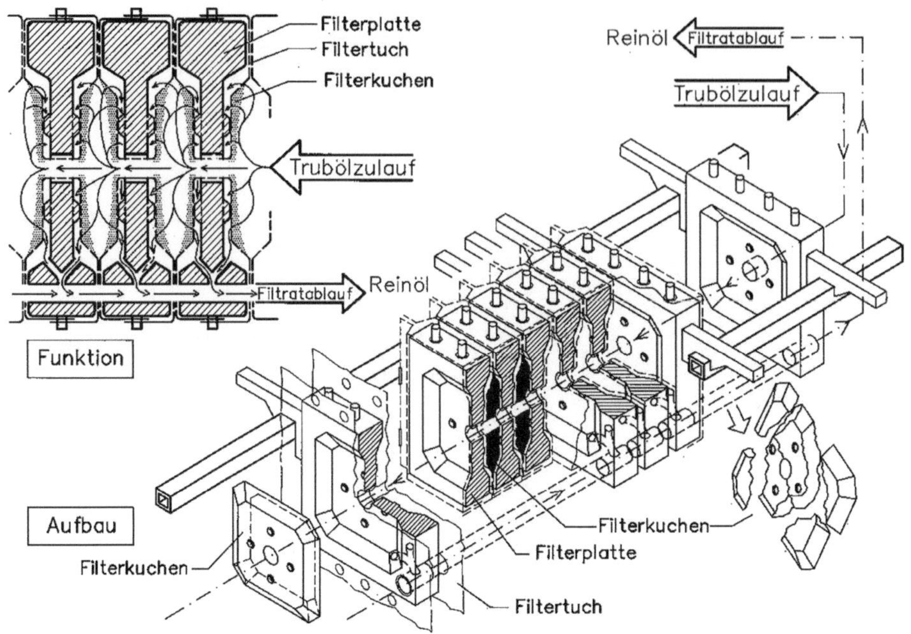

Abb. 7.30 Aufbau (unten rechts) und Funktion (oben links) einer Kammerfilterpresse

Oberflächen der Filterplatten sind genoppt, um einen Ablauf des Filtrats zu ermöglichen. Das Filtrat wird in einem weiteren, durch Bohrungen gebildeten Kanal oder in einer Rinne abgeführt.

Zur kuchenbildenden Filtration werden auch Vertikal-Druckplattenfilter und Vertikal-Druckkerzenfilter eingesetzt. Diese Filter bestehen aus einem Filtergehäuse, in dem zahlreiche Filterplatten oder kerzenförmige Filterelemente vertikal angeordnet sind. Beispielsweise werden bei einem Vertikal-Druckkerzenfilter (Abb. 7.31) die Filterelemente von außen nach innen vom Truböl durchströmt, bis sich ein Filterkuchen gebildet hat, der eine Filtration mit der angestrebten Reinheit ermöglicht. Ab diesem Zeitpunkt wird das Filtrat dann abgeleitet. Das Anschwemmen des Filterkuchens erfolgt druck- oder zeitgesteuert. Der für den Filtrationsprozess benötigte Flüssigkeitsdruck wird über eine Pumpe erzeugt. Am Ende des Filtrationsvorgangs wird der Filterkuchen dann mithilfe von Druckluft (Gasdifferenzdruck) getrocknet und durch Vibrationen oder durch Druckluft im Gegenstrom von der Filterkerze entfernt. Der dadurch erzeugte Filterkuchen hat einen Restölgehalt, der mit dem des Presskuchens / Pressrückstands näherungsweise vergleichbar ist.

Bei der Anschwemmfiltration wird vor dem eigentlichen Filtrationsvorgang eine Filterkuchenschicht oder Filterhilfsmittelschicht (Precoatschicht) auf dem Filter angeschwemmt (Abb. 7.29 und 7.32). Wurde nach diesem Anschwemmvorgang eine stabile Filterkuchenschicht aufgebaut, kann eine entsprechende Feststoff-Flüssigkeit-Trennung so lange realisiert werden, bis der Druckverlust in der Filterkuchenschicht zu groß wird.

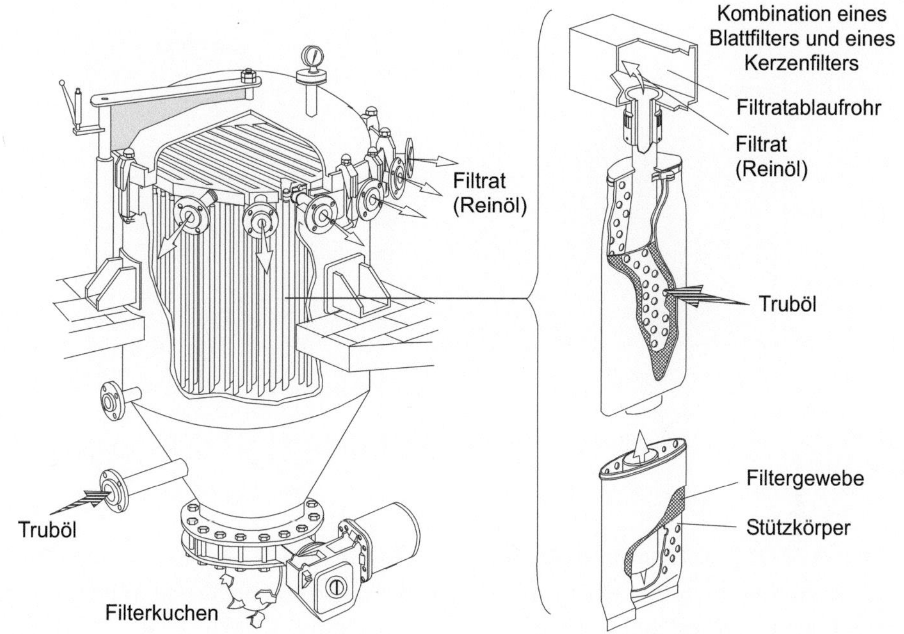

Abb. 7.31 Aufbau und Funktion eines Vertikal-Druckkerzenfilters (nach [7.28])

Abb. 7.32 Funktionsprinzip einer Anschwemmfiltration

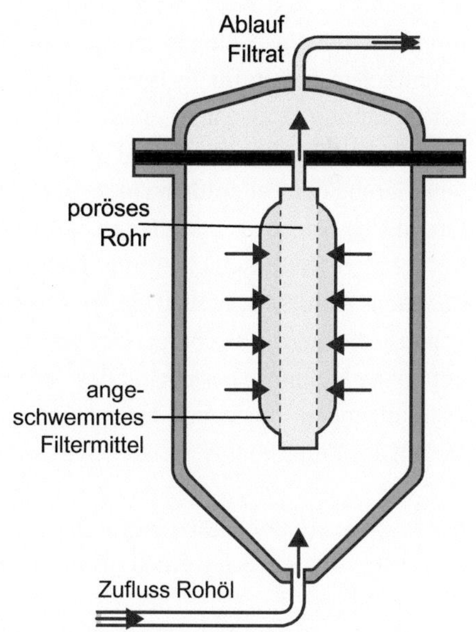

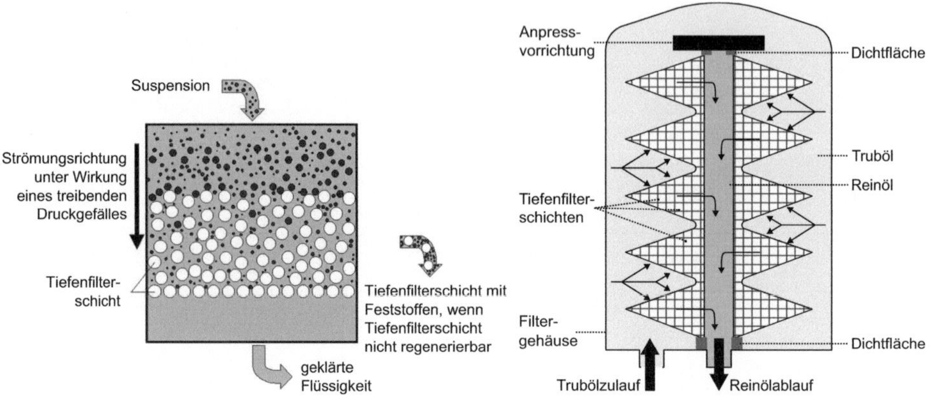

Abb. 7.33 Prinzip der Tiefenfiltration (links) und Schema einer technischen Umsetzung (rechts) (nach [7.27])

Dann wird der Filterkuchen abgereinigt und ein neuer Filterkuchen angeschwemmt. Diese Anschwemmfiltration ist im Übergangsbereich zwischen kuchenbildender Filtration und Tiefenfiltration anzusiedeln.

Tiefenfiltration. Bei der Tiefenfiltration (Abb. 7.33, links) werden – im Unterschied zu der bisher fast ausschließlich diskutierten Oberflächenfiltration – grobporige Filterhilfsmittelschichten eingesetzt, in deren Innerem sich die in der belasteten Flüssigkeit befindlichen Feststoffe festsetzen sollen. Die Tiefenfilterschichten können u. a. aus einer Schüttung (z. B. Sand), aus einer Precoatschicht bei der Anschwemmfiltration (z. B. Kieselgur) oder aus maschinell gefertigter Pappe (z. B. Zellstoff) bestehen. Da eine Regenerierung der Tiefenfilterschichten oft nicht möglich ist, werden diese, wenn die innere Oberfläche belegt ist bzw. die Druckdifferenz zu hoch wird, ausgetauscht [7.28].

Derartige Tiefenschichtenfilter können ähnlich aufgebaut werden wie Kerzenfilter (siehe unten; Abb. 7.33, rechts). Jedoch befinden sich hier anstelle der Filterkerze im Filtergehäuse die auswechselbaren Tiefenschichtenfiltermodule; sie können beispielsweise aus gepresster Cellulose bestehen. Diese Filtermodule werden von außen nach innen von dem zu reinigenden Pflanzenöl durchströmt; dabei werden die abzutrennenden Feststoffe im Innern des Filtermoduls zurückgehalten.

Filterapparate zur Endreinigung. Zur Endreinigung können Beutel- und Kerzenfilter eingesetzt werden. Sie werden nachfolgend beschrieben.

Beutelfilter. Beutelfilter (Abb. 7.34, links) sind einfach aufgebaute Filter, die zur Abtrennung großer Mengen an groben Partikeln oder zur Endfiltration (Sicherheitsfiltration) bei sehr geringen Feststoffkonzentrationen eingesetzt werden. Beutelfilter arbeiten mit einem durch eine Pumpe erzeugten Flüssigkeitsdruck. Das Filtermittel besteht häufig aus

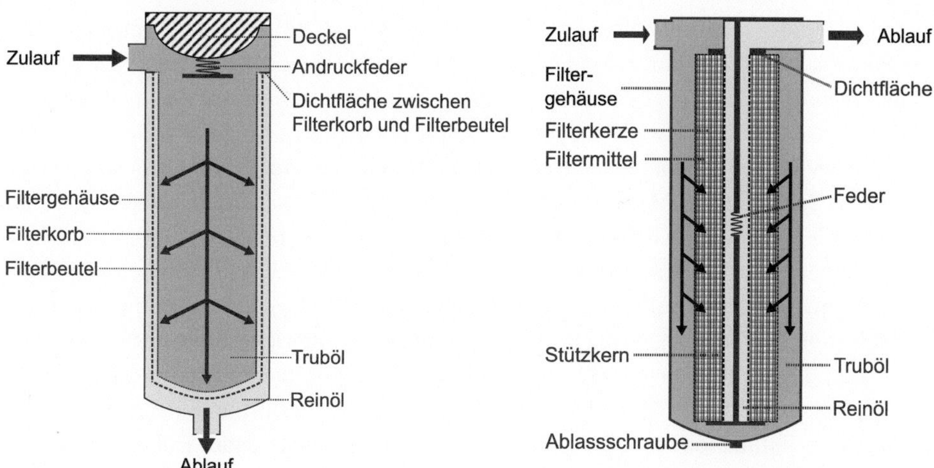

Abb. 7.34 Aufbau und Funktion eines Beutelfilters (links) und eines Einzelkerzenfilters (rechts) (nach [7.3])

Nadelvlies oder Mikrofaser. Es ist in Beutelform genäht oder verschweißt und wird in einen stützenden Filterkorb aus Drahtgewebe eingelegt. Das Truböl durchströmt den Filterbeutel von innen nach außen. Filtergehäuse für Beutelfilter werden in unterschiedlichen Bauformen angeboten [7.25], [7.29].

Kerzenfilter. Einzel- oder Mehrfachkerzenfilter bestehen aus dem Filtergehäuse und den eigentlichen Filterkerzen (Abb. 7.34, rechts), bei denen ein meist zylindrischer Stützkörper von einem Filtermittel umgeben ist. Als Filtermittel kommen z. B. natürliche und synthetische Fasern zum Einsatz. Die Filterkerze wird von außen nach innen vom Truböl durchströmt.

7.1.5 Ölraffination

Das aus Ölsaaten oder Ölfrüchten gewonnene Rohöl benötigt vor seiner Verwendung weitere Aufarbeitungsschritte. Bedingt durch Anbau, Lagerung, Transport und Gewinnung sind im Rohöl zum jetzigen Verarbeitungszustand meist noch unerwünschte Komponenten und Begleitstoffe enthalten, welche die Haltbarkeit des Pflanzenöls sowie seine Qualität beeinflussen und somit die Weiterverarbeitung / Nutzung erschweren können. Zu diesen Begleitstoffen gehören freie Fettsäuren, Aldehyde und Ketone, Farbstoffe, Pestizide, Phospholipide und Glycolipide, Metallionen und Schwermetalle, Wachse, Saatreste und Schmutzpartikel. Eine deshalb notwendige Aufbereitung des Rohöls zu einem vermarktbaren Fertigprodukt mit definierten Qualitätsmerkmalen wird als Raffination bezeichnet.

Da sich diese „Störkomponenten" in ihrem molekularen Aufbau stark unterscheiden, lassen sie sich nicht mit einem Trennverfahren allein entfernen; d. h., es bedarf der Kombination mehrerer in Reihe geschalteter Trennschritte. Diese orientieren sich an den Spezifika / Eigenschaften der jeweils abzutrennenden Komponenten; beispielsweise sind einige wasserlöslich (z. B. Phospholipide, verseifte Fettsäuren), andere lassen sich adsorptiv entfernen (z. B. Pigmente, Metalle), andere Komponenten können nach einem Abkühlen als Kristalle abgetrennt werden (z. B. Wachse) und wiederum andere sind leichtflüchtig (z. B. Ketone, Pestizide, freie Fettsäuren, Aromastoffe) und daher mit Wasserdampf herauszustrippen. Die Auswahl der entsprechenden Raffinationsprozessschritte (bzw. deren Kombination) sowie der jeweiligen Prozessparameter gewährleistet das Entfernen unerwünschter Begleitstoffe und das Erzielen definierter Fertigproduktqualitäten entsprechend der geplanten weiteren Verwendung. Der dabei gegebene Verlust an nutzbarer Ölmasse während der Raffination hängt maßgeblich von der im zu raffinierenden Rohöl enthaltenen Masse unerwünschter Begleitstoffe ab (vor allem vom Gehalt der freien Fettsäuren, dem Verschmutzungsgrad, dem Gehalt an Phospholipiden sowie dem Wassergehalt im Rohöl), aber auch von der Effizienz (Selektivität) der einzelnen Trennschritte. Neben den eigentlichen „Störkomponenten" wird oft auch etwas von den Triglyceriden mit abgetrennt. Bedingt durch weitere Ölausbeuteverluste während der einzelnen Raffinationsschritte ergibt sich ein Gesamtverlust der nutzbaren Ölmasse von etwa 4 bis 8 %.

Aus Sicht der Weiternutzung des Öls als Kraftstoff definiert die Art der nachfolgenden Modifizierungs- bzw. Weiterverarbeitungsprozesse einerseits oder die direkte Nutzung in Konversionsanlagen (z. B. Motor) andererseits die Anforderungen an den Raffinationsprozess. Deshalb müssen die jeweils zu realisierenden Raffinationsschritte auf das entsprechend angestrebte nachfolgende Nutzungskonzept abgestimmt werden. Beispielsweise erfordert eine Umesterung des Pflanzenöls mit Methanol zu Biodiesel je nach verwendetem Verfahrenskonzept eine andere Ölqualität als z. B. die katalytisch induzierte Weiterverarbeitung des Öls mit Wasserstoff zu HVO- (engl. Hydrotreated Vegetable Oil) oder HEFA-Kraftstoff (engl. Hydrogenated Esters and Fatty Acids) bzw. der direkte Einsatz des Pflanzenöls in Reinform oder als Zumischkomponente zu fossilem Rohöl in vorhandenen Raffinerien (d. h. Mitraffination). Insbesondere bei den beiden letzteren Optionen müssen im Zuge der Weiterverarbeitung die Stoffe entfernt werden, die die jeweils eingesetzten festen Katalysatoren inaktivieren (vergiften) würden (in der Regel die Elemente P, S, Cl, N und Metalle).

Die Grundprozesse der Pflanzenölraffination sind die Entschleimung, die Neutralisation, die Bleichung und die Desodorierung. Die Neutralisation zur Entfernung der freien Fettsäuren kann dabei destillativ oder „chemisch" durch die Zugabe von Lauge durchgeführt werden. Deshalb unterscheidet man auch zwischen der physikalischen und der chemischen Raffination.

- Die Vorteile der chemischen Raffination sind ein geringerer Energieeinsatz durch geringere Desodorierungstemperaturen sowie weniger unerwünschte Nebenreaktionen und der Erhalt der ernährungsphysiologisch wertvollen Ölbestandteile (u. a. Tocopherole) durch die geringere thermische Belastung des Öls. Zudem erfordert die chemische Raffination in der Regel geringere Investitionen.

- Die Vorteile der physikalischen Raffination sind die Vermeidung des Einsatzes von Lauge zum Entsäuern, die nicht notwendige Rückgewinnung der Fettsäuren durch Seifenspaltung und der geringere Einsatz von Prozesswasser – und damit verbunden auch der geringere Chemikalieneinsatz in der Abwasserbehandlung. Auch sind insbesondere bei hohen Gehalten an freien Fettsäuren die Verluste bei der physikalischen Raffination geringer.

Die Entscheidung, ein Pflanzenöl auf chemischem oder physikalischem Wege zu raffinieren, wird primär von den jeweiligen betriebsinternen wirtschaftlichen Kriterien bestimmt, die auch von Umweltaspekten sowie der entsprechenden Unternehmensphilosophie beeinflusst werden können. Dabei hat auch das Kriterium der schonenden Behandlung des Pflanzenöls sowie die Vermeidung unerwünschter Nebenreaktionen (u. a. Entstehung von Trans-Fettsäuren oder 3-MCPD-Fettsäureestern) Bedeutung. Hinzu kommt als weiteres Bewertungskriterium der Gehalt freier Fettsäuren im Rohöl, da bei einem geringen Anteil an freien Fettsäuren die chemische Raffination und bei einem hohen Gehalt die physikalische Raffination kostengünstiger ist. Die Grenze wird von den jeweils aktuellen Energie- und Chemikalienpreisen beeinflusst [7.4], [7.23], [7.30]–[7.33].

Chemische Raffination. Der chemische Raffinationsprozess setzt sich z. B. bei Rapsöl aus den Aufbereitungsstufen Entschleimung, Neutralisation, Bleichung und Desodorierung (Dämpfung) zusammen (Abb. 7.35). Wenn ein wachshaltiges Saatöl (z. B. Sonnenblumenöl) raffiniert werden soll, kommt als weitere Raffinationsstufe die Winterisierung hinzu.

Entschleimung. Bei der Entschleimung werden die in rohen Pflanzenölen vorhandenen Phospholipide (Lecithine), Glycolipide, freie Zucker und Metallionen entfernt. Diese

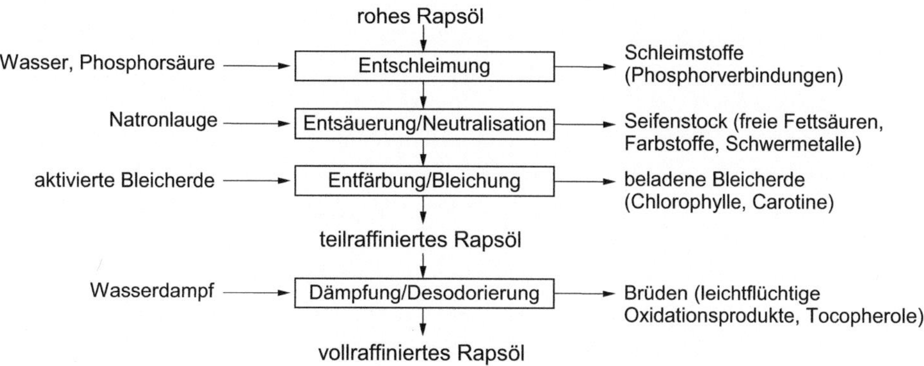

Abb. 7.35 Chemische Raffination am Beispiel von Rapsöl (nach [7.33])

Stoffe setzen die Oxidationsstabilität und somit die Haltbarkeit des Öls herab. In Bezug auf den Einsatz als Kraftstoff verursachen Phospholipide zudem durch ihre Hydratisierbarkeit (d. h. Quellen mit Wasser) Störungen durch Verstopfen von Kraftstofffiltern. Außerdem bewirken die in Phospholipiden enthaltenen Elemente Phosphor, Calcium und Magnesium Ablagerungen an Einspritzdüsen und im Verbrennungsraum sowie Wirkungsgradverluste an Katalysatoren und als Aschebildner Verstopfungen des Dieselpartikelfilters im Abgasnachbehandlungssystem [7.34]. Da Phospholipide als Emulgator wirken (also als Molekül eine „wasserliebende" und eine „wasserabstoßende" Seite haben), stört ihre Gegenwart die Effizienz / Durchführbarkeit der weiteren Raffinationsschritte. Deshalb werden diese Komponenten als Erste entfernt.

Bei den Phospholipiden wird zwischen hydratisierbaren und nicht hydratisierbaren Formen unterschieden. Die nicht hydratisierbaren Phospholipide entstehen durch eine enzymatische Reaktion von beschädigten Zellstrukturen der Saaten mit Phospholipasen. Diese Reaktion führt in Zusammenspiel mit Calcium- und Magnesium-Ionen zu komplexen Molekülen, die hierdurch ihre „wasserliebende" Seite einbüßen und sich deshalb nicht mehr durch Wasser herauswaschen lassen (d. h., sie sind nicht hydratisierbar).

Für die Entschleimung stehen verschiedene Verfahren zur Verfügung. Die Verfahrensauswahl wird vorrangig vom Gesamtgehalt an Phospholipiden und dem Gehalt an nicht hydratisierbaren Phospholipden bestimmt. Wichtige Entschleimungsverfahren sind die Wasserentschleimung, die Säureentschleimung und die enzymatische Entschleimung sowie die jeweiligen Weiterentwicklungen.

Wasserentschleimung. Die Wasserentschleimung eignet sich nur zur Abtrennung der hydratisierbaren Bestandteile sowie nur zur Behandlung von Saatölen, da Fruchtfleischöle bereits während ihres Wachstums und Reifens, aber auch im Prozess der Ölgewinnung in Kontakt mit dem Wasseranteil im Fruchtfleisch standen und somit kaum noch hydratisierbare Bestandteile haben. Aber auch Glycolipide und freie Zucker können beispielsweise mit Wasser entfernt werden. Dieses Verfahren dient typischerweise als Vorreinigungsstufe bei der Herstellung von Saatölen.

Bei einer derartigen Wasserentschleimung werden Öl und 2 bis 4 % Wasser intensiv vermischt. Nach einer Verweilzeit von etwa 15 min werden dann die hydratisierten Bestandteile mit Zentrifugen abgetrennt (Abb. 7.36). Dadurch können z. B. beim Sojaöl Phosphorgehalte unter 200 mg/kg und beim Rapsöl unter 300 mg/kg erreicht werden. Aus dem Phosphorgehalt kann auch der Gehalt an Phospholipiden bestimmt werden, indem dieser mit einem Faktor 25 bis 30 multipliziert wird. Ein Phosphorgehalt von 200 mg/kg bedeutet demnach einen Phospholipidgehalt von 5 bis 6 g/kg.

Die abgetrennten Schleimstoffe können danach durch einen Trocknungsprozess zu einem Rohlecithin verarbeitet werden, das in vielen Bereichen Verwendung finden kann. Oft werden die Schleimstoffe auch dem entölten Feststoff (d. h. dem Schrot) zugegeben und damit als Futtermittel eingesetzt. Dies geschieht in der Toasterstufe, also vor der Trocknungs- und Kühlstufe.

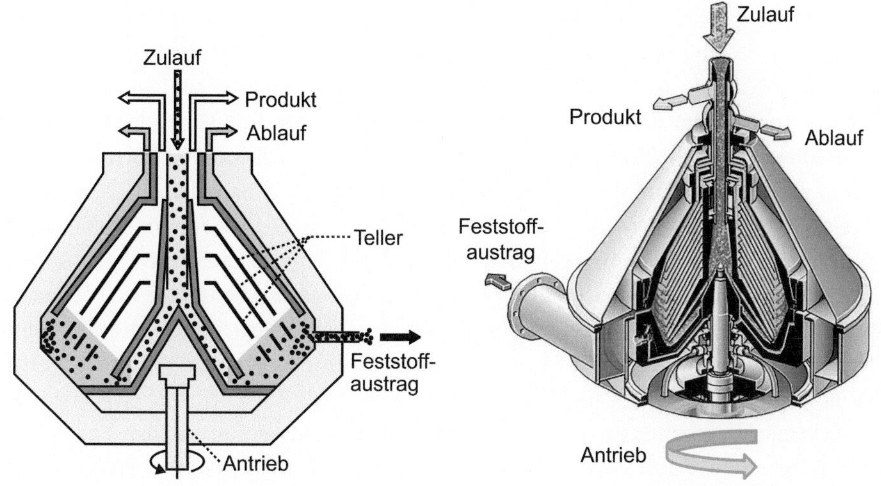

Abb. 7.36 Zentrifuge bzw. Tellerseparator zur Abtrennung von hydratisierten Schleimstoffen (Funktionsprinzip (links) und Beispiel für eine technische Realisierung (rechts)) (nach [7.35] (rechts) bzw. nach [7.36] (links), verändert)

Säureentschleimung. Die Säureentschleimung ist ein Vollentschleimungsverfahren und heute noch eines der wichtigsten Verfahren zur Entschleimung.

Als Säure wird Phosphor- oder Zitronensäure eingesetzt. Die jeweilige Säure zerstört die Magnesium- und Calcium-Komplexe und ermöglicht dadurch die Hydratisierung der zuvor nicht hydratisierbaren Phospholipide. Durch einen intensiven Mischvorgang wird die Säure im Öl feinstverteilt und dadurch wirksam. Anschließend wird dem Öl-Säure-Gemisch Natronlauge zugegeben. Dadurch werden die Phospholipide neutralisiert und in Natriumsalze umgewandelt. Diese agglomerieren und lassen sich nach einer Verweilzeit von rund 20 min mit Zentrifugen einfach abtrennen. Eine anschließende Waschung des Öls und eine Abtrennung des Waschwassers führen zu Phosphorgehalten unter 20 mg/kg im Öl. Im Prozess der physikalischen Raffination entfällt die Zugabe von Natronlage und somit die Reaktion zu Natriumsalzen. Die hydratisierten Phospholipide werden hier mittels einer Zentrifuge mit der wässrigen Phase abgetrennt.

Enzymatische Entschleimung. Die enzymatische Entschleimung benötigt neben der Phosphor- oder Zitronensäure zusätzlich ein Enzym, das zum partiellen Abbau von Phospholipiden geeignet ist. Durch diesen biochemischen bzw. enzymatischen Abbau werden die Phospholipide in einen hydrophilen und einen lipophilen Rest gespalten. Der lipophile Rest verbleibt in der Ölphase; der hydrophile Rest und das Enzym können nach einer derartigen Behandlung mit Zentrifugen abgetrennt werden. Mit diesem Verfahren werden Phosphorwerte unter 10 mg/kg sicher erreicht. Ein Vorteil ist eine höhere Ölausbeute; demgegenüber entfällt die Möglichkeit, Rohlecithin zu gewinnen.

Entsäuerung / Neutralisation. Die Entsäuerung oder Neutralisation der chemischen Raffination beinhaltet die Entfernung der im Rohöl enthaltenen freien Fettsäuren mittels einer chemischen Reaktion (d. h. mittels einer Verseifung mit einer Alkalilauge). Die freien Fettsäuren (engl. Free Fatty Acids, FFA) werden dabei aus dem Öl entfernt, da sie die Ölhaltbarkeit negativ beeinflussen und einen ranzigen Ölgeschmack hervorrufen können. Der Gehalt freier Fettsäuren im Rohöl variiert von unter 0,5 % bis zu über 8 %.

Freie Fettsäuren entstehen durch eine enzymatische und / oder eine mikrobiologische Hydrolyse der Triglyceride in Verbindung mit Oxidationsprozessen. Diese Prozesse finden in Fruchtfleischölen bereits während der Reife statt. Demgegenüber setzen sie bei Saatölen erst nach der Ernte ein. Diese Bildung freier Fettsäuren endet erst mit der Raffination des Rohöls. Da die Entfernung der freien Fettsäuren einen erheblichen Teil der Ölverluste während der Raffination ausmacht, sollte die Behandlung der Ölfrüchte / Ölsaaten (d. h. deren gesamte Verarbeitungswege von der Ernte über die Lagerung und den Transport bis hin zur Behandlung des Rohöls) so schonend wie möglich durchgeführt werden.

Die alkalische Neutralisation der Öle findet fast ausschließlich kontinuierlich statt. Bei diesem normalerweise mehrstufigen Verfahren wird eine schwach alkalische Lauge (z. B. eine 14 bis 20 %ige Natronlauge) in der erforderlichen Menge in den Ölstrom gegeben. Anschließend wird die entstehende Seife mithilfe einer ersten Zentrifuge abgetrennt (Abb. 7.37). Bei Bedarf, beispielsweise bei stark schleimhaltigen Ölen, kann sich dieser Schritt wiederholen.

In der Folge wird Wasser zum Auswaschen der Seife aus dem Öl zugegeben und über eine zweite (bzw. dritte) Zentrifuge wieder abgetrennt (Abb. 7.37). Während dieser Abtrennung der wässrigen Phase werden zugleich Metallionen sowie wasserlösliche Farbstoffe entfernt.

Die Zentrifugen trennen das Öl aufgrund von Dichteunterschieden in der Ölphase in eine wässrige sowie eine Feststoffphase auf. Die wässrige Phase wird kontinuierlich in

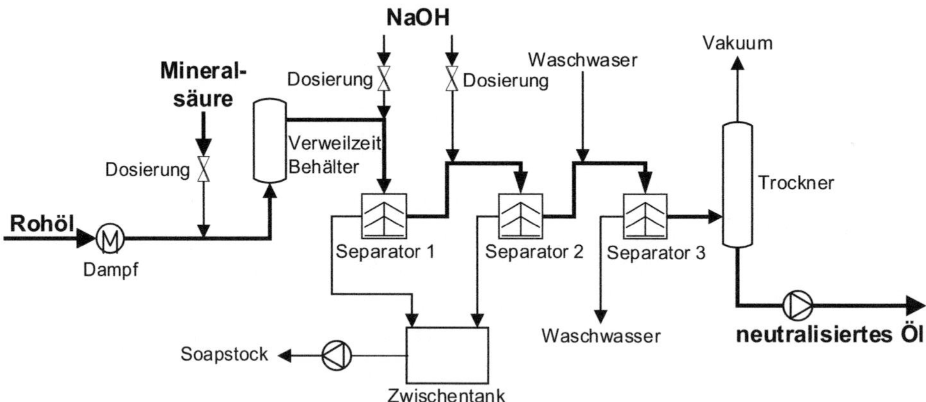

Abb. 7.37 Beispiel für den Verfahrensablauf einer Neutralisation

die sich an den Prozess anschließende Seifenspaltung abgeführt. Die feste Phase wird diskontinuierlich in Form eines Entleerungsschrittes der Zentrifuge abgezogen. In der Pflanzenölraffination kommen vorrangig Tellerseparatoren zum Einsatz.

Selbstaustragende Tellerseparatoren (Abb. 7.36) erlauben eine teilkontinuierliche (quasikontinuierliche) Feststoffabführung; d. h., der im Trommelraum durch die Zentrifugalkraft abgeschleuderte Feststoff kann periodisch ausgetragen werden, ohne dass der Tellerseparator angehalten werden muss. Dazu wird der untere Teil des doppelkonischen Feststoffraumes hydraulisch abgesenkt. Die Folge ist, dass sich ein Ringspalt öffnet, durch den die abgetrennten festen Komponenten dann bei voller Drehzahl ausgestoßen werden können. Derartige selbstreinigende Tellerseparatoren (Hochgeschwindigkeitsseparatoren) sind für mittlere Feststoffgehalte in der zulaufenden Suspension geeignet; als grober Richtwert gilt i. Allg. bis ca. 10 Vol.-% Feststoff.

Der Gehalt freier Fettsäuren kann während der Entsäuerung auf 0,05 % reduziert werden. Die bei diesem Prozess anfallende Seife wird in der anschließenden Seifenspaltung mit Schwefelsäure kontinuierlich wieder in die entsprechenden Fettsäuren aufgespalten, die dann als Rohstoff an die weiterverarbeitende Industrie (z. B. zur Biodieselherstellung) abgegeben werden können.

Als alkalisches Medium wird fast ausschließlich Natronlauge zur Neutralisation eingesetzt; es sind aber auch schon Anwendungen mit Kalilauge und Ammoniak erfolgreich durchgeführt worden. Zu den Methoden der chemischen Entsäuerung gehört ebenfalls die Rückveresterung der freien Fettsäuren mit Glycerin.

Während der Entsäuerung kommt es zu Verlusten an Öl (Neutralölverluste), da bei der Neutralisation mit Laugen die Verseifung eines kleinen Teils der Glyceride eine unvermeidbare Nebenreaktion darstellt. Die dadurch bedingten Verluste sind abhängig von der Konzentration der verwendeten Lauge. Schwächere alkalische Lösungen greifen das Neutralöl weniger an als stärkere. Zusätzlich reißt die Seife eine bestimmte Menge an Öl mit sich. Hier gilt das Umgekehrte; schwächere alkalische Lösungen reißen mehr Neutralöl mit sich. Die Neutralölverluste werden zusammen mit der Seife abgeführt und durch die Schwefelsäure ebenfalls in Fettsäuren zerlegt. Insgesamt entstehen also mehr Fettsäuren, als ursprünglich in Form von freien Fettsäuren im Rohöl enthalten waren.

Mit der Entsäuerung kann die Nachentschleimung verbunden werden. Dabei wird vor Zugabe der Natronlauge Zitronen- oder Phosphorsäure zugegeben. Der Säureüberschuss wird durch die Lauge neutralisiert; die hydratisierten Schleimstoffe werden in den Zentrifugen mit abgeschieden. Darüber hinaus kann beim Waschen des Öls anstelle von Wasser auch Phosphorsäure oder eine Sodawasserglas-Lösung zugegeben werden, um einen zusätzlichen Reinigungs- bzw. Entschleimungseffekt zu erzielen [7.4], [7.30], [7.37].

Der bei diesem Prozess entstehende sogenannte Seifenstock wird entweder dem Schrot zugeführt oder in der Seifenspaltung mit Schwefelsäure aufgearbeitet. Hierbei entstehen dann wieder Fettsäuren, die weiterverwendet werden (z. B. zur Biodieselproduktion; Kapitel 7.2, Band 3).

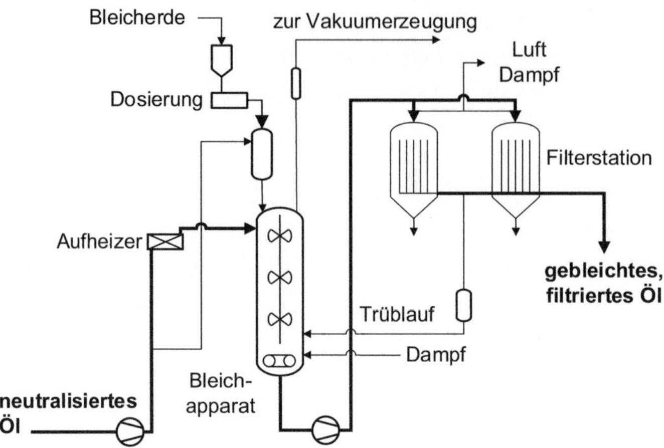

Abb. 7.38 Beispiel für den Verfahrensablauf einer Bleichung

Bleichung. Die Bleichung dient vorrangig dem Entfernen von Farbstoffen, Resten von Schleimstoffen, Spurenmetallen und Oxidationsprodukten aus dem Öl. Neben der Entfernung der Farbstoffe wird dadurch die Oxidationsstabilität des Öls und somit die Haltbarkeit erhöht.

In der Bleichung werden die genannten Partikel durch adsorptives Anlagern an ein Adsorptionsmittel abgeschieden. Als Adsorptionsmittel kommen häufig säureaktivierte Bleicherden oder Aktivkohle, selten auch natürliche Tonerden oder Silicate zur Anwendung. Diese Adsorbenzien gehören zur Gruppe der oberflächenaktiven Stoffe.

Die Bleichung kann im kontinuierlichen, im semi-kontinuierlichen oder im diskontinuierlichen Verfahren durchgeführt werden. In großtechnischen Anlagen hat sich vorrangig die kontinuierliche Bleichung durchgesetzt. Dabei wird das Öl im Vorfeld auf eine Temperatur von 90 bis 110 °C erwärmt und mittels Vakuum getrocknet (Abb. 7.38). Im Anschluss muss das Adsorptionsmittel in das Öl eingebracht werden. Die Dosierung erfolgt beispielsweise über Dosierschnecken. Die Durchmischung von Öl und Bleicherde wird dann i. Allg. durch ein Rührwerk realisiert. Wesentliche Einflussgrößen auf die Bleichung sind die Temperatur (90 bis 110 °C), die Verweilzeit (15 bis 30 min), der Druck (50 bis 200 mbar) sowie die Menge der eingesetzten Bleicherde (2 bis 20 kg/t Öl).

Nach Abschluss der Bleichung wird das beladene Adsorptionsmittel mittels eines Filtrationsschrittes vom Öl getrennt. Für die Durchführung einer kontinuierlichen Bleichung mit anschließender Filtration sind mindestens zwei Filter notwendig; typischerweise befindet sich einer der beiden Filter im Reinigungsschritt, während über den zweiten Filter produziert werden kann. Häufig werden hierfür Plattenfilter eingesetzt (Abb. 7.39).

Im Filterkuchen sind auch nach der Restentleerung des Filters und der Trocknung des Filterkuchens noch 30 bis 40 % Restöl enthalten. Dieser Restölgehalt stellt einen Ausbeuteverlust dar und hängt neben der Behandlung des Filterkuchens auch von der Art des

Abb. 7.39 Aufbau und Funktion eines Vertikal-Plattenfilters (nach [7.28], [7.38]; vgl. auch Abb. 7.30)

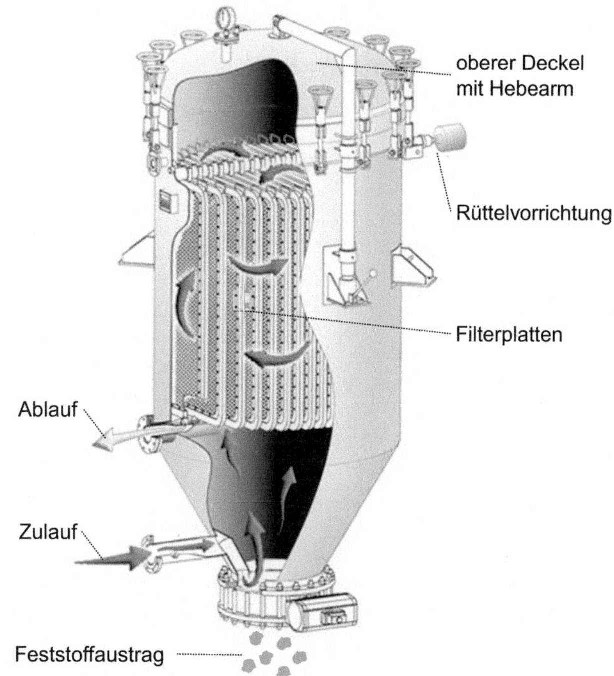

eingesetzten Adsorbens ab. Das gebrauchte Adsorbens ist durch den Restölgehalt energiereich und kann zur Energiebereitstellung (z. B. in Biogasanlagen) eingesetzt werden. Auch die (teilweise) Rückgewinnung / Nutzbarmachung dieses Restölgehalts im Filterkuchen mittels Plattenfilterpressen ist denkbar. Weiterhin ist eine Rückführung des Filterkuchens in das Schrot unter bestimmten Voraussetzungen erlaubt. Dies ist möglich, wenn es sich um eine integrierte Anlage (d. h., Ölgewinnung und Raffination befinden sich an einem Standort) handelt. In diesem Fall wird die Bleicherde mit dem Schrot extrahiert und dadurch kann der Restölgehalt im Filterkuchen weiter herabgesetzt werden.

Desodorierung / Dämpfung. Die Dämpfung ist der letzte Verfahrensschritt der vierstufigen chemischen Raffination. Hierbei werden dem Öl die geruchs- und geschmacksintensiven Begleitstoffe (überwiegend Carbonylverbindungen, aber auch Kohlenwasserstoffe und freie niedermolekulare Fettsäuren) entzogen. Das Endprodukt der Destillation bezeichnet man als Vollraffinat. Das Destillat wird als Rohstoff in der Industrie verwendet.

Die Desodorierung wird mithilfe einer Wasserdampfdestillation unter Vakuum (2 bis 4 mbar) durchgeführt (Abb. 7.40). Zunächst wird das Öl getrocknet und auf eine Temperatur von 200 bis 230 °C aufgeheizt. Danach wird Strippdampf in das Öl eingeblasen (Desodorieren). Der Strippdampf wirkt als Schleppmittel und ermöglicht das Entfernen der flüchtigen Begleitstoffe unter den gegebenen Bedingungen der Dämpfung. Durch das

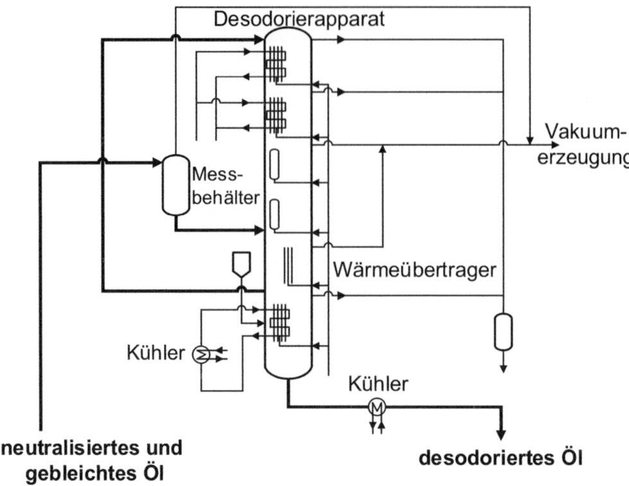

Abb. 7.40 Beispiel für den Verfahrensablauf einer Desodorierung

Arbeiten bei reduziertem Druck kann bei niedrigeren Temperaturen desodoriert werden (Abb. 7.40). Dadurch wird die thermische Belastung des Öles verringert und Energie eingespart. Die für die Dämpfung notwendige Menge an Strippdampf beträgt in Abhängigkeit des Druckes sowie der Dämpferbauart (Einspeisung des Strippdampfes sowie Füllstand des Öls im Behälter) 0,5 bis 1,3 Gew.-%.

Die notwendige Verweilzeit des Öls bei der Desodoriertemperatur beträgt zwischen 20 und 60 min. Dies hängt neben den Hauptprozessparametern der Dämpfung (Druck, Temperatur und Strippdampfmenge) auch von der Bauart des Dämpfers sowie von der Art und Konzentration der zu entfernenden Verbindungen ab.

Nach Abschluss der Desodorierung wird das Öl wieder abgekühlt. Heute werden dafür kontinuierlich arbeitende Anlagen eingesetzt (Abb. 7.40). Findet ein häufiger Produktwechsel statt, kommen auch semi-kontinuierliche Verfahren zur Anwendung. Zur Optimierung des Energieeinsatzes wird häufig eine Wärmerückgewinnung implementiert; d. h., das in den Prozess eintretende Öl wird durch das Endprodukt aufgewärmt.

Die freien Fettsäuren weisen im Vergleich zu anderen unerwünschten Begleitstoffen die höchsten Siedetemperaturen auf. Ihr Anteil im Endprodukt der Dämpfung ist leicht zu bestimmen und somit ein Indikator für die Verminderung des Anteils unerwünschter Geruchs- und Geschmacksstoffe.

Bei hohen Temperaturen und längeren Verweilzeiten können unerwünschte chemische Begleitreaktionen auftreten (z. B. Transisomerisierungen). Deshalb werden in großtechnischen Anlagen Optimierungen der Prozessparameter hinsichtlich einer schonenden Behandlung des Öls vorgenommen (z. B. Reduzierung des Drucks und / oder Reduzierung der Desodorierungstemperatur).

Die Dämpfung erfordert die Verwendung eines gut vorraffinierten Öls, da sich Eiweißstoffe, Kohlenhydrate, Phospholipide oder Seifen thermisch zersetzen können und die Abbauprodukte störend wirken. Insgesamt werden dem Öl etwa 0,2 % an Fettbegleitstoffen während der Desodorierung entzogen; nur ein kleiner Teil davon ist Neutralöl [7.4], [7.37], [7.39].

Physikalische Raffination. Bei der physikalischen Raffination erfolgt die Abtrennung der Fettsäuren nicht durch eine Neutralisation, sondern durch eine Wasserdampf-Destillation (d. h. mittels physikalischer Prozesse). Die beiden destillativen Verfahrensschritte Entsäuerung (d. h. Entfernen der freien Fettsäuren) und Dämpfung (d. h. Entfernen von Geruchs- und Geschmacksstoffen sowie anderen flüchtigen Bestandteilen) werden daher bei der physikalischen Raffination miteinander verbunden (Abb. 7.41). Dabei erweisen sich u. a. Phospholipide als besonders störend, da sie emulgierend wirken bzw. sich thermisch zersetzen und schwer abtrennbare Zersetzungs- bzw. Abbauprodukte bilden. Daher sind eine Vollentschleimung und Bleichung des Rohöls vor der Destillation unbedingt erforderlich.

Beispielsweise wird Rapsöl wasserentschleimt mit einem Phosphorgehalt von unter 300 ppm gehandelt. Dieses wird dann vollentschleimt auf Phosphorgehalte unter 15 ppm. Dazu werden die genannten Entschleimungsverfahren (Säureentschleimung, enzymatische Entschleimung) eingesetzt. Nach der Vollentschleimung wird die Bleichung durchgeführt. Ein höherer Bleicherdebedarf (5 bis 20 kg) ist naturgemäß gegeben, da während der alkalischen Neutralisation auch Phospholipide und Farbstoffe entfernt werden. Die Bleichtemperaturen und Verweilzeiten entsprechen dem Bleichprozess in der alkalischen Raffination. Das derart vorraffinierte Rapsöl wird vor der destillativen Entsäuerung und Desodorierung auf 220 bis 270 °C erwärmt. Höhere Temperaturen sind nicht anzuwenden, da sonst erhöhte Gehalte an transisomeren Fettsäuren und weiteren unerwünschten Nebenreaktionsprodukten auftreten (insbesondere die Bildung von

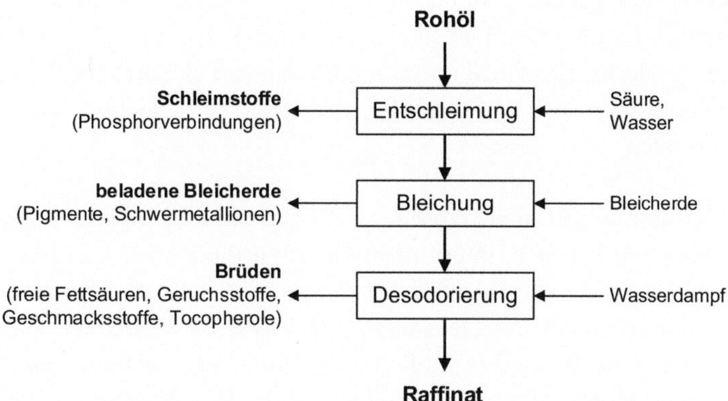

Abb. 7.41 Physikalische Raffination (nach [7.4], [7.39])

3-Monochlorpropandiol(MCPD)-Fettsäureester und Glycidyl-Fettsäureester). Nach Abschluss des Verfahrens wird das Öl abgekühlt und die abdestillierten Fettsäuren werden kondensiert.

Bei der physikalischen Raffination von Palmöl findet während der Dämpfung die sogenannte Hitzebleichung (d. h. thermische Zersetzung der Carotinoide) statt. Ohne diese Hitzebleichung, die zusätzlich zur adsorptiven Bleichung realisiert wird, kann Palmöl nicht den Anforderungen an die Farbe im Endprodukt gerecht werden.

Die zur physikalischen Raffination eingesetzten Dämpfer sind vorrangig kontinuierlich arbeitende Anlagen. Im Zuge der Vermeidung unerwünschter Nebenreaktionen, die durch eine hohe thermische Belastung hervorgerufen werden, setzen sich neuerdings Anlagenkonzepte durch, die auf einem zweistufigen Prozess beruhen. Das Öl durchströmt kurz eine Zone sehr hoher Temperatur (240 bis 265 °C) und danach länger eine Zone hoher Temperatur (220 bis 265 °C); dadurch kann die thermische Belastung insgesamt herabgesetzt werden.

Um die Energieverbräuche derartiger Anlagen zu optimieren, Abwasser zu vermeiden und ein besseres Vakuum zu erreichen, werden in solchen Anlagen zunehmend Vakuumsysteme eingesetzt, die auf Eiskondensationssystemen beruhen. Derartige Eiskondensations-Vakuumsysteme erzeugen ein Prozessvakuum von 1 bis 4 mbar. Dazu wird der Prozessdampf bei Prozessdruck kondensiert. Da die Kondensationstemperatur z. B. bei 1 mbar Prozessdruck −20 °C beträgt, wird in den Kondensatorrohren ein Kühlmittel benötigt, das −30 °C erreicht. Der Prozessdampf schlägt sich als feste Eisschicht an den Kondensatorrohren nieder (Desublimation). Diese Eisschicht muss regelmäßig durch das Abtauen des Kondensators entfernt werden; damit ein kontinuierlicher Betrieb möglich ist, sind derartige Eiskondensationssysteme typischerweise mit zwei Eiskondensatoren ausgelegt (ein Kondensator kühlt und desublimiert den Prozessdampf, während sich der andere im Abschmelzzyklus befindet). Die Zyklen sind so realisiert, dass die Stabilität des Vakuums auch während des Wechsels nicht beeinträchtigt wird.

Miscella-Raffination. Die auf 40 bis 50 % aufkonzentrierte Miscella kann auch direkt raffiniert werden. Dabei wird zur Hydratation Natronlauge zugegeben und das Gemisch in einem Homogenisator vergleichmäßigt. Anschließend wird die raffinierte Miscella mithilfe von Zentrifugen abgetrennt und durch Bleicherde abgeschieden. Sie kann dann weiter aufgearbeitet werden.

Extraktive Raffination mit überkritischen Lösemitteln. Die Speiseölindustrie ist immer auf der Suche nach neuen, umweltfreundlicheren Raffinationsmethoden, bei denen gleichzeitig eine thermisch schonende Aufarbeitung des Öls ermöglicht wird. Problematisch im Hinblick auf den letztgenannten Punkt ist insbesondere die Dämpfung, bei der bestimmte Begleitstoffe sowie die als Antioxidantien und Vitamine bekannten Tocopherole vermindert werden. Deshalb sind Konzepte in der Entwicklung, bei denen eine Hochdruckextraktion zur Ölraffination eingesetzt wird [7.33].

7.1.6 Produkte

Pflanzenöle lassen sich als Kraftstoffe für Verbrennungsmotoren in mobilen oder stationären Anwendungen (z. B. in Blockheizkraftwerken (BHKW)) und als Brennstoff für Feuerungsanlagen zur ausschließlichen Wärmeerzeugung nutzen. Hierfür werden nachfolgend verschiedene Optionen dargestellt. Außerdem wird auf die Eigenschaften der Pflanzenöle als Energieträger eingegangen. Weiterhin werden die bei der Pflanzenölgewinnung anfallenden weiteren Kuppelprodukte beschrieben und charakterisiert.

Pflanzenöle. Pflanzenöle unterscheiden sich in einigen wesentlichen Eigenschaften (z. B. Viskosität) von konventionellem (fossilem) Dieselkraftstoff. Deshalb werden nachfolgend wichtige Eigenschaften von Pflanzenölen im Hinblick auf eine Nutzung als Kraftstoff / Energieträger dargestellt.

Zusammensetzung und chemischer Aufbau. Die Elementarzusammensetzung ausgewählter Pflanzenöle zeigt Tabelle 7.1. Demnach bestehen alle dargestellten Öle zu 77 bis 78 Gew.-% aus Kohlenstoff (C), zu 11 bis 12 Gew.-% aus Wasserstoff (H) und zu 10 bis 11 Gew.-% aus Sauerstoff (O). Sie unterscheiden sich damit signifikant beispielsweise von festen Biomassen. Pflanzenöle sind in der natürlichen Umwelt schnell biologisch abbaubar und werden deshalb nicht einer Wassergefährdungsklasse zugeordnet.

Pflanzliche Öle bzw. Fette bestehen vorwiegend aus Triglyceriden (Abb. 7.42), z. T. auch aus Mono- und Diglyceriden. Glyceride sind Ester aus dem dreiwertigen Alkohol Glycerin und in der Regel drei Fettsäuren (Triglyceride), in seltenen Fällen auch ein bis zwei Fettsäuren (Mono- und Diglyceride). Letztere stellen jedoch bereits Spaltprodukte dar.

Die Fettsäuren (Mono-Carbonsäuren) bestehen aus Kohlenstoffketten mit gerader Anzahl an Kohlenstoffatomen (bei den in unseren Breiten produzierten Pflanzenölen meist 16 oder 18 Kohlenstoffatome) und werden durch die Fettsäurebiosynthese der Pflanzen gebildet. An einem Glycerinmolekül können unterschiedliche Fettsäuren gebunden sein; es sind mehr als 200 verschiedene Fettsäuren bekannt. Bei der überwiegenden Zahl der Fette sind jedoch maximal nur etwa ein Dutzend Fettsäuren in nennenswerten Anteilen vertreten; alle übrigen kommen meistens nur in Spuren vor.

Die Kohlenstoff(C)-Atome sind jeweils an das benachbarte C-Atom gebunden. Damit sind zwei der vier Bindungsstellen belegt. Ist an den beiden anderen Bindungsstellen

Tabelle 7.1 Zusammensetzung einiger Pflanzenöle (nach [7.40])

	Kohlenstoff (C)	Wasserstoff (H)	Sauerstoff (O)
		in Gew.-%	
Rapsöl	77,5	11,8	10,7
Sonnenblumenöl	77,4	11,6	11,0
Sojaöl	77,7	11,7	10,6

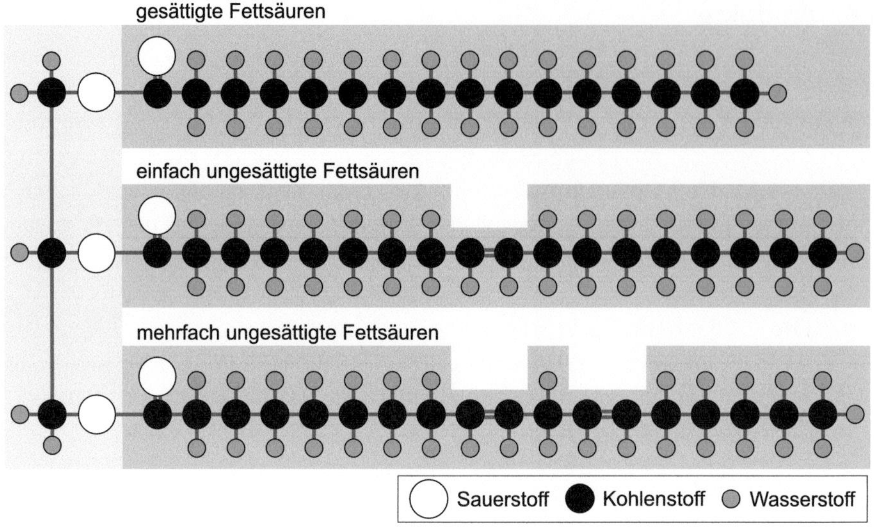

Abb. 7.42 Schematischer chemischer Aufbau von Pflanzenölen

jeweils ein Wasserstoffatom gebunden („gesättigt"), liegt eine Einfachbindung zwischen den C-Atomen vor (Abb. 7.42). Daneben treten jedoch auch Doppelbindungen zwischen den Kohlenstoffatomen auf; dann ist nur eine freie Bindungsstelle mit Wasserstoff besetzt („ungesättigt"). Fettsäuren ohne Doppelbindungen werden somit als gesättigte Fettsäuren und solche mit einer oder mehreren Doppelbindungen als einfach oder mehrfach ungesättigte Fettsäuren (Monoen- bzw. Polyensäuren) bezeichnet (Abb. 7.42). Darüber hinaus können die Fettsäuren in unterschiedlicher Reihenfolge am Glycerin angeordnet sein (Triglycerid-Verteilung). Die Anteile der vorkommenden Fettsäuren an der gesamten Fettsäuremenge in einem Fett oder Öl aus einer Ölsaat oder Ölfrucht sind weitgehend genetisch fixiert; sie werden als Fettsäuremuster bezeichnet. Tabelle 7.2 zeigt exemplarische Fettsäuremuster unterschiedlicher pflanzlicher Öle.

Neben den in Triglyceriden gebundenen Fettsäuren können auch sogenannte freie Fettsäuren in pflanzlichen Ölen und Fetten vorkommen; sie sind jedoch wie Di- und Monoglyceride in der Regel bereits Spaltprodukte des Öl- bzw. Fettabbaus.

Neben den Glyceriden sind in den Fetten und Ölen zusätzlich einige Fettbegleitstoffe (vor allem Phospholipide, Tocopherole und Sterine) enthalten, die z. T. auch Auswirkungen auf die technische Verwendbarkeit haben können.

- Phospholipide, also polare Lipide mit einer Phosphatgruppe, sind eine vielfältige Stoffgruppe, zu der auch das Lecithin zählt. Sie wirken im Samen stabilisierend auf das als Energiereserve für den Keimprozess von der Pflanze gespeicherte Öl. In gewonnenen Pflanzenölen setzen sie jedoch die Oxidationsstabilität herab und verursachen vor allem in technischen Prozessen Störungen durch die Hydratisierbarkeit der meisten Phospholipide (d. h. Quellung mit Wasser, Ausflockung und dadurch z. B. Verstop-

Tabelle 7.2 Exemplarische Fettsäuremuster verschiedener Öle (Durchschnittswerte) (nach [7.41], [7.42])

	C16:0[a] Palmitinsäure	C16:1[a] Palmitoleinsäure	C18:0[a] Stearinsäure	C18:1[a] Ölsäure	C18:2[a] Linolsäure	C18:3[a] Linolensäure	Sonstige
Rapsöl (00-Qualität[c])	5,1	–	1,7	60,1	21,5	9,9	1,7
Sonnenblumenöl	6,4	0,1	4,5	22,1	65,6	0,5	0,9
Leinöl	6,1	0,1	3,4	18,4	16,8	55,0	0,2
Sojaöl	10,8	0,2	3,9	23,9	52,1	7,8	1,3
Olivenöl	12,1	0,8	2,6	72,5	9,4	0,6	2,0
Palmöl	43,8	0,2	4,4	39,1	10,2	0,3	2,0
Weizenkeimöl	17,5	1,1	1,0	19,1	55,2	6,1	0,0
Camelinaöl	5,3	–	3,0	18,7	16,0	38,1	18,9
Jatrophaöl	14,4	–	7,1	45,3	33,2	–	–
Algenöl[b]	47,0	2,8	1,4	7,5	15,2	26,2	–

[a] $Cm{:}n$ entspricht Fettsäure mit m Kohlenstoffatomen und n Doppelbindungen; [b] Arthrospira; [c] geringe Gehalte an Erucasäure und an Glucosinolaten

fung von Filtern). Außerdem ist Phosphor in Ablagerungen im Motorbrennraum und an den Motorventilen sowie in Abgasnachbehandlungssystemen (z. B. Dieselpartikelfilter) nachweisbar; er wirkt sich auch schädlich auf den Oxidationskatalysator aus. Deshalb sollte der Phosphorgehalt technisch genutzter Öle so niedrig wie möglich sein; er ist deshalb auch in den entsprechenden Kraftstoffnormen begrenzt.

- Tocopherole, ein Sammelbegriff für unterschiedliche fettlösliche Substanzen, die einen modifizierten Chromanring mit einer gesättigten Seitenkette aufweisen, zeigen eine biologische, antioxidative Aktivität; sie werden dem Vitamin E zugeordnet. Tocopherole liegen in zahlreichen Verbindungen vor und stellen einen natürlichen Oxidationsschutz der Öle dar, der mit einer zunehmenden Alterung des Öls abgebaut wird.
- Sterine stellen den Hauptanteil des „Unverseifbaren“ an Ölen dar. Sie sind polyzyklische Alkohole und leiten sich vom Steran ab. Sterine können bei niedrigen Temperaturen in den festen Aggregatzustand übergehen und können dadurch zu verfahrenstechnischen Problemen führen (z. B. Verstopfen von Filtern).

Die chemischen und physikalischen Eigenschaften der verschiedenen Öle und Fette (z. B. Schmelzpunkt, Viskosität, Löslichkeit) werden wesentlich von ihrer Zusammensetzung bestimmt. Dies gilt insbesondere für die Art der Fettsäuren und ihre Verteilung auf die Glycerinmoleküle.

- In Fetten und Ölen ist Wasser kaum löslich. Öle mit kurzkettigen Fettsäuren weisen demgegenüber eine stärkere Löslichkeit von Wasser auf. Liegen in Ölen Hydroxidgruppen (z. B. Rizinusöl) vor, steigt die Löslichkeit für Wasser stark an.

- Pflanzenöle sind löslich in Petrolether, Hexan, Benzol, Trichlorethylen, Tetrachlorkohlenstoff und anderen lipophilen Lösemitteln.
- Der Anteil ungesättigter Fettsäuren im Öl beeinflusst den Schmelzpunkt; d. h., Öle mit einem hohen Anteil ungesättigter Fettsäuren sind bei Zimmertemperatur flüssig und solche mit einem hohen Anteil gesättigter Fettsäuren halbfest oder fest.
- Öle mit einem hohen Anteil gesättigter Fettsäuren sind an der Luft relativ beständig. Eine trotzdem mögliche Autoxidation durch den Einfluss von Licht, Luft, Wasser, Wärme und bestimmten Mikroorganismen führt zur Bildung von Peroxiden, Aldehyden, Ketonen und Säuren; daran schließen sich Isomerisierungs- und Polymerisationsvorgänge an. Dem „Trocknen" oder „Verharzen" liegt die sekundäre Knüpfung von C–C- und C–O–C-Bindungen zugrunde. Beispielsweise neigen auch Pflanzenöle weniger zur Autoxidation als tierische Öle, da sie i. Allg. natürlicherweise einen höheren Anteil antioxidativ wirkender Tocopherole aufweisen. Nach der „Verharzungsneigung" werden Öle in trocknende, halbtrocknende und nicht trocknende Öle eingeteilt.

Lagerung. Bei der Lagerung von Pflanzenölen können, abhängig von der Vorgeschichte des Öls und den herrschenden Lagerungsbedingungen (u. a. Tankmaterial, Temperatur, Sauerstoff, Licht, Wasser), Umsetzungsvorgänge stattfinden, die Auswirkungen auf die molekulare Struktur haben. Sie werden nachfolgend beschrieben.

- Fettspaltung (Hydrolyse, Lipolyse). Pflanzliche Öle sind gegen den alleinigen Angriff von Wasser sehr resistent. In Gegenwart beispielsweise von Enzymen (Lipasen) kann allerdings eine hydrolytische Spaltung eintreten. Dadurch werden Fettsäuren vom Glyceridmolekül abgespalten. Dabei nimmt die mikrobielle Aktivität mit steigendem Wassergehalt zu oder wird erst möglich. Die entsprechenden Enzyme können aus dem Öl selbst stammen (Samen) oder von Mikroorganismen produziert werden. Eine derartige hydrolytische Spaltung kann dabei sowohl bei der Lagerung der Ölsaaten als auch der daraus abgetrennten Öle auftreten. Fettsäuren werden umso leichter abgespalten, je kürzer deren Kettenlänge ist. Die Reaktionsgeschwindigkeit nimmt von Triglyceriden über Diglyceride zu Monoglyceriden ab [7.4].
- Autoxidation. Durch Sauerstoffzutritt, unterstützt von Licht und Wärme (Zufuhr von Energie) und durch katalytisch wirkende Schwermetallionen (z. B. Eisen, Kupfer), werden Pflanzenöle oxidiert. Bei dieser radikalischen Kettenreaktion (Autoxidation) wird zunächst eine Alkylgruppe angegriffen. Daraufhin läuft eine Kettenreaktion ab, welche mit der Bildung einer in die Kette eingefügten Hydroperoxidgruppe endet. Die dabei entstehenden Hydroperoxide sind weitgehend geschmacksneutral. Sie reagieren jedoch weiter zu Aldehyden, Ketonen und Fettsäuren, die wiederum Geschmack und Geruch des Pflanzenöls beeinträchtigen können. In Pflanzenölen natürlich vorkommende Antioxidantien können – wenn sie sich noch in dem zu lagernden Öl befinden – solche Autoxidationsvorgänge jedoch weitgehend unterbinden.

- Polymerisierung. Durch die genannten Umsetzungsvorgänge kann es zur Polymerisierung kommen. Dabei werden einzelne Molekülstücke miteinander neu verbunden und vernetzt. Die Viskosität erhöht sich dadurch deutlich und es kommt zu einer Verharzung durch komplexe Molekülverbindungen. Vor allem bei der Erhitzung von Fetten über 250 °C steigt die Wahrscheinlichkeit, dass die Fettsäuren (intermolekular) dimerisieren (d. h., sie verbinden sich untereinander) oder (intramolekular) zyklisieren (d. h., es bilden sich Ringstrukturen). Neben dieser thermischen Polymerisation kann außerdem eine oxidative Polymerisation auftreten. Bei der Abspaltung von Sauerstoff kann es zu Zyklisierung, Dimerisierung oder Polymerisierung kommen. Das Öl verfärbt sich dunkel; die Viskosität steigt merklich an [7.4].

Diese chemischen Vorgänge bei der Lagerung von Pflanzenölen werden begünstigt durch Sauerstoff, Licht, Temperatur und Wasser sowie katalytisch wirkende Metallionen (z. B. Eisen, Kupfer). Gehemmt werden derartige Prozesse durch natürliche Antioxidantien (z. B. Tocopherole), die in Pflanzenölen in unterschiedlichen Gehalten vorkommen. Sie werden im Zuge der Autoxidation abgebaut, also „verbraucht“.

Deshalb sollten der natürliche Tocopherol-Gehalt durch eine schonende Ölbehandlung bei den Pflanzenölen erhalten und die genannten Störfaktoren auf ein Minimum reduziert werden. Insgesamt sind dabei die folgenden Punkte zu beachten.

- Die Ölsaat sollte mit geringer Feuchte (bei Raps maximal 9 Gew.-%, besser 7 Gew.-%) und einem geringen Fremdbesatz bei einem ausreichenden Luft- und Wärmeaustausch mit der Umgebung kühl gelagert werden, um die spätere Haltbarkeit des Öls zu erhöhen. Ansonsten kommt es bereits während der Lagerung zur Lipolyse (d. h. Erhöhung des Gehalts an freien Fettsäuren) oder zum mikrobiellen Abbau [7.43]. Ein hoher Reifegrad der Ölsaat erhöht die Lagerungsstabilität des Öls durch einen erhöhten Tocopherol-Gehalt.
- Das zu lagernde Öl muss von Feststoffen gereinigt werden, da Saatteilchen und Zellfragmente Fett spaltende Enzyme enthalten, die schon in Spuren zur Spaltung der Fettmoleküle führen können (d. h. Erhöhung des Gehalts an freien Fettsäuren).
- Eine gleichmäßig kühle und dunkle Lagerung des Öls ist anderen Lagerungsbedingungen (z. B. in frei stehenden Tanks mit direkter Sonneneinstrahlung) vorzuziehen (z. B. beschleunigt Licht die Autoxidation).
- Metalltanks, möglichst aus rostfreiem Stahl, sind – vor allem bei einem möglichen Lichtzutritt – besser für die Lagerung geeignet als transparente Kunststofftanks. Behälter, Leitungen und Armaturen aus Werkstoffen mit katalytisch wirksamen Metallionen (z. B. Kupfer, Messing) sollten an pflanzenölberührten Teilen sicher vermieden werden.
- Der Zutritt von Sauerstoff und Wasser bzw. Wasserdampf zu dem zu lagernden Öl ist möglichst zu vermeiden; u. U. kann eine Abdeckung mit Stickstoff (N_2) oder Kohlenstoffdioxid (CO_2) empfehlenswert sein. Auch sollte beim Befüllen von Lagertanks möglichst wenig Sauerstoff in das Öl eingetragen werden.

Pflanzenöle sind unter diesen Bedingungen etwa 6 bis 12 Monate lagerfähig; diese Lagerfähigkeit ist abhängig von der Ausgangsqualität der eingelagerten Öle und den Qualitätsansprüchen seitens der geplanten Verwendung [7.29], [7.44]. Die Lagerfähigkeit von Ölen sinkt üblicherweise mit ansteigender Jodzahl.

Kraftstofftechnische Kenngrößen. Kenngrößen für Verarbeitung, Lagerung und Nutzung von Pflanzenölen als Kraftstoff zeigt Tabelle 7.3. Diese und weitere Kenngrößen werden nachfolgend näher diskutiert (nach [7.4], [7.30], [7.34], [7.45], [7.46]).

- Die Jodzahl ist ein Maß für die Anzahl an Doppelbindungen im Pflanzenölmolekül. Sie gibt an, wie viel g Jod (J) von 100 g Öl gebunden werden. Je niedriger die Jodzahl, desto höher ist der Sättigungsgrad des Pflanzenöls (Tabelle 7.3). Sie gibt Aufschluss über die Neigung zu Ablagerungen im Brennraum und an Einspritzdüsen bei der motorischen Verbrennung; beispielsweise können Pflanzenöle mit einer Jodzahl über 120 g/100 g eine verstärkte Verkokung im Motorbrennraum hervorrufen. Auch erlaubt die Jodzahl Rückschlüsse auf die Gefahr des oxidativen Verderbs (z. B. „Verharzung") des Pflanzenöls während der Lagerung.
- Die Verseifungszahl beschreibt die Menge Kalilauge, die zur Neutralisation der freien Fettsäuren und zur Hydrolyse der Ester im Öl erforderlich ist. Bei Ölen mit einem hohen Anteil an niederen Fettsäuren als Esterkomponenten treten hohe Verseifungszahlen auf und umgekehrt. Für die Motortechnik ist die Verseifungszahl nur von geringem Interesse. Die Kenngröße kann aber zur Beschreibung der Lagerfähigkeit der Öle herangezogen werden. Aussagekräftiger hierfür sind jedoch die Oxidationsstabilität und die Säurezahl.
- Unter dem unverseifbaren Anteil ist der nach Verseifen mit Benzin oder Äther extrahierbare Anteil eines Öls zu verstehen. Bei Pflanzenölen besteht dieser im Wesentlichen aus verschiedenen Phytosterinen. Im unverseifbaren Anteil können Fremdverunreinigungen im Pflanzenöl nachgewiesen werden (z. B. Mineralöle, Biozide). In der Regel enthalten Fette 0,2 bis 1,5 % unverseifbare Verbindungen.

Tabelle 7.3 Kraftstofftechnische Kenngrößen ausgewählter Pflanzenöle (u. a. [7.4], [7.30], [7.2], [7.32], [7.44], [7.47], [7.48])

	Jodzahl	Verseifungszahl	Unverseifbarer Anteil	Gesamt-Tocopherol	Dichte (15 °C)	Kinemat. Viskosität (20 °C)	Heizwert
	in g J/100 g	in mg KOH/g	in %	in mg/kg	in kg/m^3	in mm^2/s	in kJ/g
Rapsöl (00)	102–112	188–193	0,5–1,5	800–1 200	ca. 920	ca. 78,8	ca. 37,5
Sonnenblumenöl	ca. 132	ca. 190	0,4–1,4	500–800	920–927	ca. 68,9	36,2–37,1
Sojaöl	ca. 134	ca. 192	0,5–1,5	920–1 800	922–934	ca. 65,4	36,1–37,1
Palmöl	ca. 55	ca. 199	<0,5	400–700	921–947	fest	ca. 37

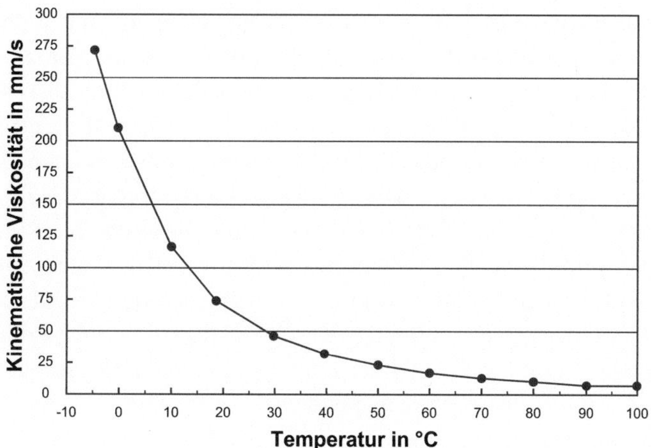

Abb. 7.43 Viskosität-Temperatur-Verhalten von Rapsöl (nach [7.44])

- Tocopherole liegen in zahlreichen Verbindungen vor und sind natürliche Antioxidantien (d. h., sie verlängern die Haltbarkeit der Öle). Sie sind damit ein Indikator für die Lagerstabilität des Pflanzenöls.
- Die Säurezahl bzw. Neutralisationszahl ist ein Maß für den Gehalt an freien Fettsäuren im Öl und beschreibt die Menge Kalilauge, die für die Neutralisation des Öls erforderlich ist. Die Säurezahl ist stark vom Raffinationsgrad und dem Alterungsgrad des Öls abhängig. Beispielsweise lässt die hydrolytische Spaltung der Triglyceride, hervorgerufen durch Wasser im Öl, die Neutralisationszahl ansteigen. Solche sauren Verbindungen im Kraftstoff, für die die Säure- bzw. Neutralisationszahl ein Indikator ist, führen zu Korrosion, Verschleiß und Rückstandsbildung im Motor.
- Die temperaturabhängige kinematische Viskosität (Zähflüssigkeit) beschreibt das Fließ- und Pumpverhalten. Außerdem erlaubt sie, falls keine Anpassungen von Einspritzparametern vorgenommen werden, Rückschlüsse auf das Verbrennungsverhalten des Kraftstoffs im Motor, da die Viskosität die Form des Einspritzstrahls und das Tröpfchenverteilungsspektrum beeinflusst. Abbildung 7.43 zeigt exemplarisch das Viskosität-Temperatur-Verhalten von Rapsöl. Es wird durch die Ölgewinnungsart und den Grad der Raffination nicht beeinflusst [7.44]. Beispielsweise ist im Vergleich zu Dieselkraftstoff die kinematische Viskosität von Rapsöl bei 40 °C etwa um den Faktor 10 höher.
- Der Heizwert ist das Maß für den Energieinhalt des jeweiligen Stoffes. Er liegt bei allen Ölen in einer vergleichbaren Größenordnung (Tabelle 7.3). Demnach zählen Pflanzenöle zu den biogenen Energieträgern mit der höchsten volumetrischen Energiedichte und sind damit vergleichbar mit derjenigen von fossilem Dieselkraftstoff.
- Die Peroxidzahl ist ein Maß für die durch Autoxidationsprozesse gebildete Menge an Peroxiden (d. h. Einbindung von aktivem Sauerstoff). Sie spiegelt den Verdorbenheits-

grad (Ranzidität) eines Öls wider und ist gleichzeitig ein Indiz für den Wirkungsverlust fetteigener Antioxidantien [7.4]. Bei der Ölalterung steigt die Peroxidzahl zunächst an und fällt nach Erreichen eines Maximalwerts wieder ab. Eine Viskositätserhöhung im Öl und die Neigung zu Verharzungen können die Folge sein. Der hierbei deutlich werdende oxidative Verderb des Öls wird gefördert durch Sauerstoff, Licht, erhöhte Temperaturen und katalytisch wirkende Metalle. Beim Eintrag oxidativ geschädigter Pflanzenölkraftstoffe in das Motoröl kann die Motorölqualität beeinträchtigt werden und dies wiederum kann z. B. die Betriebssicherheit von Motoren gefährden.

- Die Oxidationsstabilität ist eine Kenngröße, die den Alterungszustand und gleichzeitig die Lagerfähigkeit eines Pflanzenöls beschreibt. Gemessen wird hierbei die Induktionszeit bis zum schnellen Anstieg der Leitfähigkeit von aufgefangenen Oxidationsprodukten, die durch eine beschleunigte Ölalterung bei hohen Temperaturen und bei Sauerstoffzugabe entstehen.
- Der Flammpunkt beschreibt die Temperatur bei Normaldruck, bei der sich ein Gemisch aus Zersetzungsprodukten der Flüssigkeit und Luft in einem geschlossenen Gefäß bei Berührung mit einer Zündquelle entflammt; er liegt bei Rapsölen bei ca. 230 °C (Verfahren: geschlossener Tiegel nach Pensky-Martens).
- Der CFPP-Wert (engl. Cold Filter Plugging Point) ist ein Maß für die Fließfähigkeit und Filtergängigkeit eines Dieselkraftstoffs und beschreibt dessen Kälteverhalten. Er wird als die Temperatur angegeben, bei der ein Prüffilter unter definierten Bedingungen durch ausgefallene Paraffine verstopft. Im Gegensatz zu fossilem Dieselkraftstoff verläuft der Übergang von der flüssigen in die feste Phase bei Pflanzenölen unterschiedlich, sodass derart ermittelte Werte auf eine viskositätsbedingte Reduzierung der Pumpfähigkeit zurückzuführen sind; sie sind somit mit denen für fossilen Dieselkraftstoff nicht vergleichbar. Die Wintertauglichkeit (problemfreier Kaltstart) eines mit einem Pflanzenölkraftstoff betriebenen pflanzenöltauglichen Motors muss gemäß DIN 51 605 [7.2] bzw. DIN 51 623 [7.1] durch geeignete motorseitige Maßnahmen hergestellt werden.
- Die Cetanzahl beschreibt die Zündwilligkeit von Kraftstoffen in Selbstzündungsmotoren und wird in einem Einzylinder-Prüfmotor (CFR- oder BASF-Prüfmotor) gemessen. Für die Ermittlung der Zündwilligkeit von Kraftstoffen mit biogenen Komponenten ist die standardisierte Messung der Cetanzahl aufgrund des dabei verwendeten Prüfmotors nur bedingt geeignet. Alternativ ist die Messung des Zündverzugs bzw. die Bestimmung der abgeleiteten Cetanzahl (ACZ) oder der indizierten Cetanzahl (ICZ) in einer Verbrennungskammer mit konstantem Volumen möglich. Kraftstoffe mit geringer Zündwilligkeit, also geringerer Cetanzahl, bewirken einen höheren Zündverzug; dies kann ein schlechteres Kaltstartverhalten, höhere Druckspitzen und damit höhere Abgas- und Geräuschemissionen zur Folge haben. Die Zündwilligkeit biogener Kraftstoffe in Abhängigkeit des Betriebszustandes des Motors hat teilweise eine eigene Charakteristik, die nicht mit der von fossilem Dieselkraftstoff vergleichbar ist [7.49]. Bei Pflanzenölen verlängert sich mit der steigenden mittleren Anzahl an Doppelbindungen

und der mittleren Anzahl an Kohlenstoffatomen im Fettsäuremolekül der Zündverzug; dabei ist der Einfluss der Doppelbindungen deutlich stärker als der der Kohlenstoffanzahl. Die Anzahl an Doppelbindungen ist daher der wesentliche Einflussfaktor auf das Zündverhalten [7.50].

- Der Wassergehalt im Pflanzenöl wird durch die Feuchte des Ausgangsmaterials (z. B. Ölsaat) beeinflusst. Daneben hängt der Wassergehalt auch vom Raffinationsverfahren ab. Bei unsachgemäßer Lagerung des Kraftstoffs kann er deutlich ansteigen. Bei niedrigen Temperaturen führt im Pflanzenöl enthaltenes freies Wasser durch Bildung von Eiskristallen zu Filterverstopfungen. Darüber hinaus kommt es in Lagergefäßen bevorzugt an der Grenzschicht zwischen Wasser und Kraftstoff zum Wachstum von Mikroorganismen, die wiederum die Ölalterung beschleunigen.

Einsatz als Pflanzenölkraftstoff. Pflanzenöle als Kraftstoff unterscheiden sich in wesentlichen Eigenschaften von konventionellem fossilem Dieselkraftstoff; dies gilt vor allem hinsichtlich Viskosität, Zündwilligkeit und Siedeverhalten (Tabelle 7.4). Ein zuverlässiger

Tabelle 7.4 Mindestanforderungen für fossilen konventionellen Diesel, HEFA/HVO bzw. paraffinischen Dieselkraftstoff, Fettsäuremethylester (FAME) bzw. Biodiesel, Pflanzenölkraftstoff und Rapsölkraftstoff [7.1], [7.2], [7.51]–[7.54]

		Dieselkraftstoff (DK) DIN EN 590	HEFA/HVO/ paraffinischer DK DIN EN 15 940	FAME/ Biodiesel DIN EN 14 214	Pflanzenölkraftstoff DIN 51 623	Rapsölkraftstoff DIN 51 605
Dichte bei 15 °C	in kg/m³	820,0–845,0 (Kl. A–C) 815,0–845,0 (Kl. D–F)	765,0–800,0 (Kl. A) 780,0–810,0 (Kl. B)	860,0–900,0	900,0–930,0	910,0–925,0
Kinem. Viskosität[a] bei 40 °C	in mm²/s	2,0–4,5	2,0–4,5	3,5–5,0	max. 35,0[d]	max. 36,0
Flammpunkt[b]	in °C	über 55,0	über 55,0	min. 101,0	min. 101,0	min. 101,0
Schwefelgehalt	in mg/kg	max. 10,0	max. 5,0	max. 10,0	max. 10,0	max. 10,0
Säurezahl	in mg_{KOH}/g	kein Normparameter	kein Normparameter	max. 0,50	max. 2,00	max. 2,00
Jodzahl	in g_{Jod}/100 g	kein Normparameter	kein Normparameter	max. 120	max. 140	max. 125
Aschegehalt[b]	in Gew.-%	max. 0,01	max. 0,01	kein Normparameter	kein Normparameter	kein Normparameter
Cetanzahl[b] Zündwilligkeit		min. 51,0	min. 70,0 (Kl. A) min. 51,0 (Kl. B)	min. 51,0	ist anzugeben	min. 40
Heizwert[c] (typische Werte)	in MJ/kg	43	44	37	38	38
	MJ/L	36	34	33	35	35

[a] kinematische Viskosität, [b] unterschiedliche Prüfverfahren, [c] kein Normparameter, [d] gemessen bei 50 °C, max. maximal, min. minimal, Kl. A Klasse A, Kl. B Klasse B, DK Dieselkraftstoff

Einsatz in konventionellen, nichtadaptierten Dieselmotoren ist aufgrund z. T. unzureichender Pumpfähigkeit, ungenügenden Zerstäubungs- und Verdampfungseigenschaften sowie einer unvollständigen Verbrennung und deshalb verstärkter Rückstandsbildung dauerhaft nicht möglich. Daher ist eine Anpassung des gesamten Motor- und Abgasnachbehandlungssystems an die Anforderungen des Pflanzenöls erforderlich. Derartige Aspekte werden nachfolgend diskutiert.

Üblicherweise sind die Kraftstoffeigenschaften genormt; d. h., gewisse Mindestanforderungen bestimmter kraftstofftechnischer Kenngrößen werden in den entsprechenden Normen festgeschrieben, damit die jeweiligen Motoren im Hinblick auf diese Eigenschaften optimiert werden können und so ein sicheres Betriebs- und Emissionsverhalten gewährleistet werden kann. Beispielsweise werden die Kennwerte für Dieselkraftstoffe in der DIN EN 590 [7.51], für Rapsölkraftstoff in der DIN 51 605 [7.2], für Pflanzenölkraftstoff in der DIN 51 623 [7.1], für Biodiesel bzw. FAME in der DIN EN 14 214 [7.52] und für HVO bzw. paraffinischen Dieselkraftstoff in der DIN EN 15 940 [7.53] definiert. Rapsöl- und Pflanzenölkraftstoff unterscheiden sich hinsichtlich der für die Herstellung zugelassenen Rohstoffbasis.

Bereits in den 1980er- und 1990er-Jahren haben verschiedene Firmen unterschiedliche Motorkonzepte für Pflanzenölkraftstoffe entwickelt und angeboten. Der wohl erste spezifische pflanzenöltaugliche Motor wurde in den 1980er-Jahren entwickelt (Elsbett-Motor). Im Unterschied zu diesen frühen, speziell für einen Pflanzenölkraftstoff konstruierten Dieselmotoren können auch Seriendieselmotoren auf Pflanzenölbetrieb bzw. Seriendieselfahrzeuge (überwiegend für Rapsölkraftstoff) adaptiert werden; dies ist auch die tendenziell z. T. noch heute verfolgte Option. Vorteilhaft hierfür sind die heute üblichen elektronisch geregelten Hochdruck-Einspritzsysteme (z. B. Common-Rail-Systeme), da sich bei diesen im gesamten Motorkennfeld die Parameter der Kraftstoffeinspritzung exakt einstellen lassen.

Die realisierten Umrüstmaßnahmen unterscheiden sich je nach Anbieter sowie Motor- und Fahrzeugtyp z. T. erheblich voneinander. Zu den wichtigsten technischen Anpassungen zählen:

- Austausch nicht pflanzenölverträglicher Materialien (u. a. Schläuche, Dichtungen),
- Austausch oder Modifikation von Kraftstoffsystemkomponenten (u. a. Leitungen, Kraftstofffilter, Förderpumpe, Einspritzpumpe, Einspritzdüsen),
- Kraftstoffvorwärmung an Leitungen, Filtern, Pumpen, Injektoren entweder elektrisch oder durch kühlwasser- bzw. öldurchflossene Wärmeübertrager,
- externe Vorwärmung des Motors durch Aufheizen des Motorkühlwassers mittels Brennstoff- oder elektrisch betriebener Standheizung,
- Anpassung der Motorsteuerung (z. B. Veränderung von Einspritzdruck, Einspritzmenge und Einspritzzeitpunkt sowie der Mehrfacheinspritzung) und
- Modifikation des Abgasnachbehandlungssystems insbesondere der Regenerierungsstrategie des Dieselpartikelfilters.

Daneben lassen sich Ein- und Zwei-Tank-Systeme (bzw. Ein- und Zwei-Kraftstoff-Systeme) unterscheiden.

- Mit dem Ein-Tank-System (Ein-Kraftstoff-System) wird der Motor in allen Betriebszuständen ausschließlich mit Pflanzenölkraftstoff betrieben. Insbesondere zur Überwindung kritischer Betriebsphasen (d. h. Kaltstart, Teillast, Winterbetrieb) ist häufig eine Kraftstoffvorwärmung im Niederdruckkraftstoffsystem, eine Motorkühlwasservorwärmung mithilfe einer Standheizung (z. B. durch elektrische Heizelemente) oder die Beheizung von Injektoren notwendig. Auch werden oft Kraftstoffleitungen mit größeren Querschnitten und leistungsfähigere Kraftstoffförderpumpen verbaut. Schließlich können auch eine Reihe weiterer Maßnahmen, insbesondere die Anpassung des Einspritzzeitpunkts, des Einspritzdrucks und der Einspritzmenge sowie die Anzahl und Taktung von Vor-, Haupt- und Nacheinspritzung den sicheren und emissionsarmen Motorbetrieb gewährleisten.
- Beim Zwei-Tank-System (Zwei-Kraftstoff-System) befindet sich im Haupttank Rapsöl- oder ein anderer Pflanzenölkraftstoff und in einem (meist kleineren) Zusatztank fossiler Dieselkraftstoff oder ein anderer paraffinischer Dieselkraftstoff (z. B. HVO). Der Kraftstoff im Zusatztank wird nur für den Startvorgang und die Warmlaufphase bzw. für ungünstige Betriebszustände (z. B. Leerlauf, Teillast) benötigt. Nach Erreichen einer vorgegebenen Betriebstemperatur bzw. bestimmter Betriebspunkte im Motorkennfeld wird auf den ausschließlichen oder anteiligen Betrieb mit Pflanzenölkraftstoff umgestellt. Vor dem Abstellen des Motors erfolgt der Betrieb wieder mit Dieselkraftstoff, wodurch das Kraftstoffsystem gespült wird und für den nächsten Startvorgang mit Dieselkraftstoff bereit ist. Die Umschaltung erfolgt je nach Ausführung manuell oder automatisch. Teilweise werden auch analog zum Ein-Tank-System Anpassungen im Niederdruckkraftstoffsystem vorgenommen.
- Eine Sonderstellung nimmt der „Multifuel"-Traktor ein. Dieser Traktor kann mit verschiedenen Kraftstoffen – Pflanzenöle, Biodiesel, fossiler Diesel – sowie mit den entsprechenden Kraftstoffmischungen gleichermaßen betrieben werden. Er ist dazu mit einem Kraftstofferkennungssystem und einer Vorrichtung zur automatischen Anpassung der Motorparameter in Abhängigkeit vom jeweiligen Kraftstoff ausgestattet [7.55].

Der Einsatz von Pflanzenölkraftstoff als Dieselsubstitut ist bisher am weitesten bei land- und forstwirtschaftlichen Maschinen entwickelt [7.56]. Untersuchungen am Prüfstand und im realen Betrieb bestätigen die hohe Betriebssicherheit und Einhaltung der gesetzlichen Emissionsvorschriften, wenn der Pflanzenölkraftstoff die vorgeschriebene genormte Kraftstoffqualität erfüllt [7.57]–[7.60]. Für bestimmte Traktormodelle wurden in der Vergangenheit werkseitige Freigaben erteilt.

Die Abgasemissionen von Kohlenstoffmonoxid, Kohlenwasserstoffen, der Partikelmasse und polyzyklischer aromatischer Kohlenwasserstoffe (PAK) von Rapsölkraftstoff in entsprechend angepassten Motoren sind im Rohabgas (d. h. ohne Abgasnachbehandlung) aufgrund des im Pflanzenölmolekül enthaltenen Sauerstoffs üblicherweise geringer als beim Einsatz fossilen Dieselkraftstoffs. Die Konzentrationen von Stickstoffoxiden und Aldehyden sind dagegen meist höher. Um die Anforderungen der Abgasgesetzgebung zu erfüllen, ist – wie bei Dieselkraftstoff – deshalb auch hier der Einsatz von Abgasnachbehandlungstechnologien (d. h. Oxidationskatalysator, selektive katalytische Reduktionstechnik (SCR-Technik), Dieselpartikelfilter) erforderlich. Derartige Abgasnachbehandlungssysteme reduzieren auch im Pflanzenölbetrieb den Schadstoffausstoß stark, sodass im Reinabgas kraftstoffbedingte Unterschiede kaum mehr erkennbar sind [7.61]. Die Voraussetzung für einen langfristig effektiven Einsatz von Abgasnachbehandlungssystemen wurde durch die strenge Reglementierung der Grenzwerte für Elemente wie Schwefel, Phosphor, Calcium und Magnesium in den Normen für Rapsöl- und Pflanzenölkraftstoff geschaffen. Diese Elemente können als Katalysatorgifte wirken und als Aschebildner den Dieselpartikelfilter verstopfen.

Die Regeneration des Dieselpartikelfilters muss so erfolgen, dass trotz geringerer Verdampfungsneigung des Pflanzenölkraftstoffs eine ausreichende Anhebung der Abgastemperatur erreicht und ein übermäßiger Kraftstoffeintrag in das Motoröl ausgeschlossen wird [7.62].

Einsatz als Pflanzenölbrennstoff. Pflanzenöle können auch als Brennstoff in entsprechenden Feuerungsanlagen zur Wärmeerzeugung eingesetzt werden. Beispielsweise kann Rapsöl in Anlagen für leichtes Heizöl (extra leicht) mit Ölvorwärmung und „heißer“ Brennkammer in Beimischungen von 10 bis 20 % zum leichten Heizöl verwendet werden. In Anlagen, welche die genannten Konstruktionsmerkmale nicht aufweisen, können bereits bei einem Beimischungsanteil von 5 % Verkokungen an der Düse und der Stauscheibe auftreten. In Brennern für mittelschweres Heizöl (in Deutschland nicht üblich) ist unter gewissen Umständen der Betrieb mit 100 % Rapsöl möglich. Schwerölbrenner sind für den Betrieb mit Rapsöl ohne Heizölbeimischung grundsätzlich geeignet.

Im Allgemeinen ist jedoch die Verwendung von Pflanzenölen als Ersatz von Heizöl in Ölbrennern nur in Ausnahmefällen sinnvoll. Wenn ausschließlich stationär Wärme aus Biomasse erzeugt werden soll, sind biogene Festbrennstoffe (z. B. Holz, Stroh) aus Kostengründen und wegen des höheren flächenbezogenen Energieertrags – aufgrund der Begrenztheit der insgesamt nutzbaren landwirtschaftlichen Nutzflächen – im Regelfall besser geeignet. Lediglich dann, wenn biogene Festbrennstoffe nicht verfügbar und andere Wärmebereitstellungsoptionen etwa aus Boden- und Gewässerschutzgründen nur mit einem hohen Risiko verwendet werden können (z. B. Berghütten, hochwassergefährdete Gebiete), kann der Einsatz von Pflanzenölen sinnvoll sein. Der eigentliche Vorteil von Pflanzenölen, die hohe Energiedichte, zeichnet sie vor allem für den Einsatz in Motoren von nur schwer elektrifizierbaren Anwendungen wie z. B. in mobilen Off-Road-Maschinen hoher Leistung aus.

Kuppel- und Nebenprodukte. Bei der Herstellung von Pflanzenöl fallen verschiedene Kuppel- und Nebenprodukte an, die im Folgenden beschrieben und hinsichtlich ihrer Einsatz- bzw. Nutzungsmöglichkeiten diskutiert werden.

Ernterückstände. Bereits bei der Ernte der Ölsaat fallen potenziell energetisch nutzbare Rückstände an. Dabei handelt es sich bei den in Mitteleuropa nutzbaren Ölsaaten im Wesentlichen um Stroh (d. h. Rapsstroh, Sonnenblumenstroh).

Jedoch wird das Stroh, das bei der Ölsaatenernte (d. h. in Deutschland insbesondere bei Raps) als Kuppelprodukt anfällt, üblicherweise bereits während der Ernte gehäckselt und anschließend in den Boden eingearbeitet. Es wird somit bevorzugt als organischer Dünger verwertet und trägt zur Erhaltung bzw. Verbesserung der Bodenfruchtbarkeit (d. h. Humusreproduktion) bei [7.63]. Alternativ könnte das Stroh auch geerntet, abtransportiert und in geeigneten Feuerungsanlagen energetisch genutzt werden. Dabei muss den verglichen mit Getreidestroh relativ ungünstigeren brennstofftechnischen Eigenschaften von Raps- und Sonnenblumenstroh hinsichtlich des Stickstoff-, Schwefel- und Chlorgehalts sowie des üblicherweise wegen der relativ dicken Stängel vergleichsweise hohen Wassergehalts aus feuerungstechnischer Sicht adäquat Rechnung getragen werden. Als Futtermittel ist Raps- und auch Sonnenblumenstroh dagegen nur sehr bedingt bzw. nicht geeignet [7.64]; auch die stoffliche Nutzung beispielsweise als Einstreu ist nur eingeschränkt möglich [7.63].

Presskuchen / Pressrückstand und Extraktionsschrot. Der feste Rückstand aus der Ölgewinnung kann u. a. als Futtermittel, als organischer Dünger oder als Rohstoff für die Biogasproduktion verwendet werden. Darüber hinaus ist eine Nutzung des Schrotes zu technischen Zwecken möglich (z. B. Proteinextraktion, Herstellung von Verpackungsmaterial). Aus wirtschaftlichen Gründen wird bisher praktisch ausschließlich die Verwertung als eiweißreiches Futtermittel realisiert.

Futtermittel. Die Rückstände aus der Ölsaatenverarbeitung (d. h. Presskuchen / Pressrückstand bei den Pressverfahren, Extraktionsschrot bei der Lösemittelextraktion) sind i. Allg. reich an Proteinen und stellen somit Eiweißfuttermittel dar, die in Kombination mit anderen Futtermitteln zu tierartspezifisch optimierten Futterrationen zusammengestellt werden können (Tabelle 7.5).

Aufgrund der spezifischen Zusammensetzung von Presskuchen / Pressrückstand und Extraktionsschroten sind für die verschiedenen Tierarten unterschiedliche Anteile an der Futterration möglich. Bestimmte giftige oder verdauungshemmende Inhaltsstoffe sowie hohe Gehalte an Rohfasern beschränken die Verwendung in der Tierfütterung. Hohe Glucosinulatgehalte beispielsweise führen zu einer verminderten Futteraufnahme und ggf. zu gesundheitlichen Störungen. Seit der Einführung der sogenannten Doppel-Null-Rapssorten ab Mitte der 1980er-Jahre können Rapsextraktionsschrote und Rapspresskuchen aus der Rapsverarbeitung in deutlich höheren Anteilen in der Tierernährung eingesetzt werden. Der Glucosinulatgehalt im fertigen Futter soll z. B. für Mastschweine unter 6 mmol/kg liegen. Grundsätzlich reagieren Wiederkäuer weniger empfindlich auf das Vorhandensein von Glucosinulaten als monogastrische (einmägige) Tiere. Etwa 70 % des Rapsextraktionsschrots werden deshalb in der Rinderfütterung, der Rest vor allem in der Schweinefütterung und nur geringe Anteile beim Geflügel eingesetzt [7.67].

Tabelle 7.5 Zusammensetzung von ausgewählten Extraktionsschroten und Presskuchen (Angaben bezogen auf Trockenmasse) [7.65]–[7.70]

		Soja-schrot	Raps-schrot	Rapspress-kuchen	Sonnen-blumenschrot	Sonnenblumen-presskuchen	Lein-schrot
Rohprotein	in %	44–51	35–41	30–36	26–32	26	34
Rohfett	in %	1,0–2,0	2,0–2,7	14,0–21,7	2,0–3,6	21,2	2,0
Rohfaser	in %	6,9–8,3	12,0–12,9	7,8–13,7	27,4–30,0	29,0	9,0
Rohasche	in %	6,0–7,0	7,0–7,9	6,0–6,7	6,0–6,7	5,4	6,0
Calcium	in g/kg	3,1–3,2	7,1	5,6–7,3	2,5–7,5	2,6–5,1	3,7–4,5
Phosphor	in g/kg	7,0	12,3	10,0–12,0	6,1–16,7	6,5–14,0	9,0–10,3
Natrium	in g/kg	0,2	0,13	0,1–0,3	0,1–0,9	0,1–0,2	0,6–1,3
Kalium	in g/kg	21,9	14,5	11,8	9–16	10–12	13–18
Magnesium	in g/kg	3,0	6,2	4,5	4,3–8,5	3,9–7,4	5,6–6,5
Schwefel	in g/kg	4,8	5,4–17,0	–	1,8–5,5	3,1–4,6	4,0–4,4
Eisen	in mg/kg	160	230	–	172–690	135–372	207–268
Kupfer	in mg/kg	19	11	–	24–37	18–32	14–29
Mangan	in mg/kg	33	62	–	48–58	47–59	41–51
Zink	in mg/kg	70	75	–	44–75	42–52	55–76
STE[a] (Rind)	in MJ	710–803	580–694	846–946	300	–	660
NEL[b] (MV)	in MJ	7,1–8,1	5,8–6,1	7,1	3,9–5,9	6,7	6,6
ME[c] (Schwein)	in MJ	13,5–14,9	10,4–11,1	13,7–15,7	9,0–9,7	13,7	11,1
UE[d] (Huhn)	in MJ	10,6–11,0	6,7	–	7,9	–	8,3

[a] Stärkeeinheiten; [b] Netto-Energie-Laktation (MV Milchvieh); [c] metabolische Energie; [d] umsetzbare Energie

Über die Einsatzmöglichkeiten von Rapspresskuchen liegen weniger Untersuchungen als über die Fütterung mit Rapsextraktionsschrot vor. Im Wesentlichen sind jedoch die für Rapsextraktionsschrot gefundenen Zusammenhänge auf Rapspresskuchen übertragbar. Es muss allerdings der unterschiedliche Ölgehalt berücksichtigt werden. Wenn die Energiezufuhr mit dem Futtermittel im Vordergrund steht, ist z. B. die Wertigkeit von Presskuchen höher als jene des Extraktionsschrotes.

Düngemittel. Presskuchen bzw. Extraktionsschrot kann prinzipiell auch als organischer Dünger in der Landwirtschaft eingesetzt werden. Je Tonne Rapsextraktionsschrot (11 bis 13 % Wassergehalt) werden dem Boden ca. 50 bis 60 kg Stickstoff (N), 20 bis 25 kg Phosphoroxid (als P_2O_5), 12 bis 18 kg Kaliumoxid (als K_2O), 6 bis 8 kg Calciumoxid (CaO) und ca. 7 bis 8 kg Magnesiumoxid (MgO) zugeführt. Da der Marktpreis für Futtermittel die substituierbaren Düngemittelkosten deutlich übersteigt, spielt diese Verwertung in der Praxis bisher keine Rolle.

Biogasproduktion. Extraktionsschrote bzw. Presskuchen können auch als Substrate für eine Biogaserzeugung eingesetzt werden (Kapitel 5, Band 3). Die Gasausbeute ist dabei höher als z. B. bei Gülle. Beispielsweise ergibt sich bei Rapspresskuchen aus einer Kaltpressung ein Biogasertrag von 610 bis 760 L_{Biogas}/kg organischer Trockenmasse im Vergleich zu ca. 450 L_{Biogas}/kg organischer Trockenmasse bei Gülle [7.71]. Mit dem Biogas erzielbare Methangehalte werden mit 43 bis 57 Vol.-% angegeben [7.72], [7.73]. Obgleich die Zugabe von Rapspresskuchen die Vergärung (z. B. mit Rindergülle) positiv beeinflusst, ist nicht auszuschließen, dass bei Einsatz von Kosubstratmischungen aus sauren und neutralen, stark eiweißhaltigen Substraten (d. h. Stoffen mit einem hohen Schwefelgehalt wie z. B. Rapspresskuchen), die während der Lagerung bereits teilweise anaerob abgebaut wurden, die Gefahr einer spontanen H_2S- und CO_2-Freisetzung bestehen kann. Gleiches gilt hinsichtlich möglicher spontaner NH_3-Freisetzungen für Kosubstratmischungen aus alkalischen und neutralen stickstoffreichen Substraten (z. B. Rapspresskuchen) [7.74].

Weitere Einsatzmöglichkeiten. Neben den bisher aufgeführten Möglichkeiten ist eine Nutzung des Schrotes zu technischen Zwecken möglich, beispielsweise zur Proteinextraktion oder zur Herstellung von Verpackungs- oder Dämmmaterial [7.75].

Sonstige Kuppelprodukte. Weitere Kuppelprodukte fallen bei der Raffination des pflanzlichen Rohöls (z. B. Fettsäuren, Schleimstoffe bzw. Phosphatide) an. Die anfallenden Mengen sind aber im Vergleich zu den anderen Kuppelprodukten gering; sie werden zudem gegenwärtig sehr unterschiedlich verwertet. Bleicherden werden in der Regel vor der Extraktion dem Presskuchen bzw. nach der Extraktion dem Schrot wieder zugegeben oder an den Hersteller zurückgegeben. Die übrigen Kuppelprodukte können ebenfalls dem Schrot zugegeben oder aber getrennt vermarktet werden.

So können beispielsweise die bei der Entsäuerung entfernten freien Fettsäuren in der Oleochemie Verwendung finden, aber auch als Futterkomponente eingesetzt werden. Darüber hinaus ist denkbar, sie bei der Raffination nicht zu entfernen, sondern bei der Umesterung nachzuverestern und damit innerhalb des Biodieselprozesses zurückzuführen. Aus den Phospholipiden wiederum, die bei der Entschleimung vom Pflanzenöl abgetrennt werden, lässt sich – vor allem bei Soja, weniger bei Raps – mit Lecithin ein wertvoller Rohstoff gewinnen, der etwa als Emulgator in Kosmetik- oder Lebensmittelprodukten sowie in der Leder- und Textilindustrie eingesetzt werden kann.

7.1.7 Gesamtkonzepte

Nachfolgend werden exemplarisch ausgewählte klein- und großtechnische Gesamtkonzepte zur Pflanzenölproduktion aus unterschiedlichen Ölpflanzen diskutiert.

Kleintechnische Konzepte. Im Folgenden wird ein Konzept zur kleinskaligen Rapsöl- und zur kleintechnischen Palmölproduktion dargestellt.

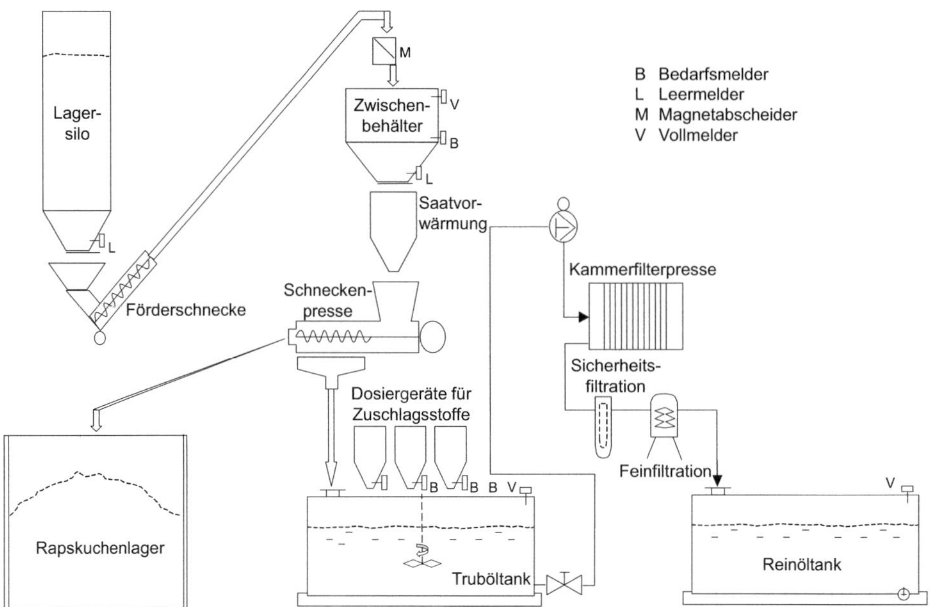

Abb. 7.44 Kleintechnische Ölmühle (vereinfachte Darstellung) (ergänzt nach [7.76])

Rapsverarbeitung. Eine kleintechnische Ölmühle für die Verarbeitung von Rapssaat unter deutschen / mitteleuropäischen Gegebenheiten besteht im Wesentlichen aus dem Saatlager, der Saatfördereinrichtung, dem Saatzwischenbehälter, ggf. der Saatvorwärmung und der Schneckenpresse. Mithilfe dieser Komponenten wird das Rohöl kontinuierlich produziert. Der dabei entstehende Presskuchen wird in dem Presskuchenlager zwischengelagert und von dort im Regelfall für die Fütterung von Nutztieren bereitgestellt. Das parallel dazu erzeugte Rohöl wird in dem Truböltank aufgefangen und dem Truböl werden kontinuierlich Adsorbenzien zur Reduzierung unerwünschter Elementgehalte sowie Filterhilfsmittel zudosiert. Mithilfe eines Rührwerks wird diese Suspension intensiv gerührt. Nach einer ausreichenden Konditionierungszeit wird die Trubölsuspension dann dem Apparat zur Hauptreinigung (d. h. Sedimentationsanlage, Filter), dem Sicherheitsfilter, dem End- oder Feinfilter („Polizeifilter") zugeführt, bevor es in dem Reinöltank gelagert wird. Abbildung 7.44 zeigt eine vereinfachte schematische Darstellung einer derartigen kleintechnischen Ölerzeugung.

Palmölproduktion. Die Produktion von Palmöl, wie es überwiegend in Indonesien und Malaysia stattfindet, bietet im kleintechnischen Maßstab Chancen zur Steigerung des Einkommens und des Lebensstandards im ländlichen Raum. Abbildung 7.45 zeigt exemplarisch ein Verfahrensschema einer derartigen kleintechnischen Palmölproduktion.

Demnach werden die geernteten Fruchtstände der Ölpalme mithilfe von Äxten zunächst geviertelt und auf dem Boden ausgebreitet. Anschließend werden die Früchte gelöst

Abb. 7.45 Verfahrensschema einer kleintechnischen Ölmühle zur Palmölproduktion (nach [7.77])

und ggf. nach einer Lagerung in großen Metallbehältern über offenen Feuern gekocht; dabei werden als Brennstoff u. a. getrocknete Fruchtstände verwendet. Die gekochten Früchte werden dann in einen Kocher mit separater Handspindel-Presse gegeben, in dem sie erneut erhitzt und weiter zerkleinert werden. Anschließend wird das Öl aus den noch heißen zerkleinerten Früchten gepresst.

Neben dem so gewonnenen Palmöl fallen aus den gepressten, zerstoßenen Früchten auch ein händisch aufgetrennter Faser- und ein Steinfrucht-Stoffstrom an. Die Fasern werden dann aufgehäuft und noch einmal für 1 bis 2 Tage gelagert, bevor sie für eine erneute Ölextraktion verwendet werden. Die Kerne (d. h. der Steinfrucht-Stoffstrom) werden getrocknet und während der Magerzeit der Ölpalmenfrüchte zu Palmkernöl verarbeitet [7.77].

Großtechnische Konzepte. Großtechnische Konzepte zur Pflanzenölerzeugung werden üblicherweise an die Eigenschaften der Ölsaat / Ölfrucht angepasst; deshalb wurden und werden z. T. sehr unterschiedliche verfahrenstechnische Lösungen realisiert. Nachfolgend werden ein Ölmühlenkonzept für die Verarbeitung von Raps, eines für die Sojabohne und eines für die Ölpalme exemplarisch für die große Bandbreite möglicher technischer Konzeptrealisierungen diskutiert.

Rapsverarbeitung. Abbildung 7.46 zeigt ein Konzept, wie es üblicherweise für die Verarbeitung von Rapssaat umgesetzt wird. Dabei werden eine Pressung und eine anschließende

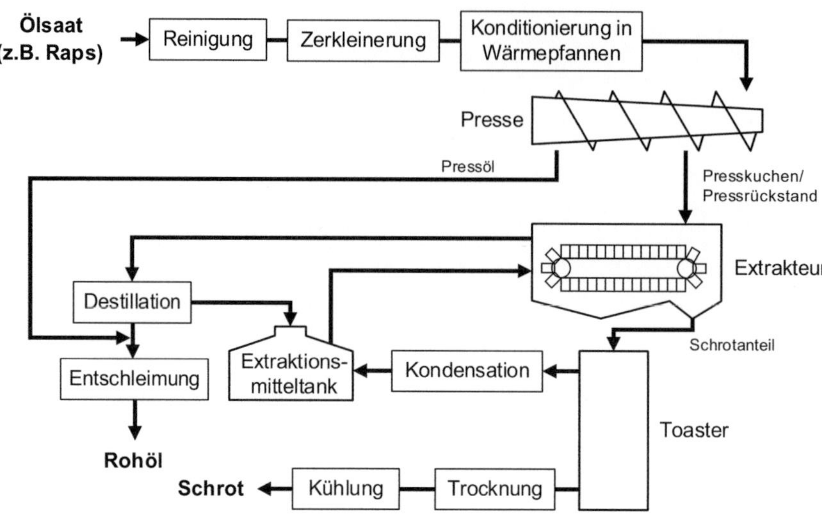

Abb. 7.46 Großtechnische Rapsölproduktion (vereinfachte, exemplarische Darstellung) (nach [7.78])

Extraktion realisiert; aufgrund des hohen Ölgehalts der Rapssaat von über 40 % hat dies ökonomische Vorteile im Vergleich zur alleinigen Extraktion.

Demnach wird die Ölsaat zunächst gereinigt und nach einer anschließenden Zerkleinerung in Wärmepfannen konditioniert. Dieses derart aufbereitete Pressgut wird nun gepresst; dabei entstehen das Pressöl und der Presskuchen / Pressrückstand. Letzterer wird in einer nachgeschalteten Extraktionsanlage mithilfe eines Lösemittels extrahiert. Dabei werden wieder zwei Produktströme erzeugt: die Miscella (d. h. das Gemisch aus Lösemittel und Öl) und die mit Lösemittel getränkte verbleibende organische Masse der Ölsaat. Aus beiden Stoffströmen muss anschließend das Lösemittel (nahezu) vollständig abgetrennt werden; es kann wieder in den Prozess zurückgeführt werden. Das dadurch gewonnene Extraktionsöl wird mit dem Pressöl zusammengeführt und so weit raffiniert, dass es die für die angedachte nachfolgende Weiterverarbeitung geforderten Produktqualitäten aufweist. Die extrahierten festen Rückstände der Ölsaat werden nach der Lösemittelabtrennung getrocknet und gekühlt. Dieser sogenannte Extraktionsschrot wird z. B. als Eiweißfuttermittel für Rinder vermarktet.

Sojaverarbeitung. Abbildung 7.47 zeigt exemplarisch einen Verfahrensablauf für die Ölgewinnung aus Soja. Im Unterschied zu Raps weist Soja nur einen Ölgehalt von rund 20 % auf. Deshalb wird hier – primär aus ökonomischen Gründen – ausschließlich eine Extraktion realisiert.

Die Ölsaat wird zunächst gereinigt und nach einer anschließenden Zerkleinerung flockiert (d. h. zu kleinen „Plättchen“ gewalzt). Anschließend wird dieses aufbereitete Extraktionsgut direkt in eine Extraktionsanlage gegeben. Dabei entstehen die Miscella (d. h.

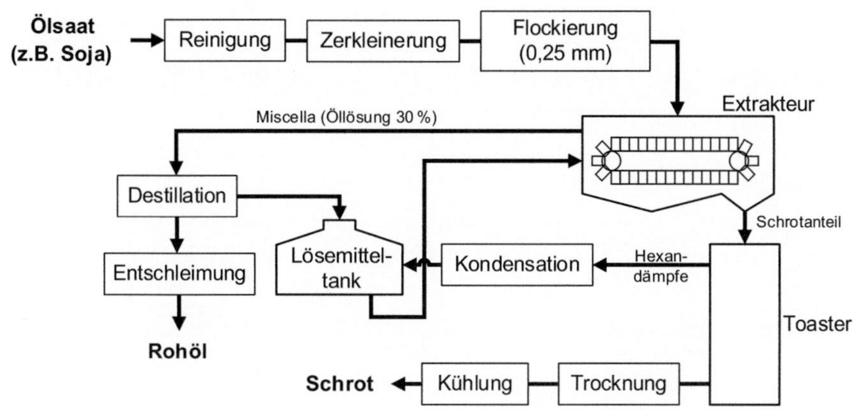

Abb. 7.47 Großtechnische Sojaölproduktion (vereinfachte, exemplarische Darstellung) (nach [7.78])

das Gemisch aus Lösemittel und Öl) und die mit Lösemittel getränkten festen Sojabohnenrückstände. Aus beiden Produktströmen wird im Anschluss daran das Lösemittel abgetrennt. Das danach vorliegende Extraktionsöl wird entsprechend den angestrebten Produktspezifikationen raffiniert und das Extraktionsschrot getrocknet und gekühlt, damit eine Nutzung als proteinreiches Futtermittel (z. B. für Geflügel, für Schweine) möglich ist.

Palmfruchtverarbeitung. Abbildung 7.48 zeigt ein mögliches großtechnisches Konzept zur ausschließlichen Produktion von Palmöl. Demnach umfasst die Verarbeitung von Palmfrüchten zu rohem Palmöl im Wesentlichen die Prozessschritte Sterilisation, Dreschen (d. h. Abtrennen der Ölfrüchte vom Fruchtstand), weitergehender Aufschluss der Ölfrucht, Ölgewinnung (Pressen) und Ölreinigung. Die Sterilisation – dargestellt ist ein mit Loren betriebener horizontaler Autoklav – wird hier unter Verwendung von Sattdampf durchgeführt. Nach dieser Sterilisation werden die Fruchtstände in einem Apparat zum Abtrennen der Ölfrüchte von den Fruchtständen (Drescher) gegeben, der beispielsweise aus einer rotierenden Trommel besteht. Die leeren Fruchtstände (engl. Empty Fruit Bunches) können dann zur Energieversorgung der Ölmühle verbrannt werden.

In einer anschließenden Aufschlussphase werden die Früchte dann erneut erhitzt, um den Austritt des Öls aus den Zellen des Fruchtfleischs zu erleichtern. Die derart aufgeschlossenen Früchte werden anschließend gepresst; es entstehen eine ölhaltige Flüssigkeit und der Pressrückstand, der aus den Palmkernen und den Fasern des Fruchtfleischs besteht. Zuletzt findet eine Ölreinigung statt, bei der die abgepresste Flüssigkeit zunächst mit zusätzlichem Wasser gemischt wird. Die Viskosität der stark ölhaltigen Flüssigkeit wird dadurch gesenkt und die darin noch enthaltenen Feststoffe sedimentieren, während das Öl im oberen Teil des Reinigungstanks aufschwimmt. Unter Verwendung verschiedener Separatoren erfolgt dann eine Phasentrennung, aus der das Zielprodukt Palmöl sowie

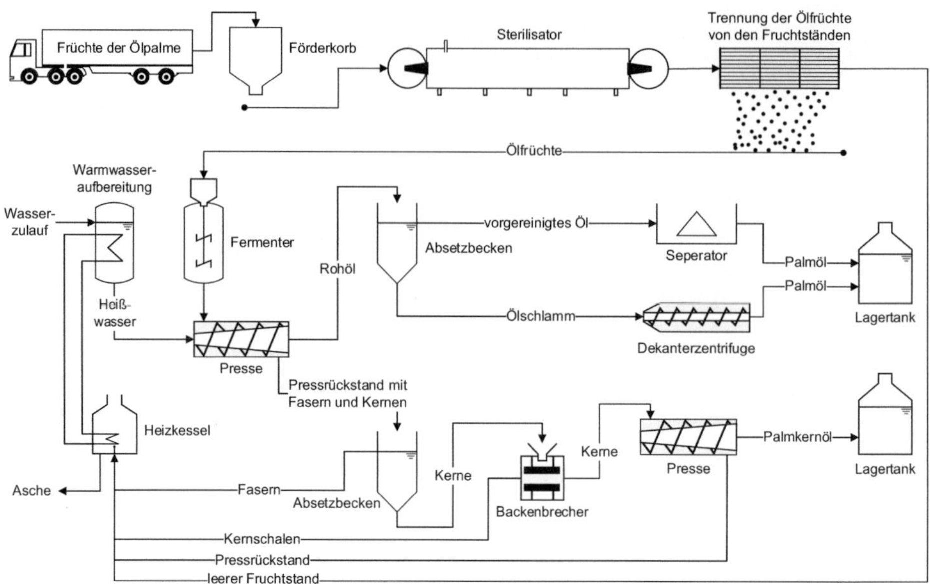

Abb. 7.48 Großtechnische Palmölproduktion (vereinfachte Darstellung) (u. a. nach [7.80])

ein mit organischen Stoffen belastetes Abwasser (engl. Palm Oil Mill Effluent, POME) hervorgehen [7.79].

Der Pressrückstand wird anschließend in die faserige Fraktion und die Palmkerne aufgetrennt. Ersterer Biomassestrom kann z. B. zur Energieversorgung der Ölmühle verbrannt werden. Letzterer Strom, die Palmkerne, wird dann in einem Saatbrecher aufgebrochen und anschließend – ggf. nach einer Abtrennung der Saatschale und einer eventuell realisierten Konditionierung – ausgepresst; es entsteht das Palmkernöl, das sich von seinen Öleigenschaften leicht von dem eigentlichen Palmöl unterscheidet. Der zusätzlich anfallende Pressrückstand kann anschließend ebenfalls verbrannt werden.

7.2 Weiterverarbeitung zu Kraftstoffen

Die Verwendung von Pflanzenölen und -fetten als Kraftstoffe für Verbrennungskraftmotoren ist seit über hundert Jahren bekannt. Rudolf Diesel verwendete bei der Vorstellung seines neuen Motorkonzepts – Selbstzündung ohne Zündkerze, dem Dieselmotor – im Zuge der Weltausstellung 1900 in Paris Erdnussöl als Treibstoff [7.81]. Schon bald wurden Pflanzenfette und -öle aber durch die immer preiswerter werdende mineralische Treibstoffprodukte ersetzt.

Erst infolge der beiden Erdölpreiskrisen in den 1970er-Jahren besann man sich – auf der Suche nach alternativen Treibstoffen für Dieselmotoren – auf die Möglichkeit der Verwendung von Pflanzenölen bzw. deren Derivaten als Ersatz für Dieselkraftstoffe mineralischen Ursprungs. Diese alternativen Kraftstoffe haben durch die Klimaschutzbemühungen dann zusätzlich an Bedeutung gewonnen.

In den heute entsprechend der Emissionsgesetzgebung für den Straßen- und Schienenverkehr optimierten Dieselmotoren mit Hochdruck-Direkteinspritzung und Abgasnachbehandlung ist der alleinige Einsatz (d. h. als Reinkraftstoff) von nicht in ihrem molekularen Aufbau veränderten Pflanzenölen in der Regel nicht ohne z. T. erhebliche Anpassungen möglich. Vor allem am Kraftstoffsystem, am Motor und an der Abgasnachbehandlung müssen, da sich Pflanzenöle in wesentlichen Eigenschaften (vor allem Viskosität und Siedeverhalten) von fossilem Dieselkraftstoff deutlich unterscheiden, Adaptierungen erfolgen. Hier ermöglicht die Weiterverarbeitung der Pflanzenöle zu Fettsäuremethylester (engl. Fatty Acid Methyl Ester, FAME, landläufig „Biodiesel" genannt) eine Annäherung der spezifischen Eigenschaften der Pflanzenöl-basierten Kraftstoffe an die von fossilem Dieselkraftstoff gemäß DIN EN 590. Alternativ dazu können die Pflanzenöle auch mithilfe von aus der „klassischen" Raffinerietechnik bekannten Verfahren bzw. bei einer kombinierten Verarbeitung zusammen mit fossilem Rohöl hinsichtlich ihres molekularen Aufbaus verändert werden. Mithilfe derartiger Verfahren können die jeweiligen Kraftstoffnormen sicher eingehalten werden.

Bei der Umwandlung von pflanzlichen und / oder tierischen Ölen und Fetten zu Biodiesel oder HVO/HEFA-Diesel (zur Begriffserklärung siehe weiter unten) nehmen die Rohstoffkosten bis zu 80 % der Produktionskosten ein. Daher wurde schon sehr frühzeitig versucht, neben der Verwendung von pflanzlichen Rohölen wie Rapsöl, Sonnenblumenöl, Palmöl oder Sojaöl möglichst preiswerte Fett- oder Ölrohstoffe für die Kraftstoffherstellung zu verwenden; deshalb wurden beispielsweise bereits in den frühen 1990er-Jahren in Österreich die ersten Biodieselproduktionsanlagen, die Altspeiseöle bzw. gebrauchte Frittierfette zur Herstellung von Biodiesel verwendeten, erfolgreich in Betrieb genommen (Mureck / Österreich, 1993). Heute ist der Einsatz derartiger Rückstände oder Nebenprodukte Stand der Technik. Dies gilt insbesondere für die folgenden Stoffströme.

- Gebrauchte Öle und Fette. In der nahrungsbe- und -verarbeitenden Industrie werden pflanzliche Öle und Fette in vielfältigen Produktionsprozessen eingesetzt. Auch wird beispielsweise Pflanzenöl bei der finalen Nahrungsmittelzubereitung eingesetzt. Die dabei anfallenden gebrauchten Öle und Fette stellen einen wichtigen Stoffstrom für die Kraftstofferzeugung dar. Dies gilt im Wesentlichen für die folgenden beiden Stoffströme.
  - Altspeiseöle. Gebrauchte Speiseöle (engl. Used Cooking Oil, UCO) zeigen in ihrer Zusammensetzung zwar annähernd das gleiche Fettsäuremuster wie das ursprüngliche Ausgangsöl. Durch die Verwendung beispielsweise zur Herstellung von Kartoffelchips oder beim Braten und Frittieren kommt es aber zu Verunreinigungen bzw. zur Bildung von Reaktionsprodukten. Verunreinigungen können u. a. ein erhöhter Wassergehalt, Speisesalzreste, Nahrungsmittelreste und auch erhöhte Polyethylengehalte sein. Außerdem kann es aufgrund der thermischen Belastung während des Frittierens zu Oxidationsprozessen und zu primären und sekundären Oxidationspro-

dukten (polymerisierte Triglyceride bzw. Fettsäuren) kommen. Insgesamt wurden 220 Verbindungen als leichtflüchtige Produkte identifiziert, die beim Frittieren entstehen können und von denen ein erheblicher Teil im Frittieröl verbleibt [7.82].

- Fettabscheiderfett. Die Fettphase, die aus dem Leichtstoffabscheider (z. B. aus einem Kanalsystem einer Gastronomieküche) gewonnen werden kann, wird als Fettabscheiderfett bezeichnet. Da derartige Fettabscheiderfette oft lange in Kontakt mit Wasser – und das bei erhöhten Temperaturen und unter Luftzugang – sind, sind sie vielfältigen Oxidations- und Hydrolysereaktionen ausgesetzt. Daher weisen sie meist einen hohen Wassergehalt, einen hohen Gehalt an freien Fettsäuren und anderen Oxidationsprodukten sowie starke Verunreinigungen auf. Zumeist findet man auch Reste an oberflächenaktiven Substanzen (Tenside) in Fettabscheiderfetten.

Bei der Verwendung von Altspeiseölen bzw. Fettabscheiderfetten als Rohstoff für die Biodieselproduktion gibt es einige Herausforderungen an den Produktionsprozess und die Endqualität der Produkte.

- Polare Substanzen. Polare Substanzen führen zu einer verschlechterten Phasentrennung durch ihre oberflächenaktive Wirkung und in weiterer Folge zu Qualitätsproblemen (z. B. bei den Qualitätsparametern Gesamtverschmutzung, Na-/K-Gehalt, Koksrückstand).
- Polymerisierte Triglyceride. Polymerisierte Triglyceride können einen zu geringen Estergehalt im Biodiesel verursachen.
- Oxidationsprodukte. In den gebrauchten Ölen und Fetten enthaltene Oxidationsprodukte können zu Ablagerungen in den bei der Verarbeitung zwingend benötigten Wärmeübertragern führen; dies kann mit Anlagenbetriebsproblemen einhergehen.
- Öl- und wasserlösliche Komponenten. Durch in den bereits verwendeten Ölen und Fetten potenziell enthaltene öl- und wasserlösliche Komponenten besteht die Möglichkeit einer Verunreinigung des Rohstoffs mit einer Reihe von Chemikalien (z. B. Tenside, mineralische Altöle). Diese Substanzen können zu Problemen bei der Verarbeitung und in der Qualität der Endprodukte führen.

• Tierfette. Als eine weitere kostengünstige Rohstoffquelle wird auch Tierfett für die Kraftstoffherstellung verwendet. Dieses Tierfett ist neben dem Knochenmehl eines der Hauptprodukte aus der Tierkörperverwertung (engl. Rendering). Derartige tierische Fette haben i. Allg. immer einen höheren Anteil an gesättigten Fettsäuren (vor allem Stearinsäure C18:0); d. h., daraus hergestellter Biodiesel ist zwangsläufig schlechter im Kälteverhalten (engl. Cold Filter Plugging Point (CFPP) bzw. Cloud Point; er kann deshalb in kalten Jahreszeiten oft nur im Gemisch mit Fettsäuremethylestern, die ein besseres Kälteverhalten aufweisen, verwendet werden) und besser beim Energieinhalt und der Cetanzahl. Dabei ist die Fettsäurezusammensetzung (d. h. das Fettsäuremuster) des Tierfetts sehr abhängig vom jeweils verarbeiteten Tier (Tabelle 7.6) [7.83].
Im Zusammenhang mit der Rinderseuche (Bovine spongiforme Enzephalopathie, kurz BSE, landläufig „Rinderwahnsinn" genannt), die um die Jahrtausendwende in Europa wütete und durch Übertragung auf den Menschen zu zahlreichen Creutzfeldt-Jakob-Erkrankungen z. T. mit Todesfolge geführt hat, wurden die Verwendungsmöglichkei-

Tabelle 7.6 Fettsäuremuster von verschiedenen Rohstoffen (nm nicht gemessen) (nach [7.83])

Fettsäure	Rapsöl	Altspeiseöl	Rindertalg	Schmalz	Hühnerfett	Lachsöl	Sardellenöl
	in Gew.-% (Minimum und Maximum)						
Laurin (C12:0)	–	nm–0,4	–	–	nm–1,0	0,1	–
Myristin (C14:0)	–	nm–1,1	2,6–3,5	1,3–1,7	0,5–1,0	5,8	6,7
Myristolein (C14:1)	–	–	0,5–1,3	–	0,1–0,2	–	–
Pentadecan (C15:0)	–	–	0,5–1,0	–	–	–	–
Palmitin (C16:0)	3,5–4,5	8,4–25,8	23,8–27,0	23,2–25,5	20,9–24,7	16,9	20,2
Palmitolein (C16:1)	nm–0,5	0,2–4,6	0,5–4,7	2,2–2,7	5,0–7,7	5,4	6,6
Margarin (C17:0)	–	–	1,1–2,5	nm–0,4	–	–	0,2
Heptadecan (C17:0)	–	–	0,5–1,7	nm–0,4	–	–	–
Stearin (C18:0)	0,9–1,5	3,7–4,8	12,7–34,7	10,4–17,0	4,5–5,8	4,3	4,2
Öl (C18:1 cis)	–	28,5–52,9	29,9–47,2	40,0–42,8	38,2–48,5	19,2	19,7
Linol (C18:2)	18,7–22,3	13,5–50,5	0,8–2,7	10,7–21,0	17,3–23,8	16,1	2,6
Linolen (C18:3)	7,7–9,0	0,6–3,5	nm–0,8	nm–64,7	nm–2,5	2,8	1,6
Arachin (C20:0)	0,4–0,5	0,1–0,4	nm–0,3	nm–0,2	–	–	–
Gadolein (C20:1)	1,0–2,0	0,1–0,8	nm–0,5	0,9–1,0	0,5–1,0	–	–
Eicosadien (C20:2)	–	–	–	0,5–0,7	–	–	0,2
Eicosatrien (C20:3)	–	–	–	nm–0,2	–	–	–
Eicosapentaen (C20:5)	nm–0,1	0,2	–	–	–	15,6	10,4
Behen (C22:0)	nm–0,5	nm–0,8	–	–	–	–	–
Eruca (C22:1)	nm–0,1	–	–	–	–	–	–
Docosapentaen (C22:5)	–	–	–	–	–	2,5	0,8
Docosahexaen (C22:6)	–	–	–	–	–	11,4	21,6
Lignocerin (C24:0)	–	0,04–0,3	–	–	–	–	–

ten für Tierfett aus Tierkörperverwertungsanlagen von der EU-Kommission drastisch eingeschränkt. Seither werden Rohstoffe aus Tierreststoffen gemäß ihrer Risikoeinschätzung in drei Kategorien eingeteilt:

- Als Kategorie 1 Material gilt Risikomaterial (Specified Risk Material, SRM; z. B. Teile des Rückenmarks und des Gehirns).
- In die Kategorie 2 fallen all jene Teile, die weder Risikomaterial sind noch als Tierfutter freigegeben werden; dazu zählt z. B. der Mageninhalt von Schlachttieren.
- Die Kategorie 3 beschreibt Tierreststoffe, die zur Weiterverarbeitung in der chemischen Industrie (z. B. Kosmetika) und als Tierfutter verwertet werden können.

Als Konsequenz der BSE-Krise wurde die Verfütterung von tierischem Eiweiß und Fett der Kategorie 1 und 2 verboten. Damit die entsprechenden Stoffströme der Kategorie 1 und 2 nicht thermisch verwertet werden müssen, wurde durch gezielte Versuche in Hochsicherheitslabors gezeigt, dass sich BSE-Erreger – sogenannte Prionen – im Zuge eines chemischen Biodieselprozesses (bestehend aus saurer Vor- und alkalischer Umesterung mit anschließender Biodieseldestillation) vollkommen zerstört werden und im Endprodukt im produzierten Biodiesel nicht mehr nachweisbar sind [7.84]. Die Euro-

päische Behörde für Lebensmittelsicherheit (EFSA) hat daraufhin 2004 [7.85] erstmals ein Biodieselherstellungsverfahren (Fa. BDI BioEnergy International) als sichere Entsorgungsmethode für Kategorie 1 „Tierfettmaterial" eingestuft. Daraufhin wurde dieses Biodieselverfahren in die entsprechende EU-Hygieneverordnung als offizielle Entsorgungsmethode aufgenommen [7.86]. Damit war der Weg für die Verwendung von Tierfett zur Biodieselherstellung geöffnet und seither sind, basierend auf Tierfett, zahlreiche Anlagen vor allem in Europa in Betrieb gegangen.
Bei der Verwendung von Tierfetten als Rohstoff für die Kraftstoffproduktion gibt es einige spezielle Herausforderungen an den Produktionsprozess und die Endqualität der Produkte.

- Unlösliche Verunreinigungen. In den Tierfetten können noch Reste an Haut, Knochenmehl, Proteine sowie Spurenelemente an Zinn, Zink, Kupfer enthalten sein. Vor allem erhöhte Werte an Polyethylen (z. B. von den Ohrmarken bei Zuchttieren) können im Prozess zu Plastikablagerungen in den Wärmeübertragern führen.
- Phosphor. Phosphor, der beispielsweise aus den Knochen bzw. aus den Phosphorlipiden kommen kann, kann zu einem erhöhten Phosphorgehalt beispielsweise im Biodiesel führen.
- Schwefelverbindungen. In Tierfetten ggf. noch vorhandene Schwefelverbindungen können zu erhöhtem Schwefelgehalt z. B. im Biodiesel führen.
- Unverseifbares. Bei schlechten Tierfettqualitäten können bis zu 10 % an unverseifbaren Komponenten enthalten sein. Diese unverseifbaren Anteile, mit ähnlichem Siedepunkt wie FAME, können bei der Endreinigung mittels Rektifikation nicht von der Biodieselfraktion abgetrennt werden und führen so zu einer Erniedrigung des Methylestergehalts im Biodiesel – mit allen damit Downstream-seitig verbundenen weitergehenden Konsequenzen.
- Fettsäureamide. Fettsäureamide stammen aus Reaktionen von Ammoniak mit freien Fettsäuren. Und der Ammoniak entsteht beim enzymatischem Abbau von Proteinen bzw. Aminosäuren im Zuge von Verwesungsprozessen; daher ist ein saisonaler Anstieg der Fettsäureamide im Sommer möglich. Manche dieser Fettsäureamide gelangen trotz der Destillation in die Biodieselphase, wo sie – aufgrund ihres niedrigen Kristallisationspunktes – zu Problemen im Kälteverhalten des Endprodukts führen können (u. a. Trübung durch Auskristallisation).

• Freie Fettsäuren. Freie Fettsäuren (Abb. 7.49) liegen in Ölen und Fetten neben den als Ester gebundenen Fettsäuren vor. Sie sind unerwünschte Bestandteile, die deren Qualität negativ beeinflussen. Sie werden deshalb bei der Pflanzenölraffination typischerweise auf gesetzlich geregelte Grenzen abgetrennt. Je nach Qualität des zu reinigenden Öls kann der Gehalt freier Fettsäuren von unter 0,5 % bis zu über 8 % variieren.
Bei der chemischen Herstellung von Biodiesel durch Umesterung von Fetten und Ölen, die freie Fettsäuren enthalten, muss darauf geachtet werden, dass nicht durch eine Nebenreaktion mit dem alkalischen Katalysator unerwünschte Nebenprodukte (Alkaliseifen) entstehen (Kapitel 7.1.2, Band 3). Diese oberflächenaktiven Substanzen führen

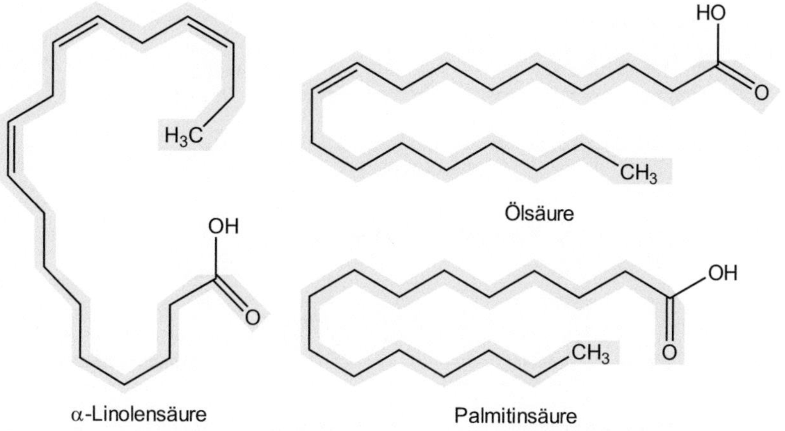

Abb. 7.49 Freie Fettsäuren (grau hinterlegte Bereiche sind die Fettsäurereste)

in weiterer Folge zu verfahrenstechnischen Problemen (z. B. unvollständige Trennung der Produktphasen) bzw. zu Ausbeuteverlusten an Biodiesel. Eine direkte, chemische Umwandlung der freien Fettsäuren in Fettsäuremethylester kann durch die sogenannte Veresterungsreaktion, unter Einsatz von sauren Katalysatoren und Methanol, als vorgeschalteter Reaktionsschritt erfolgen.

Neben der nachfolgend diskutierten chemischen oder enzymatischen Umesterung von pflanzlichen und tierischen Ölen und Fetten ist auch die direkte Verarbeitung dieser Rohstoffe in konventionellen Mineralölraffinerien möglich (sogenanntes Co-Processing); auch dies wird nachfolgend dargestellt. Daneben kann ein auf pflanzlichen oder tierischen Ölen bzw. Fetten basierender Kraftstoff auch über sogenannte Hydrierung bzw. ein Hydrotreating mit anschließender Crackung/Isomerisierung und einer darauffolgenden destillativen Abtrennung der entsprechenden Kraftstofffraktionen erzeugt werden (HVO-/HEFA-Prozess; zur Begriffsdefinition siehe unten); auch dieser Umwandlungspfad wird im Folgenden näher diskutiert.

7.2.1 Um- und Veresterung

Edgar Ahn, Martin Kaltschmitt

Das am meisten verbreitete Verfahren zur Anpassung von Ölen und Fetten an konventionelle Dieselmotoren ist die katalysatorgesteuerte chemische Umesterung zu Fettsäuremethylester (engl. Fatty Acid Methyl Ester, FAME) bzw. Biodiesel (Abb. 7.50). Dafür werden im Folgenden zunächst die chemischen Grundlagen einer entsprechenden Biodieselherstellung auf Basis einer derartigen Umesterung erläutert. Anschließend wird auf die

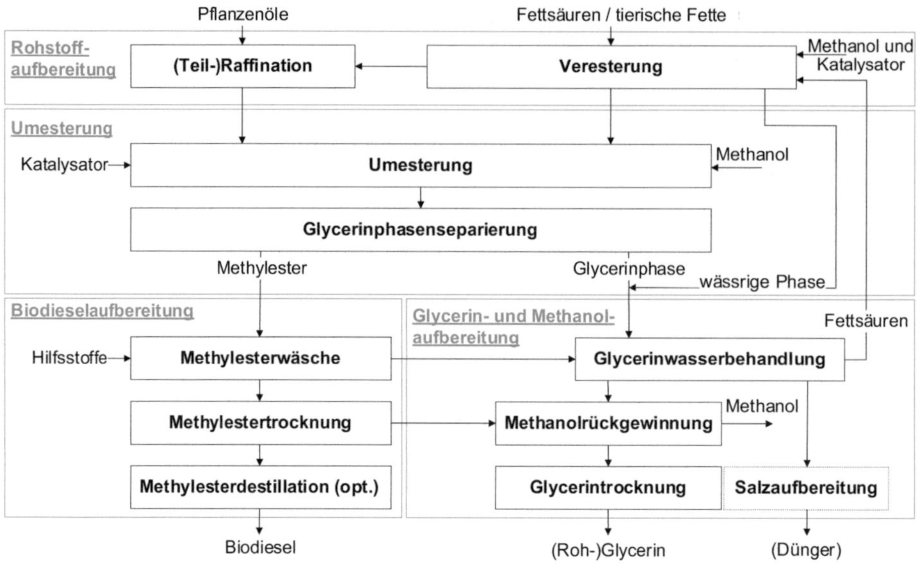

Abb. 7.50 Grundlegender Verfahrensablauf bei der Biodieselproduktion durch Umesterung (opt. optional)

verfahrenstechnische Umsetzung eingegangen; dazu werden zunächst die wesentlichen den Prozess bestimmenden Randbedingungen erläutert. Dann wird auf die erzielbaren Produkteigenschaften – und damit die entsprechende Produktqualität – eingegangen. Abschließend werden ausgewählte Gesamtanlagenkonzepte dargestellt.

Außer durch eine derartige chemische Umesterung von pflanzlichen und tierischen Fetten und Ölen zu Fettsäuremethylester (FAME) kann eine Umesterung auch enzymatisch – und damit auf der Basis von Biokatalysatoren – realisiert werden. Da dies letztlich zu einem vergleichbaren Kraftstoff führt, wird auch diese Option im Folgenden in einer vergleichbaren Strukturierung vorgestellt.

7.2.1.1 Chemische Grundlagen

Nachfolgend werden zunächst die chemischen Grundlagen der chemischen Umesterung und danach die der enzymatischen Umesterung beschrieben.

Chemische Umesterung. Bei der Herstellung von FAME bzw. Biodiesel erfolgt die schrittweise Umesterung (auch als Alkoholyse bezeichnet) von pflanzlichen oder tierischen Ölen bzw. Fetten durch die Zugabe eines (einwertigen) Alkohols (z. B. Methanol) sowie eines Katalysators. Dabei wird das relativ hochmolekulare Pflanzenöl-Triglycerid in drei niedrigmolekulare Verbindungen gespalten. Der dreiwertige Alkohol des Pflanzenöls (Glycerin) wird dabei durch drei einwertige Alkohole aus der Esterbindung verdrängt (Abb. 7.51).

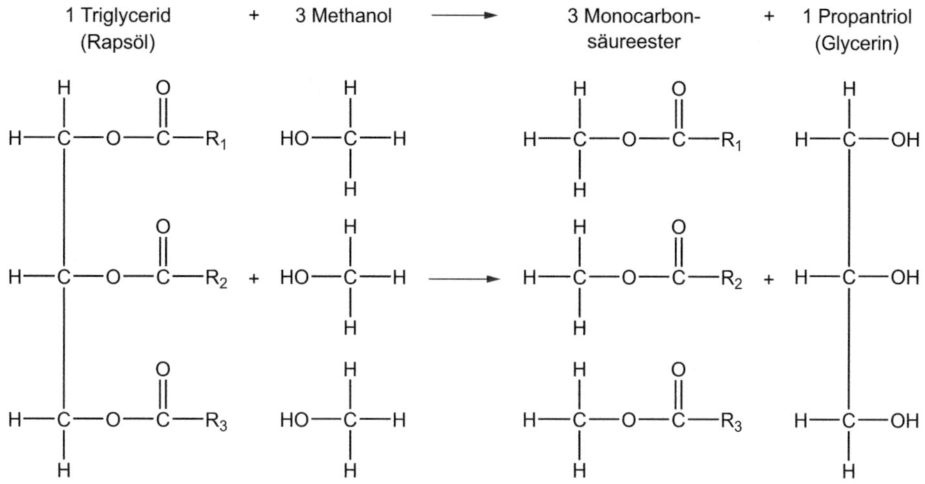

1 Triglycerid (Rapsöl) + 3 Methanol ⟶ 3 Monocarbonsäureester + 1 Propantriol (Glycerin)

Abb. 7.51 Umesterung von Pflanzenöl zu Pflanzenöl-Fettsäuremethylester

Da die ursprüngliche Bindungsform (d. h. die Esterbindung) erhalten bleibt, wird dieser Vorgang als Umesterung bezeichnet. Als einwertige Alkohole sind sowohl Methanol als auch Ethanol einsetzbar. Allerdings ist die Umesterung mit Ethanol vielfach kinetisch gehemmt und schwieriger durchzuführen (z. B. vergleichsweise niedrigere Konversionsraten und problematische Rückgewinnung des Ethanols innerhalb des entsprechenden Biodieselprozesses [7.87]), sodass derzeit fast ausschließlich Methanol eingesetzt wird.

Beim Einsatz von Methanol zur Umesterung von aus Fettsäuren bestehenden pflanzlichen und tierischen Ölen und Fetten wird das Umesterungsprodukt chemisch exakt als Fettsäuremethylester oder FAME und landläufig als „Biodiesel" bezeichnet. Mindestanforderungen hinsichtlich der Qualität dieses Kraftstoffs sind international in den entsprechenden Normen (z. B. DIN EN 14 214 bzw. US ASTM D6751) festgelegt.

Die Reaktion von Triglyceriden und Methanol zu Fettsäuremethylester und Glycerin ist eine Gleichgewichtsreaktion, die zum Stillstand kommt, wenn etwa zwei Drittel der Ausgangsstoffe reagiert haben. Um die Ausbeute bei der großtechnischen Umsetzung zu erhöhen, kann ein Reaktionsprodukt (in der Regel Glycerin) abgezogen oder ein Reaktionspartner im Überschuss verwendet werden. Meistens wird deshalb mit einem Überschuss an Methanol gearbeitet, um das Gleichgewicht in die gewünschte Richtung zu beeinflussen [7.4]. Der Methanolüberschuss darf jedoch nicht beliebig hoch werden, da Methanol ansonsten als Löslichkeitsvermittler wirkt und sich dadurch Glycerin nicht als schwerere Phase absetzen kann.

Besonders wichtig für die Entwicklung einer geeigneten Prozessführung ist das Phasenverhalten während der Reaktion. Abbildung 7.52 zeigt deshalb – stark vereinfacht – den kinetischen Verlauf der Reaktion und das jeweilige Flüssig-Flüssig-Phasengleichgewicht [7.88].

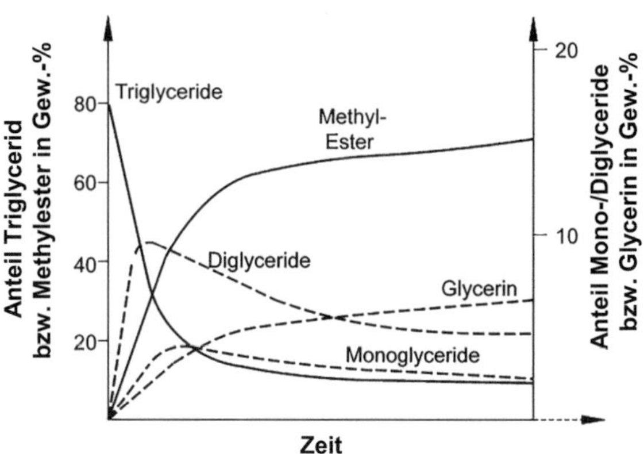

Abb. 7.52 Kinetik und Phasenverhalten bei der Umesterung (nach [7.88])

Für die Reaktion ist demnach anfangs eine sehr gute Vermischung der verschiedenen Komponenten notwendig, da die Löslichkeit von Methanol in Öl relativ gering ist. Ist ein bestimmter Teil des Pflanzenöls umgeestert, entsteht – auch aufgrund der emulgierenden Eigenschaften der Partialglyceride – ein nahezu einphasiges System. Am Ende der Reaktion muss dann die Glycerinphase, die sich aufgrund des Dichteunterschieds im Reaktor unten absetzt, abgeschieden werden. Diese Abtrennung muss schnell und vollständig realisiert werden, um Rückreaktionen zu verhindern. Mit der Glycerinphase wird zugleich auch ein großer Teil des nichtreagierten Methanols abgetrennt [7.88].

In jedem pflanzlichen wie tierischen Öl treten sogenannte freie Fettsäuren (FFA) als Begleitstoffe der Glyceride auf. Ihr Gehalt schwankt je nach Ölart bzw. Reinigungsgrad des Öles. Im Fall der alkalisch katalysierten Umesterung von Triglyceriden werden diese freien Fettsäuren durch die irreversible Reaktion mit dem alkalischen Katalysator (z. B. Natriummethylat (CH_3ONa) bzw. Natriumhydroxid (NaOH)) gemäß Gleichung (7.1) bzw. (7.2) neutralisiert.

$$R'COOH + CH_3ONa \Rightarrow R'COONa + CH_3OH \quad (7.1)$$

$$R'COOH + NaOH \Rightarrow R'COONa + H_2O \quad (7.2)$$

Demnach entstehen dabei die entsprechenden Salze der freien Fettsäuren (Alkaliseifen). Dies führt zu einem Verlust an alkalischem Katalysator bzw. veresterbarem Material. Durch die so erfolgte Reduzierung der eingesetzten Katalysatormenge kann es zu einer unvollständigen Umesterung kommen. Die entstehenden Alkaliseifen verursachen weiterhin aufgrund ihrer emulgierenden Wirkung auch verfahrenstechnische Probleme bei der nach der Umesterung realisierten Trennung der Produktphasen. Für eine wirtschaftliche Durchführung der alkalisch katalysierten Umesterung ist es daher notwendig, Ausgangsöle mit möglichst geringen Gehalten an freien Fettsäuren (FFA) zu verwenden (FFA-Gehalt < 1 Gew.-%).

Eine Reduzierung des Gehalts an freien Fettsäuren kann z. B. durch einen der Umesterung vorausgehenden Veresterungsschritt erreicht werden. Als Veresterung bezeichnet man eine chemische Kondensationsreaktion, bei der Alkohol (Methanol) und Säure (z. B.

Abb. 7.53 Veresterung einer freien Fettsäure mit einem Alkohol

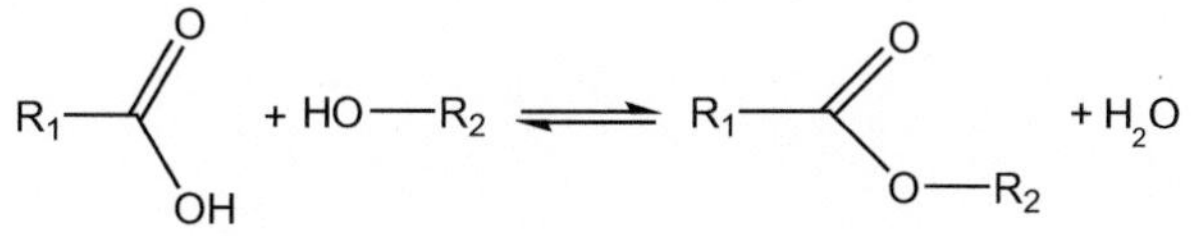

freie Fettsäure) unter Abspaltung von Wasser zu einem Molekül, einem Ester, reagieren (Abb. 7.53).

Den entsprechenden Mechanismus zeigt Abb. 7.54. Im ersten Schritt kommt es demnach zu einem elektrophilen Angriff des H^+-Ions (Abb. 7.54, oben). In weiterer Folge wird die Hydroxygruppe des Methanols nucleophil angegriffen (Abb. 7.54, Mitte). Zum Schluss erfolgt eine Abspaltung von Wasser und des H^+-Ions (Abb. 7.54, unten). Der Fettsäurealkylester entsteht.

Zur katalytischen Beschleunigung der Veresterung werden saure Katalysatoren (z. B. Schwefelsäure, Methansulfonsäure) verwendet. Beim Einsatz eines sauren Katalysators werden gleichzeitig – bei Vorhandensein von Triglyceriden – neben der Veresterung auch Fettmoleküle umgeestert. Der Reaktionsmechanismus für die saure Umesterung zeigt Abb. 7.55 [7.89].

Im Fall der Biodieselherstellung werden Rohstoffe mit einem sehr hohen Anteil an freien Fettsäuren (FFA) sauerkatalytisch verestert, da sonst der basische Katalysator die freien Fettsäuren neutralisieren und dadurch Seifen entstehen würden. Dies würde nicht nur zu einem erhöhten Verbrauch an basischem Katalysator führen, sondern aufgrund der Seifen würde es auch zu einem schlechteren Abtrennverhalten des Glycerins vom Biodiesel kommen [7.90].

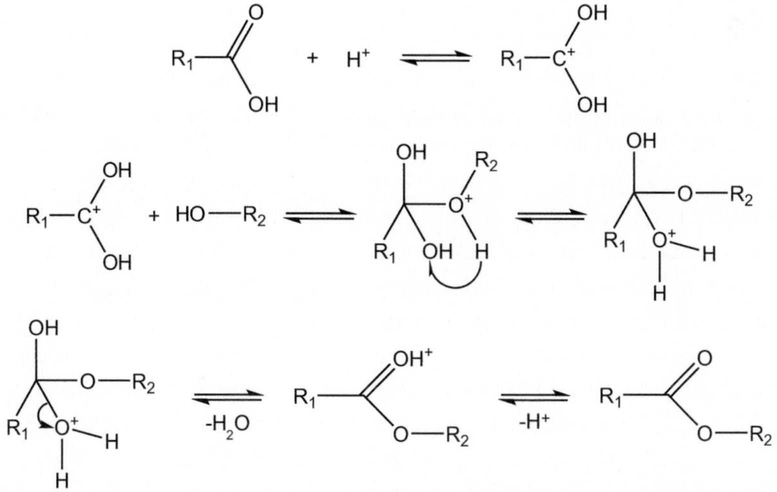

Abb. 7.54 Mechanismus der Umesterung der freien Fettsäuren mit einem Alkohol (elektrophiler Angriff der H^+-Ions (oben); nukleophiler Angriff des Alkohols (Mitte); Abspaltung von Wasser und H^+ (unten))

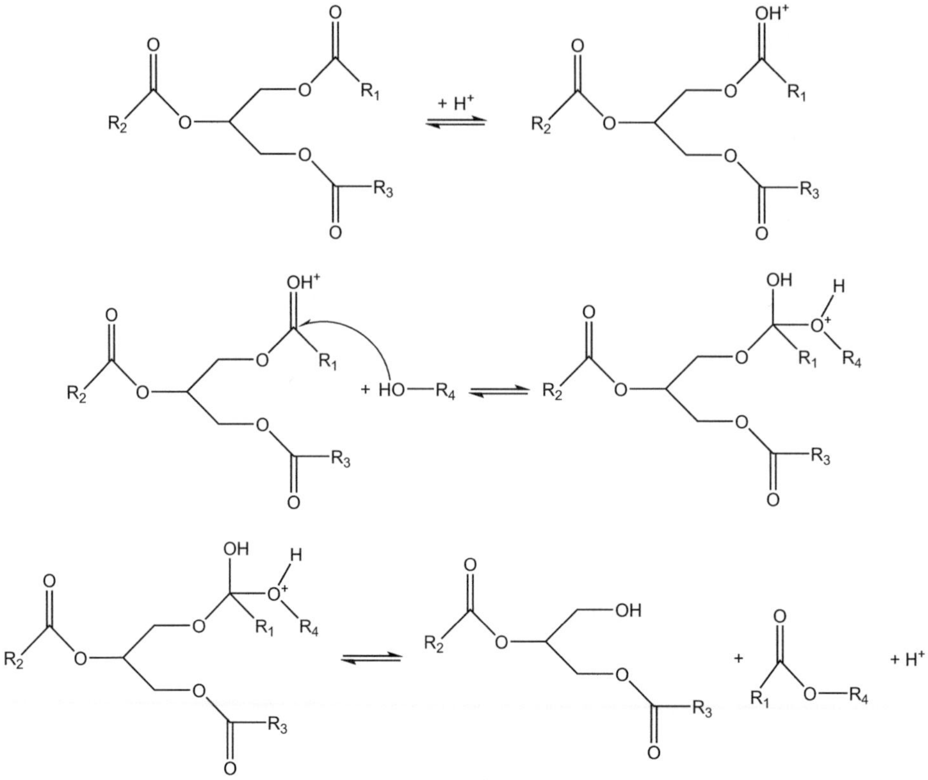

Abb. 7.55 Mechanismus der sauren Umesterung (R_1, R_2, R_3 Kohlenstoffketten von Fettsäuren; R_4 Alkaligruppe eines Alkohols)

Katalysatoren. Ohne Katalysator läuft die Umesterungsreaktion bei Umgebungstemperatur nur sehr langsam ab. Es wären Temperaturen von mehr als 300 °C erforderlich, um technisch nutzbare Geschwindigkeiten zu erreichen. Dies ist jedoch nicht realisierbar, da sich die Triglyceride dann bereits thermisch zersetzen. Die Reaktion erfolgt daher immer unter Einsatz eines Katalysators [7.91]. Abbildung 7.56 zeigt eine Einteilung der einsetzbaren, unterschiedlichen Katalysatorsysteme. Grundsätzlich werden demnach bei der Umesterung von Ölen und Fetten entweder chemische oder enzymatische Katalysatoren in homogener oder heterogener Form verwendet.

Im Speziellen können prinzipiell Säuren sowie Alkalimetalle, -hydroxide und -alkoholate eingesetzt werden. Damit lassen sich schon bei Raumtemperatur und insbesondere bei leicht erhöhten Temperaturen bis maximal 60 °C relativ kurze Reaktionszeiten erreichen. In diesem Fall kann auch auf eine Druckerhöhung verzichtet werden, um den Reaktionspartner Methanol in der Flüssigphase zu halten (Siedepunkt Methanol 64,7 °C).

Demgegenüber kann durch eine weitere Temperatur- und damit verbundene Druckerhöhung (z. B. 120 °C, 6 bar) die Reaktionszeit weiter reduziert und können damit die

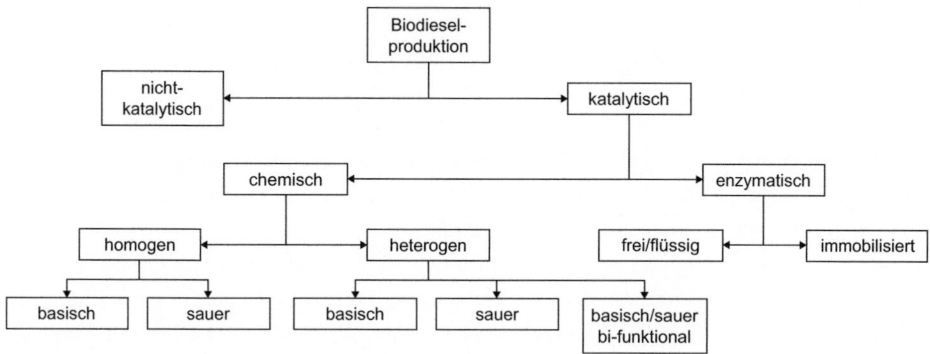

Abb. 7.56 Katalogisierung der unterschiedlichen Katalysatorsysteme für die Biodieselproduktion

Umesterungsprozesse schneller realisiert werden. Nachteilig sind hier die vergleichsweise hohen Kosten für die dann benötigten Druckapparate. Nach der Umesterungsreaktion wird der Katalysator nicht mehr benötigt und muss inaktiviert bzw. neutralisiert werden (z. B. mit Säure).

Die Wahl des Katalysators wird im Wesentlichen durch den Anteil der freien Fettsäuren bestimmt. Bei Ölen und Fetten mit niedrigen Anteilen an freien Fettsäuren werden in der Praxis hauptsächlich alkalische homogene Katalysatoren wie Kalium- und Natriummethylat eingesetzt (Tabelle 7.7).

Tabelle 7.7 Vergleich gängiger alkalischer Katalysatoren (nach [7.92])

	Kaliumhydroxid	Natriummethylat
Reaktionstemperatur	20–40 °C	20–100 °C
Verweilzeit	2 h	1 h
Methanol-Öl-Verhältnis	3 : 1 (mol / mol)	3 : 1–5 : 1 (mol / mol)
Katalysatormenge	1,0–1,7 Gew.-% vom Öl	0,1–0,5 Gew.-% vom Öl
Beschaffung	Vorort-Anmischung von Kaliummethylat aus Kaliumhydroxid mit Methanol, dadurch reaktionsbedingte Wasserbildung und Verseifungsgefahr, stark exotherm	Direkteinkauf
Besonderheiten	– Einsatz in kleineren Anlagen – schnellere Phasentrennung aufgrund höherer Dichte in Glycerinphase – weniger Ester in Glycerinphase gelöst	– Einsatz in größeren Anlagen – schnellere Umesterungsreaktion – preislich günstiger
Nebenprodukte	Düngemittel bei Ansäuerung der Glycerinphase mit Phosphor- oder Schwefelsäure	Natriumsalze als Abfall

Neben- und Folgereaktionen. Die alkalisch katalysierte Umesterungsreaktion kann durch Neben- bzw. Folgereaktionen stark beeinträchtigt werden. Diese unerwünschten Reaktionen können einerseits zu einer Zerstörung bzw. irreversiblen Bindung des alkalischen Katalysators führen. Andererseits können sie bereits gebildete Alkylester irreversibel in Seifen umwandeln (d. h. Ausbeuteverluste). Auf die verschiedenen Reaktionsmechanismen dieser unerwünschten Reaktionen und ihr Zusammenspiel mit der Umesterungsreaktion wird anschließend kurz eingegangen werden.

Die wichtigste Neben- bzw. Folgereaktion der alkalisch katalysierten Umesterung ist die alkalisch katalysierte Esterspaltung (Verseifung). Durch die Verseifung vor allem der bereits entstandenen Alkylester kommt es zu einem Ausbeuteverlust bei der Umesterungsreaktion. Bei dieser alkalischen Verseifung [7.93]–[7.95] bilden sich zunächst aus Alkoxid-Anion und Wasser OH^--Ionen (Gleichung (7.3)). R'' beschreibt dabei den Alkoholrest (z. B. Methylrest).

$$R''O^- + H_2O \Leftrightarrow OH^- + R''OH \tag{7.3}$$

Auf das Carbonyl-Kohlenstoffatom des Alkylesters erfolgt nun ein nucleophiler Angriff des Hydroxid-Ions unter Bildung eines Carban-Ions mit vierfach substituiertem C-Atom. Wegen der größeren Affinität des Hydroxid-Ions zum Kohlenstoff der Carboxylgruppe als zum Alkohol erfolgt schließlich unter Eliminierung des Alkoxid-Ions die Bildung eines resonanzstabilisierten Carboxylat-Ions. Es reagiert kaum mit dem Alkohol, sodass die Reaktion irreversibel verläuft (Abb. 7.57, oben). Der geschwindigkeitsbestimmende Schritt ist die Anlagerung des Hydroxid-Ions an den Carbonyl-Kohlenstoff, die wesentlich langsamer verläuft als die weitere Abspaltung des Alkoxid-Ions. Die Anwesenheit von äquivalenten Mengen Alkalilauge (z. B. KOH, NaOH) liefert außer Alkohol die entsprechenden Alkalisalze (Seifen; Abb. 7.57, unten).

Bei der Konversion von Ölen und Fetten mit hohen Anteilen an freien Fettsäuren empfiehlt sich ein zweistufiger Prozess, bestehend aus saurer Vorveresterung (z. B. mit Schwefel- oder Phosphorsäure) und anschließender alkalischer Umesterung. Anders als bei der Umesterung entstehen (Methyl-)Ester bei der Veresterung durch die Umsetzung von Methanol mit den freien Fettsäuren (FFA) unter Wasserabspaltung.

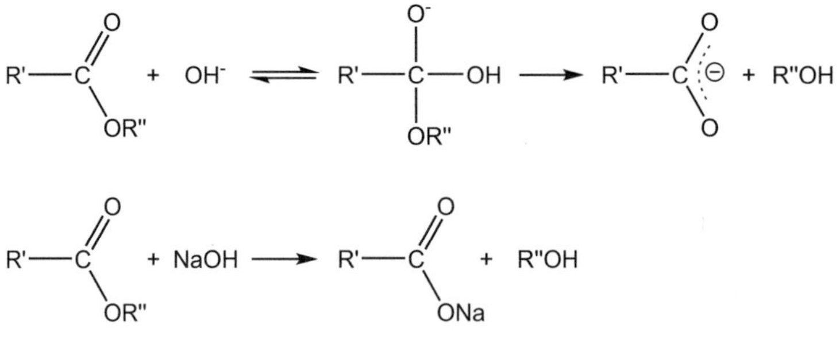

Abb. 7.57 Mechanismus der alkalisch katalysierten Esterspaltung (Verseifung)

Im Gegensatz zu alkalischen Katalysatoren verläuft die sauer katalysierte Konversion deutlich langsamer (bis um den Faktor 400 [7.96]), unter höheren Temperaturen und bei einem überstöchiometrischen Anteil an Alkohol. Wenn Wasser im Öl- oder Fettrohstoff vorhanden ist, werden bei der sauer katalysierten Veresterung auch nur sehr schlechte Umwandlungsraten erzielt [7.97].

Alkalische Katalysatoren für die Umesterung ermöglichen damit höhere Umwandlungsraten in kürzerer Zeit bei besseren Reaktionsbedingungen. Ferner kann auf einen stark überstöchiometrischen Anteil an Alkohol verzichtet werden. Über den maximalen Gehalt an freien Fettsäuren, bei dem noch eine rein alkalische Umesterung möglich ist, variieren die Angaben zwischen 0,1 bzw. 0,5 % und maximal 4 % [7.98], [7.99]. Demgegenüber ist bei vollraffinierten Ölen die erforderliche Katalysatormenge mit 0,01 bis 0,1 % der umzuesternden Menge deutlich geringer. Die Zudosierung von Alkoholatkatalysatoren liegt bei ca. 10 bis 18 kg (Katalysatoranteil 5 bis 6 kg) pro Tonne umzuesterndes Öl [7.99].

Enzymatische Umesterung. Ein Enzym ist ein Protein, das aus einem gefalteten Strang von Aminosäuren besteht (Kapitel 2 und 3, Band 3). Die Funktionalität eines derartigen Enzyms ist in der Regel auf eine bestimmte Reaktion beschränkt; dies verhindert unerwünschte Nebenreaktionen. Aufgrund dessen kann die Wirkung der meisten Enzyme mit einem Schlüssel im Schloss verglichen werden; wie ein Schlüssel in einem Schloss passt nur eine bestimmte Anzahl von Substraten in das aktive Zentrum eines Enzyms und es kann nur eine katalytische Umwandlung stattfinden (Abb. 7.58).

In den meisten industriellen Anwendungen werden Enzyme in freien flüssigen Formulierungen oder als immobilisierte Formen verwendet. Immobilisierung bezieht sich auf Enzyme, die physikalisch in einem bestimmten Bereich des Raums eingeschlossen oder lokalisiert sind und ihre katalytische Aktivität beibehalten. Durch die Immobilisierung wird die Stabilität des Enzyms sowohl unter Lager- als auch unter Betriebsbedingungen erhöht. Immobilisierte Enzyme werden durch eine abrupte Änderung der Temperatur oder des pH-Werts nicht beeinträchtigt. Immobilisierung erleichtert den Trennungsprozess, vermeidet Produktverunreinigungen und führt zu hochwertigen und reinen Produkten. Die

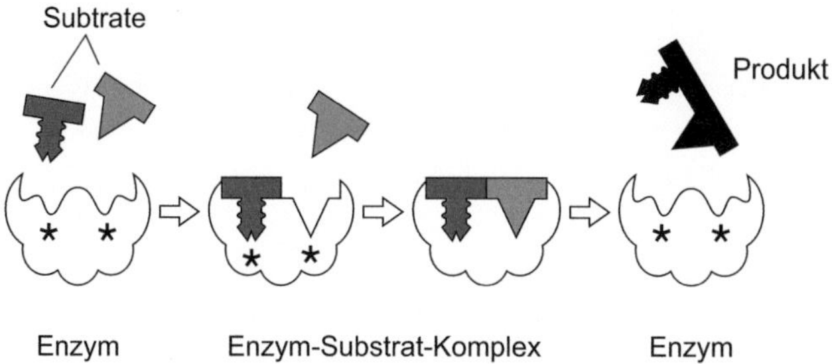

Abb. 7.58 Schlüssel-Schloss-Modell der enzymatischen Katalyse (nach [7.100])

Immobilisierung von Enzymen auf einem festen Träger ermöglicht die mehrfache Wiederverwendung dieses Katalysators. Sie bietet auch die Möglichkeit, Enzyme so zu modifizieren, dass sie den Reaktionsbedingungen standhalten und die Auswirkungen von Temperatur, Druck, pH-Wert und organischen Lösemitteln verhindern. Die Immobilisierung schützt das Enzym vor Denaturierung [7.101].

Die üblichen Immobilisierungstechniken sind Adsorption, Cross-Linking, Verkapselung und Einschluss. Die Wechselwirkung zwischen der Trägermatrix und dem Enzym wird weiter in reversible und irreversible Techniken unterteilt. Bei einer reversiblen (physikalischen) Immobilisierungstechnik kann das Enzym unter milden Bedingungen von der Trägermatrix wieder abgelöst werden. Bei einer irreversiblen Technik kann das Enzym nicht von der Trägermatrix gelöst werden, ohne die biologische Aktivität des Enzyms oder des Trägers zu zerstören.

Die Wahl der Trägermatrix hängt von der mechanischen Festigkeit, der thermischen Stabilität, der mikrobiellen Resistenz, der chemischen Beständigkeit, der hydrophilen/ hydrophoben Beschaffenheit, der Beladungskapazität, der Regeneration, der Verfügbarkeit und den Kosten ab.

Die wichtigsten Parameter, welche die Biodieselproduktion durch enzymatische Umesterung beeinflussen, sind die Wahl des Enzyms und seiner Immobilisierungsmethode, die Wahl des Substrats und seiner Konzentration, der pH-Wert, der Wassergehalt und die Temperatur [7.101].

Bei der enzymatischen Umesterung spalten die Enzyme durch eine Hydrolysereaktion freie Fettsäuren und Glycerin von Lipiden (genauer Triglyceriden) ab.

- In einem ersten Schritt bilden sie einen kovalenten Übergangsester mit der Acylgruppe des Triglycerids.
- Im zweiten Schritt erfolgt die Hydrolyse des Übergangsesters. Dadurch werden die Enzyme wieder freigesetzt und freie Fettsäuren entstehen.

Werden den Enzymen kurzkettige Alkohole anstelle von Wasser zugeführt, erfolgt statt der Hydrolyse eine Umesterung. Hierbei ist sowohl die Hinreaktion (d. h. die Esterhydrolyse) als auch die Rückreaktion (d. h. Kondensation) möglich. Das Gleichgewicht zwischen Hin- und Rückreaktion kann über die Wasser- und Alkoholkonzentrationen angepasst werden. Dadurch kondensieren die Enzyme in einem technischen Prozess bei einem hohen Alkohol-zu-Wasser-Verhältnis freie Fettsäuren mit dem zugesetzten Alkohol als Ester aus.

Durch den Reaktionsverlauf der enzymatischen Umesterung ist somit auch der Einsatz von Pflanzenölen oder Fetten mit einem hohen Anteil an freien Fettsäuren im Ausgangsstoff möglich, da die Enzyme sowohl die Umesterung der im Triglycerid gebundenen Fettsäurereste als auch die der freien Fettsäuren ermöglichen. Die stattfindende Reaktion für ein Gemisch aus Triglyceriden und freien Fettsäuren mit kurzkettigen Alkoholen zeigt Abb. 7.59.

$$n\ \begin{array}{l} H_2C-O-\overset{O}{\overset{\|}{C}}-R_1 \\ HC-O-\overset{O}{\overset{\|}{C}}-R_2 \\ H_2C-O-\overset{O}{\overset{\|}{C}}-R_3 \end{array} + m\ R_4-\overset{O}{\overset{\|}{C}}-OH + (3n+m)\ \text{alkyl}-OH \longrightarrow (3n+m)\ \text{alkyl}-O-\overset{O}{\overset{\|}{C}}-R_n + n\ \begin{array}{l} H_2C-OH \\ HC-OH \\ H_2C-OH \end{array} + m\ H_2O$$

Abb. 7.59 Enzymatische Umesterung von Triglyceriden und Veresterung von freien Fettsäuren mit kurzkettigen Alkoholen (alkyl = methyl, ethyl, propyl-1, propyl-2, butyl-1, iso-buthyl; $R_n = R_1, R_2, R_3, R_4$) (nach [7.102])

Die enzymatische Umesterung findet in der Regel bei Temperaturen zwischen 20 und 45 °C statt. Nach der vollständigen Umesterung des Ausgangsstoffs erfolgt über eine einfache Phasentrennung die Separation von Glycerin und Biodiesel.

Für die enzymatische Umesterung werden in der Regel Enzyme aus der Gruppe der Esterasen, in den meisten Fällen Lipasen, eingesetzt. Letztere können in extra- und intrazellulare Lipasen unterteilt werden. Diese Enzyme können – je nach Prozessführung – als freie oder immobilisierte Enzyme in den Reaktor eingebracht werden. Freie Enzyme sind aus Kostengründen zu bevorzugen, da die Immobilisierung technisch sehr aufwändig ist. Allerdings können freie Enzyme schlechter wiederverwertet werden. Deshalb ist es eine Frage der ökonomischen Optimierung, ob freie oder immobilisierte Enzyme zum Einsatz kommen.

Neben der besseren Rezyklierbarkeit der immobilisierten Enzyme weisen diese die folgenden weiteren Vorteile auf.

- Durch die Einbindung der festen Biokatalysatoren lässt sich leichter ein kontinuierlicher Prozess realisieren.
- Es ist eine erhöhte Betriebsfestigkeit (d. h. geringere Inaktivierung der Enzyme) gegeben.
- Im Vergleich zu dem Enzympulver, in dem freie Enzyme vorliegen, ist die Handhabung deutlich einfacher.
- Ein Einsatz in einer wasserarmen Umgebung ist möglich.

Ein Problem der enzymatischen Umesterung stellt die destabilisierende Wirkung des Alkohols auf die Enzyme dar. Insbesondere die kurzkettigen Alkohole Methanol und Ethanol beeinflussen die Enzymaktivität und führen zu einer Katalysatordeaktivierung. Bei Methanol verstärkt sich dieser Effekt in Gegenwart von Wasser zusätzlich; demgegenüber benötigen höherwertige Alkohole einen gewissen Zuschuss von Wasser für die Umesterung.

Diesem Effekt kann mithilfe unterschiedlicher Maßnahmen entgegengewirkt werden. Eine höhere Prozesstemperatur begünstigt die Enzymdenaturierung, sodass eine Absenkung der Prozesstemperaturen den negativen Effekt reduzieren kann. Hier ist man bei der Umesterung von Fetten aber oft durch die hohe Viskosität von vor allem tierischen Fetten

Tabelle 7.8 Untersuchte Lipasen zur Biodieselproduktion in Systemen mit oder ohne organischem Lösemittel (zusammengestellt in [7.102])

Reaktion in organischem Lösemittel	Reaktion ohne Lösemittel
Pseudomonas fluorescens	*Pseudomonas fluorescens*
Pseudomonas cepacia	*Candida antarctica*
Candida antarctica	*Candida rugosa*
Rhizopus delemar	*Rhizopus oryzae*
Rhizopus oryzae	*Mucor miehei*
Mucor miehei	*Rhizomucor miehei*
Geotrichum candidum	*Thermomyces lanuginosa*
Candida rugosa	*Aspergillus niger*
	Pseudomonas cepacia

oder auch Palmölen bei niedrigen Temperaturen verfahrenstechnisch limitiert. Außerdem kann der benötigte Alkohol stufenweise zugegeben werden, um die Konzentration auf einem unschädlichen Niveau zu halten. Eine weitere Möglichkeit besteht im Einsatz von organischen Lösemitteln, um den Alkohol im Öl zu lösen und somit die Enzyme zu schützen. Dabei geht zusätzlich ein Teil des produzierten Glycerins in Lösung und kann sich somit nicht mehr auf dem Trägermaterial der immobilisierten Enzyme absetzen. Diese Ablagerungen würden ansonsten eine hydrophile Schicht auf dem Träger bilden, wodurch die Enzyme nicht mehr in Kontakt zum hydrophoben Substrat kommen würden. Da Propanol und Butanol im Gegensatz zu Methanol und Ethanol bereits eine gute Löslichkeit in Pflanzenöl aufweisen, kann hier auf die Zugabe von Lösemitteln verzichtet werden.

Als Lösemittel eignen sich am besten hydrophobe Stoffe wie iso-Octan, n-Heptan, Hexan, cyclohexan oder tert-Butanol. Da hydrophile organische Lösemittel mit der für die Enzyme wichtigen Wasserschicht auf den Biokatalysatormolekülen interagieren, sind sie für den Einsatz bei der enzymatischen Umesterung eher ungeeignet. Durch den Einsatz der Lösemittel entfällt die schrittweise Zugabe des Alkohols. Allerdings kann die Abtrennung der Lösemittel von den Produktfraktionen ebenfalls zu Schwierigkeiten führen.

Eine Übersicht bisher eingesetzter Enzyme zur Biodieselproduktion in Systemen mit oder ohne organischem Lösemittel zeigt Tabelle 7.8.

Wasser hat einen nicht unerheblichen Einfluss auf das Reaktionssystem der enzymatischen Umesterung. Hierbei wird unterschieden zwischen der Wasseraktivität (a_w) des Systems und der prozentualen Wasserkonzentration. In nichtwässrigen Medien wird die Hydrolyse über die Wasseraktivität beschrieben, die als Verhältnis des Dampfdrucks des gegebenen Systems gegenüber dem Dampfdruck von reinem Wasser (p/p_w) definiert ist. Der prozentuale Wasseranteil im System beeinflusst die Enzymeffektivität und muss somit optimiert werden. Dies ist beispielsweise dann wichtig, wenn Fettabfälle als Rohstoff eingesetzt werden, da diese häufig bereits mit Wasser verunreinigt sind.

Die Wasseraktivität des Reaktionssystems gibt den Anteil Wasser an, der nicht gebunden ist und somit verdampft werden kann. Die optimale Wasseraktivität (d. h. der Wert mit

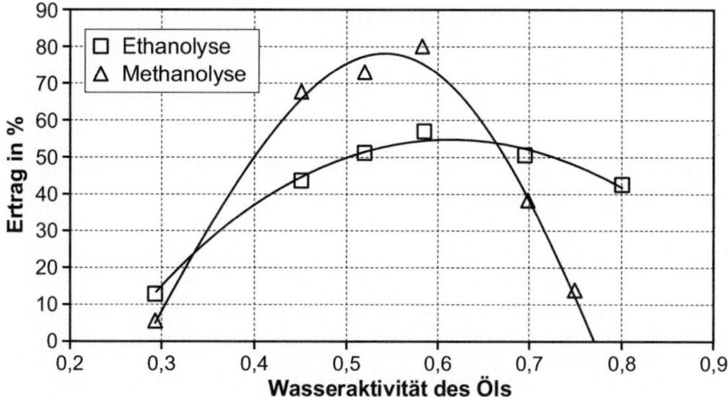

Abb. 7.60 Fettsäureesterertrag bei der enzymatischen Umesterung von Rapsöl unter Zufuhr von Methanol und Ethanol in Abhängigkeit der Wasseraktivität bei der Verwendung von *Mucor circinelloides* in einem System mit organischem Lösemittel (nach [7.103])

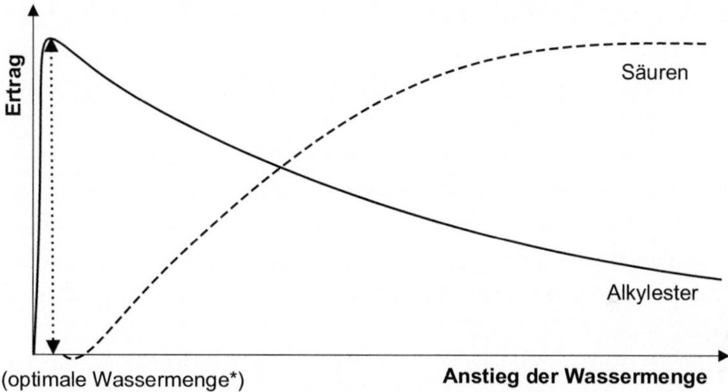

Abb. 7.61 Auswirkung der Wasserkonzentration auf die Ausbeute der enzymatischen Umesterung (Alkylester) und der Hydrolyse (Säuren) (* die optimale Wasserkonzentration hängt von der eingesetzten Enzymmischung und der Substratzusammensetzung ab) (nach [7.104])

der höchsten Enzymaktivität) hängt somit vom eingesetzten Enzym und den Rohstoffen (d. h. Substrat, Alkohol und ggf. Lösemittel) ab. Diesen Zusammenhang zeigt Abb. 7.60.

Die Wasserkonzentration hat einen starken Einfluss auf den Ertrag der Fettsäureester und die Reaktionsrate der enzymatischen Umesterung. Die Zugabe eines kleinen aliquoten Anteils Wasser zur biokatalytischen Reaktion kann die Rate der Fettsäureesterbildung erhöhen, wenn die optimale Wassermenge im Substrat noch nicht erreicht oder sogar überschritten ist. Beispielsweise kann bei der Zugabe von 5 Gew.-% Wasser (bezogen auf die zugegebene Menge Enzyme) bei der Umesterung von Jatrophaöl mit Ethanol die Ausbeute von 70 auf bis zu 98 % erhöht werden [7.104] (Abb. 7.61).

7.2.1.2 Verfahrenstechnische Grundlagen

Nachfolgend werden die verfahrenstechnischen Grundlagen zunächst der chemischen Umesterung und danach der enzymatischen Umesterung beschrieben.

Chemische Umesterung. Im Folgenden werden die verfahrenstechnischen Grundlagen der chemischen Umesterung diskutiert.

Anforderungen an die Rohstoffqualität. Abhängig von der Herkunft der umzuesternden Rohstoffe (z. B. rohe, teil- oder vollraffinierte pflanzliche Öle, gewonnen aus Ölsaaten und / oder -früchten, rezyklierte Altspeiseöl und -frittierfette, tierische Fette, Fettabscheiderfett) und dem jeweiligen Umesterungsverfahren müssen die Öle und Fette vor der Ver- und / oder Umesterung aufbereitet werden, um einen möglichst effektiven Verfahrensablauf zu gewährleisten.

Im Fall von frischen Pflanzenölen betrifft dies u. a. die Entfernung von Verunreinigungen, Wasser, freien Fettsäuren sowie anderen natürlichen Begleitstoffen (u. a. Phosphatide, Sterole, Tocopherole, Wachse und verschiedene Farbträger (z. B. Chlorophyll, Carotin)).

Bei der Verarbeitung von Abfallfetten und -ölen, gesammelten Altspeiseölen oder Frittierfetten muss auf Verunreinigungen durch die vorangegangene Verwendung geachtet werden. Abfallfette beispielsweise zeichnen sich durch erhöhte Gehalte an Wasser und freien Fettsäuren (FFA), Chloride und ungelöste Verunreinigungen (z. B. Speisereste, Plastikbesteck) aus. Durch die unsachgemäße, wiederholte Benutzung von Frittierfetten bei zu hohen Temperaturen (vor allem aus dem Haushaltsbereich) können Frittierfette thermische Zersetzungsprodukte oder großmolekulare Agglomerate enthalten, die durch die Umesterungsreaktion nicht beinflussbar sind und in der Biodieselphase verbleiben; sie können dann in der Biodieseldestillation zu Ausbeuteverlusten führen.

Tierische Fette werden zumeist in Tierkörperverwertungsanlagen durch Auskochen von tierischen Kadavern gewonnen. Dabei können anorganische Verunreinigungen im Fett verbleiben, die zu erhöhten Gehalten an Stickstoff-, Phosphor- oder Schwefelverbindungen führen. Diese Verunreinigungen können – abhängig von der Ernährung oder der Umgebungstemperatur, denen die Zuchttiere ausgesetzt waren – saisonalen Schwankungen unterliegen. In Form von Kunststoff-basierten Ohrmarken zur Kennzeichnung der Zuchttiere gelangen auch Kunststoffe in die Tierkörperverwertungsanlagen; dies hat in weiterer Folge eine erhöhte Kunststoffbelastung des Tierfetts zur Folge (was wiederum beim Biodieselprozess zu erheblichen Anlagenverstopfungen führen kann) [7.105].

Fettabscheiderfett (engl. Trap Grease) aus Gastronomie, Kanalisation oder Kläranlagen stellt sicherlich die mit Abstand schlechteste Rohstoffqualität für die Biodieselerzeugung dar. Diese fetthaltigen Abfallströme weisen einen sehr hohen Wasseranteil auf (oft über 80 %) und der Fettteil besteht zum überwiegenden Teil aus freien Fettsäuren (bis zu 90 %) bzw. Partialestern. Neben den vom Altspeiseöl her bekannten Verunreinigungen – resultierend aus der ursprünglichen Verwendung – zeigen solche Fettströme oft zusätzlich erhöhte Kontamination mit Mineralölen, oberflächenaktiven Substanzen (z. B. fettlösende Reinigungsmittel) und Kunststoffen.

Die Auswirkungen der jeweiligen Verunreinigungen bzw. unerwünschter Begleitstoffe auf die nachfolgende Biodieselproduktion – vor allem auf die Umesterung – sind sehr unterschiedlich. Beispielsweise inaktivieren Wasser und Fettsäuren den alkalischen Katalysator und es kommt zu unerwünschten Verseifungsreaktionen [7.106], [7.107]. Ein hoher Anteil an freien Fettsäuren führt zudem zu entsprechend höheren Seifenanteilen, wodurch sich die Biodieselerträge reduzieren. Während „klassische" Pflanzenöle wie Raps- und Sojaöl über einen Anteil an freien Fettsäuren von 0,5 bis 1 Gew.-%, Sonnenblumenöl von 2 bis 3 Gew.-% und Palmöl von 4 bis 5 Gew.-% verfügen [7.108], liegt dieser für die diskutierten Rückstände, Nebenprodukte und Abfälle deutlich höher (z. B. Altspeiseöle 2 bis 14 Gew.-%, tierische Fette 2 bis 30 Gew.-%, Fettabscheider 70 bis 95 Gew.-%) [7.105]. Als Erfahrungswerte bezüglich des Biodieselverlustes infolge der Verseifung von freien Fettsäuren werden 1 bis 2 % Verlust je Prozent Gehalt an freien Fettsäuren bis hin zu prozentual etwa doppelt so hohen Verlusten an Biodiesel je Prozent freier Fettsäuren angegeben [7.87], [7.109].

Daher sind vor der Umesterung je nach Rohstoffqualität bei nativen Pflanzenölen eine Entschleimung, Neutralisation und Trocknung erforderlich. Je nach Jahreszeit und Anforderungen an die Biodieselqualität kann auch eine sogenannte Winterisierung (d. h. Verbesserung des Kälteverhaltens des zu produzierenden Methylesters durch Herauskristallisation der enthaltenen Wachse infolge einer Temperaturabsenkung auf unter 8 °C und anschließende Separierung) der Öle und Fette notwendig werden. Dies ist aber eher eine Ausnahme und wird z. B. nur für Biodiesel aus Sonnenblumenölen und Maiskeimölen realisiert. Außerdem hat dieses Verfahren den Nachteil, dass mit der Separierung auch immer Biodiesel abgetrennt wird. Teilweise wird (z. B. bei Rohöl) auch eine Bleichung durchgeführt. Andernfalls müsste z. B. die Katalysatormenge erhöht werden, damit der Reaktion trotz Inaktivierung eine ausreichende Menge des Katalysators zur Verfügung steht. Dies würde jedoch in einem höheren Aufwand resultieren, der erforderlich ist, um u. a. die störenden Komponenten nach der Umesterung wieder abzutrennen.

Für die Verwendung von Abfallfetten und -ölen pflanzlichen oder tierischen Ursprungs sind eigene, dem Biodieselprozess vorgeschaltete Fettaufbereitungsanlagen notwendig. Hierbei handelt es sich zumeist um eine Kombination von Vorfiltration, Waschungen bzw. die Zentrifugalkraft unterstützter Phasentrennung. Der erhöhte Anteil an freien Fettsäuren macht den kombinierten Einsatz einer Vorveresterung (sauer katalysiert) mit anschließender Umesterung (alkalisch katalysiert) notwendig.

Im Zusammenhang mit der Anforderung an die Rohstoffqualität ist eine umfangreiche analytische Überprüfung der an eine Biodieselanlage angelieferten Rohstoffe unbedingt notwendig. Vor allem bei der Verwendung von Abfallfettströmen, die in ihrer Qualität sehr stark schwanken können, sind verlässliche Eingangskontrollen ein Muss, damit ein störungsfreier Betrieb einer komplexen Multi-Feedstock-Biodieselproduktionsanlage gewährleistet werden kann.

Reaktionssysteme. Die verwendete Reaktortechnik wird vor allem durch das Katalysatorsystem, die Art des Rohstoffs (Single-Feedstock versus Multi-Feedstock) und die

Größe der Anlage bestimmt. Für die Reaktionsschritte Ver- und Umesterung werden in der Praxis sowohl diskontinuierliche Rührreaktoren als auch kontinuierliche Rohrreaktoren verwendet. Die Werkstoffwahl hängt maßgeblich vom gewählten Katalysatorsystem ab, besitzt aber zumeist Edelstahlqualität. Die für die Beschleunigung des Stoffaustauschs notwendige intensive Durchmischung der Edukte kann über geeignete Rührwerke (Batch-Verfahren) oder Inline-Homogenisatoren mit passenden Pumpsystemen (kontinuierliche Verfahren) erfolgen.

Des Weiteren ist eine Vielzahl von z. T. noch in Forschung und Entwicklung befindlichen verfahrenstechnischen Ansätzen als integrativer Bestandteil von Biodiesel(neu)anlagen möglich, die nachfolgend beispielhaft kurz charakterisiert werden.

- Kavitationstechnologie. Der Ansatz ist hier die Intensivierung des Mischvorgangs von pflanzlichen oder tierischen Ölen und Fetten, Methanol und Katalysator unter Einsatz von Kavitationseffekten z. B. in einem Venturirohr, in statischen Mischern und / oder in Niederdruck-/Hochdruck-Homogenisatoren den Stofftransport zwischen den Reaktionsphasen zu intensivieren. Das primäre Ziel ist dabei eine Katalysatoreinsparung bei der Umesterung sowie ein reduzierter Einsatz thermischer Energie für die Methanolrückgewinnung bei gleichzeitig hohen Ausbeuten und kurzen Reaktionszeiten [7.110]. Nachteilig sind hierbei der oft hohe Energieeintrag und die Wartungsintensivität der Homogenisatoren.
- Ultraschalltechnologie. Durch den Einsatz von Ultraschall soll die Vermischung der eigentlich unmischbaren Hauptreaktanden Öl (Fett) und Methanol bei der Umesterungsreaktion intensiviert und beschleunigt werden. Die Hauptwirkung von Ultraschallwellen auf chemische Reaktionen beruht auf der Bildung und dem Zusammenbruch von Mikrobläschen. Der Flüssigkeitsstrahleffekt ist ein Hohlraumkollaps, der die Übertragung verbessert, indem er die Grenzschichten an den Grenzflächen unterbricht [7.111]. Das soll zu schnelleren Reaktionszeiten, Katalysatoreinsparungen und einem gesteigerten Umsatz bei der Umesterung führen. Problematisch ist dabei aber, dass Parallelreaktionen (z. B. Verseifung) auch beschleunigt werden können. Eine erfolgreiche großtechnische Umsetzung in der Biodieselproduktion ist bislang nicht bekannt.
- Mikrowellentechnologie. Die Mikrowellentechnologie beruht auf der Nutzung elektromagnetischer Wellen zur Erzeugung von Wärme durch die Schwingung von Molekülen bei Mikrowellenabsorption. Bei der mikrowellenunterstützten Erwärmung wird die Wärme im Gegensatz zu den herkömmlichen Methoden innerhalb des Materials erzeugt; dadurch kann eine schnelle Erwärmung stattfinden. Infolge dieser schnellen Erwärmung werden viele mikrowellenunterstützte organische Reaktionen beschleunigt, die mit denen konventioneller Methoden nicht vergleichbar sind; d. h., es sind höhere Ausbeuten und eine höhere Selektivität der Zielverbindungen bei kürzeren Reaktionszeiten möglich [7.111], [7.112]. Dies wurde in zahlreichen Laboruntersuchungen des Einsatzes von Mikrowellen auf die Umesterungsreaktion nachgewiesen. Trotzdem steht eine erfolgreiche großtechnische Umsetzung dieses Konzepts derzeit noch aus.

- Umesterung unter überkritischen Bedingungen. Neue Methoden wurden untersucht, um verschiedene Schwierigkeiten der katalytischen (alkali- und säurekatalysierten) Biodieselherstellung zu beseitigen oder zu verringern. Um Biodiesel wettbewerbsfähiger zu machen, wäre die Verwendung kostengünstiger Fett- oder Ölrohstoffe sehr vorteilhaft, da 70 bis 75 % der Biodieselkosten auf den Rohstoff entfallen. Kostengünstige Fettrohstoffe enthalten jedoch in der Regel einen hohen Anteil an Wasser und freien Fettsäuren (FFA); dies bedingt eine zusätzliche Aufbereitung. Daher müssen technisch zuverlässige Verfahren zur Biodieselherstellung entwickelt werden, die den hohen Wasser- und FFA-Anteil vertragen. Eine entsprechende potenzielle Methode ist die nichtkatalytische Umesterung von Triglyceriden. Eine Umesterung kann auch in Abwesenheit eines Katalysators stattfinden, wenn der Alkohol überkritischen Bedingungen ausgesetzt wird [7.113] (überkritische Eigenschaften von Methanol: kritische Temperatur 239 °C und kritischer Druck 8,09 MPa). Unter derartigen überkritischen Bedingungen verbessert sich die Mischbarkeit des Öl-Methanol-Gemischs aufgrund einer Abnahme der Dielektrizitätskonstante von Methanol [7.114]; d. h., bei diesen Bedingungen wird das Gemisch zu einer einzigen homogenen Phase (der Alkohol wird unter überkritischen Bedingungen hydrophob; dies führt zu einer höheren Löslichkeit von Triglyceriden in Alkohol). Dies beschleunigt die Umesterungsreaktion, da es keinen Stoffaustausch zwischen den verschiedenen Phasen mehr gibt, der die Reaktionsgeschwindigkeit begrenzt (nur noch eine Phase). Unter diesen Bedingungen wird auch kein Katalysator benötigt und es kann in relativ kurzer Zeit eine nahezu vollständige Umwandlung erreicht werden. Darüber hinaus bietet das nichtkatalytische überkritische Verfahren potenziell Vorteile für die Umwelt, da keine Abfälle aus der Katalysatorbehandlung und der Abtrennung vom Endprodukt anfallen. Trotz der zahlreichen Vorteile stellen die Betriebs- und Ausrüstungskosten für die Herstellung von Biodiesel unter überkritischen Bedingungen ein großes Hindernis dar, das bisher einer breiten Markteinführung prohibitiv entgegensteht.
- Heterogene saure Katalyse. Um homogene Katalysatoren zu ersetzen, gibt es Überlegungen im Bereich der heterogenen sauren Katalyse. Die Hauptvorteile derartiger heterogener Katalysatoren sind die Unempfindlichkeit gegenüber freien Fettsäuren, die Option einer simultanen Ver- und Umesterung sowie eine einfache Trennung des Katalysators vom Reaktionsgemisch; d. h., die Biodieselwäsche kann entfallen. Bisher konnten Ausbeuten von 85 % bei einer Verweilzeit von 20 h und einer Temperatur von 75 °C erreicht werden [7.92], [7.115].
- In-situ-Umesterung. Das Ziel dieses Ansatzes ist die Durchführung der Pflanzenölextraktion und -umesterung in einem Schritt. Der eingesetzte Alkohol wirkt gleichzeitig als Extraktionsmittel und als Reaktant. Während bei der Anwendung von Methanol nur geringe Ausbeuten aufgrund der ungünstigen Extraktionseigenschaften als Lösemittel erzielt wurden, sind höhere Alkohole (z. B. Ethanol) in diesem Zusammenhang potenziell besser geeignet. Voraussetzung ist die absolute Wasserfreiheit des Alkohols, da sonst die Ester durch Nebenreaktionen mit posphor- und sulfathaltigen Komponenten

verunreinigt werden [7.92]. Durch den in Ölfrüchten oft enthaltenen Wassergehalt zeigen In-situ-Umesterungen oft nur geringe Umesterungsgrade bzw. Biodieselausbeuten.

- Effiziente Membrantechnik. Im Vergleich zur destillativen Trennung der Stoffgemische Biodieselphase und Glycerin-Wasser-Methanol können durch die Stofftrennung mittels Membranen vergleichbare oder höhere Reinheiten der Produkte erzielt werden. Obgleich so thermische Energie für die Verdampfungsprozesse eingespart werden kann, ist die benötigte elektrische Energie höher, da die Membransysteme eine ausreichende Druckdifferenz benötigen, um hohe Permeatflüsse zu ermöglichen. Es gibt auch sogenannte Plug-in-Membranmodule, die in bestehende Rektifikationskolonnen eingebracht werden können [7.116].

Aufbereitung der Produkte. Vor der weiteren Verwendung müssen die Reaktionsprodukte der Biodieselherstellung – Rohmethylester und Rohglycerin – aufbereitet werden. Die Auswahl des Katalysators wirkt sich auch auf die Aufbereitung des Methylesters und des Glycerins aus. Aufgrund unterschiedlicher Löslichkeiten verteilt sich der Katalysator auf die beiden Phasen. Bei der Verwendung von Alkali-Katalysatoren liegt der Katalysator anschließend in Form von Seife in der Glycerinphase vor und muss separat abgetrennt werden [7.88]. Alkoholat-Katalysatoren haben hierbei einen günstigen Einfluss auf die Glycerinqualität; die Reinheit des Rohglycerins beträgt etwa 80 bis 85 % (d. h. technische Qualität). In wasserhaltigen Prozessen mit anderen Alkalikatalysatoren werden dagegen nur etwa 55 bis 60 % erreicht [7.99].

Biodieselaufbereitung. Der Umfang der Aufbereitung des produzierten Rohbiodiesels hängt stark von der Art und Qualität des verwendeten Öl- bzw. Fettrohstoffs ab.

Im Fall von reinen pflanzlichen Frischölen erfolgt die Aufbereitung des produzierten Biodiesels in Single-Feedstock-Biodieselanlagen mehrstufig über die sogenannte Sauer- und anschließende Neutralwäsche.

Zuerst wird der Biodiesel dazu gewaschen, um die durch unerwünschte Verseifungsreaktionen entstandenen Seifen zu entfernen. Dies geschieht nach direkter Wasserzugabe zumeist durch die Zugabe von milden sauren Katalysatoren (z. B. Schwefel-, Salz- oder Essigsäure), die anschließend abgetrennt werden. Die Waschung erfolgt bei Umgebungsdruck und -temperatur bei kontinuierlicher Durchmischung. Das absedimentierte Waschwasser wird der Glycerinaufbereitung zugeführt.

Weitgehend ähnlich erfolgt die Frischwasserwaschung, nach welcher abschließend im Sedimentationsbehälter die Phasentrennung durchgeführt wird [7.90], [7.98], [7.117].

Anschließend erfolgt eine Trocknung des Biodiesels. Noch feuchter Biodiesel wird nach einer Vorwärmung in einem Verdampfer (z. B. Fallfilmverdampfer) getrocknet, wobei das im Biodiesel enthaltene Wasser und Methanol bis auf einen Restgehalt von 200 ppm abgetrennt wird. Der entwässerte, heiße Biodiesel dient der Vorwärmung des eintretenden Biodiesels und kühlt sich dabei auf etwa 30 bis 35 °C ab. Das im Verdampfer abgetrennte Methanol-Wasser-Gemisch wird in einem Kondensator abgetrennt [7.117].

Bei Einsatz von Altspeiseölen, gebrauchten Frittierfetten, Tierfetten, Fettabscheiderfetten oder Fettsäuren gelangen trotz aufwändigerer Fettvorreinigung Verunreinigungen in den Rohdiesel, die durch eine alleinige Biodieselwäsche nicht ausreichend abgetrennt werden können [7.90]. Daher ist bei sogenannten Multi-Feedstock-Biodieselanlagen, in denen unterschiedlichste Abfallfette und -öle in normgerechten Biodiesel umgewandelt werden, die Verfahrenskonzepte zur Aufreinigung des Rohbiodiesels aufwändiger als bei Single-Feedstock-Biodieselanlagen.

Durch zu hohe thermische Belastung von Frittierfetten können sich z. B. großmolekulare Dimere bilden, die durch die Umesterungsreaktion nicht zerstört werden und als schwersiedende Komponenten in der Biodieselfraktion verbleiben. Sie müssen destillativ aus dem Rohbiodiesel abgetrennt werden, da ansonsten die Einhaltung des Mindestgehalts an Methylester (gemäß DIN EN 14214) gefährdet ist.

Tierfette können Schwefelkomponenten enthalten (Verwesungsabbauprodukte), die – unbeeinflusst durch die Umesterungsreaktion – zu erhöhten Schwefelwerten im Biodiesel führen können. Hierfür sind spezielle Varianten der Biodieseldestillation notwendig, um den Schwefel-Normwert für Biodiesel sicher einzuhalten.

In sogenannten Multi-Feedstock-Biodiesel-Produktionsanlagen, in denen unterschiedlichste Abfallfette und -öle in normgerechten Biodiesel umgewandelt werden, wird die Endreinigung des Biodiesels durch zumeist zweistufige Destillationssysteme durchgeführt. Dabei wird der Rohbiodiesel über Kopf in einer Vakuum-Rektifikationsanlage aufgereinigt, während das Sumpfprodukt in einer nachgeschalteten Hochvakuum-Quetschstufe (z. B. ein Kurzwegverdampfer) weiter eingedampft wird, um die Methylesterverluste möglichst gering zu halten. Der dabei entstehende Sumpfproduktstrom (u. a. „Bioheating Agent" genannt) kann beispielsweise in der Biodieselanlage als alternativer Brennstoff für die Energieerzeugung verwendet werden. Die durch Destillation erzeugten Biodieselqualitäten übertreffen die in den Biodieselnormen geforderten Qualitäten in vielen Punkten.

Parallel zur Biodieselreinigung erfolgen die Aufbereitung der Nebenprodukte und die Rückgewinnung überstöchiometrisch eingesetzten Alkohols, welcher in den Prozess zurückgeführt wird.

Glycerinaufbereitung. Die Glycerinphasen aus den Umesterungs- und Waschstufen werden in einem Ansäuerungsbehälter mit Säure (z. B. Schwefelsäure) oder dem sauren Reaktionswasser einer Vorveresterungsstufe vermischt. Dabei können je nach eingesetztem alkalischem Umesterungskatalysator (NaOH, KOH) überschüssiges Alkalihydroxid und entstandene Alkaliseifen gespalten und in Wasser, freie Fettsäuren und das korrespondierende Alkalisalz der eingesetzten Säure umgewandelt werden. Besonders vorteilhaft ist hierbei die Verwendung von Kaliumhydroxid (KOH) und Schwefelsäure, da dies unter den geschilderten Verfahrensbedingungen zur Bildung von Kaliumsulfat (K_2SO_4) führt, das schlussendlich als Düngemittelprodukt gewonnen werden kann.

Die batchweise realisierte Reaktion erfolgt bei ca. 50 °C unter Versauerung der Glycerinphase auf einen pH-Wert von ca. 3. Anschließend wird noch bis zur optimalen Kristallbildung weitergerührt, bevor die flüssigen Phasen (d. h. Fettsäure- und Rohglycerinphase) und die feste Phase (d. h. Kaliumsulfat) in einem Trikanter voneinander getrennt werden. Das feuchte Kalisalz wird mit Methanol gewaschen, um mitgeführte Glycerinanteile zurückzugewinnen. Nach erneuter Dekantierung wird es in einem Vakuumtrockner aufbereitet, sodass das getrocknete Salz z. B. als Düngemittel genutzt werden kann [7.90].

Die gewonnene Fettsäurephase kann in einer sogenannten Nachveresterung in Rohbiodiesel umgewandelt und in die Biodieselproduktion zurückgeführt werden. Bei Multi-Feedstock-Anlagen kann die Fettsäurephase direkt einer Veresterungsstufe beigemischt werden [7.118]. Dadurch kann ein Verlust an umesterbarem Fett- bzw. Ölmaterial vermindert und die Gesamtausbeute an Biodiesel erhöht werden.

Da das aus der Phasentrennung stammende Rohglycerin einen sauren pH-Wert aufweist (d. h. unerwünschte Neigung zur Zersetzung), muss es auf einen pH-Wert von ca. 7,5 gebracht werden. Dies wird in einem Neutralisationsbehälter über die Zugabe von Kaliumhydroxid (KOH) in methanolischer Form bewerkstelligt. Das Gemisch aus dem Nachneutralisationsbehälter wird batchweise mit dem glycerinhaltigen Waschwasser aus der Biodieselwaschung vereinigt und in den Glycerinvorlagentank gepumpt [7.117].

Bei Anlagen im großen Leistungsbereich kann im Anschluss an die Neutralisation der wässrigen Glycerinphase die weitere Aufbereitung des Glycerins durch Eindampfung zu technischem Glycerin (ca. 80 Gew.-%) erfolgen. Zur weiteren Veredelung kann das Glycerin zu sogenanntem Pharmaglycerin aufgereinigt werden [7.119]. Dazu müssen das restliche Wasser, die Salze und Verunreinigungen (z. B. MONG (engl. Matter Organic Non-Glycerol)) entfernt werden. Abhängig vom bei der Umesterung eingesetzten Katalysator unterscheidet sich die Glycerinzusammensetzung beispielsweise in Bezug auf die Salzgehalte (z. B. 5 bis 8 Gew.-% im Glycerin-Wasser-Gemisch bei Natriummethylat, 1 bis 2 Gew.-% bei Kaliummethylat). Diese müssen vor der Destillation durch einen Verdampfungsprozess abgetrennt werden. Die Aufbereitung zu Pharmaglycerin erfolgt mehrstufig über eine Destillation zur Abtrennung des Wassers, eine Desodorierung über Stripping zur Entfernung von Geruchs- und Geschmacksstoffen und einer Bleichung zur Entfernung von Farbstoffen [7.116].

Vor allem Katalysatorreste und Nebenprodukte aus Nebenreaktionen der alkalisch-katalysierten Umesterung verursachen Verunreinigungen, die in der Glycerinaufbereitung behandelt und abgetrennt werden müssen, um verwertbare Glycerinqualitäten zu erlangen. Der Vorteil von heterogen katalysierten Biodieselverfahren, die zu keinen Nebenreaktionen führen oder Katalysatorreste verursachen, liegt somit in der sofort erreichbaren höheren Glycerinqualität und dem geringeren Aufwand zu deren Aufbereitung. Bislang gibt es aber nur wenige großtechnisch erfolgreich realisierte, heterogen katalysierte Biodieselverfahren.

Methanolaufbereitung/-recycling. Im Zuge der Aufbereitung der Glycerinphase wird ein Methanol-Wasser-Gemisch destillativ abgetrennt. Mittels einer Methanolrektifikation bei Atmosphärendruck wird dieses Gemisch dann weiter aufgearbeitet. Das im Kopf der Rektifikationskolonne kondensierte Reinmethanol steht nun wieder für die Umesterungsreaktion zur Verfügung. Das Glycerinwasser aus dem Kolonnensumpf wird der Glycerineindampfung zugeführt [7.117]

Enzymatische Umesterung. Im Vergleich zu chemischen Umesterungsverfahren, die durch Laugen oder Säuren katalysiert werden, eignet sich das enzymatische Verfahren für minderwertige Rohstoffe und stellt keine strengen Anforderungen an den Gehalt an freien Fettsäuren und an Wasser. Auch entsteht bei den enzymatischen Verfahren keine Seife, sodass eine höhere Ausbeute erzielt wird. Außerdem wird ein qualitativ besseres Glycerin ohne Salz und mit viel weniger Abwasser produziert, da keine Lauge oder Säure am Prozess beteiligt ist. Hinzu kommt, dass Rohstoffe minderer Qualität ohne aufwändige Vorbehandlung direkt verwendet werden können [7.120].

Zu den heute bereits in der Praxis oder im Pilotmaßstab angewandten enzymatischen Verfahren gehören das immobilisierte Lipaseverfahren, das immobilisierte Lipaseverfahren mit organischem Lösemittel, das freie Lipaseverfahren und das kombinierte Verfahren aus freier und immobilisierter Lipase.

- Verfahren mit immobilisierter Lipase. Die Verwendung von immobilisierter Lipase für die Biodieselherstellung ermöglicht eine einfache Rückgewinnung der Enzyme. Allerdings wird das Glycerin an der Oberfläche der immobilisierten Lipase absorbiert. Bei bestimmten pflanzlichen Rohölen (u. a. Sojabohnenöl) absorbieren auch Phospholipide an der Oberfläche der Lipase; dies reduziert die katalytische Aktivität [7.121], [7.122]. Außerdem führt die schlechte Löslichkeit von Methanol in Öl zu hohen lokalen Methanolkonzentrationen, die zur Deaktivierung der Enzyme führen.
- Immobilisierte Lipase mit organischen Lösemitteln. Organische Lösemittel wie tert-Butanol könnten die Lipase schützen, indem sie Methanol, Glycerin oder Phospholipide auflösen und ein homogenes System bilden. Der Verlust an katalytischer Aktivität der Lipase, der durch eine hohe lokale Methanolkonzentration und die Adsorption von Glycerin oder Phospholipiden verursacht wird, wird damit hier behoben. Der Verlust von Lösemitteln bei der Wiederverwendung und die Abtrennung von Lösemitteln erhöhen jedoch die Produktionskosten. Einige Lösemittel (z. B. tert-Butanol) bilden mit Wasser ein azeotropes System, das zu einem hohen Energieverbrauch bei der Abtrennung des Wassers vom Lösemittel führt. Dennoch ist die Verwendung organischer Lösemittel aus Sicherheitsgründen unerwünscht, da sie in der Regel hochgiftig und entflammbar sind.
- Freies Lipase-Verfahren. Die durch freie Lipase katalysierte Biodieselproduktion zeichnet sich durch ein einfaches Verfahren und eine schnelle Reaktionsgeschwindigkeit aus [7.123]. Darüber hinaus sind die Kosten für freie Lipase viel niedriger als die für immobilisierte Lipase. Auch reduziert der Prozess der Wiederverwendung der Lipase die Lipasekosten. Allerdings entsprechen die Biodieselspezifikationen nach der durch freie Lipase katalysierten Reaktion nicht den normativen Anforderungen; beispielsweise liegt die Säurezahl in der Regel höher als 2 mg KOH/g (dies ist auf das Vorhandensein von Wasser im System zurückzuführen). Um qualifizierte Spezifikationen zu erreichen, besteht eine Lösung darin, die Fettsäure durch Zugabe von Alkali zu entfernen; dies führt aber zu einer geringen Umwandlungsausbeute insbesondere bei minderwertigen Ölen als Rohmaterial.

- Kombinierte Nutzung von immobilisierter Lipase und freier Lipase. Der Prozess der freien Lipase, gefolgt von dem immobilisierten Prozess, ist eine Lösung, um die Qualität des produzierten Biodiesels zu verbessern. Hydrolyse, Veresterung und Umesterungsreaktionen finden hauptsächlich im freien Lipaseprozess statt. In der Zwischenzeit werden die Phospholipide abgebaut; parallel dazu konzentrieren sich Phosphor und Glycerin in der Wasserphase [7.124]. Ölphase und Wasserphase werden dann durch Schwerkraft oder eine Zentrifuge getrennt. Nur die Ölphase, die eine gewisse Menge an freien Fettsäuren, sehr wenig Wasser, Monoglyceride und Diglyceride enthält, wird dem Prozess der immobilisierten Lipase zugeführt, damit ein Aktivitätsverlust der immobilisierten Lipase durch Glycerin oder Phospholipide erfolgreich vermieden werden kann. Während des immobilisierten Lipaseprozesses werden Fettsäuren in Biodiesel umgewandelt und es entsteht ein Wassernebenprodukt. Um eine vollständige Umwandlung der freien Fettsäure zu erreichen und die entsprechenden Spezifikationen zu erfüllen, ist die Online-Wasserentfernung für den immobilisierten Lipaseprozess von großer Bedeutung. Wenn dies erfolgreich gelingt, kann anschließend der endgültige Fettsäuregehalt in einem Air-Lift-Reaktor ohne externe Gaszufuhr auf unter 0,25 % reduziert werden. Gleichzeitig wird der Verlust der Lipaseaktivität durch Rührscherkräfte vermieden; d. h., die immobilisierte Lipase kann für mehr als 100 Chargen wiederverwendet werden [7.125].

Die Art des Katalysators und des Ölausgangsmaterials beeinflusst die Wahl des Reaktors in der praktischen Produktion. Beispielsweise kann ein Rührkesselreaktor aufgrund seiner gut durchmischten Qualität eine hohe Umwandlungsausbeute erzielen [7.126]. Eine hohe Scherkraft des Flügelrads würde jedoch dazu führen, dass das Enzym vom Träger abfällt, und das Flügelrad kann das Enzym aufgrund der hohen Rotationsgeschwindigkeit sogar deaktivieren; dies führt zu einer schlechten Wiederverwendbarkeit des Katalysators.

Für eine technische Umsetzung der enzymatischen Umesterungsreaktion können unterschiedlichste Reaktordesigns wie Batch-Reaktoren, Füllkörperreaktoren, Wirbelschichtreaktoren und Membranreaktoren verwendet werden (Abb. 7.62). Auch eine Kombination aus mehreren Reaktoren ist für die Biodieselproduktion über eine enzymatische Umesterung möglich.

- Batch-Reaktoren werden aufgrund des einfachen Aufbaus üblicherweise für kleinere Versuchsanlagen im Labormaßstab eingesetzt. Beim Upscaling sind vor allem das große Tankvolumen, die langen Reaktionszeiten und die diskontinuierliche Prozessführung von Nachteil.
- Füllkörperreaktoren haben den Vorteil, dass der Einsatz von festem Katalysatormaterial (immobilisierte Enzyme) eine relativ kompakte Bauweise ermöglicht. Dadurch ergeben sich eindeutige Kontaktzeiten sowie hohe Enzym-zu-Substrat-Verhältnisse. Außerdem ist ein kontinuierlicher Prozessablauf möglich. Von Nachteil ist die notwendige Abtrennung von Glycerin zwischen den einzelnen nacheinander geschalteten Kolonnen.

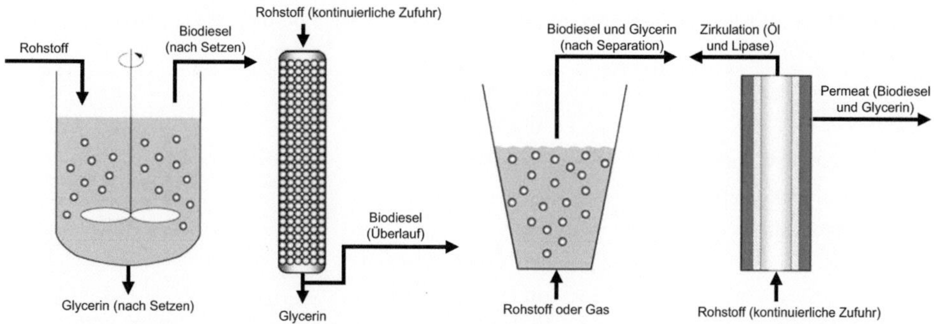

Abb. 7.62 Bioreaktoren für die enzymatische Biodieselproduktion (durchmischter Batch-Reaktor (links), Füllkörperreaktor (Mitte links), Wirbelschichtreaktor (Mitte rechts), Membranreaktor (rechts)) (nach [7.127])

- Bei den Wirbelschichtreaktoren handelt es sich um eine Mischung aus Batch- und Füllkörperreaktoren. Die Wirbelschicht und die darin enthaltenen magnetischen Biokatalysatoren werden durch ein Magnetfeld stabilisiert. Dadurch ergeben sich eine hohe Stabilität der Wirbelschicht und eine gute Abtrennbarkeit des Katalysators.
- Bei den Membranreaktoren befinden sich die Enzyme auf der Membranoberfläche. Dadurch wird ein guter Kontakt zwischen Substrat und Biokatalysator gewährleistet. Eine kontinuierliche Abtrennung der Produkte Biodiesel und Glycerin ist über die Membranwand möglich. Nichtreagiertes Substrat kann in den Reaktor zurückgeführt werden.

7.2.1.3 Produkte

Nachfolgend werden die verschiedenen Produkte, die durch eine chemische bzw. eine enzymatische Ver- bzw. Umesterung entstehen, diskutiert.

Fettsäuremethylester (Biodiesel). Das Hauptprodukt der Biodieselherstellung ist das Gemisch der bei der Umesterung von pflanzlichen oder tierischen Ölen und Fetten entstandenen Fettsäuremethylester („Biodiesel"). Abhängig vom Fettsäuremuster des Ausgangsöls handelt es sich dabei um Fettsäuremethylester unterschiedlicher Kettenlänge, vorzugsweise die Methylester der Öl-, Linol- und Linolensäure. Im Vergleich zu den dazugehörigen Fettsäuren liegen die Schmelzpunkte der Ester höher, die Siedepunkte dagegen niedriger.

Die Estergruppe selbst ist ungiftig, da alle Ester bei Kontakt mit Wasser mehr oder weniger hydrolisieren. Deshalb muss auch die Giftigkeit der Hydrolyseprodukte Methanol und Fettsäure berücksichtigt werden. Die meisten Ester werden gut durch die Haut resorbiert; dies kann Gesundheitsprobleme verursachen. Einfache aliphatische Ester bewirken Reizungen und wirken bei Einatmen genügend hoher Konzentrationen anästhetisch. Ester ermüden die Geruchsnerven, sodass sie nur anfänglich wahrgenommen werden.

Tabelle 7.9 Stoffdaten von Rapsölmethylester bzw. Ölsäure-Methylester (MEO Methyloleat) (nach [7.128]–[7.130])

Molekulargewicht	in g/mol	296
Dichte bei 15 °C	in g/cm^3	0,884
Dynamische Viskosität bei 20 °C	in mPa s	6,9
Brechungsindex$_{MEO}$ bei 20 °C	–	1,452
Schmelzpunkt$_{MEO}$	in °C	–20
Siedepunkt$_{MEO}$	in °C bei 27 mbar	219
	in °C bei 3 mbar	168
Siedebereich	in °C	320 bis 370
Verdampfungsenthalpie$_{MEO}$	in kJ/mol bei 150 bis 200 °C	79,1
Heizwert	in MJ/kg	37,1
Flammpunkt	in °C	135
Wassergefährdungsklasse	–	0

Tabelle 7.9 zeigt Stoffdaten für ein Methylestergemisch, das aus einer alkalischen Umesterung von Rapsöl gewonnen wurde. Nicht verfügbare Stoffdaten des Gemisches wurden durch Reinstoffdaten von Ölsäure-Methylester (Methyloleat, $C_{19}H_{36}O_2$) ergänzt und mit dem Index „MEO" gekennzeichnet.

Biodiesel und fossiler Dieselkraftstoff unterscheiden sich erheblich in ihrer chemischen Zusammensetzung. Mineralischer Dieselkraftstoff besteht in der Regel zu 30 bis 35 % aus aromatischen Kohlenwasserstoffen und zu 65 bis 70 % aus Paraffinen und Spuren von Olefinen, von denen die meisten im C10- bis C16-Bereich liegen [7.131]. Biodiesel, der aus Raps-, Soja- oder Sonnenblumenöl erzeugt wird, enthält dagegen hauptsächlich C16- und C18-Fettsäuremethylester mit einer bis zu drei Doppelbindungen pro Molekül. Während fossiler Dieselkraftstoff praktisch sauerstofffrei ist, beträgt der Sauerstoffgehalt in Biodiesel etwa 11 % (m/m). Diese Unterschiede in der Zusammensetzung haben zwangsläufig unterschiedliche physikalische und chemische Eigenschaften zur Folge.

Qualitätsnormen sind die Voraussetzung für die kommerzielle Nutzung eines jeden Kraftstoffprodukts. Sie dienen als Leitlinien für den Produktionsprozess, garantieren den Kunden, dass sie qualitativ hochwertige Kraftstoffe kaufen, und geben den Behörden anerkannte Instrumente zur Bewertung von Sicherheitsrisiken und Umweltverschmutzung an die Hand [7.132]. Darüber hinaus sind Motor- und Automobilhersteller auf Kraftstoffnormen angewiesen, um Garantien für den Betrieb ihrer Fahrzeuge abgeben zu können. Mit der Einführung der ÖNORM C 1190 im Jahr 1991 war Österreich das erste Land weltweit, das Normen und Prüfverfahren für Rapsölmethylester als Dieselkraftstoffersatz definierte. Weitere nationale Biodieselnormen folgten. Im Jahr 1997 wurde das Europäische Komitee für Normung (EN) beauftragt, eine einheitliche Norm für Fettsäuremethylester-Kraftstoffe zu entwickeln und entsprechende Messverfahren auszuarbeiten. Die daraus resultierende Norm EN 14214, die 2004 in Kraft getreten ist, gilt für alle EU-Mitgliedsstaaten und ersetzt damit die jeweiligen nationalen Spezifikationen. Neben der EU haben auch die USA (ASTM D 6751-12), Australien und eine Reihe von weiteren Ländern (z. B. Brasilien,

Kanada, Japan) Qualitätsstandards für Biodiesel eingeführt. Im Vergleich dieser unterschiedlichen Normen und Richtlinien gilt die EU-Biodiesel-Norm EN 14214 als strengster Qualitätsstandard. Bei den insgesamt 25 zu erfüllenden Norm-Parametern handelt es sich um eine Mischung aus physikalisch-chemischen Eigenschaften (z. B. Dichte, Viskosität), motor- und krafttechnischen Parametern (z. B. Cetanzahl, Korrosionswirkung, Cold Filter Plugging Point (CFPP; Temperaturgrenzwert der Filtrierbarkeit)) sowie Grenzwerte für Restverschmutzungen (z. B. Gehalt an Wasser, Glyceriden, Alkali-Metallen).

Nach derzeitiger EU-Gesetzgebung dürfen in den EU-Mitgliedsländern bis zu 7 % Biodiesel (Qualität EN14214) dem Mineralöldiesel beigemischt werden, ohne dessen eigene Qualitätsnorm (EN590) zu verletzen. Höhere Beimischungsquoten sind angesichts der zunehmenden Notwendigkeit der Defossilisierung des Transportsektors in der Diskussion.

Zunehmend strengere Qualitätskriterien für Biodiesel machen es notwendig, dass die bei der Ver- und Umesterung entstehende Fettsäuremethylester-Phase aufwändige Reinigungsschritte durchlaufen muss. Je nach Anlagenkonzept kann es sich hierbei um eine Kombination von Wasser- und Säurewäschen mit anschließender Trocknung handeln (vor allem bei rein Pflanzenöl-basierter Biodieselproduktion). Bei der Verwendung von z. B. Altfetten als Rohstoffe können die strengen Qualitätsparameter der EN14214 nur mehr durch eine abschließende Destillation des Biodiesels verlässlich eingehalten werden.

Die folgenden Qualitätsparameter müssen sowohl Biodiesel als auch Mineralöl-basierter Diesel aus zumeist motortechnischen Gründen erfüllen. In Kapitel 7.1.5, Band 3, werden für die Verwendung von Pflanzenölen als direkter Dieselersatz bereits einige dieser Normparameter und die möglichen negativen Auswirkungen bei Nichteinhaltung auf den Betrieb eines entsprechenden Motors beschrieben:

- Dichte,
- kinematische Viskosität,
- Flammpunkt,
- Schwefelgehalt,
- Conradson-Koksrückstand,
- Cetanzahl,
- Sulfataschegehalt,
- Wassergehalt,
- Gesamtverschmutzung,
- Korrosionswirkung auf Kupfer,
- Oxidationsstabilität und
- Kälteverhalten (Cold Filter Plugging Point, CFPP).

Neben diesen Parametern weist der europäische Biodiesel-Qualitätsstandard EN14 214 noch folgende weitere – zumeist FAME-spezifische – Parameter auf:

- Methylestergehalt,
- Gehalt an freiem Glycerin,

- Mono-, Di- und Triglyceridgehalt sowie Gesamtglyceridgehalt,
- Methanolgehalt,
- Jodzahl,
- Gehalt an Linolensäure-Methylester,
- Gehalt an mehrfach ungesättigten Methylestern (mehr als 3 Doppelbindungen),
- Säurezahl,
- Phosphorgehalt,
- Gehalt an Alkalimetallen (Na, K) und
- Gehalt an Erdalkalimetallen (Ca, Mg).

Relevante Parameter und ihre Auswirkungen bei Überschreitung werden nachfolgend kurz beschrieben.

Methylestergehalt. Der Biodiesel-Qualitätsstandard EN 14 214 definiert einen Mindestgehalt an Fettsäuremethylester von 96,5 Gew.-% für Biodieselkraftstoffe. Dieser Parameter ist eine wichtige Kenngröße zum Nachweis einer eventuellen unzulässigen Beimischung anderer Stoffe (z. B. fossiler Diesel) zum Kraftstoffendprodukt. Niedrige Werte bei reinen Biodieselproben sind auf ungeeignete Reaktionsbedingungen beim Umesterungsprozess oder auf bestimmte Nebenbestandteile in der ursprünglichen Fett- oder Ölquelle zurückzuführen; so kann beispielsweise eine hohe Konzentration an unverseifbaren Bestandteilen (z. B. Sterolen), Restalkohol und Partialglyceriden zu Werten unterhalb des Grenzwertes führen. Da die meisten der genannten Verbindungen bei einer Destillation des Endprodukts entfernt werden, weisen destillierte Methylester-Kraftstoffe i. Allg. höhere Estergehalte auf als undestillierte Proben [7.90].

Gehalt an freiem Glycerin. Der Gehalt an freiem Glycerin ist in dem Biodiesel-Qualitätsstandard EN 14 214 auf maximal 0,02 Gew.-% begrenzt. Er hängt stark vom Herstellungsverfahren ab und ist daher ein wichtiges Kriterium für die Kraftstoffqualität. Hohe Glycerinrestgehalte können auf ein unzureichendes Waschen des Esterprodukts zurückzuführen sein. Verdunstet in weiterer Folge das als Lösungsvermittler wirkende Methanol, kann sich freies Glycerin aus dem Biodiesel während der Lagerung abtrennen.

Alternativ kann sich Glycerin auch durch eine Hydrolyse der im Biodiesel verbleibenden Mono-, Di- und Triglyceride im gelagerten Kraftstoff bilden [7.133]. Freies Glycerin scheidet sich im Kraftstofftank ab, sammelt sich am Boden, wo es andere polare Verbindungen aufnimmt (z. B. Wasser, Monoglyceride, Seifen). Gelangt diese Phase in den Dieselmotor, kann dies zu Schäden am Einspritzsystem führen. Weithin werden die in Glycerin und Monoglyceriden enthaltenen vicinalen Hydroxygruppen für die Korrosion von Nichteisenmetallen (insbesondere Kupfer und Zink) und Chromlegierungen verantwortlich gemacht [7.134].

Mono-, Di- und Triglyceridgehalt sowie Gesamtglyceridgehalt. Der Biodiesel-Qualitätsstandard EN 14 214 begrenzt die Mengen an Mono- bzw. Di- und Triglyceriden auf

$\leq$ 0,70 bzw. 0,20 und $\leq$ 0,20 Gew.-% und definiert einen Höchstwert von 0,25 Gew.-% für das zulässige Gesamtglycerin (d. h. die Summe der Konzentrationen von freiem Glycerin und in Form von Mono-, Di- und Triglyceriden gebundenem Glycerin). Ähnlich wie die Konzentration an freiem Glycerin hängt auch die Menge an Glyceriden vom Herstellungsverfahren ab. Niedrige Konzentrationen an Mono-, Di- und Triglyceriden können nur durch die Wahl optimaler Reaktionsbedingungen und / oder durch eine Destillation des Esterendprodukts erreicht werden. Kraftstoffe, welche diese Grenzwerte überschreiten, neigen zur Verkokung und können dadurch Ablagerungen an Einspritzdüsen, Kolben und Ventilen verursachen [7.135]. Ein erhöhter Wert für die Viskosität des Biodiesels kann ein indirekter Hinweise auf hohe Glyceridgehalte sein [7.136].

Methanolgehalt. Der Methanolgehalt in Biodieselkraftstoffen darf gemäß dem Biodiesel-Qualitätsstandard EN 14 214 den Wert von 0,20 Gew.-% nicht überschreiten. Dazu wird das Rest-Methanol im Esterprodukt im Produktionsprozess durch Destillation oder wiederholte wässrige Waschschritte entfernt. Diese Behandlungen sind für die Kraftstoffqualität von entscheidender Bedeutung, da ein hoher Methanolgehalt aufgrund des korrespondierenden niedrigen Flammpunkts ein Sicherheitsrisiko bei Transport und Lagerung von Biodiesel darstellt. Folglich geben die jeweiligen Flammpunktwerte von Biodieselproben Hinweise auf deren Restalkoholgehalt; Werte über 100 °C stellen sicher, dass der Grenzwert für Methanol eingehalten wird.

Jodzahl bzw. Gehalt an Linolensäure-Methylester und Gehalt an mehrfach ungesättigten Methylestern (mehr als 3 Doppelbindungen). Die Jodzahl ist ein Maß für die gesamte Ungesättigtheit in einem Fettstoffgemisch; dies ist zunächst unabhängig von den relativen Anteilen der einfach, zweifach, dreifach und mehrfach ungesättigten Verbindungen. Sie wird in Gramm Jod ausgedrückt, das mit 100 g der jeweiligen Probe reagiert. Die Jodzahl ist in der europäischen Biodieselnorm auf $\leq$ 120 gI_2/100 g begrenzt. Darüber hinaus regelt der Biodiesel-Qualitätsstandard EN 14 214 auch den Höchstgehalt an Linolensäure-Methylester (C18:3) bzw. mehrfach ungesättigten Fettsäuremethylestern (d. h. Verbindungen mit vier oder mehr Doppelbindungen) auf 12,0 bzw. 1,0 Gew.-%.

Kraftstoffe mit einer hohen Jodzahl neigen dazu, zu polymerisieren und Ablagerungen an Einspritzdüsen, Kolbenringen und Kolbenringnuten zu bilden, wenn sie erhitzt werden [7.134]. Hochgradig ungesättigte Verbindungen werden auch mit einer verminderten Oxidationsstabilität in Verbindung gebracht, die zur Bildung verschiedener Abbauprodukte führt, welche die Funktionsfähigkeit des Motors beeinträchtigen können. Darüber hinaus stehen ungesättigte Ester, die in das Motoröl eingebracht werden, im Verdacht, hochmolekulare Verbindungen zu bilden, welche die Schmierfähigkeit beeinträchtigen können [7.137]. Auch korreliert die Jodzahl mit der Viskosität und der Cetanzahl; beide Kraftstoff-Kenngrößen nehmen mit einem zunehmenden Ungesättigtheitsgrad ab. Der von der Biodieselnorm EN 14 214 geforderte Grenzwert von 120 gI_2/100 g schließt damit auch mehrere native Öle – wie Soja- oder Sonnenblumenöl – als Rohstoffe für die

Biodieselproduktion aus, es sei denn, die resultierenden Ester werden mit anderen Biodieseltypen oder fossilem Dieselkraftstoff gemischt.

Ergebnisse von Motortests zeigen jedoch, dass Polymerisationsreaktionen in nennenswertem Umfang nur bei Fettsäureestern mit drei oder mehr Doppelbindungen auftreten [7.136], die im Fettsäuremuster von Soja- oder Sonnenblumenöl nur einen geringen Anteil ausmachen. Das Vorhandensein dieser Verbindungen, selbst in geringen Mengen, hat ebenfalls unverhältnismäßig starke Auswirkungen auf die oxidative Stabilität. Als Ursache dafür wird die für oxidative Angriffe besonders anfällige bis-allylische Position in Estermolekülen verantwortlich gemacht [7.138].

Gehalt an Alkali- (Na, K) und Erdalkalimetallen (Ca, Mg). Nach dem Biodiesel-Qualitätsstandard EN 14 214 dürfen die Konzentrationen für die Summe der Alkalimetalle sowie die Summe der Erdalkalimetalle in Biodieselproben jeweils 5 ppm nicht überschreiten. Diese Metallionen werden hauptsächlich während des Produktionsprozesses in die Biodieselkraftstoffe eingebracht. Während Alkalimetalle aus Katalysatorrückständen stammen, können Erdalkalimetalle aus hartem Waschwasser resultieren. Natrium und Kalium werden mit der Bildung von Asche im Motor in Verbindung gebracht, während Calcium- und Magnesiumseifen im Zusammenhang mit dem Verkleben der Einspritzpumpe diskutiert werden. Diese Parameter stehen auch in Zusammenhang mit mehreren anderen Kraftstoffqualitätskriterien (u. a. Sulfataschegehalt, Koksrückstand).

Glycerin. Glycerin fällt als Nebenprodukt bei der Biodieselherstellung während der alkalisch katalysierten Umesterung von pflanzlichen oder tierischen Ölen und Fetten in stark verunreinigter Form an. Neben Überschussmethanol enthält die gewonnene Glycerinphase u. a. noch Alkalisalze (z. B. Kaliumseifen), Fettbegleitstoffe und Wasser. Diese vor allem bei Kleinproduktionsanlagen anfallende Glycerinphase (Glyceringehalt zwischen 40 und 80 %) kann meist nur einer energetischen Verwertung (z. B. in einer Biogasanlage) zugeführt werden.

In industriellen Biodieselanlagen werden alle wässrigen Phasen aus den Umesterungen und Biodieselwäschen zusammengefasst. Diese zumeist leicht basische Phase wird angesäuert ($pH < 3$); dies führt zu einer Spaltung der Restseifen. Die dadurch freigesetzte Fettsäurephase wird abgetrennt und entweder direkt oder nach einer separaten Veresterung der Rohstoffphase rückgeführt. Somit geht kein umesterbares Material der Biodieselproduktion verloren.

Die nach der Ansäuerung entstandene Rohglycerinphase wird neutralisiert und anschließend destillativ entmethanolisiert (Methanolrecycling) sowie entwässert. Je nach Destillationssystem kann dabei das Glycerin bis zur pharmazeutischen Qualität (z. B. gemäß European Pharmacopoeia 7.0 mit einem Glyceringehalt von mind. 98,0 %) aufbereitet werden.

Bei Verwendung von Altfetten sind solche pharmazeutischen Glycerinqualitäten zumeist nicht wirtschaftlich sinnvoll erreichbar. Hier begnügt man sich zumeist mit der

Tabelle 7.10 Stoffdaten für reines Glycerin (MAK maximale Arbeitsplatzkonzentration) (nach [7.139], [7.140])

Molekulargewicht	in g/mol	92,09
Dichte bei 25 °C	in g/cm^3	1,262
Dynamische Viskosität bei 25 °C	in mPa s	945
Brechungsindex bei 20 °C	–	1,474
Dielektrizitätskonstante bei 25 °C	–	32,65
Schmelzpunkt	in °C	18,2
Siedepunkt	in °C bei 1 bar	290
Verdampfungsenthalpie	in kJ/mol bei 55 °C	88,2
	in kJ/mol bei 195 °C	76,1
Spezifische Wärmekapazität, flüssig bei 25 °C	in kJ/(kg K)	2,41
Flammpunkt	in °C	191
Zündtemperatur	in °C	400
Explosionsgrenzen (untere und obere)	in Vol.-%	2,6–11,3
MAK-Wert	in mg/m^3	10
Wassergefährdungsklasse	–	0

destillativen Aufreinigung auf technische Glycerinqualität (z. B. Technical Glycerol BS 2621-5 mit <98 % Glyceringehalt).

Das wasserfreie Glycerin (1,2,3-Propantriol, 1,2,3-Trioxypropan, Ölsüß, $C_3H_8O_3$) ist chemisch gesehen ein dreiwertiger Alkohol. Reines Glycerin ist eine farblose, klare, schwer bewegliche, geruchlose, süß schmeckende, hygroskopische Flüssigkeit, die beim Abkühlen unter 0 °C zu farblosen, rhombischen Kristallen erstarrt. Glycerin ist mit Wasser und niederen Alkoholen in jedem Verhältnis mischbar, dagegen wenig löslich in Aceton, Estern, Ethern und Dioxan, und praktisch unlöslich in höheren Alkoholen, Kohlenwasserstoffen, Chlorwasserstoffen und fetten Ölen.

Der Kontakt mit der unverdünnten Flüssigkeit kann leichte Reizungen der Haut verursachen. Beim Verschlucken größerer Mengen kann es zu einem Rauschzustand mit Kopfschmerzen, Cyanose, Nierenschmerzen und blutigen Durchfällen kommen. Tabelle 7.10 zeigt zusammengefasst wichtige Stoffdaten von reinem Glycerin.

Das gereinigte Glycerin findet Verwendung in der Kosmetik- und Arzneimittelindustrie, der Lebensmittel- und Tabakindustrie, der Kunststoffindustrie und der Sprengstoffindustrie.

Kaliumsulfat (K_2SO_4). Im Fall der Verwendung von Kaliumhydroxid oder Kaliummethoxid als alkalischem Umesterungskatalysator und durch Zugabe von Schwefelsäure bei der Ansäuerung der Glycerinphase entsteht neben der Fettsäurephase und der Rohglycerinphase noch eine Feststoffphase (d. h. Kaliumsulfat K_2SO_4).

Nach entsprechender Abtrennung aus der Glycerinphase kann dieser Feststoffstrom durch Waschung mit Methanol und anschließender Trocknung bzw. Pelletierung bis hin zur Düngemittelqualität aufbereitet und als separater Nebenproduktstrom kommerziell verwertet werden. Der Kaliumgehalt muss laut EU-Düngeprodukteverordnung dabei mindestens 47 %, berechnet als wasserlösliches K_2O, betragen.

Bei Verwendung von Natrium-basierten Katalysatoren für die Umesterung (z. B. NaOH) entsteht während der Glycerinphasen-Ansäuerung Natriumsulfat, das entweder aufgrund seiner höheren Löslichkeit gelöster Teil der Glycerinphase bleibt oder im Zuge der Glycerinphasen-Destillation als nicht verwertbarer Feststoffstrom anfällt und entsorgt werden muss.

7.2.1.4 Anlagenkonzepte und -beispiele

Nachfolgend werden ausgewählte Anlagenkonzepte und -beispiele auf der Basis einer chemischen und danach einer enzymatischen Umesterung dargestellt und diskutiert.

Chemische Umesterung. Anlagen zur Biodieselherstellung auf Basis der sogenannten Niederdruckumesterung umfassen eine vergleichsweise einfache und entsprechend ausgereifte Prozesstechnik, die weltweit kommerziell zum Einsatz kommt. Die einzelnen Verfahren unterscheiden sich hinsichtlich der Betriebsweise, der Prozessparameter Druck (bis zu maximal 6 bar, oft aber bei Umgebungsdruck), Temperatur (Niveau von 40 bis 160 °C, je nach Druckniveau) und der eingesetzten Katalysatoren (Konzentrationen 0,01 bis 5 Gew.-%) sowie in der überstöchiometrischen Menge Methanol. Abhängig von der eingesetzten Katalysatorkonzentration und der Reaktionstemperatur beträgt die Reaktionszeit bevorzugt 0,5 bis 25 h.

Die Verfahrensauswahl ist abhängig vom Rohstoff und den standortspezifischen Bedingungen und kann diskontinuierlich (Batch-Prozess), semi-kontinuierlich oder kontinuierlich erfolgen [7.141].

- Beim Batch-Prozess kann auf stark schwankende Rohstoffqualitäten durch Änderung der Prozessparameter sehr flexibel reagiert werden. Weiterhin eignet sich das Batch-Verfahren bei langen Reaktionszeiten und schwer förderbaren Medien. Nachteilig sind einerseits die Rüstzeit, die für das Befüllen und Entleeren des Behälters aufgebracht werden muss, sowie andererseits die höheren Energieaufwendungen für das Aufheizen und Kühlen der einzelnen Chargen.
- Beim kontinuierlichen Betrieb werden die Edukte fortdauernd in den Reaktor eingespeist und die Produkte permanent ausgetragen. Bei konstanten Zulaufbedingungen stellt sich nach einer Anfahrphase ein stationärer Zustand ein, der gekennzeichnet ist durch eine hohe Produktionsleistung bei gleichmäßiger Produktqualität sowie einen hohen Automatisierungsgrad bei geringer Flexibilität der Rohstoffqualitäten.

Der Batch-Prozess kommt aufgrund der einfacheren Prozesstechnik vor allem für kleine Anlagen mit einer Kapazität von etwa 500 bis zu 10 000 t/a oder Anlagen größerer Kapazität, die Rohmaterialien stark schwankender Qualität einsetzen, zum Einsatz. Für größere Anlagen mit Kapazitäten im Bereich von mehr als 30 000 t/a, die Biodiesel auf der Basis von Pflanzenölen herstellen, wird im Regelfall die (semi-)kontinuierliche Prozessführung bevorzugt angewandt. Daneben ist aus wirtschaftlichen Gründen die Erzeugung hochwertiger Kuppelprodukte wichtig.

Für die Produktion von Biodiesel bieten sich grundsätzlich – je nach Anwendungsfall (z. B. Eigenproduktion für den landwirtschaftlichen Betrieb, Produktion für den deutschen und internationalen Biodieselmarkt) – unterschiedliche klein- und großtechnische Anlagenkonzepte an. Dabei zeigen die Entwicklungen der vergangenen Jahre einen sehr deutlichen Trend hin zu Anlagen großer Kapazitäten (100 000 bis mehrere 100 000 t/a) sowie zu Anlagen, die den Einsatz mehrerer Rohstoffe (sogenannte Multi-Feedstock-Anlagen) erlauben [7.142].

Durch die Entwicklung eines neuartigen, heterogenen Katalysatorsystems, das speziell für die Verwertung von Abfallfetten und -ölen entwickelt wurde, ist erstmals eine durchgängig kontinuierliche Verfahrensführung möglich geworden bzw. wurde die Aufbereitung von Nebenprodukten stark vereinfacht. Das hat zu einer weiteren Reduktion der Produktionskosten im Multi-Feedstock-Bereich geführt [7.143].

Diskontinuierliche bzw. semi-kontinuierliche Umesterungsverfahren. Eine insbesondere für die kleintechnische Biodieselproduktion zum Einsatz kommende Anlagentechnik zur Umesterung (typische Kapazitäten von 500 bis 8 800 t/a [7.144]) arbeitet mit diskontinuierlichen Verfahren (auch Batch-Verfahren); d. h., alle Verfahrensschritte laufen nacheinander chargenweise in einem oder mehreren Behältern (meist ein beheizbarer Rührwerkreaktor) ab. Nach der Befüllung des Reaktors mit z. B. Pflanzenöl erfolgt das Aufheizen auf Prozesstemperatur. Anschließend werden Methanol und Katalysator (z. B. Natriummethylat oder Kaliumhydroxid) zudosiert. Es erfolgt ein turbulentes Vermischen zur Durchführung der Umesterungsreaktion mit nachfolgendem statischem Absetzen der gebildeten Glycerinphase, die im Folgeschritt sensorgesteuert abgezogen wird.

Zur Erreichung eines normgerechten Umesterungsgrads erfolgen Umesterung und Glycerinabzug mehrfach. Im Anschluss daran werden die Katalysatorreste durch eine oder mehrere Wasserwäschen entfernt, wobei sich das Waschwasser auch absetzt und aus dem Behälter abgezogen wird. Die Entfernung der Methanol- und Wasserreste aus dem Biodiesel erfolgt durch eine Vakuumdestillation (bei Bedarf mit entsprechender Additivzugabe). Der Abzug des heißen Biodiesels findet über Plattenwärmeübertrager bei gleichzeitiger Vorwärmung des neu zu befüllenden Öls statt. Eine Aufbereitung der Glycerinphase wird zumeist nicht realisiert; dies kann zu hohen Methanolverlusten führen.

Bei derartigen Prozessen entstehen aus 1 t Pflanzenöl unter Zugabe von 160 kg Methanol und 17 kg Natriummethylat sowie ca. 100 kg Waschwasser, verbunden mit einem Aufwand von 12 kWh elektrischer und 38 kWh thermischer Energie, etwa 990 kg Biodiesel, 134 kg Glycerinphase (nur bedingt marktgerecht, da, anders als bei großtechnischen Anlagen, im Regelfall nicht aufbereitet und daher mit Seifenfraktionen vermischt) und 153 kg Abwasser.

Für den Einsatz von Ölen und Fetten (z. B. Altspeiseöle, tierische Fette) oder unterschiedliche Rohstoffe mit stark schwankenden Qualitäten kommen semi-kontinuierliche

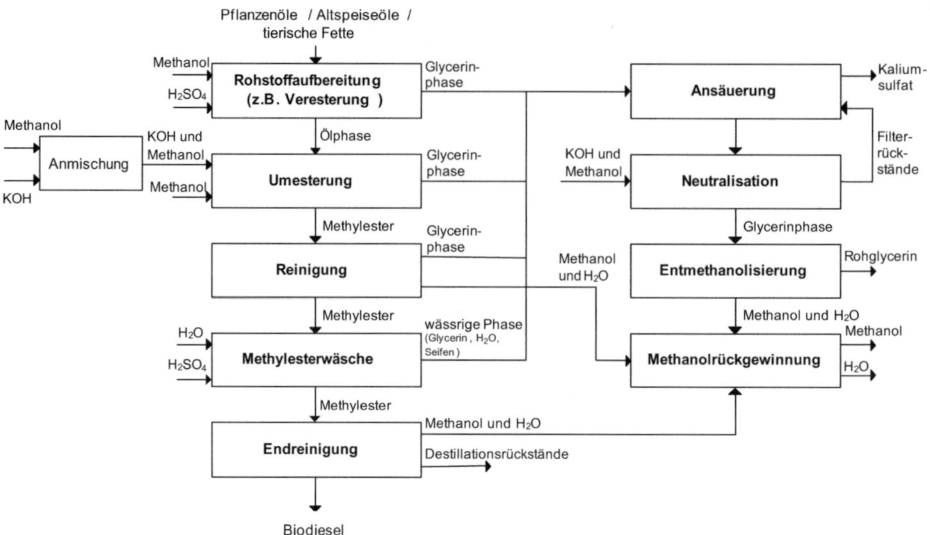

Abb. 7.63 Semi-kontinuierliches Multi-Feedstock-Verfahren zur Biodieselherstellung (KOH Kaliumhydroxid; H_2SO_4 Schwefelsäure; H_2O Wasser) [7.146]

Verfahren als sogenannte Multi-Feedstock-Anlagen zum Einsatz. Einen typischen Verfahrensablauf zeigt Abb. 7.63. Hierbei gliedert sich die Anlage zumeist in folgende Teile (Betriebsweise in Klammer) [7.145]:

- Fettaufbereitung (kontinuierlich),
- Ver- und Umesterung (diskontinuierlich),
- Biodieselwäsche (diskontinuierlich),
- Biodieseldestillation (kontinuierlich),
- Glycerinphasen-Aufbereitung (diskontinuierlich),
- Glycerindestillation (kontinuierlich),
- Methanolrückgewinnung (kontinuierlich),
- Kaliumsulfat-Herstellung (kontinuierlich).

Kontinuierliche Umesterungsverfahren. Großtechnische Anlagen zur Biodieselproduktion auf der Basis von frischen Pflanzenölen von bis zu mehreren 100 000 t/a arbeiten im Regelfall als kontinuierliche, mehrstufige Umesterungsanlagen. Das in Abb. 7.63 dargestellte Grundschema bleibt somit im Wesentlichen auch hier gültig; es variieren lediglich u. a. die Prozessbedingungen, die Reihenfolge der Verfahrensschritte und die Anforderungen an die Eingangsprodukte.

Ein typisches kontinuierliches Verfahren zeigt Abb. 7.64. Die Reaktion erfolgt hier zweistufig, wobei als Reaktor jeweils ein vertikales Rohr dient. Die Strömungsgeschwindigkeit ist dabei so niedrig, dass sich im Sumpf des Reaktors eine Glycerinphase absetzen

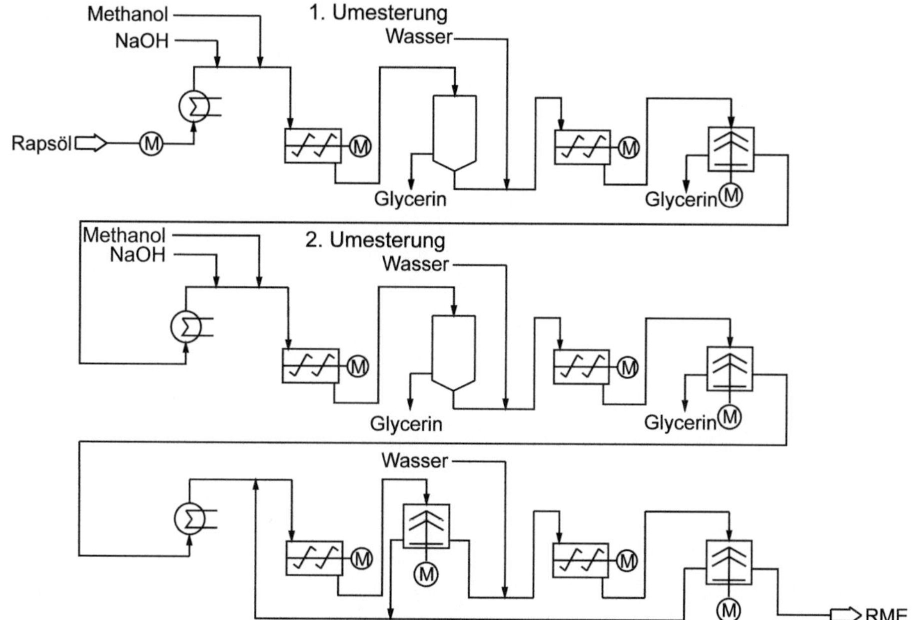

Abb. 7.64 Beispiel für ein kontinuierliches Umesterungsverfahren (M Motorantrieb; NaOH Natriumhydroxid; RME Rapsmethylester; nach [7.88])

kann. Eine weitere Glycerinabscheidung erfolgt in einem Absetzbehälter und einem Tellerseparator. Die Esterphase wird dann nach der Entmethanolisierung in einer zwei- oder dreistufigen Wäsche in Waschseparatoren gereinigt. Das angesäuerte Waschwasser wird anschließend zur besseren Glycerinabscheidung in die Separatoren der Reaktion gegeben. Eine adsorptive Nachbehandlung des Esters mit Bleicherde kann bei Einsatz von vollraffiniertem Öl entfallen [7.88], [7.147].

Eine für eine kontinuierlich arbeitende Biodieselanlage typische Stoff- und Energiebilanz bei Nennleistung zeigt Tabelle 7.11. Voraussetzung dafür ist die Einhaltung einer bestimmten Mindestspezifikationen des Ausgangsmaterials (Gehalt an freien Fettsäuren maximal 0,1 %, Wassergehalt maximal 0,1 %, unverseifbare Bestandteile maximal 0,8 %, Phosphorgehalt maximal 10 ppm).

Diese Art der kontinuierlichen Produktion von Biodiesel ist auf hochreine Pflanzenöle, die vor allem nur geringe Gehalte an freien Fettsäuren aufweisen, eingeschränkt. Sollen Pflanzenöle mit höheren Gehalten an freien Fettsäuren in einer alkalisch katalysierten Umesterung verarbeitet werden, muss sichergestellt werden, dass die dabei entstehenden Alkaliseifen (d. h. Reaktionsprodukt aus alkalischem Katalysator und freien Fettsäuren) als oberflächenaktive Substanzen nicht zu Problemen bei den Phasentrennvorgängen im Anschluss an die Umesterungsstufen führen. Dabei hat sich gezeigt, dass bis zu 3 % freie Fettsäuren bei semi-kontinuierlichen Umesterungsverfahren noch verarbeitbar sind. Auch muss dem Verlust an umesterbaren Fettsäuren in Form von Seifen durch

Tabelle 7.11 Typische Stoff- und Energiebilanz einer kontinuierlichen Umesterungsanlage [7.148]

Stoffbilanz (Edukt-Produkt)		Stoff- und Energiemengen (Verbrauchszahlen[b])	
Rapsöl[a]	1 000 kg	Dampf	415 kg
Biodiesel	1 000 kg	Kühlwasser (ΔT 10 °C)	25 m³
Rohglycerin	128 kg	Strom	12 kWh
Pharmaglycerin	93 kg	Methanol	96 kg
Industrieglycerin	5 kg	Katalysator (Natriummethylat 100 %)	5 kg
		Salzsäure (37 %)	10 kg
		Ätznatron (50 %)	1,5 kg
		Stickstoff (unter Normzustand)	1 m³
		Prozesswasser	20 kg

[a] trockenes, entschleimtes und entsäuertes Rapsöl; [b] Verbrauchszahlen ohne Glycerindestillation und Bleichung, bezogen auf 1 000 kg Rapsölmethylester bei Nennleistung; T Temperatur

eine sogenannte Nachveresterung entgegengewirkt werden. Dabei wird die bei der Glycerinansäuerung anfallende Fettsäurephase abgetrennt und einer separaten Veresterungsstufe zugeführt. Hier werden mithilfe von zumeist sauren Katalysatoren und Methanol die freien Fettsäuren in eine Methylesterphase umgewandelt, die dann in die Umesterungsstufen rückgeführt werden kann. Damit wird eine Erhöhung der Biodieselausbeute erzielt. Je nach Technologieanbieter und Art der freien Fettsäuren erfolgt diese Veresterung z. B. in (dis)kontinuierlichen Reaktoren bei 100 bis 220 °C bei bis zu 0,7 MPa jeweils unter Zusatz eines sauren Katalysators (0,1 bis 1,0 Gew.-%, bezogen auf den Anteil freier Fettsäuren) [7.149], [7.150] oder bei moderaten Temperaturen unter Verwendung von Schwefelsäure als saurem Katalysator [7.118].

Das Nachveresterungskonzept bietet sich auch als Retrofit-Verfahrenskonzept für Single-Feedstock-Anlagen an, um deren Rohstoffflexibilität durch diese nachträgliche Verfahrenserweiterung zu erhöhen bzw. die Biodieselausbeute zu steigern.

Im Fall von Multi-Feedstock-Biodieselanlagen, die Fett- und Ölrohstoffe mit hohen Gehalten an freien Fettsäuren verarbeiten, kann eine in der Glycerinaufarbeitung anfallende Fettsäurephase direkt einer Veresterungsstufe zugeführt werden. Somit können Verluste von umesterbarem Fettmaterial im Gesamtprozess verhindert werden.

Beispiel: RepCAT-Verfahren. Das RepCAT-Verfahren [7.151] wurde mit dem Ziel entwickelt, die Nachteile der auf Natrium- oder Kaliumkatalysatoren basierenden Biodieseltechnologien zu vermeiden, deren Haupteinschränkung in der Begrenzung des Gehalts an freien Fettsäuren (FFA) im Ausgangsmaterial und dem daraus resultierenden Salzgehalt in der produzierten Glycerinphase liegt. Dies erfordert eine kostspielige Behandlung der Nebenprodukte sowie hohe Kosten für Katalysatoren und Chemikalien. Das Herzstück des RepCAT-Prozesses ist ein kontinuierliches ein- oder zweistufiges Reaktorsystem, das bei einem Druck von über 50 bar und einer Temperatur von über 200 °C betrieben wird. In diesen Reaktoren finden die Veresterung und die Umesterung mit Methanol gleichzeitig statt.

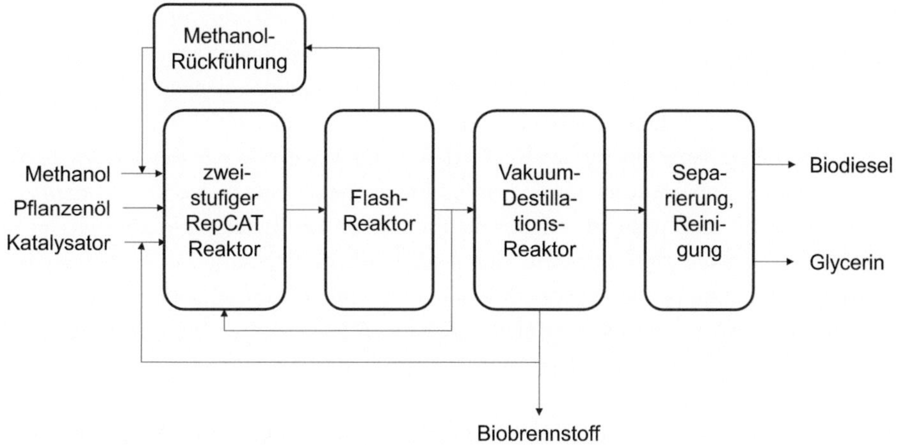

Abb. 7.65 Prozessschema des RepCAT-Verfahrens (nach [7.143])

Entscheidend für eine möglichst effiziente Reaktion ist der Einsatz eines heterogenen Katalysators; dafür kommt hier ein spezielles Metalloxid zum Einsatz. Der Katalysator wird vor Ort einfach synthetisiert und innerhalb des Prozesses wiederverwendet. Diese erneute Katalysatornutzung ist eines der Hauptmerkmale des RepCAT-Verfahrens. Darüber hinaus ist der Katalysator unempfindlich gegenüber Verunreinigungen im Ausgangsmaterial, da die bei heterogenen Katalysatoren üblichen Probleme (z. B. die Vergiftung des Katalysators durch Verunreinigungen im Ausgangsmaterial) nicht auftreten. Unter den oben beschriebenen Bedingungen ist ein stabiles und robustes Verfahren gegeben, das schwankende Rohstoffqualitäten auch ohne zeitaufwändige Absetzprozesse, Wasserwäsche oder teure Scheibenzentrifugen bewältigen kann. Die Anzahl der Reaktionsstufen wird durch den Gehalt an freien Fettsäuren des Ausgangsmaterials bestimmt, wobei der Grenzwert für ein einstufiges System bei 15 % und für ein zweistufiges System bei bis zu 100 % liegt. Abbildung 7.65 zeigt eine schematische Darstellung dieses Verfahrens.

Nach dem Abdampfen von Methanol und Wasser werden Methylester und Glycerin in einem Destillationssystem simultan destilliert, gefolgt von einer Phasentrennung. Im Destillationssystem wird der getrocknete Produktstrom in einer mehrstufigen Rektifikationskolonne überdestilliert. Durch diese schonende Destillation bei niedrigem Druck werden Produktdegenerationen und unerwünschte Rückreaktionen vermieden. Das Sumpfprodukt wird in einen Kurzwegverdampfer überführt, um die Methylester „auszupressen" und so die Produktausbeute zu maximieren. Geringe Oberflächenbelastung, Feinvakuumbedingungen und spezielle Kolonneneinbauten sorgen für geringstmöglichen Eintrag und eine Biodieselqualität, die die Anforderungen der ASTM D6751 oder EN14214 übertrifft; z. B. sind Monoglyceridgehalte weit unter 0,1 % und eine Schwefelreduzierung um mehr als 90 % typische Ergebnisse.

Da im gesamten RepCAT-Prozess keine Salze entstehen und das Glycerin überdestilliert wird, wird eine salzfreie Glycerinqualität mit einer Konzentration von über

95 % erreicht. Folglich ist die Nebenproduktbehandlung auf eine einfache Methanol-Recyclingkolonne reduziert. Das Sumpfprodukt aus der Destillation ist ein Bioheizmittel, das direkt vor Ort als Brennstoff zur Erzeugung von Heizenergie genutzt oder als Brennstoff für andere Anwendungen verkauft werden kann.

Eine alternative Anwendung des RepCAT-Reaktorsystems ist der Einsatz als Vorveresterungsanlage. Dabei werden die speziellen Prozessbedingungen genutzt mit dem Ziel, den Gehalt an freien Fettsäuren in Fettrohstoffen durch Umwandlung in Methylester um bis zu 90 % pro Stufe zu reduzieren. Durch die einfache Integration in einen bestehenden Biodieselprozess ist dieses System ideal, wenn eine höhere Flexibilität hinsichtlich des Gehalts an freien Fettsäuren erforderlich ist (z. B. bei zusätzlicher Verwendung von Abscheiderfetten oder Fettsäuredestillaten).

Veresterungsverfahren. Je nach Anteil der freien Fettsäuren im Pflanzenöl können während der Raffination des Öls 0,5 bis 8 % des Öls durch die Entsäuerung bzw. Neutralisation für die Biodieselproduktion verloren gehen. Wegen dieser z. T. sehr hohen Verluste gibt es Bestrebungen, die freien Fettsäuren durch weitere Prozessschritte ebenfalls zu Fettsäuremethylestern (FAME) zu verestern.

Abfallöle und -fette (z. B. Altspeiseöle, Tierfette, Fettabscheiderfette) zeigen sehr hohe Gehalte an freien Fettsäuren (von 3 % bis zu >90 %) [7.92]. Für eine ökonomische Umsetzung dieser Rohstoffe in Biodiesel muss der herkömmlich alkalisch katalysierten Umesterung eine entsprechende Veresterung vorangestellt werden.

Die Veresterung der freien Fettsäuren (FFA) ist aufgrund der beschriebenen Seifenbildung nur über einen säurekatalysierten Prozess möglich. Hierzu wird in der Regel Schwefelsäure (H_2SO_4) eingesetzt; diese Prozessvariante benötigt jedoch im Vergleich zur basisch katalysierten Umesterung lange Reaktionszeiten [7.152]. Außerdem entsteht bei der Veresterung der freien Fettsäuren Wasser, das ab einer Konzentration von 0,5 % die katalytische Aktivität der Säure inhibiert; deshalb muss das Wasser abgetrennt werden [7.152].

Je nach Technologieanbieter und Art der freien Fettsäuren erfolgt die Veresterung z. B. in (dis)kontinuierlichen Reaktoren bei 100 bis 220 °C bei bis zu 0,7 MPa jeweils unter Zusatz eines sauren Katalysators (0,1 bis 1,0 Gew.-%, bezogen auf den Anteil der freien Fettsäuren) [7.149], [7.150].

Beispielsweise kann die Veresterung freier Fettsäuren mit einem sauren Katalysator in einem kontinuierlichen Verfahren realisiert werden, welches auch Abfallfette als zusätzlichen Rohstoff verarbeiten kann [7.153]. Ein beispielhaftes Fließschema für einen solchen Prozess zeigt Abb. 7.66.

In diesem Prozess wird der Rohstoff zunächst mit Glycerin gemischt und eventuell enthaltenes Wasser abgeschieden. In einem zweiten Schritt können Öl oder freie Fettsäuren zugegeben werden. Anschließend werden in einem zweistufigen Prozess Methanol und Schwefelsäure hinzugegeben und die Rohstoffe in Rührkesselreaktoren zu Methylester umgesetzt (verestert). Nach jedem Reaktor wird das entstehende Glycerin abgetrennt, so-

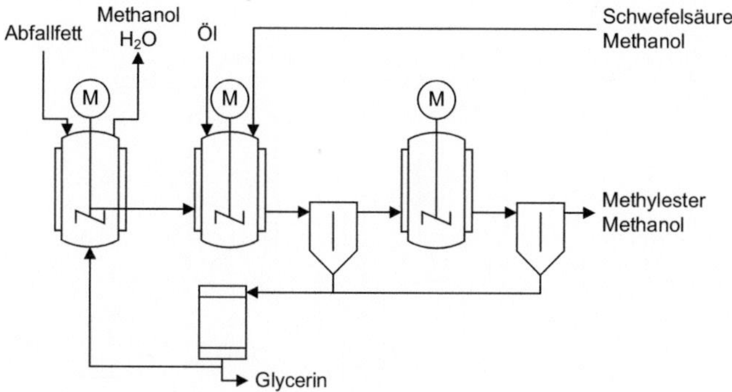

Abb. 7.66 Kontinuierliches Verfahren zur sauren Veresterung freier Fettsäuren und von Abfallfetten (M Motorantrieb) (nach [7.153])

dass nach der Veresterung ein Gemisch aus Methylester und überschüssigem Methanol vorliegt.

Auch haben Veresterungsverfahren unter hohem Druck und hoher Temperatur im Bereich der Umwandlung hoch FFA-haltiger Fett- und Ölrohstoffe im industriellen Maßstab Einzug gefunden. Entweder werden hierbei Rohrreaktoren als Vorveresterung herkömmlichen Umesterungsverfahren vorgeschaltet oder neuartige Gesamtverfahrenskonzepte werden verwendet, bei denen die Ver- und Umesterung zugleich in einem kontinuierlichen Reaktor mit heterogenem Katalysator stattfindet.

Enzymatische Umesterung. Das Anlagenkonzept für eine enzymatisch katalysierte Biodieselherstellung wird bestimmt durch die Art des gewählten Enzyms (frei oder immobilisiert) und den Typ des Rohstofföls.

Abbildung 7.67 zeigt einen idealisierten Prozess für den Einsatz von freien oder immobilisierten Enzymen. Das Öl einschließlich der freien Fettsäuren wird demnach zusammen mit den Enzymen und dem Alkohol in einen Bioreaktor eingebracht, in dem die enzy-

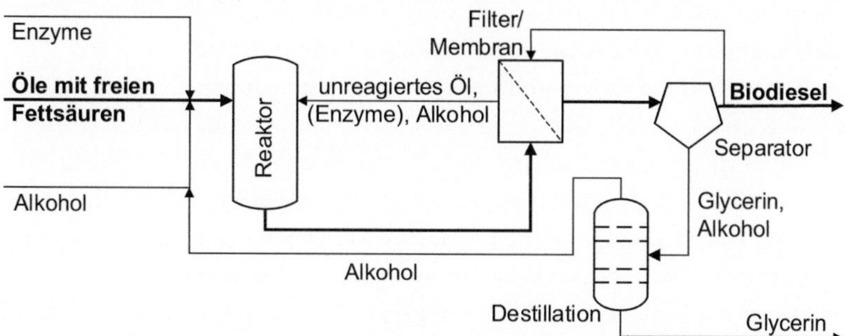

Abb. 7.67 Idealisierter Prozess für die enzymatische Umesterung von Pflanzenöl (nach [7.154])

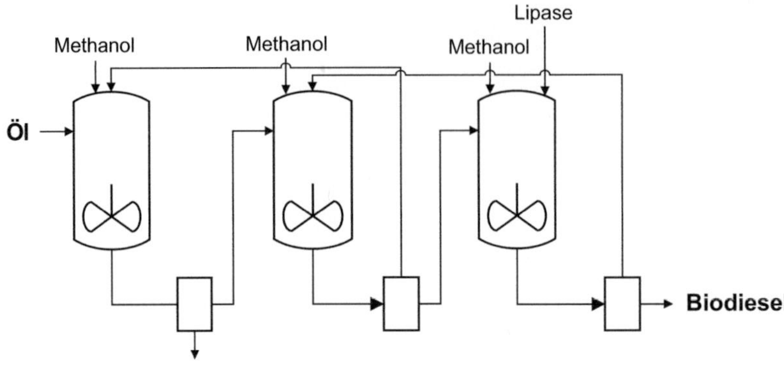

Abb. 7.68 Gegenstromprozess für die enzymatische Biodieselproduktion unter Einsatz von freien Lipasen bei schrittweiser Zugabe von Methanol (nach [7.155])

matische Umesterung abläuft. Das Produktgemisch aus Biodiesel, überschüssigem Öl, Enzymen, Alkohol und Glycerin wird danach zunächst über einen Filter oder eine Membran geleitet, in dem / der das Öl und die Enzyme abgetrennt werden. Biodiesel sowie Glycerin und Alkohol werden anschließend mithilfe einer Zentrifuge oder eines Dekanters voneinander getrennt. Der Biodiesel liegt anschließend als reines Endprodukt vor. Das Glycerin und der überschüssige Alkohol werden nun in einer Destillationskolonne voneinander getrennt. Die abgetrennten Enzyme, das restliche Öl und der überschüssige Alkohol werden anschließend wieder dem Reaktor zugeführt.

Abbildung 7.68 zeigt einen anderen Verfahrensansatz für die enzymatische Umesterung mithilfe freier Enzyme. Bei dieser Prozessschaltung werden die Enzyme entgegen der Substratflussrichtung in die Reaktoren eingebracht. Um den Prozess zu optimieren, können die freien Enzyme teilweise über die Glycerinfraktion abgetrennt und wiederverwendet werden. Allerdings beschränkt die Anreicherung an Glycerin die Anzahl der wiederholten Verwendung der Enzyme. Um die Anreicherung mit Glycerin zu reduzieren, wird eine Hintereinanderschaltung mehrerer Batch-Reaktoren in einer Gegenstromanordnung eingesetzt. Auch wird eine schrittweise Zugabe von Methanol realisiert, um die Alkoholkonzentration in der Reaktionsmischung zu kontrollieren.

Eine weitere mögliche Prozessführung ist die Hintereinanderschaltung mehrerer Füllkörperreaktoren (Abb. 7.69). Bei dieser Prozessvariante wird das Substrat nacheinander durch drei Füllkörperreaktoren geleitet, welche mit immobilisierten Enzymen befüllt sind. Zwischen den einzelnen Reaktoren wird das Glycerin abgezogen. Zusätzlich wird die jeweils benötigte Alkoholmenge, um das Substrat vollständig umzuestern, anteilig in den drei Reaktoren zugegeben. Damit kann am Ende des Prozesses Biodiesel abgezogen werden. Der Einsatz der Füllkörperreaktoren ermöglicht die Wiederverwertung des Biokatalysators sowie die Realisierung eines kontinuierlichen Prozesses.

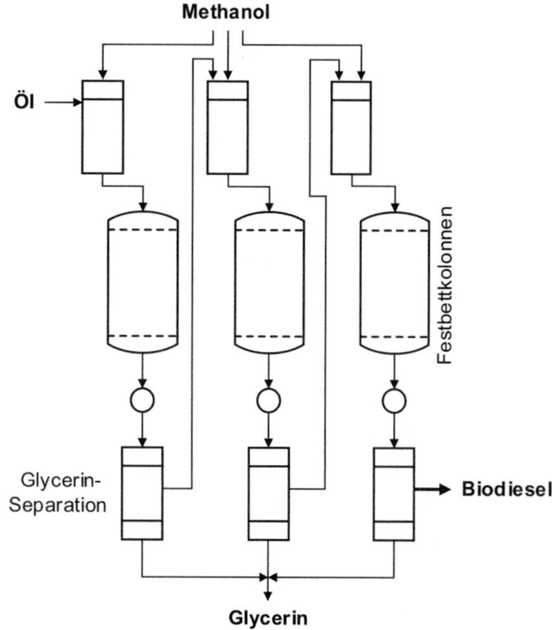

Abb. 7.69 Prozess für die enzymatische Biodieselproduktion mit Füllkörperreaktoren bei schrittweiser Zugabe von Methanol und Separation von Glycerin zwischen den einzelnen Kolonnen (nach [7.156])

Obwohl insgesamt die enzymatische Umesterung gegenüber der chemisch katalysierten Umesterung zahlreiche Vorteile bietet, ist die Übernahme der Enzymtechnologie für die industrielle Biodieselherstellung nach wie vor eine Herausforderung.

- Ein wesentliches Problem besteht in den hohen Enzymkosten. Obwohl die Kosten einiger kommerzieller Lipasen in den letzten Jahren drastisch gesenkt werden konnten, sind sie immer noch um ein Vielfaches höher als die Kosten für herkömmliche chemische Katalysatoren.
- Enzymatische Verfahren erfordern in der Regel eine vergleichsweise lange Reaktionszeit, um eine hohe Biodieselumwandlung zu erreichen. Dies hat eine geringe Produktivität zur Folge. Auch wenn diese Einschränkung durch eine Reaktorvergrößerung überwunden werden könnte, erhöht dies die Kapitalkosten einer Biodieselanlage. Deshalb wird versucht, die Reaktionsgeschwindigkeit der enzymatischen Biodieselproduktion durch eine Prozessintensivierung zu erhöhen (z. B. mit Ultraschall unterstützte enzymatische Umesterung) [7.157].
- Herausfordernd ist auch die Unverträglichkeit von Lipase gegenüber Alkohol; Alkohol kann die Proteinstruktur erheblich beeinflussen, weil er dazu neigt, die Wasserschicht von der Lipase abzulösen, die für die Aufrechterhaltung einer optimalen Lipasestruktur verantwortlich ist [7.154]. Überschreitet die Alkoholdosierung die Toleranzgrenze einer Lipase, beginnt sich die Proteinstruktur des Enzyms zu entfalten mit der Konsequenz einer Enzymdeaktivierung. Daher wird der Alkohol in der Regel schrittweise

in die Reaktionsmischung gegeben, um die Enzyminhibition zu verringern. Dies kann jedoch den Prozessablauf erschweren. Daher besteht ein großes Interesse an der Entwicklung von Lipasen, die eine hohe Toleranz gegenüber Alkohol aufweisen.

- Ein weiterer Nachteil des enzymatischen Verfahrens ist der hohe Restgehalt des Biodiesels an freien Fettsäuren (FFA) nach der Reaktion. Normalerweise beträgt der Rest-FFA-Gehalt etwa 2 bis 3 Gew.-% [7.158], [7.159]. Der zulässige Restgehalt an freien Fettsäuren im Biodiesel muss aber entsprechend der Biodieselnorm EN 14214 bei unter 0,25 Gew.-% (bzw. einer Säurezahl von 0,5 mg KOH/g) liegen. Daher ist in der Regel ein zusätzlicher Reinigungsschritt nach der Reaktion erforderlich, um den Gehalt an freien Fettsäuren zu verringern. Dies führt zu höheren Betriebskosten und zur Entstehung von Abfällen. Daher müssen Anstrengungen zur Entwicklung eines kostengünstigen Enzyms unternommen werden, das Biodiesel mit niedrigem FFA-Gehalt herstellen kann.

Eine Verlagerung hin zu minderwertigen Rohstoffen wird die Verwendung von Enzymen für die Biodieselproduktion erhöhen, da Enzyme eine große Vielseitigkeit bei der Umwandlung dieser kostengünstigen Rohstoffe zeigen – und das unabhängig von der Zusammensetzung des Rohstoffs. Die Überwindung der Beschränkungen der derzeitigen enzymatischen Verfahren, wie z. B. die Senkung der Enzymkosten, die Verbesserung der Lagerstabilität, die Erhöhung der Alkoholtoleranz und die Verringerung des Rest-FFA-Gehalts im Biodieselprodukt, wird entscheidend sein für eine verstärkte Nutzung von Enzymen in der großtechnischen Biodieselproduktion.

7.2.2 Hydrierung

Steffen Voss, Ulf Neuling, Martin Kaltschmitt

Pflanzenöle und freie Fettsäuren können – unabhängig von deren Herkunft (pflanzlich, tierisch, naturbelassen, bereits realisierte Vornutzung) – außer durch eine chemische oder enzymatische Umesterung auch über eine Hydrierung mit anschließender Isomerisierung zu einem Kohlenwasserstoffgemisch weiterverarbeitet werden, aus dem dann normenkonforme Kraftstofffraktionen (u. a. Diesel, Kerosin, Benzin) abgetrennt werden können. Die durch eine derartige Prozesskaskade unterschiedlicher Umwandlungs- und Verarbeitungsschritte erzeugten Kraftstoffe werden dann beispielsweise als Hydrotreated Vegetable Oil (HVO; Feedstock: Pflanzenöl) oder als Hydrogenated Esters and Fatty Acids (HEFA; Feedstock: Pflanzenöl und freie Fettsäuren) bezeichnet. Nachfolgend werden die chemischen und verfahrenstechnischen Grundlagen diskutiert. Auch wird auf die erreichbaren Produktspezifikationen eingegangen und es werden beispielhafte verfahrenstechnische Lösungen dargestellt.

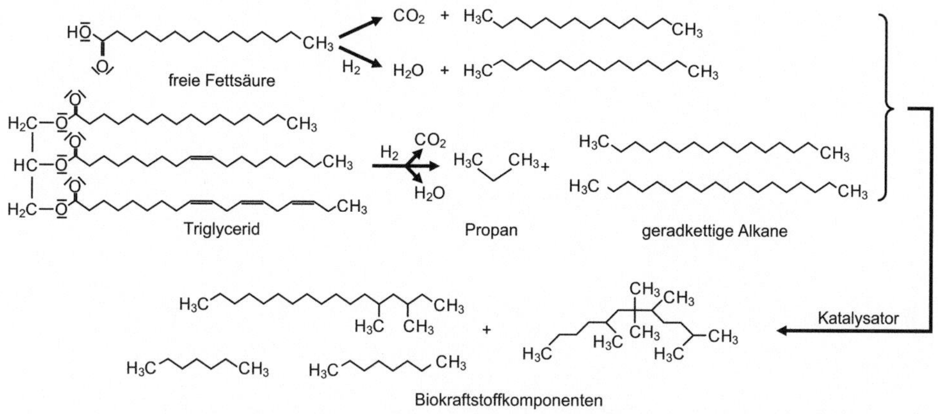

Abb. 7.70 Umwandlung von Pflanzenölen und freien Fettsäuren über eine Hydrierung und Cracking / Isomerisierung in ein Spektrum unterschiedlicher Kraftstoffe (nach [7.161])

7.2.2.1 Chemische Grundlagen

Bei der Herstellung von HVO- bzw. HEFA-Kraftstoffen werden die Triglyceride des Pflanzenöls zunächst hydriert (Abb. 7.70). Dazu werden im Beisein eines Katalysators mit dem zugeführten Wasserstoff sowohl die Esterbindungen aufgebrochen (und der Sauerstoff in Form von Wasser aus dem Molekül abgetrennt) als auch die ggf. vorhandenen Doppelbindungen bzw. nach der Sauerstoffabspaltung ungesättigten Kohlenstoffbindungen der biogenen ölhaltigen Rohstoffe abgesättigt. Hauptprodukt einer derartigen Hydrierung sind n-Alkane mit einer Kettenlänge, die vom Fettsäureprofil des Pflanzenöls abhängt [7.160]; d. h., die ursprüngliche Kettenlänge des eingesetzten Triglycerids bzw. der freien Fettsäure bleibt weitgehend erhalten. Da diese Kettenlänge nicht zwingend der des gewünschten Kraftstoffs entsprechen muss, kann das hydrierte Produkt anschließend isomerisiert und / oder gecrackt werden. Dadurch können die Eigenschaften des Produktspektrums verändert und an die genormten Kraftstoffeigenschaften angepasst werden. Für beide Reaktionsschritte werden im Folgenden die chemischen Grundlagen diskutiert.

Hydrierung. Während der Hydrierung werden unter Zugabe von Wasserstoff die Doppelbindungen der Triglyceride abgesättigt und gleichzeitig die Sauerstoffatome aus dem ursprünglichen Molekül entfernt. Dabei wird aus dem Sauerstoff Wasser gebildet. Letzteres ist wichtig, da im Gegensatz zu fossilem Erdöl mit einem Sauerstoffgehalt von weit weniger als 1 % Pflanzenöl um die 16 % Sauerstoff enthalten kann (Pyrolyse- oder Bioöl können sogar bis zu 47 % Sauerstoff enthalten) [7.162]; d. h., die ursächlich aus der Verarbeitung von fossilem Rohöl stammenden Kraftstoffnormen sehen nur einen sehr geringen Sauerstoffanteil im Kraftstoff vor (dies hat zudem den Vorteil einer – im Vergleich zu sauerstoffhaltigen Verbindungen – höheren Energiedichte von weitgehend sauerstofffreien Kohlenwasserstoff-Kraftstoffen).

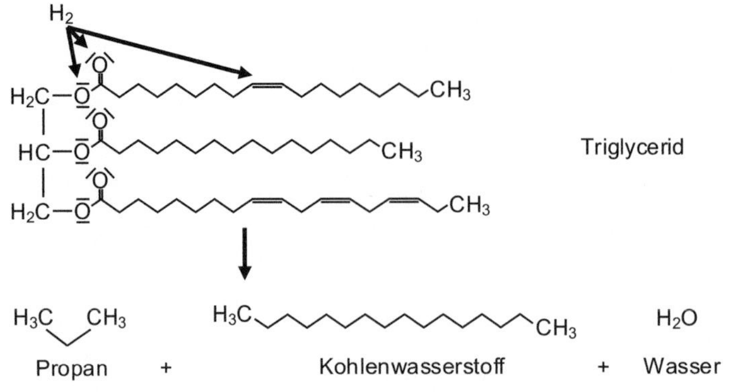

Abb. 7.71 Primäre chemische Reaktionen bei der Hydrierung von Pflanzenölen

Ein allgemeiner Hydrierungsprozess ist in der konventionellen (fossilen) Erdölraffination zur Entfernung von Heteroatomen, wie z. B. Schwefel, bekannt und Stand der Technik. Ebenfalls wird die Hydrierung als Upgrading-Prozessschritt in verschiedenen Syntheseprozessen der chemischen und petrochemischen Industrie genutzt; hierbei ist häufig das Hauptziel eine Absättigung von Doppelbindungen (Kapitel 9, Band 2).

Abbildung 7.71 zeigt ein vereinfachtes Schema des Reaktionsverlaufs bei einer derartigen Hydrierung, bei der neben unterschiedlich langen Kohlenwasserstoffketten nur Wasser als Reaktionsprodukt entsteht; dies ist auch der angestrebte Idealzustand, bei dem keine Kohlenstoffverluste auftreten. In der verfahrenstechnischen Realität können aber in Abhängigkeit der Wasserstoffverfügbarkeit drei verschiedene Reaktionen ablaufen, die sich in Bezug auf die Länge der Kohlenwasserstoffketten und der Nebenprodukte unterscheiden. Sie werden im Folgenden am Beispiel der Hydrierung von Triolein (Triglycerid aus der einfach ungesättigten Ölsäure) diskutiert [7.163].

- Hydro-Deoxygenierung (HDO). Ist ausreichend Wasserstoff vorhanden, wird der im Triglycerid enthaltene Sauerstoff ausschließlich in Form von Wasser abgetrennt. Die entsprechende chemische Reaktion beschreibt Gleichung (7.4).

$$C_{57}H_{104}O_6 + 15\,H_2 \rightarrow 3\,C_{18}H_{38} + C_3H_8 + 6\,H_2O \tag{7.4}$$

- Decarbonylierung. Wird der Reaktion eine geringere Menge an Wasserstoff zugeführt, kann der Sauerstoff nur in einem begrenzten Umfang zu Wasser reagieren. Der restliche Sauerstoff bildet dann zusammen mit jeweils einem Kohlenstoffatom Kohlenmonoxid (CO; Gleichung (7.5)). Dadurch verringert sich die Kettenlänge der als Hauptprodukt entstehenden Alkane (d. h. Kohlenstoffverlust). Außerdem ist Kohlenstoffmonoxid ein Katalysatorgift und deshalb höchst unerwünscht.

$$C_{57}H_{104}O_6 + 9\,H_2 \rightarrow 3\,C_{17}H_{36} + C_3H_8 + 3\,CO + 3\,H_2O \tag{7.5}$$

- Decarboxylierung (De-CO_2). Reicht der zugeführte Wasserstoff nur für die Abtrennung des Propans und eine Absättigung der Doppelbindungen in den ungesättigten Fettsäuren, entsteht neben den Kohlenwasserstoffen kein Wasser, sondern Kohlenstoffdioxid (CO_2). Auch dies führt zu einem (unerwünschten) Kohlenstoffverlust und damit zu kürzeren Alkanketten im Vergleich zu der Kettenlänge des Triglycerids. Die chemische Reaktion beschreibt Gleichung (7.6).

$$C_{57}H_{104}O_6 + 6\,H_2 \rightarrow 3\,C_{17}H_{36} + C_3H_8 + 3\,CO_2 \tag{7.6}$$

Aus Sicht der Kohlenstoffeffizienz ist eine Hydro-Deoxygenierungs-Reaktion (engl. Hydro-Deoxygenation; HDO)-Reaktion den anderen Optionen vorzuziehen, da hier kein (ungewollter) Kohlenstoffverlust entsteht. Jedoch läuft in der Realität meist parallel zur Hydro-Deoxygenierung auch die Decarboxylierung (De-CO_2) ab, während die Decarbonylierung nur in sehr seltenen Fällen vorkommt.

Zur Steuerung dieser Reaktionen werden metallische Katalysatoren eingesetzt, die in der Regel typischen Raffineriekatalysatoren für die Hydroraffination von Mitteldestillaten entsprechen (z. B. Nickelmolybdän-Aluminiumoxid [NiMo/Al_2O_3] [7.163]–[7.166]). Die Prozesstemperaturen bei der insgesamt exothermen Hydrierung bewegen sich üblicherweise zwischen 280 und 340 °C, während der Druck von dem unter Hochdruck zugeführten Wasserstoff abhängt und üblicherweise bei 50 bis 100 bar liegt [7.167]. Die metallischen Katalysatoren (z. B. NiMo, NiW) können ebenfalls auf porösen SAPO-11 aufgebracht werden. Bei erhöhten Prozesstemperaturen von rund 375 bis 450 °C kann so eine hohe Ausbeute der Mitteldestillate erreicht werden. Gleichzeitig führen diese harscheren Prozessbedingungen zu einem erhöhten Cracking und Isomerisieren der Moleküle sowie zu einer geringen Aromatisierung [7.168].

Auch andere Prozessparameter beeinflussen den Ablauf der Reaktionen. Mit steigenden Temperaturen und einer Abnahme des pH-Wertes des eingesetzten Katalysators nimmt beispielsweise die Anzahl an Reaktionen über die Decarboxylation(De-CO_2)-Route zu. Gleichzeitig finden bei einer Veränderung der Prozessbedingungen in diese Richtung zunehmend weitere Nebenreaktionen wie das Cracken oder die Aromatisierung statt [7.169].

Parallel zu den drei genannten Hydrierungsreaktionen mit dem Ziel der Entfernung von Sauerstoff sowie der doppelten Kohlenstoffbindungen aus dem Pflanzenölmolekül können weitere Wasserstoff-induzierte Reaktionen ablaufen. Eventuelle Verunreinigungen im Pflanzenöl mit Heteroatomen wie Schwefel und Stickstoff können in einer Hydro-Desulfurierung in Schwefelwasserstoff (H_2S) und in einer Hydro-Denitrierung in Ammoniak (NH_3) umgewandelt und in dieser Form von den gewünschten Hydrierungsprodukten abgetrennt werden. Dabei ist die Reihenfolge, in welcher die Hydro-Desulfurierung, die Hydro-Denitrierung und die Hydro-Deoxygenierung stattfinden, abhängig von verschiedenen Rohstoff- und Prozessparametern (u. a. Anteil der jeweiligen Bestandteile am Gesamtvolumen des Rohstoffs, Bindungsstärke, Prozesstemperatur, Katalysator) [7.162].

Cracken und Isomerisieren. Aufgrund des generell höheren Schmelzpunkts von Normalparaffinen (n-Alkanen) im Vergleich zu verzweigten Alkanen kann die Kältestabilität der HVO- bzw. HEFA-Produkte beeinträchtigt werden. Deshalb müssen, um die gültigen Kraftstoffnormen sicher und jederzeit zu erfüllen, die nach der Hydrierung vorliegenden n-Alkane zusätzlich isomerisiert werden [7.160]. Während dieser Isomerisierung werden die langkettigen, unverzweigten n-Alkane unter Wasserstoffatmosphäre in verzweigte Isomere umgewandelt (Abb. 7.70). Dabei wird in der eigentlichen Isomerisierungsreaktion kein Wasserstoff verbraucht. Aber die entsprechenden Reaktionen finden in einer Wasserstoffatmosphäre statt, um die Bildung von Alkenen zu vermeiden und mögliche Cracking-Nebenprodukte abzusättigen. Mithilfe dieser Veränderung des molekularen Aufbaus der Kohlenwasserstoffe können die Kälteeigenschaften der Hydrierungsprodukte den genormten Spezifikationen des jeweiligen Kraftstoffs angepasst werden. Auch die Isomerisierung ist ein exothermer Prozess [7.170]. Die höchsten Isomerisierungsraten können in Abhängigkeit des jeweils eingesetzten Katalysators bei Temperaturen von 280 bis 400 °C und Drücken von 30 bis 100 bar erreicht werden [7.167]. Bei höheren Temperaturen nimmt das Cracken als paralleler Prozess zu [7.169].

Parallel dazu kann, um das gewünschte Kraftstoff-Produktspektrum zu erhalten, im Anschluss an die Hydrierung als weiterer Schritt ein Cracken (d. h. Aufbrechen der n-Alkane) erforderlich sein. Dadurch wird die durch die Fettsäuren vorgegebene Kettenlänge der n-Alkane, die nicht zwingend mit der mittleren Kettenlänge der jeweils zu produzierenden Kraftstoffspezifikation übereinstimmen muss (und im Regelfall auch nicht übereinstimmt), aufgebrochen; es entstehen kürzere Kohlenwasserstoffketten. Wird bei diesem Prozess zusätzlich Wasserstoff zugeführt, spricht man von Hydrocracken. Hierbei werden die aufgebrochenen Kohlenwasserstoffketten an den Bruchstellen mit Wasserstoff abgesättigt und dadurch das Verhältnis von Wasserstoff zu Kohlenstoff in dem entstandenen Produktspektrum erhöht. Durch eine entsprechende Einstellung der Prozessparameter können – in Abhängigkeit des jeweils verwendeten Katalysators – die Fraktionen nach dem Hydrocracken auf die jeweils gewünschte bzw. durch die Kraftstoffnorm vorgegebene Produktverteilung hin optimiert werden.

Bei der Herstellung von HVO- bzw. HEFA-Kraftstoffen finden die Isomerisierung und das Hydrocracken in der Regel in demselben Reaktor statt. Hierbei werden meist Katalysatoren auf Basis von Zeolithen (ZSM), Aluminiumoxiden (Al_2O_3) und Platin (Pt) eingesetzt [7.167]. Das Hydrocracking und die Isomerisierung können ebenfalls bei verschiedenen Syntheseprozessen wie u. a. der Fischer-Tropsch-Synthese eingesetzt werden, um die Eigenschaften der Kraftstoffkomponenten zu beeinflussen (Kapitel 9.4.1, Band 2, zum Hydrocracking und Kapitel 9.5.2, Band 2, zur Isomerisierung).

7.2.2.2 Verfahrenstechnische Grundlagen

Das Pflanzenöl muss, bevor es hydriert werden kann, aufbereitet und von Verunreinigungen befreit werden [7.171]. Entsprechende Verfahren beispielsweise zur Entschleimung und Neutralisation werden in Kapitel 7.1, Band 3, beschrieben. Danach folgen dann die

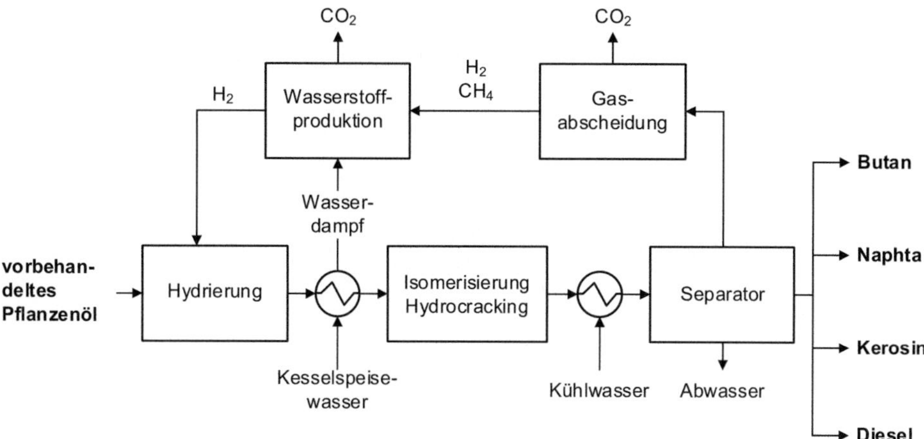

Abb. 7.72 Schema einer HEFA-Produktion (vereinfacht; nach [7.170])

Hydrierung, das Cracken und die Isomerisierung sowie die Produktauftrennung in die gewünschten Fraktionen. Eine schematische Darstellung eines entsprechenden möglichen Prozessablaufs ist in Abb. 7.72 dargestellt.

Als erster Prozessschritt folgt demnach die Hydrierung. Da dies ein exothermer Prozess ist, muss der erhitzte Produktstrom mithilfe eines Kühlwasserkreislaufs oder durch eine Wasserdampferzeugung gekühlt werden (d. h. Wärmeabfuhr). Der entstehende Dampf kann beispielsweise für die Wasserstoffproduktion aus Erdgas in einem Dampfreformer eingesetzt werden (Abb. 7.72) [7.170]; alternativ dazu, wenn der Wasserstoff aus anderen Quellen kommt, ist beispielsweise auch eine Verstromung möglich. Dieser gekühlte Produktstrom aus der Hydrierung wird dann weiter in die Isomerisierungs- und Crackeinheit geleitet, in der die zuvor dargestellten Isomerisierungs- und Cracking-Reaktionen in einer Wasserstoffatmosphäre stattfinden. Bevor der aus hydrierten, isomerisierten und gecrackten Kohlenwasserstoffen bestehende Produktstrom in die Separationseinheit weitergeleitet wird, wird seine Temperatur mithilfe von Kühlwasser reduziert [7.170]. Der erhitzte Kühlwasserstrom bzw. der entstehende Wasserdampf wird in der Regel über entsprechende Kühler wieder abgekühlt und im Prozess rezykliert [7.172]. Innerhalb dieses Kreislaufs kann er zur Wärmerückgewinnung in Vorwärmprozessen anderer Prozessströme eingesetzt werden.

Abschließend werden aus dem derart produzierten Kraftstoffgemisch die verschiedenen Kraftstofffraktionen destillativ separiert; d. h., in einer Rektifikationskolonne werden die einzelnen Bestandteile des Produktstroms in einzelne Produktgruppen mit definierten Eigenschaften aufgeteilt. Dazu werden die ggf. noch vorhandenen gasförmigen Komponenten (u. a. Wasserstoff, Kohlenstoffmonoxid, Kohlenstoffdioxid, Methan) in der Regel zunächst durch eine einfache Phasentrennung von den flüssigen Komponenten abgeschieden.

- Der Wasserstoff wird anschließend mit einer Druckwechseladsorption von den anderen Gasen abgetrennt und kann erneut dem Hydrierprozess zugeführt werden [7.170].
- Kohlenstoffdioxid und -monoxid werden – ggf. nach einer Oxidation von CO zu CO_2 – in die Atmosphäre abgegeben oder können als biogene CO_2-Quelle für weitere Prozesse wie z. B. Syntheseprozesse dienen.
- Weitere abgeschiedene gasförmige Komponenten sind kurzkettige Kohlenwasserstoffe (Methan, Ethan, Propan), die weiter aufbereitet (z. B. mit einer Aminwäsche gesäubert) und schließlich als Kraftstoff verkauft oder zur internen Energieversorgung rezykliert werden können.

Die flüssigen Bestandteile werden in Abhängigkeit ihrer Kettenlänge und des entsprechenden Siedepunktes in einer Rektifikationskolonne in die Fraktionen Diesel, Kerosin und Naphtha aufgespalten (zur Rektifikation siehe Kapitel 9, Band 2). Das Abwasser wird in eine Aufbereitungsanlage geleitet und für die Wiederverwertung vorbereitet [7.170].

7.2.2.3 Produkte

HVO- oder HEFA-Kraftstoffe werden derzeit im Wesentlichen in Form von Diesel und Kerosin in den Verkehr gebracht. Zusätzlich werden noch geringere Mengen an Vergaserkraftstoffen produziert, die aber üblicherweise zu fossilem Benzin zugemischt werden.

Dabei liegen die Produkteigenschaften und -normen nahe an denen der fossilen Diesel- und Kerosinspezifikationen, um einen Drop-in-Kraftstoff zu produzieren. Die im Kapitel 7.1.5, Band 3, beschriebenen Produkteigenschaften und Prozesse, die für die Lagerung von Interesse sind, spielen bei den HVO- oder HEFA-Kraftstoffen nur eine untergeordnete Rolle, da es durch die Absättigung der Doppelbindungen und Entfernung des Sauerstoffs zu keiner Hydrolyse und Polymerisation des Produkts während der Lagerung kommt. Auch sind die in Kapitel 7.1.5, Band 3, dargestellten Kenngrößen, die insbesondere einen direkten Zusammenhang mit dem Sauerstoff und den Doppelbindungen innerhalb der Produkte haben, bei den HVO- oder HEFA-Kraftstoffen ohne größere Bedeutung; u. a. sind die Jodzahl, die Säurezahl und der Sauerstoffgehalt, anders als beim Pflanzenöl und FAME, keine Normparameter für die Zulassung des Kraftstoffs (Tabelle 7.4).

Die weiteren Produkteigenschaften werden in Abhängigkeit des Zielprodukts HVO- oder HEFA-Diesel bzw. HVO- oder HEFA-Kerosin nachfolgend kurz dargestellt, da die benötigten Kraftstoffeigenschaften in Abhängigkeit des jeweiligen Zielprodukts eingestellt werden können und müssen.

HVO/HEFA-Diesel. Tabelle 7.12 zeigt exemplarisch eine Auswahl von Produkteigenschaften von einem durch Umesterung produzierten Biodiesel (FAME) und verschiedenen HVO/HEFA-Dieselkraftstoffen im Vergleich zu den derzeitigen Anforderungen an fossile Dieselkraftstoffe (DIN EN 590) sowie der Anforderung an paraffinische Dieselkraftstoffe aus der Synthese oder aus Hydrierungsverfahren (DIN EN 15940). Demnach zeigt HVO/HEFA-Diesel eine geringere Dichte und einen deutlich höheren Energiegehalt im Vergleich zu dem „klassischen" Biodiesel (FAME). Dies liegt darin begründet, dass durch

Tabelle 7.12 Anforderungen an Dieselkraftstoff nach DIN EN 590, HEFA-Diesel nach DIN EN 15940 sowie typische Kennzahlen für Biodiesel (FAME) und typische Produktkennzahlen von HEFA zweier kommerzieller Hersteller (nach [7.176]–[7.178])

	Diesel (DIN EN 590)	Biodiesel	HEFA-Diesel (DIN EN 15940)	HEFA-Diesel (UOP)	HEFA-Diesel (Neste Oil)
Sauerstoffgehalt in %	keine Norm-anforderung	11	keine Norm-anforderung	0	0
Spez. Dichte (15 °C) in kg/L	0,820–0,845	0,883	0,765–0,800	0,780	0775–0,785
Cetanzahl	>51	>51	>70	70–90	75–99
Schwefelgehalt in mg/kg	<10	<10	<5	<2	0
Heizwert in MJ/kg	keine Norm-anforderung[a]	keine Norm-anforderung[b]	keine Norm-anforderung	44	44
Aromatengehalt in Vol.-%	<11	0	<1	0	0

[a] typischer Wert ca. 43,1 MJ/kg; [b] typischer Wert ca. 37,1 MJ/kg; Spez. Dichte Spezifische Dichte

die vollständige Entfernung des Sauerstoffs aus dem Kraftstoffmolekül bei der Hydrierung die spezifische Masse des HVO/HEFA-Kraftstoffs sinkt, während gleichzeitig der Energiegehalt steigt [7.173]. Weitere Unterschiede von HEFA-Diesel gegenüber „klassischem“ Biodiesel (FAME) ergeben sich aus dem Fehlen der Estergruppierungen und den in den Fettsäureresten ggf. enthaltenen Doppelbindungen, die z. B. aufgrund von Alterung und Wasseraffinität die Zumischanteile zu konventionellem Diesel [7.174] und den Energiegehalt mindern können. Auch die Zündwilligkeit (repräsentiert von der Cetanzahl) von hydrierten Pflanzenölen überschreitet die von Biodiesel (FAME) und die von fossilem Dieselkraftstoff [7.160], da der Anteil unverzweigter Kohlenwasserstoffe im HVO/HEFA-Kraftstoff sehr hoch ist.

Während der Siedebereich von FAME um ungefähr 100 K höher liegt als der von konventionellem Diesel, siedet HVO/HEFA-Diesel in einem zu fossilem Diesel ähnlichen Bereich. Dies ist vorteilhaft für eine optimale Verbrennung in modernen Dieselmotoren. Auch werden dadurch produktspezifische Probleme von FAME (z. B. Anreicherung im Motoröl) vermieden [7.175].

HVO/HEFA-Kerosin. Die Anforderungen an Flugkraftstoffe (d. h. Kerosin, Jet-A1) unterscheiden sich von denen der im Straßenverkehr eingesetzten Treibstoffe. Beispielsweise müssen Flugkraftstoffe aufgrund der großen Höhen, in denen sie eingesetzt werden, eine höhere Kältestabilität aufweisen. Zudem sollen sie eine möglichst hohe Energiedichte aufweisen, damit das zu transportierende Volumen minimiert wird. Tabelle 7.13 zeigt exemplarisch einen Auszug aus den entsprechenden Normen. Demnach liegen die entsprechenden Eigenschaften des HVO/HEFA-Kerosins in den meisten Fällen im Rahmen der gegebenen Anforderungen. Jedoch unterschreitet der biogene Kraftstoff die untere

Tabelle 7.13 Ausgewählte Eigenschaften von HVO/HEFA-Kerosin eines kommerziellen Herstellers und ASTM-Spezifikation für Jet-A1 mit synthetischen Kohlenwasserstoffen sowie die HVO/HEFA-Kerosin-Anforderung nach ASTM (nach [7.170], [7.176])

		Jet-A1 (ASTM D7566)	HVO/HEFA-Kerosin (ASTM D7566)	HVO/HEFA-Kerosin (UOP)
Spezifische Dichte	in kg/L	0,775–0,840	0,73–0,772	0,761
Freeze Point	in °C	< −47	< −40	−57
Schwefelgehalt	in ppm	< 3 000	< 15	< 0,01
Heizwert	in MJ/kg	> 42,8	–	43,9
Aromatengehalt		8–25 Vol.-%	< 0,5 Gew.-%	< 0,3 Vol.-%

Grenze für den Aromatengehalt, da aus den Fettsäuremolekülen bei der Hydrierung und Isomerisierung keine Aromaten gebildet werden. Ein Vorteil dieses typischerweise niedrigen Aromatengehalts liegt in einem hohen Rußpunkt und somit einer – im Vergleich zu einem aromatenreichen Kraftstoff – saubereren Verbrennung. Allerdings sind die Dichtungen im Kraftstoffsystem von Flugzeugen bisher häufig so ausgelegt, dass sie durch die im Kerosin enthaltenen Aromaten anschwellen und erst dann ihre volle Dichtwirkung entfalten. Somit besteht die Befürchtung, dass es beim reinen Einsatz von biogen erzeugtem Kerosin zu erhöhten Leckagen kommen könnte. Für die betriebssichere Verwendung des Kerosinanteils in dem HVO/HEFA-Kraftstoffgemisch als Flugturbinenkraftstoff wurde die Spezifikation ASTM D 7566 veröffentlicht, nach der Blends (d. h. Mischungen) von bis zu 50 % HVO/HEFA-Kerosin mit fossilem Jet-A1 zugelassen sind [7.179]. Mit diesen Blends können dann die genormten Kraftstoffeigenschaften des Jet-A1 in Bezug auf u. a. den Aromatengehalt und die Kraftstoffdichte sicher eingehalten werden.

7.2.2.4 Anlagenkonzepte und -beispiele

Der HVO/HEFA-Prozess wird bereits mehrfach großtechnisch umgesetzt. Abbildung 7.73 zeigt schematisch eine mögliche derartige Verschaltung der einzelnen Prozessschritte. Demnach muss zunächst ein Reaktor für die Hydrierung des Pflanzenöls mit einer anschließenden Abtrennung von Wasser sowie einer flüssigen und gasförmigen Phase realisiert werden. Aus der gasförmigen Phase wird mithilfe einer Druckwechseladsorption überschüssiger Wasserstoff abgetrennt und zur Hydrierung rezykliert. Die flüssige Phase wird in eine Rektifikationskolonne geleitet, in der die leichten Komponenten bis einschließlich Butan von den schwereren Bestandteilen abgetrennt werden. Die noch in der flüssigen Phase vorliegenden freien Fettsäuren reagieren in einem zusätzlichen Reaktor mit Natronlauge und können anschließend mit Wasser abgetrennt werden. Im Anschluss erfolgt die Isomerisierung bzw. das Hydrocracken in einem gesonderten Reaktor. Danach wird der Materialstrom abgekühlt und es erfolgt im Anschluss daran eine Abtrennung von Wasserstoff in einem weiteren Separator. Je nach den eingestellten Prozessparametern im zweiten Reaktor überwiegen die Crack- oder die Isomerisierungsreaktionen; dadurch kommt es zu einer Verschiebung des Produktspektrums zu den langkettigen bzw. kurzket-

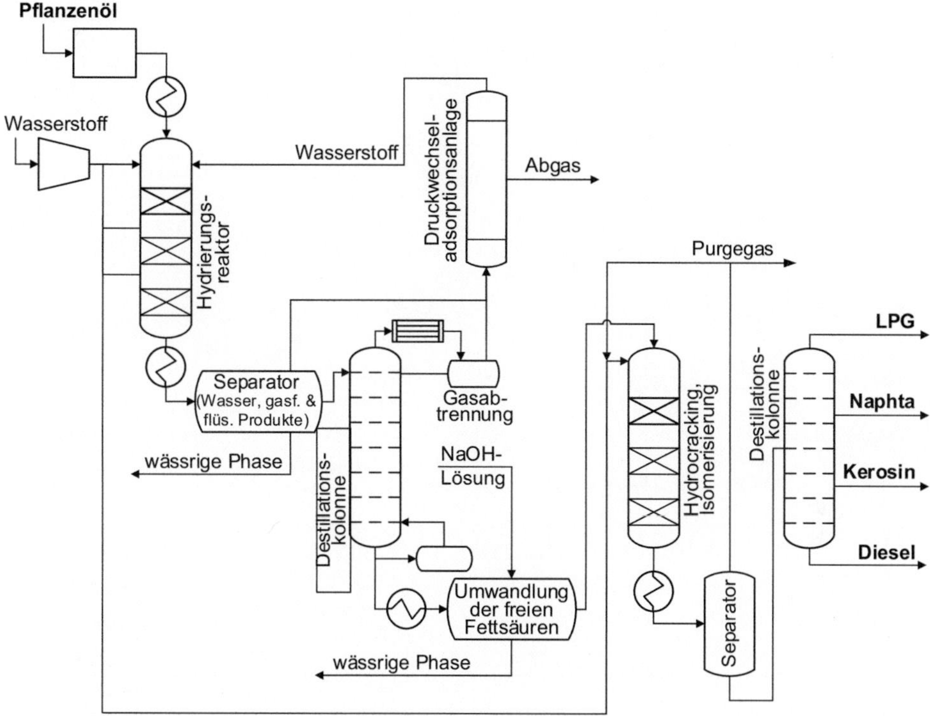

Abb. 7.73 Schematische Darstellung des HEFA-Verfahrens (gasf. gasförmige; flüs. flüssige; NaOH Natriumhydroxid; LPG Flüssiggas (Propan, Butan)) (nach [7.180])

tigen Produktfraktionen. Diese unterschiedlichen Fraktionen werden anschließend in einer „klassischen" Rektifikationskolonne voneinander getrennt. Die einzelnen abgetrennten Fraktionen (hier: Kohlenwasserstoffgemische) können dann – ggf. nach einem entsprechenden Blending und einer eventuell notwendigen Additivierung – separat vermarktet werden.

Dieses generelle Prozesskonzept der Hydrierung und eines anschließenden Isomerisierens und Crackens des eingesetzten Pflanzenöls und ggf. der freien Fettsäuren wurde bereits von unterschiedlichen Unternehmen umgesetzt und befindet sich in einem kommerziellen Betrieb; dies gilt u. a. für den Ecofining-Prozess [7.181], den NEXBTL-Prozess [7.182] und den Bio-Synfining-Prozess [7.183], [7.184]. Beim Ecofining- und beim NEXBTL-Prozess wird die in Abb. 7.73 schematisch dargestellte Prozessverschaltung gewählt (d. h., das eingesetzte Öl wird zunächst hydriert und im Anschluss daran isomerisiert und gecrackt) [7.184], [7.185]. Eine alternative Prozessverschaltung des Hydrierungs- und des Cracking-Schrittes verfolgt demgegenüber der Bio-Synfining-Prozess (Abb. 7.74). Dabei wird zunächst eine Hydrierung des Feeds und eine anschließende direkte Rektifikation realisiert. Mit dem Ziel, die Jet-Fraktion und die leichteren Fraktionen zu maximieren, wird der Dieselschnitt (C_{15} bis C_{18+}) dann in einen Hydrocra-

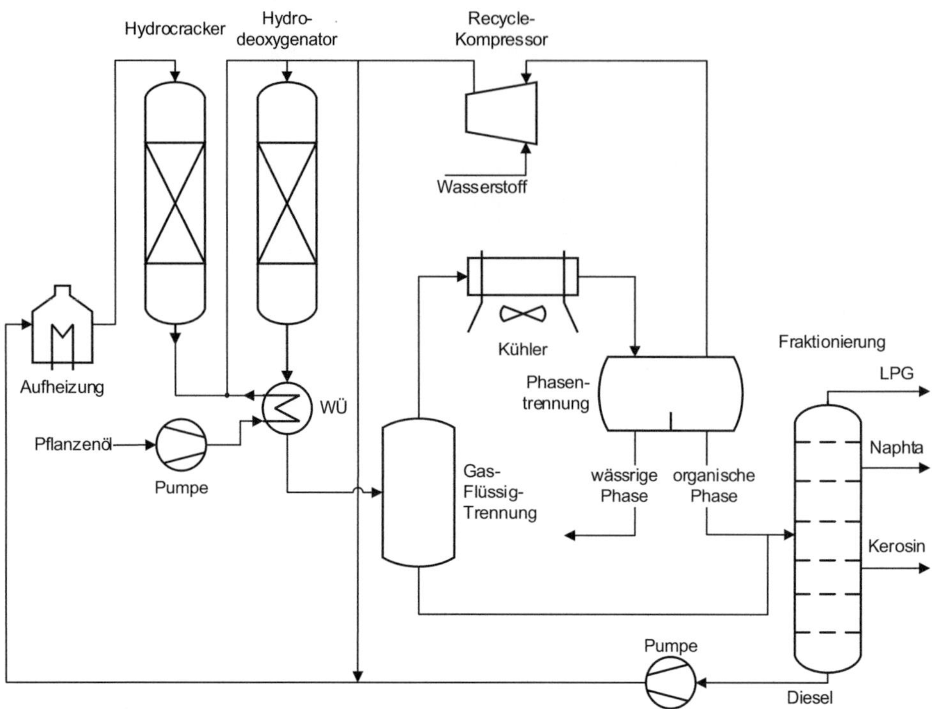

Abb. 7.74 Bio-Synfining-Prozess (LPG Flüssiggas (Propan, Butan); WÜ Wärmeübertrager) (nach [7.186], [7.187])

cker geführt, in dem diese langen Ketten zu kleineren Kohlenwasserstoffketten gecrackt werden. Im Anschluss daran wird dieser Produktstrom aus dem Hydrocracker mit dem Feed gemischt und in die Hydrierung zurückgefahren und dient dort als Lösemittel und Verdünnungskomponente. Mit einem derartigen Anlagenkonzept kann die Jet-Fraktion sowie die LPG- und Naphtha-Fraktion erhöht werden [7.186], [7.187].

Alle diese Prozesse zeichnen sich u. a. dadurch aus, dass sehr flexibel Einsatzstoffe unterschiedlicher Herkunft und Qualität eingesetzt werden können; beispielsweise sind neben Pflanzenölen auch Algenöle, tierische Fette und Öle aus Abfällen und / oder freie Fettsäuren aus diversen Quellen einsetzbar.

Exkurs: BIC-Prozess. Eine weitere Möglichkeit, Pflanzenöle und / oder tierische Öle und Fette sowie freie Fettsäuren in Kraftstoffe umzuwandeln, stellt der Biofuels-Iso-Conversion(BIC)-Prozess dar. Dieser Prozess (Abb. 7.75) besteht hauptsächlich aus einer katalytischen Hydrothermolyse, bei der die Triglyceride und die freien Fettsäuren in langkettige und zyklisierte Kohlenwasserstoffe umgewandelt werden, die anschließend mit bekannten Prozessschritten (d. h. Hydrierung und Destillation) weiter aufbereitet und in normenkonforme Kraftstoffe aufgetrennt werden.

Abb. 7.75 Vereinfachtes Fließbild des BIC-Prozesses (LPG Flüssiggas (Propan, Butan))

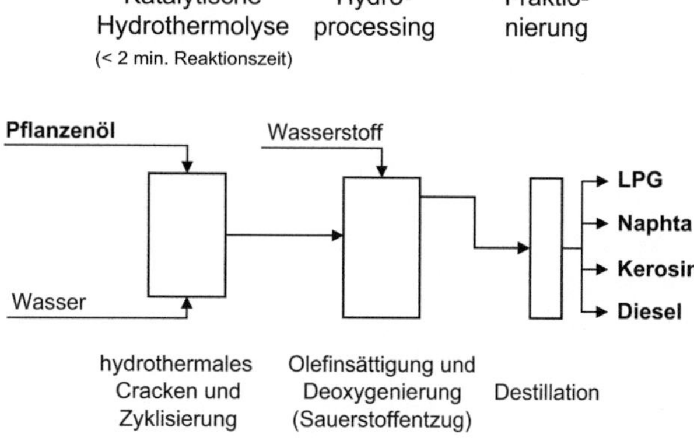

Ein Vorteil dieses Verfahrens im Vergleich zum „klassischen" HVO/HEFA-Verfahren liegt in dem deutlich geringeren Wasserstoffbedarf, da zum einen Wasserstoff aus dem Wasser im ersten Konversionsschritt gewonnen und in das umgewandelte Pflanzenölmolekül eingebracht wird, zum anderen der Gesamtbedarf insgesamt niedriger ist, da hier auch Cycloalkane erzeugt werden (d. h., Cycloalkane zeigen ein geringeres Wasserstoff-zu-Kohlenstoff-Verhältnis im Vergleich zu langkettigen Alkanen). Insgesamt werden im Vergleich zum HVO/HEFA-Prozess nur ca. 75 % des dort benötigten Wasserstoffs eingesetzt [7.188]. Herausfordernd bei diesem Verfahren sind die anspruchsvollen überkritischen Reaktionsbedingungen, unter denen das Pflanzenöl bzw. die freien Fettsäuren umgewandelt werden. Außer einem entsprechend hohen Energieaufwand, um diese Bedingungen zu gewährleisten, stellen derartige Reaktionsbedingungen auch sehr hohe Anforderungen an die eingesetzten Materialien. Auch aus den genannten Gründen befindet sich dieser Prozess noch in der Entwicklung. Insgesamt werden die Energieverluste dieses Prozesses mit rund 14 % angegeben; Bezugsgröße für diesen Wirkungsgrad ist der Heizwert. Nachfolgend werden die einzelnen Prozessstufen kurz dargestellt.

Reinigung der Feeds. Darunter ist die Abtrennung von unerwünschten Pflanzenölbestandteilen zu verstehen (Kapitel 7.1, Band 3); ggf. müssen zusätzlich bestimmte Ölinhaltsstoffe abgetrennt werden, da sie eventuell eine katalytische Wirkung auf diesen Prozess haben.

Katalytische Hydrothermolyse. Danach wird eine katalytische Hydrothermolyse realisiert. Darunter ist zunächst eine Druckerhöhung auf 200 bis 250 bar sowie eine gleichzeitige Erhitzung des Öls auf 500 bis 600 °C zu verstehen. Zuvor wurde dem Pflanzenöl weniger als ein Drittel Wasser zugemischt. Unter den genannten Druck- und Temperaturbedingungen wird das Pflanzenöl-Wasser-Gemisch in einem Röhrenreaktor mit einer Verweilzeit von unter 2 min behandelt; d. h., hier findet die eigentliche katalytische Hydrothermolyse statt [7.189].

Unter diesen sehr anspruchsvollen Reaktionsbedingungen herrschen aus Sicht des Wassers überkritische Zustände. Dadurch wird das Pflanzenölmolekül chemisch in vielerlei Hinsicht verändert; d. h., es wird zunächst aufgebrochen bzw. in Molekülbruchstücke gecrackt. Als Zwischenprodukte entstehen organische Säuren und Cycloalkene. Zusätzlich zu diesem Aufbrechen der Pflanzenölmoleküle wird die Struktur der verbleibenden Moleküle unter diesen Bedingungen verändert; sie werden zyklisiert (d. h., es entstehen an bzw. in den verbleibenden Kohlenstoffketten aromatische Verbindungen und dadurch nimmt im Vergleich zu einem Alkan-Molekül das Kohlenstoff-zu-Wasserstoff-Verhältnis – und damit die Dichte und die volumetrische Energiedichte – zu). Parallel dazu werden Gase (u. a. CO_2, CH_4) abgespalten, die insgesamt einen Heizwert von rund 80 bis 90 % des Methanheizwertes aufweisen und als Heizgas verwendet werden können.

Mit der anschließenden Druckentlastung (d. h. nachdem das entsprechend veränderte Pflanzenöl-Wasser-Gemisch den Reaktor im Verlauf der definierten Verweilzeit durchströmt hat) verlässt das entstandene Gas die Flüssigkeit. In einem Absetzbehälter, in dem das Reaktionsprodukt abkühlen kann, wird das Wasser – nach einer entsprechenden Absetzzeit – über eine einfache Phasentrennung abgeschieden. Dieses Wasser kann z. T. in den Prozess zurückgeführt werden bzw. muss – bei einem Wasserüberschuss (d. h., es kann auch zusätzliches Wasser gebildet werden) – aus dem Prozess ausgeschleust werden. Es verbleibt das gewünschte Gemisch des bezüglich der Molekularstruktur jetzt umgewandelten Pflanzenöls, das eine Naphtha-, eine Jet- und eine Dieselfraktion enthält.

Die Reaktionsbedingungen in dem Reaktor mit über 200 bar und über 500 °C sind technisch sehr anspruchsvoll und stellen vor allem an das Reaktormaterial sehr hohe Anforderungen. Diese Aussage wird auch durch die hohe Total Acid Number (TAN) gestützt, die das behandelte Öl anschließend aufweist.

Hydrierung. In einem darauffolgenden Iso-Conversion-Schritt erfolgt eine Hydrierung der zuvor erzeugten Produkte. Hierbei wird unter Zugabe von Wasserstoff der in den Molekülen noch gebundene Sauerstoff in Form von u. a. Wasser entfernt. Gleichzeitig werden die un- oder nur teilgesättigten Bindungen in den Molekülen (u. a. Alkene) in Alkane umgewandelt (d. h., die Moleküle werden mit Wasserstoff komplett abgesättigt).

Zusätzlich dazu erfolgt eine Überführung der im Pflanzenöl ggf. vorhandenen Schwefelverbindungen in die Gasphase (H_2S). Dadurch kann der nun gasförmige Schwefel (als Schwefelwasserstoff) einfach aus dem Öl abgetrennt werden; er kann anschließend wieder zu elementarem Schwefel reduziert (u. a. Claus-Prozess) werden.

Hinzu kommt die zwingend notwendige Reduzierung des TAN-Wertes, der nach der katalytischen Hydrothermolyse rund 1 000-mal höher liegt, als dies in den üblicherweise eingesetzten Kraftstoffen der Fall ist. Die für diesen Prozess benötigte Verfahrenstechnik entspricht weitgehend der Verfahrenstechnik, die in einer modernen Raffinerie in einem Hydrofiner eingesetzt wird.

Destillation/Rektifikation. Aus dem hydrierten Stoffstrom werden durch eine „klassische“ Destillation/Rektifikation die gewünschten Kraftstofffraktionen abgetrennt. Dabei kann der Rückstand aus der Destillation in die katalytische Hydrothermolyse rückgeführt werden; dies könnte die Ausbeute insgesamt leicht verbessern. Dieser Schritt wird üblicherweise in jeder Raffinerie realisiert. Dies gilt auch für die nachgeschalteten Schritte wie Additivierung und Blending.

7.2.3 Mitraffination in Mineralölraffinerien

Steffen Voss, Ulf Neuling, Martin Kaltschmitt

Im Rahmen einer Mitraffination wird das Pflanzenöl und ggf. die freien Fettsäuren zusammen mit fossilem Erdöl in einer „konventionellen", vorhandenen Mineralölraffinerie weiterverarbeitet. Ein Vorteil dieser Mitraffination pflanzlicher und tierischer Öle und Fette in bereits betriebenen Mineralölraffinerien besteht darin, dass bestehende Strukturen und damit vorhandene Anlagen mitgenutzt werden können, solange entsprechende freie Kapazitäten zur Verfügung stehen und nur geringe verfahrenstechnische Anpassungen notwendig sind. Durch eine derartige Mitraffination kann somit sowohl das Rohstoff- als auch das Produktspektrum einer Raffinerie erweitert werden. Theoretisch kann so auf kurzfristige Entwicklungen am Markt wie z. B. eine spontane Erhöhung und Erniedrigung des Pflanzenölpreises oder eine wachsende Nachfrage nach biogenen Kraftstoffprodukten schnell und unkompliziert reagiert werden. Eine solche Flexibilität kann wirtschaftliche Vorteile mit sich bringen, erfordert aber gleichzeitig hohe Anfangsinvestitionen und in der Regel höhere Verbrauchskosten aufgrund typischerweise höherer Pflanzenölpreise. Im Gegensatz dazu ändern sich die Betriebskosten im Vergleich zu einem Raffineriebetrieb mit reinem Mineralöl kaum. Auch kann eine derartige Mitraffination mit verfahrenstechnischen Herausforderungen wie u. a. einer Katalysatordeaktivierung aus unerwünschten Nebenprodukten der Pflanzenölweiterverarbeitung wie beispielsweise Kohlenstoffmonoxid oder dem im Pflanzenöl enthaltenen Sauerstoff verbunden sein.

Nachfolgend werden zunächst kurz die chemischen Grundlagen der Weiterverarbeitung biogener Öle in vorhandenen Raffinerien diskutiert und die fossile Rohölverarbeitung beschrieben, bevor auf die technischen Möglichkeiten und Herausforderungen einer gemeinsamen Verarbeitung von Rohöl und Pflanzenöl anhand verschiedener Anlagenkonzepte und -beispiele eingegangen wird (Ausführungen nach [7.190]).

7.2.3.1 Chemische Grundlagen

Obwohl sich Erdöl und Pflanzenöl in Bezug auf ihre Bestandteile ähneln, gibt es sowohl in der prozentualen Zusammensetzung als auch im molekularen Aufbau deutliche Unterschiede. Tabelle 7.14 zeigt, dass der Kohlenstoffgehalt von Pflanzenöl deutlich unter dem von Erdöl liegt, während es sehr viel mehr Sauerstoff enthält. Die in der Tabelle zusätzlich dargestellten Bandbreiten innerhalb des Erdöls ergeben sich durch den Einfluss von herkunftsspezifischen Anteilen leichter, mittelschwerer und schwerer Rohöle. Die genaue Zusammensetzung eines Pflanzenöls ist dagegen abhängig vom Aufbau der

Tabelle 7.14 Zusammensetzung von Erdöl und Pflanzenöl (nach [7.190])

	Erdöl	Pflanzenöl
	in %	
Kohlenstoffgehalt	83–87	77–78
Wasserstoffgehalt	11–15	11–12
Schwefelgehalt	0,1–7	0
Sauerstoffgehalt	0,06–1,5	10–11
Stickstoffgehalt und andere Elemente	0,1–0,5	0

Triglyceride und damit von der jeweiligen Ölpflanze. Dabei ist vor allem die Länge der jeweils gebundenen Fettsäuren mit ihrer Anzahl an Kohlenstoffatomen und Doppelbindungen entscheidend [7.190].

Die chemischen Grundlagen zur Umwandlung der Pflanzenöle in Hydrierungs- und Cracking-Reaktionen sind vergleichbar zu den bereits beschriebenen Grundlagen der einzelnen Hydrierungs- und Cracking-Reaktionen (Kapitel 7.2.3, Band 3).

7.2.3.2 Verfahrenstechnische Grundlagen

Ziel der Rohölverarbeitung ist es, aus dem natürlich vorkommenden Stoffgemisch „Rohöl“ Produkte zu erzeugen, die durch klar definierte (d. h. genormte) Eigenschaften gekennzeichnet sind. Dazu kommt eine Vielzahl verfahrenstechnischer Lösungen zum Einsatz, die i. Allg. einem vergleichbaren Schema (Abb. 7.76) folgen [7.190], [7.191].

In einer ersten Stufe, der atmosphärischen Destillation (Abb. 7.76), wird das Rohöl erhitzt und in eine Destillationskolonne geleitet. Hier sollte die Temperatur nicht zu hoch sein, da sonst Kohlenwasserstoffverbindungen, die sich im Rohöl befinden, thermisch zersetzt werden können. Üblicherweise realisierte Temperaturen liegen zwischen 365 und 380 °C. Bei diesem Temperaturniveau verdampfen Teile des eingesetzten Rohöls; dies gilt insbesondere für die sehr kurzkettigen Rohölkomponenten. Die dabei entstehenden Dämpfe steigen im Destillationsturm, der aus einzelnen Zwischenböden besteht, auf und kühlen dabei allmählich ab. Je tiefer die Siedetemperatur bzw. relative Flüchtigkeit einer bestimmten im Rohöl enthaltenen Kohlenwasserstoffverbindung ist, desto höher steigt sie in der Destillationskolonne, ehe sie sich wieder verflüssigt. Auf den einzelnen Zwischenböden im Innern der Destillationskolonne sammeln sich die so getrennten Fraktionen jeweils an; d. h., in verschiedenen Zonen des Destillationsturms reichern sich die Rohölbestandteile mit ähnlichen Eigenschaften jeweils an und können dann von dort abgezogen werden. Gase durchströmen die gesamte Destillationskolonne und werden zuoberst gesammelt (d. h. am Kopf der Destillationskolonne). Benzin und Gasöle werden auf verschiedenen Zwischenböden abgeschieden; unter Gasöl wird ein Vorprodukt von Mitteldestillaten (u. a. Dieselkraftstoff, leichtes Heizöl) verstanden, das direkt aus der Fraktionierung stammt und dessen Siedetemperatur zwischen 190 und 400 °C liegt (bei Benzin liegt die Siedetemperatur bei 35 bis 210 °C). Die schwersten Bestandteile des Roh-

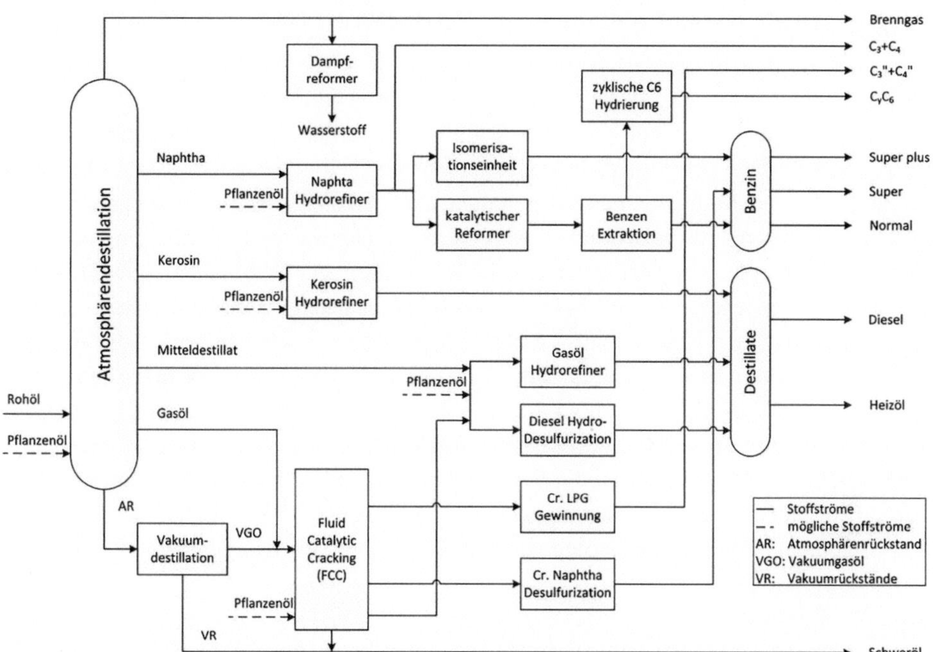

Abb. 7.76 Schematischer Aufbau einer Mineralölraffinerie mit Kennzeichnung möglicher Stellen für eine Pflanzenölzugabe (Cr. Cracker; LPG Flüssiggas (Propan, Butan))

öls bleiben auch bei den höchsten Temperaturen flüssig und sammeln sich am Boden des Destillationsturms an.

Dieser sogenannte atmosphärische Rückstand wird anschließend zur Vakuumdestillation geführt (Abb. 7.76). Durch das hier herrschende Teilvakuum werden die Siedetemperaturen um etwa 100 °C erniedrigt, sodass sich die Rückstände aus der atmosphärischen Destillation weiter auftrennen lassen, ohne dass es zu einer massiven wärmeinduzierten Zerstörung der Kohlenwasserstoffverbindungen kommt. Doch auch im Vakuum lassen sich nicht alle Bestandteile des Rohöls verdampfen. Die danach noch im Rückstand verbleibenden Rohölbestandteile werden – je nach Rohölqualität – als Komponente für schweres Heizöl verwendet oder zu Bitumen und / oder Petrolkoks weiterverarbeitet.

Die aus der Destillation abgeschiedenen Zwischenprodukte werden anschließend zunächst entschwefelt (Abb. 7.76). Dazu kommen Hydrofiner zum Einsatz, in denen mithilfe von Wasserstoff der in den Rohölfraktionen enthaltene Schwefel in Schwefelwasserstoff überführt wird, der anschließend in einer Claus-Anlage zu elementarem Schwefel umgewandelt wird.

Die entschwefelten Stoffströme werden anschließend weiterverarbeitet (z. B. in Konversionsanlagen) und / oder im sogenannten Blending zu spezifikationsgerechten Fertigprodukten gemischt.

In den letzten Jahren ist die Nachfrage nach leichten und mittelschweren Erdölprodukten (z. B. Benzin, Diesel) gestiegen. Dagegen sank die Nachfrage nach schwerem Heizöl. Daraus resultiert für die Raffinerien die Notwendigkeit, die Ausbeute an leichten Produkten weiter zu steigern. Viele Raffinerien wurden deshalb mit einem Cracker ausgerüstet. In einer derartigen Anlage werden die langkettigen Kohlenwasserstoffverbindungen in kürzere Molekülketten aufgespalten. Dazu können zwei Verfahren zum Einsatz kommen. Beim thermischen Cracken werden die Kohlenwasserstoffverbindungen durch thermische Energie – in einer unterschiedlichen Schärfe der Prozessbedingungen – aufgebrochen. Demgegenüber wird beim katalytischen Cracken dieses Aufbrechen mithilfe eines Katalysators gesteuert realisiert. Derartige Verfahren können ohne oder mit Zuführung von zusätzlichem Wasserstoff (dann als Hydrocracken bezeichnet) umgesetzt werden. Ist Ersteres der Fall, erhöht dies den Anteil der Mehrfachbindungen im Endprodukt. Demgegenüber wird dies bei der letzteren Variante (d. h. Hydrocracken) durch eine Anlagerung des Wasserstoffs an die Bruchstellen vermieden. Dies setzt aber die Verfügbarkeit entsprechender Wasserstoffmengen voraus, die dann im Regelfall in der Raffinerie – oft durch eine Dampfreformierung von Erdgas – erzeugt werden müssen.

7.2.3.3 Produkte

Die Produkte der Mitverarbeitung von Pflanzenölen in fossilen Hydrierungs- und Raffinationsanlagen sind vergleichbar zu den Produkten aus der getrennten Hydrierung von biobasierten Ölen und Fetten. Daraus folgt, dass durch die Mitraffination der Pflanzenöle die Cetanzahl des Mischprodukts steigt und der Aromatengehalt sinkt. Dies liegt an dem molekularen Aufbau der eingesetzten biogenen Öle und Fette. Der Einsatz der Mitraffination und der spätere Gebrauch der Produkte im Kerosin ist in der ASTM D 1655 zugelassen. Dabei können bis zu 5 % biologischer Öle und Fette zum fossilen Rohöl hinzugegeben werden [7.192]. Aufgrund des vor dem Prozess hinzugegebenen Pflanzenöls ist es schwierig nachzuverfolgen, in welchem Anteil die biogene Komponente in der Zielfraktion wiederzufinden ist. Je nach Ort der Zugabe können Cracking-Reaktionen dazu führen, dass sich ebenfalls Anteile in anderen Fraktionen wie der Benzin- oder Gasfraktion erhöhen.

Für das Hauptendprodukt Diesel oder Kerosin müssen die entsprechenden Kraftstoffnormen der EN 590 bzw. ASTM D 1655 weiterhin eingehalten werden. Typische Kennzahlen und Produkteigenschaften für die Diesel- und Kerosinfraktion sind in Tabelle 7.12 bzw. 7.13 dargestellt und in Kapitel 7.1.5, Band 3, näher beschrieben.

7.2.3.4 Anlagenkonzepte und -beispiele

Die sehr unterschiedlichen Eigenschaften und die voneinander abweichenden Inhaltsstoffe von Rohöl und Pflanzenöl (Tabelle 7.14) sind die zentrale Herausforderung bei einer Mitraffination in vorhandenen Rohölraffinerien. Deshalb werden hier die folgenden drei Optionen der Mitraffination von Pflanzenölen detaillierter betrachtet: Einsatz gemeinsam mit Rohöl, Einsatz zu dem Hydrofiner und Einsatz zu dem Fluid Catalytic Cracker (FCC; Abb. 7.76) [7.190].

Einsatz gemeinsam mit Rohöl. Da Pflanzenöl und Mineralöl eine unterschiedliche Zusammensetzung zeigen, können beim Mischen der beiden Öle Probleme auftreten, da dadurch die Löslichkeit bestimmter Bestandteile herabgesetzt und infolgedessen Asphaltene (hochmolekulare Verbindungen mit Aromaten und Heteroatomen) ausgefällt werden können. Dieses Verhalten kann zu verfahrenstechnischen Schwierigkeiten in der Raffinerie führen (z. B. in den Wärmeübertragern). Auch können die vor der Rohöldestillation realisierten Aufreinigungsschritte für den Feed (u. a. Entsalzung des Rohöls, Feststoffentfernung) ebenfalls für eine ggf. notwendige Vorbehandlung des Pflanzenöls eingesetzt werden; dadurch könnten diese Prozesse parallel im gleichen Apparat durchgeführt werden.

Pflanzenöl ist aufgrund seines Siedebereichs von ca. 170 bis 230 °C eine „Mitteldestillatfraktion" und im Vergleich zu Mineralöl bezüglich seiner Zusammensetzung deutlich homogener. Würde man ein derartiges Rohöl(Erdöl)-Pflanzenöl-Gemisch in die atmosphärische Destillation geben, würden sich die Pflanzenölkomponenten potenziell nahezu vollständig in der Produktfraktion „Gasöl" wiederfinden. Da in der atmosphärischen Destillation das Pflanzenöl nahezu nicht verändert wird (bei dem hier realisierten Temperaturniveau ist das biogene Öl weitgehend stabil), reduziert dies die Durchsatzkapazität der Destillationskolonne(n) und kann deren Energiebedarf erhöhen. Ist in einer Raffinerie die Rohölverarbeitungskapazität ausgeschöpft (d. h. die atmosphärische Destillation wird mit dem maximalen Durchsatz betrieben), würde eine Zumischung von Pflanzenöl zum Rohöl den Rohöleinsatz reduzieren.

Zusammengenommen ist damit die Verarbeitung einer Mischung aus Pflanzenöl mit Rohöl in Raffinerien wenig sinnvoll.

Einsatz zu dem Hydrofiner. Biogene Öle und Fette können auch mit der entsprechenden Rohölfraktion (z. B. Gasölfraktion), welche von der atmosphärischen Destillation kommt, zusammengeführt werden (d. h. Vermischung nach der Destillation bzw. vor dem Hydrofiner). Dann treten potenzielle Mischungsprobleme kaum noch auf.

Im Hydrofiner (Abb. 7.77) wird die von der Destillation kommende Fraktion mittels Wasserstoff zur Reaktion gebracht. Dadurch werden die im Öl vorhandenen Schwefelverbindungen aufgebrochen und der Schwefel in Schwefelwasserstoff (H_2S) überführt. An den verbleibenden offenen Bindungen der entsprechenden Kohlenwasserstoffe lagert sich dann Wasserstoff an. Zusätzlich können die ggf. im Rohöl oder von einem vorherigen wasserstoffarmen Crackprozess vorhandenen bzw. produzierten Doppelbindungen abgesättigt werden. Die entstandenen gasförmigen Komponenten (primär: H_2S) werden in einem Gasabscheider und einem Stripper abgetrennt. Der Schwefelwasserstoff wird dann aus dem Gasstrom abgeschieden (z. B. mit einer MEA-Wäsche) und in der Claus-Anlage zu elementarem Schwefel weiterverarbeitet.

Bei einem Einsatz von Pflanzenöl zusammen mit der entsprechenden Rohölfraktion zum Hydrofiner entstehen die folgenden Produkte (Abb. 7.78).

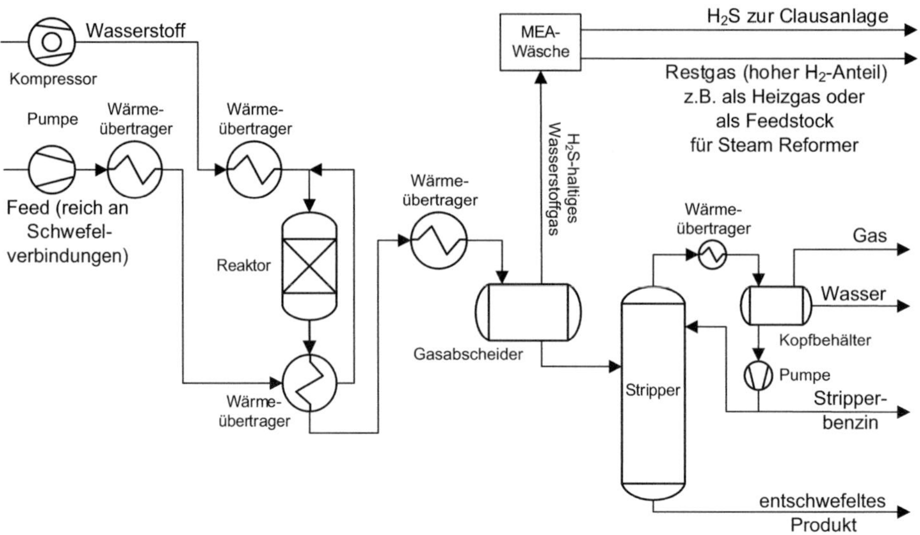

Abb. 7.77 Exemplarisches Schema eines Hydrofiners (H_2S Schwefelwasserstoff)

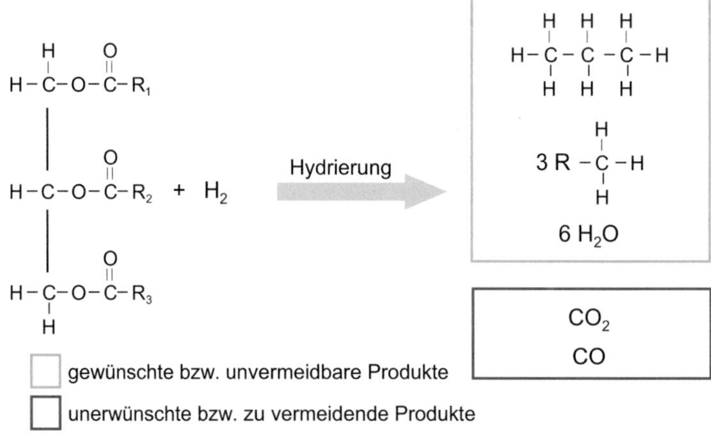

Abb. 7.78 Erwünschte und unerwünschte Produkte der Hydrierung von Pflanzenölen in einem Hydrofiner

- Propan. Bei der Hydrierung von Triglyceriden bzw. von Pflanzenöl entsteht Propan, das nicht für den Einsatz als Dieselkomponente genutzt werden kann. Deshalb wird das Propan destillativ von den längerkettigen Alkanen abgetrennt; es kann im Anschluss u. a. als „grünes" Flüssiggas genutzt werden kann. Für dessen Abtrennung und (Weiter-)Verarbeitung in einer Raffinerie müssen die entsprechenden anlagentechnischen Voraussetzungen (u. a. Gasabscheider, Lagerungskapazitäten) gegeben sein bzw. geschaffen werden, da Propan kein typisches Nebenprodukt der Hydrierung von Mitteldestillatschnitten in einer „klassischen“ Erdölraffinerie ist.

- Langkettige Alkane. Wird Pflanzenöl hydriert, entstehen langkettige, unverzweigte Alkane. Durch diese n-Alkane verbessert sich die Cetanzahl des Produkts (d. h., die Zündwilligkeit steigt). Gleichzeitig verschlechtert sich das Kälteverhalten (d. h., der Cloud Point sinkt). Letzteres kann – da unerwünscht – möglicherweise durch einen katalytischen Dewaxer ausgeglichen werden (z. B. separater Reaktor oder separate Katalysatorschicht im Hydrofiner). Dies kann jedoch Auswirkungen auf die Durchsatzmenge des Hydrofiners haben. Hinzu kommt, dass beim Blending zum Endprodukt zusätzlich Änderungen in der Rezeptur (auch der Additive) wahrscheinlich sind.
- Wasser. Durch die Hydrierung wird aus dem im Pflanzenöl vorhandenen Sauerstoff Wasser gebildet, das ebenfalls aus dem Raffinat abgetrennt werden muss. Auch dafür müssen die anlagentechnischen Voraussetzungen gegeben sein (z. B. Abscheidevermögen, Behältergrößen, Leitungen). Dies gilt auch für die in einer Raffinerie vorhandene, nachgeschaltete Sauerwasseraufbereitung, bei der der Schwefelwasserstoff (H_2S) aus den anfallenden Prozesswässern entfernt wird.
- Kohlenstoffdioxid. Im Hydrofiner wird beim Hydrieren von Pflanzenöl zwangsläufig auch Kohlenstoffdioxid (CO_2) gebildet, das abgetrennt und separat verwendet bzw. entsorgt werden muss. Auch dazu muss die entsprechende Anlagentechnik vorhanden sein. Da das CO_2 im Gleichgewicht u. a. mit Kohlenstoffmonoxid (CO) steht ($CO_2 + H_2 \leftrightarrow CO + H_2O$), kann aus dem CO_2 auch CO entstehen.
- Kohlenstoffmonoxid. CO wirkt als Katalysatorgift und führt zu einer Deaktivierung der katalytischen Aktivität im Hydrofiner. Dies gilt insbesondere bei Kobalt-Molybdän-Katalysatoren; CO wird hier selektiv an den aktiven Zentren adsorbiert und verhindert so die Adsorption von Reaktanden und deren Reaktion. Bei Nickel-basierten Katalysatoren tritt dieses Problem in einem geringeren Maße auf. Wird das wasserstoffreiche Restgas nach einer H_2S-Wäsche (z. B. mit MEA) als Einsatzgas für die Wasserstofferzeugung verwendet, kann CO auch den Katalysator der bei der Wasserstofferzeugung vorgeschalteten Hydrierung deaktivieren. Diesbezüglich ist es vorteilhafter, je selektiver der Katalysator bei der Hydrierung den Sauerstoff in H_2O statt CO_2 umwandelt.

Neben diesen Aspekten, die sich direkt aus den entstehenden Produkten beim Hydrieren ergeben, sollten zusätzlich die folgenden Randbedingungen betrachtet werden.

- Oxidationsstabilität bei Lagerung und Aufheizen des Pflanzenöls. Bei der Lagerung und dem Aufheizen von Pflanzenölen auf die erforderliche Temperatur im Hydrofiner (z. B. 350 °C) kann es aufgrund der geringen Oxidationsstabilität und einer dadurch bedingten Gum-Bildung (durch Di-Olefine) zu Blockaden in den Wärmeübertragern der Vorwärmstrecke kommen; dies gilt insbesondere dann, wenn der Wasserstoff zur Hydrierung erst unmittelbar vor dem Hydrofiner zugegeben wird. Die Gum-Bildung und die Ablagerung auf der obersten Schicht des Katalysatorfestbettes können zu einem

unerwünschten Druckverlust über den Hydrierreaktor führen. Oft ist dann ein sogenanntes Bed-Grading (d. h. Schichten geringerer Schüttdichte und Aktivität oben im Reaktorbett) sinnvoll.
- Logistik. Die benötigten Lagerkapazitäten für das Pflanzenöl müssen am Raffineriestandort vorhanden sein. Dies gilt ebenso für die erforderlichen Leitungsverbindungen.
- Korrosionsprobleme. Durch Kohlenstoffdioxid und Wasser kann Kohlensäure entstehen, die zu erhöhten Korrosionsraten führen kann. Dies zu vermeiden bzw. zu minimieren, kann eine entsprechende Materialauswahl erfordern. Auch diesbezüglich ist es umso vorteilhafter, je selektiver der Katalysator bei der Hydrierung den Sauerstoff in H_2O statt CO_2 umwandelt.
- Wasserstoff. Wasserstoff kann in Raffinerien z. B. durch eine Reformierung aus Erdgas (Steam Reforming) oder durch eine Wasserdampfvergasung der schweren Rückstände aus der Vakuumdestillation erzeugt werden. Beide Prozesse sind energieaufwändig und deshalb i. Allg. mit hohen Klimagasemissionen verbunden. Außerdem muss die zusätzlich benötigte Kapazität zur Wasserstofferzeugung vorhanden sein oder geschaffen werden (z. B. durch Elektrolyseure). Des Weiteren wird für die Hydrierung der Pflanzenöle ein höherer Wasserstoffpartialdruck im Hydrofiner benötigt. Dadurch muss der Wasserstoff in der Anlage möglichst bei einem höheren Druck bereitgestellt werden, wodurch ungewollte Cracking-Reaktionen auftreten können [7.193].

Damit können Pflanzenöle zusammen mit der entsprechenden Rohölfraktion in den Hydrofiner eingesetzt werden. Dabei müssen aber spezielle anlagentechnische Voraussetzungen vorhanden sein oder geschaffen werden. Problematisch ist hierbei, dass die Hydrofiner-Kapazitäten der meisten konventionellen Erdölraffinerien meist ausgelastet sind und ein entsprechender Pflanzenöleinsatz somit eine Erweiterung der Verarbeitungskapazitäten erfordern würde.

Einsatz zu dem Fluid Catalytic Cracker (FCC). Pflanzenöl kann auch mit dem Produkt aus der Vakuumdestillation vermischt und zusammen mit der Mineralölfraktion dem Fluid Catalytic Cracker (FCC) als Einsatzstoff zugeführt werden. Eine derartige Lösung wäre mit den folgenden Aspekten verbunden.

- Ausbeute im Cracker. Im Fluid Catalytic Cracker (FCC) werden die Pflanzenöle z. T. gecrackt und dadurch die Ausbeutestruktur verändert (d. h., die eingesetzte Masse an Pflanzenöl findet sich anschließend nur noch teilweise im Mitteldestillat wieder). Auch bei der Verarbeitung im FCC entstehen große Mengen an H_2O und CO_x. Die „Verluste" in Bezug auf die Mitteldestillatausbeute sind im Vergleich zu einem Einsatz direkt zum Hydrofiner damit größer.
- Umsatz im Cracker. Durch das kombinierte Einsetzen eines aromatenreichen Vakuumgasöls aus der Vakuumdestillation und dem geradkettigen Pflanzenöl können höhere Gasölumsätze erreicht werden. Dabei steigt der Anteil der Benzinfraktion und der gebildete Petrolkoksanteil sinkt minimal [7.193].

- Erforderliche Hydrierung der FCC-Mitteldestillate. Nicht gecrackte Pflanzenöle finden sich im Mitteldestillatschnitt der anschließenden Fraktionierung wieder. Für eine nachfolgende Hydrierung ergeben sich wieder die bereits erwähnten Probleme (u. a. Propanproduktion, langkettige Alkane, Wasser, CO_x).
- Anlagenverfügbarkeit. Im Gegensatz zu Hydrierungsreaktoren sind Fluid Catalytic Cracker(FCC)-Anlagen nicht sehr häufig in „klassischen" Erdölraffinerien vorhanden. Neben den FCC-Anlagen gibt es aber auch andere Technologien (z. B. Hydrocracking), mit denen das Vakuumgasöl weiterverarbeitet werden kann. Für diese Anlagen müsste eine gesonderte Bewertung des Einsatzes von Pflanzenölen mit dem Vakuumgasöl vorgenommen werden.
- Weitergehende Aspekte. Aspekte der Lagerung und Aufheizung des Pflanzenöls, der Wasserstoffbereitstellung und der Korrosion entsprechen den bereits diskutierten Aspekten. Katalysatorprobleme sind hier jedoch nur eingeschränkt zu erwarten, da der Katalysator beim Fluid Catalytic Cracker (FCC) kontinuierlich regeneriert bzw. erneuert wird. Möglicherweise muss die zugesetzte Menge an Frischkatalysator erhöht werden.

Insgesamt ist damit ein Einsatz von Pflanzenöl zum Fluid Catalytic Cracker (FCC) technisch möglich. Im Vergleich zu dem zuvor betrachteten Einsatz zu dem Hydrofiner lässt diese Option aber eine geringere Ausbeute an dem letztlich gewünschten Mitteldestillat erwarten.

Literatur

[7.1] Deutsches Institut für Normung (Hrsg) (2020) DIN 51 623:2020-11 Kraftstoffe für pflanzenöltaugliche Motoren – Pflanzenölkraftstoff – Anforderungen und Prüfverfahren. Beuth, Berlin

[7.2] Deutsches Institut für Normung (Hrsg) (2020) DIN 51 605:2020-11 Kraftstoffe für pflanzenöltaugliche Motoren – Rapsölkraftstoff – Anforderungen und Prüfverfahren. Beuth, Berlin

[7.3] Remmele, E. (2009) Handbuch Herstellung von Rapsölkraftstoff in dezentralen Ölgewinnungsanlagen, 2. Aufl. Fachagentur Nachwachsende Rohstoffe e V (FNR), Gülzow (88 Seiten)

[7.4] Bockisch, M. (1993) Nahrungsfette und -öle. Ulmer, Stuttgart

[7.5] Widmann, B.A. (1994) Verfahrenstechnische Maßnahmen zur Minderung des Phosphorgehaltes von Rapsöl bei der Gewinnung in dezentralen Anlagen. Dissertation, Forschungsbericht Agrartechnik MEG 262, TU München

[7.6] Kollmann, I. (1991) Lagerverluste und Qualitätsveränderungen bei Ölraps. Raps 9(2):92–95

[7.7] Jacobsen, E.E. (1995) Trocknen und Lagern von Raps. Mühle + Mischfuttertechnik 132(49):821–822

[7.8] Schneider, F.H. (1999) Die Merkmale der Raps-Saat unter den Aspekten Trennpressen und Schälen. In: KTBL-Arbeitsgruppe Dezentrale Ölsaatenverarbeitung (Hrsg) Dezentrale Ölsaatenverarbeitung. KTBL-Arbeitspapier, Bd 267. Landwirtschaftsverlag, Münster, S 33–45

[7.9] Mühlen im Altmühltal (2024) Getreidemühle https://muehlen-im-altmuehltal.jimdofree.com/m%C3%BChlen/m%C3%BChlentechnik/getreidem%C3%BChle/ (Online zugegriffen 22.05.24)

[7.10] Gemsjäger, H. (2013) Der Walzenstuhl – Konstruktion und Funktion; Agrimedia. Erling Verlag, Clenze

[7.11] Vincent, C.J. et al. (2014) Pre-treatment of oil palm fruits: A review. Journal of Food Engineering, 143, S. 123-131. https://doi.org/10.1016/j.jfoodeng.2014.06.022

[7.12] Mill engineers. https://yanchor.wordpress.com/2012/02/17/mill-engineers-finger-tips/#jp-carousel-1385 (Online zugegriffen 01.03.24)

[7.13] Henan Machinery (2024) Palm thresher oil pretreatment machine separator for palm empty fruit bunches. https://www.alibaba.com/product-detail/Palm-thresher-oil-pretreatment-machine-separator_60803273647.html (Online zugegriffen 01.03.24)

[7.14] Continuous Sterilization: the new Paradigm for Modernizing Palm Oil Milling. Journal of Oil Palm Research (Special Issue – April 2006), p. 144–152

[7.15] Schein, C. (2003) Zum kontinuierlichen Trennpressen biogener Feststoffe in Schneckengeometrien am Beispiel geschälter Rapssaat. Dissertation, Universität Duisburg-Essen

[7.16] RoseDowns GmbH (Hrsg) (2024), Eversen/Ahausen, www.serptec.com (Online zugegriffen 01.03.24)

[7.17] hevo-plastics.com (Hrsg) (2024), Grundlagen der Extrusion; www.hevo-plastics.com/grundlagen.html (Online zugegriffen 01.03.24)

[7.18] Widmann, B.A.; Schön, H. (1995) Minderung des Phosphorgehaltes von Rapsöl – Verfahrenstechnische Maßnahmen bei der Ölgewinnung in dezentralen Anlagen. Landtechnik 50(2):84–85

[7.19] Raß, M. (2001) Zur Rheologie des biogenen Feststoffs unter Kompression am Beispiel geschälter Rapssaat. Dissertation, Universität Gesamthochschule Essen

[7.20] Schneider, F.H.; Raß, M. (1997) Trennpressen geschälter Rapssaat – Zielsetzung und verfahrenstechnische Probleme. Fett / Lipid 99(3):91–98

[7.21] www.gustavheess.de

[7.22] VDI (Hrsg) (1992) Emissionsminderung – Anlagen zur Gewinnung pflanzlicher Öle und Fette VDI-Richtlinie, Bd 2592. VDI, Düsseldorf

[7.23] Lurgi (Hrsg) (1990) Speiseöltechnologie – Ölsaatenextraktion, Speiseölraffination. Lurgi, Frankfurt / Main

[7.24] Remmele, E. (1999) Ölreinigung bei der Pflanzenölgewinnung in dezentralen Anlagen. In: KTBL-Arbeitsgruppe Dezentrale Ölsaatenverarbeitung (Hrsg) *Dezentrale Ölsaatenverarbeitung*. KTBL-Arbeitspapier, Bd 267. Landwirtschaftsverlag, Münster, S 23–32

[7.25] Remmele, E. (2002) Reinigung kaltgepresster Pflanzenöle aus dezentralen Anlagen, Gelbes Heft, Bd 75. Bayerisches Staatsministerium für Landwirtschaft und Forsten, München

[7.26] Alt, C. (1976) Filtration. In: Foerst W (Hrsg) Ullmanns Enzyklopädie der technischen Chemie, 4. Aufl. Bd 2. Urban und Schwarzenberg, München, S 154–198

[7.27] Anlauf, H. (1991) Physikalische Prinzipien der Fest / Flüssig-Trennung. In: Hess W.F.; Thier B. (Hrsg) Maschinen und Apparate zur Fest / Flüssig-Trennung. Vulkan, Essen, S 2–12

[7.28] Amafilter (Hrsg) (o.J.) Firmenunterlagen, Amafilter b.v., Aklmar, Niederlande

[7.29] Remmele, E.; Stotz, K.; Witzelsperger, J.; Gassner, T. (2007) Qualitätssicherung bei der dezentralen Pflanzenölerzeugung für den Nicht-Nahrungsbereich – Technologische Untersuchungen und Erarbeitung von Qualitätssicherungsmaßnahmen Berichte aus dem TFZ, Bd12. Technologie- und Förderzentrum, Straubing

[7.30] Belitz, H.-D.; Grosch, W. (1992) Lehrbuch der Lebensmittelchemie, 4. Aufl. Springer, Berlin, Heidelberg

[7.31] Heiß, R. (Hrsg) (1990) Lebensmitteltechnologie – biotechnologische, chemische, mechanische und thermische Verfahren der Lebensmittelverarbeitung. Springer, Berlin, Heidelberg

[7.32] Thomas, A. (1976) Fette und Öle. In: Bartholomé, E. et al. (Hrsg) Ullmanns Enzyklopädie der technischen Chemie, 4. Aufl. Bd 11. Verlag Chemie, Weinheim / Bergstraße, S 455–548

[7.33] Höfelmann, K. (1993) Extraktive Raffination von Rapsöl mit überkritischen Lösemitteln. Dissertation, Universität Erlangen

[7.34] Remmele, E. (2002) Standardisierung von Rapsöl als Kraftstoff – Untersuchungen zu Kenngrößen, Prüfverfahren und Grenzwerten. Dissertation, TU München, Lehrstuhl für Landtechnik, Department für Biogene Rohstoffe und Technologie der Landnutzung

[7.35] GEA Group Aktiengesellschaft (Hrsg) (2024), Düsseldorf, www.gea.com (Online zugegriffen 01.03.24)

[7.36] Winkelhorst Trenntechnik GmbH (Hrsg) (2024), Köln, https://www.centrimax.de/separatoren/tellerseparator.html (Online zugegriffen 24.05.2022)

[7.37] Bokisch, M. (Hrsg) (2004) Fats and Oils Handbook, 2. Aufl. AOCS Press, Champaign, Ill.

[7.38] Zhengzhou Yahua Cereals and Oils Engineering Co. Ltd (Hrsg) (2024), Zhengzhou City, China https://en.palmmachine.com/product/machine-parts/Leaf-Filter.html (Online zugegriffen 23.03.24)

[7.39] Bailey, A.E.; Shahidi, F. (Hrsg) (2005) Bailey's industrial oil & fat products, 6. Aufl. Wiley Interscience, New York

[7.40] Apfelbeck, R. (1989) Raps als Energiepflanze. Dissertation, TU München, Forschungsbericht Agrartechnik MEG 156

[7.41] Dubois, V.; Breton, S.; Linder, M.; Fanni, J.; Parmentier, M. (2007) Fatty acid profiles of 80 vegetable oils with regard to their nutritional potential. Eur J Lipid Sci Technol 109(7):710–732. https://doi.org/10.1002/ejlt.200700040

[7.42] Akbar, E.; Yaakob, Z.; Kamarudin, S.K.; Ismail, M.; Salimon, J. (2009) Characteristic and Composition of Jatropha Curcas Oil Seed from Malaysia and its Potential as Biodiesel Feedstock. Eur J Sci Res 29(3):396–403

[7.43] Kern, C.; Widmann, B.A.; Schön, H.; Maurer, K.; Wilharm, T. (1997) Standardisierung von Rapsöl für pflanzenöltaugliche Motoren. Landtechnik 52(2):68–69

[7.44] Widmann, B.A.; Apfelbeck, R.; Gessner, B.H.; Pontius, P. (1992) Verwendung von Rapsöl zu Motorentreibstoff und als Heizölersatz in technischer und umweltbezogener Hinsicht Gelbes Heft, Bd 40. Bayerisches Staatsministerium für Ernährung, Landwirtschaft und Forsten, München

[7.45] van Basshuysen, R.; Schäfer, F. (o.J.) Shell Lexikon Verbrennungsmotor, Supplement von ATZ und MTZ. Vieweg, Wiesbaden

[7.46] Thuneke, K.; Kern, C. (1998) Emissionsverhalten von pflanzenölbetriebenen BHKW-Motoren in Abhängigkeit von den Inhaltsstoffen und Eigenschaften der Pflanzenölkraftstoffe sowie Abgasreinigungssystemen – Literatur- und Technologieübersicht. Abschlussbericht. Bayerische Landesanstalt für Landtechnik, Weihenstephan

[7.47] Herrmann, S.; (1995) Einsatz unveränderter alternativer Treibstoffe und ihrer Mischungen im direkteinspritzenden Dieselmotor. Diplomarbeit, Schweizerische Ingenieurschule für Landwirtschaft, Zollikofen

[7.48] Lüde, R. (1954) Die Gewinnung von Fetten und Ölen. In: Rassow B (Hrsg) Technische Fortschrittsberichte, 3. Aufl. Bd 47. Verlag Theodor Steinkopff, Leipzig

[7.49] Plank. M.; Wachtmeister, G.; Remmele, E.; Thuneke, K.; Emberger, P. (2017) Ignition characteristics of straight vegetable oils in relation to combustion and injection parameters, as well as their fatty acid composition. In: Fuel Processing Technology 167, S. 271–280

[7.50] Emberger, P.; (2013) Zünd-, Verbrennungs- und Emissionsverhalten verschiedener Pflanzenöle. Dissertation, Martin-Luther-Universität Halle-Wittenberg, Zentrum für Ingenieurwissenschaften

[7.51] Deutsches Institut für Normung (Hrsg) (2022) DIN EN 590:2022-05: Kraftstoffe für Kraftfahrzeuge – Dieselkraftstoffe, Anforderungen und Prüfverfahren. Beuth, Berlin

[7.52] Deutsches Institut für Normung (Hrsg) (2019) DIN EN 14 214:2019-05: Flüssige Mineralölerzeugnisse – Fettsäure-Methylester (FAME) zur Verwendung in Dieselmotoren und als Heizöl – Anforderungen und Prüfverfahren. Beuth, Berlin

[7.53] Deutsches Institut für Normung (Hrsg) (2023) DIN EN 15940:2023-07: Kraftstoffe für Kraftfahrzeuge – Paraffinischer Dieselkraftstoff aus Synthese oder Hydrierungsverfahren – Anforderungen und Prüfverfahren. Beuth, Berlin

[7.54] Richtlinie (EU) 2018/2001 des Europäischen Parlaments und des Rates vom 11. Dezember 2018 zur Förderung der Nutzung von Energie aus erneuerbaren Quellen (Neufassung)

[7.55] Schröder, A.; Hinrichs, M.; Emberger, P.; Spiegel, J.; Thees, M.; Günthner, M.; Remmele, E.; Pickel, P. (2022) Entwicklung und Feldtest eines Abgasstufe 5 Multi-Fuel-Traktors „MuSt5-Trak" Abschlussbericht. Fachagentur Nachwachsende Rohstoffe e. V. Gülzow

[7.56] Remmele, E.; Eckel, H.; Pickel, P.; Rathbauer, J.; Reinhold, G.; Stirnimann, R.; Hörner, R.; Uppenkamp, N. (2020) Alternative Antriebssysteme für Landmaschinen KTBL-Schrift 519. Kuratorium für Technik und Bauwesen in der Landwirtschaft e. V. (KTBL) Darmstadt

[7.57] Emberger, P.; Mautner, S.; Hinrichs, M.; Thuneke, K.; Remmele, E. (2019) Rapsölkraftstoff als Energieträger für den Betrieb eines forstwirtschaftlichen Vollernters (Harvester) Berichte aus dem TFZ, Bd, 63. Tehnologie- und Förderzentrum im Kompetenzzentrum für Nachwachsende Rohstoffe (TFZ), Straubing

[7.58] Huber, G.; Thuneke, K.; Emberger, P.; Remmele, E. (2019) Abgasverhalten von Fahrzeugen im realen Betrieb mit alternativen Kraftstoffen – Bestimmung mit einem portablen Emissionsmesssystem (PEMS). Berichte aus dem TFZ, Bd 62. Technologie- und Förderzentrum im Kompetenzzentrum für Nachwachsende Rohstoffe (TFZ), Straubing

[7.59] Gassner, T.; Emberger, P.; Thuneke, K.; Remmele, E.; (2013) Betriebs- und Emissionsverhalten eines pflanzenöltauglichen Traktors mit Rapsöl, Sojaöl und Sonnenblumenöl Berichte aus dem TFZ, Bd 33. Technologie- und Förderzentrum im Kompetenzzentrum für Nachwachsende Rohstoffe (TFZ), Straubing

[7.60] Ettl, J.; Thuneke, K.; Emberger, P.; Remmele, E. (2019) Langzeitmonitoring pflanzenöltauglicher Traktoren der Abgasstufen I bis IV. Abgasemissionen, Effizienz und Betriebssicherheit pflanzenöltauglicher Traktoren auf den bayerischen Versuchsbetrieben Berichte aus dem TFZ, Bd 60. Technologie- und Förderzentrum im Kompetenzzentrum für Nachwachsende Rohstoffe (TFZ), Straubing

[7.61] Schröder. J.; Naumann. K.; et al. (2022): Monitoring erneuerbarer Energien im Verkehr DBFZ-Report, 44 1. Aufl. Deutsches Biomasseforschungszentrum gGmbH (DBFZ), Leipzig

[7.62] Thees, M.; Guenthner, M.; Mueller, F. (2021) Thermal Management Concept for the Exhaust Aftertreatment of Commercial Vehicle Diesel Engines Using Variable Mixtures of Diesel Fuel and Rapeseed Oil SAE Technical Paper 2021-01-0498

[7.63] Schumann, W.; Gurgel, A.; Boelcke, B.; Pellnitz, K.; Krüger, P.; Stein, H. (2006) (Bio-)Energieland M-V – Von der Vision zur Realität. Landesforschungsanstalt für Landwirtschaft und Fischerei Mecklenburg-Vorpommern, Ministerium für Ernährung, Landwirtschaft, Forsten und Fischerei, Schwerin

[7.64] Batel, W.; Graef, M.; Mejer, G-J.; Möller, R.; Schoedder, F.; (1980) Pflanzenöle für die Kraftstoff- und Energieversorgung. Grundlagen der Landtechnik 30(2):40–51

[7.65] Bellof, G. (1996) Der Einsatz von Rapskuchen in der Schweinemast. Raps 14(3):146–149

[7.66] Jahreis, G. et al. (1994) Einsatz von Rapskuchen in der Milchviehfütterung und Einfluss auf die Milchqualität. In: Thüringer Landesanstalt für Landwirtschaft (Hrsg) 2. Jenaer Rapstag; Tagungsband. Thüringer Landesanstalt für Landwirtschaft, Jena, S 59–76

[7.67] Lebzien, P. (1991) Rapsschrot-Einsatz in der Fütterung. In: Dow Elanco (Hrsg) Das Rapshandbuch, 5. Aufl. DowElanco, München, S 187–198

[7.68] Salewski, A. (1995) Rapskuchen und Leinkuchen im Schweine- und Wiederkäuerfutter. Veredlungsproduktion 1:9

[7.69] Salewski, A. (1995) Sonnenblumenschrot und -expeller in der Schweine- und Wiederkäuerfütterung. Veredlungsproduktion 2:41

[7.70] Schöne, F. et al. (1994) Rapskuchen in der Schweinemast – Futterwert und Wirtschaftlichkeit. In: Thüringer Landesanstalt für Landwirtschaft (Hrsg) 2. Jenaer Rapstag; Tagungsband. Thüringer Landesanstalt für Landwirtschaft, Jena, S 77–84

[7.71] Gleißner, M. (1996) Vergärung von kaltgepresstem Rapskuchen; Bericht zum „Gas-Kraft-Projekt 1996“. Eigenverlag, Triesdorf

[7.72] Reitberger, F.; Huber, S. (2002) Erfahrungen mit Rapsöl als Brennstoff bei der Gebäudeheizung des LfU – Empfehlungen für Planer und Betreiber. Bayerisches Landesamt für Umweltschutz, Augsburg

[7.73] Ohly, N. (2006) Verfahrenstechnische Untersuchungen zur Optimierung der Biogasgewinnung aus nachwachsenden Rohstoffen. Dissertation, TU Bergakademie Freiberg

[7.74] Umweltbundesamt (UBA) (2006) Zur Sicherheit bei Biogasanlagen. Informationspapier, Stand Juni 2006

[7.75] Luck, T.; Borcherding, A. (1994) Evaluierung der technischen Verwertungsmöglichkeiten für die Nebenprodukte der Ölerzeugung aus Raps. Abschlußbericht des Teilvorhabens im BMFT-Verbundprojekt „Kraftstoff aus Raps“. Fraunhofer-Institut für Lebensmitteltechnologie und Verpackung (ILV), München

[7.76] Meyer, M.; Stettler, M.; (2009) Entwicklung eines Pflanzenöl-Blockheizkraftwerks im unteren Leistungsbereich mit eigener Ölmühle. Schweizerische Hochschule für Landwirtschaft SHL Zollikofen, Schweiz

[7.77] Osei-Amponsah, C.; et al. (2012) Processing practices of small-scale palm oil producers in the Kwaebibirem District, Ghana: A diagnostic study. Wageningen Journal of Life Sciences, 60-63, S. 49-56. https://doi.org/10.1016/j.njas.2012.06.006

[7.78] www.ovid-verband.de

[7.79] Gonzalez-Delgado. A.D.; et al. (2021) Evaluating the Sustainability and Inherent Safety of a Crude Palm Oil Production Process in North-Colombia. Appl. Sci., 11(3)m 1046. https://doi.org/10.3390/app11031046

[7.80] Nomanbhay, S.; et al. (2017) Microwave pyrolysis of lignocellulosic biomass—a contribution to power Africa. Energy, Sustainability and Society, 23. https://doi.org/10.1186/s13705-017-0126-z (Abgerufen am 01.03.23)

[7.81] Knothe, G.; The Biodiesel Handbook – chapter 2: the history of vegetable oil-based diesel fuels, p. 12

[7.82] Chang, S.; et al, Chemical reactions involved in the deep-frying of foods, JAOCS, Vol.55, No.10, p. 718–727, 1978

[7.83] Ramos, M.; et al; Biodiesel production processes and sustainable raw materials; Energies 2019, 12, 4408

[7.84] Kargl, R. (2006) Alternative Veresterung von freien Fettsäuren, Diplomarbeit, Karl-Franzens-Universität Graz

[7.85] The EFSA Journal (2004), 23, 1–3 Biodiesel Process as a method for safe disposal of category 1 Animal By-Products

[7.86] Commission Regulation (EC) No 2067/2005 of 16 December 2005, amending Regulation (EC) No 92/2005 as regards alternative means of disposal and use of animal by-products, Annex 3.

[7.87] Tyson, K.S. (2004) Biodiesel Handling and Use Guidelines. National Renewable Energy Laboratory (NREL) to the to U.S. Department of Energy, Oak Ridge

[7.88] Gutsche, B. (1997) Technologie der Methylesterherstellung – Anwendung für die Biodieselproduktion. Fett / Lipid 99(12):418–427

[7.89] Lotero edgar, Goodwin James G. Jr. et al.: Synthesis of biodiesel via acid catalysis, Ind.Eng.Chem.Res.2005, 44, 5353–5363

[7.90] Mittelbach, M.; Remschmidt, C. (2004) Biodiesel – The comprehensive handbook. Institute for Chemistry University Graz, Graz

[7.91] Zellner, A.; (1989) Katalytische Herstellung von Rapsölmethylester. Dissertation, Universität GH Duisburg

[7.92] Mittelbach, M. (2010) Biodiesel: the comprehensive handbook, 4. Aufl. Martin Mittelbach, Austria

[7.93] Carreau, J.P. (1978) Adaptation of a macro-scale method to the micro-scale acid methyl transesterification of biological lipid extracts; Journal of chromatography, Vol. 151 S. 384–390.

[7.94] Bannon, C.D.; Breen, G.J.; et al. (1982) Analysis of fatty acid methylesters with high accuracy and reliability, Part III: Literature review of investigations into the development of rapid procedures for the methoxide-catalysed methanolysis of fats and oils; Journal of chromatography, Vol. 247; S. 71–89

[7.95] Veresterung und Verseifung (1956) Ullmanns Encyclopädie der technischen Chemie, Bd. 18, 3. Auflage, Verlag Urban & Schwarzenberg, München Berlin, S. 65ff

[7.96] Al-Zuhair, S.; et al. (2007) Proposed kinetic mechanism of the production of biodiesel from palm oil using lipase, Process biochemistry 42, p. 951–960.

[7.97] van Gerpen, J. (2004) Biodiesel Management for Biodiesel Producers August 2002–January 2004. National Renewable Energy Laboratory, NREL/SR-510-36242.

[7.98] Kinast, J.A. (2003) Production of Biodiesels from Multiple Feedstocks and Properties of Biodiesels and Biodiesel / Diesel Blends, Final Report. Gas Technology Institute, National Renewable Energy Laboratory, NREL/SR-510-31460.

[7.99] Markolwitz, M.; Ruwwe, J.; (2003) Herstellung von Biodiesel mit Alkoholat-Katalysatoren. Degussa AG, Tagungsbeitrag „Alternative Kraftstoffe“, Technische Akademie Esslingen (TAE).

[7.100] The Novozymes Enzymatic Biodiesel Handbook (2016), Novozyme A/S

[7.101] Mandari, V.; Devarai, S.K. (2021) Biodiesel production using homogeneous, heterogeneous, and enzyme catalysts via transesterification and esterification reactions: a critical review; Bio-Energy Research, Springer.

[7.102] Antczak, M.S.; et al. (2009) Enzymatic biodiesel synthesis–key factors affecting efficiency of the process. Renewable Energy 34(5):1185–1194.

[7.103] Kubiak, A.; Szczęsna-Antczak, M.; Antczak, T.; Piotrowicz-Wasiak, M.; Bielecki, S. (2006) Conversion of rapeseed oil to biodiesel catalyzed by Mucor circinelloides insitu immobilized lipase. European Summer School. Production of fuels, specialty chemicals and biobased products from agro-industrial wastes and surplus. University of Bologna, Bologna

[7.104] Shah, S.; Gupta, M.N. (2007) Lipase catalyzed preparation of biodiesel from Jatropha oil in a solvent free system. Process Biochem 42:409–414

[7.105] Stockinger, H. (2015) Biodiesel production from waste and residues. BDI-Bioenergy, Presentation at Conference Fuels of the Future, Berlin 2015

[7.106] GEA Westfalia Separator Food Tec. GmbH (2005) Vorbehandlung von Ölen und Fetten für die Biodiesel-Produktion. Oelde

[7.107] GEA Westfalia Separator Food Tec. GmbH (2006) Separatoren und Dekanter im Biodiesel-Prozess – Take the Best – Separate the Rest. Oelde

[7.108] Echim, C.; Verhé, R.; Stevens, C. (2009) Valorization of side-stream products obtained during refining of vegetable oils. Deliverable D 2.2 of FP7-Project SUSTOIL – Developing advanced Biorefinery schemes for integration into existing oil production / transesterification plants. Universität Gent.

[7.109] Boyd, M. (2004) Biodiesel in British Columbia – Feasibility Study Report. Eco-Literacy Canada, 27.

[7.110] Gordon, R.; Gorodnitsky, I.; Grichko, V. (2014) Process for producing biodiesel through lower molecular weight alcohol-targeted cavitation. US Patent US 2014/0059922 A1.

[7.111] Saifuddin, N.; et al. (2015) Trends in Applied Sciences Research (ISSN 1819-3579); Trends Applied Sci.Res., 10(1): 1–37.

[7.112] Azcan, N.; Danisman, A. (2007) Alkali catlayzed transesterification of cottonseed oil by microwave irradiation, fuel, 86: 2639–2644

[7.113] Saka, S.; Kusdiana, D. (2001) biodiesel fuel from rapeseed oil as prepared in supercritical methanol, fuel, 80: 225–231.

[7.114] Marchetti, J.M. (2013) Influences of economical variables on a supercritical biodiesel production process, Energy Convers. Manage., 75: 658–663.

[7.115] Lam, M.K.; Lee, K.T.; Mohamed, A.R. (2010) Homogeneous, heterogeneous and enzymatic catalysis for transesterification of high free fatty acid oil (waste cooking oil) to biodiesel: A review. Biotechnol Adv 28(4):500–518.

[7.116] Braune, M.; Grasemann, E.; Gröngröft, A.; Klemm, M.; Oehmichen, K.; Zech, K. (2015) Die Biokraftstoffproduktion in Deutschland – Stand der Technik und Optimierungsansätze DBFZ Report, Bd 22. DBFZ, Leipzig (ISSN: 2190-7943)

[7.117] Deutsche Biodiesel GmbH & Co. KG (2005) Emissionsprospekt – Biodiesel, Kraftstoff der Zukunft. DBD, Berlin

[7.118] Mittelbach, M.; Koncar, M. Verfahren zur Herstellung von Fettsäurealkylestern; EP0708813B2, EP-Patent

[7.119] Uhde / Thyssen Krupp (2006) Biodiesel – Produkt der Zukunft

[7.120] L. Lv.; et al (2021) Progress in enzymatic biodiesel production and commercialization, processes. 9, 355.

[7.121] Amoah, J.; Ho, S.; Hama, S.; Yoshida, A.; Nakanishi, A.; Hasunuma, T.; Ogino, C.; Kondo, A. (2016) Converting oils high in phospholipids to biodiesel using immobilized Aspergillus oryzae whole-cell biocatalysts expressing Fusarium heterosporum lipase. Biochem. Eng. I,105,10–15.

[7.122] Du, W.; Xu, Y.Y.; Zeng, J.; Liu, D. (2004) Novozym 435-catalysed transesterification of crude soya bean oils for biodiesel production in a solvent-free medium. Biotechnol. Appl. Biochem., 40,187–190.

[7.123] Leung, D.Y.C.; Wu, X.; Leung, M.K.H. (2010) A review on biodiesel production using catalyzed transesterification. Appl. Energy, 87, 1083–1095.

[7.124] Yang, L. (2015) Study on the Effect of Phospholipids on Free Lipase-Mediated Methanolysis for Biodiesel Production. Ph.D. Thesis, Tsinghua University, Beijing, China.

[7.125] Du, W.; Li, L.; Liu, D. (2006) Airlift Circumfluent Reactor Needing No Foreign Air Source. WO 2006122498.

[7.126] Balcäo, V.M.; Paiva, A.L.; Malcata, F.X. (1996) Bioreactors with immobilized lipases: State of the art. Enzym. Microb. Technol., 18, 392–416.

[7.127] Hama, S.; Kondo, A. (2013) Enzymatic biodiesel production: an overview of potential feedstocks and process development. Bioresource Technol 135:386–395.

[7.128] Korgitzsch F.M. (1993) Untersuchungen von Phasengelichgewichten als Grundlage für die Veredelung von pflanzlichen und tierischen Fetten und Ölen; Dissertation, Technische Universität Berlin, ISBN 3-86111-554-9.

[7.129] Fettsäuremethylester (1990) Römpp Chemie Lexikon, Verlag Thieme, 7. Auflage, S. 1343.

[7.130] Ölsäuremethylester, Methyloleat; Beilstein, EIII 2, H2, 466-467, S. 1407–1408.

[7.131] Chang, D.Y.Z. et al. (1996) Fuel Properties and Emissions of soybean oil esters as diesel fuel, Journal of the American Oil Chemists' Society 73 (11), 1549–1555.

[7.132] Prankl, A. (2002) High biodiesel quality required by European Standards, European Journal of Lipid Science and Technology 104, 371–375.

[7.133] Mittelbach, M. (1996) Diesel fuel derived from vegetable oils, VI: Specifications and quality control of biodiesel. Bioresource Technology 56, 7–11.

[7.134] Koßmehl, S.O.; Heinrich H. (1997) The automotive industry's view on the standards for plant oil-based fuels. In Martini, N. und Schell J. (eds). Plant oils as fuels. Present state of science and future developments, 18–28.

[7.135] Mittelbach, M.; Wörgetter, M.; Pernkopf, J.; Junek, H. (1983) Diesel fuel derived from vegetable oils: preparation and use of rape seed oil methyl ester. Energy in agriculture 2, 369–384.

[7.136] Wörgetter, M.; Prankl, H.; Rathbauer, J. (1998). Eigenschaften von Biodiesel. Landbauforschung Völkerrode. Sonderheft 190 (Biodiesel-Optimierungspotentiale und Umwelteffekte) 31–43.

[7.137] Schäfer, A. (1998) Vegetable oil fatty acid methyl esters as alternative diesel fuels for commercial vehicle engines. In Maritini, N and J.Schnell (Eds). Plant oils as fuels. Present state of science and future developments. Proceedings of the symposium held in Potsdam, Germany, february16–18, 1997. Berlin: Springer Verlag, 29–46.

[7.138] Knothe, G.; Dunn, R.O. (2003) Dependence of oil stability index of fatty compounds on their structure and concentration and presence of metals. Journal of the American Oil Chemists' Society 80 (10), 1021–1026.

[7.139] Glycerin und Derivate; Ullmanns Encyklopädie der technischen Chemie, Bd. 8, 3. Auflage, Verlag Urban & Schwarzenberg, München Berlin, (1956), S. 193 ff.

[7.140] Glycerin (1990); Römpp Chemie Lexikon, Verlag Thieme, 7. Auflage, S. 1609–1610.

[7.141] Hagen, J. (1992) Chemische Reaktionstechnik. VCH Verlagsgesellschaft mbH, Weinheim

[7.142] Müller-Langer, F., Kubessa, M. (2007) Herstellung von Biodiesel – Rahmenbedingungen, technisch-wirtschaftlicher Verfahrensvergleich. Institut für Energetik und Umwelt gGmbH, Hochschule für Technik, Wirtschaft und Kultur Leipzig, VDI-Wissensforum, Einsatz von Biomasse in Verbrennungs- und Vergasungsanlagen, Leipzig.

[7.143] Baumgartner, M. (2021) From the worst feedstock to the best biodiesel, biobased diesel, summer 2021, p. 36–38.

[7.144] Graß, C. (2006) Dezentrale Erzeugung von Biodiesel – Möglichkeiten, Wirtschaftlichkeit, Qualitätssicherung. Fachtagung Biokraftstoffe für die Landwirtschaft im Rahmen der IGW 2006, ICC Berlin.

[7.145] Ahn, E. et al. (1995) A low-waste process for the production of Biodiesel. Sep Sci Techn 30:2021–2033.

[7.146] Linder, H. (2007) Erzeugung und Einsatz von Biodiesel aus tierischen Fetten (FME) unter besonderer Berücksichtigung der ökologischen Wirkungen. Dissertation Universität Rostock, Schriftenreihe Agrarwissenschaftliche Forschungsergebnisse, Bd 29. Verlag Dr. Kovac, Hamburg

[7.147] Connemann, J. (1994) Biodiesel in Europa 1994. Fat Sci Techn 96:536–548.

[7.148] Lurgi AG (2006) Biodiesel. Brochure. Frankfurt.

[7.149] Soicke, H. (2010) Producing fatty acid methyl ester, useful as biodiesel, comprises fractionating palm fatty acid distillate into first-, second-fraction and residues, esterifying the fractions with methanol in presence of acid catalyst, and producing blend, German Patent DE102008059924. http://www.freepatentsonline.com/DE102008059924A1.html

[7.150] Bart, J.C.J.; Palmeri, N.; Cavallaro, S. (2010) Biodiesel Science and Technology: From Soil to Oil. Woodhead Publishing, Oxford.

[7.151] Koncar, M., BDI-BioEnergy International; Method for production of carboxylate alkyl esters; EP 1 910 267, EP-Patent.

[7.152] Noureddini, H.; Bandlamudi, S.R.; Guthrie, E.A. (2009) A novel method for the production of biodiesel from the whole stillage-extracted corn oil. J Am Oil Chem Soc 86(1):83–91.

[7.153] Haupt, J.; Radig, W. (1997) Verfahren zur Herstellung von Motorkraftstoffen und Pflanzenölsubstituenten. Patent, DE 19620523.

[7.154] Fjerbaek, L.; Christensen, K.V.; Norddahl, B. (2009) A review of the current state of biodiesel production using enzymatic transesterification. Biotechnol Bioeng 102(5):1298–1315.

[7.155] Christensen, M.W.; Abo, M.; Du, W.; Liu, D. (2006) Enzymes in biodiesel production. Vortrag auf dem World Congress on Industrial Biotechnology and Bioprocessing, Toronto, 11.–14.

[7.156] Shimada, Y.; Watanabe, Y.; Sugihara, A.; Tominaga, Y. (2002) Enzymatic alcoholysis for biodiesel fuel production and application of the reaction to oil processing. J Mol Catal B Enzym 17:133–142.

[7.157] Gusniah, A.; et al (2019) Ultrasonic assisted enzymatic transesterification for biodiesel production, Ind. Eng. Chem. Res, 58, 581–589.

[7.158] Andrade, T.; et al. (2017) Influence of the reaction conditions on the enzyme catalyzed transesterification of castor oil: A possible step in biodiesel production, Bioresource Technology, Vol. 243, 366–374.

[7.159] Mibielli, G. (2020) Enzymatic production of methyl esters from low-cost feedstocks, Biocatalysis and Agricultural Biotechnology, Vol.24.

[7.160] Oja, S. (2008) NExBTL – Next Generation Renewable Diesel. Symposium Neue Biokraftstoffe. Neste Oil Corporation. Bundesministerium für Ernährung, Landwirtschaft und Verbraucherschutz (BMELV). Berlin, Deutschland. http://www.fnr-server.de/cms35/fileadmin/allgemein/pdf/veranstaltungen/NeueBiokraftstoffe/3_NExBTL.pdf. (Online zugegriffen 5.07.2008).

[7.161] UOP LL (2007) RCD UnionfiningTM Process. Brochure, Des Plaines.

[7.162] Furimsky, E. (2000) Catalytic hydrodeoxygenation. Appl Catal A: General 199(2):147–190. https://doi.org/10.1016/S0926-860X(99)00555-4.

[7.163] Tóth, C.; Kasza, T.; Kovács, S.; Baladincz, P.; Hancsók, J. (2009) Investigation of Catalytic Conversion of Vegetable Oil/Gas Oil Mixtures 44th International Petroleum Conference, Bratislava, Slovakia.

[7.164] Kuchling, T.; Wollmerstädt, H.; Endisch, M. (2013) Hydrierung von Pflanzenölen – Mechanismus und Kinetik. Chemie Ingenieur Technik 85(4):508–511. https://doi.org/10.1002/cite.201200199.

[7.165] Krár, M.; Kovács, S.; Boda, L.; Leveles, L.; Thernesz, A.; Wáhlne, I.; et al. (2009) Fuel Purpose Hydrotreating of Vegetable Oil on NiMo/y-Al_2O_3 Catalyst. Hung J Ind Chem 37(2):107–111.

[7.166] Teixeira da Silva, V.; Frety, R.; Schmal, M. (1994) Activation and Regeneration of a NiMo/Al_2O_3 Hydrotreatment Catalyst. Ind Eng Chem Res 7(33):1692–1699.

[7.167] Myllyoja, J.; Aalto, P.; Savolainen, P.; Purola, V.-M.; Alopaeus, V.; Grönqvist, J. (2012) Process for the Manufacture of Diesel Range Hydrocarbons. Patent, US 8212094 B2, angemeldet durch Neste Oil Oyi.

[7.168] Verma, D.; et al. (2015) Diesel and aviation kerosene with desired aromatics from hydroprocessing of jatropha oil over hydrogenation catalysts supported on hierarchical mesoporous SAPO-11. Applied Catalysis A: Gerneal, 490, 108-116. https://doi.org/10.1016/j.apcata.2014.11.007

[7.169] Kasza, T.; Hancsók, J. (2011) Isomerization of Paraffin Mixtures Produced from Sunflower Oil. Hung J Ind Chem 39(3):363–368.

[7.170] Pearlson, M.N. (2011) Master Thesis. Massachusetts Institute of Technology (MIT), Boston. Department of Aeronautics and Astronautics. http://dspace.mit.edu/bitstream/handle/1721.1/65508/746766700.pdf?sequence=1. (Online zugegriffen 26.06.2012)

[7.171] Nikander, S. (2008) Greenhouse Gas and Energy Intensity Assessment of Product Chain: Case Transport Biofuel. Helsinki University of Technology; Neste Oil Corporation. Helsinki (Yhd-73). http://www.nesteoil.com/binary.asp?GUID=54EEF641-F64C-4A20-9A33-1F6B143BD93F. (Online zugegriffen : 27.07.2011)

[7.172] Kröger, V. (2013) Biorefinery – cooling process. E-mail an Inga Klemmayer, Finland, 17.05.2013.

[7.173] Ußner, M. (2010) Herstellungsverfahren hydrierter Pflanzenöle (HVO) und Biomass to Liquid (BtL). Deutsches BiomasseForschungsZentrum (DBFZ). Deutsches BiomasseForschungsZentrum (DBFZ), Leipzig. http://www.bioenergie-portal.info/fileadmin/bioenergieberatung/sachsen/dateien/Vortraege/DBFZ_Ussner_Biokrafstofffachgespraech_03_2010_Netz.pdf. (Online zugegriffen 02.10.2011)

[7.174] Harndorf, H.; Wichmann, V.; Schümann, U.; Richter, B. (2010) Requirement specification for the use of biofuels in modern high performance engines. FNR Tagung Neue Biokraftstoffe. Lehrstuhl für Kolbenmaschinen & Verbrennungsmotoren, Universität Rostock. Fachagentur Nachwachsende Rohstoffe eV. http://www.fnr-server.de/cms35/fileadmin/allgemein/images/veranstaltungen/Neue_Biokraftstoffe2010/Harndorf-freigegeben.pdf. (Online zugegriffen: 24.06.2010)

[7.175] Weindorf, W. (2008) Vergleichende Betrachtung der Herstellung von Biodiesel und im Co-Processing hydrierten Pflanzenölen. Ludwig-Bölkow-Systemtechnik GmbH, Ottobrunn.

[7.176] Lynch; Sharry (2013) uop Renewable Energy & Chemicals. uop Renewable Jet Process. aireg AK2 Workshop. uop LLC. aireg eV. Berlin, Deutschland, 15.01.2013

[7.177] Kröger, V. (2013) Neste Oil – The Only Way Is Forward. aireg AK2 Workshop, Berlin, 15.01.2013.

[7.178] toolfuel (2022) Was ist synthetischer Diesel? https://toolfuel.eu/spezifikationen-paraffinischer-dieselkraftstoffe-im-ueberblick/ (Online zugegriffen 31.05.2022)

[7.179] ASTM D7566: Standard Specification for Aviation Turbine Fuel Containing Synthesized Hydrocarbons

[7.180] Hilbers, T.J.; Sprakel, L.M.; van den Enk, L.B.; Zaalberg, B.; van den Berg, H.; van der Ham, L.G. (2015) Green Diesel from Hydrotreated Vegetable Oil Process Design Study. Chem Eng Technol 4(38):651–657.

[7.181] eni (2022) ecofiningTM, a proprietary biofuel technology. https://www.eni.com/en-IT/operations/biofuels-ecofining.html (Online zugegriffen 13.06.2022)

[7.182] neste (2022) NEXBTL technology turns renewable oils and fats into high-quality products https://www.neste.com/about-neste/innovation/nexbtl-technology#5690d006 (Online zugegriffen 13.06.2022)

[7.183] Chevron Renewable Energy Group (2022) Sustainable aviation Fuel https://www.regi.com/industries/sustainable-aviation-fuel (Online zugegriffen 13.06.2022)

[7.184] Dieterich, S. (2017) Machbarkeitsanalyse für eine PTG-HEFA-Hybridraffinerie in Deutschland

[7.185] Vasquez, M. (2017) Hydrotreatment of vegetable oils: A review of the technologies and its developments for jet biofuel production.

[7.186] Steven, P.; et al. (2011) Biomass to olefins: Cracking of renewable naphtha

[7.187] Abhari, R. (2008) Process for Co-Producing Jet-Fuel and LPG From Renewable Sources Patent, WO 2008/124607 A1.

[7.188] Li, L.; Coppola, E.; Rine, J.; Miller, J.L. Walker, D. (2010) Catalytic Hydrothermal Conversion of Triglycerides to Non-ester Biofuels. Energy Fuels 24(2):1305–1315. https://doi.org/10.1021/ef901163a

[7.189] Coppola, E.; Red, C. Jr.; Nana, S. (2014) High Rate Reactor System. Patent, US 2014/0109465 A1.

[7.190] Kaltschmitt, M.; Andrée, U.; Majer, S. (2010) Koraffination von Pflanzenöl in Mineralölraffinerien – Möglichkeiten und Grenzen. Erdöl – Erdgas – Kohle 126(5):203.

[7.191] Stöckel, R. (2013) Co-Processing of Biobased Feedstocks. Potential of biogenic flows co-processing in a refinery. TOTAL Deutschland GmbH. aireg e V, Arbeitskreis 2: Rohstoffverarbeitung, Berlin

[7.192] Prussia, M.; O'Connella, A.; Lonzab, L. (2019) Analysis of current aviation biofuel technical production potential in EU28

[7.193] van Dyk, S.; et al. (2019) Potential synergies of drop-in biofuel production with further co-processing at oil refineries. Biofuels, Bioprod. Bioref. 13:760–775. https://www.nrel.gov/docs/fy19osti/73115.pdf.

Stichwortverzeichnis

M. Kaltschmitt, M. Scherzinger, J. Gescher (Hrsg.), *Energie aus Biomasse*, Energie aus Biomasse 3, https://doi.org/10.1007/978-3-658-41386-6

B

C

E

F

H

L

M

W

X

Z

MIX
Papier aus verantwortungsvollen Quellen
Paper from responsible sources
FSC® C105338

If you have any concerns about our products,
you can contact us on
ProductSafety@springernature.com

In case Publisher is established outside the EU,
the EU authorized representative is:
Springer Nature Customer Service Center GmbH
Europaplatz 3, 69115 Heidelberg, Germany

Printed by Libri Plureos GmbH
in Hamburg, Germany